U0368961

五金应用手册

主　编　孙玉芹　刘光启
副主编　于立洋　牛小龙　周克斌
参　编　姜振华　王信友　董国强　张秀军
　　　　李　健　高玉峰　牟卫亮　李国栋
　　　　王曙光　张春生　张　磊　孙传浩
主　审　孟庆东

机械工业出版社

本手册全面系统地介绍了各种五金产品的用途、分类、材料、结构、基本参数、技术条件和标记等，是一本介绍现代五金产品的综合性工具书。本手册分为五金工具篇、五金件篇、建筑和装潢五金产品篇，主要内容包括：测量工具、手工工具、钳工工具、车镗刨工具、铣削工具、磨削工具、齿轮和键槽刀具、管工工具、铆接工具、木工工具、起重和搬运工具、汽保工具、园林工具、电动工具、气动工具和液压工具，紧固件、连接件、传动件、轴承、弹簧、机床附件、焊割器材和润滑设备及密封件，建筑工具、门窗和家具配件、钢钉和金属网及消防器材。本手册全面贯彻现行的国家标准和行业标准，内容新颖，应用性强，简明易查。

本手册可供五金行业从事生产、技术、管理、维修保养和购销的人员使用，也可供设计人员和相关工科院校师生参考。

图书在版编目（CIP）数据

五金应用手册/孙玉芹，刘光启主编．—北京：机械工业出版社，2021.10

ISBN 978-7-111-69660-5

Ⅰ.①五…　Ⅱ.①孙…②刘…　Ⅲ.①五金制品-技术手册　Ⅳ.①TS914-62

中国版本图书馆 CIP 数据核字（2021）第 244830 号

机械工业出版社（北京市百万庄大街 22 号　邮政编码 100037）
策划编辑：陈保华　　　　责任编辑：陈保华　李含杨
责任校对：樊钟英　王　延　封面设计：马精明
责任印制：郜　敏
三河市宏达印刷有限公司印刷
2022 年 4 月第 1 版第 1 次印刷
148mm×210mm · 37.125 印张 · 2 插页 · 1100 千字
0001—2500 册
标准书号：ISBN 978-7-111-69660-5
定价：129.00 元

电话服务
客服电话：010-88361066
010-88379833
010-68326294

网络服务
机　工　官　网：www.cmpbook.com
机　工　官　博：weibo.com/cmp1952
金　书　网：www.golden-book.com
机工教育服务网：www.cmpedu.com

前　言

五金制品指用机械加工方法制造的五金工具、机械零部件和建筑装饰产品等。它们或为生产工具，或为终端消费品，或为配套产品，属于多个行业交融、相互交叉的领地。五金制品种类繁多，涉及面广，从业人员广泛，人们在工作中遇到的涉及五金制品的问题多种多样。为了满足读者查阅五金制品相关应用技术的需要，我们编写了这本工具书。

本手册的内容共分3篇。第1篇为五金工具篇，包括测量工具、手工工具、钳工工具、车镗刨工具、铣削工具、磨削工具、齿轮和键槽刀具、管工工具、铆接工具、木工工具、起重和搬运工具、汽保工具、园林工具、电动工具、气动工具和液压工具共16章；第2篇为五金件篇，包括紧固件、连接件、传动件、轴承、弹簧、机床附件、焊割器材和润滑设备及密封件共8章；第3篇为建筑和装潢五金产品篇，包括建筑工具、门窗和家具配件、钢钉和金属网及消防器材共4章。

本手册的特点如下：

（1）内容全面　本手册中介绍的产品几乎涵盖了各工种所用的工具和涉及的机械零部件。

（2）实用性强　本手册注重应用，系统地介绍了各类五金产品的用途、分类、材料、结构、基本参数、技术条件和标记等，是一本介绍现代五金产品的综合性工具书。

（3）资料新颖　随着我国国民经济的发展和科技的进步，与五金行业相关的国家标准和行业标准在不断地进行制修订和调整。我们在全面核实并贯彻现行的国家标准和行业标准的基础上编写了本手册，以保证手册内容的新颖性。

（4）查阅方便　本手册编写风格简明，对所要阐述的要点，均以方头括号表示，一目了然，便于读者查阅。

本手册由孙玉芹、刘光启任主编，于立洋、牛小龙、周克斌任副主编，孟庆东任主审。第 1 章、第 2 章、第 14 章~第 18 章主要由孙玉芹编写，第 6 章、第 8 章~第 11 章主要由刘光启、王信友、董国强、张秀军编写，第 3 章~第 5 章、第 12 章、第 19 章、第 20 章主要由于立洋编写；第 21 章~第 25 章主要由牛小龙编写，第 26 章~第 28 章主要由周克斌编写，第 7 章和第 13 章主要由姜振华编写。牟卫亮、张春生、高玉峰、李国栋、王曙光、张磊、李健、孙传浩参与了手册的部分章节编写、图文提供、整理和复核工作。全书由孙玉芹、刘光启统稿。

本手册编写过程中参阅了大量的文献资料，在此谨向相关作者表示衷心的感谢。

由于编者的水平和时间所限，书中不妥之处在所难免，恳请广大读者批评指正。

编　者

目　录

第2篇 五 金 件

第3篇 建筑和装潢五金产品

第1篇

五 金 工 具

五金指铁、钢、铝等金属经过切割、锻造、压延等物理加工制造而成的各种金属器件的总称，而五金工具是其产品中的重要成员。

五金工具篇的内容包括测量工具、手工工具、钳工工具、车镗刨工具、铣削工具、磨削工具、齿轮和键槽工具、管工工具、铆接工具、木工工具、起重和搬运工具、汽保工具、园林工具、电动工具、气动工具和液压工具共16章。

第1章

测量工具

由于工件的尺寸千差万别，所以测量方法也名目繁多，其测量所用工具的分类方法也很多。有直接法（如量尺、卡尺、千分尺和量表等）、间接法（如平尺和直角尺）；有单参数测量（如长度、角度等）、综合测量（如螺纹量规、测齿仪等）。本章将测量工具按量尺类，卡钳、卡尺和卡规类，量表类，量规类及仪具类加以叙述。

1.1 量尺类

1.1.1 钢（布）卷尺

【用途】 钢（布）卷尺一般用于量取较长工件的尺寸或距离。

其中，量油尺适用于测量油船、储油罐等容器中油品的深度或用于测量容器底部水位的深度。

【结构】 根据型式和用途的不同有所不同，钢（布）卷尺一般都由尺带、尺钩或拉环、尺簧和尺盒组成（见图1-1），有的还有护套、数显器、手柄和制动按钮。

【材料】 钢卷尺的尺带一般为厚度0.10mm的50钢带，尺面涂以油漆；尺钩或拉环与尺带用铆钉连接；尺簧一般采用50钢或65Mn钢；外壳为不锈钢或ABS塑料。卷布尺尺带的材料一般为PVC玻纤或ABS塑料，极少用布。

【精度等级】 钢卷尺尺带精度等级分为Ⅰ、Ⅱ两个等级（大部分都是Ⅱ级）。

【基本参数】 钢卷尺的规格和尺带截面见表1-1。

钢卷尺的常见规格（长/m）×(宽/mm)：有3×16、5×19、5×25、7.5×25、10×25等。

布卷尺的长度可达20m、30m，甚至50m。

量油尺的规格（mm）有5、10、15、20、25、30、50。

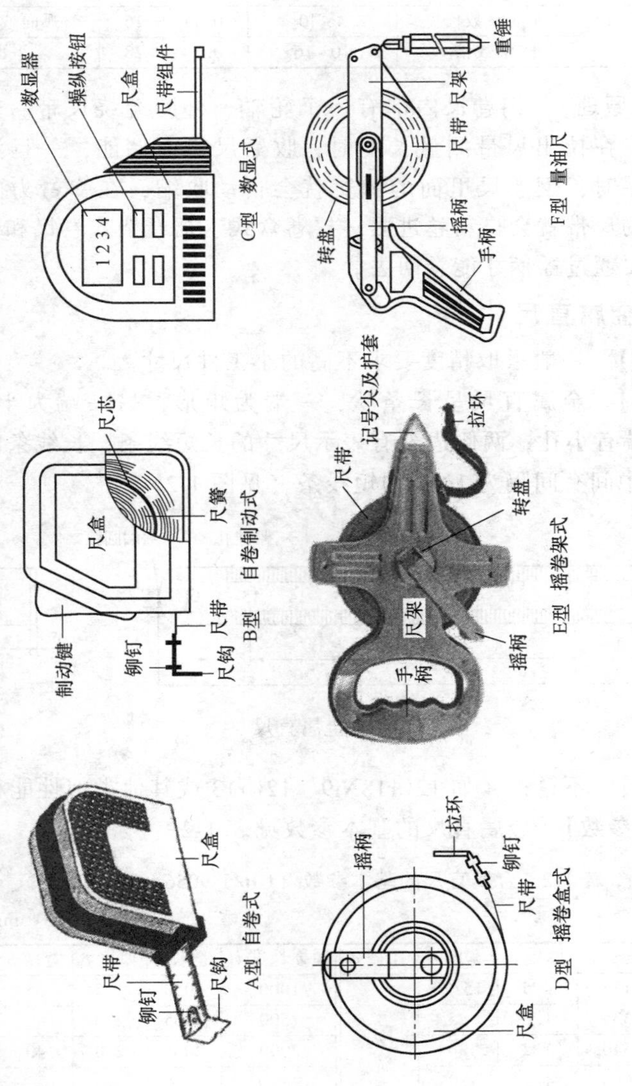

图 1-1　钢（布）卷尺的品种和结构

表 1-1 钢卷尺的规格和尺带截面（QB/T 2443—2011）

型式	尺带规格(m)	尺带截面(金属材料的宽度和厚度)		
		宽度/mm	厚度/mm	形状
A、B、C 型	0.5 的整数倍	4~40	0.11~0.16	弧面或平面
D、E、F 型	5 的整数倍	10~16	0.14~0.28	平面

【工作原理】 钢卷尺内部有一个轮轴，外圈缠绕尺带。轮轴上装有尺簧，在拉出尺带测量长度时，收紧尺簧而储能，一旦测量完毕，松开手时，钢卷尺里面的弹簧就会自动收缩，在弹簧力的作用下，卷尺的尺带就会自动卷进去。摇卷盒式、摇卷架式卷尺和量油尺的尺带则要通过摇柄才能卷回去。

1.1.2 金属直尺

【用途】 一般量取精度要求不高的小工件尺寸。

【结构】 金属直尺呈长条状，一端为矩形，另一端为半圆形，半圆形一端有小孔；两侧边刻有表示尺寸的长短线条，长线条的间距为 5mm，中间有间隔为 1mm 的短线条（见图 1-2）。

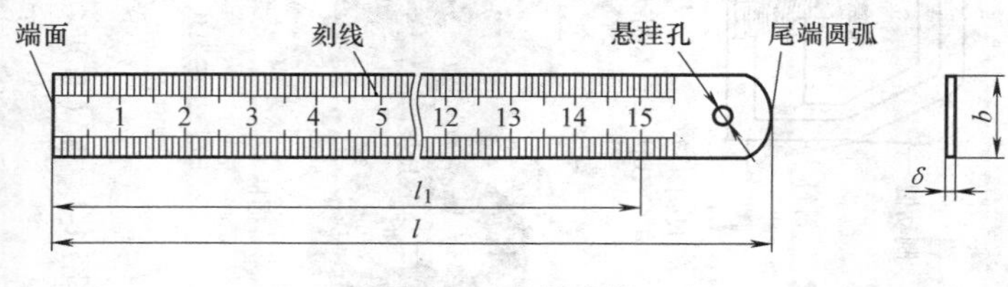

图 1-2 金属直尺

【材料】 不锈钢，如 12Cr18Ni9、12Cr13 或其他类似性能材料。

【基本参数】 金属直尺的基本参数见表 1-2。

表 1-2 金属直尺的基本参数（GB/T 9056—2004）

（单位：mm）

标称长度 l_1	全长 l	厚度 δ	宽度 b	孔径 ϕ	标称长度 l_1	全长 l	厚度 δ	宽度 b	孔径 ϕ
150	175	0.5	15/20	5	1000	1050	1.5	35	7
300	335	1.0	25		1500	1565	2.0	40	
500	540	1.2	30		2000	2065	2.0	40	
600	640	1.2	30		—	—	—	—	—

【精度】 用金属直尺可以测量物体的长度、宽度或深度的毫米

数，比 1mm 小的数值，只能目视估计，所以其精度在 0.1~0.2mm。

1.1.3　游标、带表和数显万能角度尺

【用途】　量取工件两个面或中心线之间的角度。

【分类】　按其读数方式可以有游标、带表和数显三种。

【结构】　其结构分别如图 1-3~图 1-5 所示。

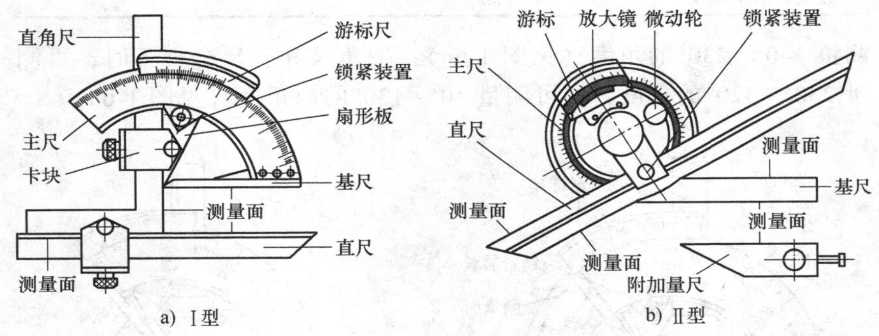

图 1-3　游标万能角度尺的结构

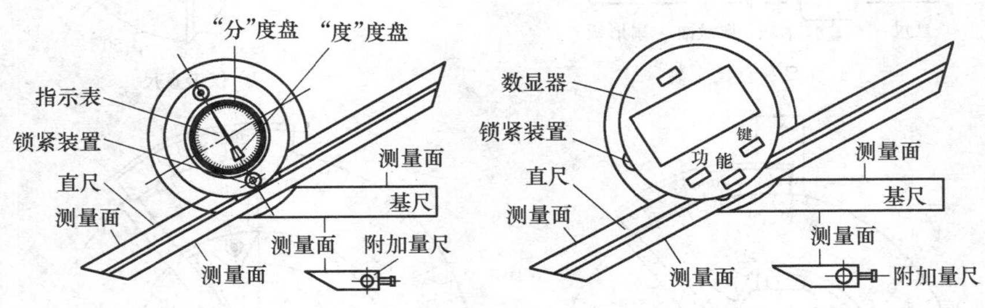

图 1-4　带表万能角度尺的结构　　图 1-5　数显万能角度尺的结构

【基本参数】　游标、带表和数显万能角度尺的基本参数见表 1-3。

【使用方法】　由于角尺和直尺可以移动和拆换，所以万能角度尺可以测量 0°~320°的任何角度。

角尺和直尺全装时，可测量 0°~50°的外角度（见图 1-6a）；仅装直尺时，可测量 50°~140°的角度（见图 1-6b）；仅装角尺时，可

表 1-3　游标、带表和数显万能角度尺的基本参数（GB/T 6315—2008）

型式	测量范围/(°)	分度值/(′)	直尺测量面标称长度	基尺测量面标称长度	附加量尺测量面标称长度
			/mm		
Ⅰ型游标万能角度尺	0~320	2、5	≥150	≥50	—
Ⅱ型游标万能角度尺	0~360		150、200、300		≥70
带表万能角度尺					
数显万能角度尺		0.5			

测量 140°~230°的角度（见图 1-6c）；把角尺和直尺全拆下时，可测量 230°~320°的角度，即可测量 40°~130°的内角度（见图 1-6d）。

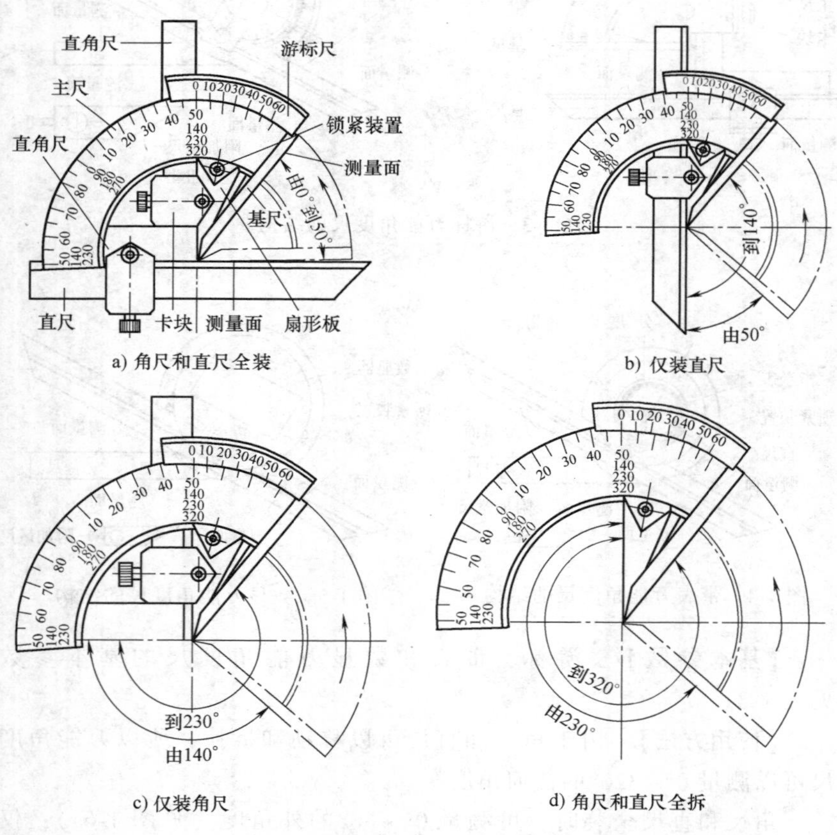

a) 角尺和直尺全装　b) 仅装直尺　c) 仅装角尺　d) 角尺和直尺全拆

图 1-6　万能角度尺的使用方法

万能角度尺的尺座上，基本角度的刻线只有 0~90°。如果测量的零件角度大于 90°，则在读数时，应加上一个基数（90°、180°、270°）。当零件角度>90°~180°时，被测角度=90°+量角尺读数；当零件角度>180°~270°时，被测角度=180°+量角尺读数；当零件角度>270°~320°时，被测角度=270°+量角尺读数。

用万能角度尺测量零件角度时，应使基尺与零件角度的母线方向一致，且零件应与量角尺的两个测量面在全长上接触良好，以免产生测量误差。

1.2　卡钳、卡尺和卡规

1.2.1　卡钳

卡钳本身不能直接读出实际数值，而是把测量的结果，在金属直尺上进行读数。卡钳广泛地应用于精度要求不高的零件尺寸的测量和检验。

【分类】 按测量类别，分为内卡钳和外卡钳两种（表 1-4）；按读数方式，又可分为有带表的和数显的（见图 1-7 和图 1-8）。

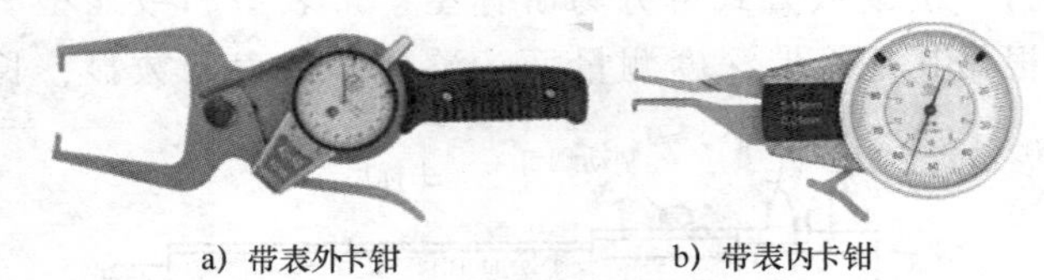

a）带表外卡钳　　b）带表内卡钳

图 1-7　带表卡钳

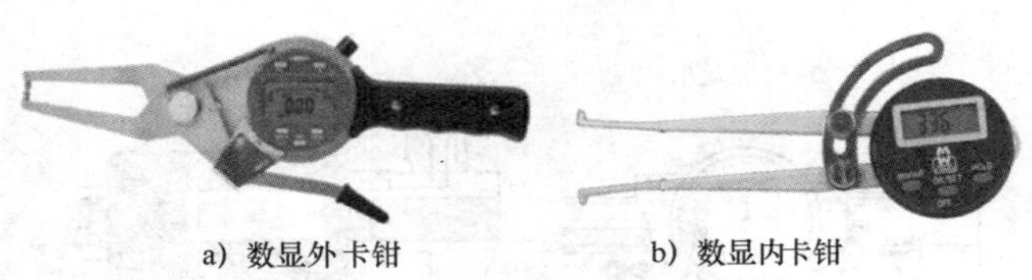

a）数显外卡钳　　b）数显内卡钳

图 1-8　数显卡钳

【用途】 外卡钳用来测量外径和平面长度，内卡钳用来测量内径和凹槽尺寸。

【结构】 由两片一定形状且带尖头的工具钢材料，紧铆或者用弹簧固定（便于调节）在一起。

【规格】 卡钳的规格见表1-4。

表1-4 卡钳的规格

图示	规格(mm)
a) 内卡钳 b) 弹簧内卡钳 c) 外卡钳 d) 弹簧外卡钳	100、125、150、200、250、300、350、400、450、500、600、800、1000、1500、2000

1.2.2 长度卡尺

【用途】 测量工件内表面（用内测量爪）、外表面（用外测量爪）和高度（用深度尺）的尺寸。

【结构】 一般由主标尺、游标尺、内外测量爪、制动螺钉和深度测量面等组成。

【型式】 按读数方式可分为游标型、带表型和数显型三种（见图1-9）。根据其是否带深度测量面、游标、带表和数显，长度卡尺

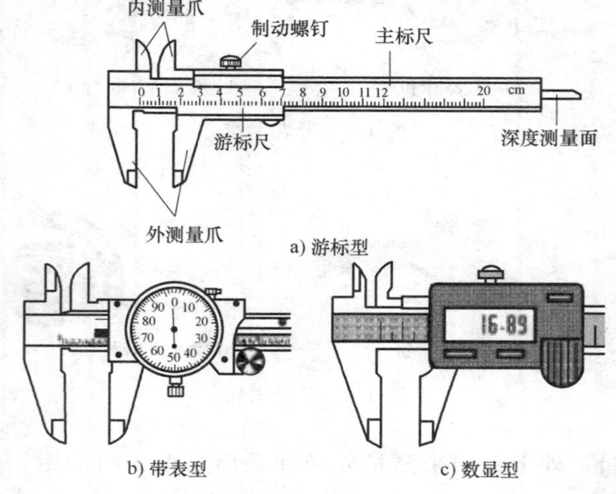

图1-9 游标卡尺的结构

有Ⅰ、Ⅱ、Ⅲ、Ⅳ、Ⅴ五种型式（见图 1-10）。

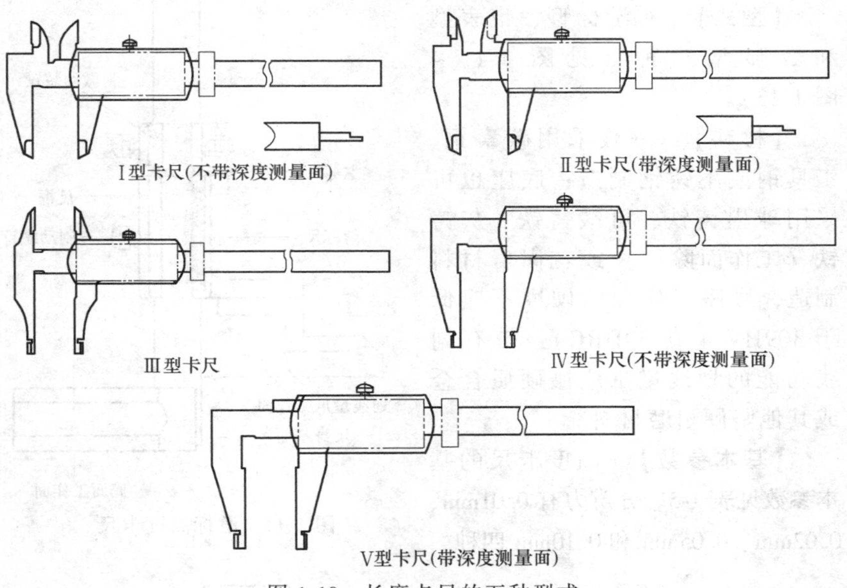

图 1-10　长度卡尺的五种型式

【材料和硬度】　一般采用碳素钢、工具钢或不锈钢制造。

碳素钢和工具钢内、外测量面的硬度不应低于 664HV（或 58HRC），不锈钢内、外测量面的硬度不应低于 551HV（或 52.5HRC），其他测量面的硬度不应低于 377HV（或 40HRC）。

【规格】　GB/T 21389—2008 规定，各型长度卡尺的规格（mm）有 0~70、0~150、0~200、0~300、0~500、0~1000、0~1500、0~2000、0~2500、0~3000、0~3500、0~4000。分辨力有 0.10mm、0.01mm、0.02mm 和 0.05mm 四种。

1.2.3　高度卡尺

【用途】　主要用于测量零件的高度，另外还经常用于测量几何公差，有时也用于精密划线。

【结构】　一般由尺身、底座、划线量爪及工作面、读数机构、制动螺钉等组成（见图 1-11~图 1-13）。根据不同的使用情况，可有单柱式（500mm 以下者常见）和双柱式（主要应用于较精密或测量范围较大的场合)。

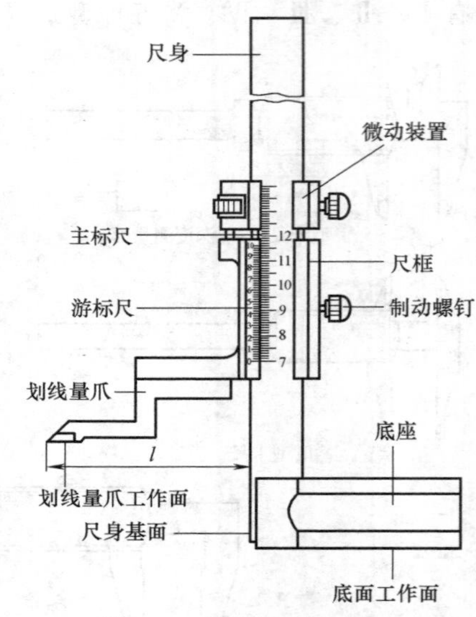

图 1-11　游标高度卡尺

【型式】 有游标型、带表型和数显型三种(见图 1-11 ~ 图 1-13)。

【材料】 一般采用碳素钢、工具钢或不锈钢制造;底座也可采用球墨铸铁、可锻铸铁、灰铸铁(工作面除外)或花岗岩材料制造,底座工作面的硬度不应低于 309HV(或 50HRC);带有划线功能的划线量爪应镶硬质合金或其他坚硬耐磨材料。

【基本参数】 高度卡尺的基本参数见表 1-5。分辨力有 0.01mm、0.02mm、0.05mm 和 0.10mm 四种。

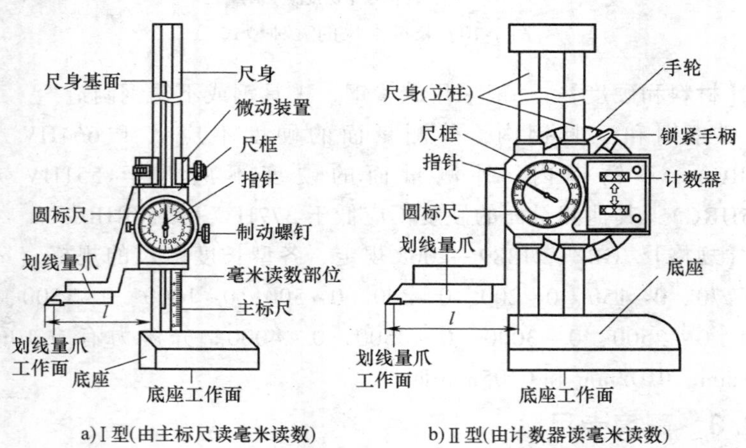

图 1-12　带表高度卡尺

【使用方法】 由于游标高度卡尺的测量是在平台上进行的,所以当测量爪的测量面与基座的底平面位于同一平面时,测量爪测量面的高度,就是被测量零件的高度。

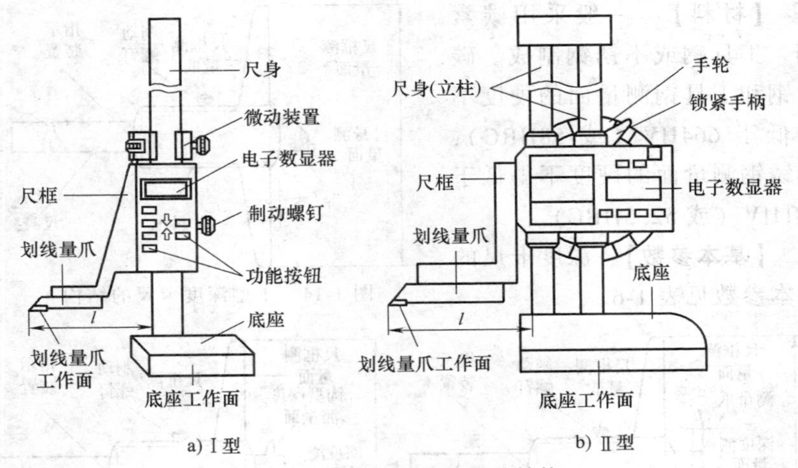

图 1-13　数显高度卡尺的结构

表 1-5　高度卡尺的基本参数（GB/T 21390—2008）

（单位：mm）

测量范围上限	基本参数 l(推荐值)	测量范围上限	基本参数 l(推荐值)
≤150	45	>400~600	100
>150~400	65	>600~1000	130

【使用方法】 可分为以下三步。

1）调零：松开制动螺钉，转动手柄，使高度规百分表向下运动，至贴紧平台百分表指零，再按归零键归零。

2）测高：调节锁紧手柄，使百分表测头高于被测量工件，然后降下高度，使测头紧贴被测工件的上端，百分表指零时读数。

3）划线：转动锁紧手柄使划线前端达到规定的尺寸高度，拧紧制动螺钉，用手推动高度规底座在工件位置划线。

1.2.4　深度卡尺

【用途】 主要用于测量零件的孔深或台阶高低和凹槽的深度。

【型式】 有游标型、带表型和数显型三种。

【结构】 一般由尺身、尺身测量面、尺框、尺框测量面、指示装置、制动螺钉等组成（见图 1-14~图 1-17）。

【分辨力】 分辨力有 0.01mm、0.02mm、0.05mm 和 0.10mm 四种。

【材料】 一般采用碳素钢、工具钢或不锈钢制成。碳素钢和工具钢测量面的硬度不得低于 664HV（或 58HRC），不锈钢测量面的硬度不得低于 551HV（或 52.5HRC）。

【基本参数】 深度卡尺的基本参数见表 1-6。

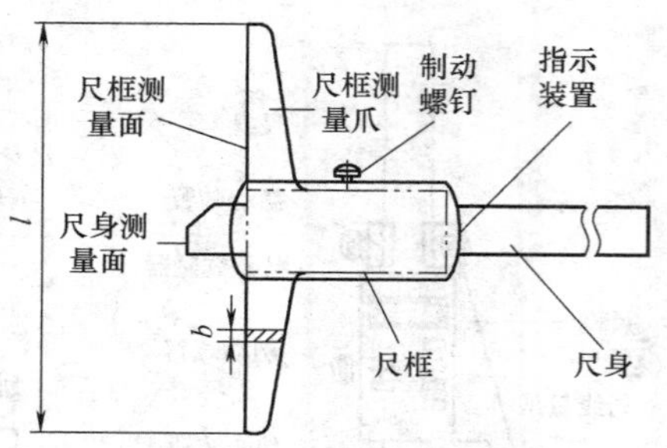

图 1-14 Ⅰ型深度卡尺的结构

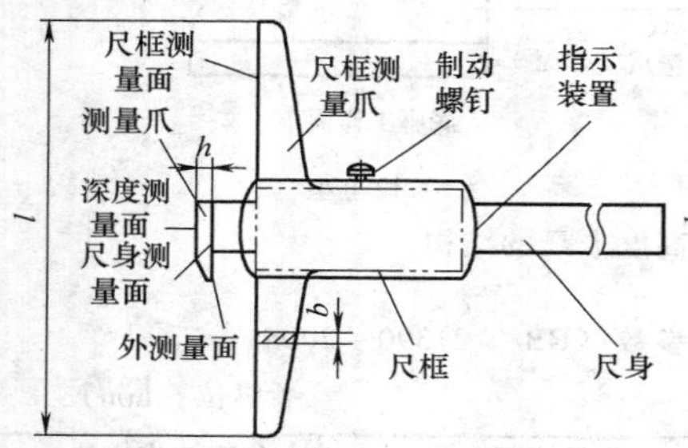

图 1-15 Ⅱ型深度卡尺的结构

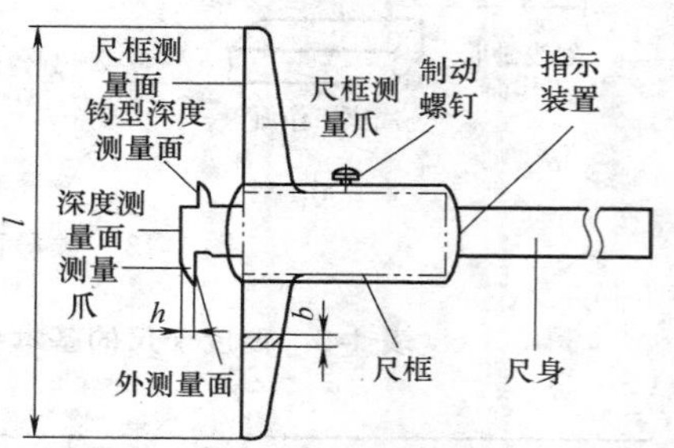

图 1-16 Ⅲ型深度卡尺的结构

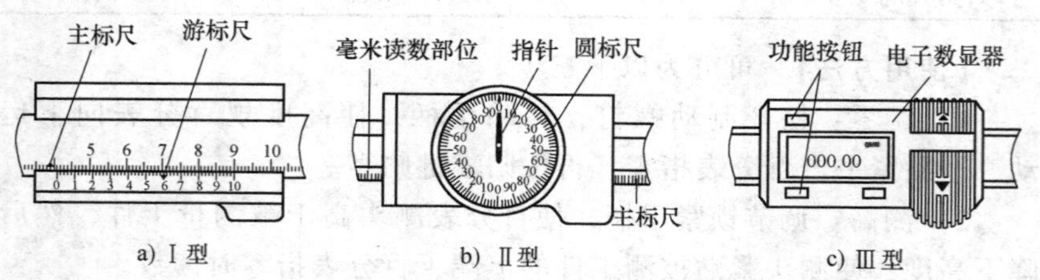

图 1-17 深度卡尺的指示装置

表 1-6 深度卡尺的基本参数（GB/T 21388—2008）

（单位：mm）

测量范围	基本参数(推荐值)≥	
	尺框测量面长度 l	尺框测量面宽度 b
0~100、0~150	80	5
0~200、0~300	100	6
0~500	120	6
0~1000	150	7

【使用方法】 测量内孔深度时，应把基座的端面紧靠在被测孔的端面上，使尺身与被测孔的中心线平行，伸入尺身，则尺身端面至基座端面之间的距离，就是被测零件的深度。

它的读数方法和游标卡尺完全一样。

1.2.5 中心距卡尺

【用途】 用于测量两孔中心线的距离，或者测量一孔中心线到侧平面之间的距离。

【结构】 一般由尺身、尺框、测头、微动装置、指示装置、制动螺钉和基准面等组成（见图 1-18 和图 1-19）。指示装置的型式同深度卡尺。

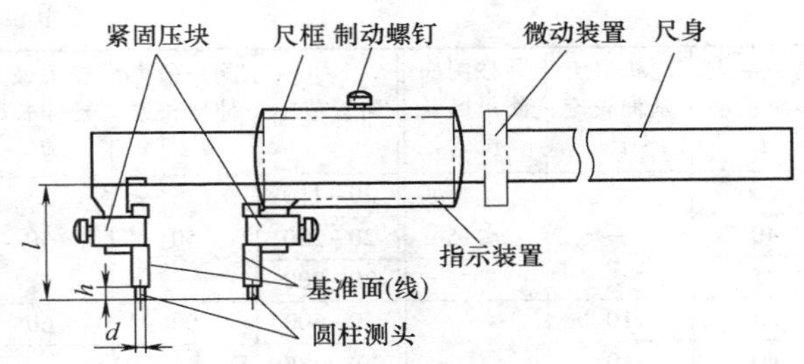

图 1-18　Ⅰ型中心距卡尺（圆柱测头）的结构

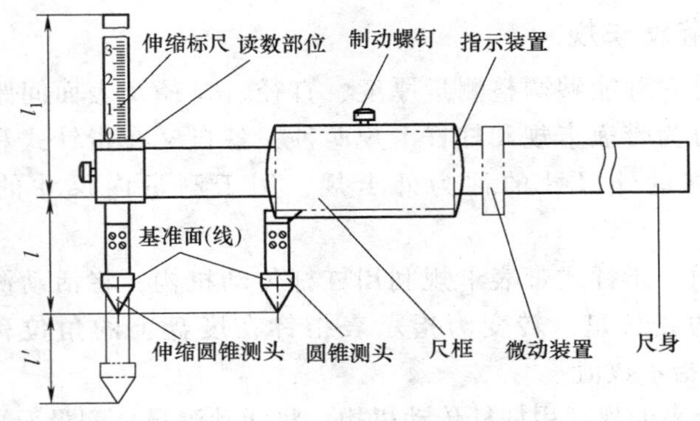

图 1-19　Ⅱ型中心距卡尺（圆锥测头）的结构

【型式】 有游标、带表和数显三种中心距卡尺，它们分别是利用游标读数原理、机械传动系统和电测数显原理，对两圆锥（或圆柱）测头中心线相对移动分隔的距离进行读数的测量器具，分Ⅰ型（圆柱测头）和Ⅱ型（圆锥测头）中心距卡尺。

【材料和硬度】 一般采用碳素钢、工具钢或不锈钢制成（测头也可采用硬质合金或其他超硬材料制造）。碳素钢、工具钢测头的硬度不得低于664HV（或58HRC），不锈钢测头的硬度和碳素钢、工具钢、不锈钢基准面（线）的硬度不得低于551HV（或52.5HRC）。

【基本参数】 中心距卡尺的基本参数见表1-7；分辨力有0.01mm、0.02mm、0.05mm和0.10mm四种。

表1-7 中心距卡尺的基本参数（JB/T 11506—2013）

（单位：mm）

测量范围	测头最大伸出长度 l	测头最大延伸长度 l'	圆柱测头测量面长度 l_1	测量范围	测头最大伸出长度 l	测头最大延伸长度 l'	圆柱测头测量面长度 l_1
5~150	35	—	≤15	20~150	50	50	—
5~200	40			20~200			
5~300	45			20~300			
10~150	35	10	≤50	20~500	60	60	—
10~200	40	40		20~1000	70	70	—
10~300	50	50		20~1500			
				30~2000	110	90	—

1.2.6 带表卡规

卡规是一种能够调整测量厚度、直径、口径及表面间距离的测量工具，分为带表卡规和杠杆卡规两种，各自又有指针式和数显两种。用于测量外尺寸的称为外卡规，用于测量内尺寸的称为内卡规。

【原理】 指针式带表卡规利用杠杆传动机构，将活动测量爪测量面摆动的弦长量，转变为指示表指针在度盘上的角位移，并由“圈”度盘指示数值。

数显带表卡规利用杠杆传动机构，将活动测量爪测量面摆动的弦长量，通过传感技术、数字显示技术指示数值。

【结构】 带表卡规的结构如图1-20所示。

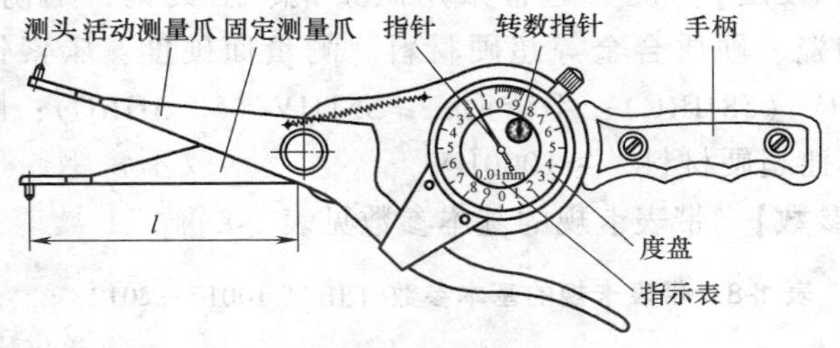

a) 指针式带表内卡规

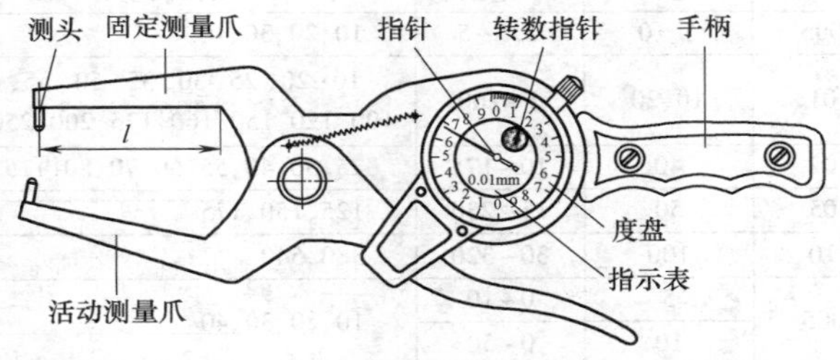

b) 指针式带表外卡规

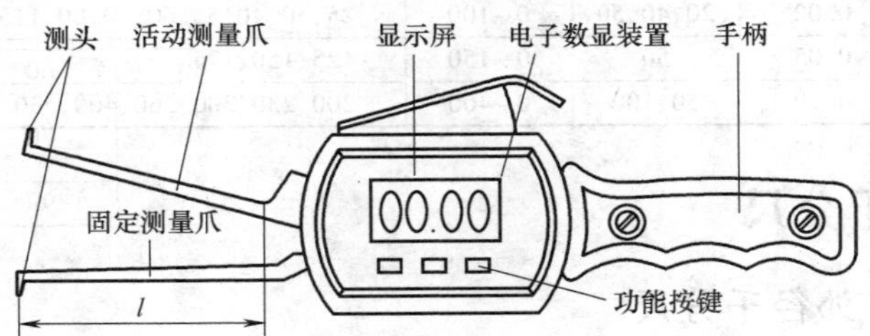

c) 数显带表内卡规

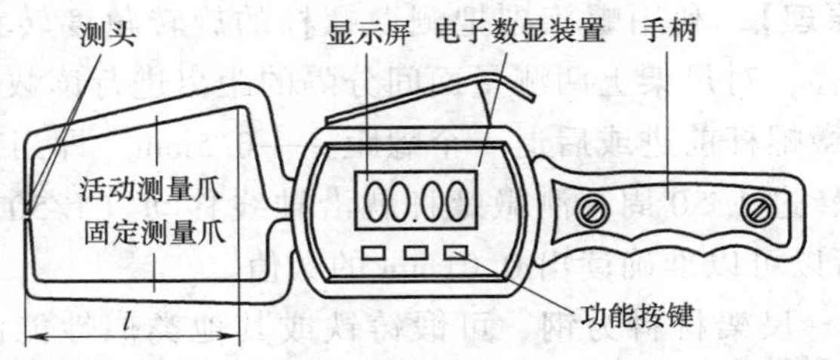

d) 数显带表外卡规

图 1-20　带表卡规的结构

【材料和硬度】 测头通常采用碳素钢、工具钢、不锈钢材料，也可采用陶瓷、硬质合金等超硬材料。测量面硬度：碳素钢、工具钢，≥664HV（58HRC）；不锈钢，≥551HV（52.5HRC）；陶瓷、硬质合金或其他超硬材料，≥1000HV。

【基本参数】 带表卡规的基本参数见表1-8。

表1-8 带表卡规的基本参数（JB/T 10017—2012）

（单位：mm）

名称	分度值	量程	测量范围	最大测量臂长度 l
带表内卡规	0.005	5、10	2.5～5	10、20、30、40
	0.01	10、20	5～160	10、20、25、30、35、50、55、60、80、90、100、120、150、160、175、200、250
	0.02	40	10～175	25、30、40、55、60、70、80、115、170
	0.05	50	15～230	125、150、175
	0.10	100	30～320	380、540
带表外卡规	0.005	5	0～10	10、20、30、40
		10	0～50	
	0.01	10、20	0～100	25、30、40、55、60、70、80
	0.02	20、40、50	0～100	25、30、40、55、60、70、80、115、170
	0.05	50	0～150	125、150、175
	0.10	50、100	0～400	200、230、300、360、400、530

1.3 千分尺

1.3.1 外径千分尺

【用途】 用来测量精度较高的轴类零件的外径尺寸。

【工作原理】 利用螺旋副把测微螺杆的旋转角度转换为测微螺杆的轴向位移，对尺架上两测量面间分隔的距离进行读数。微分筒旋转一周，测微螺杆前进或后退一个螺距——0.5mm，即当微分筒旋转一个分度，转过1/50周，测微螺杆就沿轴线移动（1/50）×0.5mm＝0.01mm，所以可以准确读出0.01mm的数值。

【材料】 尺架材料为钢、可锻铸铁或其他类似性能的材料；测微螺杆和测砧材料为合金工具钢、不锈钢或其他类似性能的材料；测量面镶硬质合金或其他耐磨材料。

【精度】 精度有0.01mm、0.001mm、0.002mm几种，读数可到

小数点后第 3 位（千分位），故称为千分尺。读数方式有游标、带表和电子数显三种。

【型式和结构】 外径千分尺有测砧固定、测砧可更换、测砧可调整位置三种型式，如图 1-21 所示。它由尺架、测砧、测微螺杆、固定套管、微分筒、测力装置和锁紧装置等组成（见图 1-21）。固定套管上有一条水平线，其上、下各有一列间距为 1mm 的刻度线，上面的刻度线恰好在下面两相邻刻度线中间。微分筒可以旋转，上有将圆周分为 50 等分的水平线。

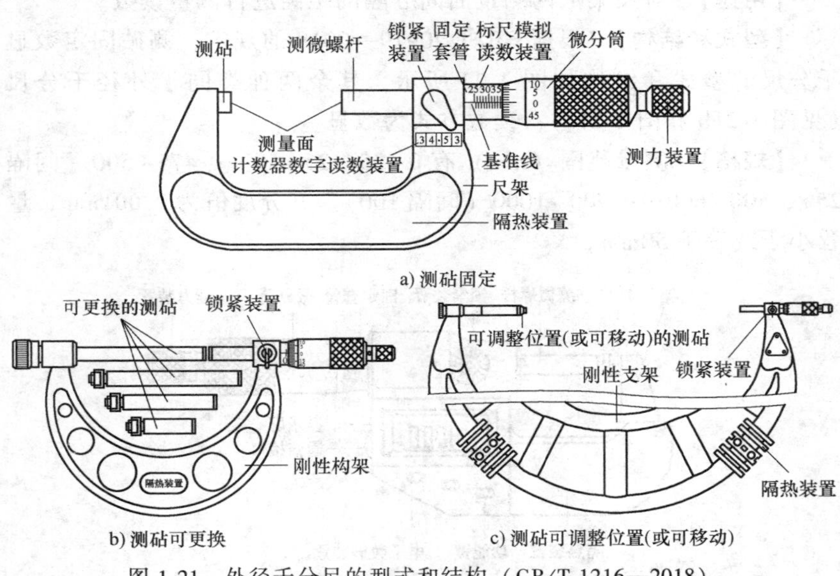

图 1-21　外径千分尺的型式和结构（GB/T 1216—2018）

【规格】 测量范围（mm）有 0~25、25~50、50~75、75~100、100~125 或 0~15、125~150……475~500（间隔 25）、500~600……900~1000（间隔 100）等若干种。

【使用方法】

1）调零：先松开锁紧装置，清除油污（特别是测砧与测微螺杆间的接触面）。若微分筒的端面与固定套管上的零线不重合，则应先旋转旋钮，直至测微螺杆接近测砧，再旋转测力装置。当测微螺杆刚好与测砧接触时，会听到“喀喀”声，这时停止转动。如果两零线仍不重合，可松动固定套管上的小螺钉，用专用扳手调节套管的位置，使两零线对齐，再把小螺钉拧紧。

2）读出活动套管边缘在固定套管上的毫米数和半毫米数。

3）根据活动套管上与固定套管上基准线对齐的那一格，读出活动套管上不足半毫米的数值。

4）两个读数相加之和即为测得的实际尺寸值。

1.3.2　数显外径千分尺

【用途】 对尺架上两测量面间分隔的距离进行测量读数。

【型式和结构】 根据 GB/T 20919—2018 的规定，测砧固定数显千分尺的型式和结构如图 1-22 所示，其余两种类同于外径千分尺（见图 1-21b 和图 1-21c）；读数方式为数显。

【规格】 测量范围（mm）有 0~25、25~50……475~500（间隔 25）、500~600……900~1000（间隔 100）。其分度值为 0.001mm，量程小于或等于 50mm。

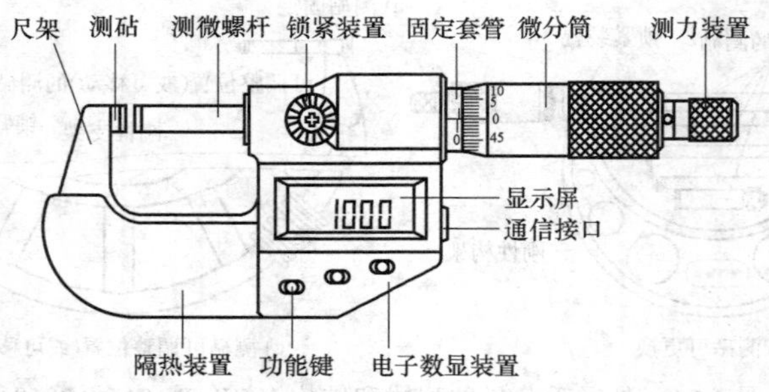

图 1-22　测砧固定数显千分尺的型式和结构

【材料】 同“1.3.1　外径千分尺”。

【使用方法】 取出千分尺，确定锁紧装置处于打开状态。

1）调零：转动棘轮旋柄使测砧和测微螺杆轻轻接触，听到“嘀嗒”声即可；按英寸/毫米切换按钮，调至液晶屏右上角显示“mm”；按调零按钮，确认液晶屏上“P”闪烁，液晶屏显示“0.000”；再按一次调零按钮，“P”消失，完成。

2）测量：旋转棘轮装置，使测钻与测微螺杆分开；将被测物体的测量面水平放置，并用手轻轻地检查测量面，保证被测量面平直、洁净后放入数显千分尺的测量区域内，保持所测零件平面与测砧端接触；转动棘轮旋柄，让测砧与测微螺杆夹住零件两端，直到听到“嘀嗒”声；如液晶屏显示读数为“6.910mm”，即为所测零件的尺寸数据。

此外，GB/T 36175—2018 还规定了一种测量面或尺架结构特殊的数显外径千分尺（见图 1-23），其分辨力为 0.001mm，量程小于或等于 25mm，测量范围上限至 500mm。此种千分尺测微螺杆的螺距宜为 0.5mm、1mm 或 2mm，量程宜为 25mm，测量范围的下限宜为 0mm 或 25mm 的整数倍。其主要区别是测量面为球形。

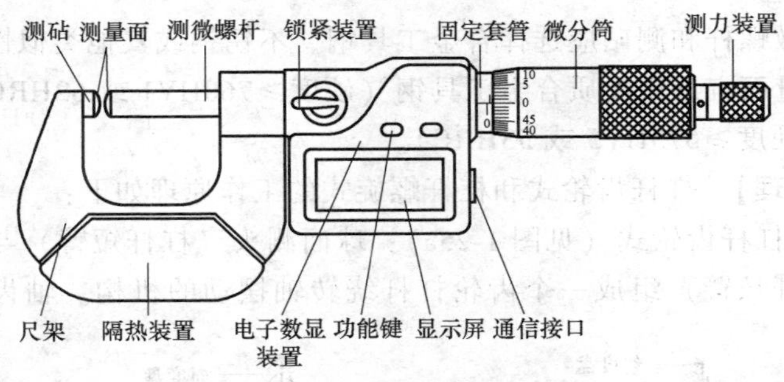

图 1-23　特殊结构数显外径千分尺的型式和结构

1.3.3　杠杆千分尺

杠杆千分尺的用途和外径千分尺相似，但其刚度较大，且测量力由小弹簧产生，比普通千分尺的棘轮装置所产生的测量力稳定，故其实际测量精度较高。读数方式有指针式和数显两种。

【结构】　杠杆千分尺的内部结构（左）和外部结构（右）如图 1-24 所示。

【规格】　GB/T 8061—2004 规定，其规格有 l_{max}≤50mm 和 50mm<l_{max}≤100mm 两种。测头的分度值为 0.01mm、0.001mm、0.002mm、0.005mm，量程为 25mm，指示表的分度值为 0.001mm 或 0.002mm，测量上限 l_{max} 不应大于 100mm。

【材料和硬度】　尺架应选择钢、可锻铸铁或其他类似性能的材

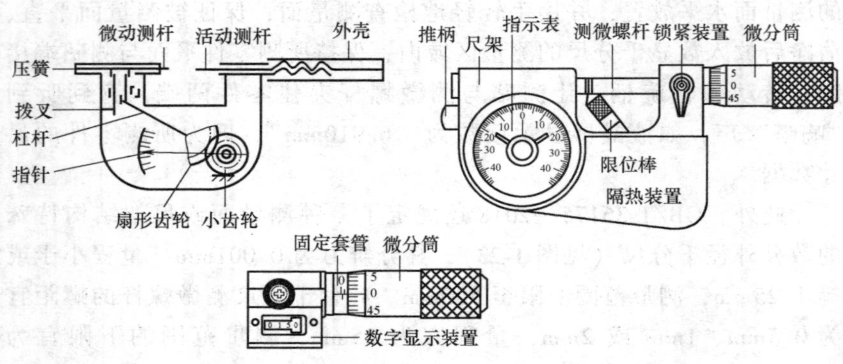

图 1-24　杠杆千分尺的内部结构（左）和外部结构（右）

料；测微螺杆和测砧应选择合金工具钢、不锈钢或其他类似性能的材料；测量面宜选用硬质合金工具钢（硬度≥760HV1 或 62HRC）或不锈钢（硬度≥575HV5 或 53HRC）。

【原理】　杠杆齿轮式和杠杆螺旋式的工作原理如下：

1）杠杆齿轮式（见图 1-25a）：球面测头（杠杆短臂）与扇形齿轮（杠杆长臂）组成一个齿轮杠杆绕转轴摆动的机构。轴齿轮和端

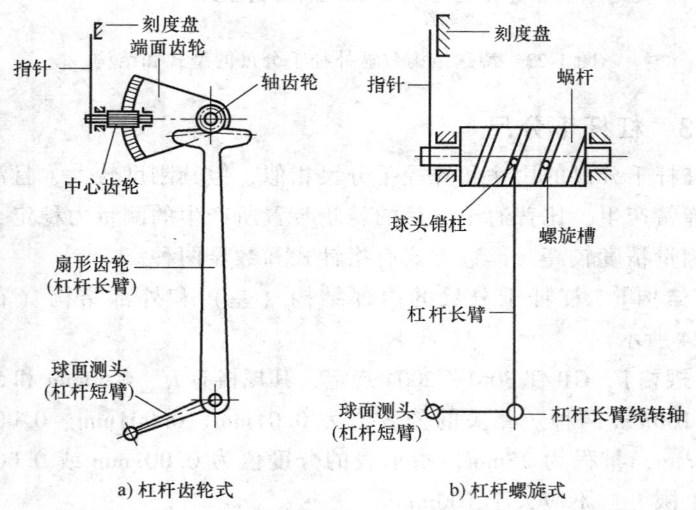

a) 杠杆齿轮式　　b) 杠杆螺旋式

图 1-25　杠杆千分尺的工作原理

面齿轮在扇形齿轮的带动下做回转运动，最后传至中心齿轮及指针，并反映在刻度盘上，即相应的测量示值。

由测头到扇形齿轮之间的杠杆传动，和由扇形齿轮经轴齿轮再到中心齿轮的传动，共经一级杠杆和二级齿轮的传动。

2）杠杆螺旋式（见图 1-25b）：球面测头（杠杆短臂）与杠杆长臂靠摩擦力相结合。当被测尺寸变化时，会引起测头摆动，杠杆长臂绕转轴也做相应摆动。杠杆长臂的末端有一个球头销柱安装在蜗杆的螺旋槽内，球头与槽的两侧表面接触，蜗杆轴上装有指针。当杠杆长臂摆动时，球头沿蜗杆螺旋槽做轴向移动，同时又迫使蜗杆旋转，因而带动了指针的回转，最后反映在刻度盘上，即相应的测量数值。

【使用方法】 可以像外径千分尺一样做绝对测量；为了提高测量准确度，还可做比较测量。

1）用于绝对测量时，将工件正确地置于测砧与测微螺杆之间；转动微分筒，当测微螺杆接触工件后，指针开始转动，继续正向转动微分筒，指针逐渐由负刻度向正刻度方向转动。指针在表盘上的任何示值位置均可读数。当微分筒的刻线与基线重合时停止转动。先读出微分筒上的示值，再读出指针所指的示值，两数相加之和即为被测工件的实际尺寸。

2）用于比较测量时，用与被测工件尺寸相同的量块组作为标准，调整杠杆千分尺，使杠杆指示表指零，紧固微分筒，按下拨叉，取下量块组。

测量时，按下拨叉，使测砧移开，将被测工件正确置于杠杆千分尺的测砧与测微螺杆之间。拨动拨叉几次，待示值稳定时，读取指示表上的读数，量块组的尺寸加上指示表上的读数即为被测工件的实际尺寸。取出被测工件时，也要先按下拨叉，后取出被测工件。

由于比较测量避免了微分筒示值误差对测量结果的影响，因而提高了测量的准确度。

3）用于成批工件的测量时，按被测工件的标称尺寸，调整杠杆千分尺的示值为零（为提高测量的准确度可用量块组进行调整），然后根据工件的公差要求，转动公差带指标，调节螺钉，使公差带指标的距离等于被测工件的公差带要求。测量时，只需观察指针是否在公差带范围内即可确定工件是否合格。该测量方法工作效率高，精度也高。

1.3.4 两点内径千分尺

两点内径千分尺是带有两个用于测量内尺寸测砧，并以螺旋副作为中间实物量具的内尺寸测量器具。

【用途】 用于机械加工中，测量精度等级为 IT10 或低于 IT10 的工件的孔径、槽宽及两端面距离等内尺寸。

【型式和结构】 两点内径千分尺的型式和结构如图 1-26 所示。

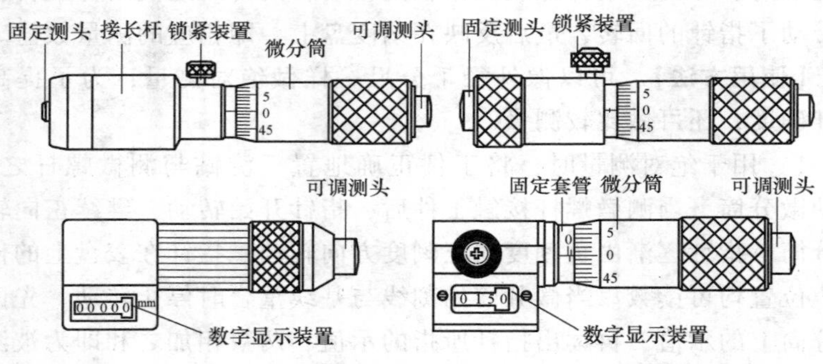

图 1-26 两点内径千分尺的型式和结构

【材料】 接长杆为钢或其他类似性能的材料；测微螺杆和测砧为合金工具钢或其他类似性能的材料，测量面宜镶硬质合金或其他耐磨材料。合金工具钢测量面的硬度≥760HV1（或 62HRC），不锈钢测量面的硬度≥575 HV5（或 53HRC）。

【规格】 测量范围（mm）有≤50、50~100……450~500（间隔 50）、500~800、800~1250、1250~1600、1600~2000、2000~2500、2500~3000、3000~4000、4000~5000、5000~6000。分度值为 0.01mm、0.001mm、0.002mm、0.005mm；测微螺杆的螺距为 0.5mm 或 1.0mm（GB/T 8177—2004）。

【基本参数】 两点内径千分尺测头的量程为 13mm、25mm 或 50mm；测砧球形测量面的曲率半径不应大于测量下限 l_{min} 的 1/2。

【使用方法】

1）内径千分尺在测量及使用时，必须用尺寸最大的接长杆与其测微头连接，依次顺接到测头，以减少连接后的轴线弯曲。

2）测量时应看测头固定和松开时的变化量。

3）在日常生产中，用内径千分尺测量孔时，将测头测量面支撑在被测表面上，调整微分筒，使微分筒一侧的测量面在孔的径向截面内摆动，找出最小尺寸。然后用锁紧装置锁紧螺钉，取出内径千分尺并读数，也有不拧紧锁紧装置直接读数的。这样就存在姿态测量的问题。姿态测量，即测量时与使用时的一致性。例如：测量（75～600）/0.01mm 的内径尺寸时，接长杆与测头连接后的尺寸大于 125mm 时，其拧紧与不拧紧固定螺钉时的读数值相差 0.008mm，即为姿态测量误差。

4）用内径千分尺测量时，支承位置要正确。接长后的大尺寸内径尺重力变形，涉及直线度、平行度、垂直度等形位误差。其刚度的大小，具体可反映在“自然挠度”上。理论和实验结果表明，由工件截面形状所决定的刚度对支承后的重力变形影响很大。例如不同截面形状的内径千分尺，其长度 l 虽相同，若支承在 l 的 2/9 处时，也能使内径千分尺的实际测量值误差符合要求；但支承点稍有不同，其直线度变化值就会较大。国家标准中将支承位置移到最大支承距离位置时的直线度变化值称为“自然挠度”。为保证刚性，国家标准中规定内径千分尺的支承点要在 l 的 2/9 处和在距离端面 200mm 处，即测量时变化量最小，并将内径千分尺每转 90°检测一次，其示值误差均不应超过上述要求。

1.3.5 三爪内径千分尺

测头有三个可伸缩的测量爪，且由于三爪有三点和孔壁接触，故三爪内径千分尺的测量结果比较准确。

【用途】 适用于机械加工中测量精度等级为 IT10 或低于 IT10 的工件的孔径、槽宽及两端面距离等内尺寸。

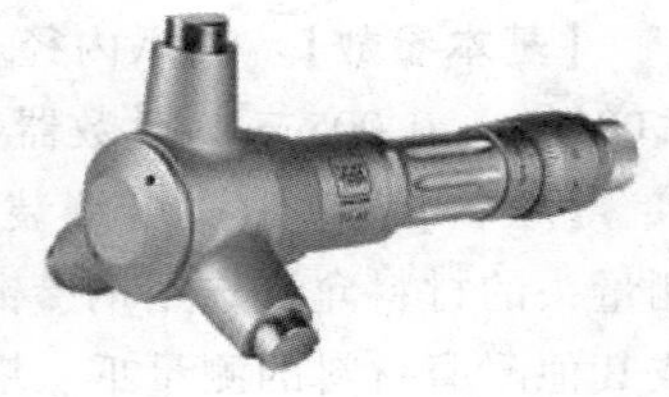

图 1-27　三爪内径千分尺

【原理】 三爪内径千分尺（见图 1-27）的测量爪与梯形圆锥螺纹互相啮合，在量杆与扭簧的作用下做径向直线移动，使三个测量爪做径向位移，使其与被测内孔接触，从而对内孔尺寸进行读数测量。

【型式和结构】 其型式可分为Ⅰ型（通孔型，见图 1-28）和Ⅱ型（盲孔型，见图 1-29）两种，按读数方式可分为标尺和数显两种。

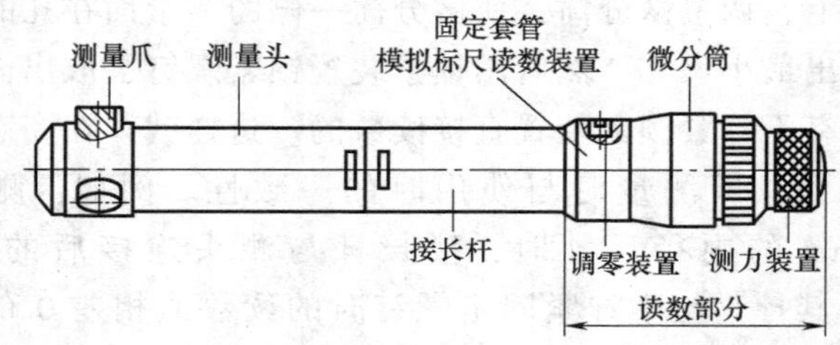

图 1-28 Ⅰ型三爪内径千分尺（通孔型）型式

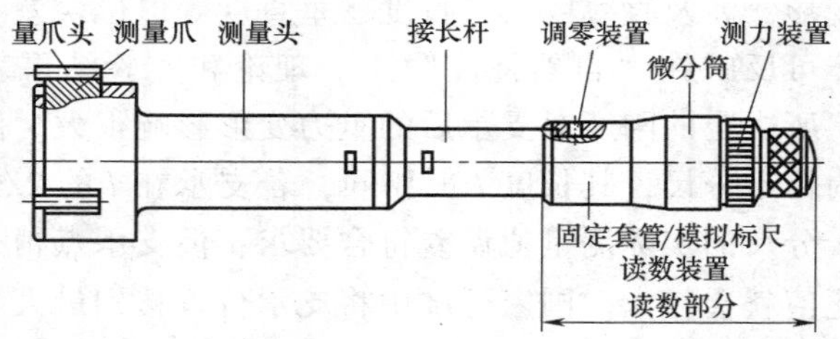

图 1-29 Ⅱ型三爪内径千分尺（盲孔型）型式

【刻线原理】 （以 0.005mm 精度为例）量杆梯形圆锥螺纹的螺距是 0.25mm，微分筒一周等分成 100 格。当微分筒旋转一周时，两个测量爪均朝径向移动 0.25mm，于是，三个测量爪组成的测量直径增长 0.5mm。因此，当微分筒转动一格，测量直径就增加 0.5mm/100=0.005mm，即三爪内径千分尺的测量精度为 0.005mm。

【基本参数】 三爪内径千分尺的基本参数见表 1-9；其分度值为 0.001mm、0.005mm。计数器数字读数装置的量化步距应为 0.001mm。

【材料】 量爪头可镶装耐磨性高的硬质合金或其他耐磨材料；测量头的材料允许选用钢、铜及铝合金等材料制造；不镶装硬质合金或其他耐磨材料的测量爪、塔形阿基米德螺旋体或移动锥体，应选用合金工具钢、不锈钢或其他同等性能的材料；镶装硬质合金或其他耐

表 1-9　三爪内径千分尺的基本参数（GB/T 6314—2018）

（单位：mm）

测量范围 A	量　程	测量范围 A	量　程
3<A≤6	0.5、1、2	20<A≤40	4、5
6<A≤12	2、2.5	40<A≤100	10、13、25、30、50
12<A≤20	2.5、3、4	100<A≤300	10、13、25、30、50、100

磨材料的测量爪，可选用不锈钢、碳素钢或其他同等性能的材料。不锈钢、合金工具钢和耐磨材料测量面的硬度应分别大于或等于552HV（52.5HRC）、740HV（61.8HRC）和 86.6HRA。

1.3.6　内测千分尺

内测千分尺是利用螺旋副原理，对固定测量爪与活动测量爪之间的分隔距离进行读数的内尺寸测量工具。

【用途】　主要用于测量孔及零部件的各种内尺寸。

【基本参数】　内测千分尺的基本参数见表 1-10。

表 1-10　内测千分尺的基本参数（不含电子数显，JB/T 10006—2018）

（单位：mm）

测量范围(推荐值)	测量爪的悬伸长度
5~30、25~50、50~75、75~100	≤27.5
100~125、125~150、150~175、175~200	≤27.5
200~225、225~250、250~275、275~300	≤25

注：1. 分度值为 0.01mm，测微螺杆的螺距为 0.5mm。
2. 计数器数字读数装置的量化步距应为 0.001mm。

【型式和结构】　内测千分尺的三种型式如图 1-30 所示。它由活动测量爪、固定测量爪、固定套管/标尺模拟读数装置、锁紧装置、微分筒、测力装置等组成。

【材料】　测量爪的测量面，应选用耐磨性高的硬质合金或其他同等性能的材料。测量面的测量爪可镶装耐磨性高的粉末冶金、铸钢、碳素结构钢或其他同等性能的材料。

【硬度和表面粗糙度】　内测千分尺测量面的硬度和表面粗糙度见表 1-11。

【测量原理】　当旋转微分筒棘轮时，导向管带着活动量爪做径向移动，使其与被测内尺寸壁接触，之后可以由读数装置得出具体示值。

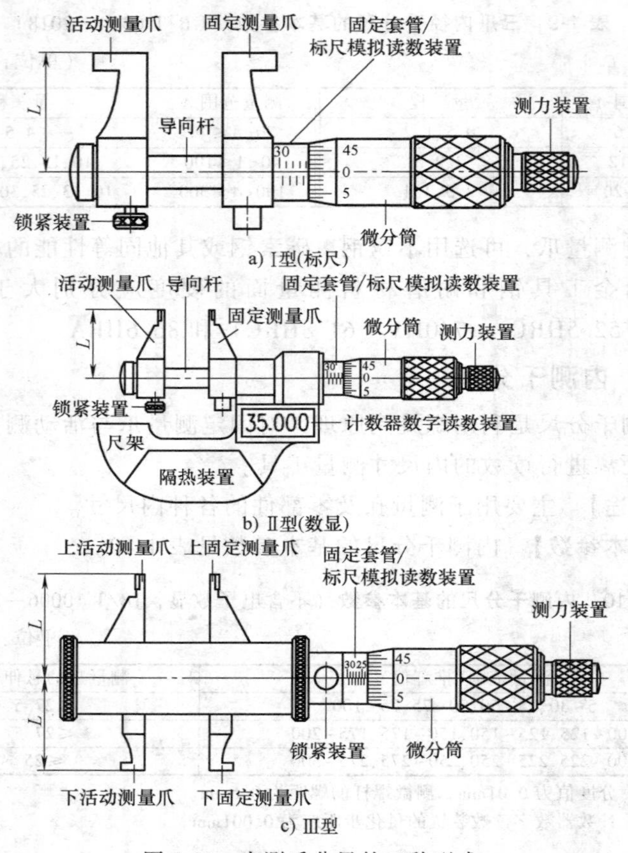

图 1-30　内测千分尺的三种型式

表 1-11　内测千分尺测量面的硬度和表面粗糙度（JB/T 10006—2018）

测量面材料	硬度	表面粗糙度 $Ra/\mu m$
合金工具钢	≥740HV(或 61.8HRC)	0.2
不锈钢	≥552HV(或 52.5HRC)	0.2
镶装硬质合金(或其他耐磨材料)	≥86.6HRA	0.4

【使用方法】

1）检查外观：首先用干净棉布擦净内测千分尺的表面，然后检查千分尺各部位，不允许有碰伤、锈蚀或其他缺陷，固定套筒和微分筒上的刻线应清晰、均匀。

2）检查各部分间的相互作用：旋转棘轮（测力装置）应带动微分筒灵活地旋转；旋转微分筒、移动活动测量爪时应无阻滞，活动测量爪应无能用手感觉到的沿圆周方向的转动；在全量程范围内，微分筒与固定套筒之间应无摩擦；当用手将微分筒握住不动时，或用锁紧装置把测微螺杆紧固后，旋转棘轮应能发出“咔咔”声。

3）调零：

① 调零前，首先检查内测千分尺的测微螺杆、固定测量爪与活动测量爪的测量面，以及校对环规测量面的表面粗糙度，应符合 $Ra \leqslant 0.04\mu m$。

② 调零过程中，将校对环规当作工件进行测量，测量前应擦净环规和内测千分尺的测量爪。若测量的结果与环规的标称尺寸相符，则说明“零”位示值正确。

4）测量内尺寸：先将两个测量爪之间的距离调整到比被测孔径公称值略小，然后将两个测量爪伸进孔内，左手的拇指和食指捏住测量爪的根部，小指和无名指托住活动测量爪的根部，右手旋转微分筒。当测量爪的测量面快要与孔壁接触时，旋转棘轮，棘轮发出“咔咔”声，即可读数，读数方法与外径千分尺相同。

为保证测量结果的准确，测量时应尽量使测量爪的整个母线与测量部位贴合，不得歪斜或点接触（见图 1-31）。

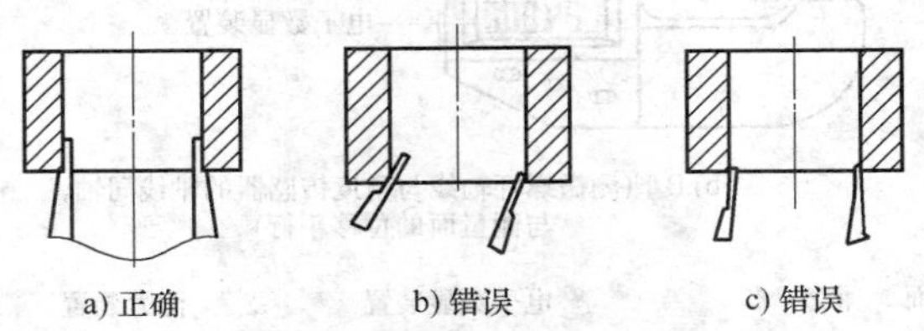

图 1-31　测量爪的整个母线与测量部位贴合

1.3.7　数显内径千分尺

数显内径千分尺是利用数显装置，对两测量面分隔的内尺寸或三测量面接触的内孔进行读数的测量工具。

【分类】 可分为内径两点和内径三点两种，共有 A、B、C、D、E 五个型式。

【基本参数】 GB/T 22093—2018 规定，测微螺杆的螺距宜为 0.5mm 或 1mm；分辨力大于或等于 0.001mm，量程小于或等于 100mm，测量范围上限至 500mm。

A 型、B 型数显内径千分尺的量程宜为 25mm，测量范围的下限宜为 5mm 或 25mm 的整数倍；C 型、D 型、E 型数显内径千分尺的测量范围的下限宜为整数。

【结构】 数显两点和数显三点内径千分尺的型式和结构分别如图 1-32 和图 1-33 所示。

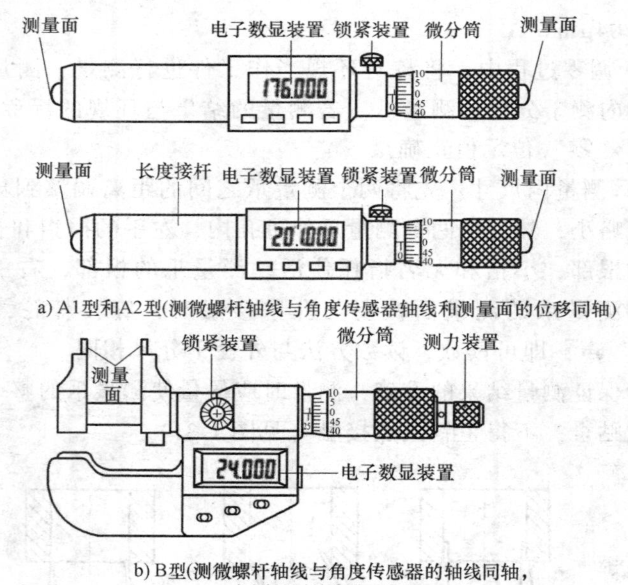

a) A1型和A2型(测微螺杆轴线与角度传感器轴线和测量面的位移同轴)

b) B型(测微螺杆轴线与角度传感器的轴线同轴，与测量面的位移平行)

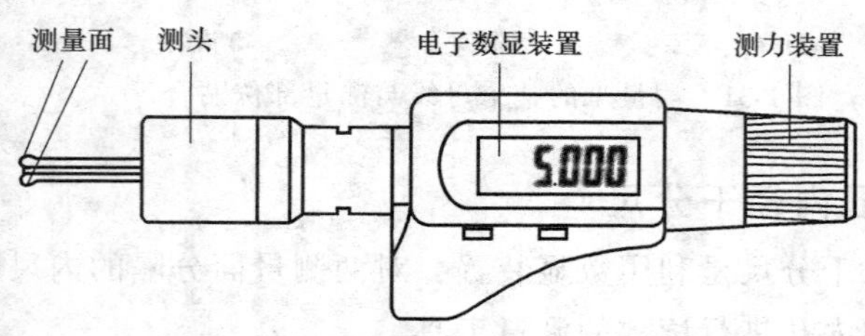

c) C型(测微螺杆轴线与角度传感器的轴线同轴，与测量面的位移垂直)

图 1-32 数显两点内径千分尺的型式和结构

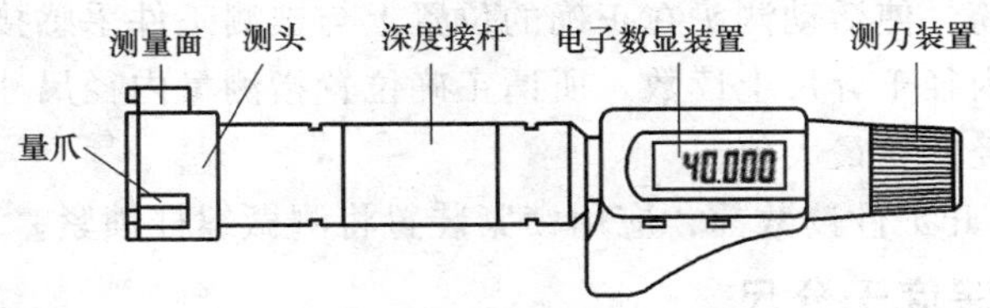

a) D型(测微螺杆轴线与角度传感器的位移同轴，与测量面的轴线垂直)

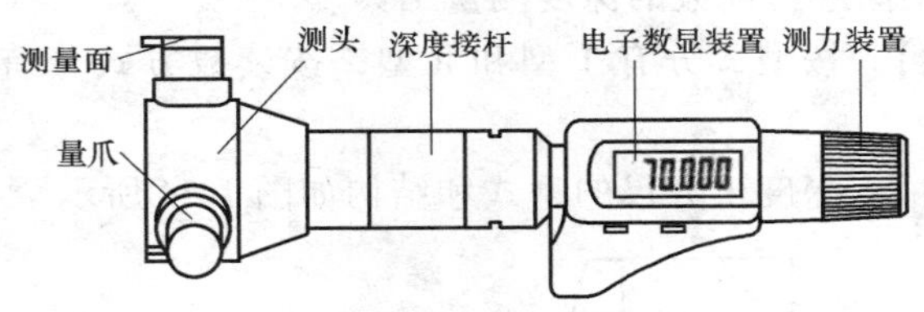

b) E型(测微螺杆轴线与角度传感器的轴线同轴，与测量面的位移垂直)

图 1-33　数显三点内径千分尺的型式和结构

【材料】 测微螺杆和测砧应选择合金工具钢、不锈钢或其他类似性能的材料制造，测量面宜镶硬质合金或其他耐磨材料。

【规格】 测量范围（mm）有 1～50、50～100……450～500（间隔 50）、500～600、600～700、700～800、800～1000。B、C、D 三种型式的规格不超过 300mm。

【使用方法】 下面以三丰数显三点内径千分尺的使用方法为例说明，其他型号的大同小异。

1）选取接长杆，尽可能地选取数量最少的接长杆组成所需的尺寸；在连接接长杆时，应按尺寸的大小排列，尺寸最大的接长杆应与微分头连接，以减少累积误差。

2）使用测量下限为 75（或 150）mm 的内径千分尺时，被测量面的曲率半径不得小于 25（或 60）mm，否则可能造成内径千分尺测头球面的边缘未测量。

3）测量时要手握绝热装置；测量前应严格等温，并尽量减少测量时间。

4）测量时，固定测头与被测表面接触，摆动活动测头的同时，转动微分筒，使活动测头在正确的位置上与被测工件手感接触，从而就可以从内径千分尺上读数。所谓正确位置指测量内径尺寸，轴向找最小值，径向找最大值。

5）离开工件读数前，应用锁紧装置将测微螺杆锁紧。

1.3.8 深度千分尺

深度千分尺是利用螺旋副原理，对底板测量面与测微螺杆测量面间分隔的距离进行读数的深度测量工具。

【分类】 按型式分有Ⅰ型和Ⅱ型，按读数方式分有标尺和数显两种。

【结构】 深度千分尺的型式和结构如图1-34所示。

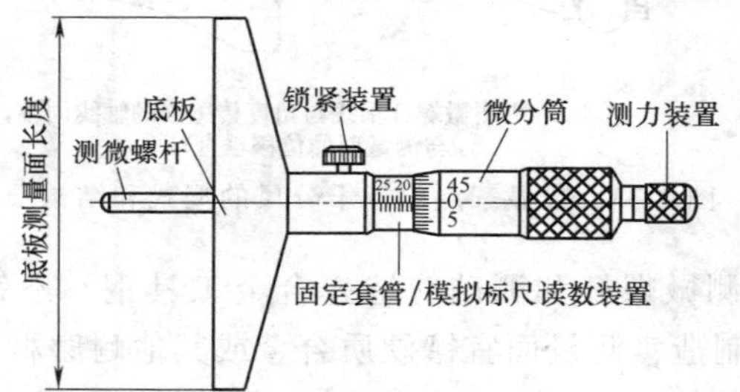

a) Ⅰ型深度千分尺(标尺)

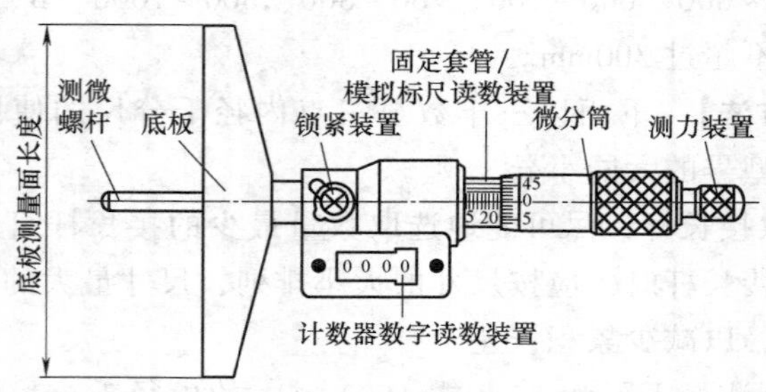

b) Ⅱ型深度千分尺(数显)

图1-34 深度千分尺的型式和结构

【规格】 根据GB/T 1218—2018，深度千分尺的测量范围（mm）有$A \leqslant 50$、$50 < A \leqslant 100$、$100 < A \leqslant 150$、$150 < A \leqslant 200$、$200 < A \leqslant 250$、$250 < A \leqslant 300$。分度值有0.01mm、0.005mm、0.001mm三种，

测微头量程为 25mm、50mm，测量范围上限至 300mm。底板测量面的长度大于等于 50mm，小于等于 101.6mm。测微螺杆直径的推荐值为 ϕ3.5mm、ϕ4.5mm、ϕ6mm、ϕ6.5mm。

【材料】 底板、校对器应选用工具钢、不锈钢或其他类似性能的材料；测微螺杆及可换测微螺杆应选择合金工具钢、不锈钢或其他类似性能的材料，测微螺杆测量面宜镶硬质合金或其他耐磨材料。

【使用方法】

1）使用前先将深度千分尺擦净，然后检查其上各活动部分是否灵活可靠：在全行程内微分筒的转动要灵活，微分螺杆的移动要平稳，锁紧装置的作用要可靠。

2）根据被测的深度或高度选择并换上合适的测微螺杆。

3）测量范围为 0~25mm 的深度千分尺可以直接校对零位：采用 00 级平台，将平台和深度千分尺的基准面和测量面擦干净，旋转微分筒使其端面退至固定套筒的零线之外，然后将千分尺的基准面贴在平台的工作面上，左手压住底座，右手慢慢旋转棘轮，使测量面与平台的工作面接触后检查零位。微分筒上的零刻线应对准固定套管上的纵刻线，微分筒锥面的端面应与套管零刻线相切。

4）测量范围大于 25mm 的深度千分尺，要用校对量具（可以用量块代替）校对零位：把校对量具和平台的工作面擦净，将校对量具放在平台上，再把深度千分尺的基准面贴在校对量具上校对零位。

5）使用深度千分尺测量盲孔、深槽时，往往看不见孔、槽底的情况，所以操作深度千分尺时要特别小心，切忌用力莽撞。

6）当被测孔的直径或槽宽大于深度千分尺的底座时，可用一块辅助定位基准板进行测量。

1.3.9　数显深度千分尺

数显深度千分尺（带测微头）是利用数显装置，对底板测量面与测微螺杆测量面分隔的距离进行读数的测量工具。

【规格】 根据 GB/T 22092—2018，数显深度千分尺的测量范围同“1.3.8 深度千分尺”。其分辨力为 0.001mm，量程小于或等于 50mm，测量范围上限至 300mm。测微螺杆的螺距宜为 0.5mm、1mm 或 2mm，量程宜为 25mm、30mm 或 50mm，测微头安装部位的直径

宜为 $\phi12h6$，测量范围的下限宜为 0 或 25mm 的整数倍。

【结构】 数显测微头和数显深度千分尺的型式和结构如图 1-35 所示。

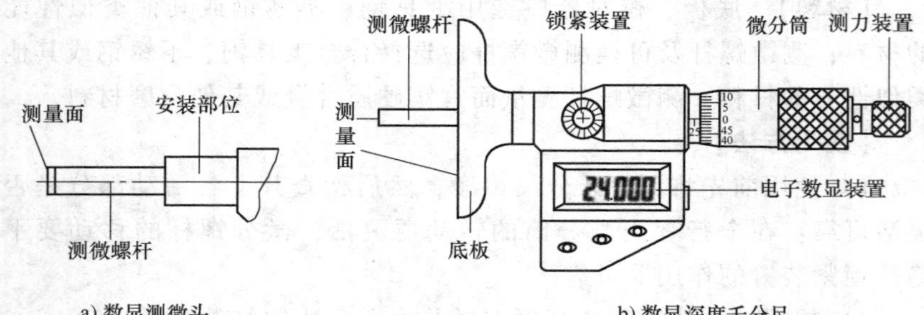

图 1-35 数显测微头和数显深度千分尺的型式和结构

【材料】 同“1.3.8 深度千分尺”。

1.3.10 壁厚千分尺

壁厚千分尺是利用螺旋副原理，对弧形尺架上的球形测量面和平测量面间分隔的距离进行读数的一种测量管子壁厚的工具。

【结构】 壁厚千分尺的型式和结构如图 1-36 所示。

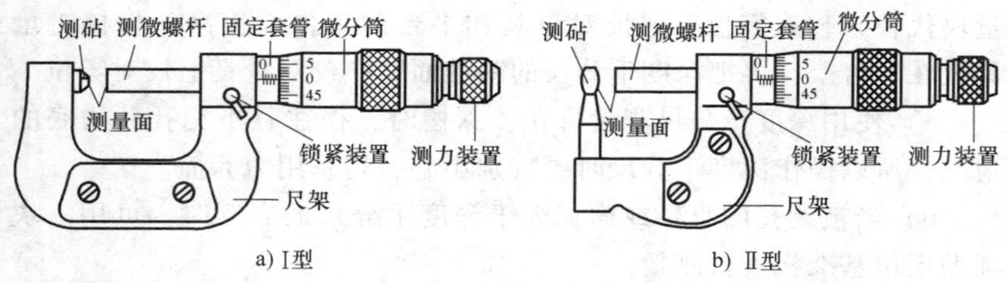

图 1-36 壁厚千分尺的型式和结构

【规格】 测量范围上限至 50mm。根据 GB/T 6312—2004 的规定，其分度值为 0.01mm、0.001mm、0.002mm、0.005mm，测微螺杆的螺距为 0.005mm 或 1mm，测微螺杆测量端直径宜选择 6.5mm、7.5mm 或 8.0mm。在达到测量上限时，测微螺杆伸出尺架的长度应不小于 3mm；Ⅰ型壁厚千分尺测砧伸出尺架的长度应小于 3mm。

【材料】 尺架应选择钢、可锻铸铁或其他性能类似的材料；测微螺杆和测砧应选择合金工具钢或其他性能类似的材料，其测量面宜镶硬质合金或其他耐磨材料。

【使用方法】

1）使用前应先检查零点：缓缓转动微调旋钮，使测微螺杆和测砧接触，直到棘轮发出声音为止，此时微分筒上的零刻线应当和固定套筒上的基准线（长横线）对正，否则有零误差。

2）左手持尺架，右手转动粗调旋钮使测微螺杆与测砧的间距稍大于被测物，放入被测物（被测物的测量面必须与测砧面平行），转动保护旋钮到夹住被测物，直到棘轮发出声音为止，拨动固定旋钮使测微螺杆固定，即可读出壁厚的数值。

1.3.11　板厚千分尺

板厚千分尺有球形（或平面）测量面和与测量面组合的特殊弓深的尺架。

【用途】　用于测量板材的厚度。

【分类】　按结构分有Ⅰ型、Ⅱ型和Ⅲ型，按读数方式分有机械和数显两种。

【结构】　板厚千分尺的型式和结构如图 1-37 所示。

【规格】　板厚千分尺的测量范围上限最大至 300mm。根据 JB/T 2989—2016 的规定，其分度值为 0.01mm、0.001mm，分辨力为 0.001mm；测微螺杆的螺距为 0.5mm、1mm 或其他规格，量程为 10mm、15mm、25mm 或 50mm。测微螺杆和测砧的测量端直径宜为 6.5mm 或 8mm。尺架弓深度（mm）的推荐值为 40、50、70、75、80、100、110、120、150、200、250、300、350、400。

【材料】　尺架应选择钢、可锻铸铁或其他性能类似的材料；测微螺杆和测砧应选择合金工具钢、不锈钢或其他性能类似的材料，其测量面宜镶硬质合金或其他耐磨材料。

1.3.12　螺纹千分尺

【用途】　利用螺旋副原理，对弧形尺架上的锥形测量面和 V 形凹槽测量面间分隔的距离进行读数。

【分类】　有标尺和数显两种。

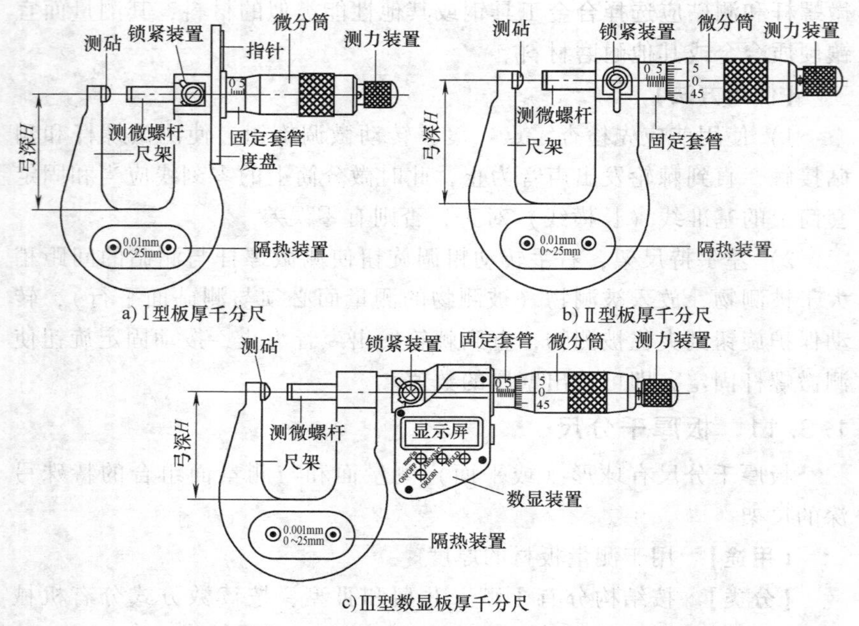

图 1-37　板厚千分尺的型式和结构

【结构】　螺纹千分尺的型式和结构如图 1-38 所示。

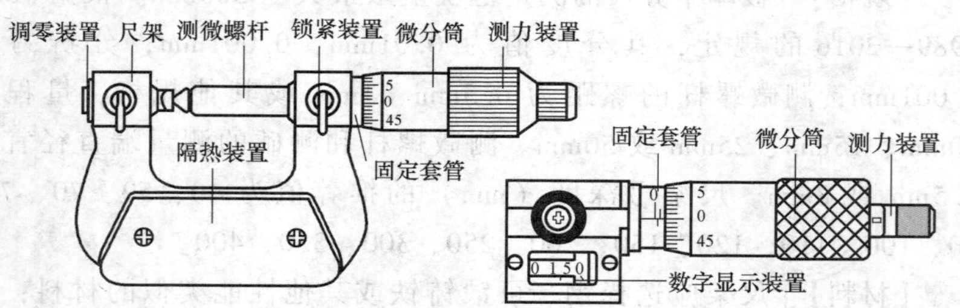

图 1-38　螺纹千分尺的型式和结构

【规格】　根据 GB/T 10932—2004 的规定，测量范围（mm）宜为 0~25、25~50……175~200（间隔 25）。其分度值为 0.01mm、0.001mm、0.002mm、0.005mm，测微头的量程为 25mm，测量上限不应大于 200mm。

【材料】　尺架应选择钢、可锻铸铁或其他类似性能的材料，测微螺杆和测头应选择合金工具钢、不锈钢或其他类似性能的材料。

【使用方法】

1）测量前，应按被检工件螺纹的螺距、牙形角，选择相应规格的一组测头。擦净测头工作面，测头插入螺纹千分尺测头安装孔时，位置要准确可靠，并进行零位调整（每更换一组测头均须进行零位调整，以减少其测量误差）。

2）螺纹千分尺测量时必须使用测力装置，即以恒定的测量力进行测量。另外，在使用螺纹千分尺时应平放，使两测头的中心与被测工件的螺纹中心线相垂直，以减少其测量误差。

1.4　量表类

1.4.1　指示表

指示表包括百分表和千分表两种。

【用途】　只能测出相对数值，主要应用于检测工件的形状和位置误差等，也可用于比较法测量工件的长度。

【分类】　按量程和分度值分，有百分表、大量程百分表（分度值为 0.10mm、0.01mm）和千分表（分度值为 0.001mm）（见图 1-39）；按指示方式分，有刻度和数显两大类。

【结构】　指示表的内部结构如图 1-40 所示。

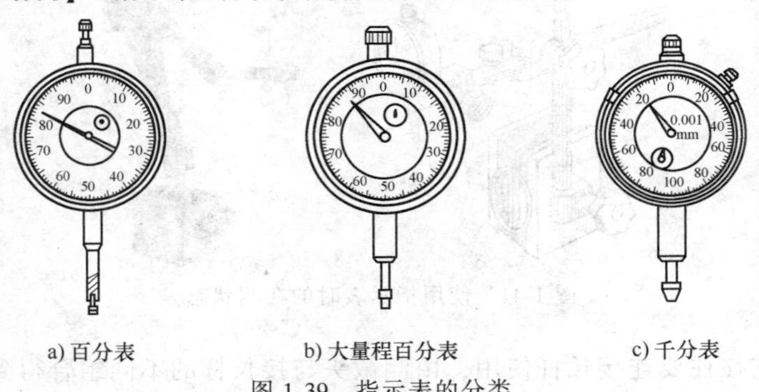

a) 百分表　　b) 大量程百分表　　c) 千分表

图 1-39　指示表的分类

【基本参数】　指示表的基本参数见表 1-12。百分表的量程不超过 100mm；千分表的分度值为 0.002mm 者，量程不超过 10mm；分度值为0.001mm者，量程不超过5mm。

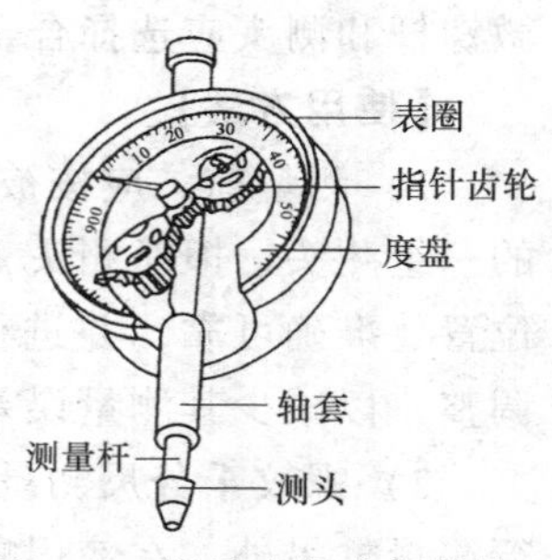

图1-40 指示表的内部结构

【使用方法】 测量时，测量面和测量杆要垂直；使用规定的支架；测头接触测量物或者量块时要轻；测量圆柱形产品时，测杆轴线应与产品直径方向一致（见图1-41）。

1.4.2 内径指示表

内径指示表是内径百分表和内径千分表的统称，分度值可为0.01mm或0.001mm。

表1-12 指示表的基本参数（GB/T 1219—2008）

（单位：mm）

分度值	测量范围 A	分度值	测量范围 A	分度值	测量范围 A
0.10	A≤10 10<A≤20 20<A≤30 30<A≤50 50<A<100	0.01	A≤3 3<A≤5 5<A≤10 10<A≤20 20<A≤30 30<A≤50 50<A≤100	0.001	A≤1 1<A≤3 3<A<5
				0.002	A≤1 1<A≤3 3<A≤5 5<A≤10

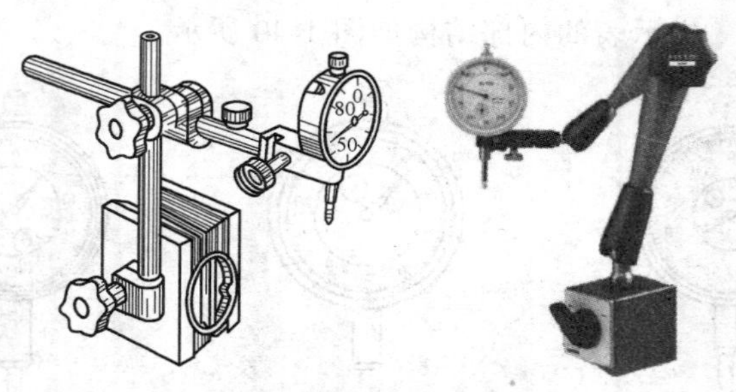

图1-41 使用指示表时的在测状态

它往往要连接长杆使用，由测微头与接长杆的不同组合得到不同的测量范围，通常是50~5000mm，最大可达10m。

【用途】 用比较法测量通孔、盲孔及深孔的直径或形状误差。

【原理】 利用螺旋副原理，将活动测量头的直线位移，转变为指针在圆刻度盘上的角位移，并由刻度盘进行读数。

【结构】 内径指示表的结构如图 1-42 所示。

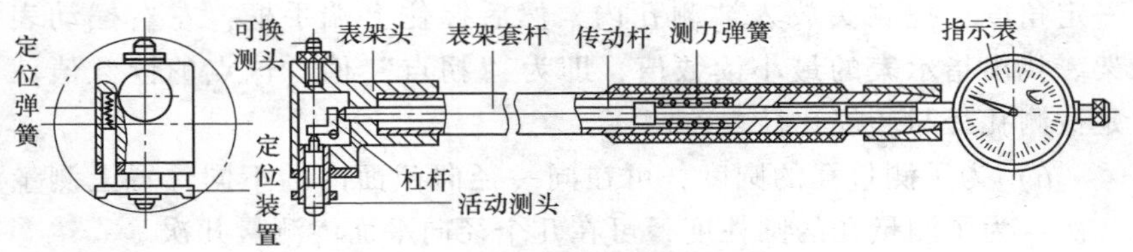

图 1-42　内径指示表的结构

【基本参数】 内径指示表的基本参数见表 1-13。

表 1-13　内径指示表的基本参数（GB/T 8122—2004）

（单位：mm）

分度值	测量范围	活动测量头的工作行程 ≥	活动测量头的预压量	手柄下部长度 l ≥	分度值	测量范围	活动测量头的工作行程 ≥	活动测量头的预压量	手柄下部长度 l ≥
0.01	6~10	0.6	0.1	40	0.001	6~10	0.6	0.1	40
	>10~18	0.8				>10~18	0.8	0.05	
	>18~35	1.0				>18~35			
	>35~50	1.2				>35~50			
	>50~100	1.6				>50~100			
	>100~160					>100~160			
	>160~250					>160~250			
	>250~450					>250~450			
					—	—	—	—	—

【使用方法】

1）用棉丝或软布把内径指示表各部位擦干净。

2）用手压几下活动测头，指示表指针移动应平稳、灵活、无卡滞现象；然后调零，一手压活动测头，一手握住手柄，将测头放入孔内，使固定测头不动；在轴向平面左右摆动内径表架，找出最小读数，即“拐点”。

3）转动指示表刻度盘，使零线与指针于“拐点”处重合；对好零位后，将内径指示表取出。

4）不要松动对好零位后的百分表的夹紧手柄，以防零位发生变化。

5）测量时，一手握住上端手柄，一手握住下端活动测头，倾斜一定角度，把测头放入被测孔内，然后握住上端手柄，左右摆动表架。找出指示表的最小读数值，即为“拐点”值，该点的读数值就是被测孔径与环规孔径之差。

6）为了测量孔的圆度，可在同一径向截面内的不同位置上测量几次；为了测量孔的圆柱度，可在几个径向平面内测量几次。

1.4.3 涨簧式内径指示表

【结构】 涨簧式内径指示表的结构如图1-43所示。

【材料和硬度】 涨簧测头测量面的硬度不应低于58HRC，用不锈钢材料制造的涨簧测头测量面的硬度不应低于52.5HRC。

【基本参数】 涨簧式内径指示表的基本参数见表1-14。

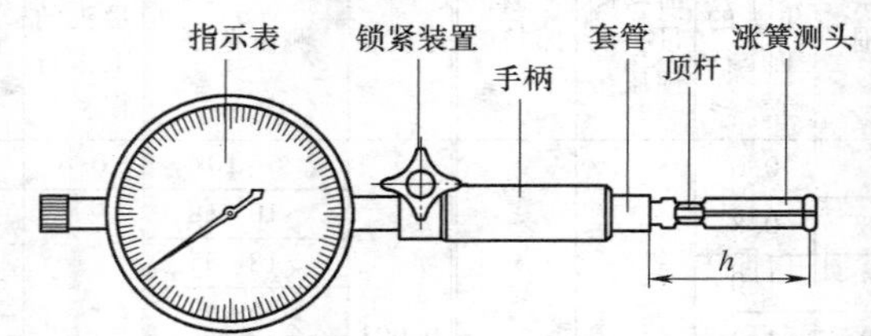

图1-43 涨簧式内径指示表的结构

表1-14 涨簧式内径指示表的基本参数（JB/T 8791—2012）

（单位：mm）

分度值	测量范围	涨簧测头量程 s ≥	预压量 ≥	测量深度 h ≥	分度值	测量范围	涨簧测头量程 s ≥	预压量 ≥	测量深度 h ≥
0.01	1~2	0.2	0.05	10	0.001	1~2	0.2	0.05	10
	>2~3	0.3		15		>2~3	0.3		15
	>3~4			25		>3~4			25
	>4~6	0.6	0.1	35		>4~6	0.6		35
	>6~10	1.2		45		>6~10	1		45
	>10~18					>10~18			

【使用方法】

1）装夹：把指示表的夹持杆擦净，小心地装进表架带有夹紧手柄的一端，使指示表的主指针转过一圈，然后用夹紧手柄紧固表架。夹紧力不宜太大，应根据被测孔的内径尺寸，选取一个相应尺寸的涨簧测头装在表架上，并用扳手紧固。

2）测量方法：根据被测孔的内径尺寸选择校对环规，如无环规，可用 0~25mm 的外径千分尺。用棉丝或软布等把环规、涨簧测头擦净。先检查内径指示表的相互作用，用手压几下涨簧测头，指示表指针移动应平稳、灵活、无卡滞现象，然后对零。方法为一手握住手柄，一手压缩测头，使其合拢，然后把涨簧测头放入环规（或外径千分尺）内松手。由于涨簧测头的外形为圆形截面，因此能起自动定心的作用。稍微摆动表架，找出指示表读数的最大值（顺时针最远点），即“拐点”。转动指示表刻度盘，使零线与指针于“拐点”处重合，对好零位，把内径指示表从环规（或外径千分尺）内取出。

对好零位后的内径指示表，不得松动夹紧手柄，以防零位变化。测量时，把涨簧测头放入被测孔内后，摆动表架，找出指示表读数的最大值，该值就是被测孔与环规孔径（或外径千分尺读数）的差。

为了测量孔的圆度，可在同一径向平面内的不同位置上测量几次。如需测量孔的圆柱度，可在几个径向平面内测量几次。

1.4.4　深度指示表

深度指示表是对基座测量面与测头测量面间被分隔的距离，借助标准块（或量块）及指示表进行读数的深度测量工具，分指针式深度指示表和数显深度指示表两种。

【结构】　指针式深度指示表的结构如图 1-44 所示，数显深度指示表的结构如图 1-45 所示。

【基本参数】　深度指示表的基本参数见表 1-15。

表 1-15　深度指示表的基本参数（JB/T 6081—2007）

（单位：mm）

盘形基座尺寸	角形基座尺寸
ϕ16、ϕ25、ϕ40	63×12、80×15、100×16、160×20

【材料】　基座一般采用碳素钢、工具钢或不锈钢，测头应采用工具钢或其他坚硬耐磨材料（如硬质合金等）。

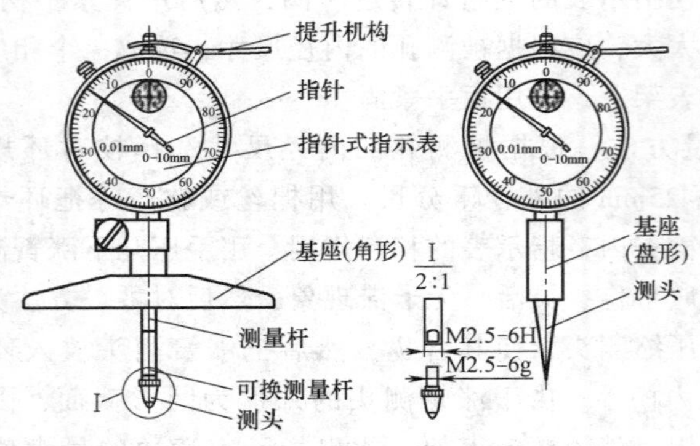

图 1-44　指针式深度指示表的结构

【硬度】　碳素钢、工具钢基座测量面的硬度不应低于 664HV（58HRC），不锈钢基座测量面的硬度不应低于 551HV（52.5HRC）。

钢质测头的表面硬度不应低于 766HV（62HRC）。

标准块的测量面硬度不应低于 766HV（62HRC）。

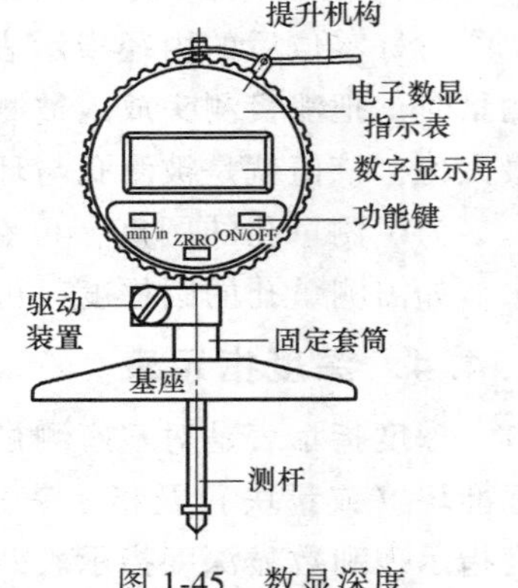

图 1-45　数显深度指示表的结构

1.4.5　杠杆指示表

杠杆指示表按指示装置分，可分为指针式和数显两种。

指针式杠杆指示表是利用机械传动系统，将杠杆测头的摆动位移量转变为指针在度盘上的角位移，并由度盘上的标尺进行读数的测量工具。

数显杠杆指示表是利用机械传动系统，将杠杆测头的摆动位移量，通过位移传感器转化为电子数字显示的测量器具。

【用途】　可用于测量形位误差，也可用于比较法测量实际尺寸，还可以测量小孔、凹槽、孔距、坐标尺寸等。

【结构】　杠杆指示表的外形和结构如图 1-46 所示。

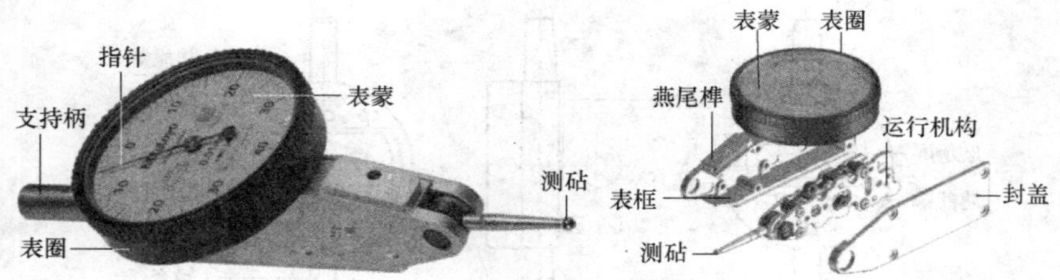

图 1-46　杠杆指示表的外形和结构

【材料】 杠杆测头应由坚硬耐磨的材料制造，其表面硬度不应低于 766HV（62HRC），其外形应为球形或渐开线形。

【基本参数】 杠杆指示表的基本参数见表 1-16。分度值为 0.01mm，量程不超过 1.6mm；分度值为 0.001mm 和 0.002mm，量程不超过 0.4mm。

表 1-16　杠杆指示表的基本参数（GB/T 8123—2007）

（单位：mm）

类别	分度值	量程	类别	分度值	量程
指针式	0.01	0.8、1.6	数显	0.01	0.5
	0.002	0.2		0.001	0.4
	0.001	0.12	—	—	—

【使用方法】

1）将指示表可靠地固定在表架上，检查指示表是否夹牢，并多次提、拉指示表测量杆与工件接触，观察其重复指示值是否相同。

2）测量时，不准用工件撞击测头，以免影响测量精度或撞坏指示表。为保持一定的起始测量力，测头与工件接触时，测量杆应有 0.3~0.5mm 的压缩量。

3）指示表测量杆与被测工件表面应该垂直，否则会产生误差。

注意：不要在测量杆上加油，以免油污进入表内，影响指示表的灵敏度。

1.4.6 数显指示表

数显指示表有不带模拟指示和带模拟指示两种。

【结构】 数显指示表的结构如图 1-47 所示。

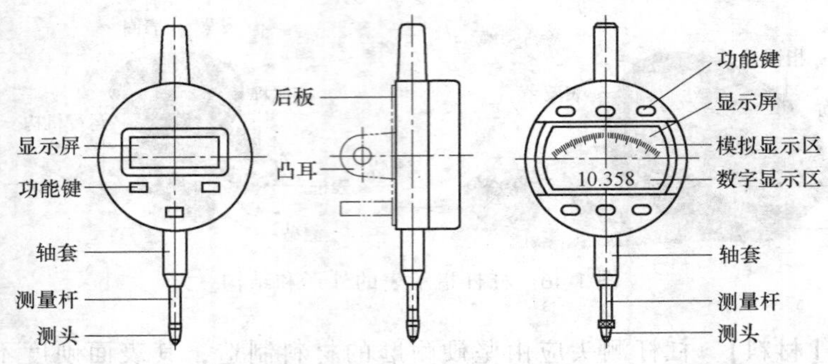

a) 不带模拟指示的电子数显指示表　b) 带模拟指示的电子数显指示表

图 1-47　数显指示表的结构

【材料】 测量头应由坚硬耐磨的材料制造，测头呈球形或其他形状，易于拆卸。

【基本参数】 数显指示表的基本参数见表 1-17。分辨力为 0.01mm 时，测量范围上限为 100mm；分辨力为 0.005mm 时，测量范围上限为 50mm；分辨力为 0.001mm、测量范围上限为 30mm。

表 1-17　数显指示表的基本参数（GB/T 18761—2007）

（单位：mm）

分辨力	测量范围	分辨力	测量范围	分辨力	测量范围
0.01	$A\leqslant10$ $10<A\leqslant30$ $30<A\leqslant50$ $50<A\leqslant100$	0.005	$A\leqslant10$ $10<A\leqslant30$ $30<A\leqslant50$	0.001	$A<1$ $1<A\leqslant3$ $3<A\leqslant10$ $10<A\leqslant30$

【防护等级】 具有防尘、防水能力的等级不应低于 IP40。抗静电干扰能力和电磁干扰能力均不应低于 1 级。

1.5　量规类

1.5.1　长度量块

长度量块是截面为矩形、标称长度从 0.5mm 至 1000mm 的 K 级（校准级）和准确度级别为 00 级、0 级、1 级、2 级和 3 级的长方体量块。

【用途】 00 级为最精密，专用于实验室的研究及检验各种量块或仪器等工作；0 级为机械工业中的标准，一般仅用于省市计量单位作为检定或校准精密仪器使用；1 级为制造精密工具或检验工具时使用；2 级为工厂中使用较精密工件及检验时使用；3 级量块的精度最低，一般作为工厂或车间计量站用来检定或校准车间常用的精密量具。

【材料】 优质轴承钢（Gr15）、碳化钨硬质合金（YG8）和陶瓷氧化锆（ZrO_2），特点是耐磨性好，硬度高，不易变形，抗磁性和耐腐蚀。

【使用方法】 需要由几块不同尺寸的量块组合在一起，组成所需要的尺寸。为了减小误差，应尽量选用最少的块数。为了使量块组的块数为最小值，在组合时就要根据一定的原则来选取量块尺寸。

【基本参数】 量块一般成组出现，其组合尺寸见表 1-18。

表 1-18　成套量块的组合尺寸（GB/T 6093—2001）

（单位：mm）

组别	总块数	准确度级别	尺寸系列	间隔	块数
1	91	0、1	0.5	—	1
			1	—	1
			1.001~1.009	0.001	9
			1.01~1.49	0.01	49
			1.5~1.9	0.1	5
			2.0~9.5	0.5	16
			10~100	10	10
2	83	0、1、2	0.5	—	1
			1	—	1
			1.005	—	1
			1.01~1.49	0.01	49
			1.5~1.9	0.1	5
			2.0~9.5	0.5	16
			10~100	10	10
3	46	0、1、2	1	—	1
			1.001~1.009	0.001	9
			1.01~1.09	0.001	9
			1.1~1.9	0.1	9
			2~9	1	8
			10~100	10	10

（续）

组别	总块数	准确度级别	尺寸系列	间隔	块数
4	38	0、1、2	1	—	1
			1.005	—	1
			1.01~1.09	0.01	9
			1.1~1.9	0.1	9
			2~9	1	8
			10~100	10	10
5	10	0、1	0.991~1	0.001	10
6	10	0、1	1~1.009	0.001	10
7	10	0、1	1.991~2	0.001	10
8	10	0、1	2~2.009	0.001	10
9	8	0、1、2	125、150、175、200、250、300、400、500	—	8
10	5	0、1、2	600、700、800、900、1000	—	5
11	10	0、1、2	2.5、5.1、7.7、10.3、12.9、15、17.6、20.2、22.8、25	—	10
12	10	0、1、2	27.5、30.1、32.7、35.3、37.9、40、42.6、45.2、47.8、50	—	10
13	10	0、1、2	52.5、55.1、57.7、60.3、62.9、65、67.6、70.2、72.8、75	—	10
14	10	0、1、2	77.5、80.1、82.7、85.3、87.9、90、92.6、95.2、97.8、100	—	10
15	12	3	41.2、81.5、121.8、151.2、171.5、191.8、201.2、201.5、201.8、10、20（两块）	—	12
16	6	3	101.2、200、291.5、375、451.8、490	—	6
17	6	3	201.2、400、581.5、750、901.8、990	—	6

1.5.2 角度量块

角度量块是形状为三角形或四角形，以相邻理想测量面的夹角为工作角，并具有准确角度值的角度测量工具。

【准确度级别】 角度量块的型式有Ⅰ型（测量角 α 在 10°~79°间有一个测量角）和Ⅱ型（测量角 α 在 80°~100°的范围内有 4 个测量角）两种（见图 1-48）。准确度级别分为 0 级、1 级和 2 级，其测量角 α 的允许偏差分别为±3″、±10″和±30″。

【用途】 用于对万能角尺和角度样板的检定，或检验零件的内外角。

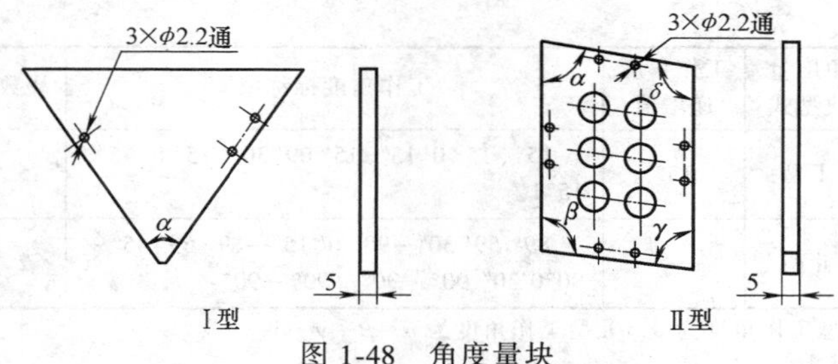

图 1-48　角度量块

【材料和硬度】　采用滚动轴承钢（GCr15）、合金工具钢（CrWMn 或 Cr）制造，其硬度不应低于 795HV（或 63HRC）。

【表面粗糙度】　*Ra* 的最大值不应超过 0. 02μm。

【基本参数】　角度量块的基本参数见表 1-19。

表 1-19　角度量块的基本参数（JB/T 22521—2008）

组别	角度量块型式	工作角度递增值	工作角度标称值	块数	准确度级别
第 1 组（7 块）	Ⅰ型	15°10′	15°10′、30°20′、45°30′、60°40′、75°50′	5	1、2
		—	50°	1	
	Ⅱ型	—	90°—90°—90°—90°	1	
第 2 组（36 块）	Ⅰ型	1°	10°～20°	11	0、1
		1′	15°1′、15°2′……15°8′、15°9′	9	
		10′	15°10′、15°20′、15°30′、15°40′、15°50′	5	
		10°	30°、40°、50°、60°、70°	5	
		—	45°	1	
		—	75°50′	1	
	Ⅱ型	—	89°—99°—81°—100°、90°—90°—90°—90°、89° 10′—90° 40′—89° 20′—90° 50″、89°30′—90°20′—89°40′—90°30″	4	
第 3 组（94 块）	Ⅰ型	1°	10°～79°	70	0、1
		—	10°0′30″	1	
	Ⅱ型	1′	15°1′～15°9′	9	
		10′	15°10′、15°20′、15°30′、15°40′、15°50′	5	
		—	80°—99°—81°—100°、80°—97°—83°—98°、84°—95°—85°—96°、86°—93°—87°—94°、88°—91°—89°—92°、90°—90°—90°—90°、89° 10′—90° 40′—89° 20′—90° 50′、89° 30′—90° 20′—89°40′—90° 30′、89° 50′—90° 0′ 30″—89°59′30″—90°10′	9	

（续）

组别	角度量块型式	工作角度递增值	工作角度标称值	块数	准确度级别
第4组（7块）	Ⅰ型	15°	15°、15° 0′ 15″、15° 09′ 30″、15° 0′ 45″、15°1″	5	0
	Ⅱ型	—	89° 59′ 30″—90° 0′ 15″—89° 59′ 45″—90°0′30″、90°—90°—90°—90°	2	

注：Ⅰ型工作角度为 α，Ⅱ型工作角度为 $\alpha—\beta—\gamma—\delta$。

【使用方法】 为了提高测量精度，希望组成量块组的块数不超过4~5块。因此，在组合时就要根据一定的原则来选取量块尺寸，即首先选择能去除最小位数尺寸的量块。例如，若要组成87.545mm的量块组，其量块尺寸的选择方法如下：

1）选用的第一块量块尺寸为1.005mm，这样剩下的尺寸为86.54mm。

2）选用的第二块量块尺寸为1.04mm，于是剩下的尺寸为85.5mm。

3）选用的第三块量块尺寸为5.5mm，剩下的即为第四块尺寸80mm。

1.5.3 常用量规

量规是没有刻度的专用定值检验工具，一般成对使用，分开时称为通规（过规）和止规。当通规和止规制造成一体时，通规也称为通端，止规也称为止端。常用量规的名称和测量范围及特点见表1-20。

表1-20 常用量规的名称和测量范围及特点

名称	图示	测量范围和特点
针式塞规		测量范围为1~6mm。测量孔径和槽宽，制造容易，使用方便，适用于不太大的孔
锥柄双头塞规		测量范围为3~50mm。测量孔径和槽宽，制造容易，使用方便，适用于不太大的孔
套式双头塞规	D l	测量范围为52~100mm。测量较大的孔

（续）

名　称	图　示	测量范围和特点
单头不全形塞规		测量范围为 70～300mm。测头工作表面为圆柱面的一部分。为减轻质量，便于测量打孔，做成单头不全型塞规
片形双头卡规		测量范围为 1～50mm。测量不太大的轴径和凸键的宽度
槽宽量规		测量范围为 ≤10mm（见图 a）、10～100mm（见图 b）、100～500mm（见图 c）。用于检验槽宽，共有三种型号
片性单头卡规		测量范围为 1～70mm。测量不太大的轴径和凸键的宽度
长度量规		测量范围为 10～500mm（见图 a）、10～400mm（见图 b）。测量长度，共双头量规在“止端”做成倒角，以便识别

1.5.4　圆锥量规

【用途】　用于检验内外锥体工件的锥度及距离偏差。

【分类】　按用途分，有塞规和环规两种（前者检验内锥体，后者检验外锥体）；按斜度分，有莫氏（MS）与公制（MT）两种；按型式分，又各有 A 型和 B 型两种（见图 1-49）。

【规格】　莫氏与公制圆锥量规的规格见表 1-21。

【标记】　A 型莫氏 5 号 1 级的圆锥工作量规，标记为：MS 5 A-1-GR；B 型公制 80 号 3 级的圆锥环规的校对塞规，标记为：MT 80 B-3-J。

【使用方法】　用圆锥量规检验工件锥角时，先在外锥面上沿母线方向均匀涂 3～4 条极薄的红丹粉或细铅笔线条，再将内外锥体轻轻贴合，并使之相对转动约 90°（见图 1-50）。

然后，将内外锥体分离，观察外锥面上涂的颜色或铅笔线条是否被均匀磨去。如磨去痕迹均匀，则表示该锥角制造精确；反之，则表示该锥角制造误差较大。

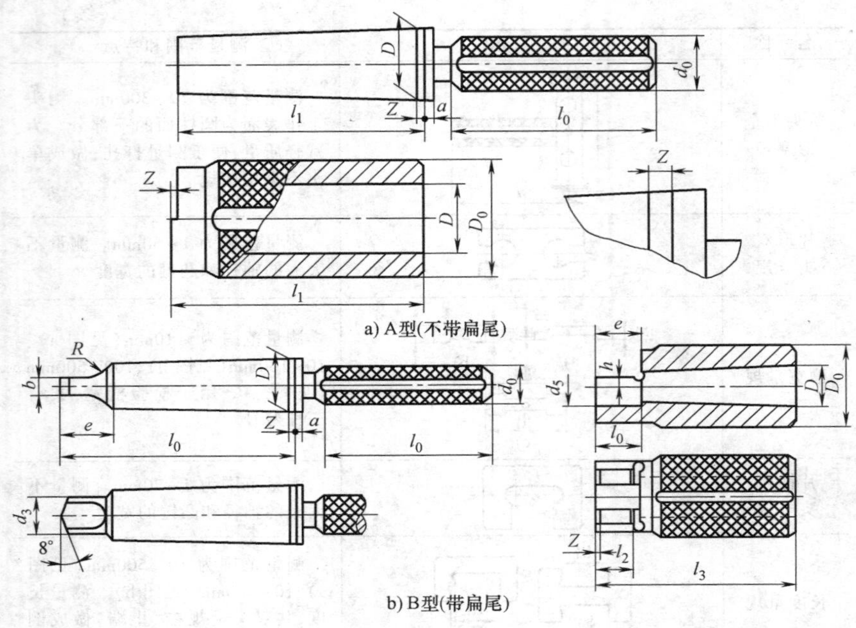

图 1-49 圆锥量规

表 1-21 莫氏与公制圆锥量规的规格（GB/T 11853—2003）

圆锥规格		锥度	锥角	主要尺寸/mm		
				D	l_1	l_3
公制圆锥	4	1∶20=0.05	2°51′51.1″	4	23	—
	6			6	32	—
	80			80	196	220
	100			100	232	260
	120			120	268	300
	160			160	340	380
	200			200	412	460
莫氏圆锥	0	0.6246∶12=1∶19.212=0.05205	2°58′53.8″	9.045	50	56.5
	1	0.59858∶12=1∶20.047=0.04988	2°51′26.7″	12.065	53.5	62
	2	0.59941∶12=1∶20.020=0.04995	2°51′41.0″	17.780	64	75
	3	0.60235∶12=1∶19.922=0.05020	2°52′31.5″	23.825	81	94
	4	0.62326∶12=1∶19.254=0.05194	2°58′30.6″	31.267	102.5	117.5
	5	0.63151∶12=1∶19.002=0.05263	3°0′52.4″	44.399	129.5	149.5
	6	0.62565∶12=1∶19.180=0.05214	2°59′11.7″	63.380	182	210

锥角检验完毕后，再检验被测锥体的尺寸。将内外圆锥轻轻贴合后，如果被测锥体的端面正好处于圆锥量规的缺口处或两条刻线之间时，则表示该锥体的尺寸合格（见图 1-50）。

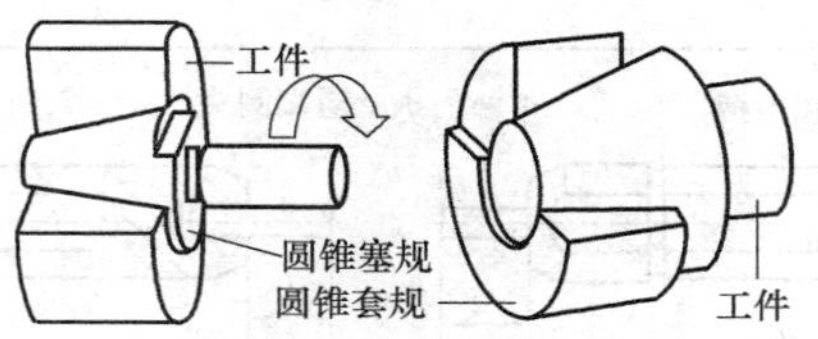

图 1-50　圆锥量规检验方法

用圆锥塞规检验锥孔时，如被测锥孔的端面不但露出圆锥塞规的小端，且还超出其大端，则表示该锥孔尺寸偏大（不合格）；反之，被测锥孔端面未露出圆锥塞规的小端，则表示锥孔尺寸偏小（也不合格）。

用圆锥套规检验工件时，如套规上的两条刻线都进入工件，则表示被测锥体太小；反之，如两条刻线都不能进入工件，则表示被测锥体太大。两种情况都表示被测工件不合格。

1.5.5　光滑极限量规

量规是没有刻度的检验工具，一种规格的量规只能检验同种尺寸的工件。用量规检验合格的工件，其实际尺寸都控制在给定的公差范围内，其外形与被检验对象相反。检验孔的量规称为塞规（见图 1-51），检验轴的量规称为环规（见图 1-52）。

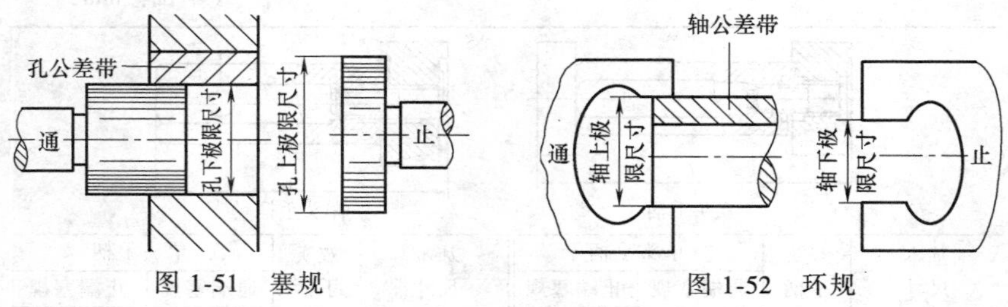

图 1-51　塞规　　图 1-52　环规

【型式】　光滑极限量规有针式塞规、锥柄圆柱塞规、三牙锁紧式圆柱塞规、三牙锁紧式非全形塞规、球端杆规、圆柱环规、双头卡规、单头双极限卡规（分别见表 1-22～表 1-31）非全形塞规、双头组合卡规和单头双极限卡规（见图 1-53～图 1-55），共 11 种。

表 1-22　针式塞规的基本参数（GB/T 10920—2008）

（单位：mm）

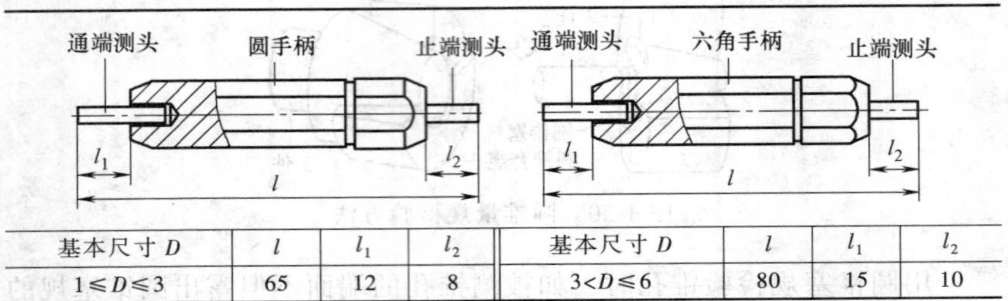

基本尺寸 D	l	l_1	l_2	基本尺寸 D	l	l_1	l_2
$1 \leqslant D \leqslant 3$	65	12	8	$3 < D \leqslant 6$	80	15	10

表 1-23　锥柄圆柱塞规的基本参数（GB/T 10920—2008）

（单位：mm）

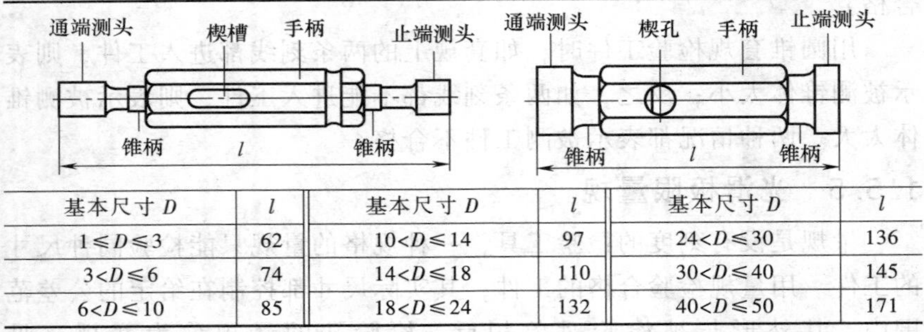

基本尺寸 D	l	基本尺寸 D	l	基本尺寸 D	l
$1 \leqslant D \leqslant 3$	62	$10 < D \leqslant 14$	97	$24 < D \leqslant 30$	136
$3 < D \leqslant 6$	74	$14 < D \leqslant 18$	110	$30 < D \leqslant 40$	145
$6 < D \leqslant 10$	85	$18 < D \leqslant 24$	132	$40 < D \leqslant 50$	171

表 1-24　三牙锁紧式圆柱塞规的基本参数（GB/T 10920—2008）

（单位：mm）

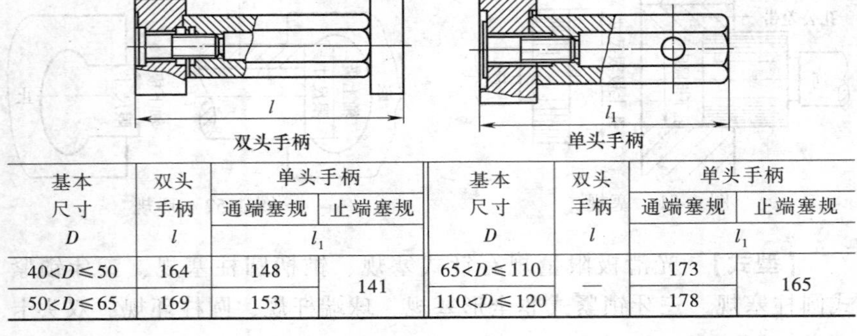

<table>
<tr><td rowspan="3">基本
尺寸
D</td><td rowspan="2">双头
手柄</td><td colspan="2">单头手柄</td><td rowspan="3">基本
尺寸
D</td><td rowspan="2">双头
手柄</td><td colspan="2">单头手柄</td></tr>
<tr><td>通端塞规</td><td>止端塞规</td><td>通端塞规</td><td>止端塞规</td></tr>
<tr><td>l</td><td colspan="2">l_1</td><td>l</td><td colspan="2">l_1</td></tr>
<tr><td>$40 < D \leqslant 50$</td><td>164</td><td>148</td><td rowspan="2">141</td><td>$65 < D \leqslant 110$</td><td rowspan="2">—</td><td>173</td><td rowspan="2">165</td></tr>
<tr><td>$50 < D \leqslant 65$</td><td>169</td><td>153</td><td>$110 < D \leqslant 120$</td><td>178</td></tr>
</table>

表 1-25　三牙锁紧式非全形塞规的基本参数（GB/T 10920—2008）

（单位：mm）

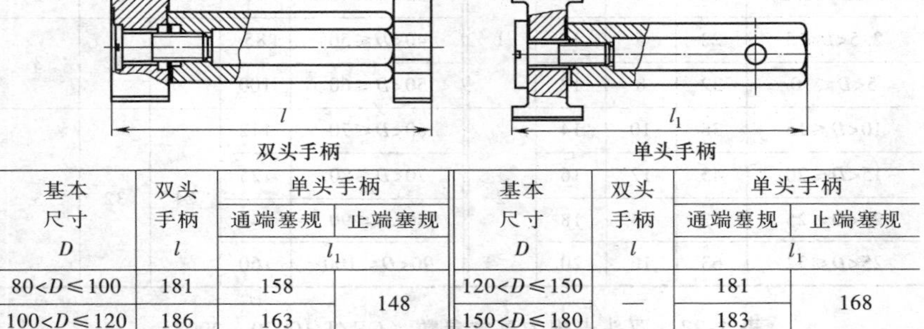

双头手柄　　　　单头手柄

<table>
<tr><td rowspan="2">基本尺寸 D</td><td rowspan="2">双头手柄 l</td><td colspan="2">单头手柄</td><td rowspan="2">基本尺寸 D</td><td rowspan="2">双头手柄 l</td><td colspan="2">单头手柄</td></tr>
<tr><td>通端塞规</td><td>止端塞规</td><td>通端塞规</td><td>止端塞规</td></tr>
<tr><td></td><td></td><td colspan="2">l_1</td><td></td><td></td><td colspan="2">l_1</td></tr>
<tr><td>80<D≤100</td><td>181</td><td>158</td><td rowspan="2">148</td><td>120<D≤150</td><td rowspan="2">—</td><td>181</td><td rowspan="2">168</td></tr>
<tr><td>100<D≤120</td><td>186</td><td>163</td><td>150<D≤180</td><td>183</td></tr>
</table>

表 1-26　球端杆规的基本参数（GB/T 10920—2008）　（单位：mm）

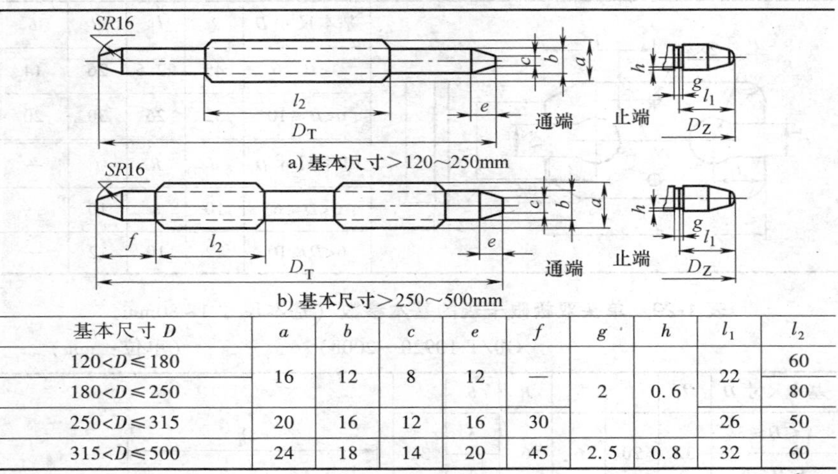

<table>
<tr><td>基本尺寸 D</td><td>a</td><td>b</td><td>c</td><td>e</td><td>f</td><td>g</td><td>h</td><td>l_1</td><td>l_2</td></tr>
<tr><td>120<D≤180</td><td rowspan="2">16</td><td rowspan="2">12</td><td rowspan="2">8</td><td rowspan="2">12</td><td rowspan="2">—</td><td rowspan="3">2</td><td rowspan="3">0. 6</td><td rowspan="2">22</td><td>60</td></tr>
<tr><td>180<D≤250</td><td>80</td></tr>
<tr><td>250<D≤315</td><td>20</td><td>16</td><td>12</td><td>16</td><td>30</td><td>26</td><td>50</td></tr>
<tr><td>315<D≤500</td><td>24</td><td>18</td><td>14</td><td>20</td><td>45</td><td>2. 5</td><td>0. 8</td><td>32</td><td>60</td></tr>
</table>

表 1-27　圆柱环规的基本参数（GB/T 10920—2008）

（单位：mm）

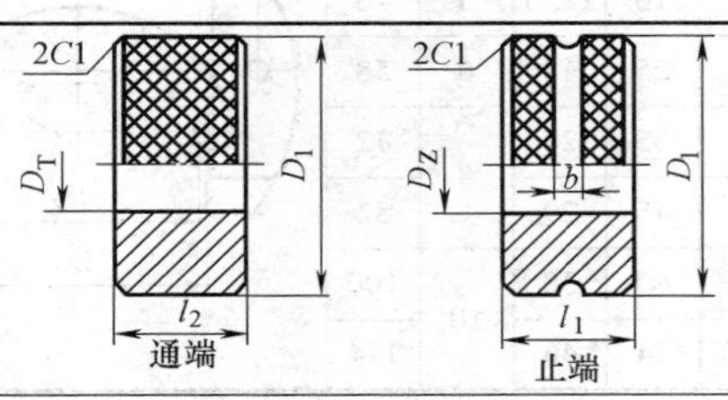

（续）

基本尺寸 D	D_1	l_1	l_2	b	基本尺寸 D	D_1	l_1	l_2	b
$1 \leqslant D \leqslant 2.5$	16	4	6	1	$32 < D \leqslant 40$	71	18	24	2
$2.5 < D \leqslant 5$	22	5	10		$40 < D \leqslant 50$	85	20	32	3
$5 < D \leqslant 10$	32	8	12		$50 < D \leqslant 60$	100			
$10 < D \leqslant 15$	38	10	14	2	$60 < D \leqslant 70$	112	24	32	3
$15 < D \leqslant 20$	45	12	16		$70 < D \leqslant 80$	125			
$20 < D \leqslant 25$	53	14	18		$80 < D \leqslant 90$	140			
$25 < D \leqslant 32$	63	16	20		$90 < D \leqslant 100$	160			

表 1-28　双头卡规的基本参数（GB/T 10920—2008）

（单位：mm）

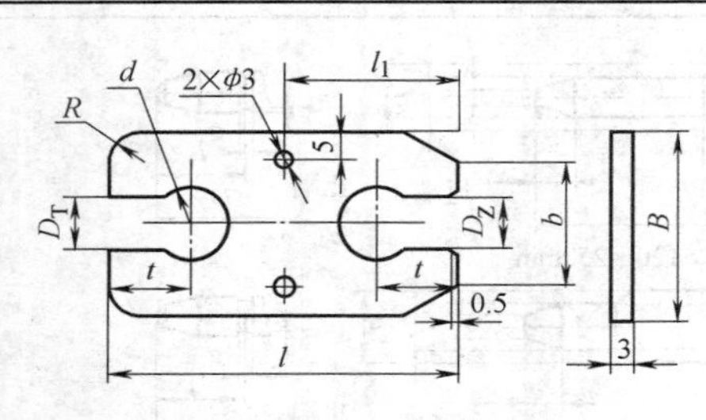

基本尺寸 D	l	l_1	B	b
$3 < D \leqslant 6$	45	22.5	26	14
$6 < D \leqslant 10$	52	26	30	20
基本尺寸 D	d	R	t	—
$3 < D \leqslant 6$	10	8	10	—
$6 < D \leqslant 10$	12	10	12	—

表 1-29　单头双极限卡规的基本参数（基本尺寸 1～80mm，GB/T 10920—2008）

（单位：mm）

基本尺寸 D	D_1	l	l_1	R	b	h
$1 \leqslant D \leqslant 3$	32	20	6	6	3	31
$3 < D \leqslant 6$					4	
$6 < D \leqslant 10$	40	26	9	8.5	4	38
$10 < D \leqslant 18$	50	36	16	12.5	5	46
$18 < D \leqslant 30$	65	48	25	18	6	58
$30 < D \leqslant 40$	82	62	35	24	8	72
$40 < D \leqslant 50$	94	72	45	29		82
$50 < D \leqslant 65$	116	92	60	38	10	100
$65 < D \leqslant 80$	136	108	74	46		114

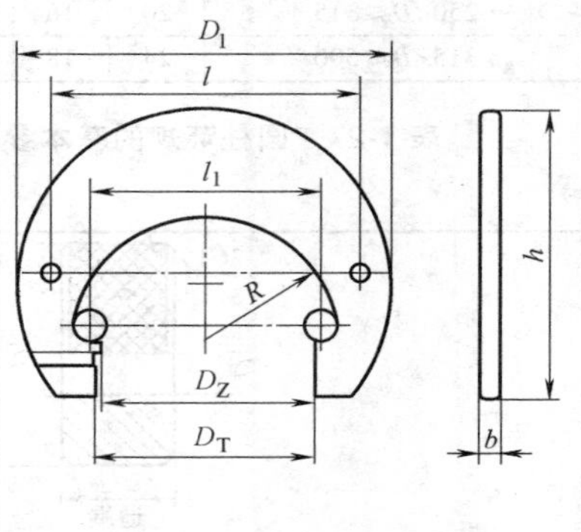

表 1-30　单头双极限卡规的基本参数（基本尺寸>80~120mm，GB/T 10920—2008）　（单位：mm）

基本尺寸 D	D_1	l_1	l_2	l_3	R	R_1	b	h
80<D≤90	150	85	42	96	51.5	62	10	129
90<D≤105	168	98	45	108	57.5	69		139.5
105<D≤120	186	113	50	120	65	77		153

表 1-31　单头双极限卡规的基本参数（基本尺寸>120~260mm，GB/T 10920—2008）　（单位：mm）

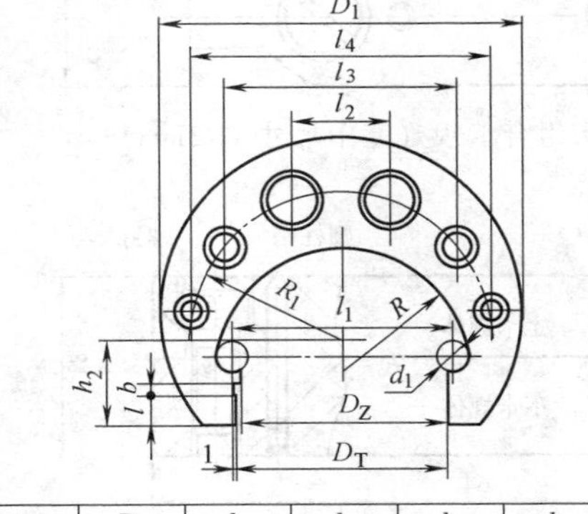

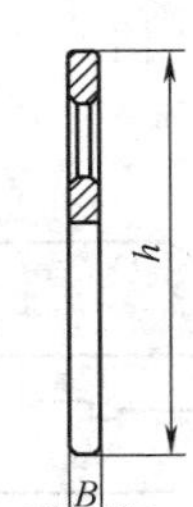

基本尺寸 D	D_1	l_1	l_2	l_3	l_4	R	R_1	b	h
120<D≤135	204	128	56	L30	164	73.5	86	10	168.5
135<D≤150	222	143	59	138	175	81	94		173
150<D≤165	240	158	62	140	188	88.5	102	12	192.5
165<D≤180	258	173	65	152	202	96	111		202
180<D≤200	278	190	68	170	224	105.5	121	14	216.5
200<D≤220	298	210	71	175	235	115.5	131		227
220<D≤240	318	230	74	190	258	125.5	141		242.5
240<D≤260	338	250	77	205	278	135.5	151		252

【使用方法】

1）使用时要轻拿轻放，不要与工件碰撞，不可硬卡硬塞。

2）位置必须放正，不能歪斜。

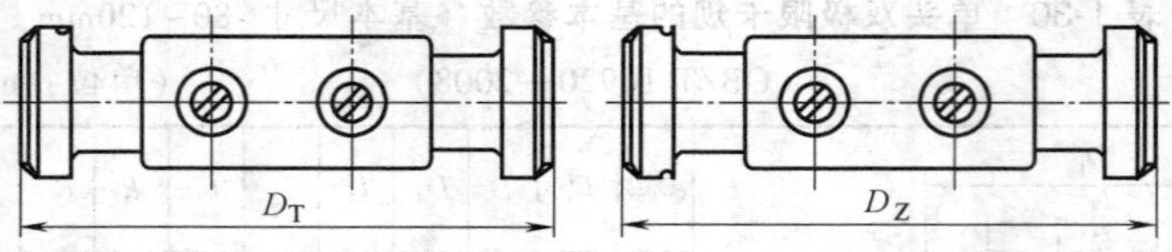

图 1-53　非全形塞规（基本尺寸>180~260mm）

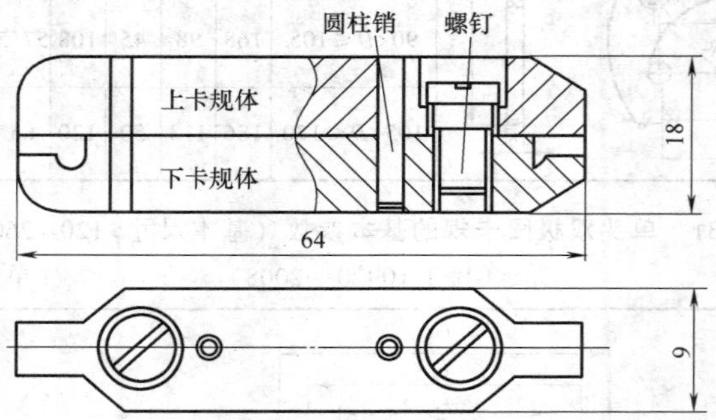

图 1-54　双头组合卡规（基本尺寸 1~3mm）

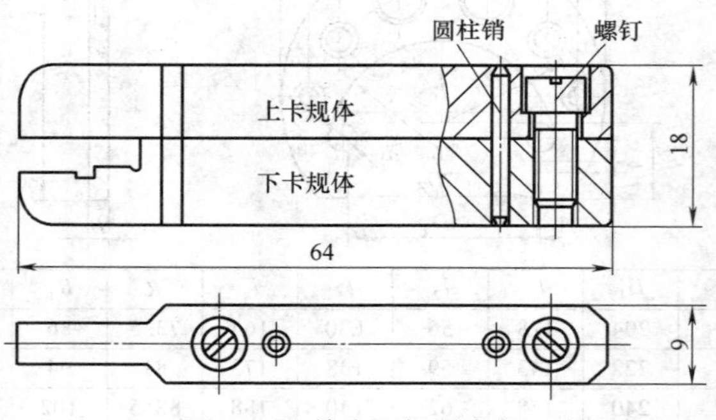

图 1-55　单头双极限卡规

3）被检测工件与量规温度一致时才能检验，精密工件应与量规进行等温操作。

4）塞规通端要在孔的整个长度上检验，并且还要在 2 个或 3 个轴向平面内检验；塞规止端要尽可能地在孔的两端进行检验。通端和止端，都应沿轴和围绕轴不少于 4 个位置上进行检验。

5）若塞规卡在工件孔内时，一定要使用木（铜、铝）锤或钳工拆卸工具，并且在塞规的端面上垫一块木片或铜片加以保护，然后用力推拔取出。必要时，可以把工件的外表面稍微加热。

6）对于工作量规，当塞规通端接近或超过其最小极限、卡规（环规）的通端接近或超过其最大极限尺寸时，工作量规要改为验收量规来使用。

7）使用光滑极限量规检验工件，如判定有争议时，应该使用下述尺寸的量规检验：

① 通端应等于或接近工件的最大实体尺寸（即孔的最小极限尺寸，轴的最大极限尺寸）。

② 止端应等于或接近工件的最小实体尺寸（即孔的最大极限尺寸，轴的最小极限尺寸）。

1.5.6　正弦规

正弦规（见图 1-56）是根据正弦函数原理，利用量块垫其一端，使之倾斜一定角度的检验定位的工具，其工作面的下方固定有两个直径相等且互相平行的圆柱体，公切面与上工作面平行。

【用途】　一般用于测量小于 45°的角度。

【精度】　在测量小于 30°的角度时，精度可达 3″~5″。

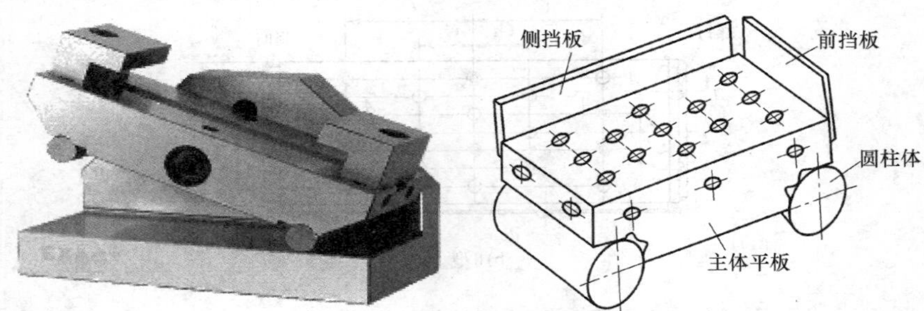

图 1-56　正弦规的外形和结构

【硬度】　主体的工作面硬度≥58HRC，圆柱工作面硬度≥60HRC，前挡板和侧挡板工作面硬度≥48HRC。

【规格】　两圆柱体的轴心线距离一般有 100mm 或 200mm 两种。

【型式】　正弦规的型式如图 1-57 所示。

【基本参数】　正弦规的主要基本参数见表 1-32。

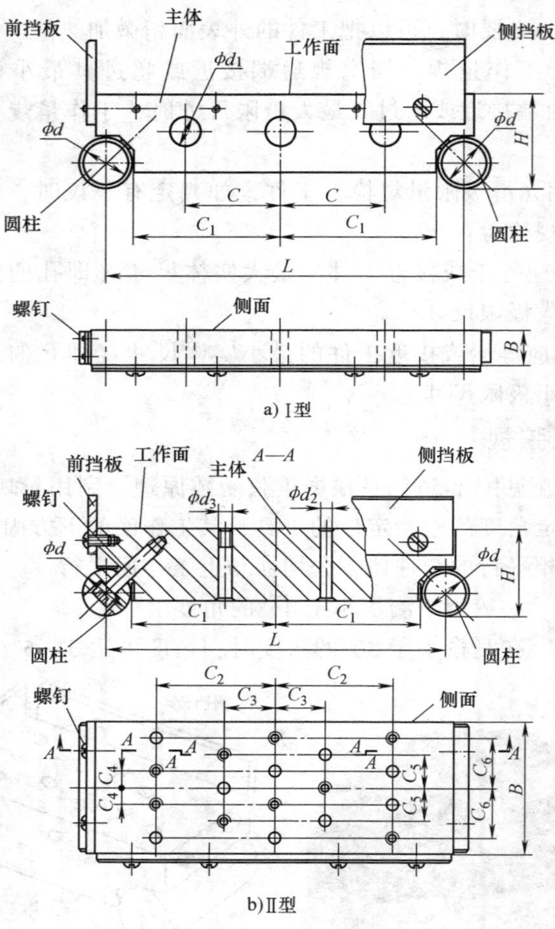

图 1-57　正弦规的型式

表 1-32　正弦规的主要基本参数（GB/T 22526—2008）　（单位：mm）

基本参数	两圆柱体中心距 L			
	Ⅰ型		Ⅱ型	
	100	200	100	200
B	25	40	80	80
d	20	30	20	30

（续）

基本参数	两圆柱体中心距 L			
	Ⅰ型		Ⅱ型	
	100	200	100	200
H	30	55	40	55
C	20	40	—	—
C_1	40	85	40	85
C_2	—	—	30	70
C_3			15	30
C_4			10	10
C_5			20	20
C_6			30	30

【使用方法】 以应用正弦规测量圆锥塞规锥角进行说明。

如图 1-58 所示，用正弦规测量零件角度时，先把正弦规放在精密平台上，被测零件（如圆锥塞规）放在正弦规的工作面上，被测零件的定位面平靠在正弦规的挡板上（如圆锥塞规的前端面靠在正弦规的前挡板上）。在正弦规的一个圆柱体下面垫入量块，用百分表检查零件全长的高度 h，调整量块尺寸，使百分表在零件全长上的读数相同。此时，就可应用直角三角形的正弦公式，计算出零件的角度。

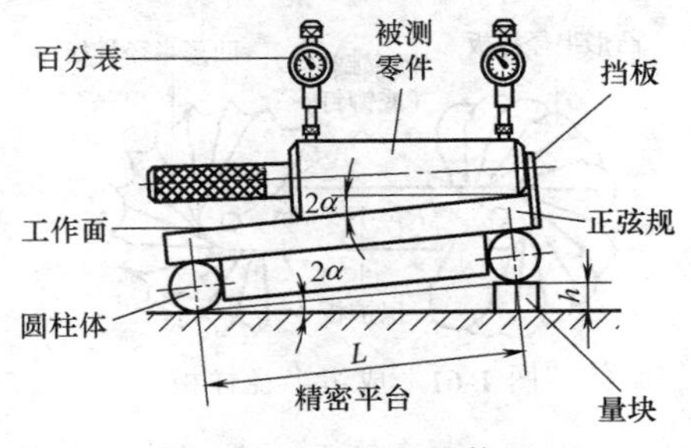

图 1-58 正弦规的使用

正弦公式为

$$\sin 2\alpha = h/L$$

$$h = L\sin 2\alpha$$

式中 2α——圆锥塞规的锥角（°）；

h——量块的高度（mm）；

L——正弦规两圆柱的中心距（mm）。

例如，正弦规两圆柱的中心距 $L=200$mm，量块高度 $h=10.06$mm 时，才使得百分表在圆锥塞规的全长上读数相等，则此时圆锥塞规的锥角 2α 计算如下：

$$\sin2\alpha=h/L=10.06/200=0.0503$$

查正弦函数表得 $2\alpha=2°53'$。

1.5.7 半径样板

【用途】 用于比较法确定工件凸形和凹形圆弧半径的大小。

【材料】 一般为 45 钢或同等性能的冷轧带钢材料，其硬度为 170~230HV。

【型式】 单片凹形样板和凸形样板如图 1-59 和图 1-60 所示。

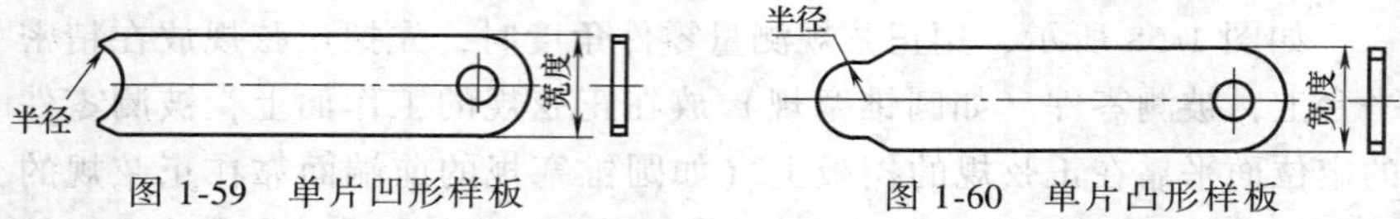

图 1-59 单片凹形样板　　图 1-60 单片凸形样板

【组成】 成组半径样板（见图 1-61）由凸形半径样板、凹形半径样板、保护板和锁紧螺钉（或铆钉）等组成。

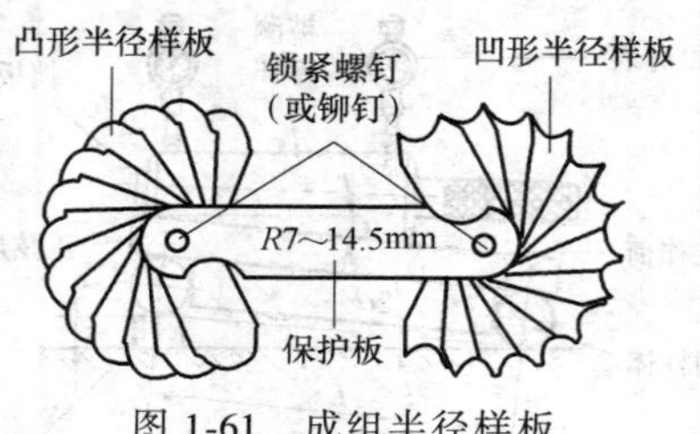

图 1-61 成组半径样板

【基本参数】 半径样板的基本参数见表 1-33。

表 1-33 半径样板的基本参数（JB/T 7980—2010）

（单位：mm）

半径尺寸范围	尺寸系列	样板宽度	备注
1~6.5	1~3(间隔 0.25)、3.5~6.5(间隔 0.5)	13.5	样板厚度 0.5，凹形、凸形各 16 片
7.0~14.5	7~14.5(间隔 0.5)	20.5	
15.0~25	15~20(间隔 0.5)、21~25(间隔 1.0)	20.5	

【使用方法】 由于样板规格有限，所以只能测出样板上已有的标准圆弧形面的半径，无法测出实际精确值。

1）先选择与被测圆弧角半径名义尺寸相同的样板（每一片样板上的都标注），将其靠紧被测圆弧角，要求样板平面与被测圆弧垂直（即样板平面的延长线将通过被测圆弧的圆心）。用透光法查看样板与被测圆弧的接触情况，完全不透光为合格。

2）如果有透光现象，则说明被检圆弧角的弧度不符合要求，需要更换样板。

3）若要测量未知半径，则要凭经验选用近似半径的样板，然后与被测圆弧比较，逐次近似求得。

1.5.8　螺纹样板

【用途】 用于比较法检验普通螺纹螺距和统一螺纹螺距。

【材料】 一般为 45 钢或同等性能的冷轧带钢材料，其硬度为 170~230HV。

【组成】 成组螺纹样板（见图 1-62）由数块不同螺距的粗螺纹样板、细螺纹样板、保护板和锁紧螺钉（或铆钉）等组成。

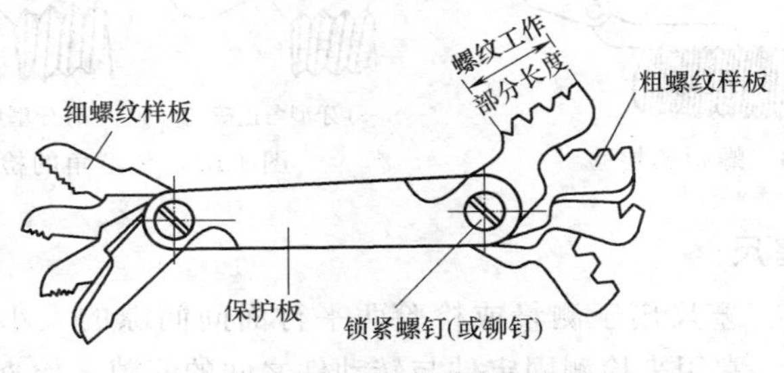

图 1-62　成组螺纹样板

【基本参数】 螺纹样板的基本参数见表 1-34。

【使用方法】

1）先根据被检测工件的螺纹种类和螺距选择样板，样板上螺距的数值清晰可见。

2）检验螺距时，把螺纹样板卡在螺纹牙廓上时，应尽可能地利用螺纹工作部分长度（见图 1-63）。

表 1-34　螺纹样板的基本参数（JB/T 7981—2010）

螺距系列尺寸及组装顺序	螺距尺寸系列/mm	备注
普通螺纹/mm	0.40、0.45、0.50、0.60、0.70、0.75、0.80、1.00、1.25、1.50、1.75、2.00、2.50、3.00、3.50、4.00、4.50、5.00、5.50、6.00	厚度为 0.5mm，20 块
统一螺纹/(牙/1in)	28、24、20、18、16、14、13、12、11、10、9、8、7、6、5、4.5、4	厚度为 0.5mm，17 块

3）将选定的螺纹样板卡在被测螺纹工件上。如果牙型之间不透光，说明被测工件合格，该样板上标记的尺寸即为被测螺纹工件的螺距。

4）测量牙型角时，把螺距与被测螺纹工件相同的螺纹样板，放在被测螺纹上面，然后观察它们的接触情况。如果不透光，说明被测螺纹牙型正确（见图 1-64a）；如有透光现象，说明被测螺纹牙型不正确（见图 1-64b）。但该法不能确定牙型角误差的数值。

5）当不知道被检工件的螺纹种类和螺距数值时，可采用试测法确定选用的螺纹样板。

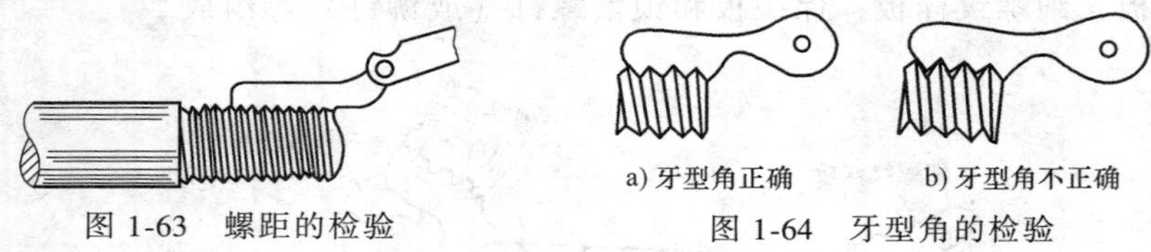

图 1-63　螺距的检验

a) 牙型角正确　b) 牙型角不正确

图 1-64　牙型角的检验

1.5.9　塞尺

【用途】　塞尺用于测量或检验两平行面间间隙的大小。在热力设备检修中，常用来检测固定件与转动件之间的间隙，检查配合面之间的接触程度。

【端部形状】　分为 A 型（端头为半圆形）和 B 型（前端为带弧形的梯形）。

【分级】　按厚度偏差及弯曲度，分为特级和普通级。

【材料和硬度】　一般采用 65Mn 钢或同等性能的材料，其工作面硬度应在 360~600HV。

【结构】　单片塞尺如图 1-65 所示，成组塞尺如图 1-66 所示，每片都刻有自身的厚度值。

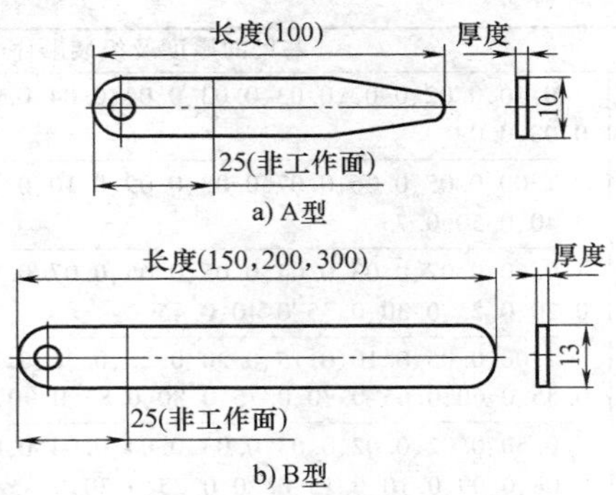

图 1-65　单片塞尺

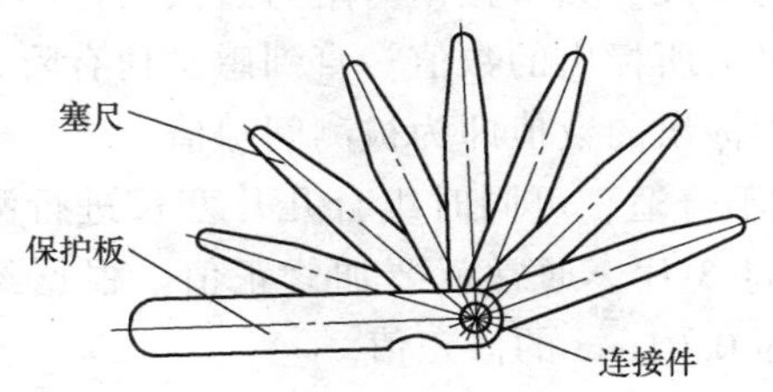

图 1-66　成组塞尺
（由保护板、数片塞尺和连接件组成）

【基本参数】

1）单片塞尺的厚度尺寸系列见表 1-35。

表 1-35　单片塞尺的厚度尺寸系列（GB/T 22523—2008）

厚度尺寸系列/mm	间隔/mm	数量
0.02、0.03、0.04……0.10	0.01	9
0.15、0.20、0.25……1.00	0.05	18

2）成组塞尺的长度、厚度及组装顺序见表 1-36。

【使用方法】

1）测量前，用干净的布将塞尺和测量表面擦拭干净。

表 1-36　成组塞尺的长度、厚度及组装顺序（GB/T 22523—2008）

（单位：mm）

成组片数	塞尺长度	塞尺的厚度及组装顺序
13	100、150、200、300	0.10、0.02、0.02、0.03、0.03、0.04、0.04、0.05、0.05、0.06、0.07、0.08、0.09
14		1.00、0.05、0.06、0.07、0.08、0.09、0.10、0.15、0.20、0.25、0.30、0.40、0.50、0.75
17		0.50、0.02、0.03、0.04、0.05、0.06、0.07、0.08、0.09、0.10、0.15、0.20、0.25、0.30、0.35、0.40、0.45
20		1.00、0.05、0.10、0.15、0.20、0.25、0.30、0.35、0.40、0.45、0.50、0.55、0.60、0.65、0.70、0.75、0.80、0.85、0.90、0.95
21		0.50、0.02、0.02、0.03、0.03、0.04、0.04、0.05、0.05、0.06、0.07、0.08、0.09、0.10、0.15、0.20、0.25、0.30、0.35、0.40、0.45

2）测量间隙时，选择适当厚度的塞尺插入被测间隙中，然后一边调整，一边拉动塞尺。如果拉动时阻力过大或过小，则说明该间隙值小于或大于塞尺上所标出的数值。直到感觉稍有阻力时，拧紧锁紧螺母，此时塞尺所标出的数值即为被测间隙值。

3）如果厚度不合适，可同时组合几片塞尺进行测量，一般控制在 3~4 片内。超过 3 片，通常就要加修正值。根据经验，大体上每增加一片就要增加 0.01mm 的修正值。

1.5.10　楔形塞尺

楔形塞尺是具有楔形角度，并有一组或多组有序的标尺、标记及标尺数码所构成的板状或楔块状的测量工具。

【用途】 利用其宽度或厚度，测量工件沟槽、缝隙和孔径，如检测机床两紧固面、气缸与活塞、齿轮啮合间隙等。

【型式】 有Ⅰ型（平面，见图 1-67）和Ⅱ型（立体，见图 1-68）两种。

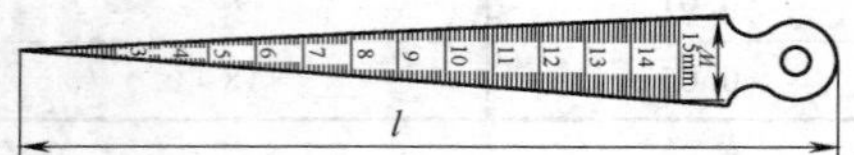

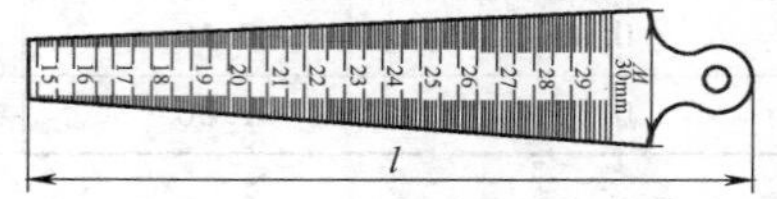

图 1-67　Ⅰ型塞尺

【材料】 不锈钢、黄铜、工程塑料或其他类似性能的材料。

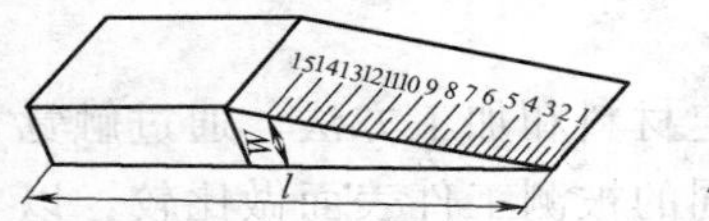

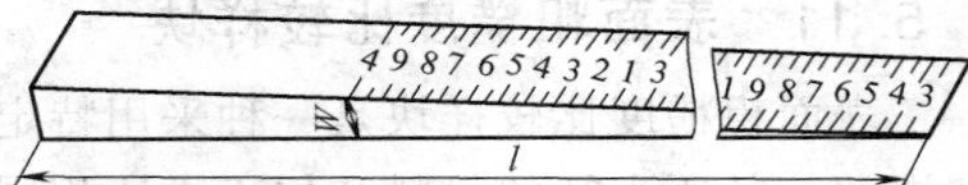

图 1-68　Ⅱ型塞尺

【硬度】 不锈钢、黄铜和工程塑料的硬度分别不应小于 342HV、130HV 和 50HD。

【基本参数】 楔形塞尺的基本参数见表 1-37。

表 1-37　楔形塞尺的基本参数（JB/T 12202—2015）

（单位：mm）

型式	分度值	测量范围 A	全长 l	宽度	板厚	斜度
Ⅰ型	0.05	1<A≤8	144	—	1.2	1.8
		8<A≤15				
		15<A≤22				
		22<A≤29				
	0.1	1<A≤15	150	—	1.2	1.8
		15<A≤30	155			
		30<A≤45	160			
		45<A≤60				
Ⅱ型	0.05	0.3<A≤3	127.5	6	—	1∶30
		0.3<A≤6	160	6		1∶20
		0.3<A≤4		11		1∶30
		0.4<A≤6		11		1∶20
	0.5	1<A≤15		15	—	1∶4.5

【使用方法】

1）清理被测工件表面的油污或其他杂质。

2）固定形成间隙的两表面。

3）选择适当规格的楔形尺逐次塞入间隙，确定测量间隙的范围。

4）当要求测量更小的间隙范围，而单片楔形塞尺已无法满足要求时，可以选用数片塞尺叠加插入到间隙中（尽量避免塞尺叠加，造成累积误差）。

1.5.11 表面粗糙度比较样块

表面粗糙度比较样块是一种采用特定材料和加工方法，通过触觉和视觉与其所表征的材料和加工方法相同的被测工件表面做比较，以确定被测工件表面粗糙度的实物量具。

【分类】 有铸造表面粗糙度比较样块，车、铣、刨、磨、插、镗加工表面粗糙度比较样块，电火花、研磨、抛光、锉加工表面粗糙度比较样块和抛（喷）丸、喷砂加工表面粗糙度比较样块等。

【基本参数】 表面粗糙度比较样块的基本参数分别见表 1-38～表 1-41。

表 1-38 铸造表面粗糙度比较样块的基本参数（GB/T 6060.1—2018）

合金种类	铸造方法	表面轮廓算术平均偏差 *Ra* 值/μm											
		0.2	0.4	0.8	1.6	3.2	6.3	12.5	25	50	100	200	400
铸钢	砂型铸造	—	—	—	—	—	—	△	△	○	○	○	○
	壳型铸造	—	—	—	△	△	○	○	○	○	—	—	—
	熔模铸造	—	—	△	○	○	○	○	○	—	—	—	—
铸铁	砂型铸造	—	—	—	—	△	△	○	○	○	○	○	—
	壳型铸造	—	—	—	△	△	○	○	○	—	—	—	—
	熔模铸造	—	—	△	○	○	○	○	○	—	—	—	—
	金属型铸造	—	—	—	—	—	○	○	○	—	—	—	—
铸造铜合金	砂型铸造	—	—	—	—	△	△	○	○	○	○	○	—
	熔模铸造	—	—	△	○	○	○	○	○	—	—	—	—
	金属型铸造	—	—	—	—	△	△	○	○	○	○	—	—
	压力铸造	—	—	—	△	△	○	○	○	○	—	—	—
铸造铝合金	砂型铸造	—	—	—	—	△	△	○	○	○	○	○	—
	熔模铸造	—	—	△	○	○	○	○	○	—	—	—	—
	金属型铸造	—	—	△	△	○	○	○	○	—	—	—	—
	压力铸造	—	△	△	○	○	○	○	○	—	—	—	—
铸造镁合金	砂型铸造	—	—	—	—	△	△	○	○	○	○	○	—
	熔模铸造	—	—	—	△	○	○	○	○	—	—	—	—
	压力铸造	△	△	○	○	○	○	○	○	—	—	—	—
铸造锌合金	砂型铸造	—	—	—	—	△	△	○	○	○	○	○	—
	压力铸造	△	△	○	○	○	○	○	○	—	—	—	—
铸造钛合金	石墨型铸造	—	—	—	—	—	△	○	○	○	—	—	—
	熔模铸造	—	—	—	—	○	○	○	○	—	—	—	—

注：1. "△"表示需采取特殊措施才能达到的表面粗糙度。
2. "○"表示可以达到的表面粗糙度。
3. "—"表示不适用，或无此项。

表 1-39　抛（喷）丸、喷砂加工表面粗糙度比较样块的基本参数（GB/T 6060. 2—2006）

加工方法	材料种类	表面轮廓算术平均偏差 *Ra* 值/μm									
		0. 2	0. 4	0. 8	1. 6	3. 2	6. 3	12. 5	25	50	100
抛(喷)丸	钢、铁	△	△	○	○	○	○	○	○	○	○
	铜	△	△	○	○	○	○	○	○	○	○
	铝、镁、锌	△	△	○	○	○	○	○	○	○	○
喷砂	钢、铁	—	—	○	○	○	○	○	○	○	—
	铜	—	—	○	○	○	○	○	○	○	—
	铝、镁、锌	—	—	○	○	○	○	○	○	○	—

注：1. "△" 表示需采取特殊措施才能达到的表面粗糙度。
　　2. "○" 表示可以达到的表面粗糙度。
　　3. "—" 表示不适用，或无此项。
　　4. 覆盖率为 98%。

表 1-40　车铣刨磨插及镗加工表面粗糙度比较样块的基本参数（GB/T 6060. 3—2008）

加工方法	表面轮廓算术平均偏差 *Ra* 值/μm										
	0. 025	0. 05	0. 1	0. 2	0. 4	0. 8	1. 6	3. 2	6. 3	12. 5	25
磨	○	○	○	○	○	○	○	○	—	—	—
车、镗	—	—	—	—	○	○	○	○	○	○	—
铣	—	—	—	—	○	○	○	○	○	○	—
插、刨	—	—	—	—	—	○	○	○	○	○	○

注：1. "○" 表示可以达到的表面粗糙度。
　　2. "—" 表示不适用，或无此项。

表 1-41　电火花、研磨、抛光、锉加工表面粗糙度比较样块的基本参数（GB/T 6060. 2—2006）

加工方法	表面轮廓算术平均偏差 *Ra* 值/μm										
	0. 012	0. 025	0. 05	0. 1	0. 2	0. 4	0. 8	1. 6	3. 2	6. 3	12. 5
电火花	—	—	—	—	—	○	○	○	○	○	○
研磨	○	○	○	○	—	—	—	—	—	—	—
抛光	○	○	○	○	○	○	—	—	—	—	—
锉	—	—	—	—	—	—	○	○	○	○	—

注：1. "○" 表示可以达到的表面粗糙度。
　　2. "—" 表示不适用，或无此项。

1.6　直尺、平尺和直角尺

直尺、平尺、直角尺和 V 形块都是基准测量工具。

1.6.1 刀口形直尺

【用途】 主要用于测量工件的直线度误差。

【分类】 包括刀口尺、三棱尺和四棱尺。

【材料】 合金工具钢、轴承钢或其他类似性能的材料。

【硬度】 测量面的硬度不应小于 713HV（或 60HRC），同一测量面不同部位的硬度差不应大于 82HV（或 3HRC）。

【结构】 刀口尺上安装有绝热护板。三棱尺和四棱尺上带有手柄。

【基本参数】 刀口形直尺的基本参数见表 1-42。

表 1-42 刀口形直尺的基本参数（GB/T 6091—2004）

（单位：mm）

型式	精度等级	图示	尺寸		
			l	b	h
刀口尺	0 级和 1 级	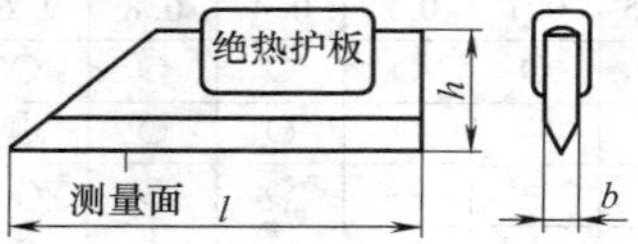	75	6	22
			125	6	27
			200	8	30
			300	8	40
			400	8	45
			500	10	50
三棱尺		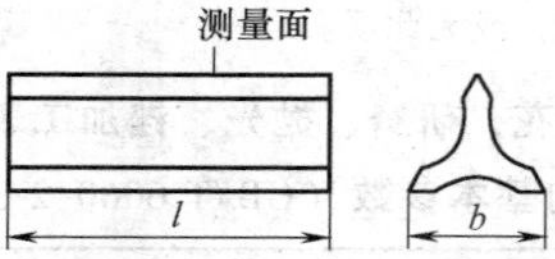	200	26	—
			300	30	—
			500	40	—
四棱尺		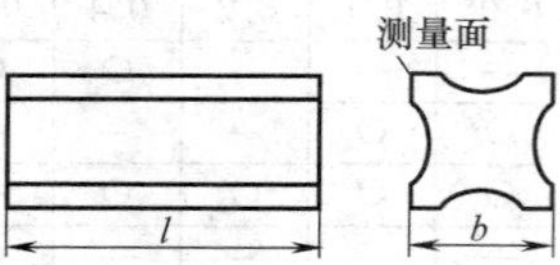	200	20	—
			300	25	—
			500	35	—

【使用方法】

1）采用长度不小于被检验刀口形直尺测量面长度 l 的平尺。

2）检测时，平尺用两等高点支撑，支撑点应在距平尺两端 l 的 2/9 处，灯光箱置于平尺后方。

3）将被检验刀口形直尺测量面与平尺接触，在沿刀口形直尺测量面的圆弧自侧面垂直于平尺测量面的位置向两侧转动 22.5°的范围内，观察刀口形直尺测量面与平尺之间的透光间隙，并与标准光隙相比较来确定透光间隙值。

1.6.2　铸铁平尺

【用途】　用于机床检测中检测工件的平面度和直线度，还可以配合直角尺来检测只用直角尺无法检测的两机械部件的垂直度，以及设备安装检查。

【材料和硬度】　平尺应采用优质灰铸铁、合金铸铁或优于它们的材料，其工作面及侧面的硬度应为 170~220HBW。

【基本参数】　铸铁平尺的基本参数见表 1-43。

表 1-43　铸铁平尺的基本参数（GB/T 24760—2009）

（单位：mm）

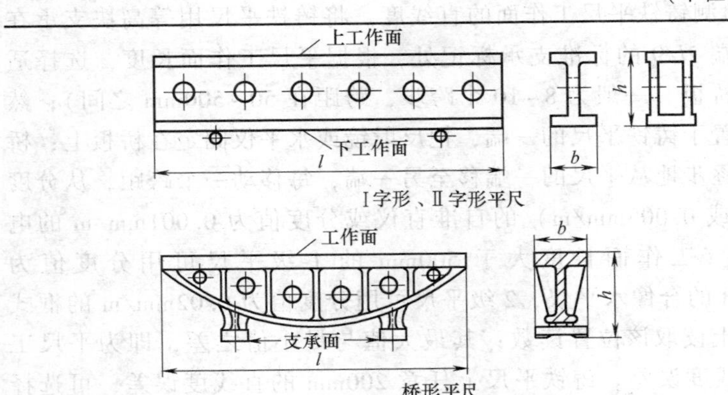

Ⅰ字形、Ⅱ字形平尺

桥形平尺

<table>
<tr><th rowspan="2">规格</th><th colspan="3">Ⅰ字形、Ⅱ字形平尺</th><th colspan="3">桥形平尺</th></tr>
<tr><th>l</th><th>b</th><th>h ≥</th><th>l</th><th>b</th><th>h ≥</th></tr>
<tr><td>400</td><td>400</td><td rowspan="2">30</td><td rowspan="2">75</td><td rowspan="4">—</td><td rowspan="4">—</td><td rowspan="4">—</td></tr>
<tr><td>500</td><td>500</td></tr>
<tr><td>630</td><td>630</td><td rowspan="2">35</td><td rowspan="2">80</td></tr>
<tr><td>800</td><td>800</td></tr>
<tr><td>1000</td><td>1000</td><td rowspan="2">40</td><td rowspan="2">100</td><td>1000</td><td rowspan="2">50</td><td rowspan="2">100</td></tr>
<tr><td>1250</td><td>1250</td><td>1250</td></tr>
<tr><td>1600</td><td>(1600)</td><td rowspan="2">45</td><td rowspan="2">150</td><td>1600</td><td>60</td><td>300</td></tr>
<tr><td>2000</td><td>(2000)</td><td>2000</td><td>80</td><td>350</td></tr>
</table>

（续）

规格	Ⅰ字形、Ⅱ字形平尺			桥形平尺		
	l	b	h ≥	l	b	h ≥
2500	（2500）	50	200	2500	90	400
3000	（3000）	55	250	3000	100	400
4000	（4000）	60	280	4000		500
5000	—	—	—	5000	110	550
6300				6300	120	600

注：（）内的长度 l 尺寸，表示建议其型式制成Ⅱ字形平尺截面的结构。

【使用方法】

1）平板研磨。拖研距离一般不超过100mm。以铸铁平尺自身的重量紧贴铸铁平板，在平行平板的方向上施力，拖拉铸铁平尺，以便产生真实可靠的接触斑点。刮研铸铁平板，如果短边方向的直线度误差明显大于长边方向的直线度误差，则在修复对角线直线后，应先修复短边直线度，再修复长边直线度。

2）检测铸铁平尺工作面的直线度。将铸铁平尺用等高块支承在距平尺两端 $2l/9$ 的标准支承标记处，根据平尺工作面长度，选择适当的检测桥板（一般为8~10个跨步，跨距在50~500mm之间）；然后将桥板置于铸铁平尺的一端，把反射镜或水平仪固定在桥板上；桥板按跨距逐步地从平尺的一端移至另一端，每移动一个跨距，从分度值为1″（或0.005mm/m）的自准直仪或分度值为0.001mm/m的电子水平仪（工作面长度大于500mm的1级平尺可用分度值为0.01mm/m的合像水平仪，2级平尺可用分度值为0.02mm/m的框式水平仪）上读取该位置读数；其最大值与最小值之差，即为平尺工作面的直线度误差。铸铁平尺上任意200mm的直线度误差，可选择50mm或100mm的桥板，按上述方法在任意200mm内进行检验确定。

3）检测接触点面积比率。将被检铸铁平尺工作面涂上显示剂，在不低于其精度的铸铁平板或平行平尺上研合，在被检铸铁平尺工作面上显示出明显的接触点，然后用一个在50mm×25mm的范围内，刻划有2.5mm×2.5mm的200个小方格的透明薄板（如有机玻璃板），置于被检铸铁平尺工作面的任意位置上，依次观察每个方格内包含接触点所占面积的比例（以1/10为单位），以上述比例数之和除以2即可。

4）检测平尺侧面对于工作面的垂直度。将铸铁平尺放置在平板上，使装有分度值为 0.001mm 的指示表的表座通过标准圆棒，在标准直角尺上对零，然后以同样的方式使表座靠紧铸铁平尺的一个侧面，此时指示表的读数即为该侧面的垂直度误差。同理可检测另一侧面的垂直度误差，取最大误差值。

5）检测上下工作面的平行度、工作面与下支承面的平行度。将铸铁平尺以工作面（或以支承脚支承面）为基面放在精密平板上，用装在表架上的分度值为 0.001mm 的指示表，在其工作面上测出不少于 3 处的高度差值，即为平行度误差。当不具备适用的平板时，允许将铸铁平尺侧面放在某一支承面上，用分度值为 0.002mm 杠杆千分尺，或带分度值为 0.002mm 的指示表的检具测量铸铁平尺的高度差。

6）检测铸铁平尺的自然挠度。将平尺支承在距平尺两端的 $2l/9$ 处（标准支承标记），并置于基准平面上，用分度值为 0.001mm 的指示表或比较仪，在工作面长度中间测量读数；然后将支承点移至最大支承距离位置（平尺两端），稳定 10min 后由指示表或比较仪读数；两次读数之差即为平尺的自然挠度。

1.6.3　钢平尺和岩石平尺

【用途】　主要用于测量工件的直线度和平面度。

【材料】

1）钢平尺应采用优质碳素钢、合金钢等。

2）岩石平尺应采用细晶粒、结构致密的辉长岩、辉绿岩、花岗石（黑云母的质量分数应小于 5%，弹性模量应大于 120GPa，吸水率应小于 0.25%）等材料。

【硬度】

1）钢平尺工作面硬度应不小于 500HV（淬火的）或 170～245HV（未淬火的）。

2）岩石平尺工作面硬度应大于 70HS。

【等级】　分为 00 级、0 级、1 级和 2 级。

【基本参数】　钢平尺和岩石平尺的基本参数见表 1-44。

表 1-44　钢平尺和岩石平尺的基本参数（JB/T 7978—1999）

（单位：mm）

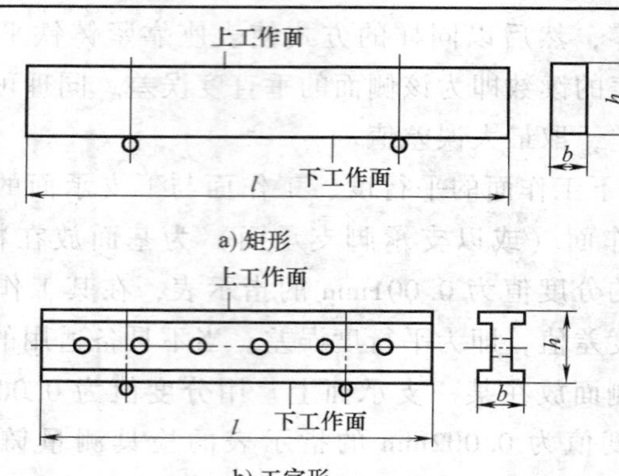

a) 矩形

b) 工字形

长度 l	钢平尺				岩石平尺	
	00 级和 0 级		1 级和 2 级		h	b
	h	b	h	b		
400	45	8	40	6	60	25
500	50	10	45	8	80	30
630	60	10	50	10	100	35
800	70	10	60	10	120	40
1000	75	10	70	10	160	50
1250	85	10	75	10	200	60
1600	100	12	80	10	250	80
2000	125	12	100	12	300	100
2500	150	14	120	12	360	120

【使用方法】

1）用脱脂棉蘸 120 号溶剂汽油，将工件测量面擦拭干净，清除杂屑、油污等。

2）将工件轻轻地放在平尺工作面上，转动工件使其位置符合最小条件，然后观察工件与被测线之间的最大光隙（直线度误差）。

若间隙大于 2.5μm，则透光颜色为白光；间隙为 1~2μm 时，透光颜色为红光；间隙为 1μm 时，透光颜色为蓝光；间隙小于 1μm 时，透光颜色为紫光；间隙小于 0.5mm 时，不透光。

当光隙值较大时，可用量块或塞尺测出其值。

1.6.4　研磨面平尺

【用途】　主要用于检测刀口形直尺工作棱边的直线度。

【型式】　研磨面平尺的型式如图 1-69 所示。

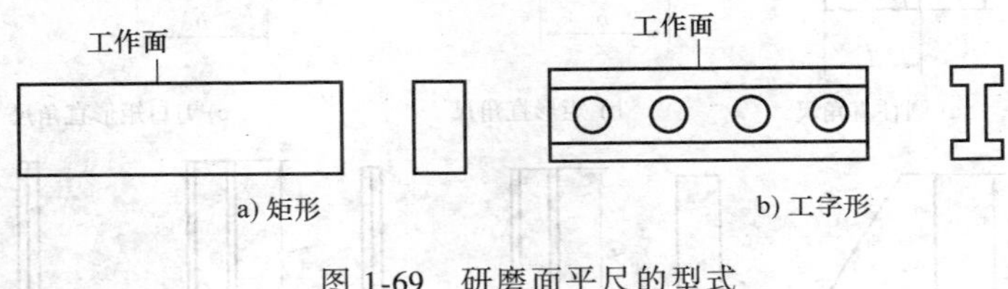

图 1-69　研磨面平尺的型式

【规格】　研磨面平尺长度大于 200mm。

【表面粗糙度】　*Ra* 不应大于 0.05μm。

【硬度】　工作面及侧面的硬度不应低于 500HV。

【平面度】　研磨面平尺的平面度公差见表 1-45。

表 1-45　研磨面平尺的平面度公差（JB/T 13045—2017）

研磨面平尺长度 /mm	工作面的平面度公差		
	纵　向		横向 /μm
	全长/μm	局部/(μm/mm)	
200≤*l*<300	0.15	—	0.15
300≤*l*<500	0.40	0.25/240	
l≥500	0.50	0.40/400	

1.6.5　直角尺

【用途】　用于检测直角、垂直度和平行度，也可对工件进行垂直划线和检测角度（光隙法和涂色法）。

【分类】　直角尺分为圆柱直角尺、矩形直角尺、刀口矩形直角尺、三角形直角尺、刀口形直角尺、宽座刀口形直角尺、平面形直角尺、带座平面形直角尺和宽座直角尺几种（见图 1-70）。

根据直角尺用途的不同，其测量面和侧面上的表面粗糙度、测量面的平面度公差、直线度公差以及侧面和测量面的垂直度公差，均有 00 级、0 级、1 级和 2 级。

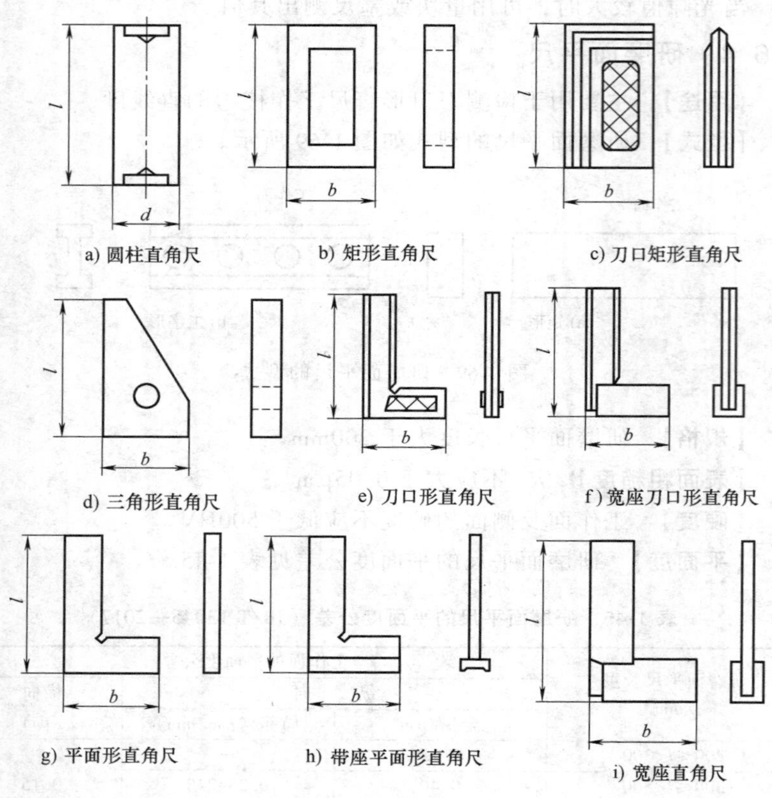

图 1-70　直角尺的型式

【材料】　不同直角尺的材料见表 1-46。

表 1-46　不同直角尺的材料

直角尺名称	适用材料
圆柱直角尺、矩形直角尺、三角形直角尺	合金工具钢、碳素工具钢、花岗岩、铸铁
刀口形直角尺、宽座刀口形直角尺	合金工具钢、碳素工具钢、不锈钢
刀口矩形直角尺	合金工具钢、不锈钢
平面形直角尺、带座平面形直角尺、宽座直角尺	碳素工具钢、不锈钢

【硬度】　测量面的硬度见表 1-47。

【基本参数】　直角尺的种类和基本尺寸见表 1-48。

表 1-47　测量面的硬度（GB/T 6092—2004）

测量面的材料	硬　度	测量面的材料	硬　度
合金工具钢	688HV（或 59HRC）	铸铁	436HV（或 45HRC）
碳素工具钢	620HV（或 56HRC）	花岗岩	70HS（或 52HRC）
不锈钢	561HV（或 53HRC）	—	—

表 1-48　直角尺的种类和基本尺寸（GB/T 6092—2004）

（单位：mm）

种类	基本尺寸										
圆柱直角尺	精度等级	00 级、0 级									
	直径 d	200	315	500	800	1250					
	高度 h	80	100	125	160	200					
矩形直角尺	精度等级	00 级、0 级、1 级									
	高度 h	125	200	315	500	800					
	宽度 b	80	125	200	315	500					
刀口矩形直角尺	精度等级	00 级、0 级									
	高度 h	63	125	200							
	宽度 b	40	80	125							
三角形直角尺	精度等级	00 级、0 级									
	高度 h	125	200	315	500	800	1250				
	宽度 b	80	125	200	315	500	800				
刀口形直角尺	精度等级	0 级、1 级									
	高度 h	50	63	80	100	125	160	200			
	宽度 b	32	40	50	63	80	100	125			
宽座刀口形直角尺	精度等级	0 级、1 级									
	高度 h	50	75	100	150	200	250	300	500	750	1000
	宽度 b	40	50	70	100	130	165	200	300	400	550
平面形直角尺和带座平面形直角尺	精度等级	0 级、1 级和 2 级									
	高度 h	50	75	100	150	200	250	300	500	750	1000
	宽度 b	40	50	70	100	130	165	200	300	400	550
宽座直角尺	精度等级	0 级、1 级和 2 级									
	高度 h	63	80	100	125	160	200	250	315		
	宽度 b	40	50	63	80	100	125	160	200		
	高度 h	400	500	630	800	1000	1250	1600	—		
	宽度 b	250	315	400	500	630	800	1000	—		

1.6.6　方形角尺

【用途】　方形角尺主要用于检测机械零件、金属切削机床及其他机械的垂直度、平行度，以及作为 90°绝对测量基准用。

【材料】

1）方形角尺应选用工具钢或性能相近的材料制造，测量面硬度不应低于 688 HV（或 59HRC）。

2）采用岩石制造的方形角尺，其密度为 2500～3100kg/m³，肖氏硬度为≥70HS，抗压强度为 200～300MPa，吸水率为<0.25%，线胀系数为（2～6）×10^{-6}℃$^{-1}$，弹性模量为（6～12）×10^4MPa。

【基本参数】 方形角尺的基本参数见表 1-49。

表 1-49 方形角尺的基本参数（JB/T 10027—2010）

（单位：mm）

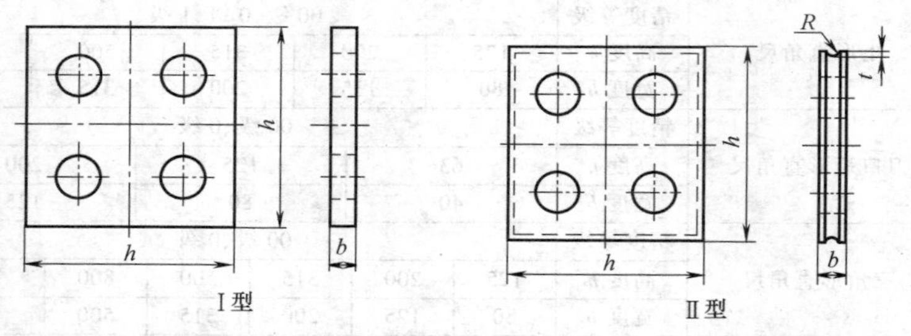

h 尺寸四周为测量面

h	b	R	t	h	b	R	t
100	16	3	2	300	40	6	4
150	30	4	2	315	40	6	4
160	30	4	2	400	45	8	4
200	35	5	3	500	55	10	5
250	35	6	4	630	65	10	5

1.6.7 V 形块

【用途】 加工（或测量）轴类零件时，作紧固（或定位）用。

【材料】 采用合金工具钢（如 GCr15）或其他类似性能的材料制造，其工作面硬度不应小于 664HV（或 58HRC）；若采用灰铸铁（如 HT200）或其他类似性能的材料，其工作面硬度范围为 170～241HBW。

【准确度等级】 分为 0 级、1 级和 2 级。

【型式】 分为Ⅰ型、Ⅱ型、Ⅲ型和Ⅳ型（见图 1-71）。

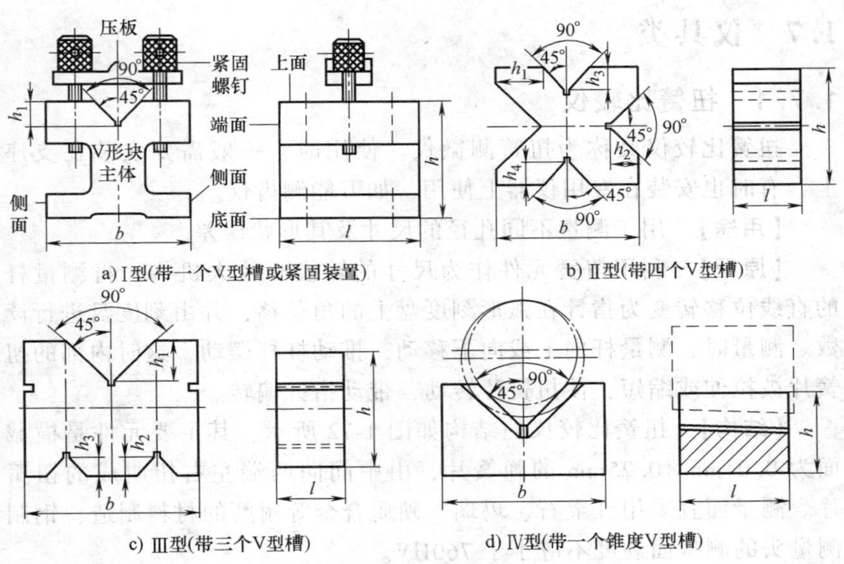

a) Ⅰ型(带一个V型槽或紧固装置)　b) Ⅱ型(带四个V型槽)　c) Ⅲ型(带三个V型槽)　d) Ⅳ型(带一个锥度V型槽)

图 1-71　V 形块的型式

【基本参数】 V 形块的基本参数见表 1-50。

表 1-50　V 形块的基本参数（JB/T 8047—2007）

型式	型号	基本尺寸							准确度等级	适用直径范围	
		l	b	h	h_1	h_2	h_3	h_4		min	max
Ⅰ	Ⅰ-1	35	35	30	6	—	—	—	0、1、2	3	15
	Ⅰ-2	60	60	50	15					5	40
	Ⅰ-3	105	105	78	30					8	80
Ⅱ	Ⅱ-1	60	100	90	32	25	20	16	1、2	8	80
	Ⅱ-2	80	150	125	50	32	25	20		12	135
	Ⅱ-3	100	200	180	60	50	32	25		20	160
	Ⅱ-4	125	300	270	110	80	60	50		30	300
Ⅲ	Ⅲ-1	75	100	75	60	12	12	—	1、2	20	160
	Ⅲ-2	100	130	100	—	17.5	17.5			30	300
Ⅳ	Ⅳ-1	40	50	36	—	—	—	—	1	3	15
	Ⅳ-2	60	80	55						5	40
	Ⅳ-3	100	130	90						8	80

1.7 仪具类

1.7.1 扭簧比较仪

扭簧比较仪又称为扭簧测微仪。使用时，一般需要安装在支座上，有时也安装在专用仪器上使用，如万能测齿仪。

【用途】 用于测量不同孔径的尺寸及其形状误差。

【原理】 利用扭簧元件作为尺寸的转换和放大机构，将测量杆的直线位移转变为指针在弧形刻度盘上的角位移，并由刻度盘进行读数。测量时，测量杆向上或向下移动，推动杠杆摆动，这时内部的扭簧片被拉伸或缩短，使扭簧片转动，带动指针偏转。

【结构】 扭簧比较仪的结构如图 1-72 所示。其主要元件是横截面为 0.01mm×0.25mm 的弹簧片，由中间向两端左右扭曲成的扭簧片。测量面宜采用红宝石、玛瑙、硬质合金等耐磨的材料制造，钢制测量头的测量面硬度不应小于 760HV。

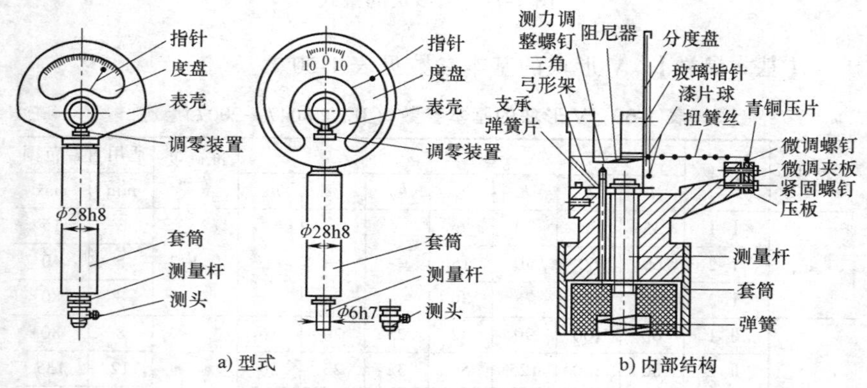

图 1-72 扭簧比较仪的结构

【规格】 根据 GB/T 4755—2004 的规定，其分度值有 0.1mm、0.2mm、0.5mm、1mm、2mm、5mm 和 10mm。

1.7.2 框式水平仪和条式水平仪

【用途】 用于检测被测平面的直线度、平面度，也用于检测机床上各平面相互之间的平行度和垂直度，以及检测设备安装时的水平位置和垂直位置。

【原理】 当水平仪放置在绝对水平的平面上时，气泡处于正中的位置；而当放置在斜面上时，由于重力的作用，气泡将偏向较高的一端。

【结构】 框式和条式水平仪的结构如图 1-73 和图 1-74 所示。框式水平仪主要由水准仪和框架组成。水准器是一个密封的玻璃管，内腔加工成具有一定曲率的弧面，内腔里注有黏滞度较小的液体，里面还有一个气泡。

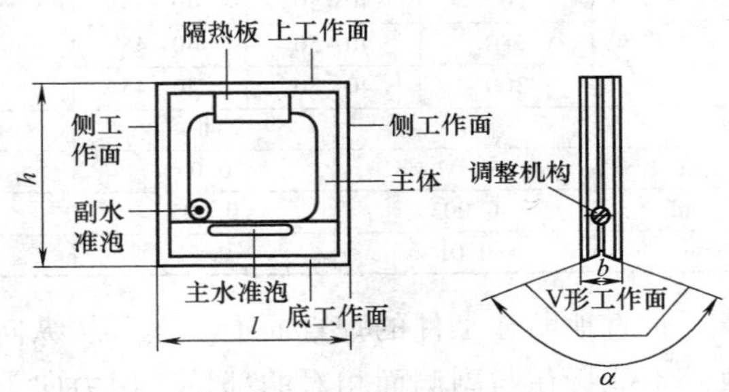

图 1-73　框式水平仪的结构

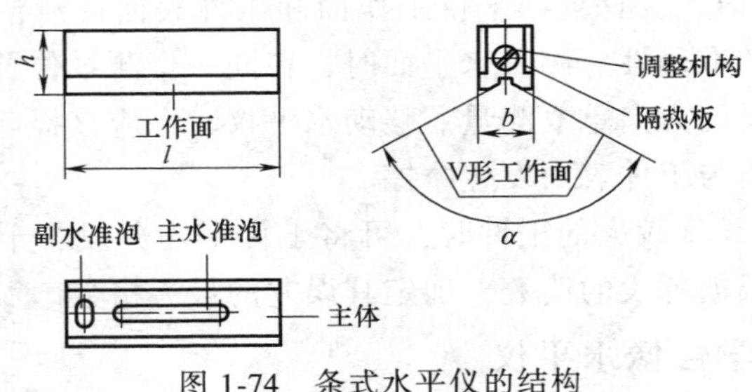

图 1-74　条式水平仪的结构

【材料】 采用刚性、耐磨性及稳定性能良好的材料。

【基本参数】 框式水平仪和条式水平仪的基本参数见表 1-51。

【使用方法】

1）水平仪的工作面不能与粗糙面摩擦或接触，安放时要小心，避免划伤工作面。

2）用框式水平仪测量工件的垂直面时，应该手握副测面的内侧，

表 1-51　框式水平仪和条式水平仪的基本参数（GB/T 16455—2008）

种类	代号	外形尺寸/mm			V形工作面角度 α/(°)
		长度 l	高度 h	宽度 b	
框式水平仪	SK	100	100	25~35	120~140
		150	150	30~40	
		200	200	35~40	
		250	250	40~50	
		300	300	40~50	
条式水平仪	ST	100	30~40	30~35	
		150	35~40	35~40	
		200	40~50	40~45	
		250	40~50	40~45	
		300	40~50	40~45	

组　　别	Ⅰ	Ⅱ	Ⅲ
分度值/(mm/m)	0.02	0.05	0.10
平面度公差/rad	0.003	0.005	0.005
位置公差/mm	0.01	0.02	0.02

使水平仪平稳、垂直地贴在工件的垂直面上，然后从纵向水准读出气泡移动的格数。不能握住与副测面相对的部位，用力向工件的垂直面推压。

3）使用时，要保证水平仪工作面和工件表面的清洁，以防止污物影响测量的准确性。测量水平面时，在同一个测量位置上，应将水平仪调过相反的方向重复测量。移动水平仪时，应该提起来，不允许水平仪工作面与工件表面发生摩擦。

4）测量长度较大的工件时，可将工件平均分成若干尺寸段分别测量，然后根据各段的读数，确定其误差的最大格数。

1.7.3　光学合像水平仪

【用途】　光学合像水平仪广泛用于精密机械中，测量工件的平面度、直线度和找正安装设备的正确位置，此外还可以测量工件的微小倾角。

【原理】　光学合像水平仪，是以测微螺旋副相对基座测量面调整水准器气泡，利用杠杆、微动螺杆这一套传动机构来提高读数的灵敏度，并由光学原理合像读数的水准器式水平仪。

【结构】　光学和数字式光学合像水平仪的结构型式和外形如图

1-75 和图 1-76 所示。

【规格】 分度值为 0.01mm/m，量程范围在 0~10mm/m 或 0~20mm/m。

【基本参数】 GB/T 22519—2008 规定，工作面长度为 166mm，V 形槽角度为 120°。

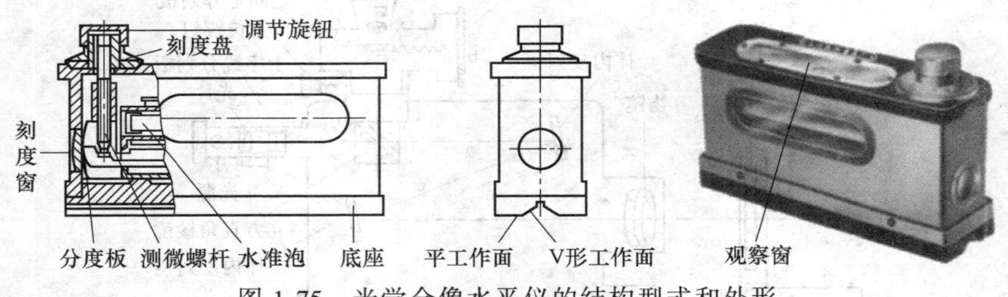

图 1-75　光学合像水平仪的结构型式和外形

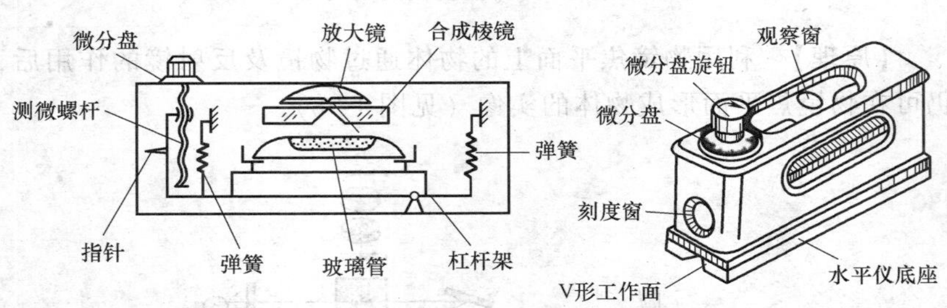

图 1-76　数字式光学合像水平仪的结构型式和外形

将水平仪放在被测工件表面上，眼睛看上窗口，手转动微分盘直至两个半气泡重合，然后进行读数。若分度值为 0.01mm/1000mm，则读数时，从侧窗口读出两端高度差的毫米数（假设是 1mm），从微分盘上读出刻度数（假设是 16），除以 100，然后两数相加得到 1.16，即被测工件表面的倾斜度，在 1m 长度上的高度差为 1.16mm。

1.7.4　自准直仪

自准直仪（光学平直仪）是利用光学自准直原理，测量微小角度的长度测量工具。

【用途】 用于检测零件的直线度、平面度和平行度，还可以测量平面的倾斜变化、高精度测量垂直度以及进行角度比较等。用两台平直仪可测量多面体的角度精度。它适用于机床制造、维修或仪器制造行业。

【结构】 自准直仪主要由光源、物镜、五棱镜、目镜、分划板、十字线分划板和反射镜等组成（见图1-77）。

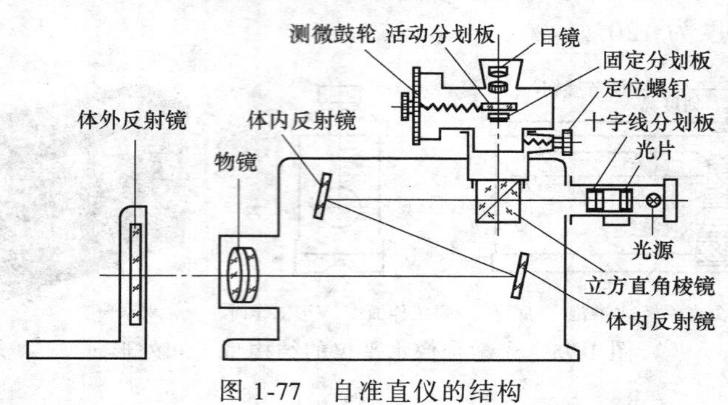

图1-77　自准直仪的结构

【原理】 利用物镜焦平面上的物体通过物镜及反射镜的作用后，仍可在物镜焦平面形成物体的实像（见图1-78）。

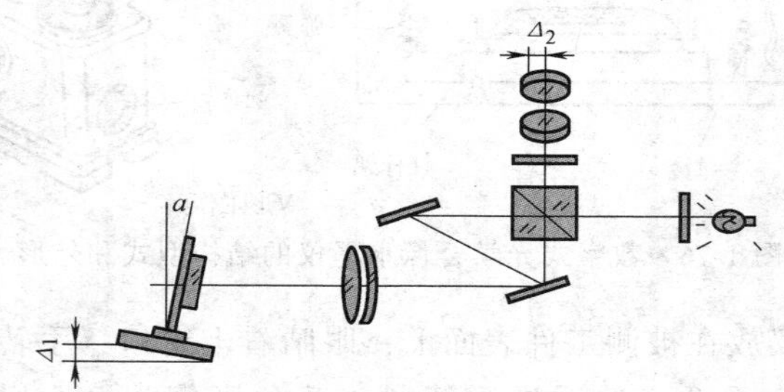

图1-78　自准直仪的工作原理

【基本参数】 自准直仪的基本参数见表1-52。

表1-52　自准直仪的基本参数（JB/T 8232—1999）

名　　称	要求		
	目视		光电
分格值/(″)	0.2	1	0.2
测量范围/(′)	10		
最大工作距离/m	16、6		6
平面反射镜反射面有效孔径/mm	≥60		

【使用方法】 自准直仪的用途颇多，现仅以测量仪器工作台运动直线度为例进行说明。

自准直仪经常用来测量精密机床和仪器工作台运动的直线度（见图 1-79）。通常运动直线度要求以角、秒为单位评定。

将自准直仪架在被测工作台的外端，将反射镜置于工作台面上，使工作台运动。在全程范围内，以自准直仪反射像在视场内的最大位移量作为运动直线度的测量结果。

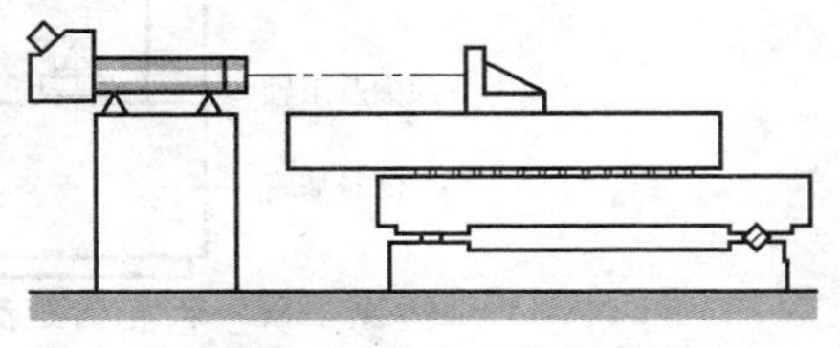

图 1-79　用自准直仪测量仪器工作台运动直线度

测量前应正确地安装反射镜和自准直仪，特别是对于长导轨，随意安装往往会影响测量精度，甚至在反射镜移动到远端时，反射像昏暗，无法读数。正确的安装方法如下：

1）粗略地将反射镜和自准直仪安装在预定的部位，外观上使二者大致同轴。移动工作台至离自准直仪最近端，调整反射镜或自准直仪的位置，使自准直仪出射光斑打在反射镜中央。为了便于鉴别光斑，观察时可用一小块硫酸纸盖住反射镜面。

2）移动工作台至离自准直仪最远端，原地调整自准直仪水平和仰俯角度，使自准直仪出射光斑也打在反射镜中央。再次回到离自准直仪最近端，检查光斑的位置，直至远、近端光斑的位置均在反射镜中央。这时的自准直仪光轴与被测运动方向已调成平行，自准直仪不再做任何调整。

3）移动工作台至离自准直仪最近端，原地调整反射镜的水平和仰俯角度，使自准直仪反射像出现在视场中央，安装完毕。

注意：测量前应检查自准直仪与被测仪器底座是否为刚性连接。

1.7.5　齿轮齿距测量仪

齿轮齿距测量仪是采用相对或绝对测量法，使用相应的传感器，用于测量单个齿距偏差、齿距累积偏差、齿距累积总偏差等参数项目的齿轮专用测量仪。

【结构】 齿轮齿距测量仪的结构如图 1-80 所示。

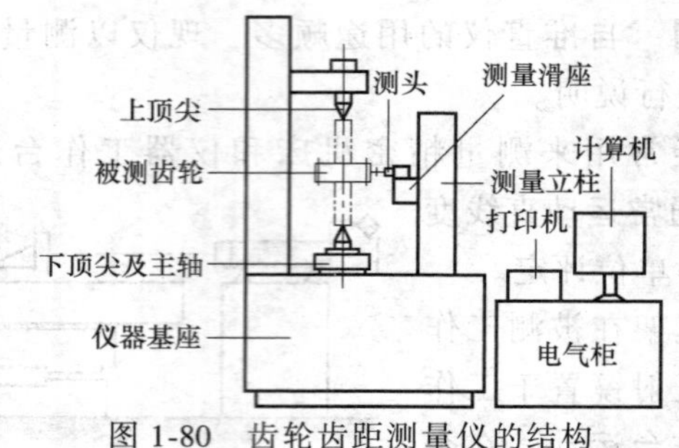

图 1-80　齿轮齿距测量仪的结构

【规格】　被测齿轮模数为 1~20mm，顶圆直径不大于 600mm 的齿轮。

【基本参数】　齿轮齿距测量仪的基本参数见表 1-53。

表 1-53　齿轮齿距测量仪的基本参数（GB/T 26090—2010）

基本参数	数　值	基本参数	数　值
可测齿轮的模数/mm	1~20	可测齿轮的最大顶圆直径/mm	600
传感器分辨力/mm	≤0.0001		

1.7.6　齿轮螺旋线测量仪

齿轮螺旋线测量仪是采用展成法或坐标法，使用相应的传感器，具有测量数据输出系统的仪器。

【用途】　主要用于测量齿轮螺旋线形状偏差、螺旋线倾斜偏差、螺旋线总偏差等。

【分类】　按控制方式可分为计算机数字控制（CNC）型和非计算机数字控制型。

【结构】　计算机数字控制型螺旋线测量仪的结构如图 1-81 所示。

【基本参数】齿轮螺旋线测量仪的基本参数见表 1-54。

表 1-54　齿轮螺旋线测量仪的基本参数（GB/T 26092—2010）

基本参数	数　值	基本参数	数　值
可测齿轮的模数/mm	1~20	螺旋角测量范围/(°)	0~90
可测齿轮的最大顶圆直径/mm	600	传感器分辨力/mm	≤0.0001

1.7.7　万能测齿仪

【用途】　用于测量齿轮模数不大于 10mm、最大顶圆直径为 360mm 齿轮和蜗轮的齿距偏差及基节偏差、公法线长度、齿圈径向

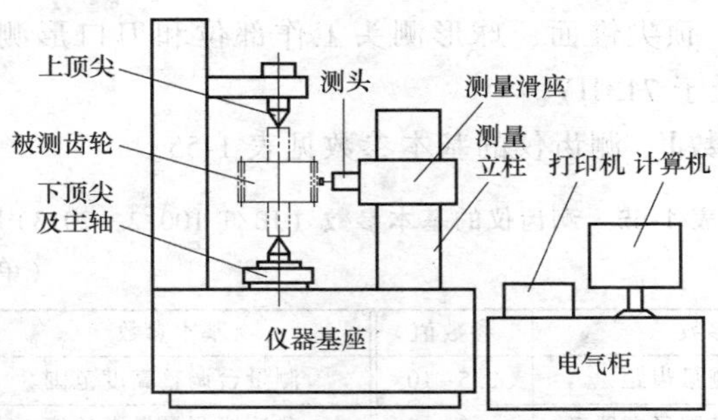

图 1-81　计算机数字控制型螺旋线测量仪的结构

圆跳动等参数。

【原理】 以被测齿轮轴线为基准，用上下顶尖定位，采用指示表类量具测量。

【型式】 万能测齿仪的型式如图 1-82 和图 1-83 所示。

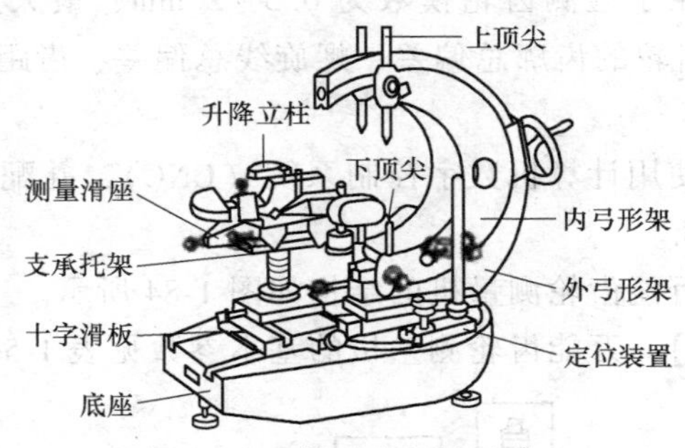

图 1-82　万能测齿仪的型式 Ⅰ

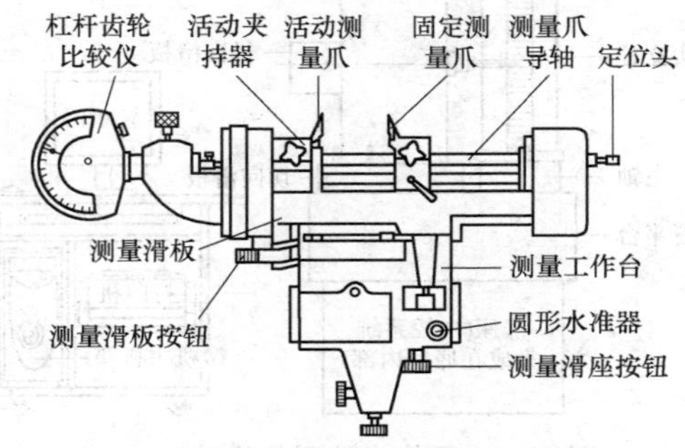

图 1-83　万能测齿仪的型式 Ⅱ

【硬度】 顶尖锥面、球形测头工作部位和刀口形测量爪工作刃的硬度不应低于713HV。

【基本参数】 测齿仪的基本参数见表1-55。

表1-55 测齿仪的基本参数（JB/T 10012—2013）

（单位：mm）

基本参数		参数值	基本参数	参数值
被测齿轮模数范围	测量齿距	2.5～10	测量台调整高度范围	0～150
	测量齿圈径向跳动	0.5～10	公法线测量最大长度	150
	测量基节和公法线	1～10	测量爪测量最大深度	20
被测齿轮最大顶圆直径		360	杠杆齿轮比较仪分度值	0.001
两顶尖间距离		50～330	—	—

1.7.8 万能齿轮测量机

【用途】 用于检测齿轮模数为0.5～20mm、最大直径为600mm的渐开线圆柱齿轮的齿廓总偏差、螺旋线总偏差、齿距累积总偏差等参数。

【原理】 使用计算机数字控制系统（CNC），并配备计算机数据采集和处理系统。

【结构】 万能齿轮测量机的结构如图1-84所示。

【基本参数】 万能齿轮测量机的基本参数见表1-56。

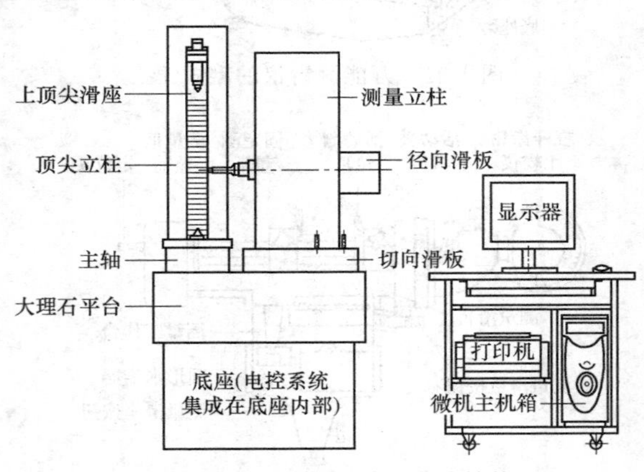

图1-84 万能齿轮测量机的结构

表 1-56　万能齿轮测量机的基本参数（JB/T 10020—2013）

基本参数	参数值
可测齿轮的模数范围/mm	0.5～20
可测齿轮的最大顶圆直径/mm	≤600
螺旋角测量范围/(°)	0±90

1.7.9　卧式滚刀测量仪

【用途】　主要用于检测齿轮滚刀、蜗轮滚刀及花键滚刀的齿形误差、刀齿前面的径向误差、刀齿前面对内孔轴线的平行度误差、容屑槽的导程误差和与相邻齿距偏差及最大累积偏差、轴台的径向圆跳动及端面圆跳动误差。

【结构】　卧式滚刀测量仪的结构如图 1-85 所示。

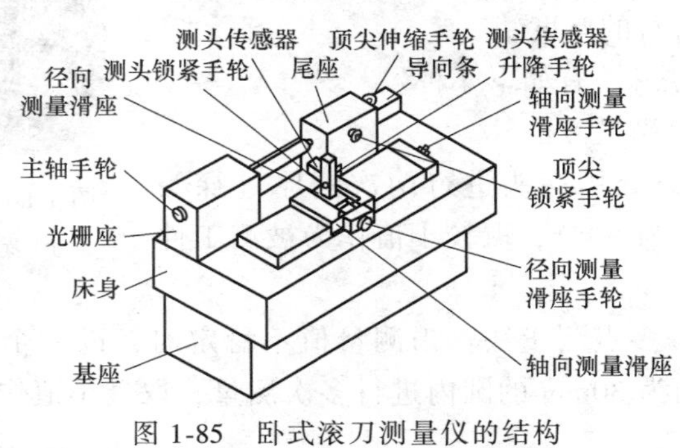

图 1-85　卧式滚刀测量仪的结构

【基本参数】　卧式滚刀测量仪的基本参数见表 1-57。

表 1-57　卧式滚刀测量仪的基本参数（JB/T 10024—2008）

基本参数	参数值	基本参数	参数值
可测滚刀最大外径/mm	300	可测滚刀最大长度/mm	450
可测滚刀模数范围/mm	1～25	可测滚刀最大齿形角/(°)	60
可测滚刀最大螺旋导程/mm	220	—	—

1.7.10　超声波测厚仪

【用途】　测量物体的厚度，即上下相对两面之间的距离。

然而，对于不同物体和开敞性的优劣，以及用户的要求（测量精度、无损或有损），需要采用不同的测量方法。有的可以用测量长度的工具直接测量，有的则需要采用检测仪器，除了机械行业普遍用到的超声波测厚仪外，还有脉冲雷达法、射线法、磁性法、电流法等。本小节仅介绍超声波测厚仪。它可以对厚度均匀的任何超声波的良导体，如金属（铸铁除外）、塑料、陶瓷、玻璃及压力容器进行无损检测或实时监测。

【外形】 MX-5 超声波测厚仪如图 1-86 所示。

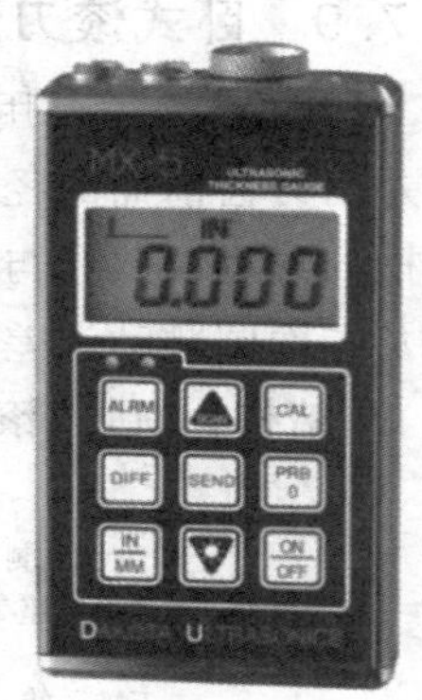

图 1-86 MX-5 超声波测厚仪

【原理】 超声波脉冲反射原理，与光波测量原理相似。当探头发射的超声波脉冲，通过被测物体到达材料分界面时，脉冲被反射回探头通过精确测量超声波在材料中传播的时间，来确定被测材料的厚度。

【测量方法】 有如下 4 种：

（1）一般测量方法

1）在一点处用探头进行两次测厚（探头的分割面要互为 90°），取较小值作为被测工件的厚度值。

2）30mm 多点测量法：当测量值不稳定时，以一个测定点为中心，在直径约为 30mm 的圆内进行多次测量，取最小值作为被测工件的厚度值。

（2）精确测量法　在规定的测量点周围增加测量数目，厚度变化用等厚线表示。

（3）连续测量法　用单点测量法沿指定路线连续测量，间隔不大于 5mm。

（4）网格测量法　在指定区域划上网格，按点测量。此方法适用于高压设备、不锈钢衬里腐蚀监测等。

【测量步骤】 下面以美国达高特 MX-5 型超声波测厚仪为例进行介绍。

（1）认识桌面图标

1）[ON/OFF]为开关键：开机后仪器先进行自检显示。1s 后显示软件版本号，然后显示“0.00”，表明仪器可以使用。如果 5min 不做任何操作，将自动关机（可保存所有设置）。

2）ALRM有两个功能：一是和开关键联合使用，开启和关闭声音报警装置（在关机的状态下按住该键再按开机键）；二是进入或退出报警功能。

3）▲SCAN有两个功能：一是开启或关闭扫查功能；二是处于标定状态时，用来增加厚度值或声速值。

4）▼有两个功能：一是显示背景灯的 3 个工作状态，即 ON、OFF 和 AUTO；二是处于标定状态时，用来减少厚度值或声速值。

5）CAL为进入和退出校验模式键，用来调节厚度值或声速值，可直接输入声速或通过材料样块厚度值计算某种材料的声速值。

6）DIFF用于开启或关闭差值功能。

7）SEND的功能是通过底部的 RS-232 接口将数值传输到计算机或外部存储设备中。

8）PRB 0用于探头和仪器的调零。

9）IN/MM用于米制/英制间转换。

（2）调零

1）开机。

2）清洁探头表面后连接主机。

3）在测厚仪顶部的金属块上滴一些耦合剂，将探头紧密地放在金属块上。按下“PRBO”键（探头和仪器调零按钮），仪器先显示“PRBO”，然后再显示一个厚度值。待读数稳定后移开探头，调零操作完成。

（3）校准（有两种情况）与测量

1）当厚度已知时：

① 开机。

② 在样块表面上滴一滴耦合剂。

③ 使探头紧贴样块表面，应显示厚度值（可能不正确）。

④ 读数稳定后移走探头，如读数有变化重复②。

⑤ 按 CAL（进入和退出校验模式）键，长度单位（IN 或 MM）

符号闪动。

⑥ 使用上下箭头，调节厚度值至样块已知厚度。

⑦ 再按一次 CAL 键，速度单位（in/μs 或 m/s）闪动，仪器显示根据厚度值计算出的声速值。

⑧ 再按 CAL 键退出校验模式，即可以开始测量。

2）当声速已知时：

① 按 CAL 键进入校验模式，如显示 in/mm，再按 CAL 键，使 in/μs 或 m/s 闪动。

② 使用上下箭头键调节声速，直到变为所测材料的声速。

③ 再按 CAL 键，退出校验模式，即可以开始测量。

3）测量。

（4）设备连接　用 RS-232 接口，将超声波测厚仪与计算机或外部存储设备相连接。连接的方法如下：

1）将电缆的一端连到仪器接口，另一端连到计算机的串行接口上。

2）启动用于采集测量结果的软件。

3）设置软件：数据位数为 8，奇偶性无；波特率（Bd/s）：打印报告时用 1200，传输数据文件时用 9600。

1.7.11　洛氏硬度计

测量钢铁材料硬度的方法有多种，如洛氏、布氏、维氏、里氏、肖氏、努氏、韦氏、邵氏和超声硬度计等，测量非金属材料另有各自专用的硬度计。本小节只涉及测量金属硬度用的洛氏硬度计。

【工作原理】　在规定条件下，先加初始试验力 F_0，将压头压入试样表面，测量初始压痕深度，随后施加主试验力 F。在卸除主试验力后，保持初始试验力的状态测量最终压痕深度。根据最终压痕深度和初始压痕深度的差值 h 及常数 N 和 S（见表 1-58），通过公式：洛氏硬度 $=N-h/S$ 计算出结果。

洛氏硬度试验采用 120°金刚石圆锥、直径 1.588mm 钢球和直径 3.175mm 钢球 3 种压头，采用 588.4N、980.7N 和 1471N 三种试验力（共有 9 种组合），对应于洛氏硬度的 9 个标尺，即 HRA、HRB、HRC、HRD、HRE、HRF、HRG、HRH、HRK（前三种常用）。表面

表 1-58 洛氏硬度标尺

硬度标尺	硬度符号单位	压头类型	初始试验力 F_0/N	主试验力 F/N	标尺常数 S/mm	全量程常数 N	适用范围
洛氏硬度							
A	HRA	金刚石圆锥	98.07	588.4	0.002	100	20~95HRA
B	HRB	直径 1.5875mm 球		980.7		130	10~100HRB
C	HRC	金刚石圆锥		1471		100	20~70HRC
表面洛氏硬度							
15N	HR15N	金刚石圆锥	29.42	147.1	0.001	100	70~94HR15N
30N	HR30N	金刚石圆锥		294.2			42~86HR30N
45N	HR45N	金刚石圆锥		441.3			20~77HR45N
15T	HR15T	直径 1.5875mm 球		147.1			67~93HR15T
30T	HR30T	直径 1.5875mm 球		294.2			29~82HR30T
45T	HR45T	直径 1.5875mm 球		441.3			10~72HR45T

洛氏硬度试验采用 120°金刚石圆锥和 1.588mm 钢球 2 种压头，采用 147.1N、294.2N 和 441.3N 共 3 种试验力（有 6 种组合），对应表面洛氏的 6 个标尺，即 HR15N、HR30N、HR45N、HR15T、HR30T、HR45T。

A 标尺适应于测量硬度超过 67HRC 的金属，如碳化钨、硬质合金、硬的薄板材及表面硬化零件等，测量范围为 20~85HRA。

B 标尺用来测量有色金属及其合金、退火钢等低硬度零件的硬度，硬度范围为 25~100HRB。

C 标尺适应于碳素钢、工具钢及合金钢等经过淬火或回火处理的试样的硬度试验，测量范围为 20~67HRC。

【分类】 按硬度计的型式分，有台式和便携式两种；按读数方式分，有指针式和数显两种。

【结构】 洛氏硬度计的结构如图 1-87 和图 1-88 所示。

【使用方法】 下面以莱州银华台式洛氏硬度计进行介绍。

1）根据工件大小选用适当的工作台，擦净上下端面和丝杠顶面，将其置于丝杠安装孔中。

2）擦净试件支承面，放在工作台上，旋转手轮使工作台缓慢上升并顶起压头（中途不允许停顿或倒转），直到短指针指向红点，长指针顺时针旋转 3 圈并垂直上指（允许相差±5 个刻度，否则应重新

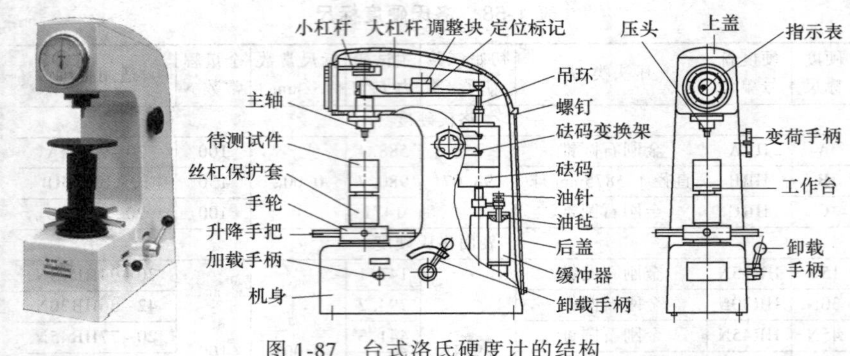

图 1-87　台式洛氏硬度计的结构

试验）。

3）旋转指示器外壳（正反转均可），使长指针与 C、B 之间长刻线对齐。

4）按照加载标明的方向加力（初始试验力），向硬度计机身前面方向缓慢（4s 左右）拉动加载手柄至左侧极限位置，施加主试验力。

5）当指示器长指针停止转动后，将卸载手柄按顺时针方向缓慢（2～3s）推回至右侧极限位置，卸除主试验力。从指示器上相应的标尺读数（采用金刚石压头试验时，按表盘外圈的黑字读取；采用球压头试验时，按表盘内圈的红字读取）。转动手轮使试件下降，直到测试面离开压头，再移动试件（试件支承底面不能离开试台上表面）。

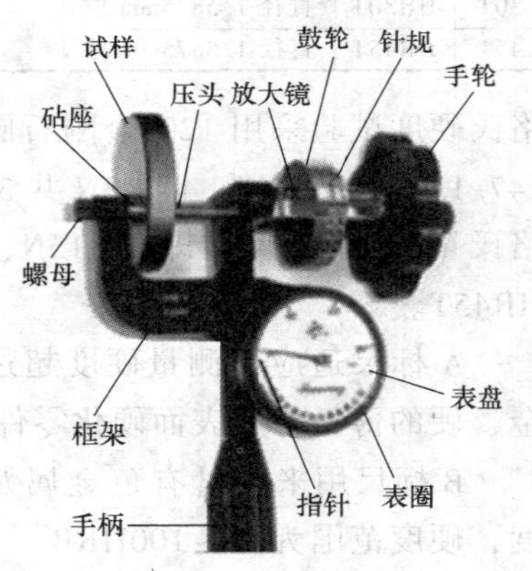

图 1-88　便携式洛氏硬度计的外形和结构

第2章

手工工具

手工工具指用手握持，以人力或以人控制的其他动力作用于物体的小型工具，用于手工切削和辅助装修。为了便于携带，一般均有手柄。本章将介绍其中的钳子、扳手、旋具、剪切折弯工具、手锯、锉刀、錾和锤以及斧等。

2.1 钳子

钳子是用于夹持、扭曲物体的工具，由钳口、钳柄和钳轴等部分组成。

【用途】 用于夹持、固定加工工件，或者扭转、弯曲、剪断金属丝线等。

【分类】 可分为尖嘴钳、带刃尖嘴钳、扁嘴钳、鸭嘴钳、圆嘴钳、斜嘴钳、顶切钳、断线钳、钢丝钳、鲤鱼钳、胡桃钳、夹扭剪切两用钳、水泵钳、通用型大力钳、大力钳等。

【标记】 钳子类工具产品的标记均为产品名称+规格+标准编号。

【结构】 由钳口、铡口、刃口、齿口、钳轴、钳柄（外加绝缘套）等组成（见图2-1）。

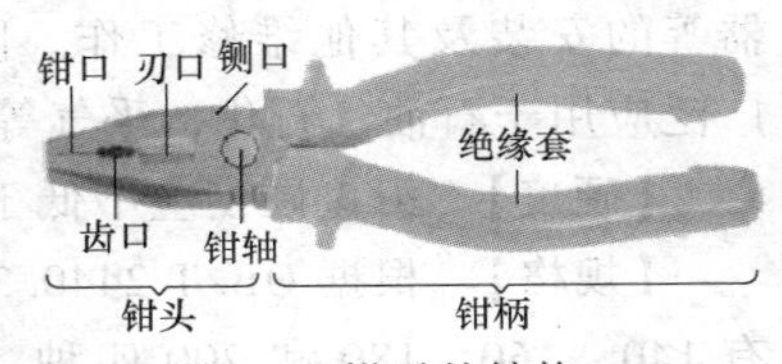

图2-1 钳子的结构

【材料】 一般用碳素结构钢制造，先锻压轧制成钳胚，然后经过金属切削加工，最后进行热处理。

【硬度】 钳子夹持面的硬度应不低于42HRC，钳轴的硬度应不低于25HRC，剪切钳和夹扭剪切两用钳刃口的硬度应不低于55HRC。

【使用方法】

1）根据不同的用途选择相应规格的钳子。

2）用刃口剪铁丝时，用刀刃绕表面来回割几下，然后轻轻一扳即可。铡口可以用来切断较粗的电线、钢丝等较硬的金属线。

3）用尖嘴钳弯曲导线接头时，应先将线头向左折，然后紧靠螺杆，依顺时针方向向右弯曲。

4）电工应选用带绝缘手柄的钢丝钳（绝缘电压 500V），并检查绝缘是否良好；带电操作时，手与钢丝钳的金属部分要保持 20mm 以上的距离。

5）用钢丝钳剪切带电导线时，不能用刃口同时切断相线和零线，也不能同时切断两根相线；两根导线的线头应保持一定的距离。

2.1.1 尖嘴钳

【用途】 主要用来剪切线径较细的导线，以及给单股导线接头弯圈、剥塑料绝缘层以及在狭小空间处夹持细小零件等。

【硬度】 夹持面硬度应不低于 42HRC，钳轴硬度应不低于 25HRC。

【规格】 QB/T 2440.1—2007 规定，其公称长度 l（mm）有 140、160、180、200 和 280 五种（见图 2-2）。

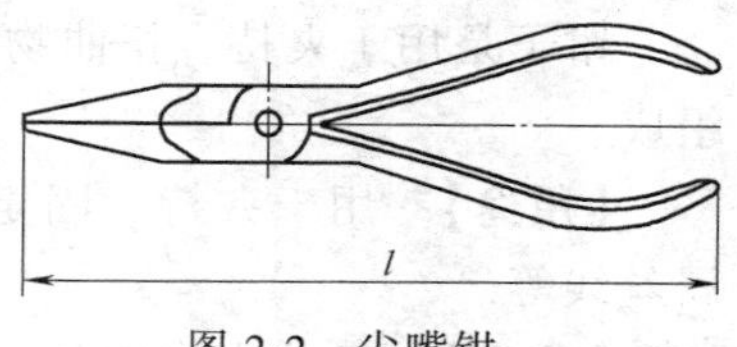

图 2-2 尖嘴钳

2.1.2 带刃尖嘴钳

【用途】 同样适用于在比较狭小的工作空间内夹持小零件，剪断金属丝、导线以及剥塑料绝缘层等，主要用于仪表、电信器材、电器等的安装及其他维修工作。防爆尖嘴钳（材质为铝青铜、铍铜）广泛应用于石油、石化、采气等潜在火患的危险环境中。

【硬度】 刃口硬度应不低于 55HRC。

【规格】 根据 QB/T 2440.3—2007 的规定，其公称长度 l（mm）有 140、160、180 和 200 四种（见图 2-3）。

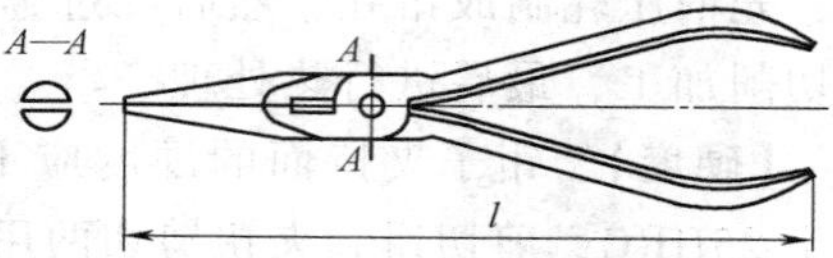

图 2-3 带刃尖嘴钳

2.1.3 扁嘴钳

扁嘴钳的钳头嘴呈矩形（见图 2-4）。

【用途】 适用于在狭窄空间处装卸销子、弹簧等小零件，弯折金属薄板、切断细金属丝。

【硬度】　夹持面硬度应不低于 42HRC，钳轴硬度应不低于 25HRC。

【规格】　根据 QB/T 2440.2—2007 的规定，其公称长度 l（mm）：短嘴扁嘴钳有 125、140 和 160 三种；长嘴扁嘴钳有 140、160 和 180 三种。

2.1.4　圆嘴钳

圆嘴钳的钳头呈圆锥形（见图 2-5）。

【用途】　用于将金属薄板、细金属丝弯曲成圆形。

【硬度】　夹持面硬度应不低于 42HRC，钳轴硬度应不低于 25HRC。

【规格】　根据 QB/T 2440.3—2007 的规定，其公称长度 l（mm）：短嘴圆嘴钳有 125、140 和 160 三种；长嘴圆嘴钳有 140、160 和 180 三种。

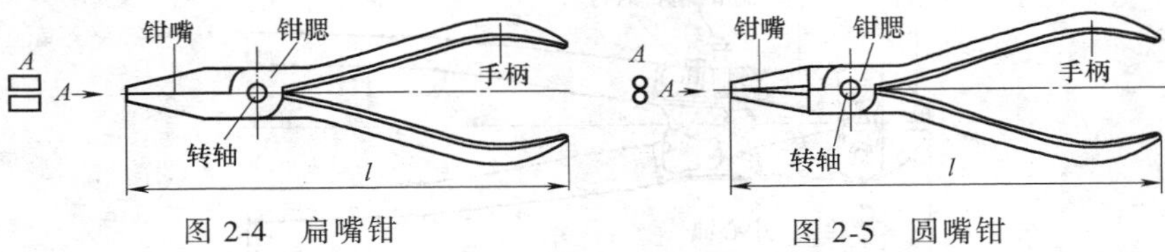

图 2-4　扁嘴钳　　图 2-5　圆嘴钳

2.1.5　斜嘴钳

【用途】　斜嘴钳（见图 2-6）适用于剪断金属丝。

【硬度】　刃口硬度应不低于 55HRC。

【规格】　根据 QB/T 2441.1—2007 的规定，其公称长度 l（mm）有 125、140、160、180 和 200 五种。

2.1.6　顶切钳

【用途】　顶切钳（见图 2-7）适用于机械和电器装配、维修中剪断金属丝。

【硬度】　刃口硬度应不低于 55HRC。

【规格】　根据 QB/T 2441.2—2007 的规定，其公称长度 l（mm）有 125、140、160、180 和 200 五种。

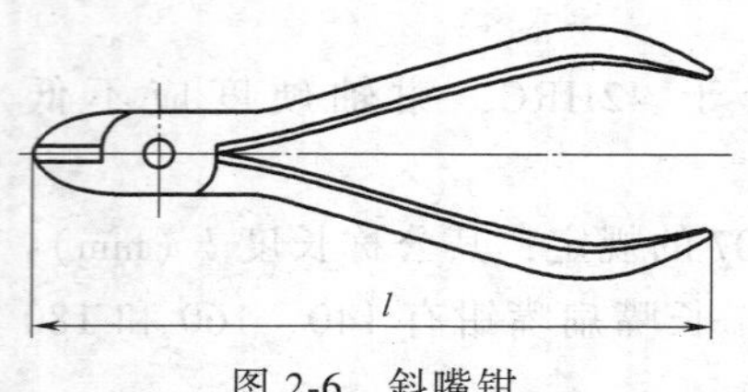

图 2-6　斜嘴钳

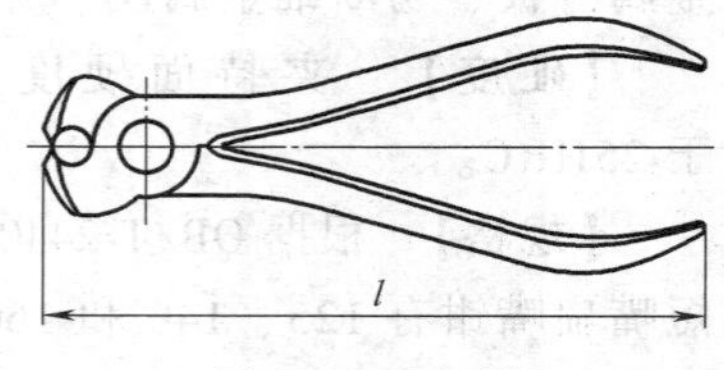

图 2-7　顶切钳

2.1.7　断线钳

【用途】　用来剪断电线、电缆或钢丝、钢丝绳等。

【材料】　刃口应采用碳素工具钢或同等性能以上的材料；手柄可采用钢管、可锻铸铁、铝合金等材料。

【硬度】　刃口硬度应为 55~62HRC；刃口的螺栓、中心轴的硬度应为 33~40HRC。

【结构】　断线钳如图 2-8 所示。

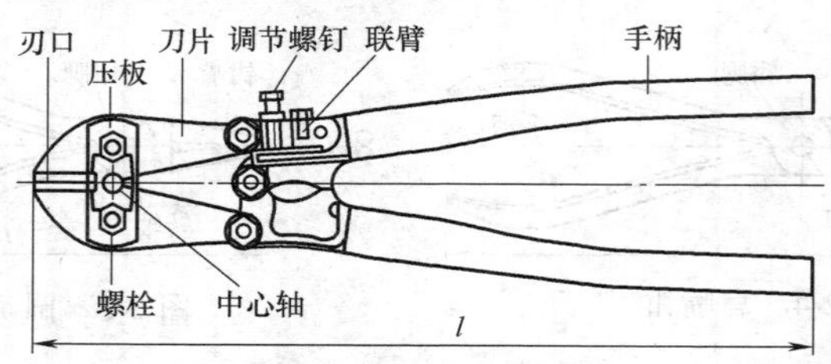

图 2-8　断线钳

【规格】　根据 QB/T 2206—2011 的规定，其公称长度 l（mm）有 200、300、350、450、600、750、900、1050 和 1200 九种。

2.1.8　钢丝钳

【类别】　有普通钢丝钳和防爆钢丝钳两种。

1. 普通钢丝钳（见图 2-9）

【用途】　用于夹持或弯折金属薄板、细长零件以及切断金属丝，钳柄有带绝缘塑料管和不带绝缘塑料管两种，前者供一般场合使用，后者供带

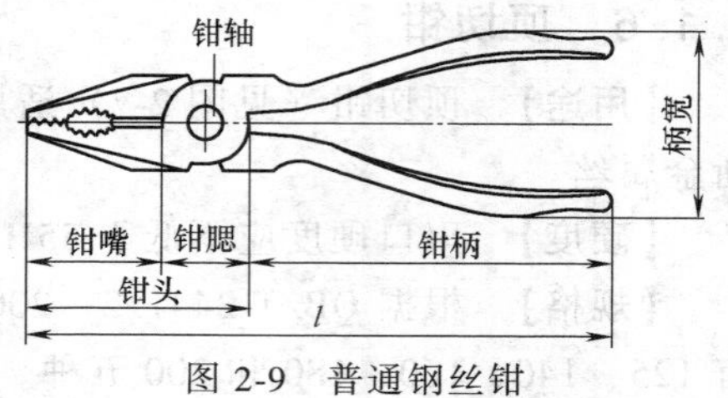

图 2-9　普通钢丝钳

电的场合使用。

【规格】 根据 QB/T 2442.1—2007 的规定，其公称长度 l（mm）有 140、160、180、200、220 和 250 六种。

【标记】 由产品名称、公称长度和标准编号组成。例：公称长度 l 为 200mm 的钢丝钳，标记为：钢丝钳 200 mm QB/T 2442.1—2007。

2. 防爆钢丝钳

【用途】 用于石油、石化、采气等易燃、易爆的场合。

【材料和硬度】 QB/T2613.13—2015 规定，其材料采用通过 GB/T 10686 规定的防爆性能试验的铍铜、铝青铜等铜合金；硬度分别不应低于 35HRC 和 25HRC。

【规格】 同普通钢丝钳。

【标记】 由防爆工具代号 Ex、类别代号和检验单位代号组成。例：防爆性能经代号为 N 的检验单位检验的Ⅱ类 B 级防爆工具，标记为：Ex IIBN。

2.1.9　鲤鱼钳

鲤鱼钳因外形酷似鲤鱼而得名（见图 2-10），其特点是钳口的开口宽度有两档调节位置，可放大或缩小使用。

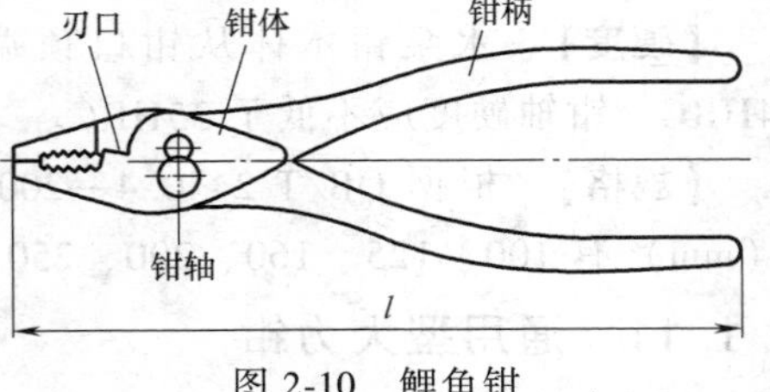

图 2-10　鲤鱼钳

【用途】 用于夹持扁形或圆柱形金属零件，亦可代替扳手拆装螺栓、螺母，刃口可以切断金属丝。

【硬度】 钳体从钳口顶端至钳轴孔处的硬度应不低于 44HRC，钳轴硬度应不低于 35HRC，刃口硬度应不低于 55HRC。

【规格】 根据 QB/T 2442.4—2007 的规定，其公称长度 l（mm）有 125、160、180、200 和 250 五种。

【标记】 由产品名称、公称长度和标准编号组成。例：公称长度 l 为 200mm 的鲤鱼钳，标记为：鲤鱼钳 200 mm QB/T 2442.4—2007。

2.1.10 水泵钳

水泵钳钳口的开口宽度有三至四档的调节位置，以适应夹持不同尺寸零件的需要。

【用途】 可夹持扁形或圆柱形金属零件，用于汽车、内燃机、农业机械及室内管道等安装、维修中。

【型式】 按钳腮的连接方式，有 A、B、C、D 四种（见图 2-11）。

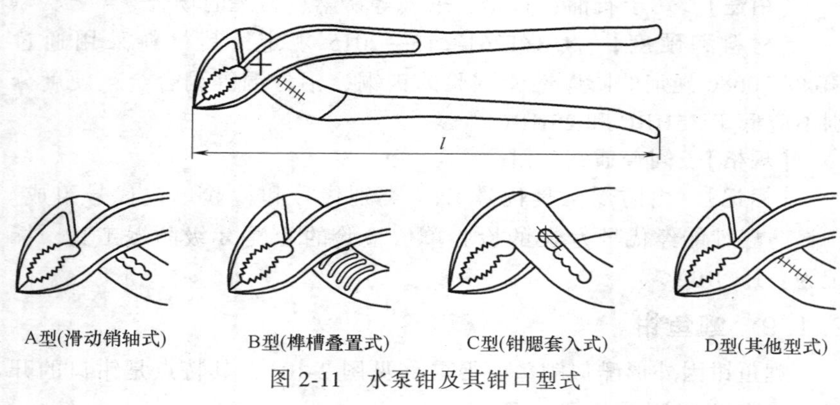

图 2-11 水泵钳及其钳口型式

【硬度】 水泵钳本体从钳口顶端至钳轴孔处的硬度应不低于 44HRC，钳轴硬度应不低于 35HRC。

【规格】 根据 QB/T 2440.4—2007 的规定，水泵钳的公称长度 l（mm）有 100、125、160、200、250、315、350、400 和 500 九种。

2.1.11 通用型大力钳

通用型大力钳钳口可以锁紧并产生很大的夹紧力，具有夹持、扳拧和锁定或兼有剪切功能，而且钳口有很多档调节位置，供夹紧不同厚度零件使用。

【用途】 主要用于夹持零件进行铆接、焊接和磨削等加工。

【分类】 有直口型大力钳（见图 2-12）、曲口型大力钳（见图 2-13）和尖嘴型大力钳（见图 2-14）。

注意：外打开式大力钳的标记代号为 W（内打开式无标记代号）

【工作原理】 利用两次杠杆增力的原理。在一组顶杆的夹角较

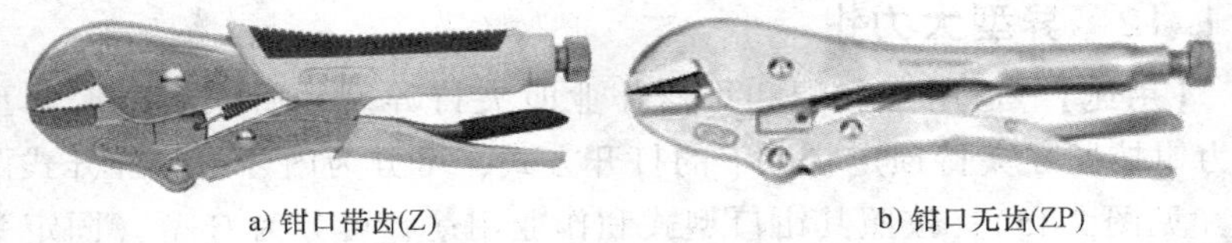
a) 钳口带齿(Z)　　b) 钳口无齿(ZP)

图 2-12　直口型大力钳

图 2-13　曲口型大力钳（Q）带剪切刃（QR）

图 2-14　尖嘴型大力钳（J）带剪切刃（JR）

大时可以获得数倍的增力。

【材料】　采用优质碳素结构钢、合金钢或同等以上材料。

【硬度】　钳柄的硬度应为 30～50HRC，钳口的硬度应不小于 45HRC，四杆机构的钳轴的硬度应不小于 25HRC，调节螺钉的硬度应不小于 30HRC。

【规格】　根据 QB/T 4062—2010 的规定，通用型大力钳的规格见表 2-1。

表 2-1　通用型大力钳的规格（QB/T 4062—2010）

公称长度 l/mm	100	135	140	165	180	220
直口型大力钳	—	—	√	—	√	√
曲口型大力钳	√	—	√	—	√	√
尖嘴型大力钳	—	√	—	√	—	√

【标记】　由产品名称、标准编号、规格、型式和打开方式代号组成。

例：规格为 165mm 的内打开带刃尖嘴型大力钳，标记为：大力钳 QB/T 4062—165JR。

【使用方法】　大力钳后面有螺杆，可以调节钳子的张嘴开度，将钳子的张嘴调到适当的宽度点，然后合上即可操作。

2.1.12 异型大力钳

【用途】 适用于装配和维修作业时夹持异型和管式工件。异型大力钳按照在夹持锁定状态下的打开方式，可分为内开式和外开式两种（见图 2-15）；按照其钳口型式和作业用途，可分为 C 型（固定头式和活动头式）、板夹型、焊接型、管夹型（见图 2-16）。

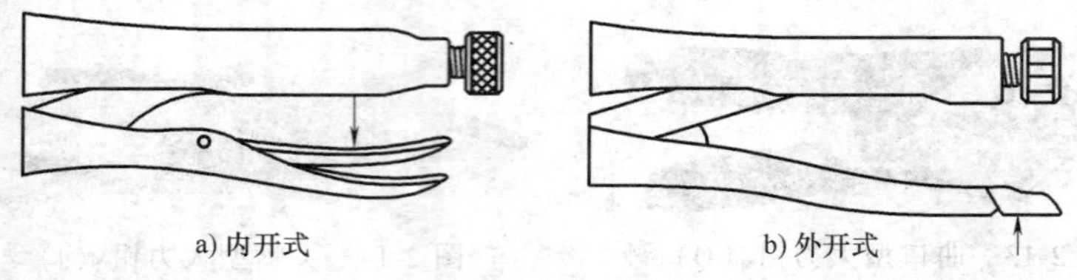

图 2-15 异型大力钳的打开方式

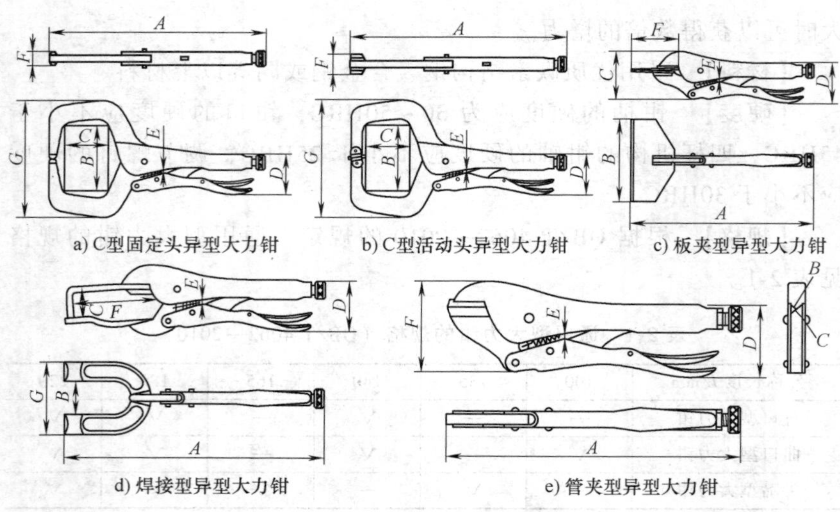

图 2-16 异型大力钳的型式

【分类】 异型大力钳的产品标记由产品名称、标准编号、规格、型式和打开方式代号组成。

固定头异型大力钳的标记代号为 C；活动头异型大力钳的标记代号为 CH；板夹型异型大力钳的标记代号为 B；焊接型异型大力钳的标记代号为 H；管夹型异型大力钳的标记代号为 G。外开式异型大力钳的标记代号为 W（内开式异型大力钳不标）。

【材料】 采用优质碳素结构钢和合金钢或同等以上材料。

【硬度】 钳柄的硬度应为 30～50HRC，钳口的硬度应不小于 35HRC（C 型活动头除外），四杆机构的钳轴的硬度应不小于 25HRC，调节螺钉的硬度应不小于 30HRC。

【基本参数】 根据 QB/T 4265—2011 的规定，异型大力钳的基本参数见表 2-2。

表 2-2 异型大力钳的基本参数（QB/T 4265—2011）

型　式	基本尺寸/mm(规格/全长 l)						
C 型固定头式	—	150/165	—	—	—	—	280/270
C 型活动头式	125/130	150/165	—	—	—	—	280/270
板夹型	—	—	—	200/200	—	250/250	—
焊接型	—	—	—	—	230/230	—	—
管夹型	—	—	180/180	—	—	—	—

【标记】 由产品名称、标准编号、规格、型式和打开方式代号组成。例：规格为 150mm 内打开 C 型（活动头）异型大力钳，标记为：C 型异型大力钳 QB/T 4265—150CH。

2.1.13 链条型大力钳

【用途】 一般用于维修，如拆卸机油格和固定带轮，也可用于夹紧大口径的管道。

【结构】 由大力钳加链条合成（见图 2-17）。

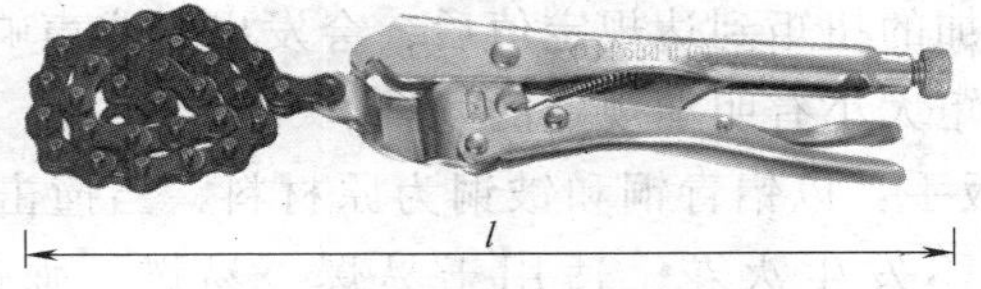

图 2-17 链条型大力钳

【规格】 常见的规格 l(in) 有 5、6、7、8、9、10、11、19 等（链条型大力钳国内尚没有标准）。

【使用方法】 链条上面每一节都有一个扣坎，大力钳上面有对应的拉扣，调整好套上去以后，利用大力钳下面的调整螺钉对张紧度进行调整，夹住后即可作业。

2.2 扳手

扳手是一种用于安装和拆卸零件的工具，利用杠杆原理拧转螺栓、螺钉、螺母等。

【分类和用途】

1）呆扳手：一端或两端制有固定尺寸的开口，用以拧转一定尺寸的螺母或螺栓。

2）梅花扳手：两端具有带六角孔或十二角孔的工作端，适用于工作空间狭小，不能使用普通扳手的场合。

3）活扳手：开口宽度可在一定尺寸范围内进行调节，能拧转不同规格的螺栓或螺母。

4）两用扳手：一端与单头呆扳手相同，另一端与梅花扳手相同，两端拧转相同规格的螺栓或螺母。

5）钩形扳手：又称月牙形扳手，用于拧转厚度受限制的扁螺母等。

6）套筒扳手：它是由多个带六角孔或十二角孔的套筒并配有手柄、接杆等多种附件组成，特别适用于拧转位置狭窄或凹陷深处的螺栓或螺母。

7）内六角扳手：成L形的六角棒状扳手，专用于拧转内六角螺栓。

8）扭力扳手：它在拧转螺栓或螺母时，能显示出所施加的扭矩；或者当施加的扭矩到达规定值后，会发出光或声响信号。扭力扳手适用于对扭矩大小有明确规定的场合。

9）防爆扳手：以铝青铜和铍铜为原材料，当撞击到金属机械或发生摩擦时，不发生火花，适用于易爆、易燃、强磁及腐蚀性的场合。

10）敲击扳手：一般手持端为敲击端，前端为工作端。敲击扳手结构紧凑、体积小、重量轻、输出扭力大，是螺母拆卸和螺栓预紧的得力工具。适用于工作空间狭小，需要拧紧螺栓或螺母的地方。

也可将其组合（如T形扳手、三叉扳手、十字扳手等）。

【材料】 采用能达到标准要求的优质碳素结构钢或合金结构钢。

2.2.1　活扳手

【用途】　用于松、紧一定尺寸范围内的六角或方头螺栓、螺母。

【结构】　活扳手的结构如图 2-18 所示。

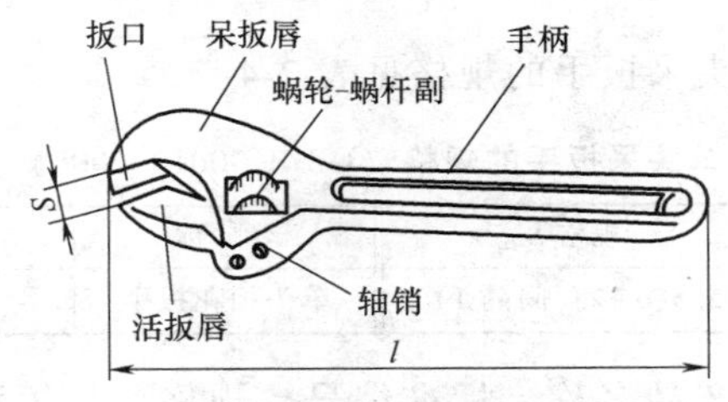

图 2-18　活扳手的结构

【硬度】　活动扳口和扳体头部以及蜗杆的硬度应不低（小）于 40HRC。

【规格】　活扳手的规格见表 2-3。

表 2-3　活扳手的规格（GB/T 4440—2008）（单位：mm）

l	100	150	200	250	300	375	450	600
S	12	17	22	27	32	41	50	60

【表面处理】　应进行电镀或其他表面处理；电镀层厚度应不低于 6μm。

【标记】　由产品名称、标准编号、规格和型式代号组成（B 型活扳手不标注型式代号）。

例：规格为 200mm 的 A 型活扳手，标记为：活扳手 GB/T 4440—200A。

【使用方法】

1）使用时应随时调节扳口，把工件的两侧面夹牢，以免螺母脱角打滑。

2）呆扳唇在上，活扳唇在下，不可反用，以免损坏活扳唇。

3）转动蜗轮时，手要握在靠近呆扳唇处，用拇指调节。

2.2.2　单头呆扳手和单头梅花扳手

【简图】　单头呆扳手如图 2-19 所示，单头梅花扳手如图 2-20 所示。

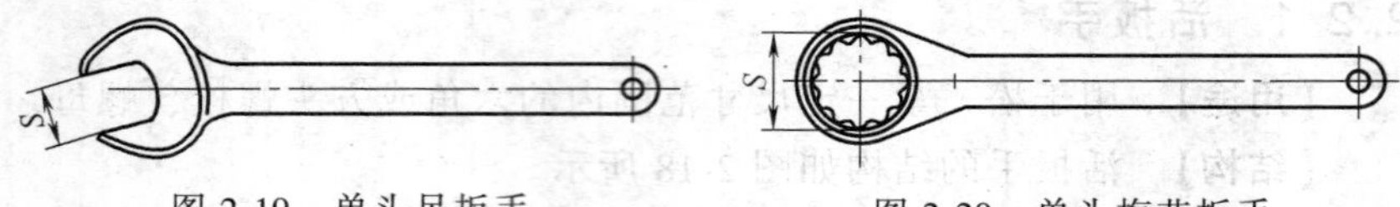

图 2-19　单头呆扳手　　图 2-20　单头梅花扳手

【规格】　单头呆扳手的规格见表 2-4。

表 2-4　单头呆扳手的规格（QB/T 3001—2008）　（单位：mm）

名　称	规格 S	名　称	规格 S
单头呆扳手	5.5、6~23(间隔 1)	单头梅花扳手	10~25(间隔 1)

【标记】　由产品名称、标准编号、规格、长短型代号组成（长型代号不标注）。

例：

1）规格为 19mm 的单头呆扳手，标记为：单头呆扳手 QB/T 3001-19。

2）规格为 19mm 高颈型单头梅花扳手，标记为：单头梅花扳手 QB/T 3002-19-G。

2.2.3　双头呆扳手和双头梅花扳手

【用途】　双头呆扳手（见图 2-21）适用于紧固或拆卸两种规格的六角或方形螺栓、螺母、螺钉。

双头梅花扳手（见图 2-22）的用途与双头呆扳手相似，只是不适用于螺钉。双头梅花扳手分 A 型（矮颈型）、G 型（高颈型）、Z 型（直颈型）和 W 型/15°型（弯颈型）等四种（见图 2-23~图 2-25）。

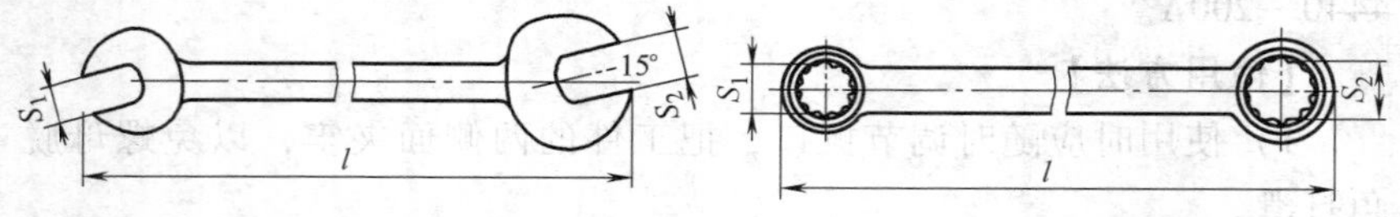

图 2-21　双头呆扳手　　图 2-22　双头梅花扳手

【规格】　双头呆扳手和双头梅花扳手的规格见表 2-5。

【标记】　由产品名称、标准编号、规格、长短型代号组成（长型代号不标注）。

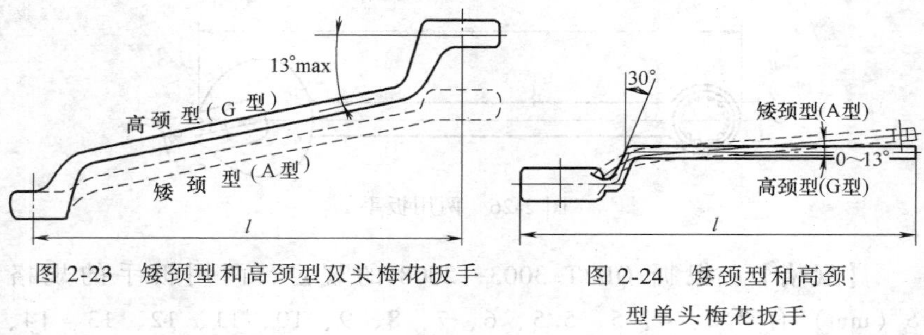

图 2-23　矮颈型和高颈型双头梅花扳手

图 2-24　矮颈型和高颈型单头梅花扳手

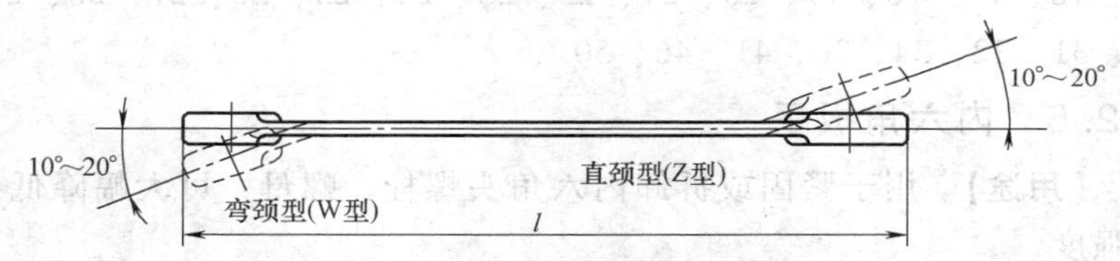

图 2-25　直颈型和弯颈型双头梅花扳手

表 2-5　双头呆扳手和双头梅花扳手的规格（单位：mm）

名　　称	优先组规格 $S_1 \times S_2$
双头呆扳手（QB/T 3001—2008）	3.2×4、4×5、5×5.5、5.5×7、7×8、8×10、10×11、10×13、11×13、13×15、13×16、15×16、16×18、18×21、21×24、24×27、27×30、30×34、34×36、36×41、41×46、46×50、50×55、55×60
双头梅花扳手（QB/T 3002—2008）	7×8、8×10、10×11、10×13、11×13、13×15、13×16、15×16、16×18、18×21、21×24、24×27、27×30、30×34、34×36、36×41、41×46、46×50、50×55、55×60

例：

1）规格（mm）为 19×22 的短型双头呆扳手，标记为：双头呆扳手 QB/T 3001-19×22-S。

2）规格（mm）为 17×19 的矮颈型双头梅花扳手，标记为：双头梅花扳手 QB/T 3002-17×19-A。

2.2.4　两用扳手

两用扳手（见图 2-26）的一端与单头呆扳手相同，另一端与单头梅花扳手相同，两端拧转相同规格的螺栓或螺母。

【用途】 用于各行业设备安装、设备检修、维修等。

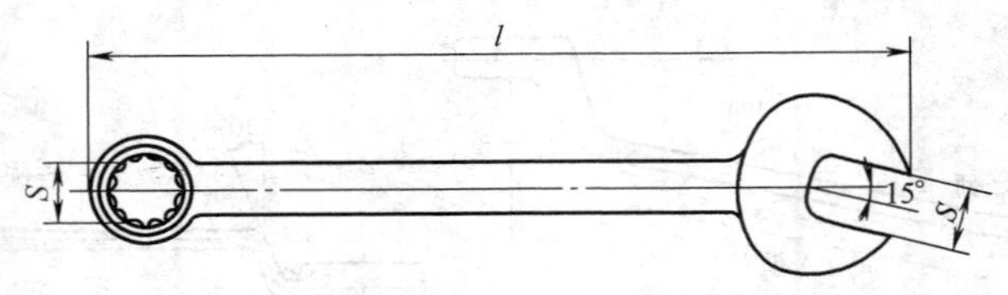

图 2-26　两用扳手

【规格】　根据 QB/T 3003—2008 的规定，两用扳手的规格 S（mm）有 3.2、4、5、5.5、6、7、8、9、10、11、12、13、14、15、16、17、18、19、20、21、22、23、24、25、26、27、28、29、30、31、32、34、36、41、46、50。

2.2.5　内六角扳手

【用途】 用于紧固或拆卸内六角头螺栓、螺母；可大幅降低工作强度。

【分类】 有标准型、长型和加长型三种。

【用法】 将内六角扳手对好螺钉的内六角槽内，顺时针紧固螺钉，逆时针松动螺钉。

【规格】 内六角扳手的对边尺寸见表 2-6。

表 2-6　内六角扳手的对边尺寸（GB/T 5356—2008）

（单位：mm）

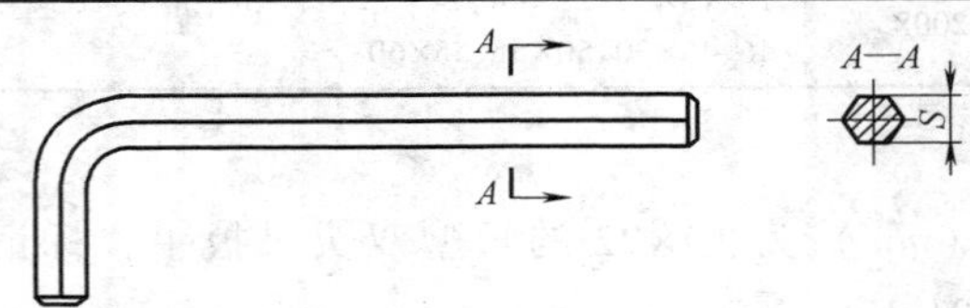

对边尺寸 S	标准型：0.7、0.9、1.3、1.5、2、2.5、3、3.5、4、4.5、5、6、7、8、9、10、11、12、13、14、15、16、17、18、19、21、22、23、24、27、29、30、32、36 长型、加长型：1.3、1.5、2、2.5、3、3.5、4、4.5、5、6、7、8、9、10、11、12、13、14、15、16、17、18

【标记】 由产品名称、标准编号、对边尺寸 S、长度型式组成。

例：对边尺寸 S = 8mm 的加长型内六角扳手，标记为：内六角扳手 GB/T 5356-8L。

2.2.6 内六角花形扳手

【用途】 用来拧转深孔中的花形头螺钉。

【硬度】 工作面硬度≥40HRC。

【基本参数】 内六角花形扳手的基本参数见表 2-7。

表 2-7 内六角花形扳手的基本参数（GB/T 5357—1998）

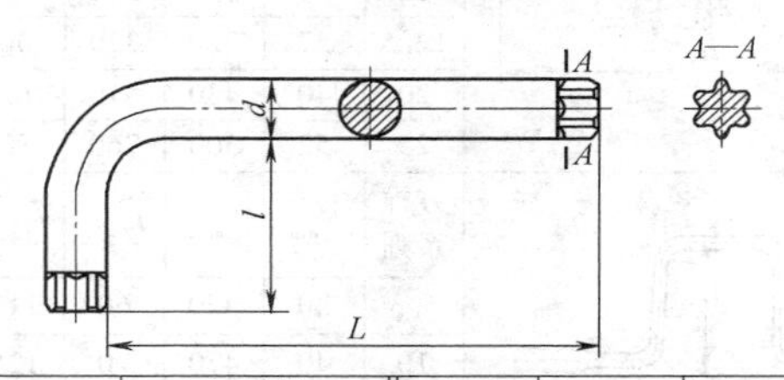

代号	L/mm	l/mm	适用螺钉	代号	L/mm	l/mm	适用螺钉
T30	70	24	M6	T55	108	35	M12～M14
T40	76	26	M8	T60	120	38	M16
T50	96	32	M10	T80	145	46	M20

【标记】 由产品名称、代号、长臂尺寸、短臂尺寸和标准编号组成。

例：代号为 T30，$L=70$mm，$l=24$mm 的内六角花形扳手，标记为：内六角花形扳手 T30 70×24 GB/T 5357—1998。

2.2.7 手动套筒扳手

手动套筒扳手由多个带六角孔或十二角孔的套筒，并配有手柄、接杆等多种附件组成，有直柄和丁字形柄（六角和内六角）几种。

【用途】 用于拧转位置狭窄或凹陷深处的螺栓或螺母，以及拆装时需要施加较大扭矩的螺栓或螺母。

【组成】 主要由套筒头、滑动手柄、棘轮手柄、快速摇柄等组成（见图 2-27）。

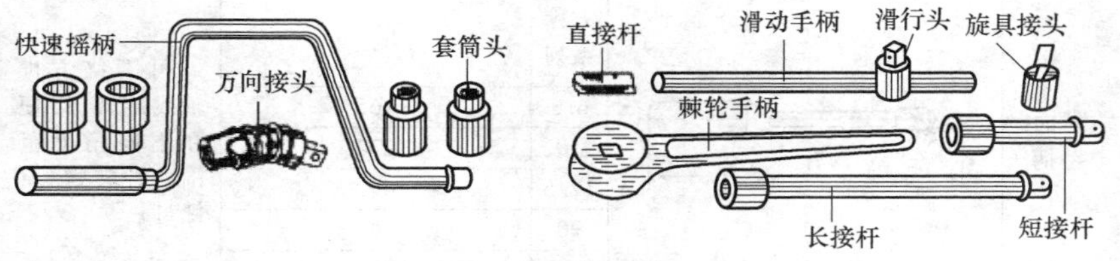

图 2-27 套筒扳手的组成

【基本参数】 手动套筒扳手的基本参数见表2-8。

表2-8 手动套筒扳手的基本参数（GB/T 3390.3—2013）

名称	图示	基本尺寸/mm					特点和用途
滑动头手柄		方榫系列	$d_{\max}$	$l_{1\min}$	$l_{1\max}$	$l_{2\max}$	滑行头的位置可以移动，以便根据需要调整转动力臂的大小。特别适用于180°范围内的操作
		6.3	14	100	160	24	
		10	23	150	250	35	
		12.5	27	220	320	50	
		20	40	430	510	62	
		25	52	500	760	80	
快速摇柄		方榫系列	$b_{\min}$	$l_{1\max}$	$l_{2\min}$	$l_{2\max}$	操作时利用弓形柄部，可以快速、连续旋转
		6.3	30	420	60	115	
		10	40	470	70	125	
		12.5	50	510	85	145	
普通棘轮扳手		方榫系列	$d_{\max}$	$l_{1\min}$	$l_{1\max}$	$l_{2\max}$	在旋转角度较小的工作场合操作，普通棘轮扳手须与方榫尺寸相对应的直接头配合使用
		6.3	25	110	150	27	
		10	35	140	220	36	
		12.5	50	230	300	45	
		20	70	430	630	62	
可逆棘轮扳手		方榫系列	$d_{\max}$	$l_{1\min}$	$l_{1\max}$	$l_{2\max}$	在旋转角度较小的工作场合进行操作，旋转方向可正可反
		6.3	25	110	150	27	
		10	35	140	220	36	
		12.5	50	230	300	45	
		20	70	430	630	62	
		25	90	500	900	80	
旋柄		方榫系列	$b_{\min}$		$l_{1\max}$		适用于拧转位于深凹部位的螺栓、螺母
		6.3	30		165		
		10	40		190		
转向手柄		方榫系列	$l_{1\max}$				可围绕方榫轴线旋转，以便在不同角度范围内拧转螺栓、螺母
		6.3	165				
		10	270				
		12.5	490				
		20	600				
		25	850				

（续）

名称	图示	基本尺寸/mm			特点和用途
		方榫系列	l_{1max}	l_{2max}	
弯柄		6.3	110	35	与件数较少的套筒扳手配合使用
		10	210	45	
		12.5	250	60	
		20	500	120	

【使用方法】

1）将套筒套在配套手柄的方榫上（根据需要与长接杆、短接杆或万向接头配合使用），再将套筒套住螺栓或螺母，左手握住手柄与套筒的连接处，保持套筒与所拆卸或紧固的螺栓同轴，右手握住配套手柄加力。

2）在选用套筒时，必须使套筒与螺栓、螺母的形状及尺寸完全适配，若选择不正确，则套筒在使用时极有可能打滑，从而损坏螺栓、螺母。

3）不要使用出现裂纹或已损坏的套筒。这种套筒会引起打滑，从而损坏螺栓、螺母的棱角。

4）禁止用锤子将套筒锤击入变形的螺栓、螺母六角进行拆装，以免损坏套筒。

2.2.8　组合套筒扳手

【用途】　集常用套筒扳手为一体，减少现有套筒扳手的件数、体积、重量并便于携带。

【基本参数】 组合套筒扳手的基本参数见表 2-9。

表 2-9　组合套筒扳手的基本参数

	传动方孔（棒）尺寸/mm	每盒件数/件	每盒具体规格（mm）	
			套　筒	附　件
小型套筒扳手	6.3×10	20	4、4.5、5、5.5、6、7、8（以上 6.3 方孔）、10、11、12、13、14、17、19 和 13/16in 火花塞套筒（以上 10 方孔）	200 棘轮扳手，75 旋柄，75、100 接杆（以上 10 方孔、方棒），10×6.3 接头
	10	10	10、11、12、13、14、17、19 和 13/16in 火花塞套筒	200 棘轮扳手，75 接杆

（续）

传动方孔（棒）尺寸/mm		每盒件数/件	每盒具体规格（mm）	
			套　筒	附　　件
普通套筒扳手	12.5	9	10、11、12、14、17、19、22、24	225 弯柄
		9	8、10、13、15、16、18、21、24	225 弯柄
		13	10、11、12、14、17、19、22、24、27	250 棘轮扳手，直接头，250 转向手柄，257 通用手柄
		13	8、10、13、15、16、18、21、24、27	
		17	10、11、12、14、17、19、22、24、27、30、32	250 棘轮扳手，直接头，250 滑行头手柄，420 快速摇柄，125、250 接杆
		24	10、11、12、13、14、15、16、17、18、19、20、21、22、23、24、27、30、32	250 棘轮扳手，250 滑行头手柄，420 快速摇柄，125、250 接杆，75 万向接头
		28	10、11、12、13、14、15、16、17、18、19、20、21、22、23、24、26、27、28、30、32	250 棘轮扳手，直接头，250 滑行头手柄，420 快速摇柄，125、250 接杆，75 万向接头，52 旋具接头
		32	8、9、10、11、12、13、14、15、16、17、18、19、20、21、22、23、24、26、27、28、30、32 和 13/16in 火花塞套筒	250 棘轮扳手，250 滑行头手柄，420 快速摇柄，230、300 弯柄，75 万向接头，52 旋具接头，125、250 接杆
重型套筒扳手	20	15	18、21、24、27、30、34、36、41、46、50	棘轮扳手，长接杆，短接杆，滑行头手柄，套筒箱
		21	19、21、22、23、24、26、27、28、30、32、34、36、38、41、46、50	
	20×25	26	21、22、23、24、26、27、28、29、30、31、32、34、36、38、41、46、50（以上 20 方孔）、55、60、65（以上 25 方孔）	125 棘轮扳头，525 滑行头手柄，525 加力杆，200 接杆（20 方孔、方榫），83 大滑行头（20×25 方榫），万向接头
	25	21	30、31、32、34、36、38、41、46、50、55、60、65、70、75、80	125 棘轮扳头，525 滑行头手柄，220 接杆，135 万向接头，525 加力杆，滑行头

2.2.9　棘轮扳手

【用途】　通过往复摆动，手动拧转螺母进行拆卸或紧固，用于尺寸较大或扳手工作位置狭窄的螺栓、螺母或其他紧固件。

【分类】 按外形分为单头棘轮扳手（代号为 D，单头活动头棘轮扳手代号为 DH）和双头棘轮扳手（代号 S，双头活动头棘轮扳手代号 SH）；按使用方法分为单向棘轮扳手（代号 A）和双向棘轮扳手（代号 B）；按长度分为长型棘轮扳手（无代号）和短型棘轮扳手（代号 T）；按动力源分为手动棘轮扳手、气动棘轮扳手和电动棘轮扳手。

【原理】 棘轮手柄头部设计有棘轮装置，在不脱离套筒和螺栓的情况下，可实现快速单方向的转动。

【基本参数】 单头棘轮和双头棘轮扳手的规格和长度见表 2-10 和表 2-11。

表 2-10　单头棘轮扳手的规格和长度（QB/T 4619—2013）

（单位：mm）

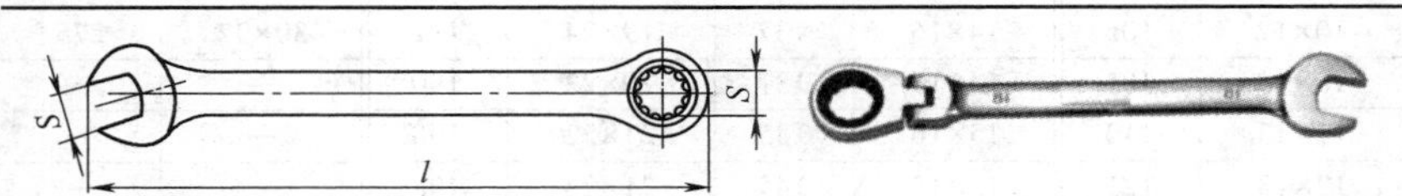

规格 S	长度 l_{min}		规格 S	长度 l_{min}		规格 S	长度 l_{min}	
	短型	长型		短型	长型		短型	长型
6	60	105	15	105	153	24	180	205
7	65	110	16	110	157	25	200	259
8	70	115	17	115	163	26	215	280
9	75	120	18	125	170	27	215	280
10	80	125	19	135	182	28	225	320
11	85	130	20	145	190	29	235	340
12	90	135	21	155	195	30	245	365
13	95	140	22	165	200	31	260	395
14	100	148	23	180	205	32	260	395

【使用方法】

1）通过调整锁紧机构可改变其旋转方向：将锁紧机构的手柄调到左边，可以单向顺时针拧紧螺栓或螺母；将锁紧机构的手柄调到右边，可以单向逆时针松开螺栓或螺母。

2）拧紧时，顺时针转动手柄，直到当手柄向反方向扳回时，螺钉或螺母不会跟随反转。

表 2-11　双头棘轮扳手的规格和长度（QB/T 4619—2013）

（单位：mm）

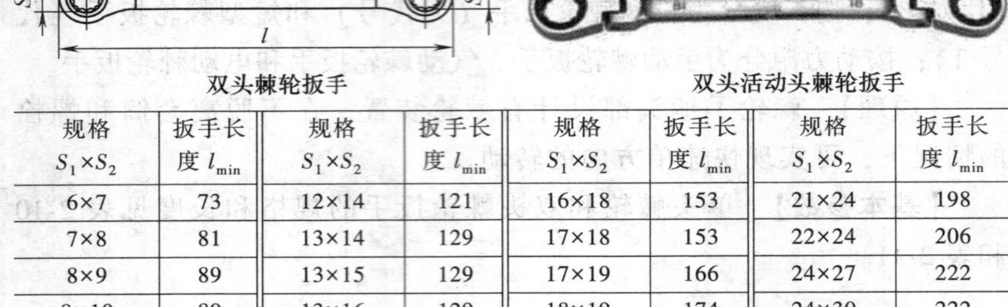

规格 $S_1 \times S_2$	扳手长度 l_{min}	规格 $S_1 \times S_2$	扳手长度 l_{min}	规格 $S_1 \times S_2$	扳手长度 l_{min}	规格 $S_1 \times S_2$	扳手长度 l_{min}
6×7	73	12×14	121	16×18	153	21×24	198
7×8	81	13×14	129	17×18	153	22×24	206
8×9	89	13×15	129	17×19	166	24×27	222
8×10	89	13×16	129	18×19	174	24×30	222
9×11	97	13×17	129	18×21	174	25×28	230
10×11	105	14×15	137	19×22	182	27×30	246
10×12	105	14×16	137	19×24	182	30×32	275
10×13	105	14×17	137	20×22	190	—	—
11×13	113	15×16	145	21×22	198	—	—
12×13	121	15×18	145	21×23	198	—	—

3）如果需要松开螺钉或螺母，只需翻转棘轮扳手，朝逆时针方向转动即可。

4）使用时，按下锁定按钮，将套筒头套入棘轮扳手的方榫中，松开锁定按钮，套筒锁定，如再次按下锁定按钮，即可解除套筒锁定。

2.2.10　防爆扳手

【用途】 用于易燃、易爆场合中拆卸或紧固螺钉、螺栓等。

【材料】 采用通过 GB/T 10686 规定的防爆性能试验的铍铜、铝青铜；其硬度分别不应低于 35HRC 和 25HRC。

【硬度】 采用铍铜制造时，硬度不低于 35HRC；采用铝青铜制造时，硬度不低于 25HRC。

下面分别对 4 种防爆用扳手加以叙述。

1. 防爆用活扳手

【基本参数】 防爆用活扳手的基本参数见表 2-12。

【强度等级】 有 c、d 两个强度等级。

表 2-12　防爆用活扳手的基本参数（QB/T 2613.8—2005）

（单位：mm）

l	100	150	200	250	300	375	450
S	13	19	24	28	34	43	52

【标记】 由产品名称、规格、强度等级代号、型式代号和标准编号组成。

例：规格为 200mm，强度等级为 c，A 型的活扳手，标记为：防爆用活扳手 200 c A QB/T 2613.8—2005。

2. 防爆用呆扳手

【强度等级】 有 c、d 两个强度等级。

【规格】 防爆用呆扳手的规格见表 2-13。

表 2-13　防爆用呆扳手的规格（QB/T 2613.1—2003）

（单位：mm）

类别	规　格
单头 $S\times l$	5.5×80、6×85、7×90、8×95、9×100、10×105、11×110、12×115、13×120、14×125、15×130、16×135、17×140、18×150、19×155、20×160、21×170、22×180、23×190、24×200、25×205、26×215、27×225、28×235、29×245、30×255、31×265、32×275、34×285、36×300、41×330、46×350、50×370、55×390、60×420、65×450、70×480、75×510、80×540
双头 $S_1\times S_2\times l$(短型)/(长型)	5.5×7×89/99、6×7×92/103、7×8×99/111、8×9×106/106、8×10×106/109、9×11×113/127、10×11×120/135、10×12×120/135、10×13×120/135、11×13×127/143、12×13×134/151、12×14×134/151、13×14×141/159、13×15×141/159、13×16×141/159、13×17×141/159、14×15×148/167、14×16×148/167、14×17×148/167、15×16×155/175、15×18×155/175、16×17×162/183、16×18×162/183、17×19×169/191、18×19×176/199、18×21×176/199、19×22×183/207、20×22×190/215、21×22×202/223、21×23×202/223、21×24×202/223、22×24×209/231、24×27×223/247、24×30×223/247、25×28×230/255、27×30×244/271、27×32×244/271、30×32×265/295、30×34×265/295、32×34×284/311、32×36×284/311、34×36×298/327、36×41×312/343、41×46×357/383、46×50×392/423、50×55×420/455、55×60×455/495、60×65×490/—、65×70×525/—、70×75×560/—、75×80×600/—

【标记】 由产品名称、规格、强度等级代号、型式代号和标准编号组成。

例：

1）对边尺寸为 17mm，强度等级为 c 的单头呆扳手，标记为：防爆用呆扳手 17 c QB/T 2613.1。

2）对边尺寸为 14mm×17mm，强度等级为 d 的双头呆扳手，标记为：防爆用呆扳手 14×17 d QB/T 2613.1。

3. 防爆用两用扳手

【型式】 有 A 和 B 型两种（见图 2-28）。

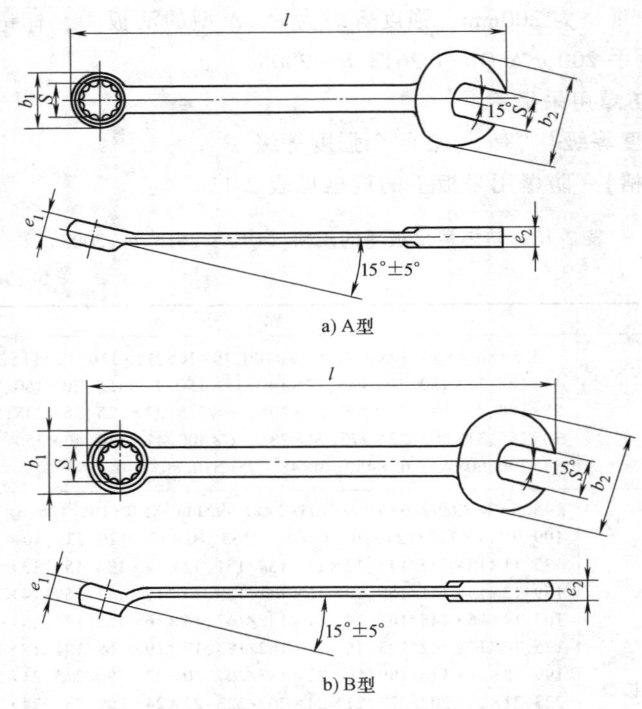

图 2-28 防爆用两用扳手

QB/T 2613.14—2015 规定的尺寸 $S×l_{min}$（mm）有 5.5×70、6×75、7×80、8×90、9×100、10×110、11×115、12×125、13×135、14×145、15×150、16×160、17×170、18×180、19×185、21×205、22×215、24×230、27×255、30×285、32×300、34×320、36×335、41×380、46×425、50×460。

【强度等级】 有 a、b 两个强度等级。

【标记】 由产品名称、标准编号、型式代号（A 型不标）、规格和强度等级组成。

例：规格为 17mm，强度等级为 a 的 A 型两用扳手，标记为：防爆两用扳手 QB/T 2613.14-17a。

4. 防爆用梅花扳手

【型式】 有 A（矮颈）型、G（高颈）型、Z（直颈）型和 W（弯颈）型四种。

【规格】 防爆用梅花扳手的规格见表 2-14。

表 2-14　防爆用梅花扳手的规格（QB/T 2613.5—2003）

（单位：mm）

类别	规　格
单头 S	18×150、19×155、20×160、21×170、22×180、23×190、24×200、25×205、26×215、27×225、28×235、29×245、30×255、31×265、32×275、34×285、36×300、41×330、46×350、50×370、55×390、60×420、65×450、70×480、75×510、80×540
双头直颈 Z 和弯颈 W $S_1 \times S_2$	5.5×7×73、6×7×73、7×8×81、8×9×89、8×10×89、9×11×97、10×11×105、10×12×105、10×13×105、11×13×113、12×13×121、12×14×121、13×14×129、13×15×129、13×16×129、13×17×129、14×15×137、14×16×137、14×17×137、15×16×145、15×18×145、16×17×153、16×18×153、17×19×166、18×19×174、18×21×174、19×22×182、20×22×190、21×22×198、21×23×198、21×24×198、22×24×206、24×27×222、24×30×222、25×28×230、27×30×246、27×32×246、30×32×275、30×34×275、32×34×291、32×36×291、34×36×307、36×41×323、41×46×363、46×50×403、50×55×435、55×60×475
双头矮颈 A 和高颈 G $S_1 \times S_2$	5.5×7×(134)、6×7×(134)、7×8×143、8×9×(152)、8×10×(152)、9×11×161、10×11×170、10×12×170、10×13×170、11×13×179、12×13×188、12×14×188、13×14×197、13×15×197、13×16×197、13×17×197、14×15×206、14×16×206、14×17×206、15×16×215、15×18×215、16×17×224、16×18×224、17×19×233、18×19×242、18×21×242、19×22×251、20×22×260、21×22×269、21×23×269、21×24×269、22×24×278、24×27×296、24×30×296、25×28×305、27×30×323、27×32×323、30×32×330、30×34×330、32×34×348、32×36×348、34×36×366、36×41×384、41×46×429、46×50×474、50×55×510、55×60×555

【强度等级】 有 a、b 两个系列。

【标记】 由产品名称、强度系列代号、规格、型式代号和标准编号组成。

例：对边尺寸为 17mm，强度系列为 a 的单头梅花扳手，标记为：防爆用梅花扳手 a 17 QB/T 2613.5。

2.2.11　敲击扳手

【用途】 敲击扳拧螺栓、螺母或其他紧固件。

【分类】 有敲击呆扳手和敲击梅花扳手两种。

【材料】 采用优质碳素结构钢，或能够达到标准要求的同等以上性能的钢。

【硬度】 整体热处理。$S\leqslant46$mm 时，硬度为 34~40HRC；$S>46$mm 时，硬度为 30~36HRC。

【基本参数】 敲击呆扳手和敲击梅花扳手的基本参数见表 2-15。

表 2-15 敲击呆扳手和敲击梅花扳手的基本参数（GB/T 4392—2019）

（单位：mm）

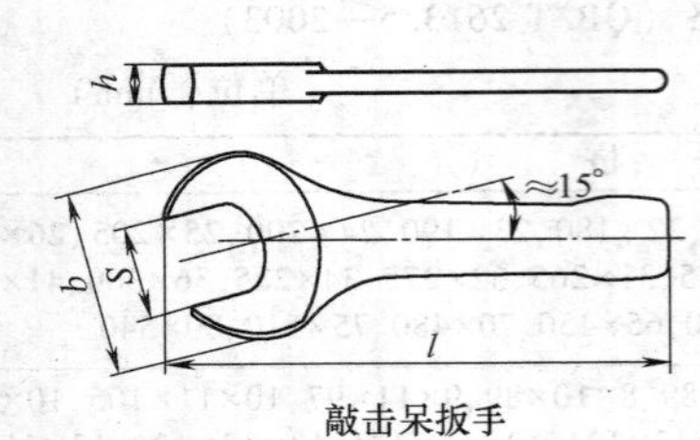

敲击呆扳手

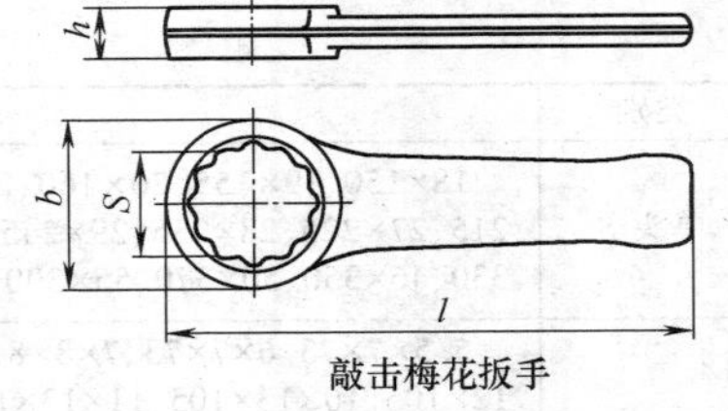

敲击梅花扳手

规格 S	长度 l max	长度 l min	规格 S	长度 l max	长度 l min	规格 S	长度 l max	长度 l min	规格 S	长度 l max	长度 l min
21	140	130	90	460	435	17	150	140	90	400	3575
22			95			19			95		
23			100	500	475	22	160	150	100	430	405
24	180	170	105			24	170	160	105	435	410
27	185	170	110	525	500	27	185	175	110	460	435
30	200	185	115			30	200	185	115		
32			120	550	525	32			120	500	475
34	210	195	130	580	555	34	205	190	130	530	505
36	220	200	135			36	210	195	135	535	510
41	240	220	145	650	625	41	235	215	145	590	565
46	260	240	150			46	245	225	150		
50	285	265	155			50	260	240	155		
55	315	295	165	725	700	55	275	255	165	660	635
60	325	305	170			60	285	265	170		
65	355	335	180			65	305	285	180		
70	380	360	185	775	750	70	335	315	185	710	680
75	400	365	190			75			190		
80	415	390	200			80	365	340	200		
85			210	850	825	85			210	760	725

【标记】　由产品名称、标准编号和规格组成。

例：规格 S 为 50 mm 的敲击梅花扳手，标记为：敲击梅花扳手 GB/T 4392-50。

2.2.12　扭力扳手

【用途】　用于有明确规定拧紧力矩大小的六角头螺栓，以及不至于因力矩过大而破坏螺纹的场合。它们都可以有多种头部形式，以满足不同工况的要求。但一般扭力值不会大于 20kg。

【分类】　按所使用的动力源，可分为手动、电动、气动和液压 4 大类；按制造测量原理，可分为示值式（指针式和数字式）扭力扳手和预置式（机械式和电子式）扭力扳手两种。

【基本参数】　指示式和预置式手用扭力扳手的基本参数见表 2-16 和表 2-17。

表 2-16　指示式手用扭力扳手的基本参数（GB/T 15729—2008）

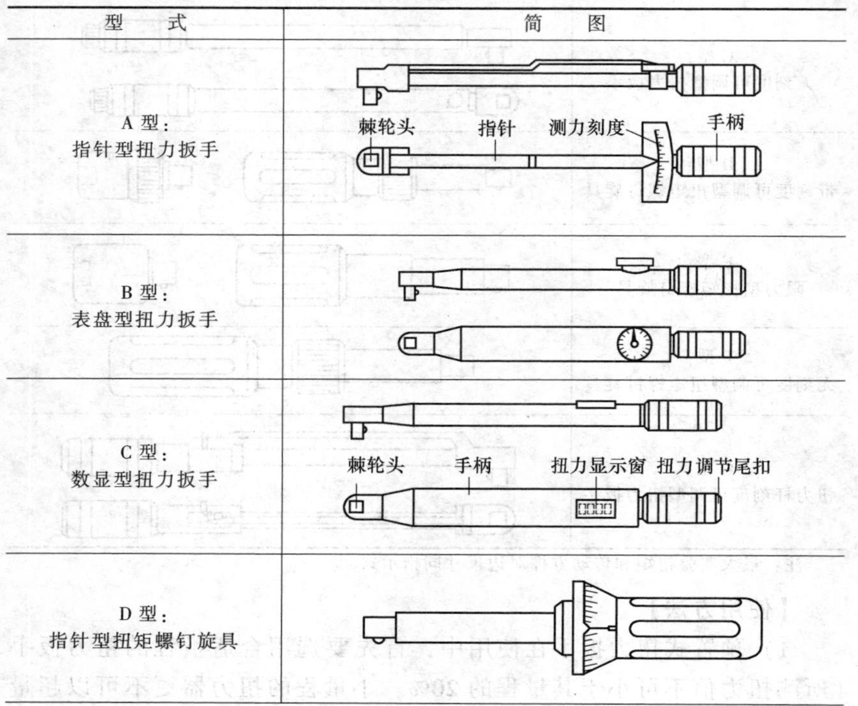

型　式	简　图
A 型： 指针型扭力扳手	
B 型： 表盘型扭力扳手	
C 型： 数显型扭力扳手	
D 型： 指针型扭矩螺钉旋具	

（续）

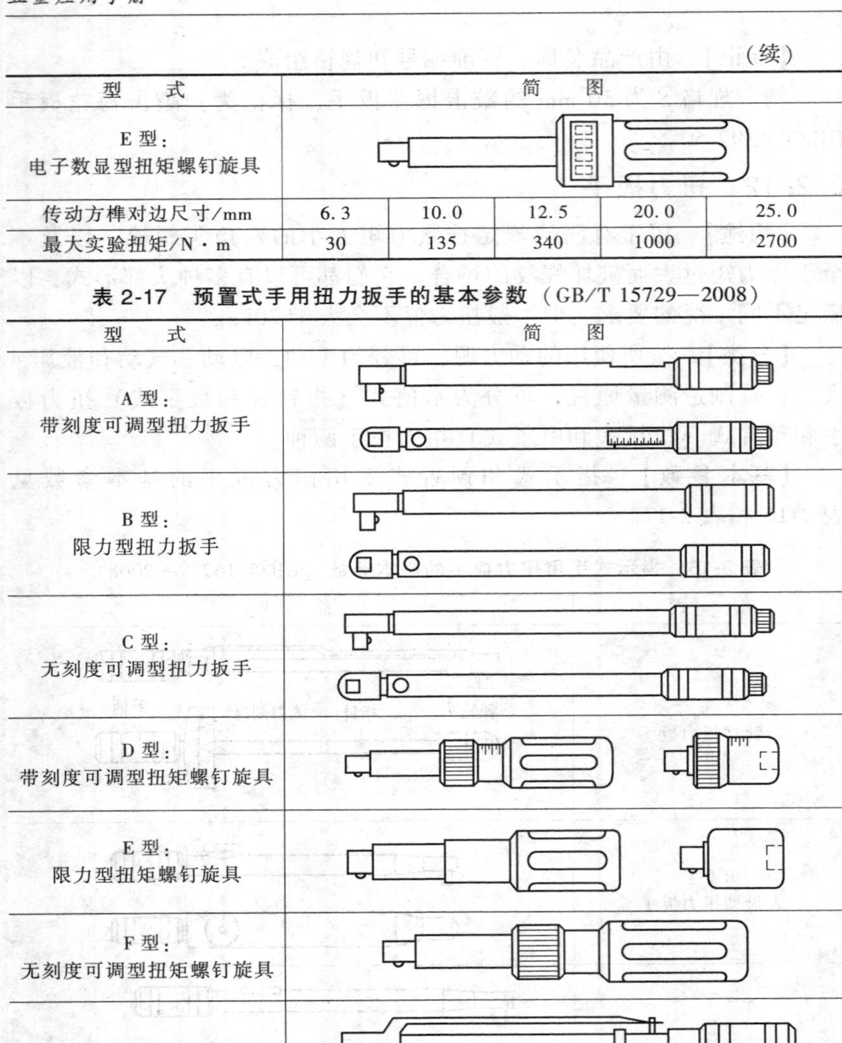

型　　式	简　　图				
E 型： 电子数显型扭矩螺钉旋具					
传动方榫对边尺寸/mm	6.3	10.0	12.5	20.0	25.0
最大实验扭矩/N · m	30	135	340	1000	2700

表 2-17　预置式手用扭力扳手的基本参数（GB/T 15729—2008）

型　　式	简　　图
A 型： 带刻度可调型扭力扳手	
B 型： 限力型扭力扳手	
C 型： 无刻度可调型扭力扳手	
D 型： 带刻度可调型扭矩螺钉旋具	
E 型： 限力型扭矩螺钉旋具	
F 型： 无刻度可调型扭矩螺钉旋具	
G 型： 扭力杆刻度可调型扭力扳手	

注：最大实验扭矩和传动方榫对边尺寸同指示式。

【使用方法】

1）预置式扭力扳手在使用中，首先要选用合适量程的扭力扳手（所测扭力值不可小于其量程的 20%，小量程的扭力器更不可以超量程使用)。

2) 根据工件所需扭矩值的要求，确定预设扭矩值。

3) 确认扭力扳手的调节机构处于锁定状态。

4) 加载要平衡缓慢，不要冲击或爆炸式地对扳手加力；加力的位置要在手柄的有效线上，使用时不要在扳手上连接管子。加力方向要与扳手的标定方向一致；加力的角度在任何方向都是±15°。切不可过载，不得用于超出扳手额定扭矩值的场合。

5) 达到预置扭矩后（发出“啪”声时），应停止加载。

6) 对于表盘指示型的扳手，读数时的视线要垂直于表盘。

7) 不使用时（尤其是长期不使用时）要将扭力设为最小值，使测力弹簧充分放松。

8) 不要在棘轮式扳手的棘轮组件上加润滑油。

2.3　旋具

旋具是用于拧转物体（螺钉等）的工具，由金属旋杆和非金属手柄组成，手柄的工作端根据需要可做成多种形状。

【用途】 用于紧固或拆卸螺钉。

【分类】 按头部的形状，可分为一字槽螺钉旋具、十字槽螺钉旋具、六角套筒螺钉旋具、内十二角花形螺钉旋具和螺旋棘轮螺钉旋具等；按动力源的不同，又可分为普通旋具、气动旋具和电动旋具等。

【使用方法】

1) 选用的螺钉旋具工作端应与螺栓或螺钉上的槽口相吻合。

2) 右手握持螺钉旋具，手心抵住手柄端，让螺钉旋具工作端与螺栓或螺钉槽口处于垂直吻合状态。

3) 当进行拧紧或拧松的操作时，应用力将螺钉旋具压紧，再用手腕发力扭转螺钉旋具。

2.3.1　一字槽螺钉旋具

【用途】 用于紧固或拆卸一字槽螺钉和木螺钉。

【型式】 按其旋杆与手柄的装配方式，有普通式（P）和穿心式（C）两种。

【基本参数】 一字槽螺钉旋具的基本参数见表 2-18（常用的规格为 50mm、100mm、150mm 和 200mm 等）。

表 2-18 一字槽螺钉旋具的基本参数（QB/T 2564.4—2002）

（单位：mm）

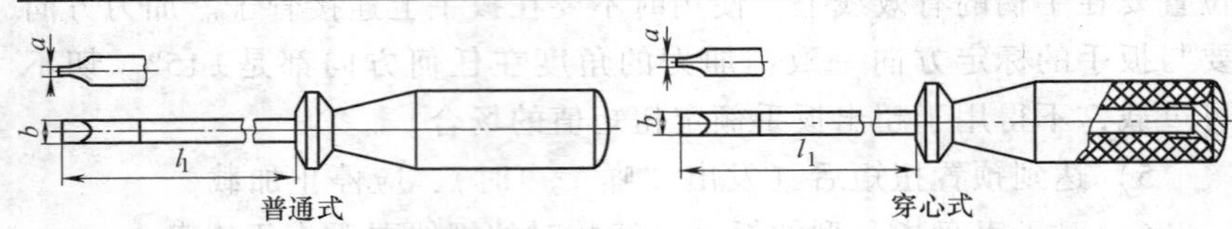

规格 a×b	旋杆长度 l_1				规格 a×b	旋杆长度 l_1			
	A 系列	B 系列	C 系列	D 系列		A 系列	B 系列	C 系列	D 系列
0.4×2	—	40	—	—	1×5.5	25(35)	100	125	150
0.4×2.5	—	50	75	100	1.2×6.5	25(35)	100	125	150
0.5×3	—	50	75	100	1.2×8	25(35)	125	150	175
0.6×3	25(35)	75	100	125	1.6×8	—	125	150	175
0.6×3.5	25(35)	75	100	125	1.6×10	—	150	175	200
0.8×4	25(35)	75	100	125	2.0×12	—	150	200	250
1.0×4.5	25(35)	100	125	150	2.5×14	—	200	250	300

注：( ) 内的数值不推荐使用。

【标记】 由产品名称、规格、旋杆长度、种类代号和标准编号组成。增设六角加力部分的旋具，应在其规格后面增加区分代号 H。

例：

1）规格为 0.4mm×2.5mm，旋杆长度为 75mm 的穿心式旋具，标记为：一字槽螺钉旋具 0.4×2.5 75C QB/T 2564.4—2002。

2）规格为 1.0mm×5.5mm，旋杆长度为 150mm 带六角加力部分的管通式旋具，标记为：一字槽螺钉旋具 1.0×5.5 150P-HQB/T 2564.4—2002。

2.3.2 十字槽螺钉旋具

【分类】 分为普通十字槽螺钉旋具和防爆用十字槽螺钉旋具两种。

1. 普通十字槽螺钉旋具

【用途】 用于紧固或拆卸十字槽螺钉和木螺钉。

【型式】 按其旋杆与手柄的装配方式，有普通式（P）和穿心式（C）两种。

【基本参数】 十字槽螺钉旋具的基本参数见表 2-19。

表 2-19 十字槽螺钉旋具的基本参数（QB/T 2564.5—2012）

（单位：mm）

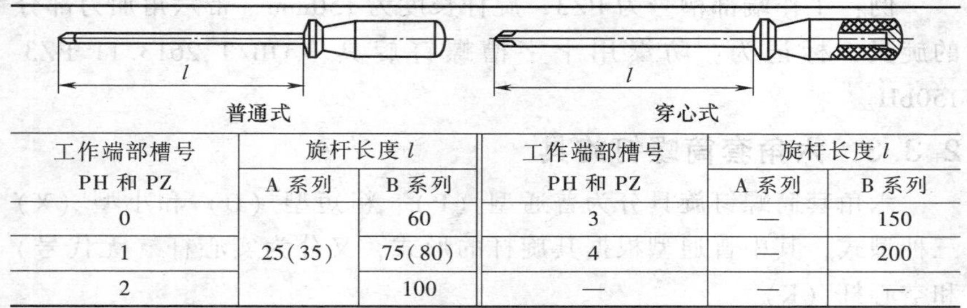

工作端部槽号 PH 和 PZ	旋杆长度 l		工作端部槽号 PH 和 PZ	旋杆长度 l	
	A 系列	B 系列		A 系列	B 系列
0	25(35)	60	3	—	150
1		75(80)	4	—	200
2		100	—	—	—

注：2 号槽以上的旋具，其旋杆在靠近手柄的部位可增设六角加力部分。

【标记】 由产品名称、标准编号、工作端部型式、槽号、旋杆长度和产品型式代号组成。增设六角加力部分的旋具，应在其规格后面增加区分代号 H。

例：工作端部槽号为 PH3，旋杆长度为 150mm，带六角加力部分的穿心式旋具，标记为：十字槽螺钉旋具 QB/T 2564.5 PH3-150HC。

2. 防爆用十字槽螺钉旋具

【用途】 用于防爆场合紧固或拆卸十字槽螺钉和木螺钉。

【型式】 按其工作端部型式分，有 PH 和 PZ 两种；按其旋杆使用材料分，有 A 系列和 B 系列两个强度等级。

【基本参数】 防爆用十字槽螺钉旋具的基本参数见表 2-20。

表 2-20 防爆用十字槽螺钉旋具的基本参数（QB/T 2613.11—2015）

（单位：mm）

工作端部槽号 PH 和 PZ	旋杆长度 l		旋杆直径	工作端部槽号 PH 和 PZ	旋杆长度 l		旋杆直径
	A 系列	B 系列			A 系列	B 系列	
0	25(35)	60	3	3	—	150	8
1		75(80)	4.5	4	—	200	10
2		100	6	—	—	—	—

注：2 号槽以上的旋具，其旋杆在靠近手柄的部位可增设六角加力部分。

【标记】 由产品名称、标准编号、工作端部型式、槽号、旋杆长度和强度等级组成。增设六角加力部分的旋具，应在标记后面增加区分代号 H。

例：工作端部槽号为 PZ3，旋杆长度为 150mm，带六角加力部分的旋具，标记为：防爆用十字槽螺钉旋具 QB/T 2613.11 PZ3-150bH。

2.3.3 六角套筒螺钉旋具

六角套筒螺钉旋具分为普通型（P）、粗短型（D）和小型（X）三种型式，其中普通型根据其旋杆的形式，又分为实心杆（无代号）和空心杆（K）。

【用途】 装拆六角螺钉。

【规格】 六角套筒螺钉旋具的规格见表 2-21。

表 2-21 六角套筒螺钉旋具的规格（QB/T 2564.8—2015）

（单位：mm）

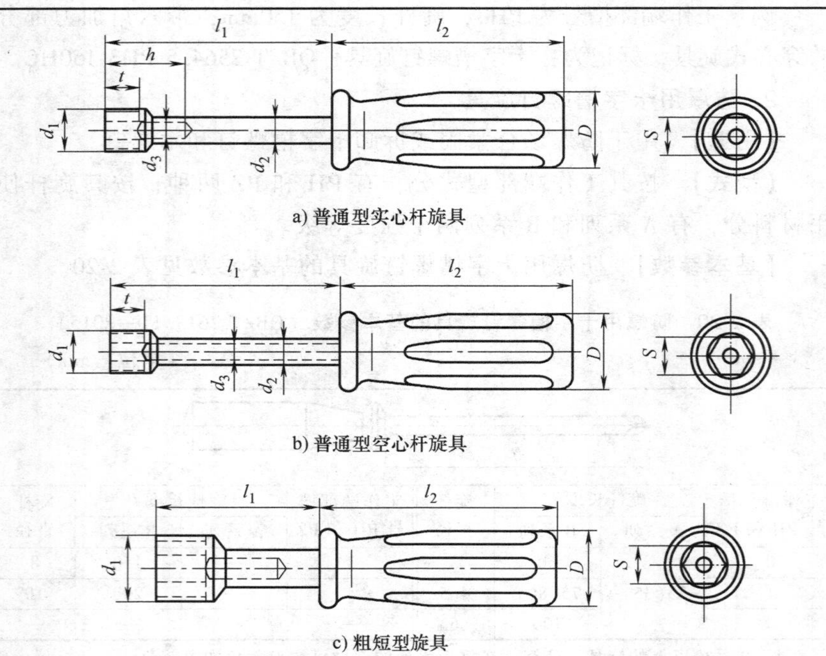

a) 普通型实心杆旋具

b) 普通型空心杆旋具

c) 粗短型旋具

（续）

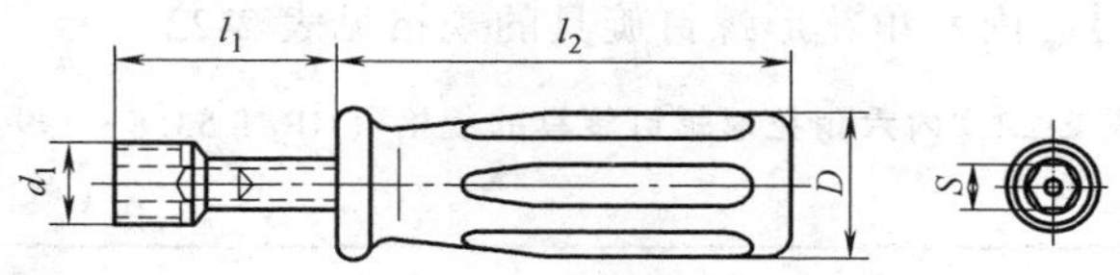

d) 小型旋具

旋具类别	对边尺寸 S
普通螺钉旋具(P)	4、4.5、5、5.5、6、7、8、9、10、11、12、13、14、16、17、18
粗短型螺钉旋具(D)	4、4.5、5、5.5、6、7、8、9、10
小型旋具(X)	2、3、3.2、4、4.5、5、5.5、6、7、8、9、10

2.3.4　内六角螺钉旋具

【用途】　内六角螺钉旋具（见图 2-29）用于装拆内六角螺钉。

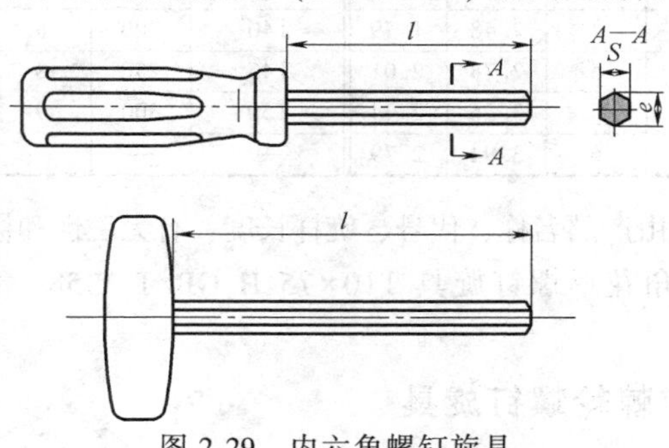

图 2-29　内六角螺钉旋具

【硬度】　$S \leqslant 8$mm，最低硬度为 52HRC，$S > 8$mm，最低硬度为 48HRC。

【规格】　QB/T 2564.7—2015 规定的内六角螺钉旋具规格 S（mm）有 0.7、0.9、1.3、1.5、2、2.5、3、3.5、4、4.5、5、6、7、8、9、10。

【标记】　由产品名称、标准编号、规格和旋杆长度组成。

例：规格为 6mm，旋杆长度为 125mm 的旋具，标记为：内六角螺钉旋具 QB/T 2564.7-6-125。

2.3.5　内六角花形螺钉旋具

【用途】　用于装拆内六角花形螺钉。

【硬度】 旋杆整体热处理，硬度应不低于48HRC。

【规格】 内六角花形螺钉旋具的规格见表2-22。

表2-22 内六角花形螺钉旋具的规格（GB/T 5358—1998）

（单位：mm）

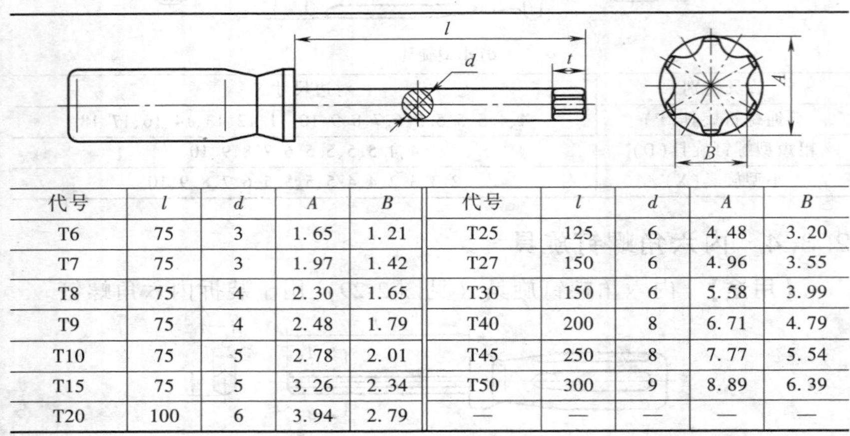

代号	l	d	A	B	代号	l	d	A	B
T6	75	3	1.65	1.21	T25	125	6	4.48	3.20
T7	75	3	1.97	1.42	T27	150	6	4.96	3.55
T8	75	4	2.30	1.65	T30	150	6	5.58	3.99
T9	75	4	2.48	1.79	T40	200	8	6.71	4.79
T10	75	5	2.78	2.01	T45	250	8	7.77	5.54
T15	75	5	3.26	2.34	T50	300	9	8.89	6.39
T20	100	6	3.94	2.79	—	—	—	—	—

【标记】 由产品名称、代号、旋杆长度、有无磁性和标准编号组成。

例：内六角花形螺钉旋具 T10×75 H GB/T 5358—1998（H表示带磁性）。

2.3.6 螺旋棘轮螺钉旋具

【用途】 用于紧固或拆卸带一字槽或十字槽的各类螺钉，批量生产适用。装上木钻或三棱锥可钻孔。

【基本参数】 螺旋棘轮螺钉旋具的基本参数见表2-23。

表2-23 螺旋棘轮螺钉旋具的基本参数（QB/T 2564.6—2002）

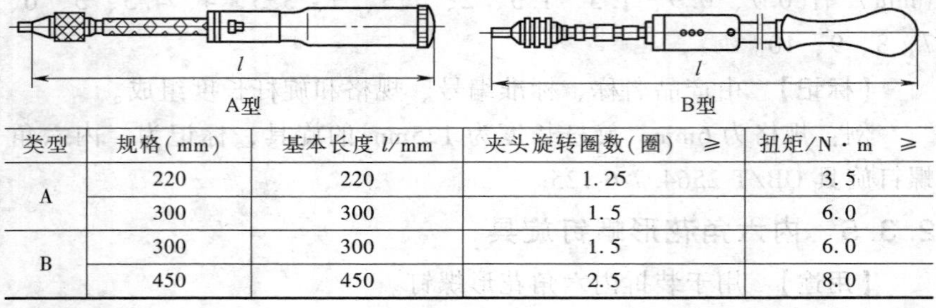

类型	规格(mm)	基本长度 l/mm	夹头旋转圈数(圈) ≥	扭矩/N·m ≥
A	220	220	1.25	3.5
	300	300	1.5	6.0
B	300	300	1.5	6.0
	450	450	2.5	8.0

【标记】 由产品名称、型式代号、规格和标准编号组成。

例：规格为 220mm 的 A 型螺旋棘轮螺钉旋具，标记为：螺旋棘轮螺钉旋具 A 220QB/T 2564.6—2002。

2.3.7 旋具的使用方法

【使用方法】 大旋具和小旋具的使用方法分别如图 2-30a 和图 2-30b 所示。

【注意事项】

1）保持螺钉旋具手柄的干燥、清洁、无破损且绝缘性良好。

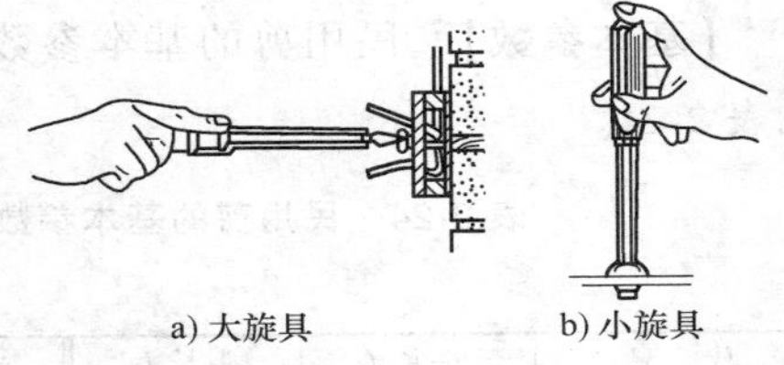

a) 大旋具　　b) 小旋具

图 2-30　旋具的使用方法

2）电工不可使用金属杆直通柄顶的螺钉旋具，在实际使用过程中，不应让螺钉旋具的金属旋杆部分触及带电体（可以在其金属旋杆上套上绝缘塑料管）。

3）不能用锤子或其他工具敲击螺钉旋具的手柄，或当作錾子使用。

2.4 剪切工具

剪刀是切割布、纸、钢板、绳、圆钢等片状或线状物体的双刃工具，两刃交错，可以开合。按动力源分为手动剪刀、电剪刀和液压剪刀等；按用途分为民用剪刀、工业用剪刀和各种专业用剪刀（裁缝剪、铁皮剪等）。

2.4.1 民用剪

【结构】 由刀刃、剪把和剪轴组成（见图 2-31）。

【质量等级】 分为优等品、一等品和合格品。

【材料】 剪头刃口材料的碳含量大于 0.35%，材料质量应符合 GB/T 699 的规定。

外口面刃钢和低碳钢界限分明。外口面刃钢的宽度：优等品、一等品不小于 0.8mm；合格品不小于 0.5mm。里口面刃钢的宽度：优等品、一等品不小于里口面最宽处的 1/3；合格品不小于里口面最宽处的1/4。

【硬度】 剪刀刃口硬度：优等品不小于54HRC，一等品、合格品不小于52HRC，两片刃口对应点硬度差：优等品不大于3HRC，一等品、合格品不大于4HRC。

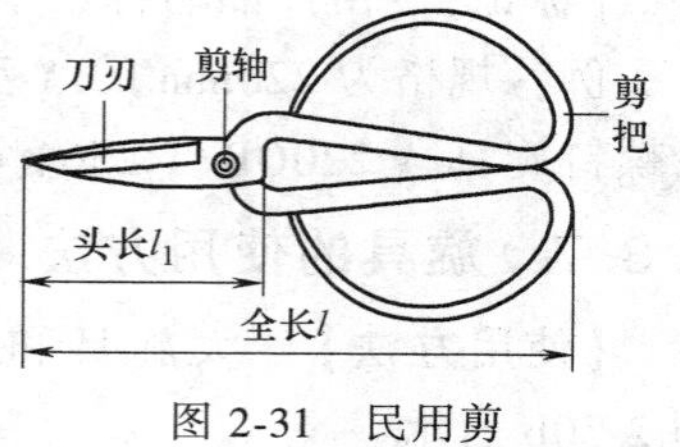

图2-31 民用剪

【基本参数】 民用剪的基本参数见表2-24。

表2-24 民用剪的基本参数（QB/T 1996—1994）

（单位：mm）

代号		全长 l	头长 l_1	代号		全长 l	头长 l_1
1	A	198	95	3	B	185	95
	B	215	120	4	A	123	52
2	A	174	83		B	160	75
	B	200	110	5	A	104	42
3	A	153	73		B	145	70

2.4.2 铁皮剪

【用途】 冷作工和钣金工用来剪断铁皮，或剪成各种形状。

【规格和剪切厚度】 铁皮剪的规格和剪切厚度见表2-25。

表2-25 铁皮剪的规格和剪切厚度 （单位：mm）

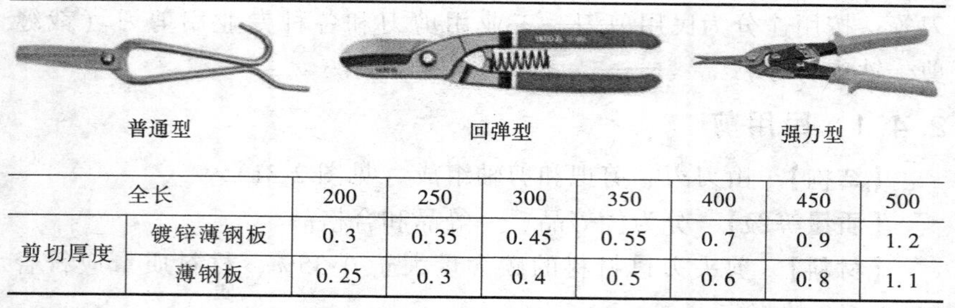

普通型　回弹型　强力型

全长		200	250	300	350	400	450	500
剪切厚度	镀锌薄钢板	0.3	0.35	0.45	0.55	0.7	0.9	1.2
	薄钢板	0.25	0.3	0.4	0.5	0.6	0.8	1.1

2.4.3 手动机械线缆剪

【用途】 适用于电力、电气工程中剪切铜、铝电缆、铠装电缆、钢绞线、钢芯铝绞线、钢丝绳等线材。

【分类】　有手动、棘轮、液压、电动液压等。机动者一般多采用两级传动方式，联运进刀机构。

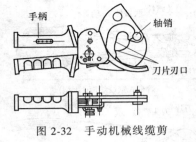

【材料】　刀口采用 55 钢、铬钒钢、T8A 钢，硬度可达 65HRC。

【结构】　手动机械线缆剪如图 2-32 所示。

图 2-32　手动机械线缆剪

【标记】　表示方法：

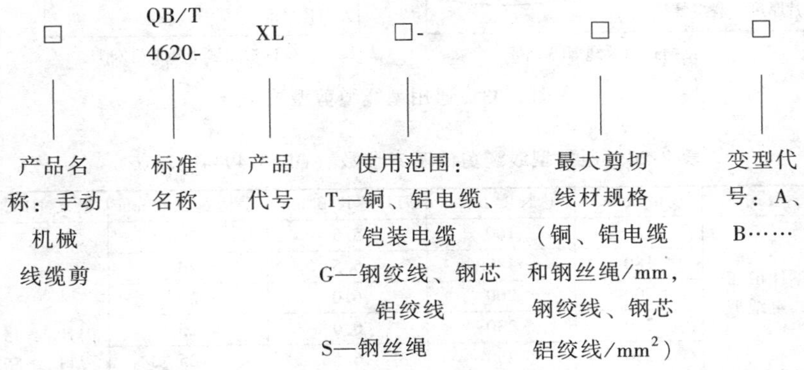

例：最大剪切线材规格截面积为 1200mm² 的钢芯铝绞线的线缆剪，标记为：手动机械线缆剪　QB/T 4620-XLG-1200□。

2.4.4　通用型线缆剪

【用途】　用于安装或维修工程中，切断铜、铝电缆、铠装电缆、钢绞线、钢芯铝绞线、钢丝绳等线材。

【种类】　按线缆剪的使用范围可分为电缆剪（代号 T，剪切铜、铝电缆和铠装电缆）、钢绞线剪（代号 G，剪切钢绞线、钢芯铝绞线）和钢丝绳剪（代号 S，剪切钢丝绳）3 种型式；按手柄型式可分为管柄式（代号 B）、铝柄式（代号 L）和整体锻压式（代号 Z）3 种型式（见图 2-33）。

【基本参数】　通用型线缆剪的基本参数见表 2-26。

【剪切性能】　电缆剪与钢绞线剪和钢丝绳剪的剪切性能分别见表 2-27 和表 2-28。

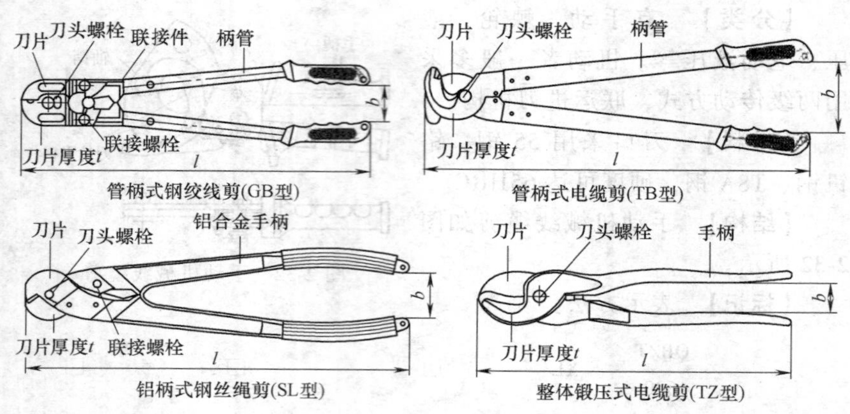

图 2-33　通用型线缆剪型式

表 2-26　通用型线缆剪的基本参数（QB/T 4944—2016）

型式	规格(mm)	总长度 l/mm	刀片厚度 δ/mm	手柄宽度 b/mm	硬度 HRC
整体锻压式电缆剪	160	160	5.5	20	刀片:≥35 刃口:≥55 剪刀头螺栓:≥30
	180	180	5.5	20	
	200	200	6.0	20	
	230	230	6.0	25	
	250	250	6.5	25	
管柄式和铝柄式电缆剪	350	350	5.0	65	
	450	450	6.0	65	
	600	600	7.5	80	
	700	700	8.5	80	
	800	800	8.5	80	
钢绞线剪	600	600	9.5	65	刀片:≥40 刃口:≥58 剪刀头螺栓:≥30
	900	900	13.0	80	
	1050	1050	15.0	100	
钢丝绳剪	200	200	5.0	15	
	450	450	8.0	50	
	600	600	8.0	55	
	900	900	9.6	80	
	1050	1050	12.0	100	

【标记】 由产品名称、标准编号、规格和型式代号组成。

例：规格为 450mm 的整体锻压式电缆剪，标记为：通用型线缆剪 QB/T 4944-450TZ。

表 2-27　电缆剪的剪切性能（QB/T 4944—2016）

剪刀类型	剪刀规格（mm）	电缆规格 a（mm）	电缆导体标称截面积/mm^2	电缆近似直径/mm	最大剪切载荷/N
整体锻压式电缆剪	160、180	3×2.5+1×1.5	9	13	460
	200、230	3×4+1×2.5	14.5	15	520
	250	3×6+1×4	22	17	530
管柄式和铝柄式电缆剪	350	3×25+1×16	91	26	550
	450	3×35+1×16	121	30	550
	600	3×50+1×25	175	33	670
	700	3×70+1×35	245	40	760
	800	3×120+1×70	430	50	1210

注：a 为 GB/T 12706.1—2020 规定的 VV-0.6/1 3+1 芯电缆。

表 2-28　钢绞线剪和钢丝绳剪的剪切性能（QB/T 4944—2016）

剪刀类型	剪刀规格（mm）	剪切钢绞线的规格（mm）	最大剪切载荷/N
钢绞线剪	600	1×7-7.8-1570	450
	900	1×19-11.5-1570	560
	1050	1×19-13.05-1570	590

剪刀类型	剪刀规格（mm）	剪切钢绞线的规格（mm）	最大剪切载荷/N
钢丝绳剪	200	5	410
	450	12	580
	600	14	850
	900	16	940
	1050	20	1100

2.5　手锯

手锯是用于切割物体的手动工具，由锯条和锯把组成。按用途分，有铁锯、木锯、园林锯、雕刻锯等；按外形分，有直锯和弯锯。

2.5.1　手用钢锯条

【用途】 手用钢锯条装在锯架上切割金属工件。

【分类】 按其特性可分为全硬型（H）和挠性型（F）两种；也可按齿的粗细划分：粗齿齿距大，适用于锯割软质材料或大的工件；细齿齿距小，适合锯割硬质材料或较薄的材料，不同种类锯齿的规格和应用见表 2-29。

【结构】 由锯齿和销孔构成。锯齿用于切割材料，销孔用于固定在锯架上（见图 2-34）

【材料】 手用钢锯条使用的材质可以分为碳素结构钢（D）、碳素工具钢（T）、合金工具钢（M）、高速工具钢（G）以及双金属复合钢（Bi）五类。

表 2-29 不同种类锯齿的规格和应用

种类	齿数/25mm	应用
粗齿	14~18	锯削低碳钢、黄铜、铝、铸铁、纯铜、人造胶质材料
中齿	22~24	锯削中等硬度钢、厚壁的钢管、铜管、硬度较高的轻金属、黄铜、较厚型材
中细齿	32~20	一般工厂中使用
细齿	32	薄片金属、小型材、薄壁钢管、硬度较高的金属

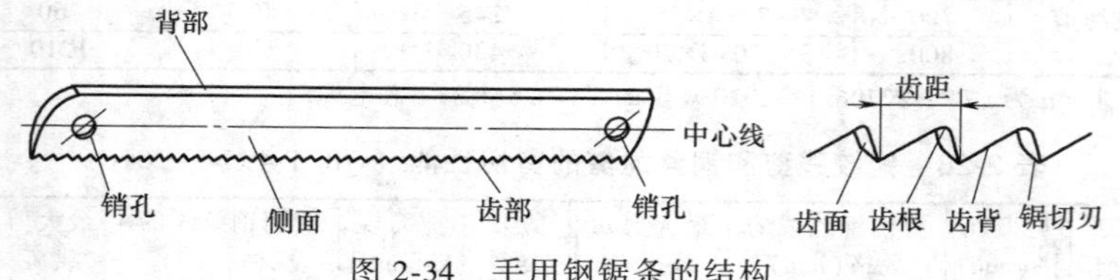

图 2-34 手用钢锯条的结构

1) 碳素工具钢：T7、T7A、T8、T8A、T8Mn、T8MnA、T9、T9A、T10、T10A、T11、T11A、T12、T12A、T13、T13A。

2) 合金工具钢：Cr06、65Mn、50CrVA、60Si2Mn、60Si2MnA 或 70SiCrA。

3) 高速工具钢：W18Cr4V。

4) 双金属复合钢：由碳钢锯身和高速钢锯齿焊接而成。

【分类】 按其型式可分为单面齿（A 型）和双面齿（B 型）；还可以按长度（锯条两端销孔的中心距）和粗细的不同进行分类（常用 300mm）。

【基本参数】 手用钢锯条的基本参数见表 2-30。

【热处理】 可用盐浴淬火、真空或渗碳、离子渗金属等方法。锯条齿部的最低硬度见表 2-31。

【标记】 由产品名称、标准编号、类型代号和规格组成。

例：全硬型、碳素工具钢，单面齿型、长度 $l=300$mm，宽度 $b=12$mm，齿距 $p=1.0$mm 的钢锯条，标记为：手用钢锯条 GB/T 14764 HTA-300×12×1.0。

2.5.2 钢锯架

【用途】 安装钢锯条后，用于手工锯削金属材料。

表 2-30　手用钢锯条的基本参数（GB/T 14764—2008）

（单位：mm）

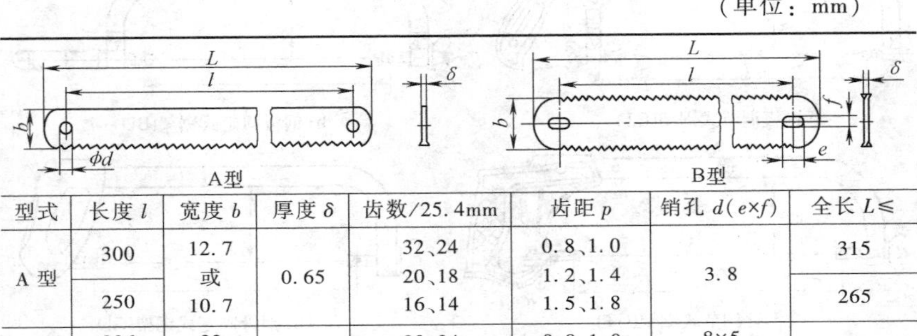

型式	长度 l	宽度 b	厚度 δ	齿数/25.4mm	齿距 p	销孔 $d(e\times f)$	全长 $L\leqslant$
A 型	300	12.7 或 10.7	0.65	32、24 20、18 16、14	0.8、1.0 1.2、1.4 1.5、1.8	3.8	315
	250						265
B 型	296	22	0.65	32、24 18	0.8、1.0 1.4	8×5	315
	292	25				12×6	

表 2-31　锯条齿部的最低硬度（GB/T 14764—2008）

材料类别	最低硬度 HRA	材料类别	最低硬度 HRA
碳素结构钢	76	高速工具钢	82
碳素工具钢、合金工具钢	81	双金属复合钢	82

【型式】　有固定式（D）和可调式（T）两种。

【材料】　钢锯架一般用 45 钢制造，并进行发黑或其他表面处理，手柄可采用钢材、塑料、铝合金等材料。

【结构】　钢锯架的锯弓分成前后两部分（中部有铰链，可以弯折），后部有手柄和用于锯条调节的锁紧螺母等（见图 2-35）。

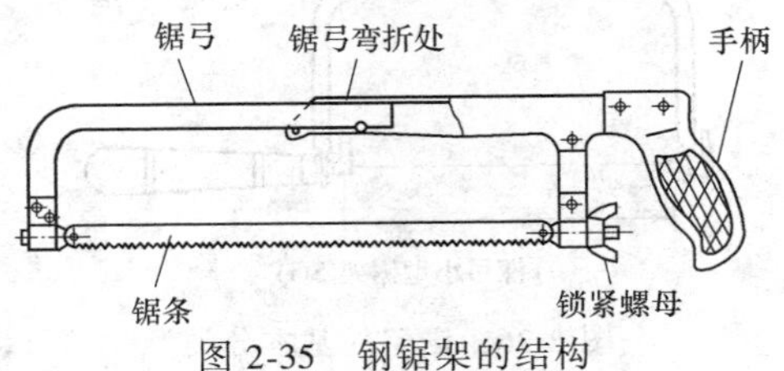

图 2-35　钢锯架的结构

【分类】　钢锯架按其使用材料和外形分为钢板锯架（B）、钢管锯架（G）、铝合金锯架（L）和小型锯架（S）四种。其中，小型锯架分为轻便小型锯架（SQ）、简易小型锯架（SJ）和深弓小型锯架（SG）。此外，钢锯架按其结构还可分为调节式（T）和固定式（D）（见图 2-36）。

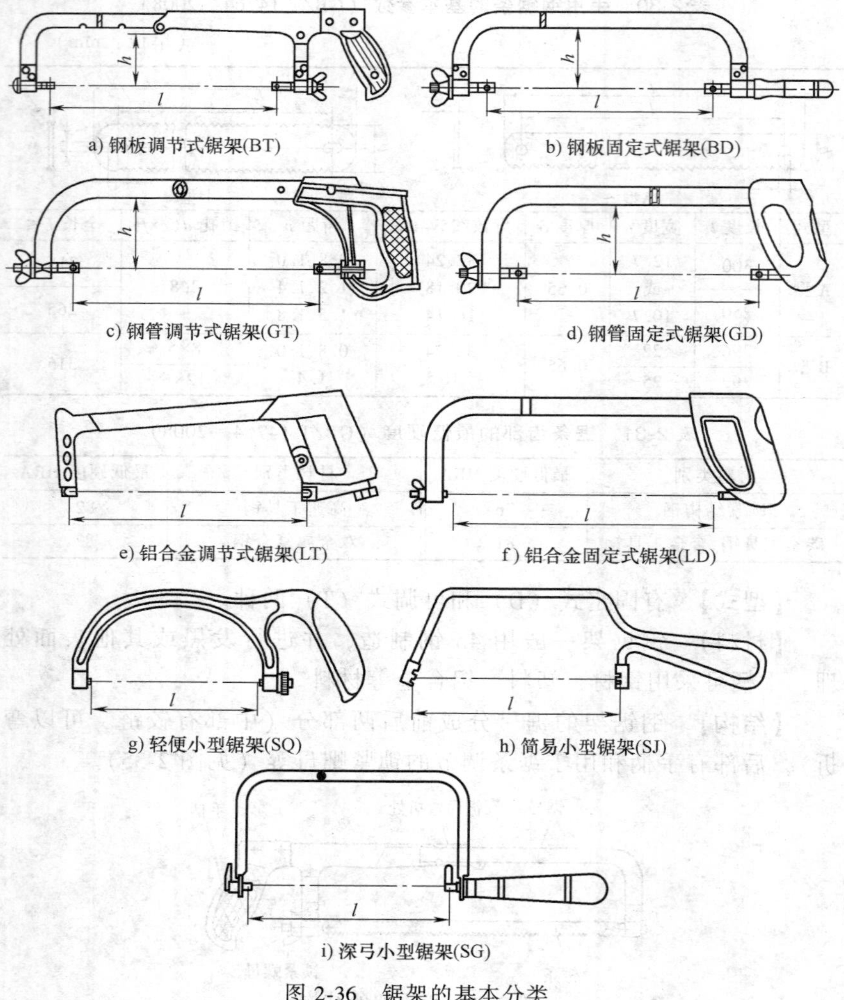

图 2-36　锯架的基本分类

【基本尺寸】 钢锯架的基本尺寸见表 2-32。

【使用方法】

1）工件要夹紧，伸出钳口不宜过长。

2）安装锯条的锯齿要向前（见图 2-37）；调整锯条的锁紧螺母的松紧要适当。

表 2-32　钢锯架的基本尺寸（QB/T 1108—2015）

（单位：mm）

产品分类	结构型式	规格 l(适用钢锯条长度)		弓深
钢板锯架(B)	调节式(BT)	300(250)	300(250)	≥64
	固定式(BD)	250	300	
钢管锯架(G)	调节式(GT)	300(250)	300(250)	≥74
	固定式(GD)	250	300	
铝合金锯架(L)	调节式(LT)	300(250)	300(250)	≥64
	固定式(LD)	250	300	
小型锯架(S)	轻便固定式(SQ)	150(或自定)	180(或自定)	自定
	简易固定式(SJ)			
	深弓固定式(SG)			

注：( ) 内数值为可调节使用的钢锯条长度。

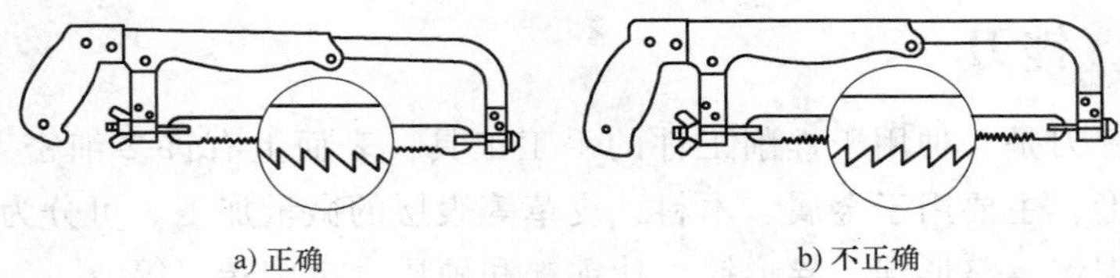

a) 正确　　b) 不正确

图 2-37　锯条的安装

3）采用远边起锯（锯条的前端搭在工件上，见图 2-38a）；也可近边起锯（锯条的后端搭载工件上，见图 2-38b），角度要小（θ 约为 15°）。

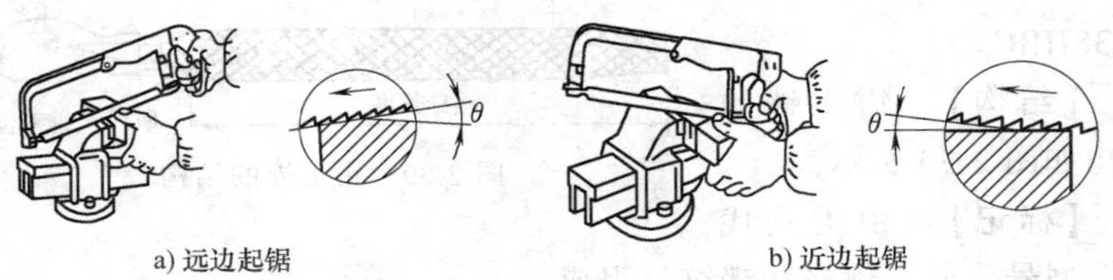

a) 远边起锯　　b) 近边起锯

图 2-38　起锯方法

4）锯割时，右手握住手柄，左手压在锯弓前端上部，掌握锯弓要稳，身体稍微向前倾斜；左脚在前，腿略微弯曲，右腿伸直，两脚间的距离适当。两臂稍微弯曲，用压力推进手锯工作，手锯返回时不施加压力。

5）运锯时，上身移动，两脚保持不动，并经常给锯口加润滑油；开始时，起锯角度要正确，推拉距离要短，压力要小，速度稍慢。锯条直线往返，并用锯条全长进行锯割，使锯齿磨损均匀。锯缝接近弓深时，应将锯弓与锯条调成90°。

6）锯割较薄的工件时，可将两面垫上木板或金属片一起锯；锯割较厚的工件时，因锯弓的高度不够，可调整几个方向锯割，如工件长度允许，可将锯条横装，加大锯口的深度。

7）工件快要锯断时，速度要慢，施加的压力要轻，并用左手扶住将被锯断落下的部分。

8）手锯用完后要将锯条取下，擦洗干净，保养锯弓并存放。

2.6 锉刀

锉刀是一种用于锉削工件的手工工具，表面上有许多细密刀齿，呈条形，主要用于金属、木料、皮革等表层的微量加工。可分为钳工锉、锯锉、整形锉、异形锉、什锦锉和硬质合金旋转锉等。

2.6.1 钳工锉

【用途】 锉制或修整金属工件的表面、孔和槽。

【材料】 一般用T13或T12A制成。

【硬度】 锉削部分的硬度达62~72HRC；柄部的硬度，从柄尖至全长3/5的区域不得高于38HRC。

【结构】 钳工锉的结构如图2-39所示。

锉刀面 锉刀边 齿底 锉刀尾 锉刀柄 锉身长度 面齿 锉刀舌

图2-39 钳工锉的结构

【标记】 由类别代号、型号代号、规格和锉纹号组成。

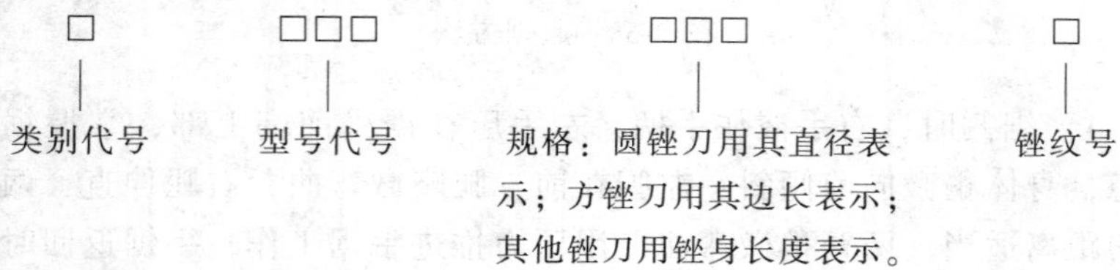

【规格】　钳工锉的规格见表 2-33。

表 2-33　钳工锉的规格（QB/T 2569.1—2002）

（单位：mm）

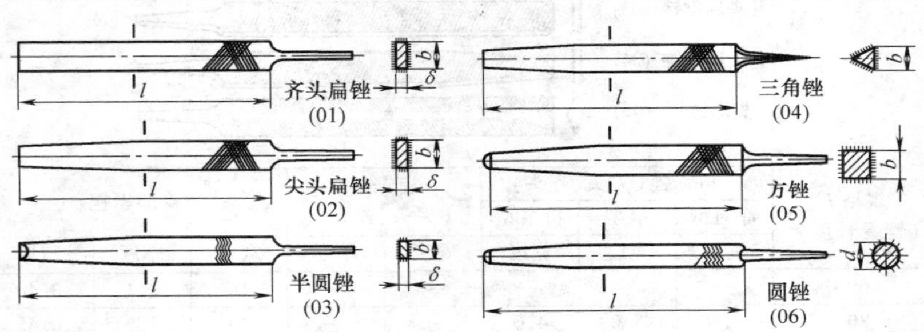

锉身长度 l	齐头、尖头扁锉		半圆锉			三角锉	方锉	圆锉
	b	δ	b	薄型 δ	厚型 δ	b	b	d
100	12	2.5(3)	12	3.5	4	8	3.5	3.5
125	14	3(3.5)	14	4	4.5	9.5	4.5	4.5
150	16	3.5(4)	16	4.5	5	11	5.5	5.5
200	20	4.5(5)	20	5.5	6	13	7	7
250	24	5.5	24	7	8	16	9	9
300	28	6.5	28	8	9	19	11	11
350	32	7.5	32	9	10	22	14	14
400	36	8.5	36	10	11.5	26	18	18
450	40	9.5	—	—	—	—	22	—

注：防爆锉刀的锉身长度 l（mm）有 150、200、250、300 和 350；平锉还有 400mm 的规格。

【使用方法】　一般左手压锉，右手握锉。锉削时，要始终保持在水平面内运动，但返回时不必加压，当向前锉时，两手作用在锉刀上的压力、推进力，应保持锉刀在锉削运动中的平衡，以保证加工工作表面的平整。

2.6.2　锯锉

【用途】　用于锉修各种木工锉的锯齿。

【硬度】　锯锉的硬度应在 62HRC 以上；柄部的硬度从柄尖起到全长 3/5 区域内不得高于 38HRC。

【规格】　锯锉的规格见表 2-34。

表 2-34 锯锉的规格（QB/T 2569—2002）（单位：mm）

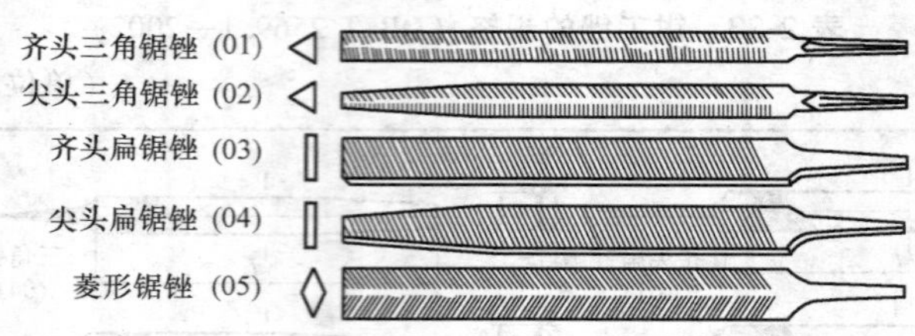

规格 l（锉身长度）	三角锯锉(尖头、齐头)			扁锯锉（尖头、齐头）		菱形锯锉		
	普通型	窄型	特窄型					
	宽度	宽度	宽度	宽度	厚度	宽度	厚度	刃厚
60	—	—	—	—	—	16	2.1	0.40
80	6.0	5.0	4.0	—	—	19	2.3	0.45
100	8.0	6.0	5.0	12	1.8	22	3.2	0.50
125	9.5	7.0	6.0	14	2.0	25	3.5	0.55
150	11.0	8.5	7.0	16	2.5	28	4.0	0.70
175	12.0	10.0	8.5	18	3.0	—	—	—
200	13.0	12.0	10.0	20	3.5	32	5.0	1.00
250	16.0	14.0	—	24	4.5	—	—	—
300	—	—	—	28	5.0	—	—	—
350	—	—	—	32	6.0	—	—	—

2.6.3 整形锉

【用途】 用于锉削小而精细的金属零件，为制造模具、电器、仪表等的必要工具。

【规格】 整形锉的规格见表 2-35。

表 2-35 整形锉的规格（QB/T 2569.3—2002）

（单位：mm）

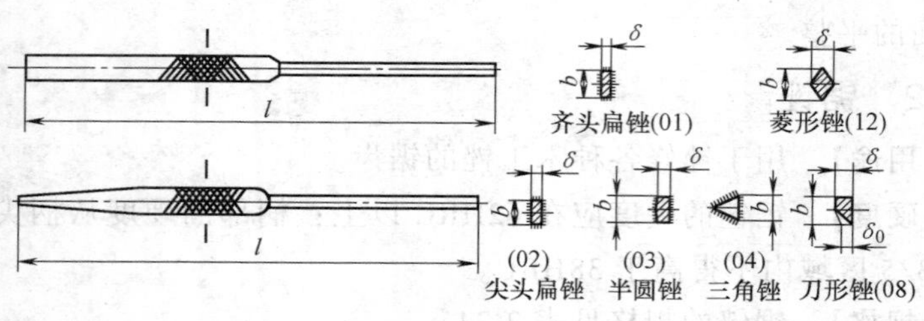

（续）

锉长 l	齐、尖头扁锉		菱形锉		半圆锉		三角锉	刀形锉		
	b	δ	b	δ	b	δ	b	b	δ	δ_0
100	2.8	0.6	2.8	0.6	2.9	0.9	1.9	3.0	0.9	0.3
120	3.4	0.8	3.4	0.8	3.3	1.2	2.4	3.4	1.1	0.4
140	5.4	1.2	5.4	1.2	5.2	1.7	3.6	5.4	1.7	0.6
160	7.3	1.6	7.3	1.6	6.9	2.2	4.8	7.0	2.3	0.8
180	9.2	2.0	9.2	2.0	8.5	2.9	6.0	8.7	3.0	1.0

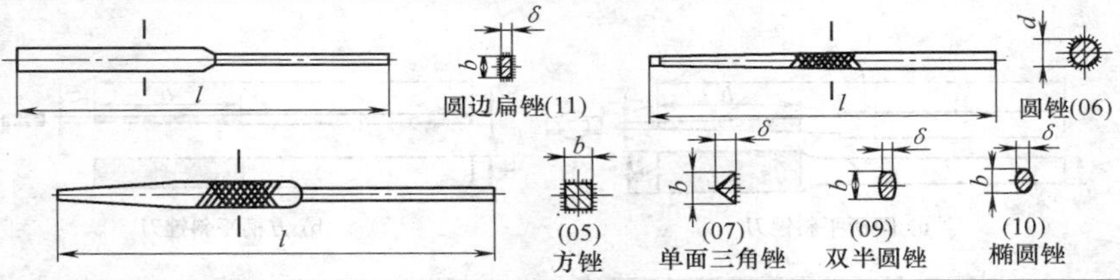

锉长 l	圆边扁锉		圆锉	方锉	单面三角锉		双半圆锉		椭圆锉	
	b	δ	d	b	b	δ	b	δ	b	δ
100	2.8	0.6	1.4	1.2	3.4	1.0	2.6	1.0	1.8	1.2
120	3.4	0.8	1.9	1.6	3.8	1.4	3.2	1.2	2.2	1.3
140	5.4	1.2	2.9	2.6	5.5	1.9	5.0	1.8	3.4	2.4
160	7.3	1.6	3.9	3.4	7.1	2.7	6.3	2.5	4.4	3.4
180	9.2	2.0	4.9	4.2	8.7	3.4	7.8	3.4	6.4	4.3

2.6.4　异形锉

【用途】　用于锉削几何形状复杂的金属工件。

【规格】　异形锉的规格见表 2-36。

表 2-36　异形锉的规格（QB/T 2569.4—2002）　　（单位：mm）

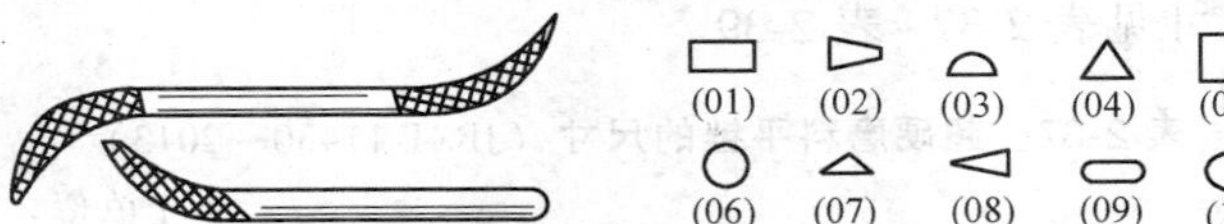

规格（全长）	齐头扁锉		尖头扁锉		半圆锉		三角锉	方锉	圆锉
	宽度	厚度	宽度	厚度	宽度	厚度	宽度	宽度	直径
170	5.4	1.2	5.2	1.1	4.9	1.6	3.3	2.4	3.0

规格（全长）	单面三角锉		刀形锉			双半圆锉		椭圆锉	
	宽度	厚度	宽度	厚度	刃厚	宽度	厚度	宽度	厚度
170	5.2	1.9	5.0	1.6	0.6	5.2	1.9	3.3	2.3

2.6.5 电镀什锦锉

【用途】 用于锉削硬度较高的金属（经淬火的工具钢、刀具、模具和夹具等）。有平斜锉刀、平锉刀、尖头锉刀和异型锉刀几种。

【硬度】 镀层磨料颗粒应分布均匀，基体硬度应不低于56HRC。

【分类】 电镀超硬磨料制品什锦锉的分类如图2-40所示。

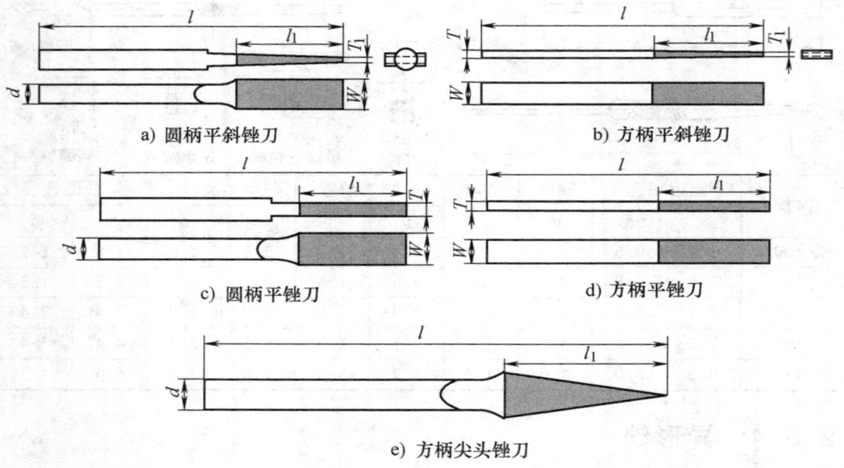

图2-40 电镀超硬磨料制品什锦锉的分类

【尺寸】 超硬磨料平锉、超硬磨料尖头锉和超硬磨料异型锉（BF）的尺寸见表2-37~表2-39。

表2-37 超硬磨料平锉的尺寸（JB/T 11430—2013）

（单位：mm）

名称	总长度 l	工作面长度 l_1
圆柄平斜锉刀(RTF)	55~140	15~50
方柄平斜锉刀(CF)	160~180	40~60
圆柄平锉刀(PF)	140~180	25~60
方柄平锉刀(IF)	200~230	60~80

表 2-38　超硬磨料尖头锉的尺寸（JB/T 11430—2013）

（单位：mm）

截面形状		半圆、圆、方、三角
圆柄尖头锉刀(PIF) 方柄尖头锉刀(ITF)	总长度 l	140～215
	工作面长度 l_1	30～80

表 2-39　超硬磨料异型锉（BF）的尺寸（JB/T 11430—2013）

（单位：mm）

截面形状		扁、半圆、圆、方、三角
圆柄尖头锉刀(PIF) 方柄尖头锉刀(ITF)	总长度 l	60～100
	工作面长度 l_1	20～45

2.7　錾和锤

錾子是用于材料粗切削的工具，由头部、柄部及切削部分组成；锤子是用于打击物体的工具。

2.7.1　錾子

【用途】 用于除去毛坯的飞边、毛刺、浇冒口，切割板料、条料，开槽以及对金属表面进行粗加工等。

【材料】 采用碳素工具钢（T7A 或 T8A），锻造后，经热处理，其硬度可达到 52～62HRC。

【结构】 錾子由切削部分、头部和柄部及组成。切削部分呈楔形，由前刀面、后刀面及切削刃构成；柄部一般为六棱柱并倒角，其长度为 125～150mm。

【种类、特点和用途】 见表 2-40。

表 2-40　錾子的种类、特点和用途

种类	图示	特点	用途
扁錾	a)	切削刃较长，略带圆弧，切削面扁平	常用于錾平面、切割板料、去凸缘、毛刺和倒角

（续）

种类	图示	特点	用途
窄錾	b)	切削刃较短，两切削面从切削刃到錾身逐渐狭小	常用于錾沟槽，分割曲面、板料，修理键槽等
油槽錾	c)	切削刃很短，呈弧形，切削部分为弯曲形状	主要用于錾油槽

【规格】 錾子的规格见表 2-41。

表 2-41　錾子的规格　（单位：mm）

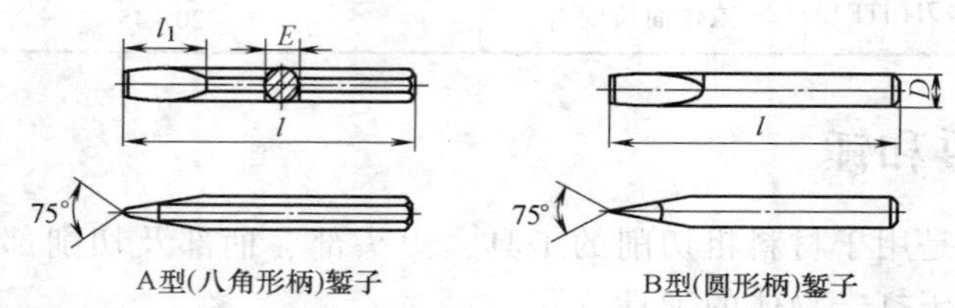

A型(八角形柄)錾子　B型(圆形柄)錾子

规格	16×180	18×180	20×200	27×200	27×250
錾口宽度	16	18	20	27	27
全长	180	180	200	200	250

【使用方法】 錾削操作时，一般是左手握錾，右手握锤，錾头要伸出手柄面 20~30mm，举锤时要握持自如，落锤时，要对准錾尾用力猛击。

2.7.2　防爆錾

【用途】 用于易燃易爆场合中对工件进行錾削。

【材料】 采用通过 GB/T 10686 规定的防爆性能试验的铍铜、铝青铜等铜合金。

【硬度】 铍铜不低于 35HRC，铝青铜不低于 25HRC。

【型式和尺寸】 按其柄部形状分为六角形（A）和圆形（B）两种，防爆錾子的型式和尺寸见表 2-42。

表 2-42　防爆錾子的型式和尺寸（QB/T 2613.2—2003）

（单位：mm）

a) A型　　b) B型

规格	l_{min}	l_1	A	E	规格	l_{min}	l_1	A	E
16×180	180	70	18	19	27×200	200	70	27	25
18×180				25	27×250	250			
20×180	200		20	19	—	—	—		

2.7.3　钳工锤

【用途】　供钳工、锻工、安装工、冷作工、维修装配工作敲击或整形用。

【材料】　锤体采用优质碳素结构钢、合金结构钢或同等以上的钢材。锤柄可采用含水率不大于 15% 的硬质木材、钢管、锻钢或玻璃纤维纵向连续排列的增强塑料。

【硬度】

1）钢锤锤击面和锤顶的硬度应为 50～58HRC。

2）钢锤锤孔和锤孔相邻部分的硬度应不大于 35HRC。

3）钢锤锤击面经热处理后的淬硬层深度应不小于 3mm，且在此深度内的硬度应不大于锤击面的硬度。

【基本尺寸】　A 型钳工锤的基本尺寸见表 2-43。

表 2-43　A 型钳工锤的基本尺寸（QB/T 1290.3—2010）

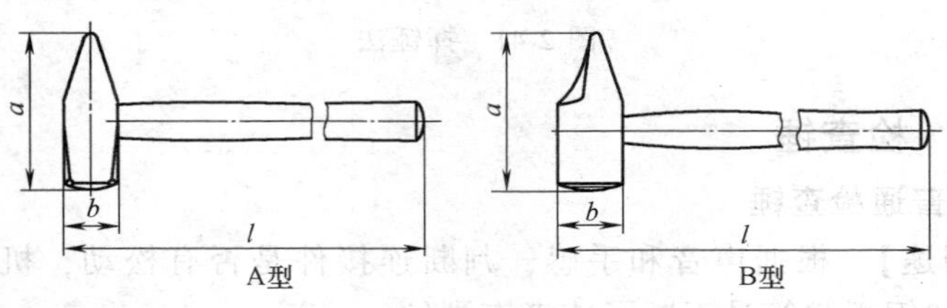

A型　　B型

（续）

规格(kg)	l/mm	a/mm	b/mm	规格(kg)	l/mm	a/mm	b/mm
A 型(方头,b×b)							
0.1	260	82	15×15	0.6	330	122	29×29
0.2	280	95	19×19	0.8	350	130	33×33
0.3	300	105	23×23	1.0	360	135	36×36
0.4	310	112	25×25	1.5	380	145	42×42
0.5	320	118	27×27	2.0	400	155	47×47
B 型(圆头,ϕb)							
0.28	290	85	25	0.67	310	105	35
0.40	310	98	30	1.50	350	131	45

【使用方法】 正确掌握手锤的挥锤法可以增加锤击的力量，有三种挥锤形式：

1）手腕挥（见图 2-41a）。仅用手腕的动作进行锤击运动，采用紧握法握锤。一般用于錾削余量较小或錾削开始或结尾。在油槽錾削中采用腕挥法锤击，锤击力量均匀，使錾出的油槽深浅一致，槽面光滑。

2）肘挥（见图 2-41b）。手腕与肘部一起挥动作锤击运动，采用松握法握锤，因挥动幅度较大，故锤击力也较大，这种方法应用最多。

3）臂挥（见图 2-41c）。用手腕、肘和全臂一起挥动，其锤击力最大，多用于强力錾切。

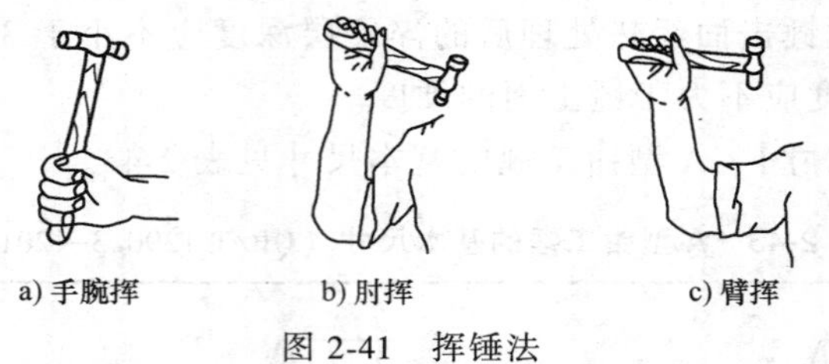

a) 手腕挥　　b) 肘挥　　c) 臂挥

图 2-41　挥锤法

2.7.4 检查锤

1. 普通检查锤

【用途】 根据声音和手感，判断连接件是否有松动，机件是否失效，如钢板弹簧是否断了或者有裂纹。

【硬度】 同“2.7.3　钳工锤”。

【基本尺寸】 A、B 型检查锤的基本尺寸见表 2-44。

表 2-44　A、B 型检查锤的基本尺寸（QB/T 1290.5—2010）

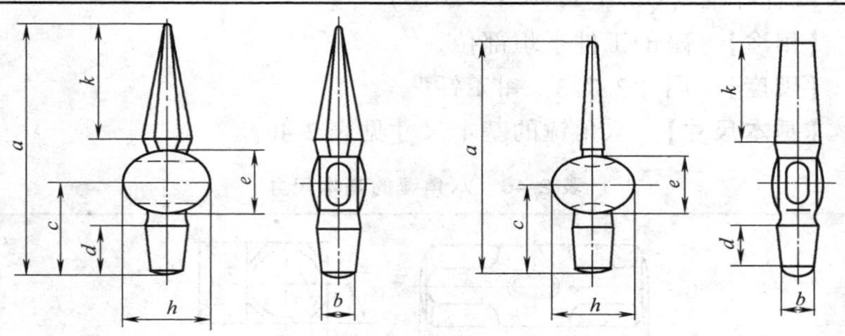

规格(kg)	a/mm	b/mm	c/mm	d/mm	e/mm	h/mm	k/mm
0.25	120	18	47.5	27	27	42	52

2. 防爆用检查锤

【用途】 用于易燃易爆场合。

【规格】 防爆用检查锤的规格见表 2-45。

表 2-45　防爆用检查锤的规格（QB/T 2613.3—2003）

（单位：mm）

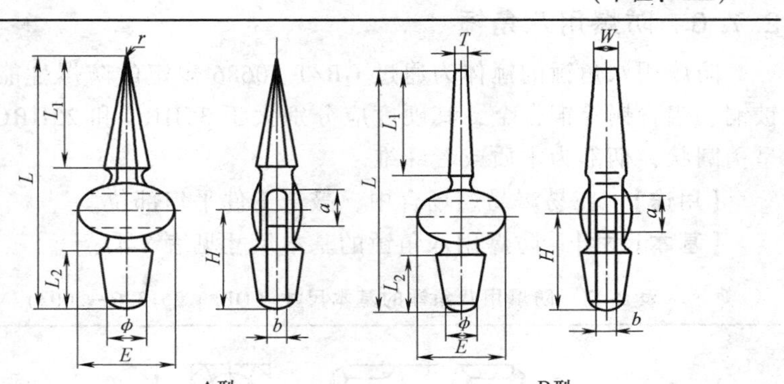

规格(kg)		L	L_1	L_2	E	ϕ	H	a	b	r	W	T
0.25	A 型	120	52	27	42	18	47.5	21	14	1.5	—	—
	B 型									—	19	3

2.7.5 八角锤

八角锤的锤体材料为钢，头部用 45 钢锻造，呈稍圆状，柄部为木质或者纤维（QB/T 1290.1—2010）。

【用途】 敲击工件平坦部位。

【硬度】 同“2.7.3 钳工锤”。

【基本尺寸】 八角锤的基本尺寸见表 2-46。

表 2-46 八角锤的基本尺寸

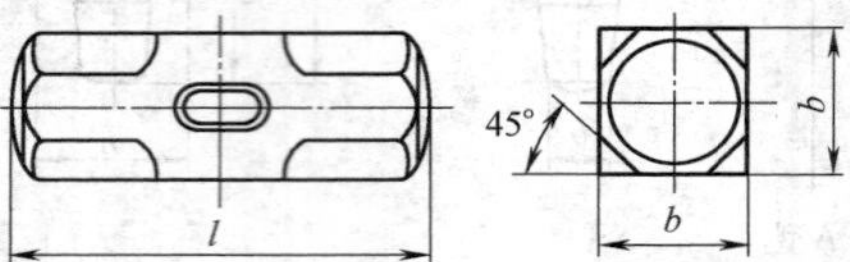

规格(kg)	l/mm	b/mm	规格(kg)	l/mm	b/mm	规格(kg)	l/mm	b/mm
0.9	105	38	4.5	180	64	9.0	224	81
1.4	115	44	5.4	190	68	10.0	230	84
1.8	130	48	6.3	198	72	11.0	236	87
2.7	152	54	7.2	208	75	—	—	—
3.6	165	60	8.1	216	78	—	—	—

2.7.6 防爆用八角锤

防爆用八角锤的锤体为通过 GB/T 10686 规定的防爆性能试验的铍铜、铝青铜等铜合金，其硬度应分别大于 35HRC 和 25HRC。头部呈稍圆状，柄部为木质或者纤维。

【用途】 在易爆易燃场合中，敲击工件平坦部位。

【基本尺寸】 防爆用八角锤的基本尺寸见表 2-47。

表 2-47 防爆用八角锤的基本尺寸（QB/T 2613.6—2003）

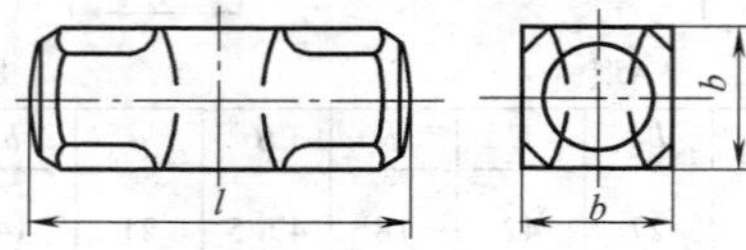

（续）

规格(kg)	锤高 l /mm	锤宽 b /mm	规格(kg)	锤高 l /mm	锤宽 b /mm	规格(kg)	锤高 l /mm	锤宽 b /mm
0.9	98	38	4.5	170	64	9.1	210	81
1.4	108	44	5.4	178	68	10.2	216	84
1.8	122	48	6.4	186	72	10.9	222	87
2.7	142	54	7.3	195	75	—	—	—
3.6	155	60	8.2	203	78	—	—	—

2.7.7 圆头锤

1. 圆头锤

【用途】 圆头锤的一头是平的，另一头是圆的。平头方便在平面物体上使用，圆头在非平整的物体上使用；圆头还可用来铆铆钉，使铆钉头四周更加圆滑，其中心不致被打薄而失去铆力。

【硬度】 同“2.7.3　钳工锤”。

【基本尺寸】 圆头锤的基本尺寸见表2-48。

表 2-48　圆头锤的基本尺寸（QB/T 1290.2—2010）

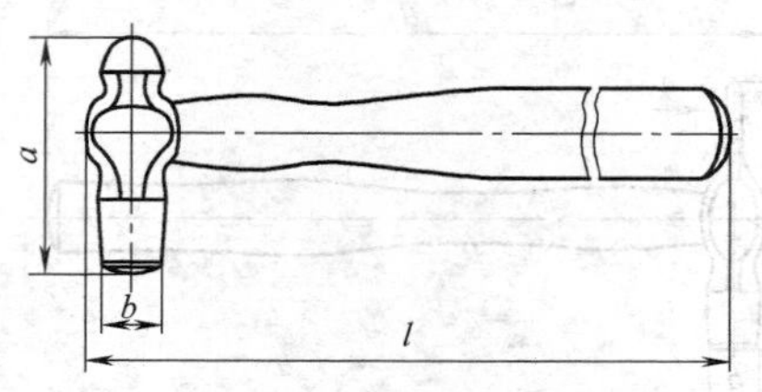

规格(kg)	l/mm	a/mm	b/mm	规格(kg)	l/mm	a/mm	b/mm
0.11	260	66	18	0.68	355	116	34
0.22	285	80	23	0.91	375	127	38
0.34	315	90	26	1.13	400	137	40
0.45	335	101	29	1.36	400	147	42

【标记】 由产品名称、标准编号和规格组成。

例：规格为 0.45kg 的圆头锤，标记为：圆头锤 QB/T 1290.2—0.45。

2. 防爆用圆头锤

【用途】 同普通圆头锤，但用于易燃易爆场合。

【材料】 应采用GB/T 10686规定的防爆性能试验的铍铜、铝青铜等铜合金。

【硬度】 采用铍铜制造的圆头锤，其硬度应不低于35HRC；采用铝青铜制造的圆头锤，其硬度应不低于25HRC。

【规格】 与普通圆头锤相近，其规格（kg）有0.11、0.22、0.33、0.44、0.66、0.88、1.10和1.32。

【标记】 由产品名称、规格和标准编号组成。

例：规格为0.11kg的防爆用圆头锤，标记为：防爆用圆头锤 0.11 QB/T 2613.7。

2.7.8 扁尾锤

【用途】 钳工、钣金工等维修装配时，用来敲打物体使其移动或变形。

【硬度】 同“2.7.3 钳工锤”。

【规格】 扁尾锤的基本尺寸见表2-49。

表2-49 扁尾锤的基本尺寸（QB/T 1290.4—2010）

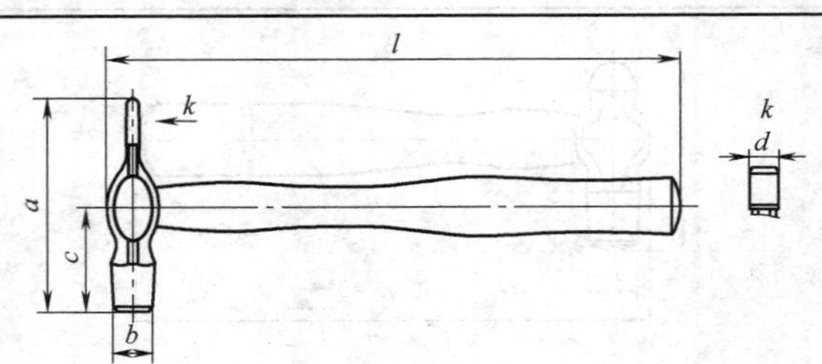

规格(kg)	l	a	规格(kg)	l	a	规格(kg)	l	a
	/mm			/mm			/mm	
0.10	240	83	0.18	270	95	0.27	300	110
0.14	255	87	0.22	285	103	0.35	325	122

【标记】 规格为0.10kg的扁尾锤，标记为：扁尾锤 QB/T 1290.4—0.1。

2.7.9 敲锈锤

【用途】 主要用于铲除平面的锈蚀、氧化层、旧涂层和污物。

【材料】　选用 45 钢，整体锻造处理。

【硬度】　同“2.7.3　钳工锤”。

【基本尺寸】　敲锈锤基本尺寸见表 2-50。

表 2-50　敲锈锤基本尺寸（QB/T 1290.6—2010）

（单位：mm）

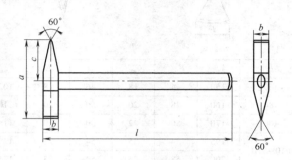

规格(kg)	*l*	*a*	*b*	*c*	规格(kg)	*l*	*a*	*b*	*c*
0.2	285.0	115.0	19.0	57.5	0.4	310.0	134.0	25.0	67.0
0.3	300.0	126.0	22.0	63.0	0.5	320.0	140.0	28.0	70.0

【标记】　规格为 0.2kg 的敲锈锤，标记为：敲锈锤 QB/T 1290.6—0.2。

2.8　钢斧

钢斧是用于砍削或打击物体的工具，由柄部和一端尖一端钝的斧头构成。分为厨房斧、劈柴斧、多用斧、木工斧、采伐斧和消防斧等。这里只叙述厨房斧和多用斧。木工斧、劈柴斧和采伐斧将在木工工具一章叙述，消防斧在消防器材一章中叙述。

【硬度】　斧头的斧刃硬度为 48～56HRC，斧孔周围的硬度应不大于 35HRC。

2.8.1　厨房斧

【用途】　用于砍劈冷冻肉类和畜类的骨骼。

【规格】　厨房斧的规格见表 2-51。

表 2-51 厨房斧的规格（QB/T 2565.4—2002）

（单位：mm）

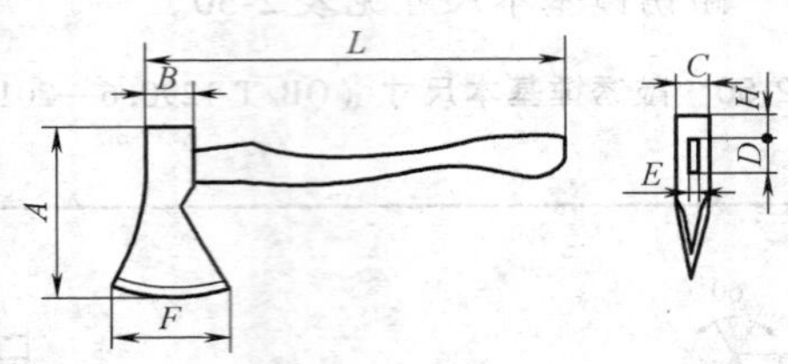

规格(kg)	L	A_{min}	B_{min}	C_{min}	D	E	F_{min}	H_{min}
0.6	360	150	44	18	46	18	102	15
0.8	380	160	48	20	50	20	110	16
1.0	400	170	50	22	50	20	118	18
1.2	610~810	195	54	25	54	23	122	19
1.4		200	58	26	54	23	125	20
1.6	710~910	205	60	27	58	25	130	21
1.8		210	62	28	58	25	135	21
2.0		215	64	29	58	25	140	22

【标记】 规格为 1.2kg 的厨房斧，标记为：厨房斧 1.2 QB/T 2565.4—2002。

2.8.2 多用斧

【用途】 用于敲击、拔钉等多种用途。

【规格】 多用斧的规格见表 2-52。

表 2-52 多用斧的规格（QB/T 2565.6—2002）

（单位：mm）

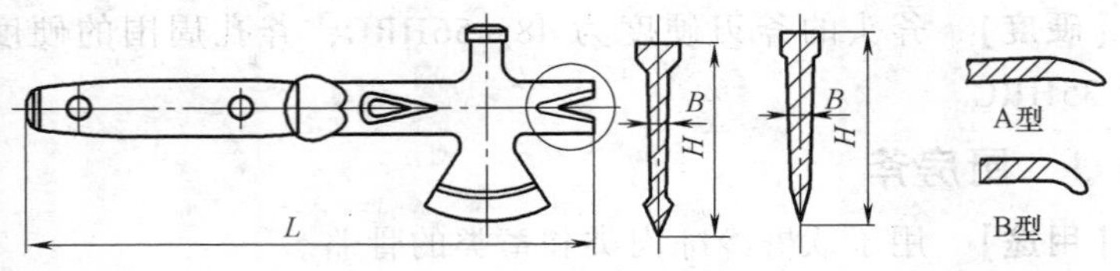

（续）

<table>
<tr><th rowspan="2">规格</th><th rowspan="2">全长 L</th><th rowspan="2">最高高度 H</th><th colspan="2">中部厚度 B</th></tr>
<tr><th>A 型</th><th>B 型</th></tr>
<tr><td>260</td><td>260</td><td>98</td><td rowspan="2">8</td><td rowspan="2">8</td></tr>
<tr><td>280</td><td>280</td><td>106</td></tr>
<tr><td>300</td><td>300</td><td>110</td><td rowspan="2">9</td><td>10</td></tr>
<tr><td>340</td><td>340</td><td>118</td><td>13</td></tr>
</table>

【标记】 规格为 260 的 A 型多用斧，标记为：多用斧 260 QB/T 2565.6—2002。

第3章

钳工工具

钳工工具分为划线和校准工具、孔轴加工工具和设备、螺纹加工工具、装配工具、锯切工具和夹持工具等。

3.1 划线和校准工具

3.1.1 钢冲

钢冲是冲击端平直，工作端具有顶尖角为 40°～60°的打印记工具。

【用途】 用于在金属、非金属上冲击标记、打中心孔或去除销、键或铆钉等作业。

目前我国的现行钢冲标准有两个，一个是轻工行业标准 QB/T 4939—2016，另一个是机械行业标准 JB/T 3411.29-1999。

1. 轻工行业标准

【分类】

1）按作业用途和工作类型，可分为中心冲（P）、圆柱冲（Y）和圆锥冲（Z）三种。

2）按使用材料外形，可分为六角钢冲（L）和八角钢冲（G）。有手柄的钢冲，在型式代号后加“S”。

【硬度】 钢冲应整体热处理。自工作端起 6mm 以内的硬度应为 48～58HRC。锤击面以及锤击面以下 15mm 的长度内，硬度应为 32～44HRC。

【表面处理】 非工作部分应进行电镀、喷塑等。

1）中心冲（P）。

【规格】 中心冲的规格见表 3-1。

表 3-1　中心冲的规格（QB/T 4939—2016）

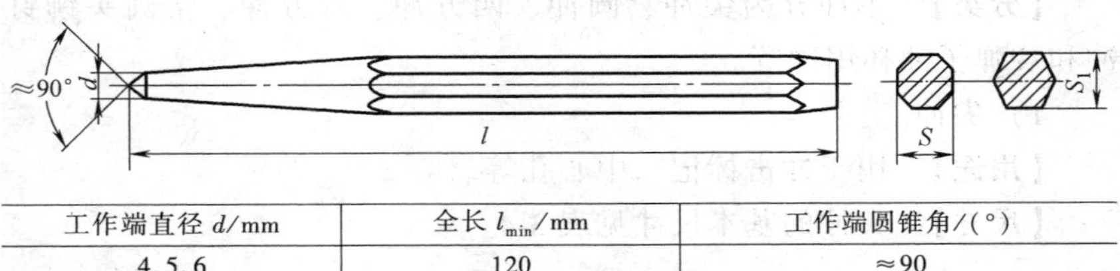

工作端直径 d/mm	全长 l_{min}/mm	工作端圆锥角/(°)
4、5、6	120	≈90

2）圆柱冲（Y）（见表 3-2）。

【分类】　按柄部形状分，有六角和八角两种。

表 3-2　圆柱冲的规格（QB/T 4939—2016）（单位：mm）

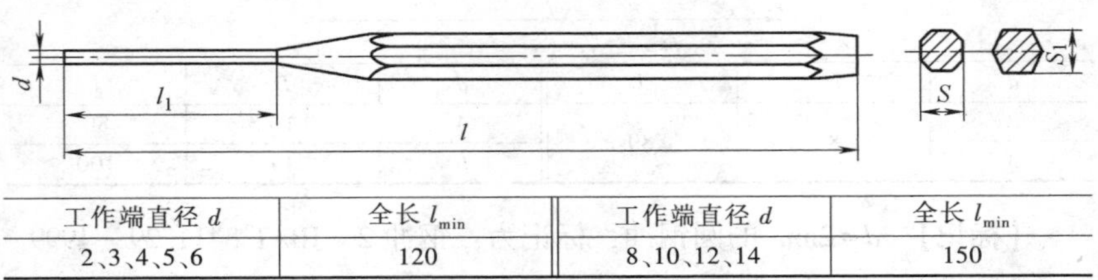

工作端直径 d	全长 l_{min}	工作端直径 d	全长 l_{min}
2、3、4、5、6	120	8、10、12、14	150

3）圆锥冲（Z）（见表 3-3）。

【分类】　按柄部粗细分，有轻型和重型两种。

表 3-3　圆锥冲的规格（QB/T 4939—2016）（单位：mm）

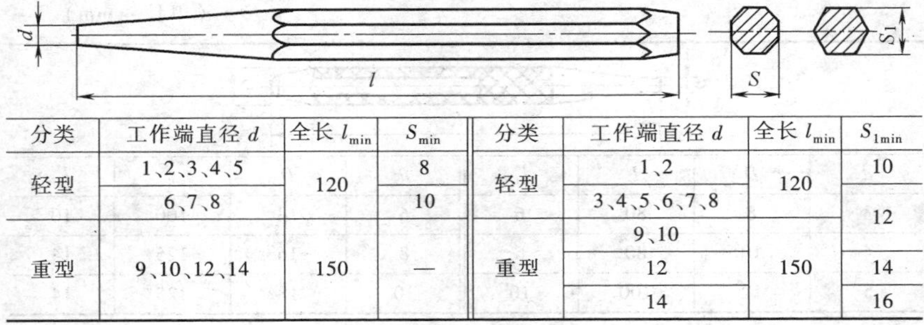

分类	工作端直径 d	全长 l_{min}	S_{min}	分类	工作端直径 d	全长 l_{min}	S_{1min}
轻型	1、2、3、4、5	120	8	轻型	1、2	120	10
	6、7、8		10		3、4、5、6、7、8		12
重型	9、10、12、14	150	—	重型	9、10	150	
					12		14
					14		16

【标记】　由产品名称、标准编号、产品型式代号和规格组成。

例：规格为 5mm，附有手柄的六角中心冲，标记为：钢冲 QB/T 4939PLS5。

2. 机械行业标准

【分类】 钢冲分为尖冲、圆冲、四方冲、六方冲、半圆头铆钉冲和装弹子油杯用冲等。

1）尖冲。

【用途】 用于冲击标记、中心孔等。

【尺寸】 尖冲的基本尺寸见表 3-4。

表 3-4 尖冲的基本尺寸（JB/T 3411.29—1999）

（单位：mm）

d	D	l	d	D	l
2	8	80	4	10	80
3			6	14	100

【标记】 d=2mm 的圆钢冲，标记为：钢冲 2 JB/T 3411.29—1999。

2）圆冲。

【用途】 用于工件装配。

【尺寸】 圆钢冲的基本尺寸见表 3-5。

表 3-5 圆钢冲的基本尺寸（JB/T 3411.30—1999）

（单位：mm）

d	D	l	l_1	d	D	l	l_1
3	8	80	6	6	14	100	10
4	10	80	6	8	16	125	14
5	12	100	10	10	18	125	14

【标记】 d=3mm 的圆钢冲，标记为：钢冲 3 JB/T 3411.30—1999。

3）四方冲。

【用途】 用于冲四方孔。

【尺寸】 四方钢冲的基本尺寸见表 3-6。

表 3-6　四方钢冲的基本尺寸（JB/T 3411.33—1999）

（单位：mm）

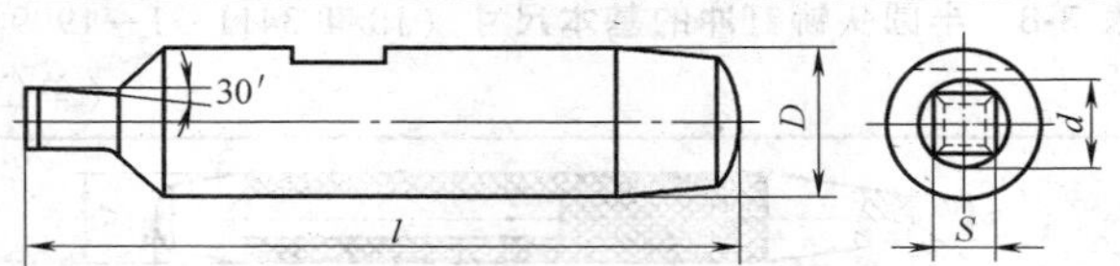

S	D	l	S	D	l
2.0、2.24、2.50、2.80	8	80	9.0、10.0、11.2、12.0	20	125
3.0、3.15、3.55	14	80	12.5、14.0、16.0	25	125
4.0、4.5、5.0	16	100	17.0、18.0.20.0	30	150
5.6、6.0、6.3	16	100	22.0、22.4	35	150
7.0、8.0	18	100	25.0	40	150

【标记】 $S=8$mm 的四方钢冲，标记为：钢冲 8 JB/T 3411.33—1999。

4）六方冲。

【用途】 用于冲六方孔。

【尺寸】 六方冲的基本尺寸见表 3-7。

表 3-7　六方冲的基本尺寸（JB/T 3411.34—1999）

（单位：mm）

<table>
<tr><th>S</th><th>d</th><th>D</th><th>l</th><th>l₁</th><th>S</th><th>d</th><th>D</th><th>l</th><th>l₁</th></tr>
<tr><td>3</td><td>3.5</td><td rowspan="2">14</td><td rowspan="2">80</td><td rowspan="2">6</td><td>14</td><td>16.2</td><td>20</td><td rowspan="3">125</td><td>18</td></tr>
<tr><td>4</td><td>4.6</td><td>17</td><td>19.6</td><td rowspan="2">25</td><td rowspan="2">25</td></tr>
<tr><td>5</td><td>5.8</td><td rowspan="2">16</td><td rowspan="2">100</td><td rowspan="2">10</td><td>19</td><td>21.9</td></tr>
<tr><td>6</td><td>6.9</td><td>22</td><td>25.4</td><td rowspan="2">30</td><td rowspan="3">150</td><td rowspan="3">32</td></tr>
<tr><td>8</td><td>9.2</td><td rowspan="2">18</td><td rowspan="2">100</td><td rowspan="2">14</td><td>24</td><td>27.7</td></tr>
<tr><td>10</td><td>11.5</td><td>27</td><td>31.2</td><td>35</td></tr>
<tr><td>12</td><td>13.8</td><td>20</td><td>125</td><td>18</td><td>—</td><td>—</td><td>—</td><td>—</td><td>—</td></tr>
</table>

【标记】 S=8mm 的六方冲，标记为：钢冲 8 JB/T 3411.34—1999。

5）半圆头铆钉冲。

【用途】 用于冲击铆钉头等。

【尺寸】 半圆头铆钉冲的基本尺寸见表 3-8。

表 3-8 半圆头铆钉冲的基本尺寸（JB/T 3411.31—1999）

（单位：mm）

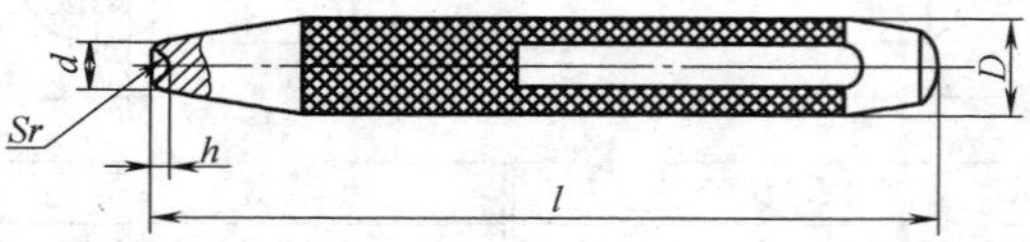

d	Sr	D	l	d	h	d	Sr	D	l	d	h
2.0	1.9	10	80	5	1.1	5.0	4.7	18	125	12	2.6
2.5	2.5	12	100	6	1.4	6.0	6.0	20	140	14	3.2
3.0	2.9	14	100	8	1.6	8.0	8.0	22	140	16	4.0
4.0	3.8	16	125	10	2.2	—	—	—	—	—	—

【标记】 d = 2.5mm 的半圆冲，标记为：钢冲 2.5 JB/T 3411.31—1999。

6）装弹子油杯用钢冲。

【尺寸】 装弹子油杯用钢冲的基本尺寸见表 3-9。

表 3-9 装弹子油杯用钢冲的基本尺寸（JB/T 3411.32—1999）

（单位：mm）

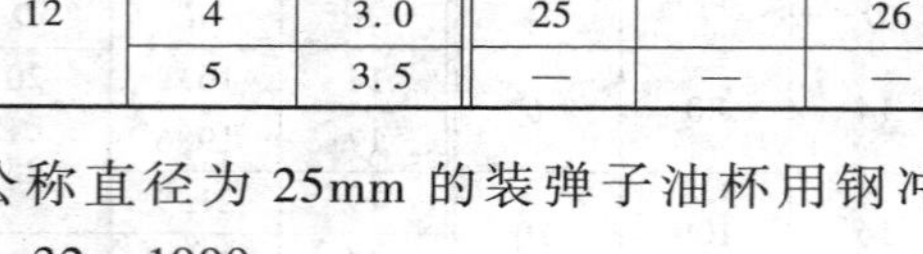

公称直径	D	D_1	d	Sr	公称直径	D	D_1	d	Sr
6	14	12	3	2.5	16	18	18	10	6.5
8			4	3.0	25		26	15	10
10			5	3.5	—	—	—	—	—

【标记】 公称直径为 25mm 的装弹子油杯用钢冲，标记为：钢冲 25 JB/T 3411.32—1999。

3.1.2 划规

【用途】 用于划等分线段、等分角度、画圆、画圆弧等。

【基本尺寸】 见表 3-10 和表 3-11。

1） 划规。

表 3-10　划规的基本尺寸（JB/T 3411.54—1999）　（单位：mm）

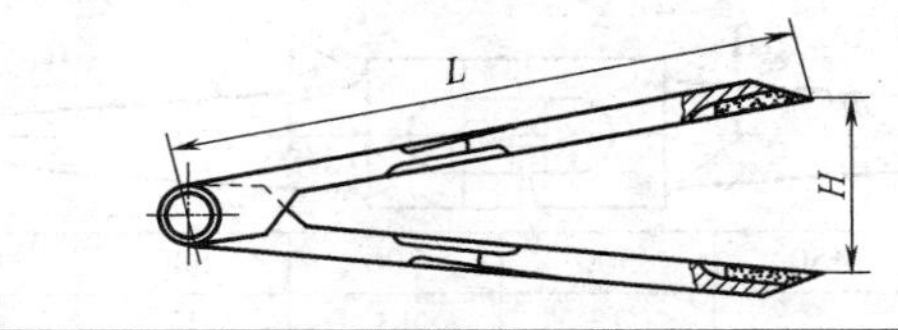

L	160	200	250	320	400	500
H_{max}	200	280	350	430	520	620
厚度	9	10	10	13	16	16

2） 长划规，可在工件上划较大的圆或分度。

表 3-11　长划规的基本尺寸（JB/T 3411.55—1999）（单位：mm）

L_{max}	L_1	d	H
800	850	20	≈70
1250	1315	32	≈90
2000	2065		

3.1.3　划针

划针主要用来在工件上划线条，直径一般为 3～5mm，尖端有 15°～20°的尖角，有的尖嘴上还焊有硬质合金。

【材料】　用弹簧钢丝或高速钢制成，并经淬硬。

【用途】

1） 普通划针用于在工件表面划线条（见图 3-1），常与钢直尺、90°角尺或划线样板等一起使用。

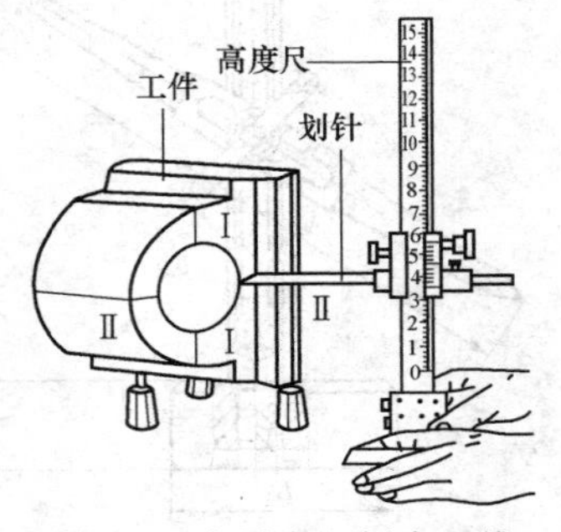

图 3-1　在平台上划中心线

2） 钩头划针用于在工件上划圆或

圆弧、找工件外圆端面的圆心，可沿加工好的平面划平行线。

【基本尺寸】 见表 3-12 和表 3-13。

表 3-12 划针的基本尺寸（JB/T 3411.64—1999） （单位：mm）

规格	320	450	500	700	800	1200	1500
B	11		13	13	17	17	17
B_1	20		25	30	38	45	45
B_2	15		20	25	33	37	40

表 3-13 钩头划针的基本尺寸 （单位：mm）

代号	总长	头部直径	销轴直径
JB/ZQ7001. P5. 43. 1. 00	100	16	8
JB/ZQ7001. P5. 42. 2. 00	200	20	10
JB/ZQ7001. P5. 42. 3. 00	300	30	15
JB/ZQ7001. P5. 42. 4. 00	400	35	15

3.1.4 划线盘

【用途】 直头端用于在工件上划平行线、垂直线、水平线，弯头端用于在平板上定位和校准工件。

【基本尺寸】 划线盘的基本尺寸见表 3-14。

表 3-14 划线盘的基本尺寸（JB/T 3411.65—1999） （单位：mm）

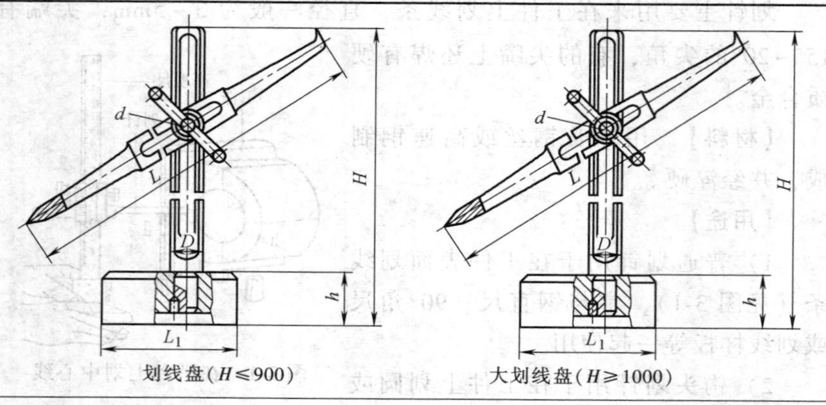

划线盘（$H \leqslant 900$） 大划线盘（$H \geqslant 1000$）

（续）

划线盘						大划线盘		
H	L	L_1	D	d	h	H	L	D
355	320	100	22	M10	35	1000	850	45
400	320	100	22		35	1250	850	45
560	450	120	25		40	1600	1200	50
710	500	140	30	M12	50	2000	1500	50
900	700	160	35		60	—	—	—

【标记】　H = 355mm 的划线盘，标记为：划线盘 355JB/T 3411.65—1999。

3.1.5　划线尺架

【用途】　用于夹持钢直尺并划线。

【基本尺寸】　划线尺架的基本尺寸见表 3-15。

表 3-15　划线尺架的基本尺寸（JB/T 3411.57—1999）

（单位：mm）

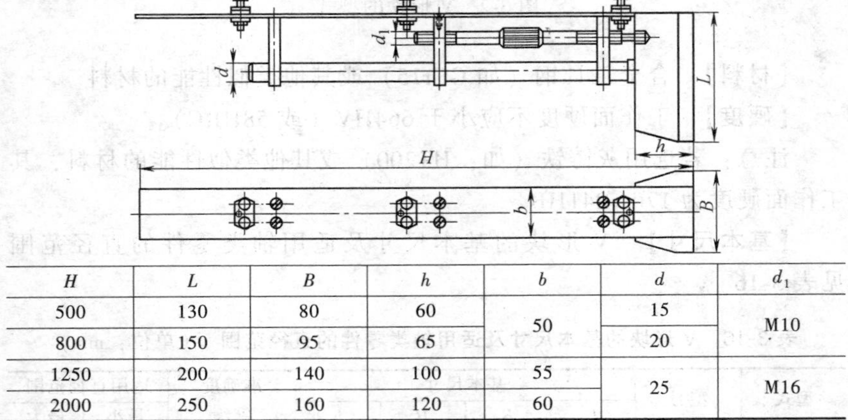

H	L	B	h	b	d	d_1
500	130	80	60	50	15	M10
800	150	95	65		20	
1250	200	140	100	55	25	M16
2000	250	160	120	60		

3.1.6　V 形铁

【用途】　主要用于轴类工件校正、划线时支承工件，还可用于检验工件的垂直度和平行度。

【分类】　分为带夹紧装置和不带夹紧装置两种。

【型式】　有Ⅰ、Ⅱ、Ⅲ和Ⅳ型，V 形铁的型式如图 3-2 所示。

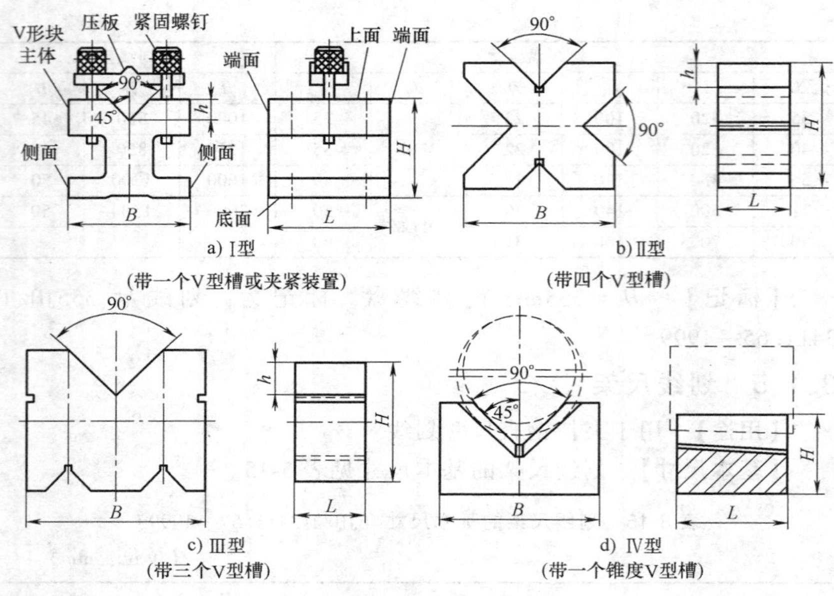

图 3-2 V 形铁的型式

【材料】 合金工具钢（如 GCr15）或其他类似性能的材料。

【硬度】 工作面硬度不应小于 664HV（或 58HRC）。

注意：若选用灰铸铁（如：HT200）或其他类似性能的材料，其工作面硬度为 170~241HB。

【基本尺寸】 V 形块的基本尺寸及适用轴类零件的直径范围见表 3-16。

表 3-16 V 形块的基本尺寸及适用轴类零件的直径范围 （单位：mm）

型式	型号	基本尺寸				准确度等级	适用直径范围	
		L	*B*	*H*	*h*		最小	最大
Ⅰ	Ⅰ-1	35	35	30	6	0、1、2	3	15
	Ⅰ-2	60	60	50	15		5	40
	Ⅰ-3	105	105	78	30		8	80
Ⅱ	Ⅱ-1	60	100	90	32	1、2	8	80
	Ⅱ-2	80	150	125	50		12	135
	Ⅱ-3	100	200	180	60		20	160
	Ⅱ-4	125	300	270	110		30	300

（续）

型式	型号	基本尺寸				准确度等级	适用直径范围	
		L	*B*	*H*	*h*		最小	最大
Ⅲ	Ⅲ-1	75	100	75	60	1、2	20	160
	Ⅲ-2	100	130	100	85		30	300
Ⅳ	Ⅳ-1	40	50	36	—	1	3	15
	Ⅳ-2	60	80	55	—		5	40
	Ⅳ-3	100	130	90	—		8	80

3.1.7　方箱

方箱是有 6 个工作面并附有夹置装置和 V 形槽，用于夹置工件并能翻转位置的箱体。

【用途】　检验机械零件的平行度、垂直度和划线等。

【分类】　分为铸铁方箱和岩石方箱，铸铁方箱上一面有凹槽（见图 3-3）。

【材料】

1）铸铁。铸铁方箱应采用优质灰铸铁、合金铸铁或优于它们的材料。工作面的硬度不应小于 180HBW，表面粗糙度 *Ra* 为 0.8μm。

2）岩石。岩石方箱宜采用硬度不小于 70HS、吸水率为 1%～3% 的花岗石或优于它们的材料。工作面的表面粗糙度 *Ra* 为 0.63μm。

【基本尺寸】　JB/T 12196—2015 规定，方箱边长（mm）宜为 100、160、200、250、315、400、500、600、700 和 800 等几种规格。

3.1.8　标准平板

【用途】　标准平板（见图 3-4）是作为平面基准的工作面，用来校对和调整其他测量工具，或作为标准与被测工件进行比较，专门用于形位误差的测量。

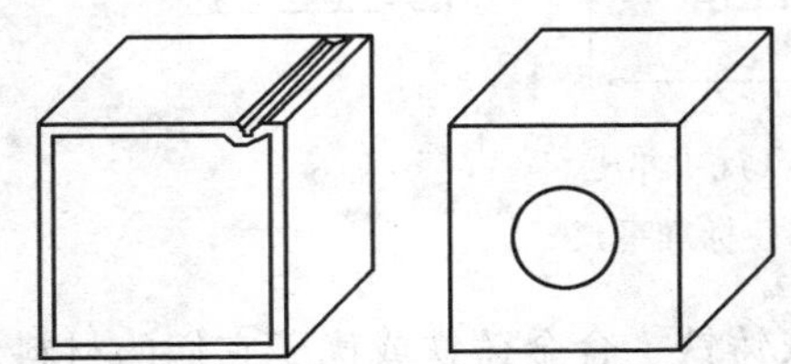

图 3-3　铸铁方箱（左）和岩石方箱（右）

图 3-4　标准平板

【分类】 有铸铁标准平板和岩石标准平板两种。

【规格】

1）长方形（长/mm×宽/mm）：160×100、250×160、400×250、630×400、1000×630、1600×1000、2000×1000、2500×1600、4000×2500 *（GB/T 22095—2008）。

2）正方形（mm×mm）：160×160 *、250×250、400×400、630×630、1000×1000、1600×1600 *（GB/T 20428—2006）。

* 表示仅岩石标准平板有此规格。

3.1.9 标准平尺

【用途】 标准平尺是测量面为平面的测量工具，用于测量工件的平面形状误差。

【分类】 有Ⅰ字形平尺、Ⅱ字形平尺和桥形平尺三种（见图 3-5)，均为铸造件。

Ⅰ字形平尺、Ⅱ字形平尺的上下表面都是工作面，而桥形平尺只有一个上工作面。

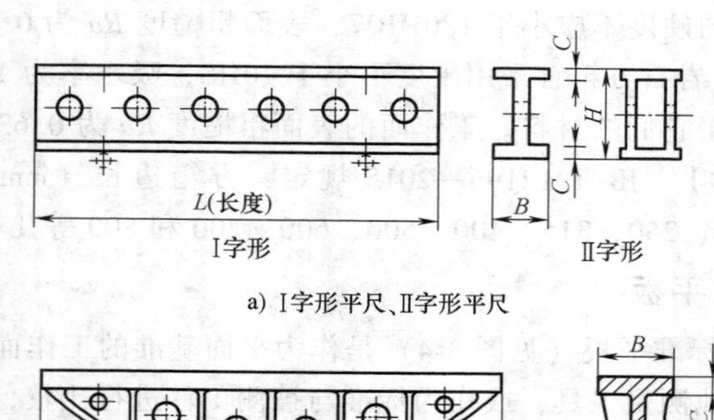

图 3-5 标准平尺

【材料】 平尺应采用优质灰铸铁、合金铸铁或优于它们的材料。

【硬度】 工作面及侧面的硬度应为 170~220HB。

【规格】　GB/T 24760—2009 规定：

1）Ⅰ字、Ⅱ字形平尺的长度 L（mm）有 400、500、630、800、1000、1250、1600*、2000*、2500*、3000*、4000*。

*表示建议做成Ⅱ字形平尺。

2）桥形平尺的长度 L（mm）有 1000、1600、2000、2500、3000、4000、5000、6300。

3.2　孔轴加工工具和设备

3.2.1　直柄麻花钻

直柄钻头（直径一般小于 12mm）加工容易、成本低，所以应用广泛。

【用途】　用于安装在手摇钻、电钻或机床上对物体钻孔。

【结构】　见图 3-6。

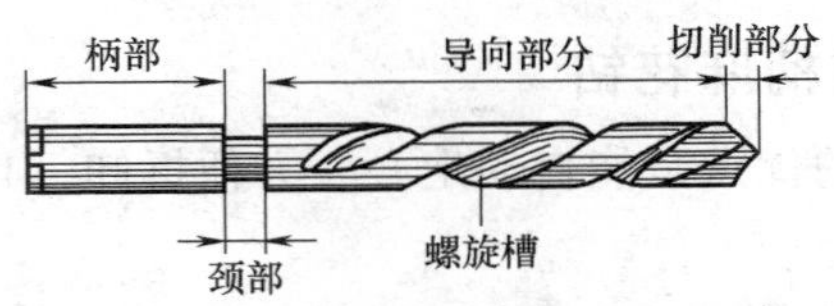

图 3-6　直柄麻花钻的结构

【种类】　见图 3-7。

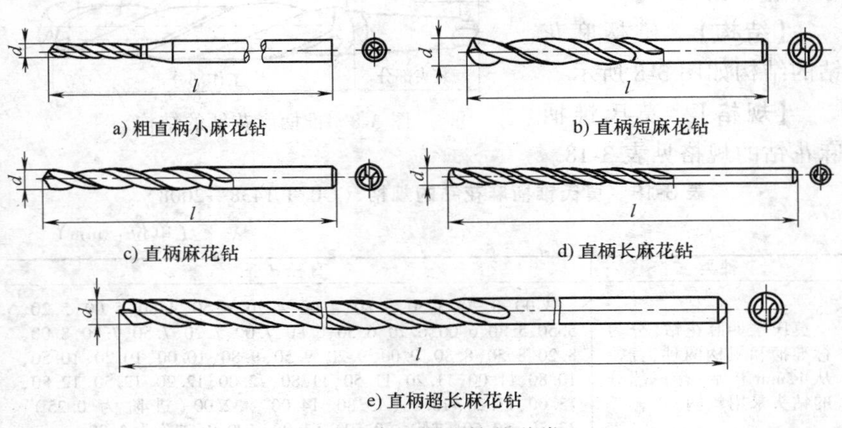

图 3-7　直柄麻花钻的种类

【规格】 见表3-17。

表3-17 直柄麻花钻的规格（GB/T 6135—2008） （单位：mm）

种类	直径 d
粗直柄小麻花钻	0.10~0.35(进阶为0.01)
直柄短麻花钻	0.50、0.80、1.00、1.20、1.50、1.80、2.00、2.20、2.50、2.80、3.00、3.20、3.50、3.80、4.00、4.20、4.50、4.80、5.00、5.20、5.50、5.80、6.00、6.20、6.50、6.80、7.00、7.20、7.50、7.80、8.00、8.20、8.50、8.80、9.00、9.20、9.50、9.80、10.00、10.20、10.50、10.80、11.00、11.20、11.50、11.80、12.00、12.20、12.50、12.80、13.00、13.20、13.50、13.80、14.00、14.25~31.75(进阶为0.25)、32.00~40.00(进阶为0.50)
直柄麻花钻	0.20、0.22、0.25、0.28、0.30、0.32、0.35、0.38、0.40、0.42、0.45、0.48、0.50、0.52、0.55、0.58、0.60、0.62、0.65、0.68、0.70、0.72、0.75、0.78、0.80、0.82、0.85、0.88、0.90、0.92、0.95、0.98、1.00、1.05、1.10、1.15、1.20~3.00(进阶0.05)、3.10~14.00(进阶为0.10)、14.25~16.00(进阶0.25)、16.50、17.00、17.50、18.00、18.50、19.00、19.50、20.00
直柄长麻花钻	1.00~14.00(进阶为0.10)、14.25~31.50(进阶为0.25)
直柄超长麻花钻	2.0~14.0(进阶为0.5)

3.2.2 莫氏锥柄麻花钻

锥柄麻花钻的优点是能自动定心、方便拆卸，且靠自锁摩擦力可以传递一定的扭矩。

【类别】 分为莫氏锥柄麻花钻、莫氏锥柄长麻花钻、莫氏锥柄加长麻花钻和莫氏锥柄超长麻花钻四种。

【结构】 锥柄麻花钻的结构如图3-8所示。

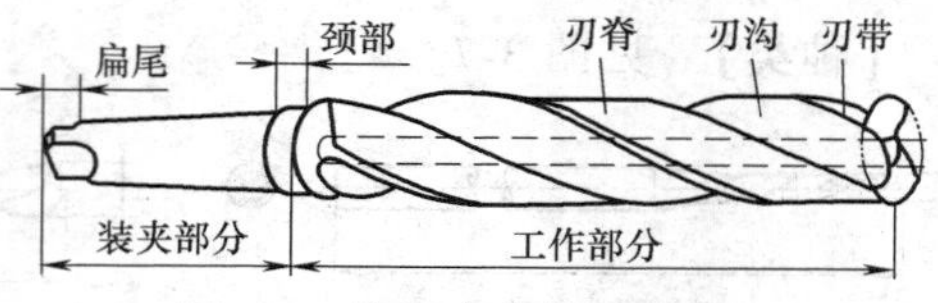

图3-8 锥柄麻花钻的结构

【规格】 莫氏锥柄麻花钻的规格见表3-18。

表3-18 莫氏锥柄麻花钻的规格（GB/T 1438—2008）

（单位：mm）

种类	直径 d
莫氏锥柄麻花钻(分为标准柄和粗柄两种,直径从12mm开始,有一部分的钻头采用粗柄)	3.00、3.20、3.50、3.80、4.00、4.20、4.50、4.80、5.00、5.20、5.50、5.80、6.00、6.20、6.50、6.80、7.00、7.20、7.50、7.80、8.00、8.20、8.50、8.80、9.00、9.20、9.50、9.80、10.00、10.20、10.50、10.80、11.00、11.20、11.50、11.80、12.00、12.20、12.50、12.80、13.00、13.20、13.50、13.80、14.00~32.00(进阶为0.25)、32.50~50.50(进阶为0.50)、51.00~100.0(进阶为1.00)

（续）

种类	直径 d
莫氏锥柄长麻花钻	5.00、5.20、5.50、5.80、6.00、6.20、6.50、6.80、7.00、7.20、7.50、7.80、8.00、8.20、8.50、8.80、9.00、9.20、9.50、9.80、10.00、10.20、10.50、10.80、11.00、11.20、11.50、11.80、12.00、12.20、12.50、12.80、13.00、13.20、13.50、13.80、14.00~32.00(进阶为 0.25)、32.50~50.00(进阶为 0.50)
莫氏锥柄加长麻花钻	6.00、6.20、6.50、6.80、7.00、7.20、7.50、7.80、8.00、8.20、8.50、8.80、9.00、9.20、9.50、9.80、10.00、10.20、10.50、10.80、11.00、11.20、11.50、11.80、12.00、12.20、12.50、12.80、13.00、13.20、13.50、13.80、14.00 ~ 30.00(进阶为 0.25)
莫氏锥柄超长麻花钻	6.00~10.00(进阶为 0.50)、11.00~25.00(进阶为 1.00)、32、35、38、40、42、45、48、50

3.2.3　1∶50 锥孔锥柄麻花钻

【规格】

1）d=12mm、d=16mm（莫氏圆锥柄 2 号）。

2）d=20mm（莫氏圆锥柄 3 号）。

3）d=25mm、d=30mm（莫氏圆锥柄 4 号）。

3.2.4　阶梯麻花钻

【用途】 用于攻丝前钻孔。

【类别】 分直柄和莫氏锥柄两种。

1. 直柄阶梯麻花钻（见图 3-9）

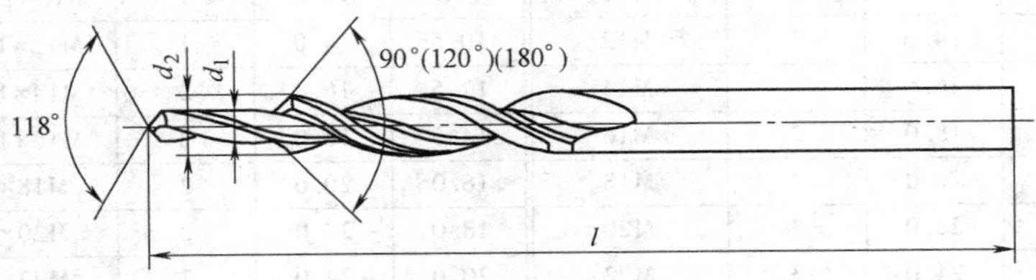

图 3-9　直柄阶梯麻花钻

【规格】 直柄阶梯麻花钻的规格见表 3-19。

表 3-19　直柄阶梯麻花钻的规格（GB/T 6138.1—2007）

（单位：mm）

d_1	d_2	适用的螺纹孔	d_1	d_2	适用的螺纹孔
2.5	3.4	M3	2.65	3.4	M3×0.35
3.3	4.5	M4	3.50	4.5	M4×0.5
4.2	5.5	M5	4.50	5.5	M5×0.5
5.0	6.6	M6	5.20	6.6	M6×0.75
6.8	9.0	M8	7.00	9.0	M8×1.00
8.5	11.0	M10	8.80	11.0	M10×1.25
10.2	(13.5)14.0	M12	10.50	14.0	M12×1.5
12.0	(15.5)16.0	M14	12.50	16.0	M14×1.5

2. 莫氏锥柄阶梯麻花钻（见图 3-10）

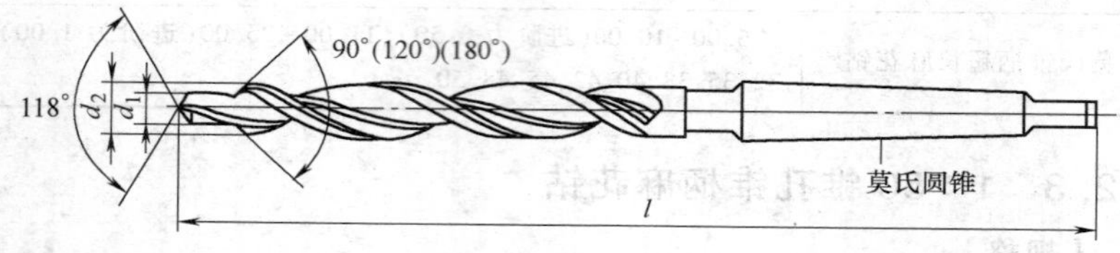

图 3-10　莫氏锥柄阶梯麻花钻

【规格】　莫氏锥柄阶梯麻花钻的规格见表 3-20。

表 3-20　莫氏锥柄阶梯麻花钻的规格（GB/T 6138.2—2007）

（单位：mm）

d_1	d_2	莫氏圆锥号	适用的螺纹孔	d_1	d_2	莫氏圆锥号	适用的螺纹孔
6.8	9.0	1	M8	7.0	9.0	1	M8×1.0
8.5	11.0	1	M10	8.8	11.0	1	M10×1.25
10.2	14.0	1	M12	10.5	14.0	1	M12×1.5
12.0	16.0	2	M14	12.5	16.0	2	M14×1.5
14.0	18.0	2	M16	14.5	18.0	2	M16×1.5
15.5	20.0	2	M18	16.0	20.0	2	M18×2
17.5	22.0	2	M20	18.0	22.0	2	M20×2
19.5	24.0	3	M22	20.0	24.0	3	M22×2
21.0	26.0	3	M24	22.0	26.0	3	M24×2
24.0	30.0	3	M27	25.0	30.0	3	M27×2
26.5	33.0	4	M30	28.0	33.0	4	M30×2

3.2.5 硬质合金锥柄麻花钻

【用途】 用于高速钻削有色金属及合金、铸铁、硬橡胶和塑料等质硬性脆材料。

【类别】 按柄的长短，可分为短型和标准型两种。

【硬质合金类别】

YG 类：适用于有色金属及合金、铸铁、耐热合金的加工，适用于切削铸铁件、生铁等。

YT 类：适用于碳素钢、合金钢、钢锻件的加工，适合切削碳钢件、熟铁等。

YW 类：适用于耐热钢、高锰钢、不锈钢、高级合金钢的加工等。

【规格】 硬质合金锥柄麻花钻的规格见表 3-21。

表 3-21 硬质合金锥柄麻花钻的规格（GB/T 10947—2006）

直径 d/mm	莫氏圆锥号	硬质合金刀片型号
10.00、10.20、10.50、10.80	1	E211
11.00、11.20、11.50、11.80		E213
12.00、12.20、12.50、12.80	2	E214
13.00、13.20、13.50、13.80		E215
14.00、14.25、14.50、14.75	2	E216
15.00、15.25、15.50、15.75		E217
16.00		E218
16.25、16.50、16.75	2	
17.00、17.25、17.50、17.75		E219
18.00		E220
18.25、18.50、18.75	3	
19.00、19.25、19.50、19.75		E221

直径 d/mm	莫氏圆锥号	硬质合金刀片型号
20.00、20.25、20.50、20.75	3	E222
21.00、21.25、21.50、21.75	3	E223
22.00、22.25、22.50、22.75		E224
23.00、23.25、23.50、23.75	3	E225
24.00、24.25、24.50、24.75		E226
25.00、25.25、25.50、25.75	3	E227
26.00、26.25、26.50、26.75		E228
27.00		E229
27.25、27.50、27.75	4	
28.00、28.25、28.50、28.75		E230
29.00、29.25、29.50、29.75、30.00		E231

3.2.6 扩孔钻

【用途】 用于对孔铰或磨前的半精加工或精加工。

【类别】 有直柄扩孔钻、莫氏锥柄扩孔钻和套式扩孔钻三种。直径在 10~32mm 者，多做成整体结构，直径在 25~80mm 的扩孔钻多做成套装结构。

【结构】 由切削部分、导向部分或校准部分、颈部及柄部组成(见图 3-11)。

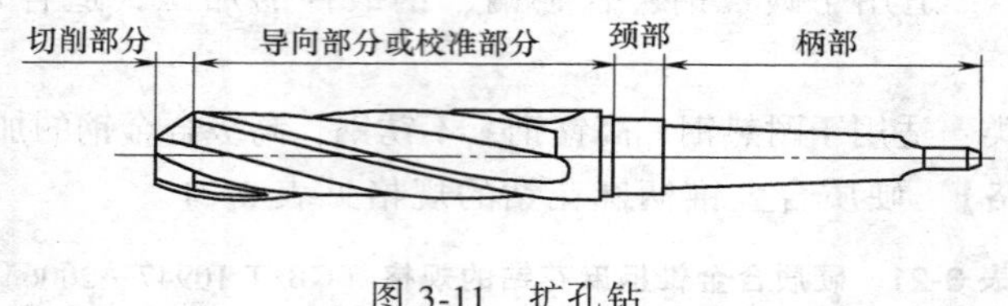

图 3-11 扩孔钻

【材料】 刀头采用 W6Mo5Cr4V2 高速钢，焊接柄部采用 45 钢。亦均可采用同等性能的其他牌号钢材。

【硬度】 工作部分：63~66HRC；柄部或扁尾：整体扩孔钻为 40~55HRC，焊接扩孔钻为 30~45HRC。

【规格】 见表 3-22~表 3-24。

1）直柄扩孔钻。

表 3-22 直柄扩孔钻的直径系列（GB/T 4256—2004）

（单位：mm）

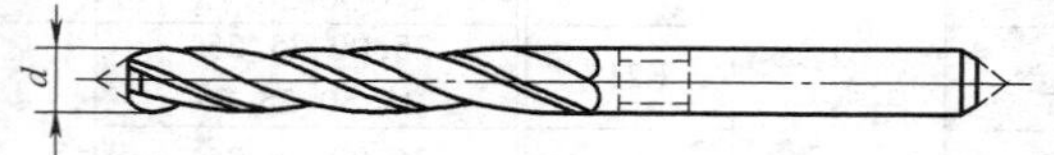

直径系列 d	3.00、3.30、3.50、3.80、4.00、4.30、4.50、4.80、5.00、5.80、6.00、6.80、7.00、7.80、8.00、8.80、9.00、9.80、10.00、10.75、11.00、11.75、12.00、12.75、13.00、13.75、14.00、14.75、15.00、15.75、16.00、16.75、17.00、17.75、18.00、18.70、19.00、19.70

2）莫氏锥柄扩孔钻。

表 3-23　莫氏锥柄扩孔钻的直径系列（GB/T 4256—2004）

（单位：mm）

锥柄号	扩孔钻直径
1	7.80、8.00、8.80、9.00、9.80、10.00、10.75、11.00、11.75、12.00、12.75、13.00、13.75、14.00
2	14.75、15.00、15.75、16.00、16.75、17.00、17.75、18.00、18.70、19.00、19.70、20.00、20.70、21.00、21.70、22.00、22.70、23.00
3	23.70、24.00、24.70、25.00、25.70、26.00、27.70、28.00、29.70、30.00、31.60
4	32.00、33.60、34.00、34.60、35.00、35.60、36.00、37.60、38.00、39.60、40.00、41.60、42.00、43.60、44.00、44.60、45.00、45.60、46.00、47.60、48.00、49.60、50.00

3）套式扩孔钻。

表 3-24　套式扩孔钻的型式和尺寸（GB/T 1142—2004）

（单位：mm）

图示	推荐的扩孔钻直径系列 d
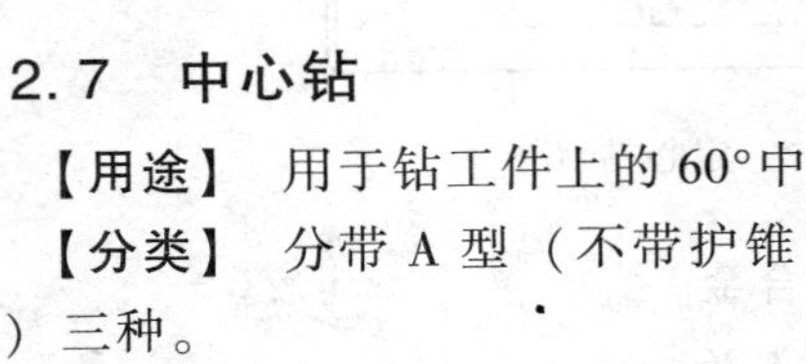	25、26、27、28、29、30、31、32、33、34、35、36、37、38、39、40、42、44、45、46、47、48、50、52、55、58、60、62、65、70、72、75、80、85、90、95、100

3.2.7　中心钻

【用途】　用于钻工件上的 60°中心孔。

【分类】　分带 A 型（不带护锥）、B 型（带护锥）和 R 型（弧形）三种。

【材料】　采用 W6Mo5Cr4V2 或其他同等性能的普通高速钢、高性能高速钢。

【硬度】　工作部分：普通高速钢不低于 63HRC，高性能高速钢不低于 64HRC。

【规格】　见表 3-25。

表 3-25 中心钻的直径系列（GB/T 6078—2016）

（单位：mm）

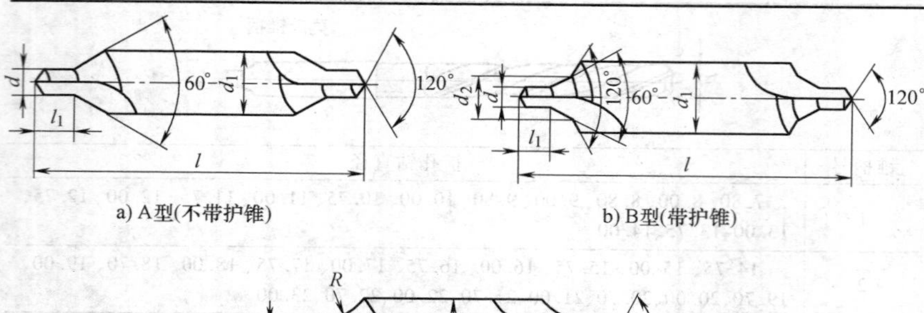

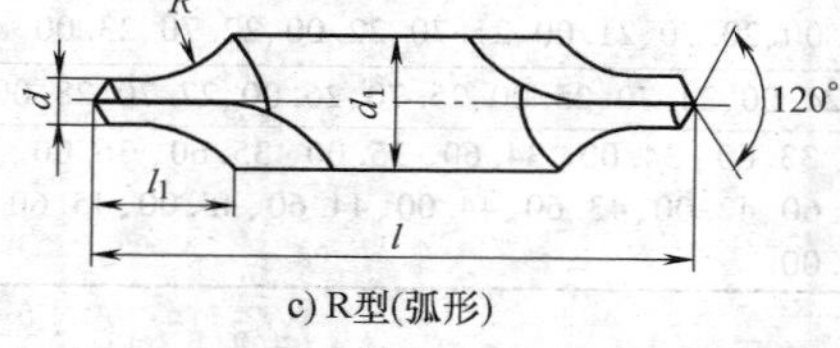

直径系列 d	（0.50）、（0.63）、（0.80）、1.00、（1.25）、1.60、2.00、2.50、3.15、4.00、（5.00）、6.30、（8.00）、10.00（括号中的数字尽量不采用）

3.2.8 定心钻

【用途】 定心钻（见图 3-12）用于钻孔加工前钻初始孔，以保证普通钻头进行钻孔加工的准确性，并为攻丝预留倒角，便于攻丝加工。

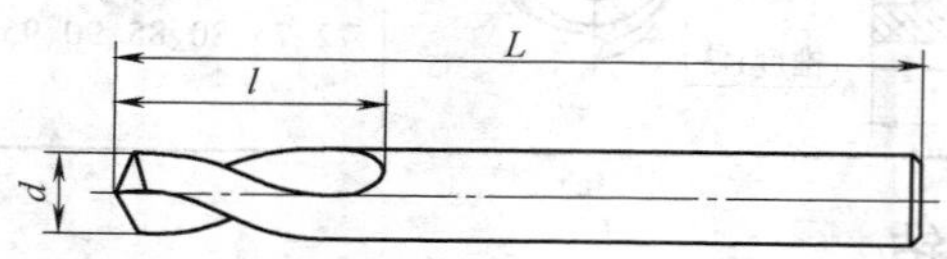

图 3-12 定心钻

【材料】 采用高速钢和硬质合金。

【规格】 定心钻的规格见表 3-26。

表 3-26 定心钻的规格（GB/T 17112—1997）

（单位：mm）

d	l	L	d	l	L	d	l	L	d	l	L
4	12	52	8	25	79	12	30	102	20	40	131
6	20	66	10	25	89	16	35	115	—	—	—

3.2.9　开孔钻

【用途】 用于在小于 3mm 的薄钢板、有色金属板和非金属板等工件上的大孔钻削加工。

【结构】 有圆盘锯齿式（见图 3-13a）和飞机式（见图 3-13b），后者切割的孔径可自由调节。

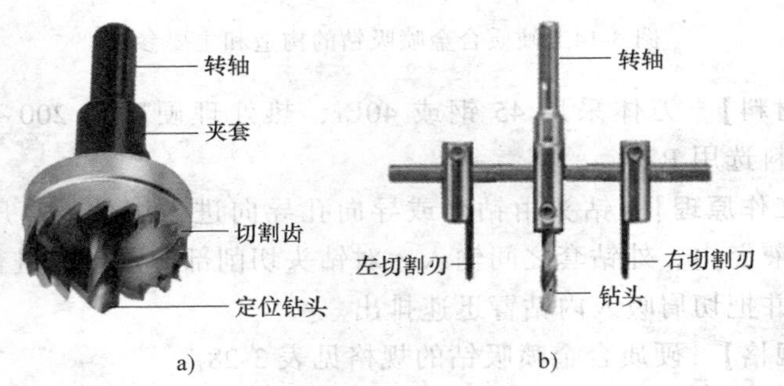

图 3-13　开孔钻

【规格】 开孔钻的规格见表 3-27。

表 3-27　开孔钻的规格　（单位：mm）

直径	齿数	直径	齿数	直径	齿数	直径	齿数
13	13	22	18	38	29	60	42
14	14	24	19	40	30	65	46
15	14	25	20	42	31	70	49
16	15	26	20	45	34	75	53
17	15	28	21	48	35	80	56
18	16	30	22	50	36	85	59
19	17	32	24	52	38	90	62
20	17	34	26	55	39	95	64
21	18	35	27	58	40	100	67

注：定位钻头直径为 6mm。

3.2.10　硬质合金喷吸钻

【用途】 用于加工孔深与孔径比小于 100，直径为 20mm 以上的孔。

【构造】 硬质合金喷吸钻的构造和主要参数如图 3-14 所示。

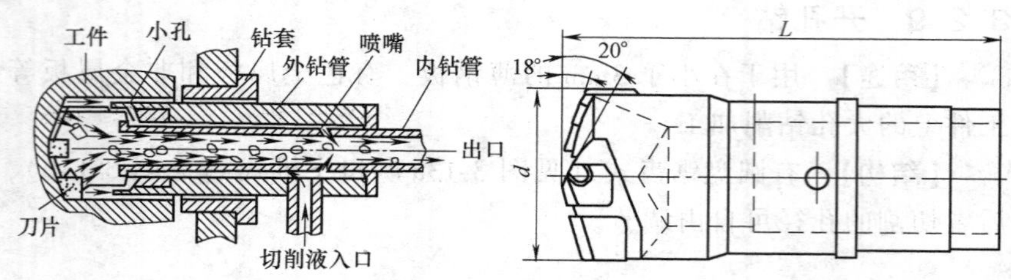

图 3-14　硬质合金喷吸钻的构造和主要参数

【材料】　刀体采用 45 钢或 40Cr，热处理硬度为 200～220HB；刀片材料选用 P20。

【工作原理】　钻头由钻套或导向孔导向进入工件，高压泵送出的切削液经内、外钻套之间输入，对钻头切削部分及导向进行冷却与润滑，并把切屑吸入内钻臂迅速排出。

【规格】　硬质合金喷吸钻的规格见表 3-28。

表 3-28　硬质合金喷吸钻的规格（JB/T 10561—2006）

（单位：mm）

d	L	d	L	d	L	d	L
>18.4～20.0	52.2	>26.4～28.7	56.7	>36.2～43.0	69.4	>51.7～56.2	78.3
>20.0～24.1	52.7	>28.7～33.3	59.2	>43.0～47.0	71.3	>56.2～65.0	80.3
>24.1～26.4	53.7	>33.3～36.2	66.4	>47.0～51.7	75.3	—	—

【标记】　直径 d=25.00mm 的硬质合金喷吸钻，标记为：硬质合金喷吸钻 25　JB/T 10561—2006。

3.2.11　带整体导柱的直柄平底锪钻

【用途】　对孔的端面进行平面、柱面、锥面及其他型面加工；也可在已加工出的孔上加工圆柱形沉头孔、锥形沉头孔和端面凸台。

【分类】　锪钻分为平底锪钻和锥面锪钻，前者又分带整体导柱的直柄平底锪钻和带可换导柱（含莫氏锥柄和可转位）的平底锪钻两种。

【材料】　采用 W6Mo5Cr4V2 或其他同等性能的高速钢；焊接锪钻柄部用 45 钢或其他同等性能的钢材。

【硬度】 工作部分：63~66HRC；柄部或扁尾：整体锪钻为 40~55HRC，焊接锪钻为 30~45HRC。

【规格】 常用带整体导柱的直柄平底锪钻规格见表 3-29。

表 3-29　常用带整体导柱的直柄平底锪钻规格（GB/T 4260—2004）

（单位：mm）

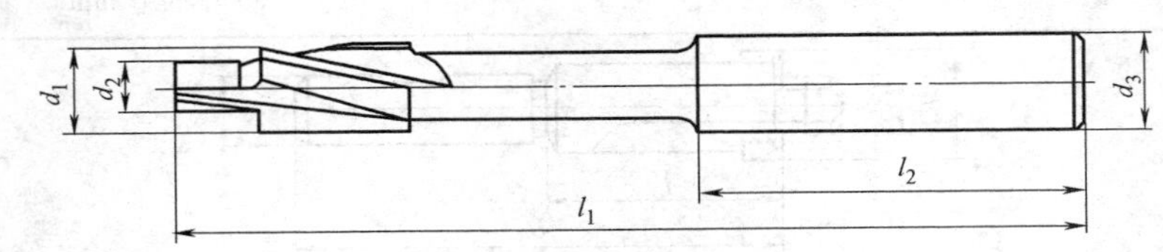

切削直径 d_1	d_2	d_3	l_1	l_2	适用螺栓螺钉规格
3.3	1.8	3.3	56	—	M1.6
4.3	2.4	4.3			M2
5	1.8	5	71	31.5	M1.6
	2.9				M2.5
6	2.4	6			M2
	3.4				M3
8	2.9	8		35.5	M2.5
	4.5				M4
9	3.4	9	80		M3

切削直径 d_1	d_2	d_3	l_1	l_2	适用螺栓螺钉规格
10	4.5	10	80	35.5	M4
	5.5				M5
11	5.5				M5
	6.6				M6
13	6.6	12.5	100	40	M6
15	9				M8
18	9				M8
	11				M10
20	13.5				M12

【标记】 直径 d_1 = 10mm，导柱直径 d_2 = 5.5mm 的带整体导柱的直柄平底锪钻，标记为：直柄平底锪钻 10×5.5 GB/T 4260—2004。

3.2.12　带可换导柱可转位平底锪钻

【类别】 有削平型直柄、莫氏锥柄和圆柱销快换柄三种型式。

【用途】 用于加工 GB/T 152.2、GB/T 152.3、GB/T 152.4 所规定的 M6 以上六角螺栓、带垫圈的六角螺母、各种圆柱头螺钉用沉头座的带可换导柱可转位平底锪钻。

【刀片】 硬质合金刀片按 GB/T 2080 选用，精度不得低于 E 级。

【材料和硬度】

1）刀片材料按 GB/T 2075 选用。

2）可换导柱按 GB/T 4266 的规定。

3）刀体和导向柱用合金钢制造，刀体硬度不低于 40HRC，导向柱硬度不低于 55HRC。

4）紧固件用碳素结构钢制造，硬度不低于 40HRC。

【规格】 见表 3-30～表 3-32。

表 3-30 削平型直柄可转位平底锪钻的规格（JB/T 6358—2006）

（单位：mm）

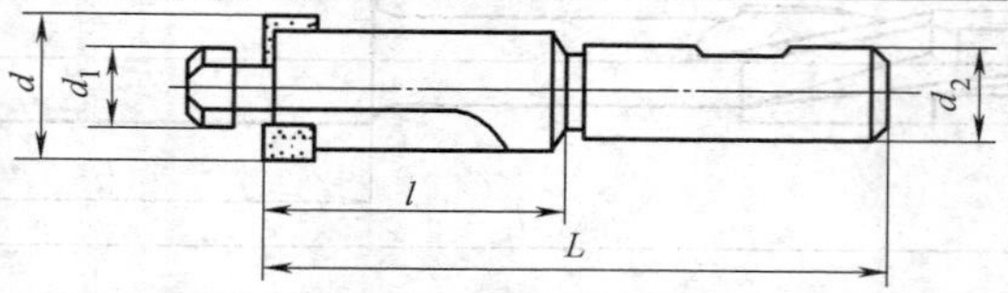

<table>
<tr><th>锪钻代号
$d \times d_1$</th><th>d_2</th><th>L_{max}</th><th>l</th><th>适用螺栓螺钉规格</th><th>锪钻代号
$d \times d_1$</th><th>d_2</th><th>L_{max}</th><th>l</th><th>适用螺栓螺钉规格</th></tr>
<tr><td>15×6.6</td><td rowspan="2">12</td><td rowspan="2">85</td><td rowspan="4">35</td><td>M6</td><td>33×22</td><td rowspan="7">32</td><td rowspan="7">115</td><td rowspan="10">50</td><td>M20</td></tr>
<tr><td>15×9</td><td rowspan="2">M8</td><td>34×17.5</td><td>M16</td></tr>
<tr><td>17×9</td><td rowspan="2">16</td><td rowspan="2">90</td><td>35×22</td><td>M20</td></tr>
<tr><td>18×11</td><td>M10</td><td>36×20</td><td>M18</td></tr>
<tr><td>20×9</td><td rowspan="10">20</td><td rowspan="8">95</td><td rowspan="10">40</td><td>M8</td><td>36×22</td><td>M20</td></tr>
<tr><td>20×11</td><td>M10</td><td>38×20</td><td>M18</td></tr>
<tr><td>20×13.5</td><td rowspan="3">M12</td><td>38×24</td><td>M22</td></tr>
<tr><td>22×13.5</td><td>40×22</td><td rowspan="11">40</td><td rowspan="3">125</td><td>M20</td></tr>
<tr><td>22×14</td><td>40×24</td><td>M22</td></tr>
<tr><td>24×11</td><td>M10</td><td>40×26</td><td>M24</td></tr>
<tr><td>24×13.5</td><td>M12</td><td>42×22</td><td rowspan="8">135</td><td rowspan="9">60</td><td>M20</td></tr>
<tr><td>24×15.5</td><td rowspan="3">M14</td><td>42×24</td><td>M22</td></tr>
<tr><td>25×15.5</td><td rowspan="2">100</td><td>42×26</td><td>M24</td></tr>
<tr><td>25×16</td><td>44×24</td><td>M22</td></tr>
<tr><td>26×13.5</td><td rowspan="8">25</td><td rowspan="8">105</td><td rowspan="8">45</td><td>M12</td><td>46×30</td><td>M27</td></tr>
<tr><td>26×15.5</td><td>M14</td><td>48×26</td><td>M24</td></tr>
<tr><td>26×17.5</td><td>M16</td><td>48×30</td><td>M27</td></tr>
<tr><td>28×13.5</td><td>M12</td><td>48×33</td><td>M30</td></tr>
<tr><td>28×17.5</td><td>M16</td><td>50×26</td><td rowspan="7">50</td><td>145</td><td>M24</td></tr>
<tr><td>28×18</td><td>M16</td><td>54×30</td><td rowspan="6">158</td><td rowspan="6">75</td><td>M27</td></tr>
<tr><td>30×15.5</td><td>M14</td><td>54×33</td><td>M30</td></tr>
<tr><td>30×17.5</td><td>M16</td><td>55×30</td><td>M27</td></tr>
<tr><td>32×15.5</td><td rowspan="3">32</td><td rowspan="3">115</td><td rowspan="3">50</td><td>M14</td><td>57×39</td><td rowspan="2">M36</td></tr>
<tr><td>32×17.5</td><td>M16</td><td>58×39</td></tr>
<tr><td>32×20</td><td>M18</td><td>60×33</td><td>M30</td></tr>
</table>

【标记】 直径 $d=30$mm，$d_1=17.5$mm 的削平型直柄可转位平底锪钻，标记为：削平型直柄可转位平底锪钻 30 × 17.5　JB/T 6358—2006。

表 3-31　莫氏锥柄可转位平底锪钻的规格（JB/T 6358—2006）

（单位：mm）

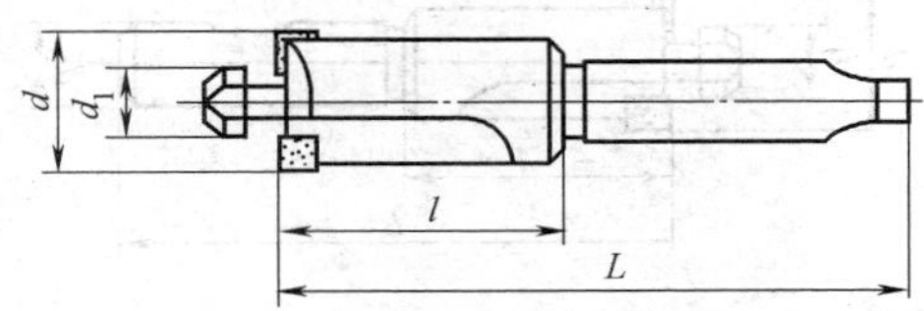

锪钻代号 $d\times d_1$	L_{max}	l	莫氏锥号	适用螺栓螺钉规格	锪钻代号 $d\times d_1$	L_{max}	l	莫氏锥号	适用螺栓螺钉规格
15×6.6	120	35	2	M6	33×22	155	50	3	M20
15×9				M8	34×17.5				M16
17×9					35×22				M20
18×11				M10	36×20				M18
20×9	125	40		M8	36×22				M20
20×11				M10	38×20				M18
20×13.5				M12	38×24				M22
22×13.5					40×22				M20
22×14					40×24				M22
24×11				M10	40×26				M24
24×13.5				M12	42×22	190	60	4	M20
24×15.5				M14	42×24				M22
25×15.5	145		3		42×26				M24
25×16					44×24				M22
26×13.5	150	45		M12	46×30				M27
26×15.5				M14	48×26				M24
26×17.5				M16	48×30				M27
28×13.5				M12	48×33				M30
28×17.5				M16	50×26				M24
28×18					54×30	202	75		M27
30×15.5				M14	54×33				M30
30×17.5				M16	55×30				M27
32×15.5	155	50		M14	57×39				M36
32×17.5				M16	58×39				
32×20				M18	60×33				M30

【标记】 直径 $d=30$mm，$d_1=17.5$mm 的莫氏锥柄可转位平底锪钻，标记为：莫氏锥柄可转位平底锪钻 30×17.5 JB/T 6358—2006。

表 3-32 圆柱销快换柄可转位平底锪钻的规格（JB/T 6358—2006）

（单位：mm）

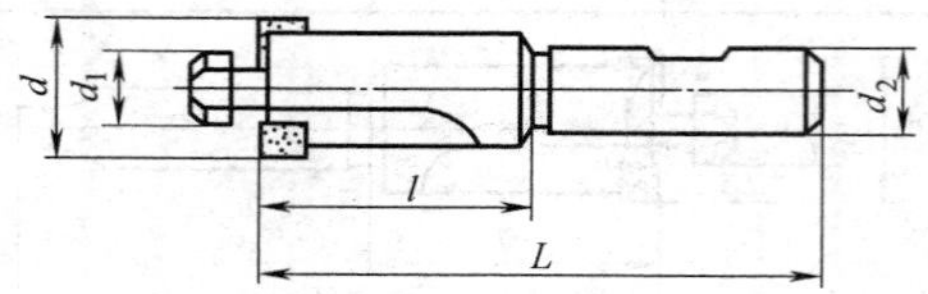

<table>
<tr><th>锪钻代号
$d\times d_1$</th><th>d_2</th><th>L_{max}</th><th>l</th><th>适用螺栓
螺钉规格</th><th>锪钻代号
$d\times d_1$</th><th>d_2</th><th>L_{max}</th><th>l</th><th>适用螺栓
螺钉规格</th></tr>
<tr><td>15×6.6</td><td rowspan="25">22</td><td rowspan="4">80</td><td rowspan="4">35</td><td>M6</td><td>33×22</td><td rowspan="13">22</td><td rowspan="10">95</td><td rowspan="10">50</td><td>M20</td></tr>
<tr><td>15×9</td><td rowspan="2">M8</td><td>34×22</td><td>M16</td></tr>
<tr><td>17×9</td><td>35×22</td><td>M20</td></tr>
<tr><td>18×11</td><td>M10</td><td>36×20</td><td>M18</td></tr>
<tr><td>20×9</td><td rowspan="10">85</td><td rowspan="10">40</td><td>M8</td><td>36×22</td><td>M20</td></tr>
<tr><td>20×11</td><td>M10</td><td>38×20</td><td>M18</td></tr>
<tr><td>20×13.5</td><td rowspan="3">M12</td><td>38×24</td><td>M22</td></tr>
<tr><td>22×13.5</td><td>40×22</td><td>M20</td></tr>
<tr><td>22×14</td><td>40×24</td><td>M22</td></tr>
<tr><td>24×11</td><td>M10</td><td>40×26</td><td>M24</td></tr>
<tr><td>24×13.5</td><td rowspan="2">M12</td><td>42×22</td><td rowspan="3">105</td><td rowspan="9">60</td><td>M20</td></tr>
<tr><td>24×15.5</td><td>42×24</td><td>M22</td></tr>
<tr><td>25×15.5</td><td rowspan="2">M14</td><td>42×26</td><td>M24</td></tr>
<tr><td>25×16</td><td>44×24</td><td rowspan="12">40</td><td rowspan="12">130</td><td>M22</td></tr>
<tr><td>26×13.5</td><td rowspan="8">90</td><td rowspan="8">45</td><td>M12</td><td>46×30</td><td>M27</td></tr>
<tr><td>26×15.5</td><td>M14</td><td>48×26</td><td>M24</td></tr>
<tr><td>26×17.5</td><td>M16</td><td>48×30</td><td>M27</td></tr>
<tr><td>28×13.5</td><td>M12</td><td>48×33</td><td>M30</td></tr>
<tr><td>28×17.5</td><td rowspan="2">M16</td><td>50×26</td><td>M24</td></tr>
<tr><td>28×18</td><td>54×30</td><td rowspan="6">75</td><td>M27</td></tr>
<tr><td>30×15.5</td><td>M14</td><td>54×33</td><td>M30</td></tr>
<tr><td>30×17.5</td><td>M16</td><td>55×30</td><td>M27</td></tr>
<tr><td>32×15.5</td><td rowspan="3">95</td><td rowspan="3">50</td><td>M14</td><td>57×39</td><td rowspan="2">M36</td></tr>
<tr><td>32×17.5</td><td>M16</td><td>58×39</td></tr>
<tr><td>32×20</td><td>M18</td><td>60×33</td><td>M30</td></tr>
</table>

【标记】　直径 $d=30$mm，$d_1=17.5$mm 的圆柱销快换柄可转位平底锪钻，标记为：圆柱销快换柄可转位平底锪钻 30×17.5 JB/T 6358—2006。

3.2.13　带可换导柱的莫氏锥柄平底锪钻

【用途】　主要用于加工安装内六角螺栓的沉孔。

【材料】　采用 W6 Mo5Cr4V2 或其他同等性能的高速钢，焊接柄部用 45 钢或其他同等性能的钢材。

【硬度】　工作部分：硬度为 63～66HRC；柄部或扁尾：整体锪钻硬度为 40～55HRC，焊接锪钻硬度为 30～45HRC。

【规格】　常用带可换导柱的莫氏锥柄平底锪钻的规格见表 3-33。

表 3-33　常用带可换导柱的莫氏锥柄平底锪钻的规格（GB/T 4261—2004）

（单位：mm）

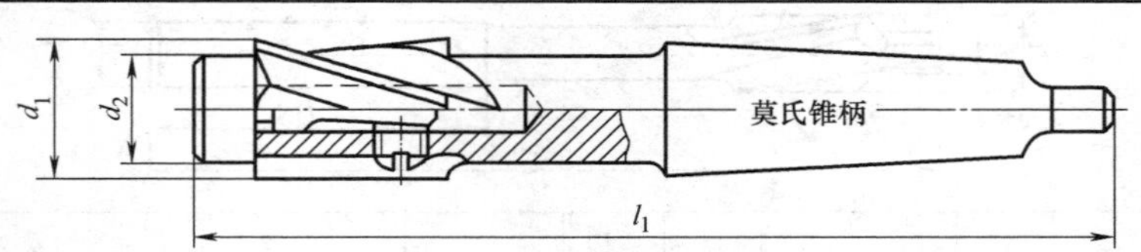

切削直径 d_1	导柱直径 d_2	全长 l_1	适用的螺钉或螺栓规格	切削直径 d_1	导柱直径 d_2	全长 l_1	适用的螺钉或螺栓规格
13	6.6	132	M6	33	22	190	M20
15	9		M8	36	20		M18
18	9	140	M8	40	22		M20
	11		M10		26		M24
20	13.5	150	M12	43	24	236	M22
22	11		M10	48	26		M24
24	15.5		M14		33		M30
26	13.5	180	M12	53	30	250	M27
	17.5		M16	57	39		M36
30	15.5		M14	63	33		M30
33	17.5	190	M16	—	—	—	—

【标记】　直径 $d_1=24$mm，导柱直径 $d_2=15.5$mm 的带可换导柱的锥柄平底锪钻，标记为：莫氏锥柄平底锪钻 24×15.5GB/T 4261—2004。

3.2.14 带整体导柱的直柄 90°锥面锪钻

【用途】 用于在工件表面上锪 60°、90°、120°沉头孔。

【分类】 按柄的形状分有直柄锥面锪钻和锥柄锥面锪钻；按导柱结构分有整体导柱和带可换导柱。

【材料】 采用 W6Mo5Cr4V2 或其他同等性能的高速钢；焊接锪钻柄部用 45 钢或其他同等性能的钢材。

【硬度】 工作部分：硬度为 63~66HRC；柄部或扁尾：整体锪钻硬度为 40~55HRC，焊接锪钻硬度为 30~45HRC。

【规格】 常用带整体导柱的直柄 90°锥面锪钻规格见表 3-34。

表 3-34 常用带整体导柱的直柄 90°锥面锪钻规格（GB/T 4263—2004）

（单位：mm）

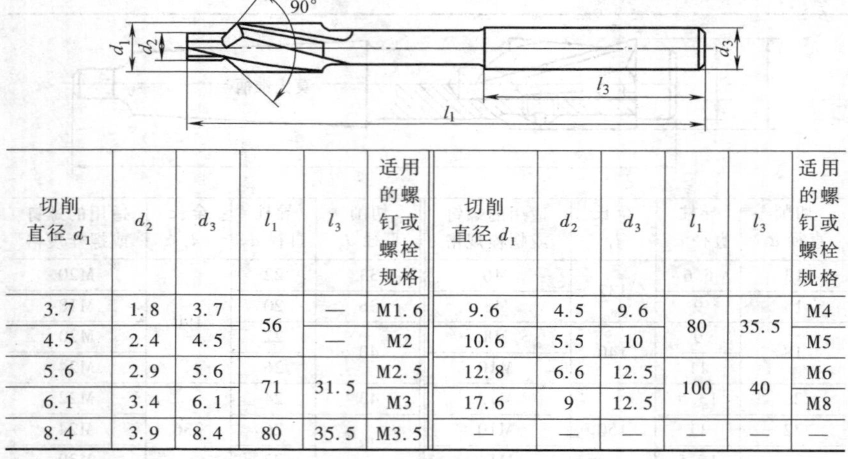

切削直径 d_1	d_2	d_3	l_1	l_3	适用的螺钉或螺栓规格	切削直径 d_1	d_2	d_3	l_1	l_3	适用的螺钉或螺栓规格
3.7	1.8	3.7	56	—	M1.6	9.6	4.5	9.6	80	35.5	M4
4.5	2.4	4.5		—	M2	10.6	5.5	10			M5
5.6	2.9	5.6	71	31.5	M2.5	12.8	6.6	12.5	100	40	M6
6.1	3.4	6.1			M3	17.6	9	12.5			M8
8.4	3.9	8.4	80	35.5	M3.5	—	—	—	—	—	—

3.2.15 带可换导柱的莫氏锥柄 90°锥面锪钻

【材料和硬度】 同“3.2.14 带整体导柱的直柄 90°锥面锪钻”。

【规格】 常用带可换导柱的莫氏锥柄 90°锥面锪钻的规格见表 3-35。

3.2.16 60°、90°和 120°直柄锥面锪钻

【规格】 60°、90°和 120°直柄锥面锪钻的规格见表 3-36。

表 3-35　常用带可换导柱的莫氏锥柄 90°锥面锪钻的规格（GB/T 4264—2004）

（单位：mm）

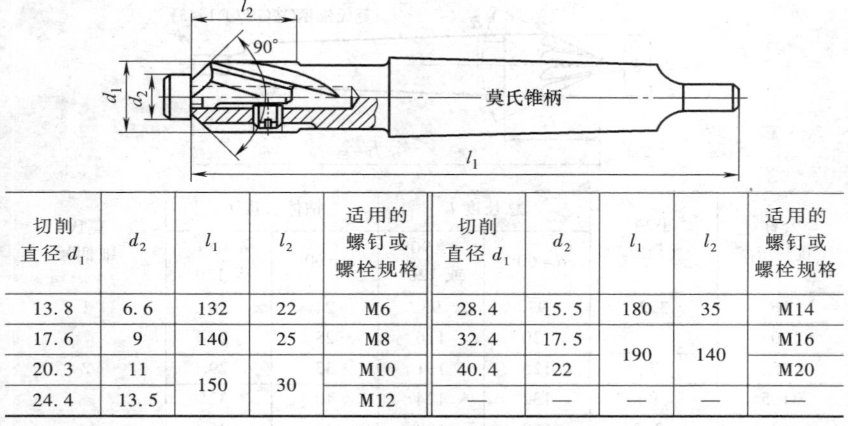

切削直径 d_1	d_2	l_1	l_2	适用的螺钉或螺栓规格	切削直径 d_1	d_2	l_1	l_2	适用的螺钉或螺栓规格
13.8	6.6	132	22	M6	28.4	15.5	180	35	M14
17.6	9	140	25	M8	32.4	17.5	190	140	M16
20.3	11	150	30	M10	40.4	22			M20
24.4	13.5			M12	—	—	—	—	—

表 3-36　60°、90°和 120°直柄锥面锪钻的规格（GB/T 4258—2004）

（单位：mm）

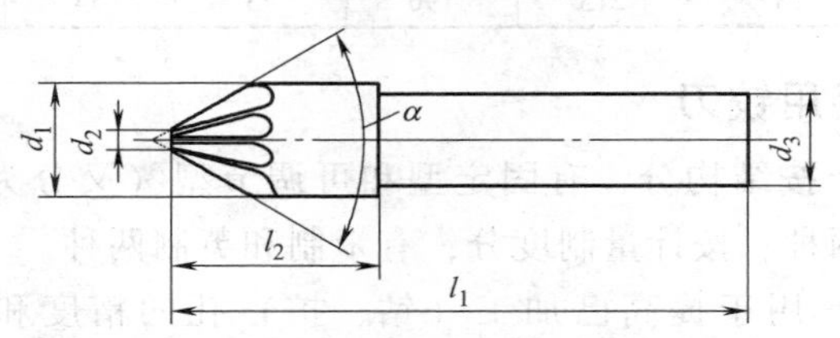

公称直径 d_1	小端直径 d_2	总长度 l_1		钻体长度 l_2		柄部直径 d_3
		$\alpha=60°$	$\alpha=90°$ 或 120°	$\alpha=60°$	$\alpha=90°$ 或 120°	
8	1.6	48	44	16	12	8
10	2.0	50	46	18	14	
12.5	2.5	52	48	20	16	
16	3.2	60	56	24	20	10
20	4.0	64	60	28	24	
25	7.0	69	65	33	29	

3.2.17　60°、90°和 120°锥柄锥面锪钻

【规格】　60°、90°和 120°锥柄锥面锪钻规格见表 3-37。

表 3-37　60°、90°和 120°锥柄锥面锪钻规格（GB/T 1143—2004）

（单位：mm）

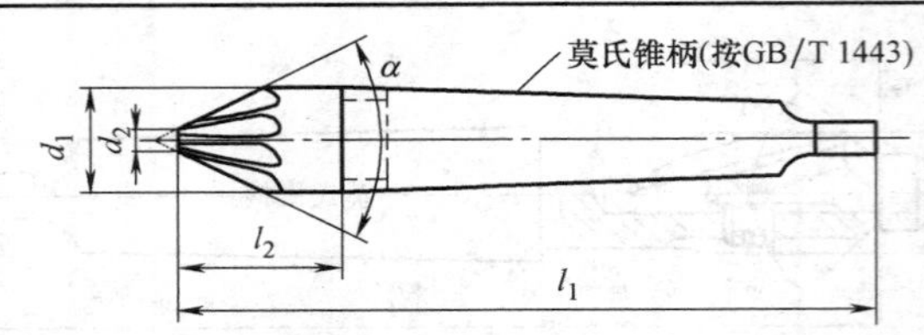

公称直径 d_1	小端直径 d_2	总长度 l_1		钻体长度 l_2		莫氏锥柄号
		α=60°	α=90°或 120°	α=60°	α=90°或 120°	
16	3.2	97	93	24	20	1
20	4	120	116	28	24	2
25	7	125	121	33	29	
31.5	9	132	124	40	32	
40	12.5	160	150	45	35	3
50	16	165	153	50	38	
63	20	200	185	58	43	4
80	25	215	196	73	54	

3.2.18　手用铰刀

【分类】 按结构分，有固定型和可调节型（又分为普通型和带导向套型）两种；按计量制度分，有米制和英制两种。

【用途】 用于提高已加工（钻、扩）孔的精度和降低表面粗糙度。

【结构】 手用铰刀的结构如图 3-15 所示。

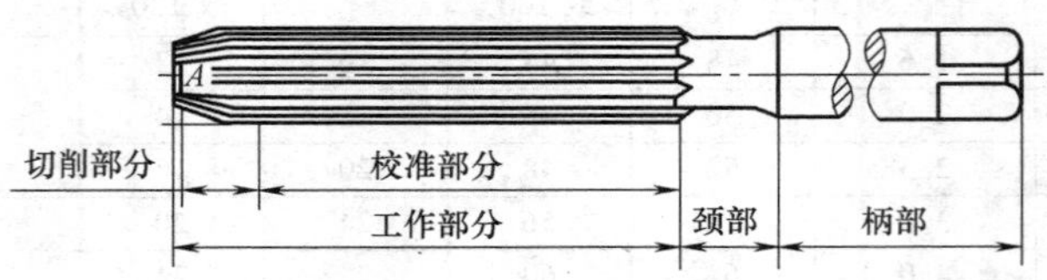

图 3-15　手用铰刀的结构

1. 普通手用铰刀

【规格】 普通手用铰刀的规格见表 3-38。

表 3-38　普通手用铰刀的规格（GB/T 1131. 1—2004）

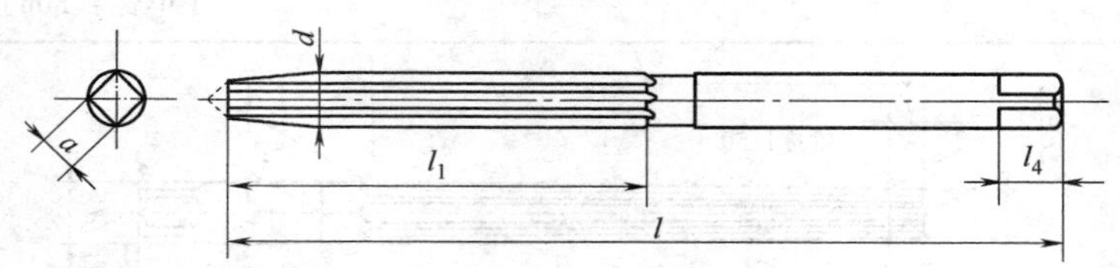

类别	规格 d
米制/mm	1. 6、1. 8、2. 0、2. 2、2. 5、2. 8、3. 0、3. 5、4. 0、4. 5、5. 0、5. 5、6. 0、7. 0、8. 0、9. 0、10. 0、11. 0、12. 0、14. 0、16. 0、18. 0、20. 0、22、25、28、32、36、40、45、50、56、63、67、71
英制/in	1/16、3/32、1/8、5/32、3/16、7/32、1/4、9/32、5/16、11/32、3/8、7/16、1/2、9/16、5/8、11/16、3/4、7/8、1、11/8、11/4、13/8、11/2、13/4、2、21/4、21/2、3

【标记】

1）直径 d=10mm，公差为 m6 的手用铰刀，标记为：手用铰刀 10 GB/T 1131. 1—2004。

2）直径 d=10mm，加工 H8 级精度孔的手用铰刀为，标记为：手用铰刀 10 H8 GB/T 1131. 1—2004。

2. 手用 1∶50 锥度销子铰刀

【分类】 分为短刃型和普通型。

【材料】 铰刀采用 W6Mo5Cr4V2 或其他同等性能的高速钢（也允许采用 9SiCr 或其他同等性能的合金工具钢）；焊接铰刀柄部采用 45 钢或其他同等性能的钢材。

【硬度】

1）工作部分：高速钢铰刀的硬度为 63～66HRC；合金工具钢铰刀的硬度为 62～65HRC。

2）柄部方头硬度。①整体铰刀：直径 d<3mm 时的硬度不低于 40HRC；直径 d≥3mm 时的硬度为 40～55HRC。②焊接铰刀：硬度为 30～45HRC。

【规格】 手用 1∶50 锥度销子铰刀的规格见表 3-39。

【标记】 直径 d=20mm，刃长 l=250mm，手用 1∶50 锥度销子铰刀，标记为：手用 1∶50 锥度销子铰刀　20×250　GB/T 20774—2006。

表 3-39　手用 1∶50 锥度销子铰刀的规格（GB/T 20774—2006）

（单位：mm）

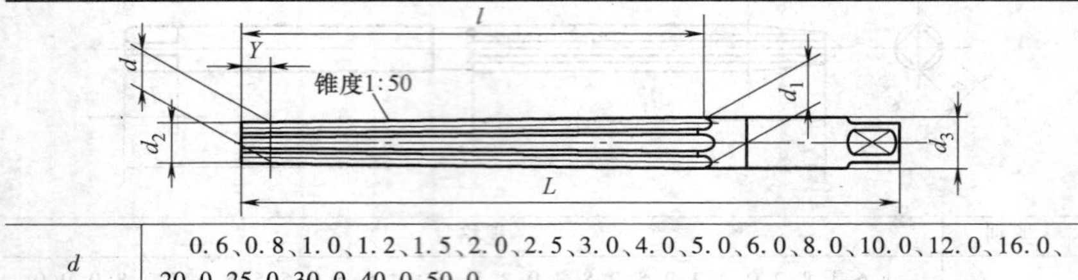

d	0.6、0.8、1.0、1.2、1.5、2.0、2.5、3.0、4.0、5.0、6.0、8.0、10.0、12.0、16.0、20.0、25.0、30.0、40.0、50.0

3. 米制和莫氏圆锥铰刀

有直柄和锥柄两种。

【材料】 同手用 1∶50 锥度销子铰刀。

【硬度】

1）工作部分：同手用 1∶50 锥度销子铰刀。

2）柄部方头或扁尾硬度。①整体铰刀：硬度为 40～55HRC。②焊接铰刀：硬度为 30～45HRC。

【规格】 米制和莫氏直柄圆锥铰刀的尺寸见表 3-40 和表 3-41。

表 3-40　米制和莫氏直柄圆锥铰刀的尺寸（GB/T 1139—2017）

（单位：mm）

代号		圆锥锥度	d	L	l	d_1	a
米制	4	1∶20＝0.05	4.000	48	30	4.0	3.15
	6		6.000	63	40	5.0	4.00
莫氏	0	1∶19.212＝0.05205	9.045	93	61	8.0	6.30
	1	1∶20.047＝0.04988	12.065	102	66	10.0	8.00
	2	1∶20.020＝0.04995	17.780	121	79	14.0	11.20
	3	1∶19.922＝0.05020	23.825	146	96	20.0	16.00
	4	1∶19.254＝0.05194	31.267	179	119	25.0	20.00
	5	1∶19.002＝0.05263	44.399	222	150	31.5	25.00
	6	1∶19.180＝0.05214	63.348	300	208	45.0	35.50

【标记】

1）直柄 4 号米制圆锥铰刀，标记为：直柄圆锥铰刀　米制 4 GB/T 1139—2017。

2）直柄 3 号莫氏圆锥铰刀，标记为：直柄圆锥铰刀　莫氏 3 GB/T 1139—2017 I

表 3-41　米制和莫氏锥柄圆锥铰刀尺寸（GB/T 1139—2017）

（单位：mm）

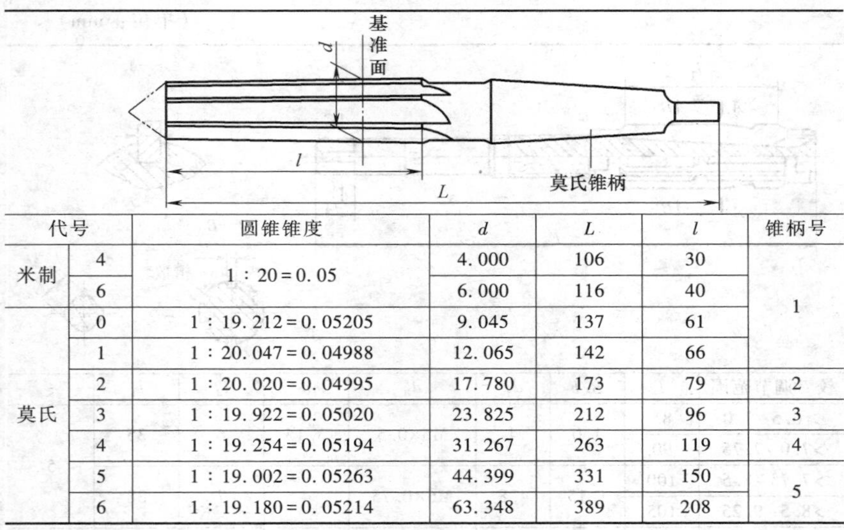

代号		圆锥锥度	d	L	l	锥柄号
米制	4	1∶20＝0.05	4.000	106	30	1
	6		6.000	116	40	
莫氏	0	1∶19.212＝0.05205	9.045	137	61	
	1	1∶20.047＝0.04988	12.065	142	66	
	2	1∶20.020＝0.04995	17.780	173	79	2
	3	1∶19.922＝0.05020	23.825	212	96	3
	4	1∶19.254＝0.05194	31.267	263	119	4
	5	1∶19.002＝0.05263	44.399	331	150	5
	6	1∶19.180＝0.05214	63.348	389	208	

【标记】

1）莫氏锥柄 4 号米制圆锥铰刀，标记为：莫氏锥柄圆锥铰刀米制 4 GB/T 1139—2017。

2）莫氏锥柄 3 号莫氏圆锥铰刀，标记为：莫氏锥柄圆锥铰刀莫氏 3 GB/T 1139—2017。

3.2.19　可调节手用铰刀

可调节手用铰刀安装可移动刀片能调节直径。

【分类】　分为普通型和带导向套型两种型式。

【材料】　刀片采用 W6Mo5Cr4V2 或其他同等性能的高速钢，也允许采用 9SiCr 或其他同等性能的合金工具钢；刀体、螺母和导向套用 45 钢或同等以上性能的钢材。

【硬度】 合金工具钢刀片的硬度为 62~65HRC，高速钢刀片的硬度为 63~66HRC；铰刀刀体硬度不低于 250HB；柄部方头的硬度为 30~45HRC；螺母和导向套的硬度不低于 40HRC。

【规格】 见表 3-42 和表 3-43。

1. 普通型可调节手用铰刀

表 3-42 普通型可调节手用铰刀的规格（GB/T 25673—2010）

（单位：mm）

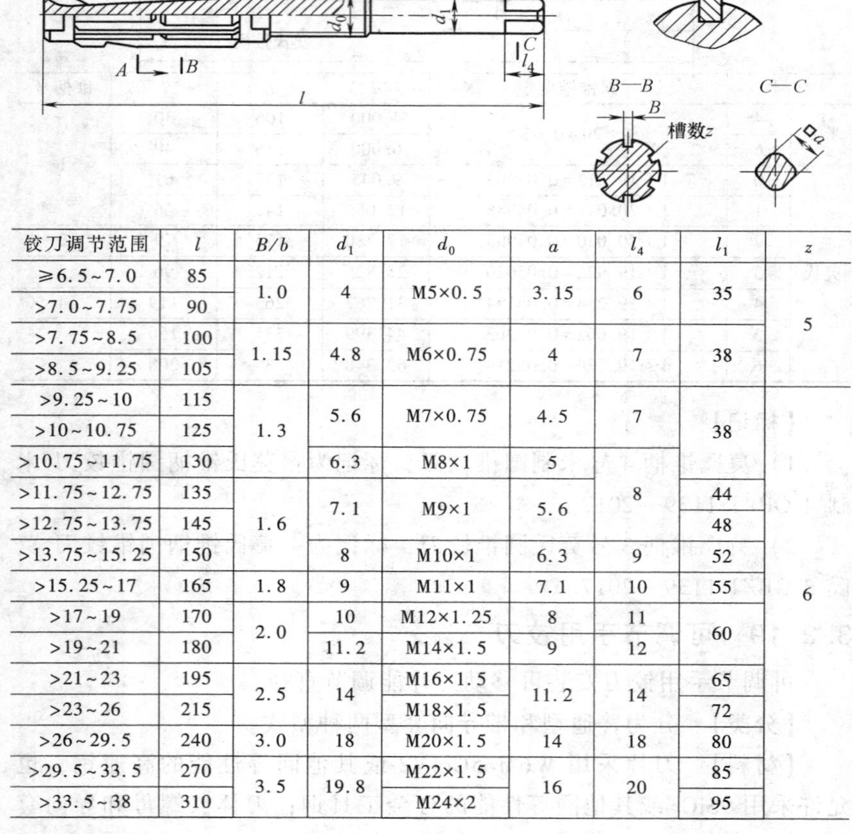

铰刀调节范围	l	B/b	d_1	d_0	a	l_4	l_1	z
≥6.5~7.0	85	1.0	4	M5×0.5	3.15	6	35	5
>7.0~7.75	90							
>7.75~8.5	100	1.15	4.8	M6×0.75	4	7	38	
>8.5~9.25	105							
>9.25~10	115	1.3	5.6	M7×0.75	4.5	7	38	6
>10~10.75	125							
>10.75~11.75	130		6.3	M8×1	5	8		
>11.75~12.75	135	1.6	7.1	M9×1	5.6		44	
>12.75~13.75	145						48	
>13.75~15.25	150		8	M10×1	6.3	9	52	
>15.25~17	165	1.8	9	M11×1	7.1	10	55	
>17~19	170	2.0	10	M12×1.25	8	11	60	
>19~21	180		11.2	M14×1.5	9	12		
>21~23	195	2.5	14	M16×1.5	11.2	14	65	
>23~26	215			M18×1.5			72	
>26~29.5	240	3.0	18	M20×1.5	14	18	80	
>29.5~33.5	270	3.5	19.8	M22×1.5	16	20	85	
>33.5~38	310			M24×2			95	

（续）

铰刀调节范围	l	B/b	d_1	d_0	a	l_4	l_1	z
>38～44	350	4.0	25	M30×2	20	24	105	6
>44～54	400	4.5	31.5	M32×2	25	28	120	
>54～63	460		45	M45×2	31.5	34	120	
>63～84	510	5.0	50	M65×2	40	42	135	
>84～100	570	6.0	60	M70×2	50	51	140	6 或 8

【标记】 直径调节范围为 15.25～17mm 的普通型可调节手用铰刀，标记为：可调节手用铰刀 15.25～17 GB/T 25673—2010。

2. 带导向套可调节手用铰刀

表 3-43　带导向套可调节手用铰刀的规格（GB/T 25673—2010）

（单位：mm）

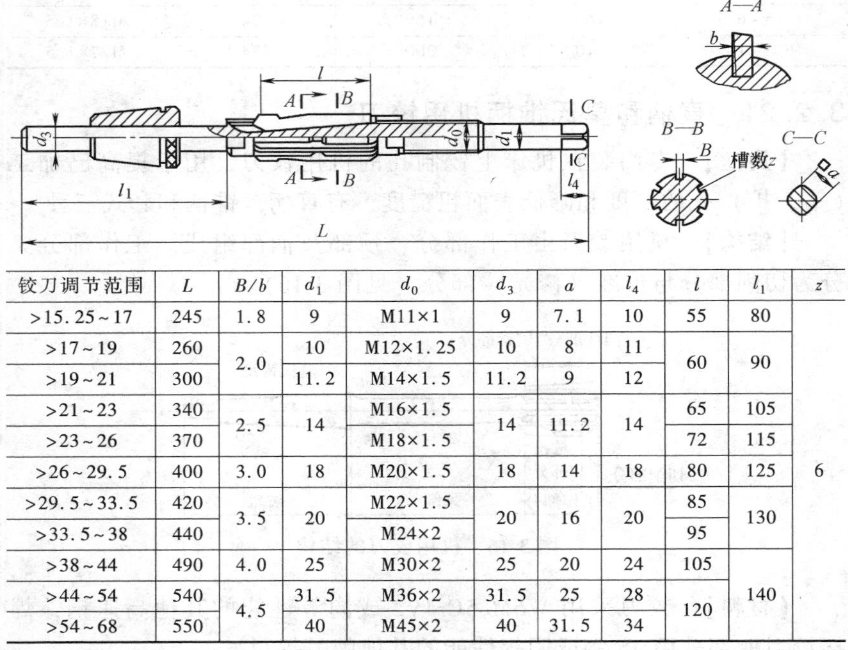

铰刀调节范围	L	B/b	d_1	d_0	d_3	a	l_4	l	l_1	z
>15.25～17	245	1.8	9	M11×1	9	7.1	10	55	80	6
>17～19	260	2.0	10	M12×1.25	10	8	11	60	90	
>19～21	300		11.2	M14×1.5	11.2	9	12			
>21～23	340	2.5	14	M16×1.5	14	11.2	14	65	105	
>23～26	370			M18×1.5				72	115	
>26～29.5	400	3.0	18	M20×1.5	18	14	18	80	125	
>29.5～33.5	420	3.5	20	M22×1.5	20	16	20	85	130	
>33.5～38	440			M24×2				95		
>38～44	490	4.0	25	M30×2	25	20	24	105	140	
>44～54	540	4.5	31.5	M36×2	31.5	25	28	120		
>54～68	550		40	M45×2	40	31.5	34			

【标记】 类同普通型，只需在尺寸范围后加“-DX”。

3.2.20　丁字形活铰杠

【用途】 用以夹持铰刀、丝锥的手工切削。

【规格】 丁字形活铰杠的规格见表 3-44。

表 3-44 丁字形活铰杠的规格（JB/T 3411.40—1999）

（单位：mm）

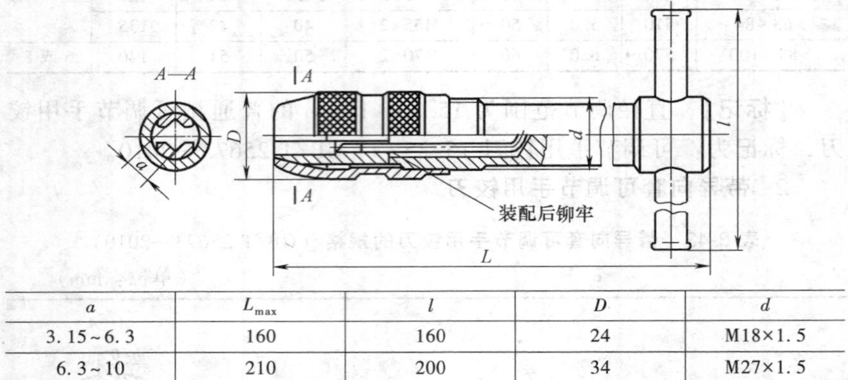

a	L_{max}	l	D	d
3.15~6.3	160	160	24	M18×1.5
6.3~10	210	200	34	M27×1.5

3.2.21 直柄和莫氏锥柄机用铰刀

【用途】 专门装在机床上铰制孔的机用铰刀，用于提高已加工（钻、扩）孔的精度和降低表面粗糙度，有直柄、锥柄和套式三种。

【结构】 机用铰刀由工作部分、颈部及柄部组成。工作部分又分为切削部分与校准（修光）部分（见图 3-16）。

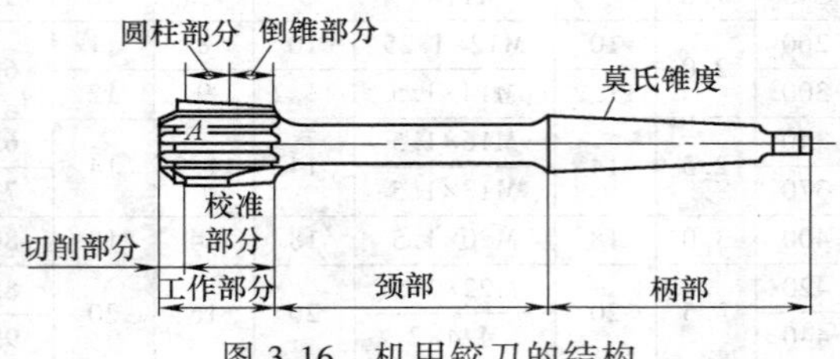

图 3-16 机用铰刀的结构

【材料】 铰刀采用 W6Mo5Cr4V2 或同等性能的其他高速钢，焊接铰刀柄部采用 45 钢或同等性能的其他牌号钢材。

【硬度】 工作部分的硬度为 63~66HRC；柄部和扁尾硬度：①整体铰刀：铰刀直径 $d<3$mm 时，硬度不低于 40HRC；铰刀直径 $d\geq3$mm 时，硬度不低于 40~55HRC。②焊接铰刀：硬度为 30~45HRC。

【尺寸】 直柄机用铰刀和莫氏锥柄机用铰刀的优先尺寸见表 3-45 和表 3-46。

1. 直柄机用铰刀

表 3-45　直柄机用铰刀的优先尺寸（GB/T 1132—2004）

（单位：mm）

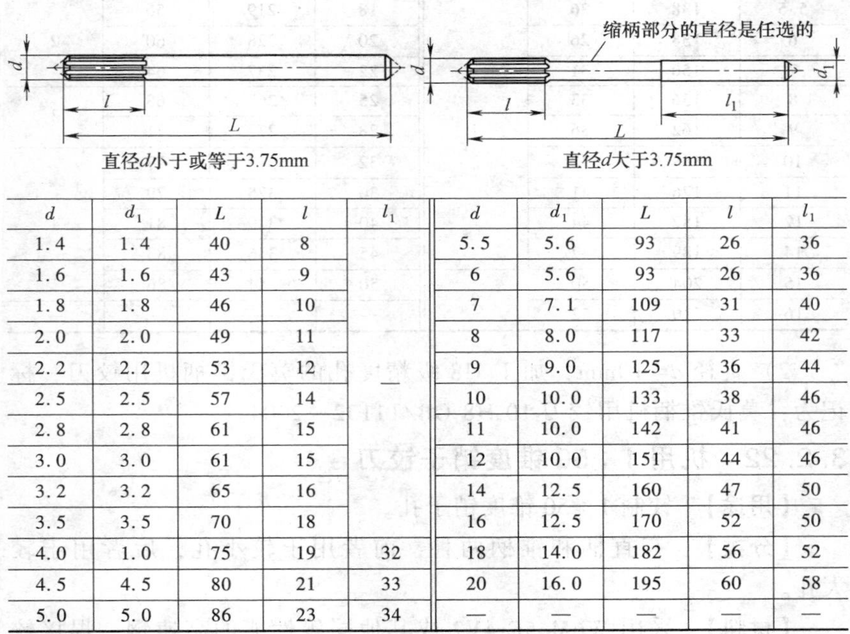

d	d_1	L	l	l_1	d	d_1	L	l	l_1
1.4	1.4	40	8		5.5	5.6	93	26	36
1.6	1.6	43	9		6	5.6	93	26	36
1.8	1.8	46	10		7	7.1	109	31	40
2.0	2.0	49	11		8	8.0	117	33	42
2.2	2.2	53	12	—	9	9.0	125	36	44
2.5	2.5	57	14		10	10.0	133	38	46
2.8	2.8	61	15		11	10.0	142	41	46
3.0	3.0	61	15		12	10.0	151	44	46
3.2	3.2	65	16		14	12.5	160	47	50
3.5	3.5	70	18		16	12.5	170	52	50
4.0	1.0	75	19	32	18	14.0	182	56	52
4.5	4.5	80	21	33	20	16.0	195	60	58
5.0	5.0	86	23	34	—	—	—	—	—

【标记】

1）直径 $d=10$mm，公差为 m6 的直柄机用铰刀，标记为：直柄机用铰刀 10 GB/T 1132—2004。

2）直径 $d=10$mm，加工 H8 级精度孔的直柄机用铰刀，标记为：直柄机用铰刀 10 H8 GB/T 1132—2004。

2. 莫氏锥柄机用铰刀

【标记】

1）直径 $d=10$mm，公差为 m6 的莫氏锥柄机用铰刀，标记为：莫氏锥柄机用铰刀 10 GB/T 1132—2004。

表 3-46　莫氏锥柄机用铰刀的优先尺寸（GB/T 1132—2004）

（单位：mm）

d	L	l	锥柄号	d	L	l	锥柄号
5.5	138	26	1	18	219	56	2
6	138	26		20	228	60	
7	150	31		22	237	64	
8	156	33		25	268	68	3
9	162	36		28	277	71	
10	168	38		32	317	77	4
11	176	41		36	325	79	
12	182	44		40	329	81	
14	189	47		45	336	83	
15	204	50	2	50	344	86	
16	210	52		—	—	—	—

2）直径 $d=10$mm，加工 H8 级精度孔的莫氏锥柄机用铰刀，标记为：莫氏锥柄机用铰刀 10 H8 GB/T1132—2004。

3.2.22　机用 1 : 50 锥度销子铰刀

【用途】 铰制 1 : 50 锥度销子孔。

【分类】 有直柄和锥柄两种，前者用于较小孔，后者用于较大孔。

【材料】 采用 W6Mo5Cr4V2 或其他同等性能的高速钢。焊接铰刀柄部采用 45 钢或其他同等性能的钢材。

【规格】 见表 3-47 和表 3-48。

1. 直柄铰刀

表 3-47　机用直柄 1 : 50 锥度销子铰刀（GB/T 20331—2006）

（单位：mm）

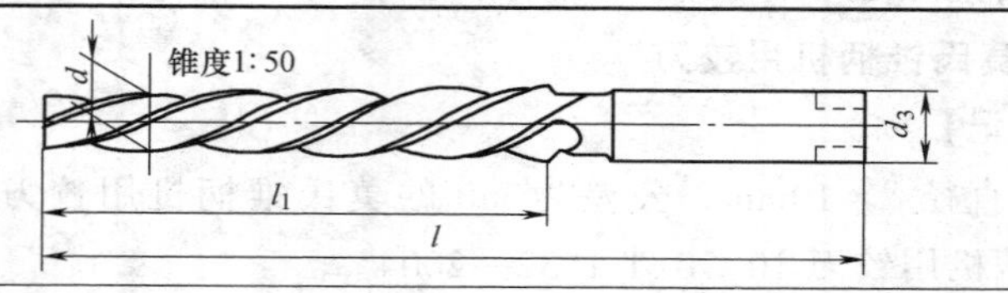

（续）

d	l_1	d_3	l	d	l_1	d_3	l
2	48	3.15	86	6	105	8.0	160
2.5	48	3.15	86	8	145	10.0	207
3	58	4.0	100	10	175	12.5	245
4	68	5.0	112	12	210	16.0	290
5	73	6.3	122	—	—	—	—

【标记】 直径 $d=10\text{mm}$，刃长 $l_1=175\text{mm}$，直柄机用 1∶50 锥度销子铰刀，标记为：直柄机用 1∶50 锥度销子铰刀　10×175 GB/T 20331—2006。

2. 锥柄铰刀

表 3-48　机用锥柄 1∶50 锥度销子铰刀（GB/T 20332—2006）

（单位：mm）

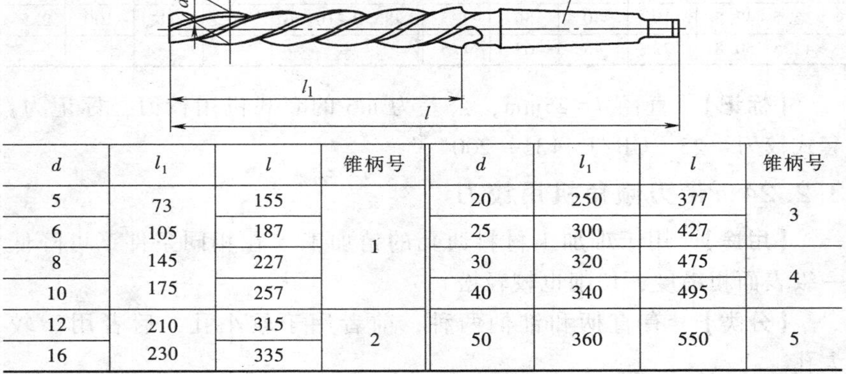

d	l_1	l	锥柄号	d	l_1	l	锥柄号
5	73	155	1	20	250	377	3
6	105	187		25	300	427	
8	145	227		30	320	475	4
10	175	257		40	340	495	
12	210	315	2	50	360	550	5
16	230	335					

【标记】 直径 $d=10\text{mm}$，刃长 $l_1=175\text{mm}$，锥柄机用 1∶50 锥度销子铰刀，标记为：锥柄机用 1∶50 锥度销子铰刀 10×175　GB/T 20332—2006。

3.2.23　套式机用铰刀

【分类】 按加工孔的精度分为 H7、H8、H9 三级。

【结构】 由工作部分 1∶30 锥孔及端面组成，工作部分又分为切削锥及校正两部分。

【用途】 主要承担切除加工余量及校正切孔后精度。

【尺寸】 套式机用铰刀的尺寸见表 3-49。

表 3-49 套式机用铰刀的尺寸（GB/T 1135—2004）

（单位：mm）

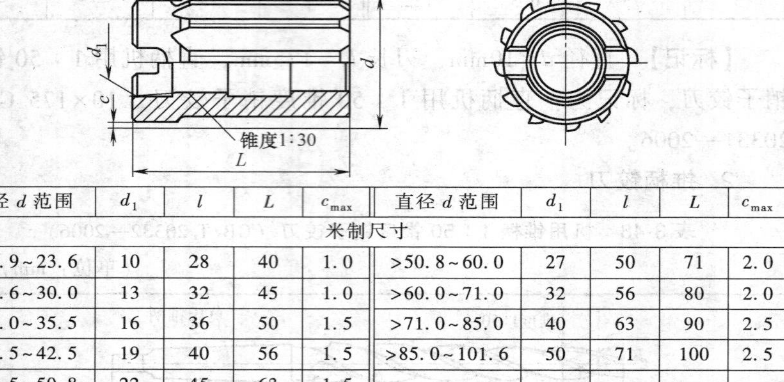

直径 d 范围	d_1	l	L	c_{max}	直径 d 范围	d_1	l	L	c_{max}
米制尺寸									
>19.9~23.6	10	28	40	1.0	>50.8~60.0	27	50	71	2.0
>23.6~30.0	13	32	45	1.0	>60.0~71.0	32	56	80	2.0
>30.0~35.5	16	36	50	1.5	>71.0~85.0	40	63	90	2.5
>35.5~42.5	19	40	56	1.5	>85.0~101.6	50	71	100	2.5
>42.5~50.8	22	45	63	1.5	—	—	—	—	—

【标记】 直径 d=25mm，公差为 m6 的套式机用铰刀，标记为：套式铰刀　25　GB/T 1135—2004。

3.2.24 带刃倾角机用铰刀

【用途】 用于难加工材料通孔的精加工（在相同条件下可降低一级表面粗糙度，切削也较轻松）。

【分类】 有直柄和锥柄两种，前者用于铰小孔，后者用于铰大孔。

【规格】 见表 3-50 和表 3-51。

表 3-50 带刃倾角直柄机用铰刀的优先尺寸（GB/T 1134—2008）

（单位：mm）

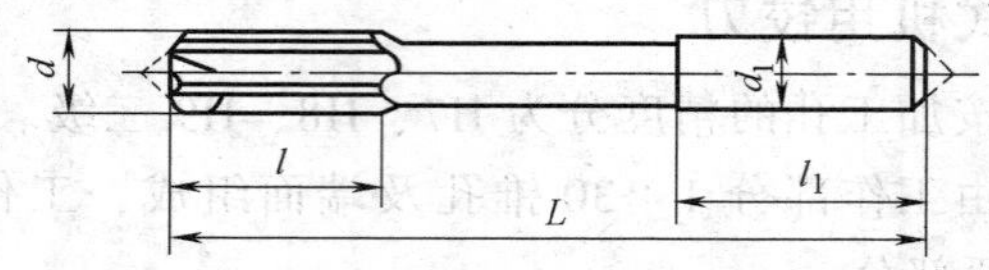

（续）

d	d_1	L	l	l_1	d	d_1	L	l	l_1
5.5、6	5.6	93	26	36	14	12.5	160	47	50
7	7.1	109	31	40	15		162	50	
8	8.0	117	33	42	16		170	52	
9	9.0	125	36	44	17	14.0	175	54	52
10	10.0	133	38	46	18		182	56	
11		142	41		19	16.0	189	58	58
12、13		151	44		20		195	60	

【标记】　直径 $d=10$mm，加工 H7 级精度孔的带刃倾角直柄机用铰刀，标记为：带刃倾角直柄机用铰刀 10 H7 GB/T 1134—2008。

表 3-51　带刃倾角机用莫氏锥柄铰刀的优先尺寸（GB/T 1134—2008）

（单位：mm）

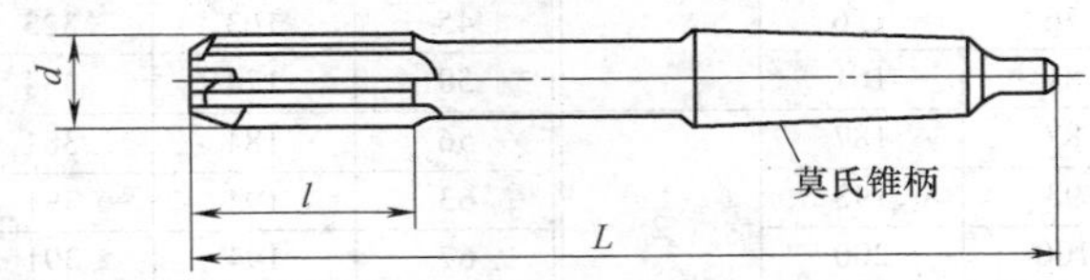

d	l	L	锥柄号	d	l	L	锥柄号
8	156	33	1	21	232	62	2
9	162	36		22	237	64	
10	168	38		25	268	68	3
11	175	41		28	277	71	
12	182	44		32	317	77	4
16	210	52	2	36	325	79	
18	219	56		40	329	81	
20	228	60		—	—	—	

【标记】　直径 $d=10$mm，加工 H7 级精度孔的带刃倾角莫氏锥柄机用铰刀，标记为：带刃倾角莫氏锥柄机用铰刀 10 H7 GB/T 1134—2008。

3.2.25　莫氏锥柄长刃机用铰刀

【用途】　用于铰制工件上较深或带槽的孔。

【尺寸】　莫氏锥柄长刃机用铰刀推荐直径和相应尺寸见表 3-52。

表 3-52 莫氏锥柄长刃机用铰刀推荐直径和相应尺寸（GB/T 4243—2017）

（单位：mm）

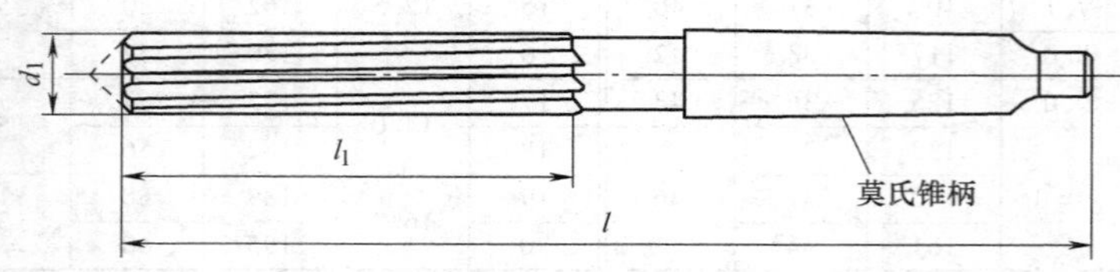

d_1	l_1	l	锥柄号	d_1	l_1	l	锥柄号
7	54	134	1	25	115	242	3
8	58	138		28	124	251	
9	62	142		32	133	293	4
10	66	146		36	142	302	
11	71	151		40	152	312	
12	76	156		45	163	323	
14	81	161		50	174	334	
16	87	187	2	56	184	381	5
18	93	193		63	194	391	
20	100	200		67	194	391	
22	107	207		71	203	400	

【标记】

1）直径 d_1 = 10mm，公差为 m6 的莫氏锥柄长刃机用铰刀，标记为：莫氏锥柄长刃机用铰刀 10 GB/T 4243—2017。

2）直径 d_1 = 10mm，加工 H8 级精度孔的莫氏锥柄长刃机用铰刀，标记为：莫氏锥柄长刃机用铰刀 10 H8 GB/T 4243—2017。

3.2.26 硬质合金机用铰刀

【用途】 用于高速铰削和铰削硬材料。

【分类】 有直柄和锥柄两种，前者用于较小孔，后者用于较大孔。

【材料】 刀片按 GB/T 2075 选用，刀体采用 40Cr 或同等性能的其他牌号合金钢。

【硬度】 柄部和扁尾部分的硬度为 35～45HRC。

【尺寸】 见表 3-53 和表 3-54。

表 3-53　硬质合金直柄机用铰刀的优先尺寸（GB/T 4251—2008）

（单位：mm）

d	d_1	l	l_1	l_2	d	d_1	l	l_1	l_2
6	5.6	93	17	36	12	10.0	151	20	46
7	7.1	109		40	14	12.5	160		50
8	8.0	117		42	16		170	25	
9	9.0	125		44	18	14.0	182		52
10	10.0	133		46	20	16.0	195		58
11		142							

【标记】　直径 d=20mm，加工 H7 级精度孔，焊有用途分类代号为 P20 硬质合金刀片的直柄机用铰刀，标记为：硬质合金直柄机用铰刀 20 H7-P20 GB/T 4251—2008。

表 3-54　硬质合金莫氏锥柄机用铰刀的优先尺寸（GB/T 4251—2008）

（单位：mm）

d	l	l_1	锥柄号	d	l	l_1	锥柄号
8	156	17	1	21	232	28	2
9	162			22	237		
10	168			23	241		
11	175			24	268		3
12	182	20		25	273		
14	189			28	277	34	
16	210			32	317		4
18	219			36	325		
20	228			40	329		

注：莫氏锥柄按 GB/T 1443 的规定。

【标记】　直径 d=20mm，加工 H7 级精度孔，焊有用途分类代号为 P20 硬质合金刀片的莫氏锥柄机用铰刀，标记为：硬质合金莫氏锥柄机用铰刀 20 H7-P20 GB/T 4251—2008。

3.2.27 莫氏锥柄机用桥梁铰刀

【用途】 用于铰制桥梁上的铆钉孔。

【尺寸】 莫氏锥柄机用桥梁铰刀的尺寸见表 3-55。

表 3-55 莫氏锥柄机用桥梁铰刀的尺寸（GB/T 4247—2017）

（单位：mm）

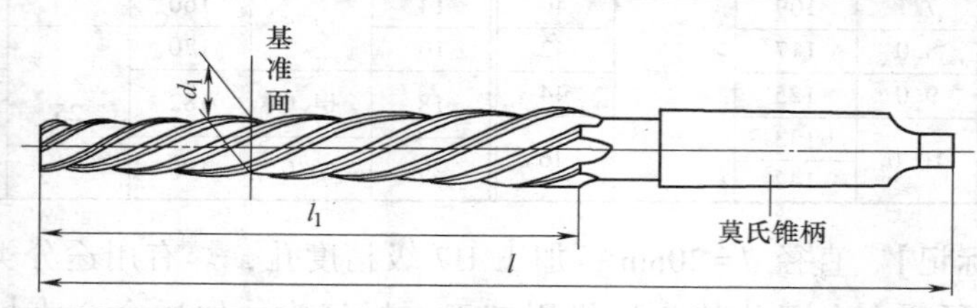

直径范围 d_1	长度 l	长度 l_1	莫氏锥柄号	直径范围 d_1	长度 l	长度 l_1	莫氏锥柄号
>6.0~6.7	151	75	1	>17.0~19.0	261	145	3
>6.7~7.5	156	80		>19.0~21.2	271	155	
>7.5~8.5	161	85		>21.2~23.6	281	165	
>8.5~9.5	166	90		>23.6~26.5	296	180	
>9.5~10.6	171	95		>26.5~30.0	311	195	
>10.6~11.8	176	100		>30.0~31.5	326	210	
>11.8~13.2	199	105	2	>31.5~33.5	354	210	4
>13.2~14.0	209	115		>33.5~37.5	364	220	
>14.0~15.0	219	125		>37.5~42.5	374	230	
>15.0~16.0	229	135		>42.5~47.5	384	240	
>16.0~17.0	251	135	3	>47.5~50.8	394	250	

注：推荐的直径系列（mm）有 6.4、(7.4)、8.4、11、13、(15)、17、(19)、21、(23)、25、(28)、31、(34)、37 和 (40)，其对应 GB/T 18194 所规定的铆钉杆径为 6~36mm。

3.2.28 硬质合金可调节浮动铰刀

【用途】 用于加工直径为 20~230mm、加工公差等级为 IT6~IT7 级精度的圆柱孔。

【型式】 有 A 型（用于加工通孔铸铁件）、B 型（用于加工盲孔铸铁件）、AC 型（用于加工通孔钢件）和 BC 型（用于加工盲孔钢件）四种。

【材料】 刀片材料按 GB/T 2075 选用；刀体采用 45 钢、40Cr 或同等以上性能的材料。

【硬度】 刀体硬度（调节方向上距浮动铰刀刃口 2.5 倍刀片宽度以外）不低于 30HRC。

【尺寸】 硬质合金可调节浮动铰刀的尺寸见表 3-56。

表 3-56　硬质合金可调节浮动铰刀的尺寸（JB/T 7426—2006）

（单位：mm）

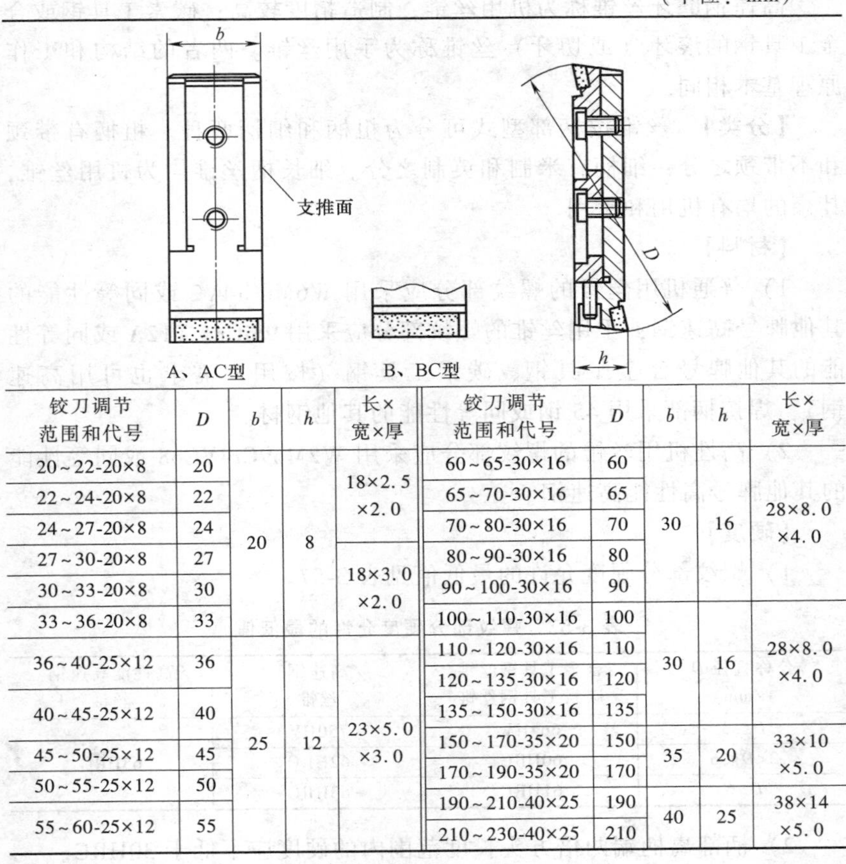

A、AC型　　B、BC型

铰刀调节范围和代号	D	b	h	长×宽×厚
20～22-20×8	20	20	8	18×2.5×2.0
22～24-20×8	22			
24～27-20×8	24			
27～30-20×8	27			18×3.0×2.0
30～33-20×8	30			
33～36-20×8	33			
36～40-25×12	36	25	12	23×5.0×3.0
40～45-25×12	40			
45～50-25×12	45			
50～55-25×12	50			
55～60-25×12	55			

铰刀调节范围和代号	D	b	h	长×宽×厚
60～65-30×16	60	30	16	28×8.0×4.0
65～70-30×16	65			
70～80-30×16	70			
80～90-30×16	80			
90～100-30×16	90			
100～110-30×16	100	30	16	28×8.0×4.0
110～120-30×16	110			
120～135-30×16	120			
135～150-30×16	135			
150～170-35×20	150	35	20	33×10×5.0
170～190-35×20	170			
190～210-40×25	190	40	25	38×14×5.0
210～230-40×25	210			

【标记】 调节范围为 100～110mm，刀体宽度 $b=30$mm，刀体厚度 $h=16$mm，A 型硬质合金可调节浮动铰刀，标记为：硬质合金可调

节浮动铰刀 100~110-30×16 A JB/T 7426—2006。

3.3　螺纹加工工具和辅具

螺纹加工工具包括丝锥、板牙、搓丝板和滚丝轮。丝锥用来加工普通内螺纹，板牙用来加工外螺纹，它们是用切削方法加工，而搓丝板和滚丝轮则是用塑性变形方法加工。

3.3.1　机用和手用丝锥

高速钢磨牙丝锥称为机用丝锥，制造精度较高；碳素工具钢或合金工具钢的滚牙（或切牙）丝锥称为手用丝锥。两者的结构和工作原理基本相同。

【分类】 丝锥按柄部型式可分为粗柄和细柄两种。粗柄有带颈和不带颈之分；细柄有米制和英制之分。细长柄丝锥均为机用丝锥，其余的均有机用和手用。

【材料】

1）普通机用丝锥的螺纹部分应采用 W6MoCr4V2 或同等性能的其他牌号高速钢；手用丝锥的螺纹部分应采用 9SiCr、T12A 或同等性能的其他牌号合金工具钢、碳素工具钢（按用户需求也可用高速钢）；焊接柄部采用 45 钢或同等性能的其他钢材。

2）高性机用丝锥的螺纹部分应采用 W2Mo9Cr4VCo8 或同等性能的其他牌号高性能高速钢。

【硬度】

1）螺纹部分硬度允许的最低值见表 3-57。

表 3-57　螺纹部分硬度允许的最低值

公称直径 D /mm	合金工具钢丝锥 碳素工具钢丝锥	高速钢丝锥	高性能高速钢丝锥
$D\leqslant3$	664HV	750HV	65HRC
$3<D\leqslant6$	60HRC	62HRC	
$D>6$	61HRC	63HRC	

2）柄部离柄端两倍方头长度范围内的硬度应不低于 30HRC。

【规格】 粗柄、粗柄带颈和细柄机用和手用普通螺纹丝锥的规格，见表 3-58~表 3-60。

表 3-58　粗柄机用和手用普通螺纹丝锥的规格（GB/T 3464.1—2007）

（单位：mm）

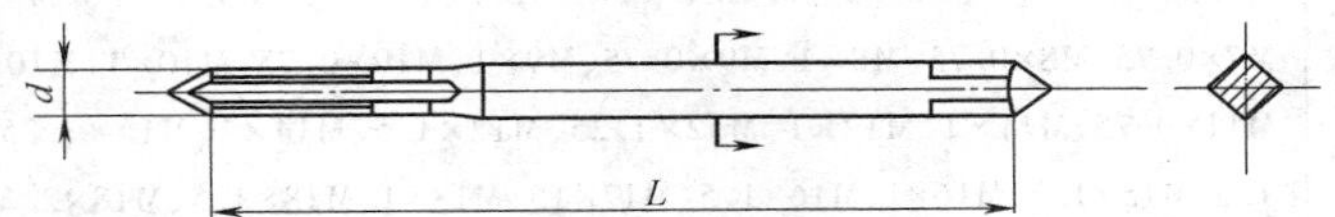

种类	规格
粗牙	M1、M1.1、M1.2、M1.4、M1.6、M1.8、M2、M2.2、M2.5
细牙	M1×0.2、M1.1×0.2、M1.2×0.2、M1.4×0.2、M1.6×0.2、M1.8×0.2、M2×0.25、M2.2×0.25、M2.5×0.35

表 3-59　粗柄带颈机用和手用普通螺纹丝锥的规格（GB/T 3464.1—2007）

（单位：mm）

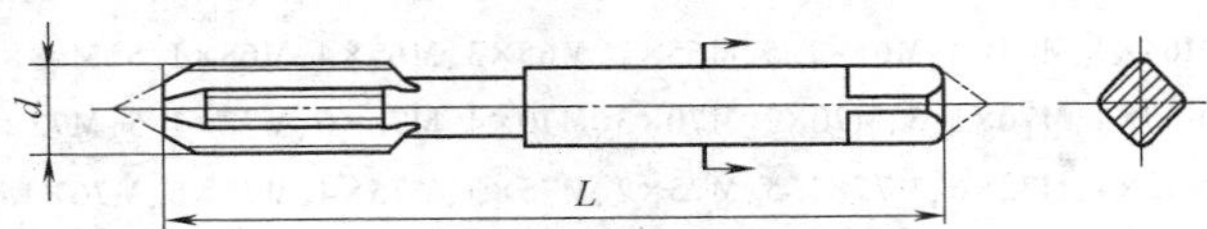

种类	规格
粗牙	M3、M3.5、M4、M4.5、M5、M6、M7、M8、M9、M10
细牙	M3×0.35、M3.5×0.35、M4×0.5、M4.5×0.5、M5×0.5、M5.5×0.5、M6×0.5、M6×0.75、M7×0.75、M8×0.5、M8×0.75、M8×1、M9×0.75、M9×1、M10×0.75、M10×1、M10×1.25

表 3-60　细柄机用和手用普通螺纹丝锥的规格（GB/T 3464.1—2007）

（单位：mm）

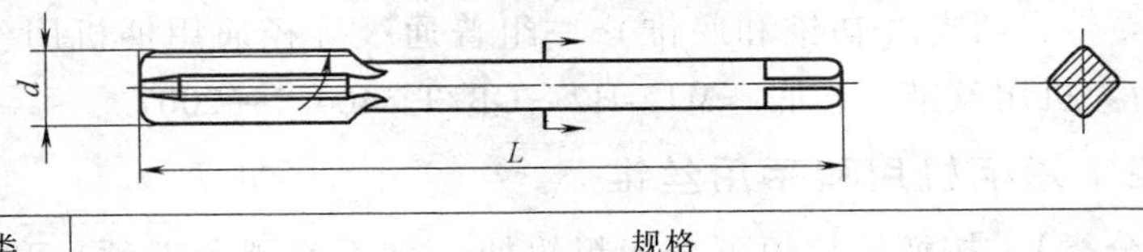

种类	规格
粗牙	M3、M3.5、M4、M4.5、M5、M6、M7、M8、M9、M10、M11、M12、M14、M16、M18、M20、M22、M24、M27、M30、M33、M36、M39、M42、M45、M48、M52、M56、M60、M64、M68

（续）

种类	规格
细牙	M3×0.35、M3.5×0.35、M4×0.5、M4.5×0.5、M5×0.5、M5.5×0.5、M6×0.75、M7×0.75、M8×0.75、M8×1、M9×0.75、M9×1、M10×0.75、M10×1、M10×1.25、M11×0.75、M11×1、M12×1、M12×1.25、M12×1.5、M14×1、M14×1.25、M14×1.5、M15×1.5、M16×1、M16×1.5、M17×15、M18×1、M18×1.5、M18×2、M20×1、M20×1.5、M20×2、M22×1、M22×1.5、M22×2、M24×1、M24×1.5、M24×2、M25×1.5、M25×2、M26×1.5、M27×1、M27×1.5、M27×2、M28×1、M28×1.5、M28×2、M30×1、M30×1.5、M30×2、M30×3、M32×1.5、M32×2、M33×1.5、M33×2、M33×3、M35×1.5、M36×1.5、M36×2、M36×3、M38×1.5、M39×1.5、M39×2、M39×3、M40×1.5、M40×2、M40×3、M42×1.5、M42×2、M42×3、M42×4、M45×1.5、M45×2、M45×3、M45×4、M48×1.5、M48×2、M48×3、M48×4、M50×1.5、M50×2、M50×3、M52×1.5、M52×2、M52×3、M52×4、M55×1.5、M55×2、M55×3、M55×4、M56×1.5、M56×2、M56×3、M56×4、M58×1.5、M58×2、M58×3、Ma8×4、M60×1.5、M60×2、M60×3、M60×4、M62×1.5、M62×2、M62×3、M62×4、M64×1.5、M64×2、M64×3、M64×4、M65×1.5、M65×2、M65×3、M65×4、M68×1.5、M68×2、M68×3、M68×4、M70×1.5、M70×2、M70×3、M70×4、M70×6、M72×1.5、M72×2、M72×3、M72×4、M72×6、M75×1.5、M75×2、M75×3、M75×4、M75×6、M76×1.5、M76×2、M76×3、M76×4、M76×6、M78×2、M80×1.5、M80×2、M80×3、M80×4、M80×6、M82×2、M85×2、M85×3、M85×4、M85×6、M90×2、M90×3、M90×4、M90×6、M95×2、M95×3、M95×4、M95×6、M100×2、M100×3、M100×4、M100×6

【标记】

1）右螺纹的细牙普通螺纹，直径为10mm，螺距为1.25mm，H4公差带，单支中锥通用柄手用丝锥，标记为：手用丝锥 M10×1.25GB/T 3464.1—2007。

2）右螺纹的粗牙普通螺纹，直径为12mm，螺距为1.75mm，H2公差带，两支（初锥和底锥）一组普通级等径通用柄机用丝锥，标记为：机用丝锥　初底　M12-H2　GB/T 3464.1—2007。

3.3.2　短柄机用和手用丝锥

【分类】　按柄的长短可分为粗短柄（含不带颈和带颈）和细短柄机用和手用普通螺纹丝锥两大类，共三种。

【材料和硬度】　同“3.3.1　机用和手用丝锥”。

【规格】　见表3-61～表3-63。

表 3-61　粗短柄机用和手用普通螺纹丝锥的规格（GB/T 3464.3—2007）

（单位：mm）

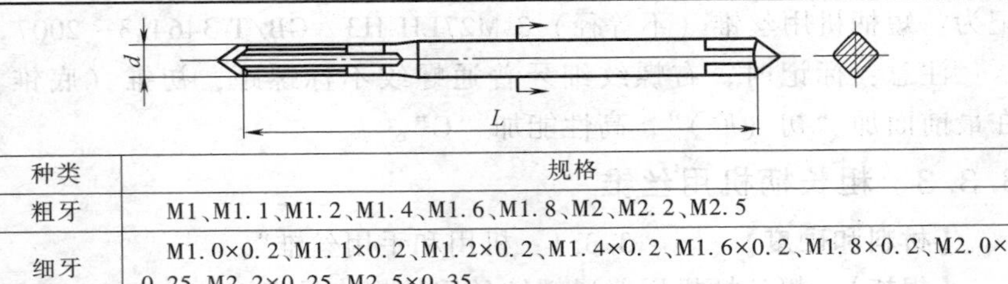

种类	规格
粗牙	M1、M1.1、M1.2、M1.4、M1.6、M1.8、M2、M2.2、M2.5
细牙	M1.0×0.2、M1.1×0.2、M1.2×0.2、M1.4×0.2、M1.6×0.2、M1.8×0.2、M2.0×0.25、M2.2×0.25、M2.5×0.35

表 3-62　粗柄带颈短柄机用和手用普通螺纹丝锥的规格（GB/T 3464.3—2007）

（单位：mm）

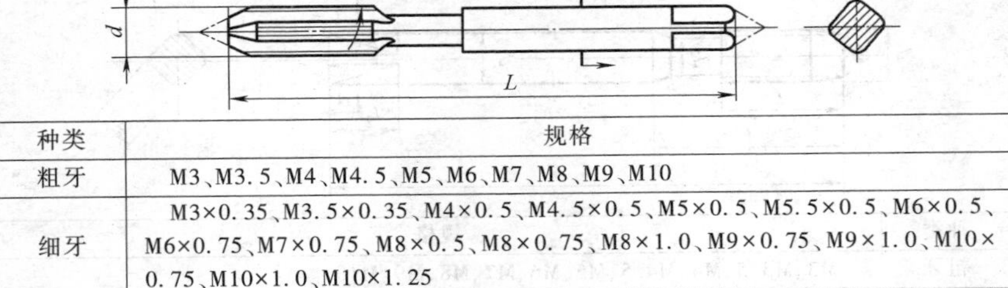

种类	规格
粗牙	M3、M3.5、M4、M4.5、M5、M6、M7、M8、M9、M10
细牙	M3×0.35、M3.5×0.35、M4×0.5、M4.5×0.5、M5×0.5、M5.5×0.5、M6×0.5、M6×0.75、M7×0.75、M8×0.5、M8×0.75、M8×1.0、M9×0.75、M9×1.0、M10×0.75、M10×1.0、M10×1.25

表 3-63　细短柄机用和手用普通螺纹丝锥的规格（GB/T 3464.3—2007）

（单位：mm）

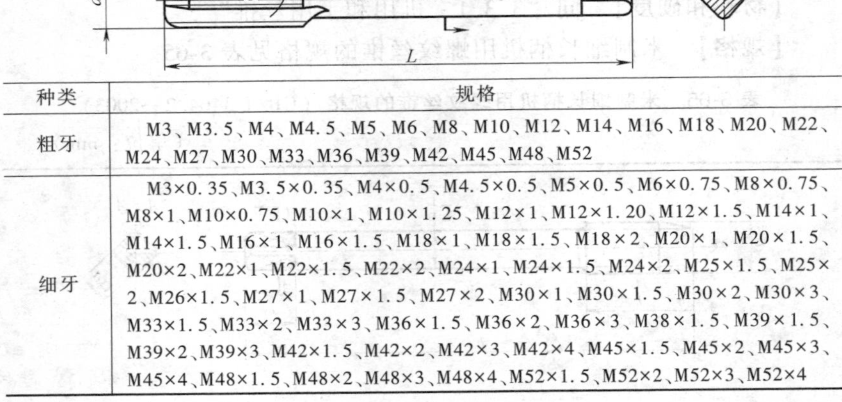

种类	规格
粗牙	M3、M3.5、M4、M4.5、M5、M6、M8、M10、M12、M14、M16、M18、M20、M22、M24、M27、M30、M33、M36、M39、M42、M45、M48、M52
细牙	M3×0.35、M3.5×0.35、M4×0.5、M4.5×0.5、M5×0.5、M6×0.75、M8×0.75、M8×1、M10×0.75、M10×1、M10×1.25、M12×1、M12×1.20、M12×1.5、M14×1、M14×1.5、M16×1、M16×1.5、M18×1、M18×1.5、M18×2、M20×1、M20×1.5、M20×2、M22×1、M22×1.5、M22×2、M24×1、M24×1.5、M24×2、M25×1.5、M25×2、M26×1.5、M27×1、M27×1.5、M27×2、M30×1、M30×1.5、M30×2、M30×3、M33×1.5、M33×2、M33×3、M36×1.5、M36×2、M36×3、M38×1.5、M39×1.5、M39×2、M39×3、M42×1.5、M42×2、M42×3、M42×4、M45×1.5、M45×2、M45×3、M45×4、M48×1.5、M48×2、M48×3、M48×4、M52×1.5、M52×2、M52×3、M52×4

【标记】 左螺纹（代号 LH）的粗牙普通螺纹，直径为 27mm，螺距为 3mm，H3 公差带，三支一组普通级不等径短柄机用丝锥，标记为：短柄机用丝锥（不等径）3-M27LH-H3　GB/T 3464.3—2007。

注意：标记时，右螺纹细牙普通螺纹不标螺距，初锥（底锥）在最前面加“初（底）”，高性能加“G”。

3.3.3 粗长柄机用丝锥

【材料和硬度】 同“3.3.1　机用和手用丝锥”。

【规格】 粗长柄机用普通螺纹丝锥的规格见表 3-64。

表 3-64　粗长柄机用普通螺纹丝锥的规格（GB/T 20326—2006）

（单位：mm）

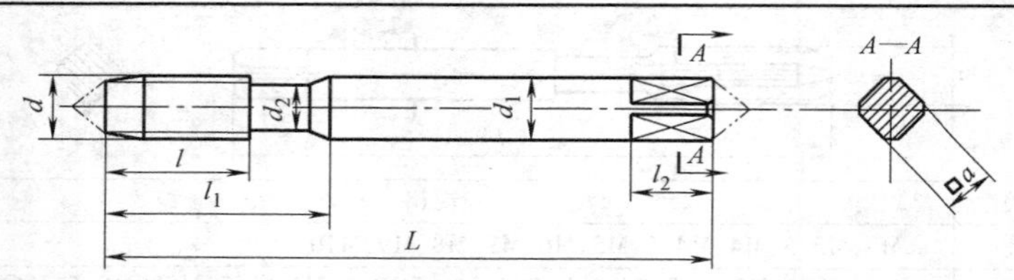

种类	规格
粗牙	M3、M3.5、M4、M4.5、M5、M6、M7、M8、M9、M10
细牙	M3×0.35、M3.5×0.35、M4×0.5、M4.5×0.5、M5×0.5、M5.5×0.5、M6×0.75、M7×0.75、M8×1.0、M9×1.0、M10×1.0、M10×1.25

3.3.4 细长柄机用丝锥

【材料和硬度】 同“3.3.1　机用和手用丝锥”。

【规格】 米制细长柄机用螺纹丝锥的规格见表 3-65。

表 3-65　米制细长柄机用螺纹丝锥的规格（GB/T 3464.2—2003）

（单位：mm）

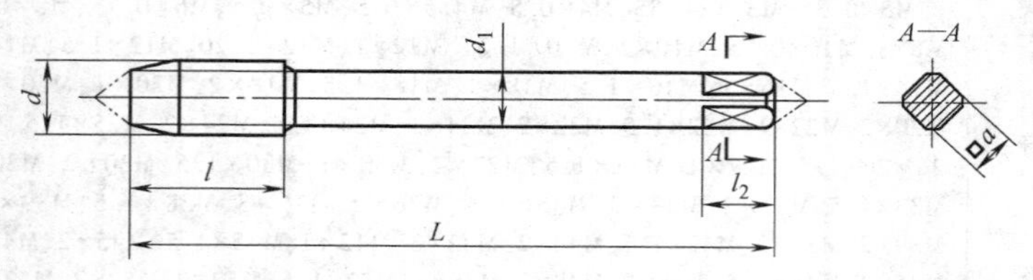

（续）

种类	规格
粗牙	M3、M3.5、M4、M4.5、M5、M6、M7、M8、M9、M10、M11、M12、M14、M16、M18、M20、M22、M24
细牙	M3×0.35、M3.5×0.35、M4×0.5、M4.5×0.5、M5×0.5、M5.5×0.5、M6×0.75、M7×0.75、M8×1.0、M9×1.0、M10×1.0、M10×1.25、M12×1.25、M12×1.5、M14×1.25、M14×1.5、M15×1.5、M16×1.5、M17×1.5、M18×1.5、M18×2.0、M20×1.5、M20×2.0、M22×1.5、M22×2.0、M24×1.5、M24×2.0

3.3.5　螺母丝锥

【分类】　用于攻制螺母的普通内螺纹。有粗牙与细牙两种，每种又有无方头和有方头之分。

【材料和硬度】　同“3.3.1　机用和手用丝锥”。

【规格】　见表 3-66～表 3-68。

表 3-66　d<5mm 圆柄普通螺纹用螺母丝锥的规格（GB/T 967—2008）

（单位：mm）

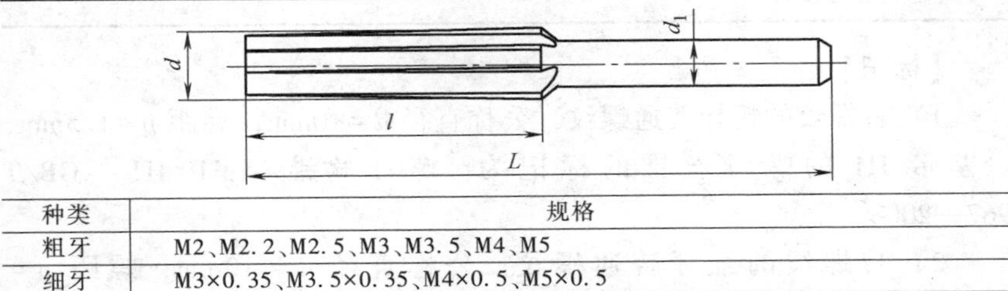

种类	规格
粗牙	M2、M2.2、M2.5、M3、M3.5、M4、M5
细牙	M3×0.35、M3.5×0.35、M4×0.5、M5×0.5

表 3-67　5mm<d≤30mm 圆柄普通螺纹用螺母丝锥的规格（GB/T 967—2008）

（单位：mm）

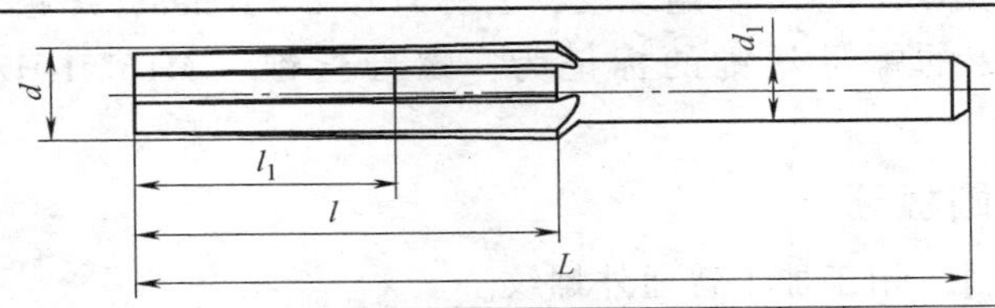

种类	规格
粗牙	M6、M8、M10、M12、M14、M16、M18、M20、M22、M24、M27、M30
细牙	M6×0.75、M8×1、M8×0.75、M10×1.25、M10×1、M10×0.75、M12×1.5、M12×1.25、M12×1、M14×1.5、M14×1、M16×1.5、M16×1、M18×2、M18×1.5、M18×1、M20×2、M20×1.5、M20×1、M22×2、M22×1.5、M22×1、M24×2、M24×1.5、M24×1、M27×2、M27×1.5、M27×1、M30×2、M30×1.5、M30×1

表 3-68 d>5mm 方柄普通螺纹用螺母丝锥的规格（GB/T 967—2008）

（单位：mm）

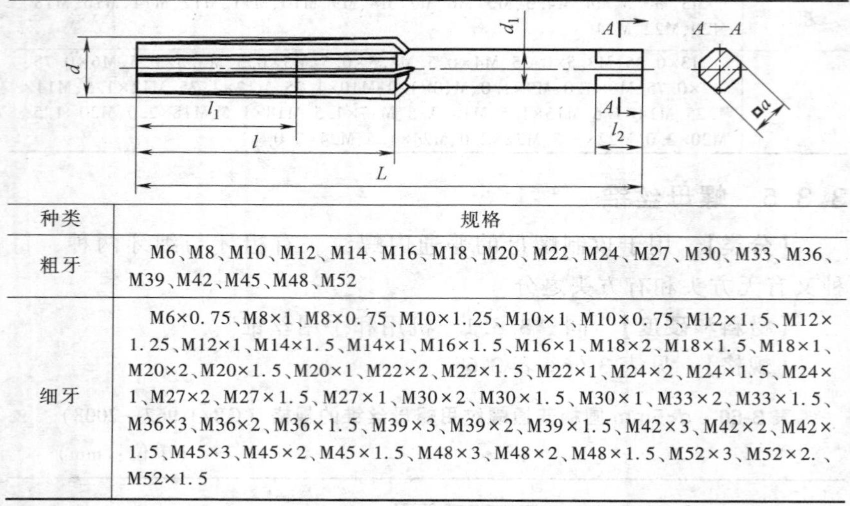

种类	规格
粗牙	M6、M8、M10、M12、M14、M16、M18、M20、M22、M24、M27、M30、M33、M36、M39、M42、M45、M48、M52
细牙	M6×0.75、M8×1、M8×0.75、M10×1.25、M10×1、M10×0.75、M12×1.5、M12×1.25、M12×1、M14×1.5、M14×1、M16×1.5、M16×1、M18×2、M18×1.5、M18×1、M20×2、M20×1.5、M20×1、M22×2、M22×1.5、M22×1、M24×2、M24×1.5、M24×1、M27×2、M27×1.5、M27×1、M30×2、M30×1.5、M30×1、M33×2、M33×1.5、M36×3、M36×2、M36×1.5、M39×3、M39×2、M39×1.5、M42×3、M42×2、M42×1.5、M45×3、M45×2、M45×1.5、M48×3、M48×2、M48×1.5、M52×3、M52×2.、M52×1.5

【标记】

1）右螺纹的粗牙普通螺纹，公称直径 $d=10$mm，螺距 $p=1.5$mm，公差带 H1 的螺母丝锥的标记为：螺母丝锥 M10-H1 GB/T 967—2008。

2）右螺纹的细牙普通螺纹，公称直径 $d=10$mm，螺距 $p=1.25$mm，公差带 H4 的螺母丝锥的标记为：螺母丝锥 M10×1.25 GB/T 967—2008。

3）左螺纹的粗牙普通螺纹，公称直径 $d=16$mm，螺距 $p=2$mm，公差带 H2 的螺母丝锥的标记为：螺母丝锥 M16LH-H2 GB/T 967—2008。

3.3.6 圆板牙

【用途】 用于加工普通外螺纹。

【分类】 按牙型分，有粗牙和细牙两种；按型式分有固定式（封闭式）和可调式（开槽式）（见图 3-17）。

【型式结构】 本身就像一个有切削刃的圆螺母，上面钻有 3～5 个排屑孔（见图 3-18）。

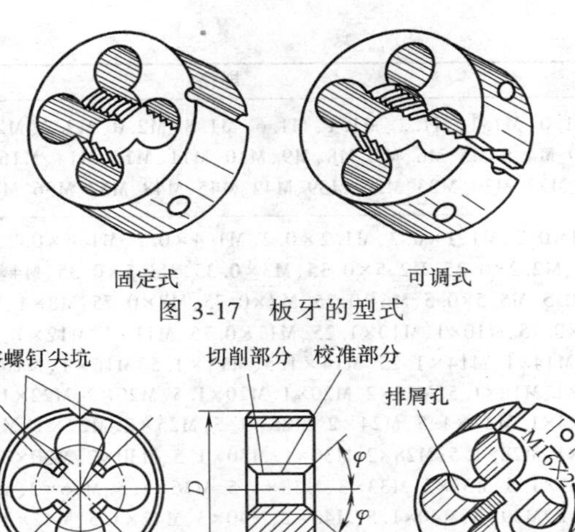

图 3-17　板牙的型式

图 3-18　板牙的结构

【材料】　圆板牙采用 9SiCr 合金工具钢或 W6Mo5Cr4V2 高速工具钢，或者具有与上述牌号同等性能的其他材料。

【硬度】　板牙需经淬火处理。采用 9SiCr 制造的圆板牙螺纹部分的硬度不低于 60HRC，采用 W6Mo5Cr4V2 制造的圆板牙螺纹部分的硬度，在公称直径 $d \leqslant 3\text{mm}$ 时，不低于 61HRC；在公称直径 $d > 3\text{mm}$ 时，不低于 62HRC。

【规格】　普通螺纹用圆板牙的规格见表 3-69。

表 3-69　普通螺纹用圆板牙的规格（GB/T 970.1—2008）　（单位：mm）

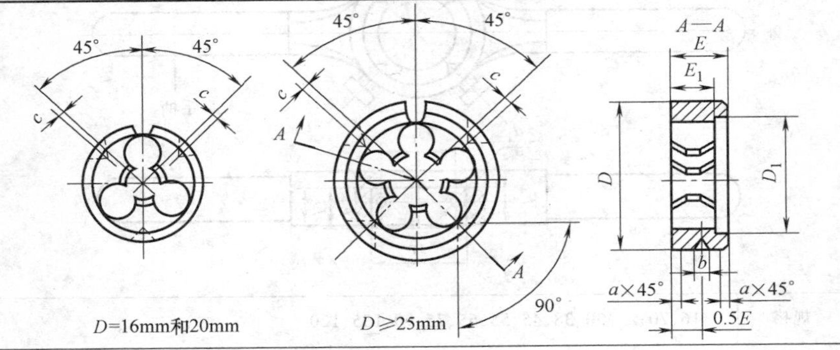

（续）

种类	规格
粗牙	M1.0、M1.1、M1.2、M1.1、M1.6、M1.8、M2.0、M2.2、M2.5、M3.0、M3.5、M4.0、M4.5、M5、M6、M7、M8、M9、M10、M11、M12、M14、M16、M18、M20、M22、M24、M27、M30、M33、M36、M39、M42、M45、M48、M52、M56、M60、M64、M68
细牙	M1×0.2、M1.1×0.2、M1.2×0.2、M1.4×0.2、M1.6×0.2、M1.8×0.2、M2×0.25、M2.2×0.25、M2.5×0.35、M3×0.35、M3.5×0.35、M4×0.5、M4.5×0.5、M5×0.5、M5.5×0.5、M6×0.75、M7×0.75、M8×0.75、M8×1、M9×0.75、M9×1、M10×0.75、M10×1、M10×1.25、M11×0.75、M11×1、M12×1、M12×1.25、M12×1.5、M14×1、M14×1.25、M14×1.5、M15×1.5、M16×1、M16×1.5、M17×1.5、M18×1、M18×1.5、M18×2、M20×1、M20×1.5、M20×2、M22×1、M22×1.5、M22×2、M24×1、M24×1.5、M24×2、M25×1.5、M25×2、M27×1、M27×1.5、M27×2、M28×1、M28×1.5、M28×2、M30×1、M30×1.5、M30×2、M30×3、M32×1.5、M32×2、M33×1.5、M33×2、M33×3、M35×1.5、M36×1.5、M36×2、M36×3、M39×1.5、M39×2、M39×3、M40×1.5、M40×2、M40×3、M42×1.5、M42×2、M42×3、M42×4、M45×1.5、M45×2、M45×3、M45×4、M48×1.5、M48×2、M48×3、M48×4、M50×1.5、M50×2、M50×3、M52×1.5、M52×2、M52×3、M52×4、M55×1.5、M55×2、M55×3、M55×4、M56×1.5、M56×2、M56×3、M56×4

3.3.7 圆板牙架

【用途】 供手工铰制工件外螺纹时，装夹圆板牙用。

【规格】 圆板牙架的规格见表3-70。

表3-70 圆板牙架的规格（GB/T 970.1—2008）

（单位：mm）

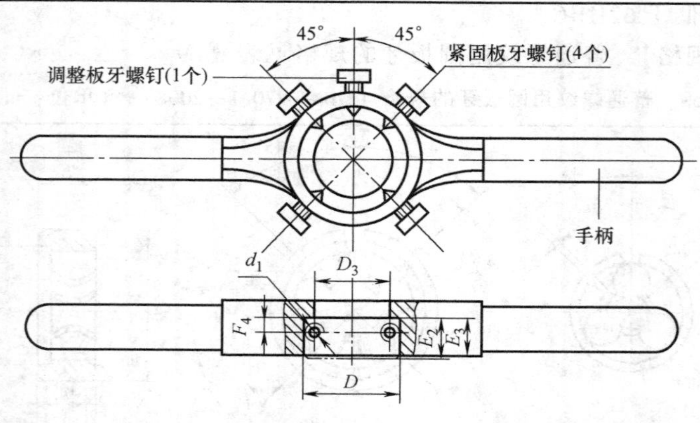

规格	16、20、25、30、38、45、55、65、75、90、105、120

【标记】 内孔直径 $D=38mm$，用于圆板牙厚度 $E_2=10mm$ 的圆板牙架，标记为：圆板牙架 38×10　GB/T 970.1—2008。

3.3.8　六方板牙

【用途】 用于加工普通螺纹、英制螺纹、55°密封管螺纹和 55°非密封管螺纹等。

【规格】 常用的米制和英制螺纹六方板牙的规格见表 3-71。

表 3-71　常用的米制和英制螺纹六方板牙的规格（GB/T 20325—2006）

（单位：mm）

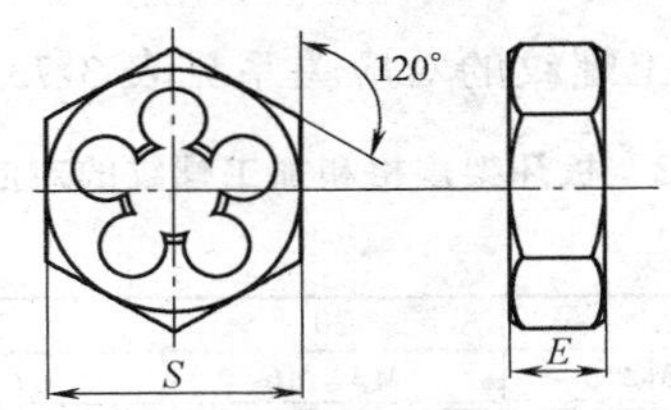

种类	规格
粗牙螺纹	M3、M3.5、M4、M5、M6、M7、M8、M9、M10、M11、M12、M14、M16、M18、M20
细牙螺纹	M3×0.35、M3.5×0.35、M4×0.5、M5×0.5、M6×0.75、M7×0.75、M8×0.75、M8×1、M9×0.75、M9×1、M10×0.75、M10×1、M10×1.25、M11×0.75、M11×1、M11×1.25、M12×1、M12×1.25、M12×1.5、M14×1、M14×1.25、M14×1.5、M16×1、M16×1.5、M18×1、M18×1.5、M18×2、M20×1、M20×1.5、M20×2
圆锥管螺纹	1/16、1/8、1/4、3/8、1/2、3/4、1、1¼、1½、2

【标记】 按被加工螺纹的代号标记。

1）加工 M10 精度 6g 螺纹的六方板牙，标记为：M10 6g GB/T 20325。

2）加工 1/2 -12 BSW 螺纹的六方板牙，标记为：1/2-12 BSW GB/T 20325。

3.3.9　丝锥扳手

【用途】 用于手工铰制工件内螺纹或圆孔时，装夹丝锥或铰刀。

【分类】 有固定式和活络式两种。

【规格】 丝锥扳手的规格见表 3-72。

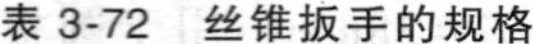

表 3-72 丝锥扳手的规格 （单位：mm）

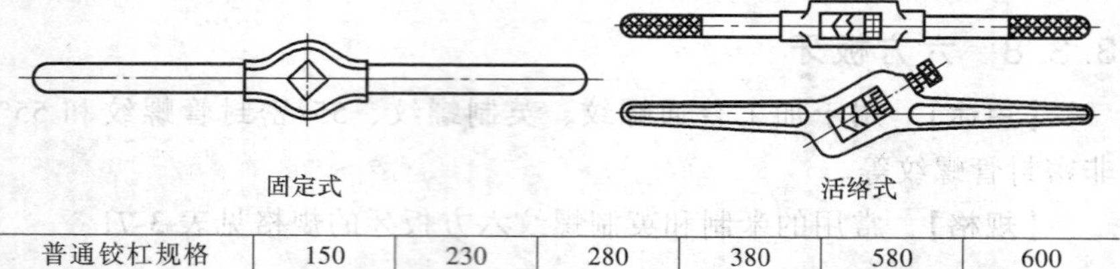

普通铰杠规格	150	230	280	380	580	600
适用丝锥范围	M5～M8	M8～M12	M12～M14	M14～M16	M16～M22	M22 以上

3.3.10 板牙架规格和加工螺纹的对应关系

板牙架规格和加工螺纹的对应关系见表 3-73。

表 3-73 板牙架规格和加工螺纹的对应关系

（单位：mm）

板牙架规格	16	20	25	30
加工螺纹	M1～M2.5	M3～M6	M7～M9	M10～M11
板牙架规格	38	45	55	65
加工螺纹	M12～M14	M16～M20	M22～M24	M27～M36
板牙架规格	75	90	105	120
加工螺纹	M39～M42	M48～M52	M56～M60	M64～M68

3.3.11 滚丝轮

滚丝轮（见图 3-19）是在滚丝机上，利用金属塑性变形的方法滚压出螺纹的工具。

【用途】 成对安装在滚丝机上滚压外螺纹。

【分类】 按大小分，有 45 型、54 型、75 型三种（内孔分别是 45mm、54mm 和 75mm）；按精度等级分，有 1 级、2 级和 3 级。

图 3-19 滚丝轮

【规格】 普通螺纹用滚丝轮的规格见表 3-74。

表 3-74 普通螺纹用滚丝轮的规格（GB/T 971—2008） （单位：mm）

螺纹直径	粗牙	3.0、(3.5)、4.0、(4.5)、5.0、6.0、8.0、10.0、12.0、(14.0)、16.0、(18.0)、20.0、(22.0)、24.0、(27.0)、30.0、(33.0)、36.0、(39.0)、42.0
	细牙	8.0、10.0、12.0、14.0、16.0、10.0、12.0、14.0、12.0、14.0、16.0、18.0、20.0、22.0、24.0、27.0、30.0、33.0、36.0、39.0、42.0、45.0、18.0、20.0、22.0、24.0、27.0、30.0、33.0、36.0、39.0、42.0、45.0、36.0、39.0、42.0、45.0

3.3.12 搓丝板

搓丝板（见图 3-20）是用于加工丝锥、螺栓的一种专用刀具。

【用途】 搓丝板装在搓丝机上，供搓制螺栓、螺钉等普通外螺纹用。搓丝板有活动搓丝板和固定搓丝板两种。一个固定搓丝板对应一个活动搓丝板，通常固定搓丝板的长度略短于活动搓丝板。工作表面不应有脱碳和硬度低的地方，搓丝板表面不得有裂纹、刻痕、锈迹和磨削烧伤等影响使用性能的缺陷。

图 3-20　搓丝板

【材料】 采用 9SiCr、Cr12MoV。

【硬度】 工作部分的硬度为 59~62HRC。

【选用】

1）普通螺纹搓丝板分为 1 级、2 级和 3 级。1 级适用于加工公差等级为 4 级、5 级的外螺纹；2 级适用于加工公差等级为 5 级、6 级的外螺纹；3 级适用于加工公差等级为 6 级、7 级的外螺纹。

2）搓丝板长度的选择见表 3-75。

表 3-75　普通螺纹搓丝板长度的选择　（单位：mm）

螺栓规格	活动搓丝板 l_D	固定搓丝板 l_G	螺栓规格	活动搓丝板 l_D	固定搓丝板 l_G
M1~M3	50	45	M3~M8	125	110
M1.6~M3	55		M5~M10	170	150
M1.4~M3	60	55	M5~M14	210	190
M1.6~M3	65		M8~M14	220	200
M1.6~M4	70	65	M12~M16	250	230
M1.6~M5	80	70	M16~M22	310	285
M2.5~M5	85	78	M20~M24	400	375

3.3.13 攻丝机

攻丝机是用丝锥加工内螺纹的一种机床。

【种类】 按动力源，可分为手动攻丝机、气动攻丝机、电动攻丝机和液压攻丝机；按型式，可分为台式攻丝机、立式攻丝机和卧式攻丝机；按主轴数目，可分为单轴、双轴、四轴、六轴和多轴攻丝机。

【用途】 台式攻丝机主要用于加工仪器、仪表等小型零件的螺孔的攻螺纹；卧式和立式攻丝机用于成批、大量加工螺孔的攻螺纹。

【型式】 有台式、立式和卧式三种（见图 3-21）。

【结构】 攻丝机由主轴箱体、立柱、工作台、底座、传动系统和床身等部件组成，主轴可正、反向旋转。

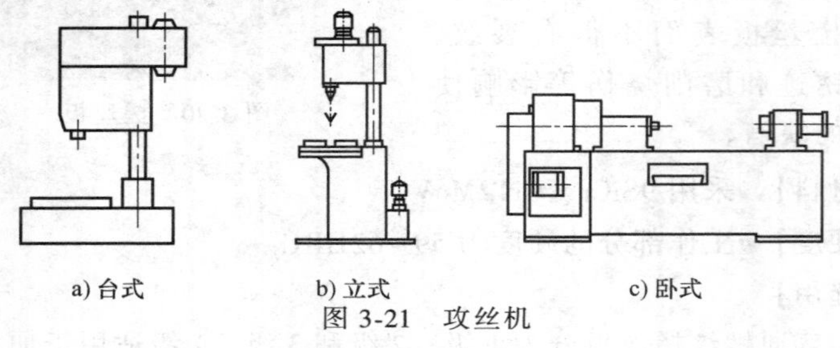

a) 台式　　b) 立式　　c) 卧式

图 3-21　攻丝机

【分类】 攻丝机的分类见表 3-76。

表 3-76　攻丝机的分类（JB/T 7423.1—2008）

种类		最大攻丝直径								
		M3	M6	M8	M12	M16	M24	M30	M52	M72
台式攻丝机	手动	√	√	√	√	√	√	—	—	—
	半自动	√	—	√	√	√	—	—	—	—
立式攻丝机		—	—	—	—	√	√	√	—	√
卧式攻丝机		—	—	—	—	—	—	—	√	—

【参数】 攻丝机机床的参数见表 3-77。

表 3-77　攻丝机机床的参数（JB/T 7423.1—2008）

最大攻螺纹直径/mm	最大螺距/mm	跨距/mm				主轴端面至工作台面的最大距离/mm	主轴最大行程/mm	主轴短圆锥号 GB/T 6090—2003 或 JB/T 3489—1991	主轴转速范围/(r/min)	主电动机功率/kW
M3	0.50	140	160	180	—	100	28	B10	80~1800	0.25

（续）

最大攻螺纹直径/mm	最大螺距/mm	跨距/mm				主轴端面至工作台面的最大距离/mm	主轴最大行程/mm	主轴短圆锥号 GB/T 6090—2003 或 JB/T 3489—1991	主轴转速范围/(r/min)	主电动机功率/kW
M6	1.00	160	180	200	220	250	40	B12	400~900	0.37
M8	1.25	180	200	220	240	355	45	B16	300~800	0.40
M12	1.75	200	220	240	260		56		200~560	0.75
M16	2.00	—	—	—	—	375	80	B18	120~600	1.10
M24	3.00	240	260	280	300	400	120	B22	85~170	2.20
M30	3.50							B24	60~120	
M52	3.00	220①	240①	260①	—	—	—	—	60~85	5.00
M72	2.00	240	260	280	300	400	—	B24	60~120	3.00

① 卧式攻丝机主轴轴线至工作台面的中心高。

3.4 装配工具

3.4.1 弹性挡圈安装钳

【用途】 专用于拆装弹簧挡圈。

【种类】 有孔用挡圈和轴用挡圈两种，每种又各分为 A 型和 B 型。

1. 轴用弹性挡圈安装钳

【规格】 轴用弹性挡圈安装钳的规格见表 3-78。

表 3-78 轴用弹性挡圈安装钳的规格（JB/T 3411.47—1999）

（单位：mm）

图	d	弹性挡圈规格
A型、B型	1.0	8~9
	1.5	10~18
	2.0	19~30
	2.5	32~40
	3.0	42~105
	4.0	110~200

【标记】 $d=2.5$mm 的 A 型轴用弹性挡圈安装钳，标记为：钳子 A2.5 JB/T 3411.47—1999。

2. 孔用弹性挡圈安装钳

【规格】 孔用弹性挡圈安装钳的规格见表 3-79。

表 3-79 孔用弹性挡圈安装钳的规格（JB/T 3411.48—1999）

（单位：mm）

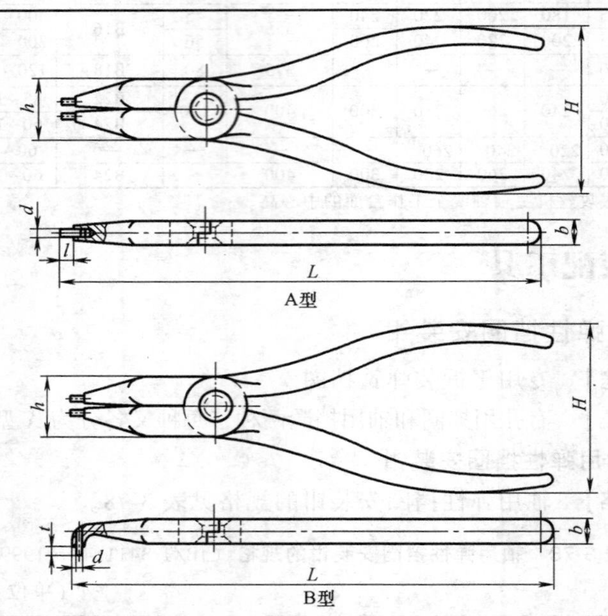

d	弹性挡圈规格	d	弹性挡圈规格	d	弹性挡圈规格
1.0	8~9	2.0	19~30	3.0	42~105
1.5	10~18	2.5	32~40	4.0	105~200

【标记】 $d=2.5$mm 的 A 型孔用弹性挡圈安装钳，标记为：钳子 A2.5 JB/T 3411.48—1999。

3.4.2 组合夹具组装工具

组合夹具组装工具包括六角套筒扳手、电动扳手四爪头、电动扳手六角头、丁字形四爪扳手、四爪扳手和拨杆等（见图 3-22）。适用于 12mm 槽系组合夹具元件的组装。

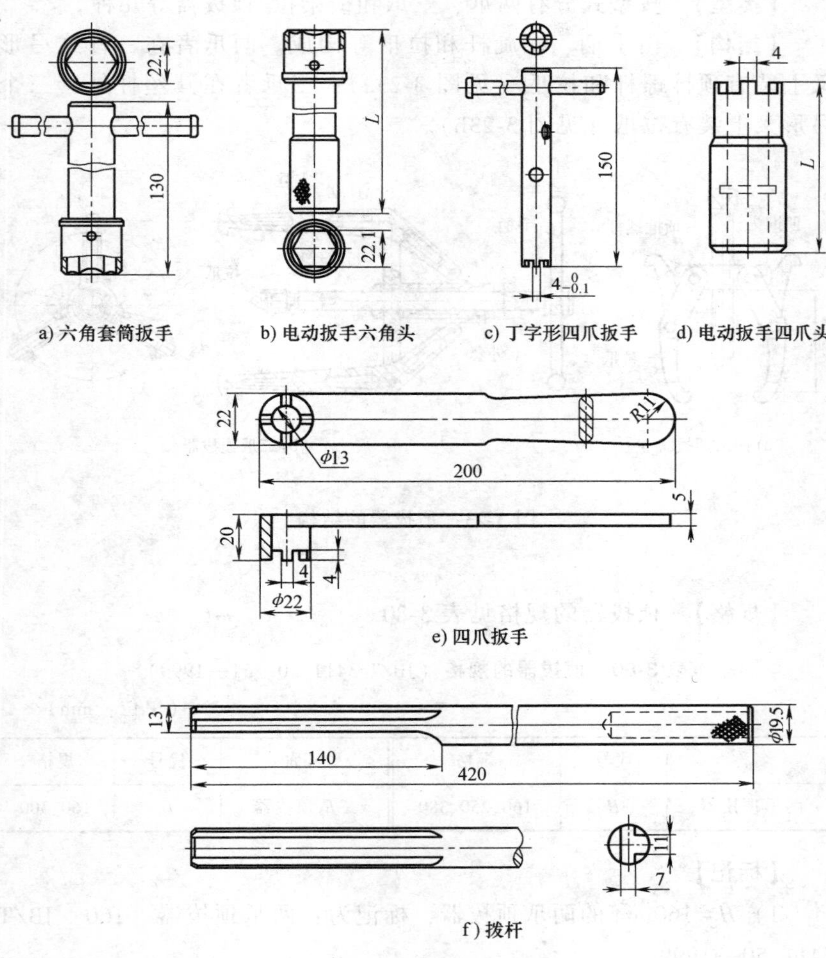

图 3-22　组合夹具组装工具

3.4.3　手动顶拔器

手动拉拔器俗称拉马（液压拉拔器参见 16.2.7 节），与此相类似的还有顶拔器。两者的结构和原理几乎相同。

【用途】 用于机械维修中拆卸损坏的轴承或齿轮等。

【类型】 按型式分有两爪、三爪和横梁拉/顶拔器等几种。

【结构】 由手柄、螺旋杆和拉爪等构成。两爪者在一杆式弓形叉上装有顶推螺杆和拉爪（见图 3-23a）；三爪者在其丝杆外套三个弓形叉上装有拉爪（见图 3-23b）。

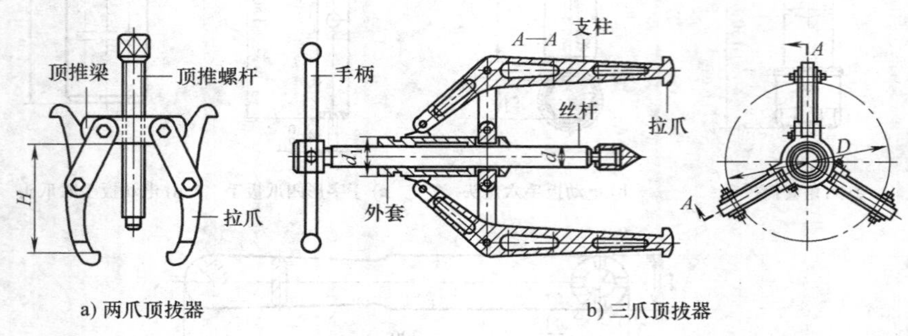

图 3-23　顶拔器的结构

【规格】 顶拔器的规格见表 3-80。

表 3-80　顶拔器的规格（JB/T 3411.50、51—1999）

（单位：mm）

名称	代号	规格	名称	代号	规格
两爪顶拔器	*H*	160、250、380	三爪顶拔器	*D*	160、300

【标记】

1）H=160mm 的两爪顶拔器，标记为：两爪顶拔器　160　JB/T 3411.50—1999。

2）D=160mm 的三爪顶拔器，标记为：三爪顶拔器　160　JB/T 3411.51—1999。

3.4.4　手动拔销器

【用途】 安装在操作杆端部，用来拔出配件或金具中的开口销，有手动和液压两种。

【尺寸】 拔销器的尺寸见表 3-81。

表 3-81　拔销器的尺寸（JB/T 3411.44—1999）

（单位：mm）

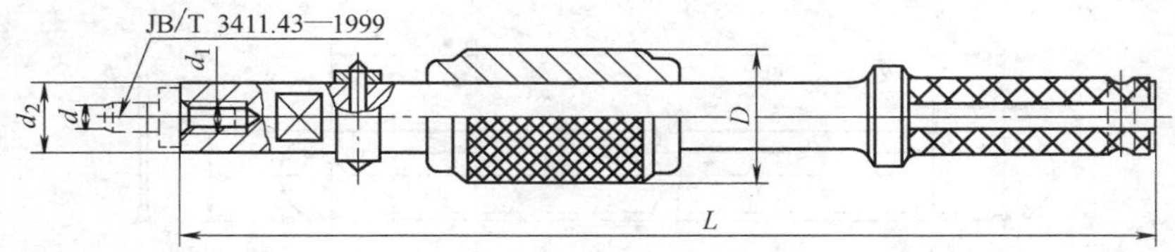

通用拔头 d	d_1	d_2	D	L
M4～M10	M16	22	52	430
M12～M20	M20	28	62	550

3.4.5　机械式法兰分离器

【用途】　机械式法兰分离器（见图 3-24）用于管路维护、法兰更换、压力容器、缸盖开启、发电厂轴承拆卸、油电钻井电动机转子拆卸、海上平台顶升工作、造船、工业设备、工件的水平移动等行业领域的法兰分离。

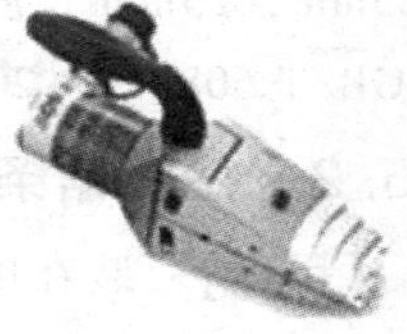

图 3-24　机械式法兰分离器

【产品数据】　机械式法兰分离器的产品数据见表 3-82。

表 3-82　机械式法兰分离器的产品数据

型号	螺栓直径/mm	开口尺寸/mm	质量/kg	型号	螺栓直径/mm	开口尺寸/mm	质量/kg
FS-106	16	70	2.3	FS-205	25	155	6.4
FS-109	19	95	2.7	FS-208	28	181	8.2
FS-202	22	124	4.1	—	—	—	—

3.5　锯切工具

3.5.1　机用锯条

【用途】　安装在锯床上切割金属工件。

【材料】　高速钢。

【硬度】　A 区：≤48HRC；B 区：≥63HRC

【规格】 机用锯条的规格见表 3-83。

表 3-83 机用锯条的规格（GB/T 6080.1—2010）

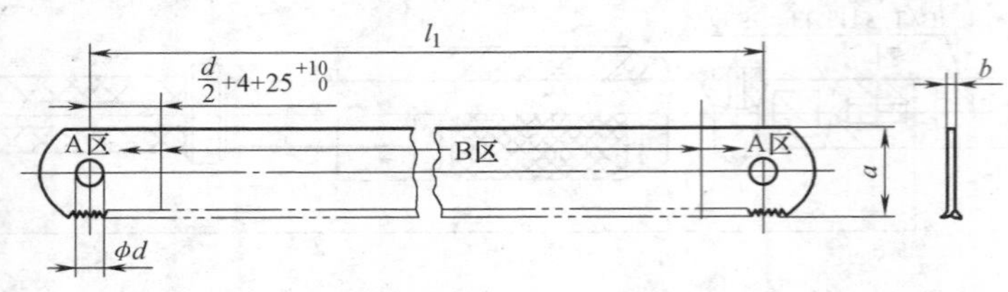

l_1/mm	300、350、400、450、500、575、600、700

【标记】 长度 l_1 = 300mm，锯条宽度 a = 25mm，厚度 b = 1.25mm，25mm 长度上的齿数 N = 10 的机用锯条，标记为：机用锯条 GB/T 6080.1—2010-300×25×1.25×10。

3.5.2 往复锯条

【用途】 装在电动往复锯上，用于对金属、塑料、木材、刨花板、胶合板等板材进行直线和曲线锯割。

【型式】 按其外形可分为直线类（Z）、曲线类（Q）和嵌入类（R）。

【结构】 由锯身和锯柄组成，锯身的工作部分是锯齿（齿面、锯根），锯背不参与锯削。

【材质】 可为碳素工具钢（代号 T）、合金工具钢（代号 M）、高速工具钢（代号 G）以及双金属复合钢（代号 Bi）四种类型。

【热处理】 采用盐浴淬火、真空或渗碳、离子渗金属等方法。

【硬度】 锯条齿部的最小硬度见表 3-84。

表 3-84 锯条齿部的最小硬度（QB/T 4785—2015）

材料	最小硬度	材料	最小硬度
碳素工具钢	75HRA	高速工具钢	81HRA
合金工具钢	75HRA	双金属复合钢	690HV

【规格】 往复锯条的规格见表 3-85。

表 3-85　往复锯条的规格（QB/T 4785—2015）

（单位：mm）

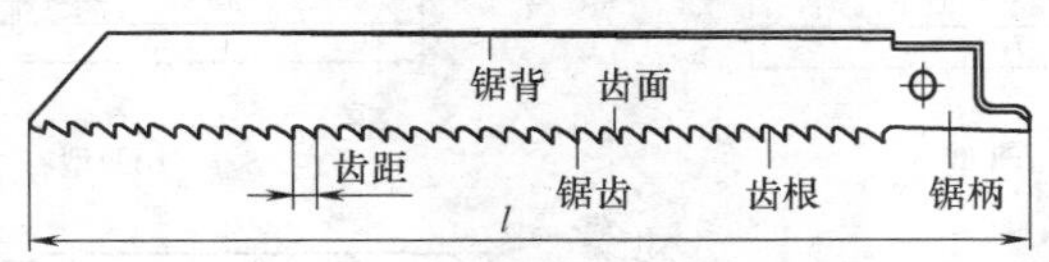

全长 l	直线类(Z)	100、125、150、200、225、250、300
	曲线类(Q)	90、100、125、150
	嵌入类(R)	100、125、150、200、225、250、300

【标记】　由产品名称、标准编号、类型代号和基本尺寸组成。

1）高速工具钢，Z 型，全长为 150mm，宽度为 18mm，齿距为 1.5mm，厚度为 0.9mm 的锯条，标记为：往复锯条 QB/T 4785　GZ 150×18×1.5×0.9。

2）双金属复合钢，R 型，全长 250mm，宽度为 19mm，齿距为 2.5mm，厚度为 1.0mm 的锯条，标记为：往复锯条 QB/T 4785　BiR 250×19×2.5×1.0。

3.5.3　曲线锯条

【用途】　安装在电动曲线锯上，用于对金属、塑料、木材、刨花板、胶合板等板料进行直线和曲线锯割。

【结构】　锯身由锯齿和锯柄组成。锯柄上有孔，用于固定在往复锯上（见图 3-25）。

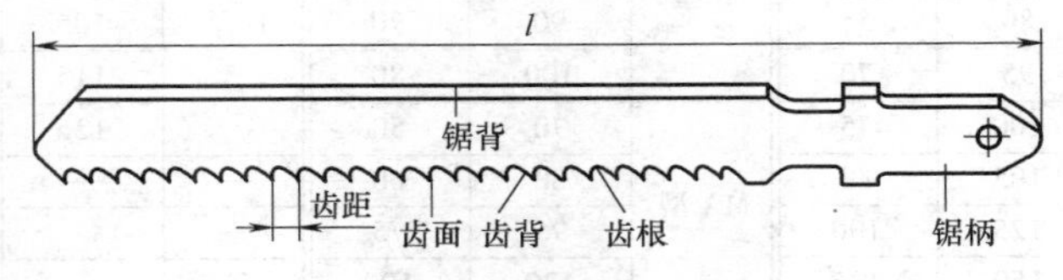

图 3-25　曲线锯条的结构

【型式】　按其柄部形式，分为 T、U、MA 和 H 型四种（见图 3-26）。

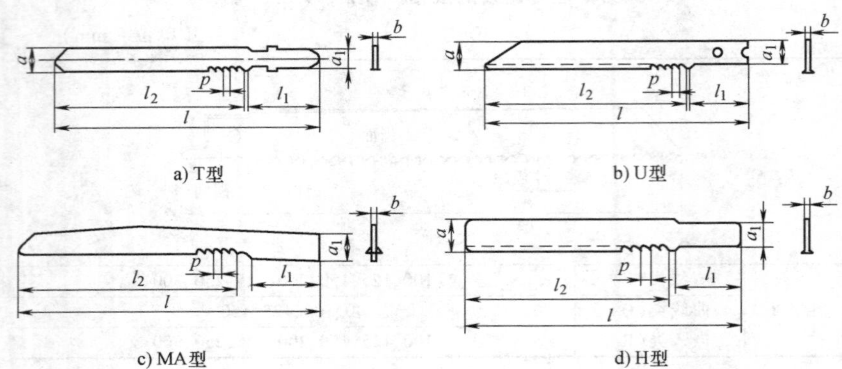

图 3-26　曲线锯条的型式

【材质和齿部硬度】　按使用材质分为碳素工具钢（代号 T，75HRA）、合金工具钢（代号 M，75HRA）、高速工具钢（代号 G，81HRA）以及双金属复合钢（代号 Bi，690HV）四种类型。

【表面处理】　经涂漆或其他处理的锯条，在 24h 盐雾试验后的保护评级不低于 6 级。

【规格】　曲线锯条的规格见表 3-86。

表 3-86　曲线锯条的规格（QB/T 4267—2011）

（单位：mm）

型式	全长 l	锯齿长度 l_2	型式	全长 l	锯齿长度 l_2	型式	全长 l	锯齿长度 l_2
T 型	70	45	U 型	70	50	H 型	80	60
	75	50		80	60		95	75
	80	55		90	70		105	85
	95	70		100	80		115	95
	100	75	MA 型	70	50		125	105
	105	80		80	60	—	—	—
	125	100		95	75	—	—	—
	150	125		120	100	—	—	—

【标记】　由产品名称、标准编号、类型代号和基本尺寸组成。

1）高速工具钢，T 型，全长为 100mm，宽度为 8mm，厚度为 1.0mm，齿距为 2.5mm 的锯条，标记为：曲线锯条 QB/T 4267

GT100×8×1.0×2.5。

2）双金属复合钢，U 型，全长为 100mm，宽度为 8mm，厚度为 0.9mm，齿距为 1.0mm 的锯条，标记为：曲线锯条 QB/T 4267 BiU100×8×0.9×1.0。

3.5.4　金属冷切圆锯片

金属冷锯指锯片在切割金属的过程中，产生的热量通过锯齿转移到切屑上，保持被切削件与锯片的温度不升高，所以叫冷锯。

【分类】　按结构分，有带侧隙锯片和不带侧隙锯片两种，按齿形分，有鼠牙齿（N）、狼牙齿（K）和犬牙齿（A）三种（见表 3-87）。

【规格】　金属冷切圆锯片的规格见表 3-87。

表 3-87　金属冷切圆锯片的规格（JB/T 11742—2013）

（单位：mm）

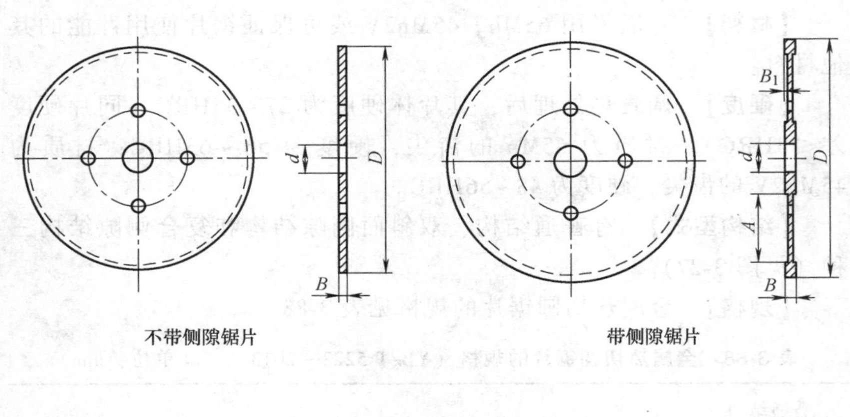

外径 D	250、300、350、400、450、500、550、600、650、700、750、800、1000、1200、1300、1400、1450、1500、1600、1800、2000、2100、2200

【用途】 用于常温下切刨各种普通碳素结构钢（碳含量不高于0.3%，抗拉强度不超过500MPa）的钢管和型材，包括槽钢、H型钢、角钢、方形矩形空心型钢等。

【材质】 采用65Mn或GB/T 699、GB/T 1299、GB/T 3077规定的其他材料，如：DJ100、75Cr1、8CrV等材料。

【整体硬度】 ϕ250~1400mm（含ϕ1400mm），硬度为45~48HRC；ϕ1400~2200mm，硬度为30~38HRC；增加齿尖淬火（深度不低于锯齿高度的1/3），齿尖硬度为56~63HRC。

【标记】 外径为800mm，内孔直径为100mm，厚度为5mm，齿数为360的N型齿金属冷切圆锯片，标记为：金属冷切圆锯片 800×100×5×360-N JB/T 11742—2013。

3.5.5 金属热切圆锯片

【用途】 用于锯切热态金属，亦可锯切冷态金属。分为粗齿、普通齿、中齿和细齿四种。

【材料】 一般采用65Mn、45Mn2V或可保证锯片使用性能的其他材料。

【硬度】 调质热处理后，其片体硬度为27~35HRC（同片硬度差≤3HRC）。材质为65Mn的齿尖，硬度为56~63HRC；材质为45Mn2V的齿尖，硬度为48~56HRC。

【结构型式】 有普通结构、双斜面侧隙结构和复合侧隙结构三种（见图3-27）。

【规格】 金属热切圆锯片的规格见表3-88。

表3-88 金属热切圆锯片的规格（YB/T 5223—2013） （单位：mm）

普通结构、双斜面侧隙结构	外径 D:800、900、1000、1200、1500、1800、2000、2100、2200、2500
复合侧隙结构	外径 D:1800、2000、2100、2200、2500

【标记】 表示方法：

RJ	D×	b×	Z—	T	X/F
锯片代号	外径	厚度	齿数	齿型	锯片结构形式

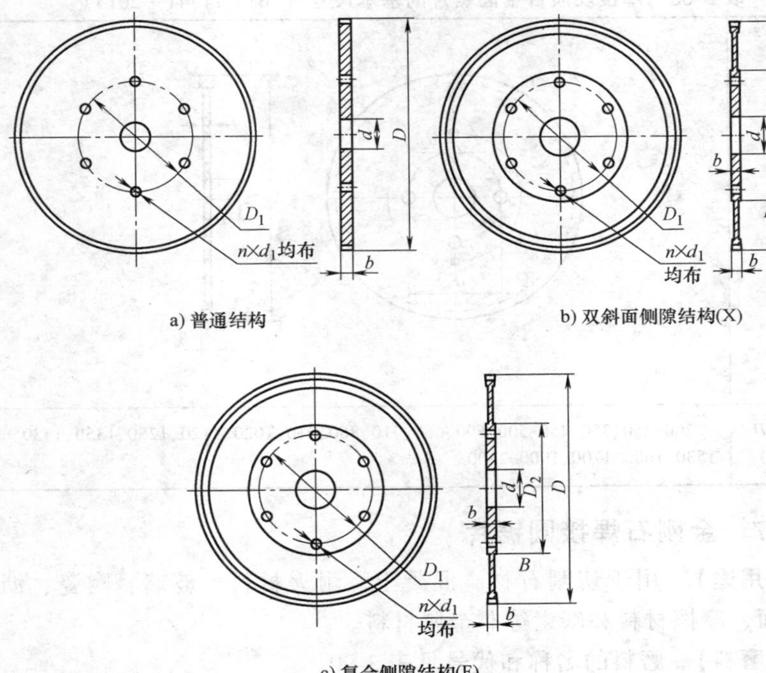

图 3-27　金属热切圆锯片的结构型式

3.5.6　焊接硬质合金圆锯片

【用途】 用于切割金属。

【材料】 70Mn、8CrV 或使用性能更高的其他材料。锯齿采用符合 GB/T 18376.1 规定的硬质合金。

【硬度】 锯片刀体整体硬度为 41~45HRC。

【规格】 焊接硬质合金圆锯片基本尺寸见表 3-89。

【标记】 外径为 860mm，内孔直径为 100mm，刀头宽度为 7.5mm，刀体厚度为 5.5mm，齿数为 70 的焊接硬质合金圆锯片，标记为：焊接硬质合金圆锯片 860 × 100 × 7.5/5.5-70 JB/T 11741—2013。

表 3-89　焊接硬质合金圆锯片的基本尺寸（JB/T 11741—2013）

图示 	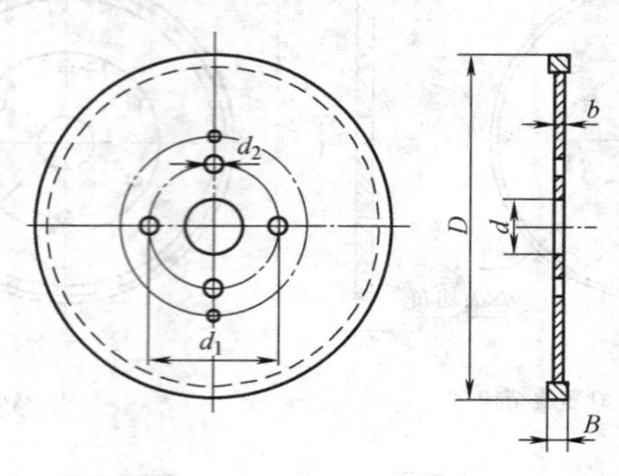
规格 D（mm）	200、250、350、450、500、600、660、710、860、910、1020、1120、1250、1350、1430、1530、1600、1700、1900、2200

3.5.7　金刚石焊接圆锯片

【用途】　用于切割石材、混凝土、耐火材料、玻璃、陶瓷、沥青路面、摩擦材料和碳素等非金属材料。

【磨料】　磨料的名称和代号见表 3-90。

表 3-90　磨料的名称和代号

人造金刚石	代号	SD			
	牌号	MBD6	MBD8	MBD10	SMD
		SMD25	SMD30	SMD35	SMD40
天然金刚石	代号	ND			

【形状】　金刚石焊接圆锯片的形状如图 3-28 所示。

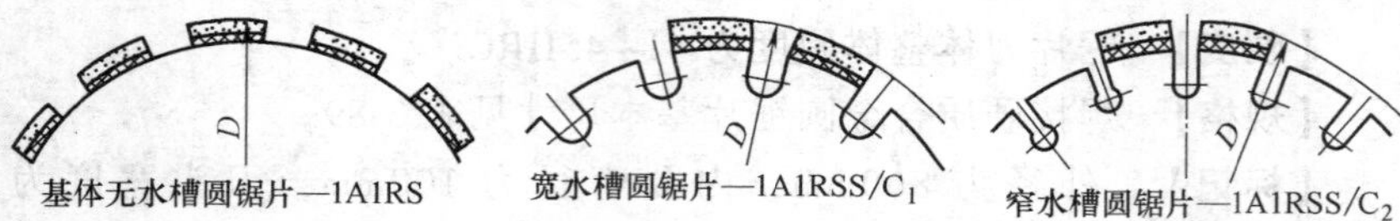

图 3-28　金刚石焊接圆锯片的形状

【规格】　金刚石焊接圆锯片的规格见表 3-91。

表 3-91　金刚石焊接圆锯片的规格（GB/T 11270. 1—2002）

（单位：mm）

名称	规格
基体无水槽圆锯片	180、250
宽水槽圆锯片	105、110、115、125、150、178、200、250、300、350、400、450、500、550、600、700、800、900、1000、1200、1300、1350、1400、1500、1600、1800、2000、2200、2500、2700、3000、3500
窄水槽圆锯片	105、110、115、125、150、180、200、250、300、350、400、450、500、600、700、800

【标记】 GB/T 11270. 1—2002 规定：

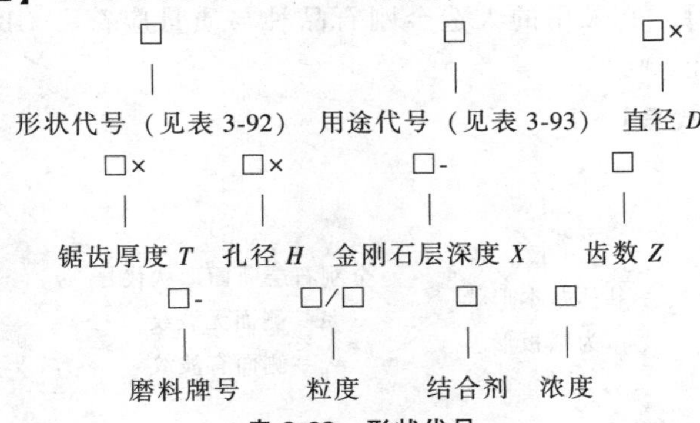

表 3-92　形状代号

名称	代号	名称	代号
基体基本形状	1	锯片基体无水槽	S
金刚石层断面形状	A	锯片基体有水槽	SS
金刚石层在基体上的位置	1	锯片基体宽水槽	C_1
锯片基体双面减薄	R	锯片基体窄水槽	C_2

表 3-93　用途代号

用途	代号	用途	代号
切割大理石用锯片	Ma	切割路面用锯片	R
切割花岗石用锯片	G	切割碳素用锯片	Car
切割混凝土用锯片	Con	切割陶瓷用锯片	V
切割耐火材料用锯片	Re	切割摩擦材料用锯片	Fm
切割砂石用锯片	S	—	—

例：形状为 1A1RSS/C1，切割花岗石用，D = 1600mm，T = 10mm，H = 100mm，X = 5mm，Z = 108，磨料牌号为 SMD，粒度为 16/18，结合剂为 M，浓度为 25 的圆锯片，标记为：1A1RSS/C1 G 1600×10×100×5-108 SMD-16/18 M 25。

3.5.8 金刚石圆锯烧结锯片

【用途】 整体烧结金属结合剂金刚石圆锯片，用于切割直径为 355mm 以下的石材、混凝土、耐火材料、玻璃、陶瓷、碳素等非金属硬脆材料。

【磨料】 所采用的人造金刚石品种与质量应符合 GB/T 6405、JB/T 7989 的规定。

【形状代号】

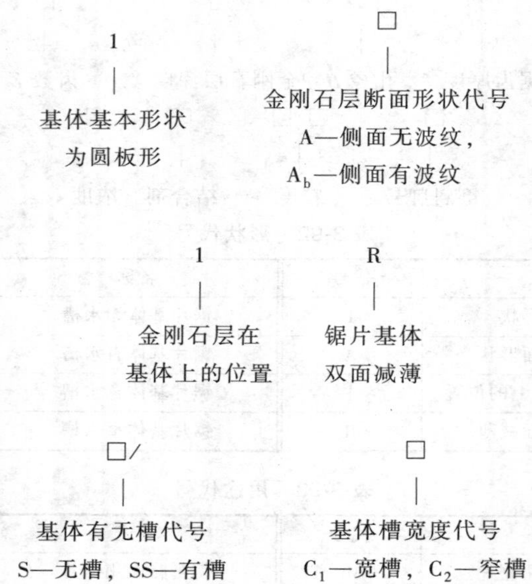

例：圆板形基体，金刚石层侧面有波纹，其位置在幕体外缘，锯片基体双面减薄，有窄槽，其代号为：$1A_b1RSS/C_2$。

【规格】 金刚石烧结圆锯片的规格见表 3-94。

【标记】 同“3.5.7 金刚石焊接圆锯片”。

表 3-94　金刚石烧结圆锯片的规格（GB/T 11270.2—2002）

（单位：mm）

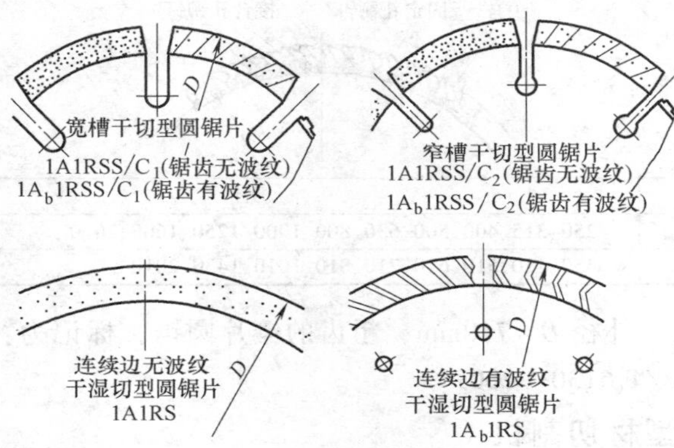

名称	规格
宽槽干切型圆锯片	105、110、115、125、150、(178)、200、230、250、300、(355)
窄槽干切型圆锯片	(100)、105、110、115、125、150、180、200、230、250、300、350、(355)
连续边无波纹干湿切型圆锯片	60、80、85、100、105、110、115、125、150、180、200、230、250、300、350
连续边有波纹干湿切型圆锯片	80、100、105、110、115、125、150、180、200、230、250、300、350、(355)

3.5.9　镶片圆锯

镶片圆锯是把刀片镶在圆盘上，用以切割金属材料的工具。

【分类】　锯齿分为粗齿、普通齿、中齿和细齿。

【材质】　刀片采用 W6Mo5Cr4V2，圆盘采用 8MnSi，铆钉采用 10A、15A（三者均可用同等性能以上的其他钢材制造）。

【硬度】　刀片工作部分的硬度为 63～66HRC，非工作部分的硬度不高于 48HRC。

【型式】　圆盘上刀片的固定型式有 A（带 3 个对称配置的铆钉）、B（带 4 个对称配置的铆钉）、C（带 3 个不对称配置的铆钉）三种。

【规格】　镶片圆锯的规格见表 3-95。

表 3-95 镶片圆锯的规格（GB/T 6130—2001）

（单位：mm）

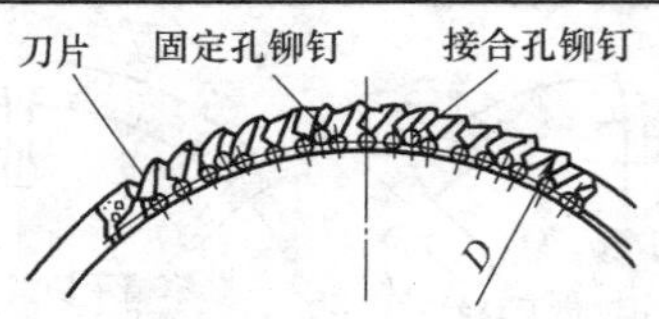

系列	规格
Ⅰ系列	250、315、400、500、630、800、1000、1250、1600、2000
Ⅱ系列	350、410、510、610、710、810、1010、1430、2010

【标记】 外径 $D=710$mm，粗齿的镶片圆锯，标记为：镶片圆锯 710 粗齿 GB/T 6130—2001。

3.5.10 型材切割机

型材切割机是以三相工频、单相电容电动机或单相串励电动机为动力，用纤维增强树脂薄片砂轮进行切割的可移式设备。

【用途】 用于切割钢管、铸铁管、异型钢材等各种型材。

【类别】 按使用电动机的类型，可分为单相和三相异步电动机型，以及单相串励电动机型。

【结构】 型材切割机主要由电动机、切割片、工作台、防护罩、操作手柄等组成（见图 3-29）。

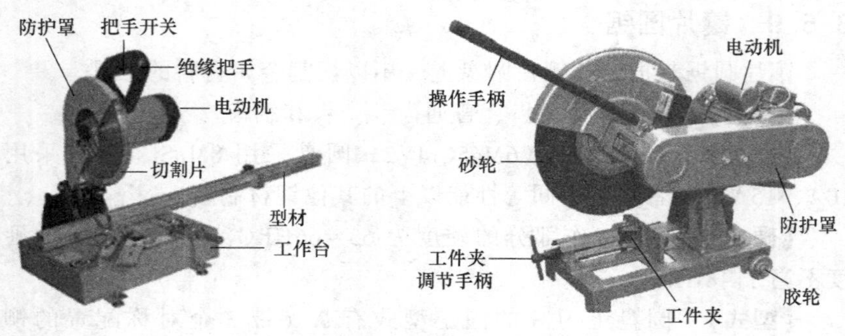

图 3-29 型材切割机的结构

【标记】

1）方法一（JB/T 9608—2013）：

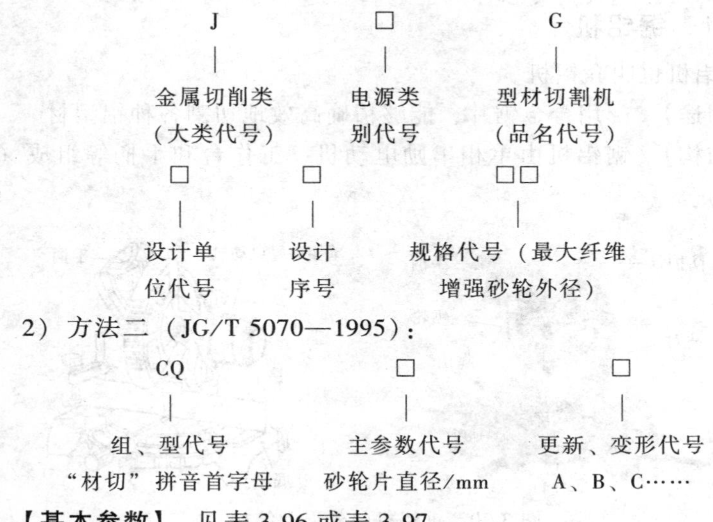

2）方法二（JG/T 5070—1995）：

CQ　　□　　□

组、型代号 “材切”拼音首字母 ｜ 主参数代号 砂轮片直径/mm ｜ 更新、变形代号 A、B、C……

【基本参数】 见表 3-96 或表 3-97。

表 3-96　型材切割机的基本参数（JB/T 9608—2013）

规格代号	额定输出功率/W	额定输出转矩/N·m	最大切割直径/mm	噪声限值/dB(A)	
				单相串励电机	单、三相异步电机
300	≥800/1100	≥3.5/4.2	30	106	98
350	≥900/1250	≥4.2/5.6	35	108	
400	≥1100(单相电容切割机)	≥5.5	50	110	
	≥2000(三相工频切割机)	≥6.7			

注：1. 有 A、B 两种型号，推荐使用 B 型。

2. 表中的额定输出功率和额定转矩，是以砂轮最高工作线速度为 72m/s 来确定的（适用于最高工作线速度为 72m/s、80m/s 的切割机）。

表 3-97　型材切割机的基本参数（JG/T 5070—1995）

主参数(砂轮片直径)/mm	350	400	450	500
最大切割直径/mm	35	50	55	60
电动机功率/kW	≤2.2		≤3	
所装砂轮片工作线速度/(m/s)	60			
最高空载转速/(r/min)	≤3274	≤2865	≤2547	≤2292
整机质量/kg	≤70		≤85	
外形尺寸	符合设计要求或标牌标定值			

3.5.11 锯铝机

锯铝机也叫介铝机。

【用途】 配用合金锯片，能够精确高效地切割各种铝型材。

【结构】 锯铝机由单相串励电动机、工作台和手柄等组成（见图 3-30）。

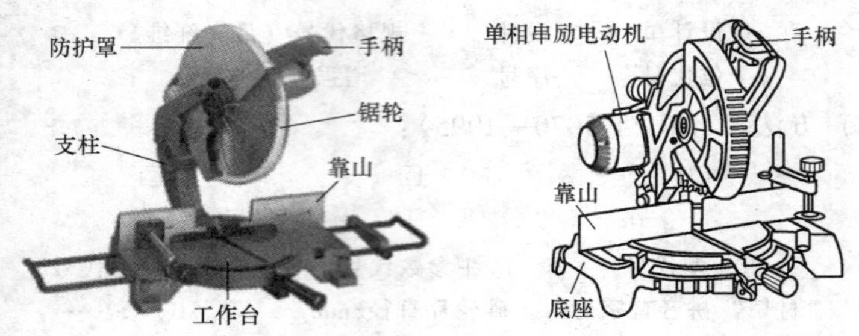

图 3-30 锯铝机的外形和结构

【使用方法】

1）使用前，确认锯片的规格正确、完好无损并与主轴锁紧；转动台固定牢靠并使用专用夹板（法兰盘）。

2）确认工件固定可靠，锯片和工件分离，主轴处于非锁定状态后，接通电源。

3）待电动机起动并全速正常运行后，开始切割。如果发现异常，应立即停止工作。

4）作业时，握住锯铝机手柄，用力适度，不可单手进行操作。

5）需要移动工件和锯铝机时，须先关闭电源开关，使锯片完全停止。

6）作业完毕，关闭电源，清理好现场。

3.6 夹持工具

3.6.1 普通台虎钳

【用途】 安装在工作台上，供夹持工件用。

【分类】 按夹紧力分为轻级（代号 Q）和重级（代号 Z）。按结构分为固定式（代号 G）和回转式（代号 H）；此外还有导杆台虎钳、槽钢台虎钳等型式。

【基本尺寸】　普通台虎钳的基本尺寸见表 3-98。

表 3-98　普通台虎钳的基本尺寸（QB/T 1558.2—2017）

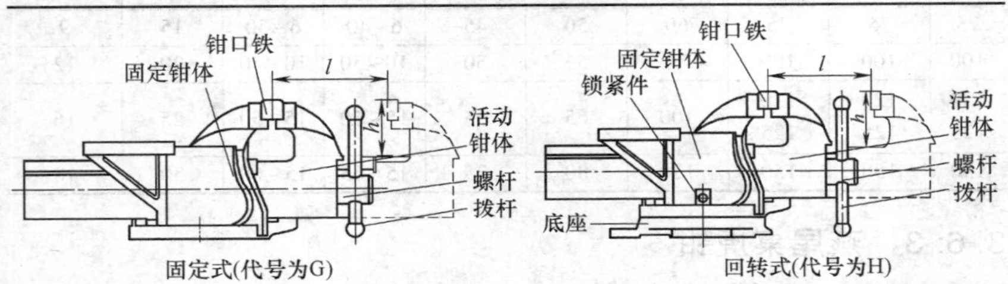

规格	钳口宽度/mm	最小开口度 l/mm		最小喉部深度 h/mm		最小夹紧力/kN	
		轻级	重级	轻级	重级	轻级	重级
75	75	50	75	40	45	7.5	15.0
90	90	64	90	43	50	9.0	18.0
100	100	75	100	45	55	10.0	20.0
115	115	90	115	50	60	11.0	22.0
125	125	100	125	55	65	12.0	25.0
150	150	125	150	65	75	15.0	30.0
200	200	150	200	80	100	20.0	40.0

3.6.2　多用台虎钳

【用途】　多用台虎钳除了具有普通台虎钳的功能外，因在其平钳口下方有一对管钳口（带圆弧装置）和 V 形钳口，可用来夹持小直径的圆柱形工件（如钢管、水管等）。

【分级】　按夹紧力分为轻级（代号为 Q）和重级（代号为 Z）。

【基本尺寸】　多用台虎钳的基本尺寸见表 3-99。

表 3-99　多用台虎钳的基本尺寸（QB/T 1558.3—2017）

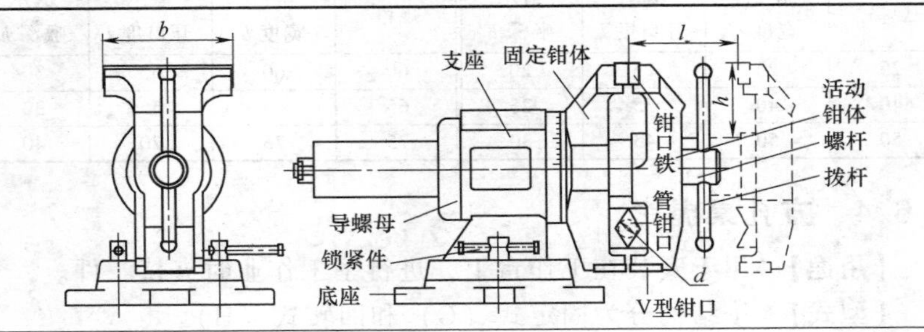

（续）

规格	钳口宽度 *b* /mm	最小开口度 *l*/mm		最小喉深 *h*/mm		管钳口夹持范围 *d*/mm		最小夹紧力/kN	
		重级	轻级	重级	轻级	重级	轻级	重级	轻级
75	75	75	60	50	45	6~40	6~30	15	9
100	100	100	80	55	50	10~50	10~40	20	12
120 125	120 125	120 125	100	65	55	15~60	15~50	25	16
150	150	150	120	80	75	15~65	15~60	30	18

3.6.3 燕尾桌虎钳

【用途】 安装方便，用于夹持小型零件加工。

【型式】 按结构分为固定式（代号为 G）和回转式（代号为 H）。

【基本尺寸】 燕尾桌虎钳的基本尺寸见表 3-100。

表 3-100 燕尾桌虎钳的基本尺寸（QB/T 2096.2—2017）

（单位：mm）

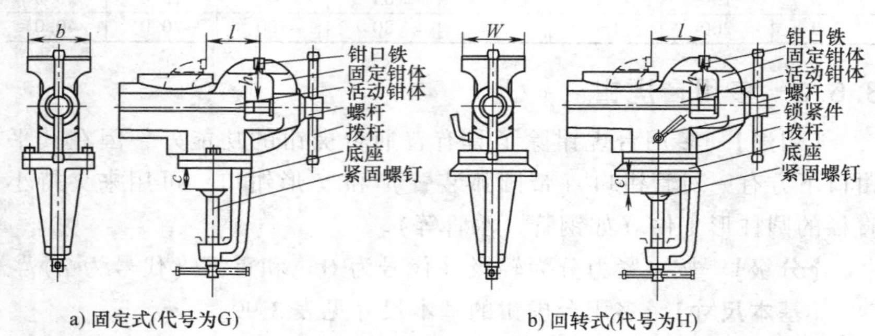

a) 固定式(代号为G)　　b) 回转式(代号为H)

规格	钳口宽度 *b*	最小开口度 *l*	最小喉深 *h*	规格	钳口宽度 *b*	最小开口度 *l*	最小喉深 *h*
25	25	25	20	60	60	55	30
40	40	35	25	65	65	55	30
50	50	45	30	75	75	70	40

3.6.4 方孔桌虎钳

【用途】 用于安装在工作台上，进行手工作业时夹持工件。

【型式】 按结构分为固定式（G）和回转式（H）。

【结构】

1）固定式方孔桌虎钳，由紧固螺钉、固定底座、固定钳体、钳口铁、活动钳体、螺杆和拨杆组成（见图 3-31）。

2）回转式方孔桌虎钳，由紧固螺钉、锁紧件、底座、固定钳体、钳口铁、活动钳体、螺杆和拨杆组成（见图 3-32）。

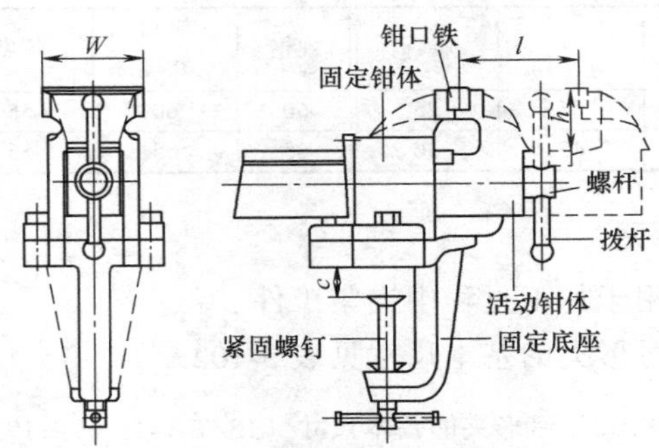

图 3-31　固定式方孔桌虎钳

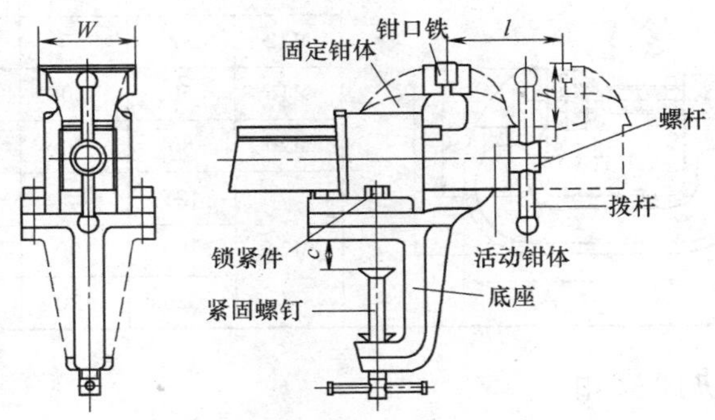

图 3-32　回转式方孔桌虎钳

【标记】　表示方法：

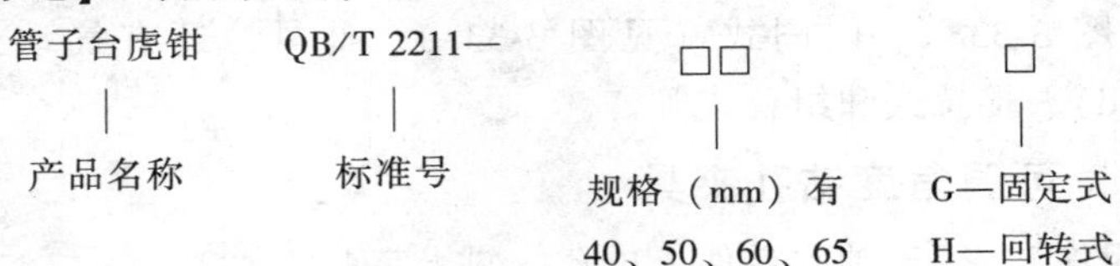

例：规格为 50mm 的固定式方孔桌虎钳，标记为：方孔桌虎钳 QB/T 2096.3-50G。

【尺寸】 桌虎钳的基本尺寸见表 3-101。

表 3-101 桌虎钳的基本尺寸（QB/T 2096.3—2017）

（单位：mm）

规格	钳口宽度	开度	喉深	规格	钳口宽度	开度	喉深
40	40	35	25	60	60	55	30
50	50	45	30	65	65	55	30

3.6.5 弓形夹

【用途】 用于加工过程中夹紧工件。

【尺寸】 弓形夹的基本尺寸见表 3-102。

表 3-102 弓形夹的基本尺寸（JB/T 3411.49—1999）

（单位：mm）

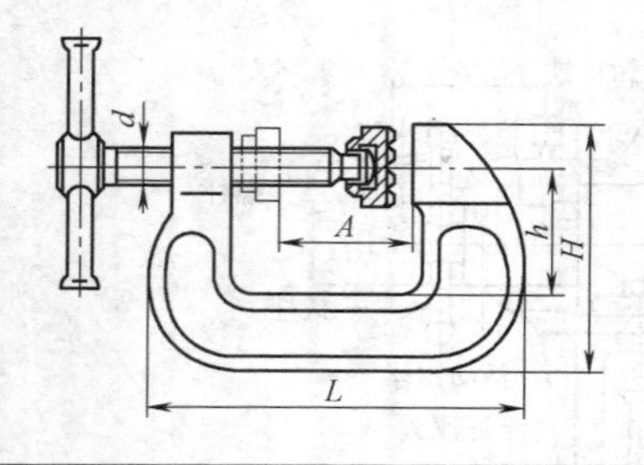

d	*A*	*h*	*H*	*L*
M12	32	50	95	130
M16	50	60	120	163
M20	80	70	140	215
M24	125	85	170	285
	200	100	190	360
	320	120	215	505

3.6.6 快速夹钳

【用途】 广泛应用于焊接、机械加工、模具加工、检测等工艺中，用作快速夹紧。

【分类】 有垂直式（见图 3-33a）、搭扣式（见图 3-33b）、水平式（见图 3-33c）、门闩式（见图 3-33e）。此外，还有气动式（见图 3-33d）、推拉式和组合式等。

3.6.7 可调角度钻孔夹具

【用途】 用于轴类零件上单孔、斜十字孔的加工。

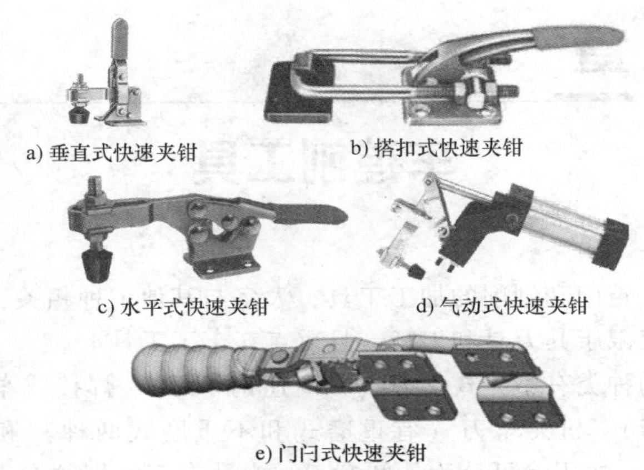

图 3-33　快速夹钳的分类

【结构】　可调角度钻孔夹具的结构如图 3-34 所示。

【使用方法】　加工不同规格轴上的孔及十字孔间夹角不同时，只需用手柄和刻度板调节活动板与底座的角度。

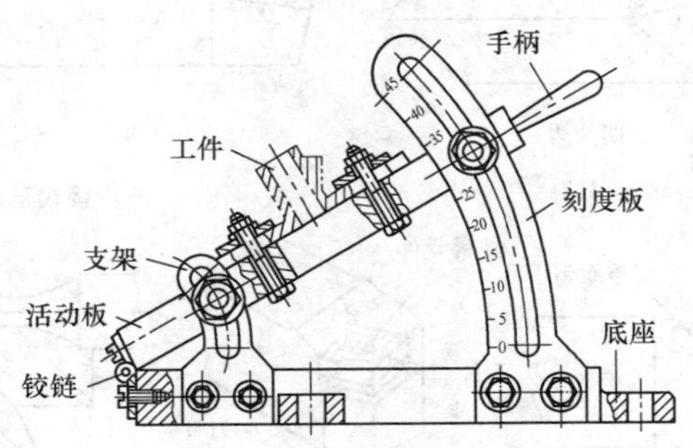

图 3-34　可调角度钻孔夹具的结构

第4章

车镗刨工具

车削、镗削和刨削的加工工具，大多与其他工种相关，所以本章中的内容仅限于其刀具和刀杆，且重点在车工工具上。

车刀的种类有整体式车刀（如高速钢车刀）、焊接式车刀（如硬质合金车刀）、机夹车刀（有重磨式和不重磨式两种）和成形车刀（见图 4-1）；按用途可分为外圆车刀、内孔车刀、螺纹车刀、切槽车刀、切断车刀、滚花车刀等；按车刀材质可分为高碳钢、高速钢、非铸铁合金、烧结碳化、陶瓷、钻石和氮化硼等。

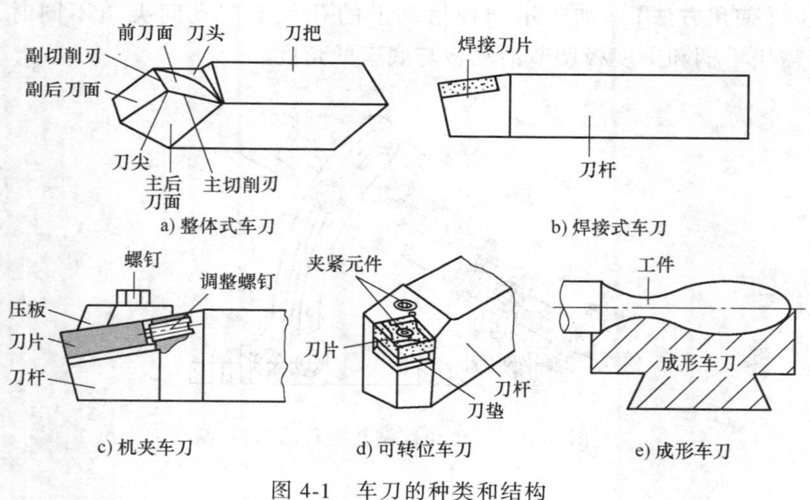

图 4-1　车刀的种类和结构

4.1　高速钢车刀条

【用途】　安装在机床上后，用于切削金属工件。

【种类】　按截面形状分，有圆形、正方形、矩形等。

【材料】　采用 W6Mo5Cr4V2 或同等性能的其他牌号高速钢。

【硬度】　不低于 63HRC。

【规格】　高速钢车刀条的规格见表 4-1。

表 4-1　高速钢车刀条的规格（GB/T 4211.1—2004）

（单位：mm）

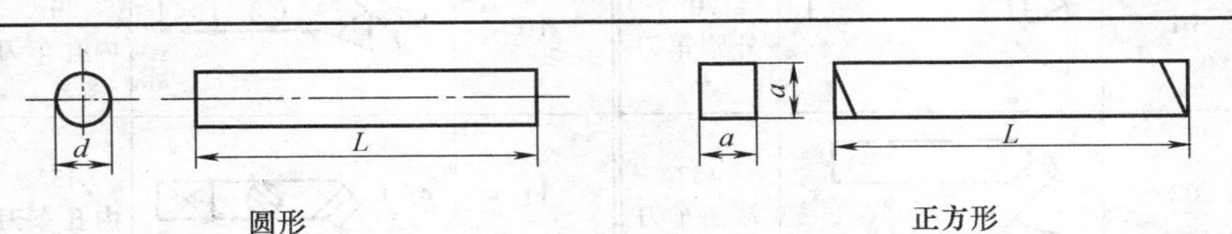

圆形　　　　正方形

○d，□a	L±2		○d，□a	L±2		
	63	80		100	160	200
4	○□	○	6	○□	○□	□
5	○□	○	8	○□	○□	□
6	○□	○□	10	○□	○□	○□
8	□	○□	12	○□	○□	○□
10	□	○□	16	○□	○□	○□
12	□	□	20		□	○□
16			25			□

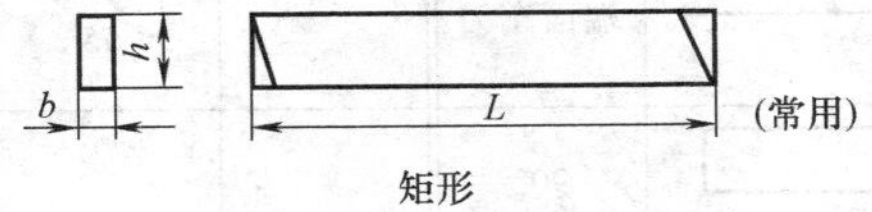

矩形

h/b≈	h	b	L±2			h/b≈	h	b	L±2		
	—	—	100	160	200		—	—	100	160	200
1.6	10	6	√	—	—	4	12	3	√	—	—
	12	8	√	—	—		16	4	√	—	√
	16	10	√	—	—		20	5	—	√	√
	25	16	—	√	—		25	6	—	√	√
2	12	6	√	—	—	5	16	3	√	√	—
	16	8	√	—	—		20	4	√	√	√
	25	12	—	√	—		25	5	—	√	√

4.2　硬质合金车刀

【种类】

1）按用途分，有外表面车刀和内表面车刀。

2）按型式分，共有 17 种（见表 4-2）。

表 4-2　车刀的型式和符号

头部形式代号	车刀型式	名称	头部形式代号	车刀型式	名称
01	70°	70°外圆车刀	10	90°	90°内孔车刀
02	45°	45°端面车刀	11	45°	45°内孔车刀
03	95°	95°外圆车刀	12		内螺纹车刀
04		切槽车刀	13		内切槽车刀
05	90°	90°端面车刀	14	75°	75°外圆车刀
06	90°	90°外圆车刀	15		B 型切断车刀
07		A 型切断车刀			
08	75°	75°内孔车刀	16	60°	外螺纹车刀
09	95°	95°内孔车刀	17	36°	胶带轮车刀

【材料】　刀体采用硬质合金，刀杆采用 45 钢或其他同等性能的材料。

【用途】 硬质合金分为三类，其用途各有不同。

YG 类（WC-Co 类）：主要用于加工铸铁、有色金属和非金属。

YT 类（WC-TiC-Co 类）：用于加工钢材。

YW 类（WC-TiC-TaC-Co 类）：用于加工各种高合金钢、耐热合金和各种合金铸铁。

【车刀代号】 根据 GB/T 17985.1，其代号的表示方法：

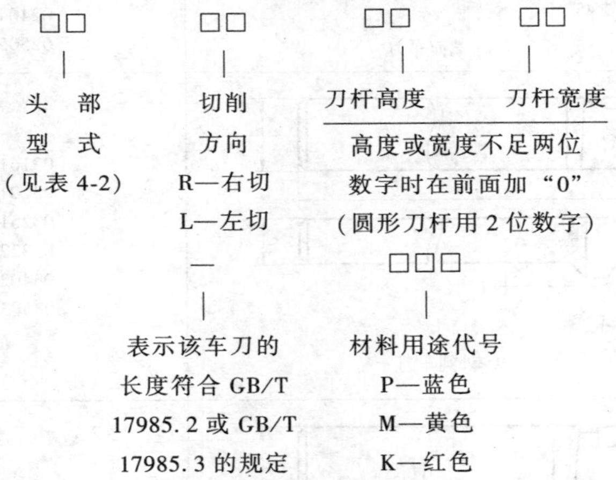

4.2.1 外表面车刀

硬质合金外表面车刀共分为 11 种（见表 4-3）。

表 4-3 硬质合金外表面车刀的规格（GB/T 17985.2—2000）

名称及简图	代号
h　h　L　b　n　70°　l 70°外圆车刀	011010 011212 011616 012020 012525 013232 014040 015050

（续）

名称及简图	代号
h_1 h L b n l 45° 45°端面车刀	021010 021212 021616 022020 022525 023232 024040 025050
h_2 h L b n 95° l 95°外圆车刀	031610 032012 032516 033220 034025 035032
h_2 h L b l 90° n 90°端面车刀	052020 052525 053232 054040 055050
h_1 h L b n 90° l 90°外圆车刀	061010 061212 061616 062020 062525 063232 064040 065050

（续）

名称及简图	代号
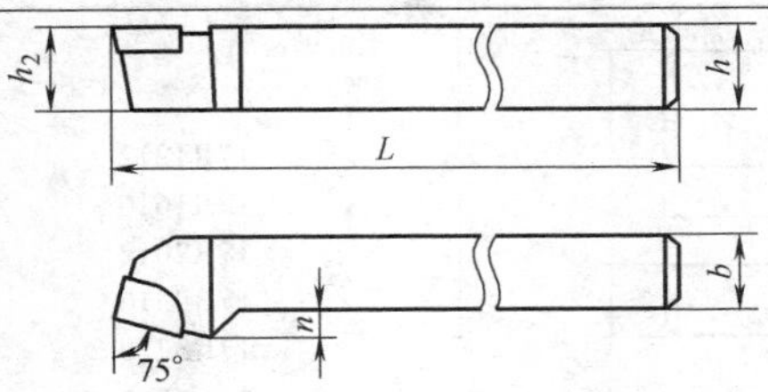 75°外圆车刀	141010 141212 141616 142020 142525 143232 144040 145050
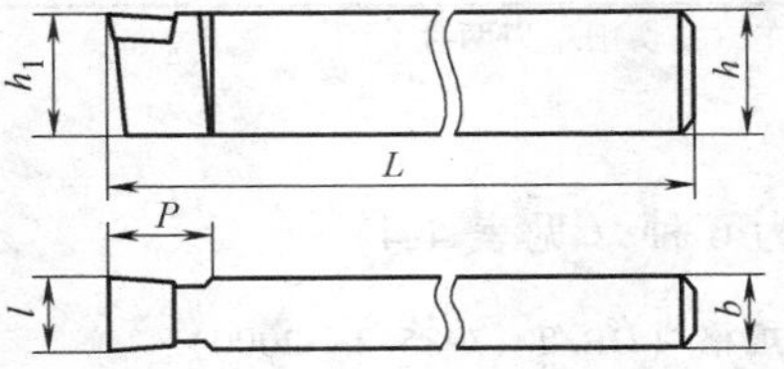 切槽车刀①	04R2012 04R2516 04R3220 04R4025 04R5032
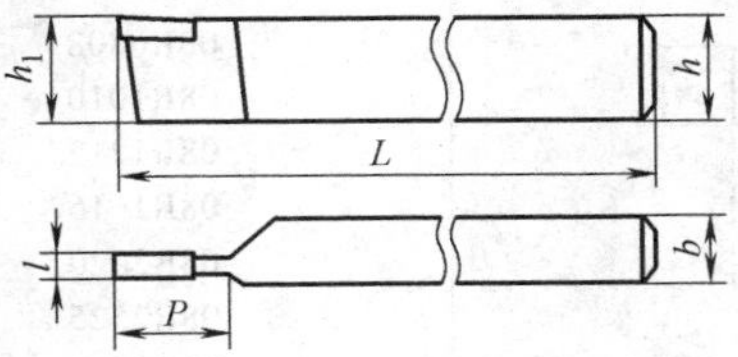 A型切断车刀	071208 071610 072012 072516 073220 074025 075032
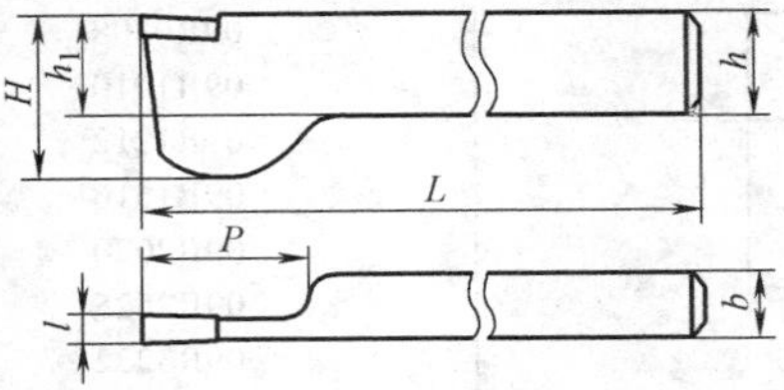 B型切断车刀	151208 151610 152012 152516 153220 154025
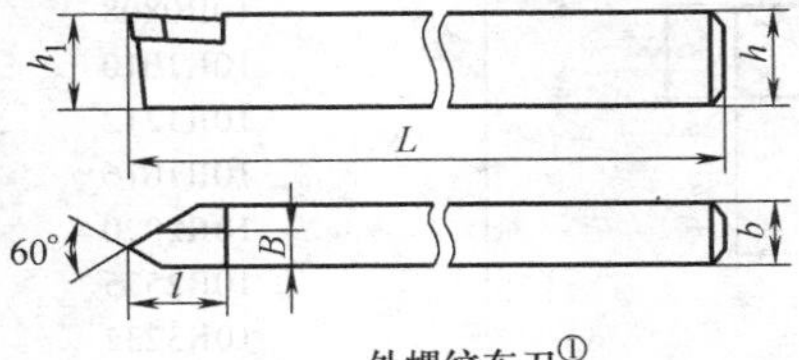 外螺纹车刀①	16R1208 16R1610 16R2012 16R2516 16R3220

（续）

名称及简图	代号
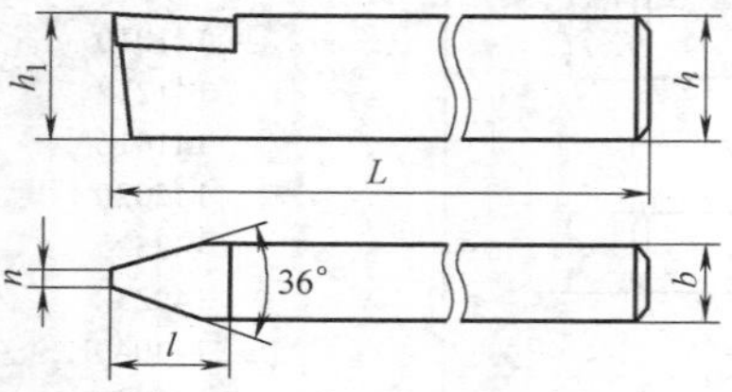 带轮车刀①	17R1212 17R1610 17R2012 17R2516 17R3220

① 表示仅有右切削车刀，其余可有左、右切削车刀两种。

4.2.2 内表面车刀

硬质合金内表面车刀共分为 6 种（见表 4-4）。

表 4-4 内表面车刀规格（GB/T 17985.3—2000）

名称及简图	代号
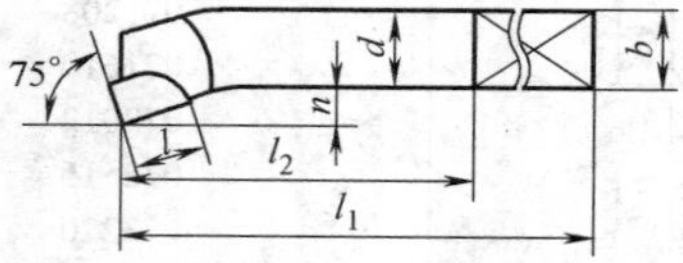 75°内孔车刀	08R0808 08R1010 08R1212 08R1616 08R2020 08R2525 08R3232
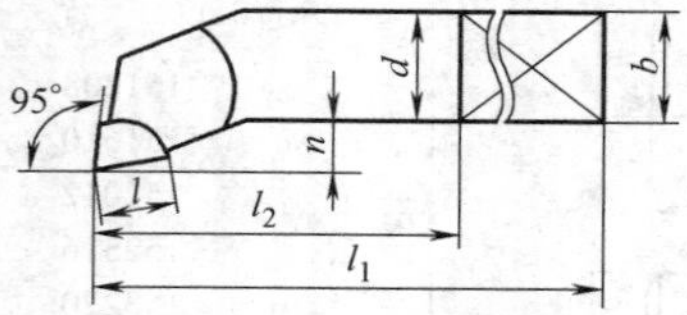 95°内孔车刀	09R0808 09R1010 09R1212 09R1616 09R2020 09R2525 09R3232
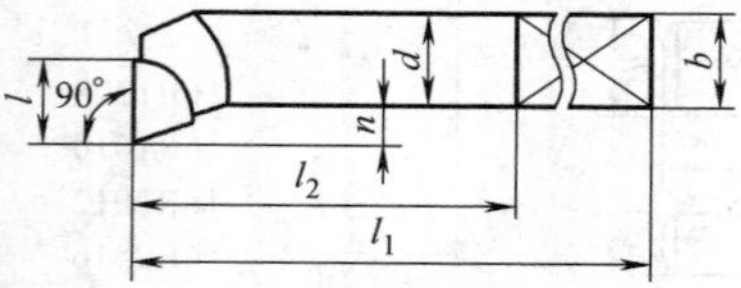 90°内孔车刀	10R0808 10R1010 10R1212 10R1616 10R2020 10R2525 10R3232

（续）

名称及简图	代号
45°内孔车刀	11R0808 11R1010 11R1212 11R1616 11R2020 11R2525 11R3232
内螺纹车刀	12R0808 12R1010 12R1212 12R1616 12R2020 12R2525 12R3232
内切槽车刀	13R0808 13R1010 13R1212 13R1616 13R2020 13R2525 13R3232

4.3　硬质合金焊接车刀

【用途】　焊接在刀杆上，高速切削高硬度金属和非金属材料。

【标记】　表示方法：

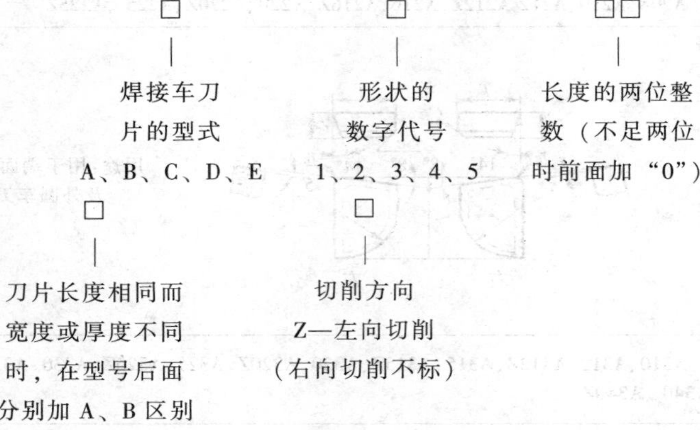

4.3.1 A型焊接刀片

【型号】 A型焊接刀片为车刀片，有A1、A2、A3、A4、A5和A6六个型号，其外形和用途见表4-5。

表4-5 A型焊接车刀片的型号、外形和用途（YS/T 79—2018）

型号	外形和用途
A1型	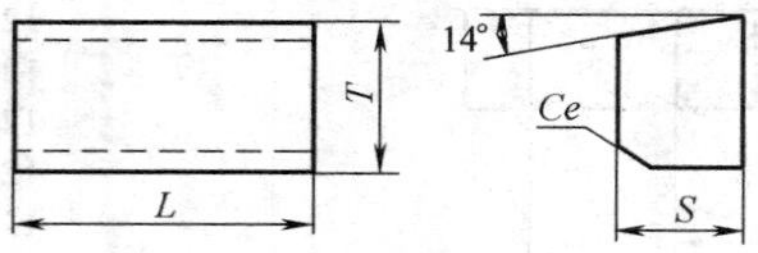 用途：用于外圆车刀、镗刀及切槽刀
	A106、A108、A110、A112、A114、A116、A118、A118A、A120、A122、A122A、A125、A125A、A130、A136、A140、A150、A160、A170
A2型	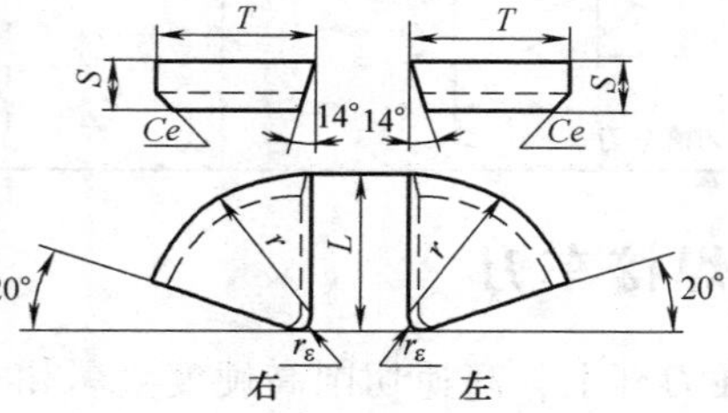 右 左 用途：用于镗刀及端面车刀
	A208、A210、A212 A212Z、A216、A216Z、A220、A220Z、A225 、A225Z
A3型	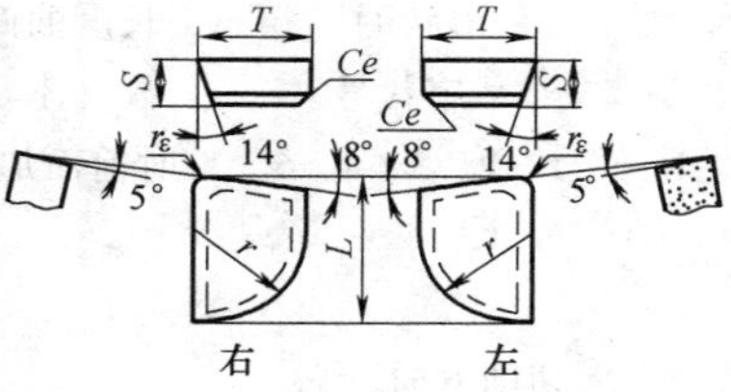 右 左 用途：用于端面车刀及外圆车刀
	A310、A312、A312Z、A315、A315Z、A320、A320Z、A325、A325Z、A330、A330Z、A340 、A340Z

（续）

型号	外形和用途
A4 型	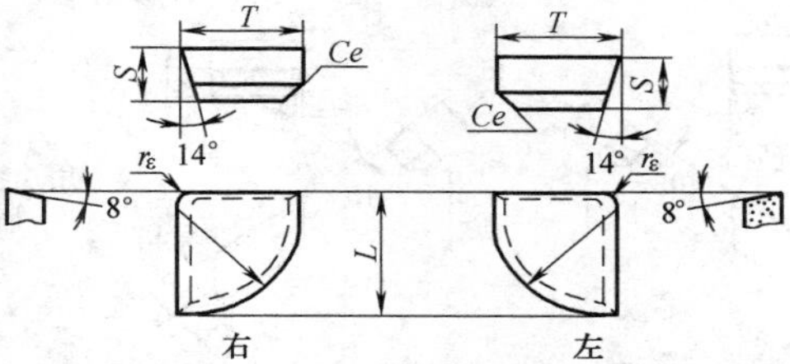 右　左 用途:用于外圆车刀、键槽刀及端面车刀
	A406、A408、A410、A410Z、A412、A412Z、A416、A416Z、A420、A420Z、A425、A425Z、A430、A430A、A430Z、A430AZ、A440、A440Z、A440AZ、A440A、A450、A450A 、A450Z、A450AZ
A5 型	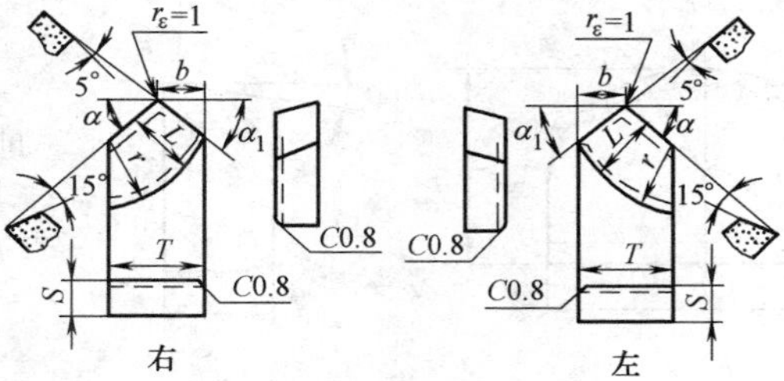 右　左 用途:用于自动车床的车刀
	A515、A515Z、A518、A518Z
A6 型	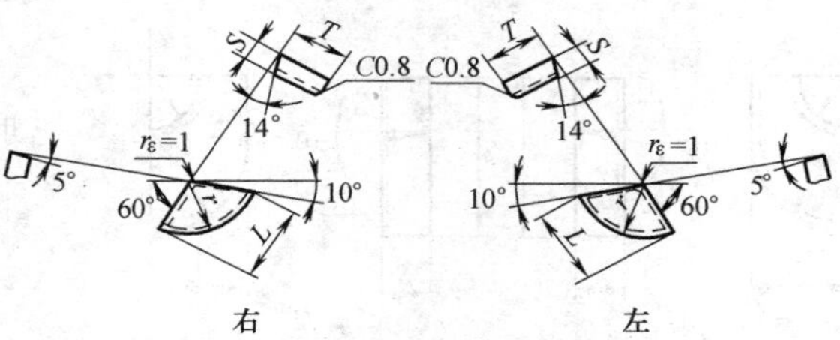 右　左 用途:用于镗刀、外圆车刀及面铣刀
	A612、A612Z、A615、A615Z、A618、A618Z

注：“Z”表示左切削。

4.3.2　B 型焊接刀片

【型号】　B 型焊接刀片为成型刀片，有 B1、B2 和 B3 三个型号，其外形和用途见表 4-6。

表 4-6　B 型焊接成型刀片的型号、外形和用途（YS/T 79—2018）

型号	外形和用途
B1 型	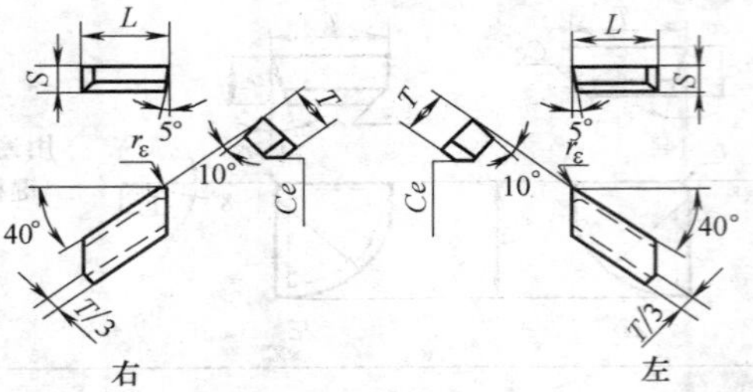 用途：用于成形车刀、加工燕尾槽的刨刀和铣刀
	B108、B112、B112Z、B116、B116Z、B120、B120Z、B120AZ、B120A、B125、B125A、B125Z、B125AZ、B130、B130Z
B2 型	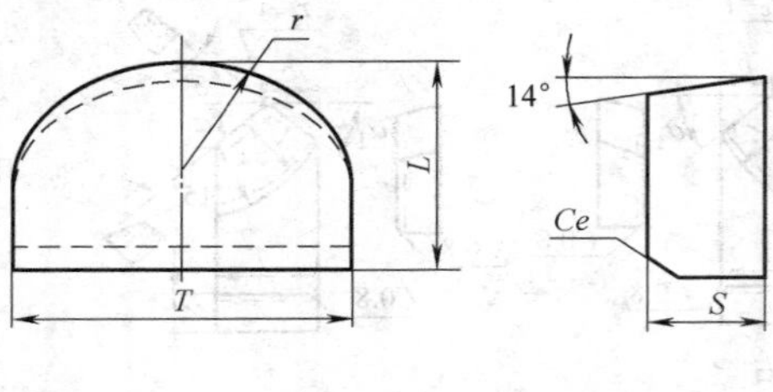 用途：用于凹圆弧成形车刀及轮缘车刀
	B208、B210、B212、B214、B216、B220、B225、B228、B265、B265A
B3 型	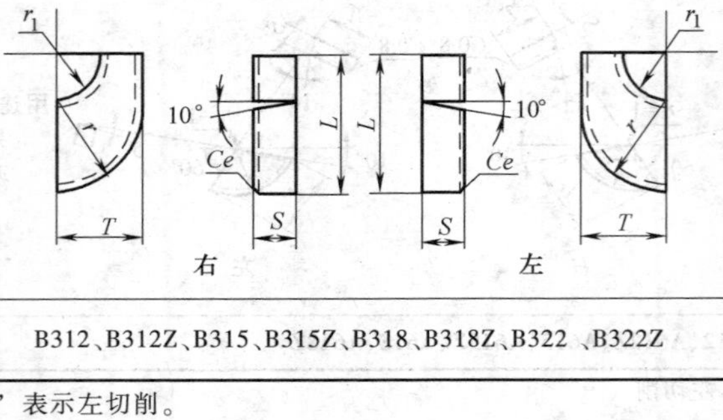 用途：用于凸圆弧成形车刀
	B312、B312Z、B315、B315Z、B318、B318Z、B322、B322Z

注："Z"表示左切削。

4.3.3　C 型焊接刀片

【型号】　C 型焊接刀片为螺纹、切断、切槽刀片，有 C1、C2、C3、C4 和 C5 五个型号（见表 4-7）。

表 4-7　C 型焊接刀片的型号、外形和用途（YS/T 79—2018）

型号及用途	外形
C1 型 用途:用于螺纹车刀	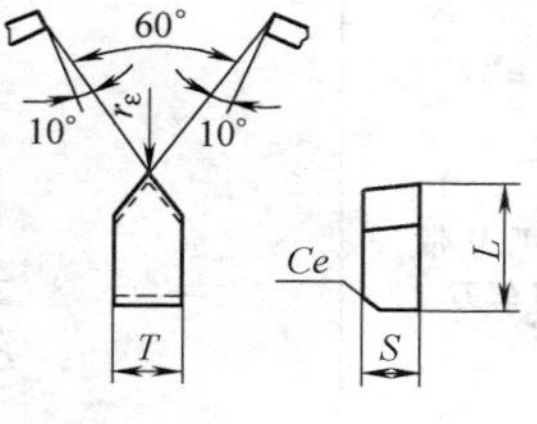 60°　10°　10°　r_ε　Ce　L　T　S
	C110、C116、C120、C122、C125
	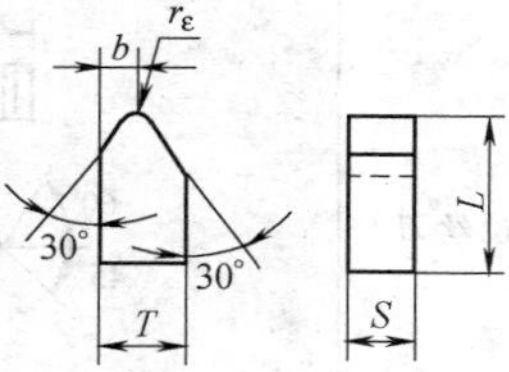 r_ε　b　30°　30°　L　T　S
	C110A、C116A、C120A
C2 型 用途:用于精车刀及梯形螺纹车刀	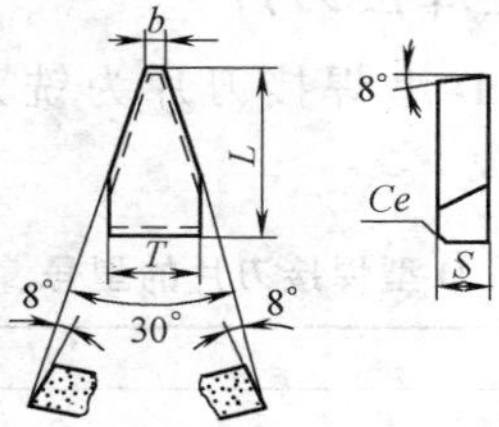 b　8°　L　Ce　T　S　8°　30°　8°
	C215、C218、C223、C228、C236
C3 型 用途:用于切断刀和切槽刀	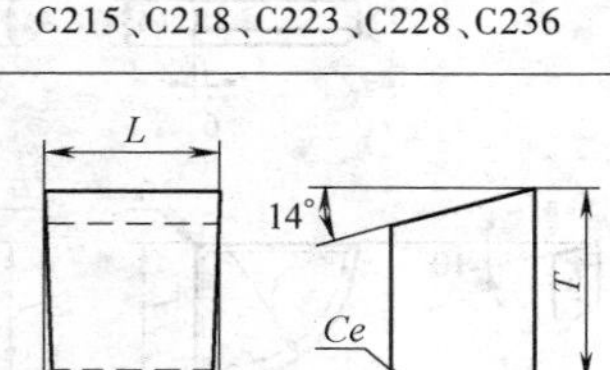 L　14°　T　Ce　S　1°30′　1°30′
	C303、C304、C305、C306、C308、C310、C312、C316

（续）

型号及用途	外形
C4 型 用途：用于加工 V 带轮的 V 形槽车刀	C420、C425、C430、C435、C442、C450
C5 型 用途：用于轧辊拉丝刀	C539、C545

4.3.4 D 型焊接刀片

【型号】 D 型焊接刀片为铣刀片，有 D1 和 D2 两个型号（见表 4-8）。

表 4-8 D 型焊接刀片的型号、外形和用途（YS/T 79—2018）

型号	外形和用途
D1 型	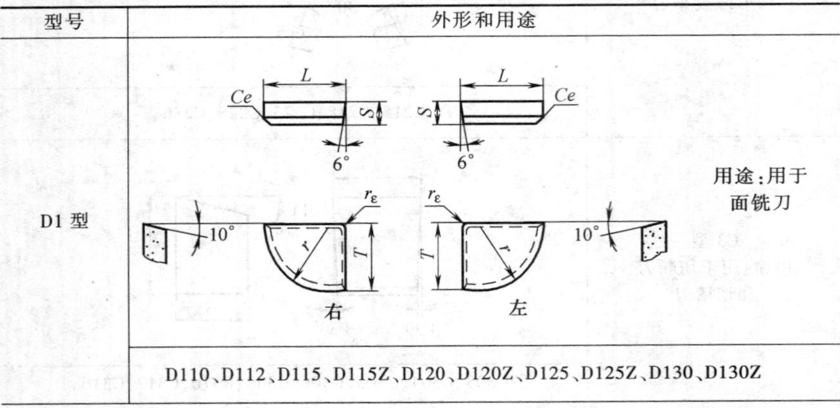 用途：用于面铣刀
	D110、D112、D115、D115Z、D120、D120Z、D125、D125Z、D130、D130Z

（续）

型号	外形和用途
D2 型	14°　T　Ce　L　S 用途：用于三面刃铣刀、T 形槽铣刀及浮动镗刀
	D206、D208、D210、D210A、D212、D212A、D214、D214A、D216、D216A、D218、D218A、D218B、D220、D222、D222A、D224、D226、D226A、D228、D228A、D230、D232、D232A、D236、D238、D240、D246

注：“Z”表示左切削。

4.3.5　E 型焊接刀片

【型号】 E 型焊接刀片为孔加工刀片，有 E1、E2、E3、E4、E5 五个型号（见表 4-9）。

表 4-9　E 型焊接刀片的型号、外形和用途（YS/T 79—2018）

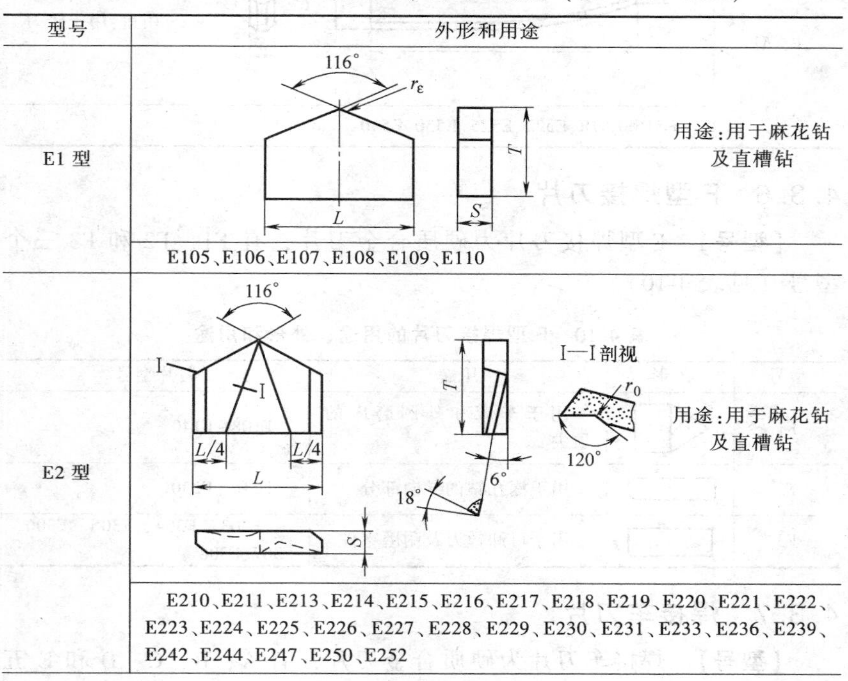

型号	外形和用途
E1 型	116°　r_ε　T　L　S 用途：用于麻花钻及直槽钻
	E105、E106、E107、E108、E109、E110
E2 型	116°　I　I　L/4　L/4　L　T　6°　18°　S　I—I 剖视　r_0　120° 用途：用于麻花钻及直槽钻
	E210、E211、E213、E214、E215、E216、E217、E218、E219、E220、E221、E222、E223、E224、E225、E226、E227、E228、E229、E230、E231、E233、E236、E239、E242、E244、E247、E250、E252

（续）

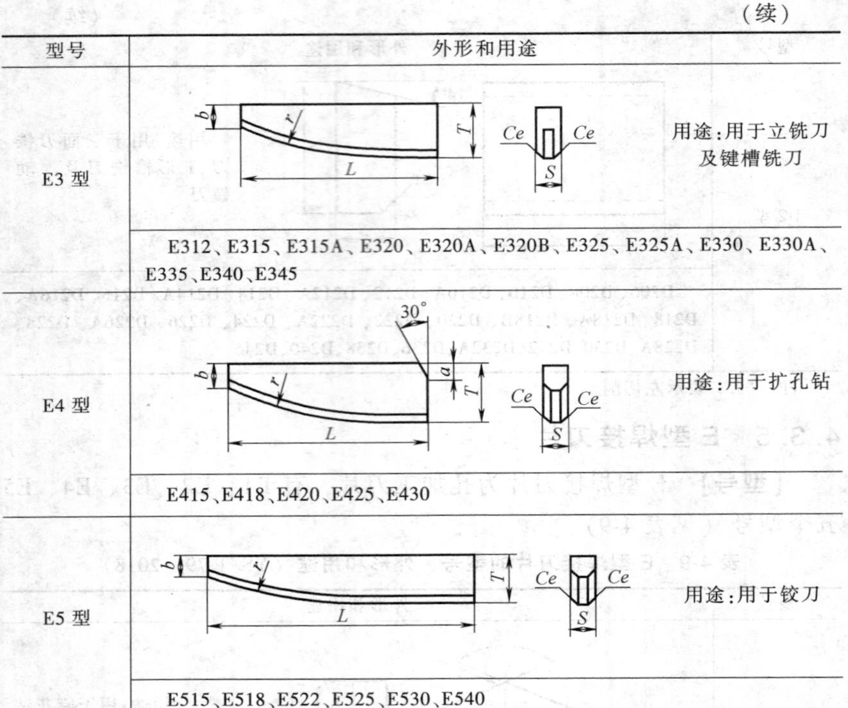

型号	外形和用途
E3 型	用途：用于立铣刀及键槽铣刀
	E312、E315、E315A、E320、E320A、E320B、E325、E325A、E330、E330A、E335、E340、E345
E4 型	用途：用于扩孔钻
	E415、E418、E420、E425、E430
E5 型	用途：用于铰刀
	E515、E518、E522、E525、E530、E540

4.3.6 F 型焊接刀片

【型号】 F 型焊接刀片为硬质合金刀片，有 F1、F2 和 F3 三个型号（见表 4-10）。

表 4-10 F 型焊接刀片的用途、外形和用途

型号	外形	用途	刀片型号
F1		用于车床和外圆磨床的顶尖	F108～F140
F2		用于深孔钻的导向部分	F216～F230C
F3		用于可卸镗刀及耐磨零件	F303、F304、F305、F306、F307、F308

4.3.7 焊接车刀片

【型号】 焊接车刀片为硬质合金刀片，有 A、B、C、D 和 E 五个型号（见表 4-11）。

表 4-11　焊接车刀片的外形和型号（YS/T 253—1994）

（单位：mm）

外形	型号	外形	型号	外形	型号
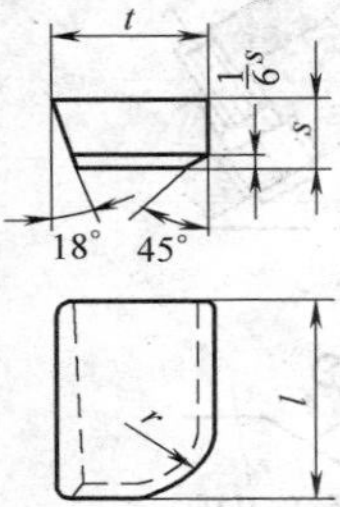 A型	A5 A6 A8 A10 A12 A16 A20 A25 A32 A40 A50	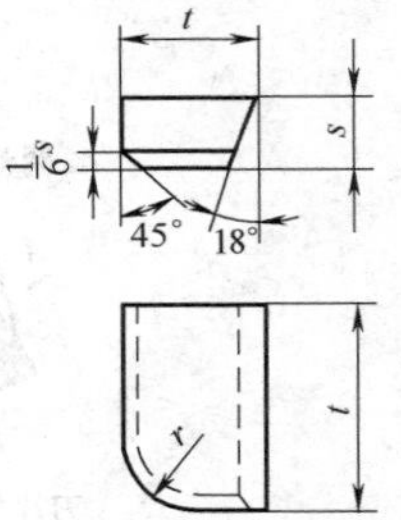 B型	B5 B6 B8 B10 B12 B16 B20 B25 B32 B40 B50	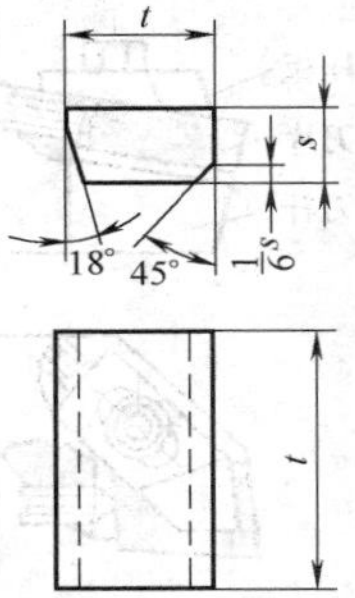 C型	C5 C6 C8 C10 C12 C16 C20 C25 C32 C40 C50
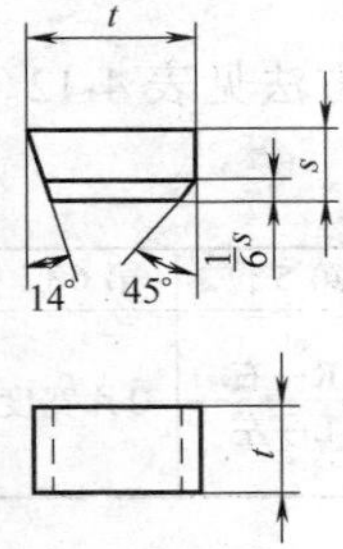 D型	D3 D4 D5 D6 D8 D10 D12	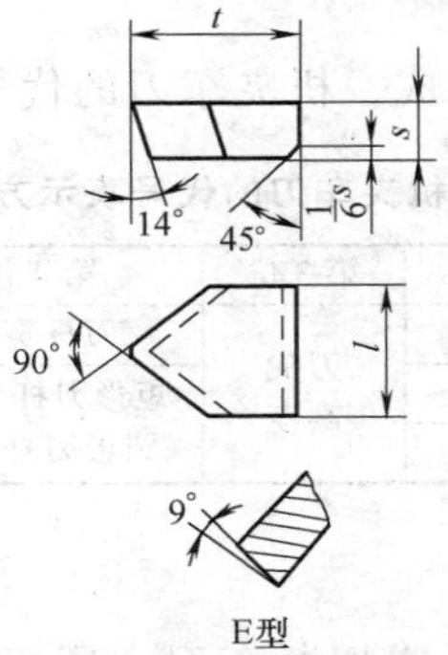 E型	E4 E5 E6 E8 E10 E12 E16 E20 E25 E32	—	—

4.4　机夹车刀

【用途】　在刀杆上装夹硬质合金可重磨刀片或高速钢车刀条，用于车床上切削金属工件。

【分类】　机夹车刀有上压式机夹车刀和侧压式机夹车刀两种。

1）上压式机夹车刀采用螺钉和压板从上面压紧刀片，通过调整螺钉来调节刀片的位置（见图 4-2）。其特点是结构简单、夹固牢靠、使用方便，刀片平装，用钝后重磨后角面。上压式机夹车刀是加工中应用最多的一种。

2）侧压式机夹车刀一般利用刀片本身的斜面，由楔形块和螺钉从刀片侧面来夹紧刀片（见图 4-3）。其特点是刀片竖装，对刀槽制造精度的要求可适当降低，刀片用钝后重磨前面。

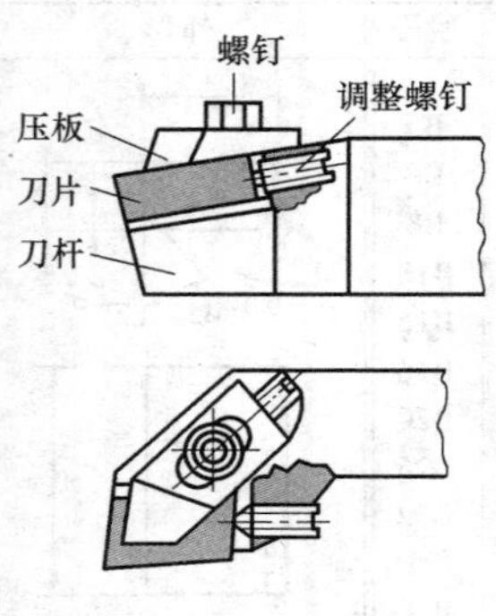

图 4-2　上压式机夹车刀

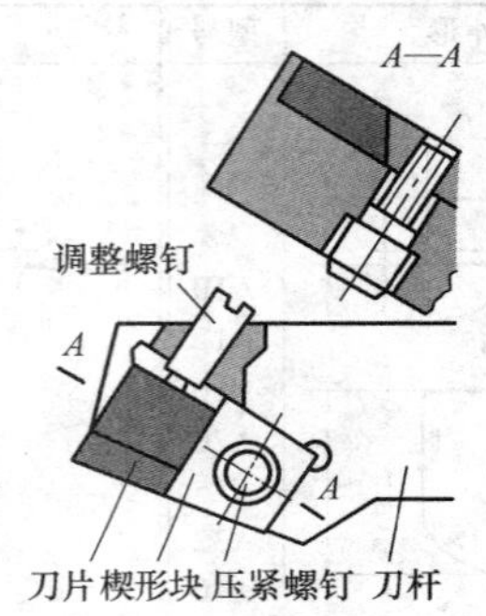

图 4-3　侧压式机夹车刀

【标记】　由 6 位符号组成，机夹车刀的代号表示方法见表 4-12。

表 4-12　机夹车刀的代号表示方法

名称	第 1 位	第 2 位	第 3 位	第 4 位	第 5 位	第 6 位
切断车刀	Q	A/B	刀尖高度	刀杆宽度	R—右 L—左	刀片宽度
外螺纹车刀	L	W		矩形刀杆宽度/圆形刀杆直径		
内螺纹车刀	L	N				

4.4.1　机夹切断车刀

【用途】　用于机械夹固式切断车刀，用来切断工件或在工件上开槽。

【材料】　刀杆采用 40Cr 或同等性能的其他牌号钢材制造，硬度不低于 40HRC；刀片下可装有可换刀垫，刀垫采用合金工具钢制造，硬度不低于 45HRC。

【标记】　第一位代号用字母 Q 表示切断车刀；第二位代号用字母 A 或 B 表示 A 型或 B 型切断车刀；第三位代号用两位数字表示车刀的刀尖高度；第四位代号用两位数字表示车刀的刀杆宽度；第五位代号用字母 R 表示右切刀，用字母 L 表示左切刀；第六位代号用两位数字表示车刀的刀片宽度，不计小数。如果不足两位数字时，则在该数前面加“0”。

例：刀尖高度为 25mm，刀杆宽度为 25mm，刀片宽度为 4.2mm 的 A 型右切机夹切断车刀，标记为：机夹切断车刀 QA2525R 04 GB/T 10953—2006。

【规格】 机夹切断车刀的规格见表 4-13。

表 4-13　机夹切断车刀的规格（GB/T 10953—2006）

项目	A 型	B 型
型式	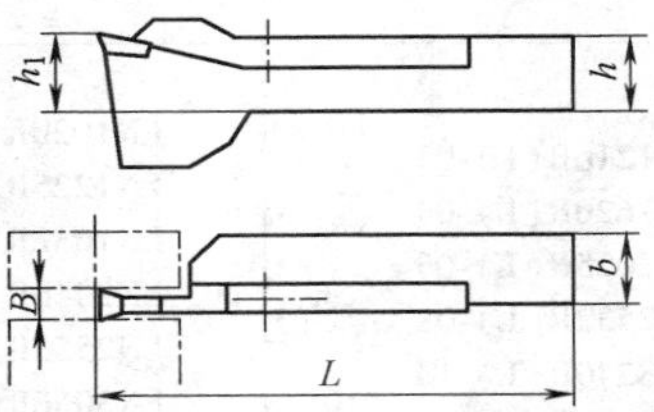	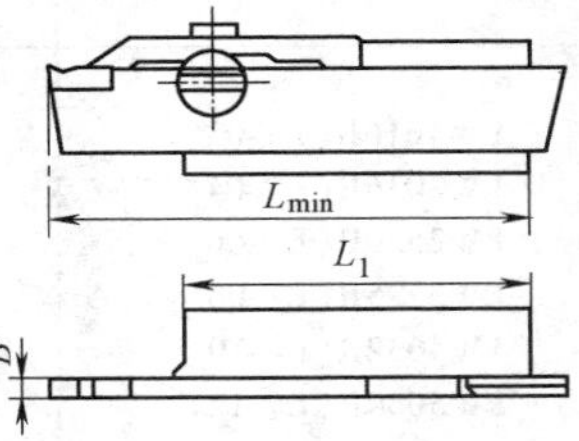
代号	QA2022R(L)-03、QA2022R(L)-04、QA2525R(L)-04、QA2525R(L)-05、QA3232R(L)-05、QA3232R(L)-06	QB2020R(L)-04、QB2020R(L)-05、B2525R(L)-05、QB2525R(L)-06、QB3232R(L)-06、B3232R(L)-08、QB4040R(L)-08、QB4040R(L)-10、B5050R(L)-10、QB5050R(L)-12

4.4.2　机夹螺纹车刀

【用途】 用于车削内外螺纹。

【材料】 刀杆采用 40Cr 或同等性能的其他牌号钢材。

【硬度】 不低于 40HRC。

【标记】 第一位代号用字母 L 表示螺纹车刀；第二位代号用字母 W 表示外螺纹车刀，字母 N 表示内螺纹车刀；第三位代号用两位数字表示车刀的刀尖高度；第四位代号用两位数字表示矩形刀杆车刀的刀杆宽度或圆形刀杆车刀的刀杆直径；第五位代号用字母 R 表示右切刀，用字母 L 表示左切刀；第六位代号用两位数字表示车刀的刀片宽度。如果不足两位数字时，则在该数前面加“0”。

例：刀尖高度为 25mm，刀杆宽度为 20mm，刀片宽度为 6mm 的右切机夹外螺纹车刀，标记为：机夹外螺纹车刀　LW2520R-06 GB/T 10954—2006。

【规格】 机夹螺纹车刀的规格见表4-14。

表 4-14　机夹螺纹车刀的规格（GB/T 10954—2006）

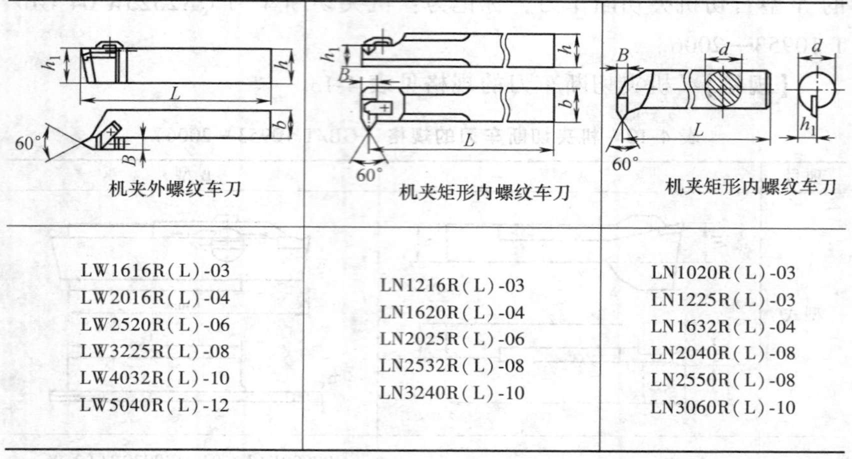

机夹外螺纹车刀	机夹矩形内螺纹车刀	机夹矩形内螺纹车刀
LW1616R(L)-03	LN1216R(L)-03	LN1020R(L)-03
LW2016R(L)-04	LN1620R(L)-04	LN1225R(L)-03
LW2520R(L)-06	LN2025R(L)-06	LN1632R(L)-04
LW3225R(L)-08	LN2532R(L)-08	LN2040R(L)-08
LW4032R(L)-10	LN3240R(L)-10	LN2550R(L)-08
LW5040R(L)-12		LN3060R(L)-10

4.5 可转位刀片

可转位刀片指机械夹固在刀体上，切削刃用钝后不重磨而转位使用的刀片。包括各种车刀、镗刀、铣刀、外表面拉刀、大直径深孔钻和套料钻等。

【材料】 多数采用硬质合金，也可采用陶瓷、多晶立方氮化硼或多晶金刚石。

4.5.1 可转位刀片型号

共有9个号位的内容用于表示主要参数的特征，其中前7个号位为必用，后2个号位在有必要时才添加（GB/T 2076—2007）：

【标记】 表示方法：

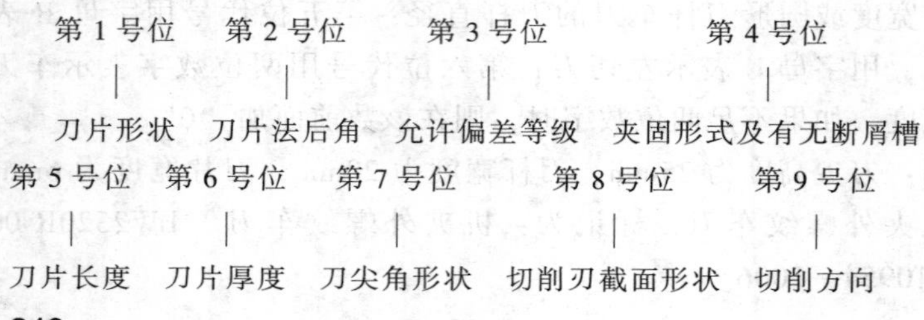

4.5.2　可转位车刀

【用途】 用于普通车床和数控车床，车削较硬的金属材料及其他材料。

【结构】 可转位车刀的结构如图 4-4 所示。

刀片起切削作用，形成加工表面；刀垫确定刀片位置，使刀片的支撑刚性增加，保护刀杆；夹紧装置固定刀片；刀杆上安装刀片、刀垫，承受切削力。

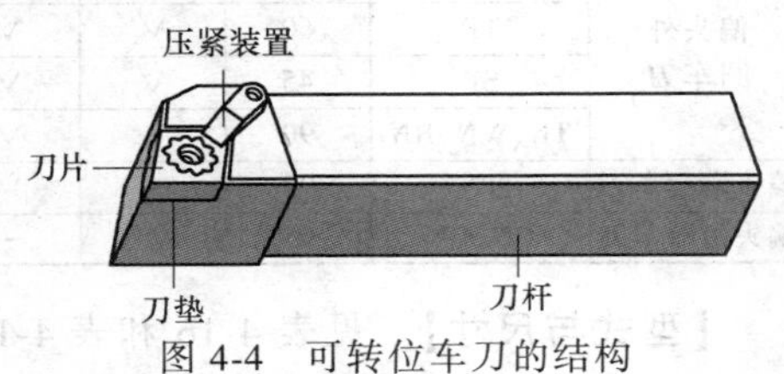

图 4-4　可转位车刀的结构

夹紧装置有三种主要形式（见图 4-5）。

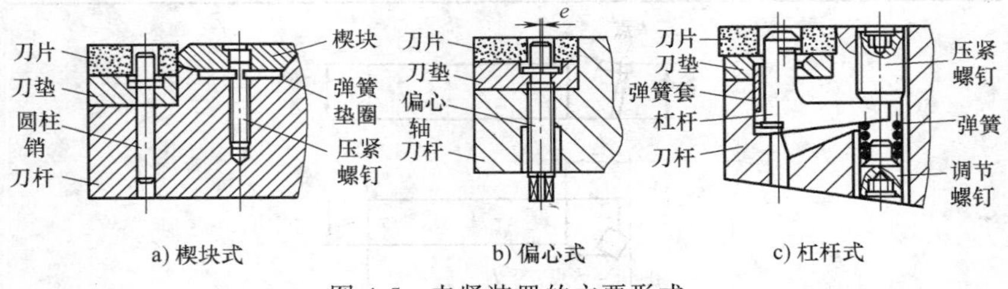

图 4-5　夹紧装置的主要形式

【类型和规格】 可转位车刀的类型和规格见表 4-15。

表 4-15　可转位车刀的类型和规格

车刀名称	刀片类型	角度/(°)	16×16×16×100	20×20×20×125	25×25×20×150	32×32×25×170	40×40×32×200	50×50×40×250
车刀类型			尺寸/mm(高度×头部高度×宽度×全长)					
直头外圆车刀	WN	50	—	√	√	√	√	—
	TN	60	—	√	√	√	√	—
	SN	75	—	√	√	√	√	—
偏头外圆车刀	SN	75	—	√	√	√	√	—
	TN	60	—	√	√	√	√	—
	FN	90	—	√	√	√	√	√
	SN	75	—	√	√	√	√	√
	SN	45	—	√	√	√	√	√
	PN	60	—	√	√	√	√	√

（续）

车刀类型			尺寸/mm（高度×头部高度×宽度×全长）					
车刀名称	刀片类型	角度/(°)	16×16×16×100	20×20×20×125	25×25×20×150	32×32×25×170	40×40×32×200	50×50×40×250
偏头外圆车刀	TP	90	√	√	√	√	—	—
	TP	60	√	√	√	√	—	—
	SP	45	√	√	√	√	—	—
	TN、WN、RN	90	—	√	√	√	√	—
偏头端面车刀	TN	90	—	√	√	√	√	—
偏头仿形车刀	CN、DN	93	—	—	√	√	√	—

【型式与尺寸】 见表 4-16 和表 4-17。

表 4-16 可转位车刀的柄部型式与尺寸（GB/T 5343.2—2007）

（单位：mm）

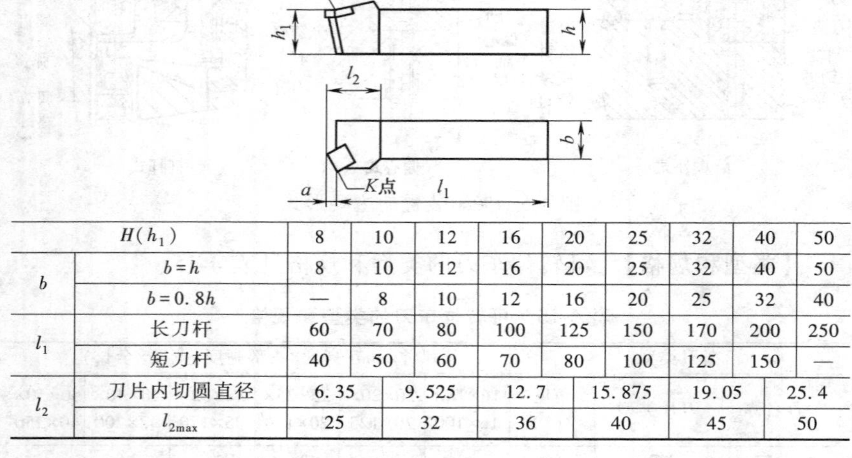

$H(h_1)$		8	10	12	16	20	25	32	40	50
b	$b=h$	8	10	12	16	20	25	32	40	50
	$b=0.8h$	—	8	10	12	16	20	25	32	40
l_1	长刀杆	60	70	80	100	125	150	170	200	250
	短刀杆	40	50	60	70	80	100	125	150	—

l_2							
l_2	刀片内切圆直径	6.35	9.525	12.7	15.875	19.05	25.4
	l_{2max}	25	32	36	40	45	50

表 4-17 可转位车刀刀头的尺寸（GB/T 5343.2—2007）

（单位：mm）

b	系列 1	系列 2	系列 3	系列 4	系列 5
8	4	7	8.5	9	10
10	5	9	10.0	11	12
12	6	11	12.5	13	16
16	8	13	16.5	17	20
20	10	17	20.5	22	25

（续）

b	系列 1	系列 2	系列 3	系列 4	系列 5
25	12.5	22	25.5	27	32
32	16	27	33	35	40
40	20	35	41	43	50
50	25	43	51	53	60
刀头形式	D、N、V	B、T	A	R	F、G、H、J、K、L、S

【标记】 型号为 PTGNR 2020-16 的可转位车刀，标记为：车刀 PTGNR 2020-16　GB/T 5343.2—2007。

4.5.3 硬质合金可转位刀片

【代号表示方法】 硬质合金可转位刀片的代号及其意义见表 4-18。

表 4-18　硬质合金可转位刀片的代号及其意义

顺序和意义	代号及其意义
1——夹紧方式	C—顶面夹紧(无孔刀片),M—顶面和孔夹紧(有孔刀片),P—孔夹紧(有孔刀片),S—螺钉通孔夹紧(有孔刀片)
2——刀片形状和型式	H—正六边形,O—正八边形,P—正五边形,S—正四边形,T—正三角形,C—菱形 80°(均为较小角,下同),D—菱形 55°,E—菱形 75°,M—菱形 86°,V—菱形 35°,W—六边形 80°,L—矩形,A—85°刀尖角平行四边形,B—82°刀尖角平行四边形,K—55°刀尖角平行四边形,R—圆形刀片
3——刀具头部型式	A—90°直头侧切,B—75°直头侧切,C—90°直头端切,D—45°直头侧切,E—60°直头侧切,F—90°偏头端切,G—90°偏头侧切,H—107.5°偏头侧切,J—93°偏头侧切,K—75°偏头端切,L—95°偏头侧切和端切,M—50°直头侧切,N—63°直头侧切,P—117.5°偏头侧切,R—75°偏头侧切,S—45°偏头端切,T—60°偏头侧切,U—93°偏头端切,V—72.5 直头侧切,W—60°偏头端切,Y—85°偏头端切
4——刀片法后角	A—3°,B—4°,C—7°,D—15°,E—20°,F—25°,G—30°,N—0°,P—11°
5——刀具切削方向	R—右切削,L—左切削,N—左右均可
6——刀具高度	1)刀尖高 h_1 等于刀杆高 h 的矩形柄车刀—用刀杆高度 h(mm)表示 2)刀尖高度 h_1 不等于刀杆高度 h 的刀夹—用刀尖高度 h_1(mm)表示

（续）

顺序和意义	代号及其意义
7——刀具宽度	1）矩形柄车刀—用刀杆宽度 b（mm）表示 2）刀夹—当宽度没有给出时，用两个字母组成的符号表示类型，第一个字母总是 C（刀夹），第二个字母表示刀夹的类型。例如：对于符合 GB/T 14461 规定的刀夹，第二个字母为 A
8——刀具长度	A—32，B—40，C—50，D—60，E—70，F—80，G—90，H—100，J—110，K—125，L—140，M—150，N—160，P—170，Q—180，R—200，S—250，T—300，U—350，V—400，W—450，X—特殊长度，待定，Y—500/mm
9——刀片尺寸	1）等边并等角（H、O、P、S、T）和等边但不等角（C、D、E、M、V、W）：用刀片的边长表示，忽略小数 2）不等边但等角（L）和不等边不等角（A、B、K）：用主切削刃长度或较长的切削刃表示，忽略小数 3）圆形（R）：用直径表示，忽略小数
10——特殊公差符号	Q—基准外侧面和基准后端面为测量基准面，F—基准内侧面和基准后端面为测量基准面，B—基准内外侧面和基准后端面为测量基准面

【刀片型式】 GB/T 2079—2015 规定的硬质合金可转位刀片，有带圆角圆孔固定、带圆角无固定孔和带圆角沉孔固定等三种型式。

1）带圆角圆孔固定的硬质合金可转位刀片。带有圆角、圆形固定孔和带有 0°法后角的硬质合金可转位刀片，通过顶部和孔夹固方式或只用孔夹固的方式安装在切削、钻削工具上。刀片可以单面带断屑槽，可以双面带断屑槽，也可以双面都不带断屑槽。可转位刀片（均带有 0°法后角）有 TN（正三角形刀片，见图 4-6a）、SN（正方形刀片，见图 4-6b）、CN（80°刀尖角的菱形刀片，见图 4-6c）、DN（55°刀尖角的菱形刀片，见图 4-6d）和 WN（80°刀尖角的六边形刀片，见图 4-6e）。

2）带圆角无固定孔的硬质合金可转位刀片（见图 4-7 和图 4-8）。

3）带圆角沉孔固定的硬质合金可转位刀片。

【用途】 用于通过沉头螺钉固定（或其他方式）安装在切削、钻削工具上进行切削。

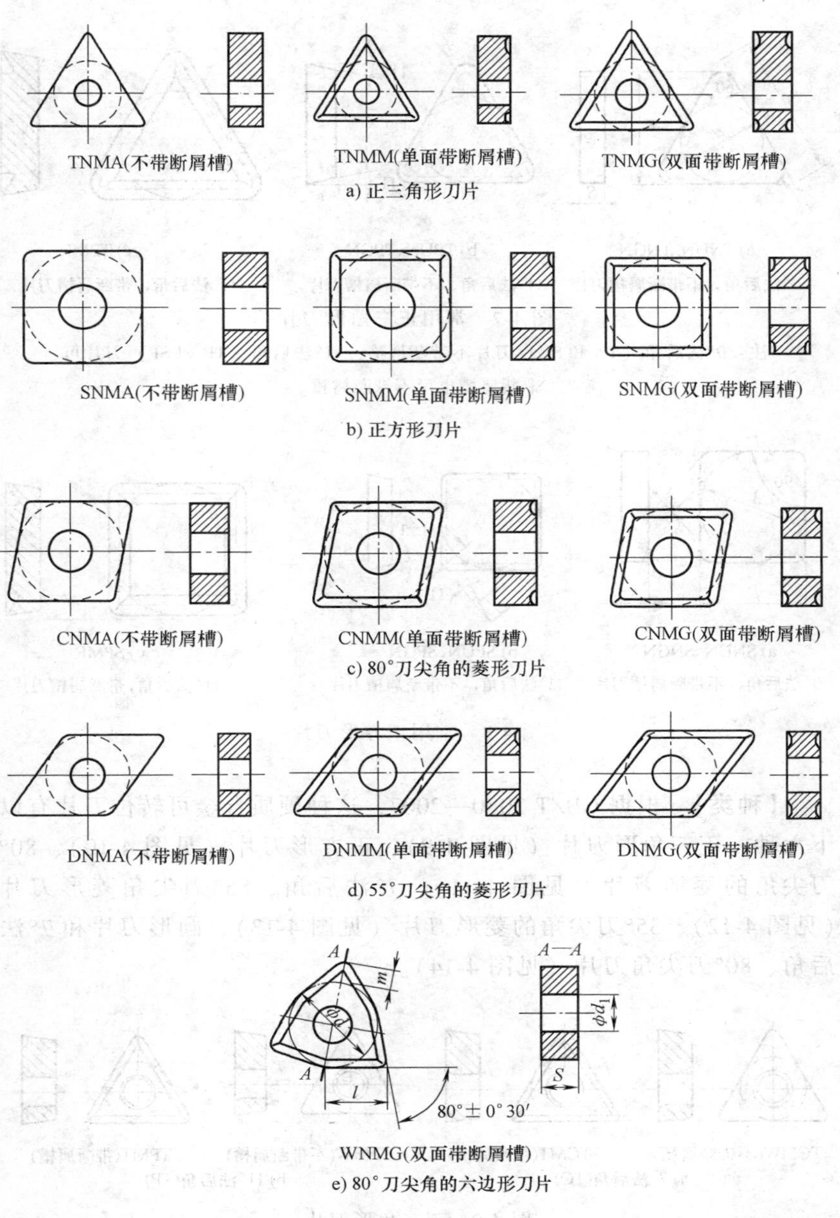
TNMA(不带断屑槽)
TNMM(单面带断屑槽)
TNMG(双面带断屑槽)
a) 正三角形刀片
SNMA(不带断屑槽)
SNMM(单面带断屑槽)
SNMG(双面带断屑槽)
b) 正方形刀片
CNMA(不带断屑槽)
CNMM(单面带断屑槽)
CNMG(双面带断屑槽)
c) 80°刀尖角的菱形刀片
DNMA(不带断屑槽)
DNMM(单面带断屑槽)
DNMG(双面带断屑槽)
d) 55°刀尖角的菱形刀片
A
m
φd
A
l
80°± 0° 30′
A—A
φd1
S
WNMG(双面带断屑槽)
e) 80°刀尖角的六边形刀片

图 4-6 可转位刀片的型式

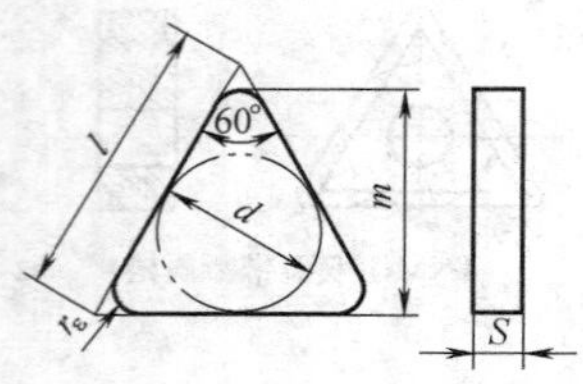

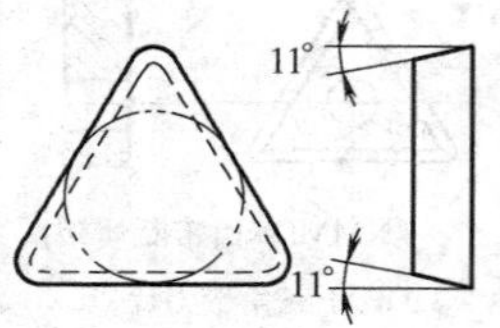

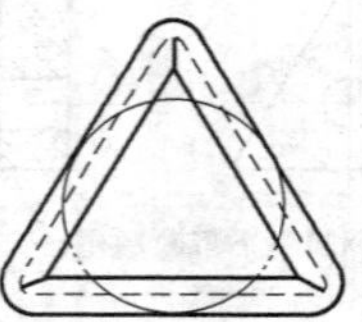
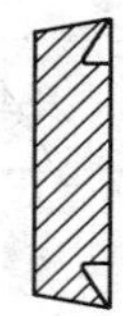

a) TNUN、TNGN 0°法后角，不带断屑槽刀片　b) TPUN、TPGN 11°法后角，不带断屑槽刀片　c) TPMR 11°法后角，带断屑槽刀片

图 4-7　常用正三角形刀片

注：0°法后角（TN 和 SN）刀片不带断屑槽，11°法后角（TP 和 SP）刀片可带断屑槽也可不带断屑槽。

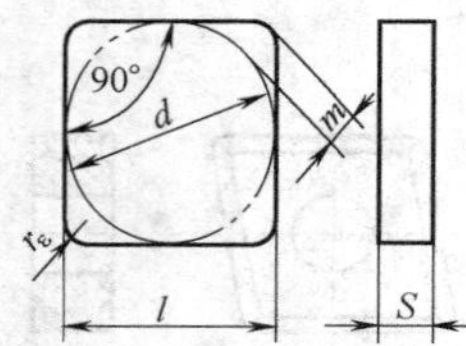

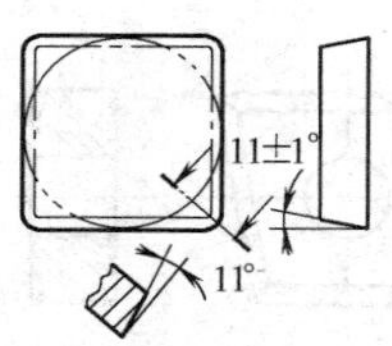

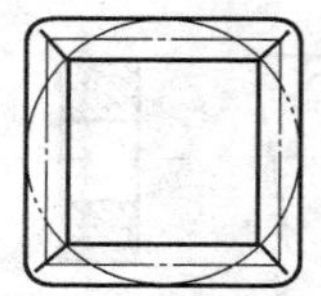

a) SNUN、SNGN 0°法后角，不带断屑槽刀片　b) SPUN、SPGN 11°法后角，不带断屑槽刀片　c) SPMR 11°法后角，带断屑槽刀片

图 4-8　常用正方形刀片

【种类】　根据 GB/T 2080—2007，这种硬质合金可转位刀片有以下六种：正三角形刀片（见图 4-9）、正方形刀片（见图 4-10）、80°刀尖角的菱形刀片（见图 4-11）、7°法后角、55°刀尖角菱形刀片（见图 4-12）、35°刀尖角的菱形刀片（见图 4-13）、圆形刀片和 7°法后角、80°刀尖角刀片（见图 4-14）。

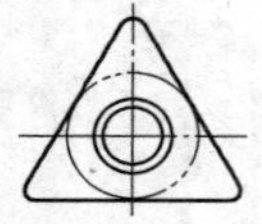

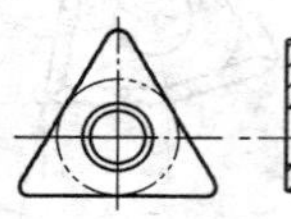
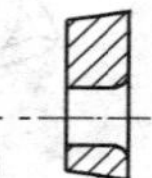
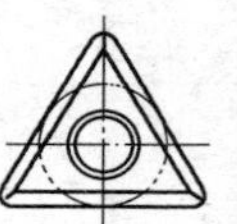

TCMW(不带断屑槽)　TCMT(带断屑槽)　TPMW(不带断屑槽)　TPMT(带断屑槽)

a) 7°法后角(TC)　b) 11°法后角(TP)

图 4-9　正三角形刀片

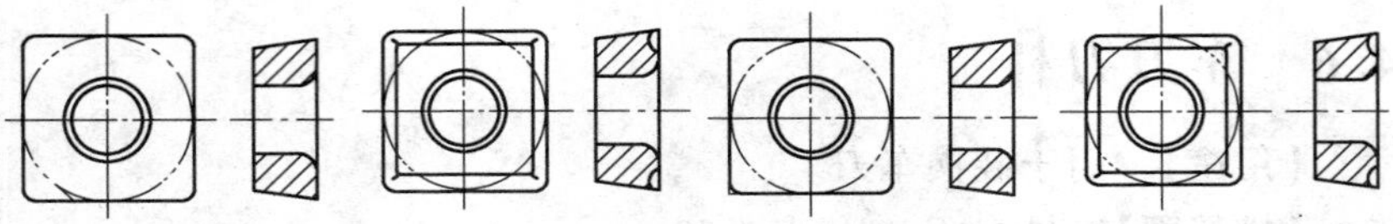

SCMW(不带断屑槽)　SCMT(带断屑槽)　SPMW(不带断屑槽)　SPMT(带断屑槽)

a) 7°法后角(SC)　b) 11°法后角(SP)

图 4-10　正方形刀片

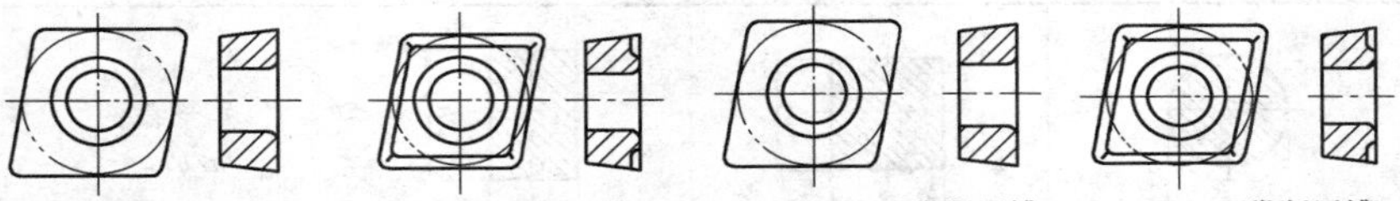

CCMW(不带断屑槽)　CCMT(带断屑槽)　CPMW(不带断屑槽)　CPMT(带断屑槽)

a) 7°法后角(CC)　b) 11°法后角(CP)

图 4-11　80°刀尖角的菱形刀片

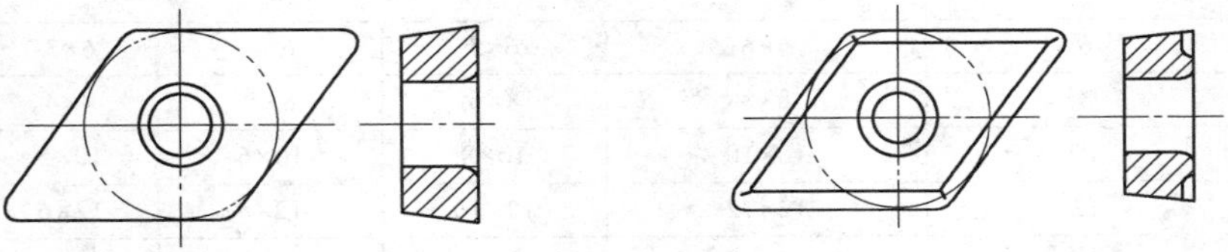

DCMW(不带断屑槽)　DCMT(带断屑槽)

图 4-12　7°法后角、55°刀尖角菱形刀片（DC）

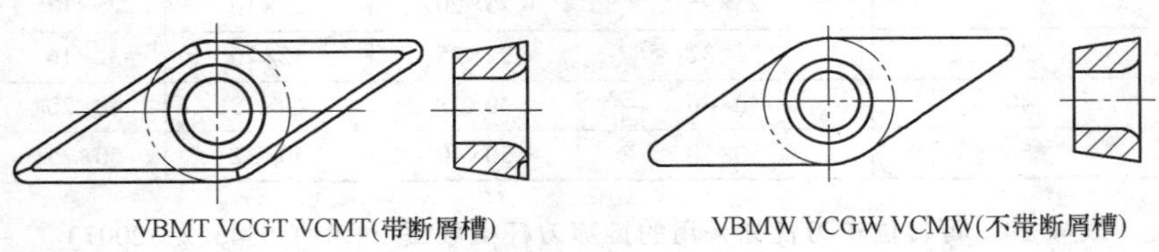

VBMT VCGT VCMT(带断屑槽)　VBMW VCGW VCMW(不带断屑槽)

a) 5°法后角　b) 7°法后角

图 4-13　35°刀尖角的菱形刀片（VB、VC）

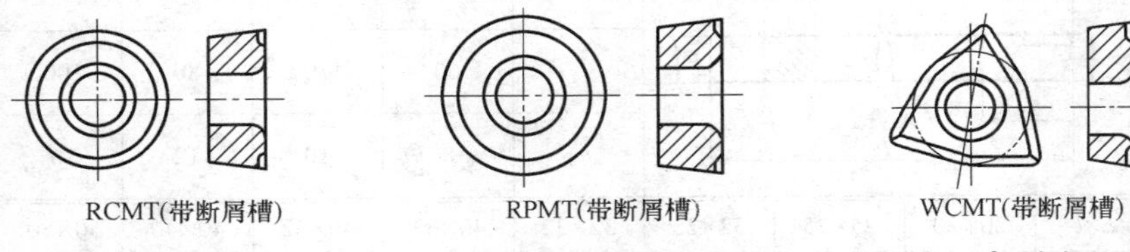

RCMT(带断屑槽)　RPMT(带断屑槽)　WCMT(带断屑槽)

a) 7° 法后角的圆形刀片(RC)　b) 11° 法后角的圆形刀片(RP)　c) 7°法后角、80° 刀尖角(WC)

图 4-14　圆形刀片和 7°法后角、80°刀尖角刀片

4.6 车刀刀杆

【用途】 用于装夹车刀。

【横截面】 见表 4-19 和表 4-20。

表 4-19 车刀的横截面（GB/T 20327—2006）

（单位：mm）

圆形截面尺寸 d	正方形截面尺寸 ($h \times b$)	矩形截面 $h/b \approx$ 1.25	1.6	2
		$h \times b$		
6	6×6	6×5	6×4	6×3
8	8×8	8×6	8×5	8×4
10	10×10	10×8	10×6	10×5
12	12×12	12×10	12×8	12×6
16	16×16	16×12	16×10	16×8
20	20×20	20×16	20×12	20×10
25	25×25	25×20	25×16	25×12
32	32×32	32×25	32×20	32×16
40	40×40	40×32	40×25	40×20
50	50×50	50×40	50×32	50×25

表 4-20 可转位车刀优先采用的推荐刀杆横截面（GB/T 5343.2—2007）

（单位：mm）

$h \times b$	8×8	10×10	12×12	16×16
l_1	60	70	80	100
h_1	8	10	12	16

$h \times b$	20×20	25×25	32×25	32×32	40×32	40×32	40×40	50×50
l_1	125	150	170	170	150	200	200	250
h_1	20	25	32	32	40	40	40	50

4.7　镗刀和镗头

4.7.1　镗刀

【种类】 按加工精度分，有粗镗刀和精镗刀；按用途分，有通孔镗刀和盲孔镗刀；按刀头材料分，有高速钢（W6Mo5Cr4V2、W6Mo5Cr4V2、W9Mo3Cr4V）、高性能高速钢（高碳高速钢 9W6Mo5Cr4V2、高钒高速钢 W6Mo5Cr4V3、钴高速钢 W6Mo5Cr4V2Co5、W18Cr4VCo5、超硬高速钢 W2Mo9Cr4VCo8、W6Mo5Cr4V2Al）、硬质合金、聚晶金刚石或立方氮化硼和陶瓷材料等；按形状分，有单刃镗刀、双刃镗刀、模块式镗刀、机夹可转位镗刀和浮动式镗刀等。

（1）单刃镗刀（见图 4-15a）　刀头装在刀杆中，刀刃和刀柄做成一体。一般用于精镗，也可以用于低功率机床的粗镗。根据被加工孔孔径的大小，通过手工操纵，用螺钉固定单刃镗刀刀头的位置。当刀头与镗杆轴线垂直时可镗通孔，倾斜安装时可镗盲孔。

（2）双刃镗刀（见图 4-15b）　为双刃切削，一般用于粗镗，切削效率较高。也可设置两个切削刃在不同的直径及轴向尺寸，形成阶梯镗孔，两个切削刃分担切削余量，可完成较大余量切削。

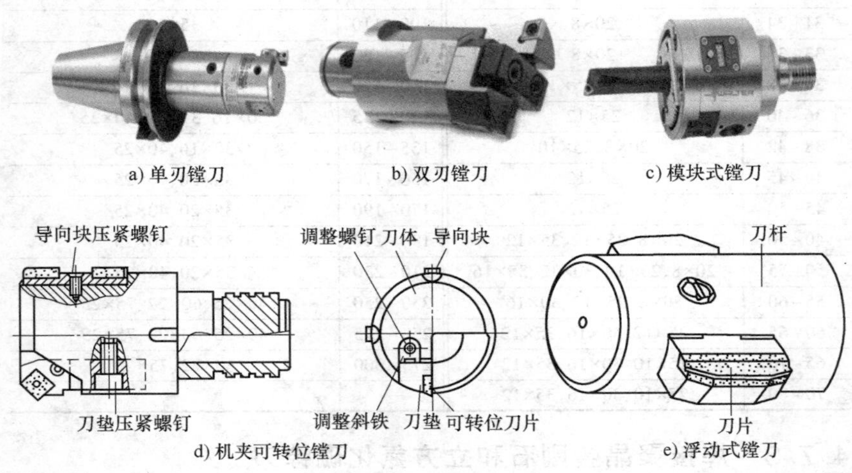

a) 单刃镗刀　b) 双刃镗刀　c) 模块式镗刀

d) 机夹可转位镗刀　e) 浮动式镗刀

图 4-15　镗刀的种类

(3) 模块式镗刀（见图 4-15c） 将镗刀分为若干个部分，然后根据具体的加工内容（粗镗、精镗，孔径、深度、形状，工件材料等）进行自由组合，以适应不同的加工要求，从而大幅减少刀具数量，便于维护管理，能显著降低刀具成本。

(4) 机夹可转位镗刀（见图 4-15d） 可用来代替焊接镗刀进行加工。

(5) 浮动式镗刀（见图 4-15e） 刀片可在刀杆孔内浮动，以提高孔的尺寸精度、形状精度和减小表面粗糙度值。

4.7.2 硬质合金可调节浮动镗刀

【用途】 用于车床、镗床、钻床上精加工精度较高的孔（如机床箱体上的孔等）。

【刀体尺寸】 硬质合金可调节浮动镗刀的刀体尺寸见表 4-21。

表 4-21 硬质合金可调节浮动镗刀的刀体尺寸

（单位：mm）

直径调节范围	刀体尺寸（宽×厚）	直径调节范围	刀体尺寸（宽×厚）
25~28	20×8、25×10	80~90	30×16、35×12
28~31	20×8、25×10	90~100	30×16、35×12、35×20
30~33	20×8	95~105	35×20
31~34	20×8	100~110	35×12
33~36	20×8	105~120	35×20
34~38	20×8、25×12	110~120	30×16、35×20
36~40	25×12	120~135	30×16、35×20、40×25
38~42	20×8、25×10	135~150	30×16、40×25
40~45	25×12	150~170	35×20、40×25
45~50	25×12	170~190	35×20、40×25
40~50	20×8、25×12、35×12	190~210	35×20、40×25
50~55	20×8、25×10、30×12、35×16	210~230	35×20、40×25
55~60	20×8、25×12、30×16	230~250	40×25、60×22、75×25
60~65	25×12、30×16、35×12	250~275	40×25、60×22、75×25
65~70	25×10、30×16、35×12	275~300	60×22、75×25
70~80	25×10、30×16、35×12	—	—

4.7.3 焊接聚晶金刚石和立方氮化硼镗刀

它们都是超硬材料，具有极高的硬度和耐磨性、低摩擦系数、高弹性模量、高热导率、低热膨胀系数。

【用途】 用于材料的高速切削，高稳定性加工；以车代磨和干式切削、清洁化生产。

【种类】 有杆形焊接镗刀和粒形焊接镗刀两种。

【刀杆直径】 见表 4-22。

表 4-22　杆形焊接聚晶金刚石或立方氮化硼镗刀及其尺寸系列（JB/T 10723—2007）　（单位：mm）

杆形焊接镗刀　　粒形焊接镗刀

类别	刀杆 d 尺寸系列
杆形焊接镗刀	3、4、5、6、7、8、9、10、13、15、17、19、21、24、28
粒形焊接镗刀	3、4、5、6、8、10、12

4.7.4　镗头

镗头是头部安装镗刀，尾部有一锥体与机床主轴锤孔相连接，并可径向调整，进行镗削的机床附件。

【用途】 用于镗孔时装夹镗刀，以铣削平面、沟槽、轮齿、螺纹和花键轴。

【分类】 按加工精度分，有粗（半精）镗头和精镗头；按用途分，有镗头、镗铣头和万能镗头。

【型号】 编制方法：

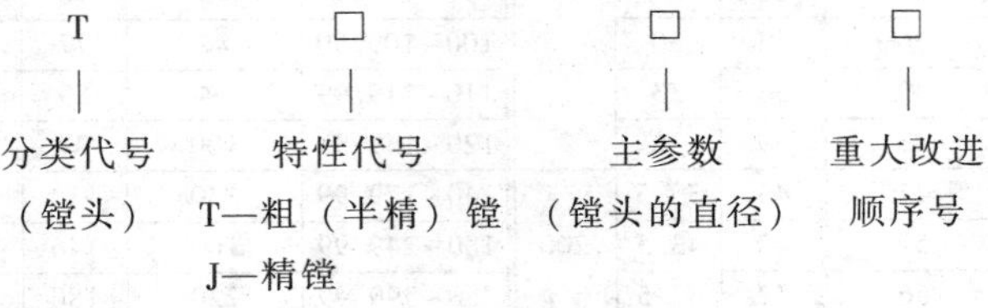

1. 粗（半精）镗头

【用途】 用于加工直径范围为 40～500mm 的深孔钻镗床粗（半

精）镗。

【结构、材料和硬度】 粗（半精）镗头主要部件的结构、材料和硬度见表 4-23。

表 4-23 粗（半精）镗头主要部件的结构、材料和硬度

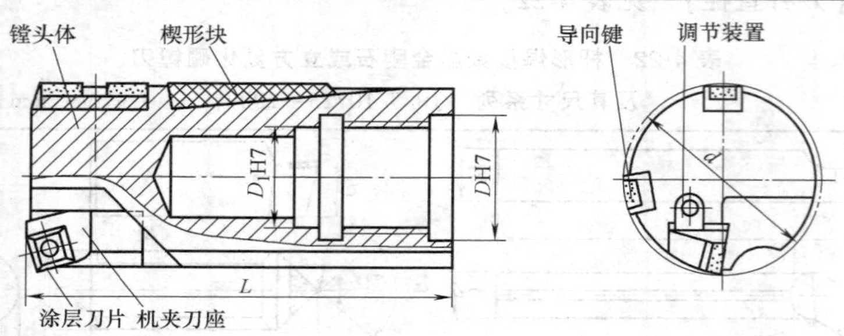

部件名称		材料	热处理方式	硬度 HBW
镗头体	$d \leqslant 200$mm	45	调质 235	220~250
	$d > 200$mm	QT500	时效处理	170~240
调节装置		45	调质 235	220~250
导向键		YG6	—	—
楔形块		夹布胶木或尼龙	—	—

【钻、镗杆尺寸】 粗（半精）镗头与配用钻、镗杆的配用尺寸见表 4-24。

表 4-24 粗（半精）镗头与配用钻、镗杆的配用尺寸（JB/T 12399—2015）

（单位：mm）

镗头直径 d	配用钻、镗杆直径	D	D_1	L	镗头直径 d	配用钻、镗杆直径	D	D_1	L
40~43	33	30	27	150	90~99.99	75	70	64	260
43.01~47	36	33	30		100~109.99	82	77	71	
47.01~51.7	39	36	33		110~119.99	94	89	83	
51.71~56.2	43	39	36		120~139.99	100	89	83	
56.21~64.99	47	43	39.5	200	140~179.99	130	116	109	
65~69.99	51	47	43.5		180~249.99	160	146	139	
70~74.99	56	52	48.5		250~399.99	220	180	法兰连接	380
75~79.99	62	58	53	210	400~500	220 (320)	180 (280)		
80~89.99	68	64	59						

2. 精镗头

【用途】 用于加工直径范围为 40~500mm 的深孔，钻、镗床精加工。

【结构】 精镗头的结构如图 4-16 所示。

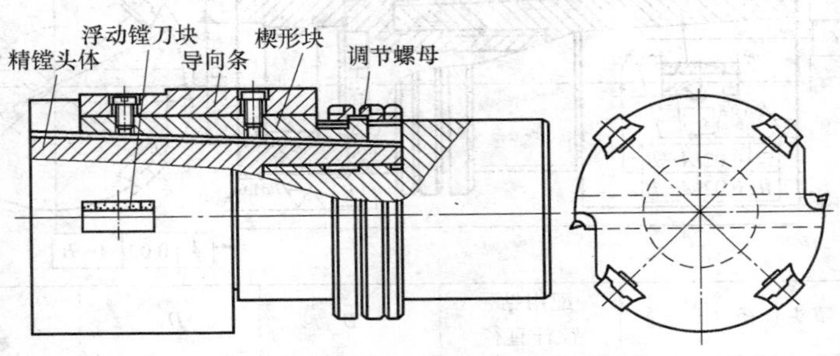

图 4-16　精镗头的结构

【技术条件】 精镗头主要部件的材料及硬度见表 4-25。

表 4-25　精镗头主要部件的材料及硬度

部件名称		材料	热处理方式	表面粗糙度 $Ra/\mu m$	硬度　HBW
镗头体	直径小于或等于 300mm	45	调质 235	方孔滑动面小于或等于 0.8	220~250
	直径大于 300mm	QT500	时效处理	方孔滑动面小于或等于 1.6	170~240
浮动镗刀		YG8	—	刃口小于或等于 0.4 滑动面小于或等于 0.8	—
导向条		夹布胶木或尼龙	—	—	—
楔形块		45	调质 235	≤1.6	220~250

【规格】 精镗头与配用钻、镗杆的配用尺寸见表 4-26。

表 4-26　精镗头与配用钻、镗杆的配用尺寸（JB/T 12395—2015）

（单位：mm）

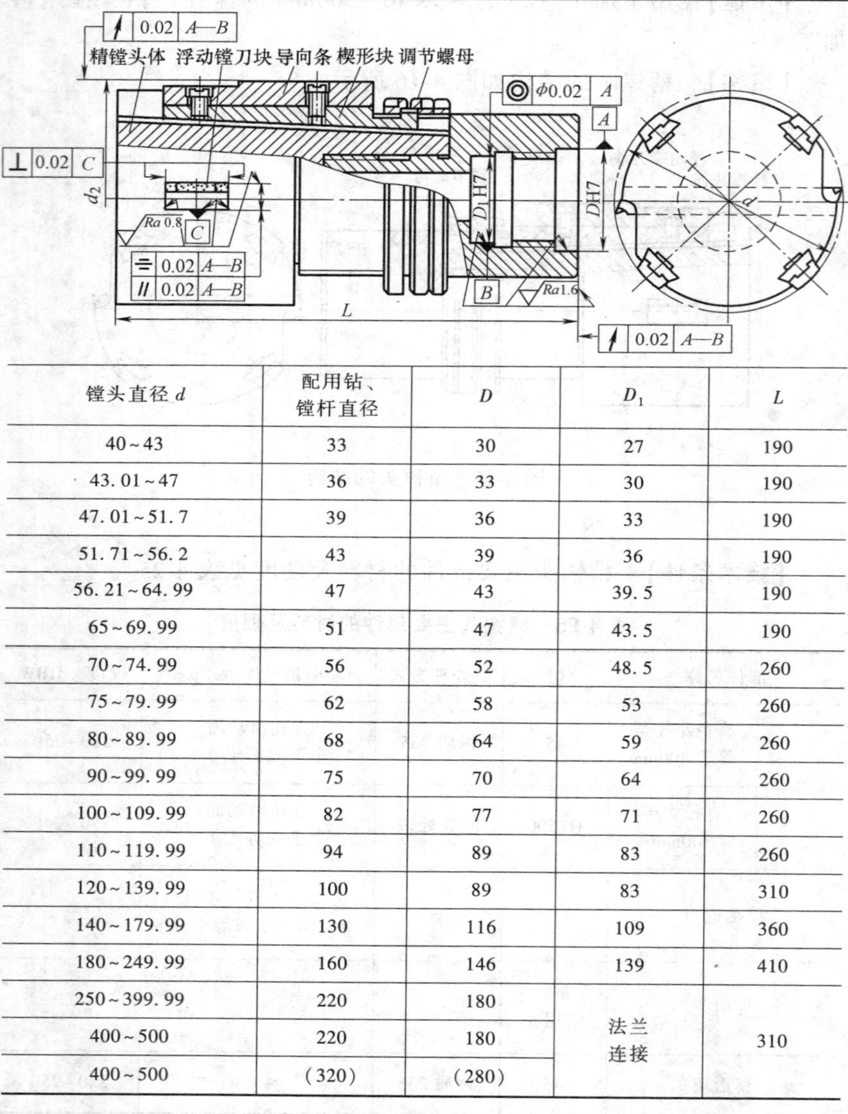

镗头直径 d	配用钻、镗杆直径	D	D_1	L
40～43	33	30	27	190
43.01～47	36	33	30	190
47.01～51.7	39	36	33	190
51.71～56.2	43	39	36	190
56.21～64.99	47	43	39.5	190
65～69.99	51	47	43.5	190
70～74.99	56	52	48.5	260
75～79.99	62	58	53	260
80～89.99	68	64	59	260
90～99.99	75	70	64	260
100～109.99	82	77	71	260
110～119.99	94	89	83	260
120～139.99	100	89	83	310
140～179.99	130	116	109	360
180～249.99	160	146	139	410
250～399.99	220	180	法兰连接	310
400～500	220	180		
400～500	（320）	（280）		

【基本参数】　立式精镗床镗头的型式与参数见表 4-27。

表 4-27　立式精镗床镗头的型式与参数（JB/T 4289. 4—2013）

（单位：mm）

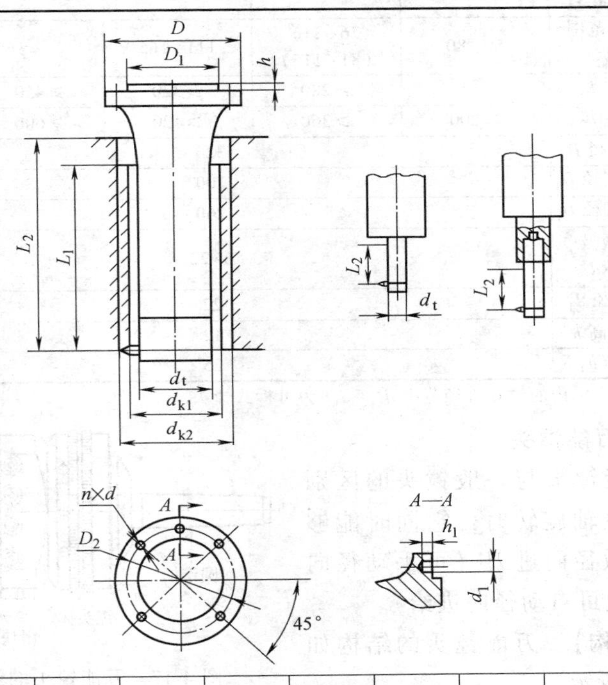

主轴头部名义直径或锥孔号		莫氏3号	50	75	莫氏3号	50	75(80)	110	130(150)
镗孔直径范围 $d_{k1} \sim d_{k2}$		~55	51~80	76~100	~55	51~80	76~115 (81~115)	111~165	160~200
最大孔深	L_1	—	—	≥280	—	—	≥280	≥320	≥450
	L_2	≥100	≥160	≥300	≥160	≥160	≥350	≥400	≥600
法兰盘直径 D		200			250				
定位凸缘直径 D_1		125			150				
螺孔分布直径 D_2		160			210				
螺柱孔数及直径 $n \times d$		4×13.5			4×17.5				
定位孔直径 d_1		13			17				
定位凸缘高 h		8			10				
定位孔深 h_1		15			20				

（续）

主轴头部名义直径或锥孔号		莫氏 4 号	75(80)	110	≥160	
镗孔直径范围 d_{k1} ~ d_{k2}		50~80	76~115 (81~115)	111~165	165~500	
最大孔深	L_1	—	≥280	≥320	≥450	≥800
	L_2	≥200	≥360	≥420	≥600	≥1100
法兰盘直径 D		320				
定位凸缘直径 D_1		200				
螺孔分布直径 D_2		260				
螺柱孔数及直径 $n×d$		6×22				
定位孔直径 d_1		22				
定位凸缘高 h		12				
定位孔深 h_1		25				

注：（ ）内的镗孔直径范围 d_{k1} ~ d_{k2} 为可拆式镗头。

3. 万能镗头

万能镗头与一般镗头的区别是，当主轴旋转时，它同时能够使刀架做径向进刀（可手动径向调整，也可自动径向进给）。

【结构】 万能镗头的结构如图 4-17 所示。

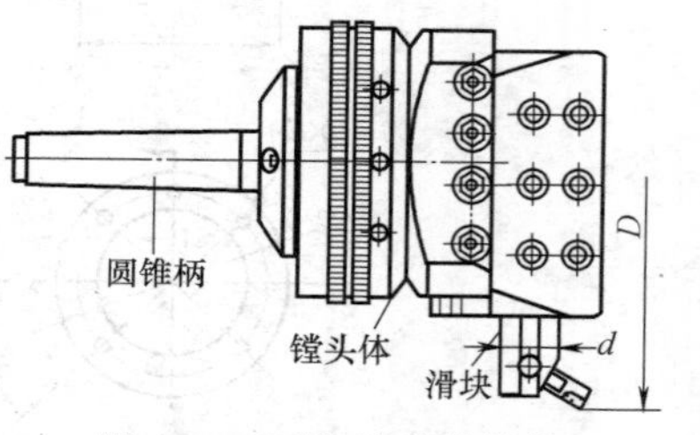

图 4-17 万能镗头的结构

【规格】 万能镗头的规格见表 4-28。

表 4-28 万能镗头的规格（JB/T 6565—2007） （单位：mm）

最大镗削直径 D			100	(125)	160	(200)	250	(315)	400	500	630
刀柄孔直径 d			10	12	18	18	20	20	22	22	25
圆锥柄规格	7 : 24 圆锥（按 GB/T 3837—2001）	30	√	√	√	√	√	√	—	—	—
		40	—	—	√	√	√	√	√	√	—
		45	—	—	—	√	√	√	√	√	√
		50	—	—	—	√	√	√	√	√	√
	莫氏锥柄（按 GB/T 1443—1996）	2	√	√	√	√	—	—	—	—	—
		3	—	√	√	√	√	√	—	—	—
		4	—	—	√	√	√	√	√	—	—
		5	—	—	—	√	√	√	√	√	√
		6	—	—	—	—	√	√	√	√	√
	米制锥柄（按 GB/T 1443—1996）	80	—	—	—	—	—	—	√	√	√
		100	—	—	—	—	—	—	—	—	√

注："√" 表示有此规格；（ ）内的参数尽量不采用。

4.7.5　锥柄可调镗刀架

【分类】 有普通式、可换锥柄式和可换锥柄式可调镗刀架三种。

1. 普通式锥柄可调镗刀架

【用途】 用于主轴锥孔为莫氏 5 号、6 号及米制 80 号圆锥的普通镗床。

【型式和尺寸】 锥柄可调镗刀架的型式和尺寸见表 4-29。

表 4-29　锥柄可调镗刀架的型式和尺寸（JB/T 3411.91—1999）

（单位：mm）

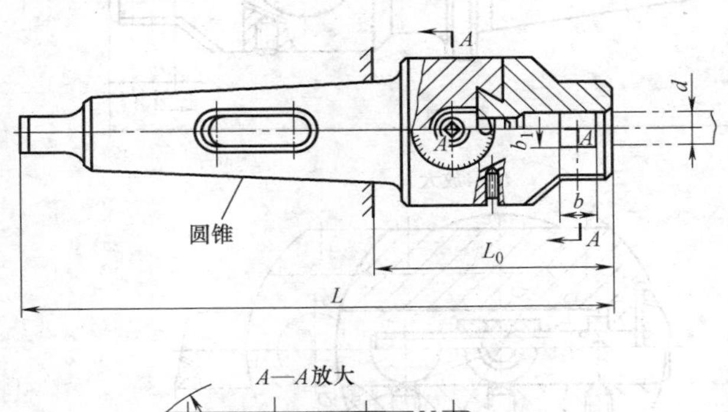

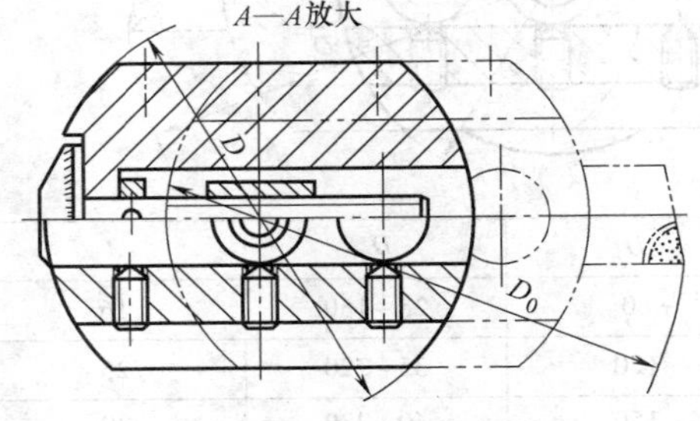

圆锥号		D	D_0	d	L	L_0
莫氏	米制					
5	—	80	25~150	16	240	90.5
6		120	35~220	25	355	145.0
—	80	150	40~280	30	380	160.0

【标记】 莫氏圆锥 6 号，$D=120$mm 的锥柄可调镗刀架，标记为：镗刀架 6-120 JB/T 3411.91—1999。

2. 7 : 24 锥柄式可调镗刀架

【用途】 用于主轴锥孔为 7 : 24 圆锥 40 号、50 号的普通镗床。

【型式和尺寸】 7 : 24 锥柄可调镗刀架的型式和尺寸见表 4-30。

表 4-30 7 : 24 锥柄可调镗刀架的型式和尺寸（JB/T 3411. 92—1999）

（单位：mm）

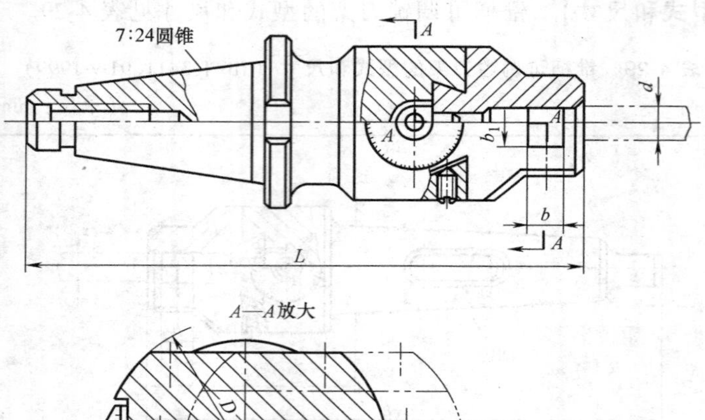

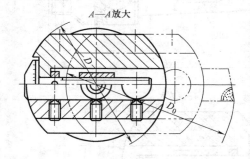

7 : 24 圆锥号	D	D_0	d	L
40	80	25~150	16	207
50	120	35~220	25	285
	150	40~280	30	330

【标记】 7 : 24 圆锥 50 号，D = 120mm 的 7 : 24 锥柄可调镗刀架，标记为：镗刀架 50-120 JB/T 3411. 92—1999。

3. 可换锥柄式可调镗刀架

【用途】 用于主轴锥孔为 7 : 24 圆锥 40、45、50 号的普通镗床上。

【型式和尺寸】 可换锥柄式可调镗刀架的型式和尺寸见表 4-31。

表 4-31　可换锥柄式可调镗刀架的型式和尺寸（JB/T 3411.93—1999）　（单位：mm）

A 型

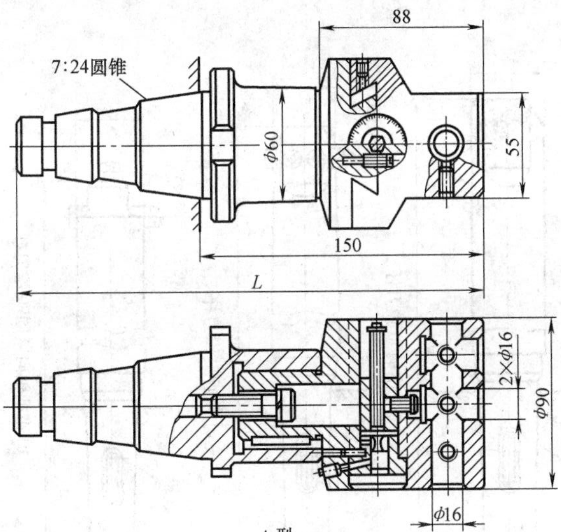

7:24 圆锥号	镗孔范围	L
40	5~165	244
45		256
50		276

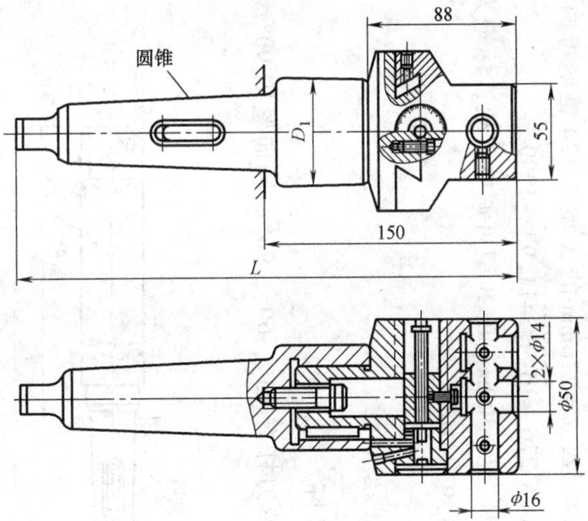

B 型

圆锥号		镗孔范围	D_1	L
莫氏	米制			
4	—	5~165	60	270
5	—		60	300
6	—		65	360
—	80		80	370

【标记】

1）7：24 圆锥 50 号，L=276mm 的 A 型 7：24 锥柄可调镗刀架，标记为：镗刀架　50-A 276　JB/T 3411.93—1999。

2）莫氏圆锥 5 号，L=300mm 的 B 型可调镗刀架，标记为：镗刀架 5-B 300JB/T 3411.93—1999。

4.8　镗刀杆

4.8.1　锥柄镗刀杆

【型式】　锥柄镗刀杆有 45°、60°、90°和轴向紧固 90°镗刀杆等几种（见图 4-18）。

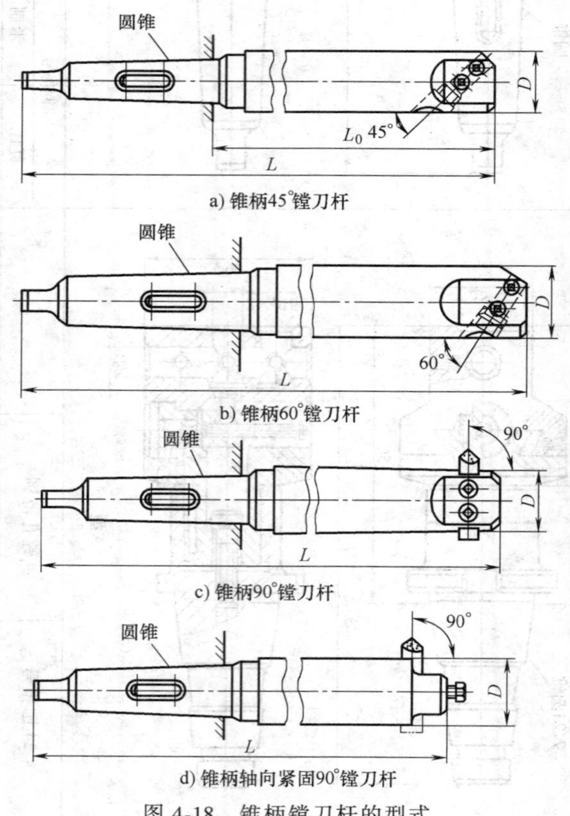

图 4-18　锥柄镗刀杆的型式

【规格】 见表 4-32~表 4-35。

1. 锥柄 45°镗刀杆

表 4-32 锥柄 45°镗刀杆的规格（JB/T 3411.85—1999）

（单位：mm）

圆锥号	型号
莫氏 3 号	3-25×280、3-25×400；3-32×315、3-32×450；3-40×280、3-40×400、3-40×500
莫氏 4 号	4-25×280、4-25×400；4-32×315、4-32×450；4-40×280、4-40×400、4-40×500；4-50×355、4-50×450、4-50×630
莫氏 5 号	5-32×355、5-32×500、5-32×630；5-40×355、5-40×450、5-40×560、5-40×710；5-50×355、5-50×450、5-50×630、5-50×800
莫氏 6 号	6-32×400、6-32×560；6-40×450、6-40×560、6-40×710；6-50×400、6-50×500、6-50×630、6-50×800
米制 80 号	80-40×450、80-40×630；80-50×450、80-50×560、80-50×710
米制 100 号	100-50×450、100-50×560、100-50×710

2. 锥柄 60°镗刀杆

表 4-33 锥柄 60°镗刀杆的规格（JB/T 3411.86—1999）

（单位：mm）

圆锥号	型号
莫氏 5 号	5-50×355、5-50×450、5-50×630、5-50×800；5-60×355、5-60×450、5-60×630、5-60×800；5-80×355；5-100×355
莫氏 6 号	6-50×400、6-50×500、6-50×630、6-50×800；6-60×450、6-60×560、6-60×710、6-60×900；6-80×450、6-80×560、6-80×710；6-100×400
米制 80 号	80-50×450、80-50×560、80-50×710；80-60×450、80-60×630、80-60×800；80-80×560、80-80×710；80-100×400；80-120×400
米制 100 号	100-50×560；100-50×710；100-60×450、100-60×630、100-60×800；100-80×450、100-80×560、100-80×710、100-80×900；100-100×450、100-100×560、100-100×710；100-120×400；100-160×450

3. 锥柄 90°镗刀杆

表 4-34 锥柄 90°镗刀杆的规格（JB/T 3411.83—1999）

（单位：mm）

圆锥号	型号
莫氏 3 号	3-25×280、3-25×400；3-32×315、3-32×450；3-40×280、3-40×400、3-40×500
莫氏 4 号	4-25×280、4-25×400；4-32×315、4-32×450；4-40×280、4-40×400、4-40×500；4-50×355、4-50×450、4-50×630
莫氏 5 号	5-32×500、5-32×630；5-40×355、5-40×560、5-40×710；5-50×355、5-50×450、5-50×630、5-50×800；5-60×355、5-60×450、5-60×630、5-60×800；5-80×315；5-100×355

（续）

圆锥号	型号
莫氏 6 号	6-32×400、6-32×560；6-40×450、6-40×560、6-40×710；6-50×400、6-50×500、6-50×630、6-50×800；6-60×450、6-60×560、6-60×710、6-60×900；6-80×450、6-80×560、6-80×710；6-100×400
米制 80 号	80-40×315、80-40×450；80-50×315、80-50×400、80-50×710；80-60×450、80-60×800；80-80×400、80-80×710；80-100×280；80-120×280
米制 100 号	100-50×400、100-50×710；100-60×315、100-60×450、100-60×800；100-80×315、100-80×400；100-80×710、100-80×900；100-100×315、100-100×400、100-100×710；100-120×280；100-160×315

4. 锥柄轴向紧固 90°镗刀杆

表 4-35　锥柄轴向紧固 90°镗刀杆的规格（JB/T 3411.84—1999）

（单位：mm）

圆锥号	型号
莫氏 3 号	3-16×240；3-20×240、3-20×315；3-25×280、3-25×400；3-32×315、3-32×450；3-40×280、3-40×400、3-40×500
莫氏 4 号	4-25×280、4-25×400；4-32×315、4-32×450；4-40×280、4-40×400、4-40×500；4-50×355、4-50×450、4-50×630
莫氏 5 号	5-32×500、5-32×630；5-40×355、5-40×560、5-40×710；5-50×355、5-50×450、5-50×630、5-50×800；5-60×355、5-60×450、5-60×630、5-60×800；5-80×315；5-100×355
莫氏 6 号	6-32×400、6-32×560；6-40×450、6-40×560、6-40×710；6-50×400、6-50×500、6-50×630、6-50×800；6-60×450、6-60×560、6-60×710、6-60×900；6-80×450、6-80×560、6-80×710；6-100×400
米制 80 号	80-40×630；80-50×450、80-50×560、80-50×710；80-60×450、80-60×630、80-60×800；80-80×560、80-80×710；80-100×400；80-120×400
米制 100 号	100-50×560、100-50×710；100-60×450、100-60×630、100-60×800；100-80×450、100-80×560、100-80×710、100-80×900；100-100×450、100-100×560、100-100×710；100-120×400；100-160×450
米制 120 号	120-60×630、120-60×800；120-80×450、120-80×560、120-80×710、120-80×900；120-100×450、120-100×560、120-100×710；120-120×500；120-160×500；120-180×500；120-200×500

4.8.2　装可转位刀片的圆柱形镗刀杆

【规格】　装可转位刀片的圆柱形镗刀杆的规格见表 4-36。

表 4-36　装可转位刀片的圆柱形镗刀杆的规格（GB/T 20335—2006）

（单位：mm）

柄部直径 d		08	10	12	16	20	25	32	40	50	60
柄部长度 l_1	优先系列	80	100	125	150	180	200	250	300	350	400
	其次系列	100	125	150	200	250	300	350	400	450	500
镗孔的最小直径 D_{min}		11	13	16	20	25	32	40	50	63	80

4.9　刨刀和刀杆

刨刀的结构和几何形状与车刀相似，但是由于刨削过程有冲击力，所以刨刀截面较粗大，前角稍小，刃倾角较大（负值），主偏角一般在30°~70°。刨刀切入和切出工件时，冲击很大，容易发生“崩刃”和“扎刀”现象，因而刨刀刀杆截面比较粗大，以增加刀杆的刚性，而且往往做成弯头；使刨刀在碰到硬质点时可适当缓和冲力，保护刀刃。

【种类】 常用的刨刀有平面刨刀、偏刀、切刀、弯切刀、角度偏刀和成形切刀等（见图 4-19）。

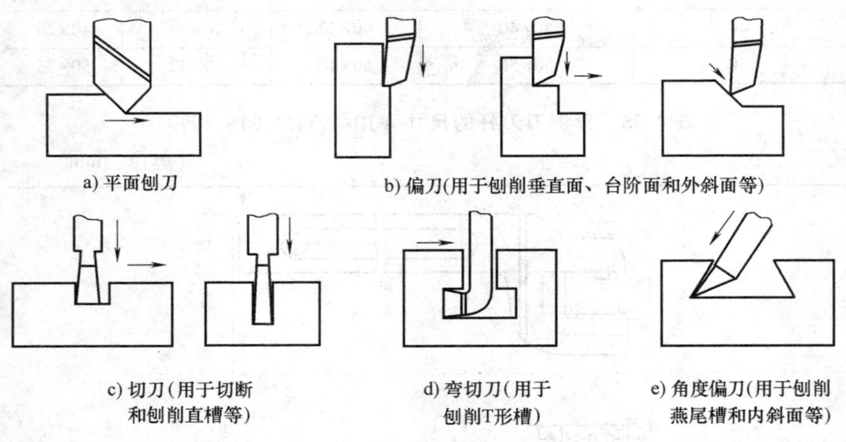

a) 平面刨刀　b) 偏刀(用于刨削垂直面、台阶面和外斜面等)

c) 切刀(用于切断和刨削直槽等)　d) 弯切刀(用于刨削T形槽)　e) 角度偏刀(用于刨削燕尾槽和内斜面等)

图 4-19　几种刨刀及其功能

4.9.1 刨刀刀杆

【用途】 用于装夹刨刀。

【刀杆尺寸】 见表4-37和表4-38。

表4-37 刨刀刀杆的横截面尺寸（GB/T 20327—2006）

（单位：mm）

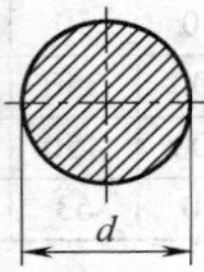

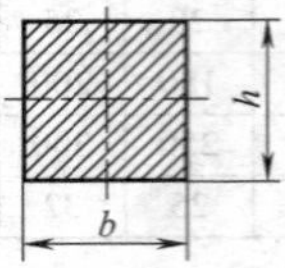

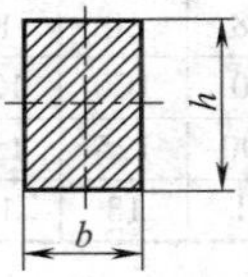

圆形截面尺寸 d	正方形截面尺寸 (h×b)	矩形截面 h/b≈ 1.25	1.6	2
		h×b		
6	6×6	6×5	6×4	6×3
8	8×8	8×6	8×5	8×4
10	10×10	10×8	10×6	10×5
12	12×12	12×10	12×8	12×6
16	16×16	16×12	16×10	16×8
20	20×20	20×16	20×12	20×10
25	25×25	25×20	25×16	25×12
32	32×32	32×25	32×20	32×16
40	40×40	40×32	40×25	40×20
50	50×50	50×40	50×32	50×25

表4-38 槽刨刀刀杆的尺寸（JB/T 3411.27—1999）

（单位：mm）

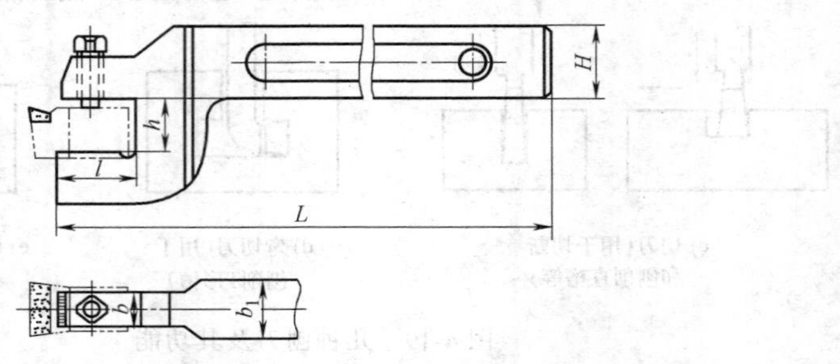

（续）

H	32		40		50				63					
b	10	12	16	20	20	20	25	25	25	25	30	30	35	35
b_1	20	20	25	25	32	32	32	32	40	40	40	40	40	40
L	300	300	400	400	450	550	450	550	550	650	550	650	550	650
l	30	30	35	35	45	45	45	45	55	55	55	55	55	55
h	20	20	25	25	30	30	30	30	35	35	35	35	35	35

4.9.2 刨刀架

【用途】 其上的刀夹用于安装刨刀，通过调节手柄操纵滑板，可使刨刀作垂直或斜向进给切削工件。

【原理】 扳转刀架手柄时，滑板沿转盘上的导轨带动刨刀作垂直进给。滑板需斜向进给时，松开转盘上的螺母，将转盘扳转所需角度即可。滑板上装有可偏转的刀座，刀座中的抬刀板可绕轴向上转动。在返回行程时，刨刀绕轴自由上抬，以减少刀具后刀面与工件的摩擦。

【结构】 刨刀架的结构如图 4-20 所示。

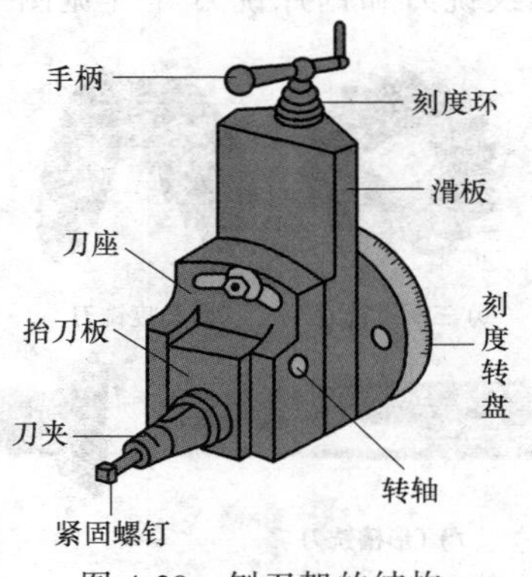

图 4-20　刨刀架的结构

第5章

铣削工具

铣削是用高速旋转的铣刀，在固定的工件上切削，生成需要的形状和特征的加工方法。铣削所用的工具包括量具、夹具、分度头、刀具（铣刀）和一些辅助工具。本章主要介绍铣刀。

【分类】

1）铣刀按结构可分为整体式铣刀、焊接式铣刀、机夹式铣刀（含不转位和可转位两种）和复合式铣刀等。

2）按安装方式可分为带柄铣刀和带孔铣刀。

3）按用途可分为圆柱形铣刀、面铣刀、三面刃铣刀、角度铣刀、T形槽铣刀、螺纹铣刀和锯片铣刀等（见图5-1）。

a) 圆柱形铣刀　b) 三面刃铣刀　c) 角度铣刀　d) 锯片铣刀

e) 面铣刀　f) T形槽铣刀　g) 燕尾槽铣刀

h) 立铣刀　i) 螺纹铣刀

图5-1　几种常用的铣刀

【材料】　采用高速钢、硬质合金、金刚石和立方氮化硼、陶瓷等。

5.1　圆柱铣刀

【用途】　主要用在立式或卧式铣床上加工较大平面或台阶面，多制成套式镶齿结构，刀齿为高速钢或硬质合金，刀体为 40Cr。

【材料】　采用 W6Mo5Cr4V2 或其他同等性能的高速钢。

【硬度】　工作部分的硬度为 63~66HRC。

【规格】　圆柱形铣刀的规格见表 5-1。

表 5-1　圆柱形铣刀的规格（GB/T 1115.1—2002）　（单位：mm）

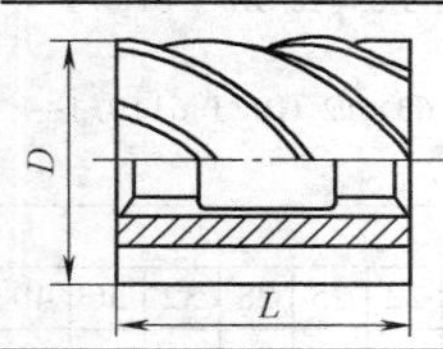

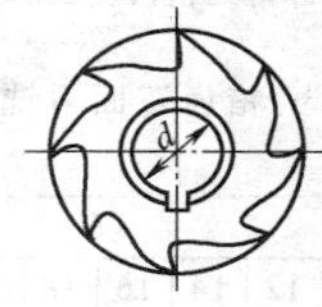

标记示例：外径 $D=50$，长度 $L=80$ 的圆柱形铣刀：圆柱形铣刀 50×80 GB/T 1115.1—2002

D	d	L						
js16	H7	40	50	63	70	80	100	125
50	22	√	—	√	—	√	—	—
63	27	—	√	—	√	—	—	—
80	32	—	—	√	—	—	√	—
100	40	—	—	—	√	—	—	√

5.2　三面刃铣刀

三面刃铣刀除圆周具有主切削刃外，两侧面也有副切削刃。

【用途】　用于铣削小台阶面、直槽、凹槽和四方或六方螺钉小侧面。

【种类】

1）按齿型分，有直齿三面刃铣刀和错齿三面刃铣刀。

2）按铣刀材料分，有普通三面刃铣刀、镶齿三面刃铣刀、硬质合金机夹三面刃铣刀、硬质合金错齿三面刃铣刀（GB/T 9062—2006）和可转位三面刃铣刀（GB/T 5341—2006，在可转位铣刀一节中叙述）。

5.2.1　普通三面刃铣刀

【规格】　三面刃铣刀的规格见表 5-2。

表 5-2 三面刃铣刀的规格（GB/T 6119—2012） （单位：mm）

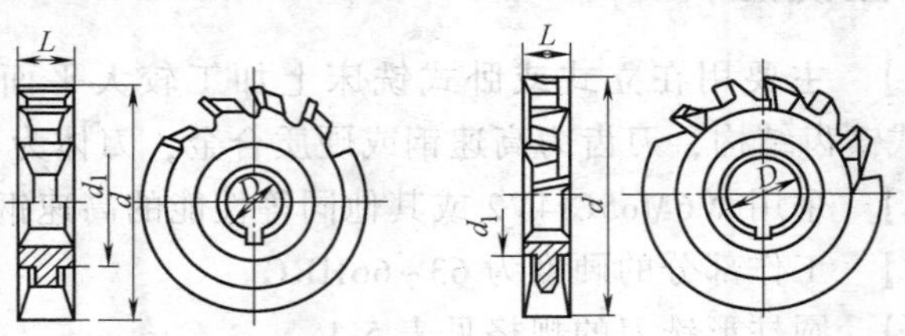

直齿三面刃铣刀　　　　错齿三面刃铣刀

【标记】 d=63mm，L=12mm 直齿三面刃铣刀，标记为：直齿三面刃铣刀 63×12 GB/T 6119.1—2012；

d=63mm，L=12mm，错齿三面刃铣刀，标记为：错齿三面刃铣刀 63×12 GB/T 6119.1—2012

<table>
<tr><th rowspan="2">d</th><th rowspan="2">D</th><th rowspan="2">dd_1 min</th><th colspan="16">L</th></tr>
<tr><th>4</th><th>5</th><th>6</th><th>8</th><th>10</th><th>12</th><th>14</th><th>16</th><th>18</th><th>20</th><th>22</th><th>25</th><th>28</th><th>32</th><th>36</th><th>40</th></tr>
<tr><td>50</td><td>16</td><td>27</td><td>√</td><td>√</td><td>√</td><td>√</td><td>√</td><td>—</td><td>—</td><td>—</td><td rowspan="2">—</td><td rowspan="2">—</td><td rowspan="3">—</td><td rowspan="3">—</td><td rowspan="4">—</td><td rowspan="5">—</td><td rowspan="6">—</td><td rowspan="6">—</td></tr>
<tr><td>63</td><td>22</td><td>34</td><td>√</td><td>√</td><td>√</td><td>√</td><td>√</td><td>√</td><td>√</td><td>√</td></tr>
<tr><td>80</td><td>27</td><td>41</td><td rowspan="5">—</td><td>√</td><td>√</td><td>√</td><td>√</td><td>√</td><td>√</td><td>√</td><td>√</td><td>√</td></tr>
<tr><td>100</td><td rowspan="2">32</td><td rowspan="2">47</td><td rowspan="4">—</td><td>√</td><td>√</td><td>√</td><td>√</td><td>√</td><td>√</td><td>√</td><td>√</td><td>√</td><td>√</td></tr>
<tr><td>125</td><td rowspan="3">—</td><td>√</td><td>√</td><td>√</td><td>√</td><td>√</td><td>√</td><td>√</td><td>√</td><td>√</td><td>√</td></tr>
<tr><td>160</td><td rowspan="2">40</td><td rowspan="2">55</td><td rowspan="2">—</td><td>√</td><td>√</td><td>√</td><td>√</td><td>√</td><td>√</td><td>√</td><td>√</td><td>√</td><td>√</td></tr>
<tr><td>200</td><td>—</td><td>√</td><td>√</td><td>√</td><td>√</td><td>√</td><td>√</td><td>√</td><td>√</td><td>√</td><td>√</td><td>√</td></tr>
</table>

5.2.2 镶齿三面刃铣刀

镶齿三面刃铣刀（见图 5-2）与普通铣刀不同，三个刃口均有后角。

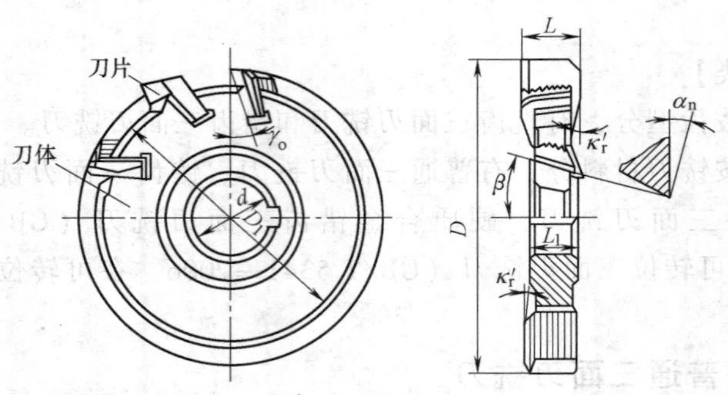

图 5-2 镶齿三面刃铣刀

【用途】　主要用于铣削定值尺寸的凹槽，也可铣削一般凹槽、台阶面、侧面。

【材料和硬度】

1）刀齿采用 W6Mo5Cr4V2 或其他同等性能的高速钢，硬度为 63~66HRC。

2）刀体采用 40Cr 或其他同等性能的钢材，硬度不低于 30HRC。

【规格】　镶齿三面刃铣刀的规格见表 5-3。

表 5-3　镶齿三面刃铣刀的规格（JB/T 7953—2010）　（单位：mm）

D	80	100	125	160
L	12、14、16、18、20	12、14、16、18、20、22、25	12、14、16、18、20、22、25	14、16、20、25、28
D	200	250	315	—
L	14、18、22、28、32	16、20、25、28、32	20、25、32、36、40	—

【标记】　外径 D = 200mm，厚度 L = 18mm 的镶齿三面刃铣刀，标记为：镶齿三面刃铣刀 200×18 JB/T 7953—2010。

5.2.3　硬质合金机夹三面刃铣刀

硬质合金机夹三面刃铣刀的宽度 L（mm）有 6、8、10 和 12 四种。

【材料和硬度】

1）刀体采用合金结构钢，其硬度不低于 40HRC。

2）夹紧件的硬度不低于 40HRC。

3）刀片材料推荐选用 P30、K20 硬质合金。

【规格】　硬质合金机夹三面刃铣刀的规格见表 5-4。

表 5-4　硬质合金机夹三面刃铣刀的规格（GB/T 14330—2008）

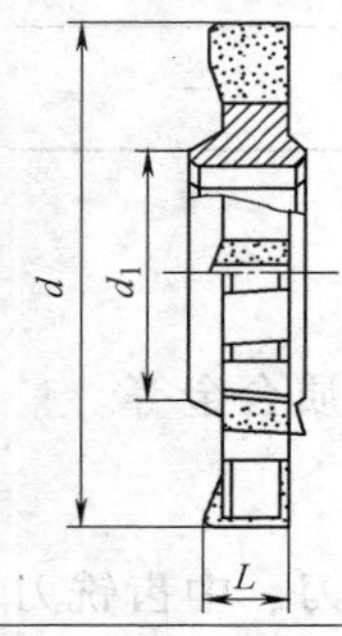

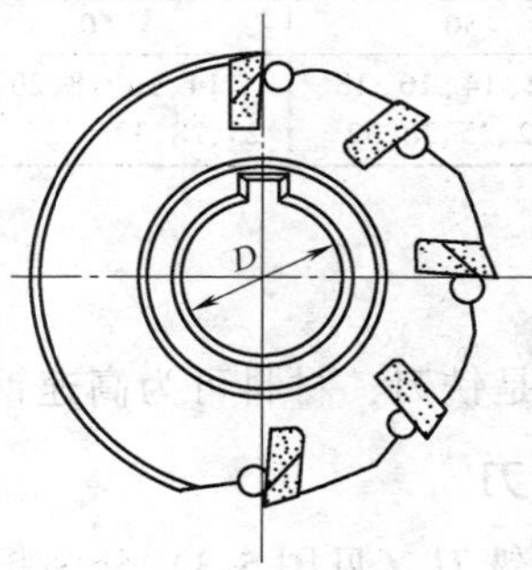

【标记】　铣刀外径 d = 80mm，宽度 L = 10mm，刀片用途代号为 P30 的硬质合金机夹三面刃铣刀，标记为：硬质合金机夹三面刃铣刀 80×10 P30 GB/T 14330—2008

（续）

d	63	80	100	125	160
D	22	27	32	40	40
L	6、8、10、12			8、10、12	

5.2.4 硬质合金错齿三面刃铣刀

【用途】 一般只用在粗加工铣削中。

【材料和硬度】 刀体采用 40Cr 或同等性能的合金工具钢，硬度不低于 30HRC；刀片材料按 GB/T 2075 选用。

【规格】 硬质合金错齿三面刃铣刀的规格见表 5-5。

表 5-5 硬质合金错齿三面刃铣刀的规格（GB/T 9062—2006）

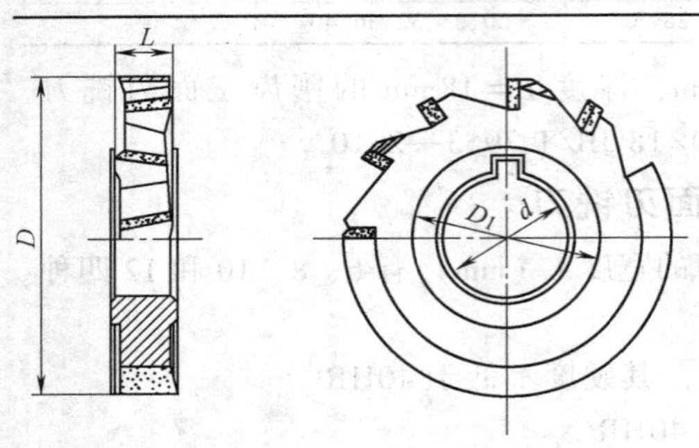

【标记】 外径 D = 100mm，宽度 L = 16mm，刀片分类代号为 P20 的硬质合金错齿三面刃铣刀，标记为：硬质合金错齿三面刃铣刀 100×16-P20 GB/T 9062—2006

D	63	80	100	125
d	22	27	32	40
L	8、10、12、14、16	8、10、12、14、16、18、20	8、10、12、14、16、18、20、22、25	8、10、12、14、16、18、20、22、25、28
D	160	200	250	—
d	40	50	50	—
L	10、12、14、16、18、20、22、25、28、32	12、14、16、18、20、22、25、28、32	14、16、18、20、22、25、28、32	—

5.3 锯片铣刀

锯片铣刀既是锯片也是铣刀，材料可为高速钢或硬质合金等。

5.3.1 高速钢锯片铣刀

【分类】 高速钢锯片铣刀（见图 5-3）分为粗齿铣刀、中齿铣刀和细齿铣刀。

【用途】 用于锯削金属材料或加工零件窄槽。粗齿一般用来加工铝及铝合金等软金属，细齿一般用来加工钢及铸铁等硬金属，中粗齿则介于其间。

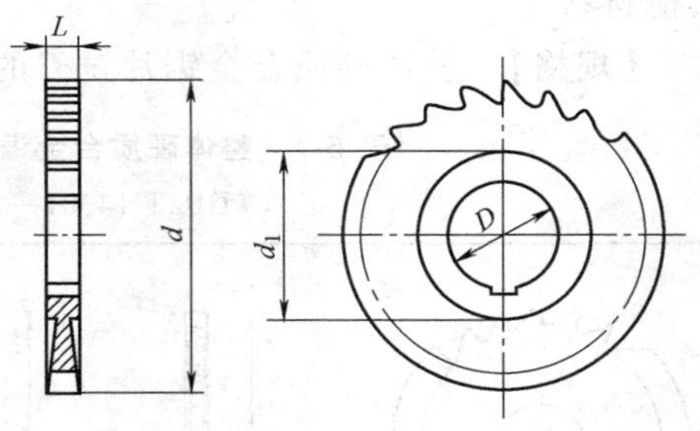

图 5-3　高速钢锯片铣刀

【材料和硬度】 采用 W6Mo5Cr4V2 或同等性能的其他高速钢（代号 HSS），$L \leqslant 1$mm 时，其硬度为 62～65HRC；$L >$ 1mm 时，其硬度为 63～66HRC。

【规格】 锯片铣刀的规格见表 5-6。

表 5-6　锯片铣刀的规格（GB/T 6120—2012）　（单位：mm）

d	20	25	32	40	50	63	80	100	125	160	200	250	315
D	5	8		10(13)	13	16	22	22(27)		32			40
L 尺寸系列	细齿：0.2、0.25、0.3、0.4、0.5、0.6、0.8、1.0、1.2、1.6、2.0、2.5、3.0、4.0、5.0、6.0												
	—	—	中齿：0.3、0.4、0.5、0.6、0.8、1.0、1.2、1.6、2.0、2.5、3.0、4.0、5.0、6.0										
	—	—	—	—	粗齿：0.8、1.0、1.2、1.6、2.0、2.5、3.0、4.0、5.0、6.0								

【标记】 $d = 125$mm，$L = 6$mm 的中齿锯片铣刀，标记为：中齿锯片铣刀 125×6 GB/T 6120—2012（其他型号的标记与此类同，不另说明）。

注意：( ) 内的尺寸尽量不采用，如要采用，则在标记中注明尺寸 *D*。例如，$d = 125$mm，$L = 6$mm，$D = 27$mm 的中齿锯片铣刀的标记为：中齿锯片铣刀 125×6×27 GB/T 6120—2012。

5.3.2　整体硬质合金锯片铣刀

【用途】 用于加工不锈钢/钛合金等难加工材料。

【材料】 采用 GB/T 2075 中规定的 K10 硬质合金或相当性能的

其他材料。

【规格】 整体硬质合金锯片铣刀的规格见表 5-7。

表 5-7 整体硬质合金锯片铣刀的规格

(GB/T 14301—2008) (单位:mm)

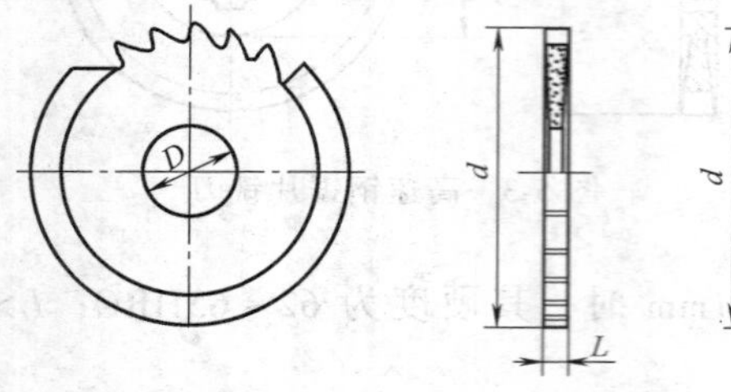

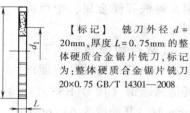

【标记】 铣刀外径 d = 20mm,厚度 L = 0.75mm 的整体硬质合金锯片铣刀,标记为:整体硬质合金锯片铣刀 20×0.75 GB/T 14301—2008

d	8	10	12	16	20	25	32	40	50	63	80	100	125
D	3	5	5	5	5	8	8	10	13	16	22	22	22
L	0.20、0.25、0.30、0.40、0.45、0.50、0.55、0.60、0.65、0.70、0.75、0.80、0.90												

5.4 角度铣刀

【分类】 分为单角铣刀、对称双角铣刀和不对称双角铣刀。

【用途】 用于卧式铣床上铣削工件上的各种角度槽和斜面、刀具刃沟等(见图 5-4 和图 5-5)。

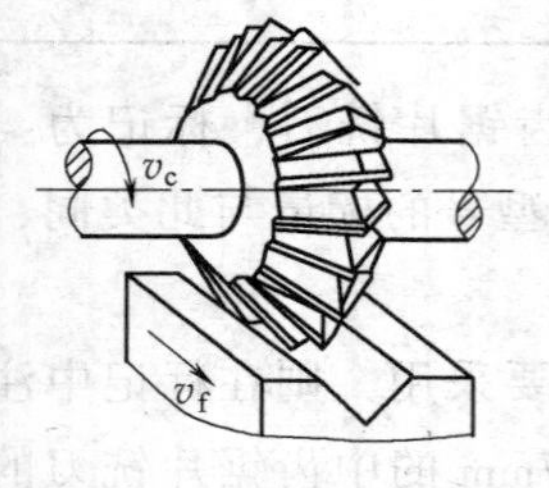

图 5-4 铣 V 形槽

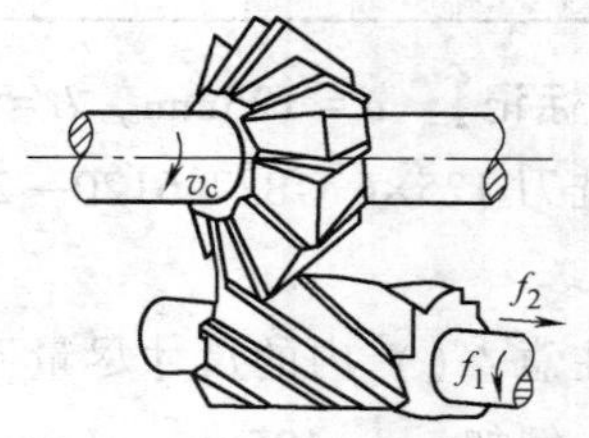

图 5-5 铣螺旋槽

【材料】 采用 W6Mo5Cr4V2 或同等性能的其他高速钢。

5.4.1 单角铣刀

【规格】 单角铣刀的规格见表 5-8。

表 5-8　单角铣刀的规格（GB/T 6128.1—2007）

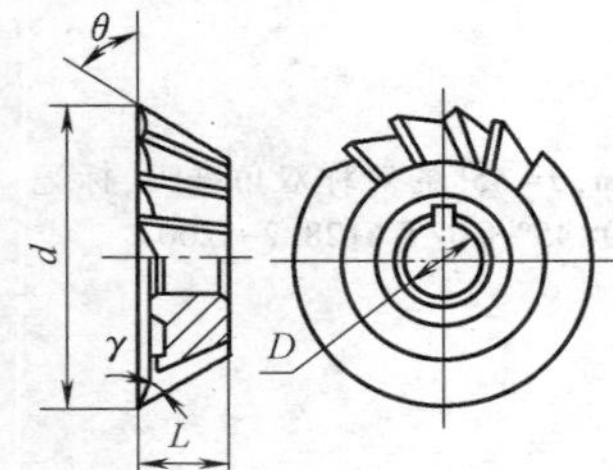

【标记】　$d=50\text{mm}$，$\theta=45°$ 的单角铣刀，标记为：单角铣刀 50×45°　GB/T 6128.1—2007

d/mm	θ/(°)
40、50	45、50、55、60、65、70、75、80、85、90
63、80	18、22、25、30、40、45、50、55、60、65、70、75、80、85、90
100	18、22、25、30、40

5.4.2　不对称双角铣刀

【规格】　不对称双角铣刀的规格见表 5-9。

表 5-9　不对称双角铣刀的规格（GB/T 6128.2—2007）

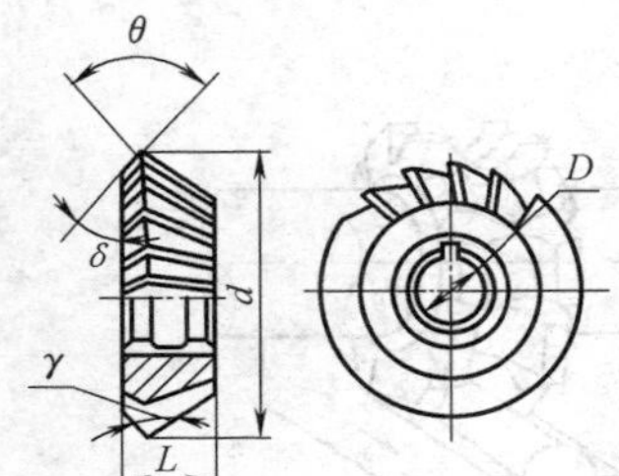

【标记】　$d=50\text{mm}$，$\theta=55°$ 的不对称双角铣刀，标记为：不对称双角铣刀 50×55°　GB/T 6128.2—2007

d/mm	θ/(°)
40、50、63	55、60、65、70、75、80、85、90、100
80	50、55、60、65、70、75、80、85、90
100	50、55、60、65、70、75、80

5.4.3　对称双角铣刀

【规格】　对称双角铣刀的规格见表 5-10。

表 5-10 对称双角铣刀的规格（GB/T 6128.2—2007）

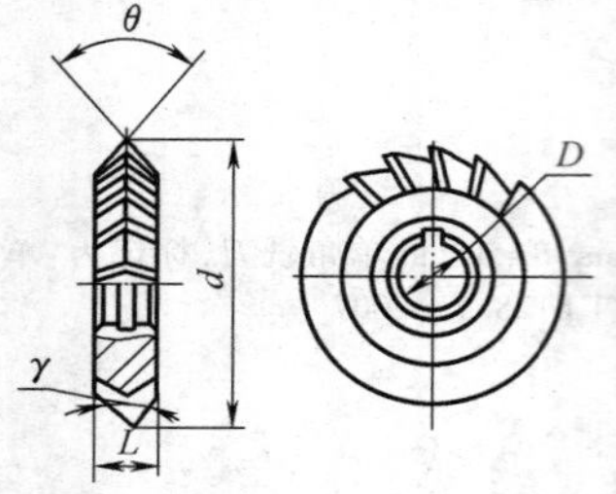

【标记】 $d=50$mm，$\theta=45°$的对称双角铣刀，标记为：对称双角铣刀 50×45° GB/T 6128.2—2007

d/mm	θ/(°)
50	45、60、90
63	18、22、25、30、40、45、50、60、90
80、100	18、22、25、30、40、45、60、90

5.5 凸、凹半圆铣刀

【用途】

1）凸半圆铣刀（见图 5-6）主要用于铣削定值尺寸凹圆弧的成形表面。

2）凹半圆铣刀（见图 5-7）主要用于铣削定值尺寸凸圆弧、圆角表面。

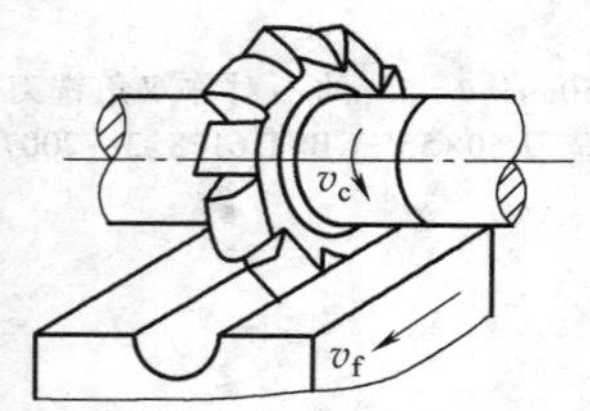

图 5-6 凸半圆铣刀铣凹圆弧面

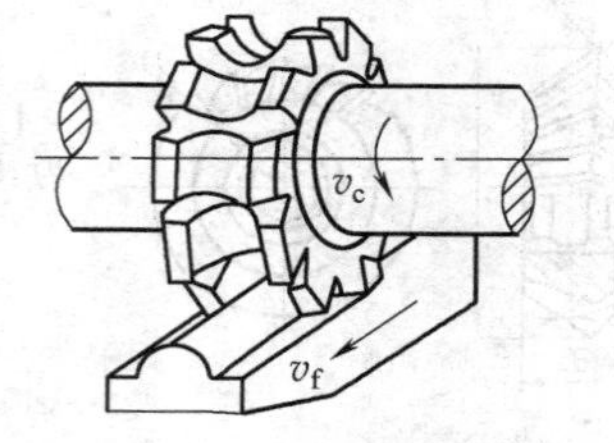

图 5-7 凹半圆铣刀铣凸圆弧面

【材料】 采用 W6Mo5Cr4V2 或同等性能的高速钢。

【硬度】 为 63~66 HRC。

【规格】 半圆铣刀的规格见表 5-11。

【标记】 $R=10$mm 的凸半圆铣刀，标记为：凸半圆铣刀 R10 GB/T 1124.1—2007。

表 5-11　半圆铣刀的规格（GB/T 1124.1—2007）

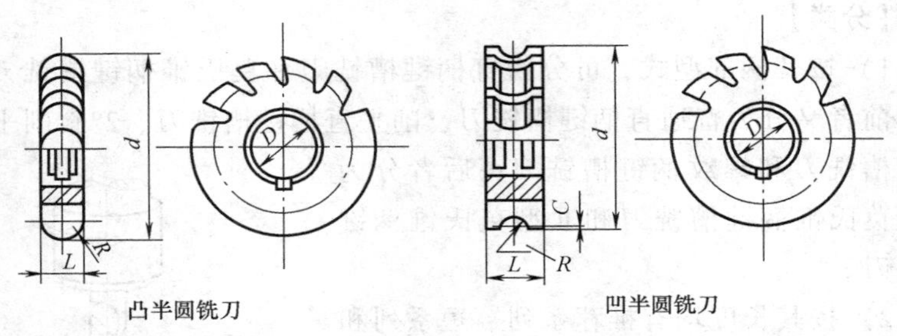

半圆半径 R/mm	1、1.25、1.6、2、2.5、3、4、5、6、8、10、12、16、20

5.6　圆角铣刀

【用途】　用于铣削工件外部半径为 1～20mm 的圆角。

【材料】　采用 W6Mo5Cr4V2 或其他同等性能的普通高速钢；也可采用 2Mo9Cr4VCo8 或其他同等性能的高性能高速钢。

【硬度】　普通高速钢工作部分的硬度为 63～66HRC；高性能高速钢工作部分的硬度为大于或等于 65HRC。

【规格】　圆角铣刀的规格见表 5-12。

表 5-12　圆角铣刀的规格（GB/T 6122—2017）

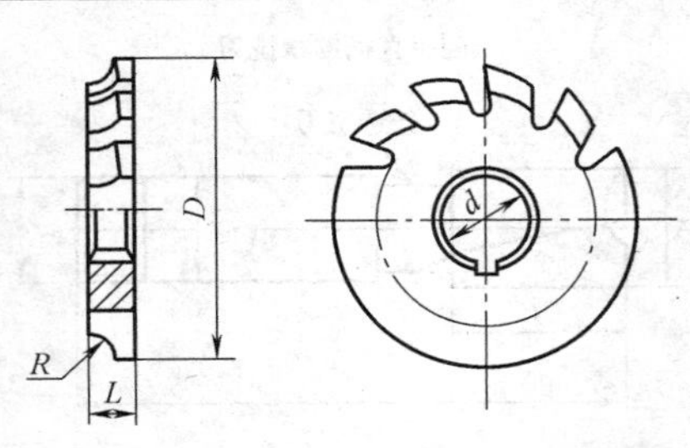	R 系列：1、1.25、1.6、2、2.5、3.15(3)、4、5、6.3(6)、8、10、12.5(12)、16、20 【标记】　圆角半径 R = 10mm 的圆角铣刀，标记为：圆角铣刀　R10　GB/T 6122—2017

5.7　键槽和燕尾槽铣刀

槽铣刀有普通键槽铣刀、半圆键槽铣刀、T 形槽铣刀、燕尾槽铣刀、螺钉槽铣刀和尖齿槽铣刀等几种。

5.7.1 普通键槽铣刀

【分类】

1）按其柄部型式，可分为直柄键槽铣刀和莫氏锥柄键槽铣刀两种。前者又分为普通直柄键槽铣刀、削平直柄键槽铣刀、2°斜削平直柄键槽铣刀和螺纹柄键槽铣刀；后者分为Ⅰ型莫氏锥柄键槽铣刀和Ⅱ型莫氏锥柄键槽铣刀。

2）按其长度均有推荐系列、短系列和标准系列之分。

【用途】 端部只有两个刀刃，专门用于铣削轴上封闭式键槽（见图 5-8）。

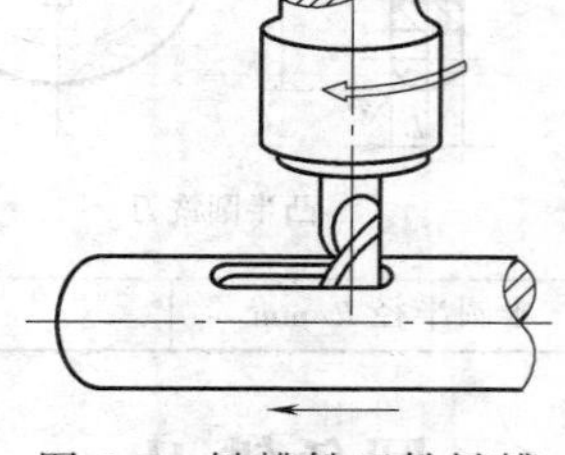

图 5-8 键槽铣刀铣键槽

【规格】 分别见表 5-13 和表 5-14。

表 5-13 直柄键槽铣刀的规格（GB/T 1112—2012）

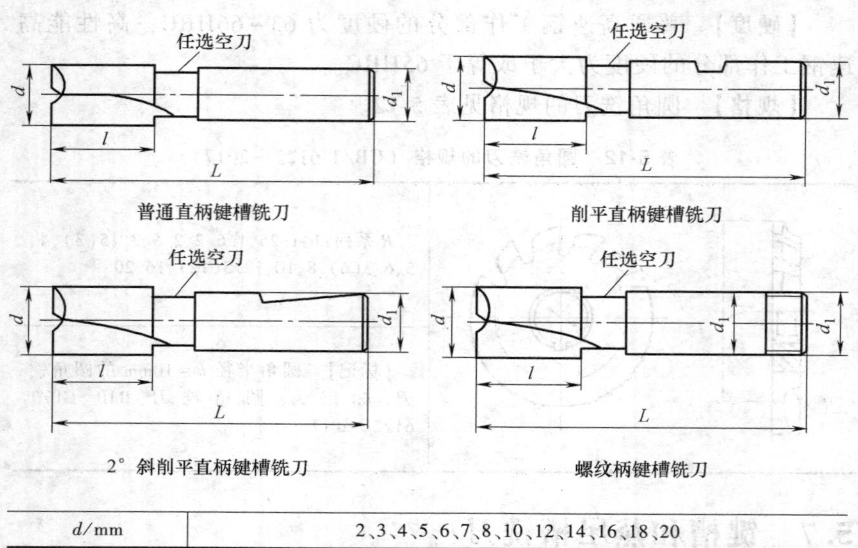

d/mm	2、3、4、5、6、7、8、10、12、14、16、18、20

【标记】 直径 d=8mm，e8 偏差的螺纹柄推荐系列键槽铣刀，标记为：螺纹柄键槽铣刀 8e8 GB/T 1112—2012。

表 5-14 莫氏锥柄键槽铁刀的规格（GB/T 1112—2012）

Ⅰ型　　Ⅱ型

d/mm	6、7、8、10、12、14、16、18、20、22、24、25、28、32、36、38、40、45、50、56、63

【标记】 直径 $d=12$mm，总长 $L=96$mm，Ⅰ型 e8 偏差的莫氏锥柄键槽铣刀，标记为：莫氏锥柄键槽铣刀 12e8×96 GB/T 1112—2012。

5.7.2 半圆键槽铣刀

【用途】 半圆键槽铣刀（见图 5-9）用于铣削轴类零件上的半圆形键槽。

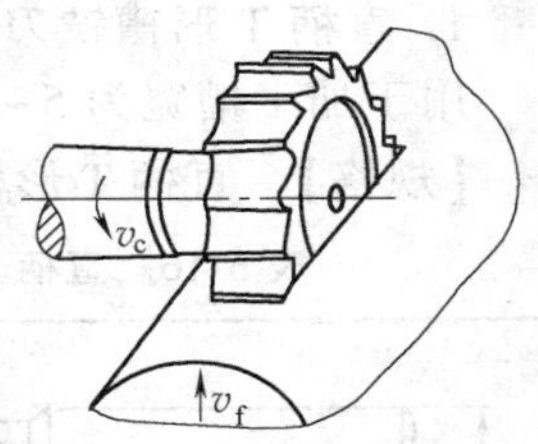

图 5-9 半圆键槽铣刀铣半圆形键槽

【材料】 工作部分采用 W6Mo5Cr4V2 或同等性能的高速钢。

【硬度】

1）工作部分：外径 $d \leqslant 7.5$mm 时，硬度为 62～65HRC；外径 $d>7.5$mm 时，硬度为 63～66HRC。

2）柄部：普通直柄和螺纹柄，硬度不低于 30HRC；削平直柄和 2°斜削平直柄，硬度不低于 50HRC。

【规格】 半圆键槽铣刀的规格见表 5-15。

表 5-15 半圆键槽铣刀的规格（GB/T 1127—2007）

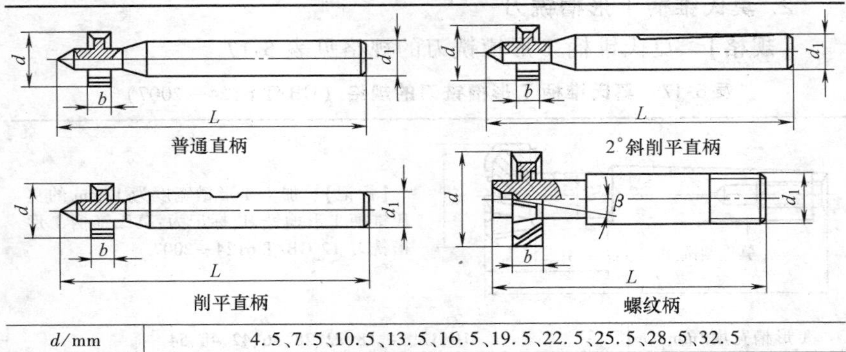

d/mm	4.5、7.5、10.5、13.5、16.5、19.5、22.5、25.5、28.5、32.5

【标记】 普通直柄半圆键槽铣刀，基本尺寸为6mm×22mm，标记为：半圆键槽铣刀 6×22 GB/T 1127—2007（其他型号的标记与此雷同，不另说明）。

5.7.3 T形槽铣刀

【用途】 T形槽铣刀（见图5-10）用于铣削工件上的T型槽。

【材料】 采用优质工具钢或硬质合金。

【型式】 常用T形槽铣刀有直柄（普通直柄、削平直柄、螺纹柄）T形槽铣刀和莫氏锥柄T形槽铣刀等几种。

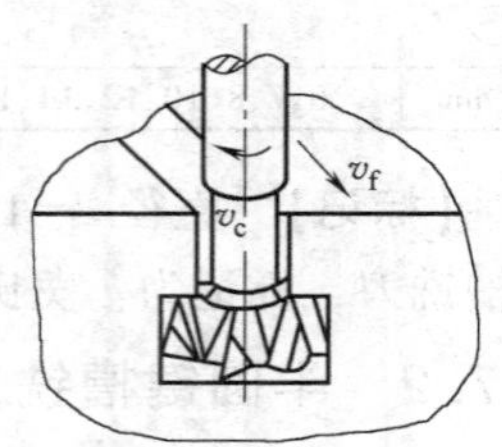

图5-10 T形槽铣刀

1. 直柄T形槽铣刀

用于加工槽宽为5~54mm的T形槽。

【规格】 直柄T形槽铣刀的规格见表5-16。

表5-16 直柄T形槽铣刀的规格（GB/T 6124—2007）

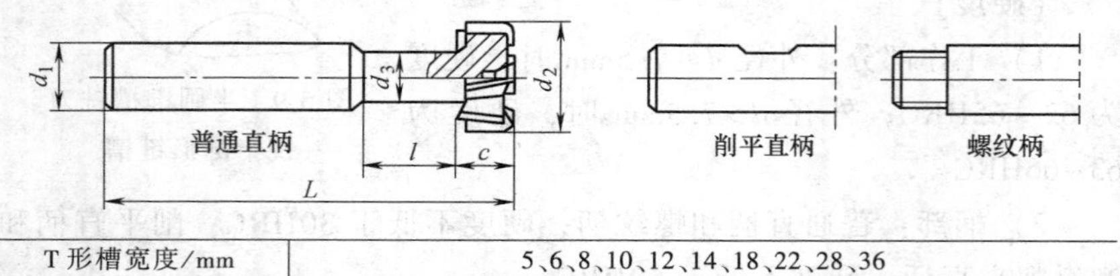

T形槽宽度/mm	5、6、8、10、12、14、18、22、28、36

【标记】 加工T形槽宽度为10mm的削平直柄T形槽铣刀，标记为：削平直柄T形槽铣刀 10 GB/T 6124—2007。

2. 莫氏锥柄T形槽铣刀

【规格】 莫氏锥柄T形槽铣刀的规格见表5-17。

表5-17 莫氏锥柄T形槽铣刀的规格（GB/T 6124—2007）

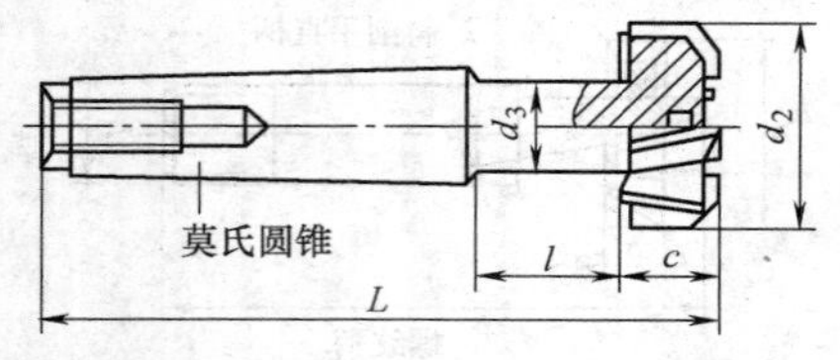

【标记】 加工T形槽宽度为12mm的莫氏锥柄T形槽铣刀，标记为：莫氏锥柄T形槽铣刀 12 GB/T 6124—2007

T形槽宽度/mm	10、12、14、18、22、28、36、42、48、54

3. 硬质合金直柄 T 形槽铣刀

【材料】 硬质合金直柄和莫氏锥柄 T 形槽铣刀，刀片材料可按 GB/T 2075 选用；刀体采用 40Cr 或其他同等性能的钢材。

【硬度】 柄部距尾端 2/3 长度上的硬度不低于 30HRC。

【规格】 硬质合金直柄 T 形槽铣刀的规格见表 5-18。

表 5-18　硬质合金直柄 T 形槽铣刀的规格（GB/T 10948—2006）

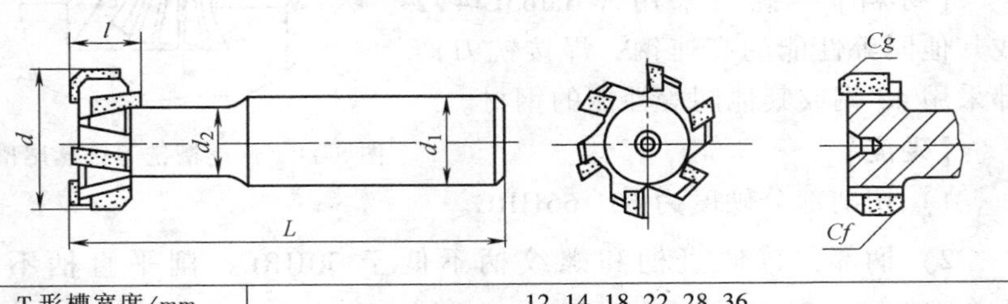

T 形槽宽度/mm	12、14、18、22、28、36

【标记】 T 形槽的基本尺寸为 28mm，刀片分类代号为 K30 的直柄 T 形槽铣刀，标记为：硬质合金直柄 T 形槽铣刀 28 K30 GB/T 10948—2006。

4. 硬质合金莫氏锥柄 T 形槽铣刀

【材料和硬度】 同直柄 T 形槽铣刀。

【规格】 硬质合金莫氏锥柄 T 形槽铣刀的规格见表 5-19。

表 5-19　硬质合金莫氏锥柄 T 形槽铣刀的规格（GB/T 10948—2006）

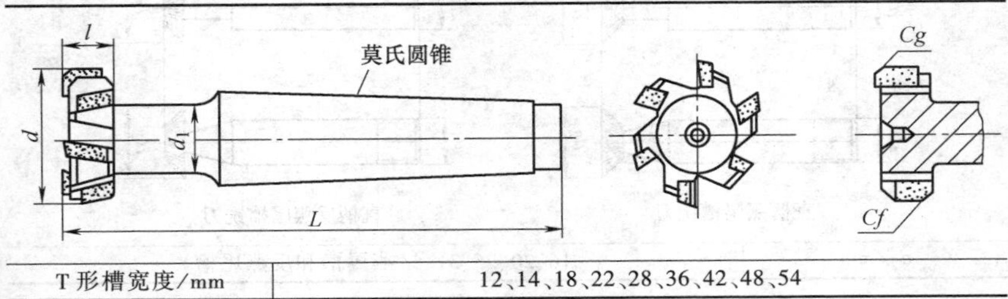

T 形槽宽度/mm	12、14、18、22、28、36、42、48、54

【标记】 T 形槽的基本尺寸为 28mm，刀片分类代号为 K30 的锥柄 T 形槽铣刀，标记为：硬质合金锥柄 T 形槽铣刀 28 K30 GB/T 10948—2006。

5.7.4 燕尾槽铣刀

【用途】 燕尾槽铣刀（见图 5-11）用于铣削工件上的 45°和 60°正、反燕尾槽，有直柄燕尾槽铣刀和直柄反燕尾槽铣刀。也用于铣床加工槽与直线轮廓、铣镗加工中心上加工型腔、型芯、曲面外形/轮廓用。

【材料】 铣刀采用 W6Mo5Cr4V2 或其他同等性能的高速钢；焊接铣刀柄部采用 45 钢或其他同等性能的钢材。

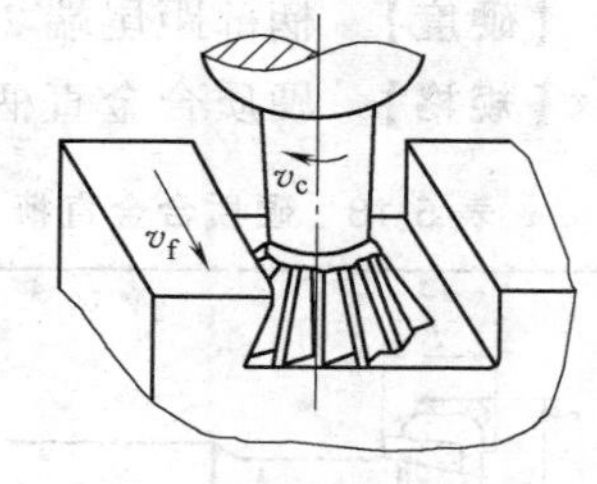

图 5-11 燕尾槽铣刀铣燕尾槽

【硬度】

1）切削部分硬度为 63～66HRC。

2）柄部：普通直柄和螺纹柄不低于 30HRC，削平直柄不低于 50HRC。

【规格】 直柄燕尾槽铣刀和直柄反燕尾槽铣刀的规格见表 5-20。

表 5-20 直柄燕尾槽铣刀和直柄反燕尾槽铣刀的规格（GB/T 6338—2004）

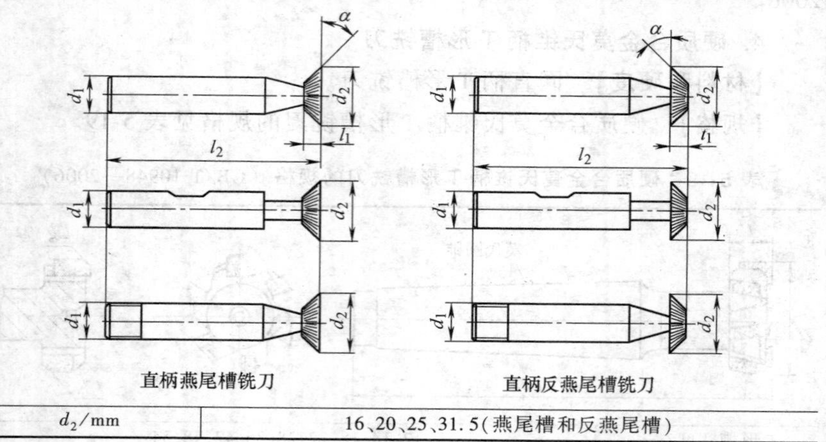

d_2/mm	16、20、25、31.5（燕尾槽和反燕尾槽）

5.7.5 螺钉槽铣刀

螺钉槽铣刀（见图 5-12）分为粗齿螺钉铣刀和细齿螺钉铣刀两种。

【用途】 用于铣削螺栓、螺钉、螺柱和螺母螺纹头部一字槽。

【材料】 铣刀采用 W6Mo5Cr4V2 或其他同等性能的普通高速钢。

【硬度】 $L \leqslant 1$mm 时，硬度为 62~65HRC；$L>1$mm 时，硬度为 63~66HRC。

【规格】 有 40mm、60mm、75mm（GB/T 25674—2010）。

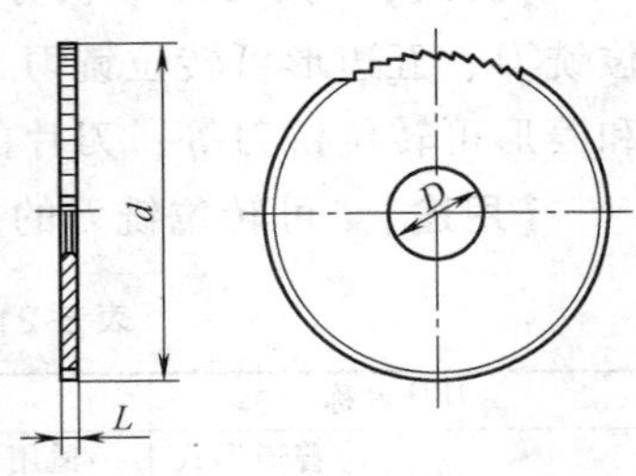

图 5-12　螺钉槽铣刀

【标记】 $d=75$mm，$L=1.6$mm，齿数为 60 的螺钉槽铣刀，标记为：螺钉槽铣刀 75×1.6×60 GB/T 25674—2010。

5.7.6　尖齿槽铣刀

【用途】 尖齿槽铣刀（见图 5-13）用于加工窄键槽。

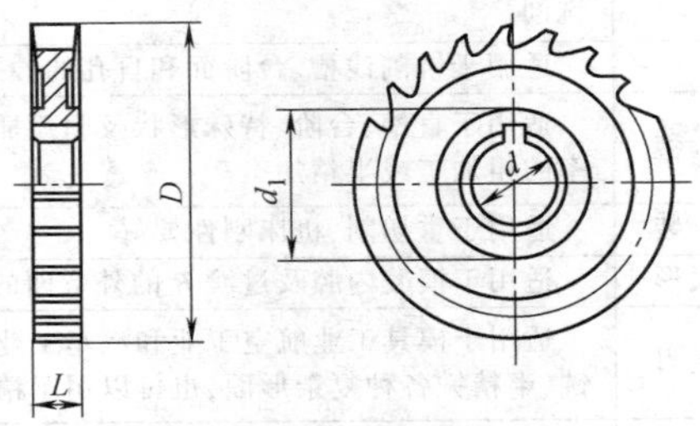

图 5-13　尖齿槽铣刀

【材料】 采用 W6Mo5Cr4V2 或其他同等性能的高速钢。

【硬度】 工作部分的硬度为 63~66HRC。

【规格】 D（mm）有 50、63、80、100、125、160、200（GB/T 1119.1—2002）。

【标记】 外径 $D=50$mm，厚度 $L=6$mm 的尖齿槽铣刀，标记为：尖齿槽铣刀 50×6 GB/T 1119.1—2002。

5.8　可转位铣刀

可转位铣刀是刀片可转位使用的镶齿铣刀。

【分类】 按刀片形状分，有正三边形可转位铣刀、四边形可转位铣刀、五边形可转位铣刀、凸三边形可转位铣刀、圆形可转位铣刀和菱形可转位铣刀等；刀片的断屑槽可制成多种形式。

【用途】 可转位铣刀的用途见表 5-21。

表 5-21 可转位铣刀的用途

刀具名称		用途
面铣刀	普通形式	适用于铣削大的平面,用于不同深度的粗加工、半精加工
	精密面	适用于表面质量要求高的场合,用于精铣
	立装面	适用于钢、铸钢、铸铁的粗加工,能承受较大的切削力,适用于重切削
	圆刀片面	适用于加工平面或根部有圆角肩台、筋条以及难加工材料,小规格的还可用于加工曲面
	密齿面	适用于铣削短切屑材料以及较大平面和较小余量的钢件,切削效率高
三面刃铣刀		适用于铣削较深和较窄的台阶面和沟槽
两面刃铣刀		适用于铣削深的台阶面,可组合起来用于多组台阶面的铣削
立铣刀		适用于铣削浅槽、台阶面和盲孔的镗孔加工
螺旋立铣刀(玉米铣刀)	平　装	适用于直槽、台阶、特殊形状及圆弧插补的铣削,适于高效率的粗加工或半精加工
	立　装	适用于重切削,机床刚性要好
球头立铣刀	普通形	适用于模腔内腔及过渡 *R* 的外形面的粗加工,半精加工
	曲线刃	适用于模具工业航空工业和汽车工业的仿形加工,用于粗铣、半精铣各种复杂形面,也可以用于精铣
成型铣刀		适用于各种型面的高效加工,也可用于重切削

5.8.1 可转位面铣刀

【材料】 刀体用合金钢。

【规格】 刀片的规格由制造商确定，优先按 GB/T 2081 选择。

【硬度】 锥柄铣刀头部的硬度不低于 45HRC，柄部的硬度为 35~50HRC；定位元件的硬度不低于 50HRC，夹紧元件的硬度不低于 40HRC。套式铣刀的硬度不低于 220HBS，与刀片接触的定位面的硬度不低于 45HRC。

【型号】 可转位套式面铣刀有 A、B、C 三个型号（见图 5-14）。A 型端键传动，内六角沉头螺钉紧固；B 型端键传动，铣刀夹持螺钉紧固；C 型安装在带有 7∶24 锥柄的定心刀杆上。

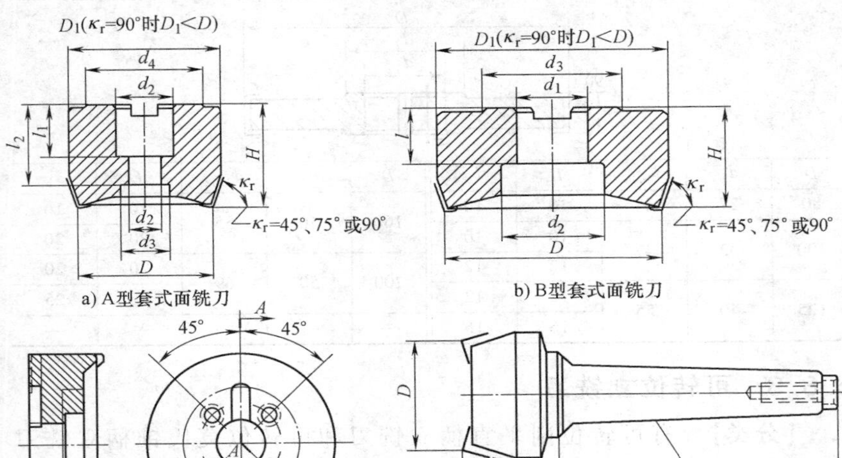

图 5-14　可转位套式面铣刀

【规格】　套式面铣刀的规格见表 5-22。

表 5-22　套式面铣刀的规格（GB/T 5342—2006）　（单位：mm）

可转位套式面铣刀	A 型	D=50、63、80、100
	B 型	D=80、100、125
	C 型	D=160，40 号定心刀杆；D=200 和 250，50 号定心刀杆；D=315、400、500，50 号和 60 号定心刀杆
可转位莫氏锥柄面铣刀		D=63、80，莫氏锥柄 4 号

5.8.2　可转位三面刃铣刀

【材料】　刀体采用 40Cr 或同等性能以上的合金工具钢。

【硬度】　刀体的硬度不低于 30HRC；与刀片直接接触的定位面的硬度不低于 45HRC；其余零件：定位元件的硬度不低于 50HRC，夹紧元件的硬度不低于 40HRC。

【规格】　可转位三面刃铣刀的规格见表 5-23。

表 5-23　可转位三面刃铣刀的规格（GB/T 5341.1—2006）（单位：mm）

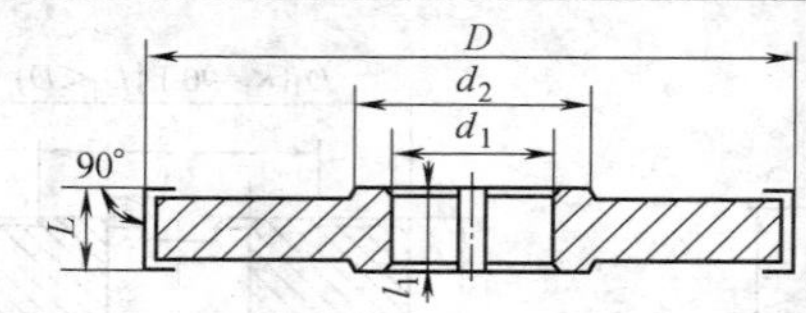

D	d_1	$d_{2\min}$	L	l_1	D	d_1	$d_{2\min}$	L	l_1
80	27	41	10	10	160	40	55	16	16
100	32	47	10	10				20	20
			12	12	200	50	69	20	20
125	40	55	12	12				25	25
			16	16	—	—	—	—	—

5.8.3　可转位立铣刀

【分类】　有可转位削平直柄立铣刀和可转位莫氏锥柄立铣刀两种。

【材料】　刀体采用合金钢制造。

【硬度】　头部的硬度不低于 45HRC，柄部的硬度为 35～50HRC，定位元件的硬度不低于 50HRC，夹紧元件的硬度不低于 40HRC。

【规格】　可转位立铣刀的规格见表 5-24。

表 5-24　可转位立铣刀的规格（GB/T 5340—2006）　（单位：mm）

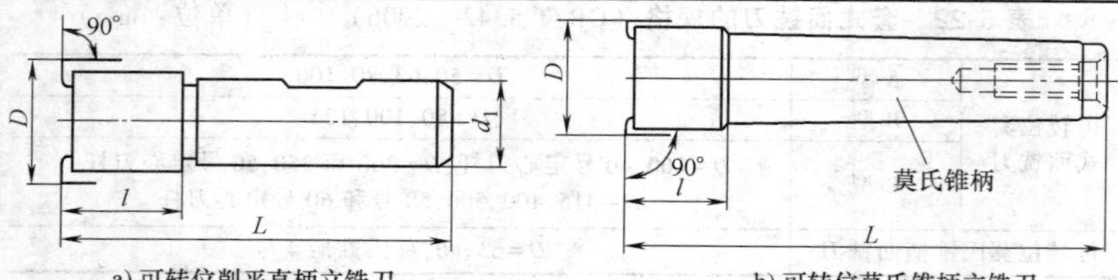

a) 可转位削平直柄立铣刀　　b) 可转位莫氏锥柄立铣刀

D	削平直柄立铣刀 d_1	莫氏锥柄立铣刀 莫氏锥柄号	$l_{\max}$	L
12、14	12	2	20	90
16、18	15		25	94
20	20	3	30	116
25	25		38	124
32	32			
40、50		4	48	157

5.8.4 可转位螺旋立铣刀

【用途】 适用于粗铣。

【材料】 刃体采用合金钢。

【硬度】

1）切削部分：在 l 长度内，硬度不低于 40HRC，柄部硬度不低于 45HRC。

2）定位元件的定位面硬度不低于 50HRC，夹紧元件的硬度不低于 40HRC。

【规格】 可转位螺旋立铣刀的规格见表 5-25。

表 5-25 可转位螺旋立铣刀的规格（GB/T 14298—2008） （单位：mm）

名称	简图	d/mm	d_1 或圆锥号
削平直柄立铣刀		32	32
		40	40
		50	50
莫氏锥柄立铣刀	莫氏圆锥	32	4
		40	5
		50	5
手动换刀机床用 7：24 锥柄立铣刀	7:24圆锥柄	32、40	40
		50、63	50
		80、100	50/60
自动换刀机床用 7：24 锥柄立铣刀	7:24圆锥柄	32、40	40
		50、63	50
		80、100	50/60

【标记】 直径 $d=40$mm 的削平直柄可转位螺旋立铣刀，标记为：削平直柄可转位螺旋立铣刀 40 GB/T 14298—2008（其他型号的标记与此雷同，不另说明）。

5.9 立铣刀

立铣刀（见图 5-15）端部有三个以上的刀刃，圆柱表面上的切削刃为主切削刃（一般为螺旋齿），端面上的切削刃为副切削刃，它们可同时进行切削，也可单独进行切削。因为立铣刀的端面中间有凹槽，所以不可以轴向进给。立铣刀直接插入主轴锥孔中就可使用。

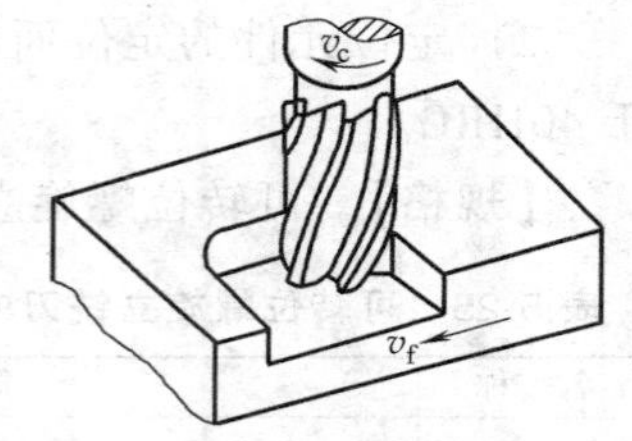

图 5-15 立铣刀铣凹平面

【用途】 用于铣削直槽、小平面、台阶面和内凹平面等。

【分类】 按柄部型式，立铣刀可分为直柄立铣刀、莫氏锥柄立铣刀和 7∶24 锥柄立铣刀三种。

【材料】 工作部分采用 W6Mo5Cr4V2 或其他同等性能的高速钢（代号 HSS），也可采用 W6Mo5Cr4V2Al 或同等性能及以上高性能高速钢（代号 HSS-E）；焊接立铣刀柄部采用 45 钢或同等性能的其他牌号钢材。

【硬度】

1）工作部分：普通高速钢（HSS）$d\leqslant 6$mm 时，硬度为 62～65HRC，其余强度为 63～66HRC；高性能高速钢（HSS-E）的硬度不低于 64HRC。

2）柄部：普通直柄、螺纹柄和锥柄，硬度不低于 30HRC；削平直柄和 2°斜削平直柄，硬度不低于 50HRC。

5.9.1 直柄立铣刀

【用途】 直柄立铣刀用于加工平面、台阶面和槽。

【分类】 有普通直柄立铣刀、2°斜削平直柄立铣刀、削平直柄立铣刀和螺纹柄立铣刀四种。其长度有标准系列和长系列，各自又分为Ⅰ组和Ⅱ组。

【推荐直径】 直柄立铣刀的规格见表 5-26。

表 5-26 直柄立铣刀的规格（GB/T 6117.1—2010） （单位：mm）

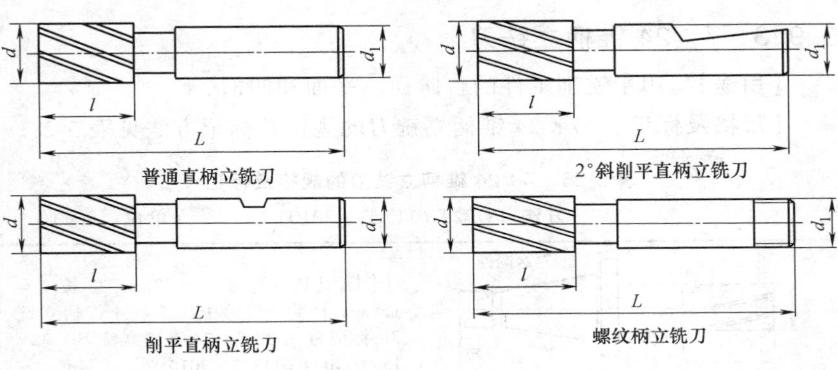

推荐直径 d 系列	2、2.5、3、3.5、4、5、6、7、8、9、10、11、12、14、16、18、20、22、24、25、28、32、36、40、45、50、56、63、71

【标记】 直径 $d=8$mm，中齿，柄径 $d=8$mm 的螺纹柄标准系列立铣刀，标记为：中齿直柄立铣刀 8 螺纹柄 GB/T 6117.1—2010。

5.9.2 莫氏锥柄立铣刀

【用途】 用于铣削工件的垂直台阶面、沟槽和凹槽，其长度有标准系列和长系列，各自又分为Ⅰ组和Ⅱ组。

【推荐直径】 莫氏锥柄立铣刀的规格见表 5-27。

表 5-27 莫氏锥柄立铣刀的规格（GB/T 6117.2—2010） （单位：mm）

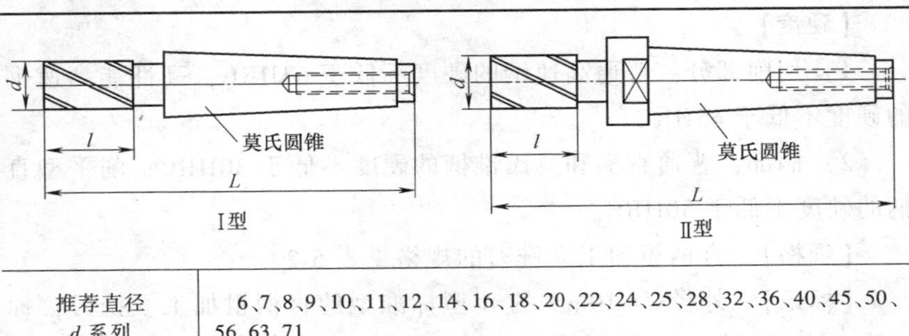

推荐直径 d 系列	6、7、8、9、10、11、12、14、16、18、20、22、24、25、28、32、36、40、45、50、56、63、71

【标记】 直径 d=50mm，总长 L=298mm 的长系列Ⅱ型粗齿莫氏锥柄立铣刀，标记为：粗齿莫氏锥柄立铣刀 50×298 Ⅱ GB/T 6117.2—2010。

5.9.3 7：24 锥柄立铣刀

【用途】 用于铣削工件的台阶面、平面和凹槽。

【规格及标记】 7：24 锥柄立铣刀的规格及标记方法见表 5-28。

表 5-28 7：24 锥柄立铣刀的规格及标记方法（GB/T 6117.3—2010）（单位：mm）

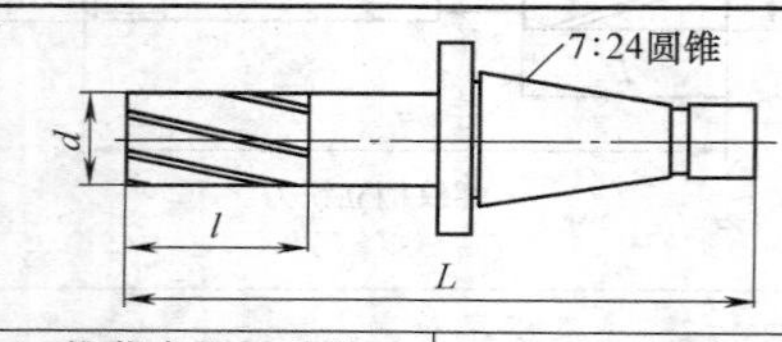

【标记】 直径 d = 32mm，总长 L = 158mm，标准系列的中齿 7：24 锥柄立铣刀，标记为：中齿 7：24 锥柄立铣刀 32×158 GB/T 6117.3—2010

推荐直径 d 系列	25、28、32、36、40、45、50、56、63、71、80

5.9.4 粗加工立铣刀

【用途】 用于粗铣。

【分类】 按型式分，有标准型粗加工立铣刀、削平型粗加工立铣刀和莫氏锥柄粗加工立铣刀三种，其长度有标准系列和长系列。

【材料】 铣刀切削部分采用 W6Mo5Cr4V2 或同等性能的其他普通高速钢，也可采用高性能高速钢；焊接柄部采用 45 钢、65Mn 钢或同等性能的其他合金钢。铣刀允许进行表面强化处理。

【硬度】

1）切削部分：普通高速钢的硬度不低于 63HRC，高性能高速钢的硬度不低于 65HRC。

2）柄部：普通直柄和莫氏锥柄的硬度不低于 30HRC；削平型直柄的硬度不低于 50HRC。

【规格】 直柄粗加工立铣刀的规格见表 5-29。

【标记】 外径 d=10mm 的 A 型标准型的直柄粗加工立铣刀，标记为：直柄粗加工立铣刀 A10 GB/T 14328—2008。

表 5-29 直柄粗加工立铣刀的规格（GB/T 14328—2008） （单位：mm）

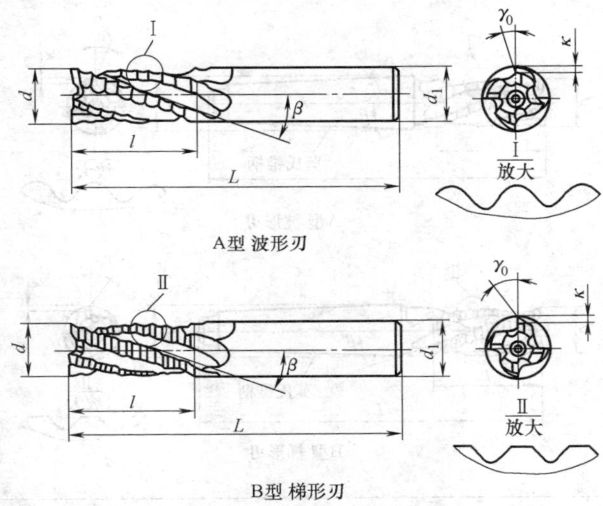

标准型 直径系列	6、7、8、9、10、11、12、14、16、18、20、22、25、28、32、36、40、45、50

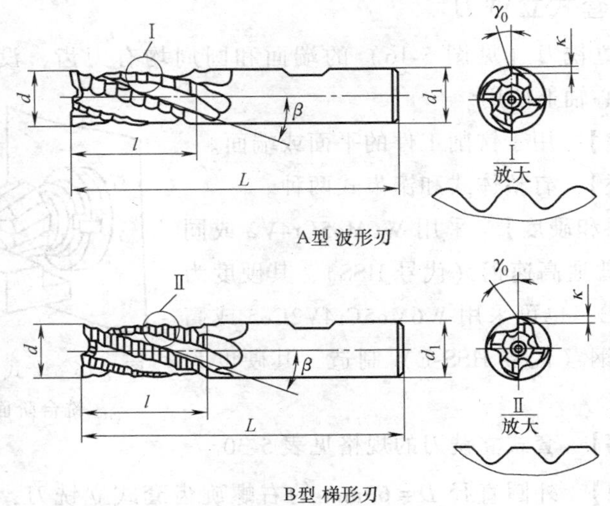

削平型 直径系列	8、9、10、11、12、14、16、18、20、22、25、28、32、36、40、45、50、56、63

（续）

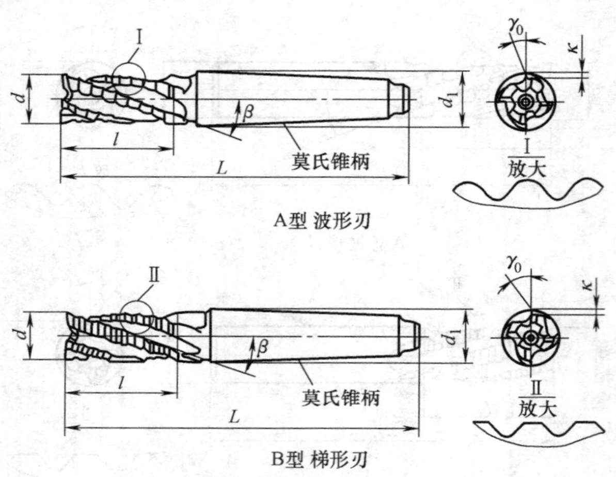

莫氏锥柄直径系列	10、11、12、14、16、18、20、22、25、28、32、36、40、45、50、56、63、71、80

5.9.5 套式立铣刀

套式立铣刀（见图 5-16）的端面和圆周均有刀齿，没有刀柄，需套装在心轴上使用。

【用途】 用于铣削工件的平面或端面。

【分类】 有整体式和镶齿式两种。

【材料和硬度】 采用 W6Mo5Cr4V2 或同等性能的普通高速钢（代号 HSS），其硬度为 63～66HRC；也可采用 W6Mo5Cr4V2Co5 或高性能高速钢（代号 HSS-E）制造，其硬度为 65～67HRC。

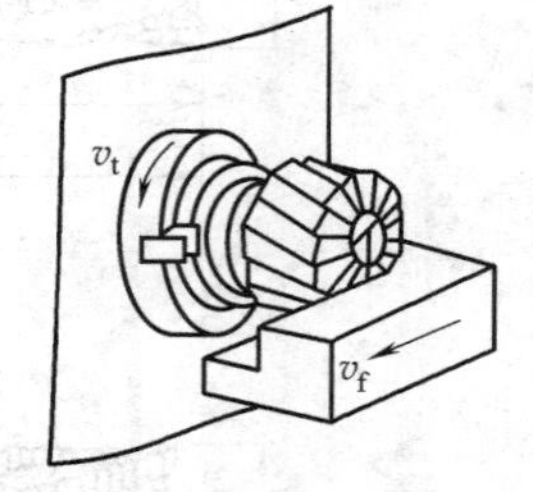

图 5-16 套式立铣刀铣台阶面

【规格】 套式立铣刀的规格见表 5-30。

【标记】 外圆直径 D = 63mm 的右螺旋齿套式立铣刀，标记为：套式立铣刀 63 GB/T 1114—2016；外圆直径 D = 63mm 的左螺旋齿套式立铣刀，标记为：套式立铣刀 63-L GB/T 1114—2016。

表 5-30　套式立铣刀的规格（GB/T 1114—2016）　　　（单位：mm）

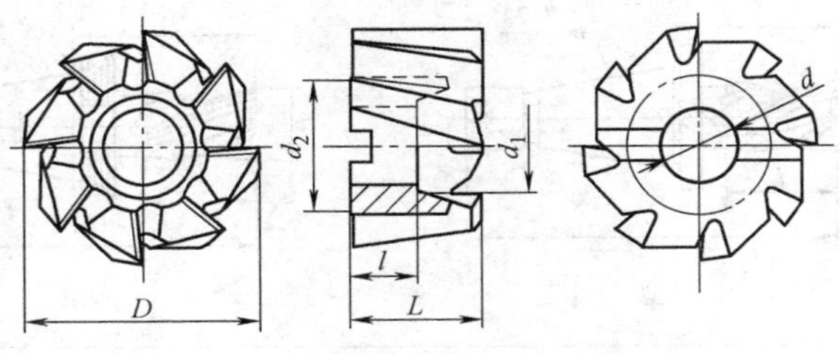

D	40、50、63、80、100、125、160

5.9.6　硬质合金螺旋齿立铣刀

【用途】　主要用于数控加工中心和数控雕刻机。也可装到普通铣床上，用于加工一些比较硬但不复杂的热处理工件。

【分类】　按柄部型式分，有直柄硬质合金螺旋齿立铣刀、7∶24 锥柄硬质合金螺旋齿立铣刀和莫氏锥柄硬质合金螺旋齿立铣刀三种。

【材料】　刀片采用代号为 P20～P30、K20～K30 的硬质合金；刀体采用 40Cr、9SiCr 或同等以上性能的合金钢。

【硬度】　柄部硬度：距尾端 2/3 长度上的普通直柄、莫氏锥柄的硬度不低于 30HRC；削平直柄的硬度不低于 50HRC；7∶24 锥柄的硬度不低于 53HRC。

【规格】　硬质合金螺旋齿直柄立铣刀的规格见表 5-31。

表 5-31　硬质合金螺旋齿直柄立铣刀的规格

（GB/T 16456.1—2008）　　　（单位：mm）

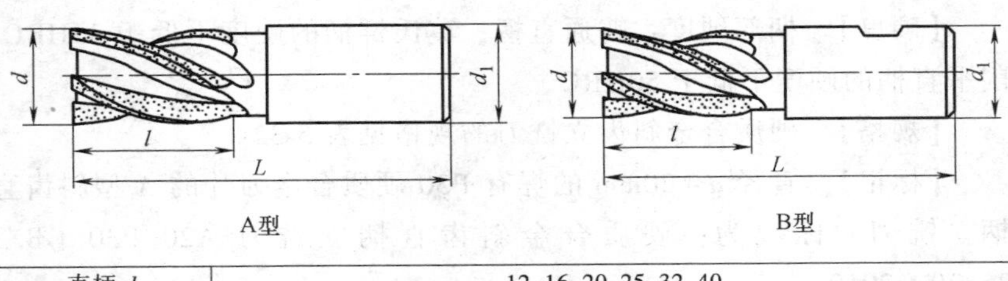

直柄 d	12、16、20、25、32、40

(续)

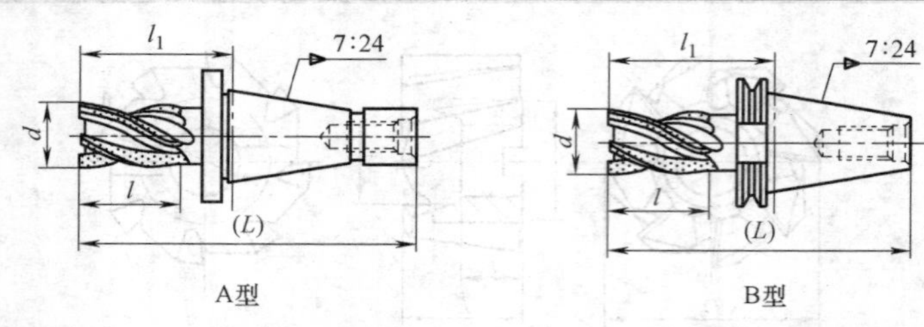

7∶24 锥柄	32、40、50、63(用 40 号圆锥柄和 50 号圆锥柄)

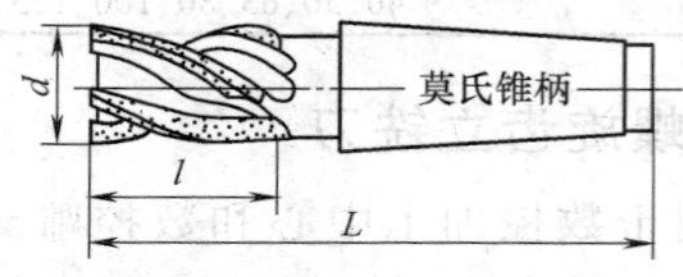

莫氏锥柄	16、20、25、32(用 2、3、4、5 号莫氏圆锥柄)

【标记】 直径 $d=32$mm，总长 $L=120$mm 的 A 型立铣刀，标记为：硬质合金螺旋齿直柄立铣刀 A 32×120 GB/T 16456.1—2008（其他两种标记方法类同）。

5.9.7 硬质合金斜齿立铣刀

【分类】 按柄部型式分，有直柄硬质合金斜齿立铣刀和锥柄硬质合金斜齿立铣刀两种。

【材料】

1）刀片：按 GB/T 2075 分类分组的规定，加工钢时采用 P20～P30 的硬质合金；加工铸铁时采用 K20～K30 的硬质合金。刀片在焊接前，表面应进行研磨、喷砂或其他方法的表面处理。

2）刀体：采用 40Cr 或同等以上性能的合金钢。

【硬度】 柄部硬度：普通直柄、莫氏锥柄的硬度不低于 35HRC；削平直柄的硬度不低于 50HRC。

【规格】 硬质合金斜齿立铣刀的规格见表 5-32。

【标记】 直径 $d=20$mm 的焊有 P30 硬质合金刀片的 A 型斜齿直柄立铣刀，标记为：硬质合金斜齿直柄立铣刀 A20 P30 GB/T 25670—2010。

表 5-32 硬质合金斜齿立铣刀的规格（GB/T 25670—2010）（单位：mm）

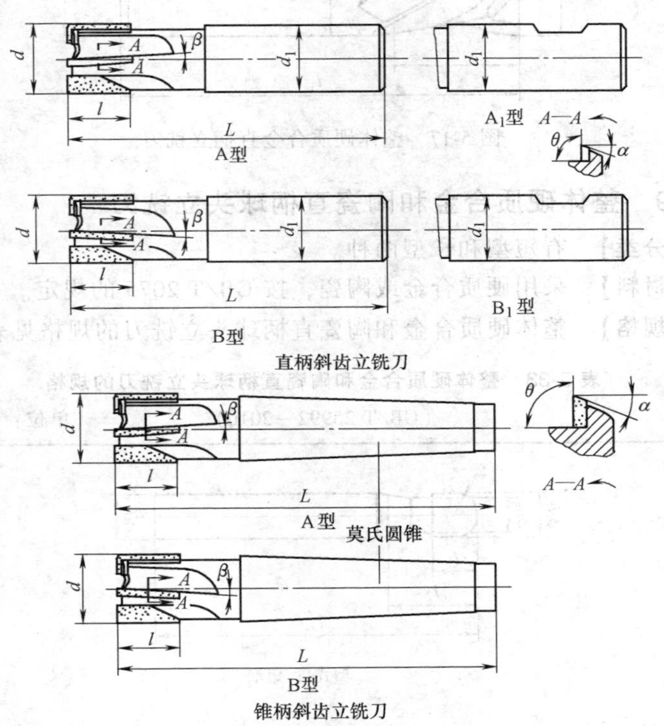

直柄斜齿立铣刀 d	10、11、12、14、16、18、20、22、25、28
锥柄斜齿立铣刀 d	14、16、18、20、22、25、28、30、32、36、40、45、50

5.9.8 整体硬质合金直柄立铣刀

【材料】 按 GB/T 2075 选用。主要含碳化钨（WC）、碳化钛（TiC）或氮化钛（TiN）的未涂层硬质合金。

【规格】 按 GB/T 16770.1—2008 的规定，其直径 d_1（见图 5-17）系列（mm）为 1.0、1.5、2.0、2.5、3.0、3.5、4.0、6.0、7.0、8.0、9.0、10.0、12.0、14.0、16.0、18.0、20.0。

【标记】 直径 $d=5$mm，总长 $l_1=47$mm 的直柄立铣刀，标记为：整体硬质合金直柄立铣刀 5×47 GB/T 16770.1—2008。

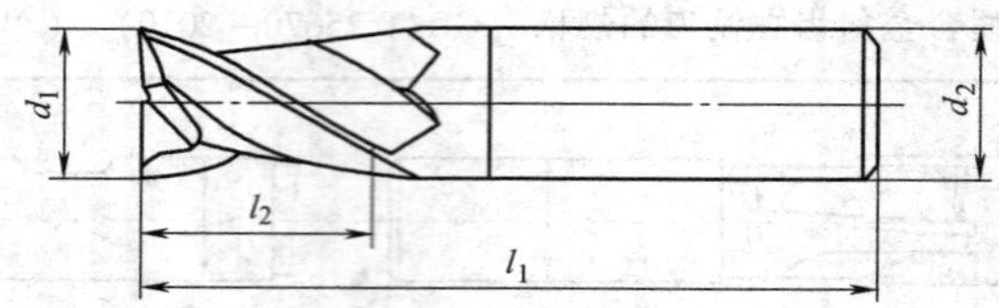

图 5-17　整体硬质合金直柄立铣刀

5.9.9　整体硬质合金和陶瓷直柄球头立铣刀

【分类】　有短型和长型两种。

【材料】　采用硬质合金或陶瓷，按 GB/T 2075 的规定。

【规格】　整体硬质合金和陶瓷直柄球头立铣刀的规格见表 5-33。

表 5-33　整体硬质合金和陶瓷直柄球头立铣刀的规格

（GB/T 25992—2010）　　（单位：mm）

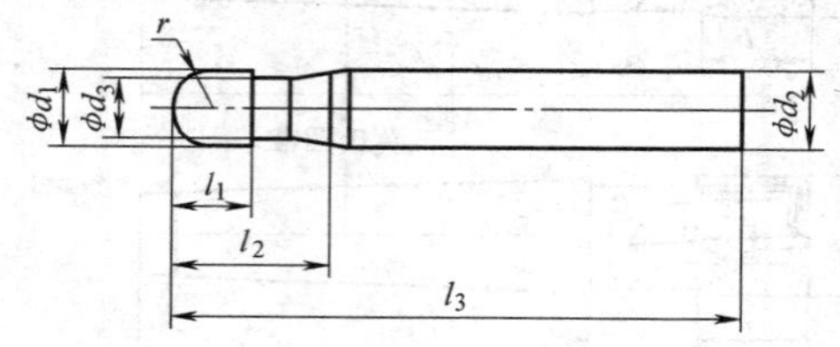

型式1：短型

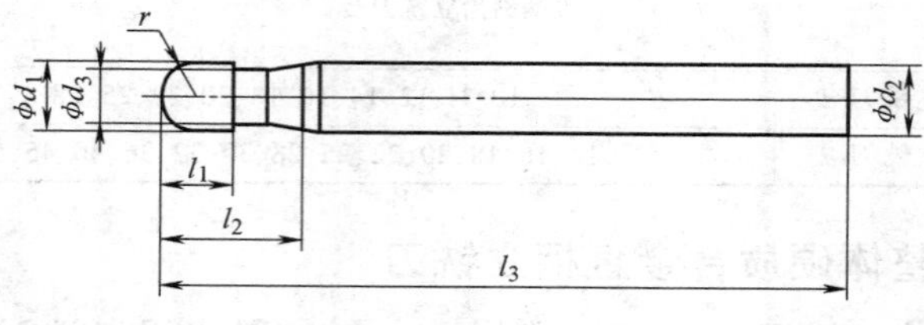

型式2：长型

d_1	0.2、0.3、0.4、0.5、0.6、0.8、1.0、1.2、1.4、1.5、1.6、1.8、2.0、2.5、3.0、3.5、4.0、4.5、5.0、5.5、6.0、7.0、8.0、9.0、10.0、11.0、12.0、13.0、14.0、16.0、18.0、20.0

第6章

磨削工具

磨削工具包括固结磨具（如砂轮、磨头、磨石、砂瓦等）、涂附磨具（如砂布、砂纸、砂盘等）和小型砂磨机械等。

6.1 普通砂轮

【分类】 按形状可分为平行系、筒形杯形系、碟形茶托形系、锥形砂轮系和其他系共5个系42种类型；按用途可分为外圆磨砂轮、内圆磨砂轮、平面磨砂轮、工具磨砂轮、粗磨砂轮和精磨砂轮等若干种；按结合剂可分为陶瓷砂轮、树脂砂轮、橡胶砂轮、金属砂轮等；按所用磨料可分为普通磨料（刚玉和碳化硅等）砂轮和超硬磨料（金刚石和立方氮化硼）砂轮。

【成型方法】 用结合剂将磨料固结成型，磨料、结合剂和气孔是它的三要素。

【尺寸系列】 砂轮的尺寸系列见表6-1。

表6-1 砂轮的尺寸系列 （单位：mm）

参数	尺寸系列
外径	6、8、10、13、16、20、25、32、40、50、63、80、100、115、125、150、180、200、230、250、300、350/356、400/406、450/457、500/508、600/610、750/762、800/813、900/914、1000/1015、1060/1067、1220、1250、1500、1800
厚度	0.5、0.6、0.8、1、1.25、1.6、2.5、3.2、4、6、8、10、13、16、20、25、32、40、50、63、80、100、125、150、160、200、250、315、400、500、600
孔径	1.6、2.5、4、6、10、13、16、20、22.23、25、32、40、50.8、60、76.2、80、100、127、152.4、160、203.2、250、304.8、400、508

6.1.1 外圆磨砂轮

【用途】 安装在外圆磨床上，用其圆周或端面，对金属或非金属工件的外圆、内圆、平面和各种型面等进行粗磨、半精磨和精磨以及开槽和切断等。

【分类】 有1型平形砂轮、5型单面凹砂轮、7型双面凹砂轮、20型平面锥砂轮、21型双面锥砂轮、22型单面凹单面锥砂轮、23型单面凹带锥砂轮、24型双面凹单面锥砂轮、25型单面凹双面锥砂轮、26型双面凹带锥砂轮、38型单面凸砂轮、39型双面凸砂轮和1-N型平形N塑面砂轮，共13种。

外圆磨砂轮中，以1型平形砂轮（按其尺寸的不同，分为A系列和B系列）应用最为广泛。

【规格】 平形砂轮的规格见表6-2。

表6-2 平形砂轮的规格（GB/T 4127.1—2007） （单位：mm）

D	A系列,T									
	20	25	32	40	50	63	80	100	125	150
250	√	√	√	√	—	—	—	—	—	—
300	√	√	√	√	√	—	—	—	—	—
350/356	—	√	√	√	√	√	—	—	—	—
400/406	—	—	√	√	√	√	√	—	—	—
450/457	—	—	√	√	√	√	√	—	—	—
500/508	—	—	√	√	√	√	√	—	—	—
600/610	—	—	—	√	√	√	√	√	—	—
750/762	—	—	—	—	√	√	√	√	√	—
800/813	—	—	—	—	√	√	√	√	√	—
900/914	—	—	—	—	—	√	√	√	√	√
1060/1067	—	—	—	—	—	√	√	√	√	√
1250	—	—	—	—	—	√	√	√	√	√

D	B系列,T												
	19	25	32	40	50	63	75	80	100	120	125	150	200
300	—	—	√	√	√	—	—	—	—	—	—	—	—
350	—	—	√	√	√	—	—	—	—	—	—	—	—
400	—	—	√	√	√	√	—	—	—	—	—	—	—
450	—	—	√	√	√	√	√	—	—	—	—	—	—
500	—	—	√	√	√	√	√	—	—	—	—	—	—
600	—	—	√	√	√	√	√	—	√	—	√	—	—

（续）

D	B 系列，T												
	19	25	32	40	50	63	75	80	100	120	125	150	200
700	√	√	—	—	—	—	—	—	—	—	—	—	—
750	—	—	—	—	—	—	√	—	√	—	√	√	√
760	—	—	—	√	—	—	—	—	—	—	—	—	—
900	—	—	—	—	—	—	—	—	√	—	√	√	√
915	—	—	—	—	—	—	—	√	√	—	—	—	—
1100	—	—	—	—	—	—	—	—	√	√	—	—	—

【标记】　平形砂轮 1 型 $D \times T \times H$。

注意：工件装夹在顶尖间。

6.1.2　无心外圆磨砂轮

【用途】　用于旋转工件的外圆周边磨削。工件安放在导轮和砂轮之间的托板上，通过导轮机械传动引向砂轮。

【型式】　有 1 型、5 型和 7 型。

【规格】　无心外圆磨砂轮的规格见表 6-3。

表 6-3　无心外圆磨砂轮的规格（GB/T 4127.2—2007）　（单位：mm）

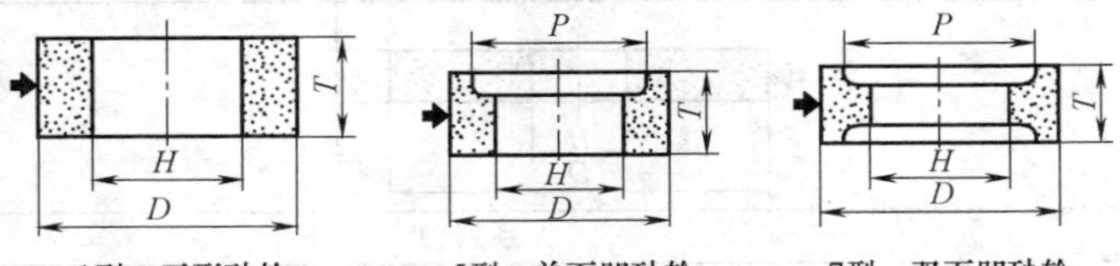

1型：平形砂轮　　5型：单面凹砂轮　　7型：双面凹砂轮

D	1 型、5 型和 7 型（A 系列），T											
	25	40	63	100	125	160	200	250	315	400	500	600
300	√	√	√	√	√	—	—	—	—	—	—	—
400/406	√	√	√	√	√	√	√	√	—	—	—	—
500/508	—	√	√	√	√	√	√	√	√	√	√	√
600/610	—	—	—	√	√	√	√	√	√	√	√	√
750/762	—	—	—	√	√	√	√	√	√	√	√	√
D	1 型和 7 型（B 系列），T											
	100	125	150	200	225	250	300	340	380	400	500	600
300	√	√	—	—	—	—	—	—	—	—	—	—
350	—	√	√	—	—	—	—	—	—	—	—	—
400	√	√	√	√	—	√	—	—	—	—	—	—

（续）

D	1 型和 7 型(B 系列),T											
	100	125	150	200	225	250	300	340	380	400	500	600
450	—	—	√	√	—	—	—	—	—	—	—	—
500	√	√	√	√	—	√	√	√	—	√	√	√
600	—	—	√	√	√	√	√	√	√	√	√	—
750	—	—	—	√	—	√	√	—	—	√	√	—

【标记】 表示方法：××××砂轮 ×型 $D\times T\times W$。

6.1.3 内圆磨砂轮

【用途】 1 型内圆磨平形砂轮用于旋转工件的内圆周边磨削；5 型单面凹砂轮用于内圆和平面磨削，外径较大者作外圆磨削（凹部是方便直径大、厚度薄的砂轮安装的法兰盘）。

【型式】 有 1 型和 5 型两种，根据尺寸的不同，又各分为 A、B 两个系列。

【规格】 1 型内圆磨平形砂轮的规格见表 6-4，5 型单面凹内圆磨平形砂轮的规格见表 6-5。

表 6-4 1 型内圆磨平形砂轮的规格（GB/T 4127.3—2007） （单位：mm）

D	A 系列,T									
	6	10	13	16	20	25	32	40	50	63
6	√	—	—	—	—	—	—	—	—	—
10	√	√	√	√	√	—	—	—	—	—
13	√	√	√	√	√	—	—	—	—	—
16	√	√	√	√	√	—	—	—	—	—
20	√	√	√	√	√	√	√	—	—	—
25	√	√	√	√	√	√	√	—	—	—
32	√	√	√	√	√	√	√	√	√	—
40	√	√	√	√	√	√	√	√	√	—
50	—	√	√	√	√	√	√	√	√	√
63	—	—	√	√	√	√	√	√	√	√
80	—	—	—	—	√	√	√	√	√	√
100	—	—	—	—	√	√	√	√	√	√
125	—	—	—	—	—	√	√	√	√	√
150	—	—	—	—	—	—	√	√	√	√
200	—	—	—	—	—	—	√	√	√	√

（续）

D	B 系列，T																H
	6	8	10	13	16	20	25	30	32	35	40	50	63	75	100	120	
3	√	√	√	√	√	—	—	—	—	—	—	—	—	—	—	—	1
4	√	√	√	√	√	√	—	—	—	—	—	—	—	—	—	—	1.5
5	√	√	√	√	√	√	—	—	—	—	—	—	—	—	—	—	2
6	√	√	√	√	√	√	—	—	—	—	—	—	—	—	—	—	
8	√	√	√	√	√	√	√	√	√	—	—	—	—	—	—	—	3
10	√	√	√	√	√	√	√	√	√	—	—	—	—	—	—	—	
13	—	√	—	—	—	—	√	√	√	—	—	—	—	—	—	—	4
16	√	√	√	√	√	√	—	—	—	—	—	—	—	—	—	—	
16	—	√	—	—	—	—	√	√	√	—	—	—	—	—	—	—	6
20	—	√	—	—	—	—	—	√	—	√	√	√	√	√	—	—	
25	√	√	√	√	√	√	√	√	√	√	√	√	—	—	—	—	
25	—	—	—	—	—	—	√	√	√	√	√	√	—	—	—	—	10
30	√	√	√	√	√	√	√	√	√	√	√	√	√	√	√	—	
35	√	√	√	√	√	√	√	√	√	√	√	√	√	—	—	—	
38	—	—	—	—	—	—	—	—	—	—	√	—	—	—	—	—	
40	√	√	√	√	√	√	√	√	√	√	√	√	—	—	—	—	
40	—	√	—	—	—	—	—	√	—	√	—	—	—	—	—	—	13
40	√	√	√	√	√	√	√	√	√	√	√	√	√	—	—	—	16
45	√	√	√	√	√	√	√	√	√	√	√	√	—	—	—	—	
50	√	√	√	√	√	√	√	√	√	√	√	√	—	—	—	—	13
50	√	√	√	√	√	√	√	√	√	√	√	√	√	—	—	—	16
60	√	√	√	√	√	√	√	√	√	√	√	√	—	—	—	—	
60	√	√	√	√	√	√	√	√	√	√	√	√	√	√	√	—	20
70	√	√	√	√	√	√	√	√	√	√	√	√	√	√	√	—	
80	√	√	√	√	√	√	√	√	—	√	—	—	—	√	√	—	
90	√	√	√	√	√	√	√	√	√	√	√	√	√	√	√	—	
100	—	—	—	—	—	—	—	—	—	—	—	—	√	√	√	√	
125	—	—	—	—	—	—	—	—	—	—	—	—	√	√	√	√	32
150	—	—	—	—	—	—	—	—	—	—	—	—	√	√	√	√	

【标记】 内圆磨平形砂轮：1 型 $D×T×H$。

表 6-5 5 型单面凹内圆磨平形砂轮的规格

（GB/T 4127.3—2007） （单位：mm）

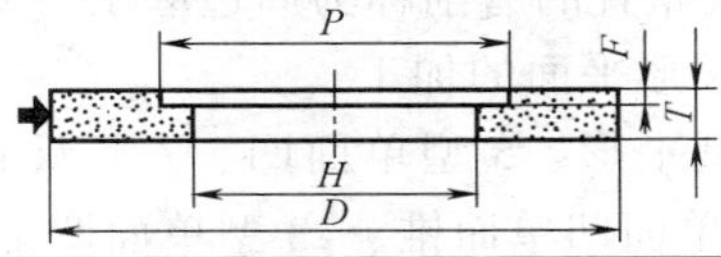

（续）

<table>
<tr><th colspan="8">A 系 列</th></tr>
<tr><th>D</th><th>T</th><th>H</th><th>P</th><th>D</th><th>T</th><th>H</th><th>P</th></tr>
<tr><td>13</td><td>13</td><td>4</td><td>8</td><td>50</td><td>16、25、40</td><td>20</td><td>32</td></tr>
<tr><td>16</td><td>10、16</td><td>6</td><td>10</td><td>80</td><td>40、50、63</td><td>20</td><td>45</td></tr>
<tr><td>20</td><td>13、20</td><td>6</td><td>13</td><td>100</td><td rowspan="3">40、50、63</td><td rowspan="3">32</td><td>50</td></tr>
<tr><td>25</td><td>10、16、25</td><td>6、10</td><td>16</td><td>125</td><td>63</td></tr>
<tr><td>32</td><td>13、20、32</td><td>10</td><td>16</td><td>150</td><td>80</td></tr>
<tr><td>40</td><td>16、25、40</td><td>13</td><td>20</td><td>200</td><td>50、60</td><td>32</td><td>100</td></tr>
</table>

<table>
<tr><th colspan="12">B 系 列</th></tr>
<tr><th rowspan="3">D</th><th>10</th><th>13</th><th>16</th><th>20</th><th>25</th><th>32</th><th>40</th><th colspan="2">50</th><th rowspan="3">H</th><th rowspan="3">P</th></tr>
<tr><th colspan="9">F</th></tr>
<tr><th>5</th><th>6</th><th>8</th><th>10</th><th>13</th><th>16</th><th>20</th><th>25</th><th>30</th></tr>
<tr><td>10</td><td>—</td><td>√</td><td>—</td><td>—</td><td>—</td><td>—</td><td>—</td><td>—</td><td>—</td><td>3</td><td rowspan="2">6</td></tr>
<tr><td>13</td><td>√</td><td>—</td><td>√</td><td>—</td><td>—</td><td>—</td><td>—</td><td>—</td><td>—</td><td>4</td></tr>
<tr><td>16</td><td>—</td><td>√</td><td>—</td><td>√</td><td>—</td><td>—</td><td>—</td><td>—</td><td>—</td><td rowspan="3">6</td><td rowspan="2">10</td></tr>
<tr><td>20</td><td>—</td><td>—</td><td>√</td><td>—</td><td>√</td><td>—</td><td>—</td><td>—</td><td>—</td></tr>
<tr><td>25</td><td>—</td><td>√</td><td>√</td><td>√</td><td>√</td><td>√</td><td>—</td><td>—</td><td>—</td><td>13</td></tr>
<tr><td>30</td><td>—</td><td>—</td><td>—</td><td>—</td><td>√</td><td>√</td><td>√</td><td>—</td><td>—</td><td rowspan="3">10</td><td>16</td></tr>
<tr><td>35</td><td>—</td><td>—</td><td>—</td><td>—</td><td>√</td><td>√</td><td>—</td><td>—</td><td>—</td><td rowspan="2">20</td></tr>
<tr><td>40</td><td>—</td><td>—</td><td>—</td><td>—</td><td>√</td><td>—</td><td>√</td><td>—</td><td>—</td></tr>
<tr><td>40</td><td>—</td><td>—</td><td>—</td><td>—</td><td>√</td><td>—</td><td>√</td><td>—</td><td>√</td><td>13</td><td>20</td></tr>
<tr><td>40</td><td>—</td><td>—</td><td>—</td><td>—</td><td>—</td><td>√</td><td>√</td><td>—</td><td>—</td><td rowspan="3">16</td><td rowspan="2">20、25</td></tr>
<tr><td>50</td><td>—</td><td>—</td><td>—</td><td>—</td><td>√</td><td>—</td><td>√</td><td>√</td><td>—</td></tr>
<tr><td>60</td><td>—</td><td>—</td><td>√</td><td>—</td><td>—</td><td>√</td><td>—</td><td>—</td><td>—</td><td rowspan="2">32</td></tr>
<tr><td>60</td><td>—</td><td>—</td><td>—</td><td>—</td><td>√</td><td>√</td><td>√</td><td>—</td><td>√</td><td rowspan="5">20</td></tr>
<tr><td>70</td><td>—</td><td>—</td><td>—</td><td>—</td><td>√</td><td>√</td><td>√</td><td>√</td><td>√</td><td rowspan="2">32、40</td></tr>
<tr><td>80</td><td>—</td><td>—</td><td>—</td><td>√</td><td>—</td><td>√</td><td>√</td><td>√</td><td>√</td></tr>
<tr><td>100</td><td>—</td><td>—</td><td>—</td><td>—</td><td>—</td><td>√</td><td>√</td><td>√</td><td>—</td><td>50</td></tr>
<tr><td>125</td><td>—</td><td>—</td><td>—</td><td>—</td><td>—</td><td>√</td><td>—</td><td>√</td><td>—</td><td rowspan="2">65</td></tr>
<tr><td>125</td><td>—</td><td>—</td><td>—</td><td>—</td><td>—</td><td>—</td><td>—</td><td>√</td><td>—</td><td rowspan="2">32</td></tr>
<tr><td>150</td><td>—</td><td>—</td><td>—</td><td>—</td><td>—</td><td>√</td><td>—</td><td>√</td><td>—</td><td>85</td></tr>
</table>

【标记】 内圆磨单面凹砂轮：5 型 $D \times T \times H\text{-}P \times F$。

6.1.4 平面磨削用周边磨砂轮

砂轮主轴为卧式布置的磨削称为周边磨削（见图 6-1）。

【用途】 用于长形平面的加工。

【型式】 有 1 型平形、5 型单面凹、7 型双面凹、20 型单面锥、21 型双面锥、22 型单面凹单面锥、23 型单面凹带锥、24 型双面凹单面锥、25 型单面凹双面锥、26 型双面凹双面锥、38 型单面凸和 39 型双面凸砂轮，共 12 种。

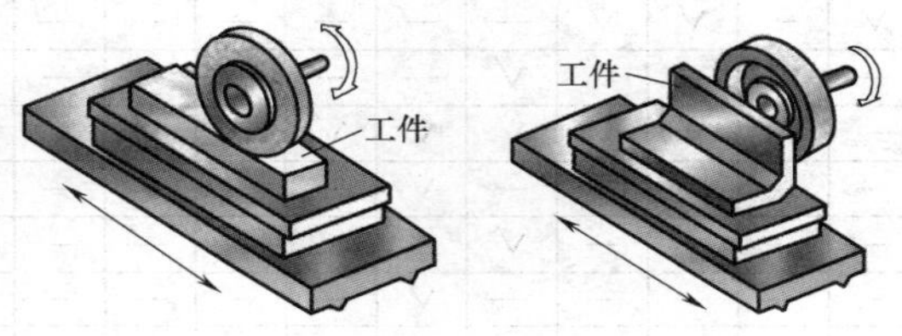

图 6-1　周边磨削

本节仅介绍其中使用较多的 1 型、5 型和 7 型三种，它们也各有 A、B 两个系列。

【规格】 见表 6-6～表 6-8。

表 6-6　1 型平面型周边砂轮的规格（GB/T 4127.4—2008）　（单位：mm）

D	A 系列, T							
	13	20	25	32	50	80	100	160
150	√	—	—	—	—	—	—	—
180	√	—	—	—	—	—	—	—
200	√	√	—	—	—	—	—	—
200	√	√	—	—	—	—	—	—
250	—	√	√	√	—	—	—	—
250	—	√	√	√	√	√	—	—
300	—	√	√	√	√	√	—	—
300	—	√	√	√	√	√	—	—
350/356	—	—	—	√	√	√	—	—
350/356	—	—	—	√	√	√	—	—
400/406	—	—	—	√	√	√	√	—
500/508	—	—	—	—	√	√	√	√
500/508	—	—	—	—	√	√	√	√
600/610	—	—	—	—	√	√	√	√
750/762	—	—	—	—	√	√	√	√

（续）

D	B 系列,T												
	13	16	20	25	32	40	50	63	75	80	100	125	150
200	√	—	√	√	—	—	—	—	—	—	—	—	—
250	—	√	√	√	√	—	—	—	—	—	—	—	—
300	—	—	√	√	√	√	√	—	√	√	—	—	—
300	—	—	—	—	—	√	—	—	√	—	—	—	—
350	—	—	—	—	√	√	√	—	—	—	—	—	—
350	—	—	—	—	—	√	—	—	—	—	—	—	—
400	—	—	—	—	√	√	√	√	—	—	—	—	—
400	—	—	—	—	√	√	√	√	—	—	—	—	—
450	—	—	—	—	√	√	√	√	√	√	—	—	—
450	—	—	—	—	√	√	√	√	√	√	—	—	—
500	—	—	—	—	√	√	√	√	√	√	√	—	—
600	—	—	—	—	√	√	√	√	√	√	√	√	√

【标记】 平面磨削用周边砂轮：1 型 $D \times T \times H$。

表 6-7　5 型单面凹周边砂轮的规格（GB/T 4127.4—2008）　（单位：mm）

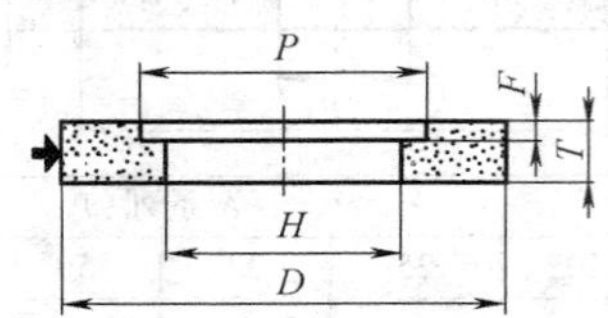

A 系列,T					
D	T	D	T	D	T
150	25、32	350/356	40、50	500/508	63、80
180	25、32	400/406	40、50	600/610	63、80、100
200	25、32	450/457	40、50	750/762	63、80、100
250	32、40		63、80	900/914	63、80、100
300	40、50	500/508	40、50	—	—

B 系列,T					
D	T	D	T	D	T
300	40、50	400	50	600	75、100、150
350	40、63	500	63、75、100、150	—	—

【标记】 平面磨削用周边砂轮：5 型 $D \times T \times H\text{-}P \times F$。

表 6-8　7 型双面凹周边砂轮的规格（GB/T 4127.4—2008）　（单位：mm）

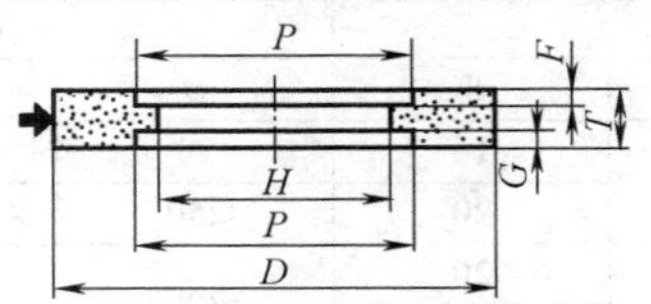

A 系列，T

D	T	D	T	D	T
300	40、50	450/457	63、80	600/610	50、63、80、100
350/356	40、50	500/508	40、50、63、80	750/762	80、100
450/457	40、50			900/914	80、100

B 系列，T

D	T	D	T	D	T
300	50	500	50、63、75、100	600	100、150
350	63			750	63、75
400	50	600	50、63、75	900	63、75、100

【标记】　平面磨削用周边砂轮：7 型 $D \times T \times H\text{-}P \times F/G$。

6.1.5　平面磨削用端面磨砂轮

砂轮主轴为立式布置的磨削称为端面磨削（见图 6-2）。

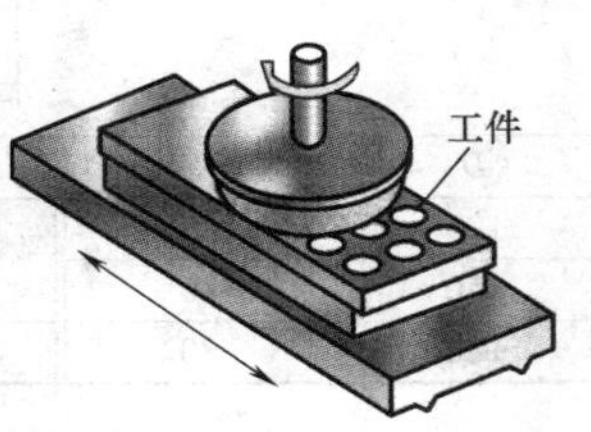

图 6-2　端面磨削

【用途】　用于大工件的磨削加工。

【型式】　有 2 型筒形砂轮、6 型杯形砂轮、31 型砂瓦、35 型圆盘砂轮、36 型平形砂轮（螺栓紧固）和 37 型筒形砂轮（螺栓紧固）6 种。

本节仅介绍其中使用较多的 2 型和 6 型两种。其中 2 型有 A、B 两个系列，6 型只有 A 系列。

【规格】　见表 6-9 和表 6-10。

表 6-9　2 型黏结或夹紧用筒形砂轮的规格（GB/T 4127.5—2008）　（单位：mm）

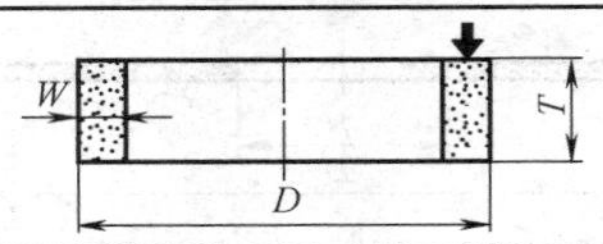

（续）

A 系列			B 系列		
D	*T*	*W*	*D*	*T*	*W*
150	80	16	90	80	7.5、10
180		20	250	125	25
200	100	20	300	75	50
200		25		100	25
300		32	350	125	35、50
350/356	125	40	450	125、150	35、100
400/406			500	150	60
450/457			600	100	60
500/508	125	50	—	—	—
600/610		63	—	—	—

【标记】 螺栓紧固筒形砂轮：2 型 *D*×*T*×*W*。

表 6-10 6 型杯形砂轮的尺寸（GB/T 4127.5—2008） （单位：mm）

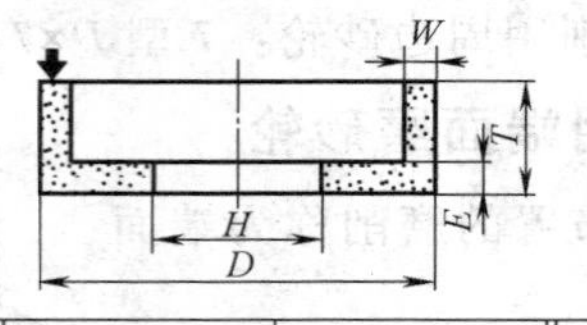

D	*T*	*D*	*T*	*D*	*T*
125	63	200	100	250	125
150	80		125	300	100
180	80	250	100		125

【标记】 杯形砂轮：6 型 *D*×*T*×*H*-*W*×*E*。

6.1.6 手持式电动工具用切割砂轮

【用途】 用于手持式电动工具的切割。

【型式】 有 41 型平形和 42 型钹形两种，各有 A、B 两个系列。

【规格】 见表 6-11 和表 6-12。

表 6-11 41 型平形砂轮的规格（GB/T 4127.16—2007） （单位：mm）

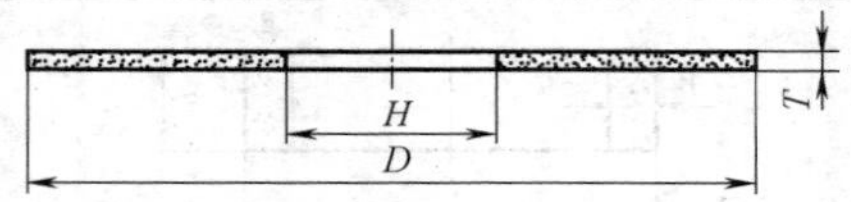

（续）

D	A 系列, T					
	1	1.6	2	2.5	3.2	4
80	√	√	√	√	—	—
100	√	√	√	√	—	—
115	√	√	√	√	√	—
125	√	√	√	√	√	—
150	—	—	√	√	√	—
180	—	—	√	√	√	—
230	—	—	√	√	√	—
300	—	—	—	—	√	√
350/356	—	—	—	—	—	√

D	B 系列, T								
	1	1.2	1.6	2	2.5	3	3.2	3.5	4
76	√	√	√	√	√	—	—	—	—
100/103	√	√	√	√	√	√	—	—	—
105	√	√	√	√	√	√	—	—	—
115	√	√	√	—	—	√	—	—	—
125	√	√	√	—	—	√	—	—	—
150	—	—	—	—	—	√	—	—	—
180	—	—	—	—	—	√	—	—	—
230	—	—	—	—	—	√	—	—	—
300/305	—	—	—	—	√	√	√	√	√
350/355	—	—	—	—	√	√	√	√	√

【标记】　平形切割砂轮：41 型 $D \times T \times H$。

表 6-12　42 型钹形砂轮的尺寸规格（GB/T 4127.16—2007）

（单位：mm）

U

H

D

A 系列				B 系列					
D	U			D	U				
	2	2.5	3.2		1.6	2	2.5	3	3.2
80	√	√	√	100/103	√	√	√	√	√
100	√	√	√	115	√	√	√	√	√
115	√	√	√	125	√	√	√	√	√
125	√	√	√	150	√	√	√	√	√
150	√	√	√	180	√	√	√	√	√
180	√	√	√	230	—	√	√	√	√
230	√	√	√	—	—	—	—	—	—

【标记】 钹形切割砂轮：42 型 *D*×*U*×*H*。

6.1.7 固定式或移动式切割机用切割砂轮

【用途】 用于固定式或移动式切割机的切割。

【型式】 有 41 型平形和 42 型钹形两种，各有 A、B 两个系列。

【规格】 41 型切割机用砂轮的规格见表 6-13，42 型切割机用砂轮的规格见表 6-14。

表 6-13 41 型切割机用砂轮的规格（GB/T 4127.15—2007）（单位：mm）

D	A 系列，*T*														
	0.6	0.8	1.25	1.6	2	2.5	3.2	4	5	6	8	10	13	16	20
63	√	√	√	√	√	—	—	—	—	—	—	—	—	—	—
80	√	√	√	√	√	—	—	—	—	—	—	—	—	—	—
100	√	√	√	√	√	—	—	—	—	—	—	—	—	—	—
125	√	√	√	√	√	√	—	—	—	—	—	—	—	—	—
150	√	√	√	√	√	√	—	—	—	—	—	—	—	—	—
200	—	—	—	√	√	√	√	—	—	—	—	—	—	—	—
250	—	—	—	√	√	√	√	—	—	—	—	—	—	—	—
300	—	—	—	—	—	√	√	√	—	—	—	—	—	—	—
350/356	—	—	—	—	—	√	√	√	—	—	—	—	—	—	—
400/406	—	—	—	—	—	—	√	√	√	—	—	—	—	—	—
450/457	—	—	—	—	—	—	√	√	√	—	—	—	—	—	—
500/508	—	—	—	—	—	—	—	√	√	√	—	—	—	—	—
600/610	—	—	—	—	—	—	—	—	√	√	√	—	—	—	—
750/762	—	—	—	—	—	—	—	—	—	√	√	—	—	—	—
800	—	—	—	—	—	—	—	—	—	√	√	√	—	—	—
1000	—	—	—	—	—	—	—	—	—	—	√	√	√	—	—
1250	—	—	—	—	—	—	—	—	—	—	—	√	√	—	—
1500	—	—	—	—	—	—	—	—	—	—	—	—	√	√	—
1800	—	—	—	—	—	—	—	—	—	—	—	—	—	√	√

D	B 系列，*T*															
	0.5	0.8	1	1.2	1.5	1.6	2	2.5	3	3.2	3.5	4	5	6	8	14
50	√	√	√	—	√	—	√	—	√	—	—	—	—	—	—	—
76	—	—	√	√	—	√	√	√	—	—	—	—	—	—	—	—
80	√	—	√	—	√	—	√	√	√	√	—	—	—	—	—	—
100/103	√	√	√	√	√	√	√	√	√	√	—	—	—	—	—	—

（续）

D	B 系列，T															
	0.5	0.8	1	1.2	1.5	1.6	2	2.5	3	3.2	3.5	4	5	6	8	14
105	—	—	√	√	—	√	√	√	√	—	—	—	—	—	—	—
115	—	—	√	√	√	√	√	√	√	—	—	—	—	—	—	—
125	√	√	√	√	√	√	√	√	√	—	—	√	√	—	—	—
180	—	—	—	√	—	√	√	√	√	—	—	—	—	—	—	—
230	—	—	—	—	—	√	√	√	√	—	—	—	—	√	—	—
250	—	—	√	—	√	—	√	√	√	√	√	√	√	√	—	—
280	—	—	—	—	—	—	—	—	—	—	—	√	√	√	—	—
300/305	—	—	—	—	—	—	√	√	√	√	√	√	—	—	—	—
350/355	—	—	—	—	—	—	—	√	√	√	√	√	—	—	—	—
400/405	—	—	—	—	—	—	—	√	√	√	√	√	—	—	—	—
500/508	—	—	—	—	—	—	—	—	—	—	√	√	√	√	—	—
600	—	—	—	—	—	—	—	—	—	—	—	—	—	√	√	—
750	—	—	—	—	—	—	—	—	—	—	—	—	—	—	√	—
1250	—	—	—	—	—	—	—	—	—	—	—	—	—	—	—	√

【标记】 平行切割砂轮：41 型 $D\times T\times H$。

表 6-14　42 型切割机用砂轮的规格（GB/T 4127.16—2007）

（单位：mm）

D	U						
	4	5	6	8	10	13	16
400/406	√	√	√	—	—	—	—
450/457	√	—	—	—	—	—	—
500/506	—	—	√	—	—	—	—
600/610	—	—	√	√	—	—	—
800	—	—	—	√	√	—	—
1000	—	—	—	—	√	√	—
1250	—	—	—	—	—	√	√

【标记】 钹形切割砂轮：42 型 $D\times U\times H$。

6.2　超硬砂轮

超硬砂轮的材料为金刚石或立方氮化硼，其类型分为平行系、筒形系、杯形系、碗形系、碟形系和专用加工系。

适用于磨削硬质合金及硬脆性金属材料的平面、外圆、内圆以及无心磨、成型磨、切割加工等。

6.2.1 超硬砂轮的名称和代号

【形状系别】 根据 GB/T 6409.2—2009，砂轮的形状有以下类别：

1）平形系：型别众多，有 1A1、1A8 和 1L1 等 20 多种（见图 6-3a）。

2）筒形系：有筒形 1 号砂轮，筒形 2 号砂轮，筒形 3 号砂轮等（见图 6-3b）。

3）杯形系：杯形砂轮（见图 6-3c）。

4）碗形系：碗形砂轮（见图 6-3d）。

5）碟形系：碟形砂轮（见图 6-3e）。

6）专用加工系：磨边砂轮（见图 6-3f）。

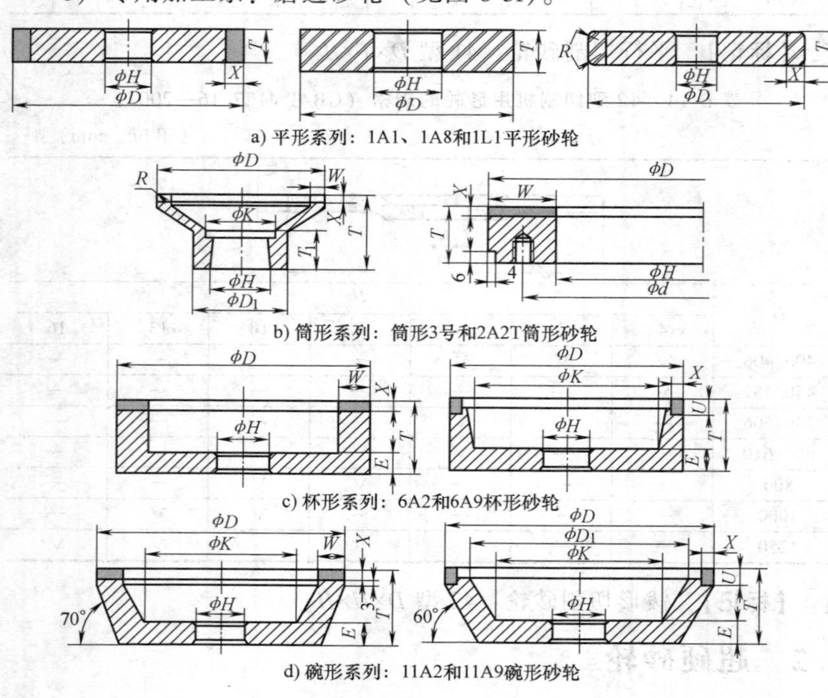

图 6-3 超硬砂轮的类别

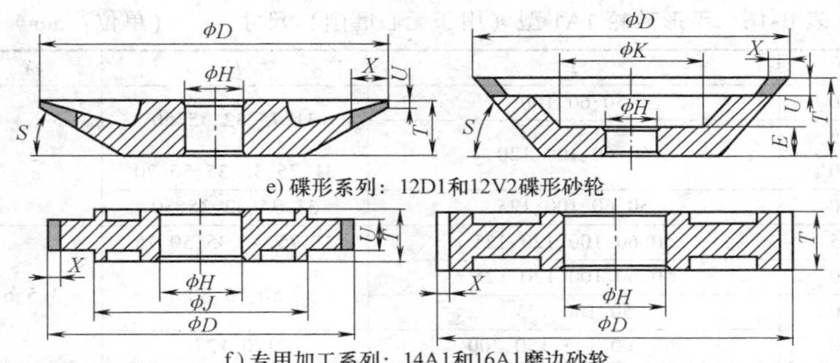

e) 碟形系列：12D1和12V2碟形砂轮

f) 专用加工系列：14A1和16A1磨边砂轮

图 6-3　超硬砂轮的类别（续）

【规格】　仅列出四种平形砂轮的规格尺寸，见表 6-15～表 6-18。

表 6-15　平形砂轮 1A1 型尺寸　（单位：mm）

<table>
<tr><th>D</th><th>T</th><th>H</th><th>X</th></tr>
<tr><td>12</td><td>8～12</td><td rowspan="2">6</td><td rowspan="4">2、3</td></tr>
<tr><td>14、15</td><td>8～14</td></tr>
<tr><td>16、18、20</td><td>8～16</td><td rowspan="2">10</td></tr>
<tr><td>23</td><td>12～20</td></tr>
<tr><td>25</td><td rowspan="2">2～20</td><td>5、6、8、10、12</td><td rowspan="2">2、2.5、3、4</td></tr>
<tr><td>30</td><td>5、6、8、10、12、13</td></tr>
<tr><td>35</td><td>2～20</td><td>10、12、12.7、16</td><td rowspan="3">2、2.5、3、4、5</td></tr>
<tr><td>40、45、50</td><td rowspan="2">0.2～20</td><td>8、10、12、12.7、16</td></tr>
<tr><td>60</td><td>8、10、12、12.7、16、19.05、20、22、23</td></tr>
<tr><td>75、80</td><td>0.4～30</td><td>10、16、19.05、20、22.23、25.4</td><td>3、4、5</td></tr>
<tr><td>100</td><td>0.4～35</td><td>19.5、20、22、23、25.4、31.75、32</td><td rowspan="2">3、4、5、6</td></tr>
<tr><td>115</td><td>2～20</td><td rowspan="2">19.5、20、22.23、25.4、31.75、32</td></tr>
<tr><td>125</td><td>0.8～35</td><td rowspan="2">4、5、6、8、10</td></tr>
<tr><td>150</td><td>1～35</td><td>25.4、31.75、32、40</td></tr>
<tr><td>175</td><td>3～35</td><td>31.75、32、40</td><td rowspan="2">5、6、8、10、16</td></tr>
<tr><td>180</td><td>10～40</td><td rowspan="2">31.75、32、40、50.8、75、76.2</td></tr>
<tr><td>200</td><td>1～40</td><td rowspan="2">5、6、8、10、16、20</td></tr>
<tr><td>250</td><td>10～60</td><td>50.8、75、76.2、101.6、127</td></tr>
<tr><td>300</td><td>3～60</td><td>75、76.2、101.6、127、203</td><td rowspan="3">5、6、8、10、16、20、25</td></tr>
<tr><td>350</td><td>12～50</td><td rowspan="2">127、203</td></tr>
<tr><td>400</td><td>3.5～50</td></tr>
<tr><td>450、500
600、700、750</td><td>12～60</td><td>203、304.8、305</td><td rowspan="2">5、6、8、10、12、15</td></tr>
<tr><td>800、850、900</td><td>18～50</td><td>132、304.8、305</td></tr>
</table>

表 6-16　平形砂轮 1A1 型（用于无心磨削）尺寸　　（单位：mm）

<table>
<tr><th>D</th><th>T</th><th>H</th><th>X</th></tr>
<tr><td>100</td><td>50、60、100</td><td rowspan="2">31.75、32、35、50</td><td rowspan="4">3、5</td></tr>
<tr><td>125</td><td rowspan="2">50、60、100、120</td></tr>
<tr><td>150</td><td>31.75、32、35、50、70</td></tr>
<tr><td>160</td><td>50、60、100、125</td><td>31.75、32、35、50</td></tr>
<tr><td>175</td><td>50、60、100、120、125</td><td>31.75、32、35、50、75</td><td rowspan="4">3、5、6</td></tr>
<tr><td>200</td><td>50、60、100、120、125</td><td rowspan="2">50、75、80</td></tr>
<tr><td>250</td><td>50、100、125</td></tr>
<tr><td>300</td><td>80、100、125、150、200</td><td>120、127</td></tr>
<tr><td>350
400</td><td>60、120、125、150、200
60、120、150、200</td><td>120、127、203
127、203、228.6</td><td>5、6、10</td></tr>
<tr><td>450</td><td>60、150、200、250、300</td><td>203、228.6、250、305</td><td rowspan="3">5、6、10、15</td></tr>
<tr><td>500</td><td>60、120、150、200、225、300、400、600</td><td>203、254、304.8、305</td></tr>
<tr><td>600、700</td><td>60、100、150、200、250、300、400</td><td>304.8、305</td></tr>
</table>

表 6-17　平形砂轮 1A8 型尺寸　　（单位：mm）

<table>
<tr><th>D</th><th>T</th><th>H</th><th>D</th><th>T</th><th>H</th></tr>
<tr><td>2.5</td><td rowspan="2">4</td><td>1</td><td>8</td><td>6、8、10</td><td rowspan="2">3</td></tr>
<tr><td>3</td><td rowspan="2">1、1.5</td><td>10</td><td>6、8、10、12</td></tr>
<tr><td>4</td><td>4、6</td><td>12</td><td>8、10、12</td><td>3、6</td></tr>
<tr><td>5</td><td rowspan="2">4、6、8</td><td>1、2</td><td>14、15</td><td>8、10、12、14</td><td>6</td></tr>
<tr><td>6</td><td>2</td><td>16、18、20</td><td>8、10、12、14.16</td><td rowspan="2">10</td></tr>
<tr><td>7</td><td>6</td><td>3</td><td>23</td><td>12、14、16、18、20</td></tr>
</table>

表 6-18　平形砂轮 1L1 型尺寸　　（单位：mm）

<table>
<tr><th>D</th><th>T</th><th>H</th><th>R</th><th>X</th></tr>
<tr><td>50、60</td><td>2、3、4、5、6、8</td><td>10、12、12.7、16</td><td>0.5、1、2、3</td><td rowspan="2">2、3、4、5</td></tr>
<tr><td>75、100</td><td>3、4、5、6、8、10</td><td>16、19.05、20</td><td>0.5、1、2.3、4</td></tr>
<tr><td>125、150</td><td>3.4、5、6、8、12</td><td rowspan="2">31.75、32</td><td rowspan="3">0.5、1、2、3、4、5</td><td>3、4、5、6、8</td></tr>
<tr><td>175</td><td rowspan="2">5、6、8、12</td><td rowspan="2">4、5、6、8、10</td></tr>
<tr><td>200</td><td>31.75、32、75</td></tr>
<tr><td>250、300</td><td>8、12、15</td><td>75、127</td><td rowspan="2">0.5、1、2、3、4、5、6</td><td rowspan="2">5、6、8、10、12、15</td></tr>
<tr><td>350、400</td><td>12、15、20、25、30</td><td>127、203</td></tr>
</table>

6.2.2　纤维增强树脂切割砂轮

【用途】　适用于手提式、固定式和可移动式打磨机打磨及切割。

【分类】

1）A 棕刚玉：适用于普通金属的切割和开槽。

2）WA 白刚玉：适用于普通不锈钢的切割和开槽。

3）C/G 碳化硅：适用于玻璃、石材、非金属及软金属的切割和开槽。

【型别】　砂轮按形状分为 41 型、42 型；结合剂代号为 BF。

【原料】　砂轮所使用的磨料及粒度应符合 GB/T 2476、GB/T 2481.1 的规定；酚醛树脂应符合 GB/T 24412 的规定；玻璃纤维增强网片应符合 JB/T 11432 的规定。砂轮的硬度等级应符合 GB/T 2484 的规定。

【规格】　基本尺寸分别同表 6-13 和表 6-14。

6.2.3　修磨用钹形砂轮

【用途】　主要安装在高速手提式砂轮机上，用于清理焊缝、焊点，打磨铸件毛刺、飞边及金属表面缺陷的修磨。

【型别】　砂轮按形状分为 27 型、28 型；结合剂代号为 BF。

【原料】　砂轮所使用的磨料及粒度应符合 GB/T 2476、GB/T 2481.1 的规定；酚醛树脂应符合 GB/T 24412 的规定；玻璃纤维增强网片应符合 JB/T 11432 的规定。

【基本尺寸】　见表 6-19 和表 6-20。

表 6-19　27 型钹形砂轮的基本尺寸　（单位：mm）

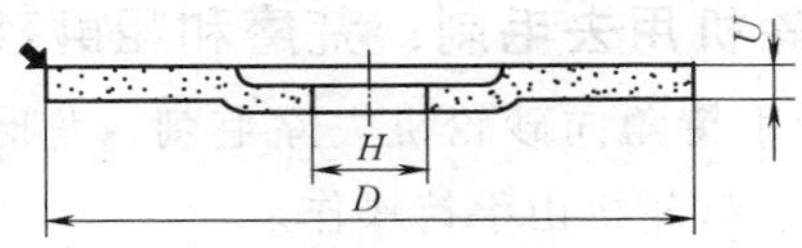

A 系列									
D	U		H	D	U				H
	4	6			4	6	8	10	
80	√	√	10	150	√	√	—	—	22、23
100	√	√	16	180	√	√	√	√	
115	√	√	22、23	230	√	√	√	—	
125	√	√		—	—	—	—	—	—

（续）

B 系列											
D	*U*			*H*	*D*	*U*					*H*
	3	4	6			3	4	6	8	10	
80	√	√	√	10	125	√	√	√	—	—	22
100	√	√	√	16	150	√	√	√	—	—	
115	√	√	√	16	180	—	√	√	√	√	
115	√	√	√	22	205	—	—	√	√	√	
125	√	√	√	16	230	—	—	√	√	√	

【标记】 钹形砂轮 27 型 *D*×*U*×*H*。

表 6-20 28 型锥面钹形砂轮的基本尺寸（A 系列） （单位：mm）

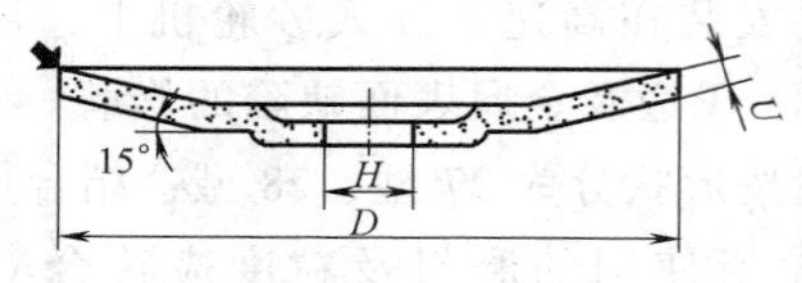

D	*U*	*H*	*D*	*U*	*H*
180	6	22、23	230	6	22、23
	8			8	

【标记】 锥面钹形砂轮 28 型 *D*×*U*×*H*。

6.2.4 角向砂轮机用去毛刺、荒磨和粗磨砂轮

【用途】 用于手持角向砂轮机去除毛刺、荒磨和粗磨工件的任意表面。工件固定，砂轮机由手持操作。

【型别】 砂轮按形状分为 6 型、11 型、27 型、28 型；结合剂代号为 BF。

【原料】 砂轮所使用的磨料及粒度应符合 GB/T 2476、GB/T 2481.1 的规定；酚醛树脂应符合 GB/T 24412 的规定；玻璃纤维增强网片应符合 JB/T 11432 的规定。

【基本尺寸】 见表 6-21～表 6-25。

表 6-21　6 型杯形砂轮的基本尺寸（GB/T 4127.14—2008）

（单位：mm）

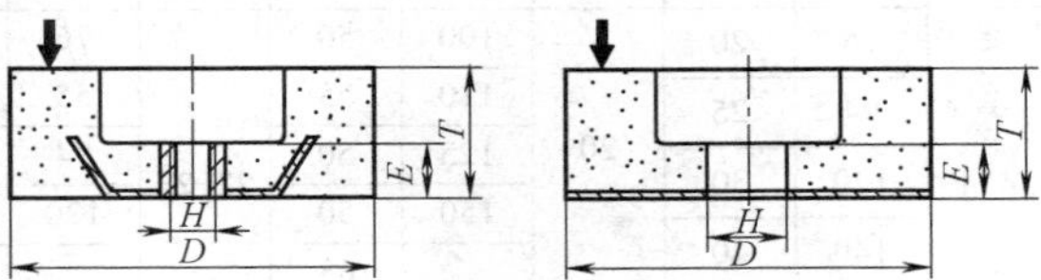

有插入的紧固衬套或完全的金属背垫

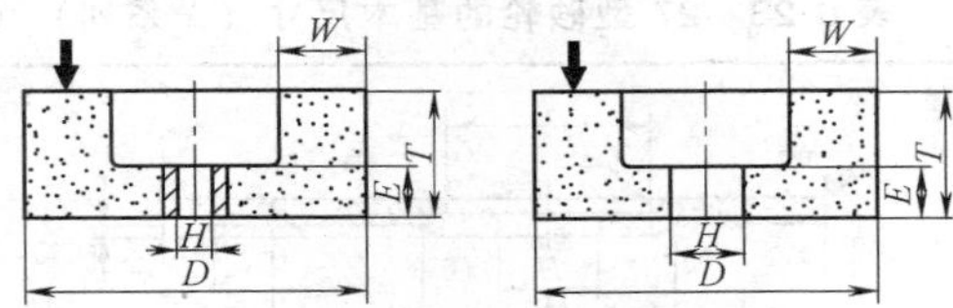

无插入的紧固衬套或完全的金属背垫

有螺纹接口(A 系列)					无螺纹接口(A 系列)				
D	*T*	*H*	*W*	E_{min}	*D*	*T*	*H*	*W*	E_{min}
100	50	M14	20	20	100	50	22、23	20	20
125			25		125			25	
150			40		150			40	

表 6-22　11 型碗形砂轮的基本尺寸（GB/T 4127.14—2008）（单位：mm）

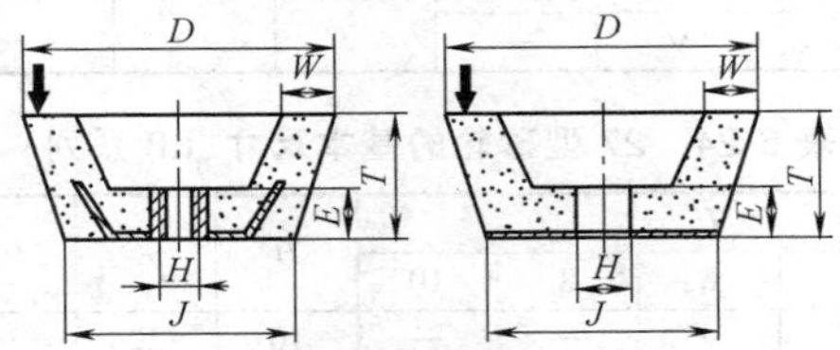

有插入的坚固衬套或完全的金属背垫

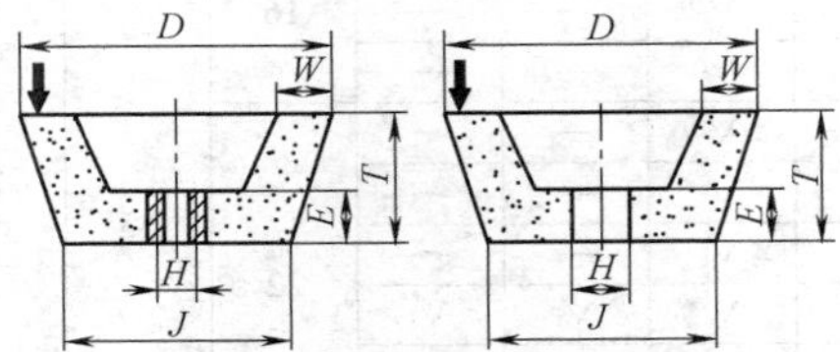

无插入的坚固衬套或完全的金属背垫

（续）

有螺纹接口(A系列)					
D	T	H	J	W	E_{min}
100	50	M14	76	20	20
125	50		94	25	
150	50		120	30	
180	63		140	40	
180	80		120	41	25

无螺纹接口(A系列)					
D	T	H	J	W	E_{min}
100	50	22、23	76	20	19
110	55		55	20	
125	50		94	25	
150	50		120	30	
180	63		140	41	20
	80				22

表 6-23　27 型砂轮的基本尺寸（A 系列）（单位：mm）

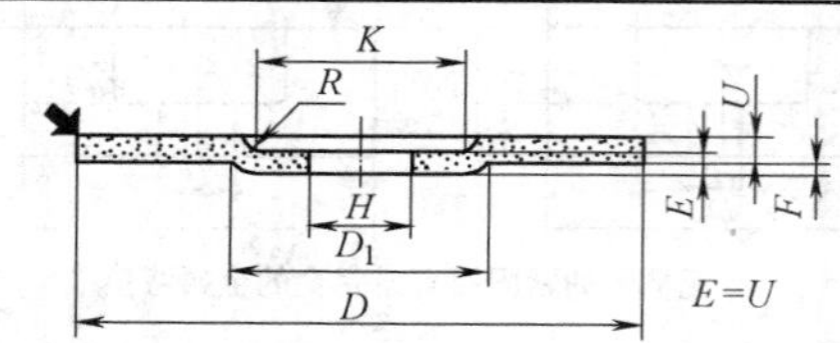

D	U				H	K	D_1	F_{min}	R ≈
	4	6	8	10					
80	√	√	—	—	10	23	35	4	6
100	√	√	—	—	16	35.5	55.5		
115	√	√	—	—	22、23	45	68	4.6	8
125	√	√	—	—					
150	√	√	—	—					
180	√	√	√	√					
230	√	√	√	—					

表 6-24　27 型砂轮的基本尺寸（B 系列）（单位：mm）

D	U					H	K	D_1	F_{min}	R ≈
	3	4	6	8	10					
80	√	√	√	—	—	10	22	34	4	4
100	√	√	√	—	—	16	35	50	6	
115	√	√	√	—	—		45	68		8
125	√	√	√	—	—					
115	√	√	√	—	—	22				
125	√	√	√	—	—					
150	√	√	√	—	—					
180	—	√	√	√	√					
205	—	—	√	√	√					
230	—	—	√	√	√					

表 6-25　28 型砂轮的基本尺寸（A 系列）（单位：mm）

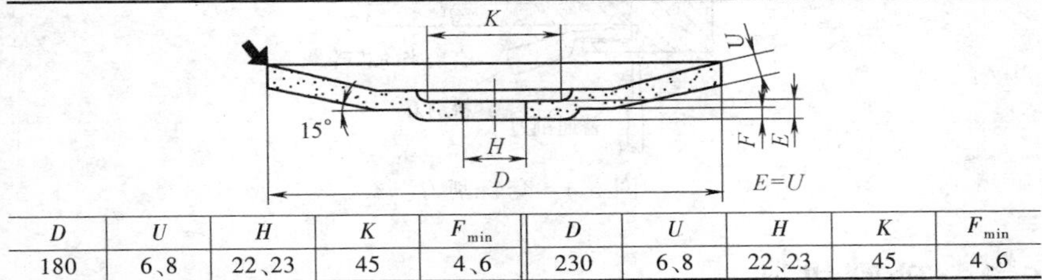

D	U	H	K	F_{min}	D	U	H	K	F_{min}
180	6、8	22、23	45	4、6	230	6、8	22、23	45	4、6

6.2.5　电镀超硬磨料套料刀

【原料】　采用电镀金属结合剂金刚石和立方氮化硼。

【型号】　表示方法：

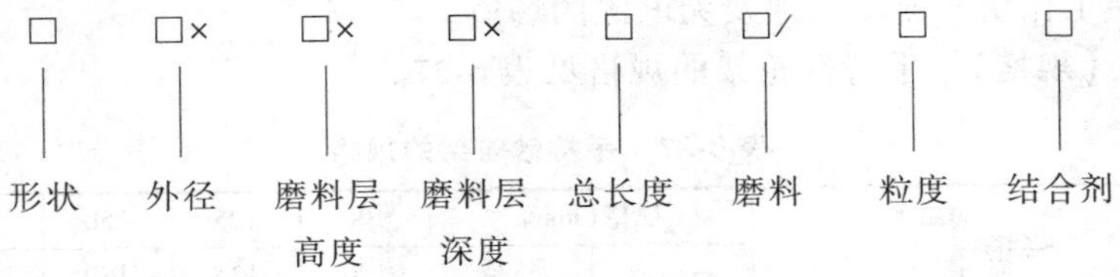

【基本尺寸】　套料刀的基本尺寸见表 6-26。

表 6-26　套料刀的基本尺寸（JB/T 6354—2006）　（单位：mm）

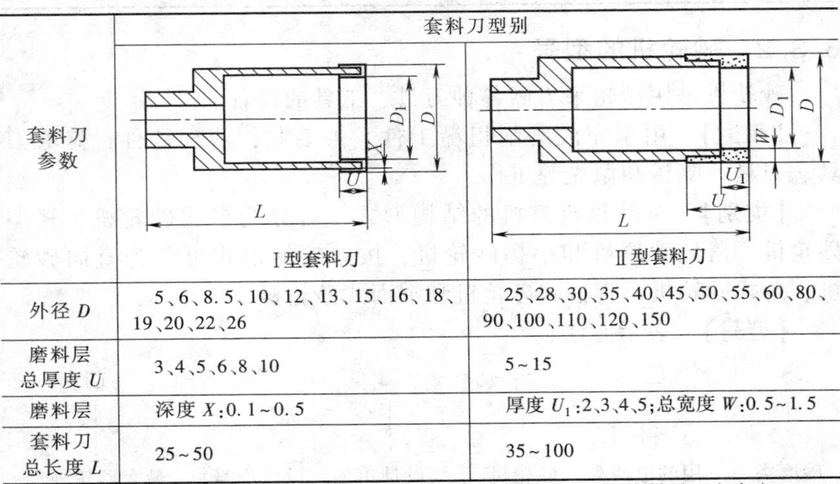

	套料刀型别	
套料刀参数	Ⅰ型套料刀	Ⅱ型套料刀
外径 D	5、6、8.5、10、12、13、15、16、18、19、20、22、26	25、28、30、35、40、45、50、55、60、80、90、100、110、120、150
磨料层总厚度 U	3、4、5、6、8、10	5~15
磨料层	深度 X:0.1~0.5	厚度 U_1:2、3、4、5;总宽度 W:0.5~1.5
套料刀总长度 L	25~50	35~100

注：1. 未规定的尺寸（如内径 D_1、柄部直径和连接方式等），由供需双方商定。

2. 电镀超硬磨料套料刀适用于批量生产的零件，当生产较少时，也可设计成如图 6-4 所示的套料割刀。

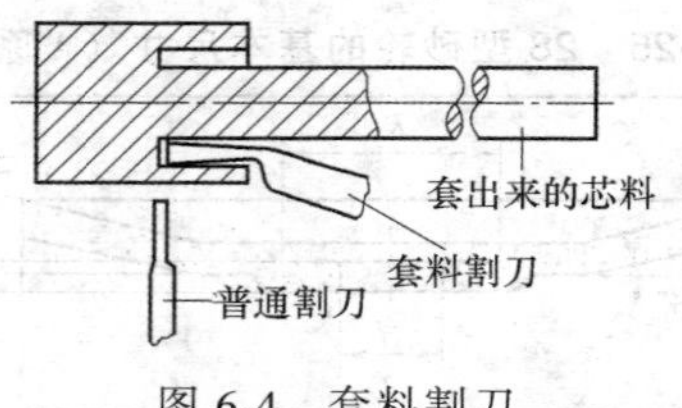

图 6-4　套料割刀

6.3　砂磨机械

6.3.1　手持砂轮架

【用途】 用于磨削各种小型工件表面及刃磨刀具等，特别适合于手工作坊、流动工地及无电源的场所。

【规格】 手持砂轮架的规格见表 6-27。

表 6-27　手持砂轮架的规格

	规格(mm)		100	125	150	200
	配用砂轮尺寸/mm	外径	100	125	150	200
		内径	20			
		厚度	10			

6.3.2　砂轮机的型号

砂轮机是用砂轮来刃磨各种刀具、工具的设备。

【用途】 用于完成磨削粗糙工件，去毛刺，清理铸件，修磨刀具、刃具，除锈和抛光等工作。

【类别】 按砂轮机整机的结构形式，可分为台式砂轮机、轻型砂轮机、落地砂轮机和手提砂轮机，按砂轮的形式可分为直向砂轮机、角式砂轮机、直柄式砂轮机和端面式砂轮机。

【型号】 表示方法：

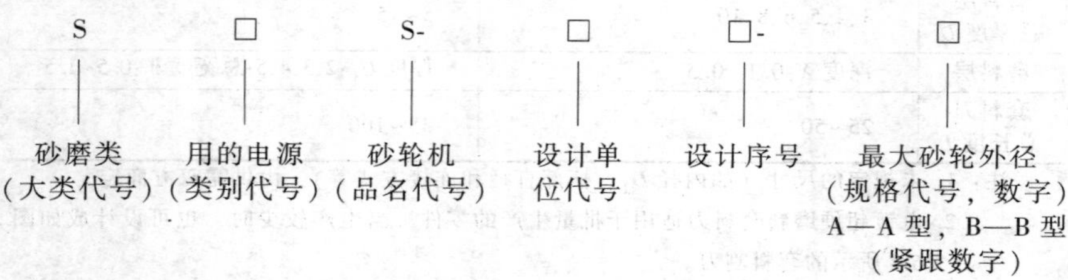

6.3.3　台式砂轮机

【结构】　台式砂轮机的结构如图 6-5 所示。

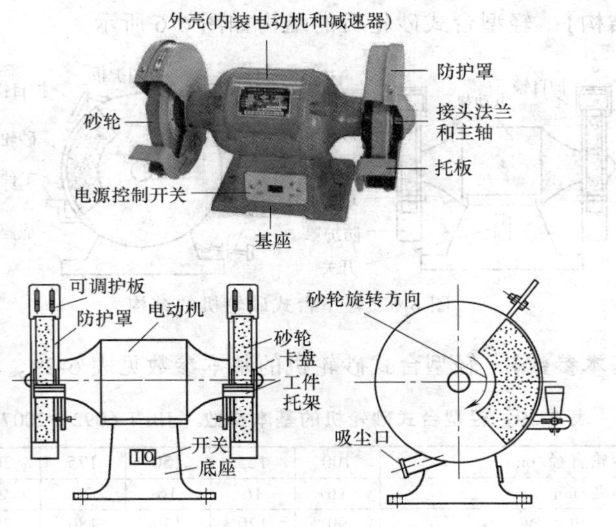

图 6-5　台式砂轮机的结构

【基本参数】　台式砂轮机的基本参数见表 6-28。

表 6-28　台式砂轮机的基本参数（JB/T 4143—2014）

最大砂轮直径/mm	150	200	250
砂轮厚度/mm	20	25	25
砂轮孔径/mm	32	32	32
额定输出功率/W	250	500	750
同步转速/(r/min)	3000		
电动机额定电压/V	三相电动机 380,单相电动机 220		
额定频率/Hz	50		

6.3.4　轻型台式砂轮机

轻型台式砂轮机和台式砂轮机的转速一样，其区别为轻型台式砂轮机的砂轮直径小、厚度薄、功率小。

【分类】　有单相感应式砂轮机和三相感应式砂轮机。

【用途】

1）单相感应式砂轮机用于缺乏三相电源的修理工场、实验室等。

2）三相感应式砂轮机用于一般工矿企业和修理工场。

【结构】 轻型台式砂轮机的结构如图 6-6 所示。

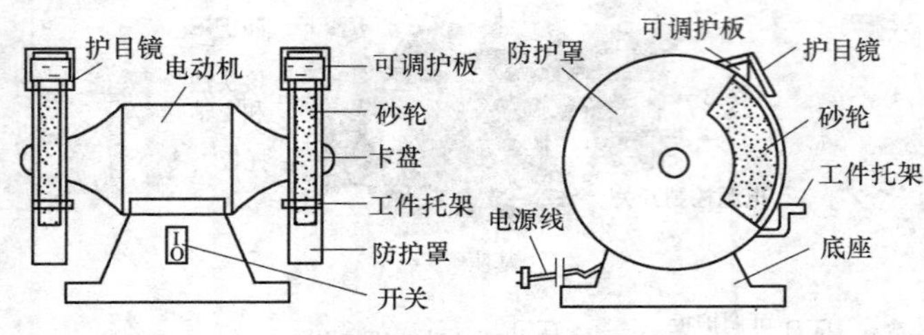

图 6-6 轻型台式砂轮机的结构

【基本参数】 轻型台式砂轮机的基本参数见表 6-29。

表 6-29 轻型台式砂轮机的基本参数（JB/T 6092—2007）

最大砂轮直径/mm	100	125	150	175	200	250
砂轮厚度/mm	16	16	16	20	20	25
额定输出功率/W	90	120	150	180	250	400
电动机同步转速/(r/min)	3000					
最大砂轮直径/mm	100、125、150、175、200、250			150、175、200、250		
电动机种类	单相感应电动机			三相感应电动机		
额定电压/V	220			380		
额定频率/Hz	50					

6.3.5 落地砂轮机

【分类】 有自驱式和他驱式（各自又有除尘和多能等系列）。

【用途】 自驱式适用于一般工矿企业和机械制造业；他驱式适用于一般工矿企业和重型机械制造业。

【结构】 自驱式采用一台两端直接安装砂轮的电动机和落地底座装配而成（见图 6-7）；他驱式采用一台电动机，通过带传动砂轮轴落地安装使用（见图 6-8）。

在这两种基型砂轮机的基础上，还派生出了除尘砂轮机和多功能砂轮机，前者是增加落地除尘箱（箱内装有吸尘器）装配而成的；后者备有多功能的工件托架，能磨削多种几何角度。

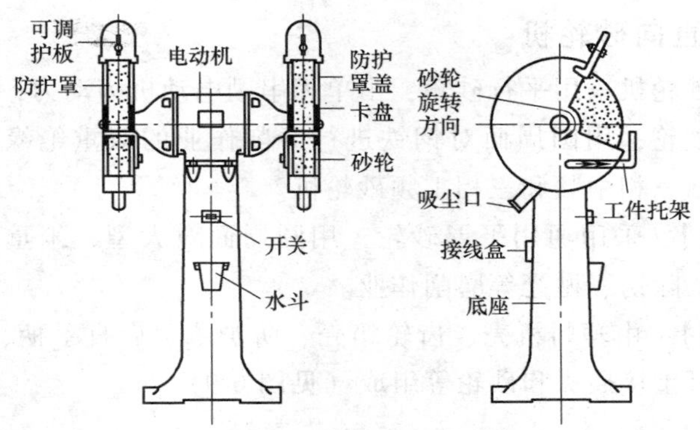

图 6-7 自驱式落地砂轮机

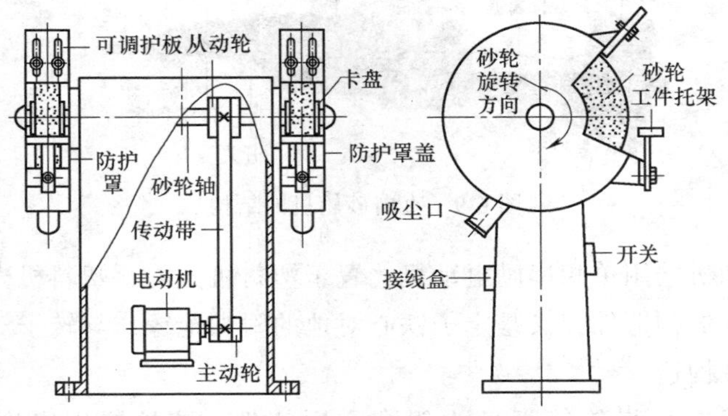

图 6-8 他驱式落地砂轮机

【基本参数】 落地砂轮机的基本参数见表 6-30。

表 6-30 落地砂轮机的基本参数（JB/T 3770—2017）

最大砂轮直径/mm	200	250	300	350	400	500	600
砂轮厚度/mm	25	25	40	40	40	50	65
砂轮孔径/mm	32	32	75	75	127	203	305
额定功率/kW	0.5	0.75	1.5	1.75	2.2①	4.0	5.5
同步转速(r/min)	3000		1500 3000	1500		1000	
额定电压/V	380						
额定频率/Hz	50						

① 表示他驱式砂轮机的额定输出功率为 3.0kW。

6.3.6 直向砂轮机

直向砂轮机采用平行砂轮，由单相串励电动机为动力，通过齿轮传动驱动砂轮，用圆周面对钢铁进行磨削作业的双重绝缘手持式工具。也包括三相中频和三相工频砂轮机。

【用途】 采用通用平形砂轮，用圆周面对大型、笨重钢铁件进行去毛刺、除锈、抛光等磨削作业。

【结构】 由塑料机壳、齿轮箱壳、防护罩、后直手柄、长端盖、开关、不可重接插头和砂轮等组成（见图 6-9）。

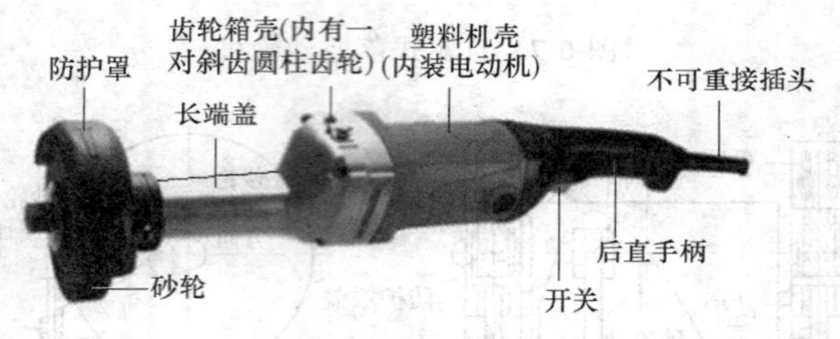

图 6-9　直向砂轮机的结构

电动机选用单相串励电动机，置于塑料机壳内，塑料机壳既是支承电动机的构造件，又是定子铁心对地的附加绝缘，与转子对心构成两层绝缘构造。

长端盖（齿轮箱壳）为铝合金压铸件，防护罩用厚度不小于 2mm 的薄钢板或相等强度的其他材料制成，装于长端盖端部，围住砂轮上半部，使砂轮显露部分的视点不大于 180°。

砂轮选用安全线速度不低于 50m/s 的平行树脂砂轮。

【标记】 表示方法：

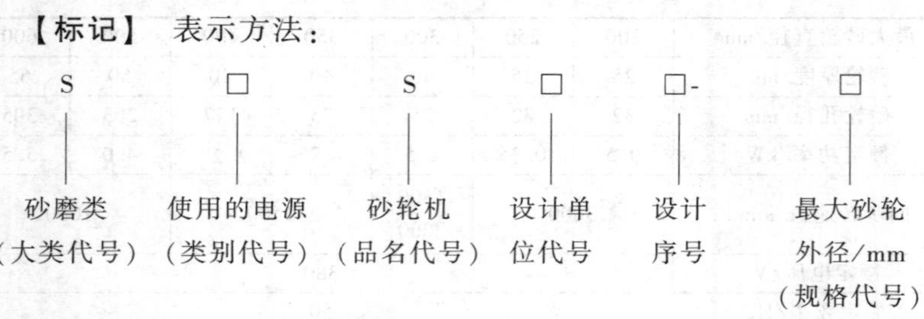

【基本参数】 见表 6-31 和表 6-32。

表 6-31 单相串励和三相中频砂轮机的基本参数（GB/T 22682—2008）

规格(mm)		额定输出功率/W ≥	额定转矩/N · m ≥	空载转速/(r/min)	许用砂轮安全线速度/(m/s)
φ80×20×20(13)	A	200	0.36	11900	—
	B	280	0.40		
φ100×20×20(16)	A	300	0.50	≤9500	
	B	350	0.60		
φ125×20×20(16)	A	380	0.80	≤7600	≥50
	B	500	1.10		
φ150×20×32(16)	A	520	1.35	≤6300	
	B	750	2.00		
φ175×20×32(20)	A	800	2.40	≤5400	
	B	1000	3.15		

注：( ) 内数值为 ISO 603 的内孔值。

表 6-32 三相工频砂轮机的基本参数（GB/T 22682—2008）

规格(mm)		额定输出功率/W ≥	额定转矩/N · m ≥	空载转速/(r/min)	许用砂轮安全线速度/(m/s)
φ125×20×20(16)	A	250	0.85	<3000	≥35
	B	350	1.20		
φ150×20×32(16)	A				
	B	500	1.70		
φ175×20×32(20)	A				
	B	750	2.40		

注：( ) 内数值为 ISO 603 的内孔值。

6.3.7 除尘砂轮机

【用途】 用来研磨各种刃具，并自动收集此过程中产生的磨尘。

【结构】 除尘砂轮机除了有基座、电机、护罩、砂轮片和刀架等之外，下部还有专用的风机和除尘箱体（布袋等）。新颖的除尘砂轮机还有火焰沉降系统、过载保护系统、振灰手柄和抽屉式集尘箱。

【工作原理】 当设备起动时，砂轮机和除尘器同时起动，工件磨削产生的粉尘颗粒在风机的负压吸风作用下进入沉降室；大颗粒、重颗粒的粉尘直接掉落在积灰抽屉里；微细粉尘随气流进入过滤室，经过滤袋时粉尘附着于滤袋表面，净化后的气体经过风机流入清洁室，经消声后排入大气。

【产品数据】 除尘砂轮机的产品数据见表 6-33。

表 6-33　除尘砂轮机的产品数据

型号	砂轮外径 /mm	功率 /W	转速 /(r/min)	重量 /kg
M3320	200	500	2850	80
M3325	250	750	2850	85
M3330	300	1500	1420	230
M3335	350	1750	1440	240
M3340	400	2200	1430	255

注：工作电压为 380V，效率为 80%。

6.3.8　软轴砂轮机

【用途】　用于大型笨重及不易搬运的工件或铸件，作表面去毛刺、修磨及清理等工作。

【产品数据】　软轴砂轮机的产品数据见表 6-34。

表 6-34　软轴砂轮机的产品数据

型号	功率 /kW	转速 /(r/min)	砂轮尺寸 /mm	软轴/mm		软管/mm		净重 /kg
				直径	长度	内径	长度	
M3415	1.0	2820	$\phi150\times20\times32$	13	2500	20	2400	35
M3420	1.5	2850	$\phi200\times25\times32$	16	3000	25	3000	43

注：电压为 380V。

6.3.9　砂带机

【用途】广泛应用于金属切削及非金属切削行业。可以磨削平面、凹凸面，轮磨，去除飞边、毛刺，浇注冒口，倒角以及抛光等多种功能。

【分类】　可分为手持式和固定式；按驱动方式分，有电动和气动两种；还可分为普通型和环保型。

【结构】　由壳体、砂带、电动机、手柄、传动装置（主动轮、从动轮和胶带等）组成。

【产品数据】 BD-46 型砂盘砂带机的产品数据见表 6-35。

表 6-35 BD-46 型砂盘砂带机的产品数据

功率/W	350	550	750	
砂带尺寸/mm	100×915		150×1220	
砂盘尺寸/mm	150		—	—
工作台尺寸/mm	190×125		—	—
转动角度/(°)	0～90			
电源电压/V	380	220/380	220	380
转速/(r/min)	1420			
尺寸/mm	500×300×250		600×300×360	
重量/kg	18		30	

生产商：扬州金飞机电有限公司。

6.3.10 手持式砂磨机

砂磨机是把物料在旋转研磨盘作用下与研磨体混合并旋转，经与研磨体及与粉碎室各部分之间产生的研磨、剪切而粉碎的工具。

【用途】 用于金属外壳钣金件原子灰研磨修面、木工家具的研磨和五金件的研磨等，分为立式砂磨机和卧式砂磨机两种。

【种类】 常见的有圆盘气动砂磨机和方盘气动砂磨机（见图 6-10）。

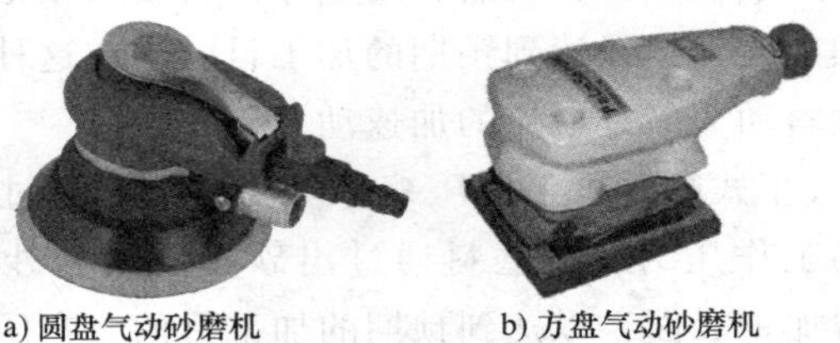

a) 圆盘气动砂磨机　　b) 方盘气动砂磨机

图 6-10 手持式砂磨机

6.3.11 干式喷砂机

干式喷砂机是以压缩空气为动力，将干燥的磨料喷射到被处理工件的表面，进行清理和光饰表面的设备。依据磨料的工作方式，可分为吸入式喷砂机和压入式喷砂机。

【用途】 清理大型金属工件表面的铁锈、氧化层、油脂、底漆等不同种类的表面残留物。

【喷砂机结构】 主要由喷砂箱、喷枪、锥阀、磨料阀、喷砂胶管等组成（见图 6-11）。

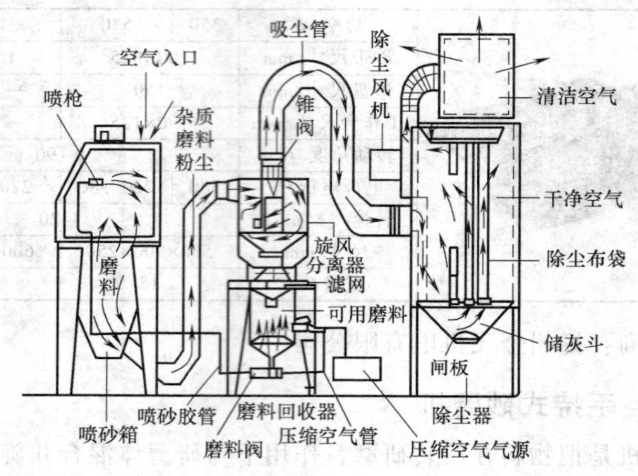

图 6-11 干式喷砂机的结构

【工作原理】

1）吸入式干式喷砂机是以压缩空气为动力，通过气流的高速运动，在喷枪内形成的负压，将磨料通过输砂管吸入喷枪，并经喷嘴射出喷射到被加工表面，以达到预期的加工目的。在这种喷砂机中，压缩空气既是供料动力又是射流的加速动力。

2）压入式干式喷砂机是以压缩空气为动力，通过压缩空气在压力罐内建立的工作压力，将磨料通过出砂阀压入输砂管并经喷嘴射出，喷射到被加工表面，以达到预期的加工目的。在压入式干喷砂机中，压缩空气既是供料动力又是射流的加速动力。

【磨料】 可以是非金属颗粒（如河砂、石英砂、白刚玉、棕刚玉、碳化硅、陶瓷丸、塑料砂、塑料丸、玻璃丸、石榴石、核桃皮、干冰颗粒等），也可以是金属颗粒（如钢砂、切丸、钢丸、铝丸等）。

【喷枪】 干式喷砂机所用的喷枪，有吸入式和压入式两种（见图 6-14），它们依靠压缩空气动力抽吸磨料后，使磨料加速射出。

【喷枪结构】 干式喷砂机喷枪的结构如图 6-12 所示。

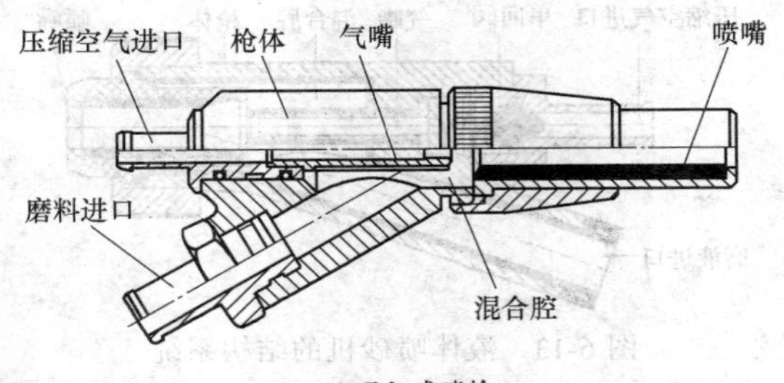

a) 吸入式喷枪

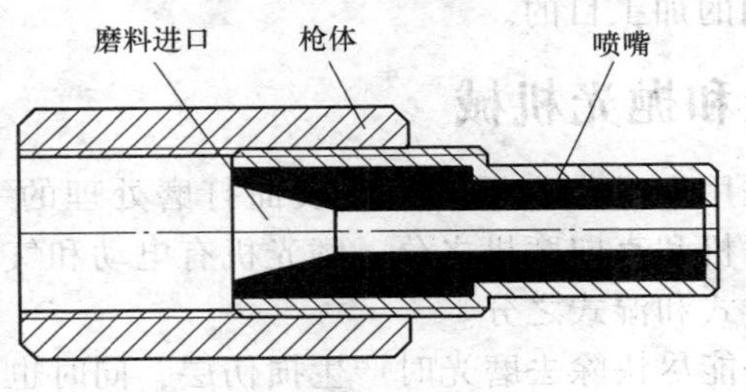

b) 压入式喷枪

图 6-12　干式喷砂机喷枪的结构

6.3.12　液体喷砂机

液体喷砂机是以磨液泵作为磨液的输送动力，以压缩空气作为磨液的加速动力，使磨液经喷枪喷嘴高速喷射到被处理工件表面，进行清理和光饰表面的设备。

所用磨料可以是非金属颗粒（如石英砂、白刚玉、棕刚玉、碳化硅、陶瓷丸、塑料砂、塑料丸、玻璃丸、石榴石等）或金属颗粒(如钢丸等)。

【结构】 一个完整的液体喷砂机一般由五个系统组成：结构系统（喷砂舱、喷枪等，见图 6-13)、介质动力系统（磨液泵)、管路系统（喷砂胶管、输气胶管和输水胶管)、控制系统和辅助系统。

所用的喷枪，是使磨液和压缩空气混合并喷射的装置。

【工作原理】 液体喷砂机是以磨液泵作为磨液的供料动力，通过磨液泵将搅拌均匀的磨液（磨料和水的混合物）输送到喷枪内，以压缩空气作为磨液的加速动力，通过输气管进入喷枪，在喷枪内，

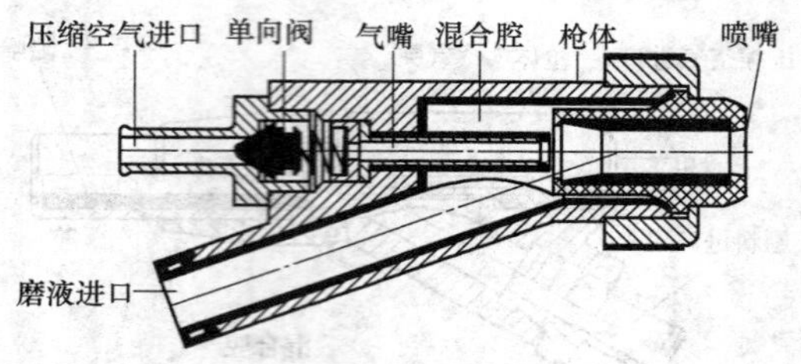

图 6-13　液体喷砂机的结构系统

压缩空气对进入喷枪的磨液加速，并经喷嘴射出，喷射到被加工表面，达到预期的加工目的。

6.4　磨光和抛光机械

磨光机是用来进行金属或石材表面打磨处理的一种手持电动工具，有角向磨机和直向磨机之分。磨光机有电动和气动两大类，电动磨光机还有干式和湿式之分。

抛光机是能尽快除去磨光时产生损伤层，同时也能使抛光损伤层不会造成假组织的一种电动工具。

6.4.1　角向磨光机

角向磨光机是用交-直流两用单相串励和三相中频电源，带动纤维增强钹形砂轮进行磨削的工具。

【用途】　用于金属表面及焊接工程坡口、焊缝表面的修磨和小型钢的剖割；换上钢丝轮或磨盘上粘贴不同程序的砂纸抛光布，可用于金属表面的除锈和磨光、喷漆腻子底层的磨平、表面的砂磨和抛光(木材等非金属的表面)。

【结构】　电动角向磨光机的外形和结构如图 6-14 所示。

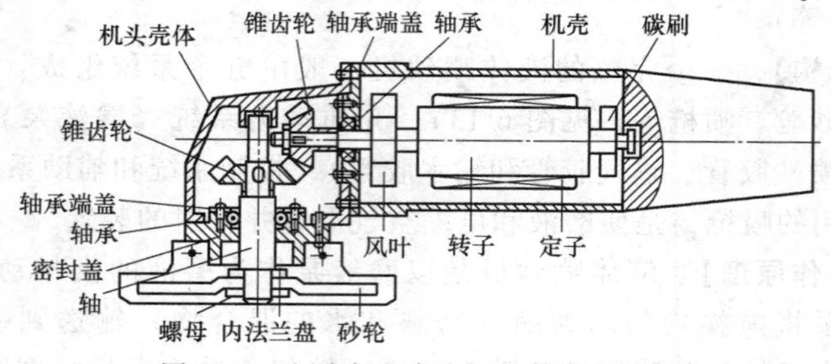

图 6-14　电动角向磨光机的外形和结构

【工作原理】　利用高速旋转的薄片砂轮或橡胶砂轮、钢丝轮等，对金属构件进行磨削、切削、除锈、磨光加工。

【基本参数】　角向磨光机的基本参数见表 6-36。

表 6-36　角向磨光机的基本参数（GB/T 7442—2007）

规格		额定输出功率/W ≥	额定转矩 /N·m ≥	规格		额定输出功率/W ≥	额定转矩 /N·m ≥
砂轮直径/mm（外径×内径）	类型			砂轮直径/mm（外径×内径）	类型		
100×16	A	200	0.30	150×22	A	500	0.80
	B	250	0.38	180×22	C	710	1.25
115×22	A	250	0.38		A	1000	2.00
	B	320	0.50		B	1250	2.50
125×22	A	320	0.50	230×22	A	1000	2.80
	B	400	0.63		B	1250	3.55

【标记】　表示方法：

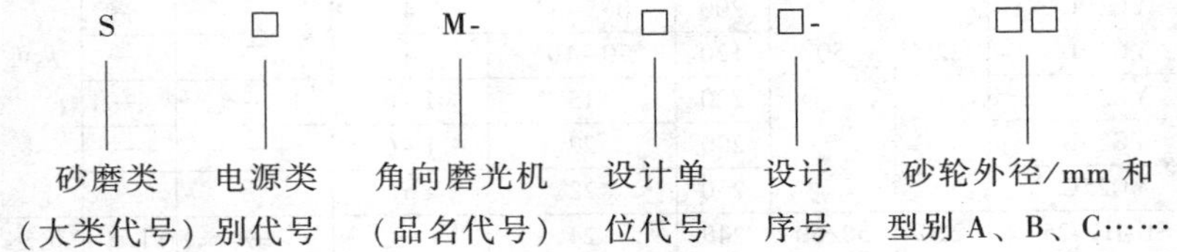

6.4.2　直向磨光机

【用途】　主要用于木材、金属、玻璃纤维、塑料、陶瓷等材料的小曲率凹曲表面的磨光、抛光、清理等作业；配上特种刀具或雕刻刀，可在木材表面或边部进行成型加工、开槽或雕刻；配上切割轮，可进行工件的切割。

【结构】　直向磨光机的结构如图 6-15 所示。

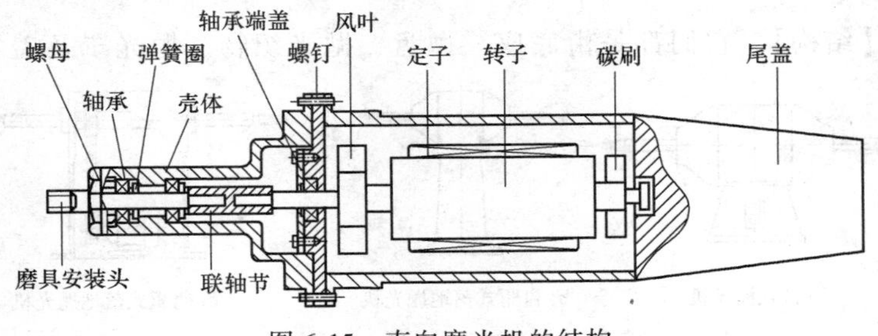

图 6-15　直向磨光机的结构

【产品数据】 直向磨光机的型号及技术数据见表 6-37。

表 6-37 直向磨光机的型号及技术数据

型号	额定电压/V	频率/Hz	输入功率/W	空载转速/(kr/min)	工具柄直径/mm	最大磨头直径/mm	重量/kg	牌号
SU-KY01-10	220	50	115	30	—	10	0.8	信源
SU-KY01-25	220	50/60	240	25	—	—	0.9	
SU-KY02-25	220	50	230	25	6	25	1.05	
SU-KY03-25			380	24	—	25	2.9	
SU-KY04-25			385	25	—	—	2.95	
GGS7	—	—	500	7	最大为8	45	1.57	博世
GGS27			500	27		25	1.3	
GGS27L			500	27		35	1.45	
YC10A	220	50	120	30	3	—	—	尤可
YC10B			115	0~30	3~4	—	—	
YC10C			200	0.5~15	4	—	—	
YC10D			120	0~10	4	—	—	
YC25A			220	15	1~6	—	—	
YC25B			200	22	1~6	—	—	
YC25C			250	22	6	—	—	
SU-HU-25	220	50/60	240	24	—	—	1.5	伦达

6.4.3 抛光机

鉴于抛光机的工作特点要求使用最细的材料，所以其抛光速率低。

【分类】 抛光机分台式抛光机、自驱式落地抛光机和他驱式落地抛光机三个基型系列（见图 6-16）。另外，还有手持式电动抛光机。

【结构】 它们都是由底座、抛盘、抛光织物、抛光罩及盖等基

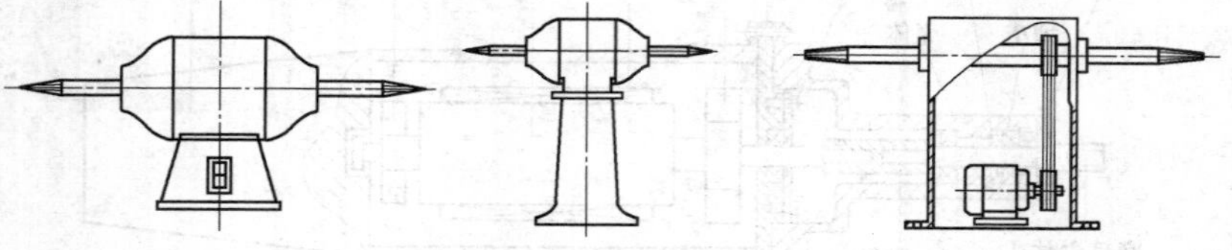

图 6-16 抛光机的三个基型系列

本部件组成。其差别为：

1）台式抛光机：主要采用一台两端直接安装抛轮的电动机与台式底座装配而成。

2）自驱式落地抛光机：主要采用一台两端直接安装抛轮的电动机与落地底座装配而成。

3）他驱式落地抛光机：主要采用一台三相感应电动机，通过传动抛轮轴，落地安装使用。

【用途】

1）台式抛光机：用于轻工、电镀企业，对小型零件表面进行抛光。

2）自驱式落地抛光机：用于一般工矿企业和电镀企业，对各种零件表面进行抛光。

3）他驱式落地抛光机：用于一般工矿企业和电镀企业，对各种零件表面进行抛光。

【基本参数】 抛光机的基本参数见表 6-38。

表 6-38　抛光机的基本参数（JB/T 6090—2007）

项　　目	最大抛轮直径/mm		
	200	300	400
电动机额定功率/W	750	1500	3000
电动机同步转速/(r/min)	3000		1500
额定电压/V	380		
额定频率/Hz	50		

6.4.4　便携式超声抛光机

超声抛光机（见图 6-17）是通过换能器将输入的超音频电信号转换成机械振动，经变幅杆放大后，传输至装在变幅杆上的工具头，带动附着在工具头上的金刚石等磨料高速摩擦工件，致使工件表面粗糙度迅速降低，从而实现抛光的功能的设备。振动的工具头还可以带动磨料悬浮液，高速研磨工件表面，使其迅速达到镜面，从

图 6-17　便携式超声抛光机

而解决了用铜质、竹质和木质工具头高速研磨的问题。

【用途】 可抛光各种金属、玻璃、玉石、玛瑙等；研磨金刚石锉刀、纤维油石、人造金刚石等。

【磨料】 人造金刚石研磨膏。

【基本参数】 便携式超声抛光机的基本参数见表6-39。

表6-39 便携式超声抛光机的基本参数（JB/T 10142—2012）

参数名称	参数值
超声电源额定输出功率/W	10、20、30、50、100
超声电源工作频率/kHz	20~40

6.4.5 气门研磨机

【用途】 用于研磨柴油机和汽油机等内燃机的气门。

【产品数据】 H9-006气门研磨机的产品数据见表6-40。

表6-40 H9-006气门研磨机的产品数据

工作能力/mm	工作气压/MPa	柱塞行程/mm
60	0.3~0.5	6~9
冲击次数/(次/min)	外形尺寸/mm	重量/kg
1500	250×145×56	1.3

6.4.6 模具电磨

模具电磨是用磨头反模具进行磨削的直流、交直流两用和单相串励电动工具。

【用途】 配合多种用途的磨具磨料，对金属和非金属材料进行切割、修整、造型、研磨和抛光等。

【磨具磨料】 主要分为三类：

1）切割类：树脂高速切割砂片、带布网的切割砂片，金刚砂切割片。

2）研磨类：各种异型陶瓷磨头、砂圈。

3）抛光类：羊毛毡轮、毡片，小布轮、砂鼓、带柄页轮钢丝刷，铜丝刷（配合各种用途的抛光膏）。

【结构】 模具电磨的结构如图 6-18 所示。

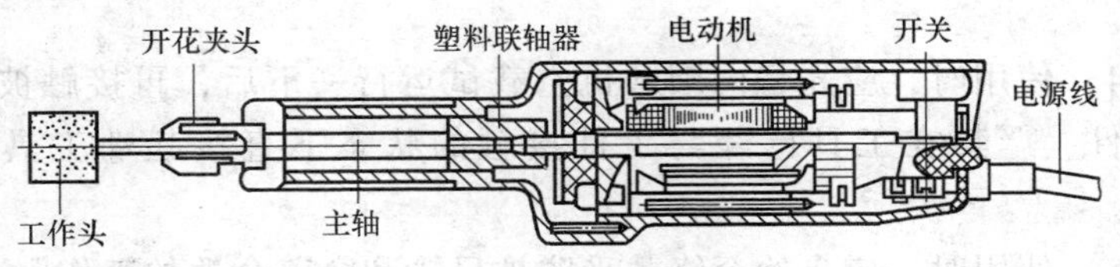

图 6-18　模具电磨的结构

【标记】 表示方法：

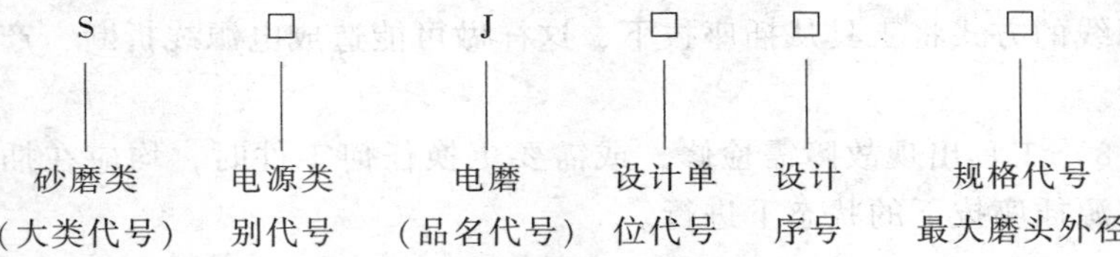

【基本参数】 电磨的基本参数见表 6-41。

表 6-41　电磨的基本参数（JB/T 8643—2013）

磨头最大尺寸/mm	额定输出功率/W	额定转矩/N·m	最高额定转速/(r/min)
ϕ10×16	40	0.02	55000
ϕ25×32	110	0.08	27000
ϕ30×32	150	0.12	22000

6.4.7　内圆磨机

【用途】 内圆磨机（见图 6-19）用于修整、磨光小孔的表面。

图 6-19　内圆磨机

【使用方法】

1）使用前，要确认工具所接电源电压必须符合铭牌的规定值。

2）接通电源时，工具开关应处于“断开”位置。

3）操作使用前，应认真检查砂轮是否符合规定使用的增强纤维树脂砂轮，其安全线速度不得小于 80m/s。该砂轮的外径不得超过所用工具规定的最大规格。同时应用木槌轻敲砂轮时不应有破碎声。若所用砂轮的保存期超过一年，必须先进行回转强度试验，合格后才可使用。

4）使用时，应先将内圆磨机空载试运行一下后，再接触被加工的工件，严禁在工具已经与工件接触的状态下直接起动工具进行作业。

5）使用时，应自始至终戴妥防护目镜和穿着合适的工作服。

6）严禁在拆除砂轮防护罩的情况下使用内圆磨机。

7）移动工具时，切勿用手提拉电源线的方法，亦不得采用手拉电源线的方式将工具从插座拔下，这样做可能造成电源线折断，产生危险。

8）工具出现故障需检修，或需要更换任何零件时，均应在插头自电源插座拔下的状态下进行。

第7章

齿轮和键槽刀具

切削加工齿轮用到的刀具较多，包括滚刀、插齿刀、剃齿刀和铣刀等，键槽加工则要用到拉刀、滚刀和铣刀。

7.1 齿轮滚刀

齿轮滚刀装夹在滚齿机上，可用来加工多种齿轮、链轮、棘轮、蜗轮和包络蜗杆等。因此，滚齿是目前应用最广的切齿方法。

齿轮滚刀可按多种方法分类：

1）按键槽位置分，有带轴键和带端键两种。

2）按头数分，有单头（常用）和多头（仅在大量生产中采用）。小孔径滚齿刀还根据孔径的大小划分为1、2、3型。

3）按用途分，有齿轮滚刀、小模数齿轮滚刀、镶片齿轮滚刀等等。

4）按结构分，有整体式、焊接式和机夹式。

5）按材料分，有高速钢滚刀和硬质合金滚刀。

6）按加工精度分，有AAA级、AA级、A级、B级和C级。

7.1.1 标准齿轮滚刀

【结构】 齿轮滚刀是在螺牙上加上几个纵沟，螺牙导程上有许多切刃的切齿用刀具。

【材料】 采用普通高速钢，也可用高性能高速钢或硬质合金。

【硬度】 切削部分：普通高速钢的硬度为63~66HRC，高性能高速钢的硬度为>64HRC。

【精度】 标准齿轮滚刀的精度分为4A、3A、2A、A、B、C、D七级（4A级最高）。加工时按照齿轮精度的要求，选用相应的齿轮滚刀。一般情况下，3A级滚刀加工6级齿轮；2A级滚刀加工7级齿轮；A 级加工 8 级齿轮；B 级加工 9 级齿轮；C 级加工 10 级齿轮。

【型式和尺寸】 标准齿轮滚刀基本型式和尺寸见表 7-1。

表 7-1 标准齿轮滚刀基本型式和尺寸（GB/T 6083—2016）（单位：mm）

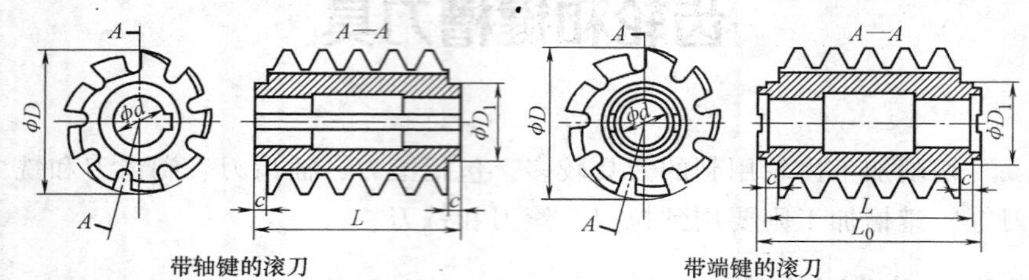

带轴键的滚刀　　　　带端键的滚刀

类别和类型			模数 m 系列
小孔径单头齿轮滚刀	类型 1	Ⅰ系列	0.5、0.6、0.8、1.0
		Ⅱ系列	0.55、0.7、0.75、0.9
	类型 2	Ⅰ系列	0.5、0.6、0.8、1.0、1.25、1.50、2.0
		Ⅱ系列	0.55、0.7、0.75、0.9、1.125、1.375、1.75
	类型 3	Ⅰ系列	0.5、0.6、0.8、1.0、1.25、1.5、2.0
		Ⅱ系列	0.55、0.7、0.75、0.9、1.125、1.375、1.75
单头齿轮滚刀	—	Ⅰ系列	1、1.25、1.5、2、2.5、3、4、5、6、8、10、12、16、20、25、32、40
		Ⅱ系列	1.125、1.375、1.75、2.25、2.75、3.5、4.5、5.5、6.5、7、9、11、14、18、22、28、36

注：滚刀右旋（按用户要求，也可做成左旋），压力角为 20°。

【标记】 模数 $m=2$ 的小孔径齿轮滚刀，标记为：小孔径齿轮滚刀 m2 GB/T 6083—2016。

7.1.2 小模数齿轮滚刀

【用途】 用于加工模数小于 1 的齿轮。

【分类】 按刀具材料的不同，分为高速钢齿轮滚刀和硬质合金滚刀两种。

1. 高速钢齿轮滚刀

【结构】 由刀体、刀片、端盖和螺钉等组成（见图 7-1）。

【材料】 采用 W6Mo5Cr4V2，或同等性能以上的其他高速钢。

【硬度】 切削部分硬度为 63~66HRC。

【型式和尺寸】 小模数齿轮滚刀的型式和尺寸见表 7-2。

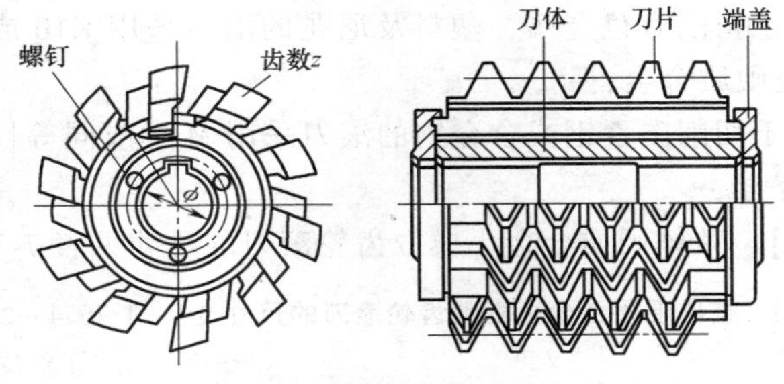

图 7-1　小模数齿轮滚刀

表 7-2　小模数齿轮滚刀的型式和尺寸（JB/T 2494—2006）

（单位：mm）

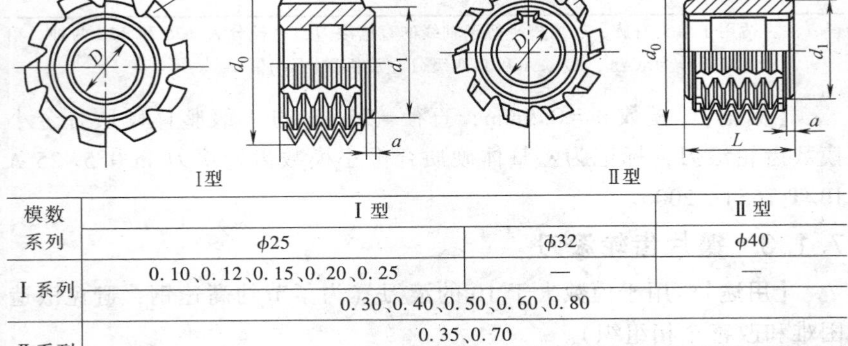

模数系列	Ⅰ型		Ⅱ型
	$\phi25$	$\phi32$	$\phi40$
Ⅰ系列	0. 10、0. 12、0. 15、0. 20、0. 25	—	—
	0. 30、0. 40、0. 50、0. 60、0. 80		
Ⅱ系列	0. 35、0. 70		
	—	0. 90	

注：1. 适用于单头右旋（左旋需协议）、容屑槽平行于轴线的直槽滚刀，精度等级分为 AAA、AA、A 和 B 四级。压力角为 20°。

2. 滚刀用 W6Mo5Cr4V2 或同等性能以上的其他高速钢制造，其金相组织应符合 GB/T 9943 的规定，碳化物的均匀度应不大于 3 级。

3. 滚刀切削部分硬度为 63~66HRC。

【标记】　模数 $m=0.5$mm，直径为 25mm 的 A 级小模数齿轮滚刀，标记为：小模数齿轮滚刀 m0. 5×25A JB/T 2494—2006。

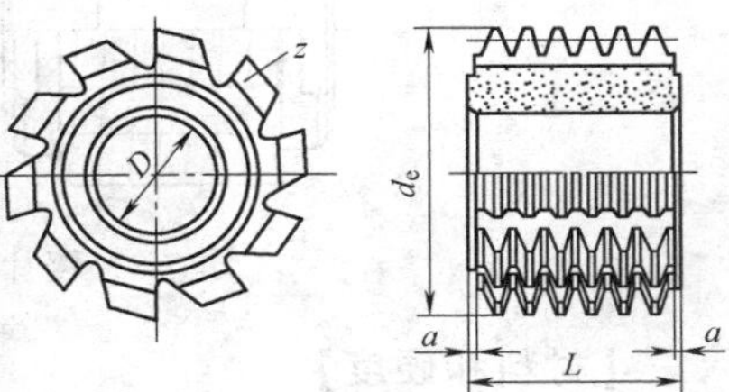

图 7-2　硬质合金滚刀

2. 硬质合金滚刀（见图 7-2）

【材料】

1）用于切削有色金属、塑料及尼龙的滚刀采用 K10 或同等性能以上的其他硬质合金；

2）用于切削碳素钢或合金钢的滚刀采用 M 类或同等性能以上的其他硬质合金。

【尺寸】 整体硬质合金小模数齿轮滚刀的尺寸见表 7-3。

表 7-3 整体硬质合金小模数齿轮滚刀的尺寸（JB/T 7654—2006）

（单位：mm）

<table>
<tr><th>模数系列</th><th>φ25</th><th>φ32</th></tr>
<tr><td rowspan="2">Ⅰ</td><td>0.10、0.12、0.15、0.20、0.25、0.30</td><td>—</td></tr>
<tr><td colspan="2">0.40、0.50、0.60、0.80</td></tr>
<tr><td rowspan="2">Ⅱ</td><td colspan="2">0.35、0.70</td></tr>
<tr><td>—</td><td>0.90</td></tr>
</table>

注：适用于单头右旋、容屑槽平行于轴线的直槽滚刀，直径分为 φ25 和 φ32 两种，精度等级分为 AAA、AA、A 和 B 四级（左旋供需协议）。

【标记】 模数 $m=0.5$mm，直径 = 25mm 的 A 级整体硬质合金小模数齿轮滚刀，标记为：整体硬质合金小模数齿轮滚刀 m 0.5×25 A JB/T 7654—2006。

7.1.3 镶片齿轮滚刀

【用途】 用于模数大于 10 的滚刀（为了节约高速钢，避免锻造困难和改善金相组织）。

【结构】 由刀体、刀片、纯铜垫片、压紧螺母组成（见图 7-3）。

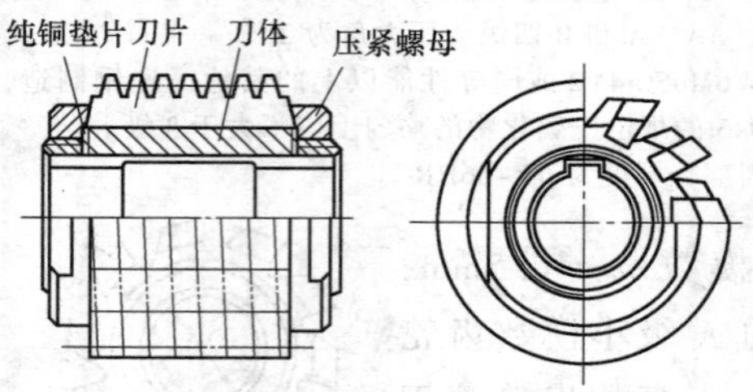

图 7-3 镶片齿轮滚刀的结构

【材料和硬度】

1）刀体采用合金结构钢，刀体内孔和端面的硬度为 35~45HRC。

2）切削部分采用普通高速钢或高性能高速钢：普通高速钢的硬度为 64~66HRC，高性能高速钢、超硬高速钢的硬度为 66~68HRC，其他材料（如 W6Mo5Cr4V2Co5 等）的硬度为 64~66HRC。

3）固定环用合金结构钢，硬度为 30~40HRC。

【型式和尺寸】 镶片齿轮滚刀的型式和尺寸见表 7-4。

表 7-4　镶片齿轮滚刀的型式和尺寸（GB/T 9205—2005）

（单位：mm）

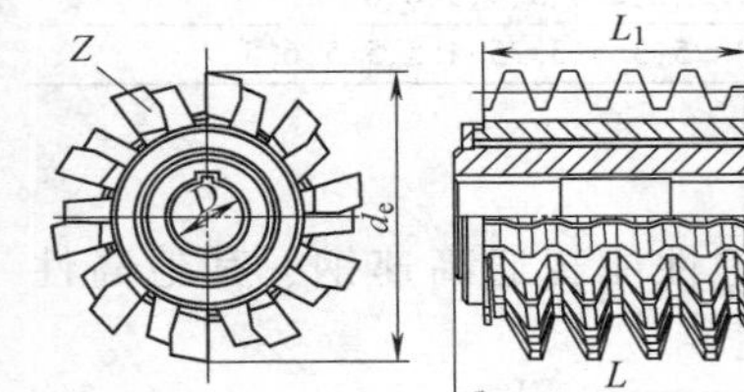

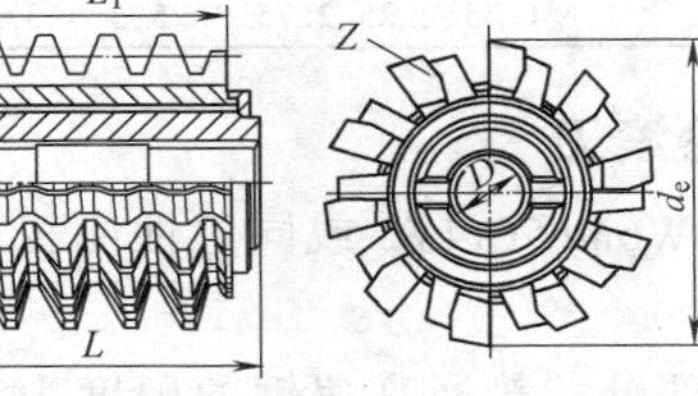

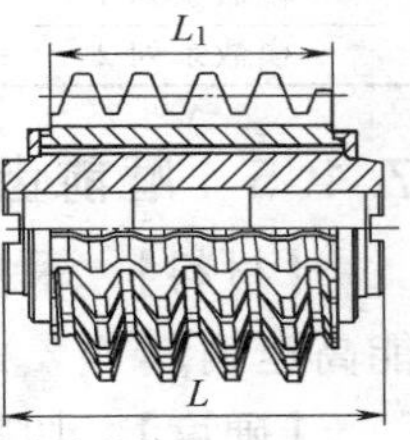

轴向键槽型镶片齿轮滚刀　　端面键槽型镶片齿轮滚刀

模数系列	带轴向键槽型	带端面键槽型
第一系列	10、12、16、20、25、32	
第二系列	11、14、18、22、28、30	

注：镶片齿轮滚刀做成单头、右旋（左旋需协议）、零度前角、容屑槽为平行于滚刀轴线的直槽。

【标记】 模数为 20mm 的轴向键槽型，右旋的镶片齿轮滚刀，标记为：镶片齿轮滚刀 m20 GB/T 9205—2005（左旋，在模数后面加“L”）。

7.1.4　剃前齿轮滚刀

【用途】 用于不变位渐开线圆柱齿轮的剃齿前滚削。

【结构】 单头、右旋、容屑槽平行于轴线。

【分级】 有 A 级和 B 级。

【材料】 采用 W6Mo5Cr4V2 或同等性能的高速钢。

【硬度】 切削部分的硬度为 63~66HRC。

【型式和尺寸】 剃前齿轮滚刀的型式和尺寸见表 7-5。

【标记】 $m=3$mm，齿形为 I 型，A 级剃前齿轮滚刀，标记为：剃前齿轮滚刀 m3 I A JB/T 4103—2006。

表 7-5 剃前齿轮滚刀的型式和尺寸（JB/T 4103—2006）

（单位：mm）

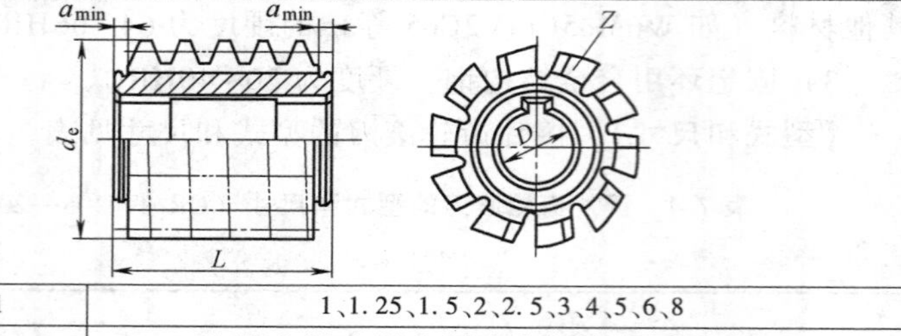

模数系列 1	1、1. 25、1. 5、2、2. 5、3、4、5、6、8
模数系列 2	1. 75、2. 25、2. 75、3. 25、3. 5、3. 75、4. 5、5. 5、6. 5、7

7. 1. 5 磨前齿轮滚刀

【材料】 采用 W6Mo5Cr4V2 或同等性能普通高速钢、其他高性能高速钢。

【硬度】 切削部分：普通高速钢的硬度为 63～66HRC；高性能高速钢的硬度为≥64HRC。

【结构】 零度前角、单头、右旋、容屑槽为平行于轴线的直槽。

【型式和尺寸】 磨前齿轮滚刀的型式和尺寸见表 7-6。

表 7-6 磨前齿轮滚刀的型式和尺寸（GB/T 28252—2012）（单位：mm）

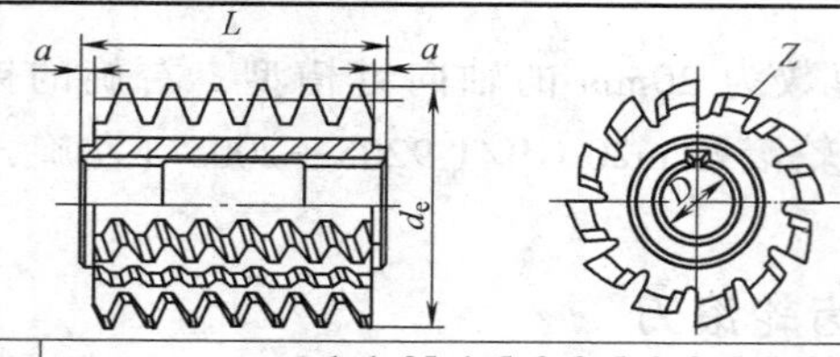

模数系列Ⅰ	1、1. 25、1. 5、2、2. 5、3. 0、4、5、6、8、10
模数系列Ⅱ	1. 75、2. 25、2. 75、3. 25、3. 5、3. 75、4. 5、5. 5、6. 5、7、9

【标记】 模数 m = 2. 5mm，齿顶凸角为Ⅱ型，左旋的磨前齿轮滚刀，标记为：磨前齿轮滚刀 m2. 5 Ⅱ L GB/T 28252—2012。

7. 1. 6 双圆弧齿轮滚刀

【材料】 采用 W6Mo5Cr4V2 或同等性能的普通高速钢、高性能高速钢。

【硬度】 切削部分：普通高速钢的硬度为 63～66HRC，高性能高速钢的硬度为>64HRC。

【结构】 零度前角、单头、右旋、容屑槽为平行于其轴线的直槽。

【型式和尺寸】 双圆弧齿轮滚刀的型式和尺寸见表 7-7。

表 7-7　双圆弧齿轮滚刀的型式和尺寸（GB/T 14348—2007）（单位：mm）

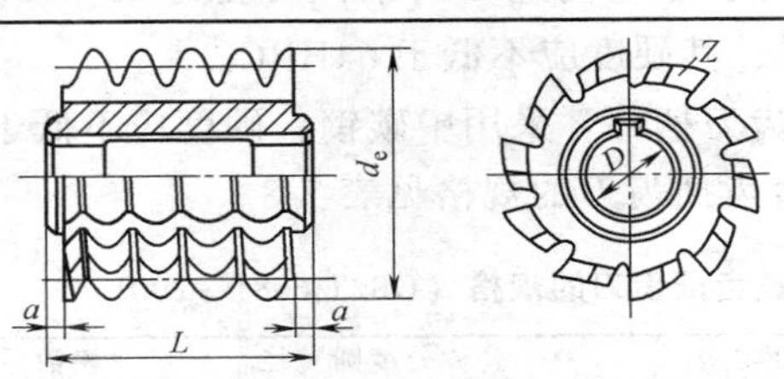

模数系列	Ⅰ型	Ⅱ型
1	1.5、2、2.5、3、4、5、6、8、10	
2	2.25、2.75、3.5、4.5、5.5、7、9	

【标记】 模数 $m=5$mm 的Ⅱ型双圆弧齿轮滚刀，标记为：双圆弧齿轮滚刀 m5 Ⅱ GB/T 14348—2007。

7.2　插齿刀具

插齿刀的模数 m 为 1~12mm，公称分度圆直径 d 为 25~200mm，分度圆压力角 α 为 20°。

【种类】 插齿刀的分类方法可以有多种。

1）按结构分，有盘形插齿刀、碗形插齿刀和锥柄插齿刀（见图 7-4），分别用于加工外齿轮或大直径内齿轮，塔形（带台阶或阶梯）的内、外齿轮和小直径内齿轮。

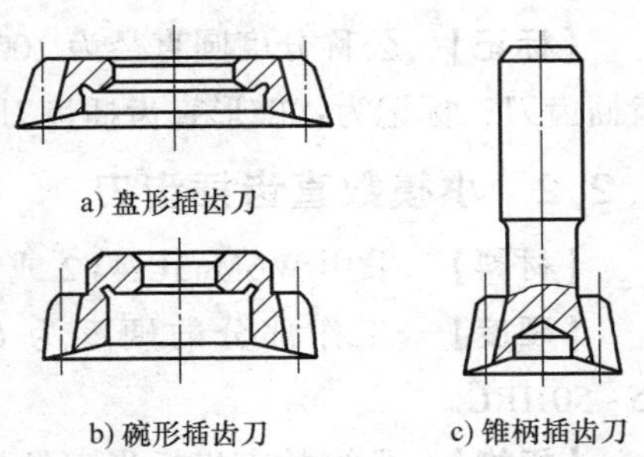

图 7-4　插齿刀的结构

2）按加工对象分，有直齿插齿刀、斜齿插齿刀、人字齿插齿刀（各自又有内插齿刀、外插齿刀、剃前插齿刀和磨前插齿刀）。

3）按加工精度分，有2A级、A级和B级（分别用于加工6级齿轮、7级和8级齿轮）。

7.2.1 直齿插齿刀

【材料和硬度】

1）切削部分：采用高速工具钢，硬度为63～66HRC；采用高性能高速工具钢时，其硬度应不低于64HRC。

2）锥柄插齿刀柄部：采用中碳钢，硬度应不低于35HRC。

【规格】 直齿插齿刀的规格见表7-8。

表7-8 直齿插齿刀的规格（GB/T 6081—2001）　（单位：mm）

型式和精度等级		公称分度圆直径	模数系列（$\alpha=20°$）
	Ⅰ型-盘形 AA、A、B	75、100、125、160、200	1、1.25、1.5、1.75、2、2.25、2.5、2.75、3.0、3.5、4.0、4.5、5.0、5.5、6.0、7.0、8.0、9.0、10、11、12
	Ⅱ型-碗形 AA、A、B	50、75、100、125	1、1.25、1.5、1.75、2.0、2.25、2.5、2.75、3.0、3.25、3.5、3.75、4.0、4.5、5.0、5.5、6.0、7.0、8.0
	Ⅲ型-锥柄形 A、B	25、38	1.0、1.25、1.5、1.75、2.0、2.25、2.5、2.75、3.0、3.5

【标记】 公称分度圆直径为100mm，$m=2$mm，A级精度的Ⅱ型直齿插齿刀，标记为：碗形直齿插齿刀 ϕ100 m2 A GB/T 6081—2001。

7.2.2 小模数直齿插齿刀

【材料】 采用W6Mo5Cr4V2或同等以上性能的其他高速钢。

【硬度】 工作部分的硬度为63～66HRC，锥柄部分的硬度为35～50HRC。

【规格】 小模数直齿插齿刀的规格见表7-9。

【标记】 模数 $m=0.5$mm，公称分度圆直径为40mm，AA级盘形插齿刀，标记为：盘形插齿刀 m 0.5×40 AA JB/T 3095—2006。

表 7-9　小模数直齿插齿刀的规格（JB/T 3095—2006）　（单位：mm）

型式和精度等级		公称分度圆直径	模数系列（$\alpha=20°$）
	Ⅰ型-盘形 AA、A、B	40	0.2、0.25、0.3、0.35、0.4、0.5、0.6、0.7、0.8、0.9
		63	0.3、0.35、0.4、0.5、0.6、0.7、0.8、0.9
	Ⅱ型-碗形 AA、A、B	63	0.3、0.35、0.4、0.5、0.6、0.7、0.8、0.9
	Ⅲ型-锥柄形 A、B	25	0.1、0.12、0.15、0.2、0.25、0.3、0.35、0.4、0.5、0.6、0.7、0.8、0.9

7.2.3　渐开线内花键插齿刀

【材料和硬度】　同直齿插齿刀。

【规格】　渐开线内花键锥柄插齿刀的规格见表 7-10。

表 7-10　渐开线内花键锥柄插齿刀的规格（JB/T 7967—2010）

（单位：mm）

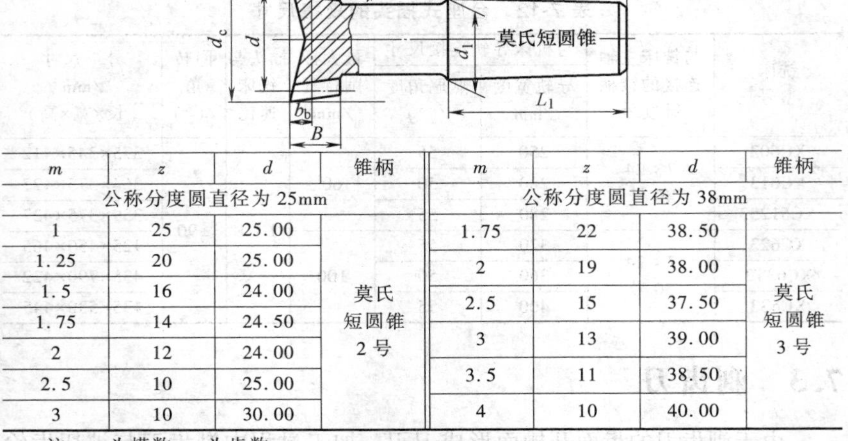

m	z	d	锥柄	m	z	d	锥柄
公称分度圆直径为 25mm				公称分度圆直径为 38mm			
1	25	25.00	莫氏短圆锥 2 号	1.75	22	38.50	莫氏短圆锥 3 号
1.25	20	25.00		2	19	38.00	
1.5	16	24.00		2.5	15	37.50	
1.75	14	24.50		3	13	39.00	
2	12	24.00		3.5	11	38.50	
2.5	10	25.00		4	10	40.00	
3	10	30.00					

注：m 为模数，z 为齿数。

7.2.4 碗形插齿刀

【材料和硬度】 同直齿插齿刀。

【规格】 碗形插齿刀的规格见表 7-11。

表 7-11 碗形插齿刀的规格（JB/T 7967—2010） （单位：mm）

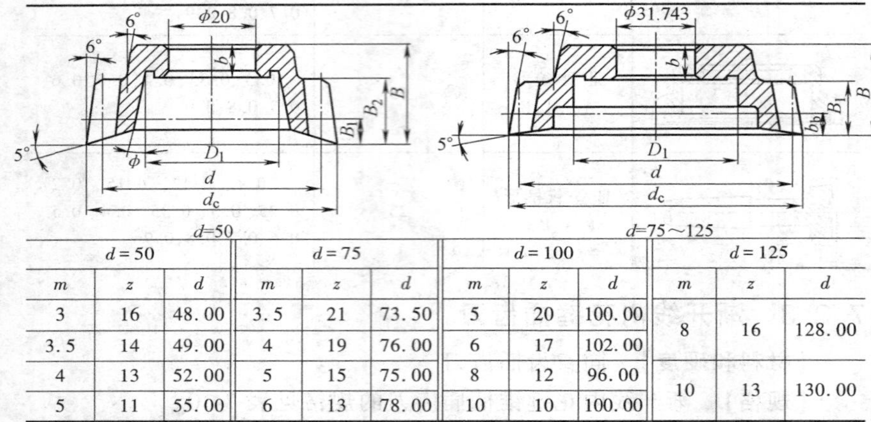

d = 50			d = 75			d = 100			d = 125		
m	z	d	m	z	d	m	z	d	m	z	d
3	16	48.00	3.5	21	73.50	5	20	100.00	8	16	128.00
3.5	14	49.00	4	19	76.00	6	17	102.00			
4	13	52.00	5	15	75.00	8	12	96.00	10	13	130.00
5	11	55.00	6	13	78.00	10	10	100.00			

注：m 为模数，z 为齿数。

7.2.5 插头

【用途】 用来安装插刀。

【规格】 台座式插头的规格尺寸见表 7-12。

表 7-12 台座式插头的规格尺寸

铣床型号	与铣床主轴连接的锥柄锥度号	与机床导轨连接尺寸		最大插削行程 /mm	插头与铣床速比	回转角 /(°)	外形尺寸 /mm (长×宽×高)
		导轨宽度 /mm	燕尾角度 /(°)				
XC603	7 : 24 40 号	250	55	60	1 : 1	±90	375×345×412
XC613		280	50				364×375×427
XC61253		280	55				359×375×427
XC623	7 : 24 50 号	320	55	100			425×450×465
XC63T3		360	50				435×790×422
XC633		400	55				435×530×445

7.3 剃齿刀

由于剃齿刀的齿面开槽而形成刀刃，加工过程中剃齿刀与被切齿轮在轮齿双面紧密啮合的自由展成运动中，将齿轮齿面上的加工余量切除。

【用途】 加工圆柱齿轮。

【分类】 有盘形轴向剃齿刀和盘形径向剃齿刀两种。

【材料】 盘形轴向或径向剃齿刀，两者都可采用普通高速钢，也可用高性能高速钢。

【硬度】 工作部分：普通高速钢的硬度为 63～66HRC；高性能高速钢的硬度为 64HRC 以上。

【型式】 见表 7-13 和表 7-14。

表 7-13　盘形轴向剃齿刀的型式和法向模数（GB/T 14333—2008）

（单位：mm）

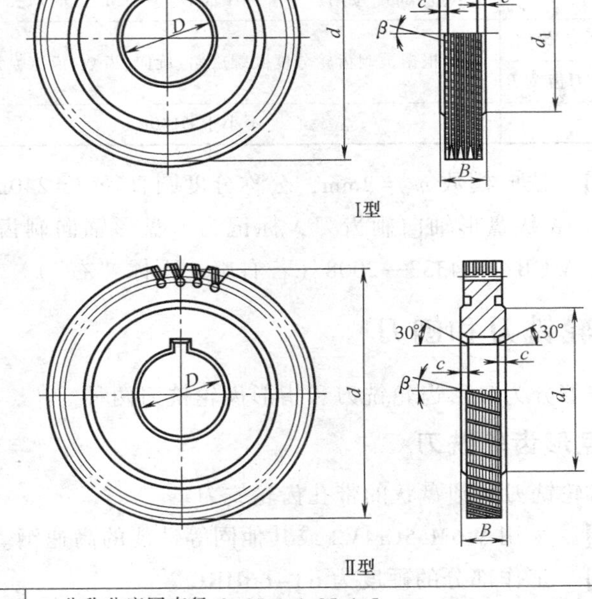

第一系列	公称分度圆直径 d＝85：1、1. 25、1. 5 公称分度圆直径 d＝180：1. 25、1. 5、2、2. 5、3、4、5、6、8
第二系列	公称分度圆直径 d＝180：1. 75、2. 25、2. 75、(3. 25)、3. 5、(3. 75)、4. 5、5. 5、(6. 5)、7

表 7-14　盘形径向剃齿刀的型式和法向模数（GB/T 21950—2008）

（单位：mm）

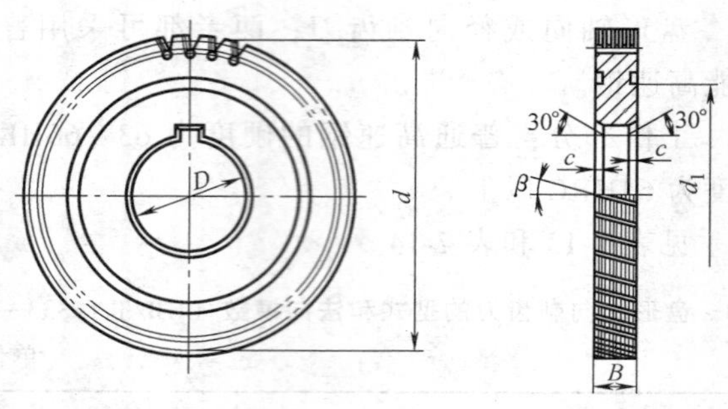

公称分度圆直径	分为 $d=180$mm 和 $d=240$mm 两种
内孔直径	$D=63.5$mm，按用户要求可做成 $D=100$mm，此时内孔可不做键槽
分度圆螺旋角 β、旋向	根据被剃齿轮分度圆螺旋角、旋向、齿数、齿宽设计决定
齿数 Z 和剃齿刀齿宽 B	
d_1	不小于 ϕ140mm

【标记】　法向模数 $m_n=2$mm，公称分度圆直径 $d=240$mm，螺旋角 15°左旋，A 级盘形轴向剃齿刀，标记为：盘形轴向剃齿刀 m_n 2×240×15° 左 A GB/T 14333—2008（若右旋，不标“右”）。

7.4　齿轮铣刀和刨刀

齿轮铣刀分为盘形齿轮铣刀和指形齿轮铣刀两种。

7.4.1　盘形齿轮铣刀

盘形齿轮铣刀是圆盘状的带孔齿轮铣刀。

【材料】　采用 W6Mo5Cr4V2 或其他同等性能的高速钢。

【硬度】　工作部分的硬度为 63～66HRC。

【型式和模数】　盘形齿轮铣刀的基本型式和模数见表 7-15。

【标记】　模数 $m=10$mm 的 3 号的盘形齿轮铣刀，标记为：盘形齿轮铣刀 m10-3 GB/T 28247—2012。

表 7-15　盘形齿轮铣刀的基本型式和模数（GB/T 28247—2012）

（单位：mm）

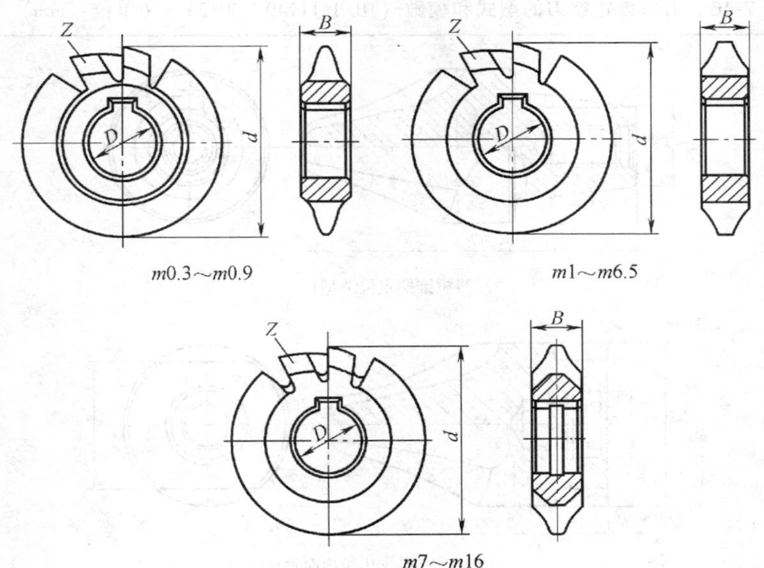

模数系列 1	0.3、0.40、0.50、0.60、0.80、1.00、1.25、1.50、2.00、2.50、3.00、4.00、5.00、6.00、8.00、10、12、16
模数系列 2	0.35、0.70、0.90、1.75、2.25、2.75、3.25、3.50、3.75、4.50、5.50、6.50、7.00、9.00、11、14

7.4.2　指形齿轮铣刀

指形齿轮铣刀基准齿形角为 20°，外周表面有切削刃，几乎全部切削刃都参与切削工作，铣刀一端固定，相当于一个悬臂梁。

【用途】　用于齿轮的粗加工或精加工。

【种类】　有 7∶24 短锥柄定位的指形齿轮铣刀（A 型）和圆柱孔和端面定位的指形齿轮铣刀（B 型）两种。

【材料】　采用 W6Mo5Cr4V2 或其他同等性能的高速钢。

【硬度】　工作部分的硬度为 63～66HRC；柄部的硬度为 30～

50HRC；螺纹部分的硬度不高于 50HRC。

【型式和模数】 指形齿轮铣刀的型式和模数见表 7-16。

表 7-16 指形齿轮铣刀的型式和模数（JB/T 11749—2013） （单位：mm）

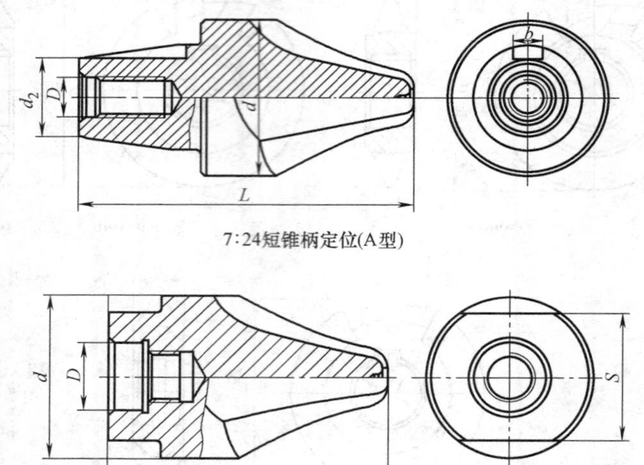

模数系列 1	10、12、16、20、25、32、40
模数系列 2	(11)、14、18、22、28、(30)、36

【标记】 由模数、刀号、型号和标准代号组成。

例：模数 $m=20$mm，3 号刀，7∶24 短锥柄定位的指形齿轮铣刀（A 型），标记为：指形齿轮铣刀 m20-3A JB/T 11749—2013。

7.4.3 直齿锥齿轮精刨刀

【材料】 采用 W6Mo5Cr4V2 或同等性能的高速钢。

【硬度】 工作部分：硬度为 63～66HRC。

【型式和模数】 有Ⅰ型（27×40）、Ⅱ型（33×75）、Ⅲ型（43×100）和Ⅳ型（60×125，75×125）。模数为 0.3～20mm，基准齿形角为 20°。

直齿锥齿轮精刨刀的型式和模数见表 7-17。

【标记】 模数 $m=4\sim4.5$mm 的Ⅲ型直齿锥齿轮精刨刀，标记为：刨刀 $m=4\sim4.5$ Ⅲ JB/T 9990.1—2011。

表 7-17　直齿锥齿轮精刨刀的型式和模数（JB/T 9990.1—2011）　（单位：mm）

型别	尺　寸	模　数
Ⅰ型	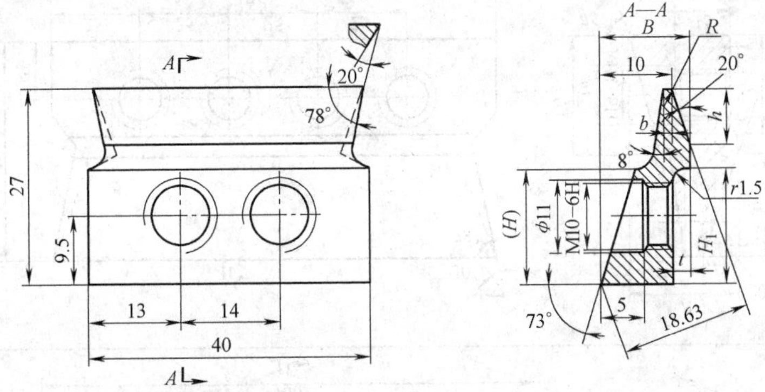 27、9.5、13、14、40、20°、78°、A—A、B、10、R、20°、h、b、8°、r1.5、(H)、ϕ11、M10-6H、H_1、t、5、73°、18.63	0.3、0.4、0.5、0.6、0.7、0.8、1、1.25、1.375、1.75、2、2.25、2.5、2.75、3、3.25①
Ⅱ型	33、9、16、14、14、14、75、20°、78°、A—A、B、15.5、R、20°、h、b、8°、M10-6H、r1.5、(H)、ϕ11、H_1、t、6、73°、25.85	0.5、0.6、0.7、0.8、1、1.25、1.375、1.75、2、2.25、2.5、2.75、3、3.25①、3.5、3.75①、4、4.5、5、5.5

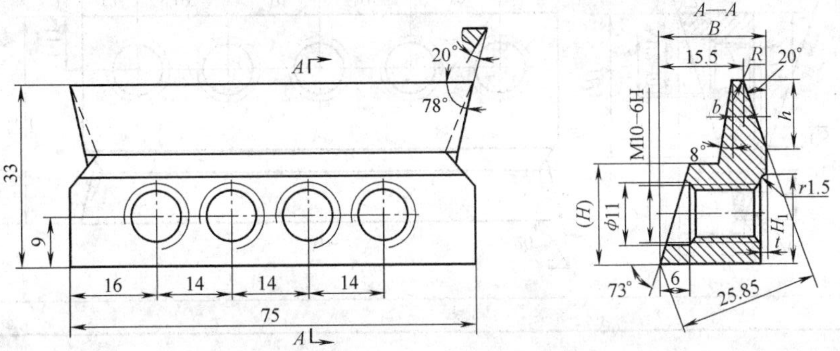

（续）

型别	尺寸	模数
Ⅲ型	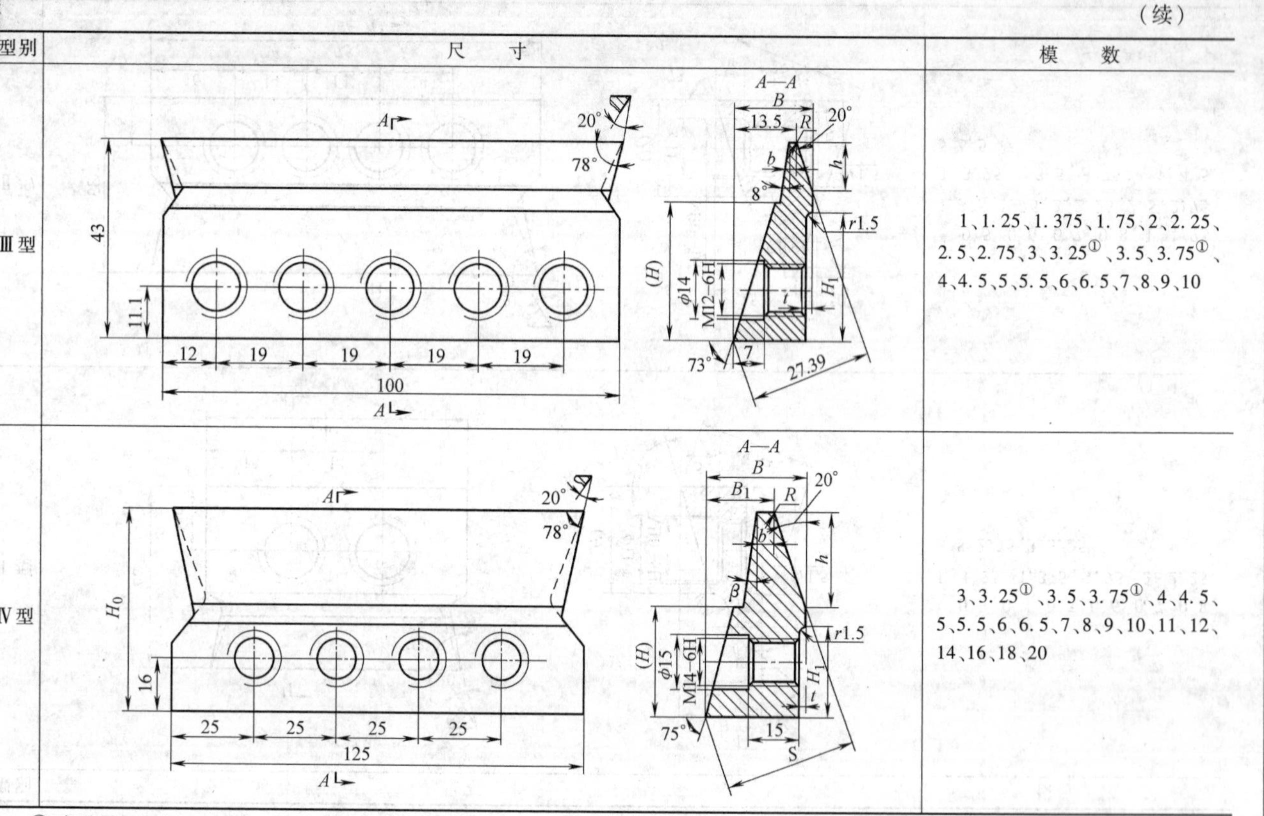	1、1. 25、1. 375、1. 75、2、2. 25、2. 5、2. 75、3、3. 25①、3. 5、3. 75①、4、4. 5、5、5. 5、6、6. 5、7、8、9、10
Ⅳ型		3、3. 25①、3. 5、3. 75①、4、4. 5、5、5. 5、6、6. 5、7、8、9、10、11、12、14、16、18、20

① 表示尽量不用。

7.5　键槽拉刀

拉削是利用一种带许多刀齿的拉刀做匀速直线运动，通过固定的工件，切下一层薄薄的金属，从而使工件表面达到较高精度和光洁度的高生产率的加工方法。

【分类】　有平刀体键槽拉刀、宽刀体键槽拉刀、带倒角齿键槽拉刀、带侧面齿键槽拉刀和小径定心矩形花键拉刀等。

【材料】　一般采用普通高速钢。

【硬度】　刃部、后导部的硬度为 63~66HRC；前导部的硬度为 60~66HRC；柄部的硬度为 45~52HRC；允许进行表面处理。

7.5.1　平刀体键槽拉刀

【规格】　平刀体键槽拉刀的规格尺寸见表 7-18。

表 7-18　平刀体键槽拉刀的规格尺寸（GB/T 14329—2008）

（单位：mm）

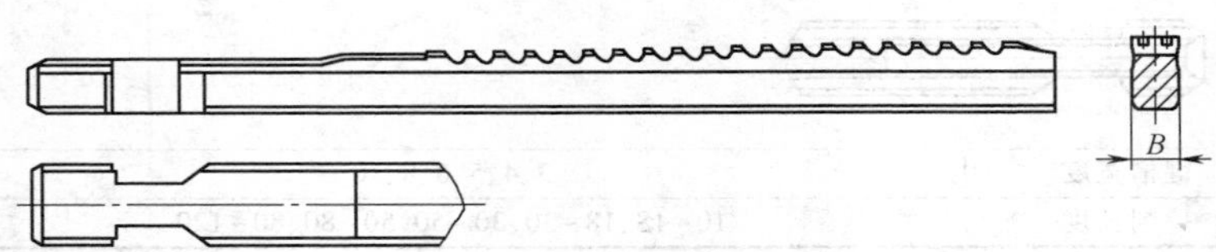

键槽宽度	12、14、16、18、20、22、25、28、32、36、40
拉削长度	30~50、50~80、80~120、120~180、180~260、260~360

【标记】　键槽宽度的基本尺寸为 20mm，公差带为 P9，拉削长度为 50~80mm，前角为 15°的平刀体键槽拉刀，标记为：平刀体键槽拉刀 20 P9 15° 50~80 GB/T 14329—2008。

7.5.2　宽刀体键槽拉刀

【规格】　宽刀体键槽拉刀的规格尺寸见表 7-19。

【标记】类同“7.5.1　平刀体键槽拉刀”。

表 7-19　宽刀体键槽拉刀的规格尺寸（GB/T 14329—2008）

（单位：mm）

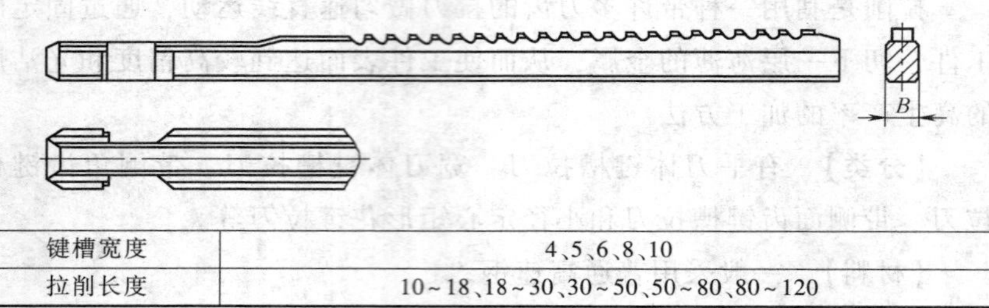

键槽宽度	4、5、6、8、10
拉削长度	10～18、18～30、30～50、50～80、80～120

7.5.3　带倒角齿键槽拉刀

【规格】　带倒角齿键槽拉刀的规格尺寸见表 7-20。

表 7-20　带倒角齿键槽拉刀的规格尺寸（GB/T 14329—2008）

（单位：mm）

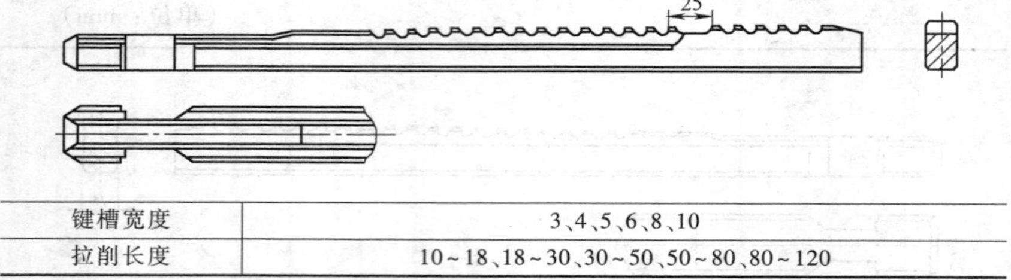

键槽宽度	3、4、5、6、8、10
拉削长度	10～18、18～30、30～50、50～80、80～120

【标记】　类同“7.5.1　平刀体键槽拉刀”。

7.5.4　带侧面齿键槽拉刀

【分类】　有 A 型和 B 型两种，后者又有粗、精拉刀之分。

【材料和硬度】　采用 W6Mo5Cr4V2 或同等性能的高速钢，热处理硬度：刃部、后导部的硬度为 63～66HRC，前导部的硬度为 60～66HRC；柄部的硬度为 45～52HRC。

【规格】　带侧面齿键槽拉刀的规格尺寸见表 7-21。

【标记】　键槽宽度基本尺寸为 10mm，极限偏差为 JS9，拉削长度为 50～80mm，前角为 15°的 A 型带侧面齿键槽拉刀，标记为：带侧面齿键槽拉刀　A 10 JS9 15° 50～80　JB/T 9993—2011。

表 7-21 带侧面齿键槽拉刀的规格尺寸（JB/T 9993—2011）

（单位：mm）

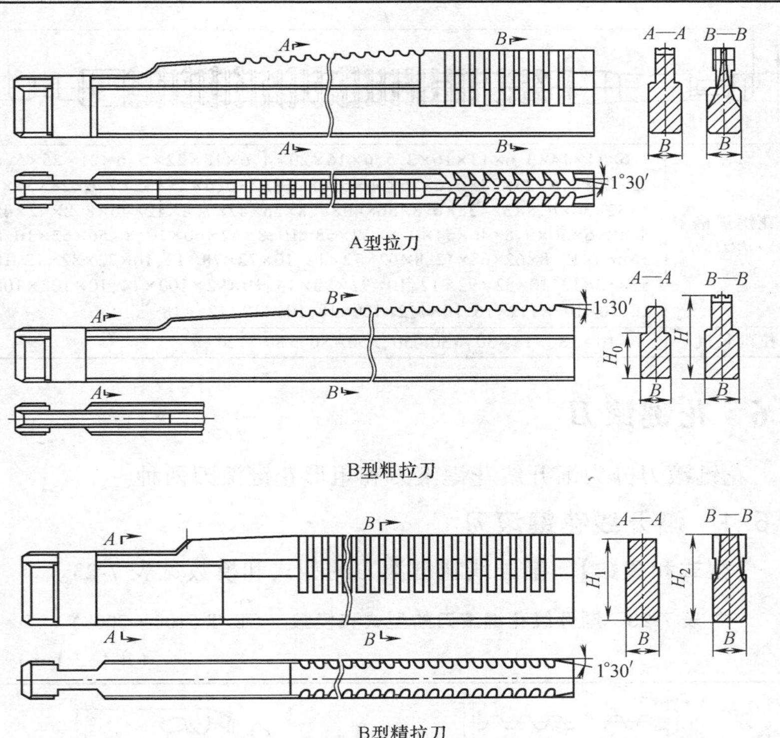

A型拉刀

B型粗拉刀

B型精拉刀

键槽宽度	6、8、10、12、14、16、18、20、22、25
拉削长度	18~30、30~50、50~80、80~120、120~180、180~260

7.5.5 小径定心矩形花键拉刀

【用途】 有利于提高矩形花键的性能和技术水平。

【分类】 有留磨花键和不留磨花键两种。

【规格】 小径定心矩形留磨花键拉刀的规格见表 7-22。

【标记】 花键规格为 6×28H7×34H10×7H11，拉削长度为 30~50mm，前角为 15°的留磨小径定心矩形花键拉刀，标记为：留磨小径定心矩形花键拉刀 6×28H7×34H10×7H11，30~50，15° JB/T 5613—2006。

表 7-22　小径定心矩形留磨花键拉刀的规格（JB/T 5613—2006）

（单位：mm）

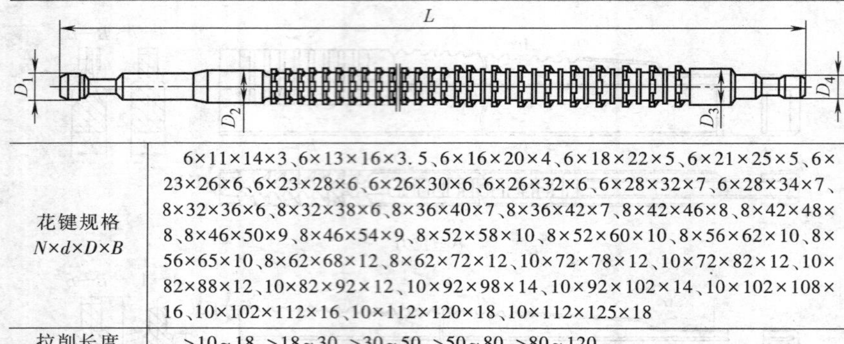

花键规格 $N×d×D×B$	6×11×14×3、6×13×16×3.5、6×16×20×4、6×18×22×5、6×21×25×5、6×23×26×6、6×23×28×6、6×26×30×6、6×26×32×6、6×28×32×7、6×28×34×7、8×32×36×6、8×32×38×6、8×36×40×7、8×36×42×7、8×42×46×8、8×42×48×8、8×46×50×9、8×46×54×9、8×52×58×10、8×52×60×10、8×56×62×10、8×56×65×10、8×62×68×12、8×62×72×12、10×72×78×12、10×72×82×12、10×82×88×12、10×82×92×12、10×92×98×14、10×92×102×14、10×102×108×16、10×102×112×16、10×112×120×18、10×112×125×18
拉削长度	>10~18、>18~30、>30~50、>50~80、>80~120

7.6　花键滚刀

花键滚刀分为渐开线花键滚刀和矩形花键滚刀两种。

7.6.1　渐开线花键滚刀

【型式和模数】　渐开线花键滚刀的型式和模数见表 7-23。

表 7-23　渐开线花键滚刀的型式和模数（GB/T 5104—2008）

（单位：mm）

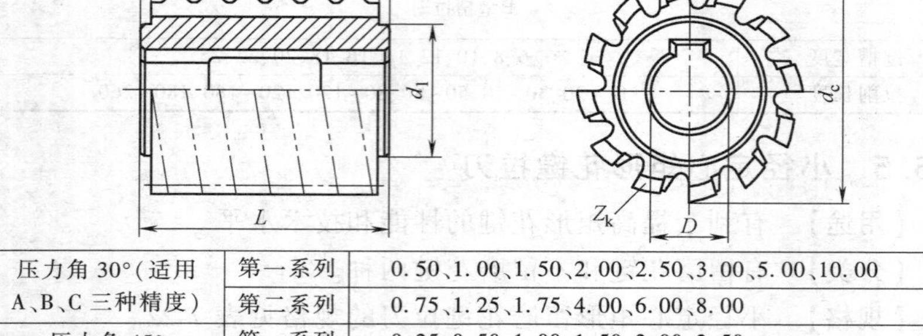

压力角 30°（适用 A、B、C 三种精度）	第一系列	0.50、1.00、1.50、2.00、2.50、3.00、5.00、10.00
	第二系列	0.75、1.25、1.75、4.00、6.00、8.00
压力角 45°（适用 C 级精度）	第一系列	0.25、0.50、1.00、1.50、2.00、2.50
	第二系列	0.75、1.25、1.75

注：1. 压力角 30°的基本型式有 I 型和 Ⅱ 型。前者为平齿顶滚刀，适用于加工平齿根的外花键；后者为圆齿顶滚刀，适用于加工圆齿根的外花键。

2. 滚刀做成单头右旋（按用户要求可做成左旋）、容屑槽为平行于滚刀轴线的直槽。

【标记】 模数 $m=2$mm，压力角 $\alpha=30°$，A 级精度的 I 型左旋渐开线花键滚刀，标记为：渐开线花键滚刀 m2 α30° A I 左 GB/T 5104—2008（C 级精度不标）。

7.6.2 矩形花键滚刀

【型式】 矩形花键滚刀的型式见表 7-24。

表 7-24 矩形花键滚刀的型式（GB/T 10952—2005）　　（单位：mm）

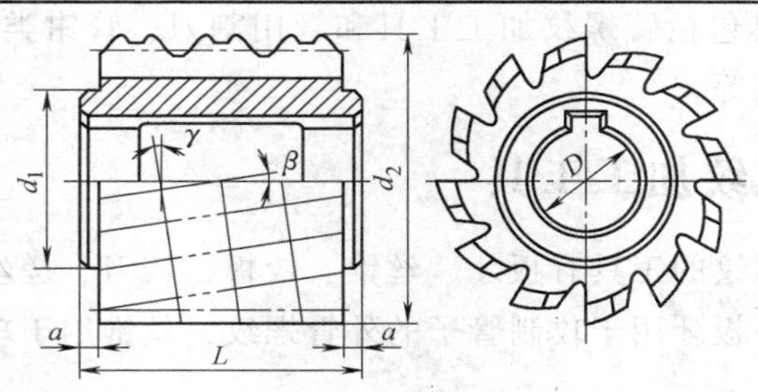

花键规格 $N\times a\times D\times B$	轻系列	6×23×26×6、6×26×30×6、6×28×32×7、8×32×36×6、8×36×40×7、8×42×46×8、8×46×50×9、8×52×58×10、8×56×62×10、8×62×68×12、10×72×78×12、10×82×88×12、10×92×98×14、10×102×108×16、10×112×120×18
	中系列	6×16×20×4、6×18×22×5、6×21×25×5、6×23×28×6、6×26×32×6、6×28×34×7、8×32×38×6、8×36×42×7、8×42×48×8、8×46×54×9、8×52×60×10、8×56×65×10、8×62×72×12、10×72×82×12、10×82×92×12、10×92×102×14、10×102×112×16、10×112×125×18

注：中系列中，6×11×14×3、6×13×16×3.5 两个规格的花键轴不宜采用展成滚切加工，因此未列入。

【标记】 用于加工 8×32×38×6 矩形外花键的 A 级精度滚刀，标记为：滚刀 8×32×38×6A GB/T 10952—2005。

第8章

管工工具

管工工具包括管螺纹加工工具和管用割刀、管钳类工具和扳手，以及管工机械等。

8.1　管螺纹加工工具

加工管螺纹的工具有板牙、丝锥、铰板、铰刀、搓丝板、滚丝轮和套丝机等。板牙用于攻制管子的外管螺纹；丝锥用于攻制管子的内螺纹。

管螺纹按性能分，有非密封管螺纹（G 系列）和密封管螺纹（R 系列）两种，按齿形角分，有 55°和 60°两种。

8.1.1　G 系列圆柱管螺纹圆板牙

G 是 55°非密封圆柱管螺纹特征代号（间隙配合，只起到机械连接作用，没有密封作用）。

【用途】 用于加工 55°非密封管螺纹。

【分类】 有 55°圆柱管螺纹和 55°以及 60°圆锥管螺纹圆板牙三种。

【材料】 采用 9SiCr 合金工具钢或 W6Mo5Cr4V2 高速工具钢，以及与上述牌号具有同等性能的其他材料。

【硬度】 采用 9SiCr 制造的圆板牙螺纹部分，其硬度不低于 60HRC；采用 W6Mo5Cr4V2 制造的圆板牙螺纹部分的硬度；在公称直径 $d \leqslant 3$mm 时，不低于 61HRC，$d > 3$mm 时，不低于 62HRC。

【规格】 G 系列圆柱管螺纹圆板牙的规格见表 8-1。

【标记】 代号为 3/8 的 G 系列圆柱管螺纹圆板牙，标记为：圆柱管螺纹圆板牙 G3/8 GB/T 20324。

表 8-1　G 系列圆柱管螺纹圆板牙的规格（GB/T 20324—2006）

（单位：mm）

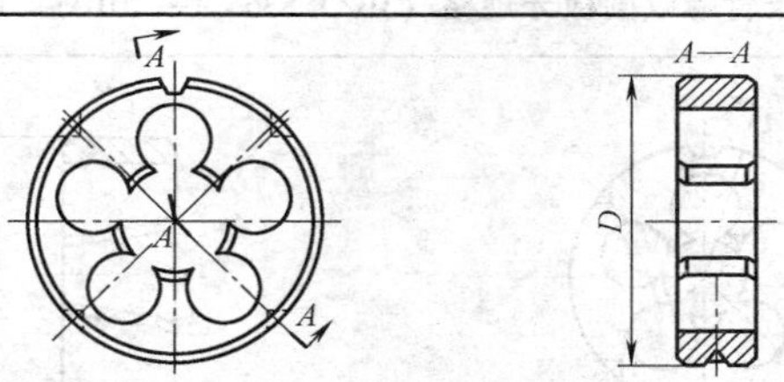

规格	1/16、1/8、1/4、3/8、1/2、5/8、3/4、7/8、1、1¼、1½、1¾、2、2½

8.1.2　R 系列圆锥管螺纹圆板牙

【用途】 用于加工 55°密封管螺纹。

【材料和硬度】 同 G 系列圆锥管螺纹圆板牙。

【规格】 R 系列圆锥管螺纹圆板牙的规格见表 8-2。

表 8-2　R 系列圆锥管螺纹圆板牙的规格（GB/T 20328—2006）

（单位：mm）

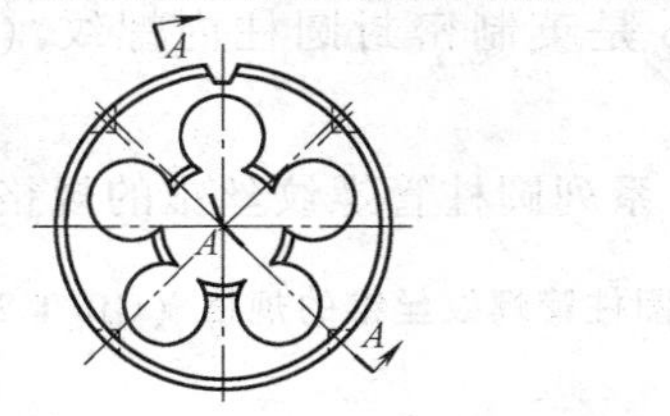

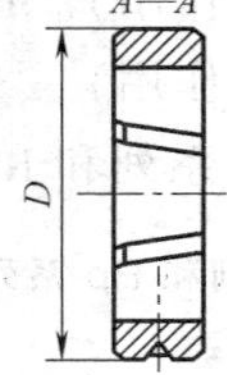

规格	1/16、1/8、1/4、3/8、1/2、3/4、1、1¼、1½、2

【标记】 代号为 3/4 的 R 系列圆锥管螺纹圆板牙，标记为：圆锥管螺纹圆板牙　R3/4　GB/T 20328。

8.1.3　60°圆锥管螺纹圆板牙

【用途】 用于加工 60°圆锥管螺纹。

【材料】 丝锥螺纹部分：切制丝锥采用 9SiCr 或同等性能的其他牌号合金工具钢，磨制丝锥采用 W6Mo5Cr4V2 或同等性能的其他牌号高速钢；焊接柄部采用 45 钢或其他同等性能的钢材。

【硬度】 丝锥螺纹部分：合金工具钢的硬度不低于 61HRC，高速钢的硬度不低于 63HRC，方头的硬度不低于 30HRC。

【规格】 60°圆锥管螺纹圆板牙规格见表8-3。

表8-3 60°圆锥管螺纹圆板牙规格（JB/T 8364.1—2010） （单位：mm）

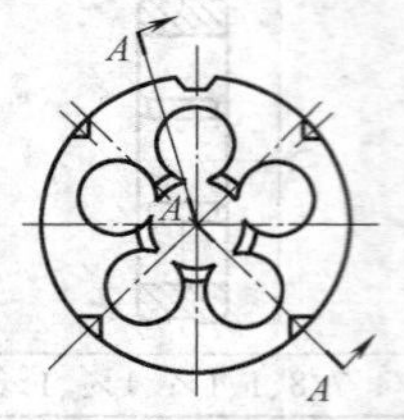

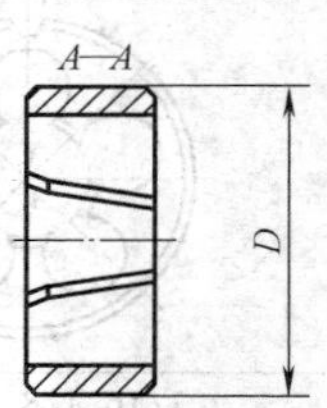

规格(NPT)	1/16、1/8、1/4、3/8、1/2、3/4、1、1¼、1½、2

【标记】 代号为NPT 1/4的60°圆锥管螺纹，左旋螺纹的圆板牙，标记为：60°圆锥管螺纹圆板牙 1/4 NPT-LH JB/T 8364.1—2010（注：右旋螺纹不标“LH”）。

8.1.4 G系列和Rp系列圆柱管螺纹丝锥

G是55°非密封圆柱管螺纹特征代号（间隙配合，只起机械连接作用，没有密封作用）。Rp是英制密封圆柱内螺纹（过盈配合，起机械连接和密封作用）。

【规格】 G系列和Rp系列圆柱管螺纹丝锥的规格见表8-4。

表8-4 G系列和Rp系列圆柱管螺纹丝锥的规格（GB/T 20333—2006） （单位：mm）

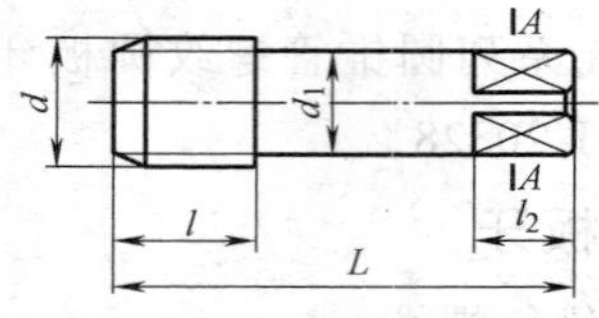

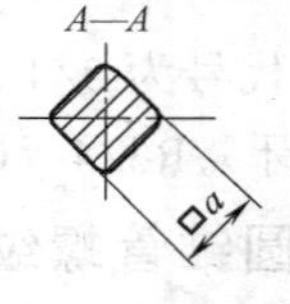

规格	1/16、1/8、1/4、3/8、1/2、(5/8)、3/4、(7/8)、1、1¼、1½、(1¾)、2、(2¼)、2½、3、3½、4

注：( ) 内的尺寸应尽可能避免使用。

【标记】

1）代号是3/4的G系列圆柱管螺纹丝锥，标记为：G3/4。

2）代号是 1/4 的 Rp 系列圆柱管螺纹丝锥，标记为：Rp1/4。

8.1.5　Rc 系列圆锥管螺纹丝锥

Rc 是密封圆锥内螺纹的特征代号。

【规格】 Rc 系列圆锥管螺纹丝锥的规格见表 8-5。

表 8-5　Rc 系列圆锥管螺纹丝锥的规格（GB/T 20333—2006）

（单位：mm）

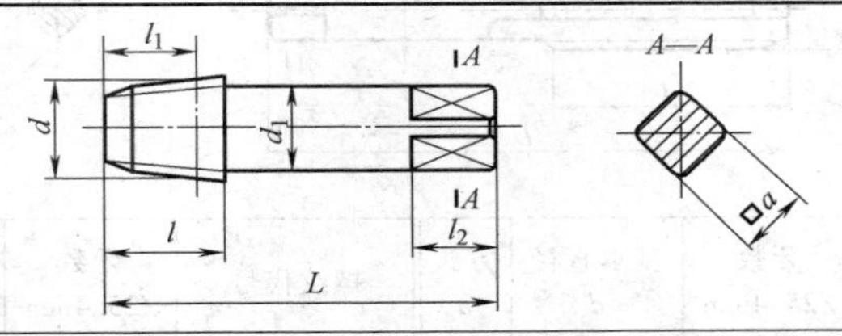

规格	1/16、1/8、1/4、3/8、1/2、3/4、1、1¼、1½、2、2½、3、3½、4

【标记】 代号是 1 的 Rc 系列圆锥管螺纹丝锥，标记为：Rc1。

8.1.6　60°密封圆柱管螺纹丝锥

【用途】 用于攻制管子、管路附件和一般机件上要求密封的内管螺纹。

【材料】

1）普通级丝锥：螺纹部分采用 W6Mo5Cr4V2 或同等性能的其他牌号高速工具钢。

2）高性能级丝锥：根据不同的被加工材质，应采用 W6Mo5Cr4V2Co5、W6Mo5Cr4V3，或同等性能的其他牌号的高性能高速工具钢；或者采用 W6Mo5Cr4V3Co8、W6Mo5Cr4V3 或同等性能的其他牌号的高性能粉末冶金高速工具钢。

【表面处理】 丝锥的螺纹部分允许采用氧化处理以及采用氮化钛涂层强化。

【硬度】 螺纹部分：硬度不低于 63HRC；方头：硬度不低于 30HRC。

【型式和尺寸】 60°密封圆柱管螺纹丝锥的型式和尺寸见表 8-6。

【标记】

1）螺纹代号为 3/8-18NPSC 的右旋 60°密封圆柱管螺纹，每

25.4mm 上为 18 牙，两支（初锥和底锥）一组等径磨制丝锥，标记为：60°密封圆柱管螺纹丝锥，初底 3/8-18NPSC JB/T 13929—2020。

表 8-6 60°密封圆柱管螺纹丝锥的型式和尺寸（JB/T 13929—2020）

（单位：mm）

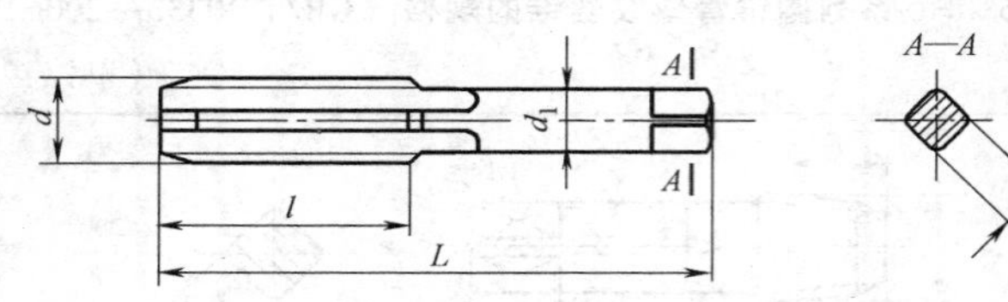

螺纹代号	牙数 /25.4mm	基本直径 d	方头 a	螺纹代号	牙数 /25.4mm	基本直径 d	方头 a
1/8-27NPSC	27	10.242	6.3	1½-11.5NPSC	11.5	48.053	28.0
1/4-18NPSC	18	13.616	8.0	2-11.5NPSC		60.091	31.5
3/8-18NPSC		17.055	10.0	2½-8NPSC	8	72.699	35.5
1/2-14NPSC	14	21.223	12.5	3-8NPSC		88.608	40.0
3/4-14NPSC		26.568	16.0	3½-8NPSC		101.316	50.0
1-11.5NPSC	11.5	33.227	20.0	4-8NPSC		113.973	56.0
1¼-11.5NPSC		41.984	25.0	—	—	—	—

2）右旋 60°密封圆柱管螺纹的螺纹代号为 3/4-14NPSC，每 25.4mm 上为 14 牙，三支一组不等径磨制丝锥，标记为：60°密封圆柱管螺纹丝锥（不等径），3PCS-3/4-14NPSC JB/T 13929—2020。

8.1.7 60°圆锥管螺纹丝锥

【用途】 用于加工 60°圆锥管螺纹。

【材料】 螺纹部分：切制丝锥采用 9SiCr 或同等性能的其他牌号合金工具钢；磨制丝锥采用 W6Mo5Cr4V2 或同等性能的其他牌号高速工具钢；焊接柄部采用 45 钢或同等性能的其他钢材。

【硬度】 螺纹部分：合金工具钢的硬度不低于 61HRC，高速钢的硬度不低于 63HRC；方头的硬度不低于 30HRC。

【规格】 60°圆锥管螺纹丝锥的规格见表 8-7。

表 8-7　60°圆锥管螺纹丝锥的规格（JB/T 8364.2—2010）

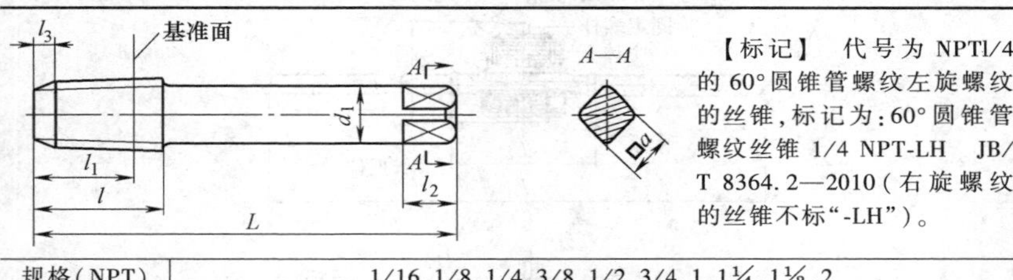

【标记】　代号为 NPT1/4 的 60°圆锥管螺纹左旋螺纹的丝锥，标记为：60°圆锥管螺纹丝锥 1/4 NPT-LH　JB/T 8364.2—2010（右旋螺纹的丝锥不标“-LH”）。

规格（NPT）	1/16、1/8、1/4、3/8、1/2、3/4、1、1¼、1½、2

8.1.8　管螺纹板牙和铰板

1. 管螺纹板牙

【用途】　用于手工铰制管子外径为 21.3～114mm 的低压流体输送用钢管管螺纹。

【规格】　管螺纹板牙的规格见表 8-8。

表 8-8　管螺纹板牙的规格（QB/T 2509—2001）　　（单位：mm）

铰螺纹规格管子内径	管子外径	管端螺纹内径	铰螺纹规格管子内径	管子外径	管端螺纹内径	铰螺纹规格管子内径	管子外径	管端螺纹内径
12.70	21.3	18.163	31.75	42.3	38.142	63.50	75.5	71.074
19.05	26.8	23.524	38.10	48.0	43.972	76.20	88.5	83.649
25.40	33.5	29.606	50.80	60.0	55.659	101.60	114.0	108.484

2. 管螺纹铰板

管螺纹铰板有普通型和万能型两种。

【结构】　如图 8-1 和图 8-2 所示。

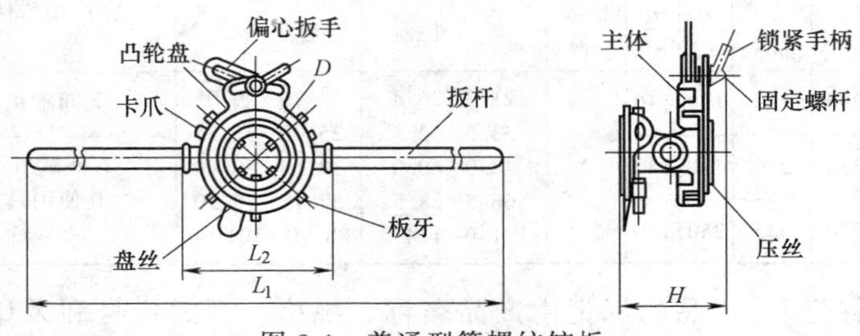

图 8-1　普通型管螺纹铰板

【材料】　管螺纹铰板的材料见表 8-9，也可以采用同等以上机械性能的材料。

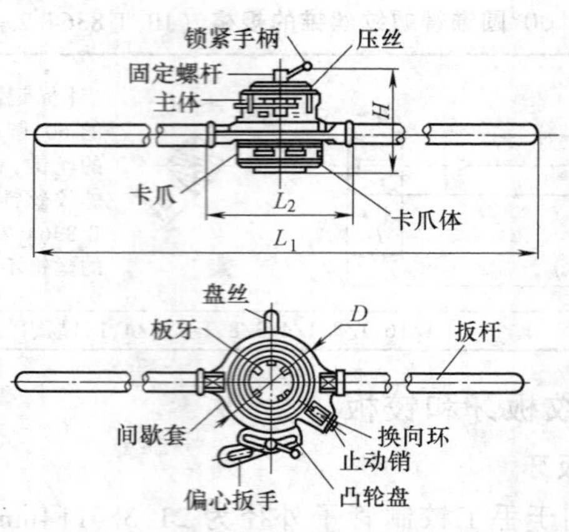

图 8-2 万能型（W）管螺纹铰板

表 8-9 管螺纹铰板的材料

零件名称	材　　料	零件名称	材　　料
主体等铸件	GB/T 9440 规定的 KTH330-08	固定螺杆	GB/T 699 规定的 45 钢
扳　杆	GB/T 3092 规定的焊接钢管	卡　爪	同上
板　牙	GB/T 1299 规定的 9CrSi、9Cr2	止动销	同上

【硬度】 管铰板的卡爪与止动销受力端的热处理硬度为 41～47HRC，板牙刃部的热处理硬度为 58～62HRC。

【规格】 管螺纹铰板的规格见表 8-10。

表 8-10 管螺纹铰板的规格（QB/T 2509—2001）

规格	外形尺寸/mm				扳杆根数/根	铰螺纹范围/mm		机构特性
	L_1 (min)	L_2 (min)	D ±2	H ±2		管子外径	管子内径	
60	1290	190	190	110	2	21.3～26.8 33.5～42.3	12.70～19.05 25.40～31.75	无间歇机构
60W	1350	250	170	140		48.0～60.0 66.5～88.5	38.10～50.80 57.15～76.20	有间歇机构，其使用具有万能性
114W	1650	335	250	170		101.0～114.0	88.90～101.60	

【标记】 产品的标记由产品名称、规格、型式代号和采用标准号组成。

例：60mm 的万能型管铰板，标记为：管螺纹铰板 60W QB/T 2509—2001。

8.1.9　圆锥管螺纹滚丝轮

圆锥管螺纹滚丝轮的牙型角有 55°和 60°两种。

【材料】　采用 Cr12MoV 或同等以上性能的合金工具钢（碳化物不均匀度≤3 级）。

【硬度】　螺纹部分的硬度不低于 58HRC。

1. 55°圆锥管螺纹滚丝轮

用于加工用螺纹密封的管螺纹 R 系列的螺纹。有 45 型（适用于滚压直径 ϕ40mm 以下）、54 型（适用于滚压直径 ϕ60mm 以下）和 75 型（适用于滚压直径 ϕ80mm 以下）三种。

【规格】　55°圆锥管螺纹滚丝轮的规格见表 8-11。

表 8-11　55°圆锥管螺纹滚丝轮的规格（JB/T 10000—2013）

（单位：mm）

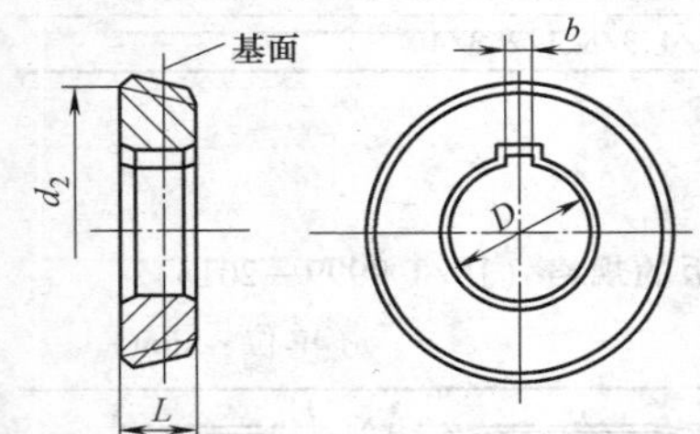

【标记】　管螺纹,代号为 R1/4,45 型的滚丝轮,标记为:55°圆锥管螺纹滚丝轮　45 型 R1/4　JB/T 10000—2013

规格	R1/16、R1/8、R1/4、R3/8、R1/2、R3/4、R1、R1¼、R1½、R2

2. 60°圆锥管螺纹滚丝轮

【规格】　圆锥管螺纹滚丝轮的规格见表 8-12。

表 8-12　圆锥管螺纹滚丝轮的规格（JB/T 8364.5—2010）　（单位：mm）

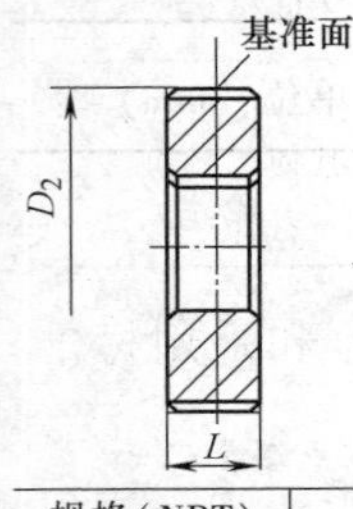

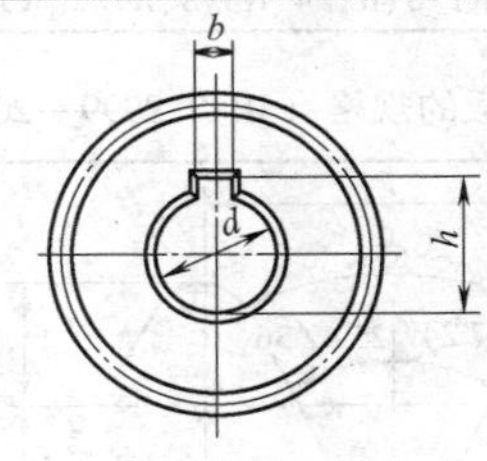

【标记】　代号为 NPT 1/4 的 60°圆锥管螺纹左旋螺纹的滚丝轮,标记为:60°圆锥管螺纹滚丝轮　1/4 NPT-LH JB/T 8364.5—2010

规格(NPT)	1/16、1/8、1/4、3/8、1/2、3/4

注：NPT——一般用途的美国标准锥管螺纹。

8.1.10 搓丝板和滚丝轮

管螺纹搓丝板有60°圆锥管螺纹搓丝板和55°圆锥管螺纹搓丝板。

1. 60°圆锥管螺纹搓丝板

【用途】 用于加工螺纹尺寸代号为1/16~3/4的60°圆锥管螺纹(NPT)。

【规格】 60°圆锥管螺纹搓丝板的规格见表8-13。

表8-13 60°圆锥管螺纹搓丝板的规格（JB/T 8364.4—2010）

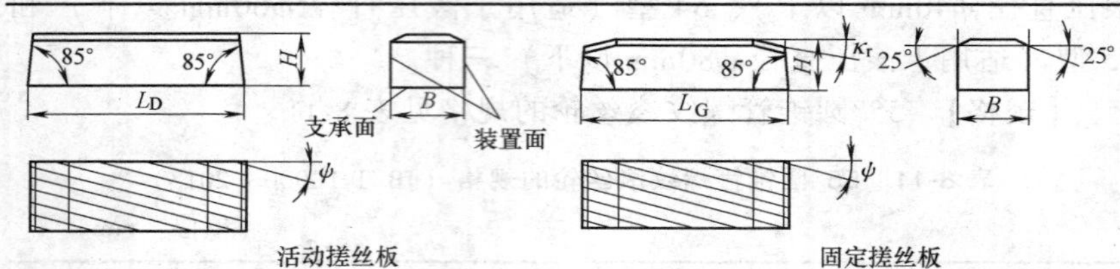

规格(NPT)	1/16、1/8、1/4、3/8、1/2、3/4

2. 55°圆锥管螺纹搓丝板

【规格】 见表8-14和表8-15。

表8-14 R系列55°圆锥管螺纹搓丝板的规格（JB/T 9999—2013）

（单位：mm）

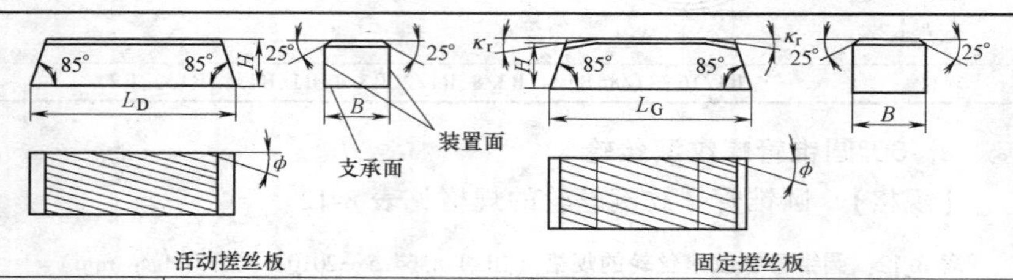

规格(NPT)	R1/16、R1/8、R1/4、R3/8、R1/2、R3/4、R1、R1¼

表8-15 55°密封管螺纹搓丝板的规格（JB/T 9999—2013） （单位：mm）

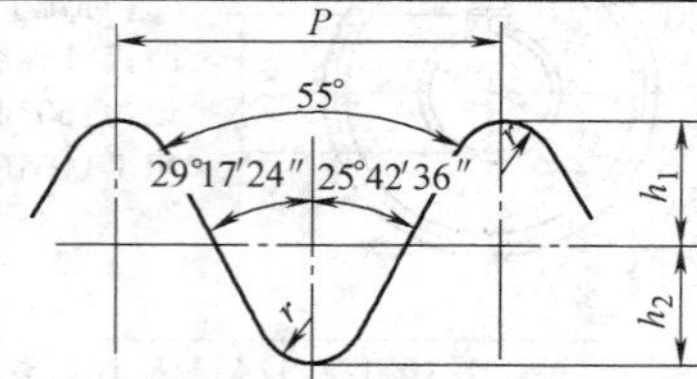

规格(NPT)	R1/16、R1/8、R1/4、R3/8、R1/2、R3/4、R1、R1¼

8.1.11 电动套丝机

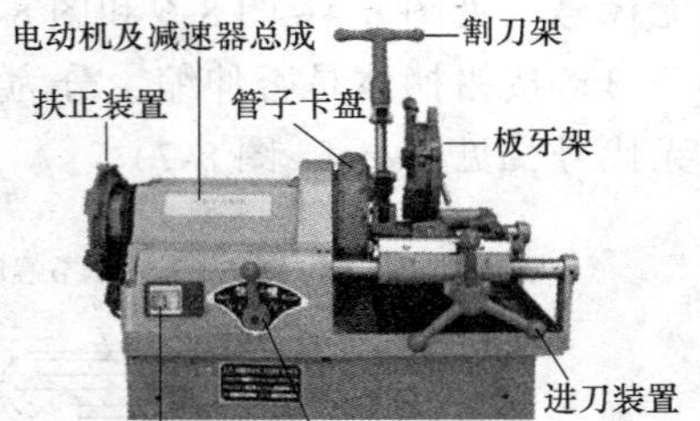

图 8-3　电动套丝机

电动套丝机是由异步电动机驱动，有正、反转装置，用于加工管子外螺纹，并有切断、内孔倒角功能的可移动式电动设备。

【结构】　由管子卡盘、板牙架、割刀架、进刀装置和电源开关等组成（见图 8-3）。

【型号】　编制方法：

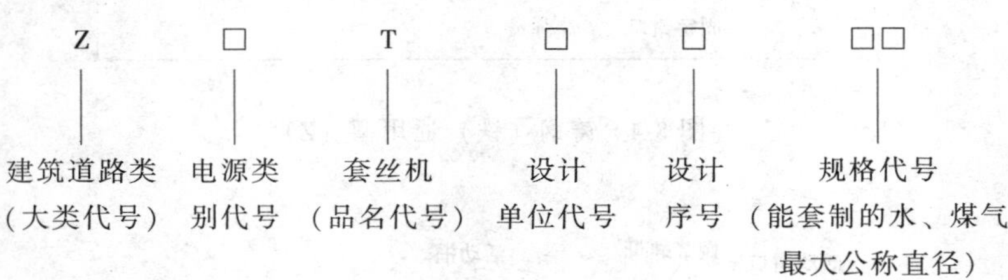

【基本参数】　见表 8-16。

表 8-16　电动套丝机的基本参数（JB/T 5334—2013）

规格代号	套制圆锥外螺纹范围(尺寸代号)	电动机额定功率/W　≥	主轴额定转速/(r/min)　≥
50	1/2~2	600	16
80	1/2~3	750	10
100	1/2~4	750	8
150	2½~6	750	5

8.2 管工钳类

8.2.1 管子钳

【用途】　用于紧固或拆卸金属管和其他圆柱形零件。

【分类】

1）按钳柄所用材料，分为铸钢（铁）型（Z，见图 8-4）、锻钢型（D，见图 8-5）、铸铝型（L，见图 8-6）。

2）按管子钳活动钳口螺纹部与钳柄体的位置关系，分为通用型（无代号，见图 8-4～图 8-6 和图 8-8）和角度型（J，见图 8-7）。

3）按钳柄体是否伸缩，分为伸缩型（S，见图 8-8）和非伸缩型（无代号，见图 8-4～图 8-7）。

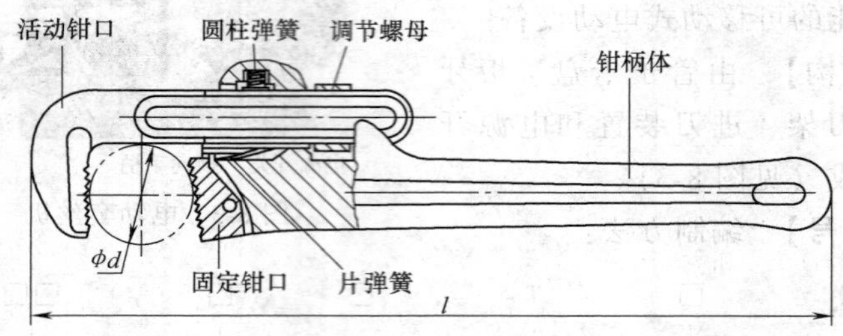

图 8-4　铸钢（铁）通用型（Z）

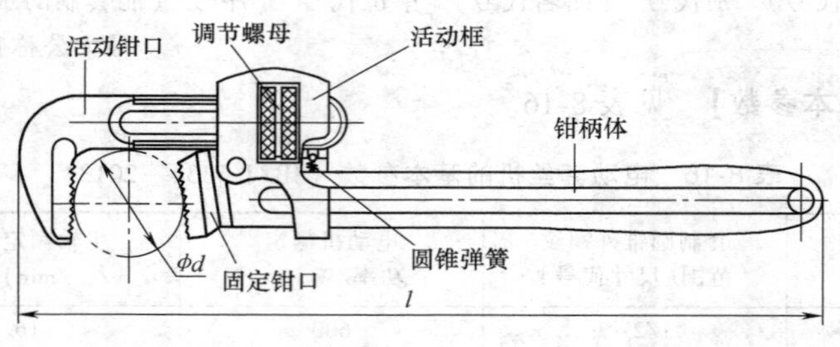

图 8-5　锻钢通用型（D）

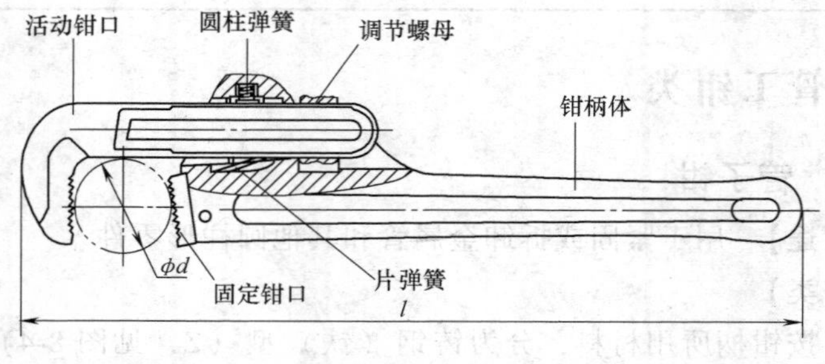

图 8-6　铸铝通用型（L）

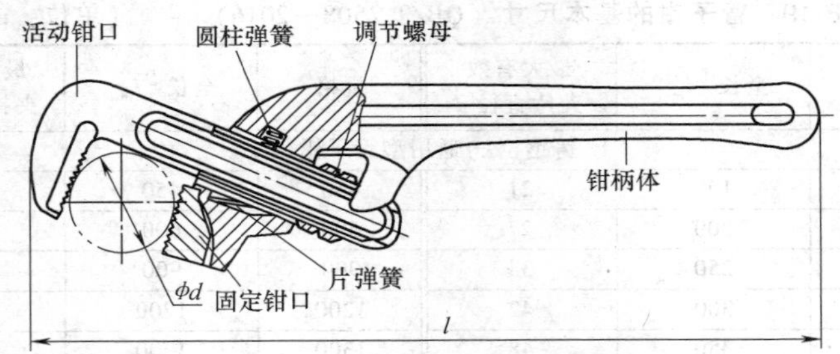

图 8-7　铸钢（铁）角度型（ZJ）

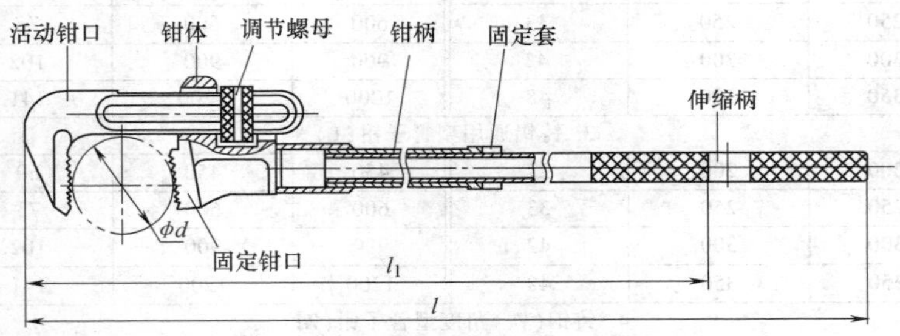

图 8-8　伸缩型（S）

【材料】 可采用表 8-17 的材料或同等性能以上的材料制造。

表 8-17　管子钳零件的制造材料

零件名称	可采用材料	零件名称		可采用材料
活动钳口、固定钳口	45	钳柄体	锻钢	45
伸缩型管子钳的钳体、钳柄、伸缩柄	45		铸铁	KTH350-10
			铸钢	ZG310-570
调节螺母、固定套	35		铸造铝合金	ZL104
弹簧	65Mn	活动框	钢制	Q235
			铸铁	QT450-10

【硬度】 管子钳主要零件的硬度见表 8-18。

表 8-18　管子钳主要零件的硬度

零件部位	硬度	零件部位	硬度
钳口齿部	≥47HRC	调节螺母、固定套	≥32HRC
活动钳口螺纹部	≥35HRC	弹簧	≥71HRA

【基本尺寸】 管子钳的基本尺寸见表 8-19。

表 8-19　管子钳的基本尺寸（QB/T 2508—2016）　　（单位：mm）

规格	全长[①] l_{min}	最大有效夹持直径 d	规格	全长[①] l_{min}	最大有效夹持直径 d
1. 铸钢(铁)通用型管子钳(Z)					
150	150	21	450	450	60
200	200	27	600	600	73
250	250	33	900	900	102
300	300	42	1200	1200	141
350	350	48	1300	1300	210
2. 锻钢通用型管子钳(D)					
200	200	27	450	450	60
250	250	33	600	600	73
300	300	42	900	900	102
350	350	48	1200	1200	141
3. 铸铝通用型管子钳(L)					
200	200	27	450	450	60
250	250	33	600	600	73
300	300	42	900	900	102
350	350	48	1200	1200	141
4. 铸钢(铁)角度型管子钳(ZJ)					
200	200	19	450	450	51
250	250	25	600	600	64
300	300	32	900	900	89
350	350	38	—	—	—

5. 伸缩型管子钳(S)

规格[②]	l_{min}	l_{1min}	最大有效夹持直径 d	规格[②]	l_{min}	l_{1min}	最大有效夹持直径 d
80	680	490	80	132	1200	850	132
95	780	570	95	152	1280	900	152
108	950	720	108	195	1400	1050	195

① 为夹持最大有效夹持直径 d，且伸缩柄拉出最大时；l_1 为夹持最大有效夹持直径 d，且伸缩柄拉出最小时。

② 规格按照最大有效夹持直径 d。

【标记】 由产品名称、标准编号、规格和产品型式代号组成。

例：规格为 600mm，铸铝通用型管子钳，标记为：管子钳　QB/T 2508-600L。

8.2.2　防爆用管子钳

【用途】 用于各种易燃易爆环境中的石油管道和燃气等类管道

的安装与维修。

【材料】 防爆管子钳应采用铍铜、铝青铜等防爆专用材料制造。

【硬度】 采用铍铜制造的管子钳的硬度应不低于 35HRC，采用铝青铜制造的管子钳的硬度应不低于 25HRC。

【强度等级】 有 c、d 两级。

【规格】 防爆用管子钳的规格见表 8-20。

表 8-20　防爆用管子钳的规格（QB/T 2613.10—2005）　（单位：mm）

规格	全长 L	最大夹持管径 D	规格	全长 L	最大夹持管径 D
200	200	25	450	450	60
250	250	30	600	600	75
300	300	40	900	900	85
350	350	50	—	—	—

【标记】 由产品名称、规格、强度等级代号和标准编号组成。

例：规格为 200mm，强度等级为 c 的管子钳，标记为：防爆用管子钳 200 c QB/T 2613.10—2005。

8.2.3　鹰嘴管子钳

【用途】 用于夹持和旋钮管类或管状类工件。

【型式和结构】 有 A、B、C 三型（图 8-9，仅头部型式不同）。

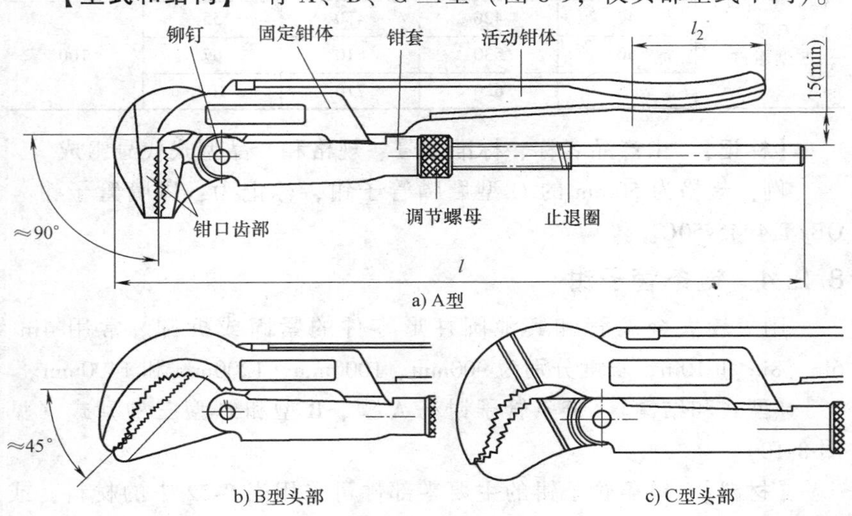

图 8-9　鹰嘴管子钳的型式和结构

【材料】 固定和活动钳体采用优质碳素结构钢，或能够达到标准要求的同等性能以上的材料制造。

【硬度】

1）钳口齿部的硬度不应小于 47HRC，固定和活动钳体的硬度不应小于 33HRC。

2）调节螺母的硬度为 33~40HRC。

【基本尺寸】 鹰嘴管子钳的基本尺寸见表 8-21。

表 8-21 鹰嘴管子钳的基本尺寸（QB/T 4945—2016） （单位：mm）

型式	规格	全长 l		开口尺寸（min）	手持安全长度 l_2
		min	max		
A 型（90°型钳口）	20	270	320	35	60
	25	300	350	40	
	40	420	470	55	100
	50	530	610	67	
	75	620	710	103	
	100	720	820	121	
B 型（45°型钳口）C 型（S 型钳口）	15	230	280	25	60
	25	300	350	40	
	40	420	470	55	100
	50	530	610	67	
	75	620	710	103	

【标记】 由产品名称、标准编号、规格和产品型式代号组成。

例：规格为 50mm 的 C 型鹰嘴管子钳，标记为：鹰嘴管子钳 QB/T 4945-50C。

8.2.4 链条管子钳

用于较大金属管和其他圆柱形零件的紧固或拆卸。常用 4in、6in、8in 和 10in，长度分别为 900mm、1000mm、1200mm 和 1400mm。

【型式和结构】 链条管子钳有 A 型、B 型和 C 型三种型式（见图 8-10）。

【材料】 链条管子钳的主要零部件可采用表 8-22 中的材料，或能达到标准要求的同等性能以上的材料制造。

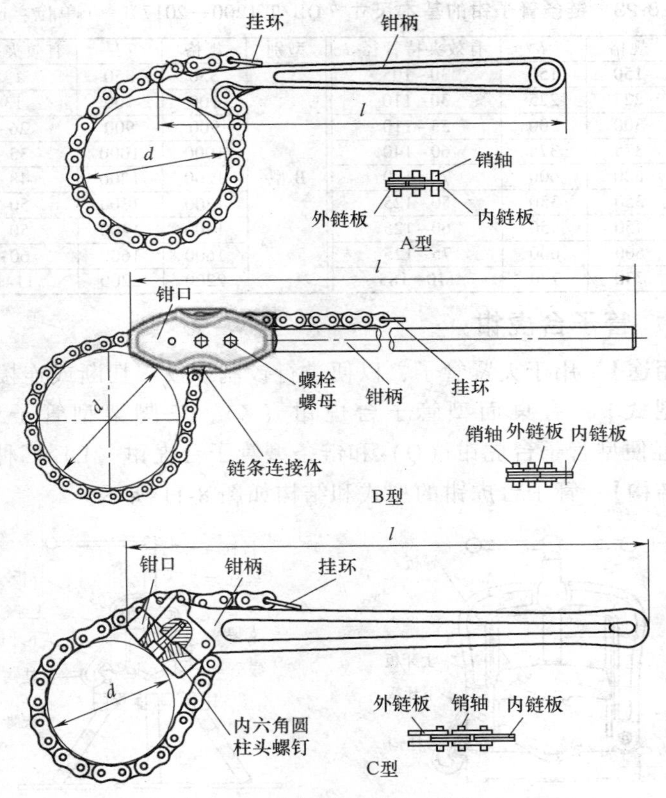

图 8-10 链条管子钳的三种型式

表 8-22 链条管子钳的零件材料

零件名称		可采用材料	硬 度
钳口、螺栓、销轴		优质碳素结构钢	钳口齿部硬度应为 48~62HRC
管子钳链条	A 型	GB/T 1243 规定的滚子链 GB/T 6074 规定的板式链	
	B 型、C 型	GB/T 6074 规定的板式链	

【基本尺寸】 链条管子钳的基本尺寸见表 8-23。

【标记】 由产品名称、标准号、规格和产品型式代号组成。

例：规格为 300mm 的 A 型链条管子钳，标记为：链条管子钳 QB/T 1200-300A。

表 8-23　链条管子钳的基本尺寸（QB/T 1200—2017）　（单位：mm）

型别	规格	l	有效夹持管径 d	型别	规格	l	有效夹持管径 d
A 型	150	150	30～105	B 型	350	350	13～49
	225	225	30～110		700	700	13～73
	300	300	55～110		900	900	26～114
	375	375	60～140		1000	1000	33～168
	600	600	70～170		1200	1200	48～219
C 型	350	350	50～125		1300	1300	50～250
	450	450	60～125		1400	1400	50～300
	600	600	75～125		1600	1600	60～323
	730	730	110～185		2200	2200	114～457

8.2.5　管子台虎钳

【用途】　用于夹紧管子，以便进行铰制螺纹、切断或连接管子。

【型式】　有桌面型管子台虎钳（Z）、三脚架型管子台虎钳（S）、轻便型管子台虎钳（Q）和链条型管子台虎钳（L）四种。

【结构】　管子台虎钳的型式和结构如图 8-11 所示。

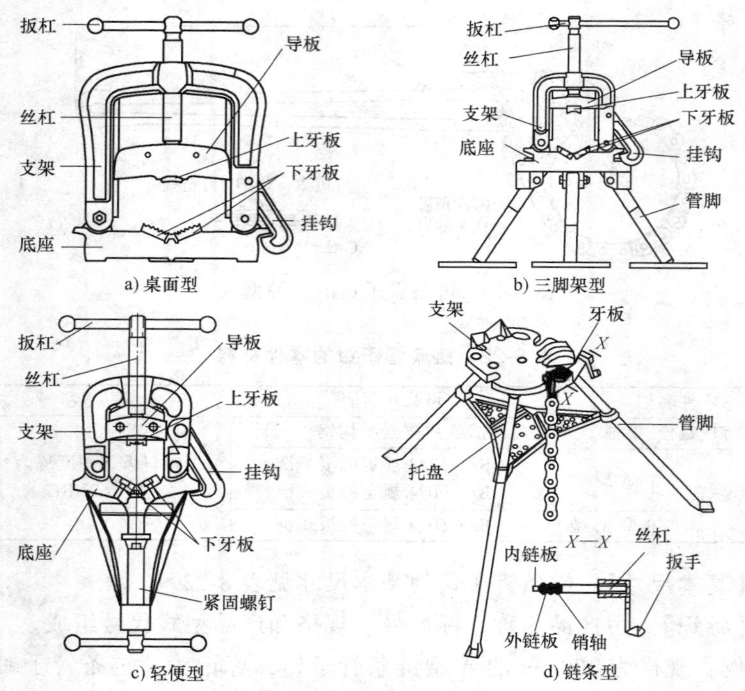

图 8-11　管子台虎钳的型式和结构

【材料】 管子台虎钳零件的材料见表 8-24（也可采用同等以上性能的材料）。

表 8-24　管子台虎钳零件的材料

名称	底座、支架、导板、挂钩	上牙板、下牙板	丝杠、扳杠
材料	KTH330-08	45	Q235

【硬度】 上、下牙板的硬度应为 45~58HRC。

【标记】 表示方法：

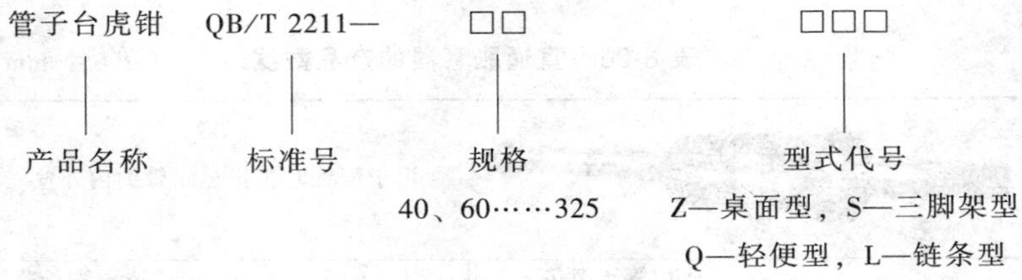

规格为 75m 的三角架型管子台虎钳，标记为：管子台虎钳 QB/T 2211-75S。

【规格】 管子台虎钳的规格和有效夹持范围见表 8-25。

表 8-25　管子台虎钳的规格和有效夹持范围（QB/T 2211—2017）

（单位：mm）

规格	40	60	75	90	100	115	165	220	325
有效夹持范围	10~40	10~60	10~75	15~90	15~100	15~115	30~165	30~220	30~325

8.3　管工机械

8.3.1　胀管器

【用途】 使管子受胀后与管板紧密结合、管内壁表面光洁圆滑，达到受压密封的效果。

【分类】 按胀管的管口型式分，有平行胀管器和翻边胀管器两种（见图 8-12 和图 8-13）；按胀管的加工方式分，有直通式胀管器、调节式胀管器和槽式胀管器三种。

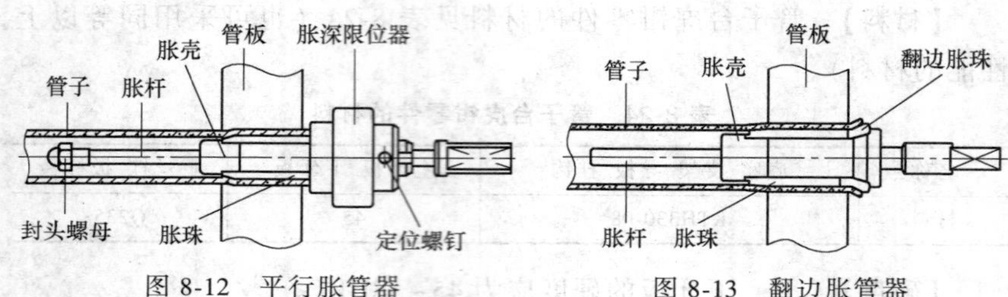

图 8-12　平行胀管器　　　　图 8-13　翻边胀管器

【产品数据】 直通胀管器的产品数据见表 8-26。

表 8-26　直通胀管器的产品数据　　（单位：mm）

用于配管时扩张金属管的内外壁。

型别	公称规格	全长	适用管子范围		
			内径		胀管长度
			min	max	
01	10	114	9	10	20
	13	195	11.5	13	20
	14	122	12.5	14	20
	16	150	14	16	20
	18	133	16.2	18	20
02	19	128	17	19	20
	22	145	19.5	22	20
	25	161	22.5	25	25
	28	177	25	28	20
	32	194	28	32	20
	35	210	30.5	35	25
	38	226	33.5	38	25
	40	240	35	40	25
	44	257	39	44	25
	48	265	43	48	27
	51	274	45	51	28
	57	292	51	57	30
02	64	309	57	64	32
	70	326	63	70	32
	76	345	68.5	76	36
	82	379	74.5	82.5	38
	88	413	80	88.5	40
	102	477	91	102	44
03	25	170	20	23	38
	28	180	22	25	50
	32	194	27	31	48
	38	201	33	36	52
04	38	240	33.5	38	40
	51	290	42.5	48	54
	57	380	48.5	55	50
	64	300	54	61	55
	70	380	61	69	50
	76	340	65	72	61
	—	—	—	—	—

8.3.2　换热器专用胀管机

【用途】 用于完成换热器胀管、扩口、翻边工艺。

【型式】　有立式、卧式和移动式胀管机三种（见图 8-14 和图 8-15）。

1. 立式胀管机

【结构和基本参数】　立式胀管机的结构和基本参数见表 8-27。

表 8-27　立式胀管机的结构和基本参数（JB/T 11631—2013）

（单位：mm）

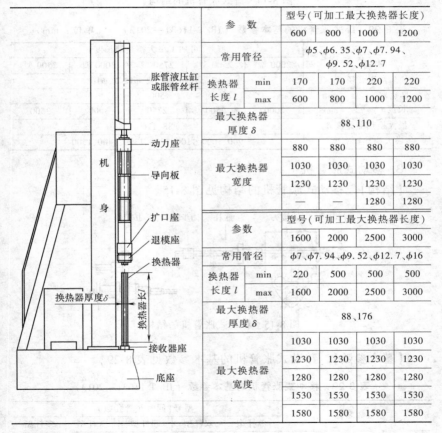

参数		型号(可加工最大换热器长度)			
		600	800	1000	1200
常用管径		$\phi5$、$\phi6.35$、$\phi7$、$\phi7.94$、$\phi9.52$、$\phi12.7$			
换热器长度 l	min	170	170	220	220
	max	600	800	1000	1200
最大换热器厚度 δ		88、110			
最大换热器宽度		880	880	880	880
		1030	1030	1030	1030
		1230	1230	1230	1230
		—	—	1280	1280
参数		型号(可加工最大换热器长度)			
		1600	2000	2500	3000
常用管径		$\phi7$、$\phi7.94$、$\phi9.52$、$\phi12.7$、$\phi16$			
换热器长度 l	min	220	500	500	500
	max	1600	2000	2500	3000
最大换热器厚度 δ		88、176			
最大换热器宽度		1030	1030	1030	1030
		1230	1230	1230	1230
		1280	1280	1280	1280
		1530	1530	1530	1530
		1580	1580	1580	1580

2. 卧式胀管机

【结构】　卧式胀管机的结构如图 8-14 所示。

【基本参数】　卧式胀管机的基本参数见表 8-28。

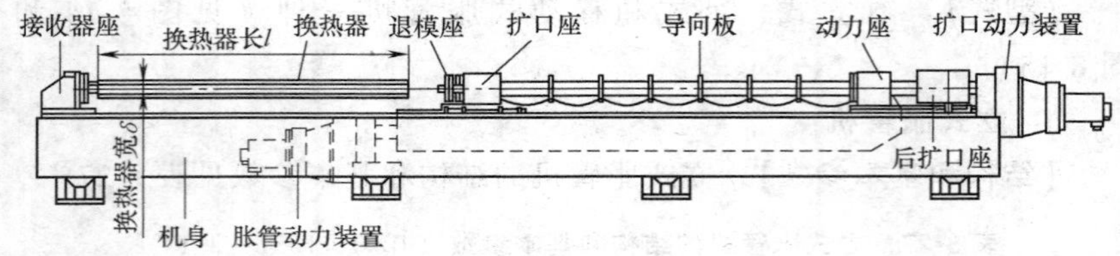

图 8-14　卧式胀管机的结构

表 8-28　卧式胀管机的基本参数（JB/T 11631—2013）　（单位：mm）

参数		型号(可加工最大换热器长度)				
		2000 型	2500 型	2750 型	3000 型	3500 型
常用管径		ϕ7、ϕ7.94、ϕ9.52、ϕ12.7、ϕ16				
换热器长度 l	min	500				
	max	2000	2500	2750	3000	3500
最大换热器厚度 δ		88、176				
最大换热器宽度		900、1000、1100、1200、1300、1400、1500				

3. 移动式胀管机

【结构】　移动式胀管机的结构见图 8-15。

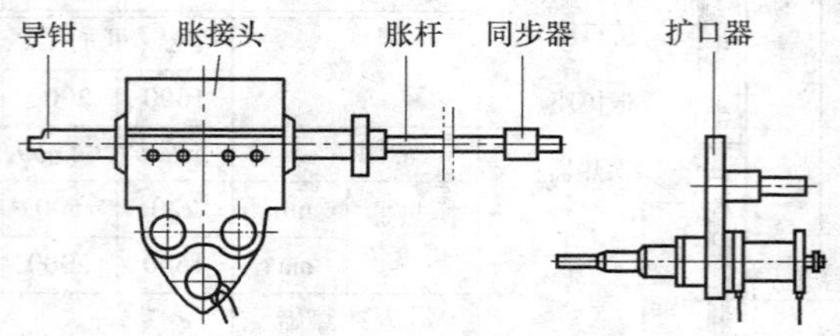

图 8-15　移动式胀管机的结构

【基本参数】　移动式胀管机的基本参数见表 8-29。

表 8-29　移动式胀管机的基本参数（JB/T 11631—2013）

参数名称	型号(同时胀管孔数)				
	单杆型	双杆型	四杆型	六杆型	多杆型
常用管径/mm	ϕ7、ϕ7.94、ϕ9.52、ϕ12.7、ϕ16				
同时胀管孔数/孔	1	2	4	6	≥8
最大换热器长度/mm	7000				
最大胀管速度/(m/min)	5~11				

8.3.3　手动弯管机

弯管机的弯管外径范围：当弯管最大外径<114mm 时为 0.4~1 倍的弯管最大外径，否则为 0.5~1 倍的弯管最大外径。

【用途】 用于在冷态下弯曲金属管材。

【分类】 按头数分，有单头和双头两种；按动力分，有纯手动和液压助力两种。

【结构】 手动弯管机如图 8-16 所示。

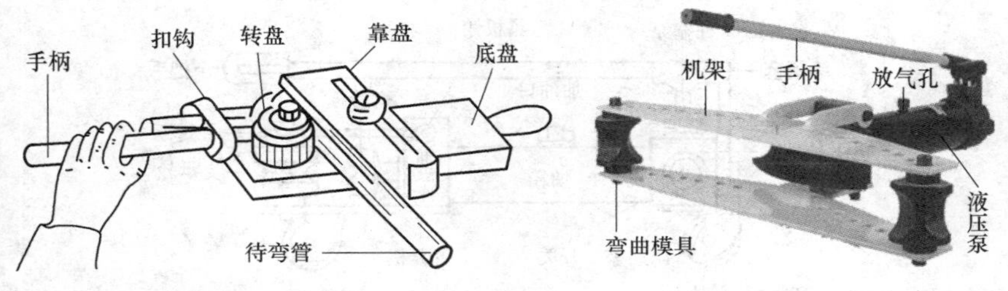

a) 纯手动单头简易型　　b) 液压助力双头型

图 8-16　手动弯管机

【基本参数】 一般弯管机的主参数和基本参数见表 8-30。

表 8-30　一般弯管机的主参数和基本参数（JB/T 2671.1—1998）

弯管最大外径/mm	10	16	25	40	60	89	114	159	219	273
最大弯曲壁厚/mm	2	2.5	3	4	5	6	8	12	16	20
最小弯曲半径/mm	8	12	20	30	50	70	110	160	320	400
最大弯曲半径/mm	60	100	150	250	300	450	600	800	1000	1250
最大弯曲角度/(°)	195									
最大弯曲速度/(r/min)	≥12	≥10	≥6	≥4	≥3	≥2	≥1	≥0.5	≥0.4	≥0.3

注：管件材料屈服强度 $R \leqslant 245$MPa。

8.3.4　手动液压弯管机

【用途】 用于工厂、仓库、码头、建筑、铁路、汽车等管道安装和修理。

【分类】 分为单头和双头（前者只有一个机头，一般弯不对称弯的产品；后者有两个机头，可以很方便弯对称弯的产品）。

【型号】 表示方法：

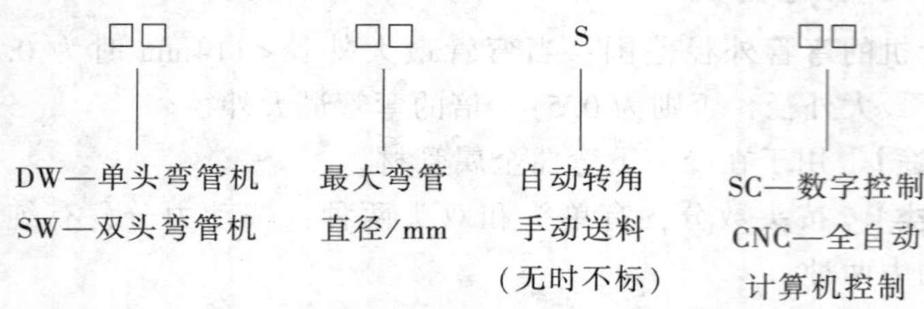

【结构】 手动液压弯管机的结构如图 8-17 所示。

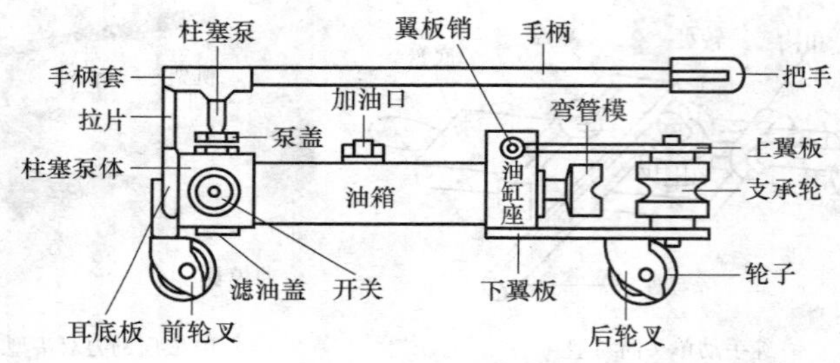

图 8-17 手动液压弯管机的结构

【产品数据】 手动双头液压弯管机的技术数据见表 8-31。

表 8-31 手动双头液压弯管机的技术数据

型号		SWG-2A	SWG-3B	SWG-4D	SWG-5A
最大工作压力/MPa		44	59	62	63
最大卸荷压力/MPa		48	73	73	73
最大工作载荷/kN		88	196	206	300
最大工作行程/mm		250	320	420	550
弯管能力/mm	外径	ϕ21.3~60	ϕ21.3~88.5	ϕ21.3~108	ϕ75.5~133
	壁厚	2.75~5	2.75~6	3.5~7	3.75~8
油箱容量/L		1.0	1.8	2.5	3.0
质量/kg		58	120	193	278
弯管角度/(°)		90~180			
最大操作力/N		≤490			
液压油牌号		N15			
曲率半径/mm		4 倍管外径			
外径系列	低压流体输送焊接管/mm	ϕ21.3、ϕ26.8、ϕ33.5、ϕ42.3、ϕ48.0、ϕ60.0	ϕ21.3、ϕ26.8、ϕ33.5、ϕ42.3、ϕ48.0、ϕ60.0、ϕ75.5、ϕ88.5	ϕ48.0、ϕ60.0、ϕ75.5、ϕ88.5、ϕ21.3、ϕ26.8、ϕ33.5、ϕ42.3	ϕ75.5、ϕ88.5

8.3.5　电动液压弯管机

【工作原理】 由电动液压泵输出的高压油，经高压油管送入工作油缸内，高压油推动工作油缸内柱塞，产生推力，通过弯管部件弯曲管子。

【结构】 电动液压弯管机的结构如图 8-18 所示。

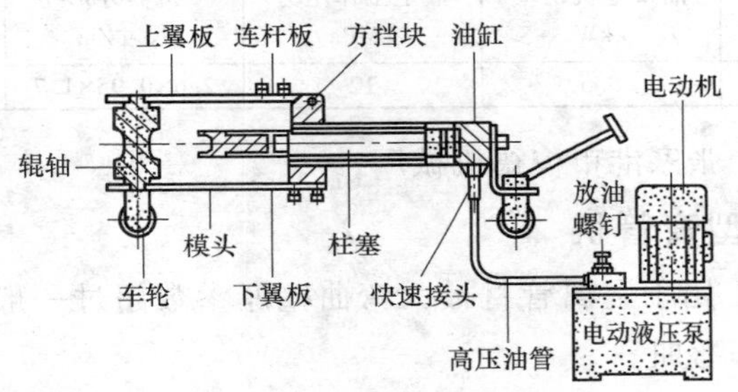

图 8-18　电动液压弯管机的结构

【技术数据】 弯管机的技术数据见表 8-32～表 8-34。

表 8-32　电动液压弯管机的技术数据（Ⅰ）

型号	压力 /MPa	行程 /mm	弯曲范围 /mm	配置模具 /in	管材壁厚 /mm	重量 /kg	尺寸 /mm
DWG-2A	38	250	ϕ21.3～60	1/2″～2″	2.75～4.5	45	725×325×175
DWG-3B	59	320	ϕ21.3～88.5	1/2″～3″	2.75～5	85	920×390×200
DWG-4D	68	370	ϕ21.3～108	1/2″～4″	2.75～6	135	1190×420×220

注：模具尺寸系列（in）为 1/2、3/4、1、1¼、1½、2、2½、3、4。

生产商：台州宜佳工具有限公司。

表 8-33　电动液压弯管机的技术数据（Ⅱ）

参数型号	弯管范围 /mm	弯曲半径	弯管壁厚 /mm	额定工作压力 /MPa
WG60(2in)	22～60	4 倍管径	≤12	10～40
WG90(3in)	22～90			10～50
WG108(4in)	22～108			10～50
WG159(6in)	76～159			10～60
WG60B(2in)	22～60	6 倍管径	≤12	10～50
WG90B(3in)	22～90			10～50
WG108B(4in)	22～108			10～50
WG159B(6in)	76～159			10～60

注：电压为 220V 或 380V。

生产商：江苏机械制造有限公司。

表 8-34　DB38（90°）双轴液压弯管机的技术数据（Ⅲ）

最大弯管能力/mm	弯曲半径/mm	弯曲角度/(°)	两轴中心距离/mm	弯曲速度/[(°)/s]
ϕ38×1.5	35~200	0~195	130~1600	50
弯曲精度/(°)	油泵电机功率/kW	额定工作压力/MPa	机器外形尺寸/m	重量/kg ≈
±0.2	5.5	12	2.6×0.95×1.7	1800

生产商：张家港市俊德机械厂。

8.3.6　重型弯管机

【用途】　用于金属管材最大弯曲壁厚参数超过一般弯管机一倍及以上的冷态弯曲。

【基本参数】　重型弯管机的主要参数和基本参数见表 8-35。

表 8-35　重型弯管机的主要参数和基本参数（JB/T 11870.1—2014）

参数名称	参数值												
最大弯管外径/mm	16	25	40	60	76	89	114	127	159	219	273	325	356
最大弯管外径的最大壁厚/mm	5	7	10	15	20	24	25	26	33	40	45	55	65
最小弯管外径/mm	6	8	14	24	38	42	48	51	69	89	114	133	152
最大弯曲角度/(°)	195												
最大弯曲速度/[(°)/s]	90	60	53	47	40	35	25	18	10	3	2	1.5	1
有效抽芯长度/mm	2000		3000			4000			6000				
最大弯曲半径/mm	100	135	195	300	370	450	580	640	800	1100	1370	1650	1800
最小弯管外径时的最小弯曲半径/mm	9	12	22	35	56	62	75	92	130	160	205	265	300
最大弯管外径时的最小弯曲半径/mm	48	75	121	185	228	267	342	381	481	657	819	984	1068

8.3.7　数控弯管机

【结构】　数控弯管机由机械部分、液压系统和单片机、PLC 或 PC 控制系统三大部分构成。机械部分主要由转管夹紧装置、弯管传动装置、助推装置、床身及弯模固定装置等组成。

【基本参数】　数控弯管机的基本参数见表 8-36。

表 8-36　数控弯管机的基本参数（JB/T 5761—1991）

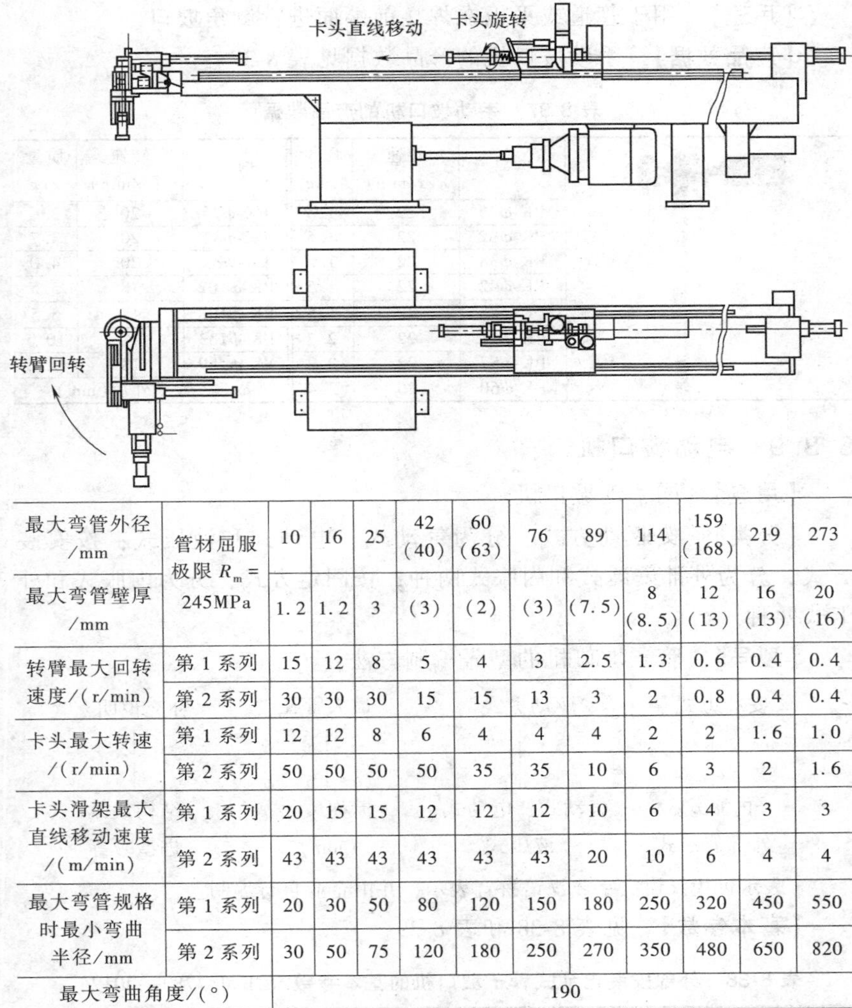

最大弯管外径/mm	管材屈服极限 R_m = 245MPa	10	16	25	42 (40)	60 (63)	76	89	114	159 (168)	219	273
最大弯管壁厚/mm		1.2	1.2	3	(3)	(2)	(3)	(7.5)	8 (8.5)	12 (13)	16 (13)	20 (16)
转臂最大回转速度/(r/min)	第 1 系列	15	12	8	5	4	3	2.5	1.3	0.6	0.4	0.4
	第 2 系列	30	30	30	15	15	13	3	2	0.8	0.4	0.4
卡头最大转速/(r/min)	第 1 系列	12	12	8	6	4	4	4	2	2	1.6	1.0
	第 2 系列	50	50	50	50	35	35	10	6	3	2	1.6
卡头滑架最大直线移动速度/(m/min)	第 1 系列	20	15	15	12	12	12	10	6	4	3	3
	第 2 系列	43	43	43	43	43	43	20	10	6	4	4
最大弯管规格时最小弯曲半径/mm	第 1 系列	20	30	50	80	120	150	180	250	320	450	550
	第 2 系列	30	50	75	120	180	250	270	350	480	650	820
最大弯曲角度/(°)		190										
最大弯曲半径/mm		40	65	100	200	200	250	350	450	750	1000	1200

注：1. 数控弯管机的弯管外径范围：当弯管最大外径小于 114mm 时，为 0.3~1 倍的弯臂最大外径；否则为 0.4~1 倍的弯管最大外径。

2. 数控弯管机用心棒的标准长度（mm）为 1000、2000、2500、3000、4000、5000、6000 和 8000。

8.3.8 手动坡口机

【用途】 用于管道或平板在焊接前端面进行倒角坡口。

【产品数据】 手动坡口机的产品数据见表 8-37。

表 8-37 手动坡口机的产品数据

型号	转速/(r/min)	质量/kg	型号	转速/(r/min)	质量/kg
PK-ϕ25	22	1.5	PK-ϕ76	20	3.6
PK-ϕ32	22	1.5	PK-ϕ83	20	3.7
PK-ϕ38	22	1.5	PK-ϕ89	20	4.0
PK-ϕ42	22	1.5	PK-ϕ102	18	5.5
PK-ϕ48	22	1.5	PK-ϕ108	18	5.5
PK-ϕ51	22	2.2	PK-ϕ133	18	10.5
PK-ϕ57	22	2.2	PK-ϕ159	18	11.5
PK-ϕ60	20	2.4	ϕ——管子外径(mm)		

8.3.9 电动坡口机

【用途】 同手动坡口机。

【分类】 按驱动方式，分为气动式、电动式和液压式；按安装方式，分为外部安装式和内胀式两种；按固定方式，分为内胀式和外卡式两种。

【型号】 管子坡口机的型号编制方法：

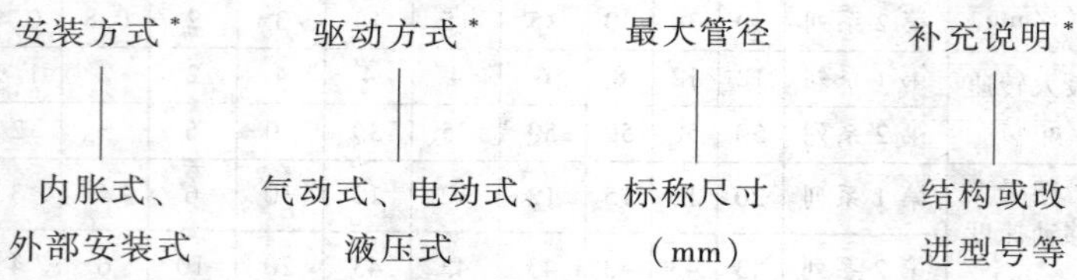

* 表示可用汉语文字或汉语拼音表示，并由企业自行编制。

【基本参数】 见表 8-38 和表 8-39。

表 8-38 外部安装电动式管子坡口机的基本参数（JB/T 7783—2012）

参数名称	基本参数					
规格(mm)	80	150	300	450	600	750
管子最大壁厚/mm	25	38	48	48	48	48
适用管径范围/mm	10~80	50~150	150~300	300~450	450~600	600~750
旋转刀盘转速/(r/min)	≥42	≥15	≥12	≥9	≥5	≥6
径向进给最大行程/mm	28	40	50	50	50	50

（续）

参数名称	基本参数					
规格(mm)	900	1050	1160	1240	1300	1500
管子最大壁厚/mm	48	48	58	58	58	58
适用管径范围/mm	750～900	900～1050	980～1160	1120～1240	1150～1300	1300～1500
旋转刀盘转速/(r/min)	≥5	≥4	≥4	≥4	≥4	≥3
径向进给最大行程/mm	50	50	50	60	60	60

表 8-39　内胀式电动管子坡口机基本参数（JB/T 7783—2012）

参数名称		基本参数				
规格(mm)		28	80	120	150	
管子最大壁厚/mm		15	15	15	15	15
适用管径范围/mm	内径	16～28	28～76	45～93	65～158	65～58
	外径	21～54	32～96	50～120	73～190	73～205
旋转刀盘转速/(r/min)		≥52	≥52	≥44	≥44	≥29
轴向进给最大行程/mm		25	25	25	25	45
参数名称		基本参数				
规格(mm)		250		350		
管子最大壁厚/mm		15	75	15	15	75
适用管径范围/mm	内径	80～240	140～280	110～310	150～330	150～350
	外径	90～290	150～300	120～350	160～360	200～370
旋转刀盘转速/(r/min)		≥16	≥16	≥13	≥10	≥10
轴向进给最大行程/mm		45	45	25	54	54
参数名称		基本参数				
规格(mm)		630		850		1050
管子最大壁厚/mm		15	75	15	75	15
适用管径范围/mm	内径	300～600	300～600	460～820	460～820	750～1002
	外径	310～630	320～630	480～840	600～840	770～1050
旋转刀盘转速/(r/min)		≥7	≥7	≥7	≥7	≥7
轴向进给最大行程/mm		54	54	54	54	65
参数名称		基本参数				
规格(mm)		1050	1300		1500	
管子最大壁厚/mm		75	15	75	15	75
适用管径范围/mm	内径	750～1002	1002～1254	1002～1254	1170～1464	1170～1464
	外径	820～1050	1022～1300	1022～1300	1200～1480	1200～1480
旋转刀盘转速/(r/min)		≥7	≥7	≥7	≥7	≥7
轴向进给最大行程/mm		65	65	65	65	65

8.3.10 气动坡口机

【用途】 同手动坡口机。

【基本参数】 见表8-40和表8-41。

表8-40 外部安装气动式管子坡口机的基本参数（JB/T 7783—2012）

参数名称	基本参数					
规格(mm)	80	150	300	450	600	750
管子最大壁厚/mm	25	38	48	48	48	48
适用管径范围/mm	10~80	50~150	150~300	300~450	450~600	600~750
旋转刀盘转速/(r/min)	0~29	0~26	0~16	0~12	0~9	0~11
径向进给最大行程/mm	28	40	50			
参数名称	基本参数					
规格(mm)	900	1050	1160	1240	1300	1500
管子最大壁厚/mm	48	48	58	58	58	58
适用管径范围/mm	750~900	900~1050	980~1160	1120~1240	150~1300	1300~1500
旋转刀盘转速/(r/min)	0~9	0~8	0~7	0~7	0~7	0~6
径向进给最大行程/mm	50		60			

表8-41 内胀式气动管子坡口机的基本参数（JB/T 7783—2012）

参数名称		基本参数				
规格(mm)		28	80	120	150	
管子最大壁厚/mm		10	15	15	15	15
适用管径范围/mm	内径	16~28	28~76	45~93	65~160	65~60
	外径	21~54	32~96	50~120	73~190	73~205
旋转刀盘转速/(r/min)		0~52	0~52	0~38	0~38	0~38
轴向进给最大行程/mm		25				45
参数名称		基本参数				
规格(mm)		250		350		
管子最大壁厚/mm		15	75	15	15	75
适用管径范围/mm	内径	80~240	140~280	110~310	150~330	150~330
	外径	90~290	150~300	120~350	160~360	200~370
旋转刀盘转速/(r/min)		0~16	0~16	0~20	0~15	0~10
轴向进给最大行程/mm		45		25	54	

（续）

参数名称		基本参数				
规格(mm)		630		850		1050
管子最大壁厚/mm		15	75	15	75	15
适用管径范围/mm	内径	300~620	300~620	460~820	460~820	750~1002
	外径	310~630	320~630	480~840	600~840	770~1050
旋转刀盘转速/(r/min)		0~13	0~7	0~13	0~7	0~12
轴向进给最大行程/mm		54				65
参数名称		基本参数				
规格(mm)		1050	1300		1500	
管子最大壁厚/mm		75	15	75	15	75
适用管径范围/mm	内径	750~1002	1002~1254	1002~1254	1170~1464	1170~1464
	外径	820~1050	1022~1300	1022~1300	1200~1480	1200~1480
旋转刀盘转速/(r/min)		0~7	0~12	0~5	0~12	0~4
轴向进给最大行程/mm		65				

8.3.11　液压式坡口机

【基本参数】 外部安装液压式管子坡口机基本参数见表 8-42。

表 8-42　外部安装液压式管子坡口机基本参数（JB/T 7783—2012）

参数名称	基本参数					
规格(mm)	80	150	300	450	600	750
管子最大壁厚/mm	25	38	48	48	48	48
适用管径范围/mm	10~80	50~150	150~300	300~450	450~600	600~750
旋转刀盘转速/(r/min)	0~40	0~34	0~17	0~11	0~8	0~7
径向进给最大行程/mm	28	40	50	50	50	50
参数名称	基本参数					
规格(mm)	900	1050	1160	1240	1300	1500
管子最大壁厚/mm	48	48	58	58	58	58
适用管径范围/mm	750~900	900~1050	980~1160	1120~1240	1150~1300	1300~1500
旋转刀盘转速/(r/min)	0~6	0~5	0~4	0~4	0~4	0~3
径向进给最大行程/mm	50	50	60	60	60	60

第9章 铆接工具

铆接是使用铆钉连接两个或两个以上工件的方法，所使用的工具包括铆枪、钻孔和划窝工具、冲子和顶铁以及压铆机械等。

9.1 铆枪

铆枪是手持式金属结构件铆接工具，尤其适用于薄壁壳体的铆接。铆枪按动力源可分为手动铆枪、电动铆枪、气动铆枪和液压铆枪；按型式可分为拉铆枪（单面铆接，用空心铆钉，连接强度不高）和压铆枪（双面铆接，用实心铆钉，连接强度高）。

9.1.1 手动拉铆枪

手动拉铆枪是运用杠杆原理，专供单面铆接抽芯铆钉用的工具。

【用途】 可解决金属薄板、薄管焊接时螺母易熔，攻螺纹易滑牙和不便采用两面进行铆接等问题。

【分类】 手动拉铆枪有单手式和双手式两种。前者适用于拉铆力较小的场合，后者适用于拉铆力较大的场合。

【型式】 手动拉铆枪可分为单手式（D）、双手式（S）、拉伸式（L）三种型式。其中单手式又分为普通型（DP）、双向型（DS）和万向型（DW）；双手式又分为普通型（SP）和环保型（SH）（见图9-1）。

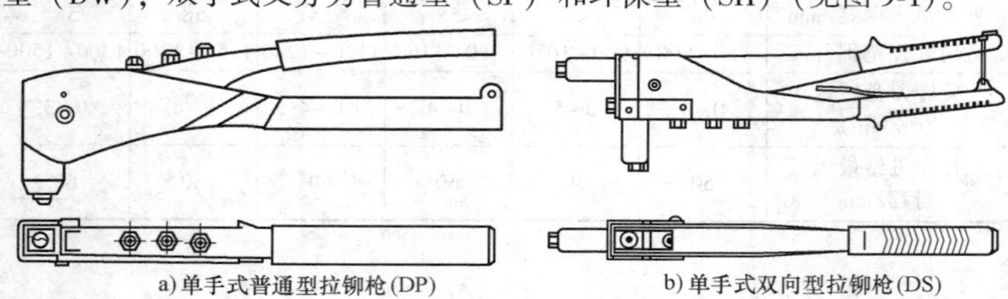

a) 单手式普通型拉铆枪(DP)　　b) 单手式双向型拉铆枪(DS)

图9-1　手动拉铆枪的型式

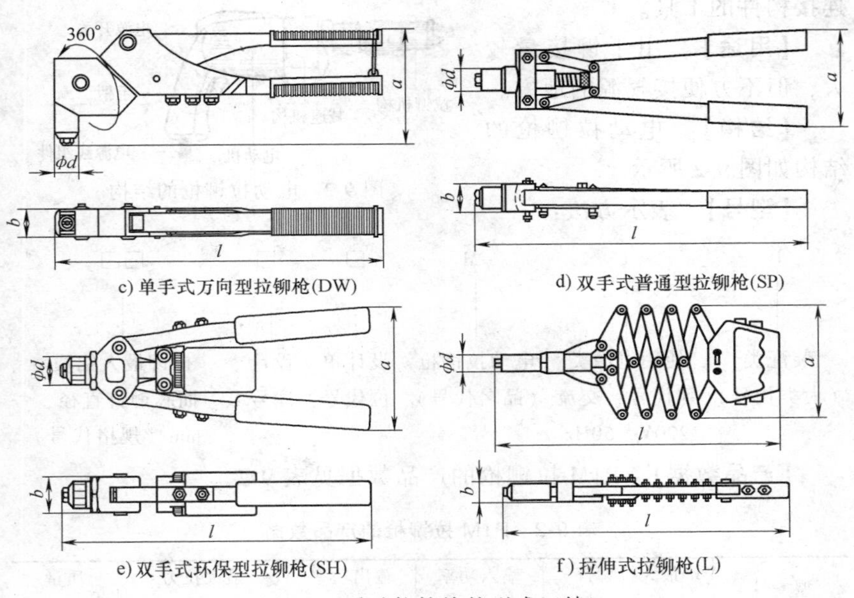

c) 单手式万向型拉铆枪(DW)

d) 双手式普通型拉铆枪(SP)

e) 双手式环保型拉铆枪(SH)

f) 拉伸式拉铆枪(L)

图 9-1　手动拉铆枪的型式（续）

【材料】 可采用铝、铝合金、黄铜、碳素钢和不锈钢；钉体直径为 ϕ2.4~6.4mm。

【基本尺寸】 手动拉铆枪的基本尺寸见表 9-1。

表 9-1　手动拉铆枪的基本尺寸（QB/T 2292—2017）　（单位：mm）

型式	规格	适用铆钉规格 ≤	基本尺寸			
			l	a	b	ϕd
单手式	240	4.8	240	90~120	28~32	18~19
	255		255	100~120		18~22
	265		265	95~120	28~35	
双手式	430	6.4	430	100~120	32~37	22~24
	460		460			
	530		530	100~130		
	610		610	100~155	32~41	
拉伸式	800		800	18S~190	32~34	24~26

9.1.2　电动拉铆枪

电动拉铆枪是由微型电动机和齿轮驱动，用拉胀的方法使拉铆钉连接构件的工具。

【用途】 用于铆接量较大，但不方便接气源的地方。

【结构】 电动拉铆枪的结构如图 9-2 所示。

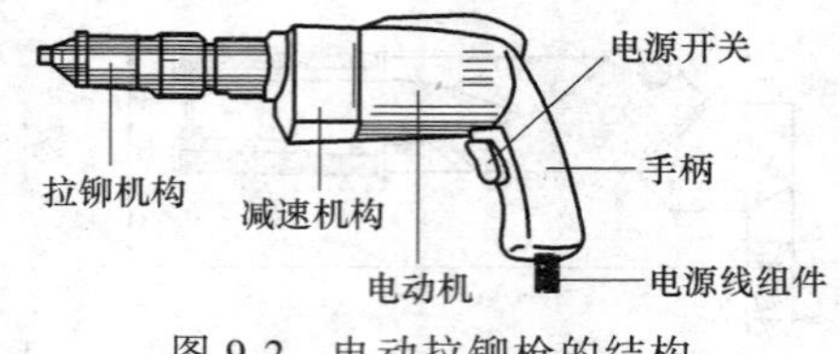

图 9-2 电动拉铆枪的结构

【型号】 表示方法：

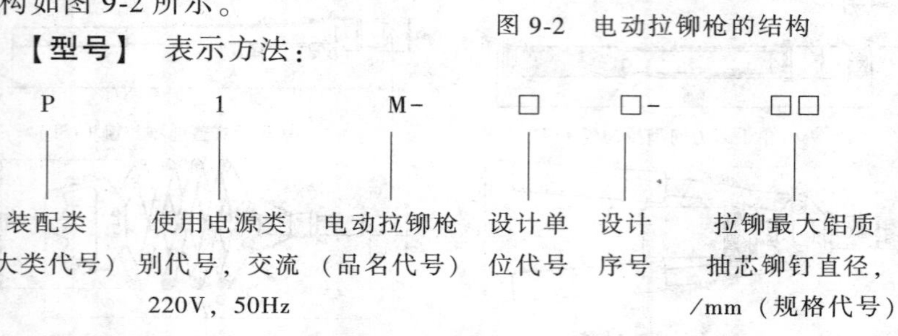

【产品数据】 P1M 拉铆枪的产品数据见表 9-2。

表 9-2 P1M 拉铆枪的产品数据

型 号	最大拉铆钉直径/mm	输入功率/W	输出功率/W	最大拉力/kN	质量/kg
P1M-5	≤5	280~350	220	7.5~8	2.5
P1M-SA-5	铝合金 $\phi3.2\sim5$ 不锈钢 $\phi3.2\sim4$	400	行程 20mm	外形尺寸/mm 315×164×66	2.4

9.1.3 气动拉铆枪

气动拉铆枪有枪式、油压立式和活塞立式几种。它以压缩空气为动力，运用气压和液压原理，通过各个汽缸的串联达到拉断铆钉的目的，适用于大批量（如流水线上）铆接。一般使用的空气流量为 0.1~0.7m^3/min，配有多个枪嘴，上面有不同的孔径，可按实际需要装卸交替使用。

【用途】 用于各类金属板材、管材等单面紧固铆接。

【原理】 以压缩空气为动力，通过各个汽缸的串联，带动活塞在铆钉枪体内做往复运动，铆钉枪内的有拉钉钢爪片，能紧紧地抓住铆钉的钉杆，压迫铆钉头进行铆接。

自动吸钉原理：在气动铆枪的枪管前端，有一个小的中空管件（头部有个台阶，套进去以后，会让压缩空气只往里喷），因为枪管前面的气压相对很小，因此产生吸力，把枪嘴附近的铆钉吸进去。

【产品数据】 见表 9-3 和表 9-4。

表 9-3　气动拉铆枪的产品数据

型号	适用铆钉直径 ϕ/mm					最大拉伸力/N	最大行程/mm	所需压力/MPa	重量/kg
	2.4	3.2	4.0	4.8	6.4				
MT-311M	√	√	√	○	—	7850	14	≥6.0	1.5
MT-311MV	√	√	√	○	—				1.7
MT-311H	√	√	√	√	○	12300	16		1.8
MT-311HV	√	√	√	√	○				2.1

注：1. √可用于铝、铁、不锈钢材质的铆钉。

2. ○可用于铝、铁材质的铆钉，不适用于不锈钢材质的铆钉。

生产商：广东唐城美特智能工具有限公司。

表 9-4　气动立式活塞拉铆枪产品数据

参　数	数　据	用　途
拉钉规格(mm)	2.4、3.2、4.0、4.8	快速拉断抽芯钉，主要用于计算机外壳、机柜、钣金，以及汽车、航空、铝合金门窗等铆接作业
行程/mm	16	
适用气压	0.5~0.8MPa	
气管规格(mm)	ϕ5×8	
重量/kg	1.3	
外观尺寸/mm	165	

生产商：台湾巨柏工具有限公司。

9.1.4　液压拉铆枪

液压拉铆枪是以液压为动力，采取冷挤压方法的枪柄式手持液压工具。

【用途】 用于拉铆钉安装。

【型号】 表示方法：

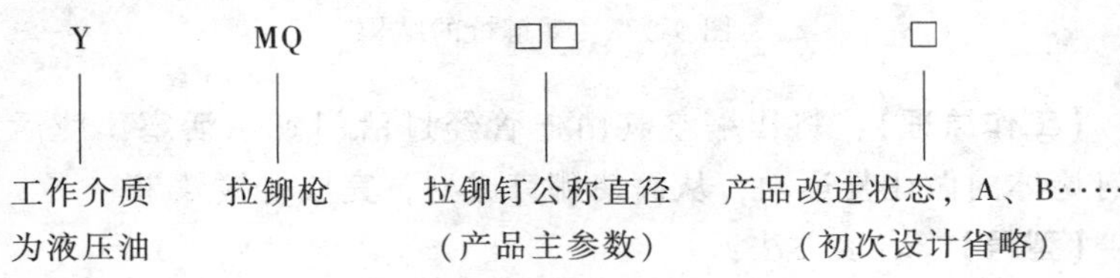

【基本参数】 液压拉铆枪的基本参数见表 9-5。

表 9-5 液压拉铆枪的基本参数（JB/T 11750—2013）

型号	拉铆钉直径/mm	质量/kg ≤	输出拉力/kN ≥	工作压力/MPa	停机压力/MPa	行程/mm ≥	枪头前端外径/mm ≤	油管通径/mm
YMQ-24	24	18	260	≤50	≥22	50	80	≥6
YMQ-22	22	17	235			48	75	
YMQ-20	20	15	170			45	65	
YMQ-16	16	11	145			45	55	
YMQ-12	12	7	100			35	45	

9.1.5 气动铆枪

气动铆枪以压缩空气为动力，通过各个气缸的串联达到使铆钉压缩膨胀（铆紧），从而完成铆接工作。

【用途】 用于金属结构件铆接。

【结构】 气动铆枪的结构如图 9-3 所示。

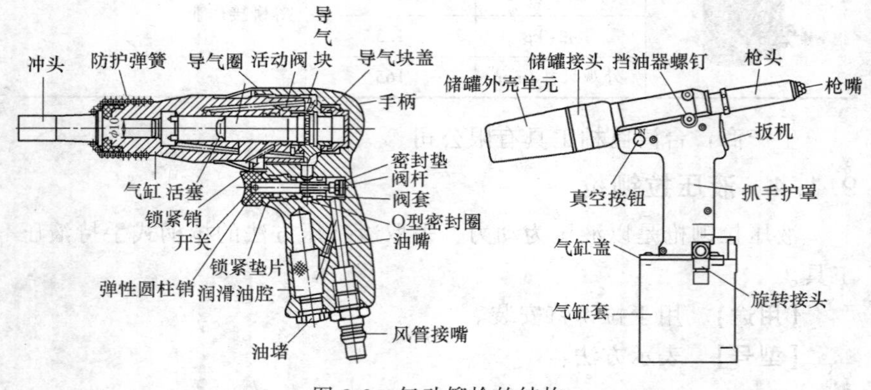

图 9-3 气动铆枪的结构

【工作原理】 将压缩空气由连管经过活门到达活塞，使活塞在铆钉枪体内做往复运动，从而使铆钉成型，完成铆接效果。

【型号】 表示方法：

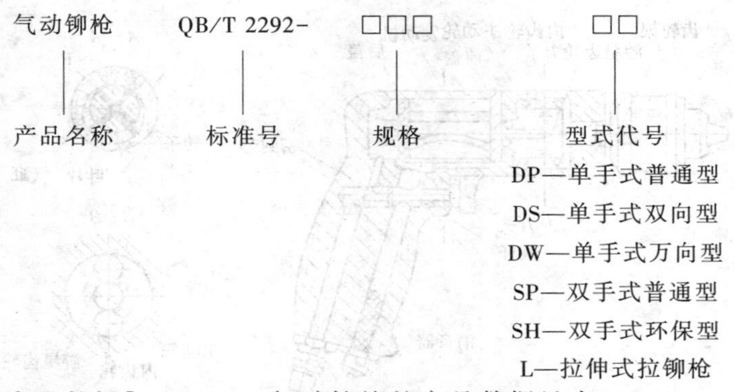

【产品数据】　M0601 气动铆枪的产品数据见表 9-6。

表 9-6　M0601 气动铆枪的产品数据

型号	工作能力/mm		单次冲击功/J	冲击频率/Hz	耗气量/(L/s)	冲头尺寸/mm ($L×D$)	重量/kg
	铝	钢					
M31	4	—	2.9	36.6	3.66	25×10	1.0
M51	5	—	3.9	25	4.16		1.18
4X	6	4	3.97	29	6.2	45×10.25	1.26
5X	6.5	5	13	26	8.7	45×12.7	2.15
7X	8	7	17	19	10.3		2.32
9X	9.5	9	20	15	12.7		2.72
M16	—	16	22	20	18	—	7.5
M22	—	22	32	15	19	—	9.5
M0601①	6	4	—	29	2.93	45×10.25	1.26

① 表示工作气压为 0.63MPa。

9.2　钻孔和划窝工具

9.2.1　风钻

有普通风钻和弯头风钻等种类，后者用在开敞性不良处钻孔。

1. 普通风钻

【结构】　主要由手柄部分（即发动机）、减速部分及钻夹头等组成（见图 9-4）。

【工作原理】　当按下开关后，阀杆与密封垫之间出现环形通道，压缩空气经进气接头，环形通道进入发动机后部腔内，再经后盖上的孔进入发动机气缸，作用在叶片上产生旋转力矩，使转子旋转。转子

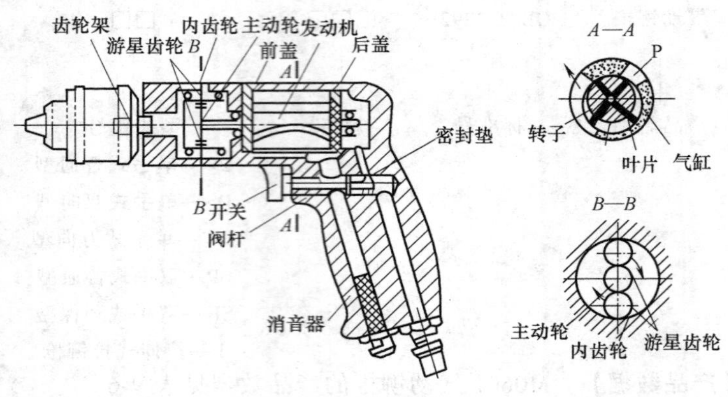

图 9-4 风钻的结构

旋转时，带动齿轮架和夹头一起旋转。

2. 弯头风钻

【结构】 弯头风钻的主体结构部分与普通风钻基本相同，不同之处是弯头风钻将普通风钻的钻夹头，换成了带弹性夹头的弯头结构。

根据钻孔部位要求的不同，弯头角度也不相同，主要有 30°、45°、90°或万向等（见图 9-5）。

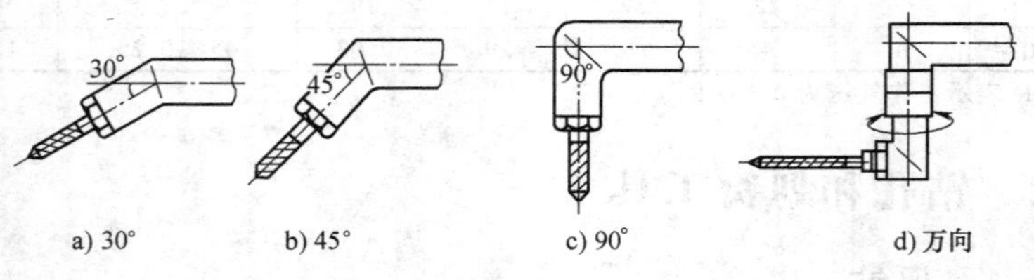

图 9-5 弯头风钻的弯头角度

夹持钻头时，要求用两个六角专用扳手操作。分别把两扳手放在弹性夹头和齿轮轴的六角形部位，放在齿轮轴六角形部位的扳手握紧不动，先逆时针扳动弹性夹头六角处的扳手，弹性夹头从齿轮轴中伸出，带沟槽的锥体松开，将钻头插入弹性夹头孔内；再顺时针扳动扳手。弹性夹头进入齿轮轴锥体中，两锥体相互配合，使带沟槽的锥体收缩，直到夹紧钻头为止。

3. 锪窝风钻

是锪窝的专用风钻，头部装有定位套，可以保证孔与端面的垂直度（见图 9-6）。

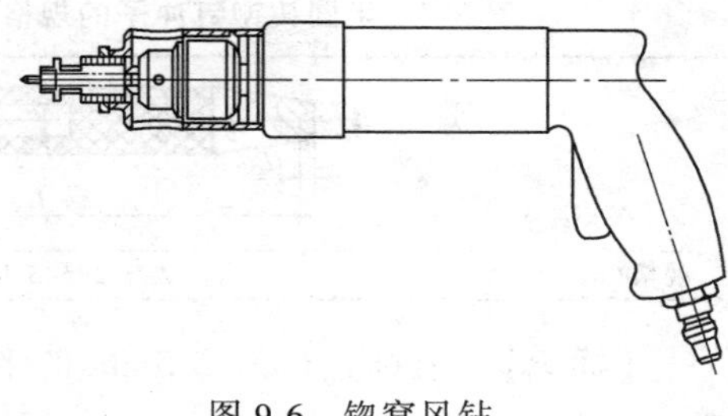

图 9-6　锪窝风钻

9.2.2　锪钻

【用途】 用于埋头铆钉的划窝工序。

【分类】 按工作面分，有平底锪钻和锥面（60°、90°、120°）锪钻两种；按柄部形状分，有直柄和莫氏锥柄两种；按其所带导柱的形状分，有带整体导柱和带可换导柱两种；按用途分，还有沉头铆钉锪钻和无头铆钉锪钻（见图 9-7）。

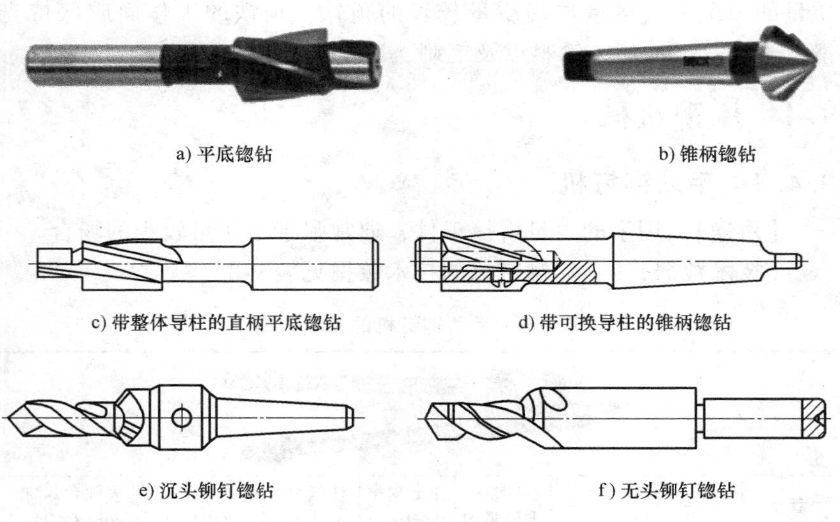

a) 平底锪钻　b) 锥柄锪钻

c) 带整体导柱的直柄平底锪钻　d) 带可换导柱的锥柄锪钻

e) 沉头铆钉锪钻　f) 无头铆钉锪钻

图 9-7　锪钻

9.3　冲子和顶铁

1. 冲子

【用途】 用于打孔。

【规格】 半圆头铆钉冲子的规格见表 9-7。

表 9-7 半圆头铆钉冲子的规格（JB/T 3411.31—1999）

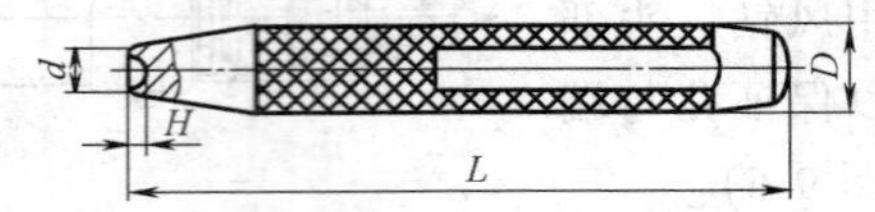

规格(mm)	2.0、2.5、3.0、4.0、5.0、6.0、8.0

【标记】 公称直径为 2.5mm 的半圆头铆钉冲子，标记为：冲子 2.5 JB/T 3411.31—1999。

2. 顶铁

顶铁由高强度钢制成，像铁砧一样，用在铆接加工中。其作用是在铆接时，支撑在铆钉的尾端，使铆钉杆在锤击力作用下产生变形。

顶铁的质量应与铆接力相均衡，以方便握持为原则。在保证工作质量的情况下，尽量选用质量较轻的顶铁。顶铁的工作面应保持光滑、干净，无油污、涂料以及毛刺，以免降低铆接质量。

9.4 压铆机械

9.4.1 手动铆钉机

【用途】 用手的力量铆接工件，通常限于工作量较小的场合。

【技术数据】 手动铆钉机的技术数据见表 9-8。

表 9-8 手动铆钉机的技术数据

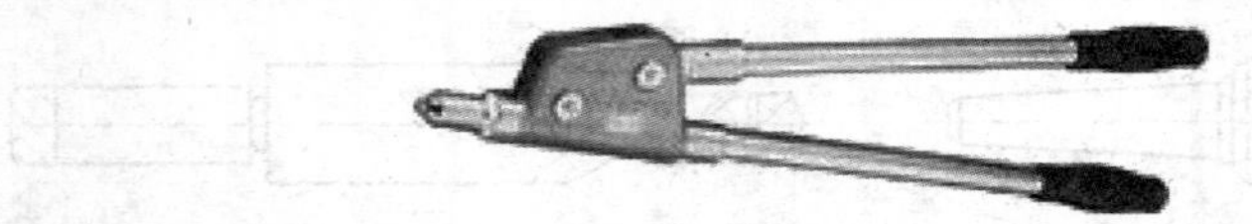

型号	工作能力/mm		单次冲击能量/J	冲击频率/Hz	耗气量/(L/s)	质量/kg	冲头配合尺寸/mm($L×D$)
	铝	钢					
M31	4	—	2.9	36.6	3.66	1	25×10
M51	5	—	3.9	25	4.16	1.18	25×10
4X	6	4	3.97	29	6.2	1.26	45×10.25
5X	6.5	5	13	26	8.7	2.15	45×12.7
7X	8	7	17	19	10.3	2.32	45×12.7
9X	9.5	9	20	15	12.7	2.72	45×12.7
M16	—	16	22	20	18	7.5	—
M22	—	22	32	15	19	9.5	—

9.4.2　铆钉机

铆钉机（也称铆枪）是靠旋转与压力，用铆钉把物品铆接起来的设备。

【分类】 按动力源分，有气动、电动和油压型；按结构分，有直柄式、枪柄式、弯柄式和环柄式型。

【基本参数】 气动铆钉机的基本参数见表 9-9。

表 9-9　气动铆钉机的基本参数（JB/T 9850—2010）

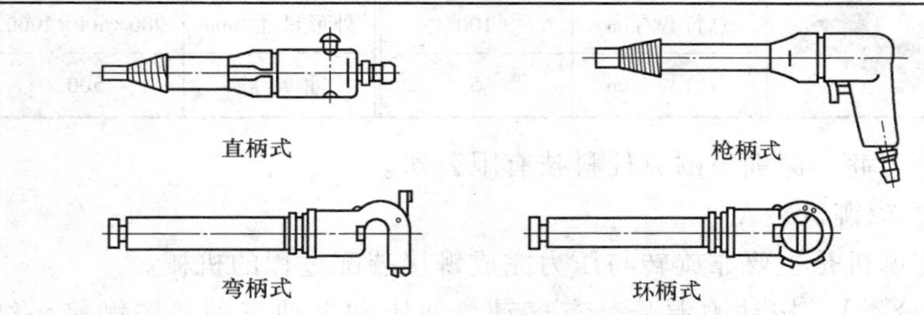

<table>
<tr><th rowspan="2">规格</th><th colspan="2">铆钉直径/mm</th><th rowspan="2">窝头尾柄规格(mm)</th><th rowspan="2">质量/kg ≤</th><th rowspan="2">冲击能量/J ≥</th><th rowspan="2">冲击频率/Hz ≥</th><th rowspan="2">耗气量/(L/s) ≤</th><th rowspan="2">气管内径/mm</th><th rowspan="2">噪声/dB(A) ≤</th></tr>
<tr><th>冷铆硬铝 1Y10</th><th>热铆钢 2C</th></tr>
<tr><td>4</td><td>4</td><td>—</td><td rowspan="2">10×32</td><td>1.2</td><td>2.9</td><td>35</td><td>6.0</td><td rowspan="3">10</td><td rowspan="3">114</td></tr>
<tr><td rowspan="2">5</td><td rowspan="2">5</td><td rowspan="2">—</td><td>1.5</td><td rowspan="2">4.3</td><td>24</td><td rowspan="2">17.0</td></tr>
<tr><td rowspan="3">12×45</td><td>1.8</td><td>28</td></tr>
<tr><td rowspan="2">6</td><td rowspan="2">6</td><td rowspan="2">—</td><td>2.3</td><td rowspan="2">9.0</td><td>13</td><td>9.0</td><td rowspan="3">12.5</td><td rowspan="3">116</td></tr>
<tr><td>2.5</td><td>20</td><td>10</td></tr>
<tr><td>12</td><td>8</td><td>12</td><td>17×60</td><td>4.5</td><td>6.0</td><td>15</td><td>12</td></tr>
<tr><td>16</td><td>—</td><td>16</td><td rowspan="5">31×70</td><td>7.5</td><td>22.0</td><td>20</td><td rowspan="2">18</td><td rowspan="5">16</td><td rowspan="5">118</td></tr>
<tr><td>19</td><td>—</td><td>19</td><td>8.5</td><td>26.0</td><td>18</td></tr>
<tr><td>22</td><td>—</td><td>22</td><td>9.5</td><td>32.0</td><td>15</td><td rowspan="2">19</td></tr>
<tr><td>28</td><td>—</td><td>23</td><td>10.5</td><td>40.0</td><td>14</td></tr>
<tr><td>36</td><td>—</td><td>36</td><td>13.0</td><td>60.0</td><td>10</td><td>22</td></tr>
</table>

注：验收气压为 630kPa。

1. 压铆机

压铆机是一种利用压铆工艺进行铆接的设备。

【分类】 有气动、电动和液压三种。

【工作原理】 工件在压力机上，通过冲头直接施加轴向作用力，使材料径向涨开，达到塑性变形的目的。

【产品数据】 气动冲铆机的主要产品数据见表 9-10。

表 9-10 气动冲铆机的主要产品数据

参 数	参数值	参 数	参数值
进气压力/bar	3~6	喉高/mm	365
电 源	AC220V	喉深/mm	500
输出压力/t	1~8 无级可调	最快使用频率/(次/s)	1
总行程/mm	100	外形尺寸/mm	900×600×2000
力行程/mm	5	重量/kg	500

生产商：深圳市耐克仕科技有限公司。

2. 旋铆机

旋铆机是主要靠旋转与压力完成铆接装配过程的机械。

【分类】 按动力源分，有气动、油压和电动三种；按铆接头结构分，有单头及双头等型式。

【工作原理】 铆接时铆头对铆钉的一部分区域施加轴向力，使得铆钉头部材料发生移动，从而将铆钉材料展开为要求的形状（铆杆中心线与主轴中心线的夹角一般是 3°~6°）。

【产品数据】 见表 9-11。

表 9-11 MQMX-250 型旋铆机的产品数据

项目	参数	项目	参数
额定工作压力/kN	25	使用空气压力/MPa	0.2~0.5
最大闭合高度/mm	230	耗气量/L	45
中心跨度/mm	140	工作行程/mm	40
保压时间/s	0~5	最大铆接直径①/mm	ϕ12
电源电压/V	380	电机功率/W	750
工作台尺寸/mm	380×520×100	操作方式	脚控/手控
工作台面尺寸/mm	380×280	净重量/kg	286
工作频率/(次/min)	可调	外形尺寸/mm	650×500×110

① 低碳钢。

第10章

木工工具

木工工具是用于木材加工的工具，包括钻、锯、锉、锯、斧、刨、凿等，一般都有较锋利的刃口。按型式和用途，可分为手动工具、锯切工具、钻削工具、刨削工具和木铣、木磨工具等。

10.1 手动工具

10.1.1 木工锉

【用途】 用于锉削木制品表面或圆孔等。

【硬度】 不低于20HRC。

【规格】 木锉的规格见表10-1。

表10-1 木锉的规格（QB/T 2569.6—2002）（单位：mm）

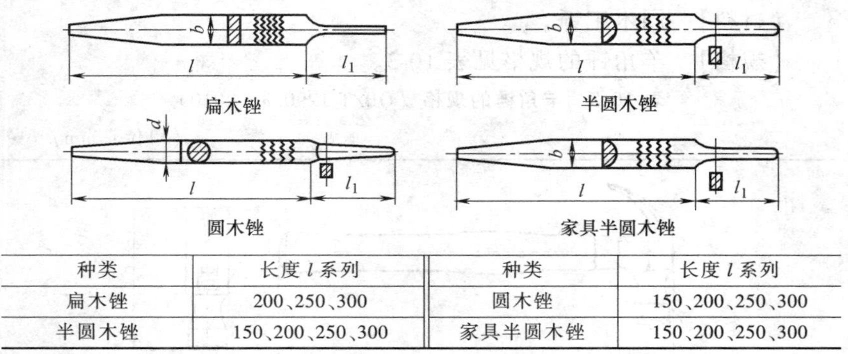

种类	长度 l 系列	种类	长度 l 系列
扁木锉	200、250、300	圆木锉	150、200、250、300
半圆木锉	150、200、250、300	家具半圆木锉	150、200、250、300

10.1.2 木工锤

【用途】 主要用于木工作业（钉钉子或敲打木榫等）。

【材料】 锤体可采用优质碳素结构钢、合金结构钢和同等以上的钢材；锤柄可采用硬质木材（含水率不大于15%）或钢管、锻钢和玻璃纤维（纵向连续排列）增强塑料。

【规格】 木工锤的规格见表10-2。

表10-2 木工锤的规格（QB/T 1290.9—2010）

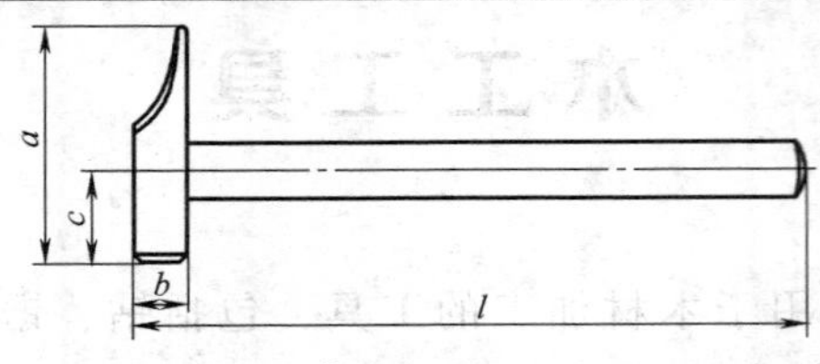

规格(kg)	0.20	0.25	0.33	0.42	0.50
l/mm	280	285	295	308	320

【标记】 由产品名称、标准编号和规格组成。

例：0.25kg的木工锤，标记为：木工锤 QB/T 1290.9-0.25。

10.1.3 羊角锤

【用途】 圆平面端用于敲击普遍非淬硬的铁钉；扁平略有弯曲端的V形口，用于卡紧并起拔铁钉，或撬裂、拆毁木制构件。

【型式】 按其锤击端的截面形状，羊角锤可分为A型、B型、C型、D型和E型。

【材料】 同木工锤。

【规格】 羊角锤的规格见表10-3。

表10-3 羊角锤的规格（QB/T 1290.8—2010）

（单位：mm）

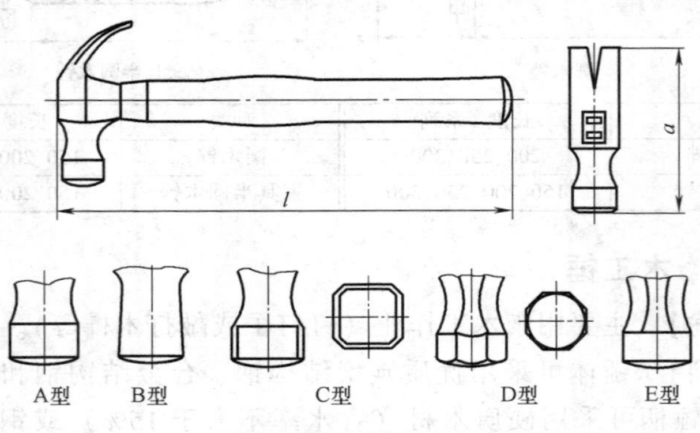

（续）

规格(kg)	0.25	0.35	0.45	0.50	0.55	0.65	0.75
全长 l	305	320	340	340	340	350	350

【标记】 由产品名称、标准编号、规格、型式代号组成。

例：0.35kg 的 A 型羊角锤，标记为：羊角锤　QB/T 1290.8-0.35A。

10.1.4　木工钻

【用途】 用于钻削木质孔。

【材料】 采用 45 钢或同等及以上性能的材料。

【硬度】 自钻尖起不小于 $2l_1/3$ 长度内的硬度，不应小于 42HRC；机用支罗钻和三尖木工钻柄部自尾部起不小于 30mm 长度内的硬度，不应小于 36HRC。

【规格】 木工钻的规格见表 10-4。

表 10-4　木工钻的规格（QB/T 1736—2018）（单位：mm）

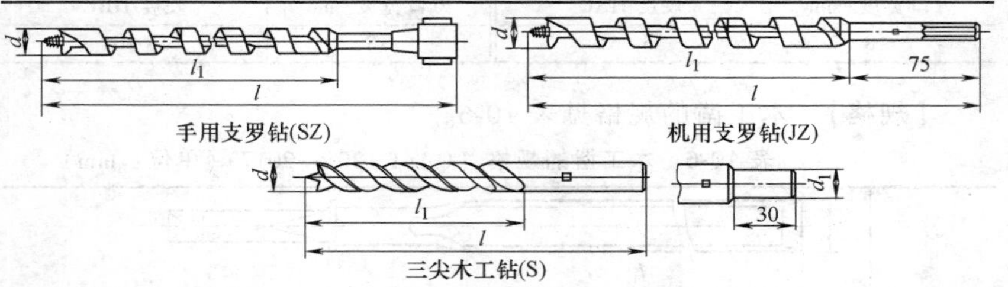

名 称	直径 d 系列	长度 l
手用支罗钻	6、8、10、11、12、13、14、15、16、17、18、19、20、21、22、23、24、25、26、28、30、32、34、36、38	150~610
机用支罗钻	6、8、10、11、12、13、14、15、16、17、18、19、20、21、22、23、24、25、26、28、30、32、34、36、38、40、52	100~1000
三尖木工钻	4、5、6、7、8、9、10、11、12、13、14、15、16、18、20、22、24、26、28、30、32、34、36、38、40、45、50	80~325

【标记】 由产品名称、标准编号、规格、总长和型式代号组成。

例：规格为 6mm，长度为 150mm 的手用支罗钻，标记为：木工钻　QB/T 1736-6×150SZ。

10.1.5　开孔器

【用途】 用于在木质或橡胶、有机玻璃等材料上打孔。

【材料】 采用高速钢或硬质合金。

【结构】 开孔器的结构如图 10-1 所示。

【规格】 ϕ14~150mm。

图 10-1 开孔器的结构

10.1.6 木工凿

【用途】 用于在木料上修整、凿孔、沟槽和榫头等。

【分类】 按其外形，分为斜边平口凿（X)、平边平口凿（P）和半圆凿（又分为内刃半圆凿（N）和外刃半圆凿（W））三种类型。

【硬度】 从刃口开始，不小于 $2l_1/3$ 长度范围内的凿身硬度见表 10-5。

表 10-5 木工凿的硬度

刃口宽度/mm	硬度 HRC	刃口宽度/mm	硬度 HRC
≤8	55~61	>8	58~61

【规格】 木工凿的规格见表 10-6。

表 10-6 木工凿的规格（QB/T 1201—2017）(单位：mm)

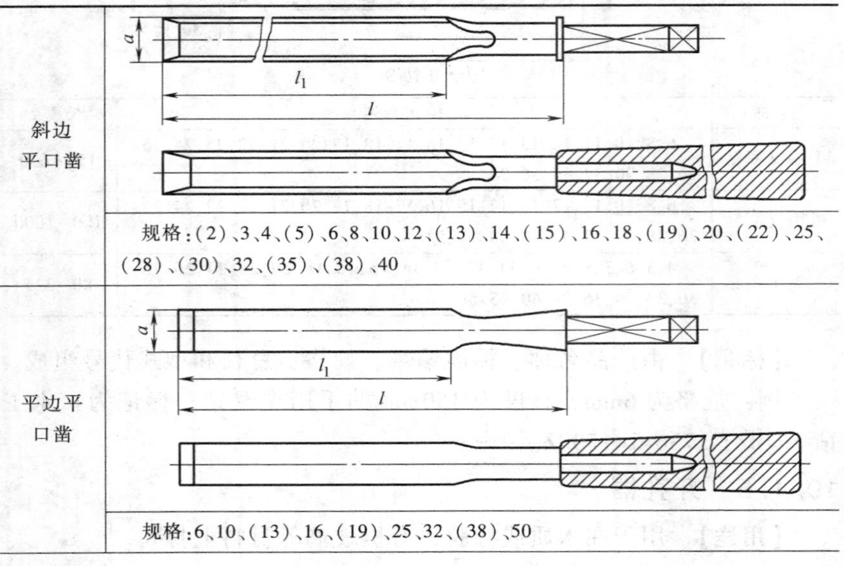

类型	简图及规格
斜边平口凿	规格:(2)、3、4、(5)、6、8、10、12、(13)、14、(15)、16、18、(19)、20、(22)、25、(28)、(30)、32、(35)、(38)、40
平边平口凿	规格:6、10、(13)、16、(19)、25、32、(38)、50

（续）

半圆凿	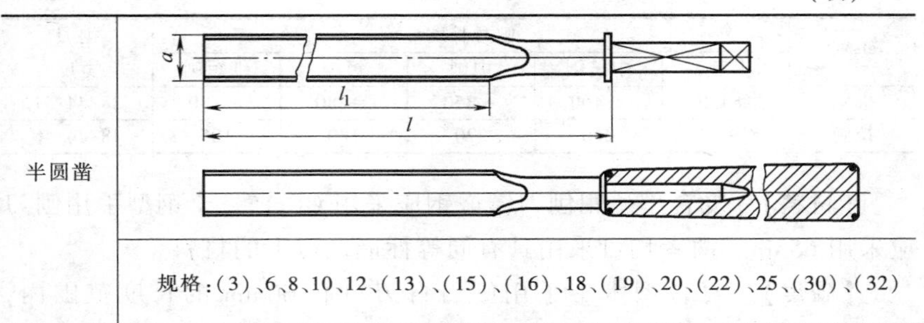
	规格：(3)、6、8、10、12、(13)、(15)、(16)、18、(19)、20、(22)、25、(30)、(32)

【标记】 产品标记由产品名称、标准编号、规格和产品型式代号组成。

例：规格为 6mm 的斜边平口凿，标记为：手用木工凿　QB/T 1201-6X。

10.1.7　木工刨

【用途】 用来刨平、刨光、刨直、削薄木材。

【种类】 木工刨有平刨（见图 10-2）、圆刨（见图 10-3）、槽口刨（见图 10-4）和线刨等。平刨按刨身长短、形状、使用功能可分长刨、中刨、短刨和细短刨。长刨适用于刨削木材长料和进行表面精细加工，中刨一般用于第一道粗刨木料，短刨专用于刨木材的粗糙面；细短刨专用于修光木材表面。刨身采用坚硬木材，刨刀采用优质钢或特钢。

【结构】 一般由刨身、刨刀、楔木和手柄等部分组成。

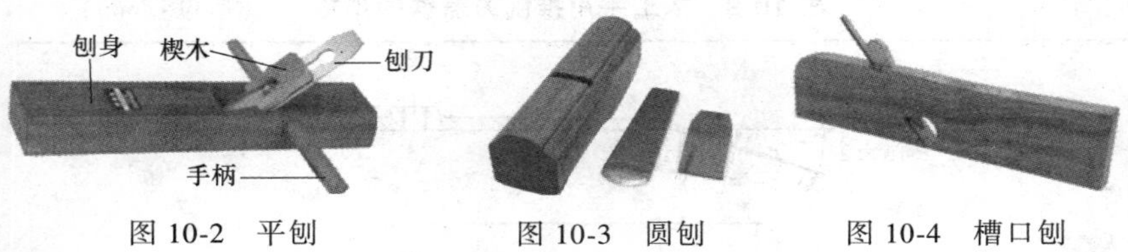

图 10-2　平刨　　图 10-3　圆刨　　图 10-4　槽口刨

【基本参数】 木工平刨的基本参数见表 10-7。

10.1.8　刨刀和盖铁

刨刀分为复合型（F）和全钢型（Q）两种。

表 10-7　木工平刨的基本参数　　（单位：mm）

类别	刨身长度					刨刀宽度
	长刨	中长刨	中刨	短刨	细短刨	
推刨	≥450	≈400	≈350	≈280	≈180	38/44/51
拉刨	—	240	220	180	105	48/44/40

【材料】 复合型手用刨刀镶嵌钢应采用 GCr15，全钢型手用刨刀应采用 65Mn。两者均可采用具有同等性能及以上的材料。

【硬度】 复合型木工手用刨刀自刃口起 60mm 的长度范围内，正面的硬度不应小于 81HRA。全钢型木工手用刨刀自刃口起 40mm 的长度范围内，硬度不应小于 78HRA。

【规格】 木工手用刨刀的规格见表 10-8，木工手用推刨刀盖铁的规格见表 10-9。

表 10-8　木工手用刨刀的规格（QB/T 2082—2017）

（单位：mm）

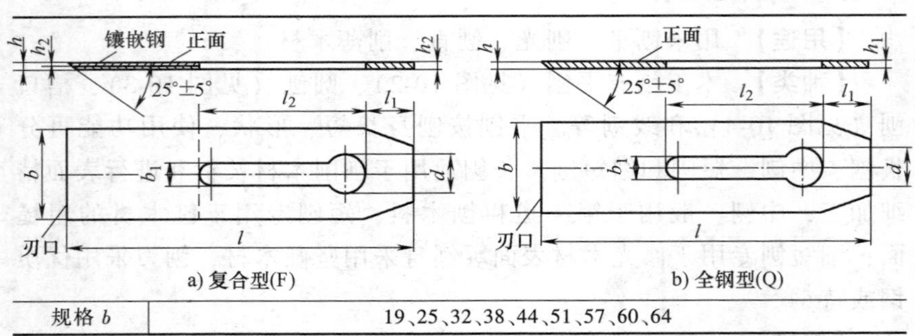

规格 b	19、25、32、38、44、51、57、60、64

表 10-9　木工手用推刨刀盖铁的规格　　（单位：mm）

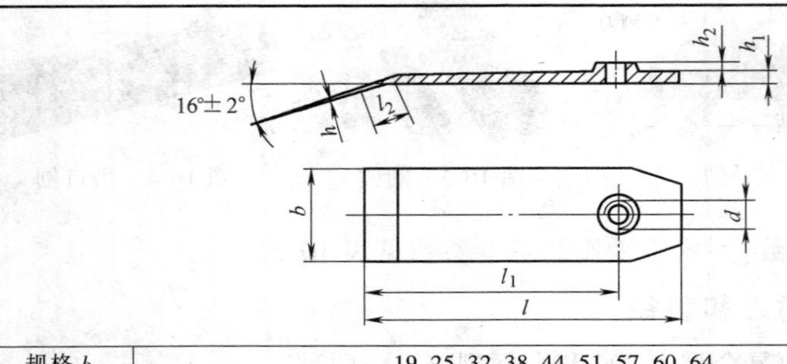

规格 b	19、25、32、38、44、51、57、60、64

【标记】 由产品名称、标准号、规格和型式代号组成。

例：

1）规格为 32mm 的复合型木工手用刨刀，标记为：木工手用刨刀　QB/T 2082-32F。

2）规格为 51mm 的盖铁，标记为：盖铁　QB/T 2082-51。

10.1.9　木工斧

【用途】 用于劈削或砍断木材。

【硬度】 斧刃的硬度为 48～56HRC，斧孔周围的硬度应不大于 35HRC。

【规格】 木工斧的规格见表 10-10。

表 10-10　木工斧的规格（QB/T 2565.5—2002）

（单位：mm）

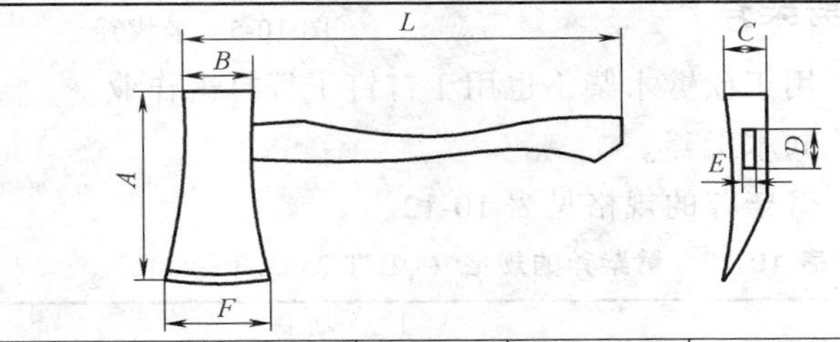

规格(kg)	长度 A	宽度 B	厚度 C	孔长 D	孔宽 E	刃宽 F
	≥					≥
1.0	120	34	26	32	14	78
1.25	135	36	28	32	14	78
1.5	160	48	35	32	14	78

【标记】 由产品名称、规格和标准编号组成。

例：规格为 1.25kg 的木工斧，标记为：木工斧　1.25　QB/T 2565.5—2002。

10.1.10　采伐斧

【用途】 采伐斧（见图 10-5）适用于采伐树木和木材加工（有单刃和双刃之分）。

【硬度】 同木工斧。

【规格】 采伐斧的规格见表 10-11。

表 10-11　采伐斧的规格（QB/T 2565.2—2002）

规格(kg)	l/mm	规格(kg)	l/mm
0.7	380	1.6	710~910
0.9	430	1.8	
1.1	510	2.0	
1.3	710	2.2	
—	—	2.4	

【标记】　由产品名称、规格和标准编号组成。

例：规格为 1.6kg 的采伐斧，标记为：采伐斧　1.6　QB/T 2565.2—2002。

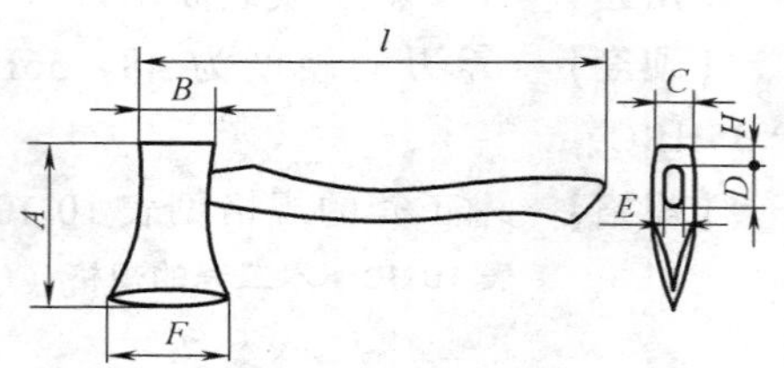

图 10-5　采伐斧

10.1.11　劈柴斧

【用途】　用于砍劈木柴，也用于钉钉子等打击作业。

【硬度】　同木工斧。

【规格】　劈柴斧的规格见表 10-12。

表 10-12　劈柴斧的规格（QB/T 2565.3—2002）

<table>
<tr><td rowspan="3">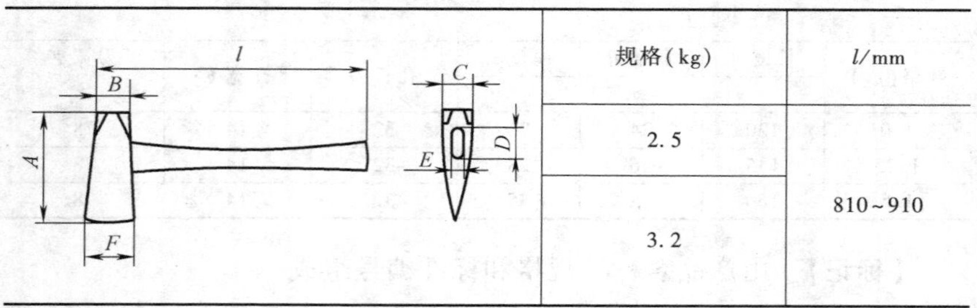</td><td>规格(kg)</td><td>l/mm</td></tr>
<tr><td>2.5</td><td rowspan="2">810~910</td></tr>
<tr><td>3.2</td></tr>
</table>

【标记】　由产品名称、规格和标准编号组成。

例：规格为 2.5kg 的劈柴斧，标记为：劈柴斧　2.5　QB/T 2565.3—2002。

10.1.12　胡桃钳

胡桃钳是一种钳头呈弯环状、钳柄较长的钳子。按用途和外形分为 A 型和 B 型两种型式。

【用途】 木工和鞋匠等多用其起拔或切断钉子，钳工多用其夹持圆形或柱状工件。材质为铝青铜、铍铜合金的胡桃钳，广泛用于石油、化工等各种防爆场合，铍铜合金产品还能起到防磁的功能。

【材料】 采用优质碳素结构钢或合金结构钢。

【硬度】 剪切刃口的硬度应不小于 45HRC。

【规格】 胡桃钳的规格见表 10-13。

表 10-13　胡桃钳的规格（QB/T 1737—2011）

（单位：mm）

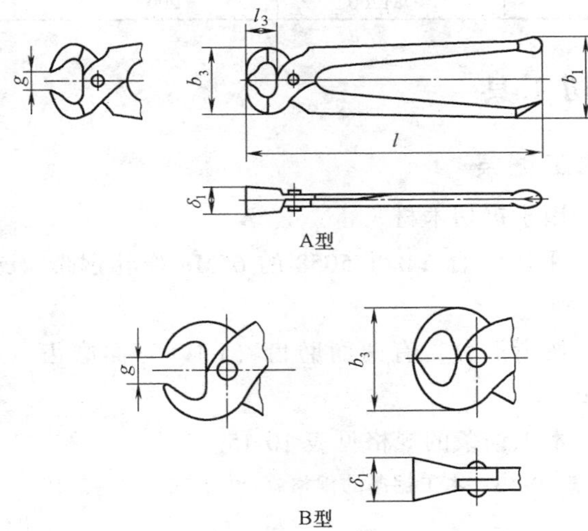

规格 l	160、180、200、224、250、280

【标记】 由产品名称、标准编号、规格和型式代号组成。

例：规格为 180mm 的 B 型胡桃钳，标记为：胡桃钳 QB/T 1737—180B。

10.1.13　木工夹

【用途】 用于夹持板料进行加工或粘接。

【产品数据】 木工夹的规格见表 10-14。

表 10-14　木工夹的规格

型式		型号	夹持上限/mm	负荷上限/kgf
F 型		FS150	150	180
		FS200	200	160
		FS250	250	140
		FS300	300	100
G 型		GQ8150	50	300
		GQ8175	75	350
		GQ81100	100	350
		GQ81125	125	450
		GQ81150	150	500
		GQ81200	200	1000

10.2　锯切工具

10.2.1　木工锯条

【用途】 用于锯切木材。

【材料】 采用符合 YB/T 5058 的 65Mn 冷轧钢带（或具有同等性能以上的材料）。

【分类】 按齿形分，有两面磨齿（L）、三面磨齿（S）和冲压齿（C）三种。

【规格】 木工锯条的规格见表 10-15。

表 10-15　木工锯条的规格（QB/T 2094.1—2015）

（单位：mm）

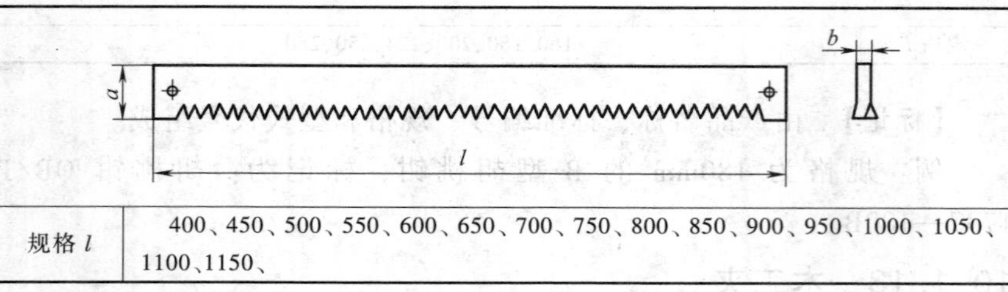

规格 l	400、450、500、550、600、650、700、750、800、850、900、950、1000、1050、1100、1150、

【标记】 由产品名称、标准编号、规格和型式代号组成。

例：规格为 750mm，两面磨齿的锯条，标记为：木工锯条

QB/T 2094.1—750L。

10.2.2　木工带锯条

带锯机是以环状无端的带锯条为锯割工具，绕在两个锯轮上做单向连续的直线运动来锯切木材的锯机。

【结构】 主要由床身、锯轮、上锯轮升降和仰俯装置、带锯条张紧装置、锯条导向装置、工作台、导向板等组成。床身由铸铁或钢板焊接制成。

1. 木工带锯条

【用途】 开齿后，安装在带锯机上锯圆木、原木等木材大料。

【材料】 采用 65Mn、T8 或同等性能以上的材料。

【硬度】 硬度为 423~493HBW，同条硬度差不得大于 50HBW。

【抗拉强度】 抗拉强度≥1422MPa，伸长率≥5‰。

【规格】 木工带锯条的规格见表 10-16。

表 10-16　木工带锯条的规格（JB/T 8087—1999）

（单位：mm）

宽度 b	厚度 δ	最小长度 l	宽度 b	厚度 δ	最小长度 l
6.3	0.40、0.50	7500	90	0.80、0.90	7500
10、12.5、16	0.40、0.50、0.60		100	0.80、0.90、1.00	8500
20、25、32	0.40、0.50、0.60、0.70		125	0.90、1.00、1.10	
40	0.60、0.70、0.80		150	1.00、1.10、1.25、1.30	
50、63	0.60、0.70、0.80、0.90		180	1.25、1.30、1.40	12500
75	0.70、0.80、0.90		200	1.30、1.40	

【标记】 宽度为 100mm，厚度为 0.8mm 的木工带锯条，标记为：木工带锯条 100×0.8 JB/T 8087—1999。

2. 细木工带锯条

细木工带锯条的技术数据见表 10-17。

10.2.3　木工绕锯条

【用途】 用于在木材等软质工件上锯圆弧、曲线和凹凸面。

表 10-17　细木工带锯条的技术数据（GB/T 21690—2008）

（单位：mm）

宽度 b	厚度 δ	齿距 p	宽度 b	厚度 δ	齿距 p
6.3	0.5	4	20、25	0.7	8
10	0.5	6.3	(30)、32、(35)	0.7	10
12.5、16	0.6	6.3	40、(45)	0.8	10
20、25	0.5	6.3	50、63	0.9	12.5

注：尽可能不采用（　）内的尺寸。

【材料】 采用65Mn冷轧带钢或同等性能以上的材料。

【硬度】 锯条的硬度不应小于73HRA；经硬化处理的锯齿部位的硬度不应小于570HV。

【分类】 木工绕锯条按外形分为A、B型，按锯齿加工型式分为两面磨齿（L）、三面磨齿（S）和冲压齿（C）三种。

【规格】 木工绕锯条的基本尺寸见表10-18。

表 10-18　木工绕锯条的基本尺寸（QB/T 2094.4—2015）

（单位：mm）

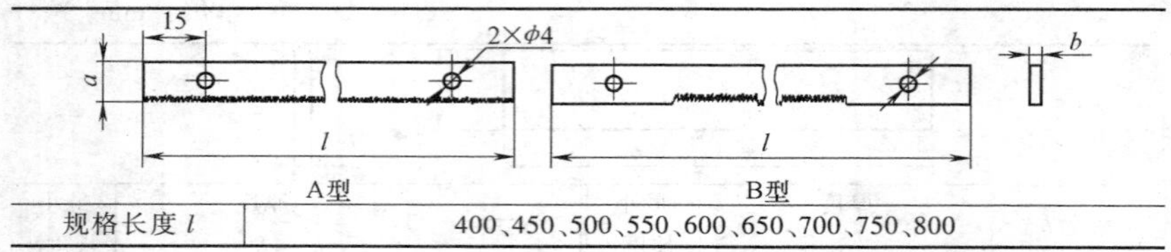

规格长度 l	400、450、500、550、600、650、700、750、800

【标记】 由产品名称、标准编号、规格和产品型式代号组成。

例：

1）规格为600mm的A型两面磨齿锯条，标记为：木工绕锯条 QB/T 2094.4-600AL。

2）规格为550mm的B型冲压齿锯条，标记为：木工绕锯条 QB/T 2094.4-550BC。

10.2.4　木工圆锯片

圆锯片厚度系列（mm）为0.8、1.0、1.2、1.6、2、2.5、3.2和4。

孔径系列（mm）为12.5、20、30、40、60和85。

【用途】 安装在木工圆锯机上锯木材、人造板等木料。

【规格】　木工圆锯片的规格见表 10-19。

表 10-19　木工圆锯片的规格（GB/T 21680—2008）

（单位：mm）

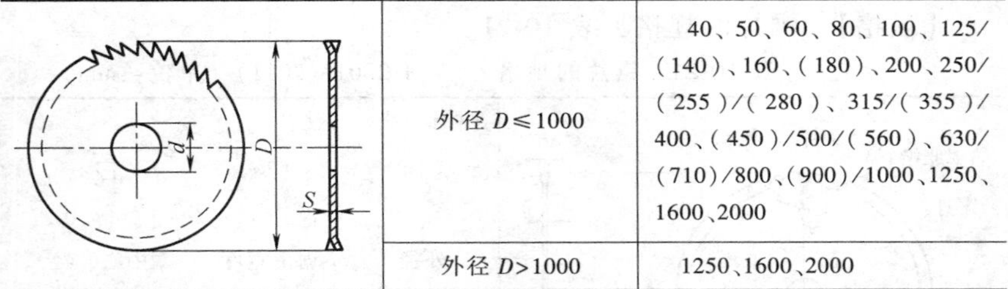	外径 $D\leqslant1000$	40、50、60、80、100、125/(140)、160、(180)、200、250/(255)/(280)、315/(355)/400、(450)/500/(560)、630/(710)/800、(900)/1000、1250、1600、2000
	外径 $D>1000$	1250、1600、2000

10. 2. 5　木工硬质合金圆锯片

【用途】　安装在圆锯机上锯木材、人造棉、塑料及有色金属等。

【规格】　木工硬质合金圆锯片的规格见表 10-20。

表 10-20　木工硬质合金圆锯片的规格（GB/T 14388—2010）

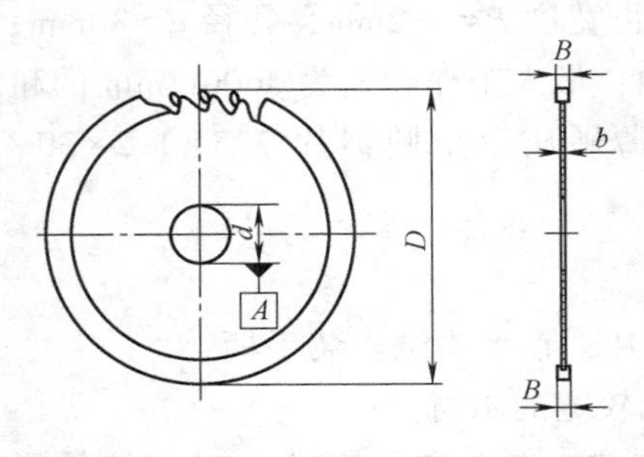	【齿形】有平齿、梯形齿、左斜齿、右斜齿几种。 【材料和硬度】锯齿用 K30 或不低于其材料性能的其他牌号硬质合金；锯身用 65Mn 或不低于其性能的其他牌号材料，其硬度不低于 38HRC。
	外径 D(mm) 有 100、125、(140)、160、(180)、200、(225)、250、(280)、315、(355)、400、(450)、500、(560)、630

注：(　) 内的尺寸尽量不采用。

【标记】　外径 $D=200$mm，锯齿宽度 $B=2.5$mm，孔径 $d=30$mm，锯齿形状为左右斜齿，齿数为 32 的木工硬质合金圆锯片，标记为：木工硬质合金圆锯片 200×2.5×30　X_zX_Y32 GB/T 14388—2010。

10. 2. 6　超薄硬质合金圆锯片

【用途】　用于锯切木地板表板、百叶窗板条、铅笔板、人造板、塑料及有色金属等材料。

【材料和硬度】　刀片材料的性能等级不应低于 YG8，锯身材料的成分为：w(C) = 0.75～0.85，w(Si) ≤ 0.35，w(Mn) ≤ 0.50，

$w(P) \leqslant 0.03$，$w(S) \leqslant 0.03$，$w(Ni) = 1.3 \sim 2.0$，$w(Cr) = 0.2 \sim 0.5$，或采用不低于该材料性能的其他合金工具钢；锯身硬度不低于45HRC。

【规格】 锯片的规格见表10-21。

表10-21 锯片的规格（LY/T 2001—2011）（单位：mm）

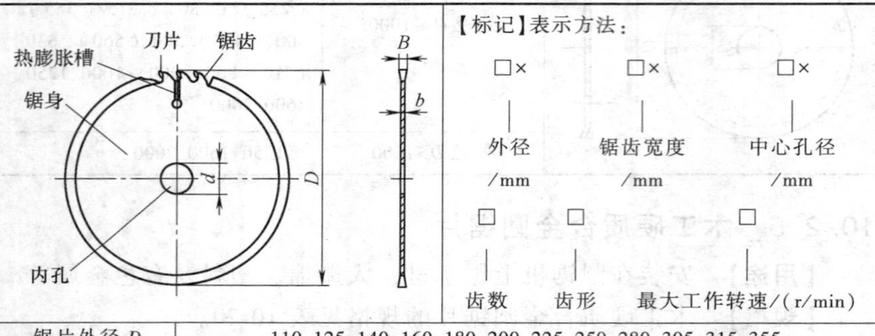

锯片外径 D	110、125、140、160、180、200、225、250、280、305、315、355

【标记】 外径 $D=225$mm，锯齿宽度 $B=1.2$mm，孔径 $d=30$mm；齿形为左右斜齿和平齿；齿数为24；最大工作转速为3600r/min的超薄硬质合金圆锯片，标记为：超薄硬质合金圆锯片 225×1.2×30×24 X_zPY_z3600。

10.2.7 手板锯

手板锯是一片有大、小头的锯片，在大头端安装手柄。

【用途】 用于锯割一般木材或较宽的木材。

【型式】 按手柄结构分为固定式（G）和分解式（F）；按外形分为普通型（无代号）和直柄型（Z）。

【材料】 锯片应采用65Mn冷轧钢带或具有同等性能以上的材料；手柄应采用符合相关标准要求的金属、硬木、工程塑料或其他材料。

【硬度】 锯片的硬度不应小于73HRA。经硬化处理的锯齿部位的硬度不应小于570HV。

【规格】 手板锯的型式和规格见表10-22。

【标记】 由产品名称、标准编号、规格和产品型式代号组成。

例：规格为500mm的固定式普通型、两面磨齿手板锯，标记为：手板锯 QB/T 2094.3-500GL。

表 10-22　手板锯的型式和规格（QB/T 2094.3—2015）　（单位：mm）

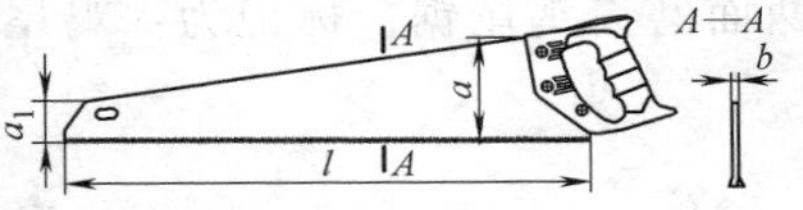 固定式普通型手板锯(G) 长度l:300、350、400、450、500、550、600	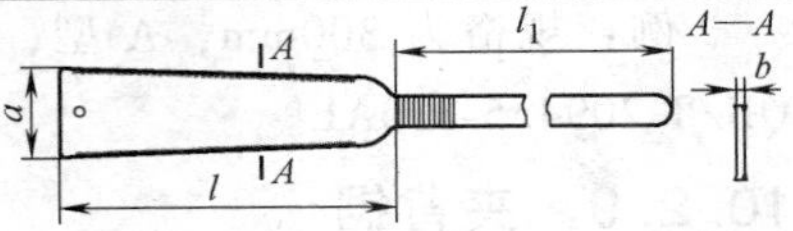 固定式直柄型手板锯(GZ) 长度l:300、350、400、450
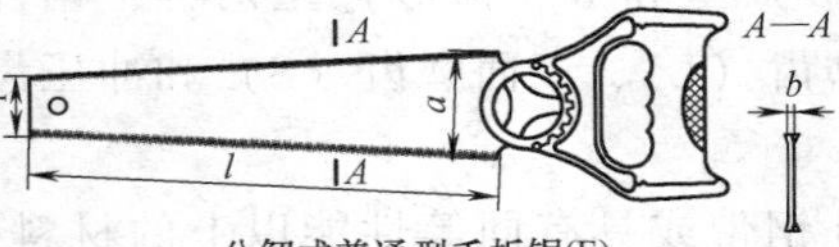 分解式普通型手板锯(F) 长度l:300、350、400、450	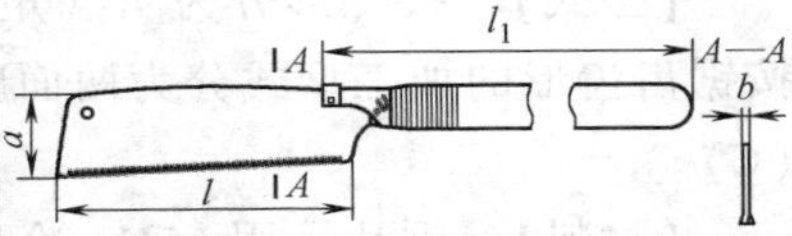 分解式直柄型手板锯(FZ) 长度l:265、300、350

10.2.8　鸡尾锯

【用途】　用于锯割一般木材上的狭小孔槽，也可修锯林木树枝。

【型式】　锯片有 A 型、B 型；按锯齿齿形的加工型式分为两面磨齿（L）、三面磨齿（S）和冲压齿（C）。

【材料】　锯片采用 65Mn 冷轧钢带、T8 冷轧钢带，或具有同等性能以上的材料；锯柄应采用硬木或塑料制造。

【硬度】　锯片硬度为 423HV 以上。

【规格】　鸡尾锯的规格见表 10-23。

表 10-23　鸡尾锯的规格（QB/T 2094.5—2015）　（单位：mm）

A 型	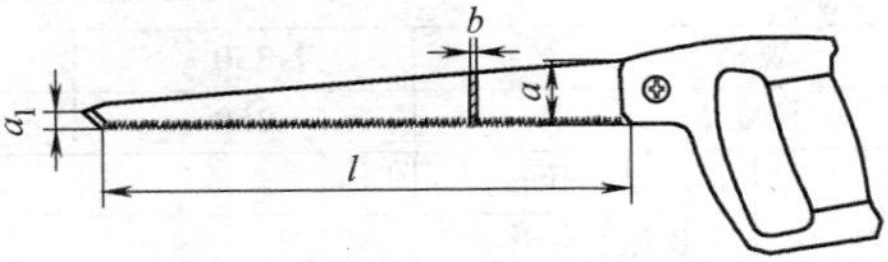			
长度 l	250	300	350	400
厚度 δ	0.85、0.90、1.00、1.20			
B 型	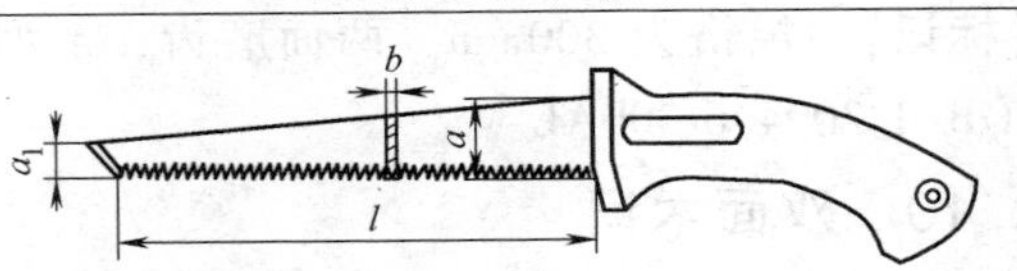			
长度 l	125	150	175	200
厚度 δ	1.2、1.5、2.0、2.5			

【标记】 由产品名称、标准编号、规格和产品型式代号组成。

例：规格为 300mm，A 型，两面磨齿鸡尾锯，标记为：鸡尾锯 QB/T 2094.5-300AL。

10.2.9 夹背锯

【用途】 用于锯切木材的细槽或贵重物件。

【型式】 按外形分为 A（矩形）型和 B（梯形）型两种；锯片按锯齿齿形的加工型式分为两面磨齿（L）、三面磨齿（S）和冲压齿（C）。

【材料】 锯片采用 65Mn 冷轧钢带或具有同等性能以上的材料；夹背件采用金属材料；手柄采用符合相关标准要求的金属、硬木、工程塑料或其他材料。

【硬度】 锯片硬度为 73HRA 以上。经硬化处理的锯齿部位硬度为 570HV 以上。

【规格】 夹背锯的规格见表 10-24。

表 10-24 夹背锯的规格（QB/T 2094.6—2015）

（单位：mm）

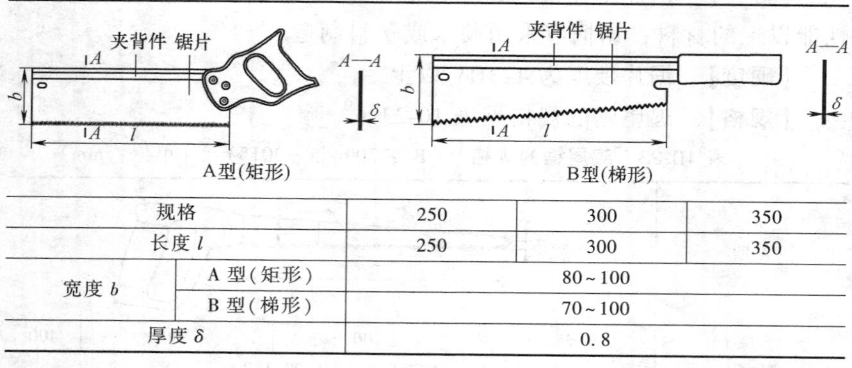

规格		250	300	350
长度 l		250	300	350
宽度 b	A 型（矩形）	80～100		
	B 型（梯形）	70～100		
厚度 δ		0.8		

【标记】 规格为 300mm，两面磨齿，A 型夹背锯，标记为：夹背锯 QB/T 2094.6-300AL。

10.2.10 双面木锯

【用途】 双面木锯两面锯齿的粗细不同，用于锯割大面积薄板。

【规格】 双面木锯的规格见表 10-25。

表 10-25　双面木锯的规格

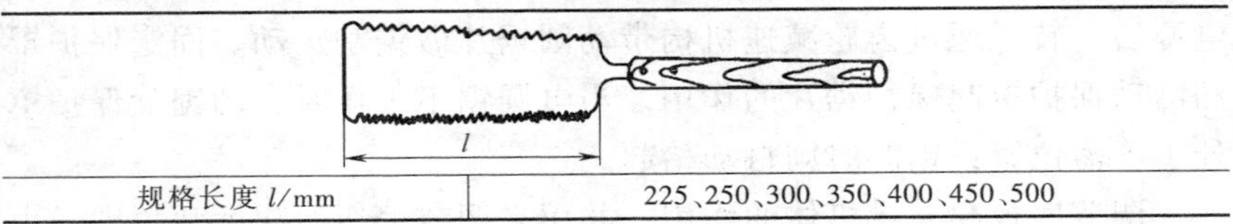

规格长度 l/mm	225、250、300、350、400、450、500

10.2.11　弯把锯

【用途】　用于手工伐木和造材等。

【规格】　弯把锯的规格见表 10-26。

表 10-26　弯把锯的规格

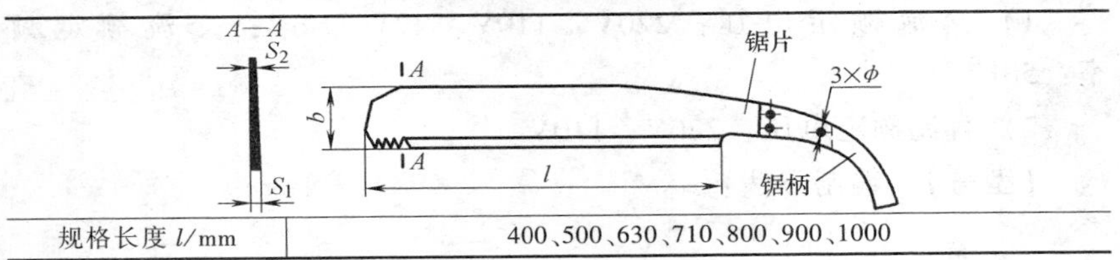

规格长度 l/mm	400、500、630、710、800、900、1000

10.2.12　手提式电圆锯

手提式电圆锯是以单相串励电动机为动力，通过传动机构驱动圆锯片进行锯割的工具。

【用途】　用于对木材、纤维板、塑料（配用切割塑料锯片）和软电缆，以及类似材料进行开槽（配用开槽刀）和锯割加工。

【种类】　有手提式电圆锯、台式圆锯机等。

【结构】　主要由电动机、锯片（高碳钢、合金钢）、调节底板等构成（见图 10-6）。

图 10-6　手提式电圆锯的结构

【材料】　锯片常用钨钴类（YG）和钨钛类（YT）硬质合金制成。

【工作原理】　圆锯片由内、外锯片夹盘夹紧在传动小轴上，小

轴的内侧装有斜齿轮（与电动机转子驱动轴上的斜齿相啮合）。接通电源后，转子通过齿轮减速机构带动圆锯片做锯割运动。固定保护罩和活动保护罩起保护锯片的作用。当电圆锯不工作时，动锯片保护罩处于下落位置；锯割时则自动抬起。

调节底板起支承机体的作用，并用来调节锯切的深度和角度，由螺母和下锯角调节螺母固定在固定防护罩及连接板上。锯深调节螺母可调节底板的高度（即调节锯切深度）；下锯角调节螺母可调节锯切角度。

【电源】

1）交流额定电压：220V、110V、42V、36V；交流额定频率：50Hz。

2）直流额定电压：220V、110V。

【型号】 编制方法：

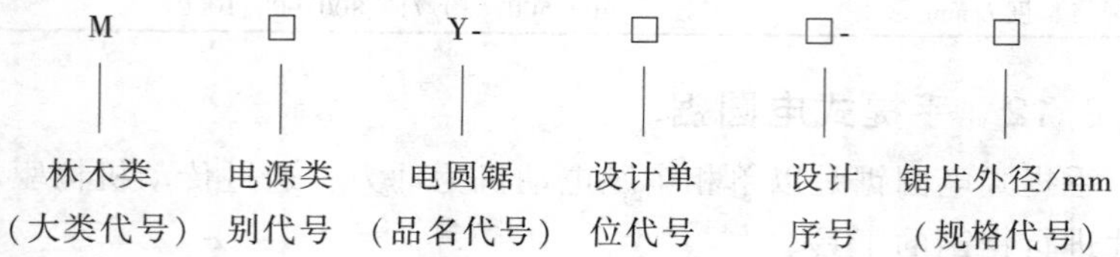

【基本参数】 电圆锯的基本参数见表10-27。

表10-27 电圆锯的基本参数（GB/T 22761—2008）

规格[（最大外径/mm）×（孔径/mm）]	额定输出功率/W ≥	额定转矩/N·m ≥	最大锯割深度/mm ≥	最大调节角度/（°） ≥
160×30	550	1.70	55	45
180×30	600	1.90	60	
200×30	700	2.30	65	
235×30	850	3.00	84	
270×30	1000	4.20	98	

注：规格指可使用的锯片最大外径×孔径，型号在其前面冠以“M1Y-”。

10.2.13 台式电圆锯

台式电圆锯是以单相串励电动机为动力，通过传动机构驱动圆锯片进行锯割作业的工具。

【用途】 用于对木材、纤维板、塑料和类似材料进行锯割作业。

【结构】 台式圆锯机的结构如图 10-7 所示。

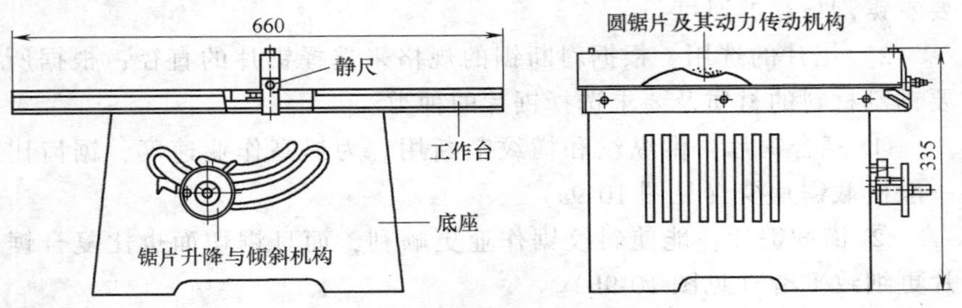

图 10-7　台式圆锯机的结构

10.2.14　转台斜断锯

【用途】 不仅可将锯料垂直切断，而且可以切成某一斜角。

【分类】 有单一型和复合型两种。

【结构】 转台斜断锯的外形和结构如图 10-8 所示。

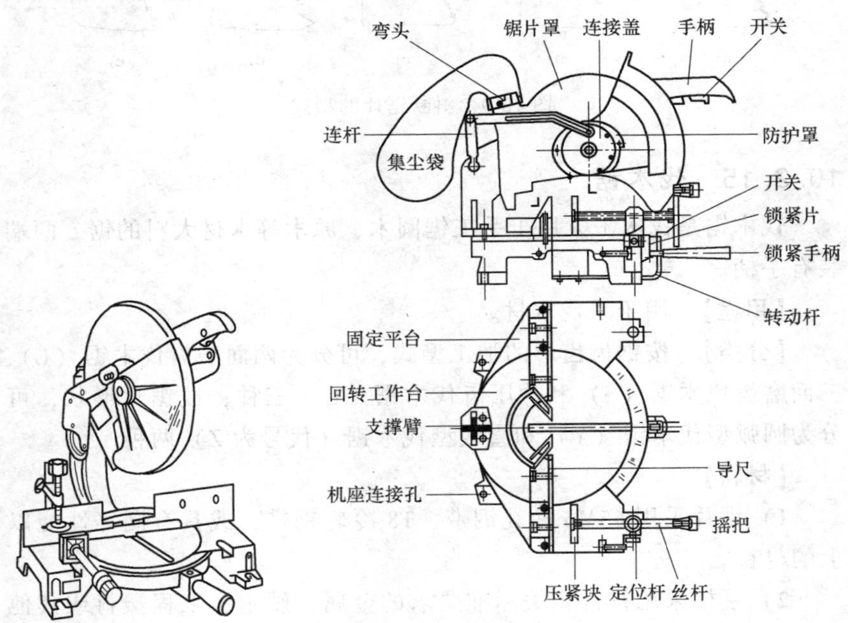

图 10-8　转台斜断锯的外形和结构

【选用】 转台式斜断锯的选用。

1）斜断锯的选用：一般根据所锯割材料的宽度来选择，有时也要看锯割材料的厚度。

2）锯片的选用：根据斜断锯的规格来选择锯片的直径；根据所要锯割材料的材质及要求选择锯片的种类。

① 复合锯片：供纵纹和横纹裁断用。为提高作业速度，锯齿比一般横截锯片少（见图 10-9a）。

② 横截锯片：能使斜纹锯作业更顺利，而且锯切面也比复合锯片更细致平滑（见图 10-9b）。

③ 斜切锯片：锯切木材和锯材细致平滑（见图 10-9c）。

④ 凿形齿复合锯片：供纵纹和横纹裁断用（见图 10-9d）。

⑤ 硬质合金锯片：主要用于锯截钢材等高强度材料，经久耐用（见图 10-9e）。

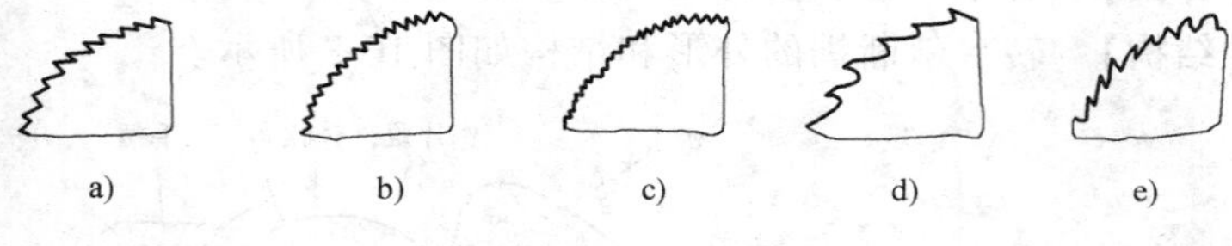

图 10-9　斜断锯片的型式

10.2.15　伐木锯

伐木锯是伐木工人用于手工锯圆木、原木等木材大料的锯，两端装有手柄。

【用途】 用于采伐木材。

【分类】 按锯齿齿形的加工型式，可分为两面磨齿伐木锯（L）、三面磨齿伐木锯（S）和冲压齿伐木锯（C）三种；按锯片形状，可分为圆弧型伐木锯（Y）和直线型伐木锯（代号为 Z）两种。

【材料】

1）锯片采用 65Mn 冷轧钢带、T8 冷轧钢带，或具有同等性能以上的材料。

2）手柄采用符合相关标准要求的金属、硬木、工程塑料或其他材料。

【硬度】　锯片的硬度不应小于 73HRA，经硬化处理的锯齿部位的硬度不应小于 570HV。

【规格】　伐木锯的规格见表 10-28。

表 10-28　伐木锯的规格（QB/T 2094.2—2015）

（单位：mm）

直线形锯片	圆弧形锯片
直线形锯片长度 l	1000、1200、1400、1600
圆弧形锯片长度 l	1000、1200、1400、1600、1800

【标记】　由产品名称、标准编号、规格和产品型式代号组成。

例：规格为 1000mm，两面磨齿的圆弧形伐木锯，标记为：伐木锯 QB/T 2094.2-1000YL。

10.3　钻削工具

10.3.1　木工机用麻花钻

【用途】　用于钻削各种木材孔。

【型别】　有Ⅰ、Ⅱ、Ⅲ型。

【材料】　采用 45 钢或同等以上性能的材料。

【热处理】　淬硬范围在不小于离钻尖 3/5 刃沟的长度上，且工作部分的硬度不低于 40HRC。

【规格】　木工机用麻花钻的规格见表 10-29。

表 10-29　木工机用麻花钻的规格（JB/T 5737—1991）

（单位：mm）

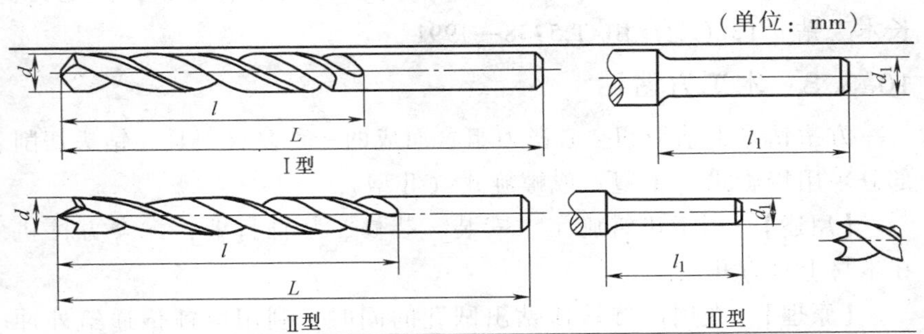

（续）

d	Ⅰ型	3、4、5、6、7、8、9、10、11、12、13、14、15、16、18、20、22、24、26、28、30、32、34、36、38、40
	Ⅱ、Ⅲ型	3、4、5、6、7、8、9、10、11、12、13、14、15、16、18、20、22、24、26、28、30、32、34、36、38、40、45、50

【标记】 直径 d = 12mm（Ⅰ型）的木工麻花钻，标记为：木工钻 *d* 12（Ⅰ）JB/T 5737—1991。

10.3.2 木工机用长麻花钻

【用途】 用于钻削各种木材深孔。

【型别】【材料】【热处理】 同木工机用麻花钻。

【规格】 木工机用长麻花钻的规格见表 10-30。

表 10-30 木工机用长麻花钻的规格（JB/T 5738—1991）

（单位：mm）

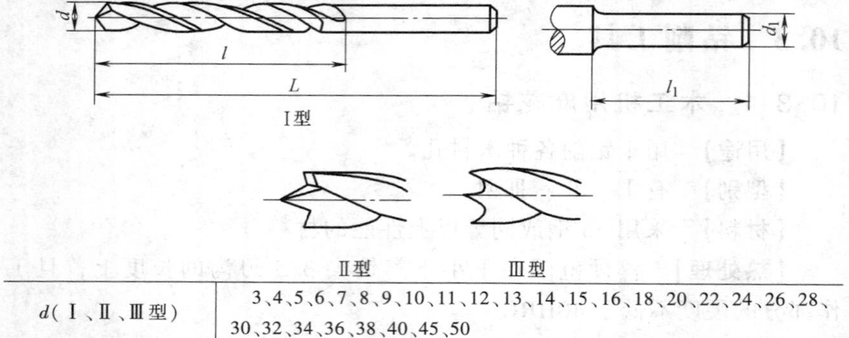

d（Ⅰ、Ⅱ、Ⅲ型）	3、4、5、6、7、8、9、10、11、12、13、14、15、16、18、20、22、24、26、28、30、32、34、36、38、40、45、50

【标记】 直径 d = 12mm（Ⅰ型）的木工机用麻花钻，标记为：长木工钻 *d* 12（Ⅰ）JB/T 5738—1991。

10.3.3 木工方凿钻

方凿钻是由钻头和空心凿刀组合而成的一种复合刀具，钻头切削部分采用蜗旋式（Ⅰ型）或螺旋式（Ⅱ型）。

【用途】 用于建筑施工、安装、装修、装饰行业，配合方榫机在木材上打方孔。

【原理】 在用内旋转体钻出圆孔的同时，利用电锤传递给外冲击体的冲击力，破碎圆孔与方头壁之间的材料，一次性加工成方孔，且碎尘能从出渣管排出。

【材料】 空心凿刀：采用 T7A 优质碳素工具钢，或 45 优质碳素结构钢，或不低于上述材料性能的其他材料；钻头：采用 45 优质碳素结构钢，或 65Mn 弹簧钢，或不低于上述材料性能的其他材料。

【硬度】 钻头、空心凿刀切削部分：45 钢的硬度为 45~50HRC；T7A 的硬度为 56~62HRC；65Mn 的硬度为 55~60HRC。

【规格】 木工方凿钻空心凿刀的规格见表 10-31。

表 10-31 木工方凿钻空心凿刀的规格（JB/T 3872—2010）

（单位：mm）

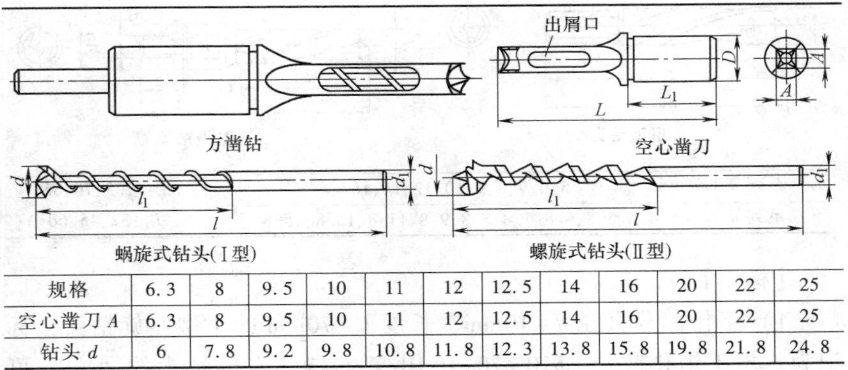

规格	6.3	8	9.5	10	11	12	12.5	14	16	20	22	25
空心凿刀 A	6.3	8	9.5	10	11	12	12.5	14	16	20	22	25
钻头 d	6	7.8	9.2	9.8	10.8	11.8	12.3	13.8	15.8	19.8	21.8	24.8

【标记】

1）方凿钻规格为 8mm，空心凿刀正方形边长 A=8mm，钻头头部直径 d=7.8mm，切削部分螺旋式钻头为Ⅱ型，标记为：木工方凿钻Ⅱ8　JB/T 3872—2010。

2）正方形边长 A=8mm 的空心凿刀，标记为：空心凿刀 8　JB/T 3872—2010。

3）钻头头部直径 d=7.8mm，工作部分为蜗旋式的钻头，标记为：钻头 8　JB/T 3872—2010。

10.3.4 木工销孔钻

【用途】 用于在木工钻床上钻削各种木材和人造板的销孔。

【材料】 钻头采用 W6Mo5Cr4V2、W18Cr4V 高速工具钢，或不低于其性能的其他高速工具钢；钻头工作部分的硬度为58~65HRC。

【规格】 木工销孔钻的规格见表10-32。

表10-32 木工销孔钻的规格（JB/T 9947—2018）

（单位：mm）

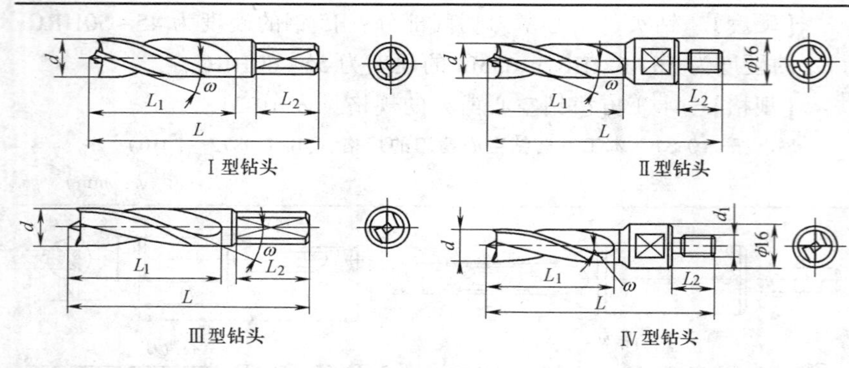

第一系列 d	5、6、7、8、9、10、12、14、16	L:57.5、70、85
第二系列 d	4.8、5.8、6.8、7.8、8.8、9.8、11.8、13.8、15.8	L_1:32、45、60

【标记】

1）工作部分直径 d=10mm，长度 L=70mm 的Ⅰ型左旋钻头，标记为：木工销孔钻 左 ϕ10×70-Ⅰ JB/T 9947（右旋钻头的“右”可省略）。

2）工作部分直径 d=10mm，长度 L=70mm，螺纹为 M8 左的Ⅱ型左旋钻头，标记为：木工销孔钻 M8 左×ϕ10×70-Ⅱ JB/T 9947（右旋钻头的“右”可省略）。

10.3.5 木工硬质合金销孔钻

【用途】 用于在木工钻床或木工加工中心上钻削各种天然木材和人造板销孔。

【型式】 有A型（整体硬质合金通孔钻）、B型（整体硬质合金盲孔钻）、C型（单粒硬质合金通孔钻）和D型（单粒硬质合金盲孔钻）。其中A型、B型都采用硬质合金棒与柄都焊接的型式，左旋柄端部带有环形辨识槽；C型、D型采用硬质合金粒与钻体焊接的型式。

【材料】　柄部或钻体采用 45 钢或者不低于其性能的优质碳素结构钢；切削部分采用 K10 或不低于其材料性能的硬质合金。

【规格】　木工硬质合金销孔钻的规格见表 10-33。

表 10-33　木工硬质合金销孔钻的规格（JB/T 10849—2008）

（单位：mm）

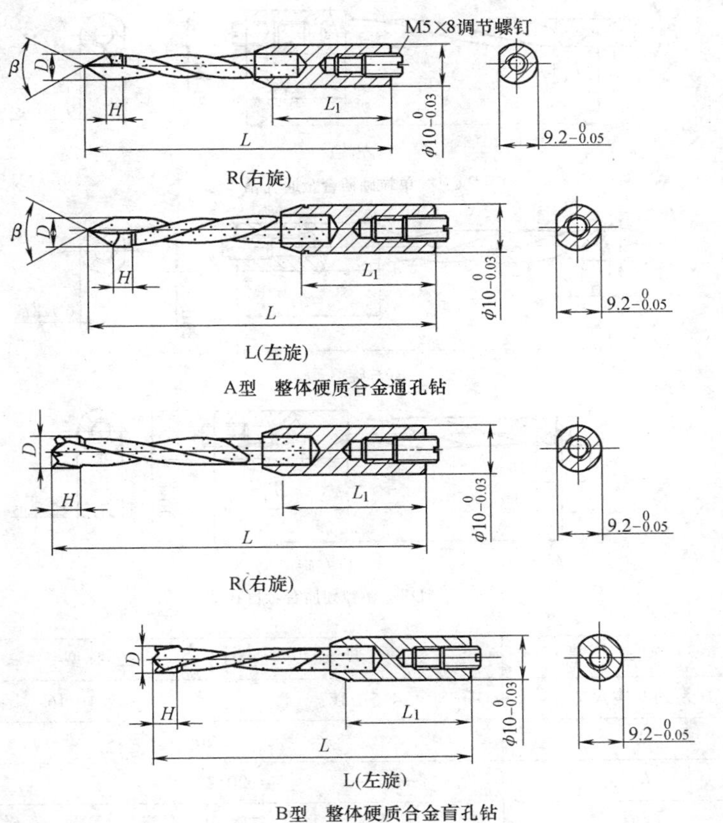

A型　整体硬质合金通孔钻

B型　整体硬质合金盲孔钻

D 系列基本尺寸		3、4、5、6、7、8	旋向
A 型、B 型	L	57、70	L—左旋
	L_1	20、27	R—右旋

（续）

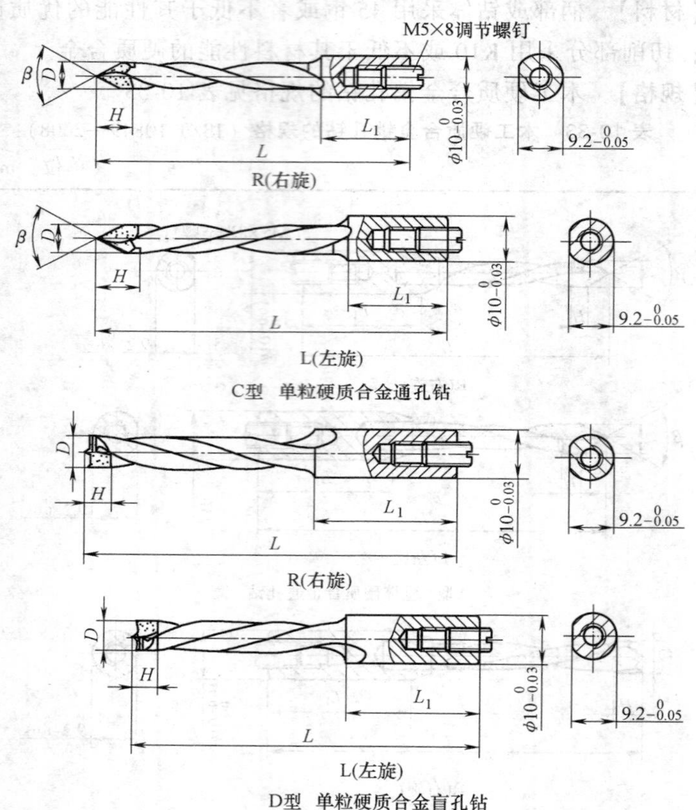

C型 单粒硬质合金通孔钻

D型 单粒硬质合金盲孔钻

型式	C 型	D 型
D 系列基本尺寸	4、5…16	3、4…16
L	57、70	
L_1	20、27	
旋向	L—左旋，R—右旋	

【标记】 工作部分直径为 6mm，总长度 L 为 70mm，B 型，左旋的整体硬质合金盲孔钻，标记为：木工硬质合金销孔钻 6×70B L JB/T 10849—2008（右旋钻头的“右”可省略）。

10.4　刨削工具

10.4.1　电刨和刨刀

1. 电刨

【用途】　刨削木材。

【型式】　有直流电刨和交直流两用的单相串励电刨。

【电源】　交流额定电压：220V、110V、42V、36V；额定频率：50Hz。直流额定电压：220V、110V。

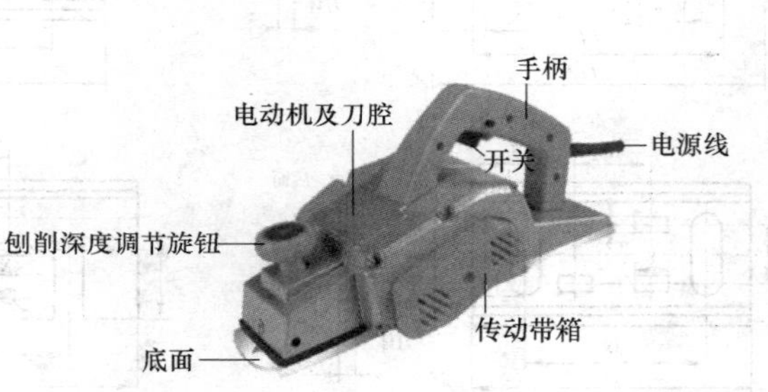

图 10-10　电刨的结构

【结构】　电刨的结构如图 10-10 所示。

【标记】　表示方法：

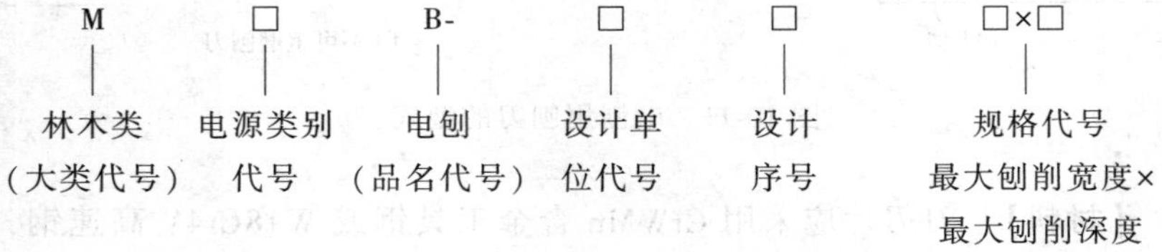

【基本参数】　电刨的基本参数见表 10-34。

表 10-34　电刨的基本参数（JB/T 7843—2013）

(刨削宽度/mm)×(刨削深度/mm)	额定输出功率/W　≥	额定转矩/N·m　≥	(刨削宽度/mm)×(刨削深度/mm)	额定输出功率/W　≥	额定转矩/N·m　≥
60×1	250	0.23	82(80)×3	400	0.38
82(80)×1	300	0.28	90×2	450	0.44
82(80)×2	350	0.33	100×2	500	0.50

2. 刨刀

【用途】　用于交直流两用和单相串励电刨的刨刀。

【型式】　刨刀分为单面刨刀和双面刨刀两种；每种又分为 A、B、C、D、E 五种型式（见图 10-11）。

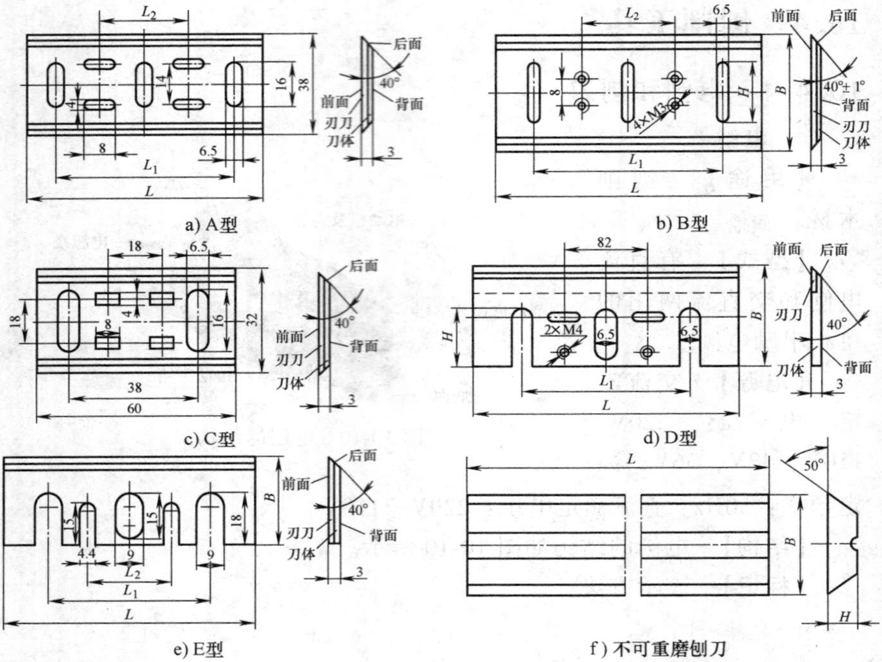

图 10-11　电刨用刨刀的型式

【材料】　刀刃片应采用 CrWMn 合金工具钢或 W18Cr4V 高速钢，刀体可采用 Q235-A 钢，或性能更高的其他材料；不可重磨刨刀刀片采用 65Mn、高速钢或硬质合金。

【硬度】　刨刀刃片部分：高速钢的硬度为 58~65HRC，合金工具钢的硬度为 56~63HRC。不可重磨刨刀刀片：65Mn 或合金工具钢的整体硬度应达到 56~63HRC，高速钢的硬度为 58~65HRC。

【型号】　编制方法：

DZ　　D　　□　　□□

DZ — 电动工具附件

D — 刨刀

□ — 刨刀型式（可重磨刨刀为 A、B、C、D、E）（不可重磨刨刀为 N）

□□ — 规格　刨刀长度（mm）

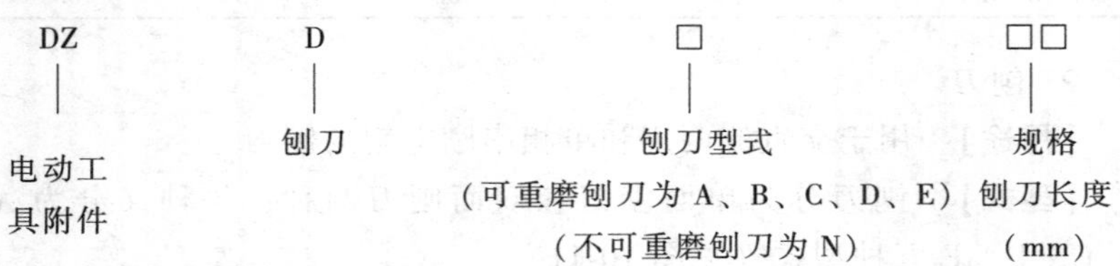

【规格】 电刨用刨刀的规格见表 10-35。

表 10-35 电刨用刨刀的规格（JB/T 9603—2013）

（单位：mm）

A 型(其余尺寸见图 10-11a)					
长度 L	固定孔中心距 L_1	调刀孔中心距 L_2	长度 L	固定孔中心距 L_1	调刀孔中心距 L_2
100	74	35	80	60	30
90	64	32	60	40	20

B 型(其余尺寸见图 10-11b)				
长度 L	宽度 B	固定孔中心距 L_1	固定孔 H	调刀孔中心距 L_2
90	39	64	20	32
80	38	60	16	26
60	34	40	15	16

C 型(所有尺寸见图 10-11c)
D 型
L=90,80,70,60(其余尺寸见图 10-11d)

E 型(其余尺寸见图 10-11e)			
长度 L	宽度 B	固定孔中心距 L_1	调刀孔中心距 L_2
100	30	70	35
90	28	58	29
80	28	52	26

不可重磨刨刀(见图 10-11f)	
材质	65Mn,高速钢,硬质合金
$L×B×H$	61×5.5×1.2、82×5.5×1.2、102×5.5×1.2、110×5.5×1.2

【标记】

1）刨刀长度 L=82mm 的 A 型刨刀，标记为：DZDA-82。

2）刨刀长度 L=110mm 的不可重磨刨刀，标记为：DZDN-110。

10.4.2 木工机用直刃刨刀

【用途】 用于在木工机床上加工木材平面。

【型式】 推荐采用三种型式：Ⅰ型（整体薄刨刀）、Ⅱ型（双金属薄刨刀）和Ⅲ型（带紧固槽的双金属厚刨刀）。

【材料】 切削部分采用 W6Mo5Cr4V2 高速工具钢、CrWMn 合金工具钢，或不低于其性能的其他材料；刀体采用 Q235 或不低于其性能的其他材料。

【硬度】 切削部分硬度：高速工具钢为 58～66HRC，合金工具钢为 56～63HRC。

【规格】 木工机用直刃刨刀的规格见表 10-36。

表 10-36 木工机用直刃刨刀的规格（JB/T 3377—2018）

（单位：mm）

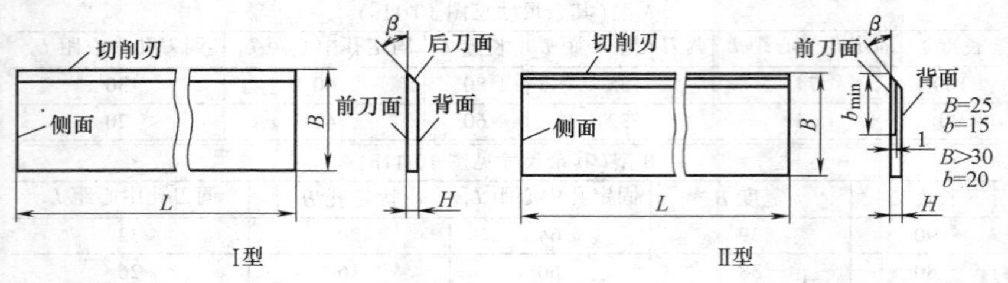

L	B	H	β(参考)
110、135、170、210、260、(310)、325	25、30、(35、45)	3、4	40°
410、(610)、640、(660)、810、1010、1260	30、35、40		

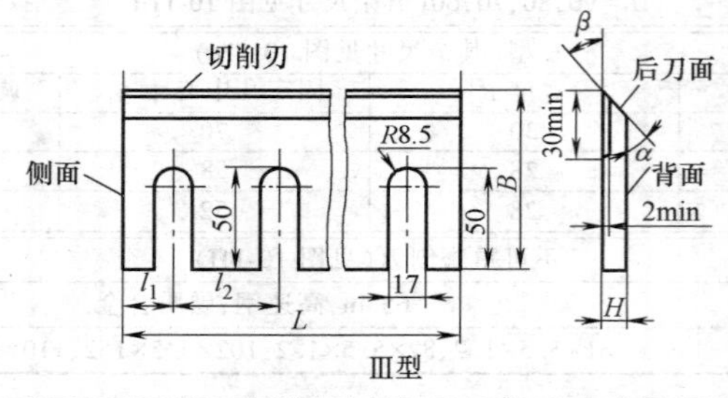

L	B	H	α(参考)	β(参考)	l_1	l_2	槽数
40	90、100	8、10	40°	42°	20	—	1
60					30	—	
80					20	40	2
110					25	60	
135					30	75	
170					25	60	3
210					35	70	
260					25		4
325					35	85	

10.4.3 木工机用异型刨刀

【用途】 刨削异型沟槽。

【材料】 刀刃应采用 W18Cr4V 或不低于其性能的其他材料，刀体应采用 Q235 或不低于其性能的其他材料。

【硬度】 刀刃钢热处理硬度为 59~63HRC（同片的硬度差不大于 3HRC，金相组织为回火马氏体，其针叶长度不大于三级，网状碳化物不超过二级）。

【规格】 木工机用异形刨刀规格见表 10-37。

表 10-37　木工机用异形刨刀规格（QB/T 1529—1992）

（单位：mm）

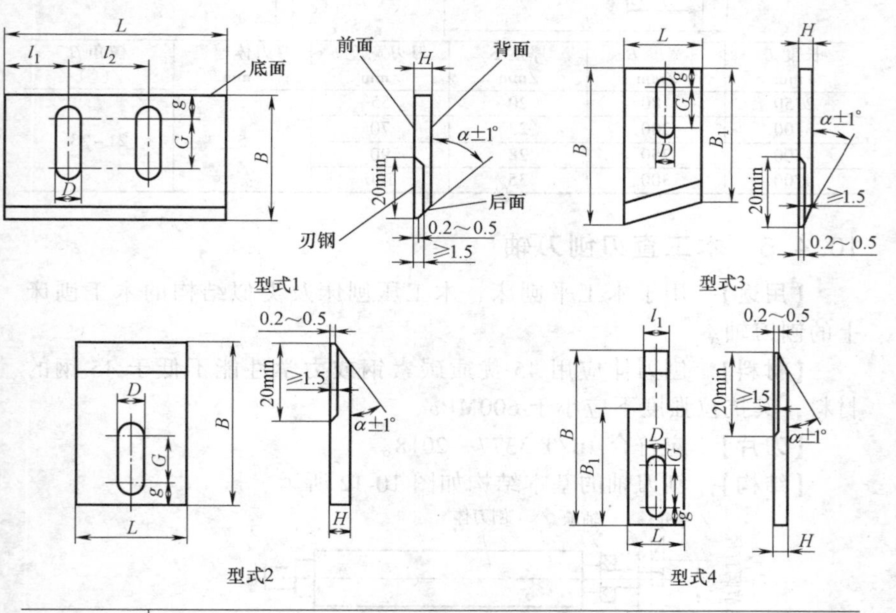

L	25、30、35、40、45、50、60、70、80、90、95、100、110、135、150、170、200

10.4.4　横向刨切机刨刀

【用途】 用于横向刨切机刨切单板和人造薄木。

【材料】 刀刃体宜采用 W6Mo5Cr4V2 高速工具钢、6CrW2Si 合金工具钢，或不低于其性能的其他材料；刀体材料应采用碳素结构钢或不低于其性能的其他材料。

【硬度】 刀刃体硬度应为 59~62HRC（同片的硬度差应不大于 2HRC）。

【规格】 刨刀的规格见表 10-38。

表 10-38 刨刀的规格（LY/T 1803—2008）

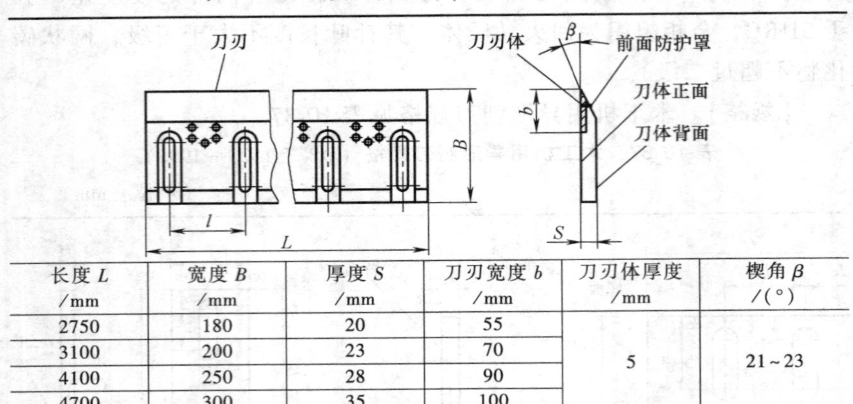

长度 L /mm	宽度 B /mm	厚度 S /mm	刀刃宽度 b /mm	刀刃体厚度 /mm	楔角 β /(°)
2750	180	20	55	5	21～23
3100	200	23	70		
4100	250	28	90		
4700	300	35	100		

10.4.5 木工直刃刨刀轴

【用途】 用于木工平刨床、木工压刨床及类似结构的木工刨床上的刨刀轴。

【材料】 刨刀体应用 45 优质碳素钢或力学性能不低于 45 钢的材料，其抗拉强度不应小于 600MPa。

【刀片】 应符合 JB/T 3377—2018。

【结构】 刨刀轴的基本结构如图 10-12 所示。

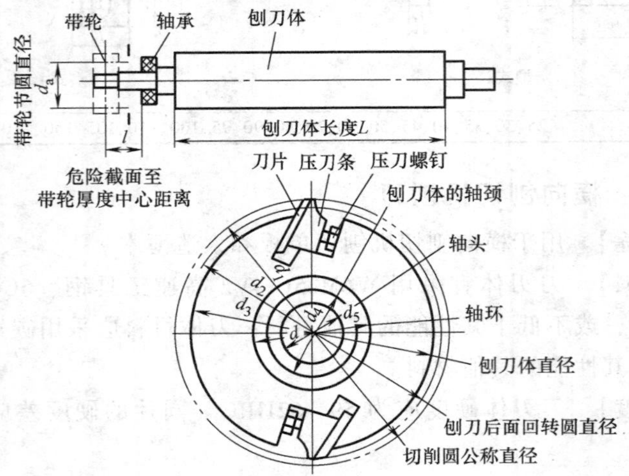

图 10-12 刨刀轴的基本结构

【尺寸】　刨刀轴的主要尺寸见表 10-39。

表 10-39　刨刀轴的主要尺寸（JB/T 4172—2015）

（单位：mm）

工作宽度	刨刀体长度 L	切削圆公称直径 d_1		刨刀体直径 d_3	刨刀体轴径 d_2
		额定值	最大值		
100	110	80	79.7	78	刀片后面回转圆直径 d_2 不准小于 d_3
125	135				
160	170	90	89.7	88	
200	210				
250	260	100	99.7	98	
(300)	(310)				
315	325				
400	410	(100)	(99.7)	(98)	
500	510	112	111.7	110	
(600)	(610)				
630	640	(120)	(119.7)	(118)	
(650)	(660)	125	124.7	123	
800	810				
1000	1010	140	139.7	138	
1250	1260				

注：1.（　）内尺寸在新设计中不允许使用。

2. d_1 中最大值仅适用平刨床和平压两种刨床。

【标记】　工作宽度为 800mm，切削圆公称直径为 125mm，安装 3 把刀片的刨刀轴，标记为：刨刀轴 800×125×3　JB/T 4172。

10.4.6　手提式平刨

刨削木材用的直流、交直流两用的单相串励电动工具。

【型号】　编制方法：

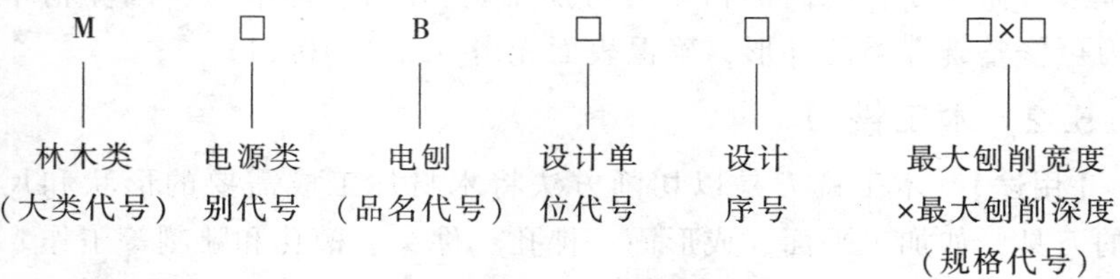

【结构】　手提式平刨的外形和结构如图 10-13 所示。

【基本参数】　手提式平刨的基本参数见表 10-40。

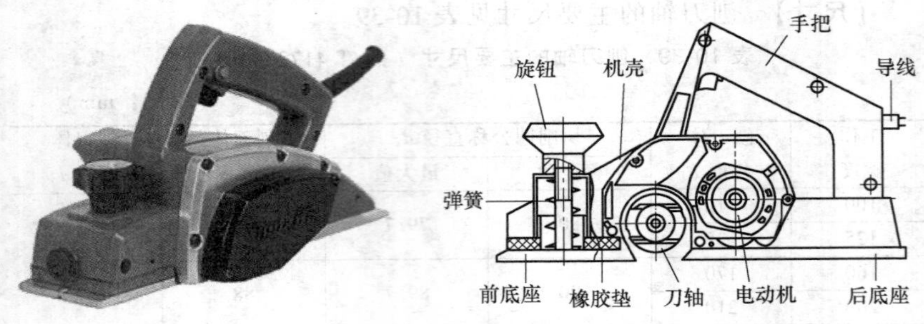

图 10-13　手提式平刨的外形和结构

表 10-40　手提式平刨的基本参数（JB/T 7843—2013）

(刨削宽度/mm)×(刨削深度/mm)	额定输出功率/W ≥	额定转矩/N·m ≥	(刨削宽度/mm)×(刨削深度/mm)	额定输出功率/W ≥	额定转矩/N·m ≥
60×1	250	0.23	82(80)×3	400	0.38
82(80)×1	300	0.28	90×2	450	0.44
82(80)×2	350	0.33	100×2	500	0.50

10.5　车铣磨工具

10.5.1　木工车刀

【种类】 常见木工车刀有粗胚半圆刀、斜平精车刀、外圆刀、截断车刀、碗内圆粗车刀和圆鼻精车刮刀。

【用途】 粗胚半圆刀可将木方或者不规则的木头加工成圆柱形；斜平精车刀可将木头表面不平滑部分修整平滑，也可切断或做 V 形槽；外圆刀可切弧形或者沟槽或者任何相似外形；截断车刀可加工槽或榫或者做切断；碗内圆粗车刀可加工碗/碟内、外形状；圆鼻精车刮刀可修整碗碟类的外形，确保表面光滑（见图 10-14）。

10.5.2　木工铣刀

【用途】 木工铣刀是以切削方法将木材加工成需要的形状和尺寸的刀具，如加工平面、成形面、榫孔、榫头、槽孔和雕刻等工作。

【种类】 按动力来源分，有手用和机用两种，前者用于单件生产中，后者用于成批和大量生产中；按结构分，有整体铣刀、装配式铣刀；按铣刀数量与类型分，有组合铣刀、复合铣刀；根据切削刃位

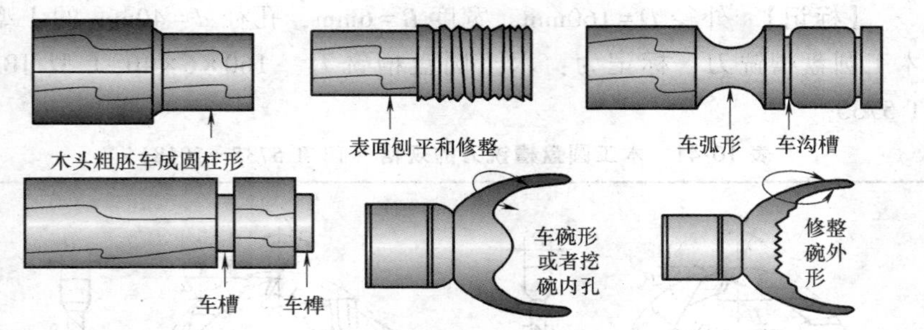

图 10-14　车刀的用途

置是否可变分，有可调铣刀和非可调铣刀；按用途分，有圆盘槽铣刀、双齿榫槽铣刀、圆柱铣刀、圆弧铣刀、单片指接铣刀、直刃镂铣刀等；按装卡方式分，有带孔套装铣刀和带柄铣刀两类。套装铣刀的结构有整体式、镶片式和组合式。

【型号】　编制方法：

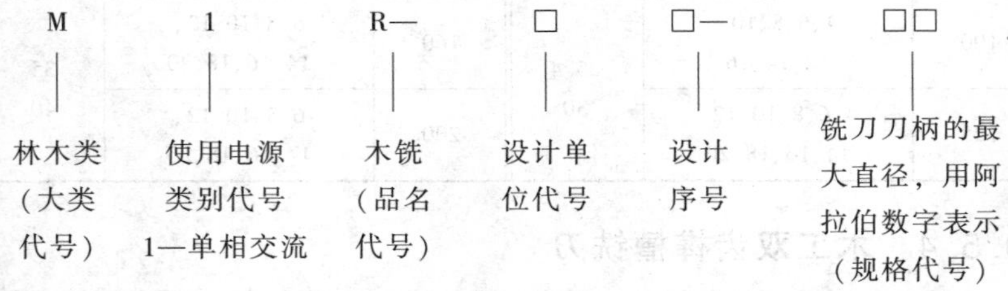

10.5.3　木工圆盘槽铣刀

【用途】　用于铣削木质构件的直角纵、横槽。

【材料】　切削部分采用 YG8、W6Mo5Cr4V2，或同等及以上性能的其他材料；刀体采用 45 钢或同等及以上性能的其他材料。

【硬度】　切削部分用高速钢制造的铣刀，其硬度为 59～63HRC，铣刀刀体的硬度不低于 30HRC。

【规格】　木工圆盘槽铣刀的规格见表 10-41。

它采用 ZG310-570 钢制造；可整体淬硬，也可以高频表面淬齿，大部分单位采用盐浴整体淬火；要求硬度为 50～55HRC；盐浴热处理工艺为 600～650℃盐浴预热，840～850℃加热淬硝盐水溶液，240～260℃硝盐回火。

【标记】 外径 $D=160$mm，宽度 $B=6$mm，孔径 $d=40$mm 的Ⅰ型木工圆盘槽铣刀，标记为：木工圆盘槽铣刀 160×6×40 Ⅰ型 JB/T 5735。

表 10-41 木工圆盘槽铣刀的规格（JB/T 5735—2018）

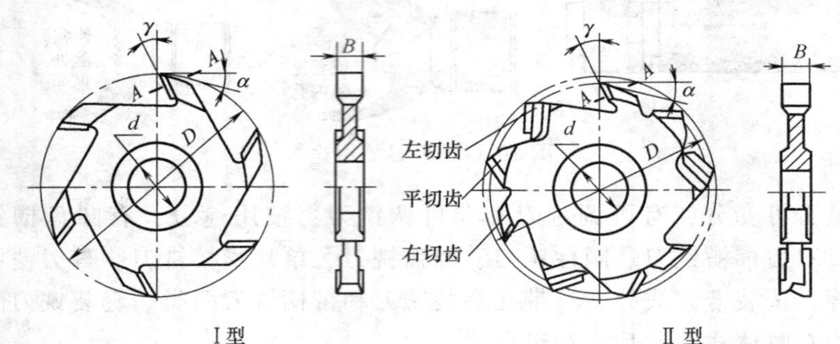

D	B	d	D	B	d
100	4、6、8、10、12、14、16	25.4 30	160	6、8、10、12、14、16、18、20	35 40
125	4、6、8、10、12、14、16、18、20		200	6、8、10、12、14、16、18、20	

10.5.4 木工双齿榫槽铣刀

【用途】 用于铣削木制构件的直角榫槽和榫头。

【材料】 切削部分采用硬质合金 K 系列及 W6Mo5Cr4V2 高速工具钢，或同等及以上性能的其他材料；刀体采用 45 钢或同等及以上性能的其他材料。

【硬度】 切削部分：采用高速工具钢制造的铣刀，其硬度为 59~63HRC；铣刀刀体的硬度不低于 30HRC。

【规格】 木工双齿榫槽铣刀的规格见表 10-42。

【标记】 外径 $D=160$mm，宽度 $B=10$mm，孔径 $d=40$mm 的铣刀，标记为：木工双齿榫槽铣刀 160×10×40 JB/T 5736。

10.5.5 木工硬质合金圆柱形铣刀

【用途】 同圆柱形铣刀，但使用寿命更长。

表 10-42　木工双齿榫槽铣刀的规格（JB/T 5736—2018）

（单位：mm）

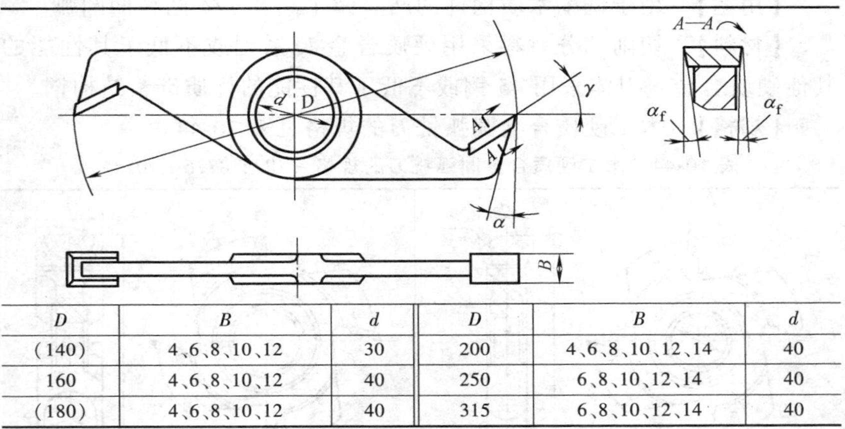

D	B	d	D	B	d
(140)	4、6、8、10、12	30	200	4、6、8、10、12、14	40
160	4、6、8、10、12	40	250	6、8、10、12、14	40
(180)	4、6、8、10、12	40	315	6、8、10、12、14	40

【材料】 切削部分采用 YG8 或不低于其材料性能的其他硬质合金；刀体采用 45 钢或不低于其材料性能的其他材料。

【规格】 圆柱形铣刀的规格见表 10-43。

表 10-43　圆柱形铣刀的规格（JB/T 10210—2000）

（单位：mm）

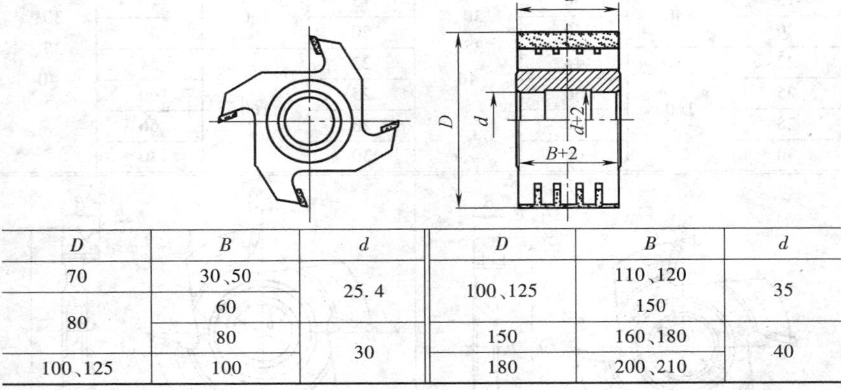

D	B	d	D	B	d
70	30、50	25.4	100、125	110、120 150	35
80	60				
	80	30	150	160、180	40
100、125	100		180	200、210	

【标记】 外径为 125mm，刃宽为 100mm，孔径为 40mm，齿数为 4 个的圆柱形铣刀，标记为：木工硬质合金圆柱形铣刀　125×100×40-4　JB/T 10210—2000。

10.5.6 木工硬质合金圆弧铣刀

【用途】 用于铣削木质构件的凸、凹半圆及 1/4 凸、凹圆弧。

【材料】 切削部分材料采用硬质合金 K 系列或不低于其性能的其他硬质合金；刀体采用 45 钢或不低于其性能的优质碳素结构钢。

【规格】 木工硬质合金圆弧铣刀的规格见表 10-44。

表 10-44 木工硬质合金圆弧铣刀的规格（JB/T 8776—2018）

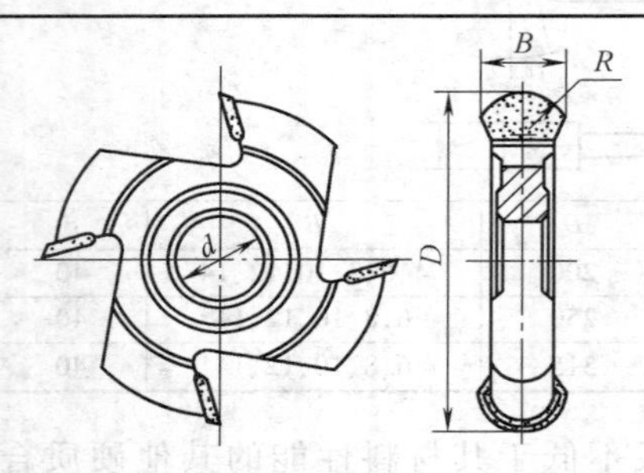

凸半圆弧铣刀

凹半圆弧铣刀

R	D	B	d	R	D	B	d
5	120	10	25.4、30、35、40	5	120	20	25.4、30、35、40
7.5		15		7.5		25	
10		20		10		30	
15	140	30		15	140	40	
20		40		20		50	
22	160	44		22	160	54	
25		50		25		60	
28		56		28		66	
30		60		30		70	

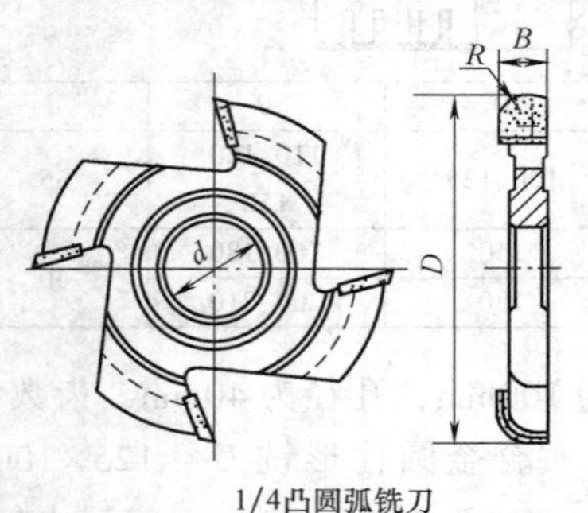

1/4凸圆弧铣刀

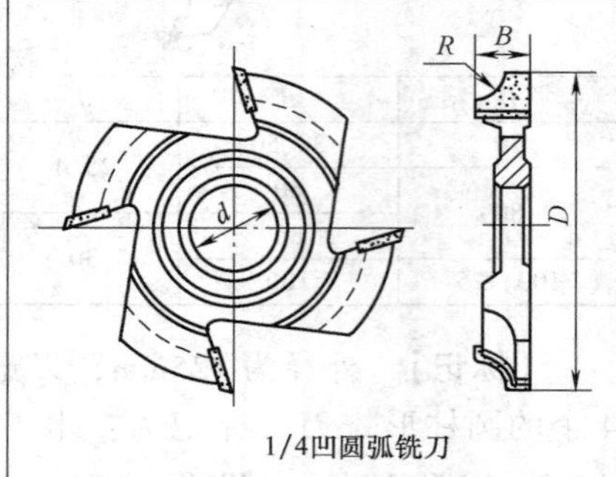

1/4凹圆弧铣刀

（续）

R	D	B	d	R	D	B	d
3	120	8	25.4、30、35、40	14	160	19	25.4、30、35、40
4		9		15		20	
5		10		16		21	
6	125	11		18	180	23	
7		12		20		25	
8		13		22		27	
9	140	14		24	220	29	
10		15		25		30	
11		16		26		31	
12	160	17		28	250	33	
13		18		30		35	

【标记】 圆弧半径 $R=20$mm，外径 $D=140$mm，刃宽 $B=40$mm，孔径 $d=30$mm 的凸半圆弧铣刀，标记为：木工硬质合金凸半圆弧铣刀　R20 140×40×30　JB/T 8776。

10.5.7 木工硬质合金单片指接铣刀

这种铣刀是一种厚度较小的铣刀。使用时，将各片铣刀迭起，用套筒和螺母或单独用螺母把铣刀紧固在一起。一组片铣刀的数量取决于被加工件的宽度或厚度。

【用途】 将木板端面铣成锯齿状接口，以便把它们结合起来（见图 10-15）。

图 10-15　指接铣刀的外形、加工状态和加工成品

【分类】 按指接铣刀的刃口数量，可分为两个刃口和四个刃口

两种；按指接铣刀的齿长大小，可分为短齿铣刀（齿长为 4～15mm）和长齿铣刀（齿长大于 15mm）两种；按指接铣刀的用途，可分结构材铣刀和非结构材铣刀。

【材料】 切削部分采用 YG8 或不低于其材料性能的其他硬质合金；刀体采用 45 钢或不低于其材料性能的其他材料。

【型式和尺寸】 木工硬质合金单片指接铣刀的型式和尺寸见表 10-45。

表 10-45 木工硬质合金单片指接铣刀的型式和尺寸（JB/T 10211—2000）

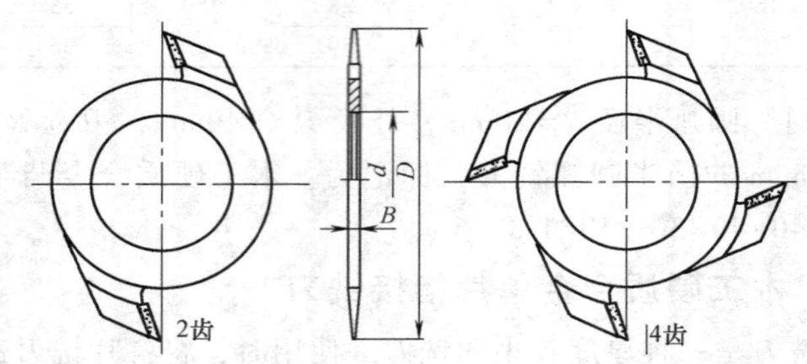

D/mm	B/mm	d/mm	齿数/个
160	4	40、50、70	2、4

【标记】 外径为 160mm，厚度为 4mm，孔径为 70mm，齿数为 2 个的杠硬质合金单片指接铣刀，标记为：木工硬质合金单片指接铣刀 160×4×70-2 JB/T 10211—2000。

10.5.8 木工硬质合金直刃镂铣刀

【用途】 用于铣削各种木材和人造板的槽和周边。

【材料】 刀片材料采用硬质合金 K 系列或不低于其性能的其他硬质合金材料；刀体采用 45 钢或不低于其性能的其他材料，其柄部硬度为 30～35HRC。

【规格】 木工硬质合金直刃镂铣刀见表 10-46。

【标记】 刃口直径 $D=12$mm，柄部直径 $d=12.7$mm，刃长 $l=30$mm，总长 $L=70$mm 的木工硬质合金直刃镂铣刀，标记为：木工硬质合金直刃镂铣刀 12×12.7×30×70 JB/T 8341。

表 10-46 木工硬质合金直刃镂铣刀（JB/T 8341—2018）

（单位：mm）

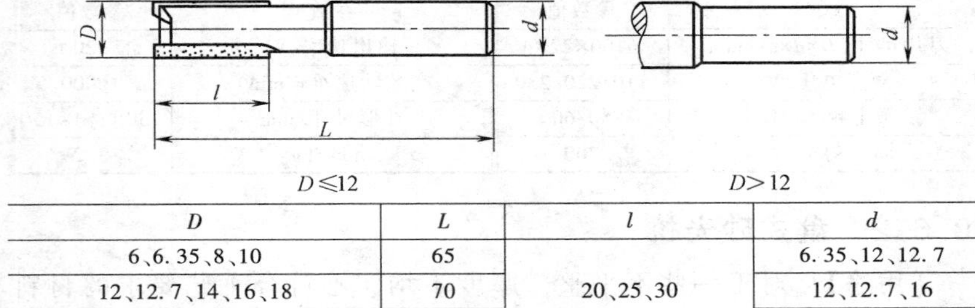

D	L	l	d
6、6.35、8、10	65	20、25、30	6.35、12、12.7
12、12.7、14、16、18	70		12、12.7、16
20、22、24、26、28、30	75		12、12.7、16

10.6 其他木工工具

10.6.1 木工开槽机

【用途】 装配方眼钻头，可在木料上凿方眼（去掉方眼钻头的方壳后，也可钻圆孔）。

【结构】 木工开槽机的结构如图 10-16 所示。

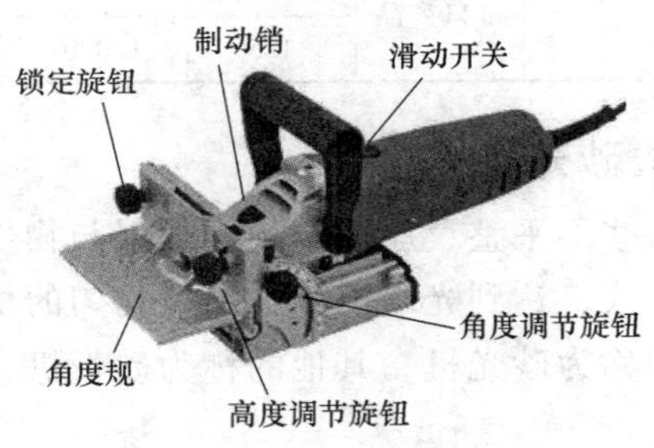

图 10-16 木工开槽机的结构

【型号】 编制方法：

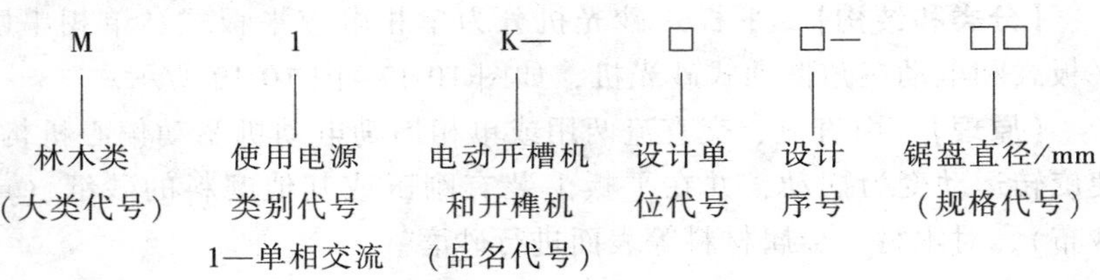

【产品数据】 M1K-ZN01-100电动开槽机的产品数据见表10-47。

表10-47 M1K-ZN01-100电动开槽机的产品数据

参数	参数值	参数	参数值
刀片尺寸($D \times d \times t$)/mm	ϕ100×22×4	输出功率/W	320
额定电压/V	110/220/230	空载转速/(r/min)	10000
额定频率/Hz	50/60	外形尺寸/mm	330×154×150
输入功率/W	700	质量/kg	3.2

10.6.2 盘式砂光机

【用途】 对于一些不平整、厚度不均、不符合工艺要求的材料与物件，通过砂布、砂轮、砂纸、百洁布、不织布抛光轮等物理去除的方式，使之更加的光滑平整、厚度均匀一致。

【产品数据】 盘式砂光机的产品数据见表10-48。

表10-48 盘式砂光机的产品数据

型号	砂纸直径/mm	转速/(r/min)	输入功率/W	质量/kg
S1A-180	180	4000	570	2.3
进口产品	150	12000	180	1.3
	125	12000	180	1.1

10.6.3 平板式砂光机

砂光机指对一些不平整、厚度不均的材料与物件，通过砂布、砂轮、砂纸等物理方式，达到光滑平整、厚度均匀的机械设备，一般把带自动进料系统的称为砂光机，其他的称为砂带机、砂轮机、抛光机等等。

砂光机有平板式砂光机、带式砂光机、盘式砂光机、辊式砂光机和万能砂光机等。本节介绍平板式砂光机。

【分类和结构】 平板式砂光机分为单相电容平板式、单相串励平板式和电动三角摆动式砂光机，如图10-17~图10-19所示。

【原理】 由直流、交直流两用或单相串励电动机驱动偏心机构，使旋转运动变为摆动，并在平板上装有刚玉或其他磨料的砂纸（或砂布），对木材、金属材料等表面进行砂磨。

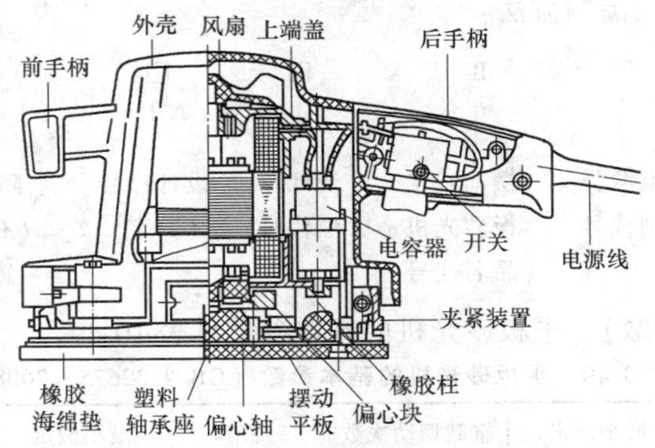

图 10-17　单相电容平板式砂光机

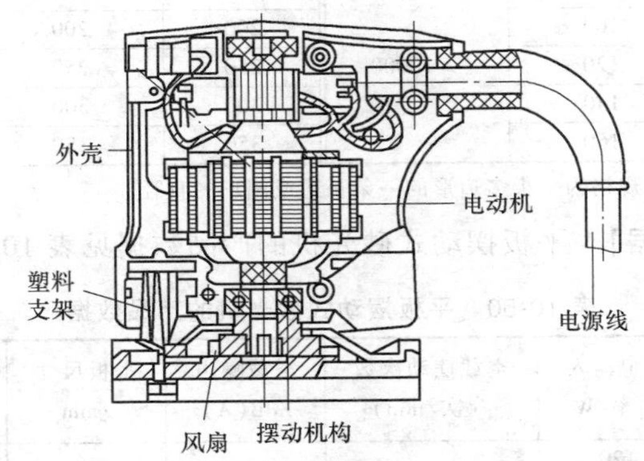

图 10-18　单相串励平板式摆动式砂光机

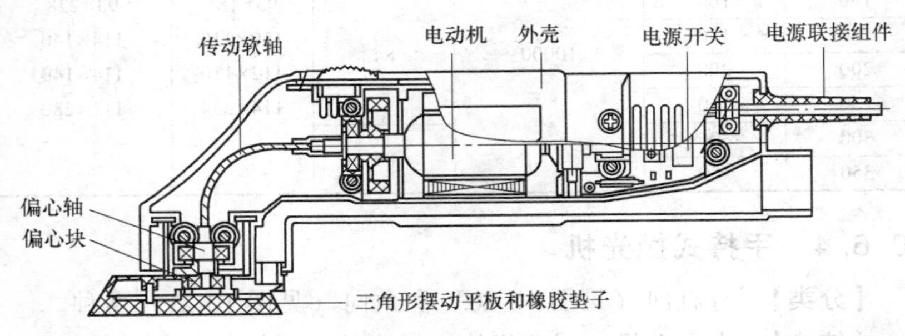

图 10-19　电动三角摆动式砂光机

【型号】 编制方法：

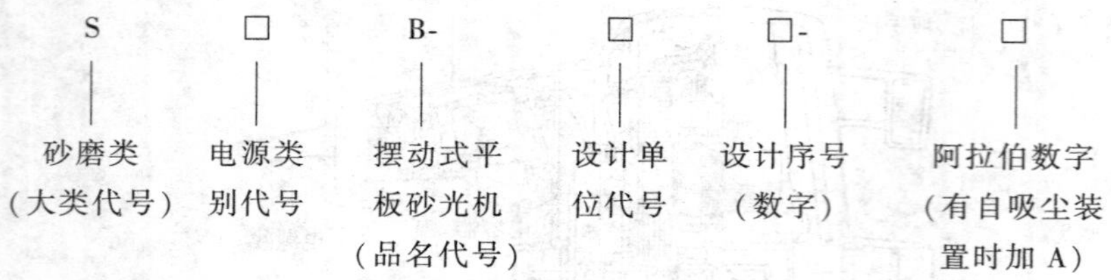

【基本参数】 平板砂光机的基本参数见表10-49。

表10-49 平板砂光机的基本参数（GB/T 22675—2008）

规格(mm)	最小额定输入功率/W	空载摆动次数/(次/min)	规格(mm)	最小额定输入功率/W	空载摆动次数/(次/min)
90	100	≥10000	180	180	≥10000
100	100		200	200	
125	120		250	250	
140	140		300	300	
150	160		350	350	

注：砂光机的规格为平板多边形的一条长边或圆形的直径。

【产品数据】 平板摆动式砂光机的产品数据见表10-50。

表10-50 平板摆动式砂光机的产品数据

规格(mm)	额定输入功率/W	空载摆动次数/(次/min)	空载噪声/dB(A)	平板尺寸/mm	砂纸尺寸/mm
120	120	10000	82	93×185 110×110 112×110 114×234	93×228 114×140 114×140 114×280
140	140				
160	160		84		
180	180				
200	200				
250	250				
300	300		86		
350	350				

10.6.4 手持式抛光机

【分类】 有直向（见图10-20）和角向（见图10-21）两种。

【结构】 由电动机、减速机构、抛光轮、手柄等基本元件组成。

【产品数据】 手持式抛光机的技术数据见表10-51。

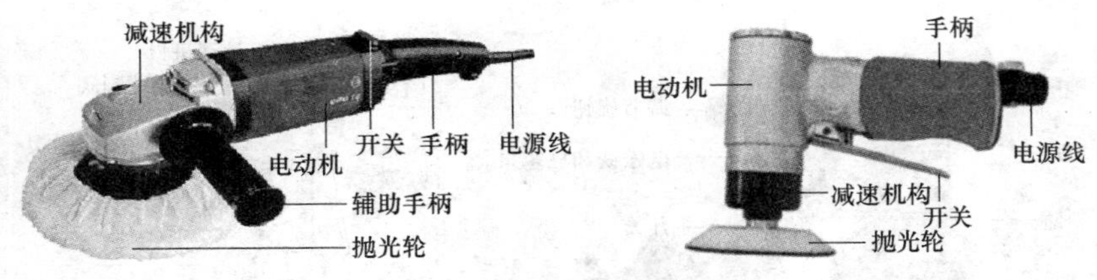

图 10-20　直向抛光机　　　　图 10-21　角向抛光机

表 10-51　手持式抛光机的技术数据

型号	抛光盘直径/mm	电压/V	频率/Hz	额定功率/W	空载转速/(r/min)	净质量/kg
KR6138	180	220	50	1300	60~3500	—
KR5250	150	220/110	50/60	1380	380~2100	2.9
KR65180	180	220	50	1680	600~3000	3.3

生产商：永康保华工具厂。

10.6.5　地板抛光机

【用途】　抛光地板，使其平滑光泽。

【产品数据】　地板抛光机的产品数据见表 10-52。

表 10-52　地板抛光机的产品数据

型号	Sd300-A	Sd300-B	Sd300-C
电压/V	220	380	110
频率/Hz	50	50	50
功率/W	2.2	3.0	2.2
滚筒宽度/mm	300	300	300

注：带吸尘器。

10.6.6　电动喷枪

电动喷枪是以电为动力，把各种低黏度的液体喷射成雾状的喷涂工具。

【结构】　电动喷枪的结构如图 10-22 所示。

【工作原理】　电动喷枪通过电磁铁驱动衔铁，作用于活塞杆，从而进行高速往复运动，形成空吸现象，把液体从容器内抽吸上来，同时形成高压，由喷嘴高速喷出、雾化，附着于物体表面，完成喷涂

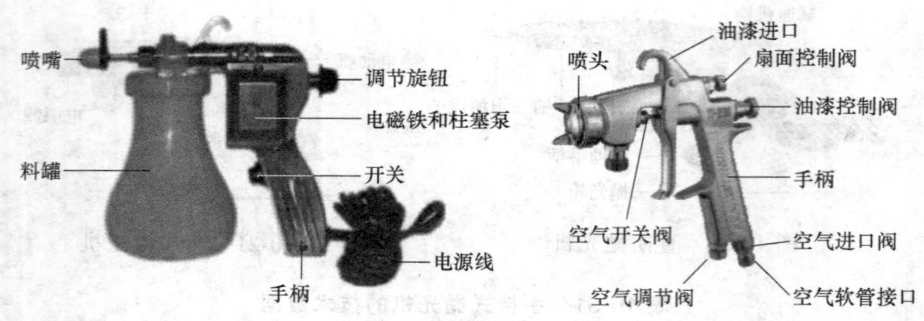

图 10-22 电动喷枪结构

过程。

【产品数据】 Q1P 系列电动喷枪的产品数据见表 10-53。

表 10-53 Q1P 系列电动喷枪的产品数据

型号	额定流量 /(mL/min)	额定电压 /V	额定频率 /Hz	输入功率 /W	密封泵压/MPa ≥	喷射速度 /(mL/min)
Q1P-SD01-260	—	120/220V	50/60	60	7	260
Q1P-50	50	220	50	25	10	—
Q1P-100	100	220	50	40	10	—
Q1P-150	150	220	50	60	10	—
Q1P-260	260	220	50	80	10	—
Q1P-320	320	220	50	100	10	—

第11章

起重和搬运工具

在人们生产活动中，起重和搬运是重要的一环。本章介绍起重件、葫芦、小型起重机械、打包机械和搬运工具。

11.1 起重件

起重件包括千斤顶、起重夹钳、起重器、滑轮和吊钩等，其中的千斤顶所占比重最大。

千斤顶是一种起重高度不超过 1m 的最简单的起重工具，不仅用很小的力就能顶高很重的机械设备，还能校正设备安装的偏差和构件的变形等，所以广泛用于桥梁、铁道、运输、机械和建筑等行业。

千斤顶按结构，可分为机械式（螺旋千斤顶、齿条千斤顶）和液压式两种；按其工作状态，可分为立式和卧式；按结构型式，可分为整体式、分离式和爪式；按动力源，可分为手动、电动和液压；按应用场合，可分为通用和专用（同步式和穿心式）。

11.1.1 活头千斤顶

活头千斤顶（见图 11-1）是一种简单的起重工具。

【用途】 由于起重量小，操作费力，一般只用于机械维修和检测时做零部件的支承。

【分类】 按其头部的形状，可分为 A 型、B 型和 C 型三种；按螺旋副的类别可分为普通螺纹千斤顶和梯形螺纹千斤顶两种。

【原理】 由人力通过螺旋副传动，螺杆及螺母套筒作为刚性举升件，通过其顶部在行程内顶升重物，靠螺旋副的自锁作用支持重物。

【规格】 根据 JB/T 3411.58—1999 的规定，其主参数为螺杆直径 d，规格有 M6、M8、M10、M12、M16、M20、Tr 26×5、Tr 32×6、

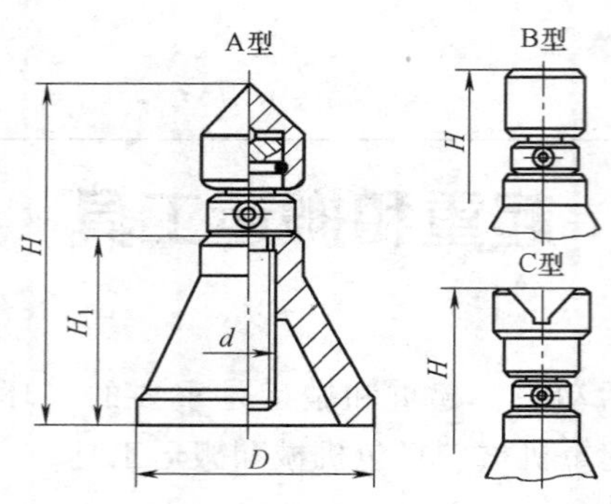

图 11-1　活头千斤顶

Tr 40×7、Tr55×9。

【标记】　d = M10 的 A 型千斤顶：千斤顶 AM10　JB/T 3411.58—1999。

11.1.2　普通型螺旋千斤顶

螺旋千斤顶采用螺旋副传动及自锁，螺杆或螺母套筒作为刚性举升件；或采用螺杆和螺母作为传动件，驱动举升臂组成的刚性举升件，通过承载面在其行程内顶升重物。

【用途】　用于提升和支承重物，可有自锁功能。下部安装水平螺杆后，还能使重物做小距离横移。

【分类】　有螺旋式千斤顶、锥齿轮式千斤顶和移动式螺旋千斤顶。

【结构】　普通型螺旋千斤顶的结构如图 11-2 所示。

【材料】　螺母：锡青铜；螺杆：45 钢；底座：HT200；托杯、手柄和球头：Q235。

【基本参数】　螺旋千斤顶的基本参数见表 11-1。

表 11-1　螺旋千斤顶的基本参数（JB/T 2592—2017）

项目	参数值
额定起重量 G_n/t	普通螺旋千斤顶：1.5、2、3.2、5、8、10、16、20、25、32、50 和 100
最低高度 H/mm	符合设计参数
起升高度 H_1/mm	符合设计参数

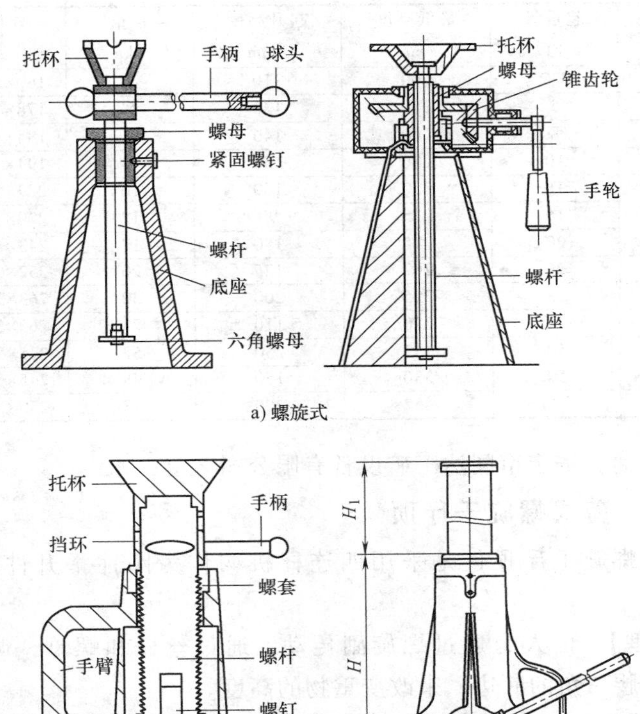

a) 螺旋式

b) 锥齿轮式

图 11-2　普通型螺旋千斤顶的结构

【标记】 表示方法：

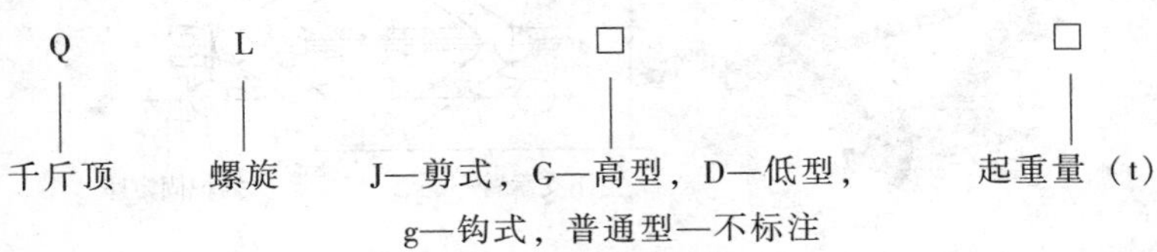

【技术数据】 螺旋千斤顶的技术数据见表 11-2。

表 11-2　螺旋千斤顶的技术数据

规格	起重量/t	最低高度/mm	起升高度/mm	自重/kg	外形尺寸/mm
QL3.2	3.2	200	110	7	160×130×200
QL5	5	250	130	8	178×150×250
QL8	8	260	140	9	184×160×260
QL10	10	280	150	11	194×170×280
QL16	16	320	180	16	229×182×320
QLD16	16	225	90	12	229×182×225
QL20	20	325	180	17	243×194×325
QLD25	25	262	125	20	252×200×262
QL32	32	395	200	30	263×223×395
QLD32	32	270	110	23	263×223×270
QL50	50	452	250	52	245×317×452
QLD50	50	330	150	48	245×317×330
QL100	100	452	200	78	280×320×452

生产商：济宁市闻达工矿设备有限公司。

11.1.3　剪式螺旋千斤顶

剪式螺旋千斤顶件是采用四连杆机构作为刚性举升件的起重工具。

【原理】　由人力通过螺旋副传动，通过丝杆和螺母，调节上、下两个等腰三角的底边，来改变重物的高度。

【用途】　主要用于小吨位车辆维修等场合。

【结构】　剪式螺旋千斤顶的外形和结构如图 11-3 所示。上支承臂和下支承臂由金属板材制成，上支承臂的横截面与下支承臂在齿部及其附近部分的横截面是一边开口的矩形，开口两边的金属板向内弯

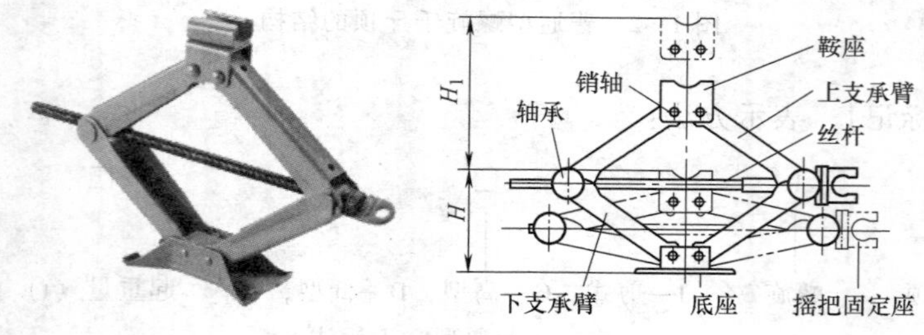

图 11-3　剪式螺旋千斤顶的外形和结构

折。上支承臂和下支承臂上的齿由开口两边弯折的金属板制成，齿宽大于金属板厚。

【型号】 表示方法：

【规格】 有 0.5t、1t、1.6t、2t。

11.1.4 齿条千斤顶

齿条千斤顶是采用齿条作为刚性举升件的千斤顶。

【用途】 用于作业条件不方便，或需要利用下部的托爪提升重物的场合，如作为铁轨铺设、桥梁安装及车辆、设备、重物起重之用。起重量一般不超过 20t，可长期支持重物。

【结构】 齿条式千斤顶由齿条、齿轮、手柄和外壳等组成，在承载齿条的上方有一个转动头，用来放置被举升的载荷。

【技术数据】 齿条千斤顶的技术数据见表 11-3。

表 11-3　齿条千斤顶的技术数据（JB/T 11101—2011）

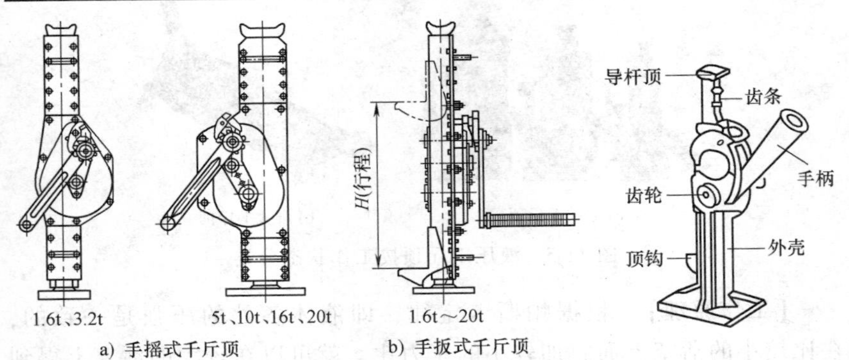

a) 手摇式千斤顶　　b) 手扳式千斤顶

额定起重量 G_n/t	额定辅助起重量 G_r/t	行程 H /mm	扳手力 (max)/N	额定起重量 G_n/t	额定辅助起重量 G_r/t	行程 H /mm	扳手力 (max)/N
1.6	1.6	350	280	10	10	300	560
3.2	3.2	350	280	16	11.2	320	640
5	5	300	280	20	14	320	640

11.1.5 液压千斤顶

液压千斤顶是采用柱塞或液压缸作为刚性举升件的起重工具。

【用途】 适用于起重高度不大（行程不超过1m）的各种起重作业；因易漏油，故不宜长期支持重物。

【类别】 按结构可分为整体式（见图11-4a、b）和分离式（见图11-4c）；按操纵方式可分为手动液压、气动液压和电动液压千斤顶三种；按工作状态可分为立式千斤顶和卧式千斤顶两类（见图11-5）；立式千斤顶按结构型式又可分为单级活塞杆千斤顶和多级活塞杆千斤顶；按用途还可以分为通用千斤顶和专用千斤顶。

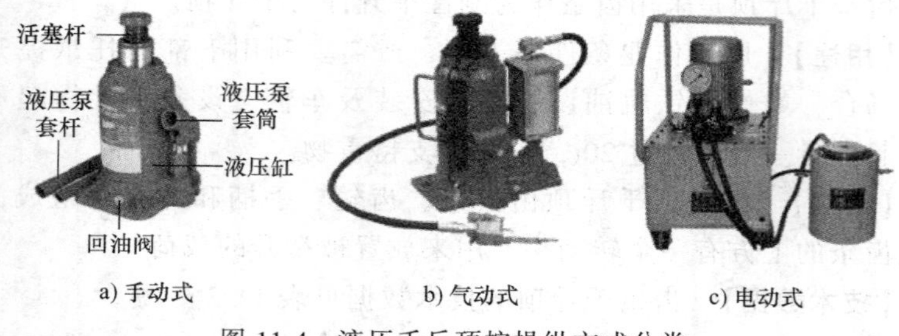

a) 手动式　b) 气动式　c) 电动式

图11-4　液压千斤顶按操纵方式分类

a) 立式千斤顶　b) 卧式千斤顶

图11-5　液压千斤顶按工作状态分类

【工作原理】 根据帕斯卡定律，即液体各处的压强是一致的，在比较小的活塞上面施加较小的压力比，就可以在较大的活塞上得到比较大的压力。

工作时，关闭回油阀，向上提起手压油泵的杠杆，其活塞被带动上升（见图11-6左），泵体油腔的容积增大，由于单向阀2受到液压缸油腔油液的作用力而关闭，手压油泵的油腔形成真空，油箱中的油液在大气压力的作用下，推开单向阀 1 的钢球，进入并充满手压油泵的油腔。

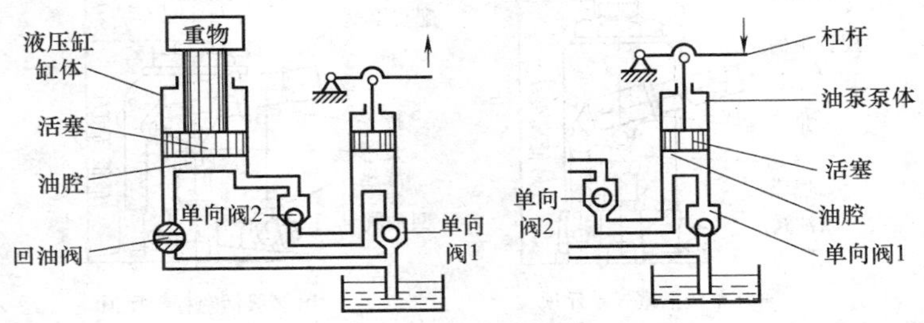

图 11-6　油压千斤顶的工作原理

下压杠杆，手压油泵的活塞被带动下移（见图 11-6 右），泵体油腔油液的压力增大，迫使单向阀 1 关闭，而单向阀 2 的钢球被推开，油液进入液压缸油腔，推动液压缸活塞连同重物一起上升。

将回油阀旋转 90°，使液压缸油腔直接连通油箱，液压缸油腔中的油液在重物的作用下流回油箱，液压缸活塞下降并恢复到原位。

11.1.6　手动液压千斤顶

手动液压千斤顶是利用人力使液体增压，操纵液压缸运动，来升降重物的起重工具。

【用途】　用于野外和流动性起重作业。

【分类】　按工作状态分，有立式和卧式两种；立式手动液压千斤顶又可分为单级和多级两种。

本节介绍立式手动液压千斤顶，卧式手动液压千斤顶在 11.1.10 节中介绍。

【结构】　单级和多级立式活塞杆千斤顶的结构分别如图 11-7a 和图 11-7b 所示。

【基本参数】　应包括额定起重量（G_n）、最低高度（H）、起升高度（H_1）、调整高度（H_2）等。

GB/T 27697—2011 推荐的优先选用的额定起重量（G_n）值（mm）有 2、3、5、8、10、12、16、20、32、50、70、100、200、320、500。

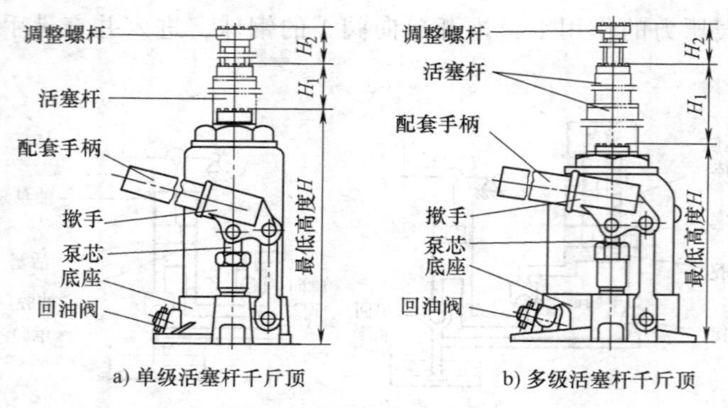

图 11-7　手动液压千斤顶

【技术数据】 一些立式手动液压千斤顶的技术数据见表 11-4。

表 11-4　一些立式手动液压千斤顶的技术数据

型号		承载力 /tf	最低高度 /mm	起升高度 /mm	调整高度 /mm	起升进程 /mm	公称压力 /MPa	净质量 /kg
立式	QYL2	2	158	90	60	50	34.7	2.2
	QYL3.2	3.2	195	125	60	32	44.4	3.5
	QYL5G	5	232	150	80	22	—	4.6
	QYL5D	5	200	125	80	22	48.2	4.6
	QYL8	8	236	160	80	16	56.6	6.9
	QYL10	10	240	160	80	14	61.7	7.3
	QYL12.5	12.5	245	160	80	11	62.4	9.3
	QYL16	16	250	160	80	9	63.7	11.0
	QYL20	20	280	180	80	9.5	69.4	15.0
	QYL32	32	285	180	—	6	71	23.0
	QYL50	50	300	180	—	4	70	33.5
	QYL71	71	320	180	—	3	—	66.0
立卧两用	QW100	100	360	200	—	4.5	63.7	120
	QW200	200	400	200	—	2.5	69.2	250
	QW320	320	450	200	—	1.6	69.3	435

注：1. 型号中 QYL—立式，QW—立卧式，G—高型，D—低型。
2. 起升进程为油泵工作 10 次的活塞上升距离。

11.1.7　爪式液压千斤顶

爪式液压千斤顶是手动液压千斤顶的一种，它是通过顶部托座或底部托爪，在小行程内顶升重物的轻小型起重设备。摇杆可 360°旋转，到达高度极限时会自动回油。

【用途】 用在一般千斤顶无法配合顶重物的高度时。

【结构】 爪式液压千斤顶如图 11-8 所示。

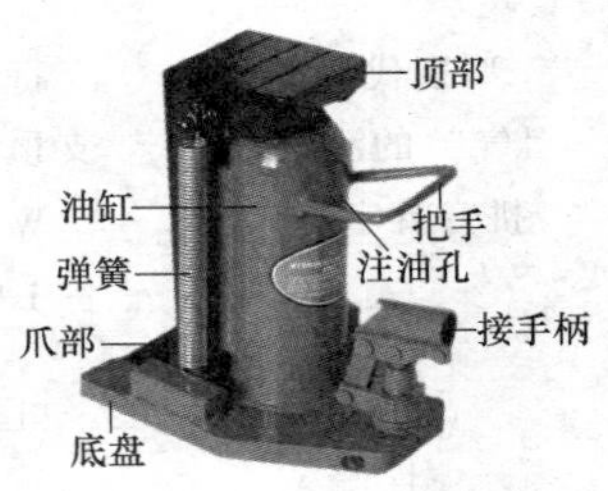

a) MHC系列

b) SL系列

图 11-8　爪式液压千斤顶

【产品数据】 爪式液压千斤顶的产品数据见表 11-5。

表 11-5　爪式液压千斤顶的产品数据

型号	MHC-5	MHC-10	MHC-20	MHC-30	MHC-50
顶部吨位 U/t	5	10	20	30	50
爪部吨位 F/t	2.5	5	10	15	25
工作行程/mm	108	127	150	160	145
伸展总高度 B/mm	240	290	335	350	350
主轴直径 J/mm	27	43	53	62	80
重量/kg	15	24	40	50	75
型号	SL-05S	SL-10S	SL-20S	SL-30S	SL-50S
顶部吨位 U/t	5	10	20	30	50
爪部吨位 F/t	2.5	5	10	15	25
工作行程/mm	110	135	150	150	150
本体高度 A/mm	230	277	317	335	370
伸展总高度 B/mm	340	412	467	486	520
主轴直径 J/mm	32	42	55	62	85
底座尺寸 $L\times W$/mm	152×200	185×235	220×240	265×272	340×354
爪高 K/mm	16	22	25	28	40
爪块尺寸 $L_1\times W_1$/mm	78×47	98×55	132×48	149×60	190×75
质量/kg	8.5	20	31.5	44	88.5

11.1.8　气动液压千斤顶

气动液压千斤顶是利用压缩气体作为动力的起重工具。

【用途】 用于举升质量较大的重物。

【标记】 表示方法：

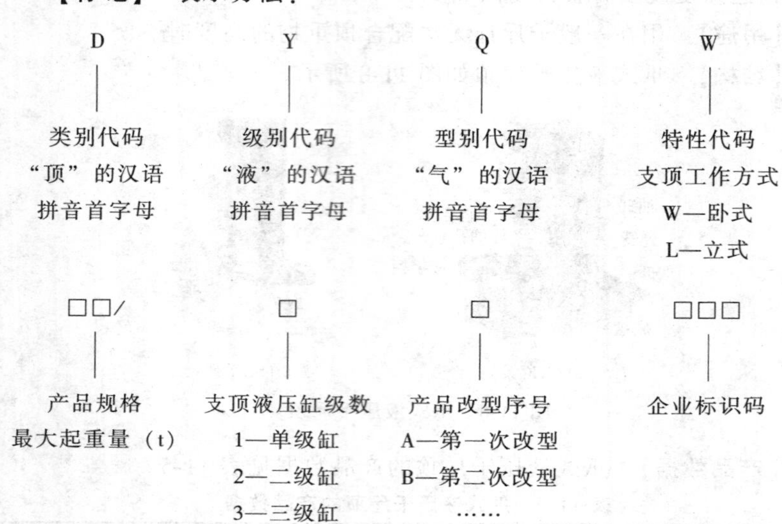

【材料】

1）顶帽、阀芯、卧式千斤顶的泵体和六角轴、立式千斤顶的活塞杆和液压缸采用 45 钢。

2）卧式千斤顶的液压缸、凸轮采用 ZG 310-570。

3）立式千斤顶的泵体可采用 QT 400-15。

4）立式千斤顶的活塞可采用 HT 200 制造；卧式千斤顶的活塞采用 QT600-3。

5）底座采用 QT 400-15、KTH 370-12、ZG 270-500 或 30 钢。

【硬度】

1）顶头、泵芯、卧式千斤顶的泵体和凸轮、立式千斤顶的活塞杆和液压缸均应进行调质处理，调质硬度为 26~32HRC（精拉或冷挤球液压缸，冷轧螺杆可不热处理）。

2）凸轮圆弧表面、回油阀杆头部应进行淬火处理，淬火硬度分别为 45~50HRC、35~45HRC。

【额定起重量】 优先选用值（mm）：2、3、5、8、10、12、16、20、32、50、70、100、200、320 和 500。

【基本参数】 产品的基本参数见表 11-6。

表 11-6　产品的基本参数（JB/T 11753—2013）

型号	额定起重量/t	加长顶高度/mm	起升高度/mm ≥	最低高度/mm	额定压力/MPa ≥	质量/kg ≤
DYQL5/1	≥5	80	430	210	32	6
DYQL12/1	≥12	80	500	260		10
DYQL20/1	≥20	80	505	260		17
DYQL20/1A	≥20	60	380	210		15
DYQW25/1	≥25	—	250	360		62
DYQW25/2	≥25/10	40/75	92/195	180		57
DYQL30/1	≥30	—	405	250		21
DYQW40/2	≥40	40	100	200		68
	≥20	75	210			
DYQL50/1	≥50	—	430	270		34
DYQW50/2	≥50/25	40/75	117/225	230		79
DYQW50/3	50/25/10	40/75/100	60/113/182	160		65
DYQW80/2	≥80/50	40/75	110/210	240		105

注：1. 产品的额定验收气压为 0.63MPa。

2. “加长顶高度”是为了增加举升高度而采用多节举升的附件高度。

3. 表中“—”指加长顶高度对应的起重量和起升高度（如 DYQW25/2 的“加长顶高度”为 40/75，即当加长顶高度为 40mm 时，对应的“额定起重量”为 25t，起升高度为 92mm；当加长顶高度为 75mm 时，对应的“额定起重量”为 10t，起升高度为 195mm。

11.1.9　电动液压千斤顶

电动液压千斤顶是利用电力使液体增压，操纵液压缸运动，来升降重物的起重工具。

【用途】　电动液压千斤顶输出力大、质量轻、可远距离操作，配以超高压油泵站，可实现顶、推、拉、挤压等多种形式的作业。

【产品数据】　电动液压千斤顶的产品数据见表 11-7。

表 11-7　电动液压千斤顶的产品数据

型号	吨位/t	拉力/t	行程/mm	本体高度/mm	伸展高度/mm	油缸外径/mm	活塞杆直径/mm	油缸直径/mm	质量/kg
YZF100-100	100	40	100	250	350	180	100	140	58
YZF100-160			160	310	470				63
YZF100-200			200	350	550				78
YZF100-300			300	450	750				96
YZF100-500			500	650	1150				130
YZF100-600			600	750	1350				150
YZF100-800			800	950	1750				190
YZF100-1000			1000	1150	2150				230

（续）

型号	吨位/t	拉力/t	行程/mm	本体高度/mm	伸展高度/mm	油缸外径/mm	活塞杆直径/mm	油缸直径/mm	质量/kg
YZF200-100	200	80	100	285	385	250	150	200	96
YZF200-160			160	345	505				103
YZF200-200			200	385	585				116
YZF200-300			300	485	785				161
YZF200-500			500	685	1185				221
YZF400-100	400	160	100	355	455	350	200	280	198
YZF400-160			160	415	575				231
YZF400-200			200	455	655				264
YZF400-300			300	555	855				367
YZF400-500			500	755	1255				456
YZF630-100	630	260	100	417	517	480	280	360	560
YZF630-160			160	477	637				633
YZF630-200			200	517	717				696
YZF630-300			300	617	917				898
YZF630-500			500	817	1317				1250
YZF800-100	800	340	100	488	588	500	320	400	896
YZF800-200			200	598	798				1040
YZF800-300			300	698	998				1380
YZF800-500			500	898	1398				1520
YZF1000-100	1000	480	100	530	630	1000	360	450	1286
YZF1000-200			200	630	830				1332
YZF1000-300			300	760	1060				1663

注：液压缸的压力为63MPa。

生产商：德州市信德液压机具厂。

11.1.10 卧式液压千斤顶

卧式液压千斤顶是采用液压缸等装置驱动刚性举升件转动，通过承载面在其行程内顶升重物，带有可移动轮装置的轻小型起重工具。

【用途】 主要用于车辆维修、工矿、船舶及大型机械制造业等场所的起重、支撑等工作。

【结构】 卧式油压千斤顶主要由起重臂、油缸部件、操纵机构（包括手柄、揿手等）、墙板等组成。带有可移动轮装置（见图11-9）。

【分类】 按驱动方式可分为手动卧式油压千斤顶和/或其他动力源卧式油压千斤顶。

【基本参数】 应包括额定起重量 G_n、最低高度 H 和最高高度 H_1 等。

JB/T 5315—2017 推荐的额定起重量 G_n 值（mm）：1、1.25、1.6、2、2.5、3.2、4、5、6.3、8、10、12.5、16、20。

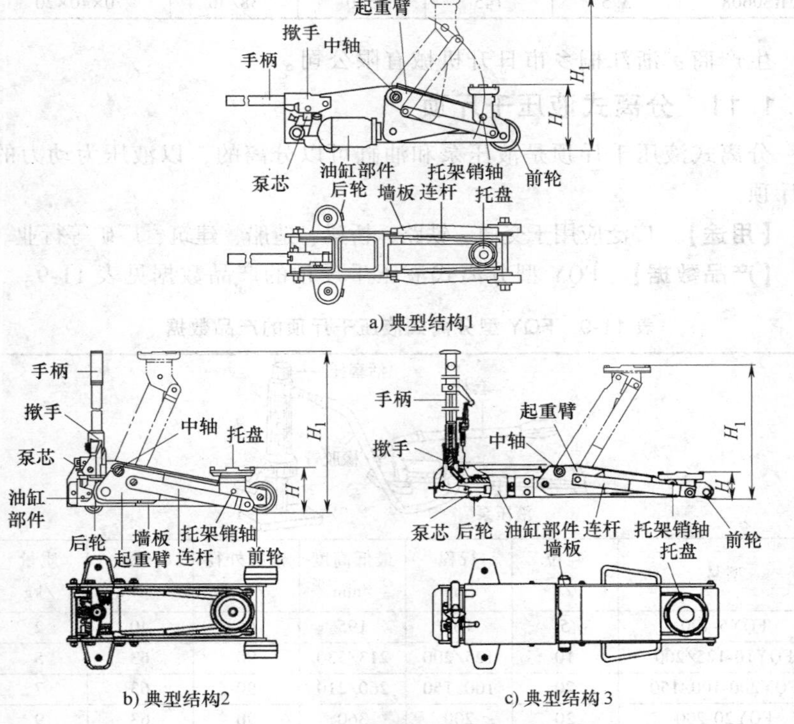

图 11-9 卧式油压千斤顶的典型结构

【产品数据】 卧式液压千斤顶的产品数据见表 11-8。

表 11-8 卧式液压千斤顶的产品数据

型号	承载力 /tf	最低高度 /mm	最高高度 /mm	毛/净质量 /kg	包装尺寸 /cm
RS0601	2	135	300	6.8/6.2	42×21×15
RS0602	2	135	320	7/6.5	43×21×15

（续）

型号	承载力 /tf	最低高度 /mm	最高高度 /mm	毛/净质量 /kg	包装尺寸 /cm
RS0603	2	135	335	8/7.5	46×21×15
RS0604	2	135	345	9.5/9	47×22×15
RS0605	2.5	135	385	10.5/10.2	54×22×16
RS0606	3	145	490	30/28	56×23×17
RS0607	3	145	500	33/32	70×35×20
RS0608	3.5	145	500	38/36	70×40×20

生产商：浙江桐乡市日升机械有限公司。

11.1.11 分离式液压千斤顶

分离式液压千斤顶是液压泵和油缸可以分离的，以液压为动力的千斤顶。

【用途】 广泛应用于交通、铁路、桥梁、造船、建筑、厂矿等行业。

【产品数据】 FQY 型分离式液压千斤顶的产品数据见表 11-9。

表 11-9 FQY 型分离式液压千斤顶的产品数据

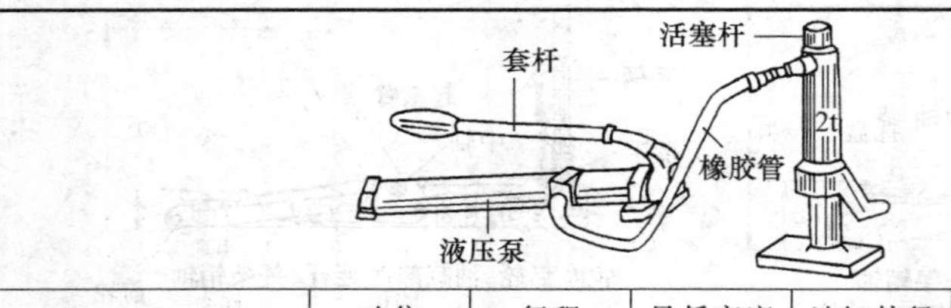

型号	吨位 /t	行程 /mm	最低高度 /mm	油缸外径 /mm	压力 /MPa	质量 /kg
FQY5-100	5	100	195	66	40	2
FQY10-125/200	10	125/200	213/330	90	63	5
FQY200-100/150	20	100/150	260/210	90	63	7
FQY20-200	20	200	360	90	63	9
FQY30-63/150	30	63/150	260	105	63	12.5
FQY50-25/100	50	125/160	263/298	132	63	25
FQY50-200	50	200	338	132	63	31
FQY100-125/100	100	125/160	291/326	172	63	49
FQY100-200	100	200	366	172	63	55
FQY200-200	200	200	396	244	63	118
FQY320-200	320	200	427	315	63	213
FQY500-200	500	200	475	395	63	394

（续）

型号	吨位 /t	行程 /mm	最低高度 /mm	油缸外径 /mm	压力 /MPa	质量 /kg
FQY630-630	630	200	536	450	60.7	580
FQY800-800	800	200	577	550	62.4	1068
FQY1000-1000	1000	200	620	600	61.6	1200

11.1.12　自锁式液压千斤顶

自锁式液压千斤顶是配有自锁螺母，除去油压时仍可支持重物的起重工具。

【用途】　主要用于需要长时间支撑重物的地方，特别是在大型工程中。

【产品数据】　CLL 机械自锁式千斤顶的产品数据见表 11-10。

表 11-10　CLL 机械自锁式千斤顶的产品数据

型号	吨位 /t	行程 /mm	本体高度 /mm	外径 /mm	顶头直径 /mm	质量 /kg
CLL1002	100	50	187	165	—	30
CLL1004		100	237			39
CLL1006		150	287			48
CLL1008		200	337			56
CLL10010		250	387			64
CLL10012		300	437			73
CLL2002	200	50	243	235	—	83
CLL2006		150	343			117
CLL20010		250	443			152
CLL5002	500	50	375	400	228	367
CLL5006		150	475			466
CLL50010		250	575			567
CLL8002	800	50	455	505	224	709
CLL8006		150	555			870
CLL80010		250	655			1029
CLL10002	1000	50	495	560	360	949
CLL10006		150	595			1141
CLL100010		250	695			1333

生产商：简固机电设备（上海）有限公司。

11.1.13　中空液压千斤顶

中空液压千斤顶是具有空心活塞的液压起重工具。

【用途】 用在需要牵引的作业，使牵引杆或钢索能够穿过整个千斤顶进行作业（向后牵引和向前挤压）。

【产品数据】 RCH 中空液压千斤顶的产品数据见表 11-11。

表 11-11 RCH 中空液压千斤顶的产品数据

型号	吨位/t	行程/mm	本体高度/mm	外径/mm	中空直径/mm	质量/kg
RCH120	12	8	55	69	19	1.5
RCH121		42	120			2.8
RCH123		76	184			4.4
RCH202	20	50	162	99	26.9	7.7
RCH206		155	306		28	14.1
RCH302	30	64	179	115	34	10.9
RCH306		155	331			21.8
RCH603	60	77	248	160	53	28.1
RCH606		152	326			35.4
RCH1003	100	76	254	212	78	63.0

生产商：简固机电设备（上海）有限公司。

11.1.14 双回路液压千斤顶

双回路液压千斤顶是具有双动式液压回路的起重工具。

【用途】 因其承载能力强，用于要求大吨位的场合。

【产品数据】 QF 双回路液压千斤顶的产品数据见表 11-12。

表 11-12 QF 双回路液压千斤顶的产品数据

型号	QF-50	QF-100	QF-200	QF-300	QF-500	QF-630
吨位/t	50	100	200	300	500	630
工作行程/mm	200					
储油量/L	0.016	0.016	0.031	0.05	0.113	0.211
本体高度/mm	338	366	396	427	475	536
伸展总高度/mm	538	566	596	627	675	736
外径/mm	132	172	244	315	395	450
内径/mm	100	140	200	250	320	360
主轴径/mm	70	100	150	180	250	280
质量/kg	31.1	50	130	210	393	580

11.1.15 薄型千斤顶

薄型千斤顶（见图 11-10）是自身高度较小的一种分离式液压千

斤顶。

【用途】 薄型千斤顶也是液压千斤顶的一种，用于空间极其狭小和要求精确顶升的地方（如桥梁顶升一般使用多台薄型千斤顶）。

图 11-10 薄型千斤顶

【产品数据】 RMC 系列薄型液压千斤顶的产品数据见表 11-13。

表 11-13 RMC 系列薄型液压千斤顶的产品数据

型号	RMC-101	RMC-201	RMC-301	RMC-501	RMC-1001	RMC-2001
吨位/t	10	20	30	50	100	200
行程/mm	11	11	12	16	16	20
储油量/L	11.3	22	31.1	56.7	95	240
身高/mm	47	52	63	69	86	96
伸展高度/mm	58	63	75	85	102	121
外径/mm	81×56	100×77	115×95	138×115	185×160	265×240
内径/mm	43	60	75	95	130	195
主轴径/mm	38	53	63	85	110	175
质量/kg	1.5	2.7	4.5	7.0	15.7	37.5

生产商：台州宜佳工具有限公司。

11.1.16 预应力用液压千斤顶

预应力千斤顶是利用双液压缸张拉预应力筋和顶压锚具的双作用千斤顶。

【用途】 用于工业、交通和桥架等预应力工程中，张拉锚具的钢筋束或钢绞线束。配以撑脚与拉杆后，也可作为拉杆式千斤顶，张拉带螺钉端杆锚具和镦头锚具的预应力筋。

【类别】 分为穿心式和实心式两大类，见表 11-14 和图 11-11。

表 11-14 预应力用液压千斤顶的分类和代号（JG/T 321—2011）

穿心式千斤顶		实心式千斤顶	
前卡式	YDCQ	顶推式	YDT
后卡式	YDC	机械自锁式	YDS
穿心拉杆式	YDCL	实心拉杆式	YDL

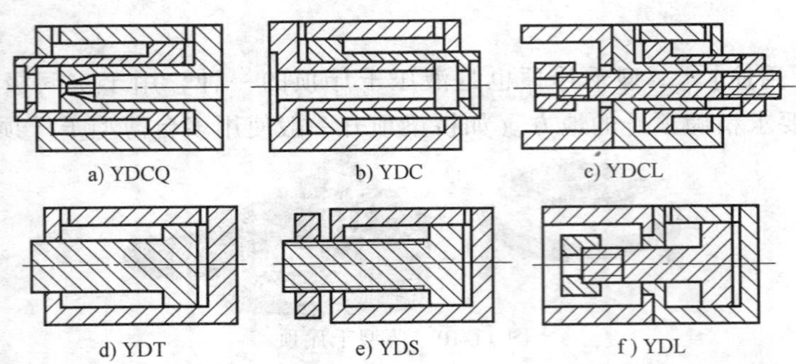

图 11-11 预应力用液压千斤顶的结构示意

【结构】 YDC 预应力用液压千斤顶的结构如图 11-12 所示。

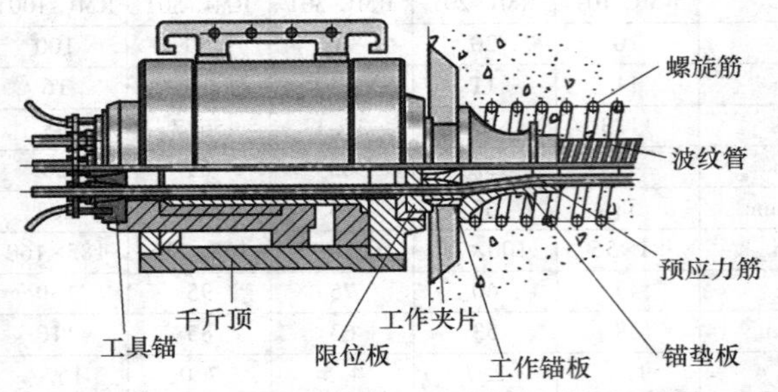

图 11-12 YDC 预应力用液压千斤顶的结构

【输出力系列】 公称输出力和公称行程系列见表 11-15。

表 11-15 公称输出力和公称行程系列 （单位：kN）

公称输出力	**100**、160、**250**、350、**400**、600、**850**、**1000**、1500、**2000**、**2500**、**3000**、3500、**4000**、**5000**、**6500**、**9000**、**12000**
公称行程	**50**、80、**100**、**150**、180、**200**、**250**、300、**400**、500、**600**、**1000**

注：黑体字为第 1 系列，其余为第 2 系列。

【标记】 表示方法：

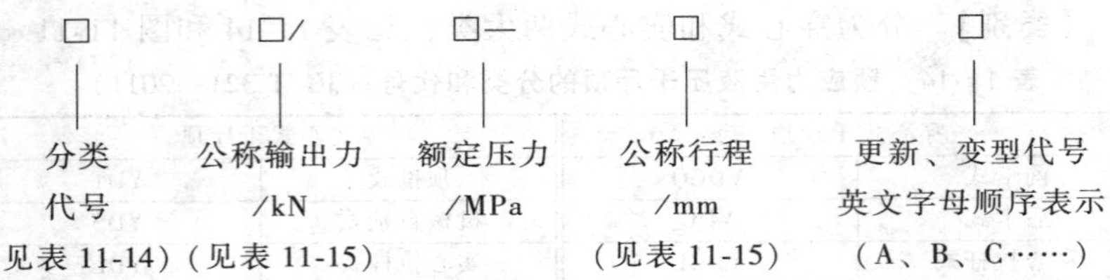

例：公称输出力为 600kN，额定压力为 50MPa，公称行程为 200mm 的实心拉杆式千斤顶，标记为：千斤顶　YDL 600/50-200。

11.1.17　手动液压泵

液压泵分为手动液压泵（见图 11-13）和电动液压泵（见图 11-14）。

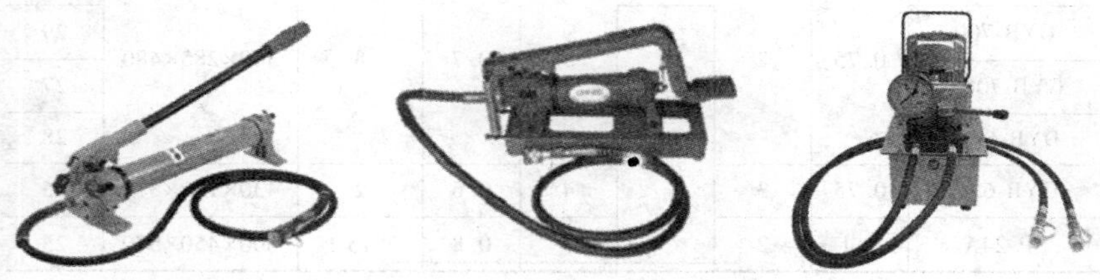

图 11-13　手动液压泵　　图 11-14　电动液压泵

【用途】 作为千斤顶、穿孔器、电缆剪、螺母破切器、铜排弯曲和切断等工具的主机。

【产品数据】 手动液压泵的产品数据见表 11-16。

表 11-16　手动液压泵的产品数据

型号	工作压力 /MPa		油量 /(L/min)		有效流量 /L	尺寸 /mm	质量 /kg	备注
	低压段	高压段	低压段	高压段				
CP-180	—	70	13	2.3	400/200	480×260×130	3	手动式
CP-630	—				1000/700	730×180×180	5	手动式
CP-700	2				1000/700	780×180×270	10	手动式
CP-700-2	2				3200/2700	820×180×180	12	手动式
CFP-800	2				600/350	620×220×280	12	脚踏式
CFP-800-1	2				600/350	620×220×280	15	脚踏式

生产商：台州宜佳工具有限公司。

11.1.18　电动液压泵

【用途】 电动液压泵是把电动机的机械能转换成液体压力能，为液压传动提供加压液体的一种装置。

【分类】 按其内部主要运动构件的形状和运动方式，可分为齿轮泵、叶片泵和柱塞泵；按液压泵的吸、排油方向能否改变，可分为单向泵和双向泵。

【产品数据】 电动液压泵的产品数据见表 11-17。

表 11-17 电动液压泵的产品数据

型号	功率 /kW	工作压力/MPa		流量/(L/min)		有效流量 /L	尺寸 /mm	质量 /kg
		低压段	高压段	低压段	高压段			
DYB-63A	0.75	2	63	5	0.7	8	360×285×480	26
GYB-700			70					29
GYB-700B								27
DYB-63-2								28
GYB-63C	0.75	3		4	0.6	2	430×190×310	15
SP-24A	1.1	2		5	0.8	15	600×450×570	25

11.1.19 手动起重夹钳

【用途】 用于起吊钢板、圆钢、钢轨及丁字钢等一般用途的手动起重。

【类别】 包括竖吊钢板手动夹钳、横吊钢板手动夹钳、圆钢手动夹钳、钢轨手动夹钳和工字钢手动夹钳。

【标记】 表示方法：

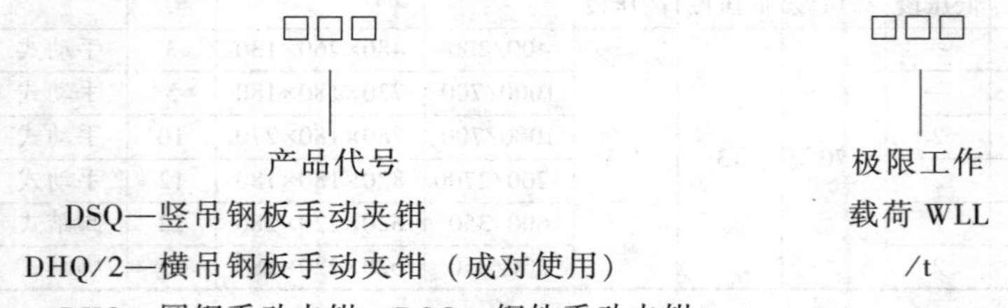

1. 竖吊钢板用手动夹钳

【基本参数】 竖吊钢板用手动夹钳的基本参数和尺寸见表 11-18。

【产品数据】 竖吊钢板起重夹钳的产品数据见表 11-19。

2. 横吊钢板用手动夹钳

【基本参数】 横吊钢板用手动夹钳的基本参数和尺寸见表 11-20。

表 11-18　竖吊钢板用手动夹钳的基本参数和尺寸（JB/T 7333—2013）

型号	极限工作载荷 WLL/t	试验力 F_e /kN	最小直径 D /mm	最大夹持厚度 δ/mm
DSQ-0.5	0.5	10	28	≥15
DSQ-0.8	0.8	16	30	≥15
DSQ-1	1.0	20	40	≥20
DSQ-1.6	1.6	32	45	≥20
DSQ-2	2.0	40	55	≥20
DSQ-3.2	3.2	63	60	≥30
DSQ-5	5.0	100	60	≥40
DSQ-8	8.0	160	70	≥50
DSQ-10	10.0	200	80	≥60
DSQ-12.5	12.5	250	90	≥70
DSQ-16	16.0	320	100	≥80

表 11-19　竖吊钢板起重夹钳的产品数据

型号	最大载荷 /t	钳口开度 /mm	重量 /kg	应用场合	型号	最大载荷 /t	钳口开度 /mm	质量 /kg	应用场合
CD0.8	0.8	0~15	2	用于钢板的横向、垂直等角度吊运	CDH0.8	0.8	0~16	2.8	用于钢板的垂直吊运
CD1	1	0~15	4		CDH1	1	0~22	3.6	
CD1.6	1.6	0~25	7		CDH2	2	0~30	5.5	
CD2	2	0~25	8		CDH3.2	3.2	0~40	10	
CD3.2	3.2	0~25	15		CDH5	5	0~50	17	
CD5	5	0~30	21		CDH8	8	0~60	26	
CD8	8	0~45	37		CDH10	10	0~80	32	
CD12	12	0~70	50		CDH12	12	0~90	48	
CD16	16	60~100	65		CDH16	16	60~125	80	
CD30	30	80~220	120		CDH30	30	80~220	125	

生产商：河北斯弗特起重吊索具制造有限公司。

表 11-20 横吊钢板用手动夹钳的基本参数和尺寸（JB/T 7333—2013）

型号	极限工作载荷 WLL/t	试验力 F_e /kN	最小直径 D /mm	最大夹持厚度 δ/mm
DHQ/2-0.5	0.5	10	16	≥25
DHQ/2-1	1	20	16	≥25
DHQ/2-1.6	1.6	32	20	≥25
DHQ/2-2	2	40	22	≥25
DHQ/2-3.2	3.2	63	25	≥30
DHQ/2-5	5	100	30	≥40
DHQ/2-6	6	120	35	≥50
DHQ/2-8	8	160	40	≥60
DHQ/2-10	10	200	45	≥70

【产品数据】 见表 11-21～表 11-23。

表 11-21 L 系列横吊钢板起重夹钳的产品数据

型号	最大载荷 /t	钳口开度 /mm	重量 /kg	应用场合	型号	最大载荷 /t	钳口开度 /mm	质量 /kg	应用场合
L0.8	0.8	0～15	2	用于钢板、建筑和型材的水平吊运	LH0.8	0.8	0～15	2	用于钢板、建筑和型材的水平吊运
L1	1.0	0～20	4		LH1	1.0	0～20	4	
L1.6	1.6	0～25	6.5		LH2	1.6	0～25	6.5	
L2.5	2.5	0～40	11		LH3.2	2.5	0～30	11	
L2.5(B)	2.5	0～50	11		LH5	2.5	25～50	11	
L3.2	3.2	0～40	12.5		LH8	3.2	0～40	12.5	
L3.2(B)	3.2	0～60	12.5		LH10	3.2	30～60	12.5	
L5	5.0	0～50	19		LH12	5.0	0～50	19	
L5(B)	5.0	60～80	20		LH16	5.0	50～80	20	
L10	10.0	80～100	43		LH30	10.0	20～100	43	

生产商：河北斯弗特起重吊索具制造有限公司，下同。

表 11-22 LA 系列横吊钢板起重夹钳的产品数据

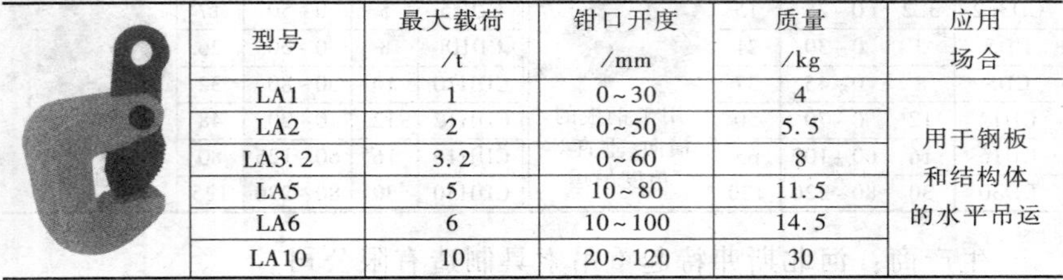

型号	最大载荷 /t	钳口开度 /mm	质量 /kg	应用场合
LA1	1	0～30	4	用于钢板和结构体的水平吊运
LA2	2	0～50	5.5	
LA3.2	3.2	0～60	8	
LA5	5	10～80	11.5	
LA6	6	10～100	14.5	
LA10	10	20～120	30	

表 11-23　PDB 系列横吊钢板起重夹钳的产品数据

型号	最大载荷/t	钳口开度/mm	质量/kg	应用场合
PDB0.8	0.8	0~25	2.5	用于钢板的水平吊运
PDB1	1.0	0~30	3.5	
PDB1.6	1.6	0~35	4	
PDB2	2.0	0~40	5	
PDB3.2	3.2	0~45	6	
PDB4	4.0	0~50	6.5	
PDB5	5.0	10~55	7.5	
PDB6	6.0	10~65	10.5	
PDB6(B)	6.0	0~130	22	
PDB8	8.0	0~130	22	
PDB10	10.0	0~140	33	
PDB16	16.0	50~150	50	
PDB30	30.0	100~270	108	

3. 起吊圆钢用手动夹钳

【基本参数】　起吊圆钢用手动夹钳的基本参数见表 11-24。

表 11-24　起吊圆钢用手动夹钳的基本参数（JB/T 7333—2013）

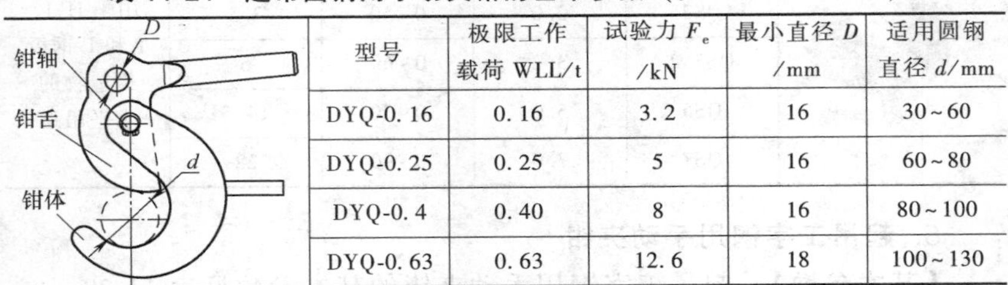

型号	极限工作载荷 WLL/t	试验力 F_e /kN	最小直径 D /mm	适用圆钢直径 d/mm
DYQ-0.16	0.16	3.2	16	30~60
DYQ-0.25	0.25	5	16	60~80
DYQ-0.4	0.40	8	16	80~100
DYQ-0.63	0.63	12.6	18	100~130

【产品数据】　起吊圆钢用起重夹钳的产品数据见表 11-25。

表 11-25　起吊圆钢用起重夹钳的产品数据

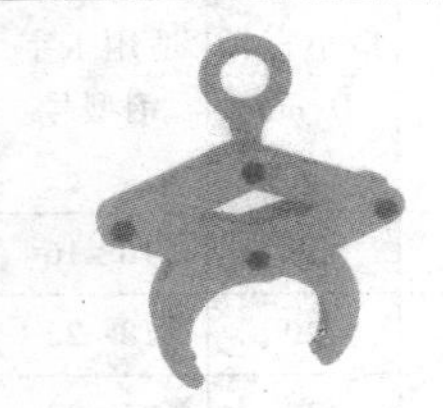

型号	最大载荷/t	钳口开度/mm	质量/kg	应用场合
YG0.5	0.5	50~100	3.2	用于钢管、圆钢或水泥管的水平吊运
YG1	1.0	50~100	4.1	
YG2	2.0	80~130	16	
YG3	3.0	120~200	32	
YG5	5.0	200~320	104	

4. 起吊钢轨用手动夹钳

【基本参数】　起吊钢轨用手动夹钳的基本参数见表 11-26。

表 11-26 起吊钢轨用手动夹钳的基本参数（JB/T 7333—2013）

型号	极限工作载荷 WLL/t	试验力 F_e /kN	最小直径 d /mm	适用钢轨型号 kg/m
DGQ-0.1	0.1	2	22.4	9~12
DGQ-0.25	0.25	5	22.4	15~22
DGQ-0.5	0.5	10	25.0	30~50

【产品数据】 起吊钢轨用起重夹钳的产品数据见表 11-27。

表 11-27 起吊钢轨用起重夹钳的产品数据

型号	最大载荷 /t	钳口开度 /mm	质量 /kg	应用场合
QS1	1.0	0~40	2	用于 H、I、T 和 L 钢板构造物的水平吊运
QS2	2.0	0~50	3.5	
QS3.2	3.2	0~60	6	
QS5	5.0	0~70	14.5	
QS7	7.0	0~90	22	

5. 起吊工字钢用手动夹钳

【基本参数】 起吊工字钢用手动夹钳的基本参数见表 11-28。

表 11-28 起吊工字钢用手动夹钳的基本参数（JB/T 7333—2013）

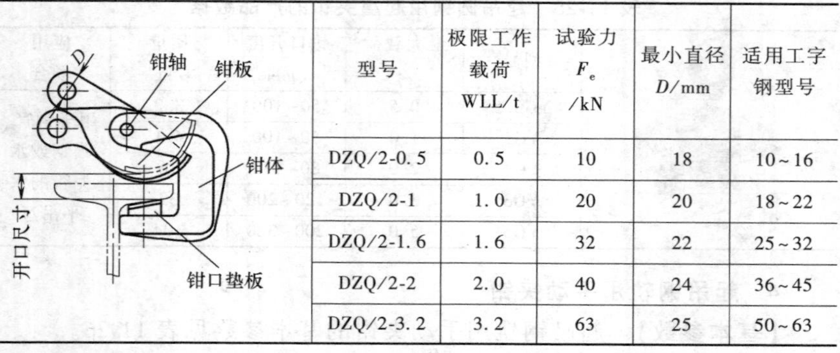

型号	极限工作载荷 WLL/t	试验力 F_e /kN	最小直径 D/mm	适用工字钢型号
DZQ/2-0.5	0.5	10	18	10~16
DZQ/2-1	1.0	20	20	18~22
DZQ/2-1.6	1.6	32	22	25~32
DZQ/2-2	2.0	40	24	36~45
DZQ/2-3.2	3.2	63	25	50~63

【产品数据】 见表 11-29 和表 11-30。

表 11-29　起吊工字钢用手动夹钳的产品数据

型号	最大载荷/t	钳口开度/mm	质量/kg	应用场合
DFQ1.5	1.5	0~20	5	用于工字钢或单块、多块钢板的水平吊运
DFQ2.5	2.5	0~30	9	
DFQ5	5.0	0~40	20	
DFQ8	8.0	0~50	26	
DFQ10	10.0	0~60	31	
DFQ16	16.0	20~100	60	
DFQ20	20.0	60~160	80	

表 11-30　带卸扣的起吊工字钢用夹钳的产品数据

型号	最大载荷/t	钳口开度/mm	质量/kg	应用场合
YS/YC1	1.0	75~220	3.8/4.2	固定于螺旋钢上，支撑和起吊葫芦设备
YS/YC 2	2.0	75~220	4.6/4.8	
YS/YC 3	3.0	80~320	9.0/9.2	
YS/YC 5	5.0	80~320	11.0/11.2	
YS/YC 10	10.0	90~320	16.0/16.2	

6. 起吊油桶和起吊木板用夹钳

【产品数据】 见表 11-31 和表 11-32。

表 11-31　起吊油桶用夹钳的产品数据

型号	最大载荷/t	钳口开度/mm	质量/kg	应用场合
YQC-0.6	0.6	0~30	5	用于油桶吊运
SL-1	1.0	0~25	3.6	用于油桶横竖吊运
LR-0.5	0.5	500~600	5	用于油桶吊运

11.1.20　永磁起重器

永磁起重器是通过永久磁钢产生磁场力，吸持工件移动，手动操作磁场转换操纵系统，并有失磁保护装置的起重装置。

表 11-32　起吊木板用夹钳的产品数据

型号	最大载荷/t	钳口开度/mm	质量/kg	应用场合
MT1	1.0	30~100	5	用于木托的横向拖运（可用叉车）
MT1.5	1.5	30~180	8.5	
MT2	2.0	30~200	11	
MT3	3.0	30~200	15	

【规格】 按额定起重量（kg）划分，有 100（125）、250（300）、500（600）、1000、2000、2500（3000）和 6000。

【手柄操纵力】 永磁起重器操纵的手柄操纵力见表 11-33。

表 11-33　永磁起重器操纵的手柄操纵力（JB/T 10687—2006）

额定起吊质量范围/kg	$M\leqslant 200$	$200<M\leqslant 600$	$600<M\leqslant 1000$	$1000<M\leqslant 2000$	$2000<M\leqslant 4000$	$4000<M\leqslant 6000$
手柄操纵力/N	40	80	160	200	250	300
测试钢板厚度/mm	40	60	60	80	80	100

11.1.21　滑轮

滑轮是一个可以绕着中心轴旋转，圆周面具有凹槽的圆形轮。

【用途】 与钢丝绳配套，用于起重机械起重或提升重物。

【类别】 按滑轮的制造工艺分为铸造滑轮、焊接滑轮、双幅板压制滑轮、轧制滑轮；按采用轴承型式分为深沟球轴承型滑轮、圆柱滚子轴承型滑轮、双列满装圆柱滚子轴承型滑轮、滑动轴承型滑轮。

【结构】 钢丝绳钢制滑轮的结构如图 11-15 所示。

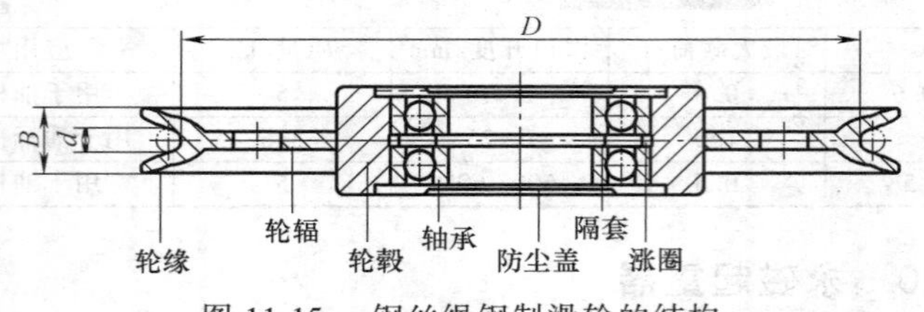

图 11-15　钢丝绳钢制滑轮的结构

【材料】 铸造滑轮零件的材料见表 11-34。

表 11-34 铸造滑轮零件的材料

名称	材料	名称	材料
滑轮	铸钢:应不低于 ZG 270-500	挡盖	铸铁:应不低于 HT150
	铸铁:应不低于 HT200		结构钢:应不低于 Q215A
	球墨铸铁:应不低于 QT400-18	隔套	结构钢:应不低于 Q235B
内轴套	结构钢:应不低于 45		铸铁:应不低于 HT150
隔环	结构钢:应不低于 Q235A	涨圈	结构钢:应不低于 45
	铸铁:应不低于 HIT250	衬套	铜合金:应不低于 ZCuAl10Pb3

【热处理】 应进行退火处理，以消除铸造或焊接应力。

【基本尺寸】 钢丝绳滑轮的基本尺寸见表 11-35。

表 11-35 钢丝绳滑轮的基本尺寸（GB/T 27546—2011）

（单位：mm）

槽底半径 $d/2$	3.3	3.8	4.3	5	5.5	6	6.5	7
钢丝绳直径	6	>6~7	>7~8	>8~9	>9~10	>10~11	>11~12	>12~13
槽底半径 $d/2$	7.5	8.2	9	9.5	10	10.5	11	11.5
钢丝绳直径	>13~14	>14~15	>15~16	>16~17	>17~18	>18~19	>19~20	>20~21
槽底半径 $d/2$	12	12.5	13	13.5	14	15	16	17
钢丝绳直径	>21~22	>22~23	>23~24	>24~25	>25~26	>26~28	>28~30	>30~32
槽底半径 $d/2$	18	19	20	21	22	23	24	25
钢丝绳直径	>32~33	>34~35	>36~37	>38~39	>39~41	>41~43	>43~45	>45~46
槽底半径 $d/2$	25	26	27	28	29	30	31	—
钢丝绳直径	>46~47	>47~48.5	>48.5~50	>50~52	>52~54.5	>54.5~56	>56~58	—

注：滑轮轴直径 D_2（mm）一般宜在下列数系中选取：45、50、55、60、65、70、75、80、90、100、110、120、130、140、150、160、170、180、190、200、220、240。

11.1.22 起重吊钩

起重吊钩是起重机械中最常见的一种吊具。

【用途】 借助滑轮组等部件悬挂在起升机构的钢丝绳上，用于吊起重物。

【分类】

1）按形状分为单钩和双钩。单钩制造简单、使用方便，但受力情况不好，大多用在起重量为 80t 以下的工作场合；双钩受力对称，用在起重量大于 80t 的工作场合。

2）按制造方法分为锻造吊钩和叠片式吊钩（见图 11-16 和

图 11-17）。

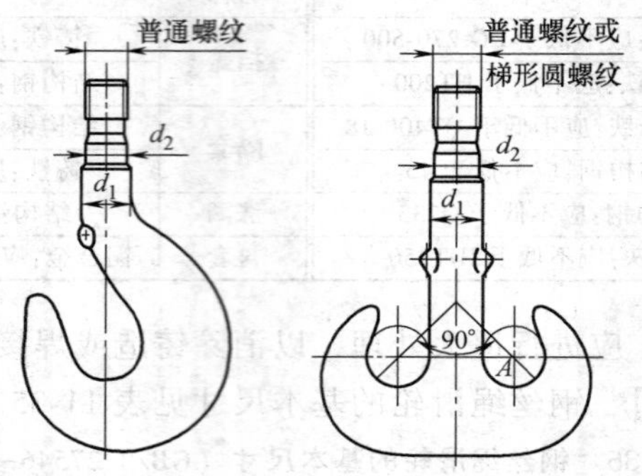

图 11-16　锻造单钩和双钩

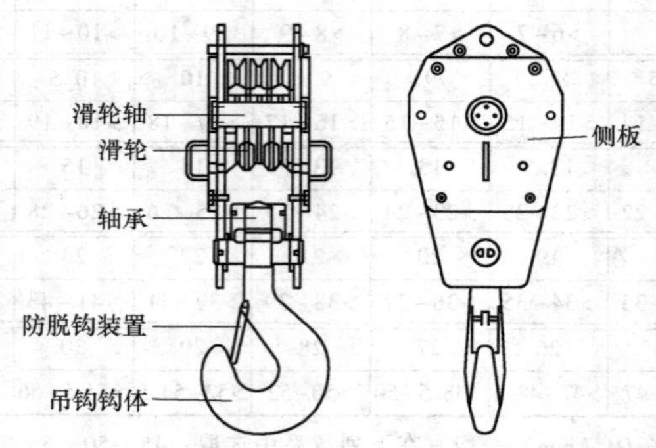

图 11-17　叠片式吊钩

叠片式吊钩由数片切割成形的钢板铆接而成，安全性较好，但自重较大，大多用在起重量大或吊运钢水盛桶的起重机上。

3）按力学性能分为 M、P、(S)、T、(V) 五个等级（优先采用前两者）。

【材料】　锻造吊钩：可采用 20 优质碳素钢或专用材料 DG20Mn、DG34CrMo 等；叠片式吊钩：一般采用 Q235 普通碳素钢或 16Mn 低合金钢钢板。

【标记】　单钩的结构，按型式和锻造方式，分为四种：LM 型、LMD 型、LY 型及 LYD 型。其表示方法如下：

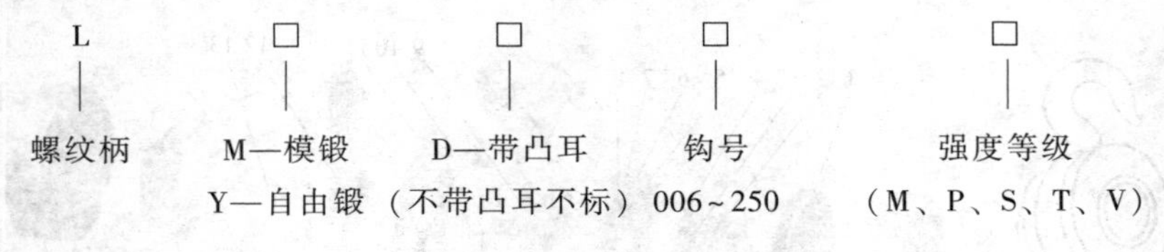

例：

1）钩号为 250、强度等级为 T 的带凸耳自由锻造单钩，标记为：单钩　LYD250-T　GB/T 10051.5。

2）起重量为 63t，钩腔直径 $D=320$mm 的叠片式单钩，标记为：单钩　63×320　GB/T 10051.15。

【钩号选择】　锻造单钩钩号的选择见表 11-36。

表 11-36　锻造单钩钩号的选择

应用场合	单 钩 钩 号
轻小型起重设备	006、010、012、020、025、04、05、08、1、1.6、2.5、4、5
轻小型起重设备和起重机械	6、8、10、12、16、20、25、32
起重机械	40、50、63、80、100、125、160、200、250

11.2　葫芦

葫芦是由装在公共吊架上的驱动装置、传动装置、制动装置以及挠性链条或夹持装置带动取物装置升降的轻小起重设备，分为手拉葫芦、手扳葫芦和电动葫芦等。

11.2.1　手拉葫芦

【用途】　用于工厂、矿山、建筑工地、码头、仓库中小型设备和货物的短距离吊运；也可与手动单轨小车配套组成起重小车，用于手动梁式起重机或架空单轨运输系统中。

【结构】　手拉葫芦的外形和结构如图 11-18 所示。

【规格和手拉力】　手拉葫芦的规格和手拉力见表 11-37。

表 11-37　手拉葫芦的规格和手拉力（JB/T 7334—2016）

额定起重量/t	0.25	0.5	1	1.6	2	2.5	3.2	5	8	10	16	20	32	40	50
手拉力/N	200~550			250~550					300~550						

【工作原理】

1）起升：操作者向下拉动手链条，使手链轮顺时针方向转

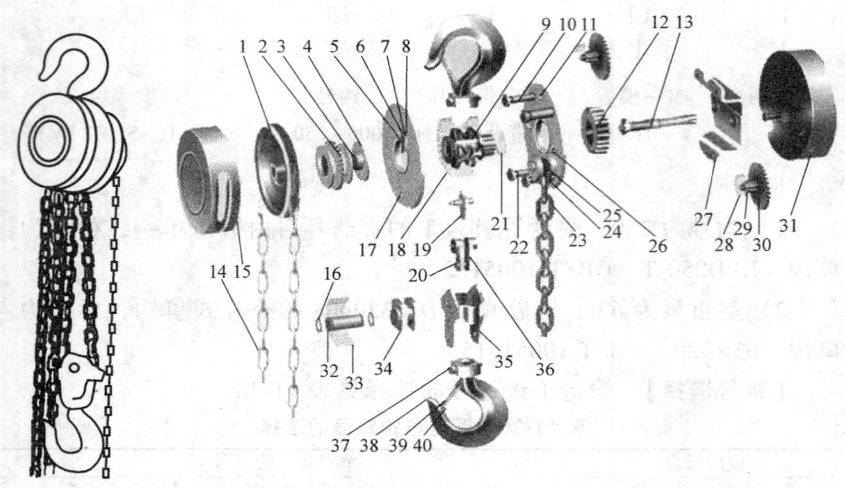

图 11-18 手拉葫芦的外形和结构

1—手链轮 2—棘轮 3—摩擦片 4—制动器座 5—轴承外圈 6—棘爪销 7—棘爪 8—棘爪弹簧 9—起重链轮 10—支撑杆 11—右墙板 12—花键孔齿轮 13—齿长轴 14—手链条 15—手链轮罩壳 16—弹性挡圈 17—左墙板 18—滚柱 19—挡板 20—吊销 21—弹性挡圈 22—支撑杆 23—起重链 24—轴销 25—手轮 26—固定孔 27—外墙板 28—滚柱 29—齿短轴 30—片齿轮 31—罩壳 32—游轮轴 33—滚杆 34—游轮 35—下构架 36—吊链板 37—螺栓 38—吊钩 39—止索夹 40—无头铆钉

动，手链轮经传动齿轮使起重链轮转动，由起重链条带动货物起升。在制动器的作用下，保证货物可以停留在空中任意位置而不下坠。

2）下降：向下拉动另一根手链条，使手链轮逆时针方向转动，这时，棘爪放开棘轮，在下吊钩等自重的作用下即可平稳下降。在手链条停止拉动时，制动器立即恢复制动功能，使货物可在任意位置停住。

11.2.2 SL 系列手拉葫芦

SL（为“手”“拉”二字的汉语拼音首字母）系列手拉葫芦有 A 型、C（A）型、D 型、V 型、M 型和 AT 型几种（图 11-19）。

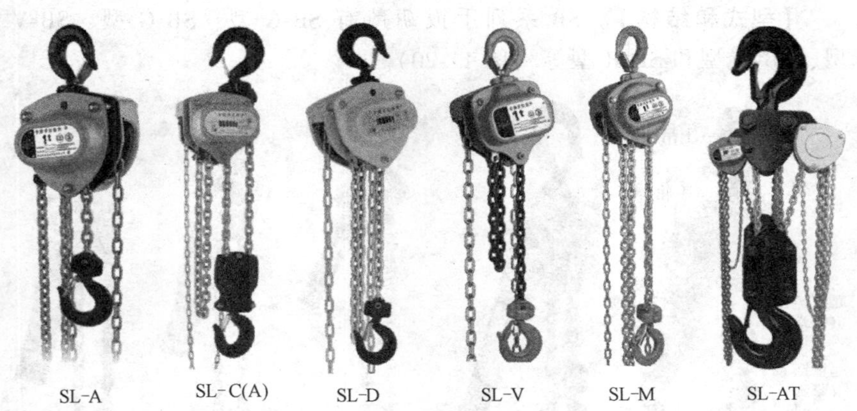

图 11-19　SL 系列手拉葫芦

【产品数据】　手拉葫芦的产品数据见表 11-38。

表 11-38　手拉葫芦的产品数据

SL-A	规格	025、050、100、150、200	300、500、750、1000、1500、2000、3000
	起升高度/m	2.5	3
SL-C(A)	规格	050、100、150、200	300、500、750、1000、1500、2000
	起升高度/m	2.5	3
SL-D	规格	050、100、150、200	300、500、750、1000、1500、2000
	起升高度/m	2.5	3
SL-V	规格	025、050、100、150、200	300、500
	起升高度/m	2.5	3
SL-M	规格	015	025
	起升高度/m	2	2.5
SL-AT	规格	—	40、50、80、100
	起升高度/m	—	2.5

注："规格 025" 表示起重量为 250kg，其余类推。

11.2.3　SB 系列手扳葫芦

SB（为"手""扳"二字的汉语拼音首字母）系列手扳葫芦用摇杆驱动链条，体积较小，但效率更高。当其制动扳到空档的时候，可以轻松地用手调节它与被牵引物的距离，方便快速牵引或起吊。

【用途】　用于货物起吊、设备安装、车辆装卸和机件牵拉等。既可以单独使用，也可以与各型手拉单轨行车配套使用，组成手拉起重运输小车，实现左右行走提升重物的功能。

【型式和结构】 SB 系列手扳葫芦有 SB-C 型、SB-G 型、SB-V 型、SB-H 型和 SB-R 型等（图 11-20）。

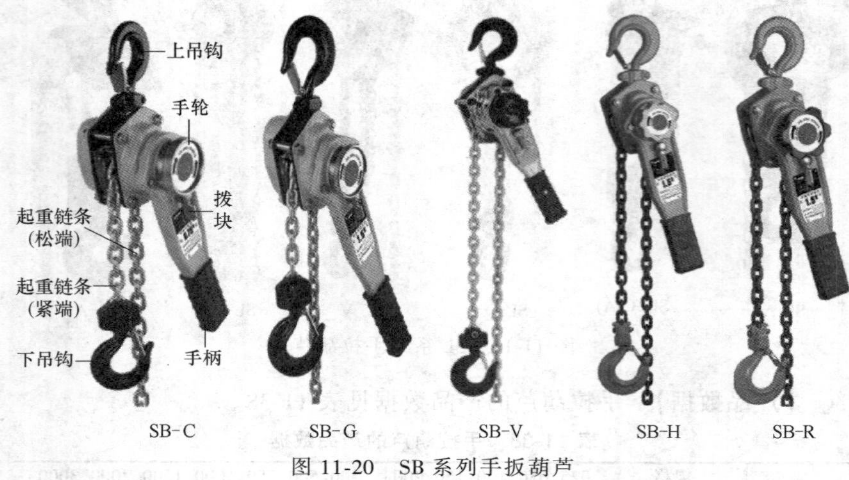

图 11-20 SB 系列手扳葫芦

【产品数据】 SB-C 型手扳葫芦的产品数据见表 11-39。

表 11-39 SB-C 型手扳葫芦的产品数据

起重量/kg	500	750	1000	1500	2000	3000	6000	9000
SB-C	050C	075C	100C	150C	—	300C	600C	900C
SB-G	050G	075G	100G	150G	200G	300G	600G	900G
SB-V	050V	075V	100V	150V	200V	300V	600V	900V
SB-H	050H	075H	100H	150H	200H	300H	600H	900H
SB-R	050R	075R	100R	150R	200R	300R	600R	900R

注：起升高度为 1.5m。

生产商：浙江手牌起重葫芦有限公司。

11.2.4 环链手扳葫芦

环链手扳葫芦是由人力通过手柄驱动链条带动取物装置运动的起重工具。

【用途】 广泛用于各行业的设备安装，以及边远地区和野外无电源场合的起重、拽引作业，提升和拽引距离不受限制。

【技术数据】 环链手扳葫芦的技术数据见表 11-40。

表 11-40　环链手扳葫芦的技术数据（JB/T 7335—2016）

额定起重量/t	0.25	0.5	0.8	1	1.6	2	3.2	5	6.3	9	12
标准起升高度/m	1	1.5									
手扳力/N	200~550				250~550				300~550		
两钩间最小距离 H_{min} /mm ≤	250	300	350	380	400	450	500	600	700	800	850

注：手扳力指提升额定起重量时，距离扳手端部 50mm 处所施加的扳动力。

【产品数据】　HSH-A623 系列环链手扳葫芦的产品数据见表 11-41。

表 11-41　HSH-A623 系列环链手扳葫芦的产品数据

型号参数 HSH-	0.75A	1.5A	3A	6A	9A
额定起重量/t	0.75	1.5	3	6	9
标准起重高度/m	1.5	1.5	1.5	1.5	1.5
试验载荷/kN	11.0	22.5	37.5	75.0	112
满载时手扳力/N	140	220	320	340	360
起重链条行数	1	1	1	2	3
起重链条直径/mm	6	8	10	10	10
净质量/kg	7.5	11.5	21	31.5	47
起重高度每增加 1m 增加的质量/kg	0.8	1.4	2.2	4.4	6.6
装箱尺寸/cm（长×宽×高）	36×12.5×16	50×13.5×19	54×17×21.5	54×18×21.5	82×32×21.5

11.2.5　钢丝绳手扳葫芦

钢丝绳手扳葫芦是由人力通过手柄驱动钢丝绳带动取物装置运动的起重工具。

【用途】　具有起重、牵引、张紧三大功能。

【结构】　钢丝绳手扳葫芦的结构如图 11-21 所示。

【工作原理】　由于它有两个夹钳，往复扳动手柄时，一个夹钳夹紧钢丝绳往后运动，同时松开的另一个夹钳往前运动；接着，第一个夹钳松开钢丝绳往前，第二夹钳夹紧钢丝绳往后。如此交替动作，使钢丝绳牵引的重物随之向操纵者移动或提升。扳动换向手柄到反向位，再扳动手柄，则夹钳的动作相反，使重物反向沿斜面退去或垂直下降。

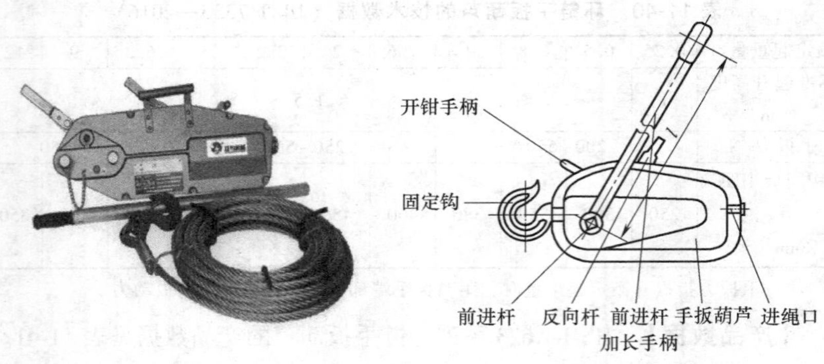

图 11-21　钢丝绳手扳葫芦的结构

【标记】　表示方法：

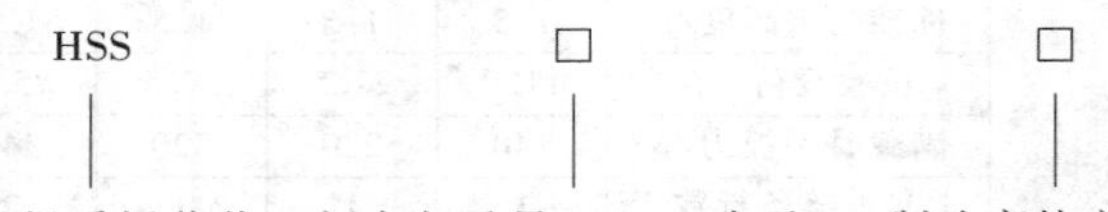

例：额定起重量为 1.6t，制造商特定代号为 ZY 的钢丝绳手扳葫芦，标记为：HSS-16ZY。

【基本数据】　起升高度由钢丝绳长度决定，但不宜超过 150m。其他推荐参数见表 11-42。

表 11-42　其他推荐参数（JB/T 12983—2016）

型号	额定起重量/t		额定起重量下的手扳力/N	钢丝绳直径/mm	手柄长度/mm	空载时手柄往复一次的钢丝绳行程/mm	额定起重量时手柄往复一次的钢丝绳行程/mm
	Ⅰ系列	Ⅱ系列					
HSS-08	0.8	—	≤343	≥8.0	800	≥55	≥45
HSS-15	—	1.5	≤441	≥9.0	1200	≥55	≥45
HSS-16	1.6	—	≤460	≥11.6	1200	≥45	≥45
HSS-30	—	3.0	≤470	≥13.5	1200	≥30	≥30
HSS-32	3.2	—	≤490	≥16.0	1200	≥25	≥20

11.2.6　电动葫芦

电动葫芦是用电力驱动的葫芦型起重设备，分为钢丝绳电动葫芦、环链电动葫芦、防爆电动葫芦等几种，起重量大多从 1t 到 10t 不等，适用于各种场合。

【用途】　电动葫芦可以单独使用，配备运行小车后也可以作架空单轨起重机、电动单梁、电动悬挂、电动葫芦门式、堆垛、壁行、回臂及电动葫芦双梁等起重机的起升机构。

【类别、型式和代号】　电动葫芦的类别、型式和代号见表 11-43。

表 11-43　电动葫芦的类别、型式和代号

<table>
<tr><th colspan="2">类别</th><th colspan="2">特征</th><th>型式</th><th>代号</th></tr>
<tr><td colspan="2" rowspan="4">固定式</td><td colspan="2" rowspan="4">无运行机构、固定使用</td><td>上方固定</td><td>HGS</td></tr>
<tr><td>下方固定</td><td>HGX</td></tr>
<tr><td>左方固定</td><td>HGZ</td></tr>
<tr><td>右方固定</td><td>HGY</td></tr>
<tr><td rowspan="12">单轨小车式</td><td rowspan="6">标准建筑高度</td><td rowspan="6">具有运行机构、以单轨下翼缘作为运行轨道的电动葫芦</td><td rowspan="3">直线型轨道、刚性连接</td><td>手拉小车式</td><td>HSG</td></tr>
<tr><td>链轮小车式</td><td>HLG</td></tr>
<tr><td>电动小车式</td><td>HDG</td></tr>
<tr><td rowspan="3">曲线型轨道、铰式连接</td><td>手拉小车式</td><td>HSJ</td></tr>
<tr><td>链轮小车式</td><td>HLJ</td></tr>
<tr><td>电动小车式</td><td>HDJ</td></tr>
<tr><td rowspan="6">低建筑高度</td><td rowspan="6">起升机构和配重装置分别布置在运行小车的两侧，运行轨道只有一条</td><td rowspan="3">直线型轨道、刚性连接</td><td>手拉小车式</td><td>HSDG</td></tr>
<tr><td>链轮小车式</td><td>HLGD</td></tr>
<tr><td>电动小车式</td><td>HDGD</td></tr>
<tr><td rowspan="3">曲线型轨道、铰式连接</td><td>手拉小车式</td><td>HSJD</td></tr>
<tr><td>链轮小车式</td><td>HLJD</td></tr>
<tr><td>电动小车式</td><td>HDJD</td></tr>
<tr><td colspan="2">双梁葫芦小车式</td><td colspan="2">由一台固定式电动葫芦和一双轨型电动小车架组成</td><td>小车沿双梁桥架上的两条轨道运行</td><td>HSC</td></tr>
<tr><td colspan="2">单主梁角形葫芦小车式</td><td colspan="2">由一台固定式电动葫芦和一角形电动小车架组成</td><td>小车沿单主梁桥架上的两条轨道运行</td><td>HDC</td></tr>
</table>

11.2.7　环链电动葫芦

环链电动葫芦是以电为动力，靠环链牵引的葫芦型起重设备。

【分类】　根据环链葫芦有无运行机构，分为固定式和运行式两种（图 11-22）。而前者又按照其安装方式的不同，分为悬挂式和支承式。

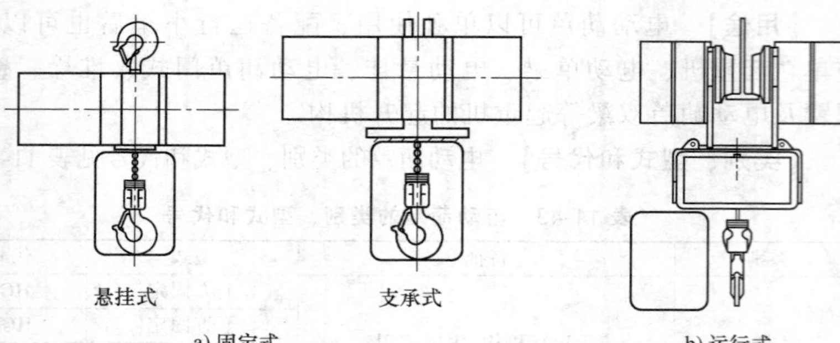

图 11-22　环链电动葫芦的种类

【技术参数】 分别见表 11-44 和表 11-45。

表 11-44　环链葫芦起升机构的工作级别（JB/T 5317—2016）

载荷状态级别	机构名义载荷谱系数 K_m	使用等级									
		T_0	T_1	T_2	T_3	T_4	T_5	T_6	T_7	T_8	T_9
		总使用时间 t_r/kh									
		$t_r\leqslant$ 0.2	0.2<t_r ≤0.4	0.4<t_r ≤0.8	0.8<t_r ≤1.6	1.6<t_r ≤3.2	3.2<t_r ≤6.3	6.3<t_r ≤12.5	12.5< t_r≤25	25<t_r ≤50	t_r >50
L_1	K_m ≤0.125	—	—	M1	M2	M3	M4	M5	M6	M7	M8
L_2	0.125<K_m ≤0.250	—	M1	M2	M3	M4	M5	M6	M7	M8	—
L_3	0.250<K_m ≤0.500	M1	M2	M3	M4	M5	M6	M7	M8	—	—
L_4	0.500<K_m ≤1.00	M2	M3	M4	M5	M6	M7	M8	—	—	—

注：在起重机械等级未知和载荷状态未知情况下，起重机的工作级别应按同类产品最低工作级别考虑，其次，起重机电动葫芦部分的工作级别应与起重机级别相当。

表 11-45　环链葫芦各参数的优先数值（JB/T 5317—2016）

优先数	数值
额定起重量/t	0.1、0.125、0.16、0.2、0.25、0.32、0.4、0.5、0.63、0.8、1、1.25、1.6、2、2.5、3.2、4、5、6.3、8、10、12.5、16、20、25、32、40、50、63、80、100
起升高度/m	3.2、4、5、6.3、8、10、12.5、16、20、25、32、40、50、63、80、100、125、160
起升速度①/(m/min)	0.25、0.32、0.4、0.5、0.63、0.8、1、1.25、1.6、2、2.5、3.2、4、5、6.3、8、10、12.5、16、20、25、32
运行速度/(m/min)	3.2、4、5、6.3、8、10、12.5、16、20、25、40

① 表示慢速推荐为快速的 1/2~1/6，无级调速产品由制造厂和用户协商。

11.2.8 钢丝绳电动葫芦

钢丝绳电动葫芦是由电动机、减速器和制动器等组合为一体，最后经卷筒卷放起重绳或链轮卷放起重链条，以带动取物装置升降的起重葫芦。

【结构】

1）减速器：为三级定轴斜齿轮转动机构，箱体、箱盖由优质铸铁制成。

2）控制箱：在紧急情况下切断主电路，并带有上下行程保护断火限位器的装置。

3）卷筒和钢丝绳：在电动机的带动下牵引重物。

4）起升电动机：为有较大起动力矩锥形转子制动的异步电动机，无须外加制动器。

5）按钮开关，分为有绳操纵和无线遥控两种方式。

【技术参数】 钢丝绳电动葫芦的技术参数见表 11-46。

表 11-46　钢丝绳电动葫芦的技术参数（JB/T 9008.1—2014）

项目	数值
额定起重量/t	0.16、0.125、0.16、0.2、0.25、0.32、0.4、0.5、0.63、0.8、1、1.25、1.6、2、2.5、3.20、4、5、6.3、8、10、12.50、16、20、25、32、40、50、63、80、100、125、160
起升高度①/m	3.2、4、5、6.3、8、10、12.5、16、20、25、32、40、50、63、80、100、125
起升速度①/(m/min)	0.25、0.32、0.5、0.8、1.0、1.25、1.60、2、2.5、3.2、4、5、6.3、8、10、12.5、16、20、25、32、40、50、63
运行速度①/(m/min)	单速：8、10、12.50、16、20、25 双速：16/4、20/5、25/6、32/8、40/10

① 表示优先选用的数值。

11.2.9 防爆电动葫芦

防爆电动葫芦的型号表示方法有两种。

1. 爆炸性气体环境用Ⅰ、Ⅱ类防爆葫芦

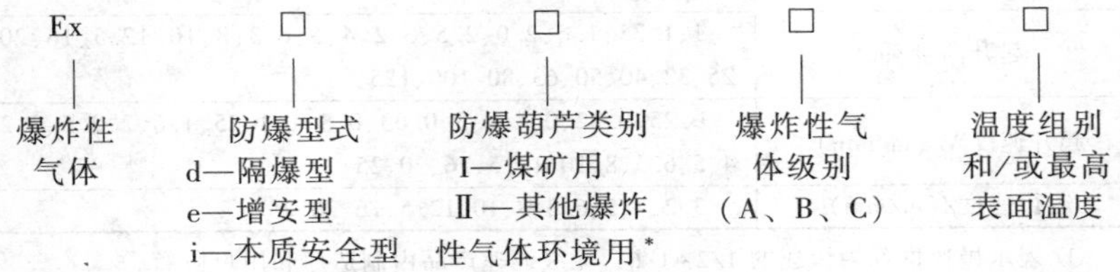

其中：* 表示Ⅱ类隔爆型“d”和本质安全型“i”的防爆葫芦，又分为ⅡA、ⅡB和ⅡC级防爆葫芦（ⅡB级防爆葫芦可适用于ⅡA级防爆葫芦的使用条件；ⅡC级则可适用于IIA和ⅡB级防爆葫芦使用条件）。

2. 可燃性粉尘环境用防爆葫芦

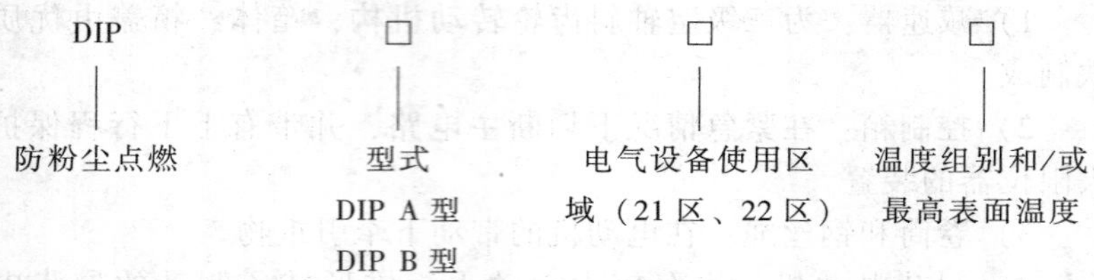

【技术参数】 防爆电动葫芦的工作级别、额定起重量和起升高度、起升速度及运行速度优先数值分别见表11-47和表11-48。

表11-47 防爆电动葫芦起升机构的工作级别（JB/T 10222—2011）

载荷状态级别	名义载荷谱系数 K_m	使用等级						
		T_0	T_1	T_2	T_3	T_4	T_5	T_6
		总使用时间/kh						
		0.2	0.4	0.8	1.6	3.2	6.3	12.5
L_1	$0.000<K_m\leqslant0.125$	—	—	M1	M2	M3	M4	M5
L_2	$0.125<K_m\leqslant0.250$	—	M1	M2	M3	M4	M5	—
L_3	$0.250<K_m\leqslant0.500$	M1	M2	M3	M4	M5	—	—
L_4	$0.500<K_m\leqslant1.00$	M2	M3	M4	M5	—	—	—

注：在起重机械等级未知和载荷状态未知情况下，起重机的工作级别应按同类产品最低工作级别考虑，其次，起重机电动葫芦部分的工作级别应与起重机级别相当。

表11-48 防爆电动葫芦各参数的优先选用数值

优先数	数值
额定起重量/t	0.08、0.1、0.125、0.16、0.2、0.25、0.32、0.4、0.5、0.63、0.8、1、1.25、1.6、2、2.5、3.2、4、5、6.3、8、10、12.5、16、20、25、32、40、50、63、80、100
起升高度/m	1、1.25、1.6、2.0、2.5、3.2、4、5、6.3、8、10、12.5、16、20、25、32、40、50、63、80、100、125
起升速度①/(m/min)	0.25、0.32、0.4、0.5、0.63、0.8、1、1.25、1.6、2、2.5、3.2、4、5、6.3、8、10、12.5、16、20、25
运行速度/(m/min)	3.2、4、5、6.3、8、10、12.5、16、20、25

① 表示慢速推荐为快速的1/2~1/6，无级调速产品由制造厂和用户协商。

11.2.10　紧线用葫芦

紧线用葫芦是用于收紧导线、拉线和小量吊装的装置，有钢丝绳牵引葫芦、棘轮手扳葫芦、链条手扳葫芦和链条手拉葫芦等。

【规格】 葫芦的规格分别见表 11-49～表 11-52。

表 11-49　钢丝绳牵引葫芦的规格

型号	额定负荷/kN	钢丝绳长度/m	钢丝绳规格/mm	往复行程/mm	自重/kg
HSS-1.5	15	20	ϕ9(7×7)	50	9
HSS-3	30	10	ϕ13.5(7×9)	30	14

用途：用于收紧导线、钢绞线，收线长度大。

表 11-50　棘轮手扳葫芦的规格

型号	牵引力/kN	链条长度/m	自重/kg
LSJ-1	10	1.2	2.1
LSJ-2	15	1.3	2.5
LSJ-3	20	1.5	3.2

用途：适用于高空紧线作业及临时锚固。

表 11-51　链条手扳葫芦的规格

型号	额定负荷/kN	自重/kg			
		1.5m	3m	4m	5m
LS-0.75	7.5	7	8	9	10.5
LS-1.5	15	11	12.8	13.6	15
LS-3	30	20	22	23.2	24.0
LS-6	60	30	33	35	37

用途：用于物品起吊及机件牵引，收紧钢绞线、铝绞线等线路紧线，伸缩长度大。

表 11-52　链条手拉葫芦的规格

型号	额定负荷/kN	起重高度/m	自重/kg
XH0102-0.5	5	3、5、6、8、10	7
XH0102-1	10		10
XH0102-1.5	15		14
XH0102-2	20		16
XH0102-3	30		24
XH0102-5	50		36
XH0102-10	100		68

11.3　小型起重机械

本节的起重机械包括起重滑车、绞盘、绞磨机和吊机等。

11.3.1　起重滑车

【用途】 与吊车或绞车配合使用，起吊笨重货物。

【类别】

1）按顶端的固定方式，分为吊钩型、吊环型和链环型。

2）按使用用途，分为通用起重滑车和林业起重滑车。

3）按轮数的多少，分为单轮、双轮和多轮。

4）按轴承类型，分为滚针轴承起重滑车、滚动轴承起重滑车和滑动轴承起重滑车。

5）按滑车与吊物的连接方式，可分为吊钩式、链环式、吊环式和吊架式四种。一般中小型的滑车多属于吊钩式、链环式和吊环式，而大型滑车采用吊环式和吊梁式。

【材料】

1）吊环、链环、链环螺母、中轴、吊轴、合页轴材料的力学性能不应低于 45 钢；当结构需要采用高强度钢材时，其材料的力学性能不应低于 20Cr 或 42CrMo。

2）横梁材料的力学性能不应低于 Q420q 的质量等级 D 的要求。

3）铸件滑轮材料的力学性能不应低于 ZG270-500；热轧滑轮和焊接滑轮材料的力学性能不应低于 Q345B 或 35 钢；尼龙滑轮应采用 MC 尼龙。

4）滑动轴承材料的力学性能不应低于铝青铜（ZCuAl10Fe3），

也可采用工程塑料合金（NGA）或粉末冶金含油轴承，但还应符合所规定的其他要求。

5）护隔板、加强板、吊架等主要受力部件材料的力学性能不应低于 Q235B；当结构需要采用高强度钢材时，其材料的力学性能不应低于 Q345B。

6）合页板材料的力学性能不应低于 Q345B；当结构需要采用高强度钢材时，其材料的力学性能不应低于 Q345B。

【型号】 表示方法：

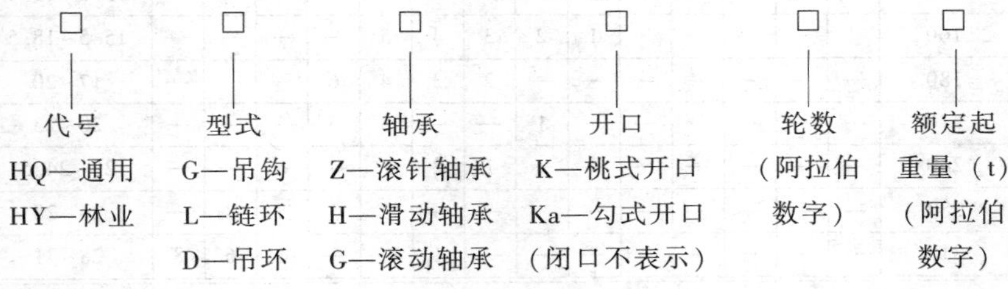

例：

1）吊钩型带滚针轴承挑式开口单轮，额定起重量为 2t 的通用起重滑车，标记为：HQGZK1-2。

2）链环型带滚动轴承勾式开口单轮，额定起重量为 10t 的林业起重滑车，标记为：HYLGKa1-10。

11.3.2　HQ 通用系列滑车

【用途】 主要用于冶金、造船、码头等通用环境。

【分类】 按吊钩型式分，有吊钩、链环型和吊环型；按轮子数量分，有单轮、双轮和多轮式；按使用轴承分，有滚动轴承和滑动轴承（各有开口和闭口）。

【基本参数】 HQ 通用系列起重滑车的基本参数见表 11-53。

【型式和品种】 HQ 系列滑车的型式和品种见表 11-54。

11.3.3　YH 系列林业滑车

【用途】 主要用于农林行业。

【分类】 按吊钩型式分，有吊钩、链环型和吊环型；按轮子数量分，有单轮、双轮和多轮式；按滑动轴承形式分，有开口和闭口。

【基本参数】 HY 系列林业起重滑车的基本参数见表 11-55。

表 11-53　HQ 通用系列起重滑车的基本参数（JB/T 9007—2018）

滑轮直径/mm	额定起重量/t														钢丝绳直径范围/mm
	0.3	0.5	1	2	3.2	5	8	10	16	20	32	50	80	100	
	滑轮数量														
63	1	—	—	—	—	—	—	—	—	—	—	—	—	—	6.2
71	—	1	2	—	—	—	—	—	—	—	—	—	—	—	6.2~7.7
85	—	—	1	2	3	—	—	—	—	—	—	—	—	—	7.7~11
112	—	—	—	1	2	3	4	—	—	—	—	—	—	—	11~14
132	—	—	—	—	1	2	3	4	—	—	—	—	—	—	12.5~15.5
160	—	—	—	—	—	1	2	3	4	5	—	—	—	—	15.5~18.5
180	—	—	—	—	—	—	—	2	3	4	6	—	—	—	17~20
210	—	—	—	—	—	—	1	—	—	3	5	—	—	—	20~23
240	—	—	—	—	—	—	—	1	2	—	4	6	—	—	23~24.5
280	—	—	—	—	—	—	—	—	—	2	3	5	8	—	26~28
315	—	—	—	—	—	—	—	—	1	—	—	4	6	8	28~31

滑轮直径/mm	额定起重量/t												钢丝绳直径范围/mm
	20	32	50	80	100	160	200	250	320	500	750	1000	
	滑轮数量												
355	1	2	3	5	6	8	10	—	—	—	—	—	31~35
400	—	—	—	—	—	6	8	10	—	—	—	—	34~38
450	—	—	—	—	—	—	—	8	10	—	—	—	40~43
500	—	—	—	—	—	—	—	—	8	10	—	—	47~50
500<~800	—	—	—	—	—	—	—	—	—	10	12	—	47~50
800<~1246	—	—	—	—	—	—	—	—	—	—	—	16	47~50

表 11-54　HQ 系列滑车的型式和品种

<table>
<tr><th>品种</th><th colspan="3">型式</th><th>额定起重量/t</th><th>规格数</th></tr>
<tr><td rowspan="5">单轮</td><td rowspan="2">开口</td><td>滚针轴承</td><td rowspan="4">吊钩型/链环型</td><td>0.32、0.5、1、2、3.2、5、8、10</td><td>8</td></tr>
<tr><td>滑动轴承</td><td>0.32、0.5、1、2、3.2、5、8、10、16、20</td><td>10</td></tr>
<tr><td rowspan="3">闭口</td><td>滚针轴承</td><td>0.32、0.5、1、2、3.2、5、8、10</td><td>8</td></tr>
<tr><td rowspan="2">滑动轴承</td><td>0.32、0.5、1、2、3.2、5、8、10、16、20</td><td>10</td></tr>
<tr><td>吊环型</td><td>1、2、3.2、5、8、10</td><td>6</td></tr>
</table>

（续）

<table>
<tr><th>品种</th><th colspan="3">型式</th><th>额定起重量/t</th><th>规格数</th></tr>
<tr><td rowspan="3">双轮</td><td>双开口</td><td rowspan="10">滑动轴承</td><td>吊钩型/链环型</td><td>1、2、3.2、5、8、10</td><td>6</td></tr>
<tr><td rowspan="9">闭口</td><td>吊钩型/链环型</td><td>2、3.2、5、8、10、16、20</td><td>8</td></tr>
<tr><td>吊环型</td><td>1、2、3.2、5、8、10、16、20、32</td><td>9</td></tr>
<tr><td rowspan="2">三轮</td><td>吊钩型/链环型</td><td>3.2、5、8、10、16、20</td><td>6</td></tr>
<tr><td>吊环型</td><td>3.2、5、8、10、16、20、32、50</td><td>8</td></tr>
<tr><td>四轮</td><td rowspan="5">吊环型</td><td>8、10、16、20、32、50</td><td>6</td></tr>
<tr><td>五轮</td><td>20、32、50、80</td><td>4</td></tr>
<tr><td>六轮</td><td>32、50、80、100</td><td>4</td></tr>
<tr><td>八轮</td><td>80、100、160、200</td><td>4</td></tr>
<tr><td>十轮</td><td>200、250、320</td><td>3</td></tr>
</table>

表 11-55　HY 系列林业起重滑车的基本参数（JB/T 9007—2018）

<table>
<tr><th rowspan="3">滑轮直径/mm</th><th colspan="10">额定起重量/t</th><th rowspan="3">钢丝绳直径范围/mm</th></tr>
<tr><th>1</th><th>2</th><th>3.2</th><th>5</th><th>8</th><th>10</th><th>16</th><th>20</th><th>32</th><th>50</th></tr>
<tr><th colspan="10">滑轮数量</th></tr>
<tr><td>85</td><td>1</td><td>2</td><td>3</td><td>—</td><td>—</td><td>—</td><td>—</td><td>—</td><td>—</td><td>—</td><td>7.7~11</td></tr>
<tr><td>112</td><td>—</td><td>1</td><td>2</td><td>3</td><td>4</td><td>—</td><td>—</td><td>—</td><td>—</td><td>—</td><td>11~14</td></tr>
<tr><td>132</td><td>—</td><td>—</td><td>1</td><td>2</td><td>3</td><td>4</td><td>—</td><td>—</td><td>—</td><td>—</td><td>12.5~15.5</td></tr>
<tr><td>160</td><td>—</td><td>—</td><td>—</td><td>1</td><td>2</td><td>3</td><td>4</td><td>5</td><td>—</td><td>—</td><td>15.5~18.5</td></tr>
<tr><td>180</td><td>—</td><td>—</td><td>—</td><td>—</td><td>—</td><td>2</td><td>3</td><td>4</td><td>6</td><td>—</td><td>17~20</td></tr>
<tr><td>210</td><td>—</td><td>—</td><td>—</td><td>—</td><td>1</td><td>—</td><td>—</td><td>3</td><td>5</td><td>—</td><td>20~23</td></tr>
<tr><td>240</td><td>—</td><td>—</td><td>—</td><td>—</td><td>—</td><td>1</td><td>2</td><td>—</td><td>4</td><td>6</td><td>23~24.5</td></tr>
<tr><td>280</td><td>—</td><td>—</td><td>—</td><td>—</td><td>—</td><td>—</td><td>—</td><td>2</td><td>3</td><td>5</td><td>26~28</td></tr>
<tr><td>315</td><td>—</td><td>—</td><td>—</td><td>—</td><td>—</td><td>—</td><td>1</td><td>—</td><td>—</td><td>4</td><td>28~31</td></tr>
<tr><td>355</td><td>—</td><td>—</td><td>—</td><td>—</td><td>—</td><td>—</td><td>—</td><td>1</td><td>2</td><td>3</td><td>31~35</td></tr>
</table>

【型式和品种】 HY 系列林业滑车的型式和品种见表 11-56。

表 11-56　HY 系列林业滑车的型式和品种

<table>
<tr><th>品种</th><th colspan="3">型式</th><th>额定起重量/t</th><th>规格数</th></tr>
<tr><td rowspan="4">单轮</td><td rowspan="3">开口</td><td rowspan="9">滚动轴承</td><td>吊钩型，链环型</td><td rowspan="4">1、2、3.2、5、8、10、16、20</td><td rowspan="4">8</td></tr>
<tr><td>吊钩型（别钩式）</td></tr>
<tr><td>链环型（别钩式）</td></tr>
<tr><td rowspan="6">闭口</td><td>吊钩型，链环型</td></tr>
<tr><td>双轮</td><td rowspan="5">吊环型</td><td>2、3.2、5、8、10、16、20、32</td><td>8</td></tr>
<tr><td>三轮</td><td>3.2、5、8、10、16、20、32、50</td><td>8</td></tr>
<tr><td>四轮</td><td>8、10、16、20、32、50</td><td>6</td></tr>
<tr><td>五轮</td><td>20、32、50</td><td>3</td></tr>
<tr><td>六轮</td><td>32、50</td><td>2</td></tr>
</table>

11.3.4　绞盘和绞磨机

1. 绞盘

绞盘是一种使用较为普遍的人力牵引工具，主要用于起重速度不快、没有电动卷扬机、亦没有电源的偏僻地区及牵引力不大的施工作业。

【用途】 主要用于越野汽车、船只、农用汽车等，在雪地、沼泽、泥泞山路等恶劣环境中进行自救，并可能在其他条件下，进行清障、拖拉物品、安装设施等作业。

【原理】 摇动手柄时，小齿轮带动大齿轮和绞盘卷筒转动，通过固定在绞车卷筒上的钢丝绳即可拉动货物。由于它带有手动转向自动刹车装置，当绞车钢丝绳拉着货物，且绞车卷筒不动时，刹车棘轮就会和承重棘轮咬合，起到刹车作用。

【结构】 手摇式绞盘如图 11-23 所示。

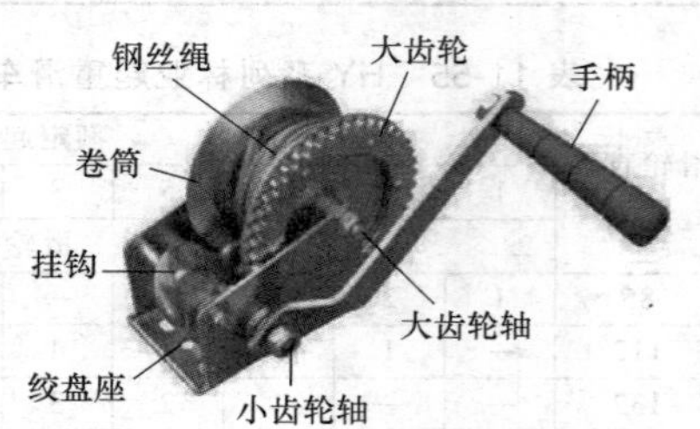

图 11-23　手摇式绞盘

【产品数据】 MKE 型手摇式绞盘的产品数据见表 11-57。

表 11-57　MKE 型手摇式绞盘的产品数据

型号	MKE-0.5	MKE-1	MKE-2	MKE-3
额定载荷/t	0.5	1	2	3
实验载荷/kN	6.125	12.25	24.5	36.75
适用钢丝绳 mm	ϕ6.3×40	ϕ8×40	ϕ9×40	ϕ12.5×40
减速比	4.33 : 1	12.19 : 1	22.68 : 1	29.16 : 1
连杆长度/mm	350			
最小手扳力/N	120	120	130	180
净质量/kg	14.4	19.7	25.1	44.3

生产商：河北方工机械制造有限公司。

2. 电动绞磨机

电动绞磨机是以电为动力，用来直接和钢丝绳连接的牵引槽经过变速箱的变速来达到所需转速的工具。

【用途】 用于架设空电缆地下布线时必备的紧线、立杆等施工产品，能在各种复杂环境下方便地进行导线起重、牵引或紧线。

【结构】 由滚筒轮、变速箱、电动机和底座框架等组成。

【原理】 以电动机为动力源，通过 V 带传动到离合器和减速箱，带动卷筒工作。齿轮箱内有自动齿轮刹车及离合器传动联锁刹车两种制动装置，在正方向起制动作用，在反向时传动联锁刹车起制动作用。

【产品数据】 DW 系列电动绞磨机的产品数据见表 11-58。

表 11-58　DW 系列电动绞磨机的产品数据

DW1500 型			
额定拉力	682kg	绳缆	φ4mm×7.6m
电动机	12V DC 0.6kW,24 V DC 0.7kW	滚筒尺寸	φ32mm×73mm
减速比	153 : 1	安装孔	80mm,2-M8
DW2000 型			
额定拉力	909kg	绳缆	φ4.8mm×7.6m
电动机	12V DC 0.7kW,24 V DC 0.8kW	滚筒尺寸	φ38mm×80mm
减速比	253 : 1	安装孔	123mm×76mm,4-M8
DW3000 型			
额定拉力	1363kg	绳缆	φ5.6mm×14m
电动机	12V DC 0.95kW,24 V DC 1.05kW	滚筒尺寸	φ38mm×80mm
减速比	253 : 1	安装孔	123mm×76mm,4-M8
DW4000 型			
额定拉力	1818kg	绳缆	φ6.0mm×12m
电动机	12V DC 1.3kW,24 V DC 1.4kW	滚筒尺寸	φ55mm×75mm
减速比	145 : 1	安装孔	123mm×46mm,4-M8
DW5000 型			
额定拉力	2272kg	绳缆	φ6.0mm×24m
电动机	12V DC 1.7kW,24 V DC 1.8kW	滚筒尺寸	φ63mm×140mm
减速比	294 : 1	安装孔	165mm×114mm,4-M10
DW8000 型			
额定拉力	3636kg	绳缆	φ8mm×29m
电动机	12V DC 2.8kW,24 V DC 3.0kW	滚筒尺寸	φ63mm×228mm
减速比	294 : 1	安装孔	254mm×114mm,4-M10
DW10000 型			
额定拉力	4545kg	绳缆	φ9.2mm×28m
电动机	12V 4.4kW,DC 串绕	滚筒尺寸	φ63mm×228mm
减速比	294 : 1	安装孔	254mm×114mm,4-M10
DW12000 型			
额定拉力	5454kg	绳缆	φ11mm×28m
电动机	12V 5.0kW,DC 串绕	滚筒尺寸	φ72mm×218mm
减速比	402 : 1	安装孔	254mm×114mm,4-M12

注：DW750 表示额定拉力为 750lb，其余类同。

生产商：浙江瑞安八达机电有限公司。

3. 汽油绞磨机

汽油绞磨机是以汽油机为动力，用来直接和钢丝绳连接的牵引槽，经过变速箱的变速来达到要求的转速。

【产品数据】 PCH-1000 汽油绞磨机的产品数据见表 11-59。

表 11-59　PCH-1000 汽油绞磨机的产品数据

发动机	4 冲程 Honda GXH-50cc	速度	使用 ϕ57mm 卷心轮：12m/min
质量	16kg		使用 ϕ85mm 卷心轮：18m/min
卷心轮	ϕ57mm（标配）1000kg	齿轮比	110：1
	ϕ85mm（选购）700kg	尺寸	长×宽×高：371mm×366mm×366mm
最大牵引力	单线：1000kg 双线：2000kg	牵引绳	10mm～16mm，长度不限

生产商：简固机电设备（上海）有限公司。

11.3.5　吊机

吊机一般指人工提升重物的小型设备，有悬臂吊机、全角吊机和车载吊机等几种型式。

1. 悬臂吊机

悬臂吊机有固定式（图 11-24）和折叠式（图 11-25）两种。后者的结构基本与其相同，但支柱下部增设了铰链。

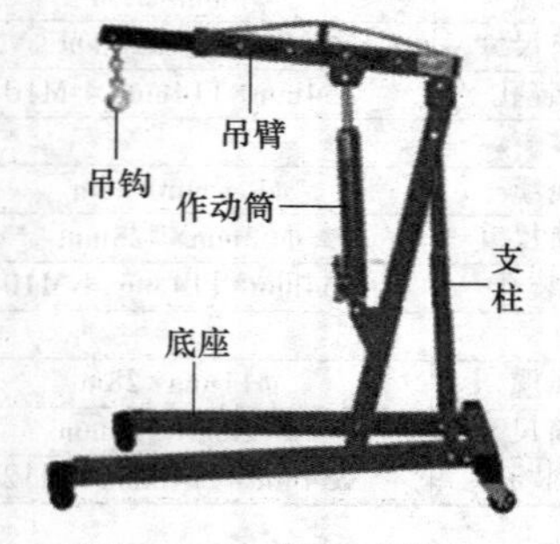

图 11-24　固定式吊机

图 11-25　折叠式吊机

【产品数据】 见表 11-60 和表 11-61。

表 11-60 固定式吊机的产品数据

型号 WY-	5528-G1	5528-G2	5528-G3	5528-G5	5538-G1	5538-G2
承重/t	2				3	
举升范围/mm	0~2400			0~2300	0~2600	
端部方钢壁厚/mm	3.0	2.5	2.5	2.2	3.0	2.5
净质量/kg	75	65	58	55	115	90
尺寸/cm	185×100×145	165×100×145	185×100×145	160×100×140	220×110×145	220×110×145

生产商：上海威鹰机械工具有限公司。

表 11-61 折叠式吊机的产品数据

型号 WY-	5528-ZA	5528-ZB	5528-ZC	5528-ZD	5538-Z1
承重/t	2				3
举升范围/mm	0~2400			0~2300	0~2600
端部方钢壁厚/mm	3.5	3.0	2.5	2.2	2.5
净质量/kg	85	75	65	60	120
尺寸/cm	185×100×165	165×100×145	165×100×145	160×100×140	220×110×145

生产商：上海威鹰机械工具有限公司。

2. 全角吊机

【产品数据】 全角型小吊机的产品数据见表 11-62。

表 11-62 全角型小吊机的产品数据

项目	数据	项目	数据
额定电压	220V	立柱高	0.9m
额定功率	1.5kW	悬臂水平长	1.2m
额定频率	50Hz	吊机高	2.1m
钢丝绳长度	30m	起升重量	200kg
钢丝绳直径	5.0mm	起升速度	15m/min

生产商：河北坤力起重吊索具制造有限公司。

3. 车载吊机

【产品数据】 某车载吊机主要产品数据见表 11-63。

表 11-63　某车载吊机主要产品数据

提升能力/kg	单线	245	吊臂旋转范围/(°)	360
	双线	490	空载线速度/(m/min)	3.6
标准起重高度/mm		1940	功率要求	12V,125A
起重范围/mm		1490	净质量/kg	58.5

生产商：河北方工机械工具有限公司。

11.4　搬运工具

搬运工具包括手推车、单轨小车、托盘搬运车、堆垛车和叉车等。

11.4.1　人力手推车

【产品数据】　见表 11-64～表 11-66。

表 11-64　可折叠型小推车和行李车的产品数据

示意图	可折叠型小推车	可折叠行李车
额定载重量/kg	90	300
叉板尺寸/mm	350×410	—
轮子直径/mm	$\phi150$	$\phi200\times55$
外形尺寸/mm	410×400×1100	530×450×1100
折叠后外形尺寸/mm	200×400×750	—
净质量/kg	6	15

表 11-65　可移动手推工具车和三层平板手推车的产品数据

示意图	可移动手推工具车	三层平板手推车
额定载重量/kg	500	150
平台尺寸/mm	1150×700	745×485
平台高度/mm	930	上 650，下 150
外形尺寸/mm	1230×700×930	（扶手高度 830）
轮子尺寸/mm	ϕ200×45	ϕ100
净质量/kg	84	23.4

表 11-66　固定式平板手推车的产品数据

型号	JPG1	JPG2	JPG3	JPG4	JPG5
载重量/kg	500				
台面尺寸/mm	610×915	610×1220	760×1220	760×1525	915×1830
台面高度/mm	215				
手把高度/mm	840				
轮子型号/mm	125×50				
净质量/kg	32	37	42	47	58
型号	JPG6	JPG7	JPG8	JPG9	JPG10
载重量/kg	1000				
台面尺寸/mm	610×915	610×1220	760×1220	760×1525	915×1830
台面高度/mm	240				
手把高度/mm	865				
轮子型号/mm	150×50				
净质量/kg	33.5	38.5	42.5	48.5	59.5

（续）

型号	JPG11	JPG12	JPG13	JPG14	SPG15
载重量/kg	600				
台面尺寸/mm	610×915	610×1220	760×1220	760×1525	915×1830
台面高度/mm	280				
手把高度/mm	905				
轮子型号/mm	200×50				
净质量/kg	41	46	50	56	67

11.4.2 手动单轨小车

手动单轨小车为额定载重量为0.25~50t，以手拉链条驱动，以及额定载重量为0.25~10t，以手推起吊重物驱动，在工字钢等水平安装轨道的下翼缘上运行的搬运工具（图11-26）。

手动单轨小车分手链单轨小车和手推单轨小车两种，各有单挂梁、双挂梁结构；手链单轨小车还有组合结构。

a) 手链单轨小车

b) 手推单轨小车

图11-26 手动单轨小车

【基本参数】 见表11-67和表11-68。

表11-67 手链小车的基本参数（JB/T 7332—2016）

额定载重量/t	0.25	0.5	1	1.6	2	3.2	5	8	10	16	20	32	40	50
标准运行高度/m	2.5					3							4	
最小转弯半径/m ≤	0.8	1	1	1.3	1.3	1~5	1.6	2.2	2.2	5	5	8	10	15
手拉力/N ≤	200							250						
推荐用轨道高度/mm	68~118	68~130	68~130	83~146	88~146	110~154	116~170	130~180	130~180	136~180	136~180	150~180	—	—
通过尺寸/mm ≥	22	28	28	30	30	32	36	40	40	43	45	50	60	65

表 11-68　手推小车的基本参数（JB/T 7332—2016）

额定载重量/t	0.25	0.5	1	1.6	2	3.2	5	8	10
最小转弯半径/m　≤	0.8	1	1	1.3	1.3	1.5	1.6	2.2	2.2
推荐用轨道高度/mm	61~118	68~130	68~130	88~146	88~146	110~154	116~170	130~180	130~180
通过尺寸/mm　≥	22	28	28	30	30	32	36	40	40

【产品数据】　见表 11-69 和表 11-70。

表 11-69　象牌手链单轨小车的产品数据

型号	额定载荷/t	标准链条/m	链条尺寸/mm	工字钢宽度/cm			最小运转半径/mm	净质量/kg
				4 项圈	2 项圈	无项圈		
GT-0.5	0.5	2.5	6	125	100	75	900	12
GT-1	1			125	100	75	1100	16
GT-1.6	1.6			150	125	100	1200	24.5
GT-2	2	3		150	125	100	1200	25
GT-3.15	3.15			150	125	100	1700	33.5
GT-5	5			175	150	125	2300	55.8
GT-8	8	3.5		190	175	150	3000	107
GT-10	10			190	175	150	3000	117
GT-15	15			—	190	175	6000	315
GT-20	20			—	190	175	6000	420

生产商：天津市劲凯起重设备有限公司。

表 11-70　KW-Ⅱ手推单轨小车的产品数据

型号	KW005A	KW010A	KW020A	KW030A	KW050A	KW100A
额定载荷/t	0.5	1	2	3	5	10
试验载荷/kN	7.35	14.71	29.42	44.13	61.29	122.58
最小转弯半径/m	1	1	1.1	1.3	1.4	1.7
净质量/kg	7.1	12.8	18.8	33.7	50.7	88

11.4.3　手动托盘搬运车

托盘搬运车是搬运工作中常用的工具。按型式分，有手动托盘搬运车、蓄电池托盘搬运车、手推升降平台搬运车、自行轮胎式平板搬运车和电动固定平台搬运车等几种。

手动托盘搬运车在使用时将其承载的货叉插入托盘孔内，由人力驱动液压系统来实现托盘货物的起升和下降，并由人力拉动完成搬运作业。

【结构参数】 手动托盘搬运车的结构参数如图 11-27 所示。其中载荷中心是货叉长度的 1/2（圆整至 50mm），初始轴距是货叉最低高度时的轴距，工作轴距是货叉最大起升距离时的轴距。

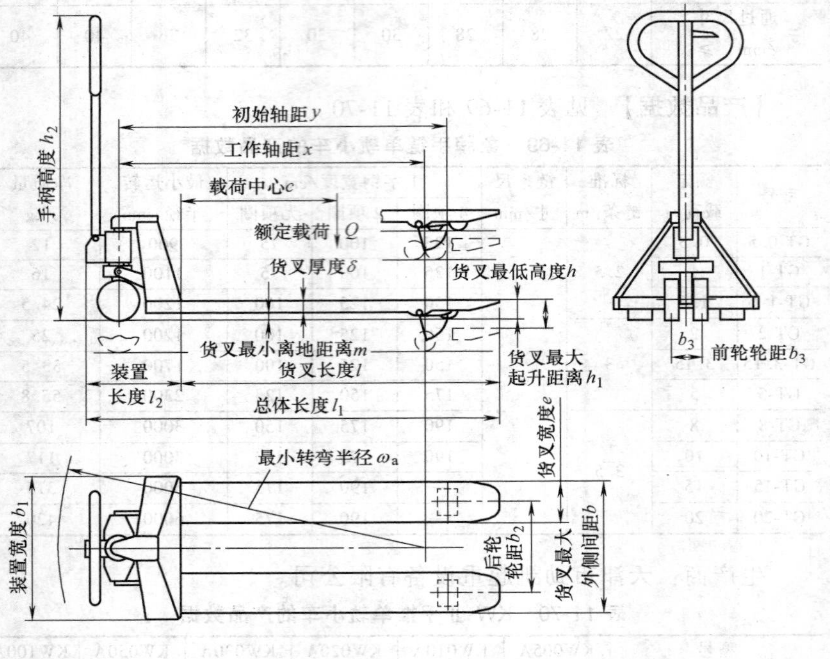

图 11-27　手动托盘搬运车的结构参数

【尺寸和性能】 见表 11-71 和表 11-72。

表 11-71　手动托盘搬运车的主要尺寸和性能（GB/T 26947—2011）

（单位：mm）

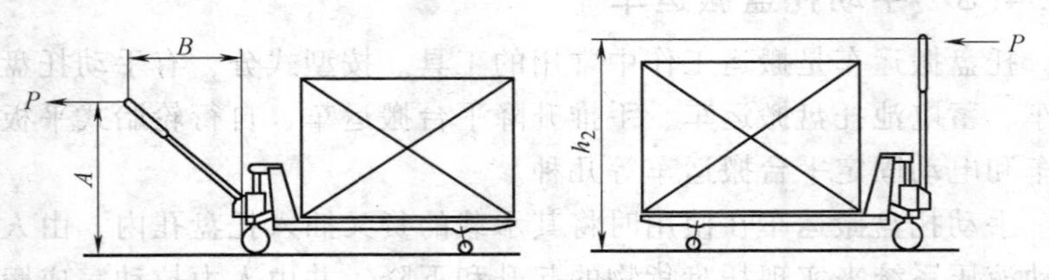

（续）

参数	要求	参数	要求
货叉最低高度	≤90	拖车时手柄高度 A	700～1000
货叉最大起升距离	≥标称值	拖车时手柄与前轮前沿的水平距离	>500
货叉最大外侧间距	$b\pm(b)1\%$		
高度（手柄）h_2	1100～1300	自重/kg	标称质量的±10%

表 11-72　手动托盘搬运车的操作力

额定载荷 Q /kg	滚动力/N≤		起升操作力	转向操作力	下降启动力
	启动阻力	滚动阻力	/N		
≤500	200	100	150	200	≤150
500<Q≤1000	300	200	250	300	
1000<Q≤1500	400	300	350	300	
1500<Q≤2000	500	400	400	300	
2000<Q≤2500	860	580	400	400	
2500<Q≤3000	1000	750	400	400	

【产品数据】　安博 DB、AF、AC 系列搬运车的产品数据见表 11-73。

表 11-73　安博 DB、AF、AC 系列搬运车的产品数据

型号	2000	2500	3000	4000	5000
额定载荷/kg	2000	2500	3000	4000	5000
自重/kg	61.8	63.8	65.8	114	120
降低时高度:85mm 双轮尺寸:ϕ80×70mm 总体长度:1533/1603mm 货叉外宽:550/685mm		大轮尺寸:ϕ180×50mm 总体高度:1224mm 货叉长度:1150/1220mm 转弯半径:1266/1336mm			

生产商：安博机械河北有限公司。

11.4.4　蓄电池托盘搬运车

蓄电池托盘搬运车是以蓄电池为动力，直流电动机驱动液压工作站提升，操纵手柄集中控制的站立式驾驶的搬运工具。

【分类】　按托盘的类型可分为手动起升电动行走步行式托盘车、电动起升电动行走步行式托盘车、电动起升电动行走站板式托盘车（站板可折叠）和电动起升电动行走乘驾式（包括站驾式和坐驾式）托盘车（图 11-28）。

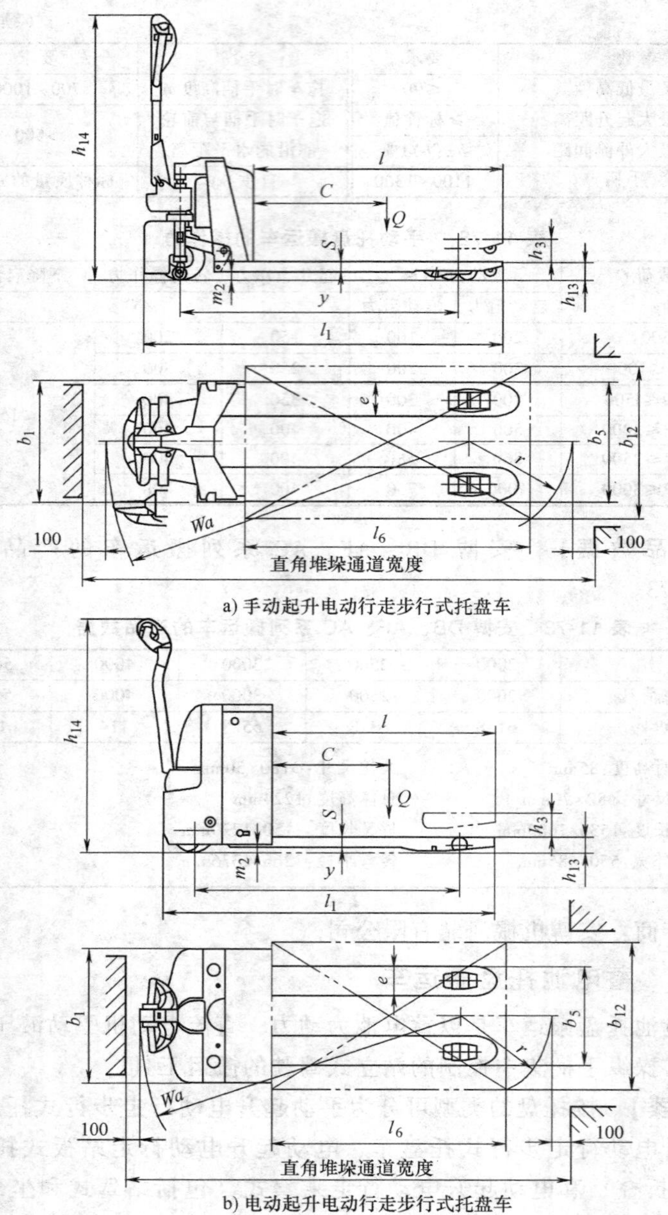

a) 手动起升电动行走步行式托盘车

b) 电动起升电动行走步行式托盘车

图 11-28 蓄电池托盘搬运车

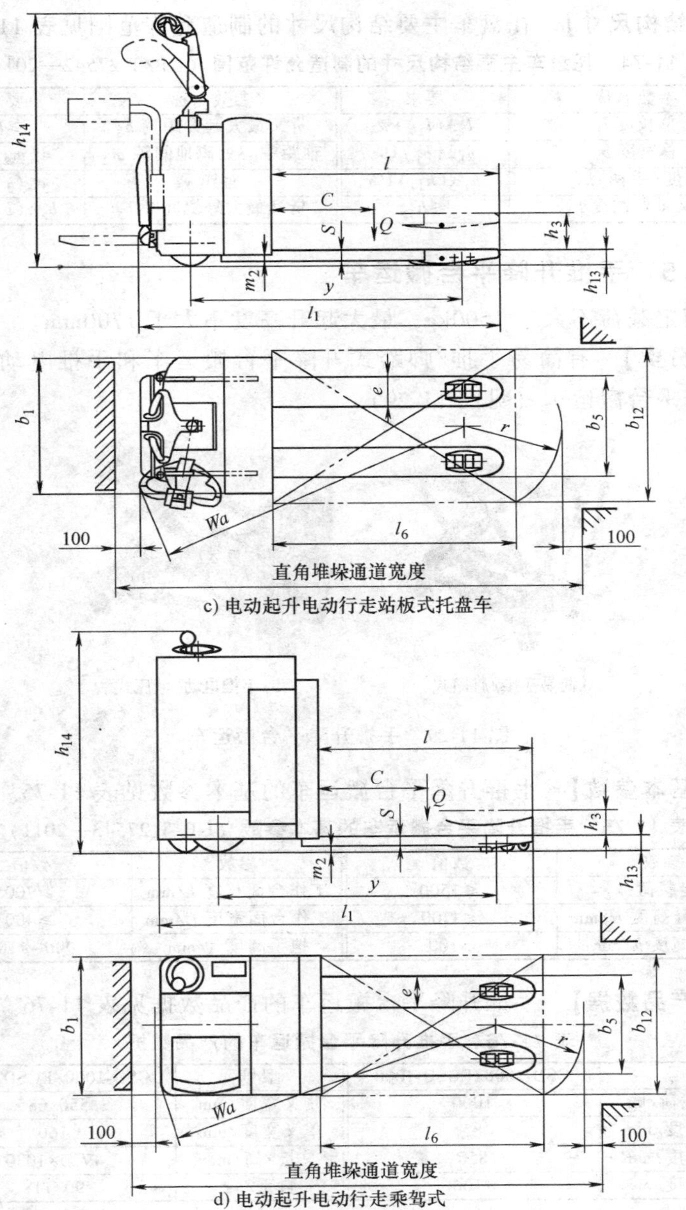

c) 电动起升电动行走站板式托盘车

d) 电动起升电动行走乘驾式

图 11-28　蓄电池托盘搬运车（续）

【结构尺寸】 托盘车主要结构尺寸的制造允许范围见表 11-74。

表 11-74 托盘车主要结构尺寸的制造允许范围（GB/T 27542—2011）

参数名称	要求	参数名称	要求
总长度 l_1	$l_1\pm(l_1)1\%$	货叉最大起升距离 h_3	$\geq h_3$
总宽度 b_1	$b_1\pm(b_1)1\%$	轴距中心处离地间隙 m_2	$\geq(m_2)95\%$
高度(手柄)h_{14}	$h_1\pm(h_{14})1\%$	轴距 y	$y\pm(y)2\%$
货叉最低高度 h_{13}	$\leq h_{13}$	货叉最大外侧间距 b_5	$b_5\pm(b_5)1\%$

11.4.5 手推升降平台搬运车

额定载荷不大于 1500kg，最大起升高度不大于 1700mm。

【分类】 有简易手推/脚踏式升降平台搬运车和手推电动/液压式升降平台搬运车（见图 11-29）。

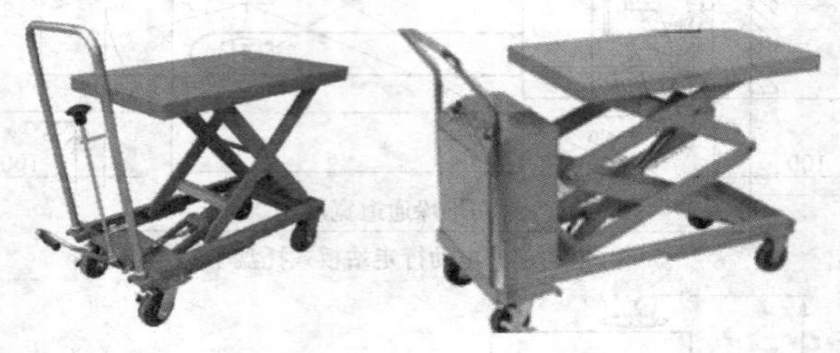

a) 简易手推/脚踏式　　b) 手推电动/液压式

图 11-29 手推升降平台搬运车

【基本参数】 手推升降平台搬运车的基本参数见表 11-75。

表 11-75 手推升降平台搬运车的基本参数（GB/T 27543—2011）

参数	数值	参数	数值
额定载荷/kg	≤1500	工作台面长度 L/mm	≥700
最大起升高度 H/mm	≤1700	工作台面宽度 C/mm	≥400
最低高度 h/mm	>100	把手高度 A/mm	900~1100

【产品数据】 手推升降平台搬运车的产品数据见表 11-76。

表 11-76 手推升降平台搬运车的产品数据

型号	GSD-1000/EGSD-1000	型号	GSD-1000/EGSD-1000
额定载荷/kg	1000	货叉宽度/mm	550/685
最低高度/mm	85	单叉宽度/mm	160
最高高度/mm	850	总长×高/mm	1720×1030
货叉长度/mm	1100	自重/kg	90/118

生产商：宁波虎翼机械有限公司。

11.4.6　电动固定平台搬运车

用于以蓄电池为动力源的电动固定平台搬运车（其他动力源的搬运车可参照使用）。

【基本参数】　搬运车的基本参数见表 11-77。

表 11-77　搬运车的基本参数（JB/T 3811—2013）

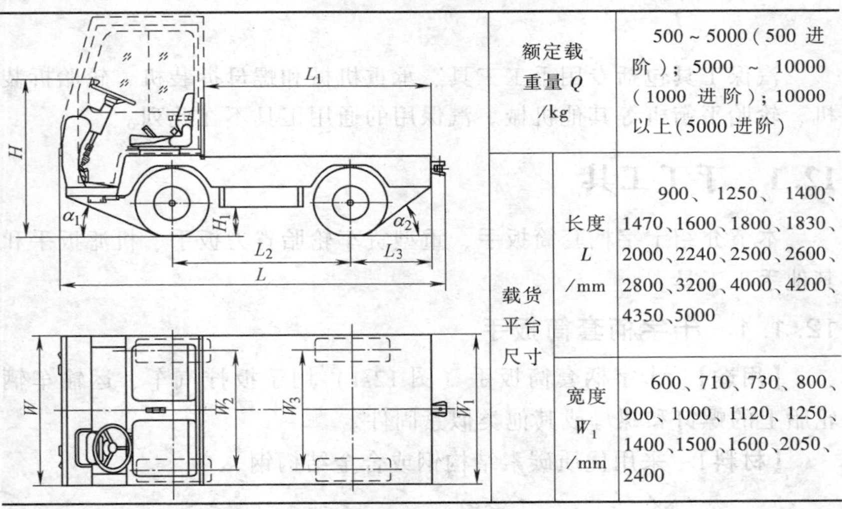

参数		数值
额定载重量 Q /kg		500～5000（500 进阶）；5000 ～ 10000（1000 进阶）；10000 以上（5000 进阶）
载货平台尺寸	长度 L /mm	900、1250、1400、1470、1600、1800、1830、2000、2240、2500、2600、2800、3200、4000、4200、4350、5000
	宽度 W_1 /mm	600、710、730、800、900、1000、1120、1250、1400、1500、1600、2050、2400

【主要要求】　搬运车主要结构尺寸的制造要求见表 11-78 和表 11-79。

表 11-78　搬运车主要结构尺寸的制造要求（JB/T 3811—2013）

参数		要求	参数		要求
长度 L		$L\pm(L)1\%$	轮距	前轮 W_2	$W_2\pm(W_2)2\%$
宽度 W		$W\pm(W)1\%$		后轮 W_3	$W_3\pm(W_3)2\%$
高度 H		$H\pm(H)1\%$	最小离地间隙 H_1		$\geqslant(H_1)95\%$
载货平台尺寸	长 L_1	接近角 α_1	α_1		$\geqslant\alpha_1$
	宽 W_1	离去角 α_2	α_2		$\geqslant\alpha_2$
轴距 L_2		$L_2\pm(L_2)1\%$	后悬距 L_3		$L_3\pm(L_3)3\%$

表 11-79　搬运车主要技术性能参数的要求（JB/T 3811—2013）

参数		要求	参数	要求
最大运行速度	无载 v_1	$v_1\pm(v_1)$	满载最大爬坡度 a_m	$\geqslant a_m$
	满载 v_1'	$v_1'\pm(v_1')$	自重 G_0	$G_0\pm(G_0)3\%$
最小转弯半径 r		$\leqslant(r)105\%$	—	—

第12章

汽 保 工 具

汽保工具包括专用手工工具、承重机械和螺母拆装机、轮胎拆装机、轮胎平衡机等其他机械。汽保用的通用工具不在此列。

12.1 手工工具

本节介绍十字柄套筒扳手、重型货车轮胎省力扳手、机滤扳手和其他手工工具。

12.1.1 十字柄套筒扳手

【用途】 十字柄套筒扳手（图 12-1）用于扳拧汽车、运输车辆轮胎上的螺钉和螺母或其他类似紧固件。

【材料】 采用优质碳素结构钢或合金结构钢。

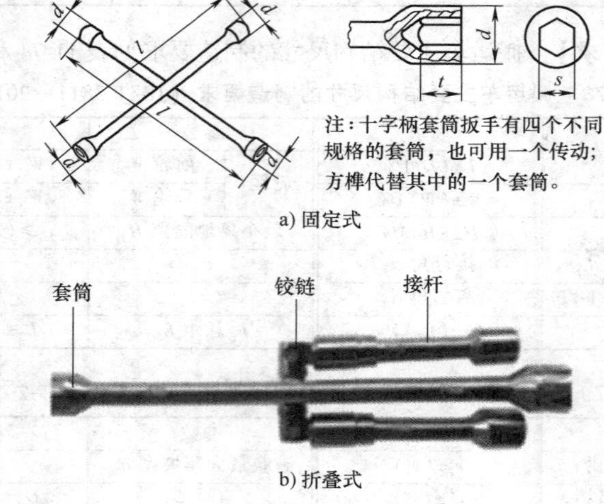

图 12-1 十字柄套筒扳手

【硬度】　套筒对边尺寸 $s \leqslant 34mm$，硬度≥39HRC；套筒对边尺寸 $s>34mm$，则硬度≥35HRC。

【规格】　十字柄套筒扳手的规格见表 12-1。

表 12-1　十字柄套筒扳手的规格（GB/T 14765—2008）

（单位：mm）

型号	套筒对边尺寸 s_{max}	传动方榫对边尺寸	套筒外径 d_{max}	柄长 l_{min}	套筒孔深 t_{min}
1	24	12.5	38	355	0.8s
2	27	12.5	42.5	450	
3	34	20	49.5	630	
4	41	20	63	700	

【标记】　十字柄套筒扳手的标记由产品名称、标准编号、套筒对边尺寸和传动方榫对边尺寸组成。

例：

1）套筒对边尺寸 s 分别为 18mm、21mm、22mm 和 24mm 的十字柄套筒扳手，标记为：十字柄套筒扳手　GB/T 14765-18×21×22×24。

2）套筒对边尺寸 s 分别为 18mm、21mm、22mm，传动方榫对边尺寸为 A12.5 的十字柄套筒扳手，标记为：十字柄套筒扳手　GB/T 14765-18×21×22×A12.5。

12.1.2　重型货车轮胎省力扳手

【用途和使用方法】　用于拆卸轮胎的固定螺钉（见图 12-2）；其使用方法如下：

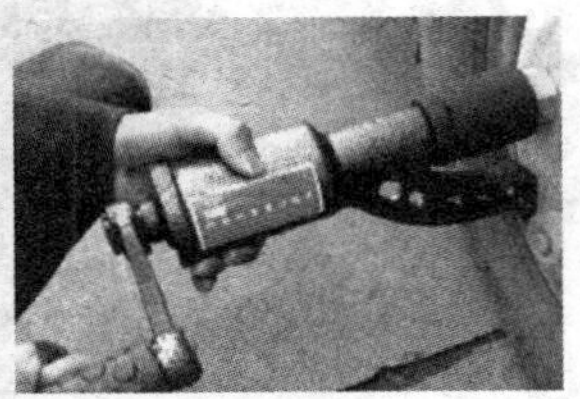

图 12-2　重型货车轮胎省力扳手外表和使用状态

1）将套筒扳手部分的旋转六角套筒和支架部分的定位梅花套筒，分别套住所要拆装的螺钉及与其相邻近的螺钉。

2）用手施力于增力螺杆上的扳棍，使之绕螺杆旋转，螺杆旋进中推压球柄扭力臂杆的端部球柄，对旋转六角套筒产生一个很大的扭力矩，将所套住的螺钉旋动。

【注意事项】

1）使用时，注意轮胎螺钉的松紧方向，否则很有可能拧断螺钉。

2）用力适度。省力扳手的输入、输出力比大概在58∶1，扭矩变化非常大，如果在输入端拧得太紧，则很有可能拧断或者拧滑丝轮胎螺钉。

3）注意不要磕碰轮胎省力扳手。一般省力扳手内部由行星齿轮等部件构成，使用不当会造成过早损坏。

12.1.3 机滤扳手

【用途】 用于拆卸机油滤清器。

【种类】 分为钳式、帽式、三爪式和链条（皮带）式、套筒双链条式和铸式等几种（见图12-3）。

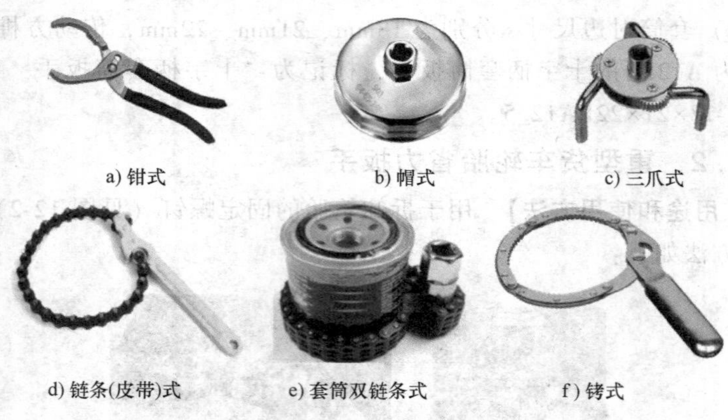

a) 钳式　b) 帽式　c) 三爪式

d) 链条(皮带)式　e) 套筒双链条式　f) 铸式

图12-3　机滤扳手的种类

【使用方法】 机油滤清器扳手的类型很多，结构各异，但作用相同，使用操作方法也基本相似，常见的几种机油滤清器扳手包括以下几种：

1）钳式滤清器扳手，使用方法同鲤鱼钳。

2）帽式滤清器扳手，使用时，将其套在机油滤清器顶部的多棱面上，其余同套筒扳手。

3）三爪式滤清器扳手，需配套套筒手柄或扳手使用，其内部为行星齿轮传递机构，可以根据其大小自动调节三爪的大小。

4）链条（皮带）式滤清器扳手，使用时，将其卡在滤清器顶部的棱面上，扳动手柄，即可完成拆装工作。

12.1.4 其他手工工具

汽保手工工具种类还有许多，下面仅举几个例子（见图 12-4）。

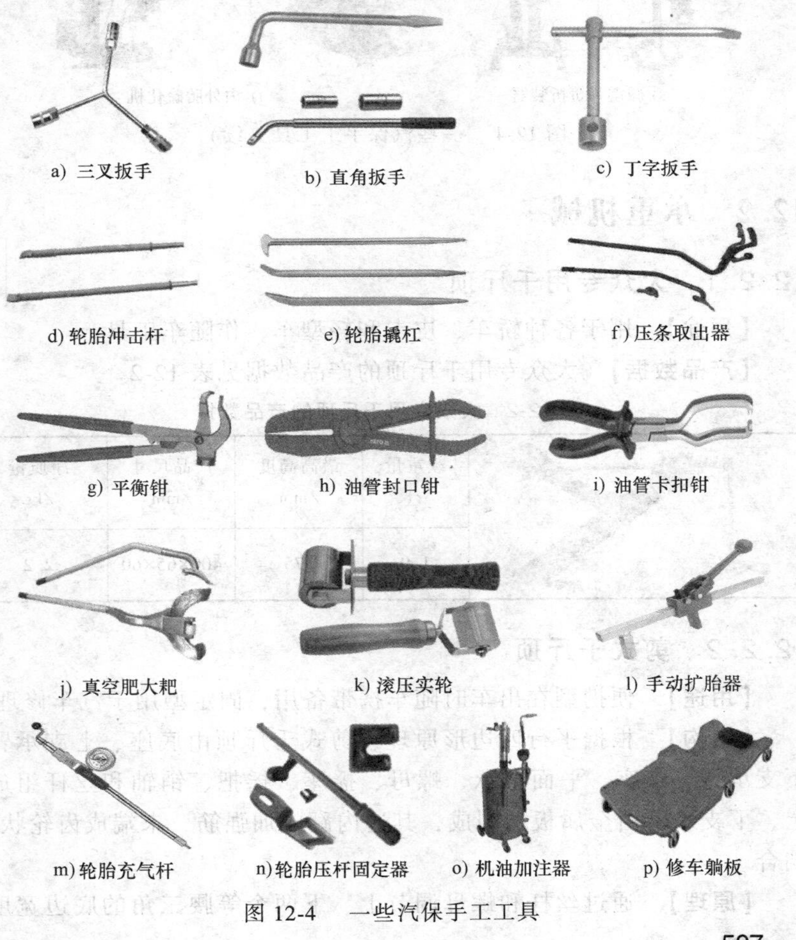

图 12-4 一些汽保手工工具

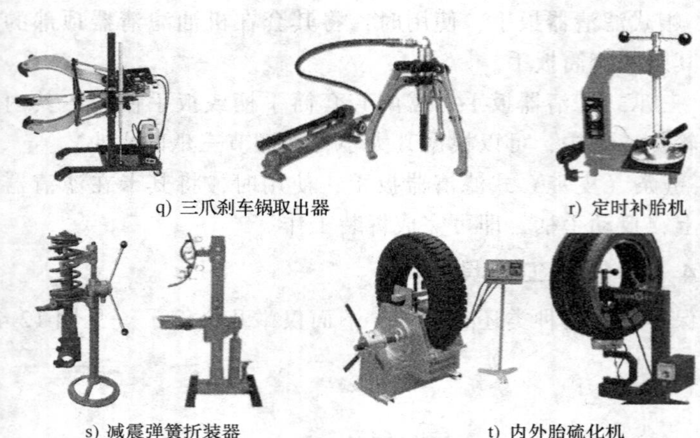

q) 三爪刹车锅取出器　　r) 定时补胎机

s) 减震弹簧折装器　　t) 内外胎硫化机

图 12-4　一些汽保手工工具（续）

12.2　承重机械

12.2.1　大众专用千斤顶

【用途】　用于各种轿车、皮卡和轻型车，作随车工具。

【产品数据】　大众专用千斤顶的产品数据见表 12-2。

表 12-2　大众专用千斤顶的产品数据

载重量 /t	最高高度 /mm	产品尺寸 /mm	净质量 /kg
1.0	375	400×65×60	2.2

12.2.2　剪式千斤顶

【用途】　便携型在出车时随车携带备用，固定型用于汽车修理。

【结构】　根据平行四边形原理，剪式千斤顶由底座、上支承臂、下支承臂、鞍座、平面轴承、螺母、摇座、摇把、销轴和丝杆组成。上、下支承臂由金属板材制成，其边内翻成加强筋，末端成齿轮状并啮合。

【原理】　通过丝杆和螺母调节上、下两个等腰三角的底边宽度，进行提升和下降。

【产品数据】 见表 12-3 和表 12-4。

表 12-3　便携型剪式千斤顶的产品数据

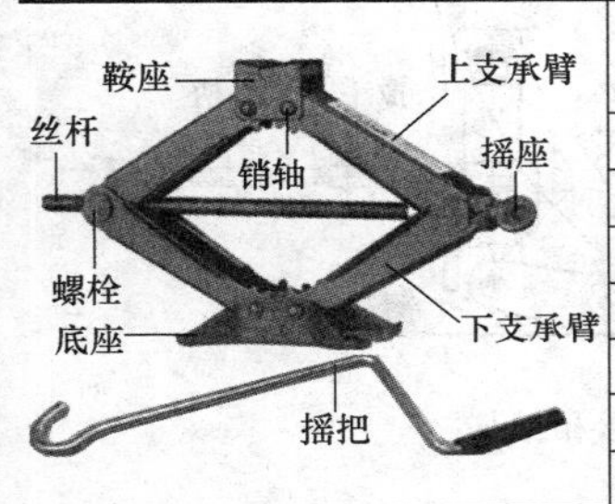

规格	闭合高度/mm	支起高度/mm	全长/mm	重量/kg
0.8t	85	275	320	1.14
1.0t	90	330	365	1.65
1.5t	90	360	390	1.8
1.5t 加重	100	390	420	2.45
2.0t	105	420	460	2.7
大众专用	90	310	380	2.0
3tSUV 专用	120	460	510	3.5

生产商：霸州强盛机械厂。

表 12-4　固定型剪式千斤顶的产品数据

DL-158

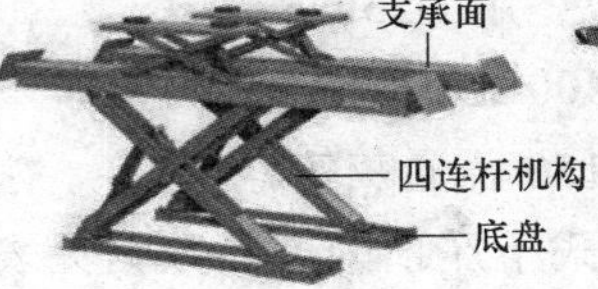

DL-189

DL-3500

项目	DL-158	DL-189	DL-3500
长度/m	—	4.5	1450~1986
电源	380/220V,50Hz		
气源/MPa	0.6~0.8		
功率/kW	2.2		
主机举升重量/t	3.5		
主机举升高度/mm	330~2100	330~1850	110~1900
子机举升重量/t	—	3.2	—
子机举升高度/mm	—	450	—

生产商：烟台德利莱汽车校正设备有限公司。

12.2.3　叉式千斤顶

【用途】 设备轻便，最大可提升 4t 重物至 65~350mm 的高度。

【分类】 按不同起顶点可分为单顶（最低位起顶）和双顶（低位、高位均可起顶）。

【结构】 叉式千斤顶的外形和结构如图 12-5 所示。

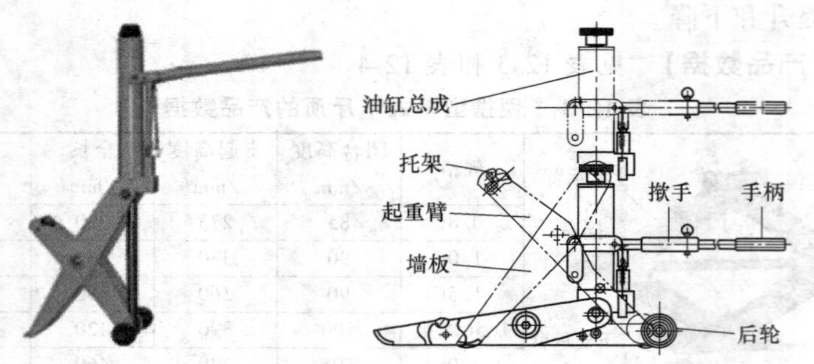

图 12-5　叉式千斤顶的外形和结构

【材料】　优先采用以下材料：

1）油缸、活塞杆、泵芯及各种轴，用 45 钢。

2）起重臂、墙板，用 Q235-A 钢。

3）底座，用 QT400-15 球墨铸铁。

4）轮子，用 HT150 普通灰铸铁。

【产品数据】　叉式千斤顶的产品数据见表 12-5。

表 12-5　叉式千斤顶的产品数据

型号	吨位/t	脚趾最小高度/mm	工作行程/mm	净质量/kg	尺寸（长×高×宽）/mm
AY1404	4	65	406	33	700×240×460
AY1404A			425	45	720×260×350
AY1405			720		
AY1407	7	401	420	48	780×290×520

生产商：浙江富阳傲屹起重机械有限公司。

12.2.4　气囊式千斤顶

【用途】　在橡胶气囊中充入压缩空气（或汽车尾气），通过气囊与汽车底盘的接触，转变为均匀分布的举升力，以顶升重物或用于沙地、泥地陷车脱困。举升行程大，适宜举升各种车辆；采用高性能气囊，可在低至-60℃的条件下使用；因与地面平面接触，即使在沙溪雪地，也不存在下陷而无法支撑的现象。

【产品数据】　气囊式千斤顶的产品数据见表 12-6。

表 12-6　气囊式千斤顶的产品数据

型号	ZG-A	ZG-D	ZG-F	供气压 0.8MPa
起重量/t	4.0	3.0	3.0	3.0
气囊外径/cm	25			—
最低高度/cm	16.5	13	15	14
最高高度/cm	40	30	40	55
工作温度/℃	-30～+50			-40～+60
净质量/kg	27	19	21	18
生产商	沧州志光汽车工具有限公司			沧州派勒公司

12.2.5　车库用液压千斤顶

【用途】　用于在车库内进行车辆检修、拆换轮胎等作业。

【结构】　主要由起重臂、油缸部件、手动操纵机构（包括手柄、揿手等）、墙板等组成（见图 12-6）。

【产品数据】　车库用液压千斤顶的产品数据见表 12-7。

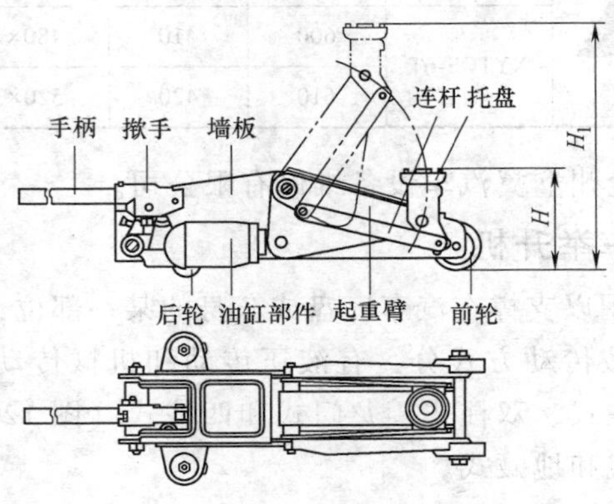

图 12-6　车库用液压千斤顶

表 12-7 车库用液压千斤顶的产品数据

额定起重量 /t	最低高度 /mm	起升高度 /mm	额定起重量 /t	最低高度 /mm	起升高度 /mm
1.0		200	5.0	160	400
1.25		250	6.3		400
1.6	140	220、260	8.0	170	400
2.0		275、350	10		400、450
2.5		285、350	12.5		400
3.2	160	350、400	16	210	430
4.0		400	20		430

12.2.6 千斤顶安全支架

【用途】 顶起车后，放入安全支架，退出千斤顶，可直接在车底作业。

【产品数据】 千斤顶安全支架的产品数据见表 12-8。

表 12-8 千斤顶安全支架的产品数据

	型号	最高高度 /mm	最低高度 /mm	包装尺寸 /mm	净质量 /kg
承重座 止降齿条 锁紧手柄 底座	XYTOS-2T	410	275	470×380×335	5.0
	XYTOS-3T	410	275	470×380×335	5.5
		415	280	470×450×340	
	XYTOS-6T	600	410	480×290×460	8.6
		610	420	520×310×460	

生产商：沧州鑫翼汽车设备维修有限公司。

12.2.7 汽车举升机

【用途】 用以支撑在汽车底盘或车身的某一部位，使汽车升降。

【分类】 按传动方式分，有液压传动和机械传动两种；按结构型式分，有单柱式、双柱式、龙门式和四柱式（图 12-7）；按存放位置分，有地面式和地藏式。

【基本参数】 汽车举升机的基本参数见表 12-9。

a) 单柱举升机　b) 双柱举升机　c) 龙门举升机　d) 3D四柱举升机

图 12-7　汽车举升机

表 12-9　汽车举升机的基本参数（JT/T155—2004）

额定举升质量/kg	最大举升高度/mm		最低支承面距地面高度/mm	托臂回转角度(底盘接触式)/(°)	升降速度/(mm/s)			
	车轮接触式	底盘接触式			液压传动		机械传动	
					升	降	升	降
≤	≥		≤	≥	≥		≥	
3000	1500	1650	200	90	20	<40 >20	20	25
12000	1400	1600	300				15	20
20000	1200	1400	350		15		10	15

【标记】 表示方法是：

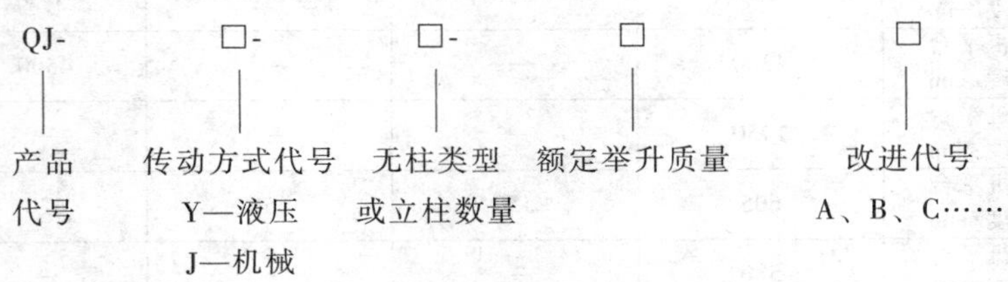

【产品数据】 见表 12-10 和表 12-11。

12.2.8　发动机吊架和支架

【用途】 用于汽车引擎修理时的吊装作业。

【产品数据】 见表 12-12 和表 12-13。

表 12-10　3.5t 手动双柱举升机的产品数据

项目	产品数据	项目		产品数据
驱动方式	液压驱动	膨胀螺栓数量/个		12
举升能力/t	3.5	液压站		2.2kV 铝合金带风扇
整机高度/mm	2891	解锁方式		手动单边
整机宽度/mm	420	油缸保护		限位开关
车道宽度/mm	2476	托臂类型		2 节+3 节直托臂
举升最低位/mm	120	托臂回转角/(°)		>90
举升最高位/mm	1945	直托臂伸缩范围	3 节	584~1070
托盘调节高度/mm	45		2 节	910~1346

表 12-11　剪式举升机的产品数据

项目	地藏子母大剪	地藏式小剪	超薄小剪	超薄大剪
主机举升能力/t	3.5	3.5	3.0	4.0
子机举升能力/t	3.5	—	—	二次小车 3.0[①]
驱动方式	电控液压驱动			
总长度/mm	4716	1650~2050	1988	5595
总宽度/mm	2130	1900	2218	2182
主机举升高度/mm	1850	2080	1900	1900
子机举升高度/mm	420	—	—	二次小车 400
平台初始高度/mm	330	330	110	170
主机平台长度/mm	4300	—	—	4500
子机平台长度/mm	1450	—	—	—
主机平台宽度/mm	605	550	660	620
子机平台宽度/mm	580	—	—	—
气源压力/MPa	80~100			
液压站	2.2kV 铝合金带风扇			
主限位	油缸限位	油缸限位	限位开关	油缸限位
子限位	油缸限位	—	—	油缸限位
控制系统	集成电路板	PCB 集成控制	PCB 集成控制	集成电路板

① 表示电控液压小车举升。

表 12-12　引擎吊架的产品数据

大梁　支架　作动筒　吊钩　底座　轮子

型号	升起高度/m	额定载荷/t	吊臂在不同位置时的载荷/t	质量/kg
WYZ-2	2.4	2	1.5,1.0,0.6,0.3	65
WYP-2		2		58
WYZG-2		2		75
WYP-3		3	2.0,1.5,1.0	98
WYO-2		2		88
WYO-3		3		110

生产商：沧州威鹰机械有限公司。

表 12-13　发动机支架的产品数据

型号	操作高度/mm	包装尺寸/mm	净质量/kg
RS0501	800	880×200×200	18
RS0502		900×210×200	20
RS0503	820	910×220×220	27
RS0504		900×210×200	34
RS0505	815	840×300×220	38
RS0506		910×450×180	42

生产商：桐乡市日升机械有限公司。

12.2.9　风炮及其吊架、套筒

【用途】　风炮（因其工作时的噪声较大而得名）用于拆装汽车轮胎螺钉。

【产品数据】　风炮的产品数据见表 12-14 和表 12-15。

表 12-14　一些风炮的产品数据

型号	转速/(r/min)	最大扭力/N·m	空气压力/kPa	进气接头	净质量/kg
3/8	8000	480	630~800	1/4″	1.5
2821	8000	650			2.2
3900	8000	650			1.8
4900	8800	850			3.3

（续）

型号	转速/(r/min)	最大扭力/N·m	空气压力/kPa	进气接头	净质量/kg
4700	10000	1200	630~800	1/4″	3.4
780	4200	1600			5.1
760	4200	1600			5.1

表 12-15　广合风炮的产品数据

型号	空载转速/(r/min)	适用螺纹	最大扭力/N·m	进气接头	净质量/kg
GH2902	7500	M14	520	1/4″	1.75
GH2800	7500	M16	680		2.7
GH3600	7800	M18	960		3.0
GH3800	7800	M18	960		2.45
GH3208	7800	M20	850		2.7
GH3608	7800	M20	1100		3.0
GH4600	7000	M21	1380	3/8″	5.1

注：工作压力为 6~8 个大气压，振动值<0.4mm。

生产商：台州市广合机械有限公司。

风炮吊架又称气动扳手省力架，它采用气动弹簧平衡机构，用很小的力就可以轻松地上下移动整个笨重的风炮。

【产品数据】 风炮吊架、套筒的产品数据见表 12-16。

表 12-16　风炮吊架、套筒的产品数据

吊架型号	DC-6	风炮套筒的规格	17、18、19、21、22、24、27、30、32、33、34、35、36、38、41、46、50、55、60、65、70、75、80、85、90、95、100、105
外形尺寸/mm	950×350×750		
质量/kg	60		

生产商：滕州市大昌机械设备有限公司。

12.2.10　高低位运送器

【用途】 用于汽车变速箱等维修时的顶升运送作业。

【产品数据】 高低位运送器的产品数据见表 12-17。

表 12-17　高低位运送器的产品数据

高位运送器		低位运送器	
额定载荷/t	0.5、1	额定载荷/t	2、3
最低位置/mm	870	最低位置/mm	780
最高位置/mm	1795	最高位置/mm	210
净质量/kg	54/62	净质量/kg	210
尺寸/mm(带包装)	520×230×800	尺寸/mm(带包装)	1050×520×420

生产商：河北献县鑫海达汽保工具厂。

12.3　其他机械

12.3.1　螺母拆装机

【用途】　用于拆装汽车轮胎上较大的螺母、螺栓。

【产品数据】　螺母拆装机的产品数据见表 12-18。

表 12-18　螺母拆装机的产品数据

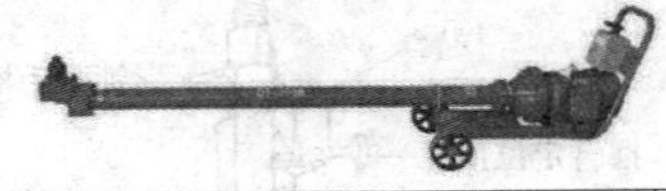

型号	450	500	500C	550
电源	380V,50Hz			
输出转速/(r/min)	8	8/16	12	12
电动机功率/kW	4.0	4.0/5.5	4.0	4.0
扭矩/N·m	3800	3800	4000	3800
质量/kg	90	100	110	110
型号	600	600A	650	650A
电源	380V,50Hz			
输出转速/(r/min)	12	12	12	12
电动机功率/kW	5.5	5.5	5.5	5.5
扭矩/N·m	3800	4000	4000	4000
质量/kg	120	120	100	130

生产商：河北献县诚信工具厂。

12.3.2 轮胎拆装机

【用途】 在维修或更换机动车轮胎时，使轮胎与轮辋分离及装合。

【型式】 按工作状态分，有卧式（见图 12-8）和立式（见图 12-9）两种；按自动化程度分，有半自动的和全自动；按工作方式分，有后仰式和摆臂式；按动力源分，有机械（丝杠或弹簧）式、气动式和液压式。

【结构】 由床身、电气控制系统、轮胎夹紧机构、轮胎拆装机构等部分组成。

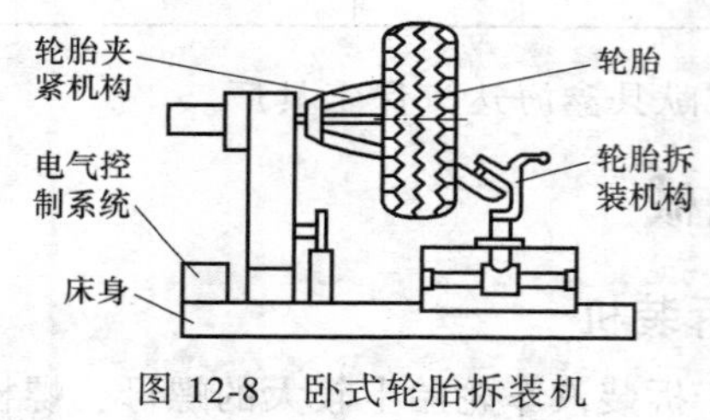

图 12-8 卧式轮胎拆装机

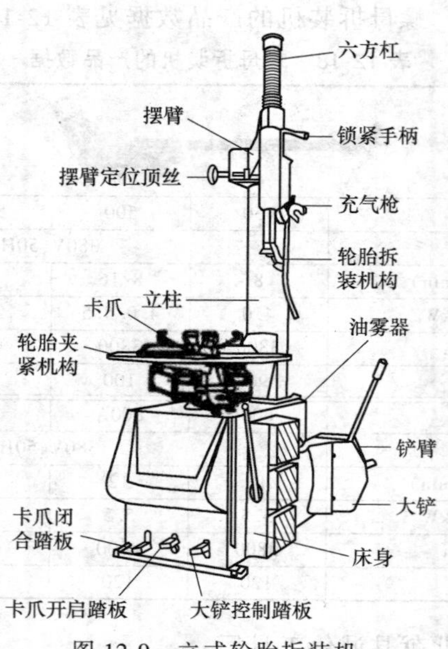

图 12-9 立式轮胎拆装机

【型号】　编制方法（JT/T635—2005）：

“轮”“胎”“拆”三个汉字拼音的首字母　最大拆装轮胎直径的 1/10（mm）

【产品数据】　世达轮胎拆装机的产品数据见表 12-19。

表 12-19　世达轮胎拆装机的产品数据

型式	摆臂式	摆臂式单辅助臂	后倾式扁平	后倾式免撬扁平
外夹轮辋直径/in	11~24	10~21	11~24	
内撑轮辋直径/in	13~26	12~24	13~26	
轮辋宽度/in	3~13		3~15	
最大轮胎直径/in	39		40	
大气缸推拉力/N	21000		21000	25000
大盘尺寸/in	21		22,可调卡爪	
大盘转速/(r/min)	6.5			
油水分离器耐压/MPa	1.2			
工作气压/MPa	80~100			
工作噪声/dB	<70			
净质量/kg	275/235		303/260	339/264

生产商：世达工具（上海）有限公司。

12.3.3　扒胎机

【用途】　同轮胎拆装机，扒胎机是其简易型。

【类别】　有手动式和机械式等（见图 12-10）。

图 12-10　手动式扒胎机（左）和机械式扒胎机（右）

【产品数据】 扒胎机的产品数据见表12-20。

表12-20 扒胎机的产品数据

适用轮圈	20~25in	轮辋高度	300~335mm
电源	220/380V,50Hz	最大车轮直径	1100mm
轮胎铲推力	25000kN	噪音	<70dB
功率	3~4kW	设备尺寸	920×480×430mm
轮辋直径	20~25in		

生产商：聊城阳谷县胜阳安装工程有限公司。

12.3.4 气动扩胎机

扩胎机是将轮胎两侧胎圈之间距离扩开，并可拨动回转的机械。

【用途】 主要用于翻修轮胎的检查，借助敲、听、看、摸来确定轮胎的损坏程度和部位，同时也适用于衬垫与胶片的补贴及硫化前后往轮胎内腔装卸水胎。手动扩胎机适用于摩托车，气动扩胎机适用于轿车与中小型货车。

【分类】 按爪数分，有二爪和四爪，按型式分，有卧式和立式，按动力源分，有手动（见图12-11）和气动（见图12-12）。

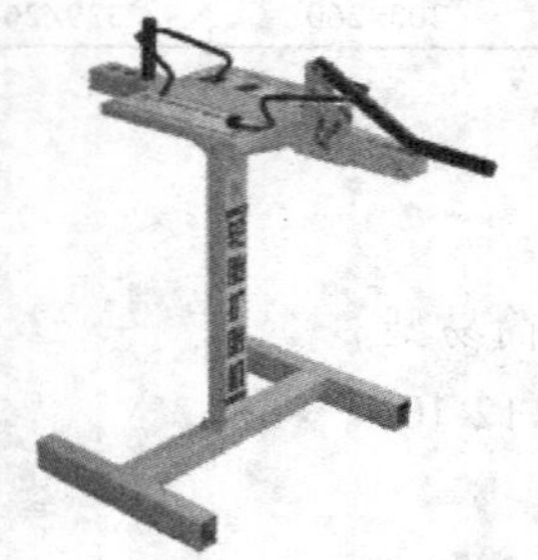

图12-11 手动立式扩胎机

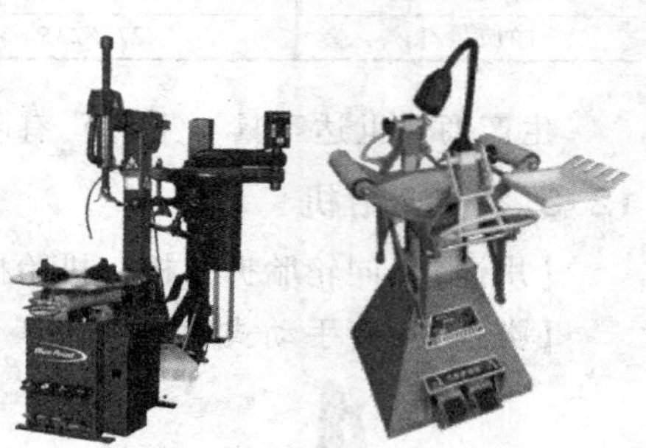

图12-12 气动扩胎机

【产品数据】 气动扩胎机的产品数据见表12-21。

表12-21 气动扩胎机的产品数据

型号	鑫辉	工作气压/bar	0.5~0.8
电源	AC220V/50Hz	外形尺寸/mm	1040×600×600
功率/kW	7	净质量/kg	56
适用轮胎/mm	145~275		

生产商：成都鑫辉捷通机电设备有限公司。

12.3.5 轮胎平衡机

【用途】 用于检查轮胎静平衡和动平衡项目，保证车辆行驶时不产生因轮胎所致的左右偏摆震荡、上下跳动和方向盘摆震现象的设备。

【分类】

1）按照平衡范围分，有小型车轮平衡机和大型车轮平衡机。

2）按照平衡机的设计样式分，有立式车轮平衡机和卧式车轮平衡机。

3）按照车轮的平衡方式分，有离车式车轮平衡机和就车式车轮平衡机。

【结构】 轮胎平衡机如图 12-13 所示。

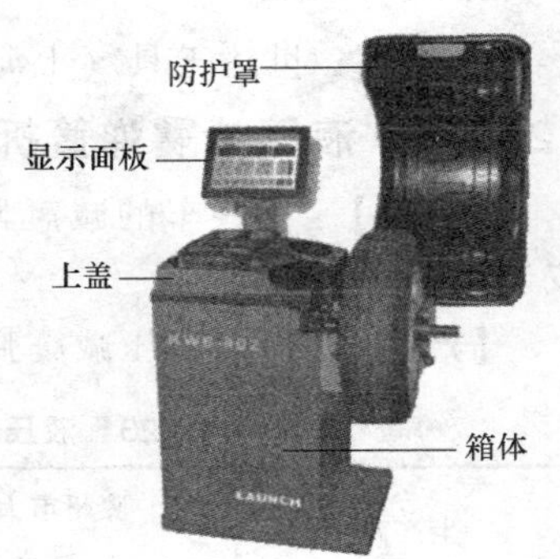

图 12-13 轮胎平衡机

【产品数据】 轮胎平衡机的产品数据见表 12-22。

表 12-22 轮胎平衡机的产品数据

型式	精准型	全自动	经济型	豪华全自动液晶屏
使用电源	100~230V,50Hz		220V,50Hz	
轮辋直径/in	10~28		10~24	10~25
轮辋宽度/in	1.5~20		1.5~20	
最大轮胎直径/in	39(1118mm)		44	47
最大轮胎质量/kg	70		65	75
平衡精度/g	±1		±1	
平衡周期/s	7		7(20kg 车轮)	7(16kg 车轮)
传动轴直径/mm	40		—	—
传动轴加长/mm	300		—	—
电动机功率/kW	节能电机 90		250	300
转速/(r/min)	1400		—	—
工作噪声/dB	<70		≤69	—
轮胎模式	轿车、摩托车、越野车		不详	
平衡模式	动平衡、静平衡 ALU1~5、ALS1、ALS2		不详	

（续）

型式	精准型	全自动	经济型	豪华全自动液晶屏
包装尺寸/mm	990×760×1150		不详	
净质量/kg	166/129		144/121	192/161

注：1in = 25.4mm。

生产商：世达工具（上海）有限公司。

12.3.6 液压减震弹簧拆装器

【用途】 有些车的减震器和减震器弹簧是连在一起的，拆卸和安装都需要用到它。

【产品数据】 液压减震弹簧拆装器的产品数据见表 12-23。

表 12-23 液压减震弹簧拆装器的产品数据

生产商	滕州市大昌汽车机械设备有限公司		山东鑫煤矿山设备集团有限公司	
	工作缸内径/mm	80	额定载荷/kg	990
	最大工作压力/t	20	压缩弹簧直径/mm	400
	功率/kW	7		
	工作行程/mm	900	—	—
	工作气压/bar	0.5~0.8	—	—
	电动机功率/kW	3	压缩长度/mm	210~570
	油泵排量/L	16	—	—
	适用轮胎/mm	800~1300	—	—
	内外胎分解力/kg	6000	—	—
	外形尺寸/mm	1300×1200×2200	包装尺寸/mm	1275×300×200
	净质量/kg	180	净质量/kg	35

12.3.7 四轮定位仪

【用途】 用于测量汽车四个轮子的定位参数，以便对车轮定位参数进行比较调整，使其符合原设计要求。

【分类】 有图像式（T）、电子式（D）、光学式（G）、光电式（GD）、机械式（J）和其他类型几种。

【型号】 编制方法：

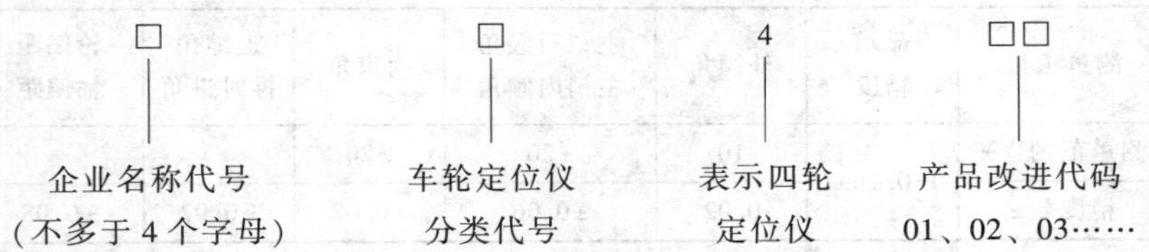

【性能要求】 四轮定位仪各部件的性能要求见表 12-24。

表 12-24　四轮定位仪各部件的性能要求（GB/T 33570—2017）

部件	性能要求
测量器	安装轴/孔直径应为 14mm、16mm、18mm 或 20mm
车轮夹具	其卡爪形成的平面与安装测量器的孔/轴的垂直度和径向跳动偏差不大于 0.1mm
转盘	1)用于检测整备质量小于 3.5t 汽车的转盘直径不小于 300mm，最大支承载荷不小于 1000kgf 2)用于检测整备质量不小于 3.5t 汽车的转盘直径不小于 350mm，最大支承载荷不小于 2000kgf 3)转盘的车轮支撑面沿水平面的任意方向平移量不小于 40mm 4)转盘的旋转角范围不小于-45°～+45° 5)机械式转盘指针上应刻有明显的指示标志线 6)转盘应有止动锁紧装置 7)转盘在负载时应转动自如，无阻滞、卡死现象，其平移和转动摩擦阻力系数小于 0.01 8)能够输出转角测量数据的转盘（以下简称测量用转盘）的回转角零点误差不大于 0.1° 9)测量用转盘的回转角示值误差不大于 0.2° 10)测量用转盘的回转角零点漂移 30min 内不大于 0.10° 11)测量用转盘的回转角示值稳定性 10s 内为±2′

【产品数据】 AKD 系列 3D 四轮定位仪的产品数据见表 12-25。

表 12-25　AKD 系列 3D 四轮定位仪的产品数据　（单位：°）

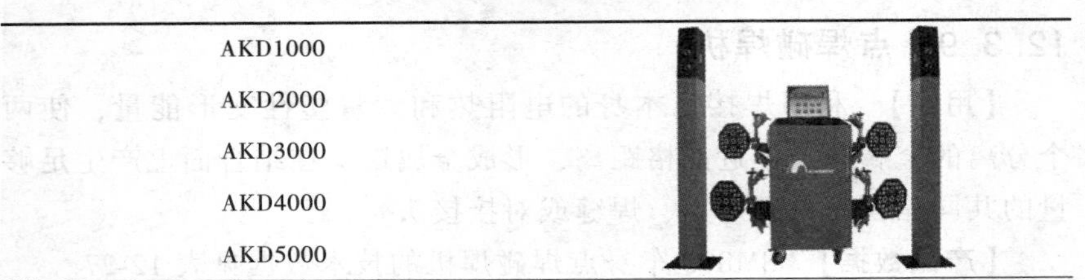

型号	
AKD1000	
AKD2000	
AKD3000	
AKD4000	
AKD5000	

（续）

测量项目	显示精度	外倾角	主销后倾角 主销内倾角	前束角	退缩角 推时进角	轮偏距 轴偏距
测量范围 ±	1/0.1mm	10	±20	±20	±5	—
精度 ±		0.02	±0.06	±0.02	±0.02	±0.08

生产商：上海澳科达科技有限公司。

12.3.8 车身校正仪

【用途】 通过一定的外力，将因事故损坏或疲劳损坏的部位，修复到车辆出厂时的技术指标，以确保各部件的配合间隙更合理。

【产品数据】 SM-E3000C 车身校正仪的产品数据见表 12-26。

表 12-26 SM-E3000C 车身校正仪的产品数据

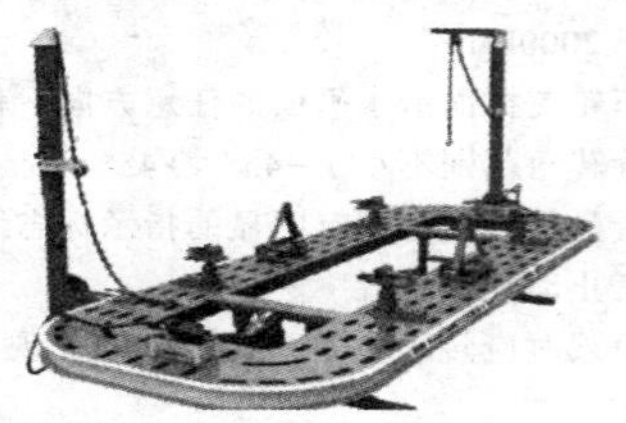

项目	数据	项目	数据
工作台高度/mm	5600	塔柱牵引最大拉力/kN	95
工作台宽度/mm	2200	塔柱牵引工作范围/(°)	360
工作台高度范围/mm	320~1100	动力气源压力/ MPa	0.8
液压系统工作压力/MPa	70	大举升质量/kg	3500

生产商：珠海三牧汽车设备有限公司。

12.3.9 点焊碰焊机

【用途】 利用焊接区本身的电阻热和大量塑性变形能量，使两个分离的金属原子接近晶格距离，形成金属键，在结合面上产生足够量的共同晶粒而得到焊点、焊缝或对接接头。

【产品数据】 SM808 车身点焊碰焊机的技术数据见表 12-27。

表 12-27　SM808 车身点焊碰焊机的技术数据

项目	数据	项目	数据
输入电压/V	380	电缆长度/m	2.5
输入电流/A	32	电缆材质	100%Cu
输入功率/kVA	25	最大焊点直径/mm	7
瞬间最大电流/A	9800	输出电压/V 焊材熔值	AC4.5~8
操作压力/MPa	0.5~0.8	输出电压/V 碳棒加热	AC3.5~5.5
电极接触压力/daN	117	输出电压/V 点焊碰焊	AC12~14
对焊厚度/mm	2.5+2.5	时间调节范围/s	0.1~2.0
单面焊接厚度/mm	0.6+0.8/ 0.8+1.0	电流电压调节	大-中-小
开环电压/V	12.1	外形尺寸/mm	62×58×1250
保护形式	IP21	质量/kg	110
电缆直径/mm	95/120		

生产商：珠海三牧汽车设备有限公司。

12.3.10　钣金修复机

【用途】　对多车体部位的凹陷进行全面维修的设备。

【产品数据】　见表 12-28 和表 12-29。

表 12-28　钣金修复机的产品数据

型号	XHD8000		
输入电压/V	220	380	220/380 转换
输入功率/kVA	13.5/15	13.5/15	13.5/18
输入电流/A	35.5/40	31/68	(61/35)(68/40)
输入最大峰值电流/A	8800/9900	7000/8000	(8800/7000)(8000/9900)
双面焊接厚度/mm	1.0+1.0	0.3+0.3	1.0+1.0
输出电压/V	6.5~12.5	吸盘吸力/N	180
数控定时时间/ms	0~99,自定	多爪拉力器	标配
工作暂载率(%)	5	直拉焊枪	标配
工作档位	A—B—C	外形尺寸/mm	500×580×900
焊接电缆长度/mm	2000+2000	质量/kg	68

生产商：河北献县鑫海达汽保工具厂。

表 12-29 车身大梁钣金整修机的产品数据

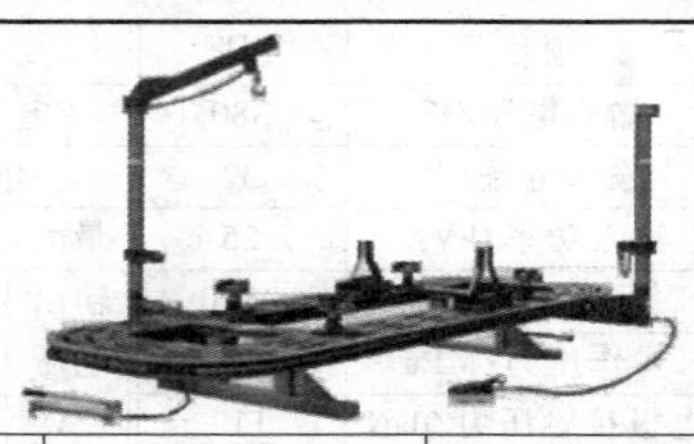

项 目	DL-1000	DL-1000A	DL-3800
工作台长度/mm		5600	
工作台宽度/mm		2200	
工作台高度/mm	560	300～600	560
液压系统工作压力/MPa		70	
塔柱牵引工作范围/(°)		360	
塔柱牵引最大拉力/kN	100	100000	100
最大举升质量/kg	3500	3000	3500
设备总质量/t	2.5	2.8	2.5
钢板厚度/mm	上 10，下 10	—	上 10，下 10

生产商：烟台德利莱汽车校正设备有限公司。

12.3.11 洗车水枪

清洗汽车一般用小型高压水枪（图 12-14），适合接单相电源及民用水源。在压力为 1350bar 的条件下，44L/min 的流量可以保证 8 喷嘴布置同时工作。按出水温度分，高压清洗机有冷水和热水两大类。按动力源分，有电动机驱动、汽油机驱动和柴油驱动三大类。

图 12-14 洗车水枪

12.3.12 高压清洗机

【用途】 用于各种机动车辆、建筑物外墙的清洗，以及食品厂、宾馆、饭店的清洗消毒。

【结构】 高压清洗机由动力源、高压水发生设备（柱塞泵）、控制系统、执行系统、辅助系统。

【分类】 按动力源分，有电动和汽油机两种；按型式分，有移动式和撬装式两种。

【基本参数】 高压清洗机的基本参数见表 12-30。

表 12-30　高压清洗机的基本参数（GB/T 26135—2010）

配套动力/kW	压力/MPa												
	10	30	50	60	70	80	100	125	150	180	200	250	300
	流量/(L/min)												
15	75	25	15	—	—	—	—	—	—	—	—	—	—
30	155	55	30	25	—	—	—	—	—	—	—	—	—
37	295	65	40	30	28	—	—	—	—	—	—	—	—
45	—	80	50	40	35	30	—	—	—	—	—	—	—
55	—	95	60	50	40	35	30	—	—	—	—	—	—
75	—	130	80	65	55	50	40	30	—	—	—	—	—
90	—	155	95	80	65	60	45	40	30	—	—	—	—
110	—	190	115	95	80	70	55	45	40	30	—	—	—
132	—	—	140	115	95	85	70	55	45	40	35	25	20
160	—	—	170	140	120	105	85	65	55	45	40	35	25
200	—	—	—	175	150	130	105	85	70	60	50	40	30
250	—	—	—	215	185	165	130	105	90	70	65	50	40
300	—	—	—	—	225	195	155	125	105	85	80	65	50
400	—	—	—	—	300	260	210	165	140	115	105	—	—
500	—	—	—	—	380	330	265	210	175	145	—	—	—
550	—	—	—	—	410	360	285	230	190	—	—	—	—

注：当额定压力为 10~50、>50~100、>100~200 和>200MPa 时，实际流量与理论流量之比应分别大于或等于 85%、82%、80%和 78%。

12.3.13　真空胎爆冲密封器

【用途】　轮胎爆冲密封器（表 12-31）用于真空胎与轮辋之间因变形使充气泄露无法充满时，使轮胎迅速冲气与轮辋密封。

【规格】　有大（货车用）、小（轿车用）之分，一般为 5 加仑，也有 7.5 加仑和 10 加仑的。

【产品数据】　真空胎爆冲密封器的产品数据见表 12-31。

表 12-31　真空胎爆冲密封器的产品数据

充气口　充气手柄　压力表　打气口　储气罐

项目	大货车用	小轿车用
工作压力/MPa	0.8	0.6
安全压力/MPa	0.8~1.0	0.6~0.8
容积/加仑	5	—
包装尺寸/cm	42×39×33	60×20×18
净质量/kg	12/11	7.5/6.5

生产商：河北献县派勒汽车维修设备有限公司。

12.3.14 真空胎钢圈修复机

【用途】 又称无内胎钢圈修复机，用于修复、校正变形的钢圈。

【结构】 由液压泵站、油缸、电磁换向阀等组成。

【产品数据】 真空胎钢圈修复机的产品数据见表 12-32。

表 12-32 真空胎钢圈修复机的产品数据

型号	LJX580
应用对象	钢质和铝合金钢圈
加工直径/mm	250~580
电动机功率/kW	0.55
工作压力/t	气压 140bar
转速/(r/min)	110
电源电压/V	220/380
外形尺寸/mm	1250×900×1110
整机质量/kg	毛 350(净 330)

生产商：北京慧阳联创机电设备有限公司。

12.3.15 抽接油机

【用途】 用于输油（其功能优于专业的手摇加油器）。

【产品数据】 BX 型抽接油机的产品数据见表 12-33。

表 12-33 BX 型抽接油机的产品数据

项目		数据	项目	数据
真空度/MPa		0~0.08	安全阀额定压力	4 大气压
工作气压/大气压		8~10	桶身尺寸/mm	50×43×93
储油罐容量/L		80	净质量/kg	19.5/17.5
介质		润滑油	量杯/L	10
推油速度/(L/min)	ϕ4.5mm	0.8	量杯尺寸/mm	28×28×50
	ϕ6.5mm	1.6	净质量/kg	5.7/5

生产商：沧州市献县勃兴汽保工具厂。

12.3.16 液压压力机

【用途】 用于汽车维修时，进行钣金整形和轴承拆装。

【外形】 液压压力机外形如图 12-15 所示。

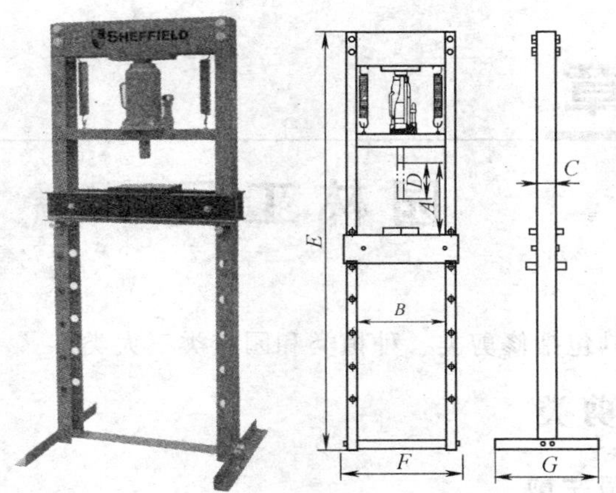

图 12-15　液压压力机外形

【产品数据】　见表 12-34 和表 12-35。

表 12-34　液压压力机的产品数据

额定载荷 /t	工作范围 A /mm	净质量 /kg
20	0~710	68.3
毛质量/kg	尺寸(带包装)/mm	
71.8	1530×205×220	
B/mm	*C*/mm	*D*/mm
465	100	150
E/mm	*F*/mm	*G*/mm
1500	640	540

表 12-35　LY 液压压力机的产品数据

型号	LY-001	LY-002	LY-003	LY-004	LY-005	LY-006	LY-007
规格	20t	20t	20t	32t	12t	20t	32t
高度/cm	140	140	140	150	130	140	150
宽度/cm	60	58	58	68	52	58	64
重量/kg	62	52	44	70	45	55	70

生产商：沧州路勇工具厂。

第13章 园林工具

园林工具包括修剪类、种植类和园艺类三大类。

13.1 修剪类

13.1.1 园艺剪

园艺剪有稀果剪、桑剪、高枝剪、剪枝剪和整篱剪等。

1. 稀果剪

【用途】 用于修剪各种果树、采摘葡萄、棉花整枝等。

【规格】 全长 l 为 150mm、200mm。

【结构】 稀果剪的结构如图 13-1 所示。

【硬度】 剪片刃口的硬度≥40HRC，主轴螺栓的硬度≥28HRC。

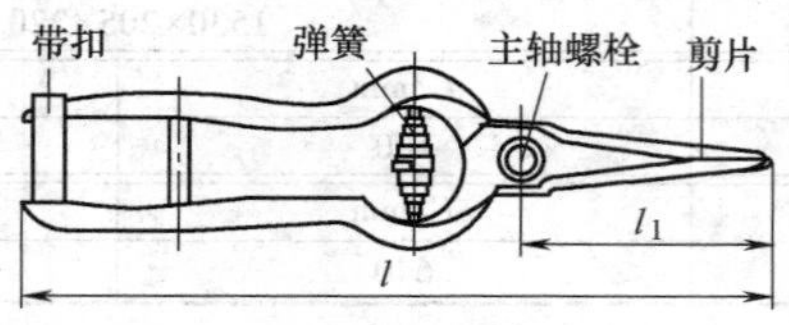

a) 整体型(Z)

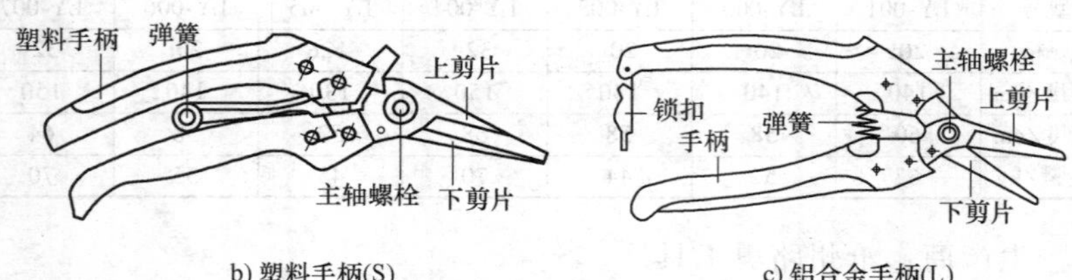

b) 塑料手柄(S)　　c) 铝合金手柄(L)

图 13-1 稀果剪的结构

【标记】 由产品名称、标准编号和规格组成。

例：规格为 150mm 的整体型稀果剪，标记为：稀果剪　QB/T 2289.1 Z 150。

2. 桑剪

【用途】 用于桑树剪梢和整枝。

【规格】 全长 l 为 200mm。

【结构】 桑剪的结构如图 13-2 所示。

【硬度】 剪片刃口的硬度≥47HRC，主轴螺栓的硬度≥28HRC。

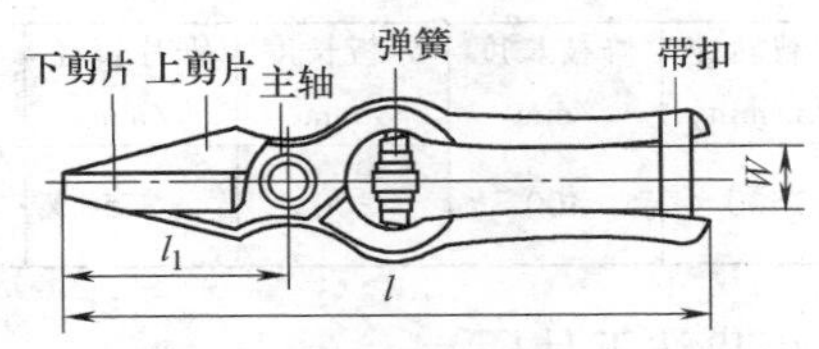

图 13-2　桑剪的结构

【标记】 由产品名称、标准编号和规格组成。

例：规格为 200mm 的桑剪，标记为：桑剪　QB/T 2289.2-200。

3. 高枝剪

【用途】 用于修整各种树枝、采集树种等。

【规格】 300mm（全长 l，伸长后为 3500~5500mm）。

【结构】 高枝剪的结构如图 13-3 所示。

【硬度】 大剪片刃口的硬度≥48HRC，小剪片刃口的硬度≥45HRC，主轴螺栓的硬度≥28HRC。

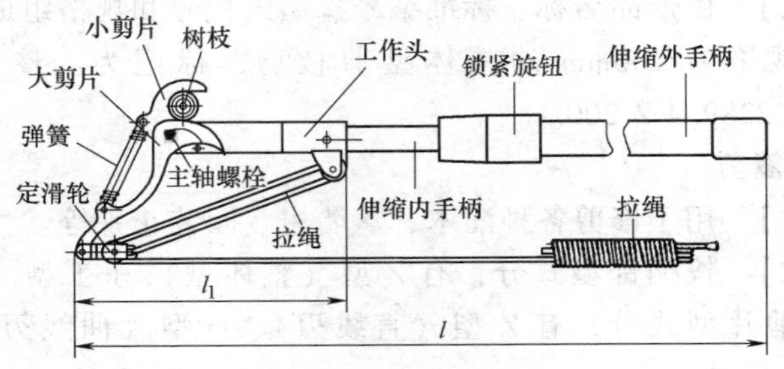

图 13-3　高枝剪的结构

【标记】 由产品名称、标准编号和规格组成。

例：规格为 300mm. 总长为 4500mm 的高枝剪，标记为：高枝剪 QB/T 2289. 3-300/4500。

【产品数据】 锂电高枝剪的产品数据见表 13-1。

表 13-1 锂电高枝剪的产品数据

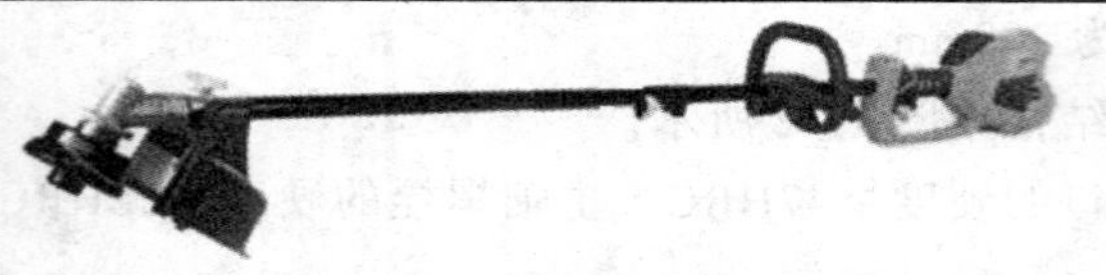

型号	电压/V	空载转速/(r/min)	修枝长度/mm	导板长度/mm	锯片直径/mm	打草直径/mm	备注
18G01	42	7500	400	300	255	255	有超大容量电池组
36G01							

生产商：永康市集达工具厂。

4. 剪枝剪

【用途】 用于修剪树枝、藤条、园艺花卉。

【种类】 剪枝剪的种类有 Z 型、G 型、L 型、S 型和 C 型。

【全长】

Z、G、L、S 型（mm）：150、180、200、230、250。

C 型：550、800；T 型（mm）：600（伸长前）、900（伸长后）。

【结构】 剪枝剪的结构如图 13-4 所示。

【硬度】 大剪片刃口的硬度≥48HRC，小剪片刃口的硬度≥45HRC，主轴螺栓的硬度≥28HRC。

【标记】 由产品名称、标准编号、型式代号和规格组成。

例：规格为 200mm 的整体型剪枝剪，标记为：整体型剪枝剪 QB/T 2289. 4 Z 200。

5. 整篱剪

【用途】 用于修剪各种灌木、篱墙树、园艺花卉等。

【型式】 按柄部型式分，有 Z 型（整体型）和 T 型（伸缩型）两种；按剪片型式分，有 Z 型（直线刃）、Q 型（曲线刃）和 J 型（锯齿刃）三种。

【规格】 Z 型（mm）：600、700，T 型（mm）：800（伸长前 650）、1100（伸长前 750）。

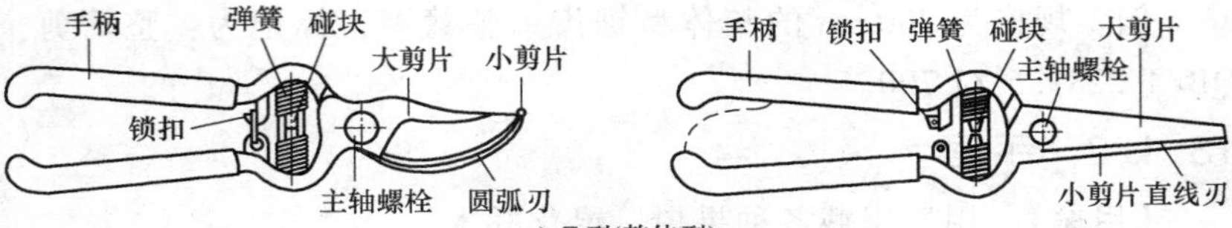

a) Z 型(整体型)

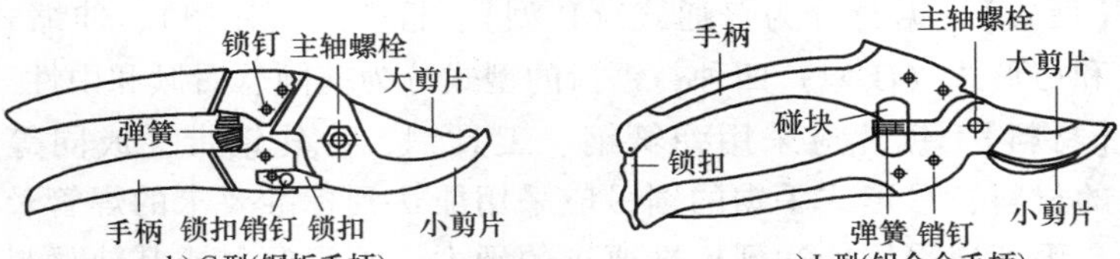

b) G型(钢板手柄)　　c) L型(铝合金手柄)

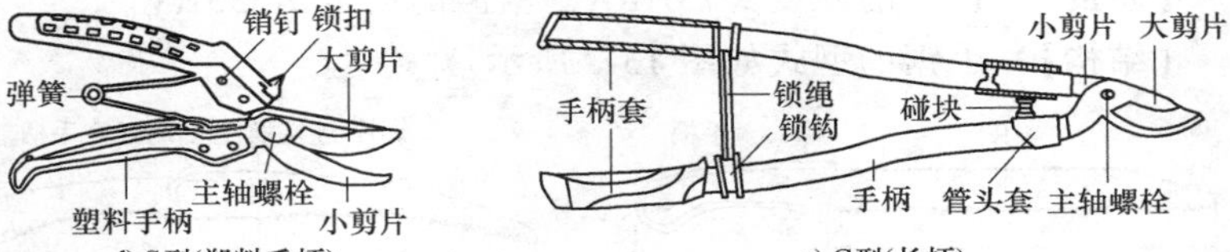

d) S型(塑料手柄)　　e) C型(长柄)

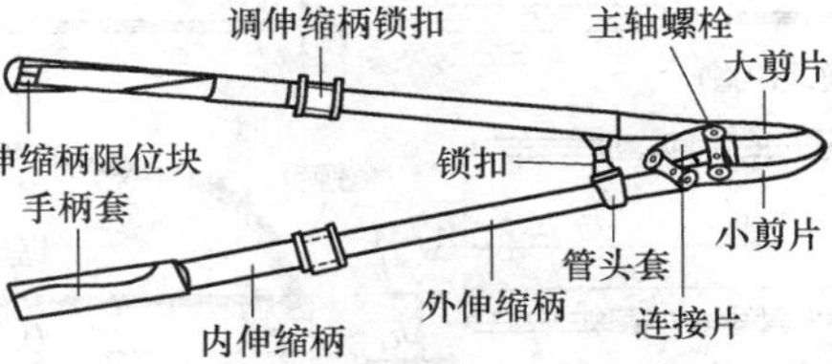

f) T型(伸缩柄型，伸出状态)

图 13-4　剪枝剪的结构

【结构】　如图 13-5 和图 13-6 所示。

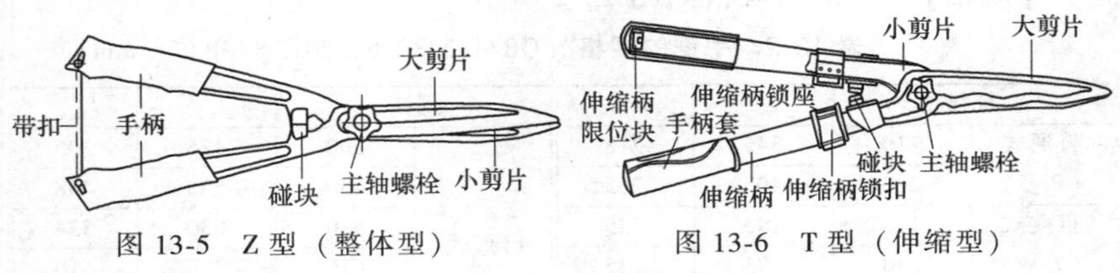

图 13-5　Z 型（整体型）　　图 13-6　T 型（伸缩型）

【硬度】　剪片刃口的硬度≥43HRC，主轴螺栓的硬度≥28HRC。

【标记】　由产品名称、标准编号和规格组成。

例：规格为 700mm 的整体型锯齿刃整篱剪，标记为：整篱剪 QB/T 2289.5 ZJ 700。

13.1.2 手锯

【用途】 用于锯截各种果树、绿化乔木。

【型式】 锯身分为普通式（P 型）、折叠式（Z 型）、伸缩式（S 型）和弓形式（G 型）四种；锯齿的型式分为前倾、后倾和中性三种。

【材料】 锯片应采用弹簧钢、工具钢、冷轧钢带，或同等性能以上的材料；弓形式手锯的锯弓应采用能达到标准要求的焊管及冷轧钢板；手柄应采用能达到标准要求的硬木、工程塑料或其他材料。

【硬度】 锯片的硬度≥73HRA，锯齿的硬度≥535HV。

【结构】 手锯的型式如图 13-7 所示。

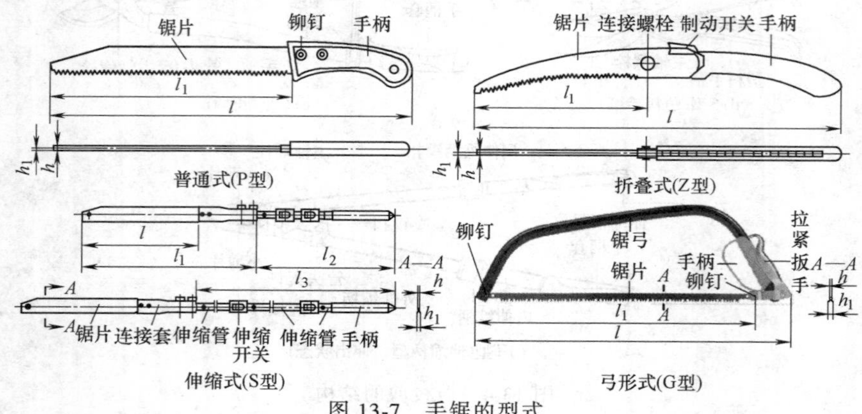

图 13-7 手锯的型式

【规格】 手锯的规格如图 13-2 所示。

表 13-2 手锯的规格（QB/T 2289.6—2012）(单位：mm)

规格		l_{max}	l_{1max}	规格		l_{max}	l_{1max}
普通式（P 型）	210	345	218	弓形式（G 型）	300	425	305
	260	405	265		450	555	458
折叠式（Z 型）	120	195	125		530	630	534
	230	395	235		610	705	610
伸缩式（S 型）	1500	570	380		760	855	762
	2500				810	905	813
	4500				910	1005	915

【标记】 由产品名称、标准编号、规格、产品型式代号和锯齿型式代号组成。

例：规格为 2500mm 的伸缩式中性锯齿手锯，标记为：手锯 QB/T 2289.6-2500SM。

13.1.3 手持式油锯

手持式油锯是以汽油发动机为动力，以锯链为锯切机构的伐木和造材的动力锯。

【用途】 用于伐除病树、老树以及树木的整形修剪。

【结构】 便携手持式油锯的结构如图 13-8 所示。

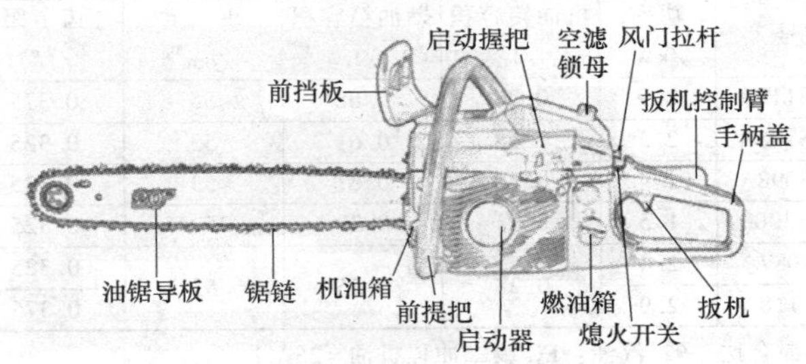

图 13-8　便携手持式油锯的结构

【性能指标】 油锯的主要性能指标见表 13-3：

表 13-3　油锯的主要性能指标（GB/T 5392—2017）

发动机排量 /cm³	手把型式	主机净质量 /kg ＜	主机比质量 /(kg/kW) ≤	锯切效率 /(cm³/s) ≥	锯切燃油消耗率 /(g/m³) ≤
$V \geqslant 90$	高把	12	3	1.2V	55
	短把	11	2.5		
$70 \leqslant V < 90$	高把	10.5	3	1.1V	50
	短把	9	2.5		
$50 \leqslant V < 70$	高把	9	2.8	1.0V	65
	短把	6	4		
$35 \leqslant V < 50$	高把	5	4	0.9V	70
$V < 35$	短把	4	5	0.7V	75

【标记】 表示方法：

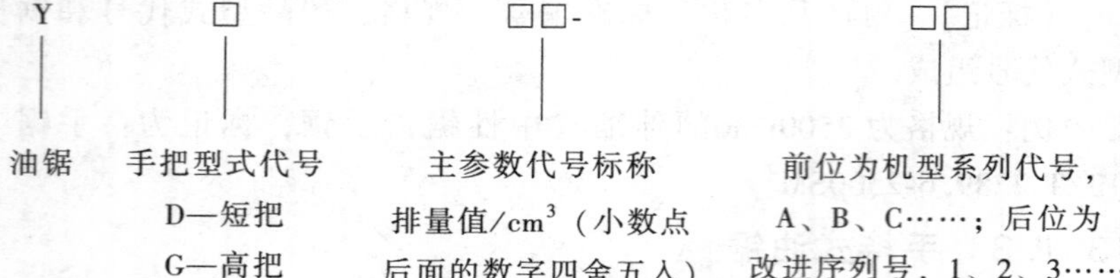

例：经第二次改进，排量为93.8cm^3的机型B系列高把油锯，标记为：YG94-B2。

【产品数据】 一些油锯的产品数据见表13-4。

表13-4 一些油锯的产品数据

牌号	型号	功率/kW	机油箱容积/L	燃油箱容积/L	排气量/cm^3	齿节距/(″)	导板长度/(″)
三松	SS-CS118A	2.9	0.28	0.68	55	0.375	20
	SS-CS198A	2.5	0.28	0.61	53	0.325	18/20
	SS-CS098A	2.4	0.28	0.61	53	0.325	18/20
	SS-CS3900	1.5	0.21	0.39	25.4	0.325	15/16
旗星	QX-087	2.4	0.28	0.55	53	0.325	20
	QX-118	2.9				0.375	

注：燃油混合比—92#汽油：FC级二冲程机油=25：1。

13.1.4 电链锯

电链锯是由电动机带动的链锯，和油锯一样，同属于链锯的一种，但由于它不需要怠速，所以没有离合器，结构相对简单，可靠性也较强。

【用途】 用于对树枝、木材及类似材料进行切割作业（不适用于林木采伐及非木材类材料和其他锯削）。

【类别】 按供给电能的方式分，有电动机电链锯和锂电电链锯两种；按传动链的节距分，规格（mm）有6.35、8.25、9.30、10.26四种。

【结构】 电链锯的类别和结构见图13-9所示。

电链锯所用的电动机可以是单相串励式电动机、三相工频笼型电动机或三相中频笼型电动机。后者的电源频率一般为200Hz。

【硬度】 切齿链片的硬度应为52～57HRC；齿顶面和外侧面应镀铬或进行表面强化处理。

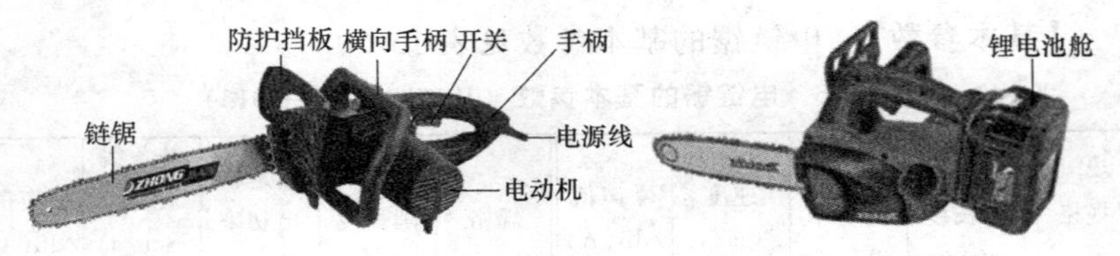

a) 电动机电链锯　　　　b) 锂电电链锯

图 13-9　电链锯的类别和结构

我国现行的电链锯标准有两个：

1. 林业行业标准 LY/T 1121—2010

电链锯的额定电压和频率：交流额定电压为 220V，额定频率为 50Hz；直流额定电压为 220V、42V、36V。

【型号】 编制方法：

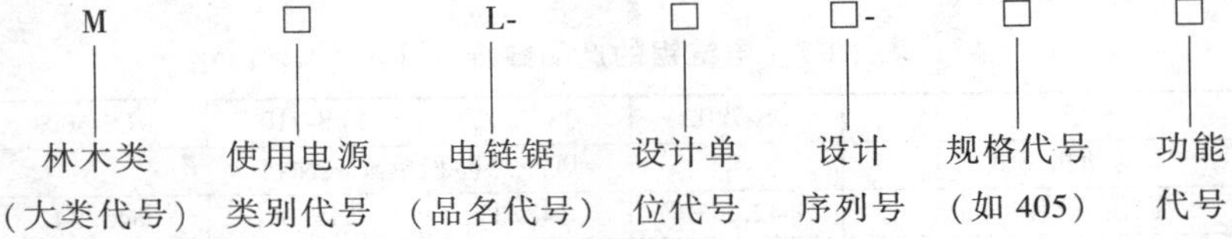

【基本参数】 电链锯的基本参数见表 13-5。

表 13-5　电链锯的基本参数（LY/T 1121—2010）

规格(mm)	额定输出功率/W	额定转矩/N·m	链条线速度/(m/s)	净质量/kg(不含导板链条)	噪声值/dB(A)
305(12in)	≥420	≥1.5	6~10	≤3.5	90(101)
355(14in)	≥650	≥1.8	8~14	≤4.5	98(109)
405(16in)	≥850	≥2.5	10~15	≤5.0	102(113)

2. 机械行业标准 JB/T 11407—2013

电链锯的额定电压和频率：交流额定电压为：220V、110V、42V、36V，交流额定频率为 50Hz；直流额定电压为 220V、110V。各分为 C（轻型）、A（标准型）、B（重型）三种。

【型号】 编制方法：

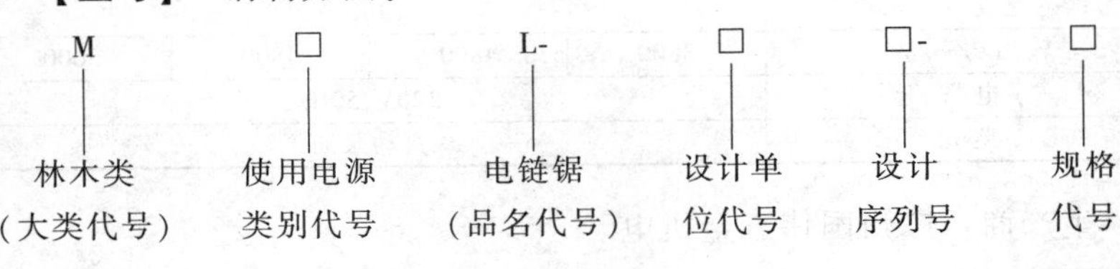

【基本参数】 电链锯的基本参数见表 13-6。

表 13-6 电链锯的基本参数（JB/T 11407—2013）

<table>
<tr><th colspan="2">规格</th><th>最大切割长度/mm</th><th>额定输出功率/W ≥</th><th>链条线速度/(m/s) ≥</th><th>噪声值/dB(A)</th><th colspan="2">规格</th><th>最大切割长度/mm</th><th>额定输出功率/W ≥</th><th>链条线速度/(m/s) ≥</th><th>噪声值/dB(A)</th></tr>
<tr><td rowspan="3">300</td><td>C</td><td rowspan="3">300</td><td>500</td><td>6</td><td rowspan="6">92
(112)</td><td rowspan="3">400</td><td>C</td><td rowspan="3">400</td><td>850</td><td>10</td><td rowspan="6">98
(118)</td></tr>
<tr><td>A</td><td>700</td><td>10</td><td>A</td><td>1000</td><td>12</td></tr>
<tr><td>B</td><td>900</td><td>10</td><td>B</td><td>1200</td><td>12</td></tr>
<tr><td rowspan="3">350</td><td>C</td><td rowspan="3">350</td><td>650</td><td>10</td><td rowspan="3">450</td><td>A</td><td rowspan="3">450</td><td>1100</td><td>12</td></tr>
<tr><td>A</td><td>850</td><td>12</td><td rowspan="2">B</td><td rowspan="2">1300</td><td rowspan="2">12</td></tr>
<tr><td>B</td><td>1000</td><td>12</td></tr>
</table>

注：A 表示标准型，B 表示重型，C 表示轻型。

【产品数据】 见表 13-7~表 13-9。

表 13-7 电链锯的产品数据（Ⅰ）

<table>
<tr><th>型号</th><th colspan="2">SS-7202</th><th colspan="2">JS-7202</th><th colspan="2">SLS-710</th><th colspan="2">DLS-600</th></tr>
<tr><td>发动机型式</td><td colspan="8">风冷二冲程单缸汽油机</td></tr>
<tr><td>缸径/行程/mm</td><td colspan="2">φ42.5/34</td><td colspan="2">φ43/31</td><td colspan="2">φ45/31</td><td colspan="2">φ45/34</td></tr>
<tr><td>发动机排量/CC</td><td colspan="2">58</td><td colspan="2">45</td><td colspan="2">52</td><td colspan="2">52</td></tr>
<tr><td>发动机功率/kW</td><td colspan="2">2.2</td><td colspan="2">1.8</td><td colspan="2">2.0</td><td colspan="2">2.0</td></tr>
<tr><td>发动机/转速/(r/min)</td><td colspan="3">8500</td><td colspan="3">节距/mm</td><td colspan="2">325</td></tr>
<tr><td>混合油比例</td><td colspan="3">25∶1</td><td colspan="3">中导齿厚/mm</td><td colspan="2">0.058</td></tr>
<tr><td>化油器型式</td><td colspan="3">膜片式</td><td colspan="3">导板规格/″</td><td colspan="2">18/20</td></tr>
<tr><td>发动机怠速/(r/min)</td><td colspan="3">3000±200</td><td colspan="3">毛重/kg</td><td colspan="2">7.5</td></tr>
<tr><td>燃油箱容积/mL</td><td colspan="3">550</td><td colspan="3">净重/kg</td><td colspan="2">5.5</td></tr>
<tr><td>机油箱容积/mL</td><td colspan="3">260</td><td colspan="3">—</td><td colspan="2">—</td></tr>
</table>

生产商：浙江省武义金盛园林工具制造有限公司。

表 13-8 电链锯的产品数据（Ⅱ）

<table>
<tr><th>型号</th><th>5016</th><th>8018</th><th>9018</th><th>汽油锯</th></tr>
<tr><td>导板长度/mm</td><td colspan="4">405</td></tr>
<tr><td>锯链速度/(r/min)</td><td colspan="4">400</td></tr>
<tr><td>输出功率/W</td><td>3800</td><td>4800</td><td>4800</td><td>5000</td></tr>
<tr><td>电源</td><td colspan="4">220V,50Hz</td></tr>
<tr><td>类型</td><td colspan="4">自动泵油</td></tr>
</table>

生产商：广州国伟五金机电。

表 13-9　锂电电链锯的产品数据

型号	电压/V	空载转速/(r/min)	导板长度/in	导板	电池/个	快充/h
18D01	42	500	14~18	类型链轮式	2	1.5/个
36D01		800				

生产商：永康市集达工具厂。

13.1.5　电动修枝剪

【用途】　用于一般环境条件下单人操作，修剪树篱和灌木。

【原理】　扣动控制器开关，起动电动机后，通过星行减速装置使剪切刃开合，达到剪切树木枝叶的目的。

【结构】　由刀片、工作开关、电动机总成、减速机构和锂电池等组成（图 13-10）。

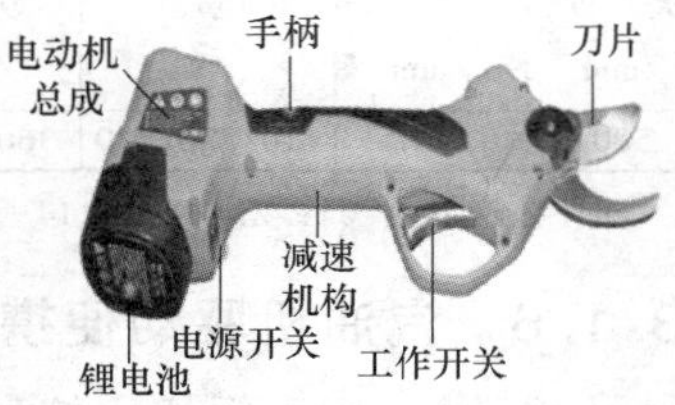

图 13-10　锂电修枝剪

【型号】　编制方法：

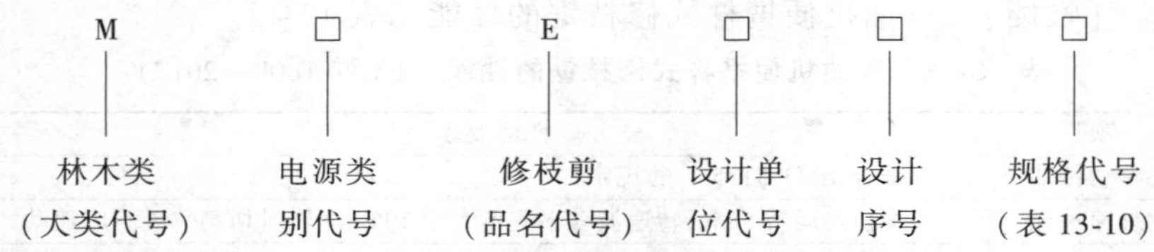

【基本参数】　电动修枝剪的基本参数见表 13-10。

表 13-10　电动修枝剪的基本参数（GB/T 11516—2013）

规格代号	有效切割长度/mm	输出功率/W ≥	剪切能力/mm	额定空载往复次数/(次/min)	电源
350	350	160	12~18	≤1800	交流额定电压：220V、110V，额定频率：50Hz；直流额定电压：220V、110V、42V、36V
400	400	180			
450	450	200	18~22		
500	500	225			
550	550	250			
600	600	275	20~28		
650	650	295			
700	700	315			
750	750	340			

【产品数据】 见表13-11和表13-12。

表13-11 杆式电动修枝剪的产品数据

型号	主机质量	功率	蓄电池	备注
LDM-300GJ	4kg	100W	24V、9Ah、2组	锯片式，一次充满电可持续工作8h

生产商：石家庄绿华科技有限公司。

表13-12 电动修枝剪的产品数据

刀伸最大长度/mm	最大修枝直径/mm	额定电压/V	输入功率/W	输出功率/W	额定往复次数(r/min)	外形尺寸/mm(长×宽×高)	质量/kg
500	14	110/220/230	360/420	200/210	1100	770×188×213	3.2

注：该产品为M1E-ZN01-500×14型电动修枝剪。

13.1.6 汽油机驱动便携杆式修枝锯

【用途】 用于锯切比较高处的树枝。

【分类】 按动力装置分，有侧挂式修枝锯和背负式修枝锯两种。

【性能】 汽油机便携杆式修枝锯的性能见表13-13。

表13-13 汽油机便携杆式修枝锯的性能（LY/T 1808—2017）

项目	性能要求
起动性能	应符合JB/T 5135.1的规定
怠速性能	连续稳定运转5min,转速波动率应不大于10%,运转时切割装置不应随动
加减速性能	在怠速状态下连续稳定运转5min,之后突加油门至最大位置不应熄火,5s之内由最大位置突减油门至怠速位置亦不应熄火
怠速翻转性	侧挂式修枝锯在怠速下稳定运转3min后进行翻转,各位置停留3s,修枝锯不应熄火;背负式修枝锯不作翻转要求
最高空载转速稳定性	在最高转速下空载运转1min后,不应有异响,紧固件不应松动,转速波动率应不大于10%
离合器	应接合平稳,分离彻底。接合转速应不低于怠速的1.25倍
整机净质量	在汽油机排量为<26cm³、26~35cm³和>35cm³时,不含燃油、润滑油、锯切配件及安全罩、背带装置时的整机净质量,应分别不大于9kg、10kg和11kg(不包含装配有电启动装置的修枝锯)
锯切效率和燃油消耗率	在汽油机排量为<26cm³、26~35cm³和>35cm³时,侧挂式修枝锯的锯切效率应分别大于20 cm²/s、25 cm²/s和30cm²/s;燃油消耗率应分别不大于100 g/m²、100 g/m²和80g/m²
整机密封性	整机密封良好,各部位应无渗漏油现象

13.1.7　手持式汽油机驱动的绿篱机

【用途】 用于茶叶修剪、公园、庭院、路旁树篱等园林绿化修剪。

【工作原理】 汽油机工作时，通过输出轴输出扭矩，达到一定转速后，离合器结合；离合器带动小齿轮翻滚，进而带动凸轮齿轮和连杆运动，连杆拉动刀片，进行往复运动，实现线性往复式割刀修剪动作。

【结构】 有单刃绿篱机与双刃绿篱机两种，见图 13-11 所示。

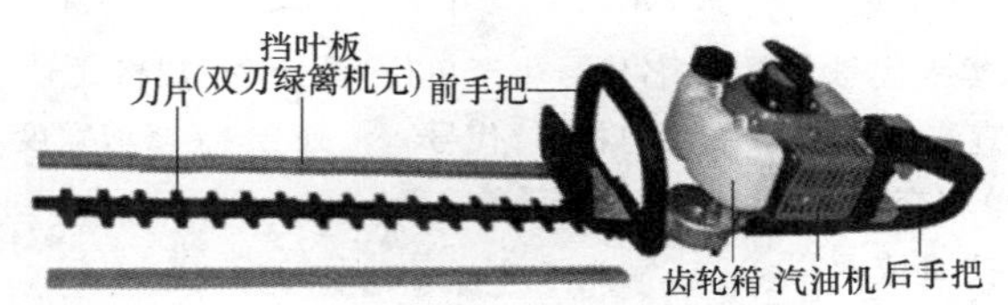

图 13-11　手持式汽油机驱动的绿篱机

【产品性能】 手持式汽油机驱动的绿篱机的性能见表 13-14。

表 13-14　手持式汽油机驱动的绿篱机的性能（LY/T 1619—2017）

项目		性能要求
整机性能	往复次数	最大转速下切割装置空载往复次数应不低于 1500 次/min
	修枝直径	最大修枝直径应不小于 10mm
	割幅	应不小于 300mm
	撕裂率	应小于 10%
整机净质量（不含燃油、润滑油）		汽油机排量<25cm³ 时为≤6kg，25~35cm³ 时为≤7kg，>35cm³ 时为≤8kg

【产品数据】 手持式绿篱修剪机的产品数据见表 13-15。

表 13-15　手持式绿篱修剪机的产品数据

项目	数值	项目	数值
发动机型号	1E32F	燃油箱容积	600mL
发动机型式	风冷二冲程（单缸汽油机）	刀片长度	30cm
发动机功率	0.65kW/6500-7000r/min	剪刀型式	单刃，2 刃往覆式
发动机排量	22.5CC	割幅	600mm
发动机怠速	2600r/min	整机质量	6.0kg

生产商：曲阜市润华机械制造有限公司。

13.1.8 手持式电动绿篱修剪机

手持式电动绿篱修剪机是由单人操作，用电动机驱动一个或多个线性往复切割器件的工具。

【型式】 按电源的种类分，有单相交流修剪机、直流修剪机和交-直流两用修剪机。

【型号】 表示方法（LY/T 2403—2014）：

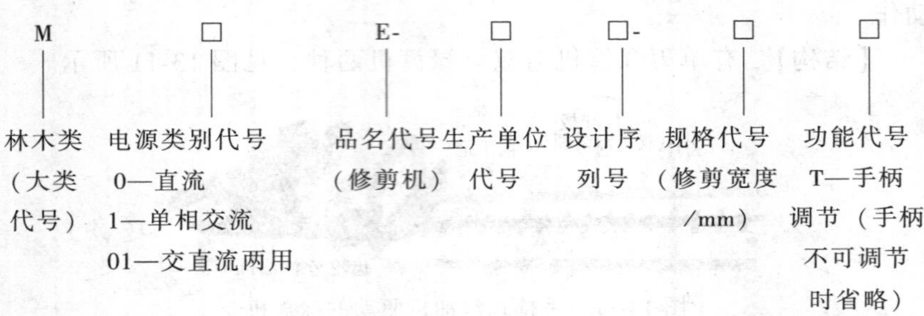

修剪机的额定电压和频率：交流额定电压为220V，频率为50Hz；直流额定电压为18V、24V、36V、42V、110V、220V。

13.1.9 杆式电动绿篱修剪机

杆式电动绿篱修剪机是由电动机驱动一个或多个线性往复切割器件的修剪机。

【用途】 用于对绿篱和灌木进行修剪切割作业。

【分类】 按电源的种类可分为直流（220V）、单相交流（220V、110V、42V、36V；50Hz）和交-直流两用修剪机三种。

【结构】 杆式电动绿篱修剪机如图13-12所示。

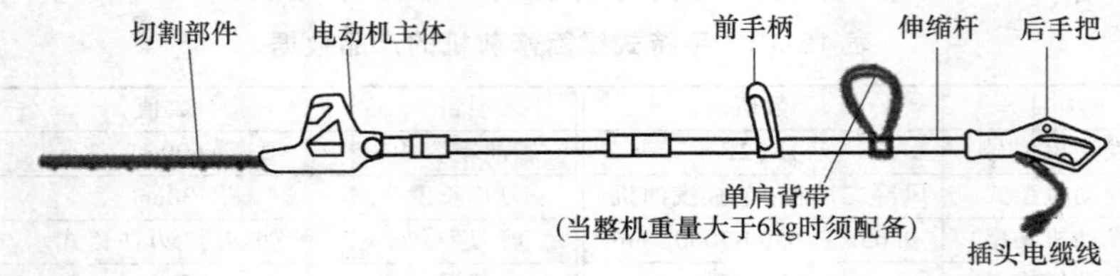

图13-12 杆式电动绿篱修剪机

【型号】 表示方法：

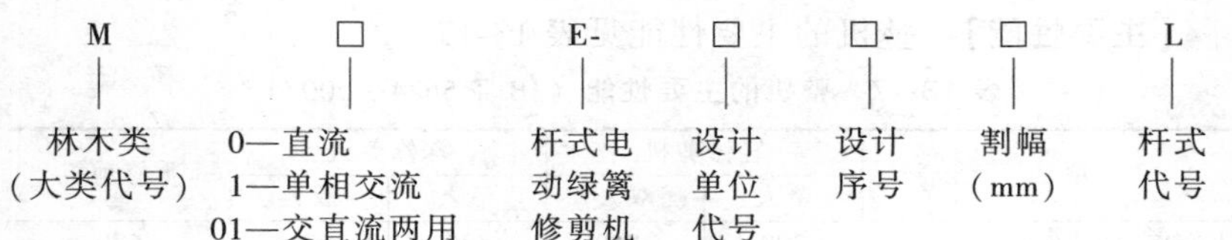

【**规格和性能参数**】 修剪机的性能参数见表 13-16。

表 13-16　**修剪机的性能参数**（LY/T 2156—2013）

规格（mm）	额定输出功率 /W ≥	空载往复次数 /(次/min)	最大修枝直径 /mm	割幅 /mm
300	140	≤1700	≤10	300
350	160		≤12	350
400	180		≤14	400
450	200		≤16	450

13.1.10　茶树草坪修剪机

【**用途**】 修剪茶树、草坪等。

【**分类**】 按结构可分为往复切割式茶树草坪修剪机和其他型式修剪机；按修剪直径可分为轻修剪机（$\phi \leqslant 8$mm）、深修剪机（$\phi \leqslant 12$mm）和重修剪机（$\phi \leqslant 25$mm）。

【**结构**】 汽油机驱动的便携杆式修剪机如图 13-13 所示。

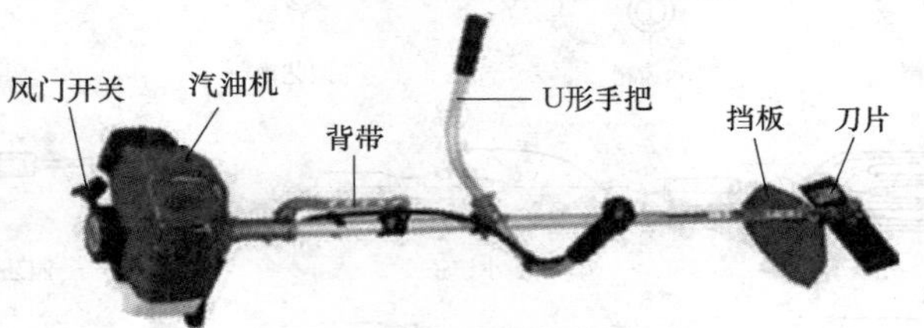

图 13-13　汽油机驱动的便携杆式修剪机

【**标记**】 表示方法：

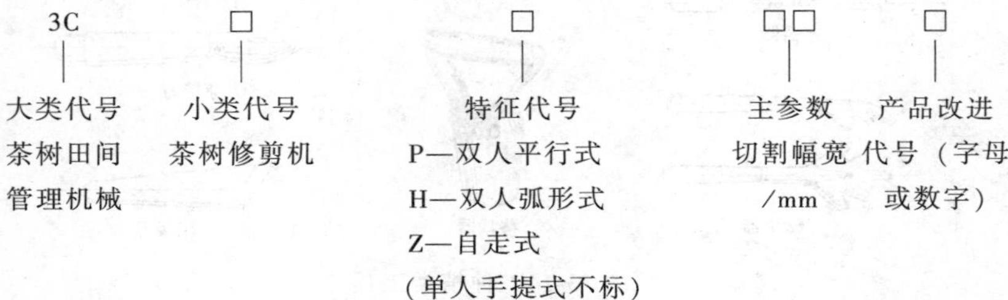

【主要性能】 整机的主要性能见表 13-17。

表 13-17 整机的主要性能（JB/T 5674—2007）

项目	轻修剪机		深修剪机		重修剪机
	单人	双人	单人	双人	
生产率/(m^2/h) ≥	200	1000	130	670	670
撕裂率(%) ≤	2.0		2.5		10
漏剪率(%) ≤	1.0		2.0		4
燃油消耗率/[g/(kW·h)]	应符合 JB/T 5135.3—2013 的规定				
首次故障前工作时间/h	150		150		100
噪声(声压级)	应不大于 95dB（A）				
把手振动计权加速度值	额定转速下空转时和额定转速下作业时均应不大于 15.0m/s				
使用可靠性	应不低于 97%				
轴承及传动箱温升	应不大于 35℃				

13.2 种植类

种植类工具如图 13-14 所示。

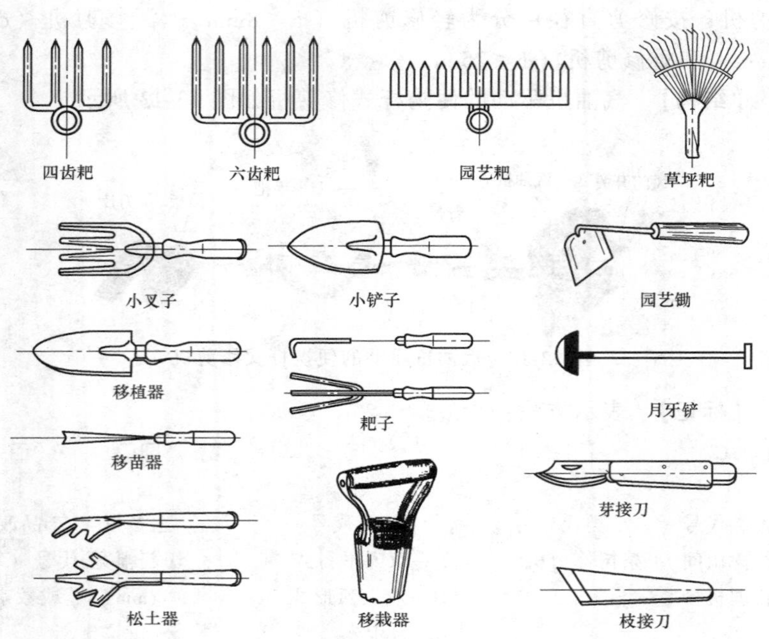

图 13-14 种植类工具

13.3　园林类

13.3.1　摘果器

由于果树的种类繁多，所以摘果器的种类也多种多样，下面是摘果器用途的一些示例（见图 13-15）。

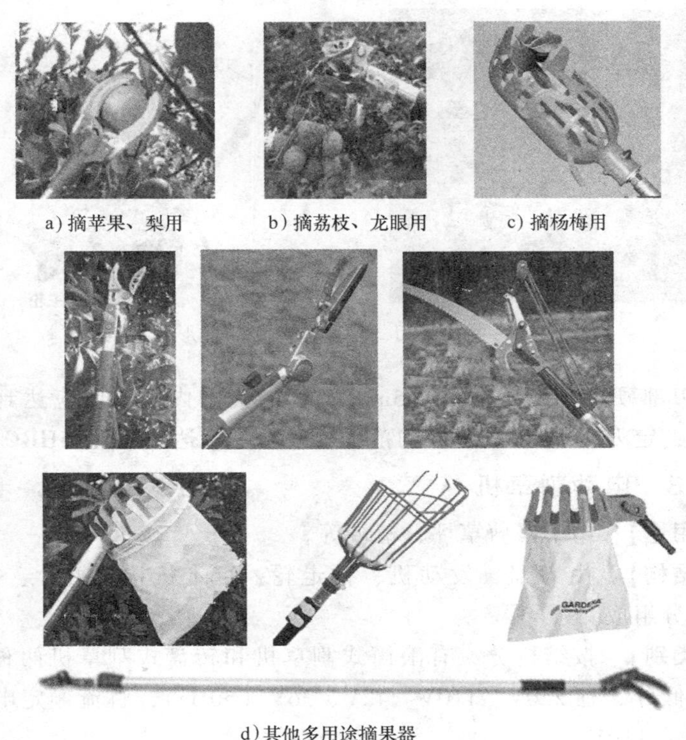

a) 摘苹果、梨用　b) 摘荔枝、龙眼用　c) 摘杨梅用

d) 其他多用途摘果器

图 13-15　摘果器

13.3.2　手推滚刀式草坪割草机

【用途】　人力推动割草机向前移动，并带动滚刀旋转完成割草作业。用于坡度不大于 15°、无积水、直径大于 3mm 的枝干或树根，且草的高度不超过 100mm 的人工养护草坪。

【原理】　利用轮子运动带动变速箱中的齿轮，实现刀具的往复运动（LY/T 2404—2014）。

【结构】 主要由手柄、支架、发动机、挡板、控制开关等组成(见图13-16)。其中，端面齿轮和拨杆是一对工作组合。端面齿轮通过自身的转动，将旋转方向的力传动给拨杆，引起水平方向的往复运动，从而使刀具自身往复运动。

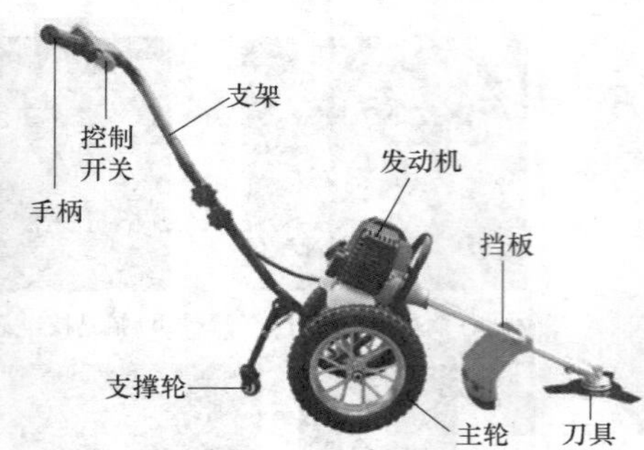

图13-16 手推滚刀式草坪割草机的外形和结构

【刃部硬度】 滚刀刃部5mm宽度的范围内，硬度应达到28~33HRC；定刀刃部7mm宽度的范围内，硬度应达到30~35HRC。

13.3.3 电动割草机

【用途】 用于修剪草坪、植被等。

【结构】 由刀盘、发动机、行走轮、行走机构、刀片、扶手、控制部分组成。

【类别】 按结构分，有滚筒式割草机和转盘式割草机两种；按电压高低分，有220V、110V、42V、36V（50Hz)，直流额定电压可为220V、110V。

【型号】 编制方法：

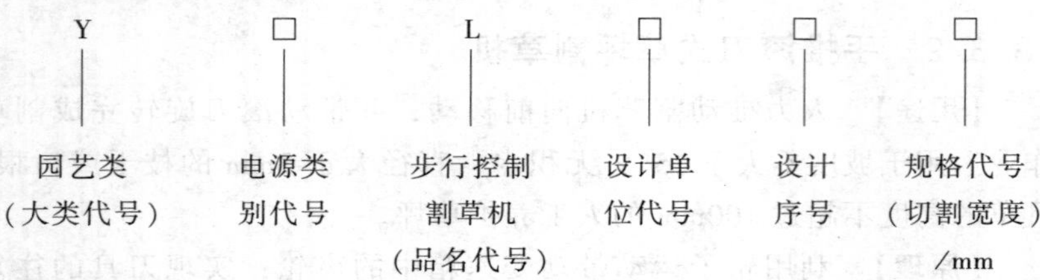

【基本参数】 电动割草机的基本参数见表 13-18。

表 13-18　电动割草机的基本参数（JB/T 11405—2010）

规格代号	切割宽度/mm	输入功率/W	额定转速/(r/min)
320	320	≥800	≥2800
380	380	≥1200	
420	420	≥1400	
460	460	≥1700	

【产品数据】 电动割草机的产品数据见表 13-19。

表 13-19　电动割草机的产品数据

型号规格	最大割草宽度/mm	额定电压/V	额定频率/Hz	输入功率/W	输出功率/W	空载转速/(r/min)	外形尺寸/mm(长×宽×高)	质量/t
N1F-J2-250TH	250	230	50	250	200	12000	794×238×420	1.43
N1F-J2-250TH-B	250	230	50	400	350	11000	1156×193×100	2.0
N1F-280TH	280	230	50	1000	900	7800	1434×396×234	7.5
N1F-280TH-B	280	230	50	1200	1100	9000	1841×405×205	7.5
N1F-J2-300TH	300	230	50	400	350	10000	1156×193×101	2.0
N1F-J2-300TH-S	300	230	50	450	400	10000	1110×281×193	2.8
N1F-J2-300TH/Z2	300	230	50	450	400	9000	1326×331×282	2.5
300GC1-D	300	220/230	50/60	1200	—	2850/3450	650×455×350	14

13.3.4　旋刀步进式电动草坪割草机

电源为单相交流，额定电压不超过 250V，且电动机的额定功率不大于 3kW。

【标记】 表示方法：

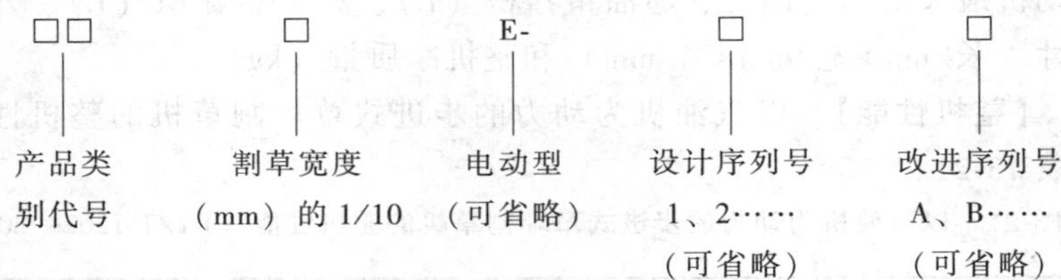

【整机性能】 旋刀步进式电动草坪割草机的整机性能见表 13-20。

表 13-20 旋刀步进式电动草坪割草机的整机性能（LY/T 1620—2012）

项目	性能要求
刀尖线速度	应小于 96.5m/s
启动性能	草坪机在 0.80 倍额定电压(若是宽电压,则为额定电压范围下限的 0.85 倍)条件下启动时不应堵转
稳定性	1)放置在与水平面成 10°的平板上不应翻倒 2)放置在 16.7°的斜坡上,在草坪机最易倾翻的方向,沿斜面方向施加不大于 220N 的推力或拉力,草坪机应能维持稳定
刀片制动时间	当操作者脱开操作机构时,对于割草宽度不大于 600mm 的草坪机,刀片应在 3s 内停止;对于割草宽度大于 600mm 的草坪机,刀片应在 5s 内停止,并且刹车装置应能够通过 5000 次的刹车寿命测试
割草高度	应符合 LY/T 1202—2010 中 6.2.2 的要求
集草性能	带集草器的草坪机,其集草器内所能收集的碎草应不低于集草器标称容积的 80%
整机跌落	经 0.5m 整机跌落试验后,不应影响正常使用
集草器、排草护罩或封闭门	具有排草口的草坪机,应安装集草器或排草护罩或封闭门,且当排草护罩被掀开一角度后再释放,排草护罩应能自动回位

13.3.5 以汽油机为动力的步进式草坪割草机

【标记】 表示方法：

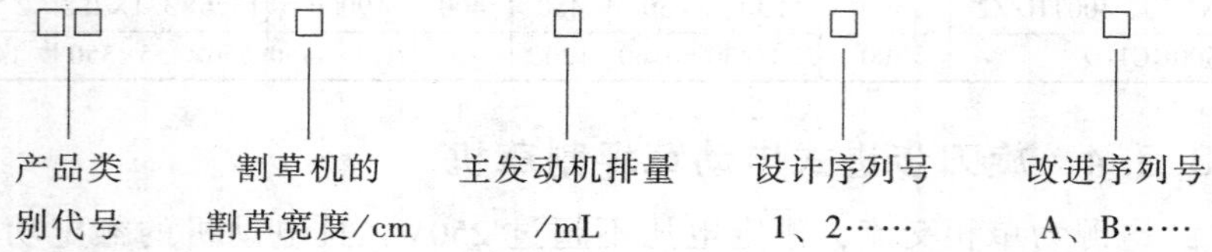

【参数】 主参数是切割宽度，基本参数有割草机宽度（mm）、切割高度（mm）、刀具额定空载最大转速（r/min）、排量（mL）、发动机最大功率（kW）、燃油箱容积（L）、集草器容积（L）、外形尺寸（长/mm×宽/mm×高/mm）和整机净质量（kg）。

【整机性能】 以汽油机为动力的步进式草坪割草机的整机性能见表 13-21。

表 13-21 以汽油机为动力的步进式草坪割草机的整机性能（LY/T 1202—2010）

项目	性能要求
装配质量	1)发动机、台壳、刀片等主要零部件应安装牢固,并应采取有效的防松措施

（续）

项目	性能要求
装配质量	2）有力矩要求的紧固件的扭紧力矩应符合 QC/T 518 的规定 3）转速控制手柄、起动器、切割位置调节装置等操作控制机构的安装应灵活、可靠 4）自进式草坪机在离合控制器分离条件下起动和加转速时，不应自行前进 5）导线和其他管线布置应规整，除为了避让发热器件和腐蚀性溶剂外，均应顺滑，无拖曳、打结
起动性能	人力起动时，起动次数不应超过 5 次；电起动时，起动时间不应超过 30s
集草器性能	1）装有集草器者，经挂重试验后集草器不应脱落，不应导致机器倾斜或翻倒 2）集草器内所能收集的碎草应不低于集草器标称容积的 80%
刀具转速	出厂时实测刀具最大空载转速与额定空载最大转速的偏差不应超过±5%
无线电骚扰特性限值	应符合 GB 14023 的规定
噪声限值	切割宽度 $L\leqslant 500$、$500<L<1200$ 和 $L>1200$ 时，测得的噪声声功率级（dB）应不超过 98、102 和 105

【产品数据】 见表 13-22～表 13-24。

表 13-22　日本本田草坪机的产品数据

机型	HUR216	HUR1905	HUR216	HUR1905
发动机	GXV160、四冲程、排气量 135cm^3			
最大功率	4kW，3600r/min			
燃油	1.0L、93#以上（无铅汽油）			
割高度幅/mm	635	485	535	482
剪草高度/mm	16～76（11 级）			
集草方式	草屑收集袋			
行走方式	自走		手推	
集草箱容量/L	54			

表 13-23　美国百利通草坪机的规格和技术参数

参数	草坪机功率/kW				
	2.8/3	4.5	4.5	5	5/4.5/4
启动方式	反冲				
速度/(km/h)	—	—	—	—	3.8
刀片形式	直线或旋转刀片				
前后轮尺寸/mm	178×45	178×45	203×45	203×45	203×50

（续）

参数	草坪机功率/kW				
	2.8/3	4.5	4.5	5	5/4.5/4
割高度幅/mm	458	458	558	558	558
割草高度/mm	20~75（9级）	15~80（13级）	15~100（13级）		19~76（6级）
调高方式	4级				
扶手调节	—	3位	3位	3位	3位
集草	—	—	—	3合1	—
包装尺寸/mm	885×555×440		920×615×450		
净质量/kg	29		40		52

表 13-24　上海产草坪机的产品数据

最大功率/hp	启动方式	最大割草宽度/mm	割草高度/mm	刀片形式	前后轮尺寸/mm	集草方式	行走方式	调高方式	包装尺寸（长×宽×高）/mm	质量/kg
6.0	反冲	558	20~75（9级）	直线或旋转刀片	178×45	有	自走	4级	920×615×440	40
4.0		458							885×555×440	29

注：1hp=735W。

第14章 电动工具

电动工具是由电动机或电磁铁作为动力，通过传动机构驱动工作头进行作业的工具。在前面第 1~13 章中，已经叙述了很多专用的电动工具，这里再介绍常见的通用电动工具。

14.1 金属切削类

14.1.1 手电钻

手电钻是以交流电源或直流电源作为动力的小型钻孔工具。

【用途】 用于机械、建筑和装修行业钻孔、拆装螺钉等。

【结构】 电钻的外形和基本结构如图 14-1 所示。

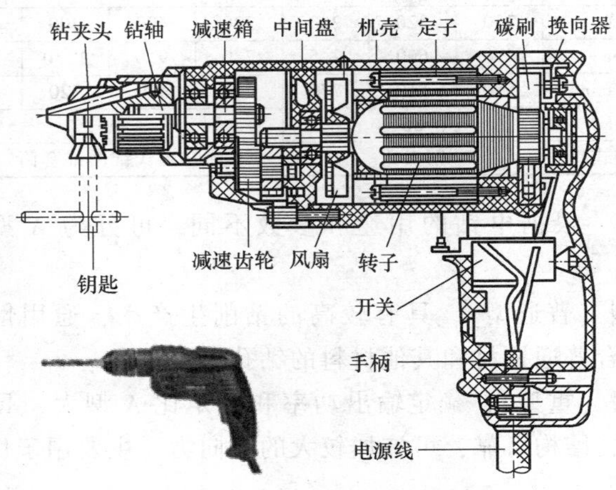

图 14-1 电钻的外形和基本结构

【类别】 按电源种类分，有直流电钻和交流电钻；按有无电源分，有插电电钻和锂电池电钻；按型式分，有普通式电钻和便携式电钻；按电源频率分，有工频电钻和中频电钻；按用途分，有手电钻、冲击钻和锤钻。交流电钻又分单相串励电钻、三相工频电钻和电池式电钻-螺钉旋具等几种；按电气保护的方式分，有Ⅰ（基本绝缘+附加绝缘）、Ⅱ（双重绝缘+加强绝缘）、Ⅲ（安全特低电压）三类。

【工作原理】 电钻的电动机得电后旋转，通过传动机构驱动钻头切削钻孔。

【基本参数】 电钻的基本参数见表 14-1。

表 14-1 电钻的基本参数（GB/T 5580—2007）

规格(mm)	4	6			8			10		
类型	A	A	B	C	A	B	C	A	B	C
额定电压/V	220									
额定输出功率/W ≥	80	120	160	90	160	200	120	180	230	140
额定转矩/N·m ≥	0.35	0.85	1.20	0.50	1.6	2.2	1.0	2.2	3.0	1.5
额定转速/(r/min)	2200	1400	1300	1720	960	870	1150	790	740	900
最大噪声/dB(A)	84							86		
钻头夹持方式	钻夹式									

规格(mm)	13			16		19	23	32
类型	A	B	C	A	B	A	A	A
额定电压/V	220							380
额定输出功率/W ≥	230	320	200	320	400	400	400	500
额定转矩/N·m ≥	4.0	6.0	2.5	7.0	9.0	12.0	16.0	32.0
额定转速/(r/min)	550	510	770	440	430	320	240	190
最大噪声/dB(A)	86			90				92
钻头夹持方式	钻夹式			2#莫氏锥圆锥套筒				3#莫氏

【型式】 根据电钻的用途和参数不同，可分为 A 型、B 型和 C 型。

1）A 型（普通型），具有较高的钻削生产率，通用性强，主要用于一般场合普通钢材和其他材料的钻孔。

2）B 型（重型），额定输出功率和转矩比 A 型大，具有很高的钻削生产率，结构可靠，可施加较大的轴向力，主要用于优质及一般钢材的钻孔。

3）C 型（轻型），额定输出功率和转矩比 A 型小，主要用于有色金属、铸铁和塑料的钻孔，也能用于普通钢材的钻削，但不可施以强力。

【规格】　电钻的规格见表 14-2。

表 14-2　电钻的规格

规格 (mm)		额定输出功率/W ≥	额定转矩 /N·m ≥	规格 (mm)		额定输出功率/W ≥	额定转矩 /N·m ≥
4	A 型	80	0.35	10	B 型	230	3.00
6	C 型	90	0.50	13	C 型	200	2.50
	A 型	120	0.85		A 型	230	4.00
	B 型	160	1.20		B 型	320	6.00
8	C 型	120	1.00	16	A 型	320	7.00
	A 型	160	1.60		B 型	400	9.00
	B 型	200	2.20	19	A 型	400	12.00
10	C 型	140	1.50	23	A 型	400	16.00
	A 型	180	2.20	32	A 型	500	32.00

注：电钻规格指其钻削抗拉强度为 390MPa 的钢材时，所允许使用的最大钻头直径。

【标记】　表示方法：

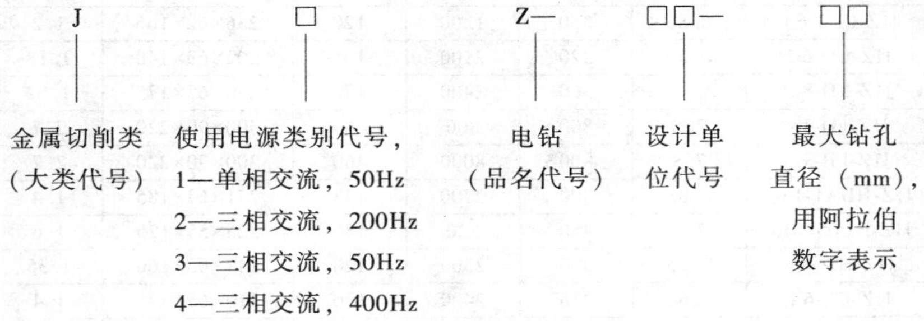

14.1.2　单相串励电钻

这种电钻有较大的起动转矩和较软的机械特性，利用负载大小可改变转速的高低，实现无级调速。小电钻多采用交-直流两用的串励电动机，大电钻多采用三相工频电动机。

【用途】　用于在硬木、塑料及其他非特别硬脆材料上钻孔。

【结构】　单相串励电钻如图 14-2 所示。

【产品数据】　单相串励电钻的产品数据分别见表 14-3～表 14-5。

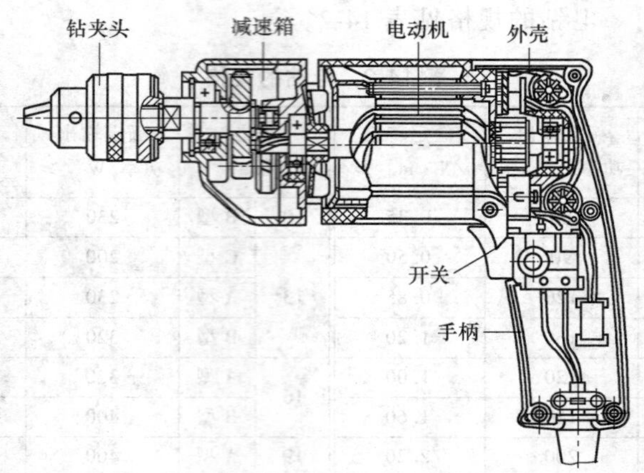

图 14-2 单相串励电钻

表 14-3 J1Z 系列单相串励电钻（Ⅰ—双重绝缘）的产品数据

型号	额定转矩/N·m	输入功率/W	额定转速/(r/min)	额定输出功率/W	外形尺寸/mm（长×宽×高）	质量/kg
J1Z-CD3-13A	4.0	500	520	240	295×70×190	2.0
J1Z-CD3-6A	0.85	250	1200	120	236×62×166	1.2
J1Z-CD-6C	0.50	320	2100	105	202×63×148	1.13
J1Z-CD-8C	1.0	360	2400	170	230×63×175	1.52
J1Z-FQ-13	7.8	800	800	460	300×90×220	2.7
J1Z-FR-13	7.8	800	8000	460	300×90×220	2.7
J1Z-HDA1-10C	0.83	300	2700	138	271×63×185	1.4
J1Z-HU05-10A	2.2	450	820	180	225×55×125	1.6
J1Z-HU-6A	0.85	300	2300	120	248×65×160	1.35
J1Z-KL-6A	0.86	230	2400	120	210×65×175	1.4
J1Z-KW02-10A	2.3	450	820	200	210×80×218	1.8
J1Z-KW02-13A	4.0	520	520	230	295×113×258	3.0
J1Z-KW-6.5A	0.46	240	4000	120	220×64×215	1.0
J1Z-LD01-19A	12.0	810	320	400	410×104×345	5.7
J1Z-LD01-23A	16.0	810	240	400	410×104×345	5.7
J1Z-LS2-19A	12.0	880	320	400	475×118×337	5.7
J1Z-LS2-23A	16.0	880	240	400	475×118×337	5.7
J1Z-MH-10A	2.2	430	1200	195	288×72×171	2.0
J1Z-MH-13A	4.0	480	1300	260	359×72×140	2.0
J1Z-MH-6C	0.55	220	2700	116	234×65×158	1.0
J1Z-SD04-10A	2.2	320	700	180	204×68×160	1.53

（续）

型号	额定转矩 /N·m	输入功率 /W	额定转速 /(r/min)	额定输出功率/W	外形尺寸/mm (长×宽×高)	质量 /kg
J1Z-SF1-10A	1.0	280	1800	140	235×70×195	1.5
J1Z-SF1-19A	13.5	880	350	500	340×121×315	5.9
J1Z-SF1-6C	0.5	210	2000	85	179×63×145	0.9
J1Z-SF2-13A	4.0	440	580	230	290×100×220	4.5
J1Z-SF-23A	17.0	880	280	500	340×121×315	5.9
J1Z-YD2-6C	0.5	230	2010	105	205×61×153	0.8

注：额定电压为 220V。型号中的数字代表最大钻孔直径。

表 14-4　J1Z 系列单相串励电钻（Ⅱ—单绝缘）的产品数据

型号	额定转矩 /N·m	输入功率 /W	额定转速 /(r/min)	额定输出功率/W	外形尺寸/mm (长×宽×高)	质量 /kg
J1Z-SD05-13A	4.0	420	550	230	290×100×232	4.0
J1Z-KW-19A	12.0	740	600	400	353×160×360	7.3
J1Z-SD04-19A①	—	740	330	—	356×126×435	6.5
J1Z-SD04-23A①	—	1000	300	—	356×126×435	6.5
J1Z-QB-13A	—	550	850	—	360×100×380	4.0
J1Z-13	4.0	450	550	230	345×84×302	2.8
J1Z-YD-10A	2.2	370	820	185	253×66×158	1.45
J1Z-SD05-13A①	—	420	550	—	360×100×380	4.0
J1Z-KW-23A	12.0	740	600	400	353×160×360	7.3

① 表示额定电压为 110/220/240V，其他为 220V。

表 14-5　J1Z 系列单相串励电钻（Ⅲ—电子高速、双重绝缘）的产品数据

型号	额定转矩 /N·m	输入功率 /W	空载转速 /(r/min)	额定输出功率/W	外形尺寸/mm (长×宽×高)	质量 /kg
J1Z-HDA-10C	1.42	450	0~2800	264	266×64×190	1.4
J1Z-WD02-10A	—	280	0~3000	—	—	1.6
J1Z-FF-10A	0.70	300	0~2500	125	—	1.1
J1Z-HDA4-10C	1.02	350	0~2200	150	240×65×275	1.5
J1Z-HU04-10A	2.2	350	0~2600	180	235×55×225	1.4

14.1.3　三相工频电钻

三相工频电钻是接 380V 电压、50Hz 电源的电钻。

【用途】　用于无法在钻床上加工的大型铸件、锅炉、桥梁等大型金属构件的钻、扩孔，或在硬木、塑料及其他非特别硬脆材料上钻孔。

【型号】 编制方法基本同电钻，但不分 A 型、B 型、C 型。

【基本参数】 三相工频电钻的基本参数见表 14-6 和表 14-7。

表 14-6 三相工频电钻的基本参数

型号	钻孔直径/mm	额定电压/V	额定转矩/N·m	输入功率/W	额定转速/(r/min)	外形尺寸/mm(长×宽×高)	质量/kg
J3Z-LD01-23	23	三相 380	21	700	225	347×128×300	10
J3Z-LD01-32	32		45	1200	190	697×148×168	19
J3Z-LD01-49	49		110	1700	120	728×148×168	24

表 14-7 J1Z-SD 充电式电钻的基本参数

型号	规格(mm)	额定电压/V	额定频率/Hz	输入功率/W	空载转速/(r/min)	净质量/kg
01-20/12	钢:16 混凝土:20	110/220/240	50/60	640	额定 480 空载 850	—
03-6A	6	110/220		230	2600	1.2
03-13A	13	110/220		420	1150	2.4
04-6C	6	110/220		220	3500	1.3
04-10A	10	110/220		320	1600	1.55
04-23A/19A	19、23	110/220/240		740	额定 330	—
05-13A	13	110/220		420	970	3.12
05-23A	23	110/220		1100	600	6.35
08-6CRE	6	110/220		300	0~4000	1.1
08-13AR/13B	13	110/220		701	780	2.8

14.1.4 角向电钻

角向电钻是钻头与电动机轴线成固定角度（一般为 90°）的电钻。

【用途】 用于在空间受限的地方钻孔。

【产品数据】 角向电钻的产品数据见表 14-8。

表 14-8 角向电钻的产品数据

（续）

最大钻孔直径/mm	额定电压/V	额定功率/W	空载转速/(r/min)	质量/kg
6.5	220	120	3000	1.2
10.0		400	300~2300	1.7

14.1.5　电池式电钻-螺钉旋具

【用途】　兼有电钻和电动螺钉旋具的功能。

【型号】　编制方法：

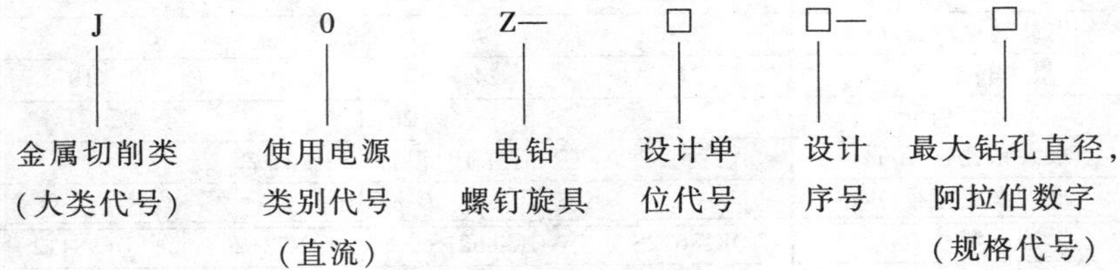

【产品数据】　J0Z-SD 系列电池式电钻-螺钉旋具的产品数据见表 14-9。

表 14-9　J0Z-SD 系列电池式电钻-螺钉旋具的产品数据

型号	最大钻孔直径/mm	最大螺钉直径	额定电压/V	空载转速/(r/min)	外形尺寸/mm（长×宽×高）	质量/kg
J0Z-SD34-10	10	M6	9.6/12/14.4	0~500	245×78×250	1.25
J0Z-SD61-10	10	M6	9.6/12/14.4	0~340/0~1200	200×68×266	1.7
J0Z-SD62-10	10	M6	9.6/12/14.4	0~370/0~1300	200×68×266	1.6
J0Z-SD63-13	13	M6	18	0~360/0~1300	215×83×260	2.2
J0Z-SD23-10	10	M6	9.6/12/14.4	500	265×62×146	1.2

14.1.6　锂电钻

锂电钻是以锂电池为动力的电钻。

【用途】 用于高空或在远离电源的地方，工作时噪声低，缺点是受到电池容量的限制。

【结构】 主要由直流电动机、齿轮、电源开关、电池组、钻夹头和机壳等组成。

【产品数据】 锂电钻的产品数据见表 14-10。

表 14-10 锂电钻的产品数据

型号	OK-8516D	OK-8520D	OK-8412C	OK-8212A
额定电压/V	16	20	12	12
电池容量/A·h	1.5	1.5	1.3	1.3
空载转速/(r/min)	0~650			
最大转矩/N·m	21	24	19	19
转矩档位	20+1			
最大钻孔直径/mm	钢材 10、铝材 15、木材 28			
最大夹头直径/mm	0.8~10			
型号	OK-8612S	OK-8621S	DC-7212	DC-8412
额定电压/V	12	21	12	12
电池容量/A·h	1.5	2.0	1300	1300
空载转速/(r/min)	0~350、0~1350		650	
最大转矩/N·m	45		19	
转矩档位	18+1		20+1	
最大钻孔直径/mm	钢材 12、铝材 15、木材 35		钢材 10、铝材 15、木材 28	
最大夹头直径/mm	1.0~13	0.8~10	0.8~10	
型号	DC-8212	DC-8120	DC-8621S	DC-8612S
额定电压/V	12	68	21	—
电池容量/(A·h)	1.3	4.0	1500	1500
空载转速/(r/min)	0~650	0~2800	0~350,0~1350	
最大转矩/N·m	19	230	45	—
转矩档位	20+1	0~3200BRM	18+1	20+1
最大钻孔直径/mm	钢材 10、铝材 15、木材 28			
最大夹头直径/mm	0.8~10	M4~M24	1.0~13	0.8~10

生产商：浙江德创智能科技有限公司。

14.1.7 磁座钻

磁座钻是在通电后，其底座部分可以牢牢吸附在钢结构上的电钻。

【用途】 用于在野外和高空作业时精确钻孔、攻螺纹、铰孔，甚至可以在倒立的状态下工作。

【类别】 按使用电源分，有交-直流两用电钻、单相串励电钻和三相工频电钻。

【结构】 磁座钻的外形和结构见图 14-3 所示。

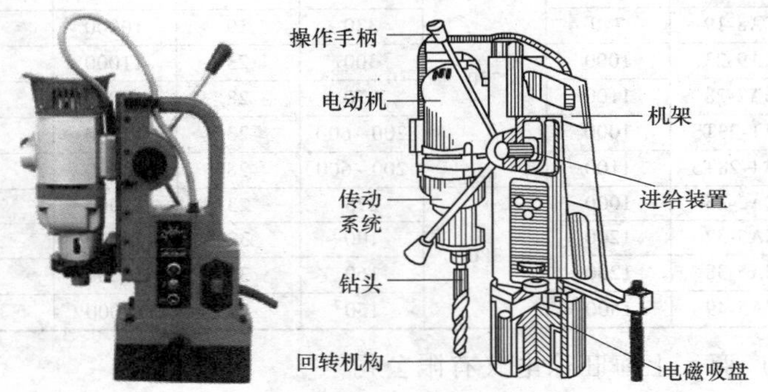

图 14-3　磁座钻的外形和结构

【工作原理】 借助通电后直流电磁吸盘产生的吸力吸附于金属等材料上，由电钻（可为电子调速电钻和机械调速电钻）进行旋转切削。

【基本参数】 磁座钻的基本参数见表 14-11。

表 14-11　磁座钻的基本参数（JB/T 9609—2013）

规格代号	钻孔直径 /mm	电钻		钻架		导板架		电磁铁吸力 /kN ≥
		预定输出功率 /W ≥	额定转矩 /N·m ≥	回转角度 /(°) ≥	水平位移 /mm ≥	最大行程 /mm ≥	移动偏差 /mm ≥	
13	13(32)	320	6	—	—	140	1.0	8.05
19	19(50)	400	12	—	—	160	1.2	10.0
23	23(60)	450	16	60	15	180	1.2	11.0
32	32(80)	500	32	60	20	260	1.5	13.5
38	38(100)	700	45	60	20	260	1.5	14.5
49	49(130)	900	75	60	20	260	1.5	15.5

注：1. 规格指电钻钻削抗拉强度为 390MPa 的钢材时，所允许使用的麻花钻头的最大直径。

2. （　）内数值指用空心钻切削的最大直径。

【产品数据】 磁座钻的产品数据见表 14-12。

表 14-12　磁座钻的产品数据

规格型号	输入功率 /W	额定电压 /V	额定转速 /(r/min)	加工孔径 /mm ≤	电磁吸力 /N	莫氏锥度号
J1C-JCA3-13	420	220	550	13	8500	13 钻夹头
J1C-JCA8-19	740		330	19	10000	2#
J1C-JCA9-23	1000		300	23	11000	2#
J1C-JCA2-28	1100		270	28	13000	3#
J1C-JCA1-23TS	1000		200~600	23	11000	2#
J1C-JCA1-28TS	1100		200~600	28	13000	3#
J3C-JCA2-23	1000	380	275	23	11000	2#
J3C-JCA5-32	1200		190	32	15500	4#
J3C-JCA5-38	1200		160	38	16000	4#
J3C-JCA5-49	1500		150	49	18000	4#

生产商：上海旺徐电气有限公司。

14.1.8　电动往复锯

电动往复锯是一种通过锯条的往复和摆动动作，以交-直流两用或单相串励电动机驱动的手持式刀锯。

【用途】 用来切割木材、金属、塑料、橡胶及类似材料的管、棒和板材。

【类别】 按电源驱动方式分，有交流往复锯和直流往复锯两种。

【结构】 一般由驱动轴、凸轮、轴套、滑杆、锯条、开关等组成（见图 14-4）。

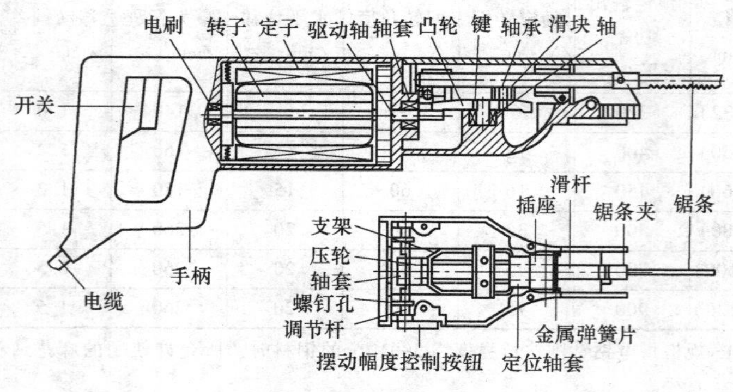

图 14-4　电动往复锯

常用的锯条材料一般有高碳钢和高速工具钢两种。针对不同的切割对象，锯齿的硬度要求也不同。锯木材的锯条齿部硬度为 43～48HRC，锯金属的锯条齿部硬度为 55～60HRC。

【标记】 表示方法：

J	□	F-	□	□-	□
金属切削类（大类代号）	使用的电源（类别代号）	刀锯（品名代号）	设计单位代号	设计序号	锯削往复行程（规格代号）

【工作原理】

（1）往复运动的产生　通常采用曲柄连杆机构传动，将曲柄的转动转化为往复杆在直线上的往复运动。轴承与大齿轮构成曲柄，连杆的一端通过万向接头与往复杆连接，连杆的另一端与曲柄连接；电动机带动大齿轮旋转，通过连杆带动往复杆做前后的往复运动（见图 14-5）。

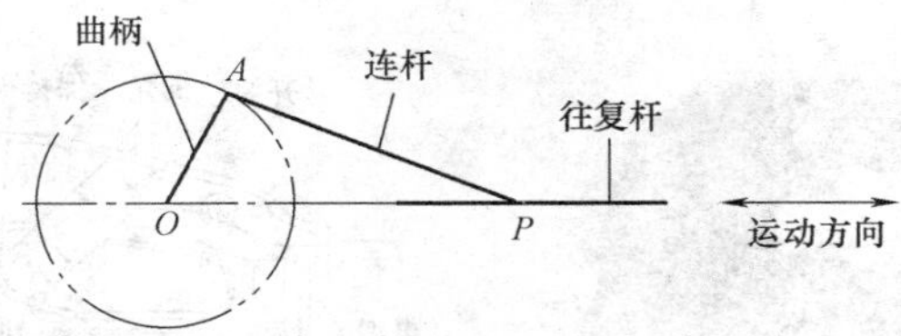

图 14-5　往复运动产生的原理

（2）摆动的产生　通过一个翘板机构来实现。抬刀支架上装有复位弹簧，它的一端连接活动块，往复杆穿过活动块；另一端与抬刀弯钩相扣，往复运动时，抬刀弯钩也同时在做前后的往复运动，抬刀支架被弯钩钩住一起动作，从而带动活动块和往复杆做上下的摆动运动。抬刀轴上有不同的端面，通过调节抬刀轴端面，可以得到不同的摆动幅度。

【基本参数】 电动刀锯的基本参数见表 14-13。

表 14-13　电动刀锯的基本参数（GB/T 22678—2008）

规格（mm）	额定输出功率/W	额定转矩/N·m	空载往复次数/（次/min）	电源额定电压和频率	噪声/dB(A)
J1F-24、J1F-26	≥430	≥2.3	≥2400	交流：220 V、110 V、42 V、36 V；50 Hz 直流：220 V、110 V	86(97)
J1F-28、J1F-30	≥570	≥2.6	≥2700		88(99)

注：1. 额定输出功率指刀锯拆除往复机构后的额定输出功率。

2. 电子调速刀锯的基本参数是基于电子装置调节到最大值时的参数。

【产品数据】 电动刀锯的产品数据见表 14-14。

表 14-14 电动刀锯的产品数据

型号	规格（mm）	额定输出功率/W	工作往复次数/(次/min)	往复行程/mm	锯割范围/mm		质量/kg
					管材外径	钢板厚度	
J1F-26	26	260	550	26	115	12	3.2
J1F-30	30	360	600	30			3.6

14.1.9 电动曲线锯

电动曲线锯是一种可以曲线锯切板材的电动往复锯。

【用途】 配以曲线锯条后，对木材、金属、塑料、橡胶等板材进行直线或曲线锯割。

【分类】 有手持式和机夹式两种。

【结构】 电动曲线锯的外形和结构如图 14-6 所示。

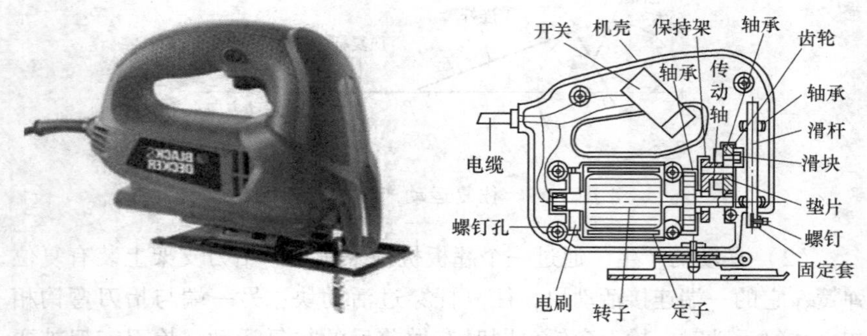

图 14-6 电动曲线锯的外形和结构

【工作原理】

1）齿轮上偏心装有同连杆上滑套相连的滑块，通过曲柄连杆机构使装在轴承上的滑杆做上下往复运动。

2）齿轮的左侧连有平衡块，以减少运行时曲柄、滑块机构产生的振动。

3）装夹时，锯条的锯齿向上。因此，锯条向上运动时为工作行程，向下运动时为空行程。

【标记】 表示方法：

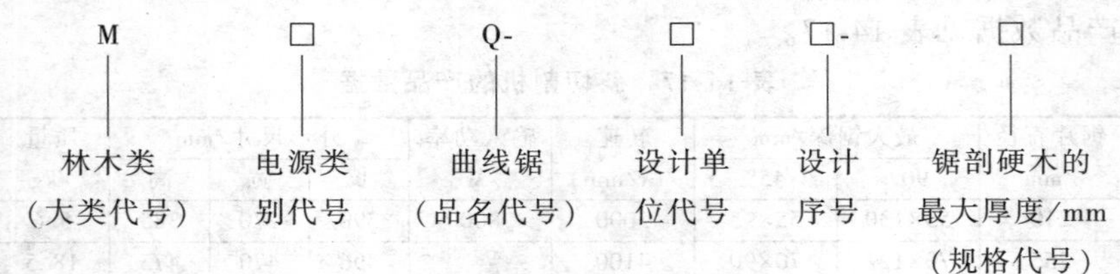

【基本参数】 曲线锯的基本参数见表 14-15。

表 14-15　曲线锯的基本参数（GB/T 22680—2008）

规格 (mm)	额定输出功率/W　≥	工作轴额定往复次数/(次/min)　≥	规格 (mm)	额定输出功率/W　≥	工作轴额定往复次数/(次/min)　≥
40(3)	140	1600	65(8)	270	1400
55(6)	200	1500	80(10)	420	1200

注：1. 额定输出功率指电动机的输出功率（拆除往复机构后的输出功率）。
2. 曲线锯规格指垂直锯割一般硬木的最大厚度。
3. 括号内数值为锯割抗拉强度为 390MPa 的钢板的最大厚度。

【产品数据】 电动曲线锯的产品数据见表 14-16。

表 14-16　电动曲线锯的产品数据

型号	锯割厚度/mm		额定输出功率 /W	额定转速 /(r/min)	往返行程 /mm	质量 /kg
	硬木	钢板				
M1Q-40	40	3	≥140	≥1600		—
M1Q-55	55	6	≥200	≥1500	18	2.5
M1Q-65	65	8	≥270	≥1400		2.5
M1Q-85	85	10	≥600	500~3100	—	2.7

注：额定电压为 220V，额定频率为 50Hz；M1Q-85 的斜锯角度为 0~45°。

生产商：江苏优博机械有限公司。

14.1.10 斜切割机

斜切割机是可以将工件切成多种角度的切割机。

【用途】 用于截断木材，使其端头成某一角度（一般是 45°）。

【结构】 斜切割机的结构如图 14-7 所示。

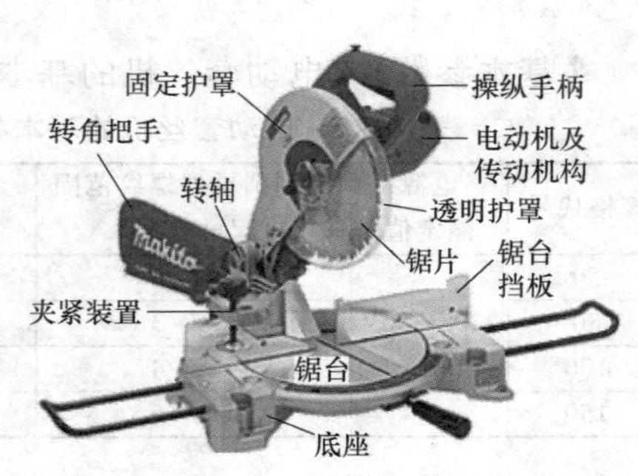

图 14-7　斜切割机的结构

【产品数据】 斜切割机的

产品数据见表 14-17。

表 14-17　斜切割机的产品数据

锯片直径/mm	最大锯深/mm		转速/(r/min)	输入功率/W	外形尺寸/mm			质量/kg
	90°	45°			长	宽	高	
210	55×130	55×95	5000	800	390	270	385	5.6
255	70×122	70×90	4100	1380	496	470	475	18.5
355	122×152	122×115	3200		530	596	435	34
380	122×185	122×137	3200		678	590	720	23

14.1.11　电动套丝机

电动套丝机是设有正反转装置，用于加工管子外螺纹的电动工具。

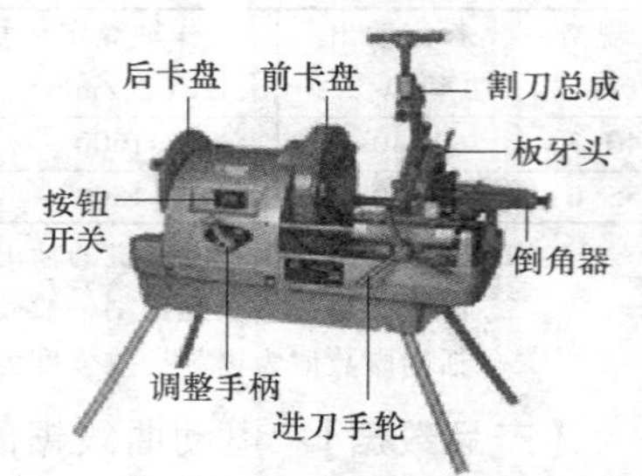

图 14-8　电动套丝机

【用途】　用于套制圆锥外螺纹，并有切断和内孔倒角功能。

【结构】　由按钮开关、后卡盘、前卡盘、板牙头、割刀总成、进刀手轮等组成（见图 14-8）。

【标记】　表示方法：

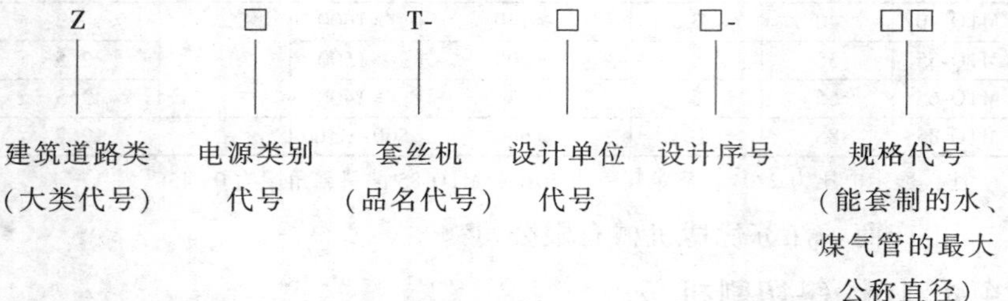

【基本参数】　电动套丝机的基本参数见表 14-18。

表 14-18　电动套丝机的基本参数（JB/T 5334—2013）

规格代号	电源额定值	套制圆锥外螺纹范围（尺寸代号）	电动机额定功率/W　≥	主轴额定转速/(r/min)　≥
50	220/380V 50Hz	1/2~2	600	16
80		1/2~3	750	10
100		1/2~4	750	8
150		2½~6	750	5

【产品数据】　套丝机的产品数据见表 14-19。

表 14-19　套丝机的产品数据

型号	Z_1T-50/Z_3T-50	Z_1T-80/Z_3T-80	Z_1T100-/Z_3T-100	T_1X-100/T_3X-100
加工范围	1/2″~2″	1/2″~3″	1/2″~4″	1/2″~4″
主轴转速/(r/min)	28	11.23	85.24	101.8
电源	220/380V,50Hz			
净质量/kg	60	110	182	140

14.1.12　单刃电剪刀

电剪刀是用于剪切金属片、金属板及金属条的电动工具，按切削刃的数量，分为单刃电剪刀和双刃电剪刀。本节先叙述单刃电剪刀。

【用途】 用于剪切金属板材，并可按曲线形状下料。

【结构】 单刃电剪刀的外形和结构如图 14-9 所示。

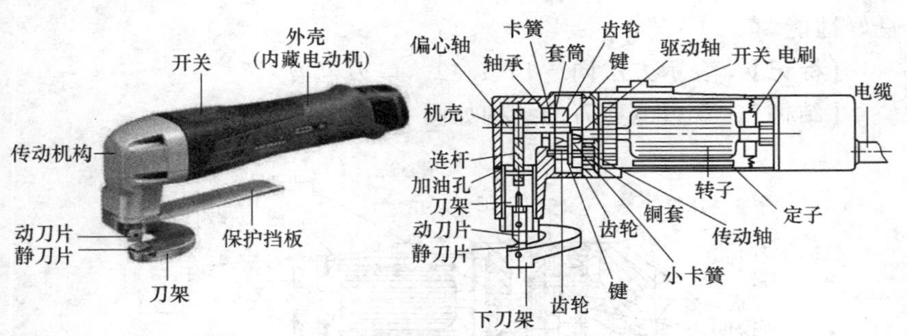

图 14-9　单刃电剪刀的外形和结构

【工作原理】 电剪刀工作时，电动机的旋转经二级齿轮减速后，由偏心轴带动连杆和上刀片，使上刀片对固定在刀架上的下刀片做往复剪切运动。偏心轴与连杆采用滚针轴承连接。上刀片用内六角螺钉固定在连杆上，下刀片固定在刀架上。刀架设计成有特定曲面的马蹄形，并具有足够的刚性。上、下刀片的间隙由调整螺钉调整，其夹角为25°。

【标记】 表示方法：

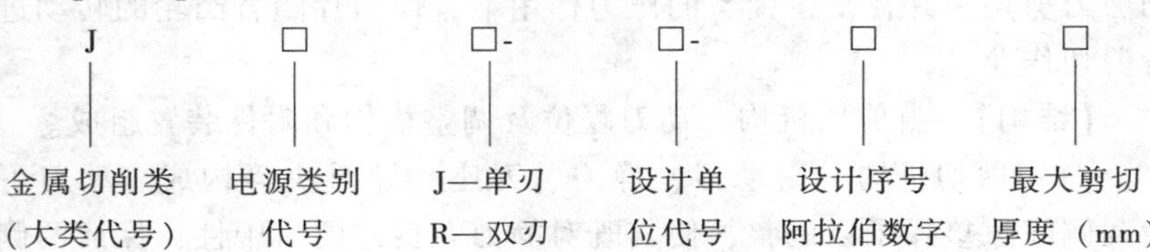

【产品数据】 单刃电剪刀的产品数据见表 14-20。

表 14-20 单刃电剪刀的产品数据（GB/T 22681—2008）

型号	额定输出功率/W ≥	刀杆额定往复次数/(次/min) ≥	型号	额定输出功率/W ≥	刀杆额定往复次数/(次/min) ≥
J1J-1.6	120	2000	J1J-3.2	250	650
J1J-2	140	1100	J1J-4.5	540	400
J1J-2.5	180	800	—	—	—

注：1. 电剪刀规格指电剪刀剪切抗拉强度为 390MPa 的热轧钢板的最大厚度。
2. 额定输出功率指电动机的额定输出功率。

14.1.13 双刃电剪刀

双刃电剪刀是具有动刀和静刀两个切削刃的电剪刀。

【用途】 用于对薄壁金属板材和型材进行剪切，具有不变形的良好性能。

【标记】 表示方法同“14.1.12 单刃电剪刀”。

【结构】 双刃电剪刀的结构如图 14-10 所示。

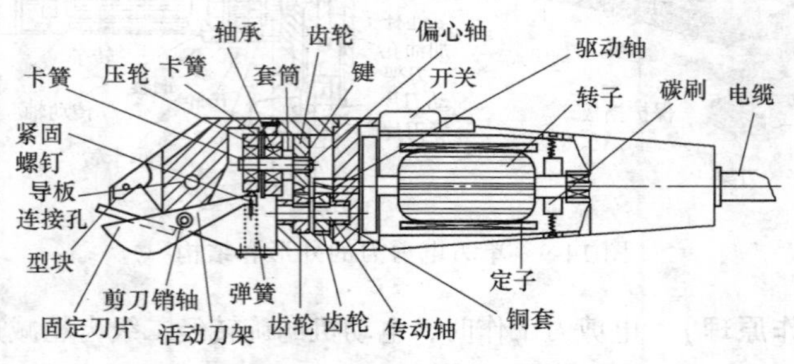

图 14-10 双刃电剪刀的结构

【工作原理】 剪切时，电动机的输出转矩经外啮合二级齿轮传递到偏心的主轴轴端，偏心轴的伸出端与置于其上的特制滚动轴承构成凸轮机构，将旋转运动变换成径向直线运动，转矩变换成推力，推动剪刀剪切，并在复位弹簧的压力作用下，使刀片随着凸轮的转动进行剪切作业。

【结构】 由剪切机构、动刀复位及调整机构和附件装置组成。

（1）剪切机构 由动刀、静刀、刀座、导料块等构成。动刀可由两侧间隙垫片予以调整，使其既对静刀有良好的对中性，保证两侧刃口间隙；又能在剪切过程中不出现横向窜动。静刀由定位销及螺钉固定在由优质铝合金压铸而成、前部呈叉状的剪刀座上，与动刀的间隙可由调整螺钉调整，但相对位置不会因振动等因素的影响而改变。

（2）动刀复位及调整机构　由弹簧座、弹簧、调整螺钉、锁紧螺母等组成，通过凸轮机构使动刀动作；通过调整螺钉可调整动刀与静刀间的张口。

（3）附件装置　由导向板、支架、连接杆等组成，用于对剪料宽度有较严格要求的剪切作业，如批量或长距离剪切等。左右固定刀片由刀片螺钉固定在固定刀架上，中间的活动刀片固定在活动刀架上。活动刀架通过剪刀销轴安装在固定刀架上。活动刀架的尾端通过弹簧始终压于压轮。压轮装于偏心轴上，由转子经二级齿轮减速后带动。

【产品数据】　双刃电剪刀的产品数据见表 14-21 和表 14-22。

表 14-21　双刃电剪刀的产品数据（Ⅰ）（JB/T 6208—2013）

型号	最大切割厚度/mm	额定输出功率/W ≥	额定往复次数/(次/min) ≥
J1R-1.5	1.5	130	1850
J1R-2	2	180	1500

注：1. 最大切割厚度指双刃剪剪切抗拉强度为 390MPa 的金属（相当于 GB/T 700—2006 中的 Q235 热轧钢板）板材的最大厚度。

2. 额定输出功率指电动机额定输出功率。

表 14-22　双刃电剪刀的产品数据（Ⅱ）

型号	额定电压 /V	电流 /A	功率 /W	频率 /Hz	剪切速度 /(m/min)	剪切频率 /(次/min)	质量 /kg
J1R-BD-1.5	220	1.27	260	50	1.7~1.8	1650	1.9
J1R-2	220	1.3	280	50	2	1850	1.8
J1R-KY01-1.6	220	—	260	50	—	4500	1.4

生产商：前两者为北京市电动工具厂，后者为信源电动工具制造有限公司。

14.1.14　电冲剪

电冲剪是利用上下冲头的冲切来切割板材（包括波纹板）的电动工具。不仅具有单刃电剪刀的功能，可以冲剪波纹钢板、塑料板、层压板等，还可开切各种形状的孔洞。冲剪过程中材料不会变形。

【用途】 可用于立面施工、金属加工、配电箱加工、拆卸、回收工作。

【结构】 与单刃电剪刀相似，主要区别在于电冲剪的上下冲模替代了单刃电剪刀的上下刀片（见图 14-11）。

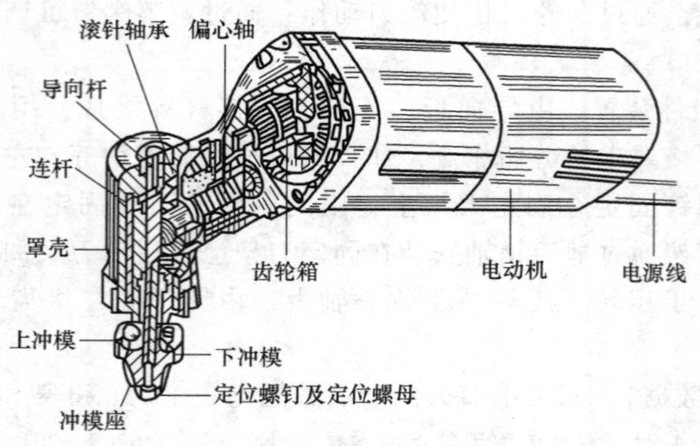

图 14-11　电冲剪的结构

【工作原理】 偏心轴与连杆通过滚针轴承连接。上冲模用螺钉固定在连杆上，下冲模固定在冲模座上。上下冲模用导向杆定位。连杆和冲模座套在同一导向杆中，导向杆的上端用固定螺钉与罩壳连接，冲模座用定位螺母锁紧在导向杆的另一端。上冲模和下冲模的间隙是固定的，不能调节。

冲剪时，电动机的旋转运动经二级齿轮减速后，由偏心轴带动连杆及上冲模，使上冲模对固定在模座上的下冲模作往复高速的冲剪作业。可以说，电冲剪就是一台手持式的高速冲床，操作时匀速推进，可冲剪各种金属或非金属板材，或在曲面上开切窗孔。

【使用方法】 下面以牧田 JN1601 型为例进行介绍。

1）切割（图 14-12）。从工作端部开始切割时，垂直握住电冲剪并沿切割方向稍稍用力，便可进行。每切割约 10m 低碳钢或不锈钢就需要给冲头涂抹一次工具油；切割铝时，涂抹轻质油或煤油润滑，以保持冲模和冲头锋利，减轻电动机的载荷。

2）封闭挖切时，要先在材料上开一个直径约 42mm 的圆孔，再进行切割（见图 14-13）。

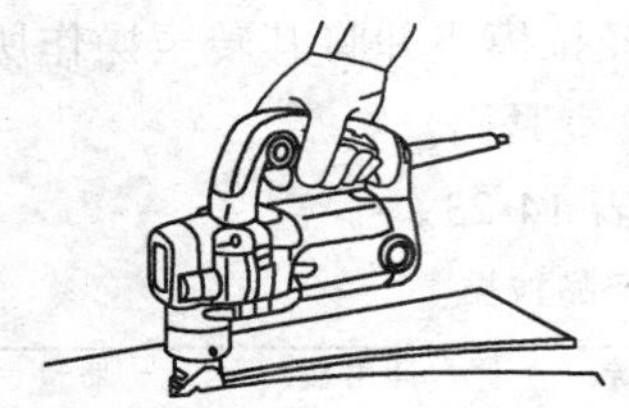
图 14-12　从工作端部切割

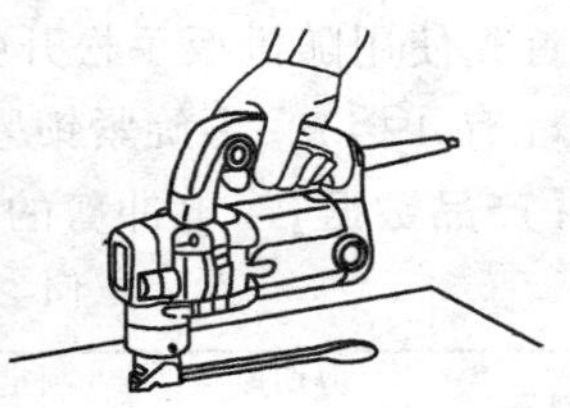
图 14-13　封闭挖切

3）切割不锈钢（见图 14-14）。切割不锈钢时产生的振动比低碳钢大，可以在冲模下再增加一个垫圈（标配），使振动更轻，切割效果更好。

增加垫圈时，可先用六角扳手拆下两个螺钉，然后再将垫圈插在冲模之下，更换螺钉，然后再拧紧。

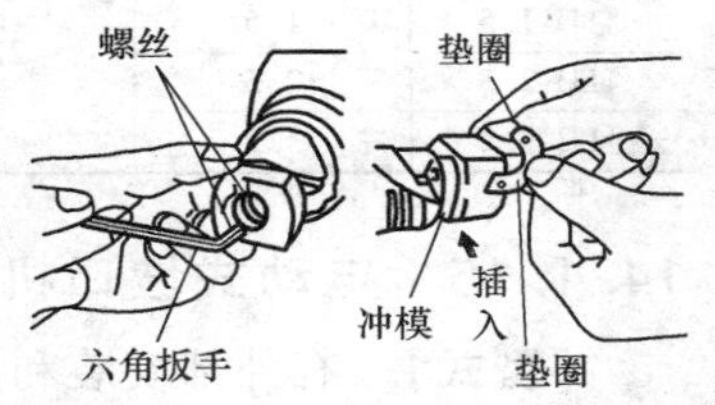

图 14-14　切割不锈钢时增加垫圈

4）允许切割厚度的大小取决于材料本身。

模座上的凹槽可作为允许切割厚度的测量标尺，切割厚度不能大于凹槽的宽度（见图 14-15）。

5）模座中切槽的宽度相当于切割宽度，切割时，要将切槽与工件上的切割线对齐。

对于国产电冲剪，上下冲模的间隙也是固定的（随规格而异），如最大冲剪厚度为 1.5mm 的电冲剪，间隙为 0.15mm；最大冲剪厚度为 2.5mm 的电冲剪，间隙为 0.25mm。因此，上冲模和下冲模在使用中磨损或损坏后应及时更换。

6）冲剪时，如果发现上下冲模因配合位置不当而不能冲剪，可以拧动定位螺钉和定位螺母来调整下冲模的位置。

7）改变模子位置（图 14-16）。模子位置可以 360°变化。要改变

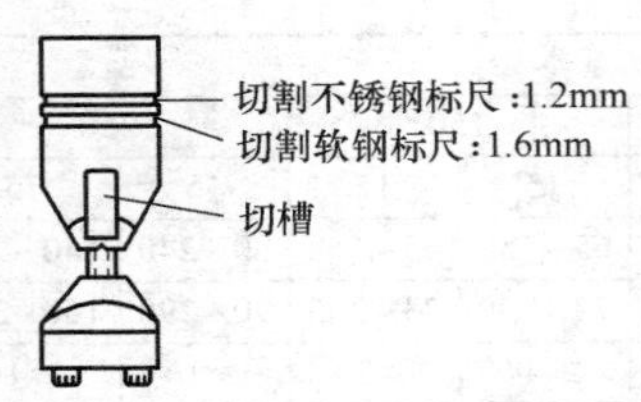

图 14-15　切割厚度的测量标尺

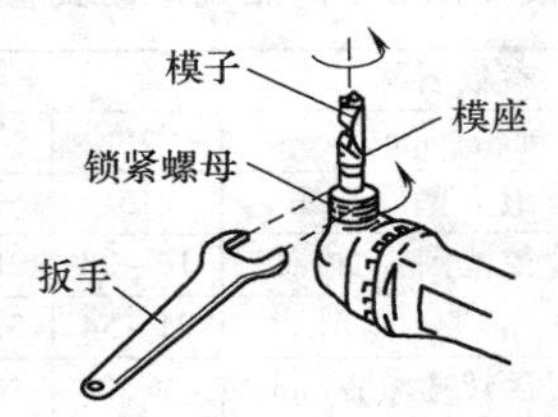

图 14-16　改变模子位置

时，首先使用随机扳手松开锁紧螺母，轻拉模座并将其转至操作所需位置（有4档），再旋紧锁紧螺母，将模座紧固。

【产品数据】 电冲剪的产品数据见表14-23。

表14-23　电冲剪的产品数据

型号	剪切厚度/mm	额定电压/V	功率/W	冲击数(次/min)	质量/kg
J1H-1.3	1.3	220	230	1260	2.2
J1H-1.5	1.5		370	1500	2.5
J1H-2.5	2.5		430	700	4.0
J1H-3.2	3.2		650	900	5.5

14.1.15　电动式坡口机

【型式】 有外部安装和内胀式两种。

【基本参数】 电动式管子坡口机的基本参数见表14-24和表14-25。

表14-24　外部安装电动式管子坡口机的基本参数（JB/T 7783—2012）

参数名称	基本参数					
规格(mm)	80	150	300	450	600	750
管子最大壁厚/mm	25	38	48			
适用管径范围/mm	10~80	50~150	150~300	300~450	450~600	600~750
旋转刀盘转速/(r/min)	≥42	≥15	≥12	≥9	≥5	≥6
径向进给最大行程/mm	28	40	50			
参数名称	基本参数					
规格(mm)	900	1050	1160	1240	1300	1500
管子最大壁厚/mm	48		58			
适用管径范围/mm	750~900	900~1050	980~1160	1120~1240	1150~1300	1300~1500
旋转刀盘转速/(r/min)	≥5	≥4	≥4	≥4	≥4	≥3
径向进给最大行程/mm	50		60			

表14-25　内胀式电动式管子坡口机的基本参数（JB/T 7783—2012）

参数名称		基本参数						
规格(mm)		28	80	120	150		250	
管子最大壁厚/mm		15	15	15	15	15	15	75
适用管径范围/mm	内径	16~28	28~76	45~93	65~158	65~158	80~240	140~280
	外径	21~54	32~96	50~120	73~190	73~205	90~290	150~300
旋转刀盘转速/(r/min)		≥52	≥52	≥44	≥44	≥29	≥16	≥16
径向进给最大行程/mm		25	25	25	25	45	45	45

（续）

参数名称		基本参数						
规格(mm)		350			630		850	
管子最大壁厚/mm		15	15	75	15	75	15	75
适用管径范围/mm	内径	110～310	150～330	150～350	300～600	300～600	460～820	460～820
	外径	120～350	160～360	200～370	310～630	320～630	480～840	600～840
旋转刀盘转速/(r/min)		≥13	≥10	≥10	≥7			
径向进给最大行程/mm		25	54	54	54			

参数名称		基本参数					
规格(mm)		1050		1300		1500	
管子最大壁厚/mm		15	75	15	75	15	75
适用管径范围/mm	内径	750～1002	750～1002	1002～1254		1170～1464	
	外径	770～1050	820～1050	1022～1300		1200～1480	
旋转刀盘转速/(r/min)		≥7					
径向进给最大行程/mm		65					

14.2　砂磨类

14.2.1　电动湿式磨光机

电动湿式磨光机是装有淋水机构、单相串励电动机和杯形系或碗形系砂轮的磨光用电动工具。

【用途】　用于对水磨石板、混凝土表面等进行注水磨削作业。

【结构】　湿式磨光机的结构如图 14-17 所示。

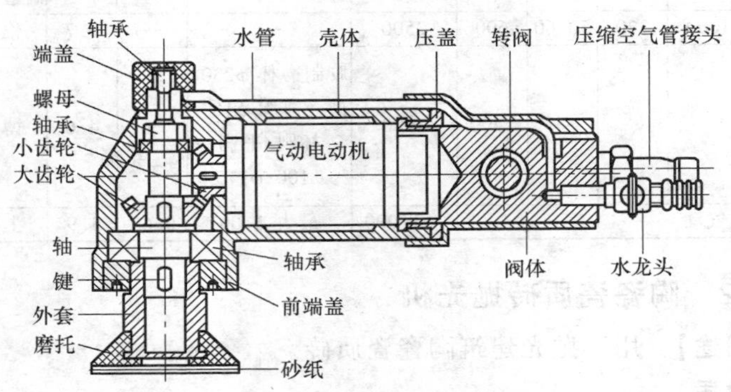

图 14-17　湿式磨光机的结构

【基本参数】　电动湿式磨光机的基本参数见表 14-26。

表 14-26　电动湿式磨光机的基本参数（JB/T 5333—2013）

规格 (mm)	额定输出功率 /W ≥	额定转矩 /(N·m) ≥	最高空载转速(r/min) ≤	
			陶瓷结合剂	树脂结合剂
80A/B	200/250	0.4/1.1	7150	8350
100A/B	340/500	1.0/2.4	5700	6600
125A/B	450/500	1.5/2.5	4500	5300
150A/B	850/1000	5.2/6.1	3800	4400

注：交流额定电压为 220V、110V、42V、36V。

【标记】 表示方法：

Z	1	M-	□	□-	□□
建筑道路类（大类代号）	单相交流 50Hz（电源类别代号）	湿式磨光机（品名代号）	设计单位代号	设计序号（数字）	最大砂轮外径（A—标准型；B—重型）

【产品数据】 湿式磨光机的产品参数见表 14-27。

表 14-27　湿式磨光机的产品参数

型号	额定电压 /V	频率 /Hz	额定功率 /W	额定转速 /(r/min)	工作头直径 /mm	工作气压 /MPa	质量 /kg	生产单位
ZIM-KY01-100A	220	50	600	2500	—	—	3.5	信源电动工具制造有限公司
ZIM-HU-100A	220	50/60	600	2500	—	—	3.7	伦达集团
GNS14	—	—	1400	1900	胶制磨杯 ϕ230、抛光海绵 ϕ160、杯刷/平刷 ϕ100/ϕ175	—	4.6	博世集团
MDG-100(气动)	—	—	—	≤11000	最大 ϕ100	0.63	1.9	上海船厂

14.2.2　陶瓷瓷质砖抛光机

【用途】 用于抛光建筑陶瓷瓷质砖。

【材质】

1）铸铁件材料的性能不应低于 HT 200 的要求，并进行时效处理。

2）磨头上部主轴、磨头轴、凸轮的材料性能不应低于 45 钢，并进行调质处理。

3）磨头中齿轮的材料性能也不应低于 45 钢，并进行调质处理或进行相应的淬火处理，调质硬度应在 217～255HBW，淬火硬度应在 45～52HRC。

【基本参数】 抛光机的基本参数见表 14-28。

表 14-28　抛光机的基本参数（JC/T 970.1—2005）

项目		参数						
工作宽度/mm	max	450	650	800	1000	1200	1500	1800
	min	300	400	500	600	800	1000	1200
磨头数量/个	精抛	6、9、12、14、16、18、20、22、24、26、28						
	粗抛	2、3、4、5、6、7、8						
磨头的行程/mm	精抛	≥110						
	粗抛	≥50						
磨头磨具横向覆盖最大宽度/mm		≥工作宽度+100×2						
最大加工瓷质砖厚度/mm		20			30			

【标记】 表示方法：

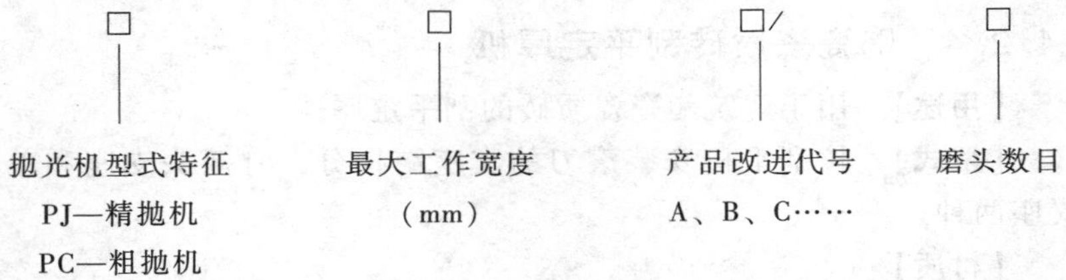

例：工作宽度为 650mm，磨头个数为 16，用于精抛的抛光机，标记为：精抛机　PJ650/16。

14.2.3　陶瓷瓷质砖磨边倒角机

【用途】 用于建筑陶瓷瓷质砖磨边倒角。

【型式】 按结构特点可分为双压带式、单压带式和压轮式。

【材质】

1）铸铁件的材料性能不应低于 HT 200 的要求，并进行时效处理。

2）主传动轴、磨边磨头、倒角磨头主轴的材料性能不应低于 45 钢，并进行调质处理。

【基本参数】 陶瓷瓷质砖磨边机的基本参数见表 14-29。

表 14-29 陶瓷瓷质砖磨边机的基本参数（JC/T 970.2—2005）

项目		参数							
工作宽度/mm	max	450	650	800	1000	1200	1500	1800	2000
	min	200	400	500	600	800	1000		
磨头数量/个	磨边	4、6、8、10、12、14、16、18							
	倒角	2、4、6							
最大加工瓷质砖厚度/mm		20					25		

【标记】 表示方法：

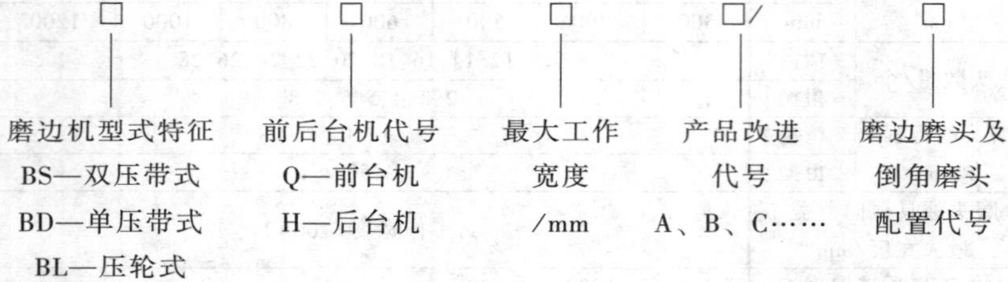

例：工作宽度为 1000mm，磨边磨头个数之和为 10，倒角磨头个数之和为 2 的磨边机，标记为：磨边机 BSH1000/10+2。

14.2.4 陶瓷瓷质砖刮平定厚机

【用途】 用于建筑陶瓷瓷质砖的刮平定厚。

【型式】 按刮平机安装滚刀的支座结构分，有双头支座和单头支座两种。

【材质】

1）铸铁件的材料性能不应低于 HT 200 的要求，并进行时效处理。

2）金刚石滚刀驱动轴的材料性能不应低于 45 钢，并进行调质处理。

【标记】 表示方法：

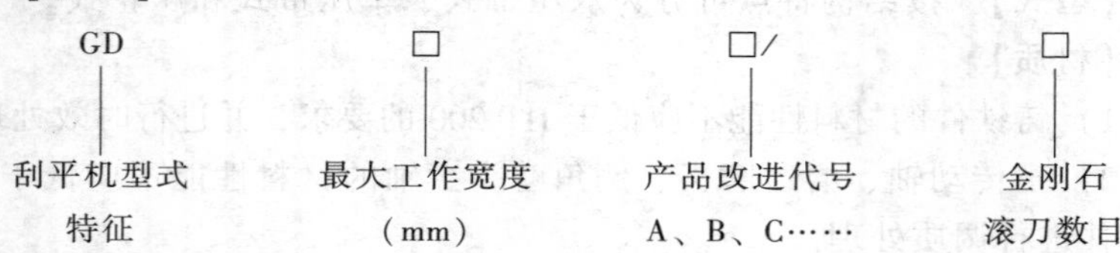

例：工作宽度为 650mm，金刚石滚刀个数为 3 的刮平定厚机，标记为：刮平机　GD650/3。

【基本参数】　陶瓷瓷质砖刮平定厚机的基本参数见表 14-30。

表 14-30　陶瓷瓷质砖刮平定厚机的基本参数（JC/T 970.3—2005）

项目		参数					
工作宽度/mm	max	450	650	800	1000	1200	1500
	min	300	400	500	600	800	1000
金刚石滚刀数量/个		2、3、4、5、6、7、8					
最大加工瓷质砖厚度/mm		20			30		

14.3　装配作业类

14.3.1　电动扳手

电动扳手指拧紧和旋松高强度螺栓及螺母的电动工具。

【用途】　用于大六角头高强度螺栓的初拧、终拧和扭剪型高强度螺栓的初拧。

【型式】　按其离合器结构，可分为安全离合器式（A 型）和冲击式（B 型）两种。

【结构】　电动扳手的外形和结构如图 14-18 所示。牧田电动扳手的装配如图 14-19 所示。

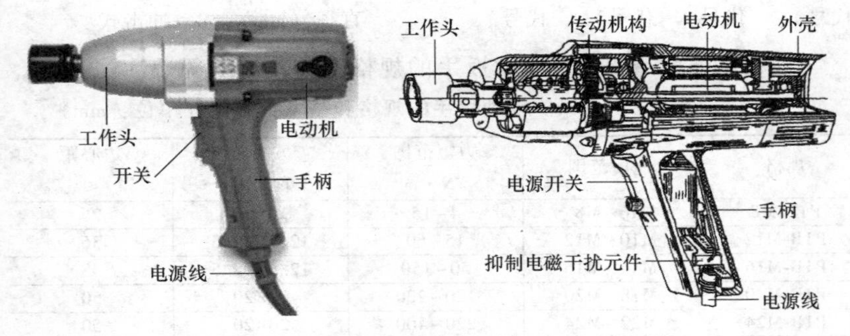

图 14-18　电动扳手的外形和结构

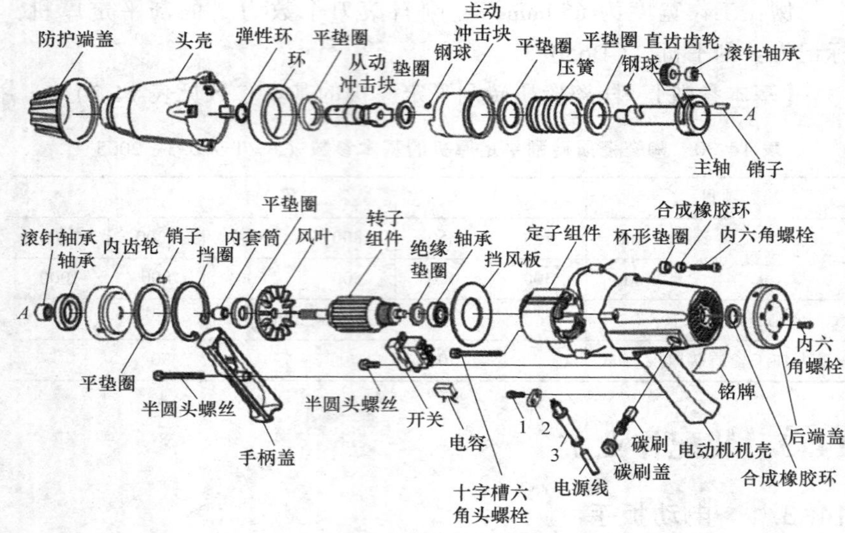

图 14-19 牧田电动扳手的装配

1—半圆头螺钉 2—电源线压板 3—电源线护套

【标记】 表示方法：

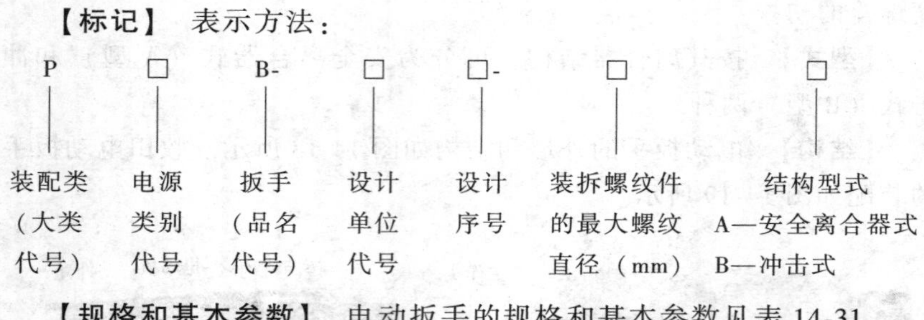

【规格和基本参数】 电动扳手的规格和基本参数见表 14-31。

表 14-31 电动扳手的规格和基本参数 （单位：mm）

规格	适用范围	力矩范围 /N · m	方头公称尺寸	边心距 ≤
P1B-M8	M6～M8	4～15	10×10	26
P1B-M12	M10～M12	15～60	12.5×12.5	36
P1B-M16	M14～M16	50～150	12.5×12.5	45
P1B-M20	M18～M20	120～220	20×20	50
P1B-M24	M22～M24	220～400	20×20	50
P1B-M30	M27～M30	380～800	25×25	56
P1B-M42	M36～M42	750～2000	25×25	66

14.3.2　定扭矩电动扳手

定扭矩电动扳手是具有自动控制扭矩功能的扳手。

【用途】　主要用于钢结构安装行业的高强度螺栓（通常是以螺栓群的方式出现），以及要求恒定的夹紧力连接的螺栓。

【分类】　按型式分为有定扭矩控制加定转角控制和有定扭矩控制无定转角控制两种；按动力源分，有接电源和锂电池两种。

【结构】　定扭矩电动扳手的结构如图 14-20 和图 14-21 所示。

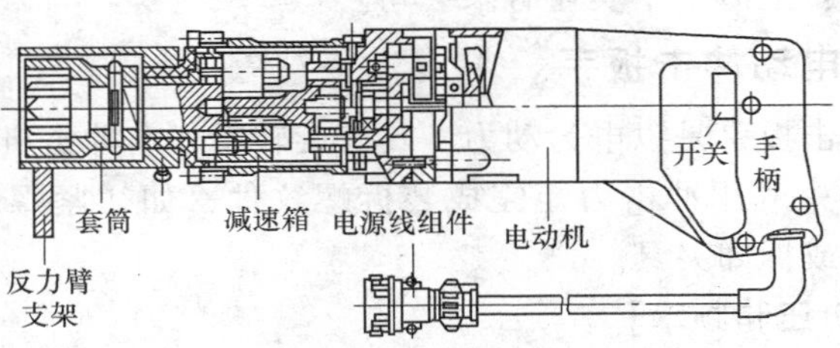

图 14-20　接电源定扭矩电动扳手的结构

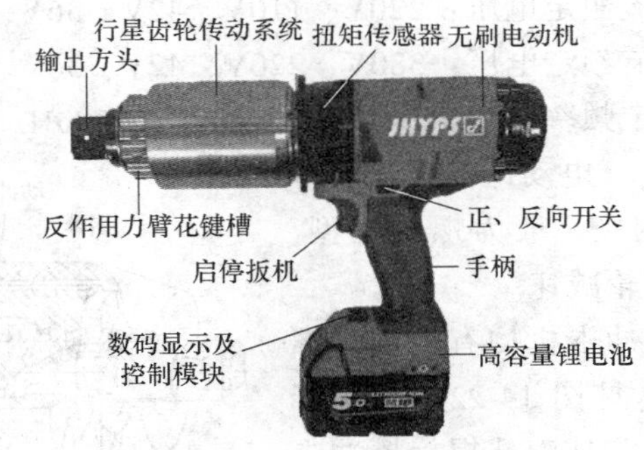

图 14-21　锂电池定扭矩电动扳手的结构

【产品数据】　定扭矩电动扳手的产品数据见表 14-32。

表 14-32　定扭矩电动扳手的产品数据

产品型号	测量范围/N·m	长度/mm	质量/kg	方榫尺寸/mm
SGDD-230	50~230	336×69×182	3.1	19
SGDD-600	200~600	256×90×298	7.5	19
SGDD-1000	300~1000	260×90×302	7.8	25

（续）

产品型号	测量范围 /N·m	长度 /mm	质量 /kg	方榫尺寸 /mm
SGDD-1500	500~1500	515×106×150	9.3	25
SGDD-1500J	300~1500	322×90×270	8.0	25
SGDD-2000	600~2000	520×115×150	10.8	32
SGDD-2500	800~2500	363×112×288	9.5	32
SGDD-3500	1500~3500	640×125×150	19	38

生产商：上海实干实业有限公司。

14.3.3 电动冲击扳手

电动冲击扳手是以电为动力，具有旋转带切向冲击机构的扳手。

【用途】 利用冲击力矩完成装拆螺纹件，如初紧螺栓和在金属模具上拧紧或拆卸夹具。

【额定电压和频率】

1）直流额定电压：220V、110V、42V、36V、24V、12V。

2）单相交流额定电压：220V、110V、42V、36V、24V、12V。

3）三相交流额定电压：380V、220V、42V、36V。

4）交流额定频率：50Hz、150Hz、200Hz、300Hz、400Hz。

【冲击机构】 电动冲击扳手具有冲击离合器机构，一般为螺旋槽型，且多采用行星齿轮减速。

滚珠螺旋槽冲击机构有内滚珠螺旋槽冲击机构（见图 14-22，应用于 M30 以下规格）和外滚珠螺旋槽冲击机构（见图 14-23，应用于 M30 以上规格）两种型式。

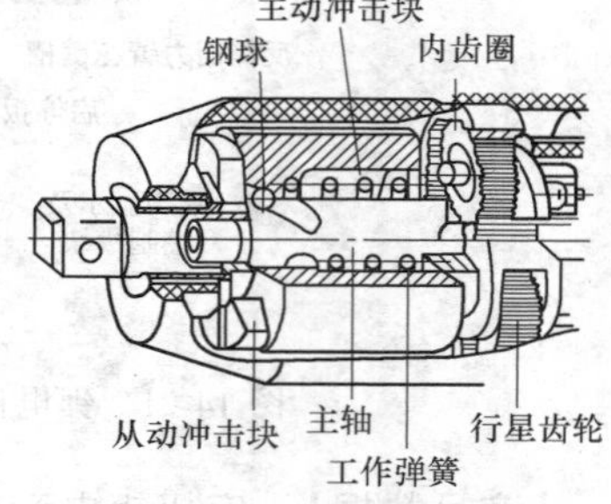

图 14-22 内滚珠螺旋槽冲击机构

【工作原理】

（1）内滚珠螺旋槽冲击机构的工作原理 电动机的旋转运动，经行星减速器带动主轴旋转，通过夹于两螺旋槽的滚珠带动主动冲击块旋转。由于工作弹簧的压力使主动冲击块和从动冲击块的牙处于啮合状态，从动冲击块即随之旋转，带动套筒使螺母迅速拧紧。当螺母的端面与工件端面接触后，阻力矩急剧上升，转动的螺旋槽使滚珠带

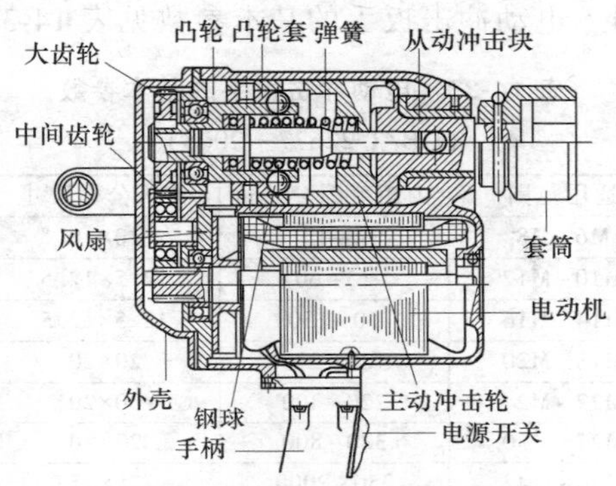

图 14-23　外滚珠螺旋槽冲击机构

着主动冲击块克服摩擦力和工作弹簧压力向后移动，主动冲击块和从动冲击块互相啮合的牙脱离啮合。此时，从动冲击块不移动，而主动冲击块继续移动。在转过从动冲击块的牙后，由于工作弹簧的作用，使主动冲击块瞬时前移，并沿螺旋槽产生角加速度，主动冲击块撞击从动冲击块，两牙产生碰撞。然后，螺旋槽又使滚珠和主动冲击块后移，脱离啮合。这样周而复始，产生连续碰撞，获得所需的冲击力矩，使螺母紧固。

（2）外滚珠螺旋槽冲击机构的工作原理　电动机旋转运动经圆柱斜齿轮减速，带动凸轮旋转。在凸轮外圆上有一对 V 形凹槽。主动冲击块与凸轮套用铆钉铆接成一体，套上也有 V 形凹槽。凸轮和凸轮套的凹槽内置有两粒钢球，依靠钢球带动主动冲击块运动。主动冲击块端面两牙与从动冲击块牙啮合，从动冲击块即随之旋转，带动套筒实现螺纹件的装配或拆卸作业。螺纹件的紧固过程及工作原理与内滚珠螺旋槽冲击机构相同。

【标记】　表示方法：

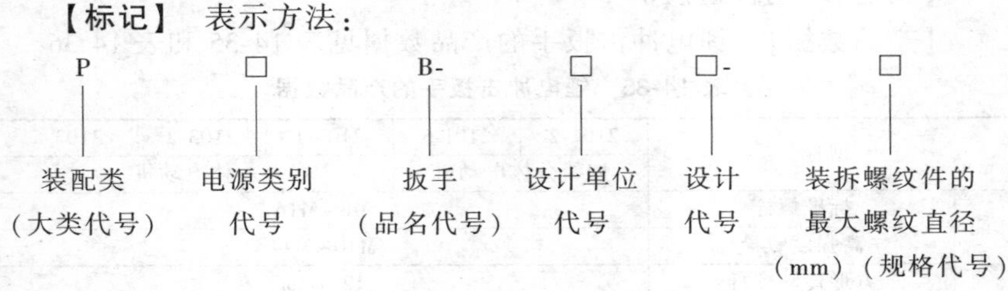

【基本参数】 电动冲击扳手的基本参数见表14-33。

表14-33 电动冲击扳手的基本参数

（GB/T 22677—2008） （单位：mm）

规格	适用范围	力矩范围/N·m	方头公称尺寸	边心距
8	M6~M8	4~15	10×10	≤26
12	M10~M12	15~60	12.5×12.5	≤36
16	M14~M16	50~150	12.5×12.5	≤45
20	M18~M20	120~220	20×20	≤50
24	M22~M24	220~400	20×20	≤50
30	M27~M30	380~800	20×20	≤56
42	M36~M42	750~2000	25×25	≤66

【产品数据】 电动冲击扳手的产品数据见表14-34。

表14-34 电动冲击扳手的产品数据

额定电压/V	输入功率/W	力矩范围/N·m	质量/kg	适用范围/mm
36	190	0.9	1.9	M8~M10
26	190	—	1.9	M8~M10
220	230	20	1.9	M8~M10
	140~174	60	1.8	M10~M12
	320~480	150	3.4	M14~M16
	450	220	5.5	M18~M20
	620~740	400	6.5	M22~M24
	850	800	6.6	M24~M30

14.3.4 锂电扳手

锂电扳手是以锂电池作为动力的扳手，质量和体积小，使用时间长，且对环境的污染小。

【用途】 同普通扳手。

【产品数据】 锂电冲击扳手的产品数据见表14-35和表14-36。

表14-35 锂电冲击扳手的产品数据

型号		2101-2	2101-5	2103-1	2103-2	2103-5
		四级分体电动机		一体电动机		
能力	标准螺栓	M6~M16				
	高强度螺栓	M10~M14				
	方形传动螺杆	12.7mm				

（续）

型号		2101-2	2101-5	2103-1	2103-2	2103-5
		四级分体电动机		一体电动机		
冲击数/(次/min)		0~3200				
回转数/(r/min)		0~2800				
电压		DC21V				
电池	容量/A·h	4.0	6.6	3.0	4.0	6.6
	型式	48V 双电	88V 单电	42V 双电	48V 双电	88V 单电
最大扭矩/N·m		320	320	280	280	280
净质量/kg		1.6	1.8	1.8	1.8	2.0

型号		2106D	2106-2	2106-5	T161-5
		无刷电动机			
能力	标准螺栓	M6~M16			
	高强度螺栓	M10~M14			
	方形传动螺杆	12.7mm			
冲击数/(次/min)		0~3300			
回转数/(r/min)		0~3000			
电压		DC21V			
电池	容量/A·h	2.6	4.0	6.6	2.6
	型式	36V 双电	48V 双电	88V 单电	88V 单电
最大扭矩/N·m		330			
净质量/kg		1.3	1.5	1.5	1.3

生产商：江苏大艺机电工具有限公司。

表 14-36　锂电棘轮扳手的产品数据

型号	额定电压/V	空载转速/(r/min)	最大扭矩/N·m	夹头尺寸/in
YL-622	13.8	230	40	3/8
YL-623	25		50	

注：1in=25.4mm。

生产商：永康市彦龙工贸有限公司。

14.3.5　电动螺钉旋具

电动螺钉旋具是以电力代替人力安装和移除螺钉的旋具。

【用途】 用于一般环境条件下，拧紧或拆卸机器螺钉、螺母和木螺钉、自攻螺钉。

【分类】 有直接驱动类（分为非力矩控制型、制动力矩控制型和电流控制型）和安全离合器类（分为强制离合器型、可调缓冲离合器型和可调精确断电离合器型）。

螺钉旋具的额定电压和频率：直流额定电压为220V、110V；交流额定电压为220V、110V、42V、36V，交流额定频率为50Hz。

【结构】 电动螺钉旋具及其离合器装置的结构如图14-24和图14-25所示。

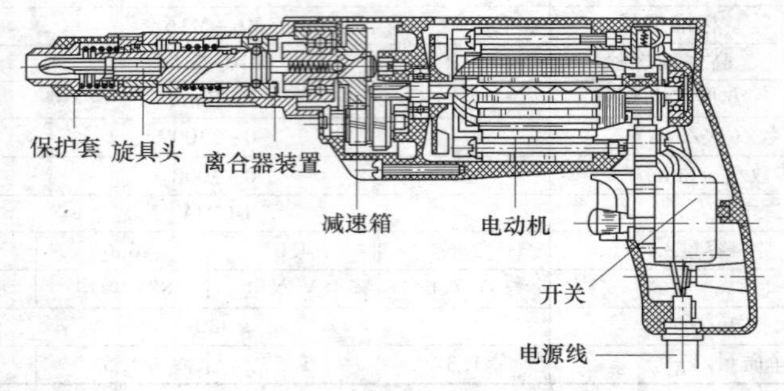

图 14-24 电动螺钉旋具的结构

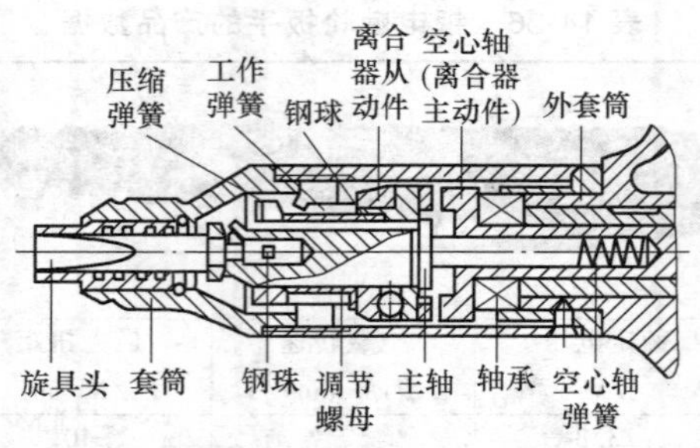

图 14-25 电动螺钉旋具离合器装置的结构

【工作原理】

1）旋具头的旋转运动由电动机经二级齿轮减速后，驱动空心轴旋转。空心轴前端为牙嵌离合器的主动件。电动机起动后，空心轴空载旋转，旋具头静止不动。当旋具头受轴向压力时，空心轴弹簧压缩，使离合器从动件端面的牙与空心轴前端离合器主动件的牙啮合，从而由牙嵌离合器的钢球使主轴单向旋转。主轴用轴销与旋具头连接成一体，旋具头也一起旋转，即可进行拧紧或拆卸螺钉作业。

2）牙嵌离合器啮合后，由中间的 3 个钢球传递转矩。工作时，如果达到所需转矩或转矩过大，牙嵌离合器从动件就压缩弹簧，使牙嵌离合器的主动件和从动件脱离打滑，以防止损伤螺纹和电动机过载。

3）调节螺母用来调整旋具头的输出转矩。通过工作弹簧调节牙嵌离合器从动件的压紧力，以保证在一定转矩下，牙嵌离合器能顺利分离。转矩的大小可通过旋动调节螺母控制；如果调节螺母向牙嵌离合器方向旋动，则弹簧压缩，传递转矩大；如果调节螺母向牙嵌离合器反方向旋动，则弹簧受力小，传递转矩也小。

【基本参数】 电动螺钉旋具的基本参数见表 14-37。

表 14-37　电动螺钉旋具的基本参数（GB/T 22679—2008）

规格（mm）	适用范围/mm	额定输出功率/W	拧紧力矩/N·m
M6	机螺钉：M4～M6；木螺钉：≤M4 自攻螺钉：ST3.9～ST4.8	≥85	2.45～8.0

注：木螺钉 M4 指在拧入一般木材中的木螺钉规格。

【标记】 表示方法：

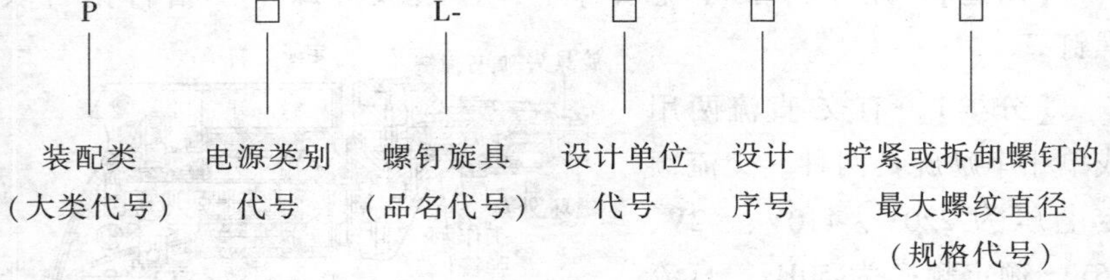

14.3.6　预置式电动扭矩螺钉旋具

预置式电动扭矩螺钉旋具是根据需要，事先设定好所施扭矩大小的电动式旋具。

【用途】 由于其拧紧的螺钉具有相同的锁紧力矩值（见表 14-38），故广泛用于装配生产线和各种维修作业。

【产品数据】 预置式电动扭矩螺钉旋具的产品数据见表 14-38。

表 14-38 预置式电动扭矩螺钉旋具的产品数据

型号	SG-DD-600	SG-DD-1000	SG-DD-1500	SG-DD-2000	SG-DD-3500
额定扭矩/N·m	600	1000	1500	2000	3500
调节范围/N·m	250~600	300~1000	500~1500	600~2000	1500~3500
控制精度	±5%	±5%	±5%	±5%	±5%
工作头转速/(r/min)	10	8	8	6	3
额定电压/V	220	220	220	220	220
额定电流/A	3.2	3.2	4	4	4
边心距/mm	50	53	58	63	66
主机外形/mm	450×ϕ100	450×ϕ100	480×ϕ116	480×ϕ126	580×ϕ132
方头尺寸/mm	19×19	25×25	25×25	32×32	38×38
套筒型号	32#、36#	32#、36#	36#、41#	41#、46#	70#
主机净质量/kg	7.5	7.5	10	13	19
控制仪尺寸/mm	180×98×75	180×98×75	180×98×75	180×98×75	180×98×75
控制仪质量/kg	1	1	1	1	1

生产商：上海恒刚仪器仪表有限公司。

14.3.7 电动自攻螺钉旋具

电动自攻螺钉旋具是用于在金属或非金属材料的预钻孔中，拧入自攻螺钉的电动工具。

【用途】 用于一般环境条件下，拧紧或拆卸十字槽自钻自攻螺钉。

【分类】 有交-直流两用或单相串励旋具两种。交流额定电压为 220V、110V、42V、36V，额定频率为 50Hz；直流额定电压为 220V、110V。

【结构】 电动自攻螺钉旋具的结构如图 14-26 所示。

【基本参数】 自攻螺钉旋具的基本参数见表 14-39。

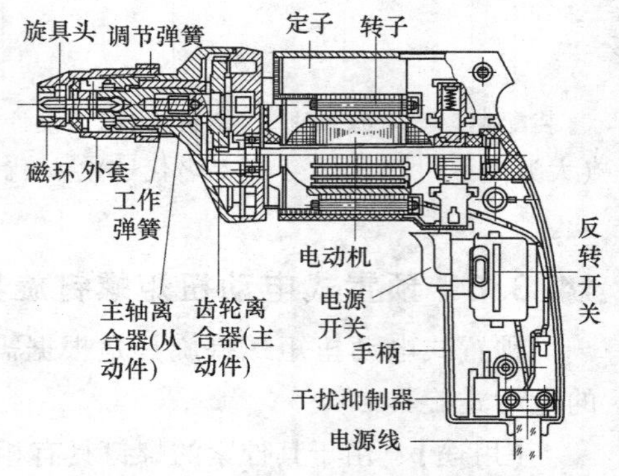

图 14-26 电动自攻螺钉旋具的结构

表 14-39　自攻螺钉旋具的基本参数（JB/T 5343—2013）

规格(mm)	适用的自攻螺钉范围	输出功率/W	负载转速/(r/min)
5	ST2.9~ST4.8	≥140	≥1600
6	ST3.9~ST6.3	≥200	≥1500

【标记】　表示方法：

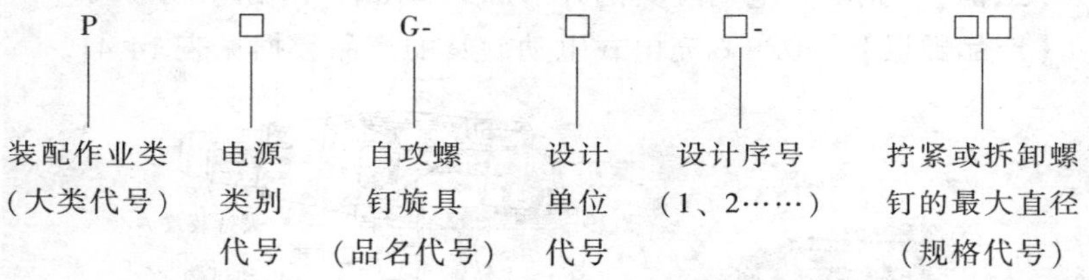

【使用方法】

1）根据自攻螺钉的凹槽形状（一字或十字）选择相应的螺钉旋具。

2）将螺钉旋具的开口与螺钉的凹槽形状对准想要连接并拧紧螺钉的位置。

3）挤压螺钉并掀下自攻螺钉旋具的按钮，自攻螺钉便迅速地旋入工件中。当整个螺钉到达要求的位置时，松开按钮退出。

【产品数据】　自攻螺钉旋具的产品数据见表 14-40。

表 14-40　自攻螺钉旋具的产品数据

<table>
<tr><th>型号</th><th>工作能力</th><th>转速/(r/min)</th><th>额定输入功率/W</th><th>长度/mm</th><th>质量/kg</th></tr>
<tr><td>6701B</td><td>8mm 大螺钉、5.5mm 小螺钉、6mm 螺母</td><td>500</td><td>230</td><td>270</td><td>1.8</td></tr>
<tr><td>6801N</td><td>6mm 自攻螺钉或六角螺栓</td><td>2500</td><td>500</td><td>285</td><td>1.9</td></tr>
<tr><td>6800BD</td><td rowspan="4">5mm 自攻螺钉 6 号干面板螺钉</td><td rowspan="2">2500</td><td rowspan="4">540</td><td rowspan="4">280</td><td rowspan="2">1.3</td></tr>
<tr><td>6800DBV</td></tr>
<tr><td>6801DB</td><td rowspan="2">4000</td><td rowspan="2">1.5</td></tr>
<tr><td>6801DBV</td></tr>
<tr><td>6802BV</td><td>6mm 自攻螺钉</td><td rowspan="2">2500</td><td rowspan="2">510</td><td>265</td><td>1.7</td></tr>
<tr><td>6806BV</td><td>6.2/8mm 小螺钉、8mm 螺母、6mm 自攻螺钉</td><td>267</td><td>1.9</td></tr>
<tr><td>6820V</td><td>6mm 自攻螺钉 5 号干面板螺钉</td><td>4000</td><td>570</td><td>268</td><td>1.3</td></tr>
</table>

注：钻柄规格为六角，6.4mm。

14.3.8 充电式电钻旋具

充电式电动旋具是可以充电，配用麻花钻头或旋具头后，进行钻孔和装拆螺钉、木螺钉等作业的两用电动工具。

【用途】 用于在高空和野外等无电源的场所钻孔和拧紧螺钉。

【结构】 充电式电动旋具的外形和结构如图 14-27 所示。

【产品数据】 J0ZS-6 充电式电动旋具的产品数据见表 14-41。

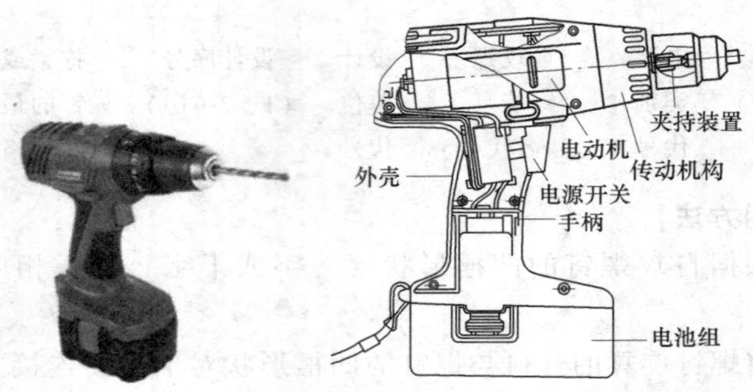

图 14-27 充电式电动旋具的外形和结构

表 14-41 J0ZS-6 充电式电动旋具的产品数据

钻孔直径 /mm	适用螺钉规格(mm)	额定输出功率/W	空载转速 /(r/min)	额定扭矩 /N·m
钢板≤6	机器螺钉 M6	55	≥250(慢档)	>2(慢档)
硬木≤10	木螺钉 5×25		≥900(快档)	>0.5(快档)

注：1. 所配镉镍电池的容量为 1.2A·h，电压为 9.6V。

2. 带专用快速充电器（220V，充电电流为 1~1.2A，充电时间为 1~1.5h）。

14.3.9 微型永磁直流螺钉旋具

微型永磁直流螺钉旋具是由配套电源箱供电，由离合机构（或由离合机构和电子线路共同控制）拧紧力矩，用于装卸 M6 及以下的一字槽或十字槽螺钉的工具。

【用途】 用于手表、无线电、电器、电子、照相机和电视机等机器螺钉和自攻螺钉的拆装。

【规格】 规格有 P0L-2.5、P0L-4 和 P0L-6，分别用于装卸 M1~M2.5、M2.5~M4、M4~M6 螺钉。

【结构】 微型永磁直流螺钉旋具的结构如图 14-28 所示。

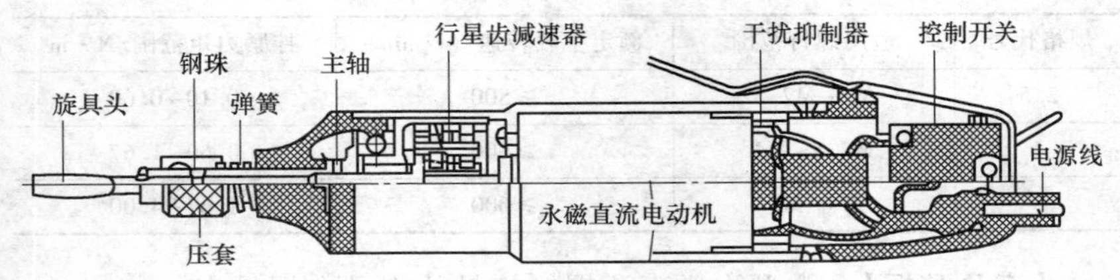

图 14-28　微型永磁直流螺钉旋具的结构

为了提高微型螺钉的装配效率，有的微型电动旋具还设置了自动吸钉对槽机构。螺钉由真空泵吸头经气嘴吸入螺钉嘴，旋具头自动进入螺钉槽（图 14-29）。

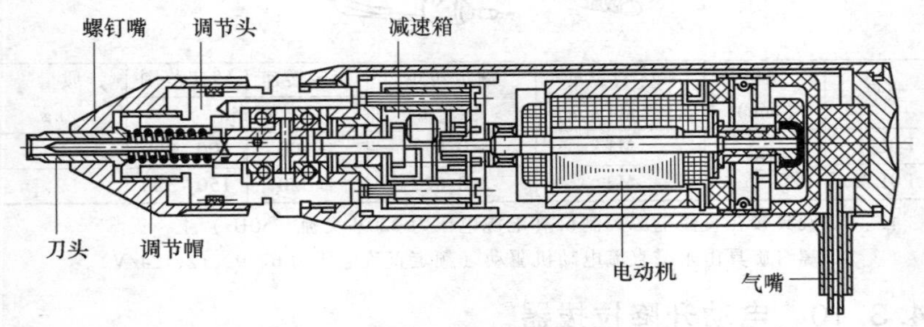

图 14-29　装有自动吸钉对槽机构的微型螺钉旋具的结构

微型电动旋具多采用多级小模数齿轮减速，由钢齿轮和铜齿轮啮合传动，以降低噪声。旋具头与主轴的连接采用由压套、钢珠、弹簧等组成的装卡装置。

【标记】 表示方法：

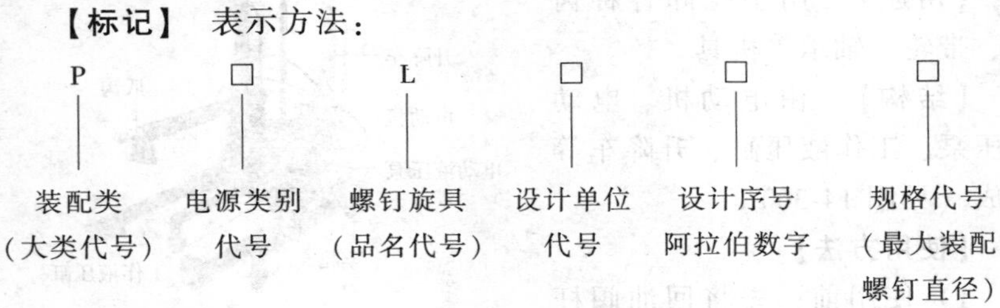

【基本参数】 微型永磁直流螺钉旋具的基本参数见表 14-42。

表 14-42 微型永磁直流螺钉旋具的基本参数（JB/T 2703—2013）

规格代号	适用螺钉范围	额定空载转速/(r/min)	拧紧力矩范围/N·m
2.5	M1~M2.5	≥800	0.10~0.60
4	M2.5~M4	≥600	0.60~1.67
6	M4~M6	≥600	1.67~4.00

【产品数据】 微型永磁直流螺钉旋具的产品数据见表 14-43。

表 14-43 微型永磁直流螺钉旋具的产品数据

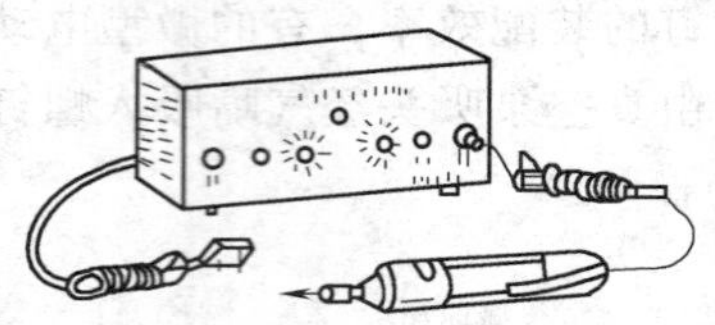

型号	规格(mm)	最大拧紧螺钉规格(mm)	额定转矩/N·m	额定转速	转速范围	质量/kg
				r/min		
P0L-1	12	M1	≥0.011	≥800	300~800	2
P0L-2		M2	≥0.022	≥320	150~320	2

注：1. 旋具接在直流电源控制仪（电源电压为 220V 交流、50Hz）上。

2. 螺钉旋具由永磁直流电动机驱动（额定直流电压为 6、9、12、24/V）。

14.3.10 电动升降拉拔器

拉拔器是一种能够将紧配合的两个零件（如轴和轴承、阀和阀座等）分开而不破坏其本身结构的装置。它有不少于两个的爪钩，每个爪钩均有拉爪。电动升降拉拔器可以上下升降，以适应要拆分物件的高低位置。

【用途】 用于拉卸各种齿轮、带轮、轴承等机具。

【结构】 由电动机、电动液压泵、工作液压缸、升降车等组成（见图 14-30）。

图 14-30 电动升降拉拔器

【使用方法】

1）使用前，先将回油阀杆按顺时针方向旋紧。

2）把钩爪座调整到爪钩能够抓住所拉物体。

3）来回掀动活塞起动杆向前平稳前进，爪钩相应后退，把被拉物体拉出。

4）若使用时需要活塞起动杆伸距大于液压拉拔器活塞起动杆的有效距，则需要在伸出距接近有效距时停止，松开回油阀杆，使活塞起动杆缩回去，调好后再重复前三步，直到拉出为止。

5）要松开回油阀杆，只需将回油阀按逆时针方向微微旋松，活塞起动杆在弹簧作用下便渐渐回缩。

【产品数据】 电动升降液压拉拔器（拔轮器）的产品数据见表 14-44。

表 14-44 电动升降液压拉拔器（拔轮器）的产品数据

技术参数	FBL-20	FBL-30	FBL-50	FBL-100	FBL-200	FBL-300	FBL-500
起顶力/10^4N	20	30	50	100	200	300	500
工作压力/MPa	63	63	63	63	63	63	63
最大行程/mm	100	100	120	160	200	200	200
拉卸范围/mm	300	400	500	600	600	800	900

生产商：泰州市兴发通用机械配件厂。

14.3.11 电动压接钳

压接钳是通过加压的方法，将两个物体连接起来的工具。

【分类】 电动压接钳分为机械式和液压式两种。

【用途】 用于电气设备中铜导线与铜端头（包括裸端头和预绝缘端头）的冷挤压连接。

【标记】 表示方法：

G Q □- □/ □ □

- G：专用工具代号
- Q：压接钳代号
- □-：设计序号
- □/：压接导线截面范围/mm^2
- □：压接插片宽度/mm
- □：特征代号 Q—气动式，Y—液压式，D—电动式 YT—预绝缘墙头用，G—管状端头用 T—扁平快速连接墙头用（手动、脚踏式不标）

【规格】 压接钳的种类和压接导线截面范围见表 14-45。

表 14-45 压接钳的种类和压接导线截面范围（JB/T 8457—1996）

<table>
<tr><th rowspan="2">品种</th><th colspan="2">挤压模具</th><th rowspan="2">压接导线截面范围
/mm²</th></tr>
<tr><th>模具形式</th><th>压接形式</th></tr>
<tr><td>手动单手式压接钳</td><td rowspan="5">更换式
或
固定式</td><td>1、2、3</td><td>0.5~6</td></tr>
<tr><td>手动双手式压接钳</td><td>1、2</td><td>6~70</td></tr>
<tr><td rowspan="2">气动式压接钳</td><td>1、2、3</td><td>0.5~6</td></tr>
<tr><td rowspan="2">1、2</td><td>10~35</td></tr>
<tr><td>手动、脚踏液压式压接钳和
电动（机械式和液压式）压接钳</td><td>10~300</td></tr>
</table>

注：压接形式一列中，1 表示坑压式，2 表示周压式，3 表示卷压式。

【产品数据】 EZ 系列电动液压钳的产品数据见表 14-46。

表 14-46 EZ 系列电动液压钳的产品数据

型号	EZ-300	EZ-400
压力/kN	6	120
压接范围/mm²	16~300	16~400
行程/mm	17	32
压接次数	320(CU150mm²)	120(CU150mm²)
压接周期/s	3~6	10~20
电池电压/V	18	18
电池电容/A·h	3.0	3.0
充电时间/h	2	2
压接模/mm²	16、25、35、50、70、95、120、150、185、240、300(EZ-400 有 400)	

生产商：台州宜佳工具有限公司。

第15章

气动工具

气动工具是利用压缩空气带动气动电动机而对外输出动能的设备，一般由动力元件（空气压缩机）、执行元件（气缸和电动机）、控制元件（控制阀）和辅助元件（过滤器、消声器、管件、油雾器、贮气罐）等组成。前面第1~13章中，已经叙述了很多专用气动工具，这里只介绍常见的通用气动工具。

15.1 金属切削类

15.1.1 气钻

气钻是一种以压缩空气为动力驱动装夹有钻头的机构旋转，以达到在物体上钻孔目的的工具。

【用途】 主要用于对金属构件进行钻孔，尤其适用于在薄壁壳体件和铝、镁等轻合金构件上的钻孔。

【分类】 按旋向分为单向和双向，按手柄型式分为直柄式、枪柄式和侧柄式，按结构型式分为直式和角式（图15-1）。

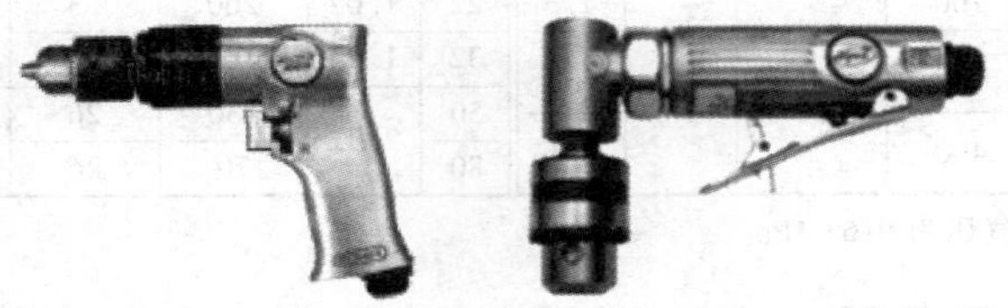

图15-1 直式气钻（左）和角式气钻（右）

【结构】 由柄体、压柄、气缸、机头、推杆等组成。

【工作原理】 压缩气体由气管连接管接头进入压柄，进行气量调节后进入气缸，再由推杆调节形成冲击回转或单纯冲击，从而达到冲击或回转的目的。

【基本参数】 气钻的基本参数见表15-1。

表15-1 气钻的基本参数（JB/T 9847—2010）

项目	产品系列								
	6	8	10	13	16	22	32	50	80
功率/kW ≥	0.200		0.290		0.660	1.07	1.24	2.87	
空载转速/(r/min) ≥	900	700	600	400	360	260	180	110	70
单位功率耗气量/[L/(s·kW)] ≤	44.0		36.0		35.0	33.0	27.0	26.0	
噪声(声功率级)/dB(A) ≤	100		105			120			
质量/kg ≤	0.9	1.3	1.7	2.6	6.0	9.0	13.0	23.0	35.0
气管内径/mm	10		12.5		16			20	
清洁度/mg ≤	170	190	300	400	800	1510	2000	2400	3000
寿命指标/h ≥	800			600					

注：1. 验收气压为630kPa。

2. 噪声在空运转下测量。

3. 质量不包括钻卡，角式气钻的质量允许增加25%。

【产品数据】 气钻的产品数据见表15-2。

表15-2 气钻的产品数据

规格(mm)	功率/kW	空载转速/(r/min)	耗气量/(L/s)	气管内径/mm	质量/kg	规格(mm)	功率/kW	空载转速/(r/min)	耗气量/(L/s)	气管内径/mm	质量/kg
6	0.2	900	44	9.5	0.9	16	0.66	360	35	16	6
8	0.2	700			1.3	22	1.07	260	33		9
10	0.29	600	36	13	1.7	32	1.24	180	27		13
13	0.29	400			2.6	50	2.87	130	26	19	23
						80		70	26		35

注：工作气压为0.63MPa。

15.1.2 气剪刀

气剪刀是以压缩空气为动力驱动刃口刀片，以达到剪切薄工件目的的工具。

【用途】 用于直线或曲线剪切金属或非金属板材。

【产品数据】 CP系列气剪刀的产品数据见表15-3。

表 15-3　CP 系列气剪刀的产品数据

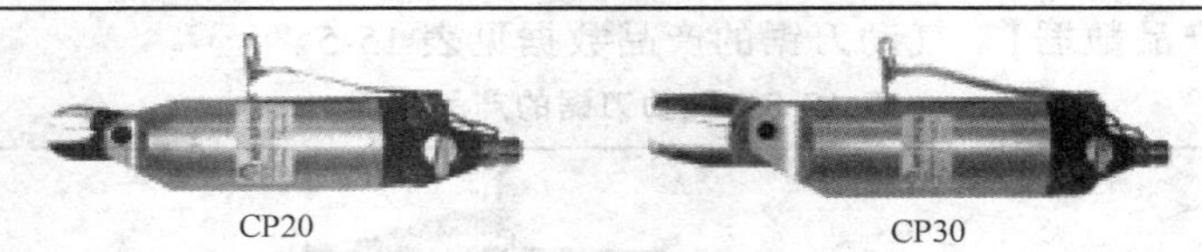

CP20　　CP30

型号	全长/mm	质量/g	直径/mm	空气压力/N	剪断能力(直径)/mm				
					铜	铁	钢琴线	软树脂	硬树脂
CP10	132	220	36	580					
CP20	170	400	45	1370	1.6	1.0	0.5	4.0	2.0
CP20X	257	600	45	1960	2.6	2.0	1.0	6.5	5.0
CP30	201	630	56	2740	2.6	2.0	1.0	6.5	5.0
CP30X	293	940	56	4410	3.3	2.8	1.2	9.0	6.5

型号	S 型刀刃(铜用)	P 型刀刃(铁用)	Z 型刀刃(钢琴用)	EP 型刀刃(铁线用)	F 型刀刃(树脂用)	FD 型刀刃(树脂用)
CP10	S400	—	Z400	EP400	F300	FD300
CP20	S500	P600	Z600	EP600	F500	FD500
CP20X	S500	P600	Z600	EP600	F500	FD500
CP30	S700	P800	Z800	EP100	F900	FD900
CP30X	S700	P800	Z800	EP100	F900	FD900

15.1.3　气冲剪

气冲剪是以压缩空气为动力驱动剪片上下运动，以达到剪切工件目的的工具。

【用途】　用于冲剪金属或塑料、纤维板等非金属板材。

【产品数据】　气冲剪的产品数据见表 15-4。

表 15-4　气冲剪的产品数据

	规格(mm)	冲剪厚度/mm		冲击数/(次/min)	工作气压/MPa	耗气量/(L/min)
		钢	铝			
	16	16	14	3500	0.63	170

15.1.4　气动刀锯

气动刀锯是以压缩空气为动力，驱动锯条对工件进行锯割的工具。

【用途】 用于切割金属薄板和小型圆棒。

【产品数据】 气动刀锯的产品数据见表15-5。

表15-5 气动刀锯的产品数据

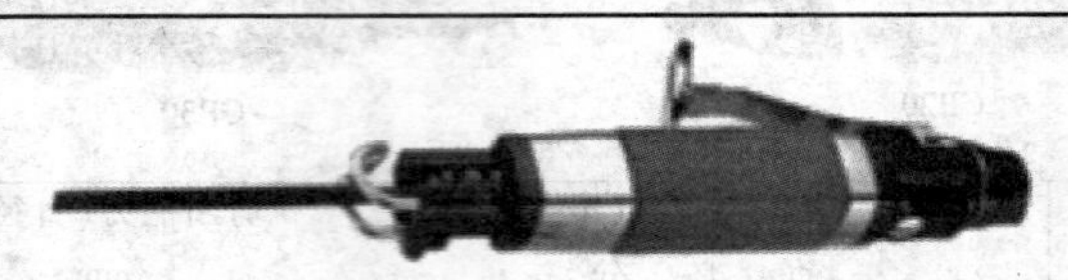

型号	剪切厚度/mm		耗气量/(L/s)	往复频率/Hz	机长/mm	质量/kg
	钢	铝				
ZJ-2	1.2	4	5.89	125	262	0.6

生产商：上海迅驰气动工具制造有限公司。

15.1.5 气动倒角机

气动倒角机与坡口机的区别是倒角一般小于5mm。

【用途】 用于钢结构、锅炉、压力容器、装备制造业、造船等领域的零件生成倒角。既可用于焊接，也可用于去除工件的倒角和毛刺等。

【标记】 表示方法：

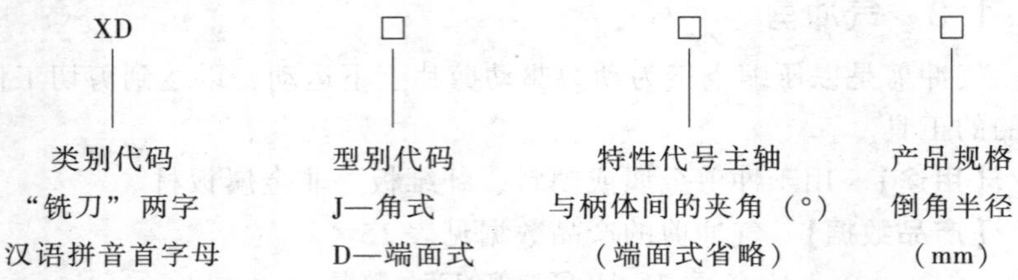

【基本参数】 气动倒角机的基本参数见表15-6。

表15-6 气动倒角机的基本参数（JB/T 11752—2013）

产品系列	最大倒角半径/mm	空载转速/(r/min) ≤	空转耗气量(L/s) ≤	主轴功率/kW ≥	单位功率耗气量/[L/(s·kW)] ≤	空转噪声/dB(A) ≤	气管内径/mm	质量/kg ≤
XDJ110R3	3	9000	34	0.50	36	110	13	4.0
XDJ90R3		8500	35	0.55	35			
XDDR3		8000	36	0.60	34			

【产品数据】 气动倒角机的产品数据见表15-7和表15-8。

表 15-7 QJ 型气动倒角机的产品数据

型号	刀盘直径/mm	空载转速/(r/min)	切削速度/(m/min)	气压/MPa
QJ800-1	30~40	≤8500	2~3	0.63
QJ800-3		≤8000	1.5~3	
QJ900-3		≤8000	3	
型号	耗气量/(L/s)	接头螺纹	气管内径/mm	质量/kg
QJ800-1	≤34	G3/8″	ϕ13	2.8
QJ800-3	≤34		ϕ13	2.9
QJ900-3	≤36		ϕ10	3.9

生产商：上海申余气动工具有限公司。

表 15-8 气压全自动双头倒角机的产品数据

型号 DX-		50300	50550	501000	50A300	50A550	50A1000
加工管/棒长/mm		100~300	100~550	100~1000	25~250	25~500	25~1000
加工管径/mm		ϕ5~ϕ15,ϕ16~ϕ50					
加工棒径/mm		ϕ5~ϕ30					
使用刀头/mm		管材:ϕ5~ϕ15、ϕ16~ϕ50 棒材:ϕ5~ϕ12、ϕ13~ϕ30					
功率/kW		4×1.5					
转速/(r/min)		1200(根据不同材料确定)					
适合材质		钢、铁、铝、铜和不锈钢等各种管件及棒材					
使用压缩机		6~8(大气压)					
工作电压		380V(三相四线)/50Hz					
尺寸/mm	长度	1460	1780	2320	1460	1780	2320
	宽度	980	980	980	980	980	980
	高度	950	950	950	950	950	950

生产商：东莞市得兴机械制造有限公司。

15.1.6 直柄式气动砂轮机

【用途】 用于清理铸件表面、光整焊缝、打磨钢铁圆角、抛光除锈以及模具修型等工作。

【基本参数】 直柄式气动砂轮机的基本参数见表15-9。

表15-9 直柄式气动砂轮机的基本参数（JB/T 7172—2016）

产品系列	40	50	60	80	100	150
空载转速/(r/min)	≥17500		≤16000	≤12000	≤9500	≤6600
主轴功率/kW ≥	—		0.36	0.44	0.73	1.14
单位功率耗气量/[L/(s·kW)] ≤	—		36.3	36.95		32.87
噪声(声功率级)/dB(A) ≤	95		100	105		
质量(不含砂轮)/kg ≤	1.0	1.2	2.1	3.0	4.2	6.0
气管内径/mm	6	10	13		16	

【产品数据】 气动直磨砂轮机的产品数据见表15-10。

表15-10 气动直磨砂轮机的产品数据

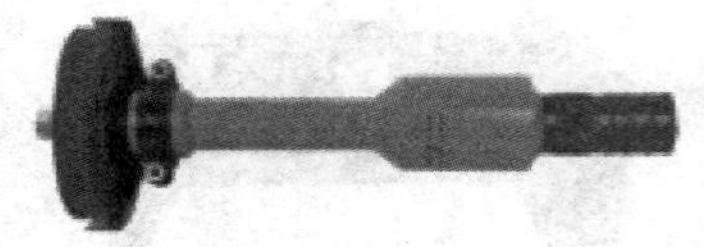

技术参数	S40A	S60	S80	S100	S150
最大砂轮直径/mm	40	60	80	100	150
空载转速/(r/min)	22000	17500	12000	9000	6000
使用气压/MPa	0.63	0.63	—	0.63	0.63
耗气量/[L/(s·kW)] ≤	—	36.27	36.95	39.95	32.88
气管内径/mm	8	13	13	16	16
主轴功率/kW ≥	—	0.4	0.6	0.73	1.5
无砂轮全长/mm	180	390	475	510	475
质量/kg	0.75	2.1	3.0	4.2	6.0
用途	替代锉削，用于各种凹形圆弧面修磨、抛光	1）适用于修磨中小型铸件的浇口、冒口，中型机件，模具及焊缝等工作。 2）以布轮替代砂轮可进行抛光 3）以钢丝轮替代砂轮可进行清除金属表面铁锈、旧漆层	1）适用于修磨大中型铸件的浇口、冒口，大型机件，模具及焊缝等 2）以布轮替代砂轮可进行抛光 3）以钢丝轮替代砂轮可进行清除金属表面铁锈、旧漆层		

15.1.7　端面式气动砂轮机

【用途】　用于修磨焊接坡口和焊缝中较浅的夹渣、气孔、焊缝缺陷等。

【基本参数】　端面式气动砂轮机的基本参数见表 15-11。

表 15-11　端面式气动砂轮机的基本参数（GB/T 5128—2015）

产品系列	配装砂轮直径/mm		空载转速/(r/min) ≤	功率/kW ≥	单位功率耗气量/[L/(s·kW)]	空转噪声(声功率级)dB(A) ≤	气管内径/mm	质量(不含砂轮)/kg ≥
	钹形	碗形						
100	100	—	13000	0.5	≤50	102	13	2.0
125	125	100	11000	0.6	≤40			2.5
150	150		10000	0.7		106	16	3.5
180	180	150	7500	1.0	≤46	113		4.5
200	205		7000	1.5	≤44			
230	—			2.1		110		5.5

注：1. 配装砂轮的允许线速度。钹形砂轮应不低于 80m/s，碗形砂轮应不低于 60m/s。
　　2. 验收气压为 0.63MPa。

【产品数据】　立式端面气动砂轮机的产品数据见表 15-12。

表 15-12　立式端面气动砂轮机的产品数据

型号	砂轮直径/mm	空载转速/(r/min)	耗气量/(L/s)	额定功率/kW	质量/kg
SD(B)100	100	14000	50	≥0.4	1.7
SDB-1					2.0
SD150	150	10000	35	0.8	2.5

注：产品的验收气压为 0.63MPa。

15.1.8　角式气动砂轮机

【用途】　用于焊接前坡口及焊接后焊缝表面的修磨，金属薄板、小型钢的剖割，铭牌表面的修磨、除锈、抛光。

【基本参数】　角式气动砂轮机的基本参数见表 15-13。

表 15-13　角式气动砂轮机的基本参数（JB/T 10309—2011）

产品系列	砂轮最大直径/mm	空转转速/(r/min) ≤	空转耗气量/(L/s) ≤	主轴功率/kW ≥	单位功率耗气量/[L(s·kW)]	空转噪声/dB(A) ≤	气管内径/mm	质量(无砂轮)/kg ≤	产品清洁度/mg ≤
100	100	14000	30	0.45	27	108	13	2.0	200
125	125	12000	34	0.50	36	109		2.0	250

（续）

<table>
<tr><th>产品系列</th><th>砂轮最大直径/mm</th><th>空转转速/(r/min) ≤</th><th>空转耗气量/(L/s) ≤</th><th>主轴功率/kW ≥</th><th>单位功率耗气量/[L(s·kW)] ≤</th><th>空转噪声/dB(A) ≤</th><th>气管内径/mm</th><th>质量(无砂轮)/kg ≤</th><th>产品清洁度/mg ≤</th></tr>
<tr><td>150</td><td>150</td><td>10000</td><td>35</td><td>0.60</td><td>35</td><td>110</td><td rowspan="2">13</td><td>2.0</td><td>250</td></tr>
<tr><td>180</td><td>180</td><td>8400</td><td>36</td><td>0.70</td><td>34</td><td>110</td><td>2.5</td><td>300</td></tr>
</table>

注：产品的验收气压为 0.63MPa。

【产品数据】 SJ 型角向气动砂轮机的产品数据见表 15-14。

表 15-14 SJ 型角向气动砂轮机的产品数据

<table>
<tr><th rowspan="2">型号</th><th colspan="3">工作尺寸/mm</th><th rowspan="2">空载转速/(r/min) ≤</th><th rowspan="2">耗气量/(L/s) ≤</th><th rowspan="2">功率/kW ≥</th><th rowspan="2">气管内径/mm</th><th rowspan="2">质量/kg</th></tr>
<tr><th>砂轮</th><th>钢丝刷</th><th>砂纸片</th></tr>
<tr><td>S100T90</td><td rowspan="3">100×5×16</td><td>—</td><td>—</td><td>11000</td><td>30</td><td>0.45</td><td>13</td><td>1.2</td></tr>
<tr><td>SJ100×90</td><td>—</td><td>—</td><td rowspan="2">14000</td><td rowspan="2">46</td><td rowspan="2">0.5</td><td rowspan="10">G3/8</td><td rowspan="2">1.7</td></tr>
<tr><td>SJ100×110</td><td>—</td><td>—</td></tr>
<tr><td>SJ125×90</td><td rowspan="5">125×5×16</td><td rowspan="5">125×16</td><td rowspan="5">125</td><td rowspan="5">12000</td><td rowspan="2">46</td><td rowspan="2">0.6</td><td rowspan="2">1.9</td></tr>
<tr><td>SXJ125×110</td></tr>
<tr><td>SXJ125×90-N</td><td rowspan="3">55</td><td rowspan="3">0.7</td><td rowspan="3">2.0</td></tr>
<tr><td>SXJ125×90-A</td></tr>
<tr><td>SXJ125×110-A</td></tr>
<tr><td>SXJ150×120</td><td>150×6×22</td><td>150×16</td><td>150</td><td>8800</td><td>46</td><td>0.7</td><td>2.0</td></tr>
<tr><td>SJ180×90</td><td>180×6×22</td><td>—</td><td>—</td><td>8000</td><td>42</td><td>1.0</td><td>2.6</td></tr>
<tr><td>SJ230</td><td>230×6×22</td><td>—</td><td>—</td><td>8000</td><td>50</td><td>1.2</td><td>2.6</td></tr>
</table>

注：产品的验收气压为 0.63MPa。

生产商：上海迅驰气动工具制造有限公司。

15.1.9 气动磨光机

【用途】 利用打磨底板上的砂纸或抛光布，对金属或木材等表面进行磨光、除锈和抛光作业。

【产品数据】 S1M 系列气动角向磨光机的产品数据见表 15-15。

表 15-15　S1M 系列气动角向磨光机的产品数据

型号	砂轮尺寸/mm (外径×孔径)	类型	额定输出功率 /W ≥	额定转矩 /N·m ≥	最高空载 转速/(r/min)	质量 /kg
S1M-100A	100×16	A	200	0.30	15000	1.6
S1M-100B		B	250	0.38		
S1M-115A	115×16 或 115×22	A	250	0.38	13200	1.9
S1M-115B		B	320	0.50		
S1M-125A	125×22	A	320	0.50	12200	3
S1M-125B		B	400	0.63		
S1M-150A	150×22	A	500	0.80	10000	4
S1M-180C	180×22	C	710	1.25	8480	5.7
S1M-180A		A	1000	2.00		
S1M-180B		B	1250	2.50		
S1M-230A	230×22	A	1000	2.80	6600	6
S1M-230B		B	1250	3.55		

15.1.10　气铲和铲头

1. 气铲

气铲是用铲头，以冲击方式铲切金属构件飞边、毛刺及清砂等用的气动工具。

【用途】

1）锅炉造船冶金工业及其分行业中各种金属构件的铲切，尤其是各种不规则或狭小不方便的表面的铲切工作。

2）中大型铸件的清砂，铲除浇冒口。

3）基本建设和交通工程的桥梁铲切焊缝。

4）各种砖墙混凝土墙的开口。

【型式】　按手柄型式分为直柄式、弯柄式和环柄式三种。

【结构】　气铲的结构如图 15-2 所示。

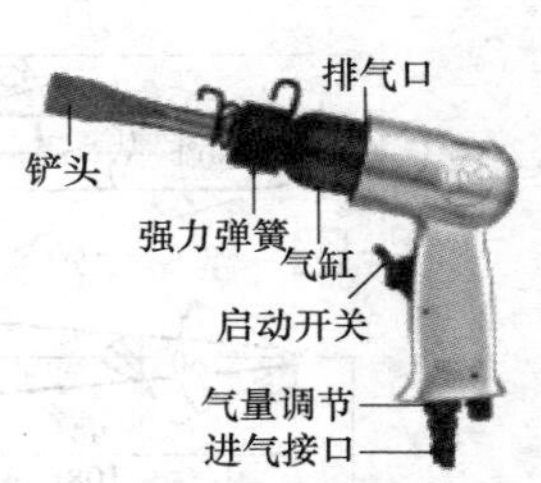

图 15-2　气铲的结构

【基本参数】　气铲的基本参数见表 15-16。

表 15-16　气铲的基本参数（JB/T 8412—2016）

产品规格	质量/kg	验收气压:0.63MPa						
		冲击能量/J ≥	耗气量/(L/s) ≤	冲击频率/Hz ≥	缸径/mm	噪声/dB(A)	气管内径/mm	气铲尾柄/mm
2	2	0.7	7	45	18	≤103	10	ϕ10×41
		2		50	25			□12
3	3	5	9	50	24			六角形 14×48
5	5	8	19	35	28	≤116	13	ϕ17×60
6	6	10	21	32	30			
		14	15	20	28	≤120		
7	7	17	16	13	28	≤116		

【产品数据】　气铲的产品数据见表 15-17。

表 15-17　气铲的产品数据

型号	CZ2	CZ2.5	C4	C5	C6	C6B	C7
缸径/mm	25		30	28	20	30	28
冲击频率/Hz	60		45	25	20	32	13
耗气量/(L/S)	7		14	19	15	15	16
气管内径/mm	10		13/16				
工作气压/MPa	63						
机长/mm	360	365	17×60	330	412	355	445
质量/kg	2.4	2.6	4.4	5.4	6.4	6.4	7.4

2. 铲头

【型式】　有 A 型、B 型和 C 型。

【基本参数】　铲头的基本参数见表 15-18。

表 15-18　铲头的基本参数（JB/T 5134—2016）（单位：mm）

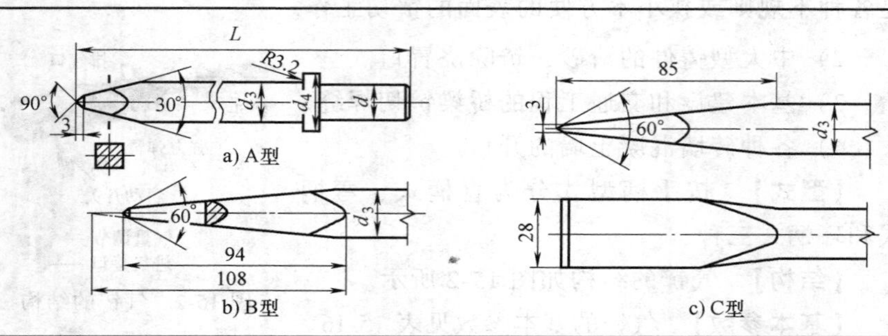

a) A型　b) B型　c) C型

（续）

基本尺寸 d	d_3　max	$d_4(\pm1)$	L	基本尺寸 d	d_3　max	$d_4(\pm1)$	L
10	12	19	200～1000	19	20	30	200～1000
12	13	21					
14	16	22		20	24	34	

15.1.11　气动喷砂枪

气动喷砂枪是以压缩空气为动力，对工件喷出磨粒的工具。

【用途】　用于金属表面除锈、去毛刺、抛光和去油漆等（见图 15-3）。

【产品数据】　气动喷砂枪的产品数据见表 15-19。

表 15-19　气动喷砂枪的产品数据

型号	工作压力/MPa	石英砂粒度/目	喷砂效率/(kg/h)	质量/kg
FC1-6.5	0.6	≤4	40～60	1.0

【使用方法】

1）在枪体上安装好吸管和吸入软管。

2）关闭枪体上的调气阀。

3）连接软管和枪体。

4）把磨料装入盛砂容器内，插进吸管。

5）打开气阀，磨料从喷嘴前端喷出，对准加工部位。

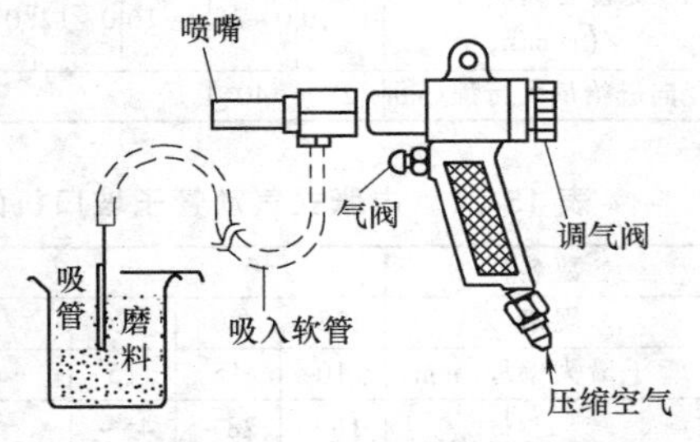

图 15-3　喷砂枪的用法

6）根据工件的加工程度决定喷砂时间的长短。

7）喷砂结束前，把吸管从盛砂容器内拔出，进行空吹，吹净管内剩余磨料，以免磨料倒流进气阀内部，造成气阀破损。

15.1.12　气动式坡口机

气动式坡口机是工件在焊接前对端面进行倒角坡口的专用工具，所加工的坡口角度规范，坡面平整。

【用途】　对碳素钢、不锈钢、铸铁、合金钢、铜等金属管子进行坡口加工，加工后坡口表面粗糙度的最大允许值为 $Ra2.5\mu m$。

【分类】 有内胀式和外部安装两种。

【标记】 表示方法：

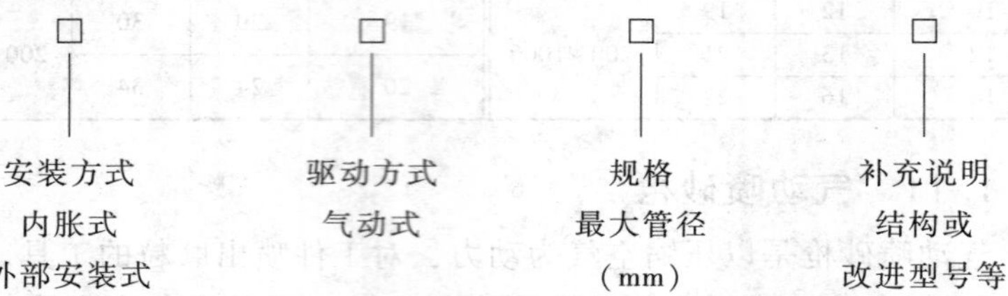

【基本参数】 气动式坡口机的基本参数见表 15-20 和表 15-21。

表 15-20 外部安装气动式坡口机的基本参数（JB/T 7783—2012）

参数名称	基本参数											
规格	80	150	300	450	600	750	900	1050	1160	1240	1300	1500
管子最大壁厚/mm	25	38	48						58			
适用管径范围/mm	10～80	50～150	150～300	300～450	450～600	600～750	750～900	900～1050	900～1160	1120～1240	1150～1300	1300～1500
旋转刀盘转速/(r/min)	0～29	0～26	0～16	0～12	0～9	0～11	0～9	0～8	0～7	0～7	0～7	0～6
径向进给最大行程/mm	28	40	50						60			

表 15-21 内胀式气动管子坡口机的基本参数（JB/T 7783—2012）

参数名称		基本参数									
规格		28	80	120	150		250		350		
管子最大壁厚/mm		10	15	15	15		15	75	15	15	75
适用管径范围/mm	内径	16～28	28～76	45～93	65～160		80～240	140～280	110～310	150～330	150～330
	外径	21～54	32～96	50～120	73～190	73～205	90～290	150～300	120～350	160～360	203～370
旋转刀盘转速/(r/min)		0～52		0～38			0～16		0～20	0～15	0～10
径向进给最大行程/mm		25				45			25	54	
参数名称		基本参数									
规格		630		850		1050		1300		1500	
管子最大壁厚/mm		15	75	15	75	15	75	15	75	15	75
适用管径范围/mm	内径	300～620		460～820		750～1002		1002～1254		1170～1464	
	外径	310～630	320～630	480～840	600～840	770～1050	820～1050	1002～1300		1200～1480	
旋转刀盘转速/(r/min)		0～13	0～7	0～13	0～7	0～12	0～7	0～12	0～5	0～12	0～4
径向进给最大行程/mm		54				65					

15.1.13　气铣

气铣是用于铣削金属等材料表面的气动工具。

【用途】　用于模具的抛光、整形和毛刺的清理、焊缝的修磨等。

【产品数据】　气铣的产品数据见表 15-22。

表 15-22　气铣的产品数据

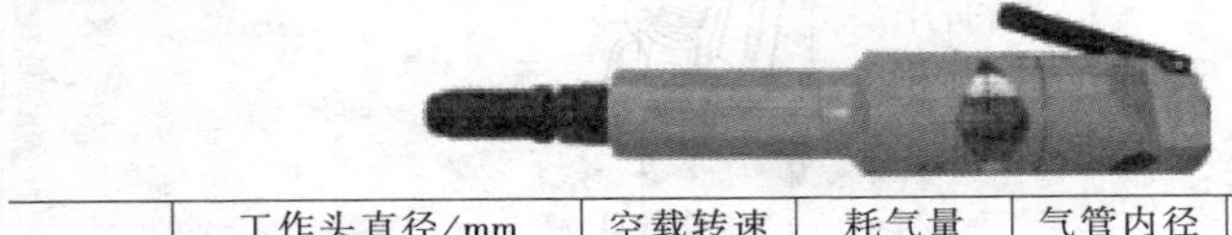

型号	工作头直径/mm		空载转速 /(kr/min)	耗气量 /(L/s)	气管内径 /mm	长度 /mm	质量 /kg
	砂轮	旋转锉					
S8	8	8	80～100	2.5	6	140	0.28
S12	12	8	40～42	7.7	6	185	0.6
S25	25	8	20～24	6.7	6.35	140	0.6
S25A	25	10	20～24	8.3	6.35	212	0.65
S40	25	12	16～17.5	7.5	8	227	0.7
S50	50	22	16～18	8.3	8	237	1.2

15.2　装配作业类

15.2.1　气动扳手

气动扳手是一种以压缩空气为动力，提供高扭矩输出的工具。

【用途】　用于装拆六角头螺栓、螺母等紧固件的工具。

【分类】　根据其基本工作方式，可分为旋转式、往复式、摆动式三种。

【结构】　主要由单向阀、扳轴、复位弹簧和蓄能器等组成（见图 15-4）。

【原理】　按下扳机后，气动电动机通过冲击机构带动扳轴旋转。当扳轴上的套筒受到的阻力较小时（螺栓或螺母未上紧），扳轴和冲击机构一起旋转。当扳轴阻止冲击头旋转时，套筒也停止旋转。由于气动电动机仍带动凸轮轴旋转，它产生的扭转力迫使冲击头通过钢珠沿凸轮轴上的凹槽后退，致使冲击头牙嵌与扳轴上牙嵌分离。在分离的瞬间，由于冲击头没有了阻力而加速旋转，并在弹簧的作用下重新与扳轴牙嵌接合，同时产生旋转冲击力。如此往复进行，即可迅速旋紧或旋松螺母。

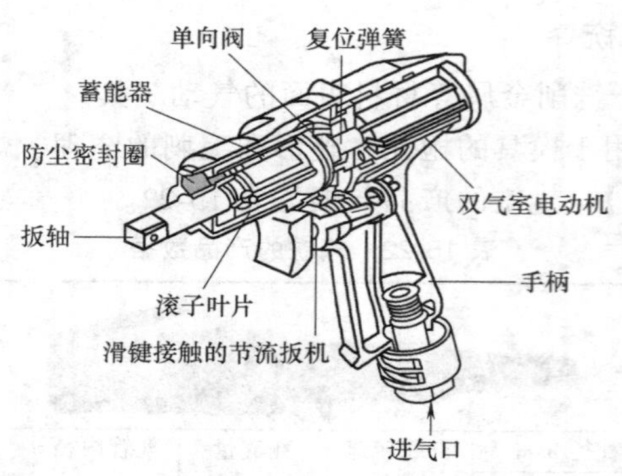

图 15-4　气动扳手的结构

【产品数据】　气动扳手的产品数据见表 15-23。

表 15-23　气动扳手的产品数据

型号	适用范围/mm	空载转速/(r/min)	耗气量/(L^3/min)	扭矩/N·m
B06	M6～M8	3000	0.35	40
B10A	M8～M12	2600	0.7	70
B16A	M12～M16	2000	0.5	200
B20A	M18～M20	1200	1.4	800
B24	M20～M24	2000	0.9	800
B30	M24～M30	900	1.8	1000
B42A	M30～M42	1000	2.1	18000
B76	M56～M76	650	4.1	—
ZB52	M5	320	0.37	21.6
ZB82	M8	2200	0.37	—
BQN14	M8	1450	0.35	27～125
BQN18	M8	1250	0.45	70～210

15.2.2　气动棘轮扳手

气动棘轮扳手是以压缩空气为动力，用以拧紧或旋松螺栓、螺母，以棘轮和棘爪机构转动机动扳手套筒的直式气动工具。

【用途】　以压缩空气为动力，以棘轮和棘爪机构转动机动扳手套筒，用于在不易作业的狭窄场所装拆六角头螺栓、螺母。

【原理】　通过一个或两个的气动电动机，驱动带有三层或更多周转齿轮的扭矩倍增器，通过调整气体压力来控制扭矩大小，使一个具有一定质量的物体加速旋转，然后瞬间撞向出力轴，从而获得较大的输出力矩。

【产品数据】 气动棘轮扳手的产品数据见表 15-24。

表 15-24　气动棘轮扳手的产品数据

套筒尺寸/mm	总长/mm	进气口螺纹/in	棘爪数	最大质量/kg
6.35(1/4)	135、165、185、205、230、235、260	1/4	12	0.5
9.53(3/8)				1.0
12.7(1/2)				1.2
最小空载转速/(r/min)	最大扭矩/N·m	最大耗气量/(L^3/min)		工作气压/MPa
160	24、41、68、82	0.089、0.12、0.127		63
240				

15.2.3　气动螺钉旋具

气动螺钉旋具是以压缩空气为动力，用以拧紧或旋松螺栓、螺母的气动工具。

【分类】 气动螺钉旋具的种类按手柄型式分，有直柄和枪柄两种，按旋向分，有单向和双向两种。

【基本参数】 纯扭式气动螺钉旋具的基本参数见表 15-25。

表 15-25　纯扭式气动螺钉旋具的基本参数（JB/T 5129—2014）

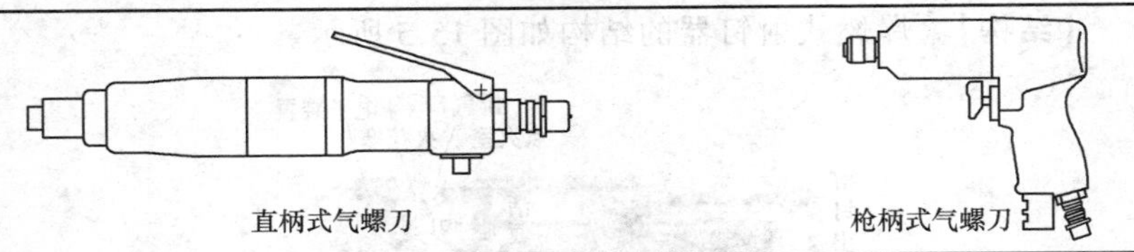

直柄式气螺刀　　枪柄式气螺刀

产品系列	拧紧螺纹规格	转矩范围/N·m	空载耗气量/(L/s)≤	空载转速/(r/min)≥	空载噪声/dB(A)≤	气管内径/mm	质量/kg ≤ 直柄	质量/kg ≤ 枪柄
2	M1.6～M2	0.128～0.264	4.0	1000	93	6.3	0.50	0.55
3	M2～M3	0.264～0.935	5.0	1000	93		0.70	0.77
4	M3～M4	0.935～2.300	7.0	1000	98		0.80	0.88
5	M4～M5	2.300～4.200	8.5	800	103		1.00	1.10
6	M5～M6	4.200～7.220	10.5	600	105		1.00	1.10

注：验收气压为 630kPa。

【产品数据】 一些气动螺钉旋具的产品数据见表 15-26。

表 15-26 一些气动螺钉旋具的产品数据

型号	夹头尺寸 /mm	最大扭力 /N·m	空载转速 /(r/min)	耗气量 /(L^3/min)	进气接头 /mm	质量 /kg
YG-418L	2.5~4	0.2~2.0	1200	0.11	6.4	0.67
YG-418B	2.5~4	0.4~2.8	1200	0.11		0.67
YG-418	2.5~4	0.4~2.0	1200	0.11		0.80
YG-334	10	—	1800	0.26		1.20
YG-306	8	60	7000	0.28		1.07
YG-8H	8	65	8000	0.31		0.90
YG-325	36	—	25000	0.11		0.37
YG-326	36	—	22000	0.14		0.60
YG-342	36	—	23000	0.11		0.70
YG-141	12.7	—	700	0.28		1.95
YG-131	10	—	1800	0.26		1.20
YG-366	10	—	1700	0.26		0.90

15.2.4 射钉器

射钉器是以击发射钉弹，使火药燃烧产生高压气体，推动射钉等作业的工具。射钉器的作用力可以由弹簧产生，也可以由电磁力、压缩空气或爆燃气体产生。本节只叙述爆燃式射钉器。

【用途】 用于将钉子半自动连发射入脆性材料中（如墙壁等）。

【结构】 爆燃式射钉器的结构如图 15-5 所示。

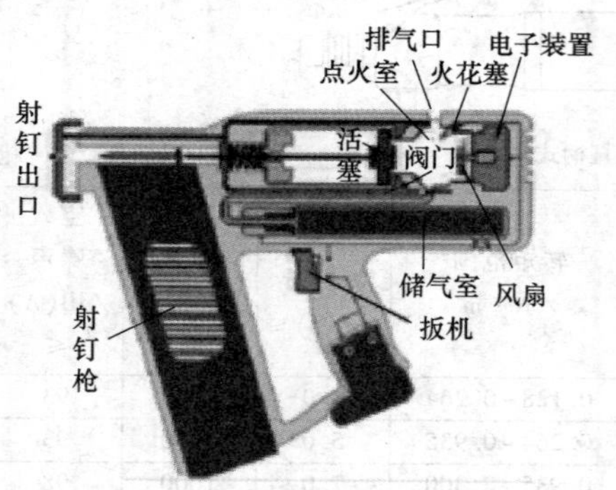

图 15-5 爆燃式射钉器的结构

【原理】 爆燃式射钉器有一个充满可燃气体的储气室。电子控制装置将一些可燃气体释放到活塞头部之上的点火室中，借助其中的小风扇使气体蒸发并与空气混合。扣下扳机时，将枪管向下压，将靠近活塞筒的金属阀门向后推，活塞筒向后滑动。在此过程中，针阀偶件将位于射钉器顶部的排气孔关闭。继续向后退时，短暂打开气源处的喷注口，然后又将其关闭，从而注入少量的气体，之后由风扇将其与空气混合。

射钉器的电池给燃烧膛顶部的火花塞发出电火花，点燃气体并引发爆炸，产生的压力推动活塞向下运动，将活塞筒中的空气压缩，迫使射钉从射钉器内射出。

当射钉器从射击表面离开，针阀偶件返回，排气孔打开排出废气。

【型式】 有直接作用和间接作用两种。

【结构】 射钉器的型式和弹膛尺寸如图 15-6 所示。

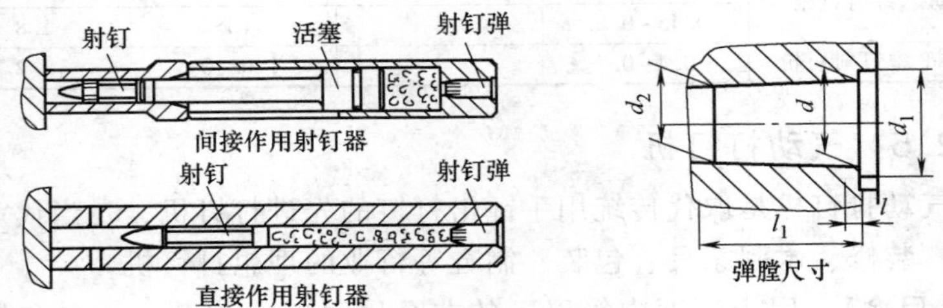

图 15-6　射钉器的型式和弹膛尺寸

【基本尺寸】 射钉器的基本尺寸见表 15-27。

表 15-27　射钉器的基本尺寸（GB/T 18763—2002）

（单位：mm）

直径	长度	d	d_1	d_2	l	l_1
5.6①	16	5.8	7.1	5.75	1.1	9.1
6.3	10	6.35	7.7	6.35	1.25	11
	12					13
	16					17
6.8	11	6.9	8.55	6.9	1.45	12
	18					19
10	18	10.05	10.95	10.05	1.15	19

① 缩颈弹，l_1＝16.33。

【产品数据】 一些气动射钉机的产品数据见表 15-28。

表 15-28 一些气动射钉机的产品数据

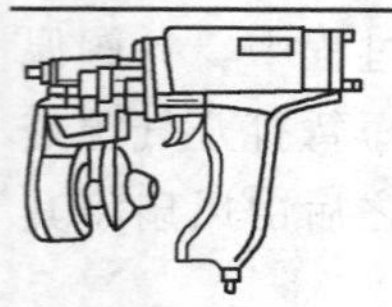

圆盘射钉枪

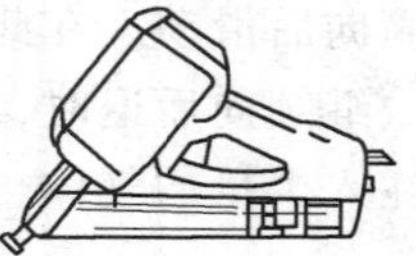

圆头钉射钉枪

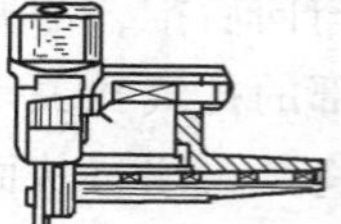

码钉射钉枪

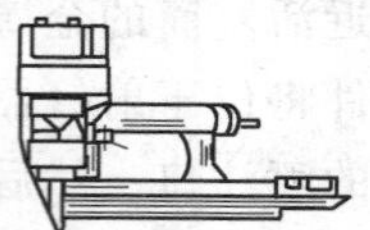

T型钉射钉枪

种类	空气压力/MPa	射钉频率/(枚/s)	装钉容量/枚	质量/kg
气动圆盘射钉枪	0.4~0.7	4	385	2.5
	0.45~0.75	4	300	3.7
	0.4~0.7	4	285/300	3.2
	0.4~0.7	3	300/250	3.5
气动圆头钉射钉枪	0.45~0.7	3	64/70	5.5
	0.4~0.7	3	64/70	3.6
气动码钉射钉枪	0.4~0.7	6	110	1.5
	0.45~0.85	5	165	2.8
气动 T 型钉射钉枪	0.4~0.7	4	120/104	3.2

15.2.5 气动打钉机

气动打钉机是取代传统用手锤击打钉的先进打钉机，是当代室内装饰、装修、木制家具、包装、制鞋等行业的理想打钉机。

【用途】 用于硬度中等以下的非金属材料（皮革、木材和塑料等）的打钉。

【钉子型式和尺寸】 气动打钉机按装订型式分为直排形钉（包括直排曲头钉和直排无头钉）、U 形钉、片形钉、斜排形订、卷盘形钉、C 形钉、V 形钉和散装钉 9 型 40 种。

【基本参数】 气动打钉机的基本参数见表 15-29。

15.2.6 气动全自动铆螺母枪

【用途】 用于在钣金件上自动铆接螺母。

【操作方法】

1）接上气源。

2）将铆螺母放进工件之孔内，旋转进枪嘴螺杆 1~2 齿，再向里轻推紧贴工件。

表 15-29　气动打钉机的基本参数（JB/T 7739—2017）

产品型式		产品规格	气管内径/mm	性能指标		适用钉子	产品型式	产品规格	气管内径/mm	性能指标		适用钉子
				冲击能量/J ≥	质量/kg					冲击能量/J ≥	质量/kg	
直排钉	曲头	32	6~8	2.7	1.25	A1	U 形钉	50	6	10.0	2.7	B14
直排钉	曲头	50	8	3.0	1.37	A2	U 形钉	18	6	5.0	2.7	B15
直排钉	曲头	50	8	4.0	2.3	A3	U 形钉	50	8	12.0	4.8	B16
直排钉	曲头	64	8	5.0	4.1	A4	片形钉	15	6	2.0	—	C
直排钉	曲头	64	8	10.0	7.9	A5	C 形钉	23	8	8.0	1.6	D
直排钉	无头	6	8	1.4	1.0	A6	斜排钉	90	8	12.0	—	E1
直排钉	无头	8	8	1.4	1.0	A7	斜排钉	90	8	12.0	4.0	E2
U 形钉		13	6	1.4	0.9	B1	斜排钉	64	8	10.0	4.0	E3
U 形钉		16	8	2.0	0.85	B2	斜排钉	64	8	10.0	4.0	E4
U 形钉		16	8	2.0	1.0	B3	斜排钉	90	8	12.0	4.0	E5
U 形钉		16	6	2.0	0.9	B4	卷盘钉	45	8	8.0	2.7	F1
U 形钉		16	8	2.0	1.0	B5	卷盘钉	55	8	8.0	2.7	F2
U 形钉		25	6	3.0	1.2	B6	卷盘钉	65	8	8.0	3.0	F3
U 形钉		13	6	1.4	1.0	B7	卷盘钉	70	8	10.0	3.8	F4
U 形钉		16	8	1.4	0.9	B8	卷盘钉	80	8	10.0	4.0	F5
U 形钉		16	8	1.0	1.0	B9	卷盘钉	90	8	12.0	4.1	F6
U 形钉		25	6	3.0	1.3	B10	卷盘钉	100	8	12.0	5.3	F7
U 形钉		40	8	5.0	2.3	B11	卷盘钉	45	8	8.0	3.0	F8
U 形钉		25	8	9.0	2.6	B12	散装钉	70	6	9.0	3.8	G1
U 形钉		50	8	8.0	2.2	B13	散装钉	120	8	3.0	5.3	G2

注：进气接口的螺纹尺寸为 Rc1/4，验收气压为 0.63MPa，气管内径为 8mm。

3）右手持握手柄，然后食指按下按钮，启动铆螺母枪，铆螺母即自动铆在工件上，枪嘴螺杆也会自动退出来。

铆接刚开始，应轻压按钮，待铆钉杆填满铆孔再重压，以迅速形成墩头。接近完成时，再逐渐放松按钮，防止墩头打得过低。

4）松开扳扣后铆接结束。

【产品数据】 气动全自动铆螺母枪的产品数据见表 15-30。

生产商：上海德仕隆工具制造有限公司。

15.2.7　冲击式气扳机

冲击式气扳机是以压缩空气为动力的冲击式装拆螺栓的工具。

【用途】 一般用于组装行业。拆装比较大的六角头螺栓（如汽车轮胎螺栓）用的气动扳手俗称风炮。

表 15-30　气动全自动铆螺母枪的产品数据

项目	全自动铆螺母铆枪 ZMQ-742	全自动铆压螺母螺柱铆枪	
		ZMQ-74201-10	ZMQ-74201-12
工作范围	M3～M12	M3～M10	M3～M12
气源压力/MPa	0.5～0.8	0.5～1	0.5～1
额定压力/MPa	0.55	0.8	0.8
拉铆行程/mm　max	7	7	8
转速/(r/min)	2000		
工作拉力/kN　≥	25		
噪声/dB　≤	75		
外形尺寸/mm	305×280×125		
质量/kg	2.5		

【**分类**】　按结构型式，可分为普通型（有减速机构）和高速型（无减速机构）；按手柄型式，可分为直柄式（包括角式）、枪柄式、环柄式和侧柄式。

【**基本参数**】　冲击式气扳机的基本参数见表 15-31。

表 15-31　冲击式气扳机的基本参数（JB/T 8411—2006）

产品系列	适用螺纹规格 /mm	拧紧力矩 /N·m	拧紧时间 /s	负载耗气量 (L/s)	空载转速/(r/min) △	空载转速/(r/min) ▲	噪声 /dB(A)	气管内径 /mm	传动四方尺寸 /mm	质量/kg △	质量/kg ▲
6	M5～M6	20	2	10	8000	3000	113	8	6.3	1.0	1.5
10	M8～M10	70	2	16	6500	2500	113	13	10	2.0	2.2
14	M12～M14	150	2	16	6000	1500	113	13	12.5	2.5	3.0
16	M14～M16	196	2	18	5000	1400	113	13	16	3.0	3.5
20	M18～M20	490	2	30	5000	1000	118	16	20	5.0	8.0
24	M22～M24	735	3	30	4800	4800	118	16	20	6.0	9.5
30	M24～M30	882	3	40	4800	800	118	16	25	9.5	13
36	M32～M36	1350	5	25	—		118	13	25	12	12.7
42	M38～M42	1960	5	50	2800		123	19	40	16	20
56	M45～M56	6370	10	60	—		123	19	40	30	40
76	M58～M76	14700	20	75			123	25	63	36	56
100	M78～M100	34300	30	90	—		123	25	63	76	96

注：1. 验收气压为 630kPa。

2. “△”表示无减速机构，“▲”表示有减速机构。

3. 质量不包括机动套筒扳手、进气接头、辅助手柄、吊环等。

【**产品数据**】　冲击式气动机的产品数据见表 15-32～表 15-35。

表 15-32　无销式冲击气动扳手的产品数据

型号	方头尺寸 /mm	转速 /(r/min)	扭矩 /N·m ≤	进气口 进气管	净质量 /kg	铁轴长度 /mm	排气系统
D2-70	25.4	3700	3932	G1/2	16.4	228.6	侧排
DS-861		6000	2373		8.39	177.8	
D2-643	19.05	5200	1559	G3/8	4.35	38.1	下排
D2-651		6300	1536		4.5		

注：建议空气压力为 0.62MPa，下同。

生产商：北京泉晟宏业机电设备有限公司，下同。

表 15-33　双锤式冲击气动扳手的产品数据

型号	方头尺寸 /mm	转速 /(r/min)	扭矩 /N·m ≤	进气口	进气管	净质量 /kg	铁轴长度 /mm	排气系统
D2-55	19.05	5400	1559	G3/8	G3/8	3.47	38.1	下排
D2-484	12.7	7000	949	G1/4	G3/8	2.25	25.4	
D2-51		8000	949			2		
D2-243		7000	861			2.49		
D2-52N		9000	814			1.8		
D2-38		8800	746			2.27		
D2-432		8500	610			1.9		
D2-21		9200	597			1.39	16.26	
D2-384		9300	339			1.25	25.4	
D2-366TA		10000	339			1.32	17.0	

表 15-34　冲击式冲击气动扳手的产品数据

型号	方头尺寸 /mm	转速 /(r/min)	扭矩 /N·m ≤	进气口	进气管	净质量 /kg	铁轴长度 /mm	排气系统
D2-484P	43.2	7000	1017	G1/4	G3/8	2.36	25.4	下排
D2-67P		8500	909			2.2		
D2-384P	9.5	8500	475			1.39		

表 15-35　双击式冲击气动扳手的产品数据

型号	方头尺寸 /mm	转速 /(r/min)	扭矩 /N·m ≤	进气口	进气管	净质量 /kg	铁轴长度 /mm	排气系统
D2-384DA	9.5	9300	298	G1/4	G3/8	1.25	25.4	下排
D2-33		17000	136			0.8		

15.2.8　定转矩气扳机

定转矩气扳机是可以设置恒定转矩，以压缩空气为动力的气扳机。

【用途】 拧紧重要部件的固定螺栓。

【产品数据】 定转矩气扳机和高速气扳机的产品数据见表15-36。

表 15-36 定转矩气扳机和高速气扳机的产品数据

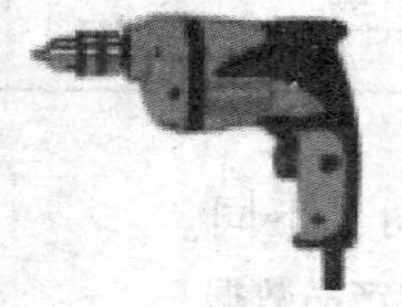

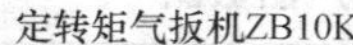
定转矩气扳机ZB10K

高速气扳机BG110

参数	适用螺纹	拧紧力矩 /N·m	工作气压 /MPa	空载转速 /(r/min)	空载耗气量/(L/s)	长度 /mm	质量 /kg
ZB10K	M10	70~150	0.63	7000	15	197	2.6
BG110	M100	36400①	0.49~0.63	4500	116	688	60

① 表示积累转矩，边心距为105mm。

15.3 其他类

15.3.1 气动喷漆枪

气动喷漆枪是通过压缩空气使涂料雾化成细小漆滴，在气流的带动下喷涂到被涂物表面的工具。

【用途】 在木材或其他工件上喷油漆。有的还可以喷易沉淀涂料、汽车面漆、底漆、搪瓷釉、陶瓷釉和研磨剂等。

【类别】 按涂料供给方式，可分为重力式（G）、虹吸式（S）和压送式（P）；按涂料雾化方式，可分为内混式（I）和外混式（E）；按操作方式，可分为手动喷涂（H）和自动喷涂（A）。

【结构】 由扳机、雾化幅度调节装置、压缩空气调节装置和进料口等部分组成（见图15-7）。

【基本参数】 气动喷漆枪的基本参数见表15-37。

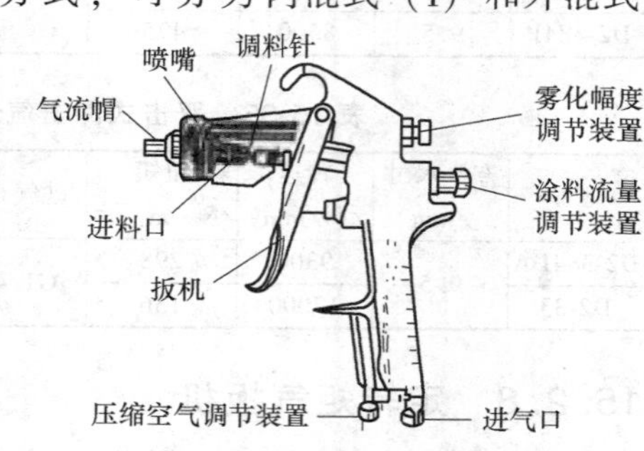

图 15-7 喷枪的结构

表 15-37　气动喷漆枪的基本参数（JB/T 13280—2017）

产品系列	喷嘴口径/mm	耗气量/(L/min) ≤	涂料流量/(mL/min) ≥	喷涂距离/mm	喷幅/mm(长×宽)	气管内径/mm	进气接头螺纹尺寸/in	涂料黏度(4号)(福特杯)/s	额定工作压力/MPa
01	0.2	10	6	100	ϕ25	2.5	G1/8	7	0.15
	0.5	20	38						
	0.6	21	50	150	90×20	5~8	G1/4	10	0.30
	0.8	23	75		130×20				
02	1.0	26	120		150×25				
	1.1	80	230	200	170×35			18	0.20
	1.3	85	260		190×35				
	1.5	95	320		200×35			18	0.50
	1.8	100	370		240×35				
03	2.0	110	410		260×35				
	2.5	115	420		250×40			20	0.30~0.60
04	3.0	120	580		240×40				
	3.5	125	650		240×40			30	
	4.0	130	720		240×40				

注：噪声≤90dB（A）。1in=25.4mm。

【型式】　喷枪的型式如图 15-8 所示。

a) 压送式喷枪

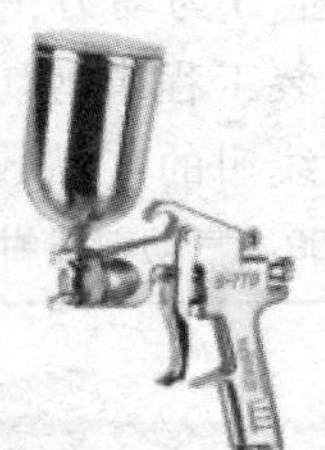

b) 重力式喷枪

c) 虹吸式喷枪

图 15-8　喷枪的型式

【标记】　表示方法：

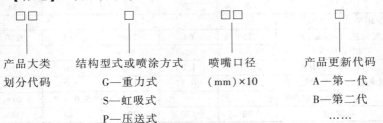

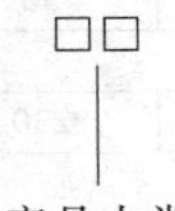

产品大类划分代码

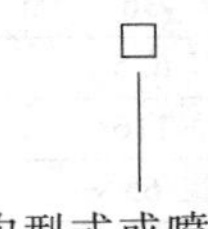

结构型式或喷涂方式
G—重力式
S—虹吸式
P—压送式

喷嘴口径(mm)×10

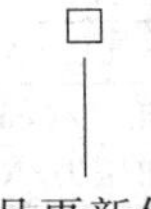

产品更新代码
A—第一代
B—第二代
……

【产品数据】 通用型喷枪的产品数据见表 15-38。

表 15-38 通用型喷枪的产品数据

型号	涂料供给方式	喷嘴口径/mm	喷涂空气压力/MPa	耗气量/(L/min)	涂料用量/(mL/min)	喷幅/mm	质量/g
W-71-0	压送式	0.8	0.34	240	200	190	450
W-71-02		1.0		230	300	265	
W-71-11G	重力式	1.0	0.29	165	130	145	
W-71-21G		1.3		195	160	165	
W-71-31G		1.5		230	190	185	
W-71-41G		1.8		280	210	240	
W-71-11S	虹吸式	1.0	0.29	165	130	140	
W-71-21S		1.3		195	140	155	
W-71-31S		1.5		230	170	170	
W-71-41S		1.8		280	210	230	

注：喷涂距离为 200mm，涂料黏度为（20±1）s，涂料接头和空气接头为 G1/4PF/NPF。

生产商：亚洲龙气动工具有限公司。

15.3.2 气动剪线钳

气动剪线钳是以压缩空气为动力，剪断线缆之类物体的工具。

【用途】 用于线路安装工程中剪切铜线、铝线等。

【产品数据】 气动剪线钳的产品数据见表 15-39。

表 15-39 气动剪线钳的产品数据

型号		YM-30	YM-40	YM-60	YM-140	YM-300L
全长/mm		112	103	124	140	185
手柄直径/mm		20	30	36	45	56
使用空气压/大气压		6.5				
空气消耗量/(cm^3/次)		35	64	116	230	230
加压力/N		65				
剪裁夹能力	铜线	0.8	1.0	1.6	2.6	3.3
	铁线	0.5	0.5	1.0	2.0	2.8
	树脂(软/硬)	—	—	—	5.0/4.0	9.0/6.5
质量/g		90	130	200	340	340

生产商：广州佑能五金工具有限公司。

15.3.3　气动断线剪

气动断线剪是以压缩空气为动力，剪断线缆之类物体的工具。

【产品数据】 JD-JQ 系列气动断线剪的产品数据见表 15-40。

表 15-40　JD-JQ 系列气动断线剪的产品数据

<table>
<tr><td rowspan="3">JD-JQ01 齿轮式断线钳</td><td rowspan="2">断线面积/mm²</td><td>LGJ</td><td>120</td><td>240</td><td>400</td></tr>
<tr><td>GJ</td><td>50</td><td>70</td><td>120</td></tr>
<tr><td colspan="2">质量/kg</td><td>2.5</td><td>3.5</td><td>4.5</td></tr>
<tr><td rowspan="3">JD-JQ02 大剪刀</td><td colspan="2">规格(in)</td><td colspan="2">剪切直径/mm</td><td>外形长度/mm</td></tr>
<tr><td colspan="2">24</td><td colspan="2">ϕ8</td><td>600</td></tr>
<tr><td colspan="2">36</td><td colspan="2">ϕ12</td><td>900</td></tr>
<tr><td rowspan="2">JD-JQ03 链条式断线剪刀</td><td colspan="3">剪切范围(mm²)</td><td colspan="2">质量/kg</td></tr>
<tr><td colspan="3">LGJ400/GJ95</td><td colspan="2">5</td></tr>
<tr><td rowspan="4">JD-JQ04 电缆剪刀</td><td colspan="3">工作性能</td><td>外形尺寸/mm</td><td>质量/kg</td></tr>
<tr><td colspan="3">ϕ60mm 以下铜、铝线和电缆</td><td>150×400×40</td><td>2.0</td></tr>
<tr><td colspan="3">ϕ90mm 以下铜、铝线和电缆</td><td>180×400×40</td><td>2.8</td></tr>
<tr><td colspan="3">400mm² 以下导线电缆钢芯铝绞线</td><td>150×400×40</td><td>2.5</td></tr>
</table>

注：1in=25.4mm。

15.3.4　气动冷压接钳

气动冷压接钳是以压缩空气为动力，压接两个物体的工具。

【用途】 用冷压方法连接导线与接线端子。

【产品数据】 XCD2 气动冷压接钳的产品数据见表 15-41。

表 15-41　XCD2 气动冷压接钳的产品数据

缸体直径/mm	气管内径/mm	钳口尺寸/mm	工作气压/MPa	质量/kg
60	10	0.5~10	0.63	2.2

第16章

液压工具

液压工具是将强大的液压动力，转换为往复直线、旋转或摆线等机械运动的工具。前面第1~13章中，已经叙述了很多专用液压工具，这里只介绍常见的通用液压工具。

16.1 金属加工类

16.1.1 液压拉伸器

液压拉伸器是液压螺栓拉伸器的简称。

【用途】 用于螺栓紧固和拆卸对紧固力矩有要求的M33~M180螺母。另外也可以作为液压过盈连接施加轴向力的装置，进行顶压安装。

【工作原理】 借助超高压泵提供的液压动力，在材料允许的弹性变形区域内拉伸螺栓，达到紧固或拆卸螺栓的目的。

【标记】 表示方法：

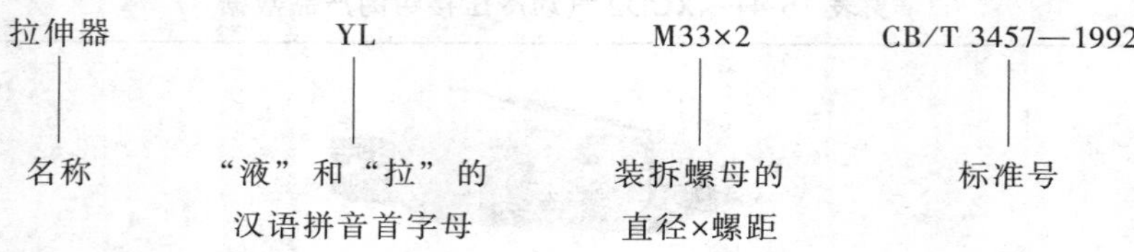

【性能参数】 液压拉伸器的性能参数见表16-1。

表16-1 液压拉伸器的性能参数（CB/T 3457—1992）

型号	拉伸器外径 D_1 /mm	拉伸螺纹公称直径 D/mm											
		33	36	39	42	45	48	52	56	60	64	68	72
		最大拉伸力/kN											
YL9.5	95	220	220	—	—	—	—	—	—	—	—	—	—
YL11	110	396	350	350	335	—	—	—	—	—	—	—	—

（续）

型号	拉伸器外径 D_1/mm	拉伸螺纹公称直径 D/mm											
		33	36	39	42	45	48	52	56	60	64	68	72
		最大拉伸力/kN											
YL12	120	—	493	493	469	439	408	—	—	—	—	—	—
YL13	130	—	—	—	542	510	480	443	—	—	—	—	—
YL14	140	—	—	—	—	668	637	598	537	—	—	—	—
YL15	150	—	—	—	—	—	805	768	707	653	—	—	—
YL16	160	—	—	—	—	—	—	858	798	743	684	—	—
YL17	170	—	—	—	—	—	—	—	891	836	778	716	—
YL18	180	—	—	—	—	—	—	—	—	934	875	813	747
YL19	190	—	—	—	—	—	—	—	—	—	1080	1018	953
型号	拉伸器外径 D_1/mm	拉伸螺纹公称直径 D/mm											
		68	72	76	80	85	90	100	110	120	140	150	180
		最大拉伸力/kN											
YL19	190	1018	953	884	—	—	—	—	—	—	—	—	—
YL20	200	1237	1172	1103	1035	—	—	—	—	—	—	—	—
YL21	210	—	1406	1336	1264	1108	—	—	—	—	—	—	—
YL22	220	—	—	1585	1513	1356	1239	—	—	—	—	—	—
YL26	260	—	—	—	—	2487	2368	2035	—	—	—	—	—
YL29	290	—	—	—	—	—	2950	2620	2480	—	—	—	—
YL31	310	—	—	—	—	—	—	3395	3190	2738	—	—	—
YL36	360	—	—	—	—	—	—	—	—	4100	3600	—	—
YL40	400	—	—	—	—	—	—	—	—	—	5150	4870	—
YL46	460	—	—	—	—	—	—	—	—	—	—	—	6890

注：液压缸最大工作压力为 90MPa。

16.1.2　手持式液压钳

手持式液压钳是以液压为动力，用一个活塞驱动一对彼此相对的钳口，使钳口间的开口完全靠近，以夹断或夹碎的方式切断物料的工具。

【用途】 用于室内、外输配电工程，各种连续金属加工，及地下电缆线连接和 10~500kV 高压电缆套管、线夹、裸端子、六角型压接钳端子。

【结构】 手持式液压钳如图 16-1 所示。

【工作原理】 手持式液压钳由油箱、动力机构、换向阀、卸压阀、泵油机构组成。泵油机构由油泵体、高低压油出油孔、偏心轴、

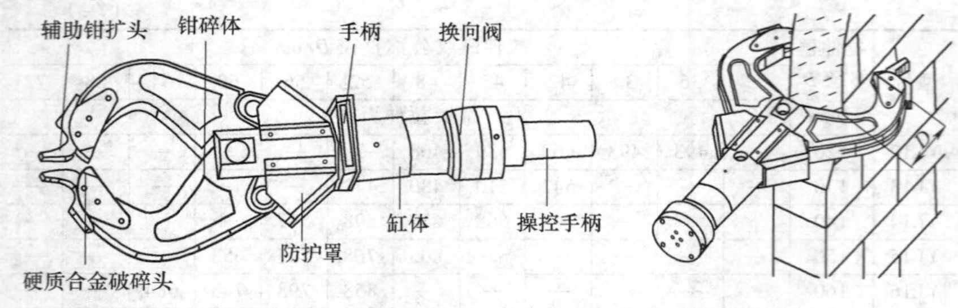

图 16-1　手持式液压钳

轴承、从动齿轮，还有一对高压油泵和一对低压油泵构成。油泵体悬固于油箱盖上，上面有高、低压油出油孔，与卸压阀油路连接；偏心轴上端枢置于油泵体中央，下端固设偏心轴承；从动齿轮固置在偏心轴顶部，与动力机构连接，高、低压油泵悬固在油泵体上，各有一与偏心轴承相联动的零件，高、低压油泵的泵腔分别与高、低压油出油孔相通。

【基本参数】　手持式液压钳产品的基本参数见表 16-2。

表 16-2　手持式液压钳产品的基本参数（JB/T 11241—2011）

型号	额定工作压力 /MPa	钳碎力 /kN	扩张力 /kN	钳碎深度 /mm	钳碎厚度 /mm	质量 /kg
NY35	63	≥35	≥22	105	320	≤14
NY70		≥70	—	100	170	≤16

16.1.3　手持式液压压接钳

手持式液压压接钳是借助液压的力量，压接两个物体的工具。

【用途】　配以压接模，用于电缆接线。

【分类】　有手持式和充电式两种（见图 16-2 和图 16-3）。

【结构】　充电式液压压接钳如图 16-3 所示。

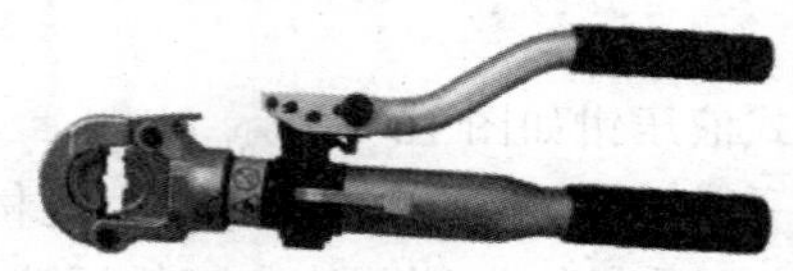

图 16-2　手持式液压压接钳

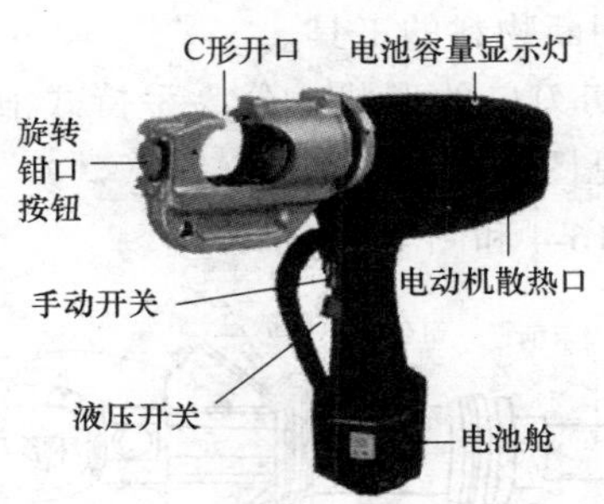

图 16-3　充电式液压压接钳

【产品数据】 见表 16-3 和表 16-4。

表 16-3　HT 系列手动液压钳的产品数据

<table>
<tr><th>型号</th><th>HTS-150</th><th>HT-150</th><th>HT-300</th><th>HT-400</th><th>HT-400U</th></tr>
<tr><td>压接范围/mm^2</td><td>10~150</td><td>4~150</td><td>16~300</td><td>铜:16~400</td><td>铜:16~400
铝:10~300</td></tr>
<tr><td>出力/kN</td><td>60</td><td>35</td><td>60</td><td>13</td><td>130</td></tr>
<tr><td>压接形式</td><td>六角</td><td>六角</td><td>六角</td><td>六角</td><td>六角</td></tr>
<tr><td>行程/mm</td><td>15</td><td>—</td><td>17</td><td>42</td><td>20</td></tr>
<tr><td>尺寸/mm</td><td>370</td><td>215×60×175</td><td>460</td><td>—</td><td>540</td></tr>
<tr><td>质量/kg</td><td>3.2</td><td>1.36</td><td>4.6</td><td>6</td><td>5.2</td></tr>
<tr><td>模具</td><td>10、16、25、
35、50、70、
95、120、150</td><td>4、6、10、16、
25、35、50、70、
95、120、150</td><td>16、25、35、50、
70、95、120、150、
185、240、300</td><td>6、25、35、50、
70、95、120、
150、185、240</td><td>—</td></tr>
<tr><td rowspan="2">备注</td><td rowspan="2">—</td><td rowspan="2">—</td><td>翻开式</td><td>C 型钳头</td><td>H 型钳头</td></tr>
<tr><td colspan="3">可 360°旋转,在完全压接后自动卸压,必要时可手动卸压</td></tr>
</table>

生产商：扬州虹光电力机具有限公司。

表 16-4　SGD-400 充电式液压钳的产品数据

<table>
<tr><td>压接力/t</td><td>12</td><td>充电时间/h</td><td>2</td></tr>
<tr><td>行程/mm</td><td>42</td><td>锂电池</td><td>18V、4.0Ah(×2)</td></tr>
<tr><td>压接范围/mm^2</td><td>16~400</td><td rowspan="2">配置模具/mm^2</td><td rowspan="2">16、25、35、50、70、95、120、150、185、240、300、400</td></tr>
<tr><td>压接时间/次/s</td><td>6~18</td></tr>
</table>

生产商：浙江台州世工工具有限公司。

16.1.4　手持式液压剪

手持式液压剪是以液压为动力，用一个活塞驱动一对彼此相对的刃具，以剪切方式切断物料的工具。

【分类】 按剪切刃口的形状，分为手持式液压环形剪和手持式液压直形剪两种（见图 16-4 和图 16-5）。

【结构】 如图 16-4 和图 16-5 所示。

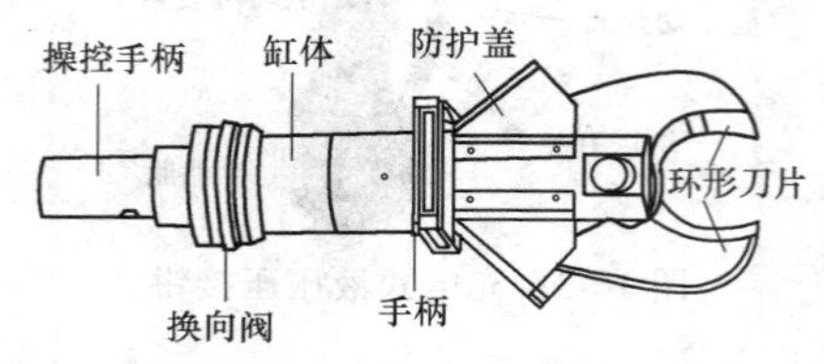

图 16-4 手持式液压环形剪

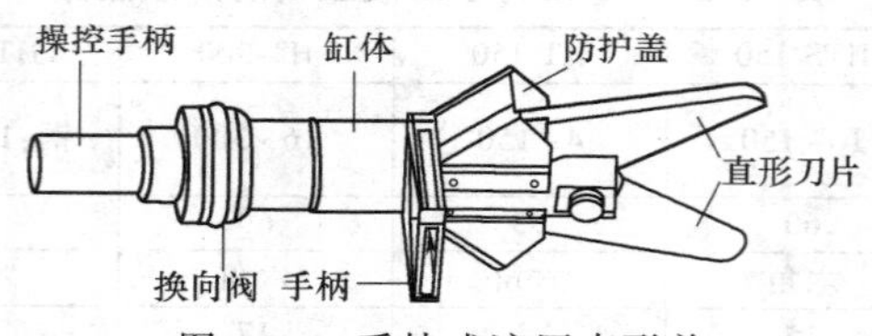

图 16-5 手持式液压直形剪

【基本参数】 产品的基本参数见表 16-5。

表 16-5 产品的基本参数（JB/T 11240—2011）

型号	额定工作压力/MPa	剪切能力/mm（Q235）	空载张开时间/s		空载闭合时间/s		开口距离/mm	质量/kg
			机动泵	手动泵	机动泵	手动泵		
JYH20	63	ϕ20 圆钢	≤20	≤30	≤25	≤35	≥100	≤12
JYH30		ϕ30 圆钢	≤25	≤35	≤30	≤40	≥190	≤16
JYH36		ϕ38 圆钢	≤30	≤40	≤35	≤45	≥250	≤19
JY28		$t=8$ 钢板	≤25	≤35	≤30	≤40	≥180	≤18

【产品数据】 手持便携式液压钢筋剪产品数据见表 16-6。

表 16-6 手持便携式液压钢筋剪产品数据

型号	Sc-12	Sc-16	Sc-22	Sc-25
剪切范围/mm	4~12	4~16	4~22	4~25
工作压力/t	6	8	13	10
质量 /kg	1.8	2.9	3.6	4.6

注：使用 32 号液压油。

生产商：山东佳信机械设备有限公司。

16.1.5　手持液压剪扩器

手持液压剪扩器是以液压为动力，用一个活塞驱动一对彼此相对的刃具，集剪切、扩张和牵拉功能于一体的动力工具，相当于一台剪断器和一台扩张器。应用于交通事故、地震等意外事故的救援，如切断金属结构、车辆部件、管道及金属板等。

【用途】 用于消防队、交警队、工矿企业以及其他救灾抢险。

【结构】 手持液压剪扩器的外形和结构如图 16-6 所示。

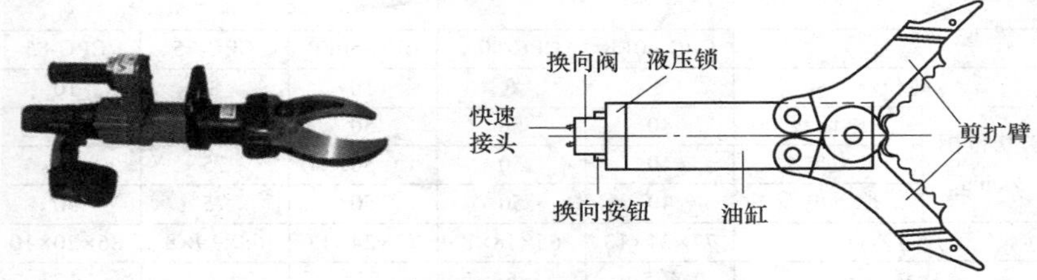

图 16-6　手持液压剪扩器的外形和结构

【工作原理】 通过高压软管连接机动泵或手动泵，为剪扩器输送压力油。液压力推动活塞，通过连杆将活塞的动力传递给转动的刀具，从而对破拆对象实施剪、扩、拉、夹作业。手控阀控制刀具的张开和闭合（手控阀处于中位时，刀具不运动，压力油直接回油箱）。

【基本参数】 产品的基本参数见表 16-7。

表 16-7　产品的基本参数（JB/T 11756—2013）

工作压力/MPa	剪切能力/mm	扩张力/kN	扩张距离/mm	质量/kg
≥63	ϕ20(Q235)/10(钢板)	≥30	≥350	14

【产品数据】 KJI-CB 型剪扩器的产品数据见表 16-8。

表 16-8　KJI-CB 型剪扩器的产品数据

项目	数据	项目	数据
额定工作压力/MPa	63	扩张距离/mm	350
剪切能力/kN	200(Q235,ϕ16 圆钢)	总质量/kg	16
扩张力 kN	2530	—	—

16.1.6　液压电缆剪

液压电缆剪是利用液压的力量剪断电缆的工具。

【用途】 广泛用于电力、造船、石化、矿山等重要行业以及各种基础建设工程。

【分类】 有手动液压电缆剪和电动液压电缆剪两类。

【产品数据】 液压电缆剪的产品数据见表16-9。

表 16-9 液压电缆剪的产品数据

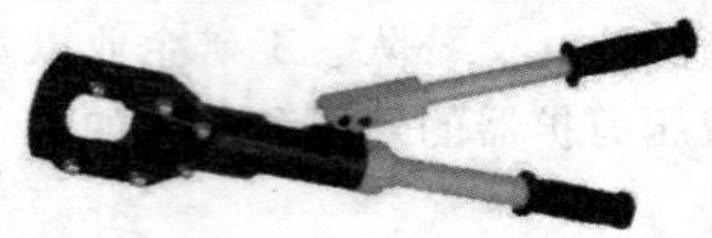

型号		CPC-40FR	CPC-50A	CPC-50FR	CPC-75	CPC-85
吨位/t		8	6	10	8	10
剪切范围/mm	电话线	40	50	50	75	85
	电力电缆	40	50	50	75	85
	地下电缆	40	50	50	75	50
尺寸/cm		77×24×13	65×18×8	77×24×13	68×19×8	86×20×10
质量/kg		5.5	6	7	7	15

16.1.7 钢绞线液压剪

【用途】 用于剪切矿用锚索钢绞线、其他钢绞线、电缆线和钢筋等。

【基本参数】 钢绞线液压剪的基本参数见表16-10。

表 16-10 钢绞线液压剪的基本参数（MT/T 973—2006）

基本参数	参　数　值
额定压力/MPa	按具体产品确定
剪切力/kN	200、(250)、300、(350)、400、(450)、500、600
剪切行程/mm	按所要剪切的钢绞线的最大直径确定
刀孔直径/mm	

注：表中不带括号的数值为优先适用值。

【标记】 表示方法：

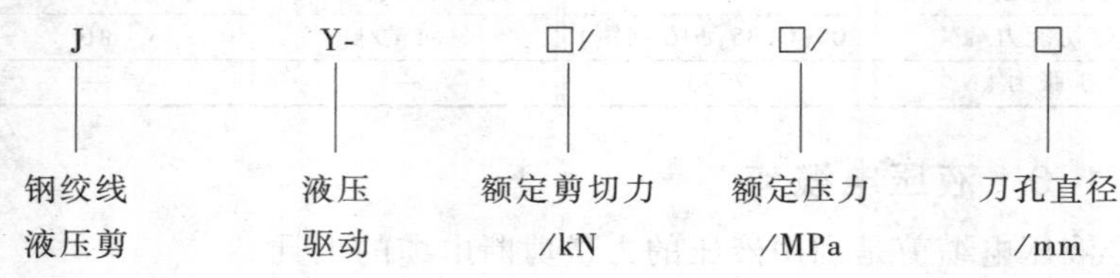

例：额定剪切力为 200kN，额定压力为 63MPa，刀孔直径为 17mm 的钢绞线液压剪，标记为：JY-200/63/17。

【产品数据】 钢绞线侧开口液压剪的产品数据见表 16-11。

表 16-11　钢绞线侧开口液压剪的产品数据

型号	JY-400	JY-300	JY-250
额定压力/MPa	63		51
额定剪切力/kN	400	300	250
剪切行程/mm	30		28
刀孔直径/mm	30		22
锚索直径/mm	22		—
缸径/mm	12		—

注：JY-400 型规格尺寸为 50mm×60mm×300mm，质量为 5kg。

生产商：山东济宁凯通机电。

16.1.8　工程机械用液压剪

【用途】 工程机械用液压剪（图 16-7）以挖掘机等主机为载体，利用其液压系统产生的压力，驱动两剪切臂进行剪切、破碎作业。

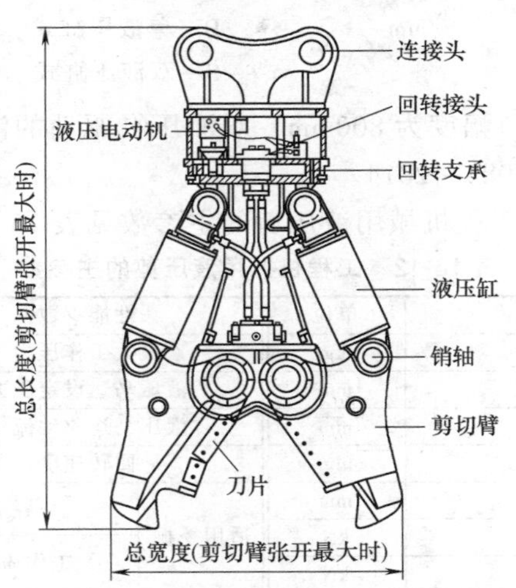

图 16-7　工程机械用液压剪

【分类】 按驱动液压缸数，可分为单液压缸式和双液压缸式。

【材料】

1）剪切臂主体。推荐采用力学性能不低于以下要求的材料：抗拉强度 σ_b 不小于470MPa；屈服强度 σ_s 不小于295MPa；冲击吸收能量 AKU2 不小于 34J（20℃时）。

2）剪刀片。推荐采用力学性能不低于以下要求的材料：抗拉强度 σ_b 不小于2000MPa；屈服强度 σ_s 不小于1650MPa；冲击吸收能量 AKU2 不小于 20J（-40℃时）。

3）销轴。推荐采用力学性能不低于以下要求的材料：抗拉强度 σ_b 不小于 600MPa；屈服强度 σ_s 不小于 355MPa；冲击吸收能量 AKU2 不小于 39J（10℃～35℃）。

【硬度】 液压剪刀片的表面硬度为 53HRC～58HRC；销轴的表面硬度为 45～50HRC。

【标记】 表示的方法：

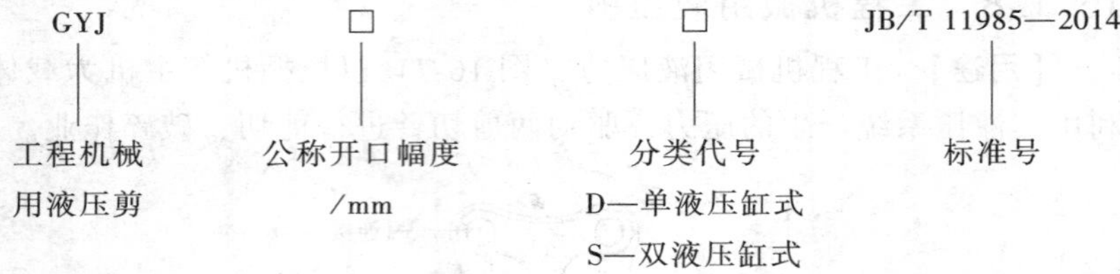

例：公称开口幅度为 800mm，双液压缸驱动的液压剪，标记为：GYJ800S JB/T 11985—2014。

【主参数】 工程机械用液压剪的主参数见表 16-12。

表 16-12　工程机械用液压剪的主参数

性能参数	单位	性能参数		单位
总质量	kg	最大工作压力		MPa
总长度	mm	液压马达设定压力		MPa
总宽度	mm	液压马达驱动流量		U
公称开口幅度	mm	回转速度		r/min
切刀长度	mm	适用挖掘	斗容量	m^3
剪切力	kN		工作质量	kg
破碎力	kN			

16.1.9　液压螺母切破器

液压螺母切破器是利用液压的力量，专门用来破切生锈或拧歪螺母的工具。

【用途】 头部为倾斜状，采用手动、液压或电池为动力，专门用来拆卸生锈螺母。

【产品数据】 液压螺母切破器的产品数据见表 16-13。

表 16-13　液压螺母切破器的产品数据

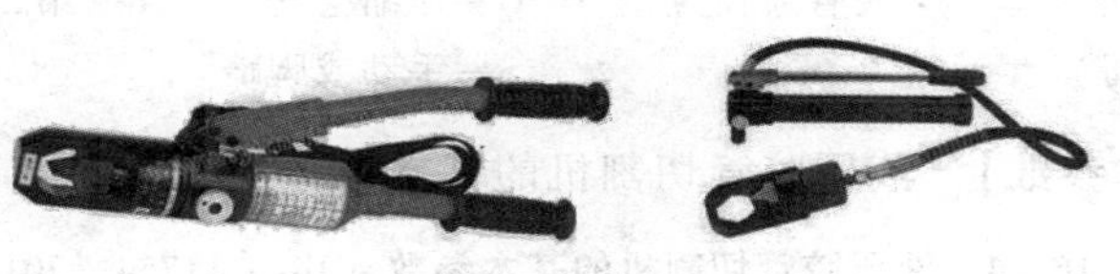

一体式　　　　分体式

<table>
<tr><th colspan="2">型号</th><th>压接力/t</th><th>螺栓尺寸范围</th><th>六角螺母范围</th><th>质量/kg</th></tr>
<tr><td colspan="2" rowspan="2">手动式 HNC-MM36</td><td rowspan="3">0</td><td>长刀头 M8~M14 螺栓</td><td>M14~M22</td><td rowspan="3">4</td></tr>
<tr><td>中刀头 M14~M20 螺栓</td><td>M22~M30</td></tr>
<tr><td colspan="2">分体式 NC-MM36</td><td>短刀头 M18~M24 螺栓</td><td>M27~M36</td></tr>
<tr><td colspan="2" rowspan="3">充电式
RC-MM36</td><td rowspan="3">10</td><td>长刀头 M8~M14 螺栓</td><td>M14~M22</td><td rowspan="3">6</td></tr>
<tr><td>中刀头 M14~M20 螺栓</td><td>M22~M30</td></tr>
<tr><td>短刀头 M18~M24 螺栓</td><td>M27~M36</td></tr>
<tr><td colspan="2" rowspan="3">机械式 NSC</td><td>—</td><td>—</td><td>M4~M17</td><td>0.24</td></tr>
<tr><td>—</td><td>—</td><td>M8~M24</td><td>0.26</td></tr>
<tr><td>—</td><td>—</td><td>M19~M36</td><td>0.53</td></tr>
<tr><td rowspan="6">分体式NC系列</td><td>NC-1319</td><td>5</td><td>M6~M12</td><td>M10~M19</td><td>1.7</td></tr>
<tr><td>NC-1924</td><td>9</td><td>M12~M16</td><td>M19~M24</td><td>1.7</td></tr>
<tr><td>NC-2432</td><td>9</td><td>M16~M22</td><td>M24~M32</td><td>2.5</td></tr>
<tr><td>NC-3241</td><td>15</td><td>M22~M27</td><td>M32~M41</td><td>3.4</td></tr>
<tr><td>NC-3241D</td><td>15</td><td>M22~M27</td><td>M32~M41</td><td>3.8</td></tr>
<tr><td>NC-4150</td><td>25</td><td>M27~M33</td><td>M41~M50</td><td>4.5</td></tr>
</table>

注：NC-3241D 为双刀刃。

生产商：简固机电设备（上海）有限公司。

16.1.10　液压胶管切割机

液压胶管切割机是用液压的力量裁切胶管的专用设备。

【用途】 用于切断钢丝编织的液压胶管和气动胶管。

【分类】 按推压胶管至刀盘的动力型式，可分为液压型胶管切割机、气动型胶管切割机和人工型液压胶管切割机三种。

【标记】 表示方法：

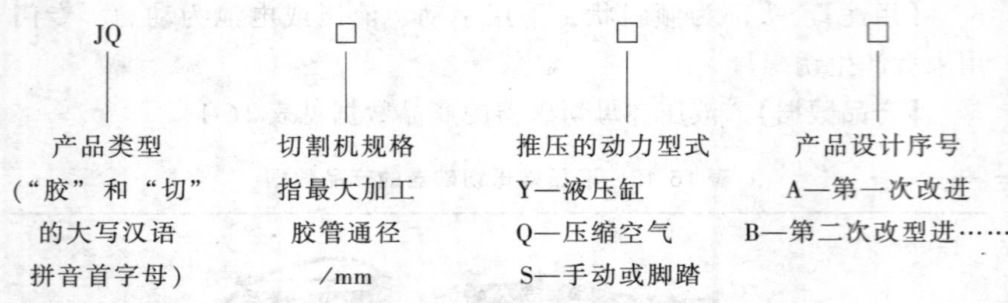

【基本参数】 液压胶管切割机的基本参数见表 16-14。

表 16-14 液压胶管切割机的基本参数（JB/T 11754—2013）

通用参数						
通用参数 产品规格	最大加工胶管通径/mm	最大加工钢丝层数/层	最大加工胶管外径/mm	刀盘直径/mm	主轴转速/(r/min)	主轴功率/kW
JQ38Y/Q/S	38		65	300	3000	3
JQ51Y/Q/S	51	Ⅳ	80	350	3000	5.5
JQ64Y/Q/S	64		125	520	3000	7.5

液压胶管切割机					气动胶管切割机		
产品规格	额定压力/MPa	最大推进力/N	最大推进速度/(mm/s)	噪声/dB(A)	产品规格	额定压力/MPa	最大推进力/N
JQ38Y		2400	14	≤78	JQ38Q		1500
JQ51Y	2.5	3600	11	≤80	JQ51Q	0.8	2500
JQ64Y		6000	9	≤82	JQ64Q		4000

气动胶管切割机			人工液压胶管切割机			
产品规格	最大推进速度/(mm/s)	噪声/dB(A)	产品规格	主轴功率/kW	操作力范围/N	噪声/dB(A)
JQ38Q	12	76	JQ38S	3	100~180	≤76
JQ51Q	10	78	JQ51S	5.5	100~220	≤78
JQ64Q	8	80	JQ64S	7.5	100~250	≤80

16.1.11 液压角钢切断机

液压角钢切断机是用液压的力量切断角钢的专用设备。

【用途】 用于切断桥梁、钢架结构的角钢、扁钢。

【产品数据】　见表 16-15 和表 16-16。

表 16-15　液压角钢切断机产品数据

型号	吨位 /t	宽度 /mm	最大厚度 /mm	质量 /kg	尺寸 /mm
CAC-75	20	75×75	6	25	260×250×380
CAC-110	30	110×110	10	34	330×250×420

表 16-16　义丰系列切割机的产品数据

类别	功率/kW	电压/V	质量/kg	类别	功率/kW	电压/V	质量/kg
重工型	3.0	380	82	工业型	3.0	380	81
		220	85			220	84
	4.0	380	93		4.0	380	88
		220	95	经济型	2.2	380	65
	5.5	380	112			220	66
工业型	2.2	380	75		3.0	380	71
		220	78			220	82
					4.0	380	86

注：转速为 2840r/min，砂轮尺寸为 400mm×3.2mm×32mm。

生产商：临沂义丰机电设备有限公司。

16.2　金属安装类

16.2.1　液压转矩扳手

液压转矩扳手是用液压的力量，配合标准扳手套筒，紧固螺母的工具。

【用途】　用于连接件转矩较大且对其数值有明确规定的场合。

【型式】　按结构分为三种型式：连杆式液压转矩扳手（LGB 型），外棘轮曲柄式液压转矩扳手（WJB 型）和内棘轮曲柄式液压转矩扳手（NJB 型）。

【结构】　液压转矩扳手的结构如图 16-8 所示。

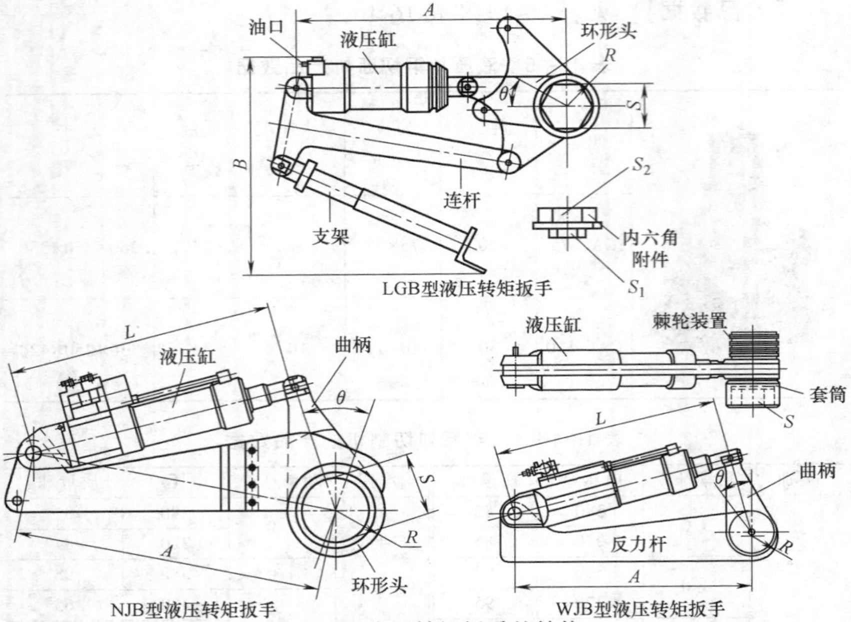

图 16-8　液压转矩扳手的结构

【标记】 表示方法：

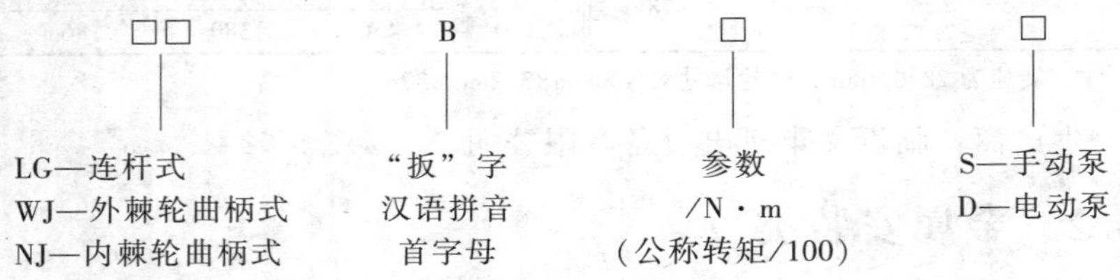

【基本数据】 见表 16-17～表 16-19。

表 16-17　LGB 液压转矩扳手的基本数据（JB/T 5557-2007）

型号	公称转矩 /N·m	扳手开口 S /mm	适用螺纹 d /mm	液压缸工作压力 /MPa	液压缸单行程环形头转角 θ/(°)	A /mm	B /mm	R /mm	质量 /kg
LGB50	5000	24～75	M16～M48	63	36	312.9	305	20.5～56	10
LGB100	10000	27～95	M18～M64			352	330	23～68.5	15
LGB150	30000	65～130	M42～M90			418.8	355	44.5～92.5	26
LGB500	50000	55～155	M36～M110	31.5		595	410	44～106	40

注：1. 油口连接螺纹的尺寸为 M10×1。

2. 配套液压泵为手动泵或电动泵（LGB500 为电动泵）。

表 16-18 WJB 液压转矩扳手的基本数据（JB/T 5557—2007）

型号	公称转矩/N·m	扳手开口 S/mm	适用螺纹 d/mm	液压缸工作压力/MPa	液压缸单行程环形头转角 θ/(°)	A/mm	L/mm	R/mm	质量/kg
WJB25	2500	30~65	M20~M42	32	36	295	250	35	7.5
WJB50	5000	36~75	M24~M48	32	36	330	285	40	10.5
WJB100	10000	46~90	M30~M60	40	43	410	335	50	14.5
WJB200	20000	55~100	M36~M68	50	36	430	360	58	21
WJB400	40000	75~115	M48~M80	50	30	455	380	74	40
WJB600	60000	85~145	M56~M100	50	24	500	400	82	45
WJB800	80000	95~170	M64~M120	50	21	545	425	90	59

注：1. 油口连接螺纹的尺寸为 M14×1.5。
2. 配套液压泵为电动泵。

表 16-19 NJB 液压转矩扳手的基本数据（JB/T 5557—2007）

型号	公称转矩/N·m	扳手开口 S/mm	适用螺纹 d/mm	液压缸工作压力/MPa	液压缸单行程环形头转角 θ/(°)	A/mm	L/mm	R/mm	质量/kg
NJB25	2500	30~65	M20~M42	32	36	295	250	65	10.5
NJB50	5000	36~75	M24~M48	32	36	330	235	72	13.5
NJB100	10000	46~90	M30~M60	40	43	410	335	80	20
NJB200	20000	55~100	M36~M68	50	36	430	360	90	27

注：1. 油口连接螺纹的尺寸为 M14×1.5。
2. 配套液压泵为电动泵。

【转矩推荐值】 螺栓及螺母的最大转矩推荐值见表 16-20。

表 16-20 螺栓及螺母的最大转矩推荐值

强度等级		4.8	6.8	8.8	10.9	12.9
最小破坏强度/MPa		392	588	784	941	1176
材质		一般结构钢	机械结构钢	铬钼合金钢		
螺栓 M	螺母对边 S/mm	转矩值/N·m				
14	22	69	98	137	165	225
16	24	98	137	206	247	363
18	27	137	206	284	341	480
20	30	176	296	402	569	680
22	32	225	333	539	765	911
24	36	314	470	686	981	1176
27	41	441	637	1029	1472	1764
30	46	588	882	1225	1962	2352

（续）

强度等级		4.8	6.8	8.8	10.9	12.9
最小破坏强度/MPa		392	588	784	941	1176
材质		一般结构钢	机械结构钢	铬钼合金钢		
螺栓 M	螺母对边 S/mm	转矩值/N·m				
33	50	735	1127	1470	2060	2450
36	55	980	1470	1764	2453	2940
39	60	1176	1764	2156	2943	3626
42	65	1519	2352	2744	3826	4606
45	70	1764	2744	3136	4415	5390
48	75	2254	3430	3920	5592	6664
52	80	2744	4116	4704	6573	8330
56	85	3528	5149	5978	8437	10290
60	90	4018	5978	7742	10791	13230
64	95	4998	7448	8820	—	—
68	100	5684	8526	10780	—	—
72	105	6468	9800	12642	—	—
76	110	7350	10780	14701	—	—
80	115	8143	12250	18130	—	—
85	120	8820	13720	22050	—	—
90	130	10584	16170	24500	—	—
100	145	13720	20090	—	—	—
110	155	16366	24990	—	—	—
120	175	19894	29890	—	—	—

【产品数据】 液压转矩扳手的产品数据见表 16-21。

表 16-21 液压转矩扳手的产品数据

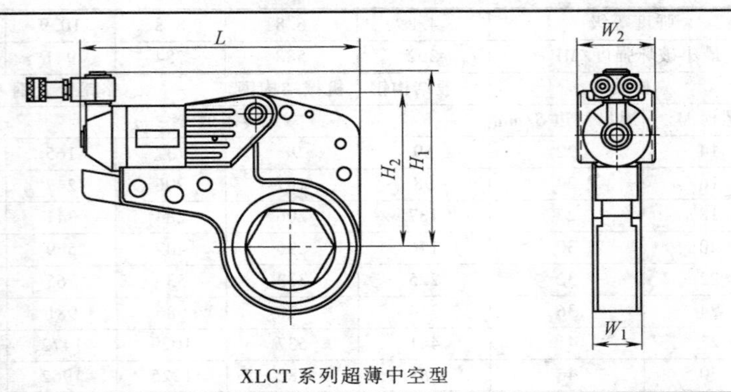

XLCT 系列超薄中空型

（续）

型号	2 型		4 型		8 型		14 型	30 型	
转矩范围 /N · m	232～2328	241～2414	585～5858	647～6474	1094～10941	1177～11774	1852～18521	4188～41882	4459～44593
螺母对边/mm	19～55	60	34～65	70～80	41～95	100～105	50～117	110～155	160～175
动力头质量/kg	1.0	1.0	1.7	1.7	3.0	3.0	4.6	10.4	10.4
工作头质量/kg	1.5	1.5	3.4	3.4	6.3	6.3	11.6	20.5	20.5

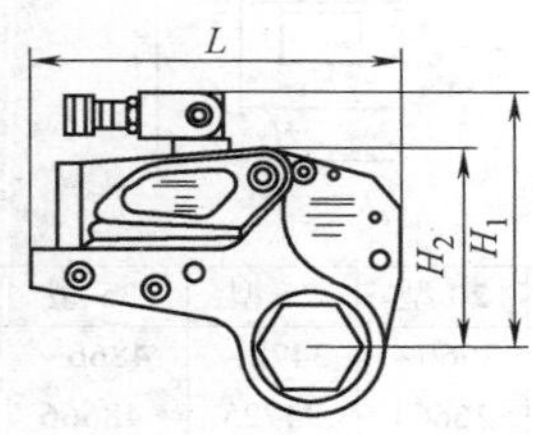

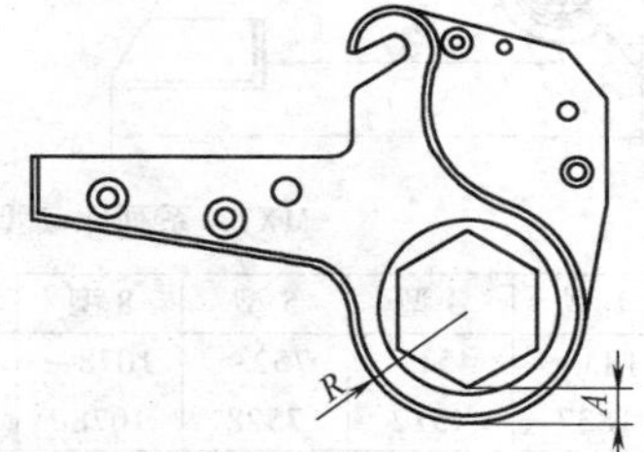

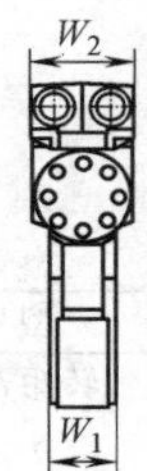

LOW 系列超薄中空型

型号	2 型		4 型		8 型		14 型	30 型	
转矩范围 /N · m	232～2328	241～2414	585～5858	647～6474	1094～10941	1177～11774	1852～18521	4188～41882	4459～44593
螺母对边/mm	19～55	60	34～65	70～80	41～95	100～105	50～117	110～155	160～175
动力头质量/kg	1	1	2	2	3.3	3.3	5.5	11.4	11.4
工作头质量/kg	1.6	1.7	4.4	4.6	8	8.4	11.6	29	30

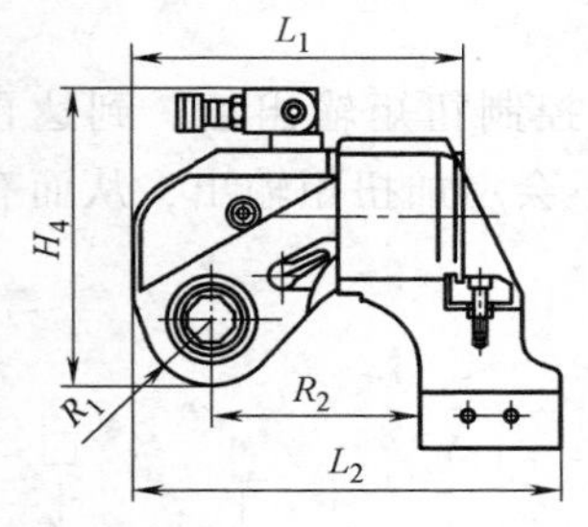

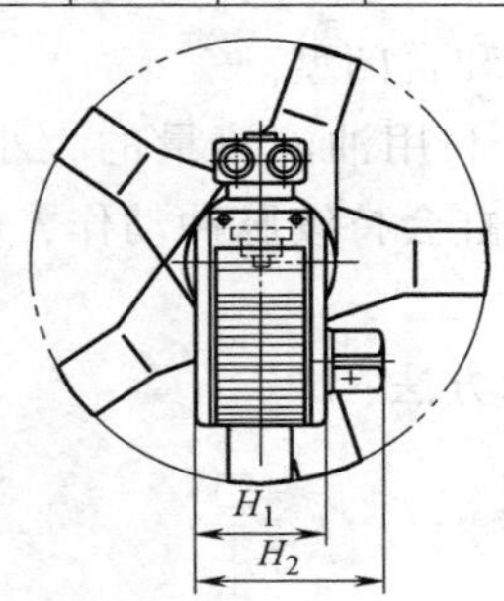

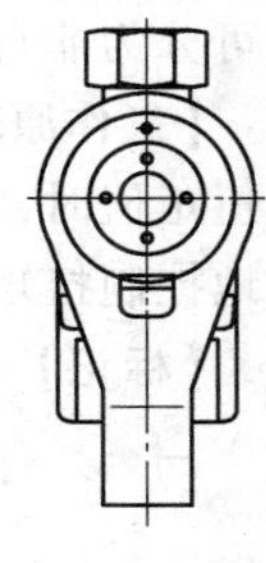

IBT 系列驱动型

型号	07 型	1 型	3 型	5 型	8 型	10 型	20 型	25 型	35 型	50 型
转矩范围 /N · m	112～1120	183～1837	451～4512	752～7528	1078～10780	1551～15516	2666～26664	3472～34725	4866～48666	7200～72000
螺母范围 M	14～30	16～36	22～48	27～56	30～64	36～72	42～90	48～100	64～120	72～125
重量/kg	1.8	2.5	5	8	11	15	26.5	35	50	87
驱动轴/in	3/4		1	1½			2½			

（续）

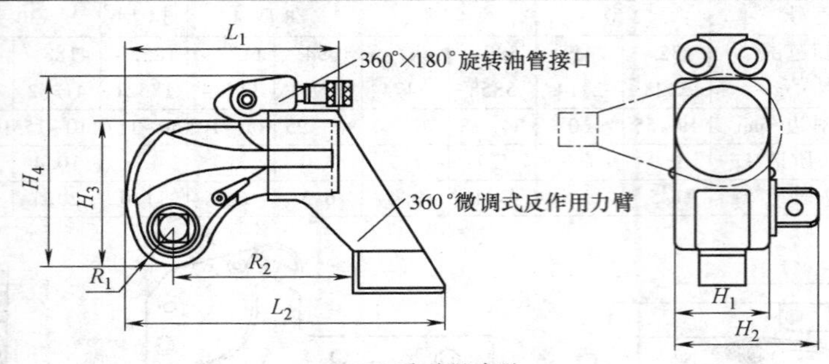

MXTA 系列驱动型

型号	1 型	3 型	5 型	8 型	10 型	20 型	25 型	35 型
转矩范围 /N·m	183~1837	451~4512	752~7528	1078~10780	1551~15516	2666~26664	3472~34725	4866~48666
螺母范围 M	16~36	22~48	27~56	30~64	36~72	42~90	48~100	64~120
质量/kg	2	4	7	9.1	13.1	25	31	45
驱动轴/in	3/4	1	1½			2½		

生产商：青岛瑞恩德机械设备有限公司。

16.2.2 液压脉冲定转矩扳手

【分类】 按手柄型式可分为直柄式、枪柄式和角式；按结构型式可分为非自闭型和自闭型。

【工作原理】 利用油液流量的大小，控制扭矩输出值。到达预设扭矩值时，液压缸会持续脉冲动作，但不会增加扭矩输出，从而有效地控制扭矩。

【标记】 表示方法：

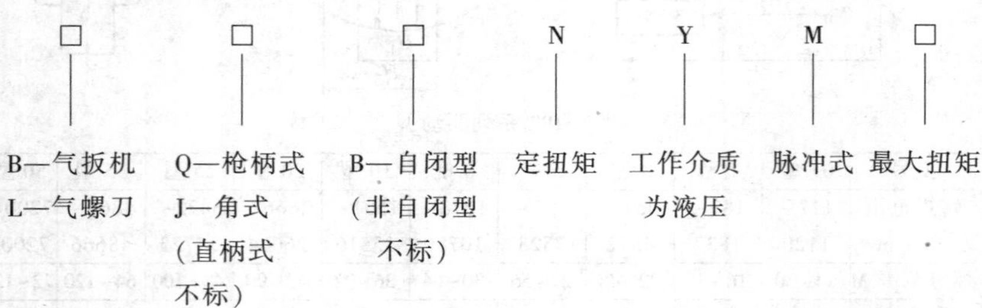

【基本参数】 液压脉冲定转矩扳手的基本参数见表 16-22。

表 16-22　液压脉冲定转矩扳手的基本参数（JB/T 12280—2015）

产品系列	传动头尺寸/mm	拧紧螺纹范围	转矩调整范围/N·m	空转转速/(kr/min)	质量/kg ≤	长度/mm ≤	空转噪声dB(A) ≤	负荷耗气量/(L/s) ≤	气管内径/mm	管接头规格/in
12	6.3 10	M4～M5	6～12.5	4.3～4.6	1.0	180	78	4.5	6.5	1/4
19		M5～M6	10～19	4.3～4.6	1.2	180	78	5.0		
27		M6～M8	13～27	6.8～7.2	1.3	180	80	6.0		
35	6.3	M8	20～35	5.9～6.2	1.5	200	82	7.0	8	
57	10	M8～M10	34～57	6.9～7.2	1.8	230	82	7.5		
90	12.5	M10～M12	57～90	5.0～5.4	2.0	250	83	9.0		
120		M12～M14	75～120	5.0～5.3	2.5	280	84	10.0		
148		MI4～M16	113～148	3.3～3.6	3.0	300	86	12.0	11	
210	20	M16	145～210	3.5～3.7	3.5	330	86	13.0		3/8
255		M16～M18	180～255	2.5～2.7	4.5	360	86	14.0		

注：1. 验收气压为 630kPa。

2. 质量不包括传动套筒、进气接头、吊环、辅助手柄等。

16.2.3　液压弯曲机

液压弯曲机是一种对母线排进行折弯的工具。

【用途】　用于铜排、铝排平弯、立弯。

【型式】　有分体式和一体式两种，各自又有立式和卧式之分。

【产品数据】　见表 16-23 和表 16-24。

表 16-23　分体式液压弯曲机的产品数据

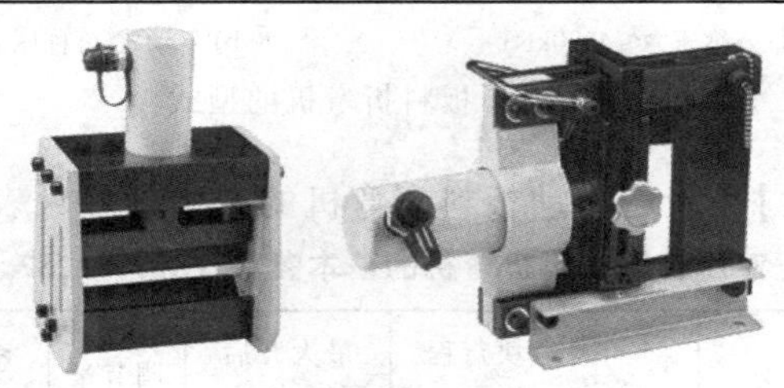

型号	吨位/t	宽度/mm	最大厚度/mm	质量/kg	尺寸/mm
CB-150D	16	150	10	19.5	390×185×280
CB-200A	20	200	12	26.5	340×205×420

生产商：台州宜佳工具有限公司，下同。

表 16-24 一体式液压弯排机的产品数据

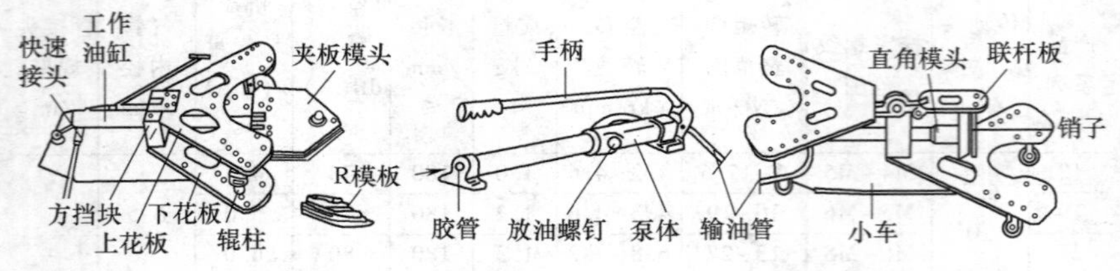

型号	吨位 /t	宽度 /mm	最大厚度 /mm	质量 /kg	尺寸 /mm
ZCB-150D	16	150	10	23	595×205×275
ZCB-200A	20	200	12	33	595×205×275

16.2.4 液压板料折弯机

液压传动板料折弯机是依靠液压的力量折弯板料的专用设备。

【型式】 有液压上动式和液压下动式两种（图 16-9）。

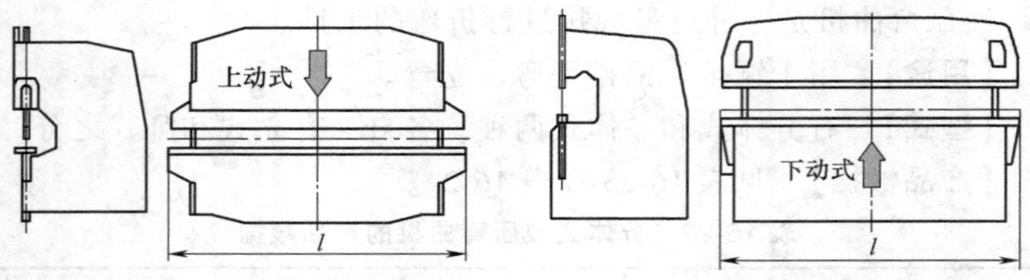

a) 上动式(公称压力≤4000kN)　b) 下动式(公称压力≤10000kN)

图 16-9 板料折弯机的型式

【基本参数】 液压传动板料折弯机的基本参数见表 16-25。

表 16-25 液压传动板料折弯机的基本参数（JB/T 2257.2—1999）

公称压力 P /kN	可折最大宽度 L /mm	喉口深度 C /mm	滑块行程 S/mm		最大开启高度 H/mm		滑块行程调节量 ΔH/mm	空载行程次数 /(次/min) ≥	工作速度 v/(mm/s)
			活塞与滑块间相对位置						
			可变	不变	可变	不变	可变		
250	1600	200	100	100	300	300	80	11	8
400	2000、2500	200	100	100	300	300	80	11	8
630	2000、2500、3200	250	100	100	320	320	100	10	8

（续）

公称压力 P /kN	可折最大宽度 L /mm	喉口深度 C /mm	滑块行程 S/mm		最大开启高度 H/mm		滑块行程调节量 ΔH/mm	空载行程次数 /(次/min) ≥	工作速度 v/(mm/s)
			活塞与滑块间相对位置						
			可变	不变	可变	不变	可变		
1000	2500、3200、4000	320	100	100	320	320	100	10	7
1600	3200、4000、5000	320	150	200	450	450	125	6	7
2500	3200、4000、5000、6300	400	200	250	560	560	160	3	6
4000	4000、5000、6300	400	280	320	630	630	160	2.5	6
6300	5000、6300、8000	400	280	320	630	630	160	2.5	6
8000	5000、6300、8000	500	320	360	800	710	200	2	5
10000	6300、8000、10000	500	400	450	1000	300	250	1.5	5

注：立柱间的距离，公称力<6300kN 时，推荐取 0.7~0.85L；公称力≥6300kN 时，推荐取 0.6~0.65L。

【产品数据】 电液伺服数控折弯机的产品数据见表 16-26。

表 16-26　电液伺服数控折弯机的产品数据

规格	公称压力 /kN	可折板宽 /mm	立柱间距 /mm	滑块行程 /mm	开启高度① /mm	喉口深度 /mm	电动机功率 /kW	最快工作速度/(mm/s) 驱进	压制	返程	外形尺寸/mm 长	宽	高	主机质量 /kg
SDS-2005	500	2000	1600	160	400	255	5.5	200	11	140	2200	1200	2300	4000
SDS-2508	800	2500	2100				7.5				2700	1300	2400	5900
SDS-3211	1100	3200	2700	200	460	405	7.5	200	11	120	3560	1560	2600	8800
SDS-4011		4000	3300								4360			13800
SDS-3217	1700	3200	2700				11	160	10	100	3560	1600	2700	11000
SDS-4017		4000	3300								4360			12200

① 表示最大值。

生产商：沧州市米兰数控有限公司。

16.2.5　液压开孔器

液压开孔器（图 16-10）是一种能在 4mm 以下的金属板上开孔的手动液压工具。

【用途】 用于冶金、电器、船舶、机械等行业安装维修和仪表面板底板、开关箱的壁面开孔等。

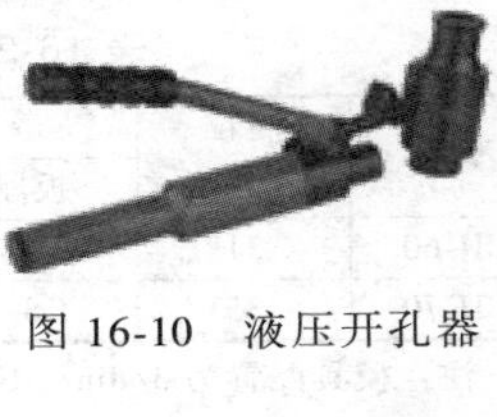

图 16-10　液压开孔器

【产品数据】 SKY 系列液压开孔器的

产品数据见表 16-27。

表 16-27 SKY 系列液压开孔器的产品数据

型号	压接力/t	行程/mm	开孔能力/mm			尺寸/cm	质量/kg
			不锈钢	铁板	直径		
SKY-8A	8	22	1.6	3	ϕ16~60	48×26×13	16
SKY-8B	8	22	1.6	3			11
SKY-15	15	22	2.0	3.5			20
JHK-8(铝制)	7	20	1.6	3.2		50×32×16	9

生产商：玉环金惠液压件制造厂。

16.2.6 液压冲孔机

液压冲孔机是一种以液压动力工作，能在金属板上冲孔的手动液压工具。

【用途】 用于角铁、扁铁、铜铝排等金属板材的打孔，特别适用于电力、建筑等行业的野外作业。

【结构】 由手动泵（或电动泵）和工作头两部分组成，输油软管采用快速接头连接。

【型式】 液压冲孔机有分体式和一体式两种（见图 16-11）。

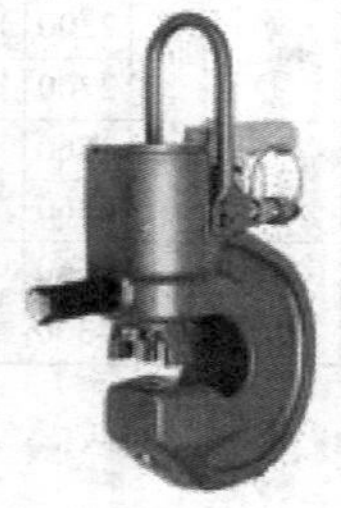

a) 分体式

b) 一体式

图 16-11 液压冲孔机

【产品数据】 见表 16-28 和表 16-29。

表 16-28 分体式液压冲孔机的产品数据

型号	吨位/t	最大厚度/mm		喉深/mm	质量/kg	尺寸/mm
		板厚	铜排			
CH-60	31	6	10	95	22	250×160×390
CH-70	35	8	12	110	35	320×190×400

注：模具配置为 3/8in/ϕ10.5mm、1/2in/ϕ13.8mm、5/8in/ϕ17mm、3/4in/ϕ20.5mm。

生产商：台州宜佳工具有限公司，下同。

表 16-29　一体式液压冲孔机的产品数据

型号	吨位 /t	最大厚度/mm		喉深 /mm	质量 /kg	尺寸 /mm
		板厚	铜排			
ZCH-60	31	6	10	95	25.6	280×160×515
ZCH-70	35	8	12	110	40	330×200×565

16.2.7　液压拉拔器

液压拉拔器是用油泵直接推动油压杆前进，钩爪随螺纹进退调整距离，从而拆除轴承之类工件的工具。

【用途】 用于拆卸各种带轮、齿轮、轴承和滑轮等工件，尤其适用于无电源的野外操作。

【分类】 拉拔器按爪数分，有二爪和三爪，按结构分，有一体式和分体式（图 16-12），按动力分，有手工（见 3.4.3 节）、电动和液压三种。

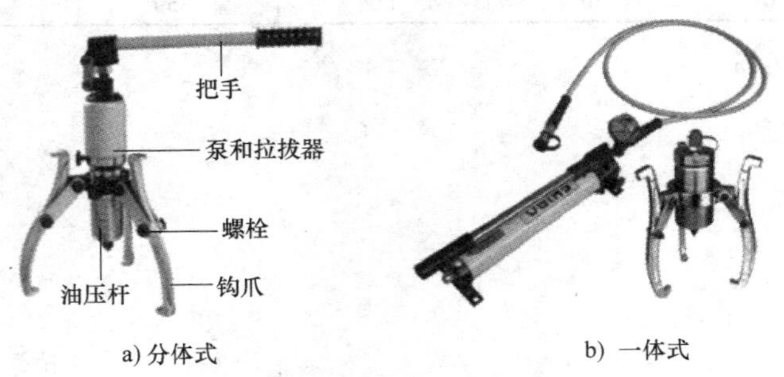

a) 分体式　　b) 一体式

图 16-12　液压拉拔器

【产品数据】 见表 16-30 和表 16-31。

（1）分体式液压拉拔器

表 16-30　BLYL 分体式液压拉拔器的产品数据

型号	安全负载 /t	轴心有效伸距 /mm	纵向最大拉距 /mm	最大外径 /mm
BLYL-5T	5	50	140	200
BLYL-10T	10	50	180	250
BLYL-20T	20	80	200	350
BLYL-30T	30	80	250	450

（续）

型号	安全负载 /t	轴心有效伸距 /mm	纵向最大拉距 /mm	最大外径 /mm
BLYL-50T	50	80	350	500
BLYL-100T	100	105	400	600
BLYL-150T	150	180	550	1000

生产商：台州霸力工具有限公司，下同。

（2）整体式液压拉拔器

表 16-31　BLYL 整体式液压拉拔器的产品数据

型号	安全负载 /t	轴心有效伸距 /mm	纵向最大拉距 /mm	最大外径 /mm
BLYL-5T	5	50	140	200
BLYL-10T	10	50	160	250
BLYL-15T	15	70	180	300
BLYL-20T	20	80	200	350
BLYL-30T	30	80	250	450
BLYL-50T	50	80	350	500

第2篇

五　金　件

五金件篇的内容包括紧固件、连接件、传动件、轴承、弹簧、机床附件、焊割器材和润滑设备及密封件8个章节。

第17章

紧固件

紧固件是一种可以将两个或多个元件，以机械方式固定在一起的机械零件，通常包括螺栓、螺柱、螺钉、螺母、垫圈、挡圈和铆钉等几类。

17.1 螺栓

【用途】 与螺母配合，用于紧固连接两个带有通孔的零件。

【种类】

1）按螺纹的牙型，可分为粗牙和细牙两类。

2）按性能等级，可分为 3.6、4.8、5.6、5.8、8.8、9.8、10.9、12.9 八个等级（详见“17.1.1 螺栓的机械和物理性能”），其中 8.8 级及以上螺栓的材质为低碳合金钢或中碳钢，并经热处理（淬火+回火），通称高强度螺栓，8.8 级以下通称普通螺栓。

3）按制作精度，可分为 A（精制）、B（半精制）、C（普通）三个等级。

4）按材料，可分为碳素钢、合金钢、铜和塑料。

5）按头部形状，可分为六角头、圆柱头、半圆头、球面柱头、扁圆头、平头和盘头等。

【表面处理】 一般常用的方法有发蓝、电镀、氧化、磷化、非电解锌片涂层处理等，其中以电镀最为广泛。

【标记】

1）米制三角螺纹，公称大径为 10mm，细牙，螺距 $P=1.0$mm，左旋，中径公差带为 6h，短旋合长度外螺纹，标记为：M10×1LH-6h-S。

注意：梯形螺纹用符号 Tr，右旋、粗牙、中等旋合长度不需要标明。

2）螺纹规格 d=M12mm，公称长度 L=80mm，性能等级为 10.9 级，表面氧化，产品等级为 A 级的六角头螺栓，标记为：GB/T 5783—2000-M12×80-10.9-A-O。

17.1.1　螺栓的机械和物理性能

1. 碳素钢或合金钢螺栓（螺柱）

【性能等级】　其性能分为 9 个等级（见表 17-1），其中，前 5 级为普通螺栓，后 4 级螺栓的材质为低碳合金钢或中碳素钢并经热处理（淬火、回火），属于高强度螺栓。

【等级标号】　由两部分数字组成：小数点前的数字表示螺栓材料的抗拉强度（MPa，以其值的 1/100 表示），小数点后的数字表示材料的屈强比值。例如，性能等级为 4.6 级的螺栓，其含义是：螺栓材质的公称抗拉强度为 400MPa；螺栓材质的屈强比值为 0.6；螺栓材质的公称屈服强度为 400×0.6=240MPa。

【机械和物理性能】　螺栓（螺柱）的机械和物理性能见表 17-1。

表 17-1　螺栓（螺柱）的机械和物理性能（GB/T 3098.1—2010）

机械或物理性能		性能等级									
		4.6	4.8	5.6	5.8	6.8	8.8		9.8	10.9	12.9/<u>12.9</u>
							d≤16mm	d>16mm	d≤16mm		
抗拉强度 R_m/MPa	公称	400		500		600	800		900	1000	1200
	min	400	420	500	520	600	800	830	900	1040	1220
下屈服强度 R_{eL}/MPa	公称	240	—	300	—	—	—	—	—	—	—
	min	240	—	300	—	—	—	—	—	—	—
规定非比例延伸 0.2%的应力 $R_{P0.2}$/MPa	公称	—	—	—	—	—	640	640	720	900	1080
	min	—	—	—	—	—	640	660	720	910	1100
紧固件实物的规定非比例延伸 0.0048d 的应力 R_{Pf}/MPa	公称	—	320	—	400	480	—	—	—	—	—
	min	—	340	—	420	480	—	—	—	—	—
保证应力 S_p/MPa	公称	225	310	280	380	440	580	600	650	830	970
保证应力比[a]	—	0.94	0.91	0.93	0.90	0.92	0.91	0.91	0.90	0.88	0.88
机加试件的断后伸长率 A/%	min	22	—	20	—	—	12	12	10	9	8

（续）

机械或物理性能		性能等级									
		4.6	4.8	5.6	5.8	6.8	8.8 $d\leqslant$ 16mm	8.8 $d>$ 16mm	9.8 $d\leqslant$ 16mm	10.9	12.9/ 12.9
机加试件的断面收缩率 Z/%	min	—					52		48	48	44
紧固件实物的断后伸长率 A(%)	min	—	0.24	—	0.22	0.20	—	—	—	—	—
头部坚固性	—	不得断裂或出现裂缝									
维氏硬度/HV，$F\geqslant$ 98N	min	120	130	155	160	190	250	255	290	320	385
	max	220				250	320	335	360	380	435
布氏硬度/HBW，$F=30D^2$	min	114	124	147	152	181	245	250	286	316	380
	max	209				238	316	331	355	375	429
洛氏硬度/HRB	min	67	71	79	82	89	—				
	max	95.0				99.5	—				
洛氏硬度/HRC	min	—					22	23	28	32	39
	max	—					32	34	37	39	44
表面硬度/HV0.3	max	—					表芯硬度差<30HV			[b]	[c]
螺纹未脱碳层的高度 E/mm	min	—					$1/2H_1$			$2/3H_1$	$3/4H_1$
螺纹全脱碳层的深度 G/mm	max	—					0.015				
再回火后硬度的降低值/HV	max	—					20				
破坏扭矩 M_B/N·m	min	—					按 GB/T3098.13 的规定				
吸收能量 K_V/J	min	—		27	—		27				—

注：a 表示 $S_{P公称}/R_{eL,min}$ 或 $S_{P公称}/R_{p0.2,min}$ 或 $S_{P公称}/R_{pf,min}$。

b 表示表芯硬度差<30HV，且表面硬度不应超出 390HV。

c 表示表芯硬度差<30HV，且表面硬度不应超出 435HV。

12.9 表示添加元素（如硼或锰或铬或钼）的碳钢，淬火并回火。

2. 不锈钢螺栓（螺柱）

【机械和物理性能】 不锈钢螺栓（螺柱）的机械和物理性能见表 17-2。

3. 有色金属螺栓的强度级别

【强度级别】 不锈钢螺栓（螺柱）和有色金属螺栓（螺柱）的强度级别分别见表 17-3 和表 17-4。

表 17-2　不锈钢螺栓（螺柱）的机械和物理性能（GB/T 3098.6—2014）

奥氏体钢组

钢的类别	钢的组别	性能等级	抗拉强度 R_m/MPa　min	规定塑性延伸率为 0.2% 时的应力 $R_{p0.2}$/MPa　min	断后伸长量 A/mm　min
奥氏体	A1、A2	50	500	210	0.6d
	A3	70	700	450	0.4d
	A4、A5	80	800	600	0.3d

马氏体和铁素体钢组

钢类	钢的组别	性能等级	R_m /MPa　min	$R_{p0.2}$ /MPa　min	断后伸长量 A/mm　min	硬　度		
						HBW	HRC	HV
马氏体	C1	50	500	250	0.2d	147~209	—	155~220
		70	700	410		209~314	20~34	220~330
		110	1100	820		—	36~45	350~440
	C3	80	800	640		228~323	21~35	240~340
	C4	50	500	250		147~209	—	155~220
		70	700	410		209~314	20~34	220~330
铁素体	F1	45	450	250		128~209	—	135~220
		60	600	410		171~271	—	180~285

奥氏体钢组

螺纹规格 d	破坏扭矩 $M_{B,min}$/N·m 性能等级			螺纹规格 d	破坏扭矩 $M_{B,min}$/N·m 性能等级		
	50	70	80		50	70	80
M1.6	0.15	0.2	0.24	M6	9.3	13	15
M2	0.3	0.4	0.48	M8	23	32	37
M2.5	0.6	0.9	0.96	M10	46	65	74
M3	1.1	1.6	1.8	M12	80	110	130
M4	2.7	3.8	4.3	M16	210	290	330
M5	5.5	7.8	8.8	—	—	—	—

表 17-3　不锈钢螺栓（螺柱）的强度级别（GB/T 3098.6—2000）

强度级别(标记)	50	70	80	50	70	80	45	60
螺纹直径 D/mm　≤	M39	M20	M20	—	—	—	M24	M24
抗拉强度 R_m /MPa　≥	500	700	800	500	700	800	450	600
屈服强度 R_e /MPa　≥	210	450	600	250	410	640	250	410
推荐材料	奥氏体 A1、A2、A4			马氏体 C1、C4		C3	铁素体 F1	

（续）

强度级别(标记)	50	70	80	50	70	80	45	60
奥氏体钢螺钉的断裂扭矩 T_m/N·m ≥	M1.6	0.15	0.2	0.27	—	—	—	—
	M2	0.3	0.4	0.56				
	M2.5	0.6	0.9	1.2				
	M3	1.1	1.6	2.1				
	M4	2.7	3.8	4.9				
	M5	5.5	7.8	10				

表 17-4　有色金属螺栓（螺柱）的强度级别（GB/T 3098.10—1993）

强度级别(标记)		螺纹直径 d /mm	抗拉强度 R_m /MPa	屈服强度 R_e /MPa	推荐材料
铜和铜合金	Cu1	≤39	240	160	T2
	Cu2	≤6	440	340	63
		>6~39	370	250	
	Cu3	≤6	440	340	H9658-2
		>6~39	370	250	
	Cu4	≤12	470	340	QSn6.5-0.4
		>12~39	400	200	
	Cu5	≤39	590	540	QSi1-3
	Cu6	>6~39	440	180	CuZn40Mn1Pb
	Cu7	>12~39	640	270	QA110-4-4
铝和铝合金	Al1	≤10	270	230	LF2
		>10~20	250	180	
	Al2	≤14	310	205	LF11
		>14~36	280	200	LF5
	Al3	≤6	320	250	LF43
		>6~39	310	260	
	Al4	≤10	420	290	LY8
		>10~39	380	260	LD9
	Al5	≤39	460	380	AlZnMgCu0.5
	Al6		510	440	LC9

17.1.2　六角头螺栓

【分级】　分为 A 级和 B 级。

【用途】　A 级为精制螺栓，多用于承载较大，对精度有较高要求，或受冲击、振动载荷的场合，以及施加预拉力和靠摩擦力传递外力的场合。B 级次之。

【性能等级】

1）钢：$d<3$mm 时，按协议；$3\text{mm}<d\leqslant 39$mm 时，5.6 级、8.8 级、10.9 级；$3\text{mm}<d<16$mm 时，9.8 级；$d>39$mm 时，按协议。

2）不锈钢：$d<24$mm 时：A2-70、A4-70；$24\text{mm}<d<39$mm 时：A2-50、A4-50；$d>39$mm 时，按协议。

3）有色金属：Cu2 级、Cu3 级、Al4 级。

【表面处理】

1）钢：不经处理，电镀，非电解锌片涂层。

2）不锈钢：简单处理，钝化。

3）有色金属：简单处理，电镀。

【规格】　优选六角头螺栓的规格见表 17-5。

表 17-5　优选六角头螺栓的规格（GB/T 5782—2016）　（单位：mm）

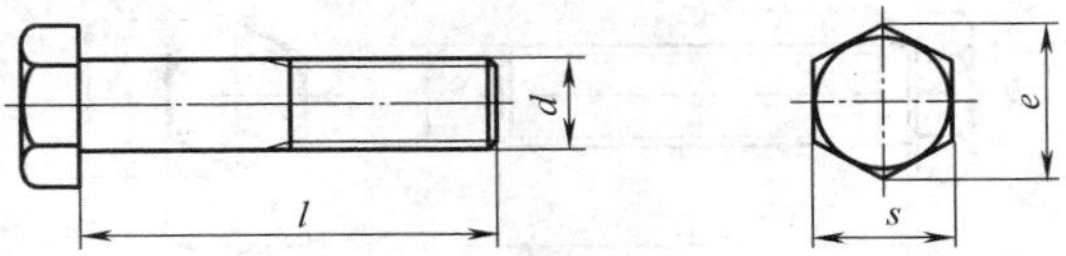

规格	M1.6	M2	M2.5	M3	M4	M5	M6
P	0.35	0.4	0.45	0.5	0.7	0.8	1.0
l	12、16	16、20	16~25	20~30	25~40	25~50	30~60
规格	M8	M10	M12	M16	M20	M24	M30
P	1.25	1.5	1.75	2	2.5	3	3.5
l	40~80	45~100	50~120	65~160	80~200	90~240	110~300
规格	M36	M42	M48	M56	M64	—	—
P	4	4.5	5	5.5	6	—	—
l	140~360	160~440	180~480	220~500	260~500	—	—

注：长度 l 系列（mm）有 12，16，20~65（间隔 5），70~160（间隔 10），180~500（间隔 20）。

【标记】　螺纹规格为 M12，公称长度 $l=80$mm，性能等级为 8.8 级，表面不经处理，产品等级为 A 级的六角头螺栓，标记为：螺栓 GB/T 5782　M12×80。

17.1.3　六角头全螺纹螺栓

【用途】　若需要的螺纹长度大于两倍螺径，就要选用全螺纹螺栓。

【材料】 采用钢、不锈钢和有色金属。

【性能等级】

1）钢：5.6、8.8、9.8、10.9。

2）不锈钢：A2-70、A4-70、A2-50、A4-50。

3）有色金属：Cu2、Cu3 和 Al4 级。

【表面处理】

1）钢：不经处理，电镀，非电解锌片涂层，热浸镀锌层。

2）不锈钢：简单处理，钝化处理。

3）有色金属：简单处理，电镀。

【精度等级】 分为 A 级和 B 级。

【规格】 优选六角头全螺纹螺栓的规格见表 17-6。

表 17-6 优选六角头全螺纹螺栓的规格（GB/T 5783—2016） （单位：mm）

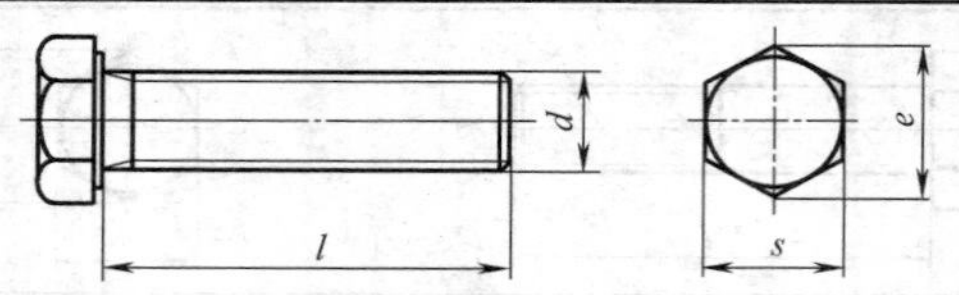

规格	M1.6	M2	M2.5	M3	M4	M5	M6
P	0.35	0.4	0.45	0.5	0.7	0.8	1.0
l	12、16	16、20	16~25	20~30	25~40	25~50	30~60
规格	M8	M10	M12	M16	M20	M24	M30
P	1.25	1.5	1.75	2	2.5	3	3.5
l	40~80	45~100	50~120	65~160	80~200	90~240	110~300
规格	M36	M42	M48	M56	M64	—	—
P	4	4.5	5	5.5	6	—	—
l	140~360	160~440	180~480	220~500	260~500	—	—

注：长度 l 系列（mm）有 12，16，20~65（间隔 5），70~160（间隔 10），180~500（间隔 20）。

【标记】 螺纹规格为 M12，公称长度 l=80mm，全螺纹，性能等级为 8.8 级，表面不经处理，产品等级为 A 级的六角头螺栓，标记为：螺栓 GB/T 5783 M12×80。

17.1.4 六角头细牙螺栓

【用途】 主要用于薄壁零件或承受振动、冲击载荷的场合。

【产品等级】 分为 A 级和 B 级，A 级用于 d=8~24mm 和 l≤10d 或 l≤150mm（按较小值）；B 级用于 d>24mm 或 l>10d 或 l>150mm

(按较小值) 的螺栓。

【材料】　采用钢、不锈钢和有色金属。

【性能等级】

1) 钢：5.6 级、8.8 级、9.8 级、10.9 级。

2) 不锈钢：A2-70、A4-70、A2-50、A4-50。

3) 有色金属：Cu2、Cu3 和 Al4 级。

【表面处理】

1) 钢：不经处理，电镀，非电解锌片涂层。

2) 不锈钢：简单处理，钝化处理。

3) 有色金属：简单处理，电镀。

【规格】　优先选用的六角头细牙螺栓的规格见表 17-7。

表 17-7　优先选用的六角头细牙螺栓的规格（GB/T 5785—2016）

（单位：mm）

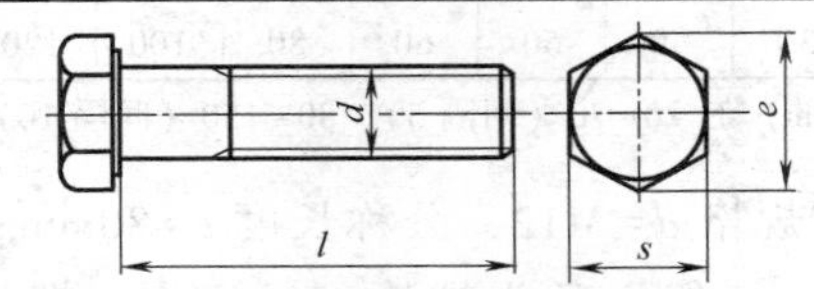

规格	M8	M10	M12	M16	M20	M24
P	1	1	1.5	1.5	1.5	2
l	40~80	45~100	50~120	65~160	80~200	100~240
规格	M30	M36	M42	M48	M56	M64
P	2	3	3	3	4	4
l	120~300	140~360	160~440	200~480	220~500	260~500

注：长度 l 系列（mm）有 35~70（间隔 5），80~160（间隔 10），180~500（间隔 20）。

【标记】　螺纹规格为 M12×1.5，公称长度为 Z-80mm 的细牙螺纹，性能等级为 8.8 级，表面不经处理，产品等级为 A 级的六角头螺栓，标记为：螺栓 GB/T 5785 M12×1.5×80。

17.1.5　B 级六角头细杆螺栓

【用途】　多用于两连接件中有一个没有螺纹的场合。

【材料】　采用钢、不锈钢。

【性能等级】

1) 钢：5.8 级、6.8 级、8.8 级。

2）不锈钢：A2-70。

【表面处理】

1）钢：不经处理，钝化。

2）不锈钢：不经处理。

【规格】 B 级六角头细杆螺栓的规格见表 17-8。

表 17-8　B 级六角头细杆螺栓的规格（GB/T 5784—1986）　（单位：mm）

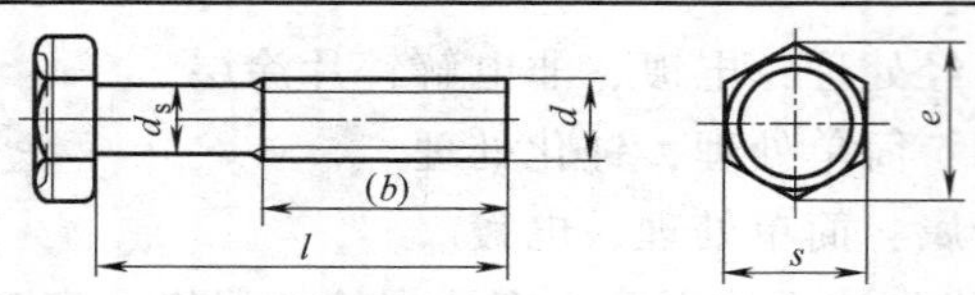

螺纹规格 d		M3	M4	M5	M6	M8	M10	M12	(M14)	M16	M20
b(参考)	l≤125	12	14	16	18	22	26	30	34	38	46
	125<l≤200	—	—	—	—	28	32	36	40	44	52
长度 l 范围		20~30	20~40	25~50	25~60	30~80	40~100	45~120	50~140	(55)~150	(65)~150

注：长度 l 系列（mm）有 20~70（间隔 5），80~150（间隔 10）。

【标记】 螺纹规格 d=M12，公称长度 l=80mm，性能等级为 5.8 级，不经表面处理，B 级六角头螺栓，标记为：螺栓　GB/T 5784—1986　M12×80。

17.1.6　C 级六角头全螺纹螺栓

【用途】 主要用于表面较粗糙、对精度要求不高的设备中的连接。

【材料】 钢、不锈钢、有色金属。

【性能等级】

1）钢：5.6 级、8.8 级、9.8 级、10.9 级。

2）不锈钢：A2-70、A4-70、A2-50、A4-50。

3）有色金属：Cu2 级、Cu3 级和 Al4 级。

【表面处理】

1）钢：不经处理，电镀，非电解锌片涂层，热浸镀锌层。

2）不锈钢：简单处理，钝化处理。

3）有色金属：简单处理，电镀。

【规格】 优选六角头螺栓全螺纹（C 级）的规格见表 17-9。

表 17-9　优选六角头螺栓全螺纹（C 级）的规格（GB/T 5781—2016）

（单位：mm）

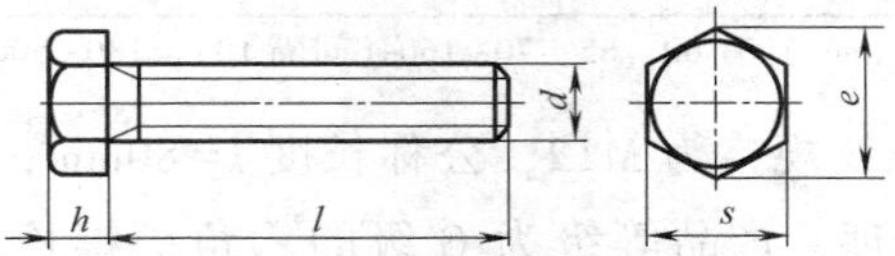

规格	M5	M6	M8	M10	M12	M16	M20
P	0.8	1.0	1.25	1.5	1.75	2	2.5
l	10~50	12~60	16~80	20~100	25~120	30~160	40~200
规格	M24	M30	M36	M42	M48	M56	M64
P	3	3.5	4	4.5	5	5.5	6
l	50~240	60~300	70~360	80~420	100~480	110~500	120~500

注：长度 l 系列（mm）有 10，12，16，20~70（间隔 5），80~150（间隔 10），160~500（间隔 20）。

【标记】 螺纹规格为 M12，公称长度 l=80mm，全螺纹，性能等级为 4.8 级，表面不经处理，产品等级为 C 级的六角头螺栓，标记为：螺栓 GB/T 5781 M12×80。

17.1.7　C 级六角头螺栓

【用途】 C 级六角头螺栓为粗制螺栓，用于沿螺栓杆轴受拉的连接中，以及次要结构的抗剪连接或安装时的临时固定。

【材料】 钢。

【表面处理】 不经处理，电镀，非电解锌片涂层。

【规格】 优选 C 级六角头螺栓的规格见表 17-10。

表 17-10　优选 C 级六角头螺栓的规格（GB/T 5780—2016）（单位：mm）

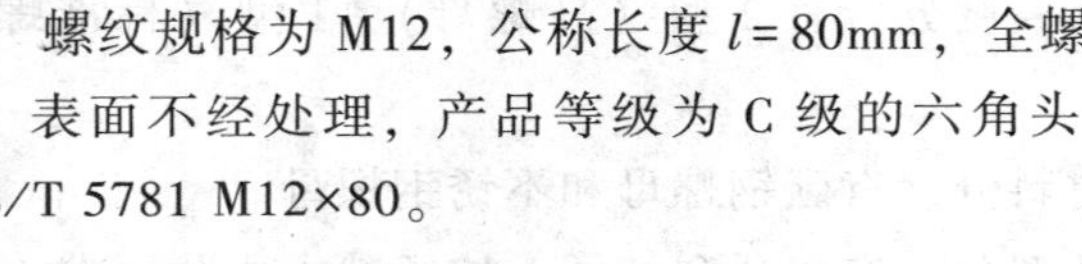

规格	M5	M6	M8	M10	M12	M16	M20
P	0.8	1.0	1.25	1.5	1.75	2	2.5
l	25~50	30~60	40~80	45~100	55~120	65~160	80~200

（续）

规格	M24	M30	M36	M42	M48	M56	M64
P	3	3.5	4	4.5	5	5.5	6
l	100~240	120~300	140~360	180~420	200~480	240~500	260~500

注：长度 l 系列（mm）有 60，65，70~160（间隔 10），180~500（间隔 20）。

【标记】 螺纹规格为 M12，公称长度 l=80mm，性能等级为 4.8 级，表面不经处理，产品等级为 C 级的六角头螺栓，标记为：螺栓 GB/T 5780 M12×80。

17.2 螺母

【分类】

1）按形状分，有六角螺母、圆螺母、方形螺母、蝶形螺母、焊接螺母、盖形螺母、球面螺母和带肩螺母等。

2）按其高度分，有 2 型（高螺母）、1 型（标准螺母）和 0 型（薄螺母）。

3）按材料分，有碳钢螺母和不锈钢螺母。

4）按牙型分，有粗牙和细牙；按承载大小分，有 1 型和 2 型。

5）按性能等级分，有 4 级、5 级、6 级、8 级、10 级和 12 级共 6 种。

6）按制造精度分，有 A 级、B 级和 C 级。

【材料】 碳素钢。

【热处理】

1）性能等级为 5、8［D>M16 的标准螺母（1 型）］、10 和 12 级粗牙螺母：应淬火并回火。

2）性能等级为 5、6（D>M16）、8［标准螺母（1 型）］、10 和 12 级细牙螺母：应淬火并回火。

【标记】 螺母的标记制度见表 17-11。

17.2.1 螺母的机械性能

碳素钢螺母和不锈钢螺母的机械性能分别见表 17-12 和表 17-13。

表 17-11　螺母的标记制度

<table>
<tr><th rowspan="4">螺母类型</th><th colspan="5">粗牙螺母</th><th colspan="4">细牙螺母</th></tr>
<tr><th rowspan="3">螺母性能等级</th><th colspan="2" rowspan="2">相配的螺栓、螺钉、螺柱</th><th colspan="2">螺母</th><th colspan="2" rowspan="2">相配的螺栓、螺钉、螺柱</th><th colspan="2">螺母</th></tr>
<tr><th>1 型</th><th>2 型</th><th>1 型</th><th>2 型</th></tr>
<tr><th>性能等级</th><th>螺纹规格范围</th><th colspan="2">螺纹规格范围</th><th>性能等级</th><th>螺纹规格范围 ≤</th><th colspan="2">螺纹规格范围 ≤</th></tr>
<tr><td rowspan="8">公称高度 H ≥0.8D 螺母</td><td>4</td><td>3.6、4.6、4.8</td><td>>M16</td><td>>M16</td><td>—</td><td>—</td><td>—</td><td>—</td><td>—</td></tr>
<tr><td rowspan="2">5</td><td>3.6、4.6、4.8</td><td>≤M16</td><td rowspan="2">≤M39</td><td>—</td><td>3.6、4.6、4.8</td><td rowspan="2">39</td><td rowspan="2">39</td><td rowspan="2">—</td></tr>
<tr><td>5.6、5.8</td><td>≤M39</td><td>—</td><td>5.6、5.8</td></tr>
<tr><td>6</td><td>6.8</td><td>≤M39</td><td>≤M39</td><td>—</td><td>6.8</td><td>39</td><td>39</td><td>—</td></tr>
<tr><td>8</td><td>8.8</td><td>≤M39</td><td>≤M39</td><td>>M16 ~39</td><td>8.8</td><td>39</td><td>39</td><td>16</td></tr>
<tr><td>9</td><td>9.8</td><td>≤M16</td><td>—</td><td>≤M16</td><td>—</td><td>—</td><td>—</td><td>—</td></tr>
<tr><td>10</td><td>10.9</td><td>≤M39</td><td>≤M39</td><td>—</td><td>10.9</td><td>39</td><td>16</td><td>39</td></tr>
<tr><td>12</td><td>12.9</td><td>≤M39</td><td>≤M16</td><td>≤M39</td><td>12.9</td><td>16</td><td>—</td><td>16</td></tr>
<tr><td rowspan="3">H≥0.5D 而<0.8D</td><td colspan="3">螺母性能等级</td><td colspan="4">公称保证应力/MPa ≤</td><td colspan="2">实际保证应力/MPa ≤</td></tr>
<tr><td colspan="3">04</td><td colspan="4">400</td><td colspan="2">380</td></tr>
<tr><td colspan="3">05</td><td colspan="4">500</td><td colspan="2">500</td></tr>
</table>

1. 碳素钢螺母

表 17-12　螺母型式和性能等级对应的公称直径范围（GB/T 3098.2—2015）

性能等级	公称直径范围 D/mm		
	标准螺母(1 型)	高螺母(2 型)	薄螺母(0 型)
04	—	—	M5≤D≤M39 M8×1≤D≤M39×3
05	—	—	M5≤D≤M39 M8×1≤D≤M39×3
5	M5≤D≤M39 M8×1≤D≤M39×3	—	—
6	M5≤D≤M39 M8×1≤D≤M39×3	—	—
8	M5≤D≤M39 M8×1≤D≤M39×3	M16≤D≤M39 M8×1≤D≤M16×1.5	—
10	M5≤D≤M39 M8×1≤M16×1.5	M5≤D≤M39 M8×1≤D≤M39×3	—
12	M5≤D≤M16	M5≤D≤M39 M8×1≤D≤M16×1.5	—

2. 不锈钢螺母

表 17-13 不锈钢螺母的机械性能（GB/T 3098.15—2014）

类别	组别	性能等级		保证应力 $S_{p,\min}$ /MPa		硬度		
		螺母 $M\geqslant 0.8D$	螺母 $0.5D\leqslant M<0.8D$	螺母 $M\geqslant 0.8D$	螺母 $0.5D\leqslant M<0.8D$	HBW	HRC	HV
奥氏体	A1、A2、A3、A4、A5	50	025	500	250			
		70	035	700	350	—	—	—
		80	040	800	400			
马氏体	C1	50	025	500	250	147~209	—	155~220
		70	—	700	—	209~314	20~34	220~330
		110[a]	055[a]	1100	550	—	36~45	350~440
	C3	80	040	800	400	228~323	21~35	240~340
	C4	50	—	500	—	147~209	—	155~220
		70	035	700	350	209~314	20~34	220~330
铁素体	F1[b]	45	020	450	200	128~209	—	135~220
		60	030	600	300	171~271	—	180~285

注：a 表示淬火并回火，最低回火温度为 275℃。

b 表示螺纹公称直径 $D\leqslant 24$mm。

17.2.2 1 型六角螺母

1 型六角螺母指螺母公称高度 $m\geqslant 0.8D$ 的普通六角螺母。

【分类】 有 A、B、C 三级。

【用途】

1）A 级（适用于螺纹公称直径 $D\leqslant 16$mm）和 B 级（适用于螺纹公称直径 $D>16$mm）螺母：用于表面比较光洁、对精度要求较高的场合。

2）C 级螺母：用于表面比较粗糙、对精度要求不高的场合。

【型式】 有 1 型六角螺母、1 型 C 级六角螺母。

1. 1 型六角螺母

【型式】 有普通型和带垫圈型两种。

【技术条件】 1 型六角螺母的技术条件见表 17-14。

表 17-14　1 型六角螺母的技术条件

材料	钢	不锈钢	有色金属
机械性能等级	D<M5:按协议	D≤M24: A2-70、A4-70	Cu2、Cu3、Al4
	M5≤D≤M16: 6、8、10(QT)		
	M16<D≤M39: 6、8(QT)、10(QT)	M24<D≤M39: A2-50、A4-50	
	D>M39:按协议	D>M39:按协议	
产品等级	D≤M16:A 级;D>M16:B 级		
表面处理	不经处理;电镀 非电解锌片涂层 热浸镀锌层	简单处理;钝化处理	简单处理;电镀技术

【规格】 1 型六角螺母的规格见表 17-15。

表 17-15　1 型六角螺母的规格（GB/T 6170—2015）　（单位：mm）

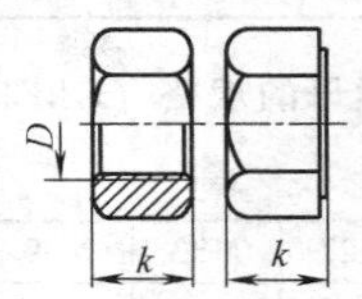

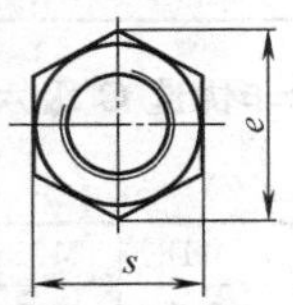

规格 D	M1.6	M2	M2.5	M3	(M3.5)	M4	M5	M6	M8	M10
P	0.35	0.4	0.45	0.5	0.6	0.7	0.8	1	1.25	1.5
规格 D	M12	(M14)	M16	(M18)	M20	(M22)	M24	(M27)	M30	(M33)
P	1.75	2	2	2.5	2.5	2.5	3	3	3.5	3.5
规格 D	(M22)	M24	(M27)	M30	(M33)	M36	(M39)	M42	(M45)	—
P	4	4	4.5	4.5	5	5	5.5	5.5	6	—

【标记】 螺纹规格为 M12，性能等级为 8 级，表面不经处理，产品等级为 A 级的 1 型六角螺母，标记为：螺母　GB/T 6170　M12。

2. C 级六角螺母

【用途】 用于表面比较粗糙、对精度要求不高的机器、设备或结构上。

【材料】 采用碳钢、合金钢、不锈钢或有色金属。

【等级】

1）机械性能等级：当 M5<D≤M39 时，为 5 级；当 D>M39 时，按协议。

2）产品等级：C 级。

【表面处理】 不经处理、电镀、非电解锌片涂层盖或热浸镀锌层。

【规格】 优选 1 型 C 级六角螺母的规格见表 17-16 和表 17-17。

表 17-16 优选 1 型 C 级六角螺母的规格（GB/T 41—2016）

（单位：mm）

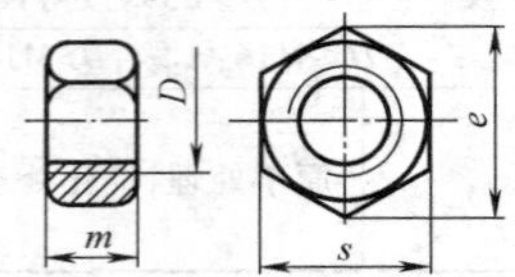

螺纹规格 D	M5	M6	M8	M10	M12	M16	M20
P	0.8	1	1.25	1.5	1.75	2	2.5
螺纹规格 D	M24	M30	M36	M42	M48	M56	M64
P	3	3.5	4	4.5	5	5.5	6

表 17-17 非优选 C 级六角螺母的规格（GB/T41—2016）

（单位：mm）

螺纹规格 D	M14	M18	M22	M27	M33	M39	M45	M52	M60
P	2	2.5	2.5	3	3.5	4	4.5	5	5.5

【标记】 螺纹规格 D=M12，性能等级为 5 级，不经表面处理，产品等级为 C 级的 1 型六角螺母，标记为：螺母 GB/T 41 M12。

17.2.3 2 型六角螺母

【用途】 2 型六角螺母的厚度比 1 型厚（D>M16～M39），无须热处理，多用于经常需要装拆的场合；厚度较薄的，多用于被连接机件表面空间受限制的场合，也常用作防止主螺母回松的锁紧螺母。

【型式】 有 2 型六角螺母、2 型细牙六角螺母两种。

1. 2 型六角螺母

【材料】 钢。

【机械性能等级】 10（QT）、12（QT）。QT—淬火并回火。

【产品等级】 $D \leqslant 16$mm：A 级；$D>16$mm：B 级。

【表面处理】 不经处理、电镀、非电解锌片涂层、热浸镀锌层。

【规格】 2 型六角螺母的规格见表 17-18。

表 17-18 2 型六角螺母的规格（GB/T 6175—2016）

（单位：mm）

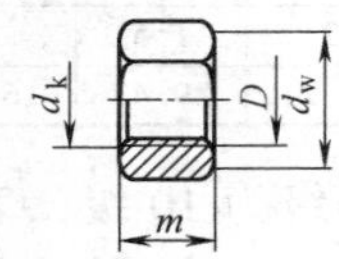

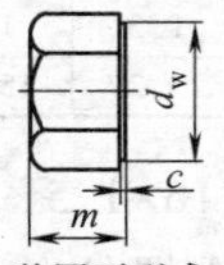

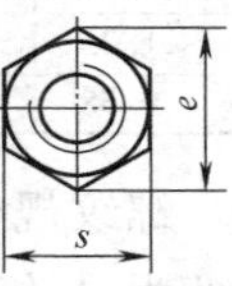

垫圈面型式

螺纹规格 D	M5	M6	M8	M10	M12	(M14)	M16	M20	M24	M30	M36
P	0.8	1	1.25	1.5	1.75	2	2	2.5	3	3.5	4
重量(kg/千件)	1.3	2.41	5.25	9.90	15.25	23.96	36.36	65.62	112.5	230.5	396

【标记】 螺纹规格为 M12，性能等级为 10 级，表面不经处理，产品等级为 A 级的 2 型六角螺母，标记为：螺母 GB/T 6175 M12。

2. 2 型细牙六角螺母

【材料】 钢。

【性能等级】

1）8mm<$D \leqslant 16$mm：8 级、10 级（QT）、12 级（QT）。

2）16mm<D<36mm：10 级（QT）。QT—淬火并回火。

【产品等级】 $D \leqslant 16$mm：A 级；$D>16$mm：B 级。

【表面处理】 不经处理、电镀、非电解锌片涂层。

【规格】 见表 17-19 和表 17-20。

表 17-19 2 型优选细牙六角螺母的规格（GB/T 6176—2016）

（单位：mm）

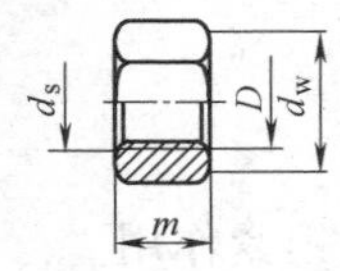

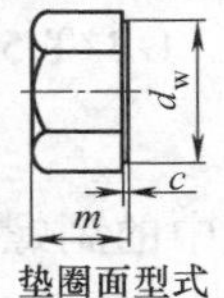

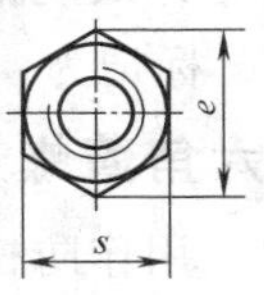

垫圈面型式

（续）

螺纹规格 D	M8	M10	M12	M16	M20	M24	M30	M36
P	1	1	1.5	1.5	1.5	2	2	3
重量(kg/千件)	5.15	9.58	15.00	35.43	62.77	108.4	221.3	387.1

表 17-20　2 型非优选细牙六角螺母的规格（GB/T 6176—2016）

（单位：mm）

螺纹规格 D	M10	M12	M14	M18	M20	M22	M27	M33
P	1.25	1.25	1.5	1.5	2	1.5	2	2
重量(kg/千件)	9.58	14.74	23.27	45.09	64.21	89.47	161.2	291.6

【标记】 螺纹规格为 M16×1.5，性能等级为 10 级，表面不经处理，产品等级为 A 级，细牙螺纹的 2 型六角螺母，标记为：螺母 GB/T 6176　M16×1.5。

17.2.4　六角厚螺母

【用途】 用于重载场合的连接。

【材料】 钢。

【等级】 机械性能等级：5 级、8 级、10 级；产品等级：B 级。

【表面处理】 不经处理或氧化。

【规格】 六角厚螺母的规格见表 17-21。

表 17-21　六角厚螺母的规格（GB/T 56—1988）　　（单位：mm）

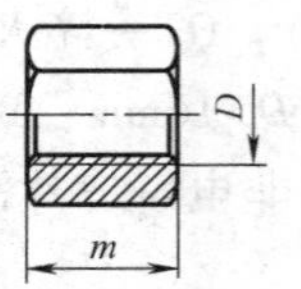

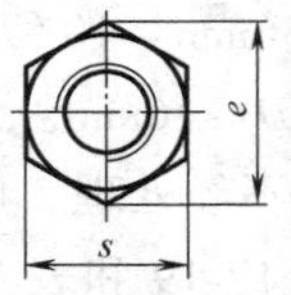

规格 D	M16	(M18)	M20	(M22)	M24	(M27)	M30	M36	M42	M48
螺距 P	2	2.5	2.5	2.5	3	3	3.5	4	4.5	5

【标记】 螺纹规格 D=M20，机械性能为 5 级，不经表面处理的六角厚螺母，标记为：螺母　GB/T 56　M20。

17.2.5　六角薄螺母

【用途】 用作防松装置中的副螺母，起锁紧作用。

【型式】 有普通型、细牙型、无倒角型、滚花型、带肩型及 A

级和 B 级开槽型等 6 种（见图 17-1）。

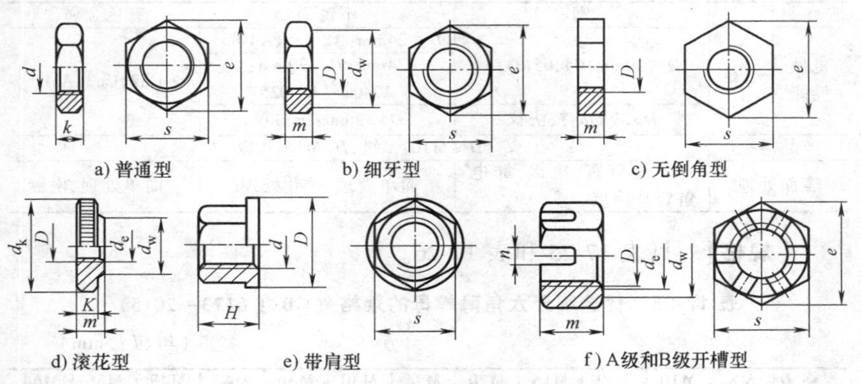

图 17-1　六角薄螺母的型式

1. 普通型

【技术条件】　六角薄螺母的技术条件见表 17-22。

表 17-22　六角薄螺母的技术条件

材料		钢	不锈钢	有色金属
机械性能	等级	D<M5:按协议	D<M24:A2-035、A4-035	Cu2、Cu3、Al4
		M5<D<M39: 04、05(QT)	M24<D<M39: A2-025、A4-025	
		D>M39:按协议	D>M39:按协议	
表面处理		不经处理:电镀,非电解锌片涂层,热浸镀锌	简单处理,钝化处理	简单处理,电镀

【规格】　六角薄螺母的规格见表 17-23。

表 17-23　六角薄螺母的规格（GB/T 6172.1—2016）　（单位：mm）

规格 D	M1.6	M2	M2.5	M3	(M3.5)	M4	M5	M6	M8	M10
P	0.35	0.4	0.45	0.5	0.6	0.7	0.8	1	1.25	1.5
规格 D	M12	(M14)	M16	(M18)	M20	(M22)	M24	(M27)	M30	(M33)
P	1.75	2	2	2.5	2.5	2.5	3	3	3.5	3.5
规格 D	M36	(M39)	M42	(M45)	M48	(M52)	M56	(M60)	M64	—
P	4	4	4.5	4.5	5	5	5.5	5.5	6	—

【标记】　螺纹规格为 M12，性能等级为 4 级，表面不经处理，产品等级为 A 级，有倒角的六角薄螺母，标记为：螺母　GB/T 6172.1　M12。

2. 细牙型

【技术条件】　细牙六角薄螺母的技术条件见表 17-24。

表 17-24　细牙六角薄螺母的技术条件

材料		钢	不锈钢	有色金属
机械性能	等级	$D\leqslant 39$mm：04、05(QT)	$D\leqslant 24$mm：A2-035、A4-035 $24\text{mm}<D\leqslant 39$mm：A2-025、A4-025	Cu2、Cu3、Al4
		$D>39$mm：按协议	$D>39$mm：按协议	
产品等级		$D\leqslant$M16：A 级；$D>$M16：B 级		
表面处理		不经处理，电镀，非电解锌片涂层	简单处理，钝化处理	简单处理，电镀

【规格】 见表 17-25 和表 17-26。

表 17-25　优选细牙六角薄螺母的规格（GB/T 6173—2015）

（单位：mm）

规格 D	M8	M10	M12	M16	M20	M24	M30	M36	M42	M48	M56	M64
P	1	1	1.5	1.5	1.5	2	2	3	3	3	4	4

表 17-26　非优选细牙六角薄螺母的规格（GB/T 6173—2015）

（单位：mm）

规格 D	M10	M12	M14	M18	M20	M22	M27	M33	M39	M45	M52	M60
P	1.25		1.5		2	1.5	2		3		4	

【标记】 螺纹规格为 M16×1.5，性能等级为 5 级，表面不经处理，产品等级为 A 级，细牙螺纹，有倒角的六角薄螺母，标记为：螺母　GB/T 6173　M16×1.5。

3. 无倒角型

【材料】 钢和有色金属。

【机械性能】 钢：硬度≥110HV30；有色金属：应符合 GB/T 3098.10 的规定。

【表面处理】

1）钢：不经处理、电镀或非电解锌片涂层。

2）有色金属：简单处理，电镀。

【产品等级】 B 级。

【规格】 优选无倒角六角薄螺母的规格见表 17-27。

表 17-27　优选无倒角六角薄螺母的规格（GB/T 6174—2016）

（单位：mm）

规格 D	M1.6	M2	M2.5	M3	(M3.5)	M4	M5	M6	M8	M10
P	0.35	0.4	0.45	0.5	0.6	0.7	0.8	1.0	1.25	1.5

【标记】　螺纹规格为 M12，钢螺母硬度大于或等于 110HV30，表面不经处理，产品等级为 B 级，无倒角的六角薄螺母，标记为：螺母　GB/T 6174　M12。

4. 滚花型

【用途】　用于需要手动拆装螺栓的场合。

【材料】　钢。

【等级】　机械性能等级：5 级；产品等级：A 级。

【表面处理】　不经处理，镀锌钝化。

【规格】　滚花薄螺母的规格见表 17-28。

表 17-28　滚花薄螺母的规格（GB/T 807—1988）　　（单位：mm）

规格 D		M1.4	M1.6	M2	M2.5	M3	M4	M5	M6	M8	M10
d_k	max	6	7	8	9	10	12	16	20	24	30
（滚花前）	min	5.78	6.78	7.78	8.78	10.73	11.73	15.73	19.67	23.67	29.67

【标记】　螺纹规格 D=M5，性能等级为 5 级，不经表面处理的滚花薄螺母，标记为：螺母　GB/T 807　M5。

5. 带肩型

【用途】　用于滚齿、插齿夹具和辅具。

【材料】　钢。

【规格】　带肩薄螺母的规格见表 17-29。

表 17-29　带肩薄螺母的规格（JB/T 9163.17—1999）　　（单位：mm）

规格	M10	M12	M16	M20	M24	M27×1.5	M30	M30×1.5
D	21	24	30	37	44	50	56	56
H	10	12	16	20	24	27	30	30
s	17	19	24	30	36	41	46	46

【标记】　d=M30×1.5 的精制带肩六角螺母，标记为：精制螺母 M30×1.5 JB/T 9163.17—1999。

6. 开槽型

【用途】　用于振动、变载荷等易松动的地方，配以开口销防松。

【材料】　钢、不锈钢。

【等级】

1）机械性能等级。钢：4 级、5 级；不锈钢：A2-50。

2）产品等级。$D \leqslant 16$mm 时：A 级；$D>16$mm 时，B 级。

【表面处理】 钢：不经处理，镀锌钝化。不锈钢：不经处理。

【规格】 A级和B级开槽薄螺母的规格见表17-30。

表17-30 A级和B级开槽薄螺母的规格（GB 6181—1986）

（单位：mm）

规格 D	M5	M6	M8	M10	M12	(M14)	M16	M20	M24	M30	M36
开口销	1.2×12	1.6×14	2×16	2.5×20	3.2×22	3.2×25	4×28	4×36	5×40	6.3×50	6.3×63

注：尽可能不采用（）内的规格。

【标记】 螺纹规格 D=M12，性能等级为4级，不经表面处理，A级的六角开槽薄螺母，标记为：螺母 GB 6181—1986-M12。

17.2.6 六角自锁螺母

【用途】 通过压花齿压入钣金的预置孔里，起自锁防松作用。

【材料】 30CrMnSiA。

【处理】 热处理：30~36HRC；表面处理：镀镉钝化。

【规格】 六角自锁螺母的规格见表17-31。

表17-31 六角自锁螺母的规格（GB/T 1337—1988） （单位：mm）

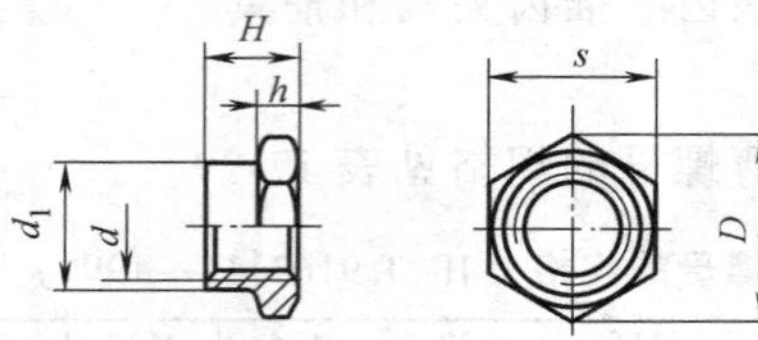

螺纹规格 D	M3、M4、M5、M6、M8、M10、M12×1.5、(M14×1.5)、M16×1.5、(M18×1.5)、M20×1.5、(M22×1.5)、M24×1.5

17.2.7 锁紧螺母

【用途】 利用螺母和螺栓之间的摩擦力，锁紧通丝外接头或其他管件。

【类别】 有1型和2型两种，其中2型又分为粗牙和细牙。

1. 1型全金属六角锁紧螺母

【材料】 钢。

【性能等级】

1）按机械强度分，有5级、8级、10级。

2）按产品等级分，有 A 级（$D \leqslant 16$mm）和 B 级（$D>16$mm）。

【表面处理】 氧化、电镀。

【规格】 1 型全金属六角锁紧螺母的规格见表 17-32。

表 17-32　1 型全金属六角锁紧螺母的规格（GB/T 6184—2000）

（单位：mm）

螺纹规格 D	M5	M6	M8	M10	M12	（M14）	M16
P	0.8	1	1.25	1.5	1.75	2	2
螺纹规格 D	（M18）	M20	（M22）	M24	M30	M36	—
P	2.5	2.5	2.5	3	3.5	4	—

【标记】 螺纹规格 D=M12，性能等级为 8 级，表面氧化，产品等级为 A 级的 1 型全金属六角锁紧螺母，标记为：螺母　GB/T 6184　M12。

2. 2 型全金属六角锁紧螺母

【分类】 有粗牙和细牙两种。

【技术条件】

1）材料：钢。

2）机械性能等级：5 级、8 级、10 级（QT）、12 级（QT）。QT 表示淬火并回火。

3）产品等级：A 级（$D \leqslant 16$mm）和 B 级（$D>16$mm）。

4）表面处理：不经处理、电镀、非电解锌片涂层、热浸镀锌层。

【规格】 2 型全金属六角锁紧螺母的规格见表 17-33。

表 17-33　2 型全金属六角锁紧螺母的规格（GB/T 6185—2016）

（单位：mm）

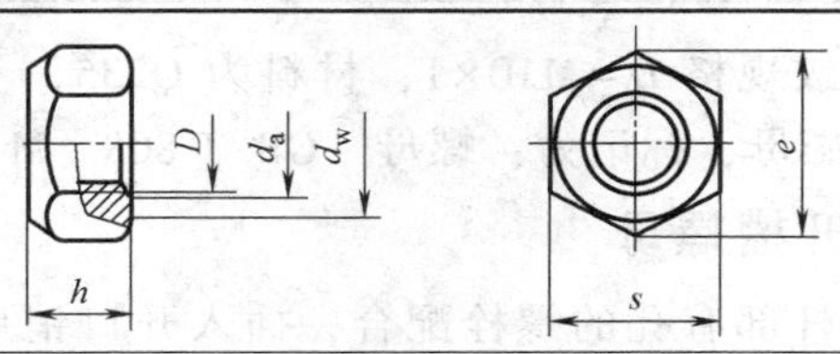

（续）

粗　牙											
D	M5	M6	M8	M10	M12	(M14)	M16	M20	M24	M30	M36
P	0.8	1	1.25	1.5	1.75	2	2	2.5	3	3.5	4
细　牙											
D	M8	M10		M12		(M14)	M16	M20	M24	M30	M36
P	1	1	1.25	1.25	1.5	1.5	1.5	1.5	2	2	3

【标记】

1）螺纹规格为 M12，性能等级为 8 级，表面不经处理，产品等级为 A 级的 2 型全金属六角锁紧螺母，标记为：螺母　GB/T 6185.1　M12。

2）螺纹规格为 M12×1.5，细牙螺纹，性能等级为 8 级，表面不经处理，产品等级为 A 级的 2 型全金属六角锁紧螺母，标记为：螺母　GB/T 6185.2　M12×1.5。

17.2.8　小六角特扁细牙螺母

【用途】　用于仪表等承受载荷很小的连接。

【材料】　采用 Q235、A2、HPb59-1。

【等级】　A 级：用于 $D \leqslant 16$mm；B 级：用于 $D > 16$mm。

【表面处理】　不经处理或镀锌钝化。

【规格】　小六角特扁细牙螺母的规格见表 17-34。

表 17-34　小六角特扁细牙螺母的规格（GB/T 808—1988）　（单位：mm）

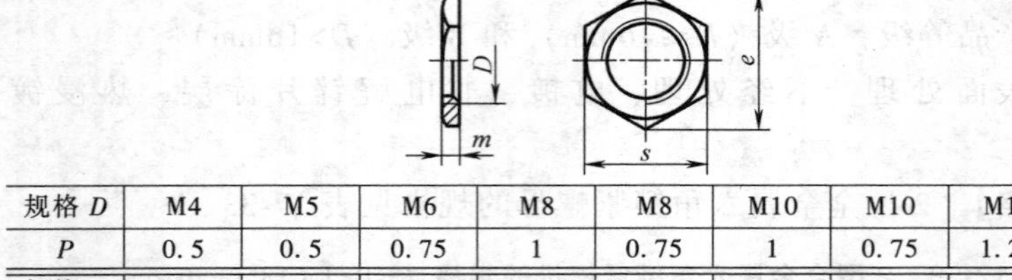

规格 *D*	M4	M5	M6	M8	M8	M10	M10	M12	M12
P	0.5	0.5	0.75	1	0.75	1	0.75	1.25	1
规格 *D*	M14	M16	M16	M18	M18	M20	M22	M24	M24
P	1	1.5	1	1.5	1	1	1	1.5	1

【标记】　螺纹规格 D=M10×1，材料为 Q235，不经表面处理的小六角特扁细牙螺母，标记为：螺母　GB/T 808　M10。

17.2.9　1 型开槽螺母

【用途】　与杆部有孔的螺栓配合，插入开口销后防止螺栓受到冲击、振动而松动。

【分类】 按型式分有 1 型和 2 型，按精度分有 A、B、C 三级，按螺纹牙型分有粗牙和细牙两种。

【材料】 钢。

1. 1 型 C 级六角开槽螺母

【用途】 用于表面比较粗糙、对精度要求不高的振动、变载荷等场合。

【机械性能等级】 4 级、5 级。

【产品等级】 C 级。

【表面处理】 不经处理、钝化。

【规格】 1 型 C 级六角开槽螺母的规格见表 17-35。

表 17-35 1 型 C 级六角开槽螺母的规格（GB/T 6179—1986）

（单位：mm）

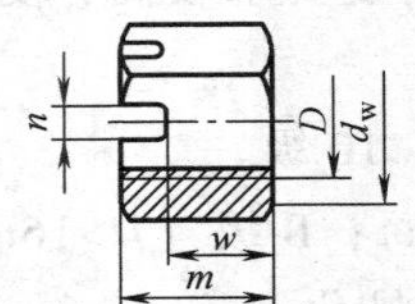

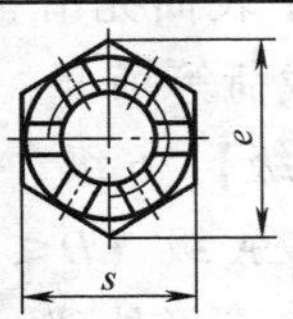

螺纹规格 D	M5	M6	M8	M10	M12	(M14)	M16	M20	M24	M30	M36
开口销	1.2×12	1.6×14	2×16	2.5×20	3.2×22	3.2×25	4×28	4×36	5×40	6.3×50	6.3×63

【标记】 螺纹规格 D=M5，性能等级为 5 级，不经表面处理，C 级的 1 型六角开槽螺母，标记为：螺母 GB/T 6179—1986-M 5。

2. 1 型 A 级和 B 级开槽六角螺母

【用途】 用于表面光滑、对精度要求较高的振动、变载荷等场合。A 级用于 $D \leqslant 16$mm 时；B 级用于 $D>16$mm 时。

【机械性能等级】 6 级、8 级、10 级。

【产品等级】 A 级（$D \leqslant 16$mm）；B 级（$D>16$mm）。

【表面处理】 不经处理、镀锌钝化。

【规格】 1 型 A 级和 B 级开槽六角螺母的规格见表 17-36。

【标记】 螺纹规格 D=M5，性能等级为 8 级，不经表面处理，A

级的 1 型六角开槽螺母，标记为：螺母 GB/T 6178—1986-M5。

表 17-36　1 型 A 级和 B 级开槽六角螺母的规格（GB/T 6178—1986）

（单位：mm）

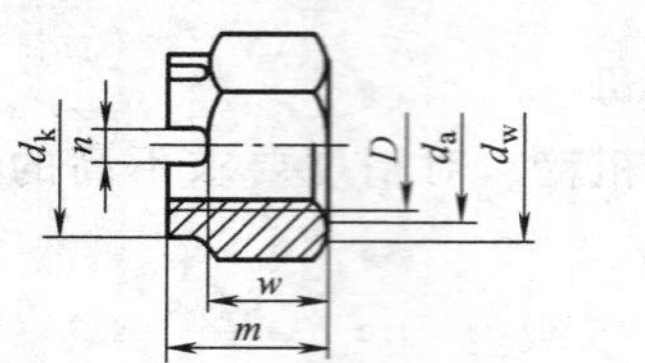

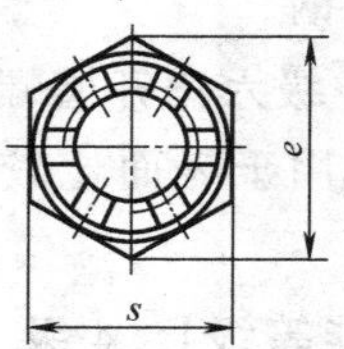

螺纹规格 D	M4	M5	M6	M8	M10	M12	(M14)	M16	M20	M24	M30	M36
开口销	1×10	1.2×12	1.6×14	2×16	2.5×20	3.2×22	3.2×25	4×28	4×36	5×40	6.3×50	6.3×63

3. 1 型 A 级和 B 级细牙六角开槽螺母

【用途】 用于表面光滑、对精度要求较高，受力不大但要求能微调的振动、变载荷等场合。

【机械性能等级】 6 级、8 级、10 级。

【产品等级】 A 级（$D \leqslant 16$mm）；B 级（$D>16$mm）。

【表面处理】 不经处理、镀锌钝化。

【规格】 1 型 A 级和 B 级细牙六角开槽螺母的规格见表 17-37。

表 17-37　1 型 A 级和 B 级细牙六角开槽螺母的规格（GB/T 9457—1986）

（单位：mm）

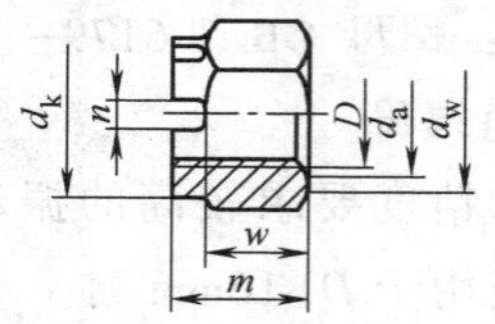

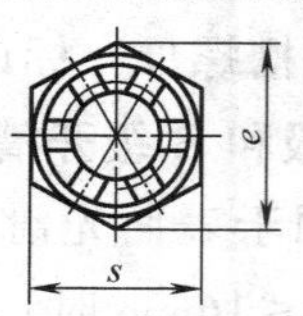

螺纹规格 D×P	M8×1	M10×1 (M10×1.25)	M12×1.5 (M12×1.25)	(M14×1.5)	M16×1.5	(M18×1.5)	M20×2 (M20×1.5)
开口销	2×16	2.5×20	3.2×22	3.2×26	4×28	4×32	4×36

螺纹规格 D×P	(M22×1.5)	M24×2	(M27×2)	M30×2	(M33×2)	M36×3
开口销	5×40	5×40	5×45	6.3×50	6.3×60	6.3×65

【标记】 螺纹规格 D=M8×1，性能等级为 8 级，不经表面处理 A 级 1 型六角开槽螺母，标记为：螺母　GB/T 9457　M8×1。

17.2.10　2 型开槽螺母

【分类】 有普通螺母和细牙螺母两种。

【用途】 用于表面光滑、对精度要求较高，受力不大但要求能微调的振动、变载荷等场合。

1. 普通开槽螺母

【材料】 钢。

【机械性能等级】 9 级、12 级。

【产品等级】 A 级（D≤16mm）；B 级（D>16mm）。

【表面处理】 不经处理、镀锌钝化。

【规格】 2 型 A 级和 B 级六角开槽螺母的规格见表 17-38。

表 17-38　2 型 A 级和 B 级六角开槽螺母的规格（GB/T 6180—1986）

（单位：mm）

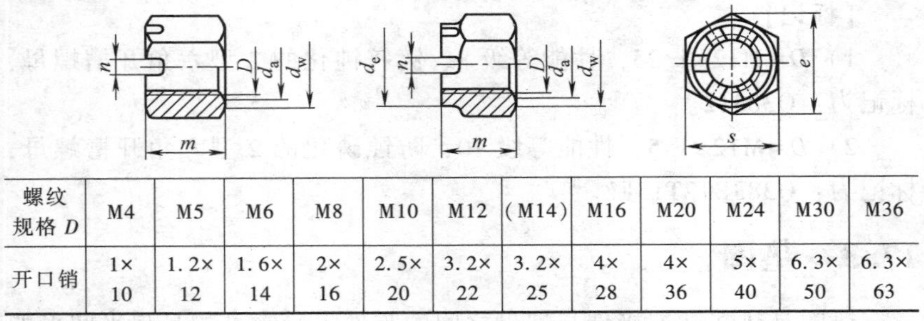

螺纹规格 D	M4	M5	M6	M8	M10	M12	(M14)	M16	M20	M24	M30	M36
开口销	1×10	1.2×12	1.6×14	2×16	2.5×20	3.2×22	3.2×25	4×28	4×36	5×40	6.3×50	6.3×63

【标记】 螺纹规格为 D=M5、性能等级为 9 级、不经表面处理、A 级的 2 型六角开槽螺母，标记为：螺母　GB/T 6180—1986-M5。

2. 细牙螺母

【材料】 钢。

【机械性能等级】 8 级（D≤16）、10 级。

【产品等级】 A 级（D≤16mm）；B 级（D>16mm）。

【表面处理】 8 级：镀锌钝化，Fe/Ep · Zn5；10 级：防蚀磷化，Fe/Ct · Phr。

【规格】 2 型 A 级和 B 级六角开槽细牙螺母的规格见表 17-39。

表 17-39 2 型 A 级和 B 级六角开槽细牙螺母的规格（GB/T 9458—1988）

（单位：mm）

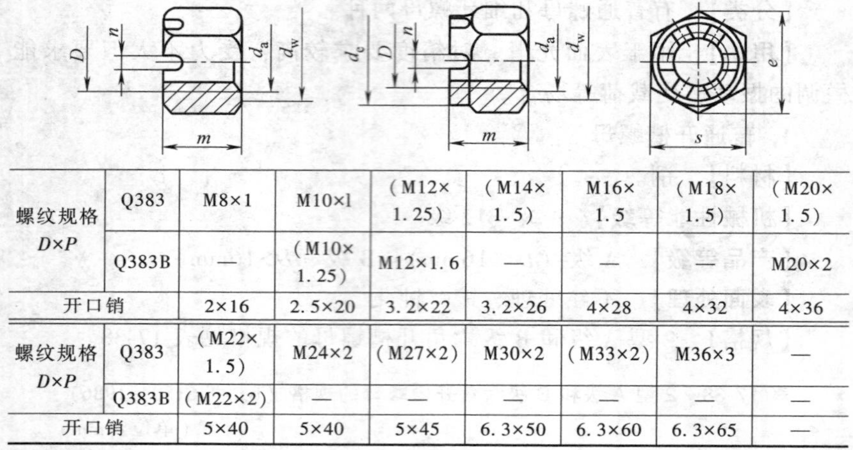

螺纹规格 D×P								
螺纹规格 D×P	Q383	M8×1	M10×l	（M12×1.25）	（M14×1.5）	M16×1.5	（M18×1.5）	（M20×1.5）
	Q383B	—	（M10×1.25）	M12×1.6	—	—	—	M20×2
开口销		2×16	2.5×20	3.2×22	3.2×26	4×28	4×32	4×36
螺纹规格 D×P	Q383	（M22×1.5）	M24×2	（M27×2）	M30×2	（M33×2）	M36×3	—
	Q383B	（M22×2）	—	—	—	—	—	—
开口销		5×40	5×40	5×45	6.3×50	6.3×60	6.3×65	—

【标记】

1）D=M12×1.25，性能等级 8，镀锌钝化的 2 型六角开槽螺母，标记为：Q38312。

2）D=M12×1.5，性能等级 10，防蚀磷化的 2 型六角开槽螺母，标记为：Q383B12T13F2。

17.3 垫圈

垫圈是垫在被连接件与螺母之间的零件，最常见的是扁平圆形的金属环。

【用途】 用于保护被连接件的表面不受螺母擦伤，分散螺母对被连接件的压力。

【分类】

1）按形状分，有平垫圈（标准系列平垫圈、开口垫圈、弹簧垫圈、锁紧和弹性垫圈、止动垫圈和调整垫圈）、球面垫圈、锥面垫圈、工字钢用方斜垫圈等。

2）按材料分，有金属（钢、不锈钢、铜、铝）、非金属（橡胶、石墨、软木）和复合材料（金属缠绕垫，金属包覆垫、石棉橡胶等）三大类。

17.3.1　标准系列平垫圈

【分类】

1）按尺寸大小分，有小垫圈、大垫圈和特大垫圈。

2）按制造精度高低分，有 A 级和 C 级。

【用途】　大垫圈的外径和厚度较大，多用于木质零件，小垫圈多用于金属零件。A 级垫圈主要用于 A 级与 B 级标准六角头螺栓、螺钉与螺母；C 级垫圈常与 C 级螺栓、螺钉与螺母配合使用。

【规格】　标准系列平垫圈的规格见表 17-40。

表 17-40　标准系列平垫圈的规格　　（单位：mm）

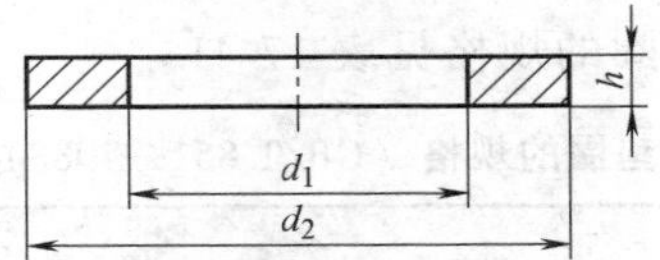

（GB/T 95—2002、GB/T 97—2002、GB/T 848—2002、GB/T 96.2—2002、GB/T 5287—2002）

公称规格 d_1	平垫圈 A 级	平垫圈 C 级	小垫圈 A 级	大垫圈 A 级	特大垫圈 C 级	公称规格 d_1	平垫圈 A 级	平垫圈 C 级	小垫圈 A 级	大垫圈 A 级	特大垫圈 C 级
1.6	√	—	√	—	—	(14)	√	√	√	√	√
2	√	—	√	—	—	16	√	√	√	√	√
2.5	√	—	√	—	—	(18)	√	—	√	√	—
3	√	—	√	√	—	20	√	√	√	√	√
(3.5)	√	—	√	√	—	(22)	√	—	√	√	—
4	√	—	√	√	—	24	√	√	√	√	√
5	√	√	√	√	√	(27)	√	—	√	√	—
6	√	√	√	√	√	30	√	√	√	√	√
8	√	√	√	√	√	(33)	√	—	√	√	—
10	√	√	√	√	√	36	√	√	√	√	√
12	√	√	√	√	√	—	—	—	√	√	—

注：( ) 内的为非优选尺寸。

17.3.2　销轴用平垫圈

【材料】　钢。

【机械性能】　硬度为 160～250HV。

【产品等级】 A 级。

【表面处理】 不经处理、镀锌钝化、磷化。

【公称规格】 根据 GB/T 97.3—2002 的规定，公称规格（mm）有 3、4、5、6、8、10、12、14、16、18、20、22、24、25、27、28、30、32、33、36、40、45、50、56、60、70、80、90、100。

【标记】 公称规格为 8mm，性能等级为 160HV，不经表面处理的销轴用平垫圈，标记为：垫圈 GB/T 97.3 8。

17.3.3 开口垫圈

开口垫圈是有和其内径相等宽度缺口的垫圈。

【用途】 用于不需要除去螺母可换垫圈的地方。

【材料】 45 钢。

【处理】 热处理：40~48HRC。表面氧化。

【规格】 开口垫圈的规格见表 17-41。

表 17-41 开口垫圈的规格（GB/T 851—1988） （单位：mm）

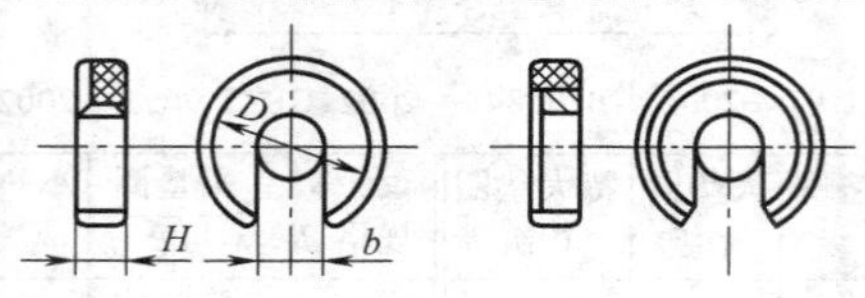

公称直径(螺纹直径)	5、6、8、10、12、16、20、24、30、36

【标记】 规格为 16mm，外径为 50mm，材料为 45 钢，热处理硬度 40~48HRC，表面氧化的 A 型开口垫圈，标记为：垫圈 GB/T 851 16-50。

按 B 型制造时，应在公称直径前加“B”。

17.3.4 弹簧垫圈

弹簧垫圈是一个有开口、翘曲且有弹性的垫圈。

【用途】 用于装拆频繁，且防松能力不高的部位。

【类别】 普通弹簧垫圈分为标准、轻型和重型三种，另外还有鞍形弹簧垫圈和波形弹簧垫圈。

【材料、热处理和表面处理】 弹簧垫圈的材料、热处理和表面处理见表 17-42。

表 17-42　弹簧垫圈的材料、热处理和表面处理（GB/T 94.1—2008）

种类	牌号	热处理	表面处理
弹簧钢	70	淬火并回火 40HRC~50HRC 或 392HV~513HV	氧化、磷化
	65Mnp		镀锌钝化
	60Si2Mn		非电解锌片涂层
不锈钢	30Cr13	回火 ≥34HRC 或 336HV	简单处理
	06Cr18Ni9		
	06Cr18Ni10Ti		
	06Cr18Ni11Ti		
	06Cr17Ni12Mo2		
磷青铜	QSi3-1	≥90HRB 或 192HV	—

【规格】 弹簧垫圈的规格见表 17-43。

表 17-43　弹簧垫圈的规格　　　（单位：mm）

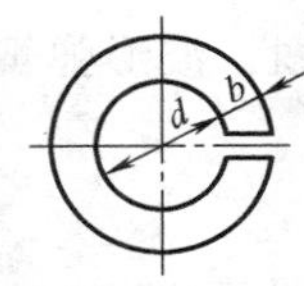

标准弹簧垫圈（GB/T 93—1987）
轻型弹簧垫圈（GB/T 859—1987）
重型弹簧垫圈（GB/T 7244—1987）

规格（螺纹大径）	垫圈主要尺寸										
	内径 *d*		自由高度 *H*			公称厚度 *s*			公称宽度 *b*		
	min	max	标准	轻型	重型	标准	轻型	重型	标准	轻型	重型
2	2.1	2.35	1.0	—	—	0.5	—	—	0.5	—	—
2.5	2.6	2.85	1.3	—	—	0.65	—	—	0.65	—	—
3	3.1	3.40	1.6	1.2	—	0.8	0.6	—	0.8	1.0	—
4	4.1	4.40	2.2	1.6	—	1.1	0.8	—	1.1	1.2	—
5	5.1	5.40	2.6	2.2	3.6	1.3	1.1	—	1.3	1.5	—
6	6.1	6.68	3.2	2.6	3.6	1.6	1.3	1.8	1.6	2.0	2.6
8	8.1	8.68	4.2	3.2	4.8	2.1	1.6	2.4	2.1	2.5	3.2
10	10.2	10.9	5.2	4.0	6.0	2.6	2.0	3.0	2.6	3.0	3.8
12	12.2	12.9	6.2	5.0	7.0	3.1	2.5	3.5	3.1	3.5	4.3
(14)	14.2	14.9	7.2	6.0	8.2	3.6	3.0	4.1	3.6	4.0	4.8
16	16.2	16.9	8.2	6.4	9.6	4.1	3.2	4.8	4.1	4.5	5.3
(18)	18.2	19.09	9.0	7.2	10.6	4.5	3.6	5.3	4.5	5.0	5.8
20	20.2	21.04	10	8.0	12.0	5.0	4.0	6.0	5.0	5.5	6.4
(22)	22.5	23.34	11	9.0	14.2	5.5	4.5	6.6	5.5	6	7.2

（续）

规格（螺纹大径）	垫圈主要尺寸										
	内径 d		自由高度 H			公称厚度 s			公称宽度 b		
	min	max	标准	轻型	重型	标准	轻型	重型	标准	轻型	重型
24	24.5	25.5	12	10	14.2	6.0	5.0	7.1	6.0	7	7.5
(27)	27.5	29.5	13.6	11	16.0	6.8	5.5	8.0	6.8	8	8.5
30	30.5	31.5	15	12	18.0	7.5	6.0	9.0	7.5	9	9.3
(33)	33.5	34.7	17	—	19.8	8.5	—	9.9	8.5	—	10.2
36	36.5	37.7	18	—	21.6	9.0	—	10.8	9.0	—	11.0
(39)	39.5	40.7	20	—	—	10.0	—	—	10.0	—	—
42	42.5	43.7	21	—	—	10.5	—	—	10.5	—	—
(45)	45.5	46.7	22	—	—	11	—	—	11	—	—
48	48.5	49.7	24	—	—	12	—	—	12	—	—

【标注】 规格为16mm，材料为65Mn，表面氧化的重型弹簧垫圈，标记为：垫圈 GB/T 7244—1987　16。

17.3.5　鞍形和波形弹簧垫圈

鞍形弹簧垫圈是呈鞍形的圆形开口垫圈，波形弹簧垫圈是呈扭曲形的圆形开口垫圈。

【技术条件】 同“17.3.4　弹簧垫圈”。

【规格】 鞍形和波形弹簧垫圈的规格见表17-44。

表17-44　鞍形和波形弹簧垫圈的规格　（单位：mm）

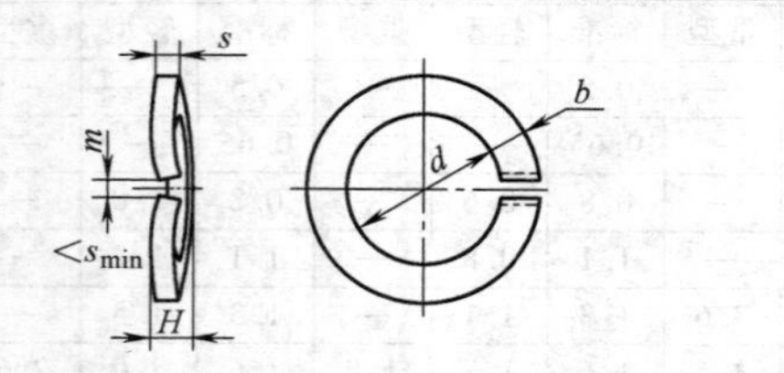

鞍形弹簧垫圈（GB/T 7245—1987）

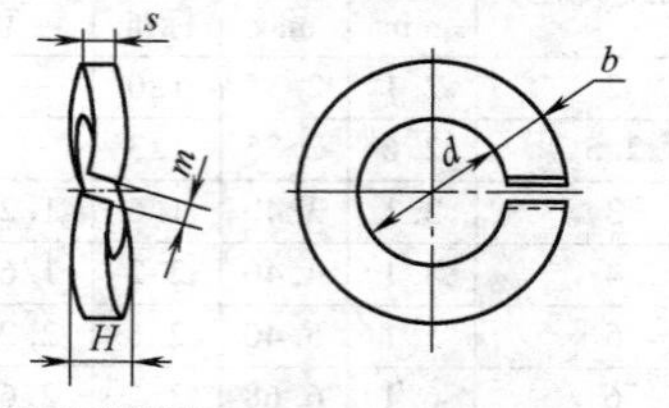

波形弹簧垫圈（GB/T 7246—1987）

规格（螺纹大径）	3、4、5、6、8、10、12、(14)、16、(18)、20、(22)、24、(27)、30

【标记】 规格为16mm，材料为65Mn，表面氧化的鞍形弹簧垫圈，标记为：垫圈 GB/T 7245—1987 16。

17.3.6　鞍形和波形弹性垫圈

鞍形弹性垫圈是呈鞍形的圆形垫圈，波形弹性垫圈是扭曲形的圆形垫圈。

【技术条件】　鞍形弹性垫圈和波形弹性垫圈的技术条件见表17-45。

表 17-45　鞍形弹性垫圈和波形弹性垫圈的技术条件（GB/T94. 3—2008）

材料			热处理	表面处理
种类	牌号	标准编号		
弹簧钢	65Mn	GB/T 1222	淬火并回火 40～50HRC 或 392～513HV	氧化；镀锌钝化按 GB/T 5267. 1；非电解锌片涂层按 GB/T 5267. 2
铜合金	QSn 6. 5-0. 1(硬)	GB/T 3114	≥85HRB 或 164HV	钝化

注：1. 垫圈电镀后，必须立即进行驱氢处理。
　　2. 热处理硬度供生产工艺参考。

【规格】　鞍形弹性垫圈和波形弹性垫圈的规格见表 17-46。

表 17-46　鞍形弹性垫圈和波形弹性垫圈的规格　（单位：mm）

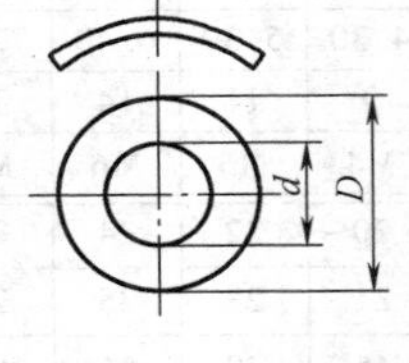

鞍形弹性垫圈
（GB/T 860—1987）

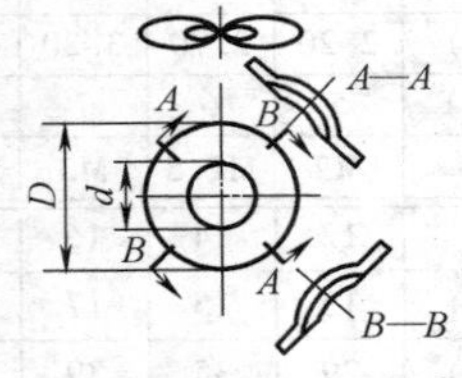

波形弹性垫圈
（GB/T 955—1987）

规格（螺纹大径）	鞍形	2、2. 5、3、4、5、6、8、10
	波形	3、4、5、6、8、10、12、(14)、16、(18)、20、(22)、24、(27)、30

【标记】　规格为 6mm，材料为 65Mn，表面氧化的鞍形弹性垫圈，标记为：垫圈 GB/T 860—1987 6。

17. 3. 7　锥形弹性垫圈

锥形弹性垫圈是上、下面直径不等的垫圈。

【用途】　用于螺栓和螺钉连接的防松。

【技术条件】　锥形弹性垫圈的技术条件见表 17-47。

【规格】　锥形弹性垫圈的规格见表 17-48。

【标注】　规格为 12mm，材料为弹簧钢，热处理硬度为 420～490HV，表面不经处理的锥形弹性垫圈，标记为：垫圈　GB/T 956. 3 12。

表 17-47 锥形弹性垫圈的技术条件（GB/T 94.4—2017）

材料			热处理	表面处理
种类	牌号	标准编号		
弹簧钢	制造者自选	GB/T 1222	淬火并回火 420~490HV	电镀技术要求按 GB/T 5267.1；非电解锌片涂层技术要求按 GB/T 5267.2
		YB/T 5063		
		其他标准		

注：1. 垫圈电镀后，需立即进行驱氢处理。
2. 热处理硬度供生产工艺参考。

表 17-48 锥形弹性垫圈的规格（GB/T 956.3—2017） （单位：mm）

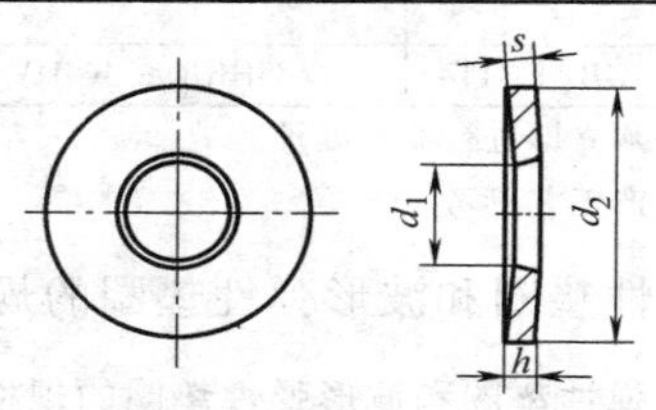

规格		2	2.5	3	3.5	4	5	6	7	8	10
d_1	公称(min)	2.20	2.70	3.20	3.70	4.30	5.30	6.40	7.40	8.40	10.50
d_2	公称(max)	5	6	7	8	9	11	14	17	18	23
适用螺纹规格		M2	M2.5	M3	M3.5	M4	M5	M6	M7	M8	M10
规格		12	14	16	18	20	22	24	27	30	—
d_1	公称(min)	13	15	17	19	21	23	25	28	31	—
d_2	公称(max)	29	35	39	42	45	49	56	60	70	—
适用螺纹规格		M12	M14	M16	M18	M20	M29	M24	M27	M30	—

17.3.8 锁紧垫圈

锁紧垫圈的内圈或外圈上有若干齿状物，上紧螺母锁紧后，能深入螺母和机器零件中，产生防振松弛效果。

【用途】 锁紧垫圈和螺母配合装在螺栓上，可防止连接副松动，广泛用于经常拆开的连接处，靠弹性及斜切口摩擦防止紧固件的松动。

外齿锁紧垫圈圆周上有许多翘齿，压在支承面上，极其可靠地阻止了紧固体松动，弹力均匀，多用于螺栓头和螺母下；内齿锁紧垫圈用于头部较小的螺钉下。

【技术条件】 锁紧垫圈技术条件见表 17-49。

【规格】 锁紧垫圈的规格见表 17-50。

表 17-49　锁紧垫圈的技术条件（GB/T 94.2—1987）

材料			热处理	表面处理
种　类	牌　号	标准编号		
弹簧钢	65Mn	GB 3525	淬火并回火 40~50HRC	氧化
				镀锌钝化
铜及其合金	QSn 6.5-0.1(硬)	GB 2066	—	钝化

注：1. 垫圈镀锌后，必须立即进行驱氢处理。

2. 热处理硬度供生产工艺参考。

表 17-50　锁紧垫圈的规格　　（单位：mm）

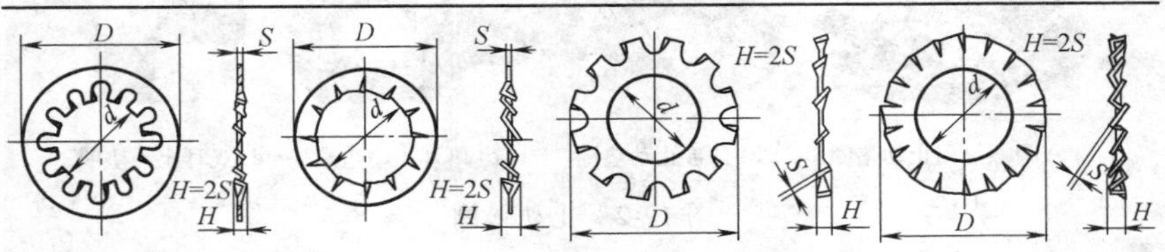

a) 内齿锁紧垫圈（GB/T861.1—1987）　b) 内锯齿锁紧垫圈（GB/T861.2—1987）　c) 外齿锁紧垫圈（GB/T862.1—1987）　d) 外锯齿锁紧垫圈（GB/T862.2—1987）

螺纹大径	内径 d		外径 D		S	齿数		
	max	min	max	min		内齿、外齿	内锯齿	外锯齿
2	2.45	2.2	4.5	4.2	0.3	6	7	9
2.5	2.95	2.7	5.5	5.2	0.3	6	7	9
3	3.5	3.2	6	5.7	0.4	6	7	9
4	4.6	4.3	8	7.64	0.5	8	8	11
5	5.6	5.3	10	9.64	0.6	8	8	11
6	6.76	6.4	11	10.57	0.6	8	9	12
8	8.76	8.4	15	14.57	0.8	8	10	14
10	10.93	10.5	18	17.57	1.0	9	12	16
12	12.93	12.5	20.5	19.98	1.0	10	12	16
(14)	14.93	14.5	24	23.48	1.2	10	14	18
16	16.93	16.5	26	25.48	1.2	12	14	18
(18)	19.52	19	30	29.48	1.5	12	14	18
20	21.52	21	33	32.38	1.5	12	16	20

注：尽量不采用（）内的数值。

【标记】　规格为 6mm，材料为 65Mn，表面氧化的内齿锁紧垫圈，标记为：垫圈 GB/T 861.1—1987 6。

17.3.9 止动垫圈

止动垫圈就是与螺母配合使用，靠其上的“舌”“耳”防止螺母松动的垫圈。

【用途】 主要用于有外螺纹的轴或紧定套上，以及固定轴上的零件或紧定套上的轴承。

【分类】 分为圆螺母用止动垫圈、外舌止动垫圈和带耳止动垫圈（见图 17-2）。

a) 圆螺母用止动垫圈　b) 外舌止动垫圈　c) 单耳止动垫圈　d) 双耳止动垫圈

图 17-2 止动垫圈

【材料】 A2、B2、Q235、B3、10、15。

【热处理】 退火。

1. 圆螺母用止动垫圈

【规格】 圆螺母用止动垫圈的规格见表 17-51。

表 17-51 圆螺母用止动垫圈的规格（GB/T 858—1988）

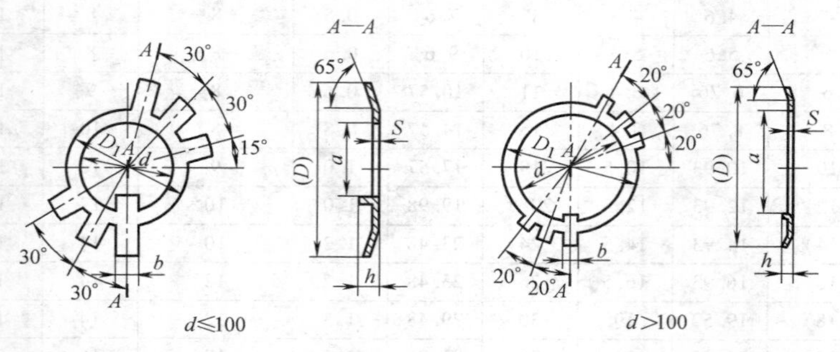

螺纹大径 d/mm	10、12、14、16、18、20、22、24、25[①]、27、30、33、35[①]、36、39、40[①]、42、45、48、50[①]、52、55[①]、56、60、64、65[①]、68、72、75[①]、76、80、85、90、95、100、105、110、115、120、125、130、140、150、160、170、180、190、200

① 表示仅用于滚动轴承锁紧装置。

【标记】　规格为 16mm，材料为 A3，经退火、表面氧化的圆螺母用止动垫圈，标记为：垫圈　GB/T 858 16。

【安装方法】　安装时，首先将内止动耳、外止动耳、垫圈和圆螺母配套，垫圈装在螺母开槽的那一侧，紧固后将内、外止动耳折弯放到槽里。等圆螺母紧固后，分别将内、外耳扳成轴向，再分别卡在轴上的键槽和圆螺母的开口处即可。圆螺母用止动垫圈如图 17-3 所示。

图 17-3　圆螺母用止动垫圈

其他止动垫圈的安装也与此类似。

2. 外舌止动垫圈

【尺寸】　见表 17-52。

表 17-52　外舌止动垫圈的尺寸（GB/T 856—1988）　（单位：mm）

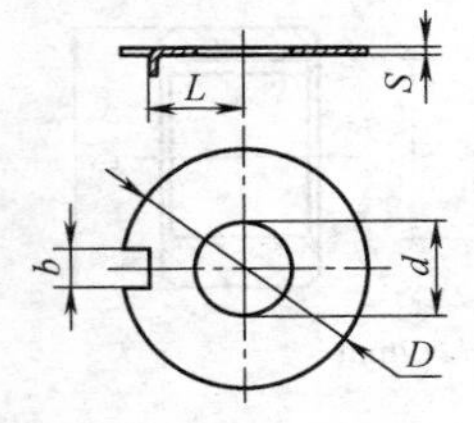	【规格】外舌止动垫圈的尺寸(mm)有 2.5、3、4、5、6、8、10、12、14、16、18、20、22、24、27、30、36、42、48 【标注】规格为 10mm，材料为 A3，经退火、不经表面处理的外舌止动垫圈，标记为：垫圈　GB 856 10

3. 带耳止动垫圈

【尺寸】　带耳止动垫圈的尺寸见表 17-53。

表 17-53　带耳止动垫圈的尺寸

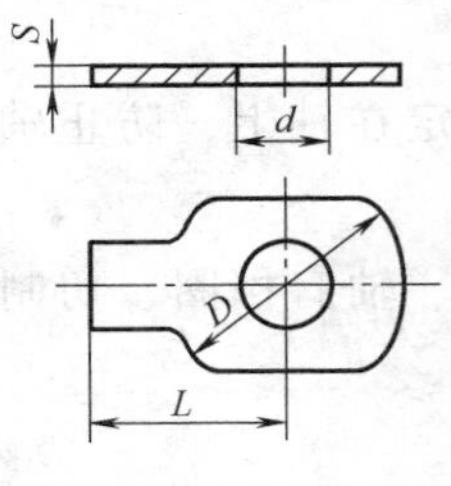

单耳(GB/T 854—1988)

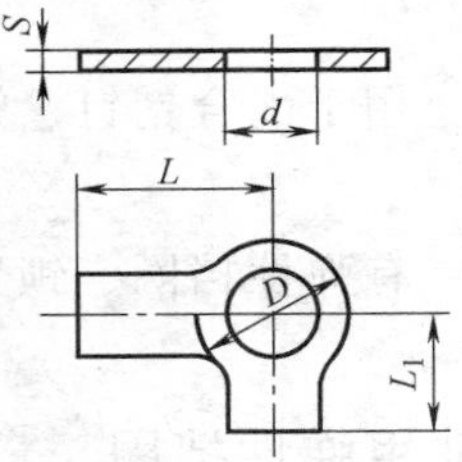

双耳(GB/T 855—1988)

螺纹大径 d/mm	2.5、3、4、5、6、8、10、12、(14)、16、(18)、20、(22)、24、(27)、30、36、42、48

【标注】 公称直径 10mm、材料为 Q235-A、经退火及表面处理的单耳止动垫圈，标记为：垫圈　10 GB/T 854—1988。

17.3.10　调整垫圈

调整垫圈是一组厚度较小（0.005~3.00mm）、公差控制很严（以“μ”计）的垫圈。

【用途】 用于模具制造和机械维修中，当因测量间隙超标或因机械老化出现晃动等现象时使用。

【材料】 65Mn（厚度 $S \leqslant 1$mm 时，可采用钢带冲压）。

【规格】 调整垫圈的规格见表 17-54。

表 17-54　调整垫圈的规格（JB/T 3411.112—1999）　（单位：mm）

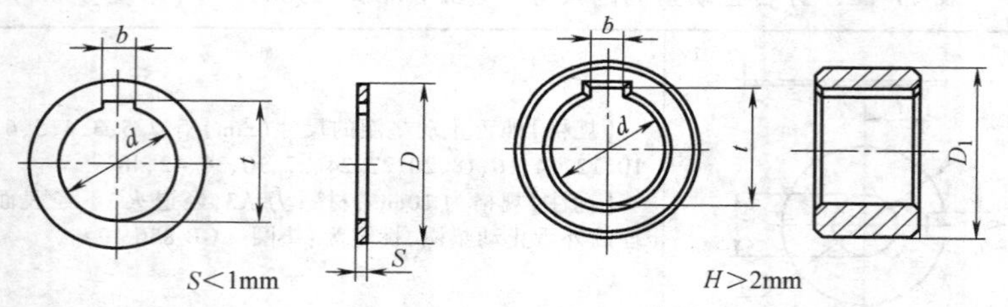

基本尺寸 d	16、22、27、32、40、50、60、80、100

【标注】 D=22mm，d=20mm 的调整垫圈，标记为：垫圈　22×20 JB/T 3411.112—1999。

17.4　挡圈

【用途】 用于配合销钉、螺钉固定在轴上，防止轴肩零件产生轴向位移。

【分类】 有弹性挡圈、锁紧挡圈、轴肩挡圈、切制挡圈和开口挡圈等。

17.4.1　孔用弹性挡圈

【用途】 可承受轴向力，用于固定安装在孔内的零件或部件（如轴承的外圈、滚动轴承等）。

【技术条件】

1）材料：C67S、C75S、70、65Mn、60Si2MnA（GB/T 959.1—2017）。

2）硬度：挡圈的热处理硬度见表 17-55。

表 17-55　挡圈的热处理硬度（GB/T 959.1—2017）

公称规格 d_1	维氏硬度 HV	洛氏硬度 HRC
$d_1 \leqslant 48$mm	470~580	47~54
48mm$<d_1 \leqslant 200$mm	435~530	44~51
200mm$<d_1 \leqslant 300$mm	390~470	40~47

3）表面处理：磷化，氧化，其他。

【规格】　标准型和重型的规格，分别见表 17-56 和表 17-57。

1）标准型。

表 17-56　标准型孔用弹性挡圈的规格（GB/T 893—2017）

（单位：mm）

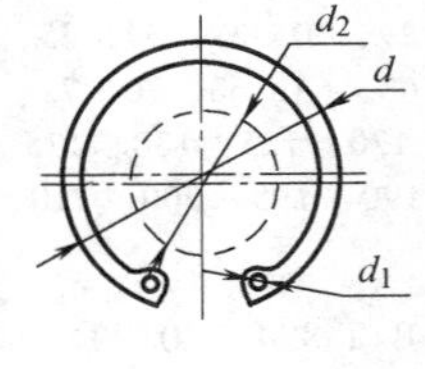

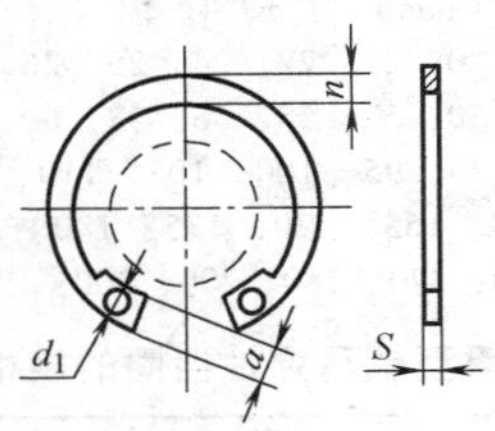

公称规格 d_1	8、9	10~13	14~30	31~40	42~100	102~200	210~300
安装工具规格	1.0	1.5	2.0	2.5	3.0	4.0	专门设计

注：d_0 系列（mm）有 8、9、10、11、12、13、14、15、16、17、18、19、20、21、22、24、25、26、28、30、31、32、34、35、36、37、38、40、42、45、47、48、50、52、55、56、58、60、62、63、65、68、70、72、75、78、80、82、85、88、90、92、95、98、100、102、105、108、110、112、115、120、125、130、135、140、145、150、155、160、165、170、175、180、185、190、195、200、210、220、230、240、250、260、270、280、290、300。

2）重型。

表 17-57　重型孔用弹性挡圈的规格（GB/T 893-2017）　（单位：mm）

公称规格 d_0	20~30	32~40	42~100
安装工具规格	2.0	2.5	3.0

注：d_0 系列（mm）有 20、22、24、25、26、28、30、32、34、35、37、38、40、42、45、47、50、52、55、60、62、65、68、70、72、75、80、85、90、95、100。

【标记】

1）孔径 $d_1=40$mm，厚度 $S=1.75$mm，材料为 C67S，表面磷化处理的 A 型孔用弹性挡圈，标记为：挡圈 GB/T 893 40。

2）孔径 $d_1=40$mm，厚度 $S=2.00$mm，材料为 C67S，表面磷化处理的 B 型孔用弹性挡圈，标记为：挡圈 GB/T 893 40B。

17.4.2 轴用弹性挡圈

【用途】 轴用弹性挡圈是一种卡在轴槽或孔槽中，用作固定零部件（如轴承的内圈）的轴向运动，其内径比装配轴径稍小。

【技术条件】 同“17.4.1 孔用弹性挡圈”。

【规格】 标准型和重型的规格，分别见表 17-58 和表 17-59。

表 17-58 标准型轴用弹性挡圈的规格（GB/T 894—2017） （单位：mm）

公称规格 d_1	3~9	10~18	19~30	32~40	42~105	110~200	210~300
安装工具规格	1.0	1.5	2.0	2.5	3.0	4.0	专门设计

注：d_1 系列（mm）有 3、4、5、6、7、8、9、10、11、12、13、14、15、16、17、18、19、20、21、22、24、25、26、28、29、30、32、34、35、35、38、40、42、45、48、50、52、55、56、58、60、62、63、65、68、70、72、75、78、80、82、85、88、90、95、100、105、110、115、120、125、130、135、140、145、150、155、160、165、170、175、180、185、190、195、200、210、220、230、240、250、260、270、280、290、300。

表 17-59 重型轴用弹性挡圈的规格（GB/T 894—2017） （单位：mm）

公称规格 d_1	15~30	32~60	65~80	85~100
安装工具规格	2.0	2.5	3.0	4.0

注：d_1 系列（mm）有 15、16、17、18、19、20、22、24、25、28、30、32、34、35、35、38、40、42、45、48、50、52、55、58、60、65、70、75、80、85、90、95、100。

【标记】 类同于“孔用弹性挡圈”。

17.4.3 开口弹性挡圈

【用途】 装在小轴的槽中定位零件，不能承受轴向力。

【技术条件】 同“17.4.1 孔用弹性挡圈”。

【规格】 开口挡圈的基本尺寸见表 17-60。

【标记】 公称直径 $d=6$mm，材料 65Mn，热处理硬度为 47~54HRC，经表面氧化处理的开口挡圈的标记为：挡圈 GB/T 896—2020-6。

表 17-60　开口挡圈的基本尺寸（GB/T 896—2020）（单位：mm）

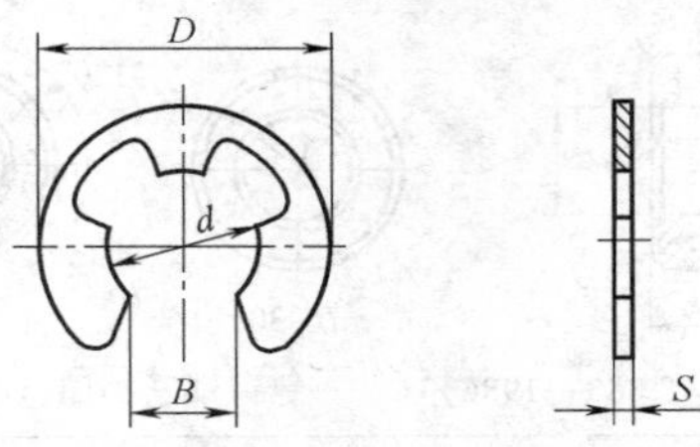

$D_{公称}$	$B_{公称}$	$S_{公称}$	D_{max}	$D_{公称}$	$B_{公称}$	$S_{公称}$	D_{max}
0.8	0.58	0.2	2.25	7	5.84	0.9	14.3
1.2	1.01	0.3	3.25	8	6.52	1	16.3
1.5	1.28	0.4	4.25	9	7.63	1.1	18.8
1.9	1.61	0.5	4.8	10	8.32	1.2	20.4
2.3	1.94	0.6	6.3	12	10.45	1.3	23.4
3.2	2.70	0.6	7.3	15	12.61	1.5	29.4
4	3.34	0.7	9.3	19	15.92	1.75	37.6
5	4.11	0.7	11.3	24	21.88	2	44.6
6	5.26	0.7	12.3	30	25.8	2.5	52.6

17.4.4　锁紧挡圈

锁紧挡圈是用于防止轴上的零件产生轴向位移的圆形圈。

【用途】　用于防止轴上零件在轴向窜动或滑移。

【分类】　有无锁圈锁紧挡圈和带锁圈锁紧挡圈两大类。

【技术条件】

1）材料：Q235、35、45、y12（GB/T 959.3—1986）。

2）热处理和硬度：见表 17-61。

表 17-61　锁紧挡圈的热处理和硬度（GB/T 959.3—1986）

材料牌号	热处理工艺及硬度	表面处理
35	淬火并回火，25~35HRC	氧化
45	淬火并回火，39~44HRC	

1. 无锁圈锁紧挡圈

无锁圈锁紧挡圈分为锥销锁紧挡圈和螺钉锁紧挡圈。

【规格】　无锁圈锁紧挡圈的规格见表 17-62。

【标记】　公称直径 $d=20$mm，材料为 70，不经表面处理的锥销锁紧挡圈，标记为：挡圈 GB/T 883—1986-20。

表 17-62　无锁圈锁紧挡圈的规格　（单位：mm）

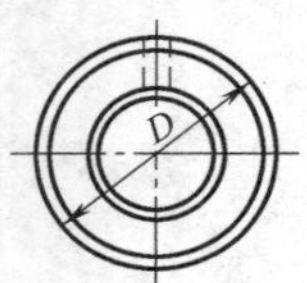

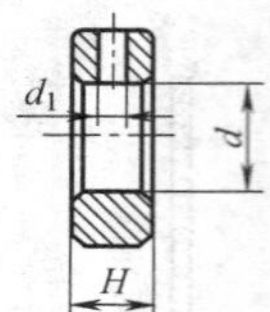

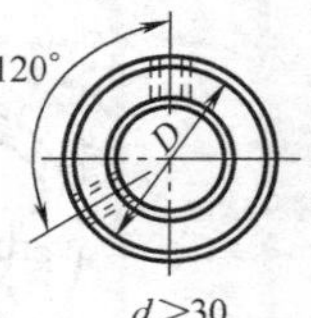

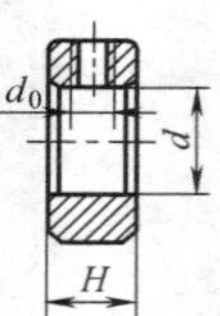

锥销锁紧挡圈（GB/T 883—1986）　　螺钉锁紧挡圈（GB/T 884—1986）

公称直径 d	8、(9)、10、12、(13)、14、(15)、16、(17)、18、(19)、20、22、25、28、30、32、35、40、45、50、55、60、65、70、75、80、85、90、95、100、105、110、115、120、(125)、130、(135)①、140①、(145)①、150①、160①、170①、180①、190①、200①

注：尽量不采用（）内的规格。此外，对锥销锁紧挡圈（d=15mm、d=17mm），螺钉锁紧挡圈（d=15mm、d=135mm）和带锁圈的螺钉锁紧挡圈（d=135mm、d=145mm）也尽量不采用。

① 表示仅用于螺钉锁紧挡圈。

2. 带锁圈的螺钉锁紧挡圈

【用途】 与带锁圈的螺钉锁紧挡圈配合使用。

【规格】 带锁圈的螺钉锁紧挡圈的规格见表 17-63。

表 17-63　带锁圈的螺钉锁紧挡圈的规格（GB/T 885-1986）

（单位：mm）

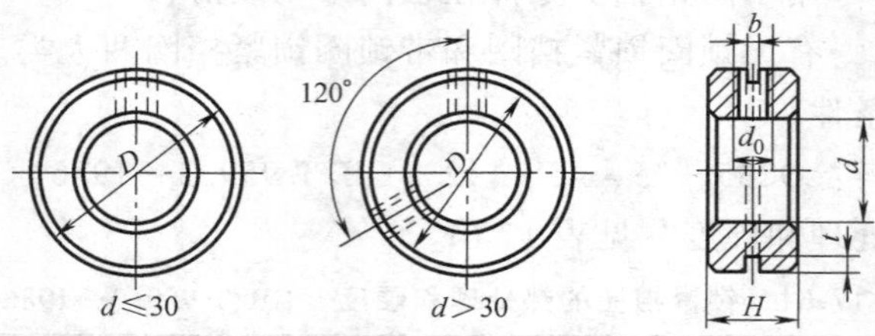

公称直径 d 系列：8、(9)、10、12、(13)、14、(15)、16、(17)、18、(19)、20、22、25、28、30、32、35、40、45、50、55、60、65、70、75、80、85、90、95、100、105、110、115、120、(125)、130、(135)、140、(145)、150、160、170、180、190、200

【标记】 公称直径 d=20mm，材料为 Q235，不经表面处理的带锁圈的螺钉锁紧挡圈，标记为：挡圈 GB/T 885-1986-20。

17.4.5　夹紧挡圈

夹紧挡圈是开口成“E”状的大半圆挡圈。

【用途】　通常用于限定轴承的轴向位置。

【材料】　Q235、B3、H62。

【规格】　见表 17-64。

表 17-64　夹紧挡圈的规格（GB/T 960—1986）　（单位：mm）

	基本尺寸							
轴径	1.5	2.0	3	4	5	6	8	10
B	1.2	1.7	2.5	3.2	4.3	5.6	7.7	9.6

【标记】　轴径为 6mm，材料为 Q235，不经表面处理的夹紧挡圈，标记为：挡圈　GB/T 960—1986—6。

17.4.6　轴肩挡圈

【用途】　用于承受径向轴承和径向推力轴承的轴向力。

【分类】　分为轻系列径向轴承、中系列径向轴承和轻系列径向推力轴承、重系列径向轴承和中系列径向推力轴承用三种。

【技术条件】　同"17.4.4 锁紧挡圈"。

【规格】　轴肩挡圈的规格见表 17-65。

表 17-65　轴肩挡圈的规格（GB/T 886—1986）　（单位：mm）

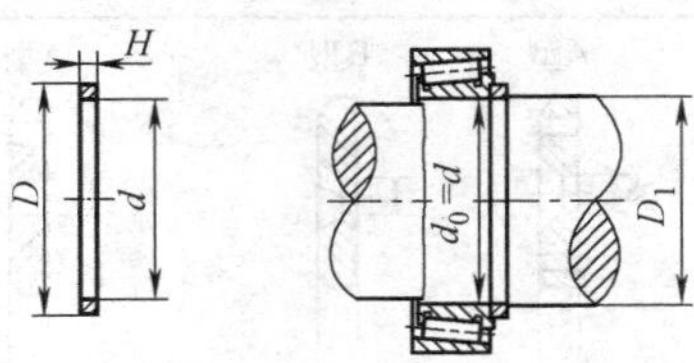

公称直径 d	轻系列径向轴承用		中系列径向轴承和轻系列径向推力轴承用		重系列径向轴承和中系列径向推力轴承用		公称直径 d	轻系列径向轴承用		中系列径向轴承和轻系列径向推力轴承用		重系列径向轴承和中系列径向推力轴承用	
	D	H	D	H	D	H		D	H	D	H	D	H
20	—	—	27	4	30	5	45	52	4	55	4	58	5
25	—	—	32	4	35	5	50	58	4	60	4	65	5
30	36	4	38	4	40	5	55	65	5	68	5	70	6
35	42	4	45	4	47	5	60	70	5	72	5	75	6
40	47	4	50	4	52	5	65	75	5	78	5	80	6

（续）

公称直径 d	轻系列径向轴承用		中系列径向轴承和轻系列径向推力轴承用		重系列径向轴承和中系列径向推力轴承用		公称直径 d	轻系列径向轴承用		中系列径向轴承和轻系列径向推力轴承用		重系列径向轴承和中系列径向推力轴承用	
	D	H	D	H	D	H		D	H	D	H	D	H
70	80	5	82	5	85	6	95	110	6	110	6	115	8
75	85	5	88	5	90	6	100	115	8	115	8	120	10
80	90	6	95	6	100	8	105	120	8	120	8	130	10
85	95	6	100	6	105	8	110	125	8	130	8	135	10
90	100	6	105	6	110	8	120	135	8	140	8	145	10

【标记】 公称直径 d=30mm，外径 D=40mm，材料为35钢，不经热处理及表面处理的轴肩挡圈，标记为：挡圈 GB/T 886—1986—30×40。

17.4.7 轴端挡圈

【用途】 用于锁紧固定在轴端的零件。

【技术条件】 同“17.4.4 锁紧挡圈”。

【分类】 螺钉紧固和螺栓紧固。

【规格】 单孔轴端挡圈的规格见表17-66。

表17-66 单孔轴端挡圈的规格 （单位：mm）

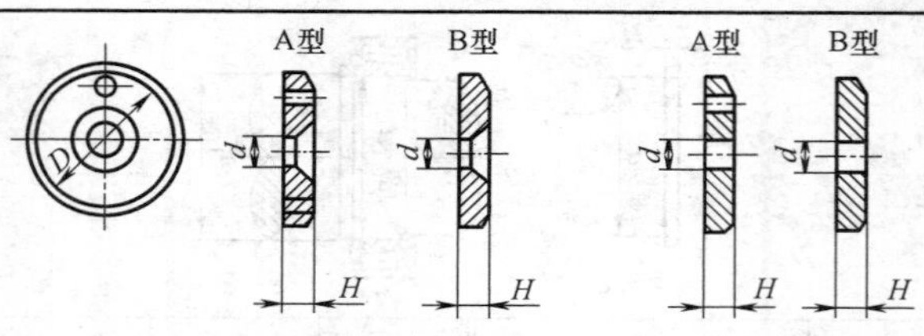

螺钉紧固轴端挡圈（GB/T 891—1986）　　螺栓紧固轴端挡圈（GB/T 892—1986）

轴径 ≤	外径 D	内径 d	厚度 H	轴径 ≤	外径 D	内径 d	厚度 H
14	20	5.5	4	28	35	6.5	5
16	22			30	38		
18	25			32	40		
20	28			35	45		
22	30			40	50		
25	32	6.5	5				

（续）

轴径 ≤	外径 D	内径 d	厚度 H	轴径 ≤	外径 D	内径 d	厚度 H
45	55	9.0	6	65	75	9.0	6
50	60			70	80		
55	65			75	90	13.0	8
60	70			85	100		

【标记】　公称直径 $D=40\text{mm}$，材料为 A3，不经表面处理的 A 型螺钉紧固轴端挡圈，标记为：挡圈 GB/T 891—1986-45（按 B 型制造时，标记为：挡圈 GB/T 891—1986-B 45）。

17.4.8　双孔轴端挡圈

【材料】　Q235A。

【规格】　双孔轴端挡圈的规格见表 17-67。

表 17-67　双孔轴端挡圈的规格（JB/ZQ 4349—2006）　（单位：mm）

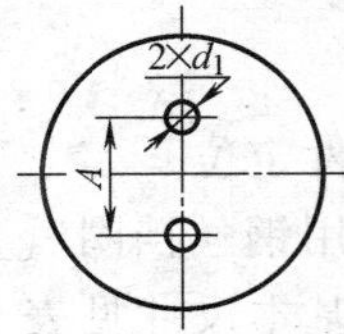

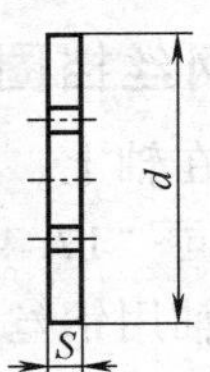

d	A	S	d_1	d	A	S	d_1
40	20	5	7	100	40	8	14
45	20			125	50		
50	20			150	60		
60	25	6		180	80	12	18
70	25		12	220	110		
80	30		14	260	140		
90	40			—	—	—	—

【标记】　$d=50\text{mm}$ 的双孔轴端挡圈，标记为：挡圈 50 JB/ZQ 4349—2006。

17.4.9　孔用钢丝挡圈

【用途】　安装在孔槽中，用于零件定位，同时亦可承受一定的轴向力，常用于滚动轴承安装。

【技术条件】

1）材料：碳素弹簧钢丝。

2）热处理：低温回火，表面处理。

3）表面处理：氧化。

【基本尺寸】 孔用钢丝挡圈的基本尺寸见表17-68。

表17-68 孔用钢丝挡圈的基本尺寸（GB/T 895.1—1986）

（单位：mm）

	外径 D
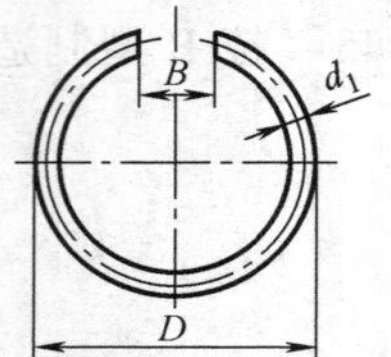	8.0、9.0、11.0、13.5、15.5、18.0、19.0、20.0、22.5、24.5、26.5、27.5、28.5、30.5、32.5、41.0、43.0、45.0、48.0、51.0、53.0、59.0、64.0、69.0、74.0、79.0、84.0、89.0、94.0、99.0、104.0、109.0、114.0、119.0、124.0、129.0

【标记】 轴径 d_0=40mm，材料为碳素弹簧钢丝，经低温回火及表面氧化处理的孔用钢丝挡圈，标记为：GB/T 895.1—1986-40。

17.4.10 轴用钢丝挡圈

【用途】 安装在轴上，用于零件定位。

【技术条件】 同"17.4.9 孔用钢丝挡圈"。

【基本尺寸】 轴用钢丝挡圈的基本尺寸见表17-69。

表17-69 轴用钢丝挡圈的基本尺寸（GB/T 895.2—1986）

（单位：mm）

	内径 d
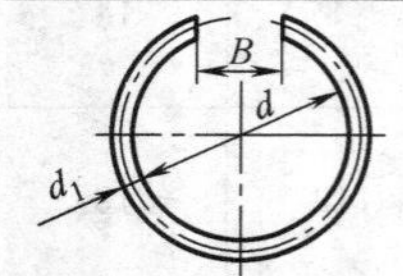	3、4、5、6、7、9、10.5、12.5、14.0、16.0、17.5、19.5、21.5、22.5、23.5、25.5、27.5、29.0、32.0、35.0、37.0、39.0、42.0、45.0、47.0、51.0、56.0、61.0、66.0、71.0、76.0、81.0、86.0、91.0、96.0、101.0、106.0、111.0、116.0、121.0

【标记】 轴径 d_0=40mm，材料为碳素弹簧钢丝，经低温回火及表面氧化处理的轴用钢丝挡圈，标记为：GB/T 895.2—1986-40。

17.5 螺钉

螺钉的机械和物理性能同表17-1和表17-2。

17.5.1 开槽圆柱头螺钉

开槽圆柱头螺钉按头部形状，可分为普通圆柱头螺钉、大圆柱头螺钉、球面大圆柱头螺钉和带孔球面圆柱头螺钉等几种。

1. 开槽圆柱头螺钉

【用途】 使用一字形螺钉旋具对零件进行拆装，多用于较小零件的连接。

【性能等级】 钢：4.8 级，5.8 级；不锈钢：A2-50，A2-70；有色金属：Cu2 级、Cu3 级、Al4 级。

【表面处理】 钢：不经处理；不锈钢：简单处理；有色金属：简单处理。

【规格】 开槽圆柱头螺钉的规格见表 17-70。

表 17-70　开槽圆柱头螺钉的规格（GB/T 65—2000）　　（单位：mm）

螺纹规格 d	M1.6	M2	M2.5	M3	(M3.5)	M4	M5	M6	M8	M10
螺距 P	0.35	0.4	0.45	0.5	0.6	0.7	0.8	1.0	1.25	1.5
公称长度 l 范围	2~16	3~20	3~25	4~30	5~35	5~40	6~50	8~60	10~80	12~80

注：公称 l 系列（mm）有 2、2.5、3、4、5、6、8、10、12、(14)、16、20、25、30、35、40、45、50、(55)、60、(65)、70、75、80。

2. 开槽大圆柱头螺钉

【用途】 多用在材质较软的工件上。

【材料】 钢、不锈钢。

【性能等级】 钢：4.8 级；不锈钢：A1-50、C4-50。

【产品等级】 A 级。

【表面处理】 钢：不经处理，镀锌钝化；不锈钢：不经处理。

【规格】 开槽大圆柱头螺钉的规格见表 17-71。

【标记】 螺纹规格 d=M5，公称长度 l=20mm，性能等级为 4.8 级，不经表面处理的开槽大圆柱头螺钉，标记为：螺钉 GB/T 833 M5×20。

3. 开槽球面大圆柱头螺钉

【用途】 用在要求外形平滑的联接处。

表 17-71　开槽大圆柱头螺钉的规格（GB/T 833—1988）

（单位：mm）

螺纹规格 d	M1.6	M2	M2.5	M3	M4
公称长度 l 范围	2.5~5	3~6	4~8	4~10	5~12
螺纹规格 d	M5	M6	M8	M10	—
公称长度 l 范围	6~14	8~16	10~16	12~20	—

注：公称 l 系列（mm）有 2.5、3、4、5、6、8、10、12、(14)、16、20。

【材料】 钢，不锈钢。

【性能等级】 钢：4.8 级；不锈钢：A1-50、C4-50。

【产品等级】 A 级。

【表面处理】 钢：不经处理，镀锌钝化；不锈钢：不经处理。

【规格】 开槽球面大圆柱头螺钉的规格见表 17-72。

表 17-72　开槽球面大圆柱头螺钉的规格（GB/T 947—1988）

（单位：mm）

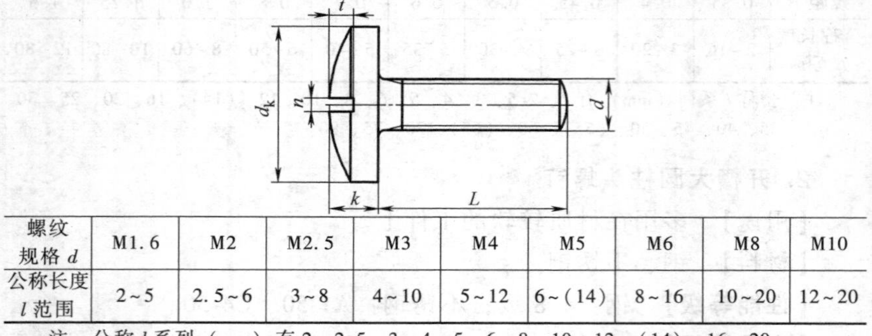

螺纹规格 d	M1.6	M2	M2.5	M3	M4	M5	M6	M8	M10
公称长度 l 范围	2~5	2.5~6	3~8	4~10	5~12	6~(14)	8~16	10~20	12~20

注：公称 l 系列（mm）有 2、2.5、3、4、5、6、8、10、12、(14)、16、20。

【标记】 螺纹规格 d=M5，公称长度 l=20mm，性能等级为 4.8 级，不经表面处理的开槽球面大圆柱头螺钉，标记为：螺钉 GB/T 947　M5×20。

4. 开槽带孔球面圆柱头螺钉

【用途】 用在要求外形平滑，且可把几个旋紧的螺钉用铁丝之类作相对固定。

【材料】 钢，不锈钢。

【性能等级】 钢：4.8 级；不锈钢：A1-50、C4-50。

【产品等级】 d_k 及 k 按 B 级，其余按 A 级。

【表面处理】 钢：不经处理，镀锌钝化；不锈钢：不经处理。

【规格】 开槽带孔球面圆柱头螺钉的规格见表 17-73。

表 17-73　开槽带孔球面圆柱头螺钉的规格（GB/T 832—1988）

（单位：mm）

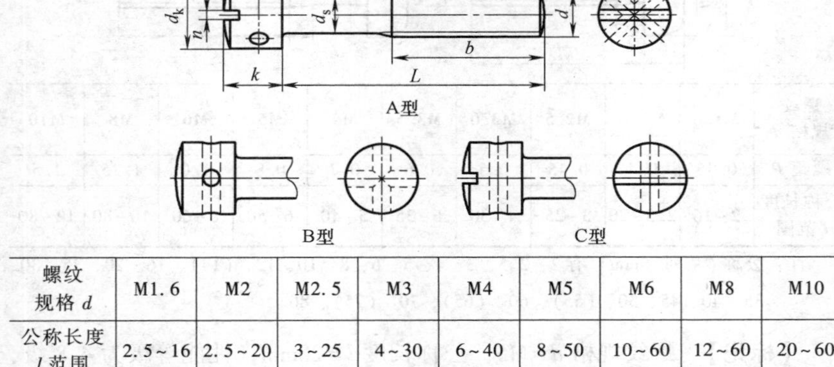

螺纹规格 d	M1.6	M2	M2.5	M3	M4	M5	M6	M8	M10
公称长度 l 范围	2.5~16	2.5~20	3~25	4~30	6~40	8~50	10~60	12~60	20~60

注：公称 l 系列（mm）有 2.5、3、4、5、6、8、10、12、（14）、16、20、25、30、35、40、45、50、（55）、60。

【标记】

1）螺纹规格 d = M5，公称长度 l = 20mm，性能等级为 4.8 级，不经表面处理，按 A 型制造的开槽带孔球面圆柱头螺钉，标记为：螺钉 GB/T 832M 5×20。

2）按 B 或 C 型制造时，应加标记 B 或 C：螺钉　GB/T 832 BM5×20。

17.5.2　开槽盘头螺钉

【用途】 用在要求外形平滑的联接处。

【材料】 钢、不锈钢、有色金属。

【性能等级】 钢：4.8 级、5.8 级；不锈钢：A2-50、A2-70；有色金属：Cu2 级、Cu3 级、Al4 级。

【产品等级】 A 级。

【表面处理】 钢：不经处理，电镀；不锈钢和有色金属：不经处理，电镀。

【规格】 开槽盘头螺钉的规格见表 17-74。

表 17-74 开槽盘头螺钉的规格（GB/T 67—2000） （单位：mm）

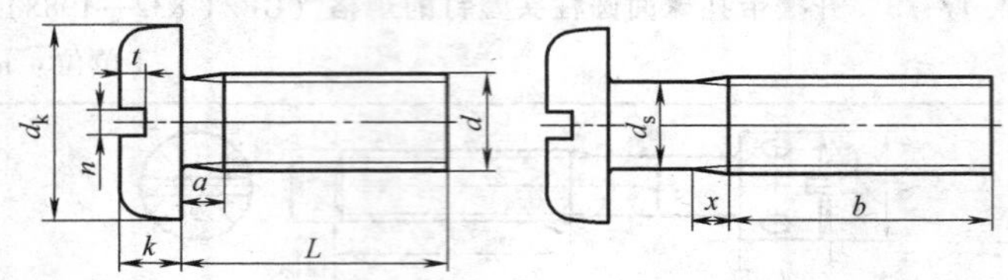

螺纹规格 d	M1.6	M2.0	M2.5	M3.0	(M3.5)	M4	M5	M6	M8	M10
螺距 P	0.35	0.4	0.45	0.5	0.6	0.7	0.8	1.0	1.25	1.5
公称长度 l 范围	2~16	2.5~20	3~25	4~30	5~35	5~40	6~50	8~60	10~80	12~80

注：公称 l 系列（mm）有 2、2.5、3、4、5、6、8、10、12、(14)、16、20、25、30、35、40、45、50、(55)、60、(65)、70、(75)、80。

【标记】 螺纹规格 d=M5，公称长度 l=20mm，性能等级为 4.8 级，不经表面处理的 A 级开槽盘头螺钉，标记为：螺钉 GB/T 67 M5×20。

17.5.3 开槽沉头螺钉

按沉头的型式，开槽沉头螺钉分为沉头和半沉头两种。

【用途】 分别用于要求工件表面平整或只要求光滑的联接处。

【材料】 钢、不锈钢、有色金属。

【性能等级】 钢：4.8 级；不锈钢：A1-50、C4-50；有色金属：Cu2 级、Cu3 级、Al4 级。

【产品等级】 A 级。

【表面处理】 钢：不经处理，电镀；不锈钢和有色金属：简单处理，电镀。

【规格】 开槽沉头螺钉的规格见表 17-75。

【标记】 螺纹规格 d=M5，公称长度 l=20mm，性能等级为 4.8 级，不经表面处理的 A 级开槽沉头螺钉，标记为：螺钉 GB/T 68 M5×20。

表 17-75　开槽沉头螺钉的规格（GB/T 68、69—2000）　（单位：mm）

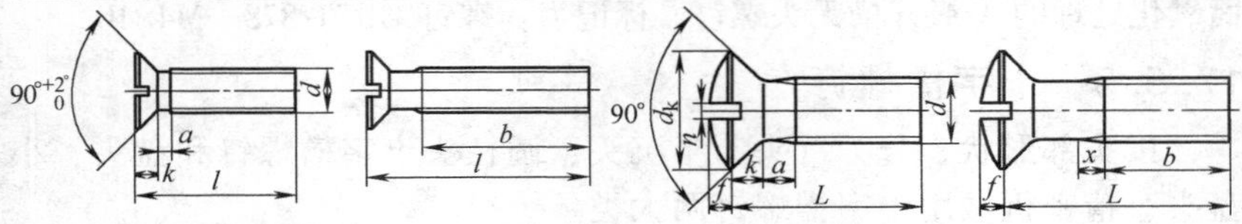

开槽沉头螺钉　　　　开槽半沉头螺钉

螺纹规格 d	M1.6	M2	M2.5	M3	(M3.5)	M4	M5	M6	M8	M10
螺距 P	0.35	0.4	0.45	0.5	0.6	0.7	0.8	1.0	1.25	1.5
公称长度 l 范围	2.5~16	3~20	4~25	5~30	6~35	6~40	8~50	8~60	10~80	12~80

注：公称 l 系列（mm）有 2.5、3、4、5、6、8、10、12、（14）、16、20、25、30、35、40、45、50、（55）、60、（65）、70、（75）、80。

17.5.4　开槽无头螺钉

【用途】　用于要求埋入工件表面，不要求光滑的联接处。

【材料】　钢、不锈钢、有色金属。

【性能等级】　钢：14H、22H、45H；不锈钢：A1-12H；有色金属：Cu2 级、Cu3 级、Al4 级。

【产品等级】　A 级。

【表面处理】　钢：不经处理，电镀，非电解锌片涂层；不锈钢：简单处理；有色金属：简单处理，电镀。

【规格】　开槽无头螺钉的规格见表 17-76。

表 17-76　开槽无头螺钉的规格　（单位：mm）

螺纹规格 d	M1	M1.2	M1.6	M2	M2.5	M3
螺距 P	0.25	0.25	0.35	0.4	0.45	0.5
公称长度 l	2.5~4	3~5	4~6	5~8	5~10	6~12
螺纹规格 d	(M3.5)	M4	M5	M6	M8	M10
螺距 P	0.6	0.7	0.8	1.0	1.25	1.5
公称长度 l	8~(14)	8~(14)	10~20	12~25	(14)~30	16~35

注：公称 l 系列（mm）有 2.5、3、4、5、6、8、10、12、(14)、16、20、25、30、35。

【标记】 螺纹规格为M4，公称长度 l=10mm，性能等级为14H，表面氧化处理的A级开槽无头螺钉，标记为：螺钉 GB/T 878 M4×10。

17.5.5 十字槽螺钉

按头部形状，分为沉头、半沉头、圆柱头十字槽螺钉和盘头、小盘头、精密机械用十字槽螺钉两大类。

1. 沉头、半沉头、圆柱头十字槽螺钉

【产品等级】 A级。

【材料和机械性能】 沉头、半沉头、圆柱头十字槽螺钉的材料和机械性能见表17-77。

表17-77 沉头、半沉头、圆柱头十字槽螺钉的材料和机械性能

类别		钢	不锈钢	有色金属
沉头螺钉	4.8级	d<3mm:按协议 d≥3mm:4.8级	—	—
	8.8级	d<3mm:按协议 D≥3mm:8.8级	A2-70	d<3mm:按协议 D≥3mm:Cu2级、Cu3级
半沉头螺钉		d<3mm:按协议 d>3mm:4.8级	A2-50,A2-70	d<3mm:按协议 D≥3mm:Cu2级、Cu3级、Al4级
圆柱头螺钉		d<3mm:按协议 D≥3mm:4.8级、5.8级	A2-70	

【表面处理】 沉头、半沉头、圆柱头十字槽螺钉的表面处理见表17-78。

表17-78 沉头、半沉头、圆柱头十字槽螺钉的表面处理

类别		钢	不锈钢	有色金属
沉头螺钉	4.8级	不经处理,电镀	—	—
	8.8级	不经处理,电镀	简单处理 钝化	简单处理 电镀
半沉头螺钉,圆柱头螺钉		非电解锌片涂层		

【规格】 十字槽螺钉的规格见表17-79。

表17-79 十字槽螺钉的规格 （单位：mm）

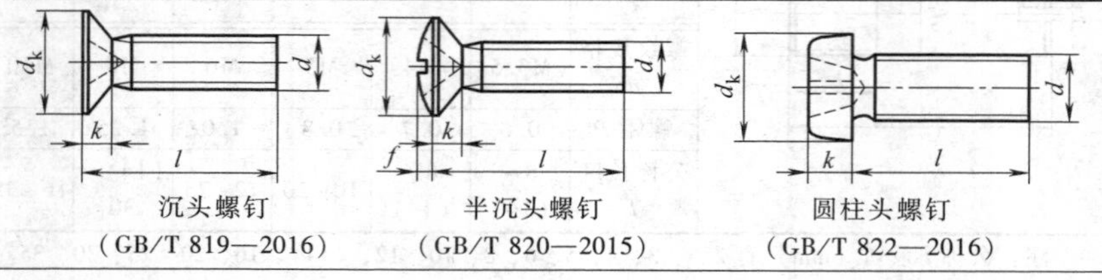

沉头螺钉（GB/T 819—2016） 半沉头螺钉（GB/T 820—2015） 圆柱头螺钉（GB/T 822—2016）

（续）

<table>
<tr><th colspan="2">螺纹规格 d/mm</th><th>M1.6</th><th>M2</th><th>M2.5</th><th>M3</th><th>(M3.5)</th><th>M4</th><th>M5</th><th>M6</th><th>M8</th><th>M10</th></tr>
<tr><td rowspan="3">螺距 P</td><td>沉头</td><td>0.3</td><td>0.4</td><td>0.45</td><td>0.5</td><td>0.6</td><td>0.7</td><td>0.8</td><td>1</td><td>1.25</td><td>1.5</td></tr>
<tr><td>半沉头</td><td>0.35</td><td>0.4</td><td>0.45</td><td>0.5</td><td>0.6</td><td>0.7</td><td>0.8</td><td>1</td><td>1.25</td><td>1.5</td></tr>
<tr><td>圆柱头</td><td>—</td><td>—</td><td>0.5</td><td>0.6</td><td>—</td><td>0.7</td><td>0.8</td><td>1</td><td>1.2</td><td>—</td></tr>
<tr><td rowspan="3">槽号 No.</td><td>沉头</td><td colspan="2">0</td><td colspan="2">1</td><td colspan="3">2</td><td>3</td><td colspan="2">4</td></tr>
<tr><td>半沉头</td><td colspan="2">0</td><td colspan="2">1</td><td colspan="3">2</td><td>3</td><td colspan="2">4</td></tr>
<tr><td>圆柱头</td><td>—</td><td>—</td><td>1</td><td>2</td><td colspan="3">2</td><td>3</td><td>3</td><td>—</td></tr>
<tr><td rowspan="4">公称长度 l 范围</td><td>沉头(4.8 级)</td><td>3~16</td><td>3~20</td><td rowspan="4">3~25</td><td rowspan="4">4~30</td><td rowspan="4">5~35</td><td rowspan="4">5~40</td><td rowspan="4">6~50</td><td rowspan="4">8~60</td><td>10~60</td><td>12~60</td></tr>
<tr><td>沉头(8.8 级)</td><td>—</td><td>3~20</td><td>10~60</td><td>12~60</td></tr>
<tr><td>半沉头</td><td>3~16</td><td>3~20</td><td>10~60</td><td>12~60</td></tr>
<tr><td>圆柱头</td><td>—</td><td>—</td><td>12~80</td><td>—</td></tr>
</table>

注：公称 l 系列（mm）有 2、3、4、5、6、8、10、12、(14)、16、20、25、30、35、40、45、50、(55)、60、70、80。

【标记】 螺纹规格为 M5，公称长度 l=20mm，性能等级为 4.8 级，产品等级为 A 级，表面不经处理的 H 型十字槽半沉头螺钉，标记为：螺钉　GB/T 820　M5×20。

2. 盘头螺钉、小盘头螺钉、精密机械用十字槽螺钉

【产品等级】 A 级。

【材料和机械性能】 盘头螺钉、小盘头螺钉、精密机械用十字槽螺钉的机械性能见表 17-80。

表 17-80　盘头螺钉、小盘头螺钉、精密机械用十字槽螺钉的机械性能

类　别	钢	不锈钢	有色金属
盘头螺钉	d<3mm：按协议 d≥3mm：8.8 级	A2-50、A2-70	d<3mm：按协议 d≥3mm：Cu2 级、Cu3 级
小盘头螺钉	d<3mm：按协议 d≥3mm：4.8 级	A1-50、C4-50	—
精密机械用螺钉	Q215：A 级、F 级	—	H68、HPb59-1：A 级、F 级

【表面处理】 盘头螺钉、小盘头螺钉、精密机械用十字槽螺钉的表面处理见表 17-81。

表 17-81　盘头螺钉、小盘头螺钉、精密机械用十字槽螺钉的表面处理

<table>
<tr><th>类　别</th><th>钢</th><th>不锈钢</th><th>有色金属</th></tr>
<tr><td>盘头螺钉</td><td rowspan="2">不经处理，电镀
非电解锌片涂层</td><td rowspan="2">简单处理
钝化</td><td>简单处理，电镀</td></tr>
<tr><td>小盘头螺钉</td><td>—</td></tr>
</table>

（续）

类　别	钢	不锈钢	有色金属
精密机械用螺钉	（Q215） 不经处理，氧化 镀锌钝化	—	（H68、HPb59-1） 不经处理，氧化 镀锌钝化

【规格】 盘头螺钉、小盘头螺钉、精密机械用十字槽螺钉的规格见表 17-82。

表 17-82　盘头螺钉、小盘头螺钉、精密机械用十字槽螺钉的规格

（单位：mm）

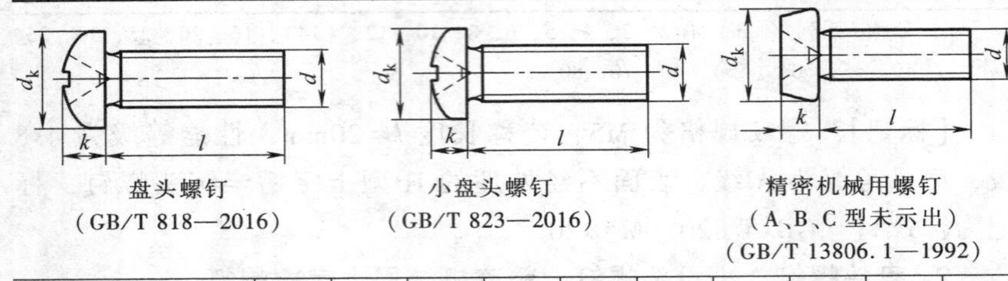

盘头螺钉（GB/T 818—2016）　小盘头螺钉（GB/T 823—2016）　精密机械用螺钉（A、B、C 型未示出）（GB/T 13806.1—1992）

<table>
<tr><th colspan="2">螺纹规格 d/mm</th><th>M1.6</th><th>M2</th><th>M2.5</th><th>M3</th><th>(M3.5)</th><th>M4</th><th>M5</th><th>M6</th><th>M8</th><th>M10</th></tr>
<tr><td rowspan="3">螺距
P</td><td>盘头</td><td>0.35</td><td rowspan="2">0.4</td><td rowspan="2">0.45</td><td rowspan="2">0.5</td><td rowspan="2">0.6</td><td rowspan="2">0.7</td><td rowspan="2">0.8</td><td rowspan="2">1</td><td rowspan="2">1.25</td><td>1.5</td></tr>
<tr><td>小盘头</td><td>—</td><td>—</td></tr>
<tr><td>精密机械用</td><td>0.35</td><td>0.4</td><td>0.45</td><td>—</td><td colspan="2">M1.2/0.25</td><td colspan="2">(M1.4/0.3)</td><td colspan="2">—</td></tr>
<tr><td rowspan="3">槽号
No.</td><td>盘头</td><td colspan="2">0</td><td colspan="2">1</td><td colspan="3">2</td><td>3</td><td colspan="2">4</td></tr>
<tr><td>小盘砂</td><td>—</td><td colspan="2">1</td><td colspan="3">2</td><td colspan="3">3</td><td>—</td></tr>
<tr><td>精密机械用</td><td>0</td><td>0</td><td>1</td><td>1</td><td colspan="2">M1.2/0</td><td colspan="2">(M1.4/0)</td><td>—</td><td>—</td></tr>
<tr><td rowspan="3">公称
长度 l
范围</td><td>盘头</td><td>3~16</td><td rowspan="2">3~20</td><td rowspan="2">3~25</td><td rowspan="2">4~30</td><td rowspan="2">5~35</td><td rowspan="2">5~40</td><td rowspan="2">6~50</td><td rowspan="2">8~60</td><td rowspan="2">10~60</td><td>12~60</td></tr>
<tr><td>小盘头</td><td>—</td><td>—</td></tr>
<tr><td>精密机械用</td><td>2~6</td><td>2.5~8</td><td>3~10</td><td>4~10</td><td colspan="2">M1.2/1.6~4</td><td colspan="2">(M1.4/2~5)</td><td>—</td><td>—</td></tr>
</table>

注：1. 盘头和小盘头十字槽螺钉长度 l 系列（mm）有 2、3、4、5、6、8、10、12、（14）、16、20、25、30、35、40、45、50、（55）、60。

2. 精密机械用螺钉长度 l 系列（mm）有 1.6、（1.8）、2、（2.2）、2.5、（2.8）、3、（3.5）、4、（4.5）、5、（5.5）、6、（7）、8、（9）、10。

【标记】

1）螺纹规格 M1.6，公称长度 l=2.5mm，产品等级为 A 级，不经表面处理，用 H68 制造的 B 型十字槽沉头螺钉，标记为：螺钉 GB/T 13806.1　BM1.6×2.5A-H68。

2）螺纹规格 M1.6，公称长度 l=2.5mm，产品等级为 F 级，不经表面处理，用 Q215 制造的 C 型十字槽半沉头螺钉，标记为：螺钉 GB/T 13806.1　CM1.6×2.5。

17.5.6　内六角螺钉

【用途】 可施加较大的拧紧力矩，联接强度高，一般能代替六角头螺栓，头部能埋入零件内，用于结构要求紧凑外形平滑的联接。

内六角螺钉分为内六角圆柱头螺钉、内六角平圆头螺钉、内六角沉头螺钉和内六角花形螺钉等几种。

1. 内六角圆柱头螺钉

【材料】 钢、不锈钢、有色金属。

【性能等级】 钢：d<3mm：按协议；3mm≤d≤39mm：8.8 级、10.9 级、12.9 级；d>39mm：按协议。

不锈钢：d≤24mm：A2-70、A3-70、A4-70、A5-70；24mm<d<39mm：A2-50、A3-50、A4-50、A5-50；d>39mm：按协议。

有色金属：Cu2 级、Cu3 级。

【产品等级】 A 级。

【表面处理】 钢：氧化，电镀，非电解锌片涂层；不锈钢：简单处理；有色金属：简单处理，电镀。

【规格】 内六角圆柱头螺钉的规格见表 17-83。

表 17-83　内六角圆柱头螺钉的规格（GB/T 70.1—2008）　（单位：mm）

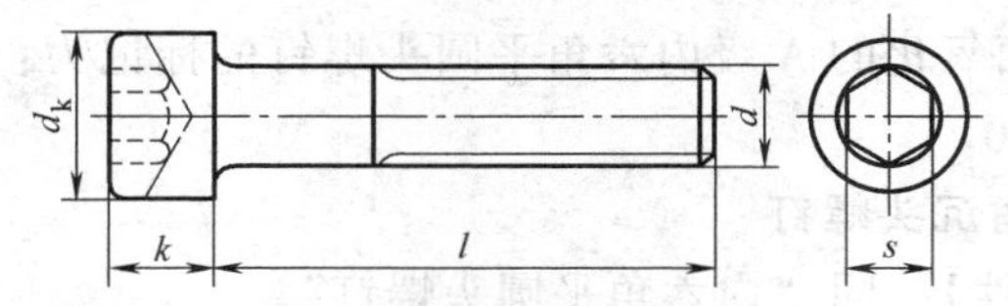

螺纹规格 d	M1.6	M2	M2.5	M3	M4	M5	M6
螺距 P	0.35	0.40	0.45	0.5	0.7	0.8	1.0
公称长度 l	2.5~16	3~20	4~25	5~30	6~40	8~50	10~60
螺纹规格 d	M8	M10	M12	(M14)	M16	M20	M24
螺距 P	1.25	1.5	1.75	2.0	2.0	2.5	3.0
公称长度 l	12~80	16~100	20~120	25~140	25~160	30~200	40~200
螺纹规格 d	M30	M36	M42	M48	M56	M64	—
螺距 P	3.5	4.0	4.5	5.0	5.5	6.0	—
公称长度 l	45~200	55~200	60~300	70~300	80~300	90~300	—

注：长度 l 系列（mm）有 2.5、3、4、5、6、8、10、12、16、20~70（间隔 5）、80~160（间隔 10）、180~300（间隔 20）。

【标记】 螺纹规格 d=M5、公称长度 l=20mm，性能等级为 8.8 级，表面氧化的 A 级内六角圆柱头螺钉，标记为：螺钉 GB/T 70.1 M5×20。

2. 内六角平圆头螺钉

【材料】 钢。

【性能等级】 钢：8.8 级、10.9 级、12.9 级。

【产品等级】 A 级。

【表面处理】 氧化，电镀，非电解锌片涂层。

【规格】 内六角平圆头螺钉的规格见表 17-84。

表 17-84 内六角平圆头螺钉的规格（GB/T 70.2—2008） （单位：mm）

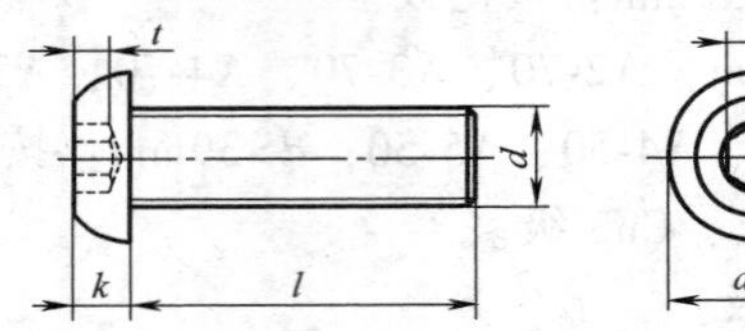

螺纹规格 d	M3	M4	M5	M6	M8	M10	M12	M16
螺距 P	0.5	0.7	0.8	1.0	1.25	1.5	1.75	2.0
公称长度 l 范围	6~12	8~16	10~30	10~30	10~40	16~40	16~50	20~50

注：长度 l 系列（mm）有 6、8、10、12、16、20~50（间隔 5）。

【标记】 螺纹规格 d=M12，公称长度 l=40mm，性能等级为 12.9 级，表面氧化的 A 级内六角平圆头螺钉的标记为：螺钉 GB/T 70.2 M12×40。

3. 内六角沉头螺钉

【技术条件】 同“内六角平圆头螺钉”。

【规格】 内六角沉头螺钉的规格见表 17-85。

表 17-85 内六角沉头螺钉的规格（GB/T 70.3—2008） （单位：mm）

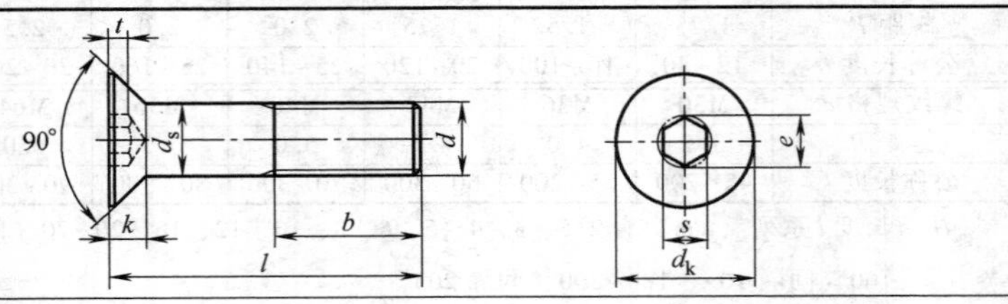

（续）

螺纹规格 d	M3	M4	M5	M6	M8	M10	M12	（M14）	M16	M20
螺距 P	0.5	0.7	0.8	1.0	1.25	1.5	1.75	2	2	2.5
公称长度 l 范围	8～30	8～40	8～50	8～60	10～80	12～100	20～100	25～100	30～100	35～100

注：长度 l 系列（mm）有 8、10、12、16、20～70（间隔 5），80，90，100。

【标记】　螺纹规格 d=M12，公称长度 l=40mm、性能等级为 8.8 级，表面氧化的 A 级内六角沉头螺钉，标记为：螺钉　GB/T 70.3　M12×40。

4. 内六角花形螺钉

【用途】　头部可埋入零件的沉孔中，外形平滑。用于要求表面光滑，连接强度高，有较大拧紧力矩之处，可替代六角头螺栓。

【材料】　钢、不锈钢、有色金属。

【性能等级】　钢：低圆柱头螺钉为 4.8 级、5.8 级；圆柱头螺钉，d<3mm 时按协议；3mm≤d≤20mm 时为 8.8 级、9.8 级、10.9 级、12.9 级；盘头螺钉、沉头螺钉和半沉头螺钉为 4.8 级。不锈钢：低圆柱头螺钉为 A2-50、A2-70、A3-50、A3-70；圆柱头螺钉为 A2-70、A3-70、A4-70、A5-70；盘头螺钉、沉头螺钉和半沉头螺钉为 A2-70、A3-70；有色金属均为 Cu2 级、Cu3 级。

【产品等级】　A 级。

【表面保护】　钢：不经处理，电镀，非电解锌片涂层；不锈钢：简单处理；有色金属：简单处理，电镀。

【规格】　内六角花形螺钉的规格见表 17-86。

【标记】　螺纹规格 d=M5，公称长度 l=20mm，性能等级为 4.8 级，不经表面处理的 A 级内六角花形盘头螺钉，标记为：螺钉 GB/T 2672　M5×20。

17.5.7　滚花螺钉

滚花螺钉分为滚花平头螺钉、滚花高头螺钉、滚花小头螺钉和塑料滚花头螺钉等几种。

1. 滚花高头螺钉

【材料】　钢、不锈钢。

表 17-86　内六角花形螺钉的规格　（单位：mm）

螺钉简图和螺纹规格（d）	内六角花形低圆柱头螺钉（GB/T 2671.1—2004）		内六角花形圆柱头螺钉（GB/T 2671.2—2004）		内六角花形盘头螺钉（GB/T 2672—2004）		内六角花形沉头螺钉（GB/T 2673—2007）		内六角花形半沉头螺钉（GB/T 2674—2004）	
	低圆柱头螺钉		圆柱头螺钉		盘头螺钉		沉头螺钉		半沉头螺钉	
	d_k	l	d_k	l	d_k	l	d_k	l	d_k	l
M2	3.8	3~20	3.8	3~20	4	3~20	—	—	3.8	3~20
M2.5	4.5	3~25	4.5	4~25	5	3~25	—	—	4.7	3~25
M3	5.5	4~30	5.5	5~30	5.6	4~30	—	—	5.5	4~30
(M3.5)	6	5~35	—	—	7.0	5~35	—	—	7.3	5~35
M4	7	5~40	7	6~40	8.0	5~40	—	—	8.4	5~40
M5	8.5	6~50	8.5	8~50	9.5	6~50	—	—	9.3	6~50
M6	10	8~60	10	10~60	12	8~60	11.3	8~60	11.3	8~60
M8	13	10~80	13	12~80	16	10~80	15.8	10~80	15.8	10~60
M10	16	12~80	16	45~100	20	12~80	18.3	12~80	18.3	12~60
M12	—	—	18	55~120	—	—	22	20~80	—	—
(M14)	—	—	21	60~140	—	—	25.5	25~80	—	—
M16	—	—	24	65~160	—	—	29	25~80	—	—
(M18)	—	—	27	70~180	—	—	—	—	—	—
M20	—	—	30	80~200	—	—	36	35~80	—	—

注：公称长度系列（mm）有 10、12、(14)、16、20、25、30、35、40、45、50、(55)、60、(65)、70、80。

【性能等级】　钢：4.8 级；不锈钢：A1-50、C4-50。

【产品等级】　A 级。

【表面处理】　钢：不经处理，镀锌钝化；不锈钢：不经处理。

【规格】　滚花高头螺钉的规格见表 17-87。

【标记】　类同“滚花平头螺钉”。

2. 滚花平头螺钉

【技术条件】　同“滚花高头螺钉”。

【规格】　滚花平头螺钉的规格见表 17-88。

表 17-87　滚花高头螺钉的规格（GB/T 834—1988）　　（单位：mm）

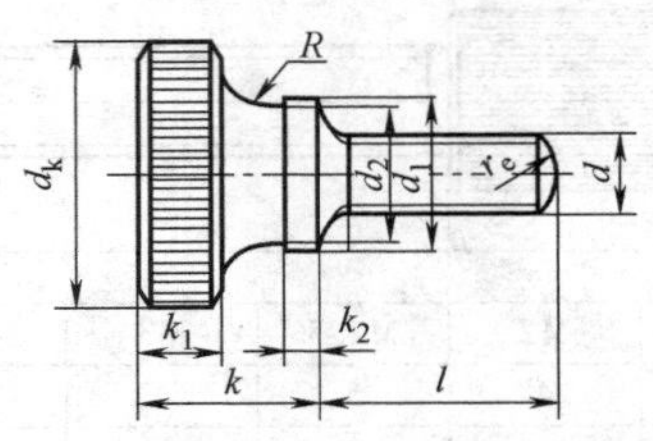

螺纹规格 d	M1.6	M2	M2.5	M3	M4	M5	M6	M8	M10
d_k　max	7	8	9	11	12	16	20	24	30
k　max	4.7	5	5.5	7	8	10	12	16	20
公称长度 l 范围	2~8	2.5~10	3~12	4~16	5~16	6~20	8~25	10~30	12~35

注：公称长度系列（mm）有 2、2.5、3、4、5、6、8、10、12、(14)、16、20、25、30、35。

表 17-88　滚花平头螺钉的规格（GB/T 835—1988）　　（单位：mm）

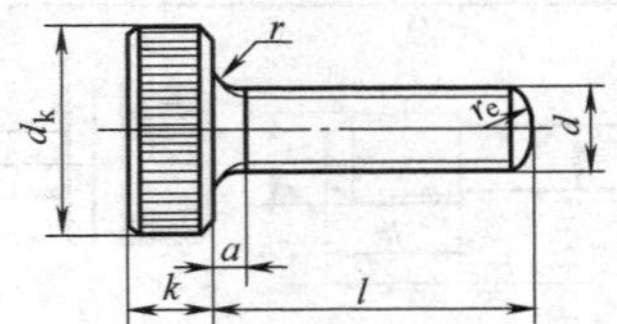

螺纹规格 d	M1.6	M2	M2.5	M3	M4	M5	M6	M8	M10
d_k　max	7	8	9	11	12	16	20	24	30
k　max	4.7	5	5.5	7	8	10	12	16	20
公称长度 l 范围	2~12	4~16	5~16	6~20	8~25	10~25	12~30	16~35	20~45

注：公称长度系列（mm）有 2、2.5、3、4、5、6、8、10、12、(14)、16、20、25、30、35、40、45。

【标记】　螺纹规格 d=M5，公称长度 l=20mm、性能等级为 4.8 级，不经表面处理的滚花平头螺钉，标记为：螺钉 GB/T 835　M5×20。

3. 滚花小头螺钉

【技术条件】　同“滚花高头螺钉”。

【规格】　滚花小头螺钉的规格见表 17-89。

【标记】　类同“滚花平头螺钉”。

表 17-89　滚花小头螺钉的规格（GB/T 836—1988）　（单位：mm）

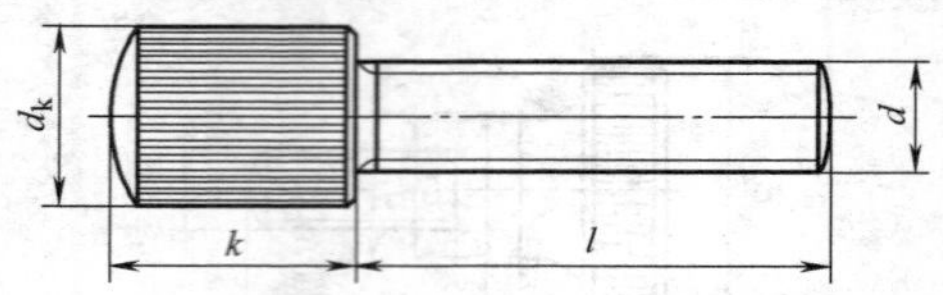

螺纹规格 d	M1.6	M2	M2.5	M3	M4	M5	M6
d_k　max	3.5	4	5	6	7	8	10
k　max	10	11	11	12	12	13	13
公称长度 l 范围	3~16	4~20	5~20	6~25	8~30	10~35	12~40

注：公称长度系列（mm）有 3、4、5、6、8、10、12、(14)、16、20~40（间隔 5）。

4. 滚花不脱出螺钉

【技术条件】　同“滚花高头螺钉”。

【型式】　分为 A 型和 B 型两种。

【规格】　滚花不脱出螺钉的规格见表 17-90。

表 17-90　滚花不脱出螺钉的规格（GB/T 839—1988）（单位：mm）

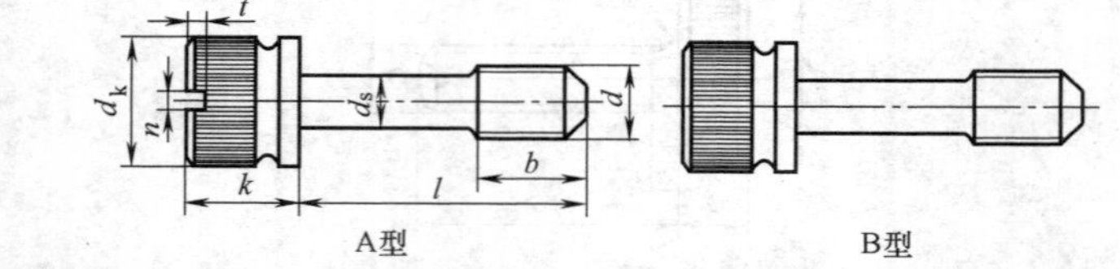

螺纹规格 d	M3	M4	M5	M6	M8	M10
d_s	2	2.8	3.5	4.5	5.5	7
d_k　max	5	8	9	11	14	17
k　max	4.5	6.5	7	10	12	13.5
公称长度 l 范围	10~25	12~30	(14)~35	20~50	25~60	30~60

注：公称长度系列（mm）有 10、12、(14)、16、20~50（间隔 5）、(55)、60。

【标记】　螺纹规格 d=M6，公称长度 L=20mm，性能等级为 4.8 级，不经表面处理的 B 型滚花头不脱出螺钉，标记为：螺钉　GB/T 839 BM6×20（A 型不加“A”）。

5. 塑料滚花头螺钉

【材料】　头部：ABS 塑料或供需双方协议；杆部：钢。

【性能等级】　A 型：14H；B 型：33H。

【表面处理】　氧化，镀锌钝化。

【规格】　塑料滚花头螺钉的规格见表 17-91。

表 17-91　塑料滚花头螺钉的规格（GB/T 840—1988）　（单位：mm）

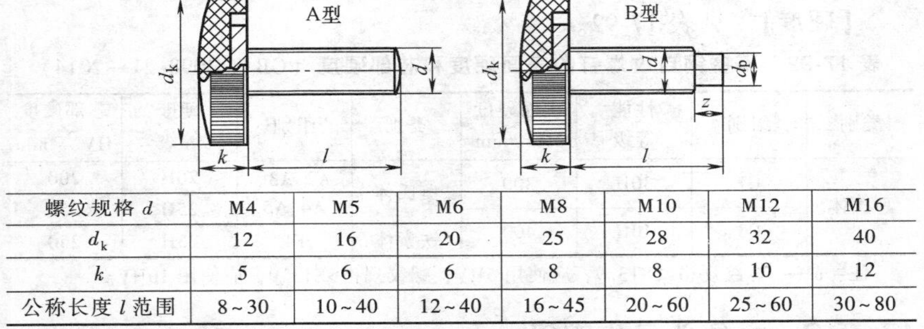

螺纹规格 d	M4	M5	M6	M8	M10	M12	M16
d_k	12	16	20	25	28	32	40
k	5	6	6	8	8	10	12
公称长度 l 范围	8~30	10~40	12~40	16~45	20~60	25~60	30~80

注：公称长度系列（mm）有 8、10、12、16、20~50（间隔 5）、60、70、80。

【标记】　螺纹规格 d = M10，公称长度 l = 30mm，性能等级为 14H 级，表面氧化，按 A 型制造的塑料滚花头螺钉，标记为：螺钉　GB/T　840　M10×30。

按 B 型制造时应加标记 B：螺钉　GB/T 840　BM10×30。

17.6　自攻螺钉

17.6.1　自攻螺钉的机械性能

自攻螺钉是在金属或非金属材料的预钻孔中，自行攻钻出内螺纹的螺钉。

按头部形状分，有十字槽盘头自攻螺钉、六角凸缘自攻螺钉、六角法兰面自攻螺钉、内六角花形盘头自攻螺钉、内六角花形沉头自攻螺钉和内六角花形半沉头自攻螺钉几种；按材料分，有碳钢自攻螺钉和不锈钢自攻螺钉。

这种螺钉可利用螺钉直接攻出螺纹（装拆时须用专用工具），多用于连接较薄的金属板。螺纹规格为 ST2.2~ST9.5；螺钉末端分为锥端（C 型）和平端（F 型）两种。

【材料】　可为冷镦钢、渗碳钢或不锈钢。

1. 冷镦钢、渗碳钢

【硬度】　表面：≥450HV0.3；芯部：螺纹规格≤ST 3.9 时为

270~370HV5；螺纹规格≥ST4.2时为270~370HV10。

【产品等级】 A级。

2. 不锈钢

【硬度】 见表17-92。

表17-92 不锈钢自攻螺钉的表面硬度和芯部硬度（GB/T 3098.21—2014）

类别	组别	性能等级	表面硬度 HV min	类别	组别	硬度等级	芯部硬度 HV[a] min
马氏体	C1	30H	300	奥氏体	A2、A3、A4、A5	20H	200
						25H	250
	C3	40H	400	铁素体	F1	25H	250

注：a——螺纹规格≤ST3.9，应使用5HV；螺纹规格>ST3.9，应使用10HV。

17.6.2 六角头自攻螺钉

【规格】 六角头自攻螺钉的规格见表17-93。

表17-93 六角头自攻螺钉的规格（GB/T 5285—2017） （单位：mm）

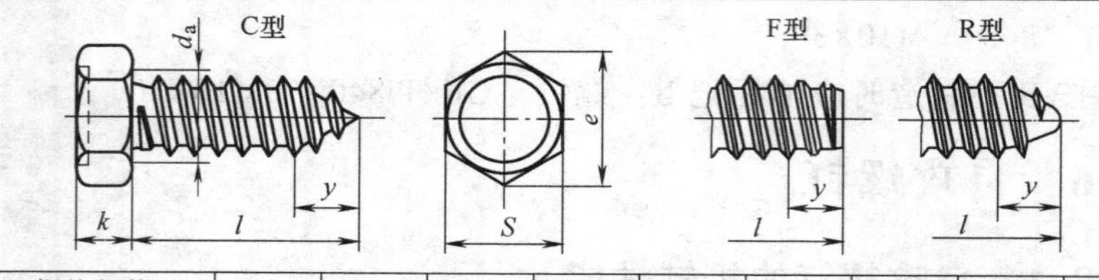

螺纹规格		ST2.2	ST2.9	ST3.5	ST4.2	ST4.8	ST5.5	ST6.8	ST8	ST9.5
螺距 P		0.8	1.1	1.3	1.4	1.6	1.8	1.8	2.1	2.1
d_a		2.8	3.5	4.1	4.9	5.5	6.3	7.1	9.2	10.7
S	max	3.2	5.0	5.5	6.3	7.0	8.0	10	13	16
	min	3.02	4.82	5.32	6.78	7.78	7.78	9.78	12.73	15.73
优选长度 l 范围		4.5~16	6.5~19	6.5~22	9.5~25	9.5~32	13~32	13~38	13~50	16~50

注：螺纹公称尺寸系列（mm）有4.5，6.5，9.5，13，16，19，22，25，32，38，45，50（下同）。

【标记】 螺纹规格为ST3.5、公称长度 l=16mm的六角头自攻螺钉，标记为：自攻螺钉 GB/T 5285 ST3.5×16。

17.6.3 六角凸缘自攻螺钉

【材料】 钢、不锈钢。

【性能等级】 钢：按GB/T 3098.5的要求；不锈钢：A2-20H，A4-20H，A5-20H。

【表面处理】 钢：不经处理，非电解锌片涂层；不锈钢：简单处理，钝化处理。

【规格】 六角凸缘自攻螺钉的规格见表 17-94。

表 17-94　六角凸缘自攻螺钉的规格（GB/T 16824.1—2016）

（单位：mm）

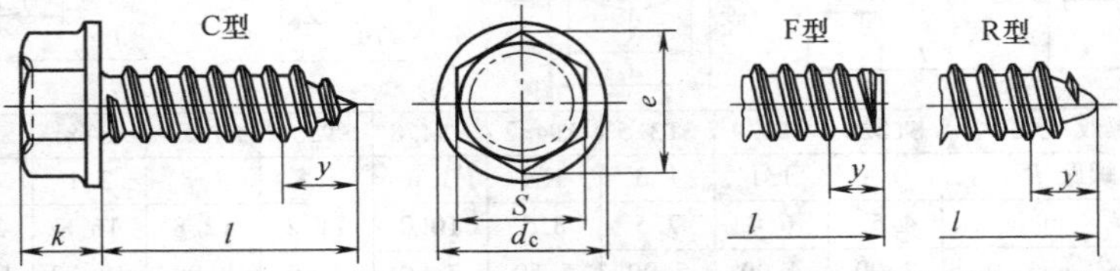

螺纹规格	ET2.2	ST2.9	ST3.5	ET3.9	ST4.2	ST4.8	ST5.5	ST6.3	ST8
螺距 P	0.8	1.1	1.3	1.3	1.4	1.6	1.8	1.8	2.1
d_c　max	4.2	6.3	8.3	8.3	8.8	10.5	11.0	13.5	18.0
S　max	3.0	4.0	5.5	5.5	7.0	8.0	8.0	10.0	13.0
优选长度 l 范围	4.5~19	6.5~19	6.5~22	8.5~25	8.5~25	8.5~32	13~38	13~50	16~50

【标记】

1）螺纹规格为 ST 3.5，公称长度 l=16mm，钢机械性能按 GB/T 3098.5，C 型末端，表面镀锌（A3L：镀锌、厚度 8μm、光亮、黄彩虹铬酸盐处理），产品等级 A 级的六角凸缘自攻螺钉，标记为：自攻螺钉 GB/T 16824.1 ST3.5×16。

2）螺纹规格为 ST 3.5，公称长度 l=16mm，不锈钢机械性能按 A4-20H（GB/T 3098.21），R 型末端，表面简单处理，产品等级为 A 级的六角凸缘自攻螺钉，标记为：自攻螺钉 GB/T 16824.1 ST 3.5×16 A4-20H R。

17.6.4　六角法兰面自攻螺钉

【材料】 钢、不锈钢。

【性能等级】 钢：按 GB/T 3098.5 的要求；不锈钢：按 GB/T 3098.21 的要求。

【表面处理】 钢：不经处理，非电解锌片涂层；不锈钢：简单处理，钝化处理。

【规格】 六角法兰面自攻螺钉的规格见表 17-95。

表 17-95 六角法兰面自攻螺钉的规格（GB/T 16824.2—2016）

（单位：mm）

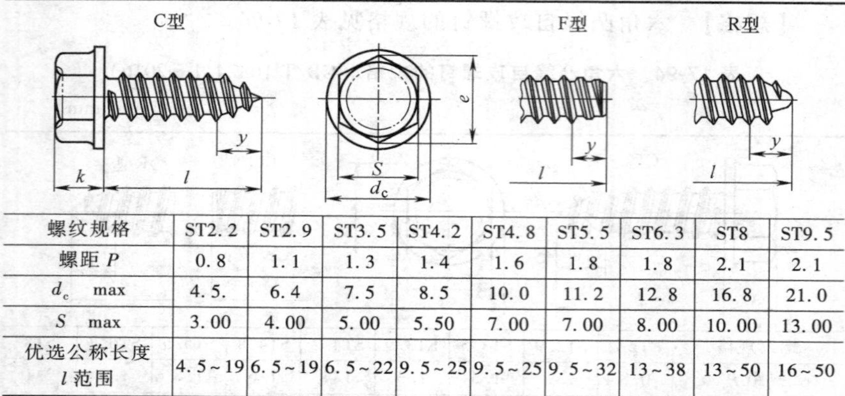

螺纹规格	ST2.2	ST2.9	ST3.5	ST4.2	ST4.8	ST5.5	ST6.3	ST8	ST9.5
螺距 P	0.8	1.1	1.3	1.4	1.6	1.8	1.8	2.1	2.1
d_c max	4.5.	6.4	7.5	8.5	10.0	11.2	12.8	16.8	21.0
S max	3.00	4.00	5.00	5.50	7.00	7.00	8.00	10.00	13.00
优选公称长度 l 范围	4.5~19	6.5~19	6.5~22	9.5~25	9.5~25	9.5~32	13~38	13~50	16~50

注：优选长度 l 系列（mm）有 4.5、6.5、9.5、13、16、19、22、25、32、38、45、50。

【标记】 类同“六角凸缘自攻螺钉”。

17.6.5 内六角花形自攻螺钉

【材料】 钢。

【性能等级】 按 GB/T 3098.5。

【表面处理】 不经处理，电镀，非电解锌片涂层。

【规格】 内六角花形盘头自攻螺钉的规格见表 17-96。

表 17-96 内六角花形盘头自攻螺钉的规格（GB/T 2670.1—2017）

（单位：mm）

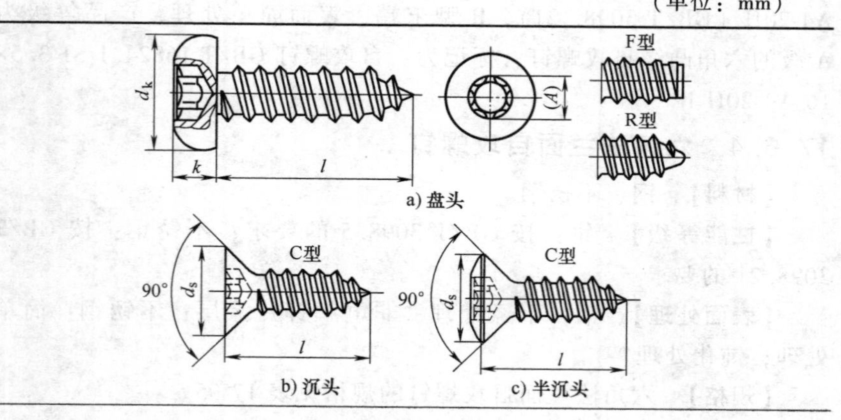

a) 盘头

b) 沉头

c) 半沉头

（续）

螺纹规格	ST2. 9	ST3. 5	ST4. 2	ST4. 8	ST5. 5	ST6. 3
螺距 P	1. 1	1. 2	1. 4	1. 6	1. 8	1. 8
内六角花形槽号 No.	10	15	20	25	25	30
优选公称长度 l	6. 5~19	9. 5~25	9. 5~32	9. 5~32	13~38	13~38

注：长度 l 系列（mm）有 4. 5、6. 5、9. 5、13、16、19、22、25、32、38、45、50。

【标记】 螺纹规格 ST 3. 5，公称长度 l=16mm，表面不经处理，末端 C 型，产品等级 A 级的内六角花形盘头自攻螺钉，标记为：自攻螺钉 GB/T 2670. 1 ST3. 5×16。

17. 6. 6　开槽盘头自攻螺钉

【材料】 钢、不锈钢。

【性能等级】 钢：按 GB/T 3098. 5 的要求；不锈钢：A2-20H、A4-20H、A5-20H。

【产品等级】 A 级。

【表面处理】 钢：不经处理，电镀，非电解锌片涂层；不锈钢：简单处理，钝化处理。

【规格】 开槽盘头自攻螺钉的规格见表 17-97。

表 17-97　开槽盘头自攻螺钉的规格（GB/T 5282—2017）　（单位：mm）

螺纹规格	ST2. 2	ST2. 9	ST3. 5	ST4. 2	ST4. 8	ST5. 5	ST6. 3	ST8	ST9. 5
螺距 P	0. 8	1. 1	1. 3	1. 4	1. 6	1. 8	1. 8	2. 1	2. 1
d_a　max	2. 8	3. 5	4. 1	4. 9	5. 5	6. 3	1. 1	9. 2	10. 7
d_k　max	4	5. 8	7	8	9. 5	11	12	16	20
k　max	1. 3	1. 8	2. 1	2. 4	3	3. 2	5. 6	4. 8	6
优选长度 l	4. 5~16	6. 5~19	6. 5~22	9. 5~25	9. 5~32	13~32	13~38	16~50	16~50

注：长度 l 系列（mm）有 4. 5、6. 5、9. 5、13、16、19、22、25、32、38、45、50。

【标记】 螺纹规格为 ST 3. 5，公称长度 l=16mm 钢制，表面不经处理，末端 C 型，产品等级 A 级的开槽盘头自攻螺钉，标记为：自攻螺钉　GB/T 5282　ST 3. 5×16。

17.6.7 开槽沉头自攻螺钉

【技术条件】 同“17.6.6 开槽盘头自攻螺钉”。

【规格】 开槽沉头自攻螺钉的规格见表17-98。

表17-98 开槽沉头自攻螺钉的规格（GB/T 5283—2017） （单位：mm）

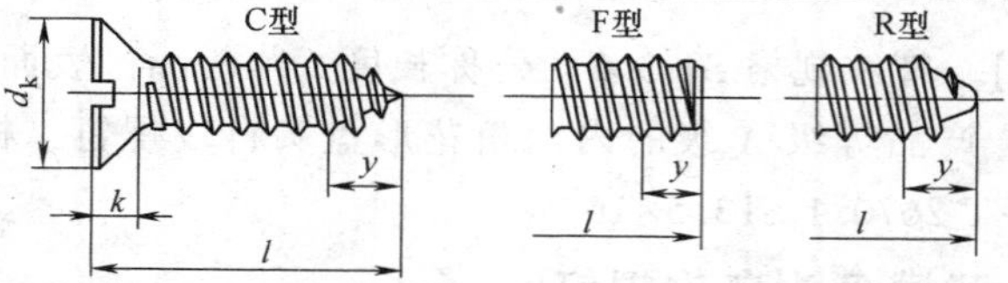

螺纹规格	ST2.2	ST2.9	ST3.5	ST4.2	ST4.8	ST5.5	ST6.3	ST8	ST9.5
螺距 P	0.8	1.1	1.3	1.4	1.6	1.8	1.8	2.1	2.1
d_k max	3.8	5.5	7.3	8.4	9.3	10.3	11.3	15.8	18.3
k max	1.1	1.7	2.35	2.6	2.8	3.0	3.15	4.65	5.25
优选公称长度 l 范围	4.5~16	6.5~19	9.5~25	9.5~32	9.5~32	13~38	13~38	16~50	19~50

注：长度 l 系列（mm）有4.5、6.5、9.5、13、16、19、22、25、32、38、45、50。

【标记】 类同“开槽盘头自攻螺钉”。

17.6.8 开槽半沉头自攻螺钉

【技术条件】 同“17.6.6 开槽盘头自攻螺钉”。

【规格】 开槽半沉头自攻螺钉的规格见表17-99。

表17-99 开槽半沉头自攻螺钉的规格（GB/T 5284—2017）

（单位：mm）

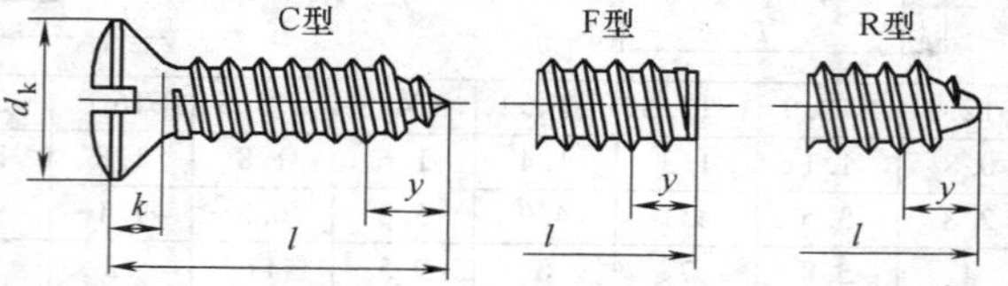

螺纹规格	ST2.2	ST2.9	ST3.5	ST4.2	ST4.8	ST5.5	ST6.3	ST8	ST9.5
螺距 P	0.8	1.1	1.3	1.4	1.6	1.8	1.8	2.1	2.1
d_k max	3.8	5.5	7.3	8.4	9.3	10.3	11.3	15.8	18.5
k max	1.1	1.7	2.35	2.8	2.8	3.0	3.15	4.65	5.25
优选公称长度 l 范围	4.5~16	6.5~19	9.5~22	9.5~25	9.5~32	13~32	13~38	16~50	19~50

注：长度 l 系列（mm）有4.5、6.5、9.5、13、16、19、22、25、32、38、45、50。

【标记】 类同“开槽盘头自攻螺钉”。

17.7 自挤螺钉

自挤螺钉是螺纹在使用过程中，和工件孔始终保持着相对互挤状态，并通过各类螺纹挤压面来固定螺钉和产品，以达到满足自挤自锁的目的。

17.7.1 自挤螺钉的机械性能

自挤螺钉应由渗碳钢冷镦制造，芯部硬度应为 290 ~ 370HV10，最低表面硬度为 450HV0.3。螺钉成品应进行表面淬火和回火处理，最低回火温度为 340℃。

自挤螺钉断面为三角形，有自锁效果。有十字槽（盘头、沉头、半沉头）自挤螺钉、六角头自挤螺钉和内六角花形圆柱头自挤螺钉几种。十字槽又有 H 型和 Z 型两类。

【机械性能】 自挤螺钉的机械性能见表 17-100。

表 17-100　自挤螺钉的机械性能（GB/T 3098.7—2000）

螺纹公称直径 /mm	最小破坏扭矩 /N·m	最大拧入扭矩 /N·m	最小破坏拉力载荷(参考) /kN	螺纹公称直径 /mm	最小破坏扭矩 /N·m	最大拧入扭矩 /N·m	最小破坏拉力载荷(参考) /kN
2	0.5	0.3	1.94	5	10	5	13.2
2.5	1.2	0.6	3.15	6	17	8.5	18.7
3	2.1	1.1	4.68	8	42	21	34.0
3.5	3.4	1.7	6.30	10	85	43	53.9
4	4.9	2.5	8.17	12	150	75	78.4

17.7.2 六角头自挤螺钉

【材料】 渗碳钢。

【工艺】 冷镦后表面淬火和回火，最低回火温度为 340℃。

【硬度】 芯部硬度应为 290 ~ 370HV10，最低表面硬度为 450HV0.3。

【表面处理】 电镀，非电解锌片涂层。

【产品等级】 A 级。

【规格】 六角头自挤螺钉的规格见表 17-101。

表 17-101　六角头自挤螺钉的规格（GB/T 6563—2014）（单位：mm）

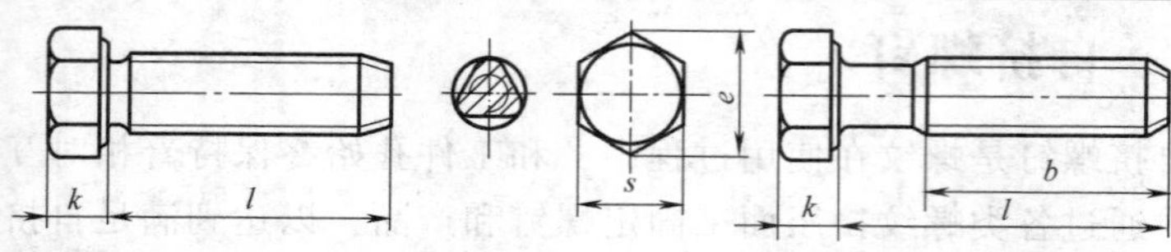

螺纹规格	M2	M2.5	M3	M4	M5	M6	M8	M10	M12
P	0.4	0.45	0.5	0.7	0.8	1	1.25	1.5	1.75
$k_{公称}$	1.4	1.7	2	2.8	3.5	4	5.3	6.4	7.5
s　max	4	5	5.5	7	8	10	13	16	18
公称长度 l 范围	3~16	4~20	4~25	6~30	8~40	8~50	10~60	12~80	(14)~80

注：公称长度 l 系列（mm）有 3、4、5、6、8、10、12、(14)、16、20、25、30、35、40、45、50、(55)、60、70、80。

【标记】　螺纹规格为 M6，公称长度 l=30mm，表面镀锌（A3L：镀锌、厚度 8μm、光亮、黄彩虹铬酸盐处理）的 A 级六角头自挤螺钉，标记为：自挤螺钉 GB/T 6563　M6×30。

17.7.3　内六角花形圆柱头自挤螺钉

【技术条件】　同“六角头自挤螺钉”。

【规格】　内六角花形圆柱头自挤螺钉的规格见表 17-102。

表 17-102　内六角花形圆柱头自挤螺钉的规格（GB/T 6564.1—2014）

（单位：mm）

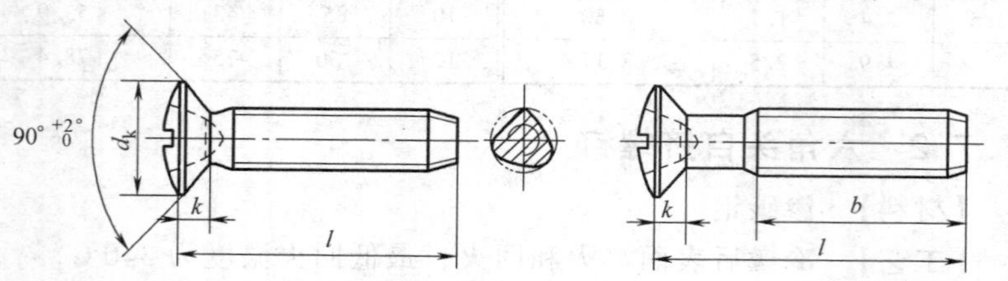

螺纹规格	M2	M2.5	M3	M4	M5	M6	M8	M10
P	0.4	0.45	0.5	0.7	0.8	1.0	1.25	1.5
b	25	25	25	38	38	38	38	38
$d_{k公称}$　max	3.8	4.7	5.5	8.4	9.3	11.3	15.8	18.3
$k_{公称}$　max	1.2	1.5	1.65	2.7	2.7	3.3	4.65	5.0

（续）

	槽号		0	1		2		3	4	
十字槽	插入深度 max	H 型	1.5	1.85	2.2	3.2	3.4	4.0	5.25	6.0
		Z 型	1.4	1.75	2.08	3.1	3.35	3.85	5.2	6.05
公称长度 l 范围			4~16	5~20	6~25	8~30	10~40	10~50	(14)~60	20~80

注：公称长度 l 系列（mm）有 4、5、6、8、10、12、(14)、16、20、25、30、35、40、45、50、(55)、60、70、80。

【标记】 类同“六角头自挤螺钉”。

17.7.4　十字槽盘头自挤螺钉

【技术条件】 同“17.7.2　六角头自挤螺钉”。

【规格】 十字槽盘头自挤螺钉的规格见表 17-103。

表 17-103　十字槽盘头自挤螺钉的规格（GB/T 6560—2014）

（单位：mm）

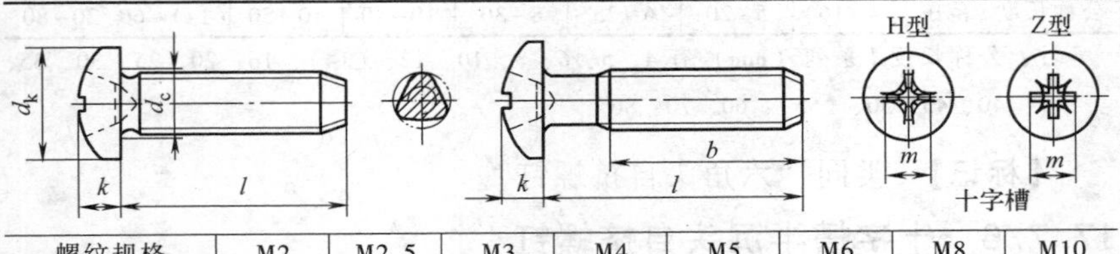

螺纹规格			M2	M2.5	M3	M4	M5	M6	M8	M10
螺距 P			0.4	0.45	0.5	0.7	0.8	1.0	1.25	1.5
b			25	21	25	38	38	38	38	38
$d_{k公称}$ max			4	5	5.6	8.0	9.5	12	16	20
$k_{公称}$ max			1.6	2.1	2.4	3.1	3.7	4.6	6.0	7.5
十字槽	槽号		0	1		2		3	4	
	插入深度 max	H 型	1.2	1.55	1.8	2.4	2.9	3.6	4.6	5.8
		Z 型	1.42	1.5	1.75	2.34	2.74	3.46	4.5	5.69
公称长度 l 范围			3~16	4~20	4~25	6~30	8~40	8~50	10~(55)	16~80

注：公称长度 l 系列（mm）有 3、4、5、6、8、10、12、(14)、16、20、25、30、35、40、45、50、(55)、60、70、80。

【标记】 类同“六角头自挤螺钉”。

17.7.5　十字槽沉头自挤螺钉

【技术条件】 同“六角头自挤螺钉”。

【规格】 十字槽沉头自挤螺钉的规格见表 17-104。

表 17-104　十字槽沉头自挤螺钉的规格（GB/T 6561—2014）

（单位：mm）

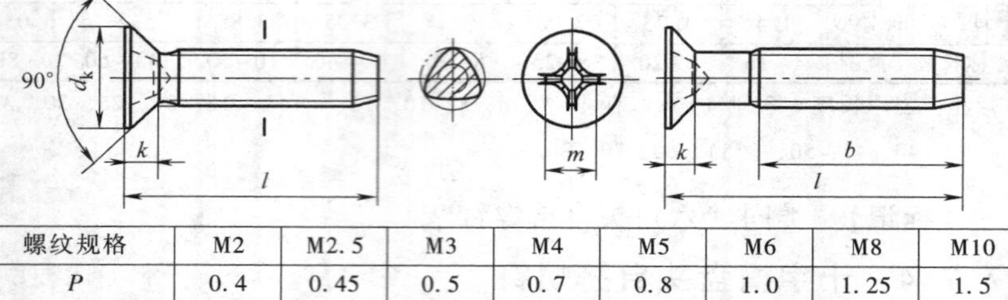

螺纹规格		M2	M2.5	M3	M4	M5	M6	M8	M10
P		0.4	0.45	0.5	0.7	0.8	1.0	1.25	1.5
b		25	25	25	38	38	38	38	38
$d_{k公称}$ max		3.8	4.7	5.5	8.4	9.3	11.3	15.8	18.3
$k_{公称}$ max		1.2	1.5	1.6	2.7	2.7	3.3	4.65	5.0
十字槽	槽号	0	1		2		3	4	
	插入深度 H 型 max	1.2	1.55	1.8	2.6	2.8	3.3	4.4	5.3
	插入深度 Z 型 max	1.2	1.47	1.73	2.51	2.72	3.18	4.32	5.23
公称长度 l 范围		4~16	5~20	6~25	8~30	10~40	10~50	(14)~60	20~80

注：公称长度 l 系列（mm）有 4、5、6、8、10、12、(14)、16、20、25、30、35、40、45、50、(55)、60、70、80。

【标记】　类同“六角头自挤螺钉”。

17.7.6　十字槽半沉头自挤螺钉

【技术条件】　同“17.7.2　六角头自挤螺钉”。

【规格】　十字槽半沉头自挤螺钉的规格见表 17-105。

表 17-105　十字槽半沉头自挤螺钉的规格（GB/T 6562—2014）

（单位：mm）

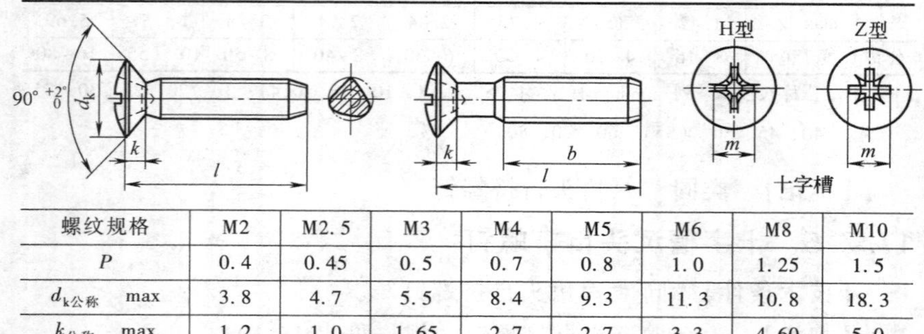

螺纹规格	M2	M2.5	M3	M4	M5	M6	M8	M10
P	0.4	0.45	0.5	0.7	0.8	1.0	1.25	1.5
$d_{k公称}$ max	3.8	4.7	5.5	8.4	9.3	11.3	10.8	18.3
$k_{公称}$ max	1.2	1.0	1.65	2.7	2.7	3.3	4.60	5.0

（续）

槽号		0	1		2		3	4	
十字槽插入深度	H 型 max	1.5	1.85	2.2	3.2	3.4	4.0	5.25	6.0
	Z 型 max	1.4	1.75	2.08	3.1	3.35	3.85	5.2	6.05
公称长度 l 范围		4~16	5~20	6~25	8~30	10~40	10~50	(14)~60	20~80

【标记】 类同“六角头自挤螺钉”。

17.8　定位螺钉

定位螺钉有定心圆锥螺钉、开槽定位螺钉和内六角圆柱头轴肩螺钉三种。

17.8.1　定心圆锥螺钉

【用途】 用于轴类零件在镗床上加工定位。

【规格】 定心圆锥螺钉的规格见表 17-106。

表 17-106　定心圆锥螺钉的规格（JB/T 3411.90—1999）（单位：mm）

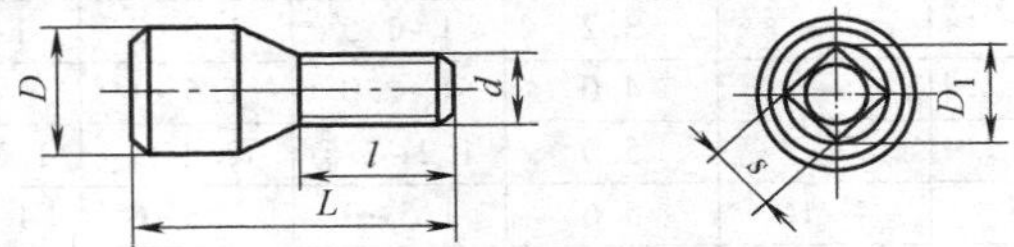

d	D	D_1	L	l	s	适用于镗杆直径
M5	10	5.6	20	10	4	25
M6	12	7.0	24	12	5	32
M8	16	8.4	32	16	6	40
			40	20		50
M12	20	11.3	48	25	8	60
M16	28	14.1	60	32	10	80
			70			100
			85	40		120
M20	40	16.9	110	50	12	160
			130			200

【标记】 d = M16，L = 60mm 的定心圆锥螺钉，标记为：螺钉 M16×60 JB/T 3411.90—1999。

17.8.2　开槽定位螺钉

开槽定位螺钉有开槽锥端定位螺钉、开槽盘头定位螺钉和开槽圆柱端定位螺钉三种。适用于零件位置需要保证一定精度要求的地方。

【材料】 钢、不锈钢。

【机械性能】 钢：14H、33H；不锈钢：Al-50、C4-50。

【产品等级】 A 级。

【表面处理】 钢：不经处理，氧化，镀锌钝化；不锈钢：不经处理。

【规格】 定位螺钉的规格见表 17-107。

表 17-107 定位螺钉的规格 （单位：mm）

螺纹规格 d	开槽锥端定位螺钉 (GB/T 72—1988)		开槽盘头定位螺钉 (GB/T 828—1988)			开槽圆柱端定位螺钉 (GB/T 829—1988)	
	锥端长度 z	公称钉杆全长 l	头部直径 d_k max	公称定位长度 z min	公称螺纹长度 l min	公称定位长度 z min	公称螺纹长度 l
M1.6	—	—	3.2	1~1.5	1.5~3	1~1.5	1.5~3
M2.0	—	—	4.0	1~2.0	1.5~4	1~2.0	1.5~4
M2.5	—	—	5.0	1.2~2.5	2.0~5	1.2~2.5	2~5.0
M3	1.5	4~16	5.6	1.5~3	2.5~6	1.5~3	2.5~6
M4	2.0	4~20	8.0	2~4.0	3~8.0	2~4.0	3~8.0
M5	2.5	5~20	9.5	2.5~5	4~10	2.5~5	4~10
M6	3	6~25	12.0	3~6	5~12	3~6	5~12
M8	4	8~35	16.0	4~8	6~16	4~8	6~16
M10	5	10~45	20.0	5~10	8~20	5~10	8~20
M12	6	12~50	—	—	—	—	—
公称钉杆全长 l 系列			4、5、6、8、10、12、14、16、20、25、30、35、40、45、50				
公称定位长度 l 系列	min		1、1.2、1.5、2、2.5、3、4、5、6、8、10				
公称螺纹长度 l 系列			1.5、2、2.5、3、4、5、6、8、10、12、16、20				

【标记】 螺纹规格 d=M10，公称长度 l=20mm，性能等级为 14H 级，不经表面处理的开槽锥端定位螺钉，标记为：螺钉 GB/T 72 M10×20。

17.8.3 内六角圆柱头轴肩螺钉

【材料】 钢。

【机械性能】 12.9 级。

【产品等级】 A 级。

【表面处理】 氧化，镀锌钝化。

【规格】 内六角圆柱头轴肩螺钉的规格见表 17-108。

表 17-108　内六角圆柱头轴肩螺钉的规格（GB/T 5281—1985）

（单位：mm）

$d_{s公称}$		6.5	8	10	13	16	20	25
$d_{公称}$		M5	M6	M8	M10	M12	M16	M20
P		0.8	1	1.25	1.5	1.75	2	2.5
b	max	9.75	11.25	13.25	16.40	18.40	22.40	27.40
	min	9.20	10.75	12.75	15.60	17.70	21.60	26.60
d_k	max	10	13	16	18	24	30	36
k	max	4.5	5.5	7	9	11	14	16
$s_{公称}$		3	4	5	6	8	10	12
公称长度 l 范围		10~40	10~50	16~120	16~120	30~120	40~120	50~120

注：公称长度 l 系列（mm）有 10、12、16、20、25、30、40、50、60、70、80、90、100、120。

【标记】 轴肩直径 d_s=10mm（螺纹规格 d=M8），公称长度 l=40mm，表面氧化的内六角圆柱头轴肩螺钉，标记为：螺钉 GB/T 5281—1985-10×40。

17.9　紧定螺钉

紧定螺钉专供固定机件的相对位置。使用时，把紧定螺钉旋入待固定机件的螺孔中，以螺钉的末端紧压在另一机件的表面上。

紧定螺钉按头部形状分，有内六角紧定螺钉、开槽紧定螺钉和方头紧定螺钉；按材料分，有碳钢紧定螺钉和不锈钢紧定螺钉。

17.9.1　紧定螺钉的机械和物理性能

紧定螺钉的机械和物理性能见表 17-109；内六角紧定螺钉的保证扭矩见表 17-110；紧定螺钉的硬度见表 17-111。

1. 碳素钢紧定螺钉

表 17-109 紧定螺钉的机械和物理性能（GB/T 3098.3—2016）

机械和物理性能				硬度等级			
				14H	22H	33H	45H
测试硬度	维氏硬度 HV10		min	140	220	330	450
			max	290	300	440	560
	布氏硬度 HBW, $F=30D^2$		min	133	209	314	428
			max	276	285	418	532
	洛氏硬度	HRB	min	75	95	—	—
			max	105	—	—	—
		HRC	min	—	—	33	45
			max	—	30	44	53
螺纹未脱碳层高度 E/mm		min	—	—	$1/2H_1$	$2/3H_1$	$3/4H_1$
螺纹全脱碳层深度 G/mm		max	—	—	0.015	0.015	—
表面硬度 HV0.3		max	—	—	320	450	580

注：字母 H 表示硬度，标记的数字部分表示最低维氏硬度的 1/10。

2. 不锈钢紧定螺钉

表 17-110 内六角紧定螺钉的保证扭矩（GB/T 3098.16—2014）

螺纹公称直径 d/mm	试验的紧定螺钉的最小长度 a /mm				硬度等级	
					12H	21H
	平端	锥端	圆柱端	凹端	保证扭矩/N·m min	
1.6	2.5	3	3	2.5	0.03	0.05
2	4	4	4	3	0.06	0.1
2.5	4	4	5	4	0.18	0.3
3	4	5	6	5	0.25	0.42
4	5	6	8	6	0.8	1.4
5	6	8	8	6	1.7	2.8
6	8	8	10	8	3	5
8	10	10	12	10	7	12
10	12	12	16	12	14	24
12	16	16	20	16	25	42
16	20	20	25	20	63	105
20	25	25	30	25	126	210
24	30	30	35	30	200	332

表 17-111　紧定螺钉的硬度（GB/T 3098.16—2014）

硬度		维氏硬度 HV	布氏硬度 HBW	洛氏硬度 HRB
等级	12H	125~209	123~213	70~95
	21H	≥210	≥214	≥96

17.9.2　开槽紧定螺钉

【用途】　可沉入零件表面，适用于钉头不允许外露的机件上。

锥端和凹端可借锐利的端头直接顶紧零件，用于安装后不常拆卸处；尖端用于顶紧硬度不高的零件，凹端则反之。

【产品等级】　A 级。

【材料和机械性能】　开槽紧定螺钉的材料和机械性能见表 17-112。

表 17-112　开槽紧定螺钉的材料和机械性能

类　别	钢	不锈钢	有色金属
开槽平端紧定螺钉	$D<1.6$mm：按协议 $D\geq1.6$mm：14H、22H	$d<1.6$mm：按协议 $D\geq1.6$mm：A1-12H	Cu2、Cu3
长圆柱端紧定螺钉	14H，22H	A1-12H、A2-12H、A4-12H	
开槽锥端紧定螺钉	$d<1.6$mm：按协议 $D\geq1.6$mm：14H、22H	$d<1.6$mm：按协议 $D\geq1.6$mm：A1-12H、A2-12H、A4-12H	
开槽凹端紧定螺钉	14H、22H	A1-12H、A2-12H、A4-12H	

【表面处理】　开槽紧定螺钉的表面处理见表 17-113。

表 17-113　开槽紧定螺钉的表面处理

材　料	钢	不锈钢	有色金属
表面处理方法	不经处理，电镀，非电解锌片涂层	简单处理，钝化处理	简单处理，电镀

【规格】　开槽紧定螺钉的规格见表 17-114。

表 17-114　开槽紧定螺钉的规格　（单位：mm）

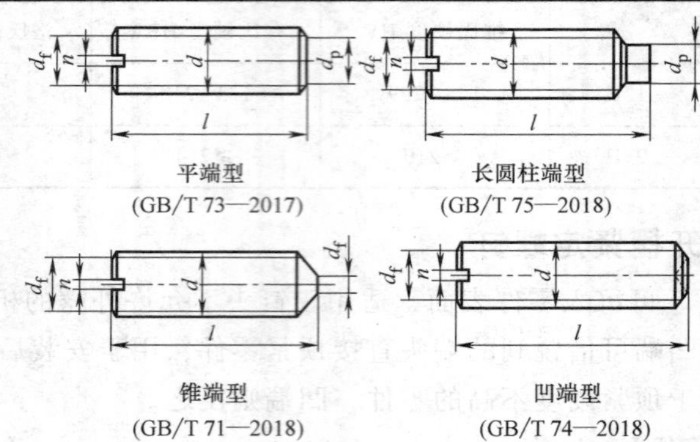

平端型 (GB/T 73—2017)　长圆柱端型 (GB/T 75—2018)

锥端型 (GB/T 71—2018)　凹端型 (GB/T 74—2018)

螺纹规格 d		M1.2	M1.6	M2	M2.5	M3	(M3.5)
螺距 P		0.25	0.35	0.40	0.45	0.5	0.6
长度 l 范围	平端型	2~6	2~8	2~10	2.5~12	3~16	4~20
	长圆柱端型	—	2.5~8	3~10	4~12	5~16	5~20
	锥端型	2~6	2~8	3~10	3~12	4~16	5~20
	凹端型	—	2~8	2.5~10	3~12	3~16	4~20
螺纹规格 d		M4	M5	M6	M8	M10	M12
螺距 P		0.7	0.8	1.0	1.25	1.5	1.75
长度 l 范围	平端型	4~20	5~25	6~30	8~40	10~50	12~60
	长圆柱端型	6~20	8~25	8~30	10~40	12~50	14~60
	锥端型	5~20	6~25	8~30	10~40	12~50	14~60
	凹端型	4~20	5~25	6~30	8~40	10~50	12~60

注：长度 l 系列（mm）有 2、2.5、3、4、5、6、8、10、12、(14)、16、20、25、30、35、40、45、50、(55)、60。

【标记】 螺纹规格为 M5，公称长度 l=12mm，钢制，硬度等级为 14H，表面不经处理，产品等级为 A 级的开槽凹端紧定螺钉，标记为：螺钉　GB/T 74　M5×12。

17.9.3　内六角紧定螺钉

【用途】 用于固定机件的相对位置，钉头不允许外露之处。

【材料】 钢、不锈钢、有色金属。

【产品等级】 A 级。

【机械性能】 紧定螺钉的机械性能见表 17-115。

【表面处理】 紧定螺钉的表面处理见表 17-116。

表 17-115　紧定螺钉的机械性能

材　料	钢	不锈钢	有色金属
机械性能等级	45H	A1-12H、A2-21H、A3-21H、A4-21H、A5-21H	Cu2、Cu3、Al4

表 17-116　紧定螺钉的表面处理

材　料	钢	不锈钢	有色金属
表面处理方法	不经处理，电镀，氧化，非电解锌片涂层	简单处理	简单处理，电镀

【规格】 内六角紧定螺钉的规格见表 17-117。

表 17-117　内六角紧定螺钉的规格　（单位：mm）

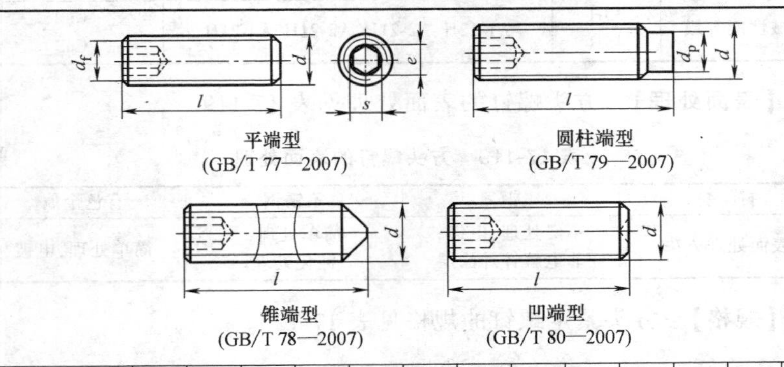

螺纹规格 d		M1.6	M2	M2.5	M3	M4	M5	M6	M8	M10	M12	M16	M20	M24
螺距 P		0.35	0.4	0.45	0.5	0.7	0.8	1.0	1.25	1.5	1.75	2.0	2.5	3.0
$s_{公称}$		0.7	0.9	1.3	1.5	2.0	2.5	3	4	5	6	8	10	12
l	平端型	2~8	2~10	2.5~12	3~16	4~20	5~25	6~30	8~40	10~50	12~60	16~60	20~60	25~60
	圆柱端型	2~8	2.5~10	3~12	4~16	5~20	6~25	8~30	8~40	10~50	12~60	16~60	20~60	25~60
	锥端型	2~8	2~10	2.5~12	3~16	4~20	5~25	6~30	8~40	10~50	12~60	16~60	20~60	25~60
	凹端型	2~8	2~10	2.5~12	3~16	4~20	5~25	6~30	8~40	10~50	12~60	16~60	20~60	25~60

注：长度系列（mm）有 2、2.5、3、4、5、6、8、10、12、16、20、25、30、35、40、45、50、(55)、60。

【标记】 螺纹规格为 M6，公称长度 l=12mm，性能等级为 45H，表面氧化处理的 A 级内六角凹端紧定螺钉，标记为：螺钉　GB/T 80　M6×12。

17.9.4 方头紧定螺钉

【用途】 头部尺寸较大，不容易拧秃，可承受较大的拧紧力矩，预紧力大，适用于钉头允许外露的机件上，不宜用于运动部位。

【材料】 钢、不锈钢、有色金属。

【产品等级】 A级。

【机械性能】 方头螺钉的机械性能见表17-118。

表17-118 方头螺钉的机械性能

材 料	钢	不锈钢	有色金属
机械性能等级	33H 45H	A1-12H、A2-21H、A2-21H、A4-21H	Cu2 Cu3

【表面处理】 方头螺钉的表面处理见表17-119。

表17-119 方头螺钉的表面处理

材 料	钢	不锈钢	有色金属
表面处理方法	不经处理，电镀，非电解锌片涂层	简单处理，钝化处理	简单处理，电镀

【规格】 方头紧定螺钉的规格见表17-120。

表17-120 方头紧定螺钉的规格 （单位：mm）

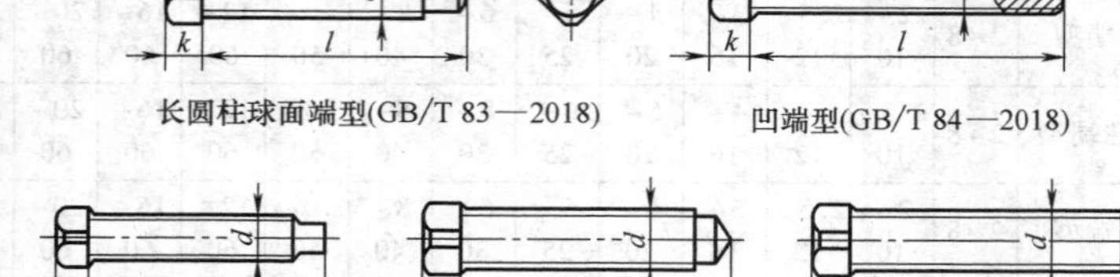

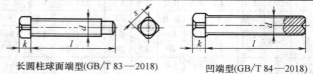

长圆柱球面端型(GB/T 83—2018) 凹端型(GB/T 84—2018)

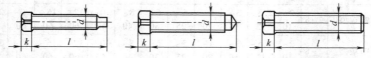

长圆柱型(GB/T 85—2018) 短圆柱锥端型(GB/T 86—2018) 倒角端型(GB/T 821—2018)

螺纹规格 d	方头边宽 s	公称长度 l					公称头部高度 k	
		GB/T 83	GB/T 84	GB/T 85	GB/T 86	GB/T 821	GB/T 83	其余
M5	5	—	10~30	12~30	12~30	8~30	—	5
M6	6	—	12~30	12~30	12~30	8~30	—	6
M8	8	16~40	14~40	14~40	14~40	10~40	9	7
M10	10	20~50	20~50	20~50	20~50	12~50	11	8

（续）

螺纹规格 d	方头边宽 s	公称长度 l					公称头部高度 k	
		GB/T 83	GB/T 84	GB/T 85	GB/T 86	GB/T 821	GB/T 83	其余
M12	12	25~60	25~60	25~60	25~60	14~60	13	10
M16	17	30~80	30~80	25~80	25~80	20~80	18	14
M20	22	35~100	40~100	40~100	40~100	40~100	23	18

注：长度 l 系列（mm）有 8、10、12、(14)、16、20、25、30、35、40、45、50、(55)、60、70、80、90、100。

17.9.5　内四方紧定螺钉

【用途】　用于普通车床夹具。

【规格】　内四方紧定螺钉的规格见表 17-121。

表 17-121　内四方紧定螺钉的规格（JB/T 3411.16—1999）

（单位：mm）

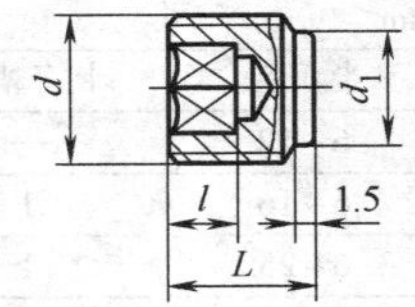

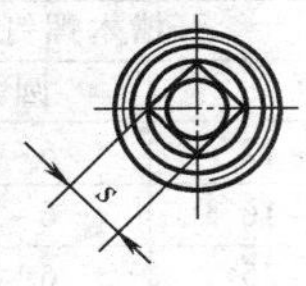

d	M5	M6	M8	M10	M12	M16	M20	M24
d_1	3.5	4.5	6.0	7.0	9.0	12.0	15.0	18.0
s	2	2.5	3	4	5	6	8	10
长度 L 范围	6~16	6~25	8~28	8~40	10~45	12~50	16~50	20~50

注：长度 L 系列（mm）有 6、8、10、12、(14)、16、(18)、20、(22)、25、(28)、30、35、40、45、50。

【标记】　螺纹规格为 M6，L=6mm 的内四方紧定螺钉，标记为：螺钉 M6×6 JB/T 3411.16—1999。

17.10　木螺钉

木螺钉螺杆上的螺纹为粗牙自攻木牙螺纹，可以直接拧入木质材料中，不需要配合螺母使用，而且自攻性能非常强。

17.10.1　开槽木螺钉

【用途】　用于把一个带通孔的金属（或非金属）零件与一个木质构件紧固连接在一起。沉头木螺钉大多用在安装后，需要零件的表面不能有凸起的地方；而半沉头木螺钉则用在允许有少量凸起的地方。

【材料】 碳素钢：Q215、Q235；铜及铜合金：H62、HPb59-1。

【规格】 木螺钉的规格见表 17-122。

表 17-122 木螺钉的规格

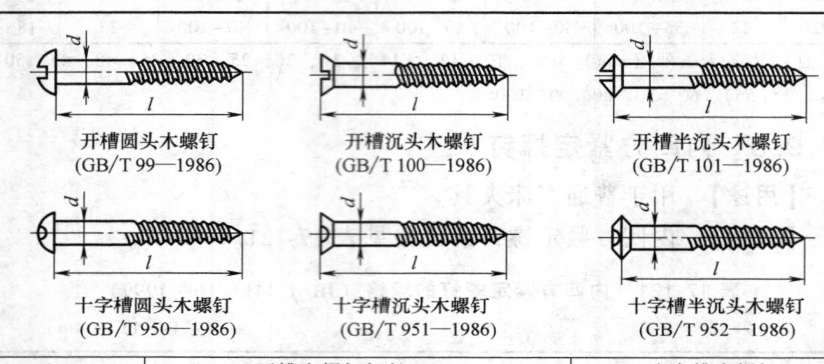

开槽圆头木螺钉 (GB/T 99—1986)　开槽沉头木螺钉 (GB/T 100—1986)　开槽半沉头木螺钉 (GB/T 101—1986)

十字槽圆头木螺钉 (GB/T 950—1986)　十字槽沉头木螺钉 (GB/T 951—1986)　十字槽半沉头木螺钉 (GB/T 952—1986)

直径 d /mm	开槽木螺钉钉长 l/mm			十字槽木螺钉	
	沉头	圆头	半沉头	十字槽号	钉长 l/mm
1.6	6~12	6~12	6~12	—	—
2.0	6~16	6~14	6~16	1	6~16
2.5	6~25	6~22	6~25	1	6~25
3.0	8~30	8~25	8~30	2	8~30
3.5	8~40	8~38	8~40	2	8~40
4.0	12~70	12~65	12~70	2	12~70
(4.5)	16~85	14~80	16~85	2	16~85
5.0	18~100	16~90	18~100	2	18~100
(5.5)	25~100	22~90	30~100	3	25~100
6.0	25~120	22~120	30~120	3	25~120
(7)	40~120	38~120	40~120	3	40~120
8	40~120	38~120	40~120	3	40~120
10	75~120	65~120	70~120	4	70~120

注：1. 钉长系列（mm）有 6、8、10、12、14、16、18、20、(22)、25、30、(32)、35、(38)、40、45、50、(55)、60、(65)、70、(75)、80、(85)、90、100、120。

2. ( ) 内的直径和长度尽可能地不采用。

17.10.2 六角头木螺钉

【用途】 用于木质较硬、受力较大，而又允许安装表面有凸出物的地方的连接。

【规格】　六角头木螺钉规格见表 17-123。

表 17-123　六角头木螺钉规格（GB/T 102—1986）

（单位：mm）

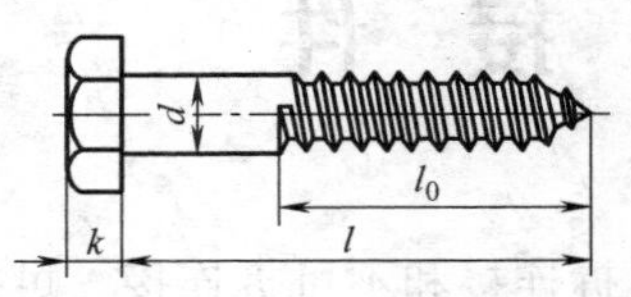

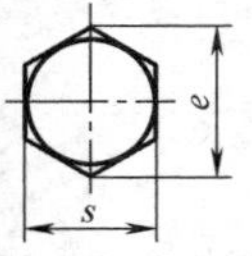

$d_{公称}$	6	8	10	12	16	20
$k_{公称}$	4	5.3	6.4	7.5	10	12.5
s　max	10	13	16	18	24	30
公称长度 l 范围	35~65	40~80	40~120	65~140	80~180	120~250

注：公称长度系列（mm）有 35、40、50、65、80、100、120、140、160、180、200、(225)、(250)。

【标记】　公称直径为 10mm，长度为 100mm，材料为 Q235，不经表面处理的六角头木螺钉，标记为：木螺钉 GB/T 102—1986 10×100。

第18章

连 接 件

连接件按连接方式分为可拆连接和不可拆连接。可拆连接主要通过键、花键和销等来实现，不可拆连接主要通过铆钉或铆螺母来实现。

18.1 键和花键

键包括普通平键、导向平键、半圆键、普通楔键、钩头楔键和花键等。

【材料】 传动扭矩不大时，可采用普通碳素钢；否则最好用45钢进行调质处理。键的抗拉强度应不低于590MPa。

18.1.1 普通平键

普通平键结构简单，拆装方便，对中性好，用途最广。

【用途】 连接轴和轴上的传动件（如齿轮、带轮等），传递转矩或旋转运动；也适合高速、高精度、变载、冲击等场合。

【尺寸】 平键的尺寸见表18-1。

表18-1 平键的尺寸（GB/T 1096—2003）（单位：mm）

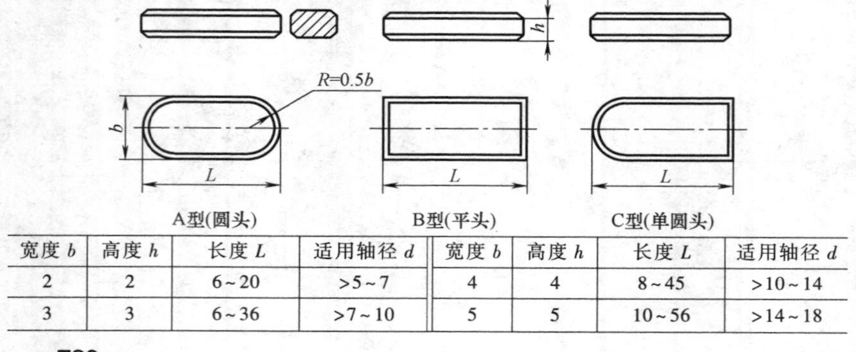

宽度 b	高度 h	长度 L	适用轴径 d	宽度 b	高度 h	长度 L	适用轴径 d
2	2	6~20	>5~7	4	4	8~45	>10~14
3	3	6~36	>7~10	5	5	10~56	>14~18

（续）

宽度 b	高度 h	长度 L	适用轴径 d	宽度 b	高度 h	长度 L	适用轴径 d
6	6	14~70	>18~24	32	18	90~360	>105~120
8	7	18~90	>24~30	36	20	100~400	>120~140
10	8	22~110	>30~36	40	22	100~400	>140~170
12	8	28~140	>36~42	45	25	110~450	>170~200
14	9	36~160	>42~48	50	28	125~500	>200~230
16	10	45~180	>48~55	56	32	140~500	>230~260
18	11	50~200	>55~65	63	32	160~500	>260~290
20	12	56~220	>65~75	70	36	180~500	>290~330
22	14	63~250	>75~90	80	40	200~500	>330~380
25	14	70~280	>90~105	90	45	220~500	>380~440
28	16	80~320	>100~110	100	50	250~500	>440~500

注：1. 键的长度系列（mm）有 6、8、10、12、14、16、18、20、22、25、28、32、36、40、45、50、56、63、70、80、90、100、110、125、140、160、180、200、220、250、280、320、360、400、450、500。

2. 当键长大于 500mm 时，其长度应按 R 20 系列选取，键长应小于 10 倍键宽。

【标记】 宽度 b=16mm，高度 h=10mm，长度 L=100mm 的普通 A 型平键，标记为：GB/T 1096　键 16×10×100。

18.1.2 薄型平键

【用途】 靠侧面传递转矩，用于薄壁结构和其他特殊用途的场合。

【尺寸】 薄型平键的尺寸见表 18-2。

表 18-2　薄型平键的尺寸（GB/T 1567—2003）　（单位：mm）

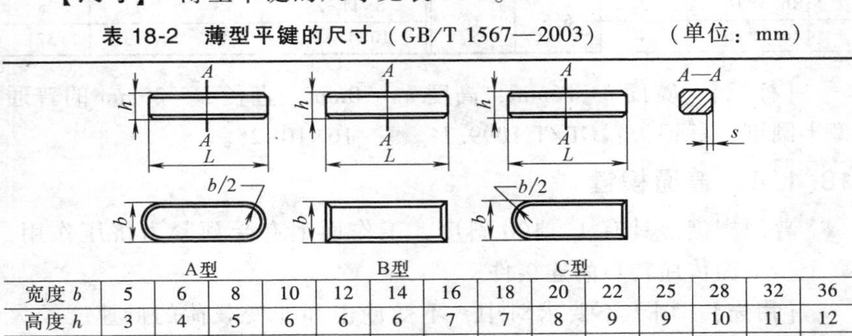

宽度 b	5	6	8	10	12	14	16	18	20	22	25	28	32	36
高度 h	3	4	5	6	6	6	7	7	8	9	9	10	11	12
长度 L	10~56	14~70	18~90	22~110	28~140	36~160	45~180	50~200	56~220	63~280	70~280	80~320	90~360	100~400

注：长度系列（mm）有 10~22（间隔 2）、25、28~40（间隔 4）、45、50、56、63、70~110（间隔 10）、125、140~220（间隔 20）、250、280~400（间隔 40）。

【标记】 宽度 $b=16\text{mm}$、高度 $h=7\text{mm}$、长度 $L=100\text{mm}$ 的薄 B 型平键，标记为：GB/T 1567　键 B 16×7×100。

18.1.3　半圆键

半圆键是截面形似半圆的连接件，可以在键槽中摆动，以适应轮毂键槽的底面形状。

【用途】 常用于锥形轴端联接工作载荷不大的场合（如一个带锥度的轴头，通过半圆键的联接带动普通 A 型带轮转动）。

【尺寸】 普通半圆键的尺寸见表 18-3。

表 18-3　普通半圆键的尺寸（GB/T 1099.1—2003）

键尺寸/mm ($b×h×d$)	宽度 b /mm	高度 h /mm	直径 d/mm	键尺寸/mm ($b×h×d$)	宽度 b /mm	高度 h /mm	直径 d/mm
1×1.4×4	1	1.4	4	4×7.5×19	4	7.5	19
1.5×2.6×7	1.5	2.6	7	5×6.5×16	5	6.5	16
2×2.6×7	2			5×7.5×19	5	7.5	19
2×3.7×10	2	3.7	10	5×9×22	5	9	22
2.5×3.7×10	2.5			6×9×22	6	9	22
3×5×13	3	5	13	6×10×25	6	10	25
3×6.5×16	3	6.5	16	8×11×28	8	11	28
4×6.5×16	4			10×13×32	10	13	32

【标记】 宽度 $b=16\text{mm}$，高度 $h=10\text{mm}$，直径 $D=25\text{mm}$ 的普通型半圆键，标记为：GB/T 1099.1　键　16×10×25。

18.1.4　普通楔键

普通楔键是具有 1∶100 斜度，工作面上有受预紧力挤压作用，靠上、下面传递转矩的连接件。

【用途】 用于不要求对中，不受冲击和非变载荷的低速、较大力矩的连接。

【分类】 按端部形状的不同，有 A、B、C 三型。

【尺寸】 普通楔键的尺寸见表 18-4。

表 18-4　普通楔键的尺寸（GB/T 1564—2003）　　（单位：mm）

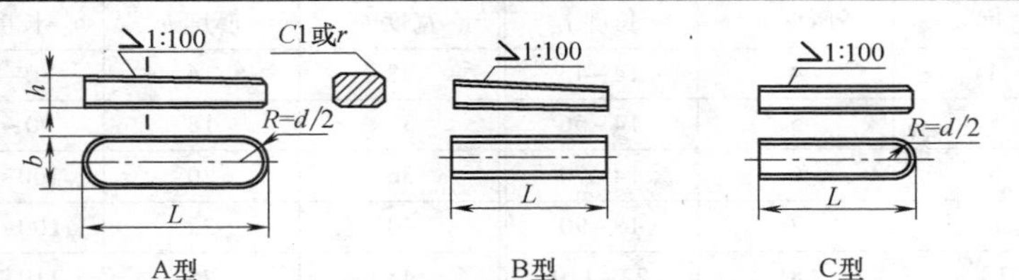

宽度 b	大头高度 h	长度 L	宽度 b	大头高度 h	长度 L
2	2	6~20	25	14	70~280
3	3	6~36	28	16	80~320
4	4	8~45	32	18	90~360
5	5	10~56	36	20	100~400
6	6	14~70	40	22	100~400
8	7	18~90	45	25	110~450
10	8	22~110	50	28	125~500
12	8	28~140	56	32	140~500
14	9	36~160	63	32	160~500
16	10	45~180	70	36	180~500
18	11	50~200	80	40	200~500
20	12	56~220	90	45	220~500
22	14	63~250	100	50	250~500

注：公称 l 系列尺寸（mm）有 6、8、10、12、14、16、18、22、25、28、32、36、40、45、50、56、63、70、80、90、100、110、125、140、160、180、200、220、250、280、320、360、400、450、500。

18.1.5　钩头楔键

钩头楔键是在普通楔键的楔端多一钩头，以便于拆装。

【用途】　主要用于紧键联接。在装配后，因斜度影响，使轴与轴上的零件产生偏斜和偏心，所以不适合要求精度高的联接。

【尺寸】　钩头楔键的尺寸见表 18-5。

表 18-5　钩头楔键的尺寸（GB/T 1565—2003）　　（单位：mm）

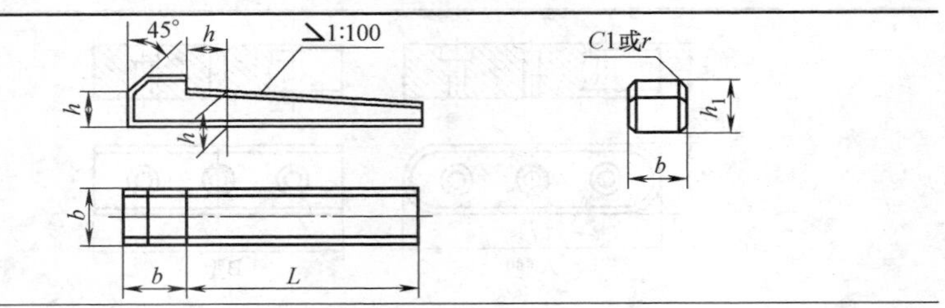

（续）

宽度 b	厚度 h	长度 L	宽度 b	厚度 h	长度 L
4	4	14~45	28	16	80~320
5	5	14~56	32	18	90~360
6	6	14~70	36	20	100~400
8	7	18~90	40	22	100~400
10	8	22~110	45	25	110~400
12	8	28~140	50	28	125~500
14	9	36~160	56	32	140~500
16	10	45~180	63	32	160~500
18	11	50~200	70	36	180~500
20	12	56~220	80	40	200~500
22	14	63~250	90	45	220~500
25	14	70~280	100	50	250~500

注：公称 l 系列尺寸（mm）有 6、8、10、12、14、16、18、22、25、28、32、36、40、45、50、56、63、70、80、90、100、110、125、140、160、180、200、220、250、280、320、360、400、450、500。

18.1.6 导向平键

导向平键是靠键和键槽侧面的挤压来传递转矩的平键。对中性好，易拆装。键和键槽侧面为动配合，无轴向固定作用。因键较长，一般用螺钉固定在轴上。

【用途】 用于轴上零件需作轴向位移不大的场合（如变速箱中的滑移齿轮），有圆头（A 型）和方头导向平键（B 型）两种。轴向位移较大时，要用滑键联接。

【尺寸】 导向平键的规格见表 18-6。

表 18-6 导向平键的规格（GB/T 1097—2003） （单位：mm）

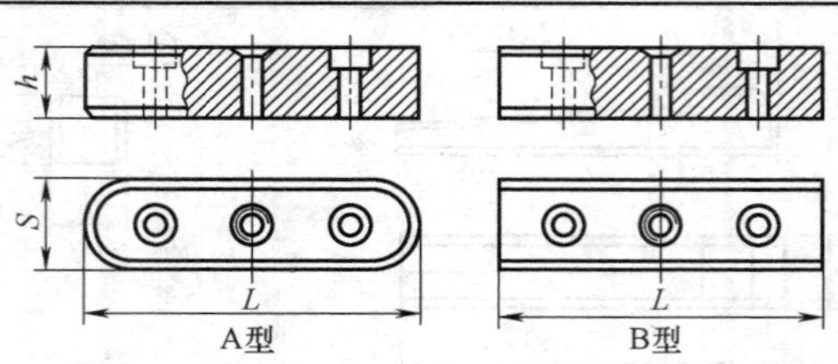

（续）

宽度 S	高度 h	长度 L	相配螺钉尺寸	宽度 S	高度 h	长度 L	相配螺钉尺寸
8	7	25~90	M3×8	22	14	63~250	M6×16
10	8	25~110	M3×10	25	14	70~280	M8×16
12	8	28~140	M4×10	28	16	80~320	M8×16
14	9	36~160	M5×10	32	18	90~360	M10×23
16	10	45~180	M5×10	36	20	100~400	M12×25
18	11	50~200	M6×12	40	22	100~400	M12×25
20	12	56~220	M6×12	45	25	110~450	M12×25

【标记】 国标号　键—型别（A，B；A 型的 A 可省去不写）键宽×键长。

例：宽度 S=16mm，高度 h=10mm，长度 L=100mm 的导向 B 型平键，标记为：GB/T 1097 键 B16×100。

18.1.7　切向键

切向键是由两个斜度为 1∶100 的楔键组成的组合体。上、下两面（窄面）为工作面，其中的一面在通过轴线的平面内。一个切向键只能传递一个方向的转矩；传递双向转矩时，须用互成 120°~130° 角的两个键。

【用途】 应用于载荷很大，对中要求不严，直径大于 100mm 的轴上。

【分类】 有普通型和强力型两种。

【尺寸】 见表 18-7 和表 18-8。

表 18-7　切向键的尺寸（GB/T 1974—2003）(单位：mm)

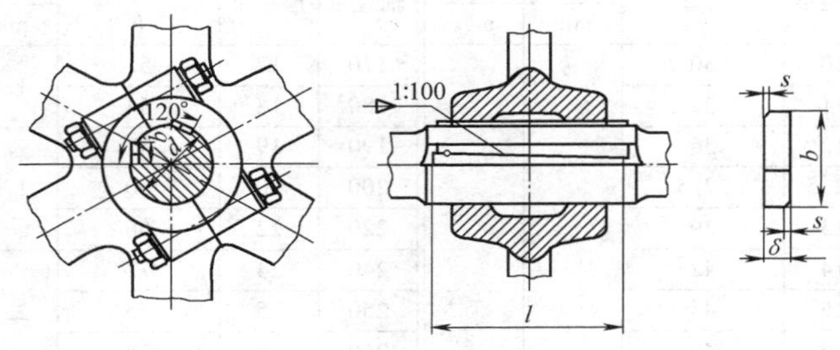

（续）

轴径 d	厚度 δ	计算宽度 b	倒角 s min	倒角 s max	轴径 d	厚度 δ	计算宽度 b	倒角 s min	倒角 s max
60	7	19.3	0.6	0.8	220	16	57.1	1.6	2.0
63		19.8			240		59.9		
65		20.1			250	18	64.6		
70		21.0			260		66.0		
71	8	22.5			280	20	72.1	2.5	3.0
75		23.2			300		74.8		
80		24.0			320	22	81.0		
85		24.8			340		83.6		
90		25.6			360	26	93.2		
95	9	27.8			380		95.9		
100		28.6			400		98.6		
110		30.1			420	30	108.2	3.0	4.0
120	10	33.2	1.0	1.2	440		110.9		
125		33.9			450		112.3		
130		34.6			460		113.6		
140	11	37.7			480	34	123.1		
150		39.1			500		125.9		
160	12	42.1			530	38	136.7		
170		43.5			560		140.8		
180		44.9			600	42	153.1		
190	14	49.6			630		157.1		
200		51.0			—	—	—	—	—

【标记】 计算宽度 $b=24$mm，厚度 $\delta=8$mm，长度 $l=100$mm 的普通型切向键，标记为：GB/T 1974　切向键 24×8×100。

表 18-8　强力型切向键的尺寸（GB/T 1974—2003）　（单位：mm）

轴径 d	厚度 δ	计算宽度 b	倒角 s min	倒角 s max	轴径 d	厚度 δ	计算宽度 b	倒角 s min	倒角 s max
100	10	30	1.0	1.2	170	17	51	1.0	1.2
110	11	33			180	18	54		
120	12	36			190	19	57	1.6	2.0
125	12.5	37.5			200	20	60		
130	13	39			220	22	66		
140	14	42			240	24	72	2.5	3.0
150	15	45			250	25	75		
160	16	48			260	26	78		

(续)

轴径 d	厚度 δ	计算宽度 b	倒角 s		轴径 d	厚度 δ	计算宽度 b	倒角 s	
			min	max				min	max
280	28	84	2.5	3.0	450	45	135	3.0	4.0
300	30	90			460	46	138		
320	32	96			480	48	144		
340	34	102	3.0	4.0	500	50	150		
360	36	108			530	53	159		
380	38	114			560	56	168		
400	40	120			600	60	180		
420	42	126			630	63	189		
440	44	132			—	—	—		

【标记】 计算宽度 $b=60$mm，厚度 $\delta=20$mm，长度 $l=250$mm 的强力型切向键，标记为：GB/T 1974 强力型切向键 60×20×250。

18.1.8 渐开线花键

按齿形的不同，花键分为渐开线花键和矩形花键（见图 18-1）。渐开线花键是键齿在圆柱（或圆锥）面上且齿形为渐开线的花键。

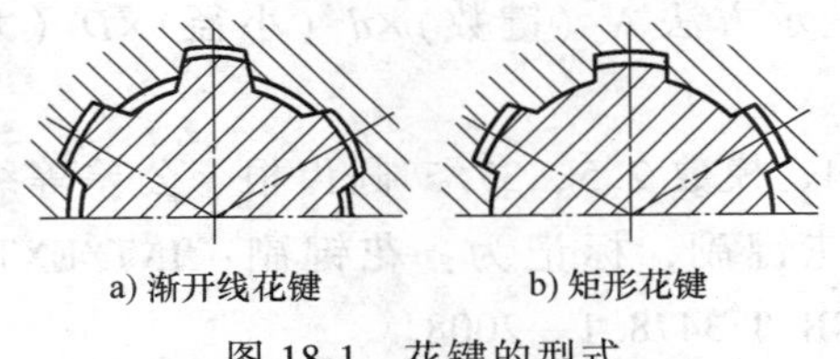

a) 渐开线花键　　b) 矩形花键

图 18-1 花键的型式

渐开线花键又分为圆柱直齿渐开线花键（压力角有 30°、37.5°和 45°三种）和圆锥直齿渐开线花键。

【用途】 渐开线花键用于载荷较大、定心精度要求较高、尺寸较大的联接。

【分类】 按外形可分为圆柱直齿渐开线花键和圆锥直齿渐开线花键两类，按制造精度可分为 4、5、6、7 四个公差等级。

1. 圆柱直齿渐开线花键

【齿数和模数系列】 渐开线圆柱直齿外渐开线花键的齿数和模数系列见表 18-9。

表 18-9　渐开线圆柱直齿外渐开线花键的齿数和模数系列（GB/T 3478—2008）

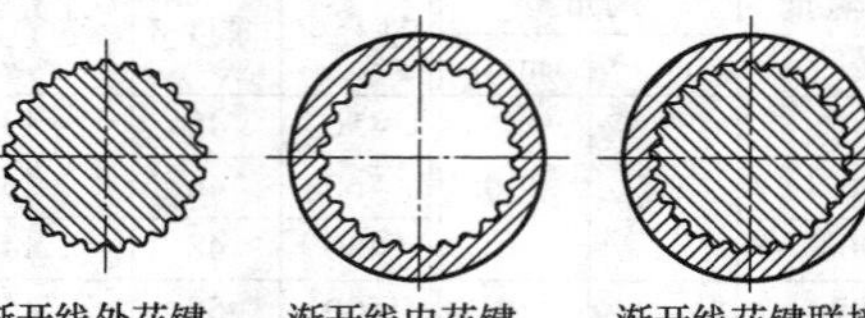

渐开线外花键　　渐开线内花键　　渐开线花键联接

齿数 z	模数 m							
	0.25	0.5	(0.75)	1	(1.25)	1.5	(1.75)	2
10~100	压力角 $\alpha=30°$ 和 $\alpha=37.5°$							
	√	√	√	√	√	√	√	—
	压力角 $\alpha=45°$							
	√	√	√	√	√	√	√	√
齿数 z	模数 m							
	2.5	3	(4)	3	(6)	(8)	10	—
10~100	压力角 $\alpha=30°$ 和压力角 $\alpha=37.5°$							
	√	√	√	√	√	√	√	—
	压力角 $\alpha=45°$							
	√	—	—	—	—	—	—	—

【标记】　表示方法 N（键数）×d（小径）×D（大径）×B（键槽宽）

例：齿数 24、模数 2.5、37.5°圆齿根、公差等级为 6 级、配合类别为 H/h 的花键副，标记为：花键副：INT/EXT　24z×2.5m×37.5×6H/6h　GB/T 3478.1—2008。

内花键：INT　24z×2.5m×37.5×6H　GB/T 3478.1—2008。

外花键：EXT　24z×2.5m×37.5×6h　GB/T 3478.1—2008。

注意：INT 表示内花键，EXT 表示外花键，INE/EXT 表示花键副，z 表示齿数，m 表示模数，30P 表示 30°平齿根，30R 表示 30°圆齿根，37.5 表示 37.5°圆齿根，45 表示 45°圆齿根。

2. 圆锥直齿渐开线花键

圆锥直齿渐开线花键的内花键齿形为直线、外花键齿形为渐开线、标准压力角为 45°、模数为 0.50~1.50mm，锥度为 1∶15。

【齿数和模数系列】　渐开线圆锥直齿渐开线花键模数系列见表 18-10。

【标记】 在零件图样中，应给出制造花键所需的全部参数、尺寸和公差，列出花键参数表，如圆锥直齿渐开线内/外花键参数见表 18-11。

表 18-10　渐开线圆锥直齿渐开线花键模数系列（GB/T 18842—2008）

齿数 z	模数 m				
	0.50	0.75	1.00	1.25	1.50
32、34、36、40、42、44	√	√	√	√	√
48	—	√	√	√	√
52	—	—	—	√	√

表 18-11　圆锥直齿渐开线内/外花键参数

类别	内花键	外花键
齿数	32	32
模数	1	1
齿槽角	84°22′03″	45°
实际齿槽宽最大值	1.660(参考)	1.571(参考)
作用齿槽宽最大值	1.625	1.660
作用齿槽宽最小值	1.571	1.606
公差等级与配合类别	6H　GB/T18842—2008	6k　GB/T18842—2008
配对零件图号	×××-××××	×××-××××

18.1.9　矩形花键

矩形花键是两侧面键齿，径向平面平行于轴线的花键。传动时多齿面工作，承载能力强，对中性好。

【分类】 按工作位置分，有矩形外花键和矩形内花键两种；按承载能力分，有轻系列、中系列、重系列和补充系列四种；按制造精度分，有 4、5、6、7 四个公差等级。

【用途】

1）轻系列：用于轻载的静联接，轻系列齿数最少、齿的高度最低、承载能力也最小。

2）中系列：用于中载静联接或空载下的动联接。

3）重系列：用于重载静联接，齿最多、齿也最高（非标）。

4）补充系列：用于机床、汽车，拖拉机等行业中（非标）。

【尺寸系列】 矩形内外花键的基本尺寸系列见表 18-12。

【标记】 在零件图样中，矩形花键的标记代号应包括键数 N、小径 d、大径 D、键宽 B、基本尺寸及配合公差带代号和标准号。

例：花键 $N=6$；$d=23\frac{H7}{f7}$；$D=26\frac{H10}{a11}$；$B=6\frac{H11}{d10}$，标记为：

1）花键副：$6\times23\frac{H7}{f7}\times26\frac{H10}{a11}\times6\frac{H11}{d10}$　GB/T 1144—2001。

2）内花键：6×23H7×26H10×6H11　GB/T 1144—2001。

3）外花键：6×23f7×26a11×6d10　GB/T 1144—2001。

表 18-12　矩形内外花键的基本尺寸系列（GB/T 1144—2001）

（单位：mm）

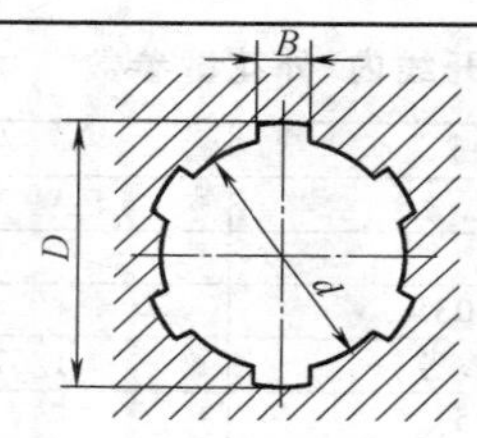

矩形内花键

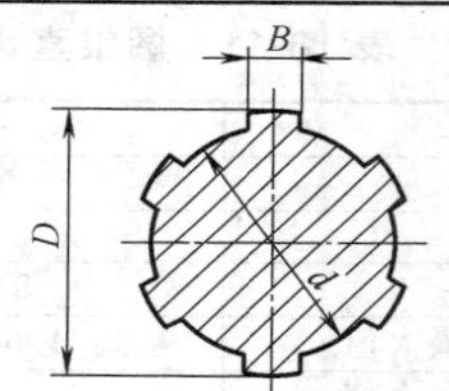

矩形外花键

轻系列		中系列	
小径 d	规格 $N\times d\times D\times B$	小径 d	规格 $N\times d\times D\times B$
23	6×23×26×6	11	6×11×14×3
26	6×26×30×6	13	6×13×16×3.5
28	6×28×32×7	16	6×16×20×4
32	8×32×36×6	18	6×18×22×5
36	8×36×40×7	21	6×21×25×5
42	8×42×46×8	23	6×23×26×6
46	8×46×50×9	26	6×26×30×6
52	8×52×58×10	28	6×28×32×7
56	8×56×62×10	32	8×32×36×6
62	8×62×68×12	36	8×36×40×7
72	10×72×78×12	42	8×42×46×8
82	10×82×88×12	46	8×46×50×9
92	10×92×98×14	52	8×52×58×10
102	10×102×108×16	56	8×56×62×10
112	10×112×120×18	62	8×62×68×12
		72	10×72×78×12
		82	10×82×88×12
		92	10×92×98×14
		102	10×102×108×16
		112	10×112×120×18

18.1.10　矩形内花键

矩形内花键的型式分为 A、B、C、D 四种（见图 18-2）；矩形内花键的长度系列见表 18-13。

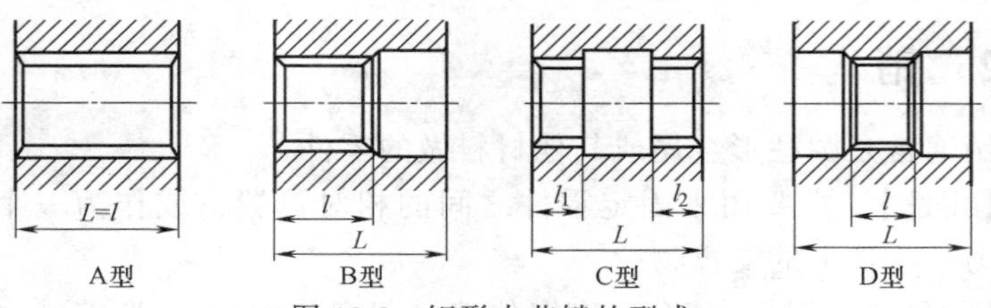

图 18-2　矩形内花键的型式

表 18-13　矩形内花键的长度系列（GB/T 10081—2005）（单位：mm）

花键长度 l 或 l_1+l_2	花键小径基本尺寸 d																				拉刀拉削长度
	11	13	16	18	21	23	26	28	32	36	42	46	52	56	62	72	82	92	102	112	
10																					
12																					
15																					≤18
18																					
22			标																		
25					准																
28																					>18~30
30							长														
32									度												
36											范										
38													围								
42																					>30~50
45																					
48																					
50								标													
56										准											
60												长									
63																					>50~80
71														度							
75																					
80																范					
85																					
90																		围			
95																					
100																					>80~120
110																					
120																					
130																					
140																					
160																					>120
180																					
200																					
孔的最大长度 L	50		80				120				200					250			300		

注：内花键长度（l 或 l_1+l_2）（mm）有 10、12、15、18、22、25、28、30、32、36、38、42、45、48、50、56、60、63、71、75、80、85、90、95、100、110、120、130、140、160、180、200。

18.2 销

销通常是圆柱形金属或其他材料做的零件。

【用途】 主要用来固定零件之间的相对位置，或作为一个物件悬在另一物件上的支撑物。

【类别】 按其功能分，有定位销（起定位作用）、联接销（用于轴与轮毂的联接，传递不大的载荷）和安全销（作为安全装置中的过载剪断元件）。

按其形状分，有普通圆柱销、内螺纹圆柱销、弹性圆柱销、普通圆锥销、内螺纹圆锥销、开尾圆锥销、螺纹销、开口销、螺旋弹性销、销轴和槽销等。

【材料】 一般情况下，采用优质碳素结构钢 35、45、50 或工具钢 T8A、T10A；热处理后的硬度为 30~36HRC。销套材料可采用 45、35SiMn、40C 等；热处理后的硬度为 40~50HRC。弹性圆柱销多采用 65Mn。

18.2.1 普通圆柱销

圆柱销利用微小过盈固定在铰制孔中，可以承受不大载荷的连接件。为保证定位精度和联接的紧固性，不宜经常拆卸。

【用途】 主要用于定位，也可用作联接销和安全销。

【分类】 可分为钢和奥氏体不锈钢，以及淬硬钢和马氏体不锈钢两大类。

1. 钢和奥氏体不锈钢

【材料和热处理】

1）不淬硬钢：硬度为 125~245 HV30；热处理：不经处理，氧化，镀锌钝化，磷化。

2）奥氏体不锈钢：A1，硬度为 210~280 HV30；热处理：简单处理。

【规格】 不淬硬钢和奥氏体不锈钢圆柱销的规格见表 18-14。

【标记】

1）公称直径 $d=6$mm，公差为 m6，公称长度 $l=30$mm，材料为钢、不经淬火，不经表面处理的圆柱销，标记为：销 GB/T 119.1 6m6×30。

2）公称直径 d=6mm，公差为 m6，公称长度 l=30mm，材料为 A1 组奥氏体不锈钢、表面简单处理的圆柱销，标记为：销　GB/T 119.1　6m6×30-A1。

表 18-14　不淬硬钢和奥氏体不锈钢圆柱销的规格（GB/T 119.1—2000）

（单位：mm）

≈15°　d　l　末端允许倒圆或凹穴

d	0.6	0.8	1.0	1.2	1.5	2.0	2.5	3	4	5
l	2~6	2~8	4~10	4~12	4~16	6~20	6~24	8~30	8~40	10~55
d	6	8	10	12	16	20	25	30	40	50
l	12~60	14~80	18~95	22~140	26~180	35~200	50~200	60~200	80~200	95~200

注：公称长度系列（mm）有 2~5（间隔 1）、6~32（间隔 2）、35~100（间隔 5）、120~200（间隔 20）。

2. 淬硬钢和马氏体不锈钢

【技术条件】　淬硬钢和马氏体不锈钢圆柱销的技术条件见表 18-15。

表 18-15　淬硬钢和马氏体不锈钢圆柱销的技术条件（GB/T 119.2—2000）

材料	淬硬钢			马氏体不锈钢
	A 型,普通淬火	B 型,表面淬火		C1
化学成分（%）	C:0.95~1.1 Si:0.15~0.35 Mn:0.25~0.4 P:0.03　max S:0.025　max Cr:1.35~1.65	C:0.06~0.13 Si:0.1~0.4 Mn:0.25~0.6 P:0~0.25　max S:0.05　max	C:0~15　max Si:0.10　max Mn:0.9~1.3 P:0.07　max S:0.15~0.35 Pb:0.15~0.35	淬火并回火 硬度： 460~560HV30
硬度	1550~650HV30	表面硬度:600~700HV1 渗碳层深度 0.25~0.4mm 的硬度： 550HV1　min		
表面处理	不经处理,氧化,镀锌钝化,磷化			简单处理

【规格】　淬硬钢和马氏体不锈钢圆柱销的规格见表 18-16。

【标记】　类同“钢和奥氏体不锈钢”。

表 18-16　淬硬钢和马氏体不锈钢圆柱销的规格（GB/T 119.2—2000）

（单位：mm）

≈15°　d　l　末端允许倒圆或凹穴

d	1	1.5	2	2.5	3	4	5	6	8	10	12	16	20
l	3~10	4~16	5~20	6~24	8~30	10~40	12~50	14~60	18~80	22~100	26~100	40~100	50~100

注：公称长度系列（mm）有 3、4、5、6~32（间隔 2）、35~100（间隔 5）、120~200（间隔 20）。

18.2.2　内螺纹圆柱销

内螺纹圆柱销是有内螺纹孔的圆柱销。

【用途】　用于机器或工具、模具零件的定位、固定，也可用于传递机械动力。内螺纹孔的作用是便于圆柱销的拆卸。

【类别】　按头部形状分，有平头和圆头两种；按材料分，有不淬硬钢和奥氏体不锈钢，以及普通淬硬钢和马氏体不锈钢两大类。

【螺纹精度】　6H。

1. 不淬硬钢和奥氏体不锈钢

【技术条件】　不淬硬钢和奥氏体不锈钢的技术条件见表 18-17。

表 18-17　不淬硬钢和奥氏体不锈钢的技术条件（GB/T 120.1—2000）

材料	不淬硬钢	奥氏体不锈钢
硬度	125~245HV30	A1,210~280HV30
表面处理	不经处理;氧化;镀锌钝化;磷化	简单处理

2. 淬硬钢和马氏体不锈钢

【技术条件】　淬硬钢和马氏体不锈钢的技术条件见表 18-18。

表 18-18　淬硬钢和马氏体不锈钢的技术条件（GB/T 120.2—2000）

材　料	淬　硬　钢			马氏体不锈钢 C1
	A 型,普通淬火	B 型,表面淬火		
化学成分（%）	C:0.95~1.1 Si:0.15~0.35 Mn:0.25~0.4 P:0.03　max S:0.020　max Cr:1.35~1.65	C:0.06~013 Si:0.1~0.4 Mn:0.25~0.6 P:0.025　max Si:0.06　max	C:0.15　max Si:0.10　max Mn:0.9~1.3 P:0.07　max S:0.15~0.35 Pb:0.15~0.35	淬火并回火,硬度:160~560HV30

（续）

材　料	淬　硬　钢		马氏体不锈钢
	A 型，普通淬火	B 型，表面淬火	C1
硬　度	550～650HV30	由制造者确定 表面硬度：600～700HV1 渗碳层深度 0.25～0.4 的硬度： 550HV1　min	淬火并回火，硬度： 160～560HV30
表面处理	不经处理；氧化；镀锌钝化；磷化		简单处理

【规格】　内螺纹圆柱销的规格见表 18-19。

表 18-19　内螺纹圆柱销的规格（GB/T 120.1—2000）（单位：mm）

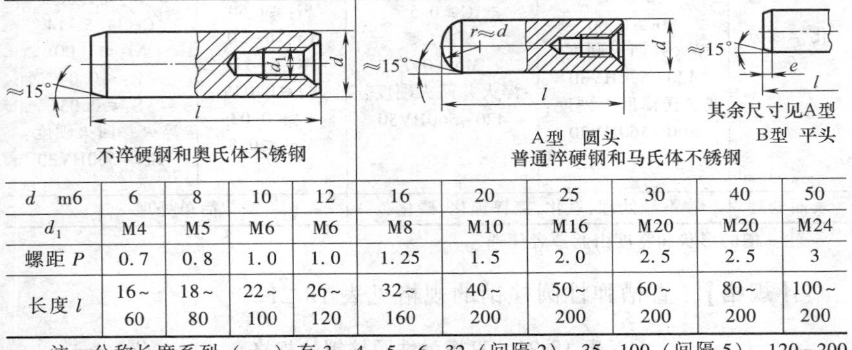

d　m6	6	8	10	12	16	20	25	30	40	50
d_1	M4	M5	M6	M6	M8	M10	M16	M20	M20	M24
螺距 P	0.7	0.8	1.0	1.0	1.25	1.5	2.0	2.5	2.5	3
长度 l	16～60	18～80	22～100	26～120	32～160	40～200	50～200	60～200	80～200	100～200

注：公称长度系列（mm）有 3、4、5、6～32（间隔 2）、35～100（间隔 5）、120～200（间隔 20）。

【标记】

1）公称直径 d=6mm，公差为 m6，公称长度 l=30mm，材料为钢，不经淬火，不经表面处理的内螺纹圆柱销，标记为：销　GB/T 120.1　6×30。

2）公称直径 d=6mm，公差为 m6，公称长度 l=30mm，材料为钢，普通淬火（A 型），表面氧化的内螺纹圆柱销，标记为：销　GB/T 120.2　6×30-A。

18.2.3　弹性圆柱销

弹性圆柱销是一个两头端部有倒角，轴向开槽的无头中空的柱形体。

【分类】　分为直槽（重型与轻型）和卷型（重型、标准型与轻型）两大类。

1. 直槽弹性圆柱销

【用途】 用于承受冲击、振动且精度不高的零件的定位和固定。

【技术条件】 直槽弹性圆柱销的技术条件见表 18-20。

表 18-20 直槽弹性圆柱销的技术条件

材料	钢		奥氏体不锈钢	马氏体不锈钢
	St(由制造者任选)		A	C
	优质碳素钢	硅锰钢		
化学成分(%)	C≥0.65 Mn≥0.60 淬火并回火硬度: 420~520HV30 或奥氏体回火硬度: 500~560HV30	C≥0.5 Si≥1.5 Mn≥0.7 淬火并回火硬度: 420~560HV30	C≤:0.15 Mn:≤2.00 Si:≤1.50 Cr:16~20 Ni:6~12 P:≤0.045 S:≤0.03 Mo:≤0.8	C:≥0.16 Mn:≤1.00 Si:≤1.00 Cr:11.5~14 Ni:≤1.00 P:≤0.04 S:≤0.03 淬火并回火硬度: 440~560HV30
表面处理	不经处理,氧化,镀锌钝化,磷化		简单处理	

注：槽的形状和宽度由制造者任选。

【规格】 直槽弹性圆柱销的规格见表 18-21。

表 18-21 直槽弹性圆柱销的规格 （单位：mm）

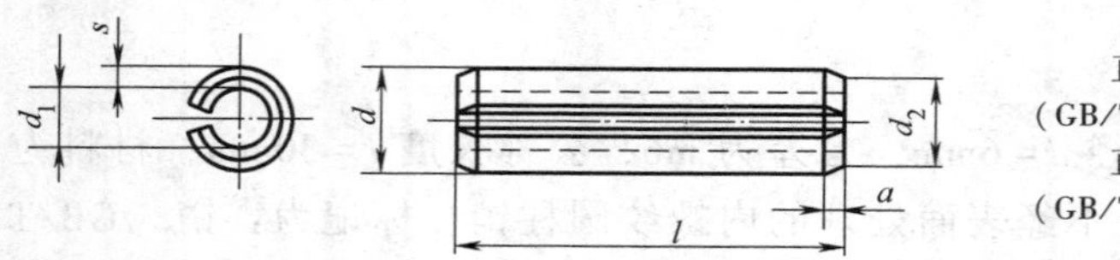

直槽 重型（GB/T 879.1—2000）

直槽 轻型（GB/T 879.2—2000）

d H12	d_1 重型	d_1 轻型	公称长度 l	d H12	d_1 重型	d_1 轻型	公称长度 l
1.0	0.8	—	4~20	5	3.4	4.4	5~80
1.5	1.1	—		6	4.0	4.9	10~100
2.0	1.5	1.9	4~30	8	5.5	7.0	10~120
2.5	1.8	2.3		10	6.5	8.5	10~160
3.0	2.1	2.7	4~40	12	7.5	10.5	10~180
3.5	2.3	3.1		13	8.5	11	
4.0	2.8	3.4	4~50	14	8.5	11.5	10~200
4.5	2.9	3.9	5~50	16	10.5	13.5	

（续）

d H12	d_1 重型	d_1 轻型	公称长度 l	d H12	d_1 重型	d_1 轻型	公称长度 l
18	11.5	15.0	10～200	32	20.5	—	20～200
20	12.5	16.5		35	21.5	28.5	
21	13.5	17.5	14～200	38	23.5	—	
25	15.5	21.5		40	25.5	32.5	
28	17.5	23.5		45	28.5	37.5	
30	18.5	25.5		50	31.5	40.5	

注：公称长度系列（mm）有 4、5、6～32（间隔 2）、35～100（间隔 5）、120～200（间隔 20）。

【标记】　公称直径 d = 6mm，公称长度 l = 30mm，材料为钢（St），热处理硬度为 500～560HV 30，表面氧化处理，直槽、重（轻）型弹性圆柱销，标记为：销 GB/T 879.1（2）6×30。

2. 卷型弹性圆柱销

【用途】　能对振动和冲击起到缓冲作用，因而能避免部件上孔的损坏，可以最大限度延长产品的生命周期。

【技术条件】　卷型弹性圆柱销的技术条件见表 18-22。

表 18-22　卷型弹性圆柱销的技术条件

材料	钢 St		奥氏体不锈钢 A	马氏体不锈钢 C
化学成分（%）	所有直径：C≥0.64 Mn≥0.60 Si≥1.50 Cr 厂家任选 P≤0.04 S≤0.05	d>12mm 时也可选用：C≥0.38 Mn≥0.70 Si≥0.20 Cr≥0.80 V≥0.15 P≤0.035 S≤0.04	C≤0.15 Mn≤2.00 Si≤1.50 Cr16～20 Ni6～12 P≤0.045 S≤0.03 Mo≤0.8 冷加工	C≥0.15 Mn≤1.00 Si≤1.00 Cr11.5～14 Ni≤1.00 P≤0.04 S≤0.03 淬火并回火硬度：460～560HV30
	淬火并回火硬度：420～545HV30			
表面处理	不经处理，氧化，镀锌钝化，磷化		简单处理	

【规格】　卷型弹性圆柱销规格见表 18-23。

【标记】

1）公称直径 d = 6mm，公称长度 l = 30mm，材料为钢（St）、热处理硬度为 420～545HV30，表面氧化处理，卷制，重型弹性圆柱销，标记为：销　GB/T 879.3　6×30。

2）公称直径 $d=6$mm，公称长度 $l=30$mm，材料为奥氏体不锈钢（A），不经热处理，表面简单处理，卷制、重型弹性圆柱销，标记为：销　GB/T 879.3　6×30-A。

表 18-23　卷型弹性圆柱销规格　（单位：mm）

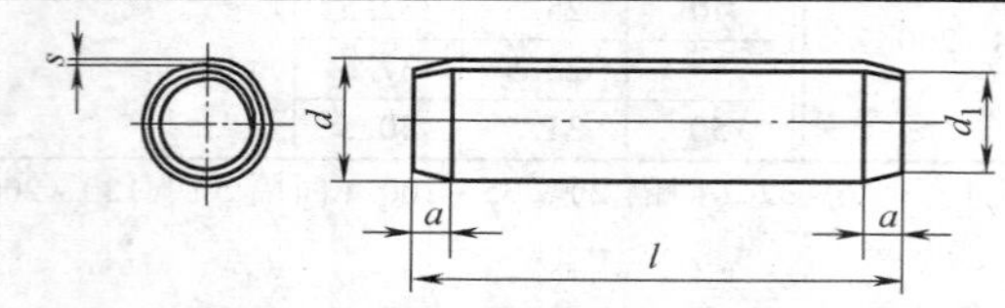

重型(GB/T 879.3—2000)
标准(GB/T 879.4—2000)
轻型(GB/T 879.5—2000)

d H12	装配前 $d_{重型}$		装配前 $d_{标准}$		装配前 $d_{轻型}$		装配前 d_1	公称长度 l
	max	min	max	min	max	min		
0.8	—	—	0.91	0.85	—	—	0.75	4~16
1.0	—	—	1.15	1.05	—	—	0.95	4~16
1.2	—	—	1.35	1.25	—	—	1.15	4~16
1.5	1.71	1.61	1.73	1.62	1.75	1.62	1.4	4~24
2.0	2.21	2.11	2.25	21.3	2.28	2.13	1.9	4~40
2.5	2.73	2.62	2.78	2.65	2.82	2.65	2.4	5~45
3.0	3.25	3.12	3.30	3.15	3.35	3.15	2.9	6~50
3.5	3.79	3.64	3.85	3.67	3.87	3.67	3.4	6~50
4.0	4.30	4.15	4.4	4.20	4.45	4.2	3.9	8~60
5	5.35	5.15	5.5	5.25	5.50	5.2	4.85	10~60
6	6.40	6.18	6.5	6.25	6.55	6.25	5.85	12~75
8	8.55	8.25	8.83	8.30	8.65	8.3	7.80	16~120
10	10.65	10.30	10.8	10.35	—	—	9.75	20~120
12	12.75	12.35	12.85	12.40	—	—	11.7	24~160
14	14.85	14.40	14.95	14.45	—	—	13.6	28~200
16	16.9	16.4	17.0	16.45	—	—	15.6	32~200
20	21.0	20.4	21.1	20.4	—	—	19.6	45~200

注：公称长度系列（mm）有 4、5、6~32（间隔 2）、35~100（间隔 5）、120~200（间隔 20）。

18.2.4　普通圆锥销

普通圆锥销是一个 1∶50 的锥度的金属圆台体，与有锥度的铰制孔相配，受横向力时可以自锁，安装方便，定位精度高。

【用途】 用于要经常拆卸的零件的定位、固定，也可用于动力传递。

【分类】 按加工方法可分为 A 型（磨削）和 B 型（切削或冷镦）两种。

【技术条件】 普通圆锥销的技术条件见表 18-24。

表 18-24　普通圆锥销的技术条件

材料	钢		不锈钢
名称及硬度	碳素钢:35、45 35:28~38HRC 45:38~46HRC	易切钢:Y12、Y15 合金钢:30CrMnSiA 35~41HRC	12Cr13、20Cr13、 14Cr17Ni2、 06Cr18Ni9Ti
表面处理	不经处理,氧化,镀锌钝化,磷化		简单处理

【规格】 普通圆锥销的规格见表 18-25。

表 18-25　普通圆锥销的规格（GB/T 117—2000）　　（单位：mm）

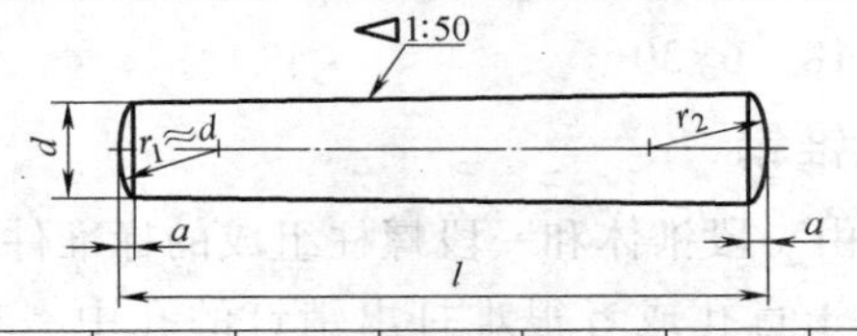

公称 d	0.6	0.8	1.0	1.2	1.5	2.0	2.5	3	4	5
l	4~8	5~12	6~16	6~20	8~24	10~35	10~35	12~45	14~55	18~60
公称 d	6	8	10	12	16	20	25	30	40	50
l	22~90	22~120	26~160	32~180	40~200	45~200	50~200	55~200	60~200	65~200

注：1. 公称长度系列（mm）有 2、3、4、5、6~32（间隔 2）、35~100（间隔 5）、120~200（间隔 20）。

2. 圆锥销的公称直径 d 为小端直径。

【标记】 公称直径 d=6mm，公称长度 l=30mm，材料为 35 钢，热处理硬度为 28~38HRC，表面氧化处理的 A 型圆锥销，标记为：销　GB/T 117　6×30。

18.2.5　内螺纹圆锥销

内螺纹圆锥销是有内螺孔的圆锥销，内螺孔的作用是便于拆卸。

【用途】 有 1∶50 锥度，定位精度高于圆柱销，受横向力时能自锁。

【型别和技术条件】 螺纹公差为 6H，其余同“普通圆锥销”。

【规格】 内螺纹圆锥销的规格见表 18-26。

表 18-26　内螺纹圆锥销的规格（GB/T 118—2000）　（单位：mm）

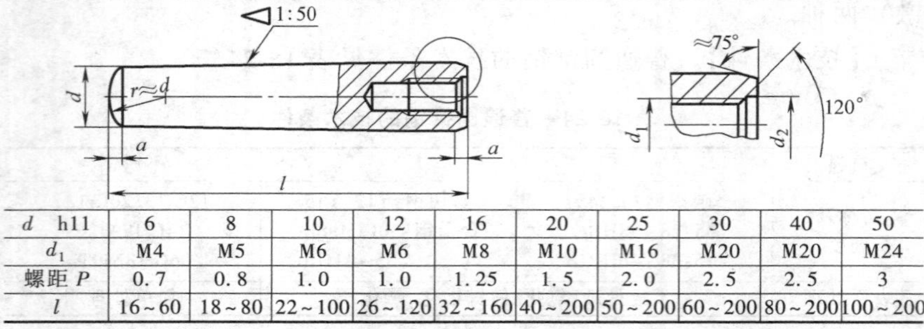

d　h11	6	8	10	12	16	20	25	30	40	50
d_1	M4	M5	M6	M6	M8	M10	M16	M20	M20	M24
螺距 P	0.7	0.8	1.0	1.0	1.25	1.5	2.0	2.5	2.5	3
l	16~60	18~80	22~100	26~120	32~160	40~200	50~200	60~200	80~200	100~200

注：公称长度系列（mm）有 16~32（间隔 2）、35~100（间隔 5）、120~200（间隔 20）。

【标记】　公称直径 $d=6$mm，公称长度 $l=30$mm，材料为 35 钢，热处理硬度 28~38HRC，表面氧化处理的 A 型内螺纹圆锥销，标记为：销　GB/T 118　6×30。

18.2.6　螺尾锥销

螺尾锥销是由一段锥体和一段螺柱组成的标准件。

【用途】　用于盲孔或者很难打出销钉的孔中。有尾锥销打入孔中后，末端可张开，能够防止销钉本身从孔内滑出。

【技术条件】　螺纹公差为 6g，其余同“普通圆锥销”。

【规格】　螺尾锥销的规格见表 18-27。

表 18-27　螺尾锥销的规格（GB/T 881—2000）　（单位：mm）

直径 d	长度 L	直径 d_1	直径 d	长度 L	直径 d_1
5	40~50	M5	20	120~220	M16
6	45~60	M6	25	140~250	M20
8	55~75	M8	30	160~280	M24
10	65~100	M10	40	190~360	M30
12	85~140	M12	50	220~400	M36
16	100~160	M16	—	—	—

注：1. L 系列尺寸（mm）有 40、45、50、55、60、75、85、100、120、140、160、190、220、250、280、320、360、400（长度超过 400mm 时，按 40mm 递增）。
2. 公称长度系列（mm）有 3、4、5、6~32（间隔 2）、35~100（间隔 5）、120~200（间隔 20）。

【标记】 公称直径 $d=6$mm，公称长度 $l=50$mm，材料为 Y12 或 Y15，不经热处理和表面处理螺尾锥销，标记为：销　GB/T 881　6×50。

18.2.7　开尾圆锥销

开尾圆锥销是其尾部有开口的锥度 1∶50 的圆锥销。打入销孔后，末端可稍张开，以防止松脱。

【用途】 用于要求定位精度较高的场合，受横向力时能自锁。

【材料】 采用 35 钢，不经热处理。

【尺寸】 开尾圆锥销的尺寸见表 18-28。

表 18-28　开尾圆锥销的尺寸（GB/T 877—1986）　　（单位：mm）

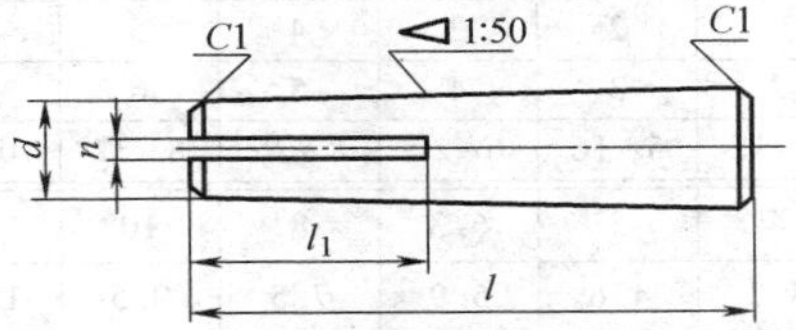

$d_{公称}$	3	4	5	6	8	10	12	16
$n_{公称}$	0.8		1		1.6		2	
l_1	10	10	12	15	20	25	30	40
公称长度 l	30~55	35~60	40~80	50~100	60~120	70~160	80~200	100~200

注：l 系列尺寸（mm）有 30、32、35、40、45、50、55、60、70、80、90、100、120、140、160、180、200。

【标记】 公称直径 $d=10$mm，长度 $l=60$mm，材料为 35 钢，不经热处理及表面处理的开尾圆锥销，标记为：销 GB/T 877—1986 10×60。

18.2.8　开口销

开口销是用一根半圆金属条弯成的标准件。

【用途】 插在要经常拆卸的螺母和螺栓孔内，防止螺母和螺栓的相对转动，使螺母不致脱落。

【材料】 碳素钢：Q215、Q235，铜合金：H63，不锈钢：07Cr17Ni7、06Cr18Ni9Ti。

【表面处理】 钢：不经处理、镀锌钝化或磷化；铜、不锈钢：简单处理。

【规格】 开口销的规格见表 18-29。

表 18-29 开口销的规格（GB/T 91—2000）（单位：mm）

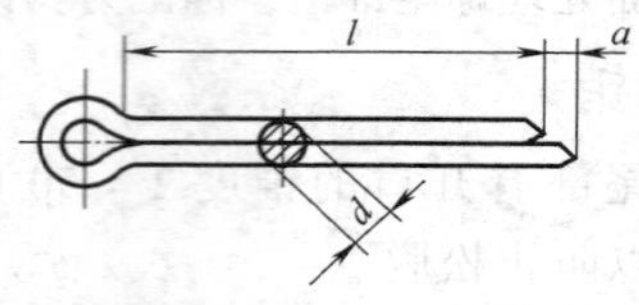

公称规格			0.6	0.8	1.0	1.2	1.6	2.0	2.5	3.2
直径 d		max	0.5	0.7	0.9	1.0	1.4	1.8	2.3	2.9
		min	0.4	0.6	0.8	0.9	1.3	1.7	2.1	2.7
适用直径	螺栓	>	—	2.5	3.5	4.5	5.5	7	9	11
		≤	2.5	3.5	4.5	5.5	7	9	11	14
	U形销	>	—	2	3	4	5	6	8	9
		≤	2	3	4	5	6	8	9	12
销身长度 l			4~12	5~16	6~20	8~25	8~32	10~40	12~50	14~63
公称规格			4	5	6.3	8	10	13	16	20
直径 d		max	3.7	4.6	5.9	7.5	9.5	12.4	15.4	19.3
		min	3.5	4.4	5.7	7.3	9.3	12.1	15.1	19.0
适用直径	螺栓	>	14	20	27	39	56	80	120	170
		≤	20	27	39	56	80	120	170	—
	U形销	>	12	17	23	29	44	69	110	160
		≤	17	23	29	44	69	110	160	—
销身长度 l			18~20	22~100	32~125	40~160	45~200	71~250	112~280	160~280

注：公称长度系列（mm）为 4、5、6~22（间隔 2）、25、28、32、36、40、45、50、56、63、71、80、90、100、112、125、140、160、180、200、224、250、280。

【标记】 公称直径 d=5mm，长度 l=50mm，材料为 Q210 或 Q235，不经表面处理的开口销，标记为：销 GB/T 91 5×50。

18.2.9 螺旋弹性销

螺旋弹性销是用弹簧钢卷制成的圆柱形销，两端均有倒角。

【用途】 用于汽车上受振动零件之间的定位、连接和固定等。

【材料】 T7A、65Mn 钢或具有较高精度等级、切边、光亮的钢带。

【硬度】 416~524HV。

【表面处理】 氧化 Fe/Ct·O。

【规格】 螺旋弹性销的规格见表 18-30。

表 18-30　螺旋弹性销的规格（QC/T 622—1999）　（单位：mm）

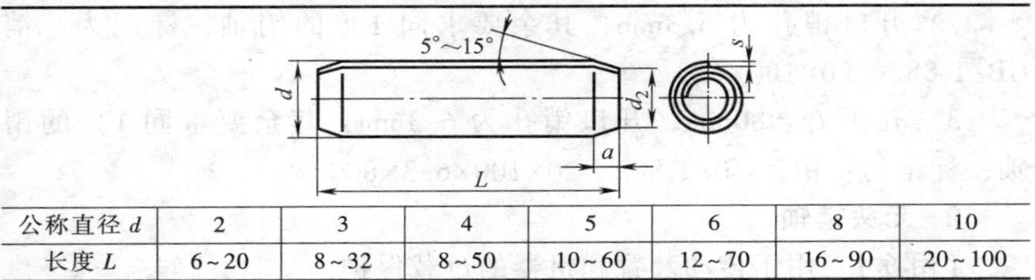

公称直径 d	2	3	4	5	6	8	10
长度 L	6～20	8～32	8～50	10～60	12～70	16～90	20～100

注：公称长度 L 系列（mm）为 6～32（间隔 2）、36、40、45～100（间隔 5）。

【标记】　d = 5mm，L = 32mm，表面氧化处理的螺旋弹性销，标记为：Q5270532。

18.2.10　销轴和无头销轴

1. 销轴

【用途】　用于铁路和开口销承受交变横向力的场合，推荐采用表 18-31 规定的下一挡较大的开口销及相应的孔径。

【分类】　分为 A、B 型，后者上有开口销孔，配合开口销使用。

【材料】　采用易切钢或冷镦钢，硬度为 125HV～245HV。

【表面处理】　氧化、磷化、镀锌铬酸盐转化膜。

【基本参数】　销轴的型式和尺寸见表 18-31。

表 18-31　销轴的型式和尺寸（GB/T 882—2008）　（单位：mm）

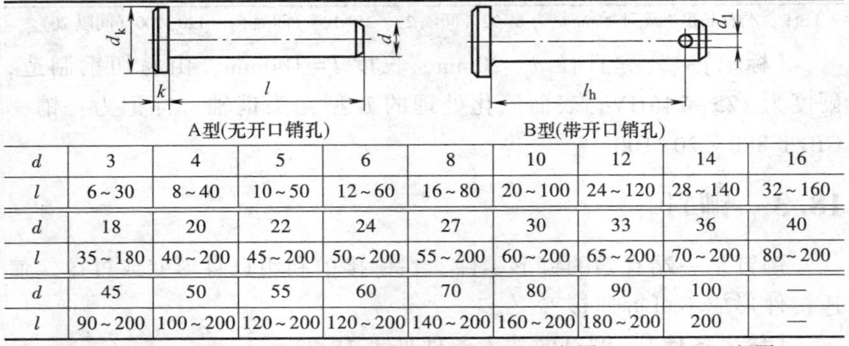

d	3	4	5	6	8	10	12	14	16
l	6～30	8～40	10～50	12～60	16～80	20～100	24～120	28～140	32～160
d	18	20	22	24	27	30	33	36	40
l	35～180	40～200	45～200	50～200	55～200	60～200	65～200	70～200	80～200
d	45	50	55	60	70	80	90	100	—
l	90～200	100～200	120～200	120～200	140～200	160～200	180～200	200	—

注：公称长度 l 系列（mm）为 6～32（间隔 2）、35～100（间隔 5）、120～200（间隔 20）。

【标记】

1）公称直径 d = 20mm，长度 l = 100mm，由钢制造的硬度为 125～

245HV，表面氧化处理的 B 型销轴，标记为：销　GB/T 882　20×100。

2）开口销孔为 6.3mm，其余要求同 1）的销轴，标记为：销　GB/T 882　20×100×6.3。

3）孔距 l_h = 80mm，开口销孔为 6.3mm，其余要求同 1）的销轴，标记为：销　GB/T 882　20×100×6.3×80。

2. 无头销轴

【用途】 用于传动装置和机器的过载保护。

【材料和表面处理】 同销轴。

【基本参数】 无头销轴的型式和尺寸见表 18-32。

表 18-32　无头销轴的型式和尺寸（GB/T 880—2008）

（单位：mm）

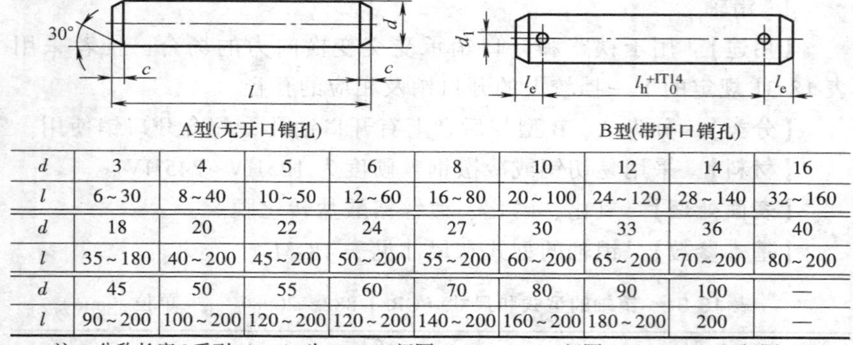

d	3	4	5	6	8	10	12	14	16
l	6~30	8~40	10~50	12~60	16~80	20~100	24~120	28~140	32~160
d	18	20	22	24	27	30	33	36	40
l	35~180	40~200	45~200	50~200	55~200	60~200	65~200	70~200	80~200
d	45	50	55	60	70	80	90	100	—
l	90~200	100~200	120~200	120~200	140~200	160~200	180~200	200	—

注：公称长度 l 系列（mm）为 6~32（间隔 2）、35~100（间隔 5）、120~200（间隔 20）。

【标记】 公称直径 d = 20mm，长度 l = 100mm，由易切钢制造，硬度为 125~245HV，表面氧化处理的 B 型无头销轴，标记为：销　GB/T 880　20×100。

18.3　铆钉

铆钉是一端有帽的钉形零件，在铆接中利用自身形变或过盈，使连接件形成不可拆连接。

【技术条件】 铆钉的技术条件见表 18-33。

18.3.1　平头铆钉

【分类】 平头铆钉分为普通平头铆钉和扁平头铆钉两种。

表 18-33　铆钉的技术条件（GB 116—1986）

材料			热处理	表面处理
种类	牌号	标准号		
碳素钢	A3、A2、B3、B2 ML3、ML2	GB100 GB715	退火 （冷镦产品）	无 镀锌钝化
	10、15 ML10、ML15	GB699 YB534		
特种钢	10Cr18Ni9Ti	GB1220	无或淬火	无
铜及铜合金	T3	YB451	无或淬火	无或钝化
	H62、HPb59-1	YB451 YB452	无或淬火	
铝及铝合金	L3、L4	—	无	无
	LY1		淬火并时效	阳极化
	LY10			无或阳极化
	LF10		退火	无或阳极氧化
	LF21		无	无

【用途】　平头铆钉用于扁薄件之间的连接，扁平头铆钉用于金属薄板或皮革、帆布或木板等之间的连接。

【规格尺寸】　平头铆钉和扁平头铆钉的规格尺寸见表 18-34。

表 18-34　平头铆钉和扁平头铆钉的规格尺寸

（单位：mm）

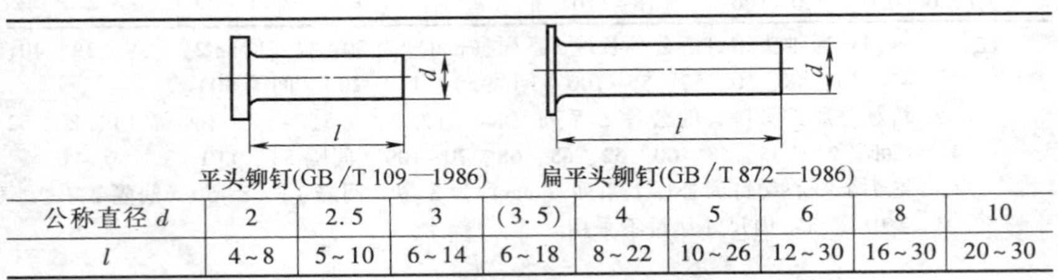

平头铆钉(GB/T 109—1986)　　扁平头铆钉(GB/T 872—1986)

公称直径 d	2	2.5	3	(3.5)	4	5	6	8	10
l	4~8	5~10	6~14	6~18	8~22	10~26	12~30	16~30	20~30

注：1. 尽可能不采用（　）内的规格。

2. 公称长度 l 系列（mm）为 4~20（间隔 1）、22~30（间隔 2）。

【标记】　公称直径 d = 6mm，公称长度 l = 15mm，材料为 ML2，不经表面处理的平头铆钉，标记为：铆钉　GB/T 109—1986—6×15。

18.3.2　平锥头铆钉

平锥头铆钉是钉头呈半截锥形的铆钉。

【分类】　按钉杆的不同，分为实心平锥头铆钉和半空心平锥头铆钉两种；按加工精度的高低，分为粗制平锥头铆钉和精制平锥头铆钉两种。

【用途】 平锥头铆钉耐腐蚀，常用在船壳、锅炉水箱等腐蚀强烈之处；锥头半空心铆钉用于要求耐腐蚀，但载荷不大之处。

【基本参数】 平锥头铆钉的基本参数见表18-35。

表18-35 平锥头铆钉的基本参数

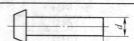

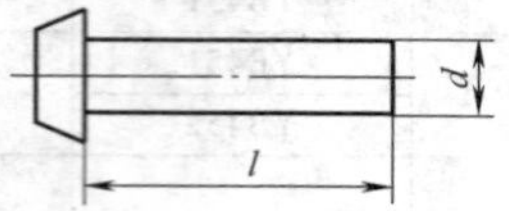

公称直径 d	公称长度 l		公称直径 d	公称长度 l	
	粗制	精制		粗制	精制
2.0	—	3~16	(14.0)	20~100	18~110
2.5	—	4~20	16.0	24~110	24~110
3.0	—	6~24	(18.0)	30~150	—
(3.5)	—	6~28	20.0	30~150	—
4.0	—	8~32	(22.0)	38~180	—
5.0	—	10~40	24.0	50~180	—
6.0	—	12~40	(27.0)	58~180	—
8.0	—	16~60	30.0	65~180	—
10.0	—	16~90	36.0	70~200	—
12.0	20~100	18~110	—	—	—

注：1. 粗制普通锥头铆钉的公称长度 l 系列（mm）为20~32（间隔2）、35、38、40、42、45、48、50、52、55~100（间隔5）、110~200（间隔10）。
2. 精制普通锥头铆钉的公称 L 系列（mm）为3、3.5、4~20（间隔1）、20~52（间隔2）、55、58、60、62、65、68、70~100（间隔5）、110。
3. 锥头半空心铆钉的公称 L 系列（mm）为3~7（间隔1）、8~50（间隔2）。
4. 表中（ ）内尺寸尽量不采用。

18.3.3 半圆头铆钉

【用途】 用于承受较大切向载荷（如压力容器、桥梁等）的场合。

【分类】 分为半圆头铆钉、粗制半圆头铆钉和小半圆头铆钉三种。

1. 半圆头铆钉

【规格】 半圆头铆钉的规格见表18-36。

表 18-36　半圆头铆钉的规格（GB/T 867—1986）

（单位：mm）

$d_{公称}$	0.6	0.8	1.0	(1.2)	1.4	(1.6)	2.0	2.5	3.0
l	2~6	1.5~8	2~8	2.5~8	3~12	3~12	3~16	5~20	5~24
$d_{公称}$	(3.5)	4	5	6	8	10	12	(14)	16
l	7~26	7~50	7~55	8~60	16~65	16~85	20~90	22~100	26~110

注：1. 公称长度系列（mm）：1~4（间隔 0.5）、5~20（间隔 1）、22~52（间隔 2）、55、58、60、62、65、68、70~100（间隔 5）、110。

2. d 为 0.6~10mm 的铆钉只有精制件，d 为 12~16mm 的铆钉有精制件和粗制件。

【标记】　公称直径 d=8mm，公称长度 l=50mm，材质为 ML2，不经表面处理的半圆头铆钉，标记为：半圆头铆钉　GB/T 867—1986—8×50。

2. 粗制半圆头铆钉

【基本参数】　粗制半圆头铆钉的基本参数见表 18-37。

表 18-37　粗制半圆头铆钉的基本参数（GB/T 863.1—1986）

（单位：mm）

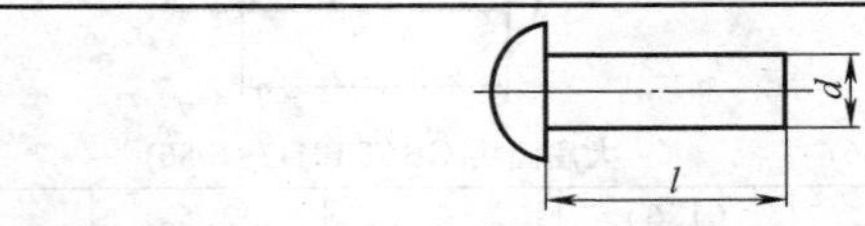

公称 d	12	14	16	18	20	22	24	27	30	36
公称长度 l	20~90	22~100	26~110	32~150	32~150	38~180	52~180	55~180	55~180	58~200

注：公称长度系列（mm）为 20~32（间隔 2）、35、38、40、42、45、48、50、52、55、58、60~100（间隔 5）、110~200（间隔 10）。

【标记】　公称直径 d=12mm，公称长度 l=50mm，材料为 BL2，不经表面处理的半圆头铆钉，标记为：铆钉　GB/T 863.1—1986—12×50。

3. 粗制小半圆头铆钉

【基本参数】　粗制小半圆头铆钉的基本参数见表 18-38。

【标记】　类同粗制半圆头铆钉。

表 18-38 粗制小半圆头铆钉的基本参数（GB/T 863.2—1986）

（单位：mm）

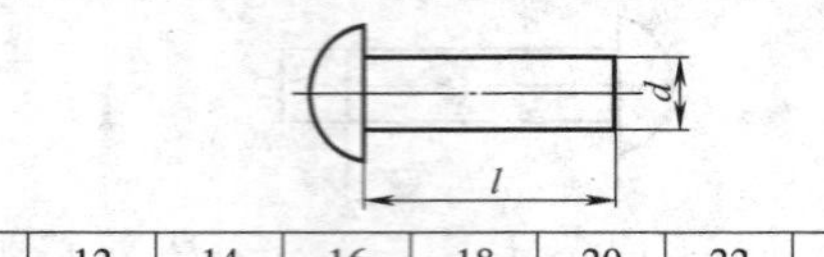

公称 *d*	10	12	14	16	18	20	22	24	27	30	36
公称长度 *l*	12~50	16~60	20~70	25~80	28~90	30~200	35~200	38~200	40~200	42~200	48~200

注：公称长度系列（mm）为 12~22（间隔 2）、25、28、30、32、35、38、40、42、45、48、50、52、55、58、60、62、65、68、70~100（间隔 5）、110~200（间隔 10）。

18.3.4 扁圆头铆钉

【分类】 扁圆头铆钉分为普通扁圆头和大扁圆头两种。

【用途】 扁圆头铆钉主要用于金属薄板或非金属材料的铆接；大扁圆头铆钉用于非金属材料的铆接。

【基本参数】 扁圆头与大扁圆头铆钉的基本参数见表 18-39。

表 18-39 扁圆头与大扁圆头铆钉的基本参数

（单位：mm）

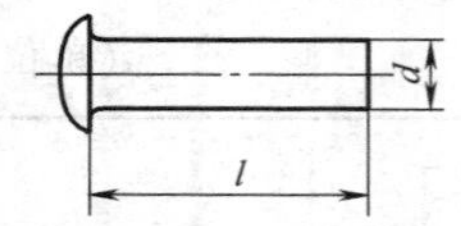

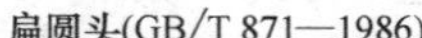

扁圆头(GB/T 871—1986)

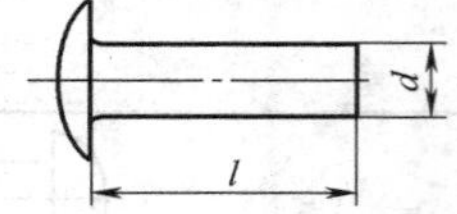

大扁圆头(GB/T 1011—1986)

公称直径 *d*	(1.2)	1.4	(1.6)	2	2.5	3
扁圆头 *l*	1.5~6	2~8	2~8	2~13	3~16	3.5~30
大扁圆头 *l*	—	—	—	3.5~16	3.5~20	3.5~24
公称直径 *d*	(3.5)	4	5	6	8	10
扁圆头 *l*	5~36	7~50	7~50	7~50	9~50	10~50
大扁圆头 *l*	6~28	6~32	8~40	10~40	14~50	—

注：1. 扁圆头铆钉公称直径系列（mm）为 1~4（间隔 0.5）、5~20（间隔 1）、22~50（间隔 2）。

2. 大扁圆头铆钉公称直径系列（mm）为 3.5、4~20（间隔 1）、22~50（间隔 2）。

18.3.5 沉头铆钉

【分类】 沉头铆钉分为普通沉头铆钉和半沉头铆钉两种，沉头角有 90°和 60°两种。

【用途】 沉头铆钉用于表面需要平滑的工件，半沉头铆钉用于可略为外露的工件。

【基本参数】 沉头铆钉和半沉头铆钉的基本参数见表 18-40。

表 18-40　沉头铆钉和半沉头铆钉的基本参数

（单位：mm）

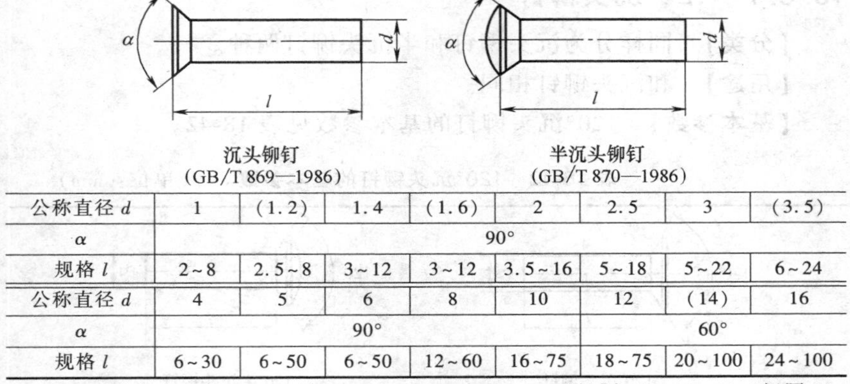

沉头铆钉
(GB/T 869—1986)

半沉头铆钉
(GB/T 870—1986)

公称直径 d	1	(1.2)	1.4	(1.6)	2	2.5	3	(3.5)
α	90°							
规格 l	2~8	2.5~8	3~12	3~12	3.5~16	5~18	5~22	6~24
公称直径 d	4	5	6	8	10	12	(14)	16
α	90°					60°		
规格 l	6~30	6~50	6~50	12~60	16~75	18~75	20~100	24~100

注：公称长度系列（mm）为 2、2.5、3、3.5、4~20（间隔 1）、22~52（间隔 2）、55、58、60、62、65、68、70~100（间隔 5）。

【标记】 公称直径 d=12mm，公称长度 l=50mm，材料为 ML2，不经表面处理的沉头铆钉，标记为：铆钉　GB/T 869—1986—12×50（粗制沉头铆钉和 120°沉头铆钉的标记方法类同，不另示出）。

18.3.6　粗制沉头铆钉

【分类】 也分沉头铆钉和半沉头铆钉两种。

【用途】 和沉头铆钉相同，但加工精度低。

【基本参数】 粗制沉头铆钉的基本参数见表 18-41。

表 18-41　粗制沉头铆钉的基本参数　（单位：mm）

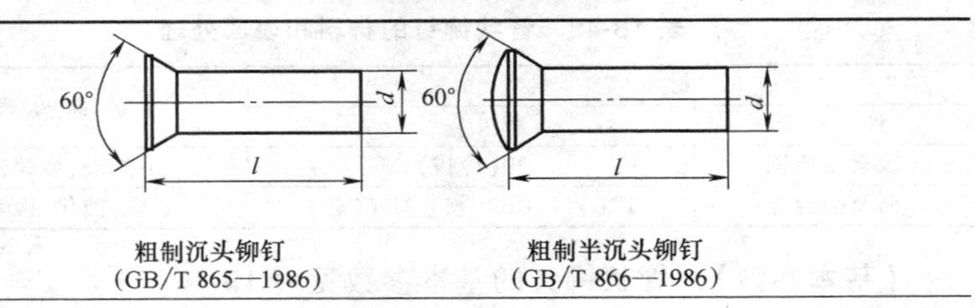

粗制沉头铆钉
(GB/T 865—1986)

粗制半沉头铆钉
(GB/T 866—1986)

（续）

公称直径 *d*	12	(14)	16	(18)	20	(22)	24	(27)	30	36
规格 *l*	20～75	20～100	24～100	28～150	30～150	38～180	50～180	55～180	60～200	65～200

注：公称长度系列（mm）为 20～32（间隔 2）、35、38、40、42、45、48、50、52、55、58、60～100（间隔 5）、110～200（间隔 10）。

18.3.7　120°沉头铆钉

【分类】　同样分为沉头铆钉和半沉头铆钉两种。

【用途】　和沉头铆钉相同。

【基本参数】　120°沉头铆钉的基本参数见表 18-42。

表 18-42　120°沉头铆钉的基本参数　（单位：mm）

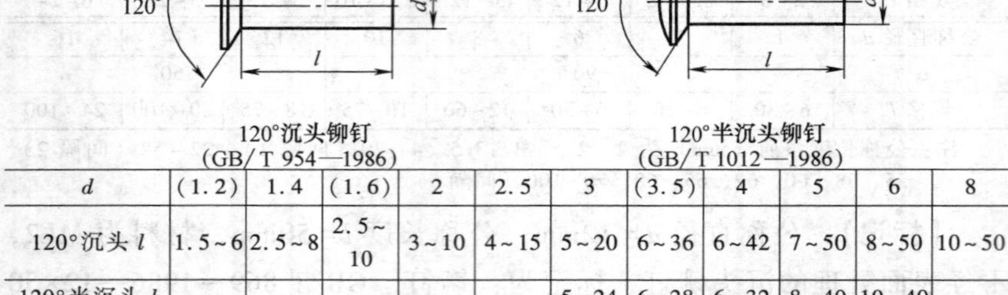

120°沉头铆钉
(GB/T 954—1986)

120°半沉头铆钉
(GB/T 1012—1986)

d	(1.2)	1.4	(1.6)	2	2.5	3	(3.5)	4	5	6	8
120°沉头 *l*	1.5～6	2.5～8	2.5～10	3～10	4～15	5～20	6～36	6～42	7～50	8～50	10～50
120°半沉头 *l*	—	—	—	—	—	5～24	6～28	6～32	8～40	10～40	—

注：1. 120°沉头铆钉公称直径系列（mm）为 1.5～3.5（间隔 0.5）、4～20（间隔 1）、22～50（间隔 2）。

2. 120°半沉头铆钉公称直径系列（mm）为 5～20（间隔 1）、22～40（间隔 2）。

18.3.8　管状铆钉

【用途】　用于非金属材料的铆接。

【技术条件】　管状铆钉的材料和表面处理见表 18-43。

表 18-43　管状铆钉的材料和表面处理

材料		表面处理
种类	牌号	
碳素结构钢	20(冷拔)	不处理，镀锌钝化
铜及铜合金	T2(软)、H62(软)、H96(软)	不处理，钝化，镀锡，镀银

【基本参数】　管状铆钉的基本参数见表 18-44。

表 18-44　管状铆钉的基本参数（JB/T10582—2006）

（单位：mm）

d	0.7	1.0	(1.2)	1.6	1.8	2	2.5	3	4
d_k	1.8	2.2	2.4	2.8	3.0	3.25	4.0	6.0	4.25
δ	0.15			0.2		0.25		0.5	
留铆余量①	0.4	0.5		0.6		0.8		1.5	
d	5	6	8	10	12	(14)	16	20	—
d_k	7.0	8.5	11.5	14.0	16.0	18.0	20.0	26.0	—
δ	0.5		1			1.5			—
留铆余量①	2.5		3.5		4		4.5	5	—

注：公称直径系列（mm）为 1.5~3.5（间隔 0.5）、4~40（间隔 1）。

① 表示推荐值。

【标记】　公称直径 $d=3$mm，公称长度 $l=10$mm，材料为 20 钢，不经表面处理的管状铆钉，标记为：铆钉　JB/T 10582—2006—3×10。

18.3.9　空心铆钉

【用途】　重量轻，钉头弱，用于受力不大的非金属材料的铆接。

【材料】　黄铜 H62 等。

【基本参数】　空心铆钉的基本参数见表 18-45。

表 18-45　空心铆钉的基本参数（GB/T 876—1986）

（单位：mm）

d	1.4	(1.6)	2	2.5	3	(3.5)	4	5	6
δ	0.2	0.22	0.25	0.25	0.3	0.3	0.35	0.35	0.35
l	1.5~5	2~5	2~6	2~8	2~10	2.5~10	3~12	3~15	4~15

注：长度尺寸系列（mm）为 1.5、2、2.5、3、3.5、4~15（间隔 1）。

【标记】　公称直径 $d=3$mm，公称长度 $l=10$mm，材料为 H62，不经表面处理的空心铆钉，标记为：铆钉　GB/T 876—1986—3×30。

18.3.10 半空心铆钉

【类别】 分90°沉头半空心铆钉、120°沉头半空心铆钉、扁圆头半空心铆钉、大扁圆头半空心铆钉、偏平头半空心铆钉和平锥头半空心铆钉。

1. 90°沉头半空心铆钉

【用途】 用于要求表面平滑，受力不大的连接处。

【基本参数】 90°沉头半空心铆钉的基本参数见表18-46。

表18-46 90°沉头半空心铆钉的基本参数（GB/T 1015—1986）

（单位：mm）

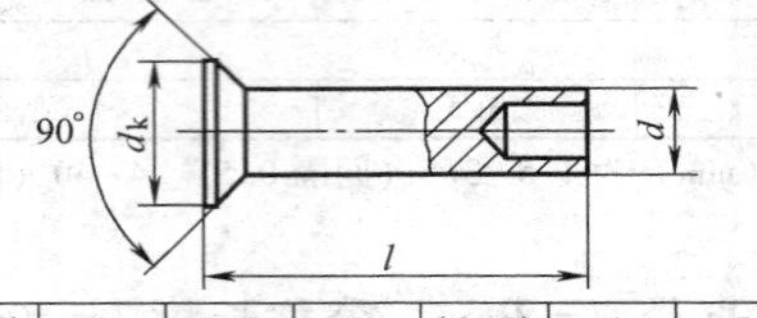

d		1.4	(1.6)	2	2.5	3	(3.5)	4	5	6	8	10
d_k	max	2.83	3.03	4.05	4.75	5.35	6.28	7.18	9.98	10.62	14.22	17.82
	min	2.57	2.77	3.75	4.45	5.05	5.92	6.82	8.62	10.18	13.78	17.38
l		3~8	3~10	4~14	5~16	6~17	8~20	8~24	10~40	10~40	14~50	18~50

注：长度尺寸系列（mm）为1.5、2、2.5、3、3.5、4~8（间隔1）、10~50（间隔2）。

【标记】 公称直径 $d=6$mm，公称长度 $l=30$mm，材料为ML2，不经表面处理的90°沉头半空心铆钉，标记为：铆钉 GB/T 1015—1986—6×30（以下几种半空心铆钉的标记方法类同）。

2. 120°沉头半空心铆钉

【用途】 用于要求表面平滑，受力不大的连接处。

【基本参数】 120°沉头半空心铆钉的基本参数见表18-47。

表18-47 120°沉头半空心铆钉的基本参数（GB/T 874—1986）

（单位：mm）

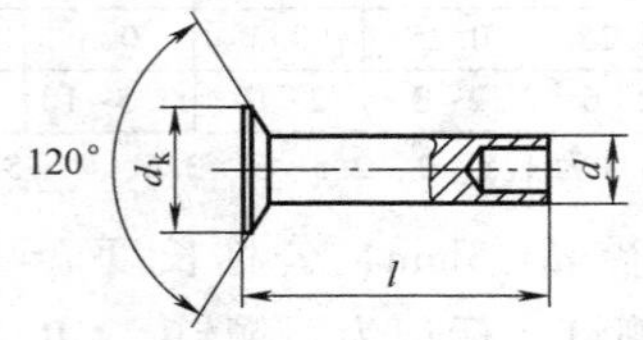

（续）

公称直径 d		(1.2)	1.4	(1.6)	2	2.5	3	(3.5)	4	5	6	8
d_k	max	2.83	3.45	3.95	4.75	5.35	6.28	7.08	7.98	9.68	11.72	15.82
	min	2.57	3.15	3.65	4.45	5.05	5.92	6.77	7.62	9.32	11.28	15.38
l		1.5~6	2.5~8	2.5~10	3~10	4~15	5~20	6~36	6~42	7~50	8~50	10~50

注：1. 尽可能不采用（　）内的规格。

2. 长度尺寸系列（mm）为 1.5、2、2.5、3、3.5、4~20（间隔 1）、22~50（间隔 2）。

3. 扁圆头半空心铆钉

【用途】 铆接方便，钉头较弱，用于受力不大的连接处。

【基本参数】 扁圆头半空心铆钉的基本参数见表 18-48。

表 18-48　扁圆头半空心铆钉的基本参数（GB/T 873—1986）

（单位：mm）

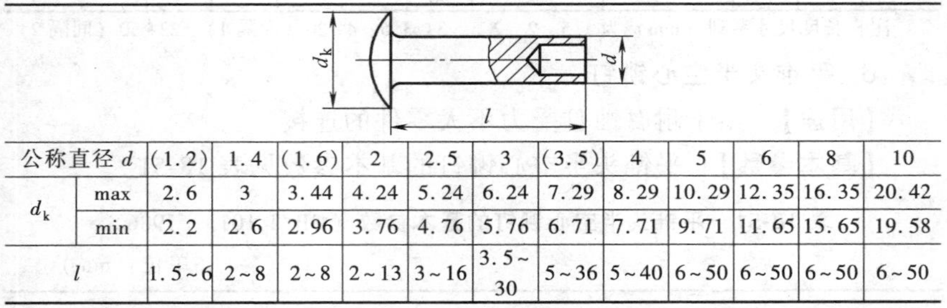

公称直径 d		(1.2)	1.4	(1.6)	2	2.5	3	(3.5)	4	5	6	8	10
d_k	max	2.6	3	3.44	4.24	5.24	6.24	7.29	8.29	10.29	12.35	16.35	20.42
	min	2.2	2.6	2.96	3.76	4.76	5.76	6.71	7.71	9.71	11.65	15.65	19.58
l		1.5~6	2~8	2~8	2~13	3~16	3.5~30	5~36	5~40	6~50	6~50	6~50	6~50

注：长度尺寸系列（mm）为 1.5、2、2.5、3、3.5、4~21（间隔 1）、22~50（间隔 2）。

4. 大扁圆头半空心铆钉

【用途】 用于非金属材料且受力不大的零件的连接。

【基本参数】 大扁圆头半空心铆钉的基本参数见表 18-49。

表 18-49　大扁圆头半空心铆钉的基本参数（GB/T 1014—1986）

（单位：mm）

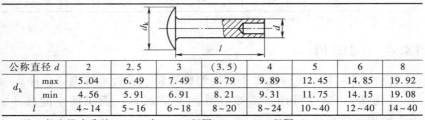

公称直径 d		2	2.5	3	(3.5)	4	5	6	8
d_k	max	5.04	6.49	7.49	8.79	9.89	12.45	14.85	19.92
	min	4.56	5.91	6.91	8.21	9.31	11.75	14.15	19.08
l		4~14	5~16	6~18	8~20	8~24	10~40	12~40	14~40

注：长度尺寸系列（mm）为 4~7（间隔 1）、8~40（间隔 2）。

5. 偏平头半空心铆钉

【用途】 用于薄金属或非金属材料且受力不大的零件的连接。

【基本参数】 偏平头半空心铆钉的基本参数见表18-50。

表 18-50 偏平头半空心铆钉的基本参数（GB/T 875—1986）

（单位：mm）

公称直径 d		(1.2)	1.4	(1.6)	2	2.5	3	(3.5)	4	5	6	8	10
d_k	max	2.4	2.7	3.2	3.74	4.74	5.74	6.79	7.79	9.79	11.85	15.85	19.42
	min	2	2.3	2.8	3.26	4.26	5.26	8.21	7.21	9.21	11.15	15.15	18.58
l		1.5~6	2~7	2~8	2~13	3~15	3.5~30	5~36	5~40	6~50	6~50	6~50	6~50

注：长度尺寸系列（mm）为1.5、2、2.5、3、3.5、4~20（间隔1）、22~50（间隔2）。

6. 平锥头半空心铆钉

【用途】 用于耐腐蚀且受力不大零件的连接。

【基本参数】 平锥头半空心铆钉的基本参数见表18-51。

表 18-51 平锥头半空心铆钉的基本参数（GB/T 1013—1986）

（单位：mm）

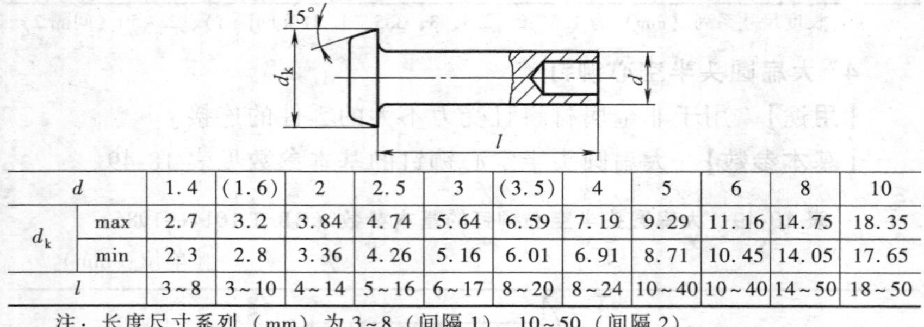

d		1.4	(1.6)	2	2.5	3	(3.5)	4	5	6	8	10
d_k	max	2.7	3.2	3.84	4.74	5.64	6.59	7.19	9.29	11.16	14.75	18.35
	min	2.3	2.8	3.36	4.26	5.16	6.01	6.91	8.71	10.45	14.05	17.65
l		3~8	3~10	4~14	5~16	6~17	8~20	8~24	10~40	10~40	14~50	18~50

注：长度尺寸系列（mm）为3~8（间隔1）、10~50（间隔2）。

18.4 铆螺母

【分类】 有平头铆螺母、沉头铆螺母和平头六角铆螺母三种。

【用途】 铆螺母用于需要在外面安装螺母，而里面空间狭小，无法使用压铆机的场合。

【材料】

1）钢平头铆螺母、沉头铆螺母、小沉头铆螺母、120°小沉头铆螺母及平头六角铆螺母：08F 或 ML10。

2）铝合金平头铆螺母及沉头铆螺母：5056 或 6061。

3）其他：由供需双方协商。

【表面处理】

1）钢制铆螺母：应进行电镀锌，并采用 Fe/Ep · Zn 5 · c 2C 防护层。

2）铝制铆螺母：一般不进行表面处理。

3）其他：由供需双方协议。

18.4.1　平头铆螺母

【基本参数】　平头铆螺母的基本参数见表 18-52。

表 18-52　平头铆螺母的基本参数（GB/T 17880.1—1999）

（单位：mm）

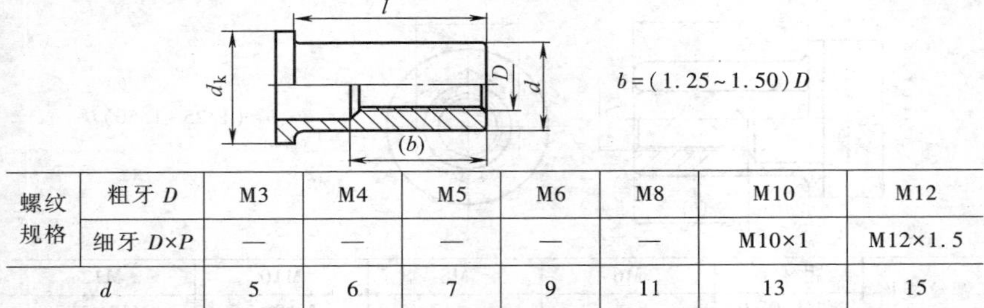

螺纹规格	粗牙 D	M3	M4	M5	M6	M8	M10	M12
	细牙 D×P	—	—	—	—	—	M10×1	M12×1.5
d		5	6	7	9	11	13	15

【标记】　螺纹规格 D=M8，长度规格 l=15mm，材料为 ML10，表面镀锌钝化的平头铆螺母，标记为：铆螺母　GB/T 17880.1　M8×15。

18.4.2　沉头铆螺母

【分类】　沉头铆螺母有普通沉头铆螺母、小沉头铆螺母和 120°小沉头铆螺母三种。

【基本参数】　沉头铆螺母的基本参数见表 18-53。

【标记】　例：螺纹规格 D = M8，长度规格 l = 16.5mm，材料为 ML10，表面镀锌钝化的沉头铆螺母，标记为：铆螺母　GB/T 17880.2　M8×16.5。

表 18-53 沉头铆螺母的基本参数 （单位：mm）

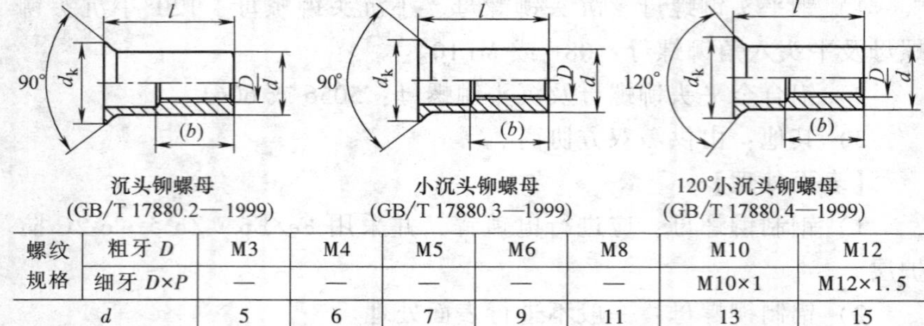

沉头铆螺母 (GB/T 17880.2—1999)　　小沉头铆螺母 (GB/T 17880.3—1999)　　120°小沉头铆螺母 (GB/T 17880.4—1999)

螺纹规格	粗牙 D	M3	M4	M5	M6	M8	M10	M12
	细牙 $D\times P$	—	—	—	—	—	M10×1	M12×1.5
d		5	6	7	9	11	13	15

18.4.3 平头六角铆螺母

【基本参数】 平头六角铆螺母的基本参数见表 18-54。

表 18-54 平头六角铆螺母的基本参数（GB/T 17880.5—1999）

（单位：mm）

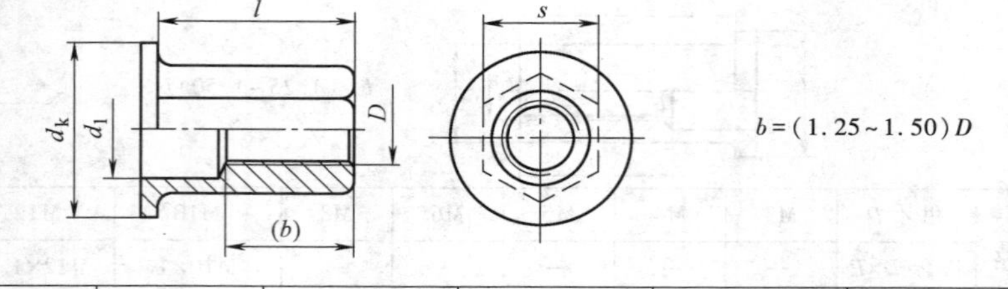

螺纹规格	粗牙 D	M6	M8	M10	M12
	细牙 $D\times P$	—	—	M10×1	M12×1.5
s		9	11	13	15

【标记】 螺纹规格 D=M8，长度规格 l=15mm，材料为 ML10，表面镀锌钝化的平头铆螺母，标记为：铆螺母　GB/T 17880.5　M8×15。

第19章

传 动 件

机械传动的形式主要有齿轮传动和蜗杆传动、带传动和链传动，此外还有摩擦传动、气动传动和液压传动等。本章中的传动件仅涉及带传动和链传动中的带、带轮和链、链轮（见图 19-1）。

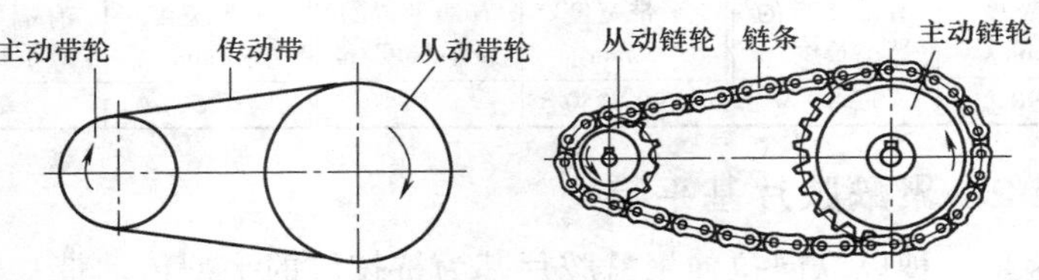

图 19-1　带传动和链传动

传动带的种类有平带、V 带、多楔带、圆带和同步带等（见图 19-2）。

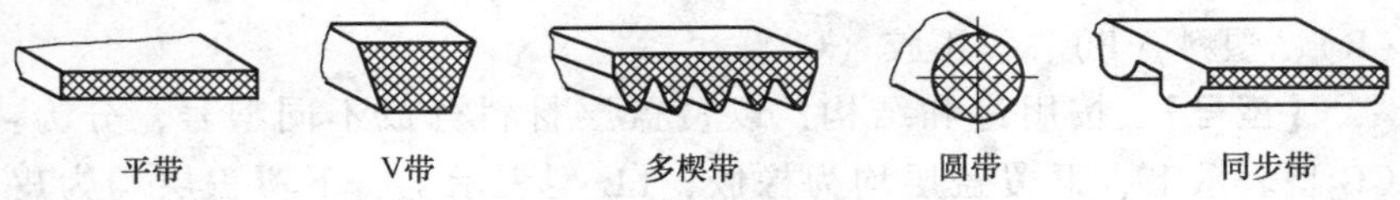

图 19-2　传动带的种类

链条的种类有滚子链、齿形链、输送链和拉曳链等（见图 19-3）。

图 19-3　链条的种类

19.1　平带

平带是用得最多的一种传动带，包括普通平带、编织带、复合平带、高速带等。

19.1.1 平带的基本尺寸系列

【尺寸】 见表 19-1 和表 19-2。

表 19-1 平带的基本尺寸系列（GB/T 11358—1999）

（单位：mm）

项目	基本尺寸系列
环形平带长度	优选系列：500、560、630、710、800、900、1000、1120、1250、1400、1600、1800、2000、2240、2500、2800、3150、3550、4000、4500、5000 第二系列：530、600、670、750、850、950、1060、1180、1320、1500、1700、1900

表 19-2 有端平带的最小长度（GB/T 524—2007）

平带宽度 b/mm	有端平带的最小长度/m	平带宽度 b/mm	有端平带的最小长度/m	平带宽度 b/mm	有端平带的最小长度/m
≤90	8	>90~250	15	>250	20

19.1.2 聚酰胺片基平带

这是一种以纵向拉伸聚酰胺片基为抗拉层的平型传动带，曾叫作“尼龙平胶带”“尼龙片基平型带”“复合平带”等。

【结构】 聚酰胺片基平带的结构如图 19-4 所示。

【材料】 上、下覆盖层材料可采用皮革（L）、橡胶（G）、橡胶（R）、塑料（P）、氯丁胶（C）。

【型号】 按用途和结构，以覆盖层材料分成不同型号，分为：GG 型表示上、下覆盖层均为橡胶，LL 型表示上、下覆盖层均为皮革，GL 型表示上覆盖层为橡胶、下覆盖层为皮革等。

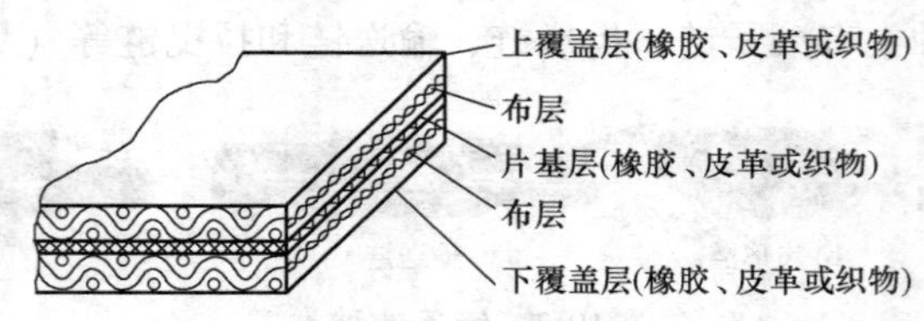

图 19-4 聚酰胺片基平带的结构

【标记】 长度为 31800mm，宽度为 30mm，厚度为 3.0mm，片基厚度 1.25mm 的双面橡胶平带，标记为：GB/T 11063—GG125—31800×30×3.0。

19.2　V 带

【类别】　有普通 V 带、窄 V 带和双面 V 带三种。

19.2.1　普通 V 带

【型式】　普通 V 带有单根 V 带和联组窄 V 带两种（见图 19-5）。

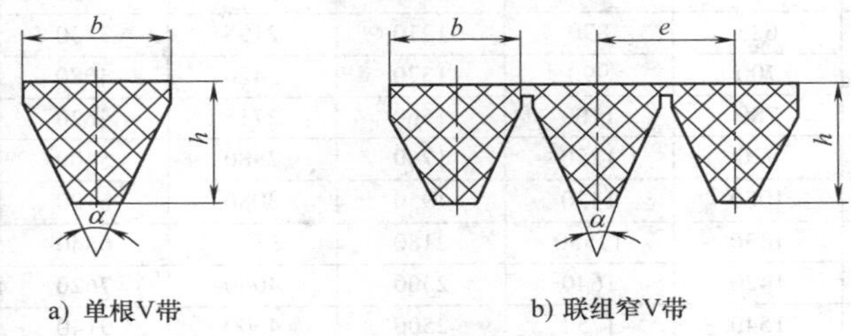

a) 单根V带　　b) 联组窄V带

图 19-5　普通 V 带的型式

【用途】　与平带相比，普通 V 带强度高、伸长率低、配组公差小，适用于常规工业的传动领域；但目前多被窄 V 带代替。

【型号】　有 Y、Z、A、B、C、D、E 7 种，其截面尺寸见表 19-3。

【尺寸】　普通 V 带的截面尺寸见表 19-3。

表 19-3　普通 V 带的截面尺寸　　（单位：mm）

型号	节宽 b_p	顶宽 b	高度 h	用　途
Y	5.3	6	4	用于基准宽度 5.3mm 的槽型
Z	8.5	10	6	用于基准宽度 8.5mm 的槽型
A	11.0	13	8	用于基准宽度 11mm 的槽型
B	14.0	17	11	用于基准宽度 14mm 的槽型
C	19.0	22	14	用于基准宽度 19mm 的槽型
D	27.0	32	19	用于基准宽度 27mm 的槽型
E	32.0	38	23	用于基准宽度 32mm 的槽型

【基准长度】　普通 V 带的基准长度见表 19-4。

19.2.2　窄 V 带

【用途】　窄 V 带的高度与节线宽度的比为 0.9（V 带为 0.7），故窄 V 带增大了与轮槽的接触面积，提高了传动功率和效率，为新设计的传动设备所采用。

表 19-4 普通 V 带的基准长度（GB/T 11544—2012）

（单位：mm）

截面型号						
Y	Z	A	B	C	D	E
200	406	630	930	1565	2740	4660
224	475	700	1000	1760	3100	5040
250	530	790	1100	1950	3330	5420
280	625	890	1210	2195	3730	6100
315	700	990	1370	2420	4080	6850
355	780	1100	1560	2715	4620	7650
400	920	1250	1760	2880	5400	9150
450	1080	1430	1950	3080	6100	12230
500	1330	11550	2180	3520	6840	13750
—	1420	1640	2300	4060	7620	15280
—	1540	1750	2500	4600	9140	16800
—	—	1940	2700	5380	10700	—
—	—	2050	2870	6100	12200	—
—	—	2200	3200	6815	13700	—
—	—	2300	3600	7600	15200	—
—	—	2480	4060	9100	—	—
—	—	2700	4430	10700	—	—
—	—	—	4820	—	—	—
—	—	—	5370	—	—	—
—	—	—	6070	—	—	—

【结构】 窄 V 带的结构如图 19-6 所示。

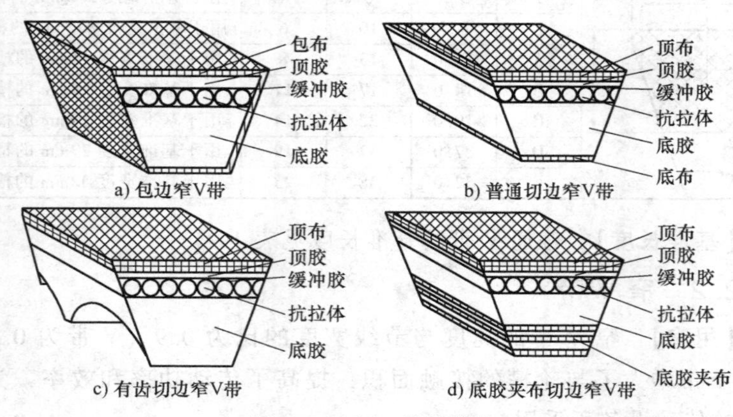

图 19-6 窄 V 带的结构

【分类】 分为无齿窄 V 带和有齿窄 V 带两种；各又可有单根和联组。

【型号】 无齿窄 V 带有 SPZ、SPA、SPB、SPC、9N、15N、25N 等；有齿窄 V 带以 XPZ、XPA、XPB、XPC、9NX、15NX、25NX（X 为切边）表示。不同类型窄 V 带的截面尺寸见表 19-5~表 19-7。

【截面尺寸】 见表 19-5~表 19-7。

表 19-5　无齿窄 V 带的截面尺寸（GB/T 11544—2012）

型号	节宽 b_p /mm	顶宽 b /mm	高度 h /mm	用　途
SPZ	8.5	10	8	用于基准宽度 8.5mm 的槽型
SPA	11.0	13	10	用于基准宽度 11mm 的槽型
SPB	14.0	17	14	用于基准宽度 14mm 的槽型
SPC	19.0	22	18	用于基准宽度 19mm 的槽型
9N	9.5	—	8.0	—
15N	16.0	—	13.5	—
25N	25.5	—	23.0	—

表 19-6　单根窄 V 带的截面尺寸（有效宽度制，GB/T 13575.2—2008）

型号	b/mm	h/mm	α/(°)
9N	9.5	8	40
15N	16	13.5	
25N	25.5	23	

表 19-7　联组窄 V 带的截面尺寸（有效宽度制，GB/T 13575.2—2008）

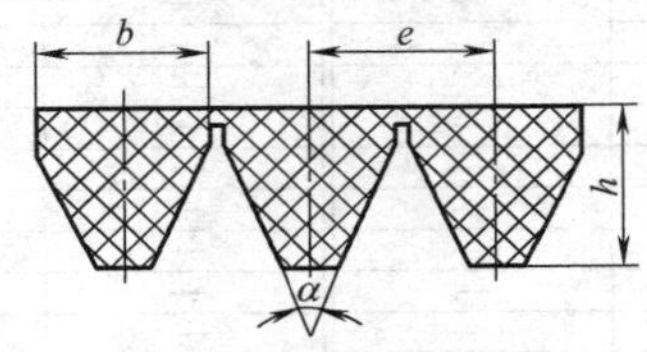

型号	b/mm	h/mm	e/mm	α/(°)	联组数
9J	9.5	10	10.3	40	2~5
15J	16	16	17.5		
25J	25.5	26.5	28.6		

【基准长度系列】 见表 19-8 和表 19-9。

表 19-8 无齿窄 V 带的基准长度系列 （单位：mm）

L_d	不同型号的分布范围				L_d	不同型号的分布范围			
	SPZ	SPA	SPB	SPC		SPZ	SPA	SPB	SPC
630	√	—	—	—	3150	√	√	√	√
710	√	—	—	—	3550	√	√	√	√
800	√	√	—	—	4000	—	√	√	√
900	√	√	—	—	4500	—	√	√	√
1000	√	√	—	—	5000	—	—	√	√
1120	√	√	—	—	5600	—	—	√	√
1250	√	√	√	—	6300	—	—	√	√
1400	√	√	√	—	7100	—	—	√	√
1600	√	√	√	—	8000	—	—	√	√
1800	√	√	√	—	9000	—	—	—	√
2000	√	√	√	√	10000	—	—	—	√
2240	√	√	√	√	11200	—	—	—	√
2500	√	√	√	√	12500	—	—	—	√
2800	√	√	√	√	—	—	—	—	—

表 19-9 有齿窄 V 带的基准长度系列和有效长度系列 （单位：mm）

9N/9J	15N/15J	25N/25J	9N	15N	25N
630	—	—	3550	3550	3550
670	—	—	—	3810	3810
710	—	—	—	4060	4060
760	—	—	—	4320	4320
800	—	—	—	4570	4570
850	—	—	—	4830	4830
900	—	—	—	5080	5080
950	—	—	—	5380	5380
1015	—	—	—	5690	5690
1080	—	—	—	6000	6000
1145	—	—	—	6350	6350
1205	—	—	—	6730	6730
1270	1270	—	—	7100	7100
1345	1345	—	—	7620	7620
1420	1420	—	—	8000	8000
1525	1525	—	—	8500	8500
1600	1600	—	—	9000	9000
1700	1700	—	—	—	9500
1800	1800	—	—	—	10160
1900	1900	—	—	—	10800
2030	2030	—	—	—	11430
2160	2160	—	—	—	12060
2290	2290	—	—	—	12700
2410	2410	—	—	—	—
2540	2540	2540	—	—	—
2690	2690	2690	—	—	—
2840	2840	2840	—	—	—
3000	3000	3000	—	—	—
3180	3180	3180	—	—	—
3350	3350	3350	—	—	—

注：“N”（基准宽度制）数值由 GB/T 12730—2018 规定，“J”（有效宽度制）数值由 GB/T 13575.2—2008 规定。

【标记】

1）基准宽度制的标记：GB/T 12730，SPA 型，基准长度为 1250mm 的窄 V 带，标记为：SPA1250GB/T 12730。

2）有效宽度制的标记：GB/T 12730，15N 型，有效长度为 4013mm 的窄 V 带，标记为：15N4013 GB/T 12730。

19.2.3　工业用变速宽 V 带

【结构】　宽 V 带的结构如图 19-7 所示。

【型号】　推荐的宽 V 带型号有 W16、W20、W25、W31.5、W40、W50、W63、W80、W100。

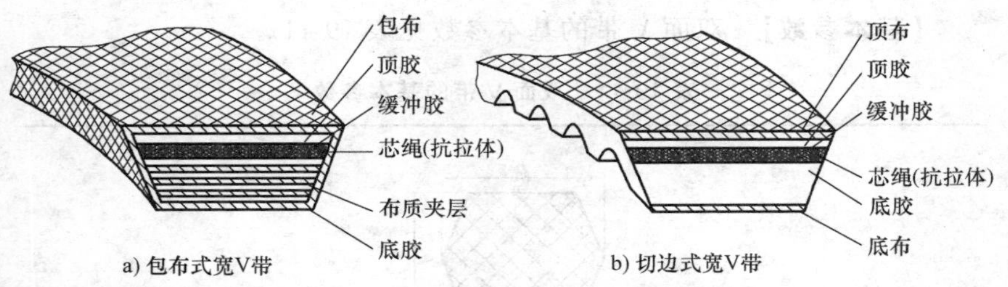

a) 包布式宽V带　　b) 切边式宽V带

图 19-7　宽 V 带的结构

【截面尺寸】　宽 V 带的截面尺寸见表 19-10。

表 19-10　宽 V 带的截面尺寸（GB/T 15327—2018）　（单位：mm）

型号	W16	W20	W25	W31.5	W40	W50	W63	W80	W100
节宽 b_p	16	20	25	31.5	40	50	63	80	100
公称顶宽 b	17	21	26	33	42	52	65	83	104
公称高度 h	6	7	8	10	13	16	20	26	32
公称节线以上高度 B	1.5	1.75	2	2.5	3.2	4	5	6.5	8
公称节线以下高度 H	4.5	5.25	6	7.5	9.8	12	15	19.5	24
长度范围	450~1000	560~1120	710~1600	900~2000	1120~2500	1400~3150	1800~4000	2240~5000	2800~6300

注：基准长度尺寸系列（mm）为 450、500、560、630、710、800、900、1000、1120、1250、1400、1600、1800、2000、2240、2500、2800、3150、3550、4000、4500、5000、5600、6300。

【标记】 表示方法：

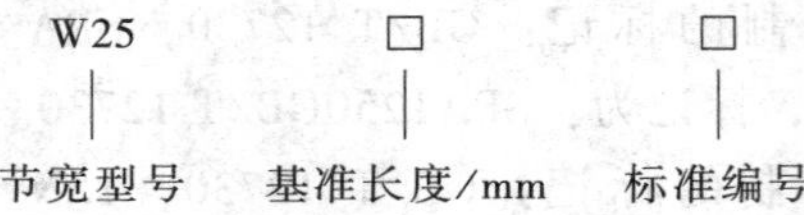

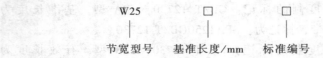

例：W25 型，基准长度为 710mm 的宽 V 带，标记为：W25 710 GB/T 15327。

19.2.4 双面宽 V 带

双面宽 V 带是横截面为六角形或近似六角形的传动带，其工作面为四个侧面。

【基本参数】 双面 V 带的基本参数见表 19-11。

表 19-11 双面 V 带的基本参数

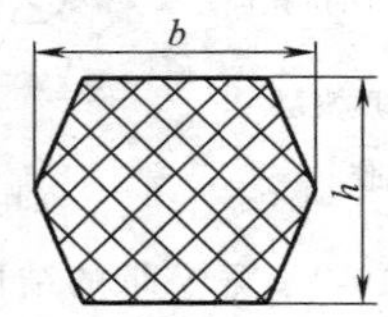

型号	b	h	有效长度 L_e	有效长度系列
HAA	13	10	1250~3500	1250、1320、1400、1500、1600、1700、1800、1900、2000、2120、2240、2360、2500、2650、2800、3000、3150、3350、3550、3750、4000、4250、4500、4750、5000、5300、5600、6000、6300、6700、7100、7500、8000、8500、9000、9500、10000
HBB	17	13	2000~4750	
HCC	22	17	2360~7500	
HDD	32	25	2650~10000	

19.3 圆带

【用途】 用于速度较低、功率小的不重要传动或仪表传动。

【规格】 直径（mm）有（3）、4.5、6、（7）、8、（9）、10 和 12 等。括号内的数值尽量不用。

19.4 多楔带

多楔带指以平带为基体，内表面排布有等间距、纵向 40°梯形楔的环形橡胶传动带，其工作面为楔的侧面。

主要应用于发动机、电动机等动力设备的传动。目前市场上多楔带的类型有 PH、PJ、PK、PL、PM。

19.4.1　双面多楔带

【用途】 用于汽车辅机和粮食机械双面传递动力。前者一般采用 DPK 型号，后者一般采用 DPL 型号。

【结构和参数】 双面多楔带的结构和参数如图 19-8 所示。

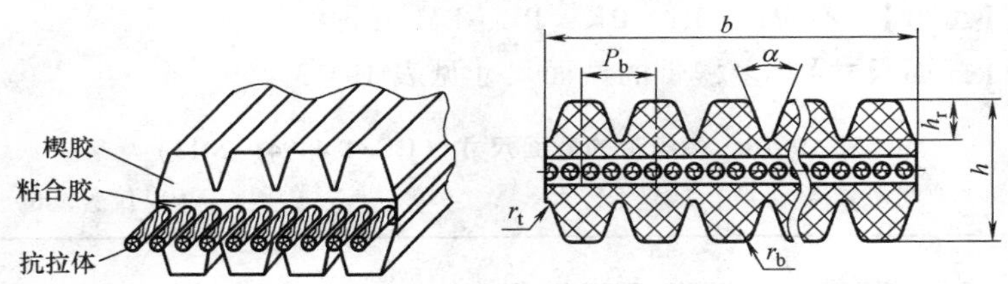

图 19-8　双面多楔带的结构和参数

【标记】 表示方法：

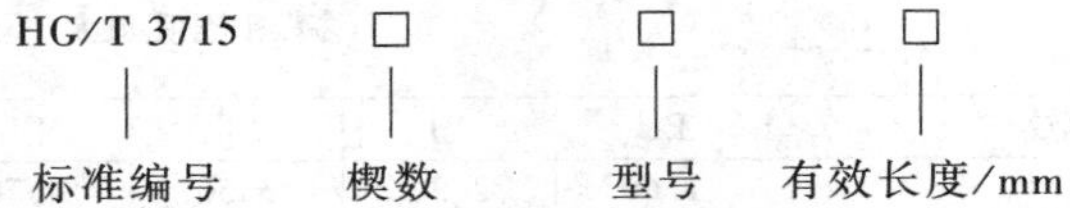

例：6 个楔，DPK 型，有效长度为 1500mm 的双面多楔带，标记为：HG/T 3715-6-DPK1500。

【基本参数】 双面多楔带的基本参数见表 19-12。

表 19-12　双面多楔带的基本参数（HG/T 3715—2011）

型　号	DPK	DPL
楔距 P_b/mm	3.56	4.7
楔角 α/(°)	40	40
楔底圆弧半径 r_t/mm<	0.25	0.4
楔顶圆弧半径 r_b/mm>	0.5	0.4
带厚 h/mm	6~8(参考值)	11~13(参考值)
楔高 h_r/mm	2~3(参考值)	3.5~4.5(参考值)

19.4.2 工业用多楔带

【用途】 用于各种工业设备传动用的环形多楔带（弹性多楔带除外）。

【结构】 由顶面层、抗拉体、粘合胶和橡胶楔组成（见图19-9）。

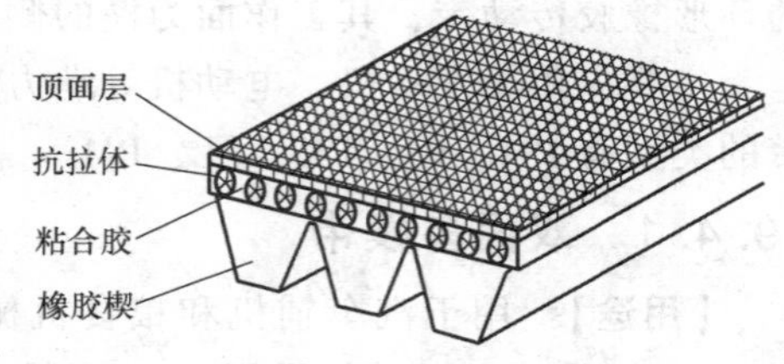

图 19-9 工业用多楔带的结构

【型号】 有PH、PJ、PK、PL、PM五种。

【截面尺寸】 多楔带的截面尺寸见表19-13。

表 19-13 多楔带的截面尺寸（HG/T 4494—2013）

（单位：mm）

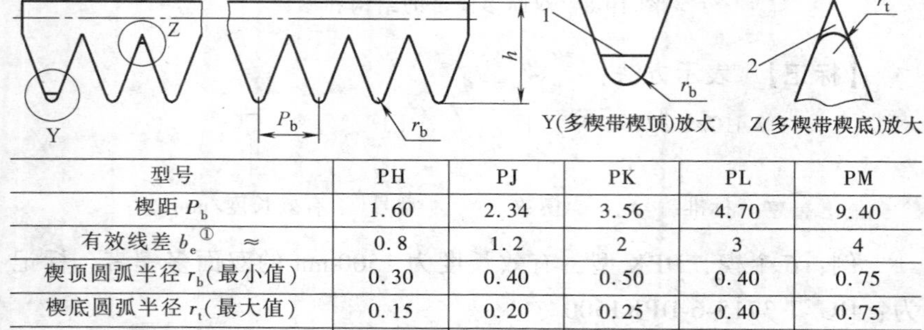

型号	PH	PJ	PK	PL	PM
楔距 P_b	1.60	2.34	3.56	4.70	9.40
有效线差 b_e[①] ≈	0.8	1.2	2	3	4
楔顶圆弧半径 r_b（最小值）	0.30	0.40	0.50	0.40	0.75
楔底圆弧半径 r_t（最大值）	0.15	0.20	0.25	0.40	0.75
带高 h（近似值）	3	4	6	10	17

① 表示有效线差 b_e 为节径 d_p 的对应参数值。节径的实际数值稍大于有效直径，其精确值需将所用的多楔带安装在带轮上才能测定。

19.4.3 家电用多楔带

【用途】 用于洗衣机、干衣机等家用电器的动力传递。

【型号】 有PH、EPH、PJ、EPJ四种。

【材料】 顶面层、粘合胶和橡胶楔分别用组成均匀的相应的配方。抗拉体采用合成纤维制成的芯绳。顶面层分为顶布结构与橡胶结构。

【截面尺寸】 家用多楔带的截面尺寸见表19-14。

表 19-14　家用多楔带的截面尺寸（GB/T 29538—2013）

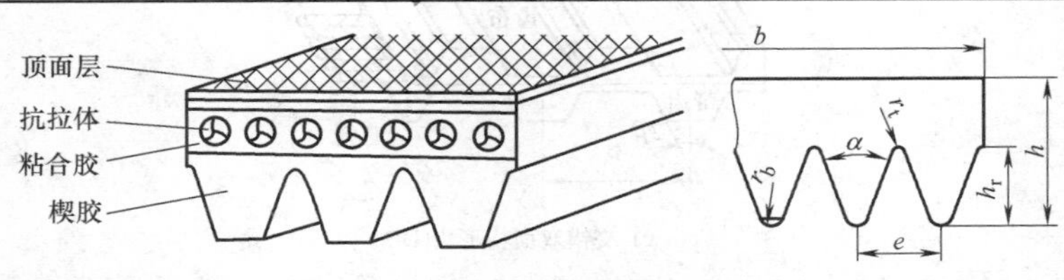

名　　称		PH、EPH	PJ、EPJ
楔角 α/(°)		40±2	40±2
楔间距 e/mm		1.60±0.02	2.34±0.03
公称宽度 b/mm		1.60×n±0.3	2.34×n±0.3
带高 h /mm	非平端	2.8	3.6
	平端	2.5	3.4
楔高 h_r/mm		1.0	1.6
楔底半径 r_t(最大值)/mm		0.15	0.20
楔顶半径 r_b(最小值)/mm		0.3	0.4

注：n 表示楔数。

19.5　同步带

同步带是一根表面具有等间距齿形的环形传动带。

【用途】　用于一般工业机械传动。

【类别】　按齿的分布情况分为单面齿同步带和双面齿同步带(含对称齿同步带和交错齿同步带)；按齿的形状分为梯形齿同步带、曲线齿同步带和圆弧齿同步带。

19.5.1　梯形齿同步带

【型号】　按齿节距分为 MXL、XXL、XL、L、H、XH 和 XXH。

【结构】　梯形齿同步带的结构如图 19-10 所示。

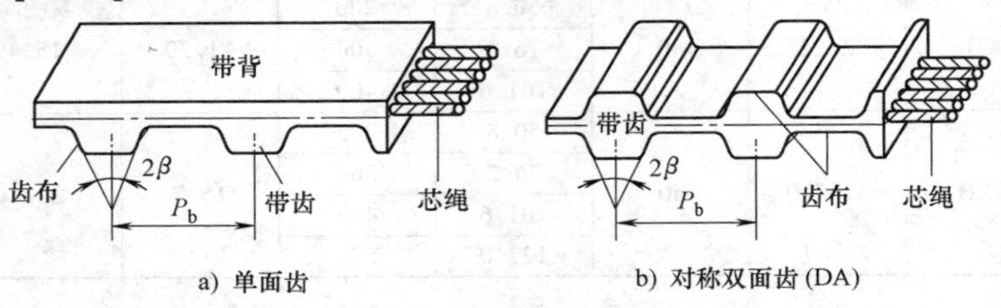

图 19-10　梯形齿同步带的结构

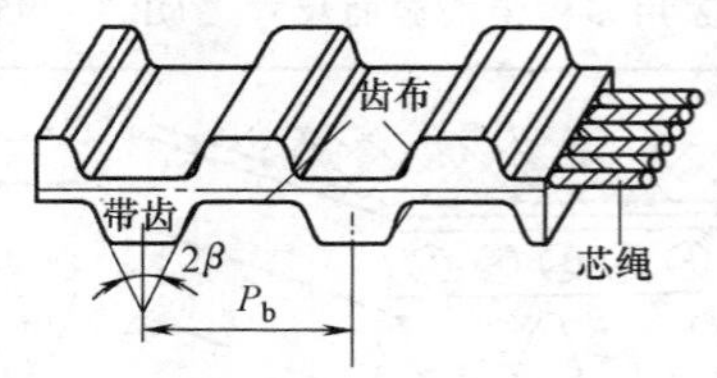

c) 交错双面梯形齿(DB)

图 19-10 梯形齿同步带的结构（续）

【主要参数】 梯形齿同步带齿的主要参数见表 19-15。

表 19-15 梯形齿同步带齿的主要参数（GB/T 11616—2013）

型号	节距 P_b /mm	2β /(°)	带宽 /mm	带宽 代号	带高/mm 单面齿 h_a	带高/mm 双面齿 h_d
MXL	2.030	40	3.2	012	1.14	1.53
			4.8	019		
			6.4	025		
XXL	3.175	50	3.2	012	1.52	2.03
			4.8	019		
			6.4	025		
XL	5.080	50	6.4	025	2.30	3.05
			7.9	031		
			9.5	037		
L	9.525	40	12.7	050	3.60	4.58
			19.1	075		
			25.4	100		
H	12.700	40	19.1	075	4.30	5.95
			25.4	100		
			38.1	150		
			50.8	200		
			76.2	300		
XH	22.225	40	50.8	200	11.20	15.49
			76.2	300		
			101.6	400		
XXH	31.750	40	50.8	200	15.7	22.10
			76.2	300		
			101.6	400		
			127.0	500		

【标记】 由长度代号、型号、宽度代号组成。对于双面同步带，

还应在最前面表示出型式代号 DA 或 DB。

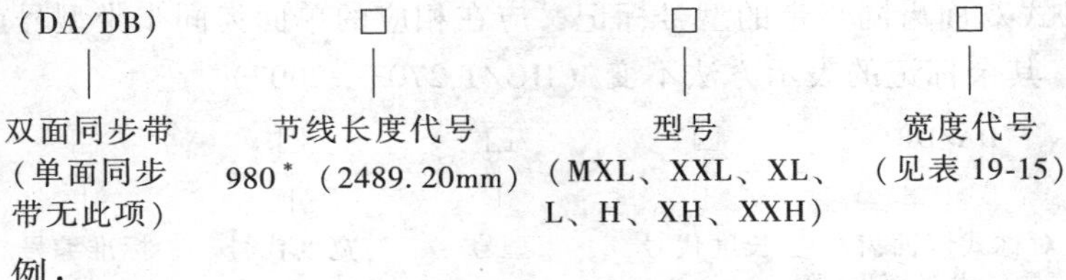

例：

1）长度代号为 980，型号为 H，宽度代号为 200 的梯形齿同步带，标记为：980 H 200。

2）双面齿带型式代号为 DA（对称式），长度代号为 980，型号为 XXH，宽度代号为 300 的梯形齿同步带，标记为：DA 980 XXH 300。

注意：* 表示节线长度代号和宽度代号均由英制长度单位引伸而来。长度代号为节线长度"in"数的 10 倍，宽度代号为带宽"in"数的 100 倍。

MXL 和 XXL 型号的梯形齿同步带也可采用下述方式标记：

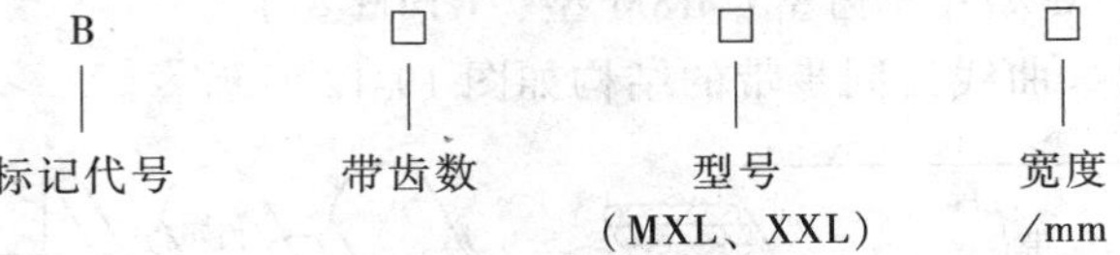

例：120 齿的 XXL 型 4.8mm 宽的梯形齿同步带，标记为：B 120 XXL 4.8。

19.5.2　小功率梯形齿同步带

【用途】　用于轻负荷机械的动力传递。

【结构】　小功率梯形齿同步带的结构如图 19-11 所示。

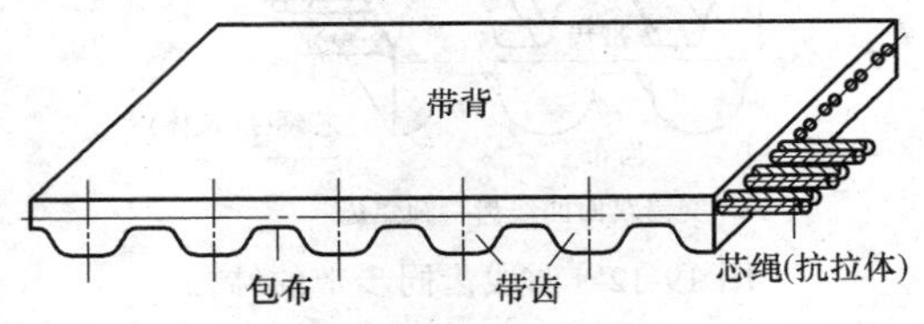

图 19-11　小功率梯形齿同步带的结构

【标记】　由长度代号、型号、宽度代号、标准编号组成。对称式双面齿同步带的型号标记应在相应的单面齿同步带型号前加 DA，交叉式双面齿同步带的型号标记，应在相应的单面齿同步带型号前加 DB，其余标记的表示方法不变（HG/T 2703—2007）。

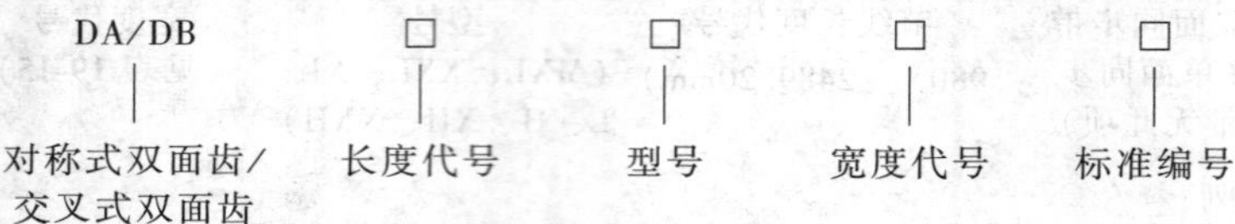

例：符合 HG/T 2703 标准的带宽为 6.4mm（0.25in），节距为 2.032mm（0.080in），节线长度为 314.96mm（12.4in）的对称式双面齿小功率梯形齿同步带，标记为：DA124MXL025 HG/T 2703—2007。

19.5.3 曲线齿同步带

【类别】 按齿型分为 H、S、R 三种，按齿节距分为 8mm、14mm 两种，共 6 种型号（H 齿型：H8M 型、H14M 型；S 齿型：S8M 型、S14M 型；R 齿型：R8M 型、R14M 型）。

【结构】 曲线齿同步带的结构如图 19-12 所示。

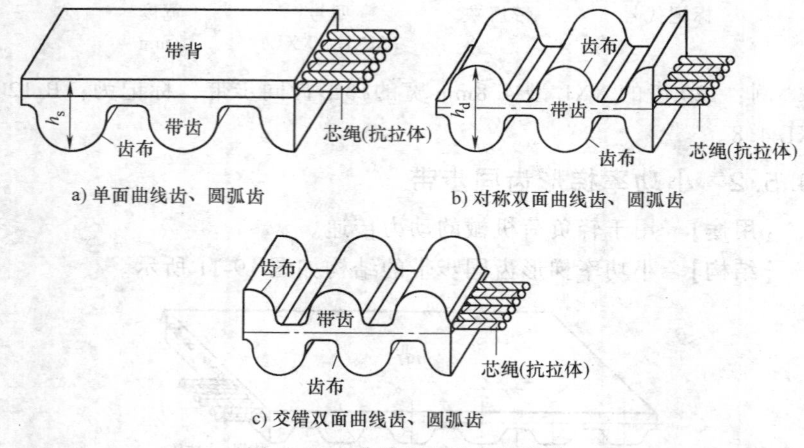

图 19-12 曲线齿同步带的结构

【标记】 由节线长度、型号和宽度组成，双面齿带还应在型号前加字母 D。

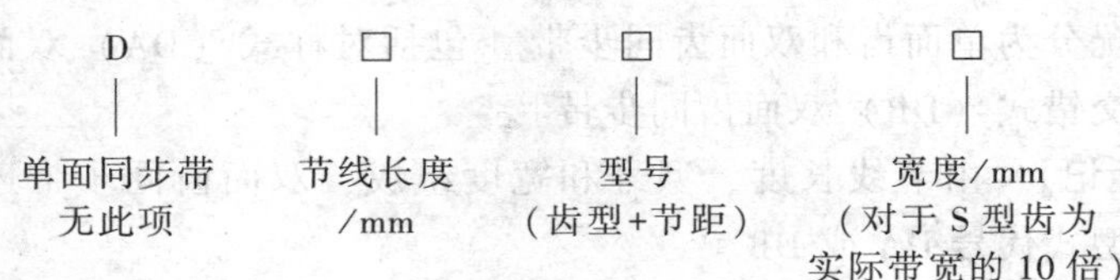

例：节线长度为1400mm，节距为14mm，宽度为40mm的曲线齿同步带，标记为：

H型齿（单面）：1400H14M40；H型齿（双面）：1400DH14M40。

S型齿（单面）：1400S14M400；S型齿（双面）：1400DS14M400。

R型齿（单面）：1400R14M40；R型齿（双面）：1400DR14M40。

【主要参数】 见表19-16和19-17。

表19-16　曲线齿同步带齿的主要参数（GB/T 24619—2009）

（单位：mm）

H型齿				S型齿			
型齿	节距 P_b	带高 h_s	带高 h_d	型齿	节距 P_b	带高 h_s	带高 h_d
H8M	8	6	—	S8M	8	5.3	—
DH8M		—	8.1	DS8M		—	7.5
H14M	14	10	—	S14M	14	10.2	—
DH14M		—	14.8	DS14M		—	13.4

R型齿				
型齿	节距 P_b	齿形角 β	带高 h_s	带高 h_d
R8M	8	16°	5.40	—
DR8M			—	7.80
R14M	14		9.70	—
DR14M			—	14.50

表19-17　曲线齿同步带齿的宽度（GB/T 24619—2009）

（单位：mm）

带型	带宽 b_s	带型	带宽 b_s	带型	带宽 b_s	带型	带宽 b_s
H8M	20、30、50、85	H14M	40、55、85、115、170	S8M	15、25、60	S14M	40、60、80、100、120
DH8M		DH14M					
R8M		R14M		DS8M		DS14M	
DR8M		DR14M					

19.5.4　圆弧齿同步带

【类别】 按带齿节距分为3M、5M、8M、14M、20M；按带齿的分布情况分为单面齿和双面齿同步带［包括对称式（DA）双面齿同步带和交错式（DB）双面齿同步带］。

【标记】 由节线长度、型号和宽度组成，双面齿同步带还应在前面加型式代号 DA 或 DB。

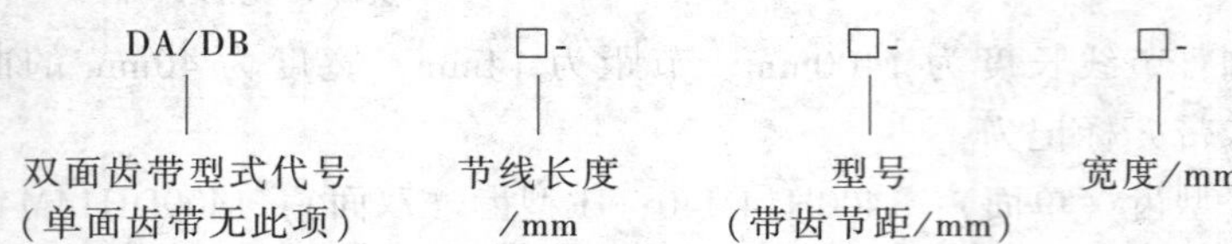

例：节线长度为 1120mm，节距为 8mm，宽度为 30mm 的对称式双面圆弧齿同步带，标记为：DA 1120-8M-30。

【主要参数】 圆弧齿同步带齿的主要参数见表 19-18。

表 19-18　圆弧齿同步带齿的主要参数（JB/T 7512.1—2014）

型号	节距 P_b /mm	齿形角 2β/(°)	带高 h_s/mm（单面齿）	带高 h_d/mm（双面齿）
3M	3	≈14	2.4	3.2
5M	5		3.8	5.3
8M	8		6.0	8.1
14M	14		10.0	14.8
20M	20		13.2	—

【带宽和节线长度系列】 见表 19-19 和表 19-20。

表 19-19　圆弧齿同步带的宽度（JB/T 7512.1—2014）

（单位：mm）

型号	带宽 b_s	型号	带宽 b_s	型号	带宽 b_s	型号	带宽 b_s
3M	6、9、15	8M	20、30、50、85	14M	40、55、85、115、170	20M	115、170、230、290、340
5M	9、15、25						

表 19-20　圆弧齿同步带标准节线长度系列（JB/T 7512.1—2014）

节线长度 L_p/mm	齿数	节线长度 L_p/mm	齿数	节线长度 L_p/mm	齿数
型号:3M					
120	40	252	84	486	162
144	48	264	88	501	167
150	50	276	92	537	179
177	59	300	100	564	188
192	64	339	113	633	211
201	67	394	128	750	250
207	69	420	140	936	312
225	75	459	153	1800	600

（续）

节线长度 L_p/mm	齿数	节线长度 L_p/mm	齿数	节线长度 L_p/mm	齿数
型号:5M					
295	59	635	127	975	195
300	60	645	129	1000	200
320	64	670	134	1025	205
350	70	695	139	1050	210
375	75	710	142	1125	225
400	80	740	148	1145	229
420	84	830	166	1270	254
450	90	845	169	1295	259
475	95	860	172	1350	270
500	100	870	174	1380	276
520	104	890	178	1420	284
550	110	900	180	1595	319
560	112	920	184	1800	360
565	113	930	186	1870	374
600	120	940	188	2350	470
615	123	950	190	—	—
型号:8M					
416	52	1000	125	1800	225
424	53	1040	130	2000	250
480	60	1056	132	2240	280
560	70	1080	135	2272	284
600	75	1120	140	2400	300
640	80	1200	150	2600	325
720	90	1248	156	2800	350
760	95	1280	160	3048	381
800	100	1392	174	3200	400
840	105	1400	175	3280	410
856	107	1424	178	3600	450
880	110	1440	180	4400	550
920	115	1600	200	—	—
960	120	1760	220	—	—

（续）

节线长度 L_p/mm	齿数	节线长度 L_p/mm	齿数	节线长度 L_p/mm	齿数
型号：14M					
966	69	2100	150	3500	250
1196	85	2198	157	3850	275
1400	100	2310	165	4326	309
1540	110	2450	175	4578	327
1610	115	2590	185	4956	354
1778	127	2800	200	5320	380
1890	135	3150	225	—	—
2002	143	3360	240	—	—
型号：20M					
2000	100	4600	230	5800	290
2500	125	5000	250	6000	300
3400	170	5200	260	6200	310
3800	190	5400	270	6400	320
4200	210	5600	280	6600	330

19.6 链条

链条是链传动的主要部件。

【类别】 链条按用途可分为传动链条、输送链条、装饰链条和特种链条等。按链条的结构可分为滚子链、套筒链、齿形链、板式链等。

【材料】 链条的材料可以是冷轧钢带或冷拉钢带。

1）工业用链条用的冷轧钢带原料有优质碳素结构钢，牌号是GL-S17C和GL-40Mn，或者是合金结构钢，牌号是GL-40Mn2。

2）工业用链条用的冷拉钢材：销轴用20CrMo、20CrMnMo、20CrMnTi钢；滚子用08、10、15钢。

3）自行车用链条用的冷轧钢带的材料是20MnSi、19Mn、16Mn和5钢。

19.6.1 普通系列滚子链

【类别】 分为短节距精密滚子链和重载系列短节距精密滚子链。

【结构】 滚子链的结构如图19-13所示。

【主要尺寸】 见表19-21和表19-22。

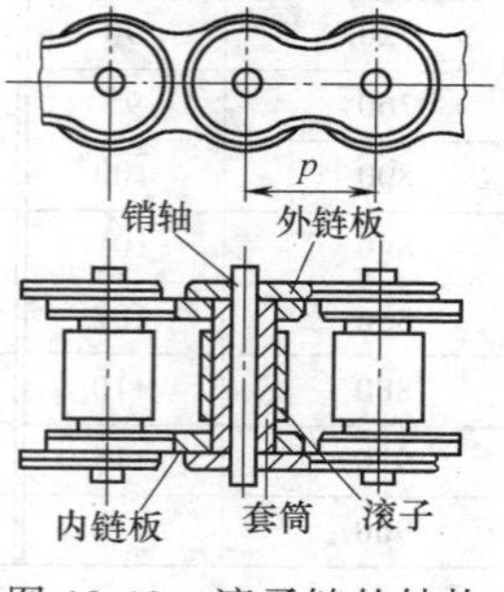

图19-13 滚子链的结构

1. 传动用短节距精密滚子链

表 19-21　传动用短节距精密滚子链的主要尺寸（GB/T 1243—2006）

（单位：mm）

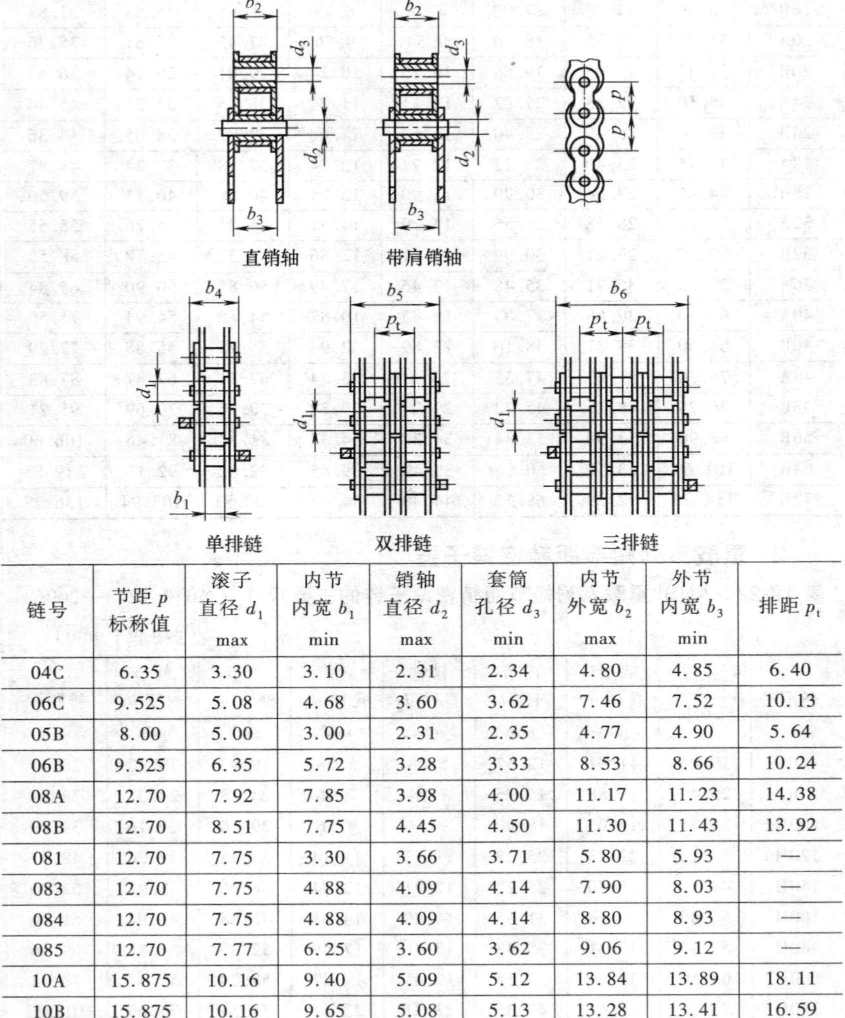

链号	节距 p 标称值	滚子直径 d_1 max	内节内宽 b_1 min	销轴直径 d_2 max	套筒孔径 d_3 min	内节外宽 b_2 max	外节内宽 b_3 min	排距 p_t
04C	6.35	3.30	3.10	2.31	2.34	4.80	4.85	6.40
06C	9.525	5.08	4.68	3.60	3.62	7.46	7.52	10.13
05B	8.00	5.00	3.00	2.31	2.35	4.77	4.90	5.64
06B	9.525	6.35	5.72	3.28	3.33	8.53	8.66	10.24
08A	12.70	7.92	7.85	3.98	4.00	11.17	11.23	14.38
08B	12.70	8.51	7.75	4.45	4.50	11.30	11.43	13.92
081	12.70	7.75	3.30	3.66	3.71	5.80	5.93	—
083	12.70	7.75	4.88	4.09	4.14	7.90	8.03	—
084	12.70	7.75	4.88	4.09	4.14	8.80	8.93	—
085	12.70	7.77	6.25	3.60	3.62	9.06	9.12	—
10A	15.875	10.16	9.40	5.09	5.12	13.84	13.89	18.11
10B	15.875	10.16	9.65	5.08	5.13	13.28	13.41	16.59
12A	19.05	11.91	12.57	5.96	5.98	17.75	17.81	22.78
12B	19.05	12.07	11.68	5.72	5.77	15.62	15.75	19.46
16A	25.40	15.88	15.75	7.94	7.96	22.60	22.66	29.29

（续）

链号	节距 p 标称值	滚子直径 d_1 max	内节内宽 b_1 min	销轴直径 d_2 max	套筒孔径 d_3 min	内节外宽 b_2 max	外节内宽 b_3 min	排距 p_t
16B	25.40	15.88	17.02	8.28	8.33	25.45	25.58	31.88
20A	31.75	19.05	18.90	9.54	9.56	27.45	27.51	35.76
20B	31.75	19.05	19.56	10.19	10.24	29.01	29.14	36.45
24A	38.10	22.23	25.22	11.11	11.14	35.45	35.51	45.44
24B	38.10	25.40	25.40	14.63	14.68	37.92	38.05	48.36
28A	44.45	25.40	25.22	12.71	12.74	37.18	37.24	48.87
28B	44.45	27.94	30.99	15.90	15.95	46.58	46.71	59.56
32A	50.80	28.58	31.55	14.29	14.31	45.21	45.26	58.55
32B	50.80	29.21	30.99	17.81	17.86	45.57	45.70	58.55
36A	57.15	35.71	35.48	17.46	17.49	50.85	50.90	65.84
40A	63.50	39.68	37.85	19.85	19.87	54.88	54.94	71.55
40B	63.50	39.37	38.10	22.89	22.94	55.75	55.88	72.29
48A	76.20	47.63	47.35	23.51	23.84	67.81	67.87	87.83
48B	76.20	48.26	45.72	29.24	29.29	70.56	70.69	91.21
56B	88.90	53.98	53.34	34.32	34.37	81.33	81.46	106.60
64B	101.60	63.50	60.96	39.40	39.45	92.02	92.15	119.85
72B	114.30	72.39	68.58	44.48	44.53	103.81	103.94	136.27

2. 重载系列短节距精密滚子链

表 19-22　ANSI 重载系列短节距精密滚子链的主要尺寸（GB/T 1243—2006）

（单位：mm）

链号	节距 p 标称值	滚子直径 d_1 max	内节内宽 b_1 min	销轴直径 d_2 max	套筒孔径 d_3 min	内节外宽 b_2 max	外节内宽 b_3 min	排距 p_t
60H	19.05	11.91	12.57	5.96	5.58	19.43	19.48	26.11
80H	25.40	15.88	15.75	7.94	7.96	24.28	24.33	32.59
100H	31.75	19.05	18.90	9.54	9.56	29.10	29.16	39.09
120H	38.10	22.23	25.22	11.11	11.14	37.18	37.24	48.87
140H	44.45	25.40	25.22	12.71	12.74	38.86	38.91	52.20
160H	50.80	28.58	31.55	14.29	14.31	46.88	46.94	61.90
180H	57.15	35.71	35.48	17.46	17.49	52.50	52.55	69.16
200H	63.50	39.68	37.85	19.85	19.87	58.29	58.34	78.31
240H	76.20	47.63	47.35	23.31	23.84	74.54	74.60	101.22

注：ANSI（美国国家标准学会）重载系列短节距精密滚子链的标记方法同普通系列滚子链。

【标记】 由链号、排数、标准编号组成。

例：链号为 08A 的双排滚子链，标记为：08A-2-GB/T 1243—2006。

注意：因为 081、083、084 和 085 链条通常仅使用单排形式，故不遵循这一规则。

19.6.2　S 型和 C 型钢制滚子链

【用途】　用于农业机械、建筑机械、采石机械以及相关工业、机械化输送机械等。

【主要尺寸】　S 型和 C 型钢制滚子链主要尺寸见表 19-23。

表 19-23　S 型和 C 型钢制滚子链的主要尺寸（GB/T 10857—2005）

（单位：mm）

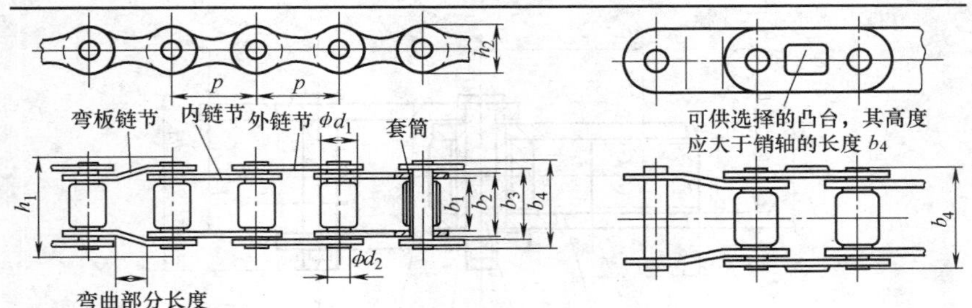

链号	节距 p	滚子直径 d_1 max	内节内宽 b_1 min	外节内宽 b_3 min	链板高度 h_2 max	销轴直径 d_2 max	内节外宽 b_2 max	销轴长度 b_4 max
S32/H	29.21	11.43	15.88	20.57	13.5	4.47	20.19	26.7
S42/H	34.93	14.27	19.05	25.65	19.8	7.01	25.4	34.3
S45/H	41.4	15.24	22.23	28.96	17.3	5.74	28.58	38.1
S52/H	38.1	15.24	22.23	28.96	17.3	5.74	28.58	38.1
S55/H	41.4	17.78	22.23	28.96	17.3	5.74	28.58	38.1
S62/H	41.91	19.05	25.4	32.0	17.3	5.74	31.8	40.6
S77/H	58.34	18.26	22.23	31.5	26.2	8.92	31.17	43.2
S88/H	66.27	22.86	28.58	37.85	26.2	8.92	37.52	50.8
C550/H	41.4	16.87	19.81	26.16	20.2	7.19	26.04	35.6
C620/H	42.01	17.91	24.51	31.72	20.2	7.19	31.6	42.2

注：1. 最小套筒内径应比最大销轴直径 d_2 大 0.1mm。

2. 对于恶劣工况，建议不使用弯板链节。

19.6.3　输送用钢制滚子链

【用途】　用于各种物料输送机和提升机。

【结构】 输送用钢制滚子链的链条由内链节和外链节交替连接组成，内链节由内链板、套筒和滚子组成，外链节由外链板和销轴组成，销轴通过与套筒配合组成铰链。

【主要尺寸】 输送用钢制滚子链的主要尺寸见表 19-24。

表 19-24 输送用钢制滚子链的主要尺寸 （JB/T 10703—2007）

（单位：mm）

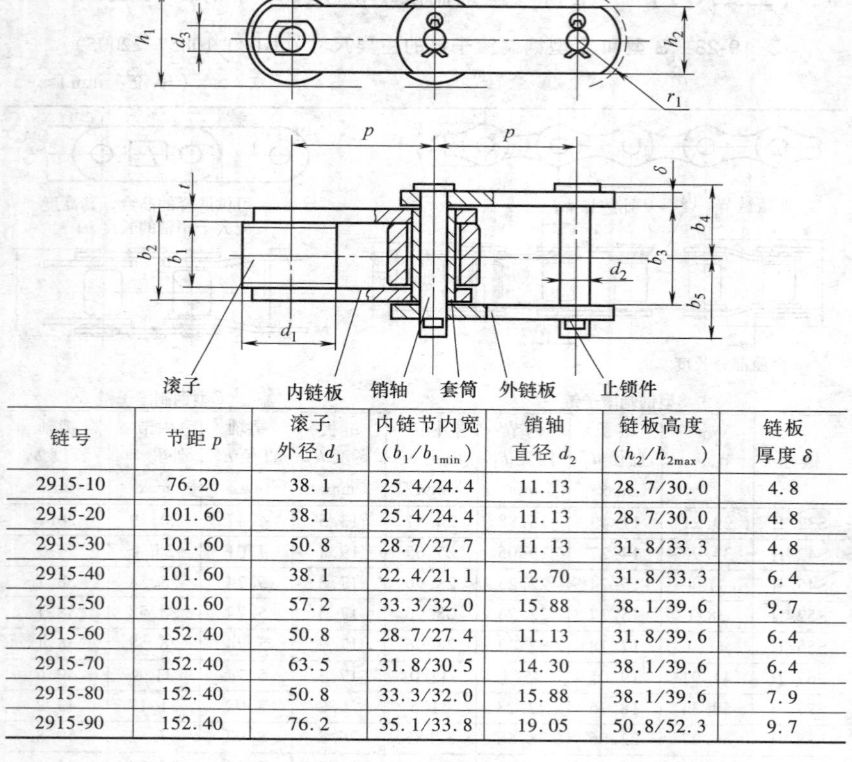

链号	节距 p	滚子外径 d_1	内链节内宽 ($b_1/b_{1\min}$)	销轴直径 d_2	链板高度 ($h_2/h_{2\max}$)	链板厚度 δ
2915-10	76.20	38.1	25.4/24.4	11.13	28.7/30.0	4.8
2915-20	101.60	38.1	25.4/24.4	11.13	28.7/30.0	4.8
2915-30	101.60	50.8	28.7/27.7	11.13	31.8/33.3	4.8
2915-40	101.60	38.1	22.4/21.1	12.70	31.8/33.3	6.4
2915-50	101.60	57.2	33.3/32.0	15.88	38.1/39.6	9.7
2915-60	152.40	50.8	28.7/27.4	11.13	31.8/39.6	6.4
2915-70	152.40	63.5	31.8/30.5	14.30	38.1/39.6	6.4
2915-80	152.40	50.8	33.3/32.0	15.88	38.1/39.6	7.9
2915-90	152.40	76.2	35.1/33.8	19.05	50,8/52.3	9.7

19.6.4 传动与输送用双节距精密滚子链

【用途】 用于传递的功率和速度比派生出它的基本链条相对低一些的设备上。

【主要尺寸】 传动与输送用双节距精密滚子链的主要尺寸见表 19-25。

表 19-25　传动与输送用双节距精密滚子链的主要尺寸（GB/T 5269—2008）

（单位：mm）

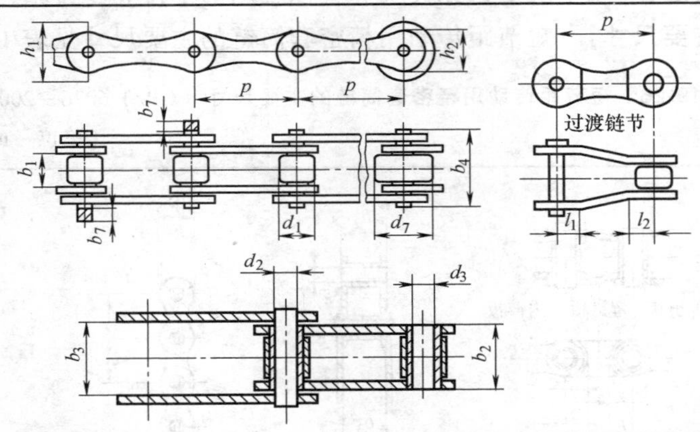

链号	节距 p	滚子直径 max		销轴直径 d_2	套筒内径 d_3	过渡链板 l_1	销轴全长 b_4	止锁件附加宽度 b_7
		d_1	d_7	max	min	min		
208A	25.4	7.95	15.88	3.98	4.00	6.9	17.8	3.9
208B	25.4	8.51	15.88	4.45	4.50	6.9	17.0	3.9
210A	31.75	10.16	19.05	5.09	5.12	8.4	21.8	4.1
210B	31.75	10.16	19.05	5.08	5.13	8.4	19.6	4.1
212A	38.1	11.91	22.23	5.96	5.98	9.9	26.9	4.6
212B	38.1	12.07	22.23	5.72	5.77	9.9	22.7	4.6
216A	50.8	15.88	28.58	7.94	7.96	13	33.5	5.4
216B	50.8	15.88	28.58	8.28	8.33	13	36.1	5.4
220A	63.5	19.05	39.67	9.54	9.56	16	41.1	6.1
220B	63.5	19.05	39.67	10.19	10.24	16	43.2	6.1
224A	76.2	22.23	44.45	11.11	11.14	19.1	50.8	6.6
224B	76.2	25.40	44.45	14.63	14.68	19.1	53.4	6.6
228B	88.9	27.94	—	15.90	15.95	21.3	65.1	7.4
232B	101.6	29.21	—	17.81	17.86	24.4	67.4	7.9

注：1. 链号字首的 2 表示双节距，后两位数字是节距的代号，它约等于节距除以 3.175mm，尾部的 A、B 分别表示链条的所属系列。

2. 大滚子主要用在输送链上，但有时也用于传动链。大滚子链在链号后加“L”来表示。

3. 对于繁重工况，推荐不在链条上使用过渡链节。

4. 实际尺寸取决于止锁件的形式，但不得超过该尺寸。

5. 与其配套的链轮齿数应用范围为 5~75 齿，优选齿数为 7、9、10、11、13、19、27、38 和 57。

19.6.5 短节距传动用精密套筒链

【用途】 用于规定机械传动和类似应用的单排和多排结构。

【主要尺寸】 短节距传动用精密套筒链的主要尺寸见表19-26。

表19-26 短节距传动用精密套筒链的主要尺寸（GB/T 6076—2003）

（单位：mm）

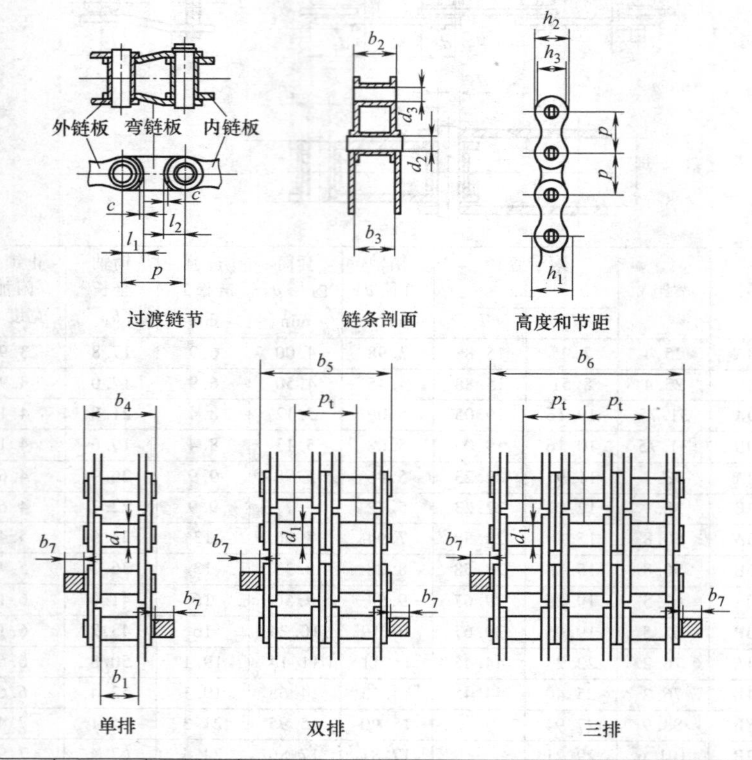

链号	节距 p	套筒外径 d_1 max	内链节内宽 b_1 min	销轴直径 d_2 max	套筒内径 d_3 min	内链节外宽 b_2 max	外链节内宽 b_3 min	排距 p_t
04C	6.35	3.30	3.10	2.31	2.34	4.80	4.85	6.40
06C	9.525	5.08	4.68	3.58	3.63	7.47	7.52	10.13

注：1. 套筒链链号：字母C表示套筒链，数字表示链条节距代号，它约等于节距除以1.5875mm。

2. 用于繁重工作条件下的链条，应尽量避免采用弯板链节。

19.6.6 摩托车链条

【用途】 用于摩托车动力传动。

【结构】 有滚子链和套筒链两种形式（其差别在于套筒链无滚子，但尺寸相同）。

【主要尺寸】 摩托车链条的主要尺寸见表 19-27。

表 19-27 摩托车链条的主要尺寸（GB/T 14212—2010）（单位：mm）

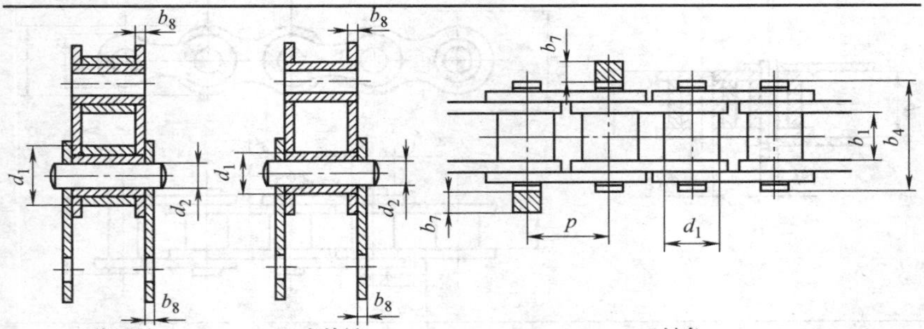

a) 滚子链　b) 套筒链　c) 链条

链号	节距 p 标称值	滚子直径 d_1 max	内节内宽 b_1 min	销轴直径 d_2 max	内链板高度 h_2 max	销轴长度 b_4 max	链板厚度 b_8 标称值
25H	6.35	3.30①	3.10	2.31	6.0	9.1	1.0
219	7.774	4.59①	4.68	3.17	7.6	12.0	1.2
219H						12.6	1.4
05T	8.00	4.73①	4.55	3.17	7.8	12.1	1.3
270H	8.50	5.00①	4.75	3.28	8.6	13.3	1.6
415M、415 415MH	12.70	7.77	4.68	3.97	10.4	11.8	1.3
420	12.70	7.77	6.25	3.99	12.0	14.9	1.5
420MH						17.5	1.8
428	12.70	8.51	7.85	4.51	12.0	16.9	1.5
428MH						18.9	2.0
520	15.875	10.16	6.25	5.09	15.3	17.5	2.0
525			7.85			19.3	
530			9.40			20.8	
520MH	15.875	10.22	6.25	5.25	15.3	19.0	2.2
525MH			7.85	5.25		21.2	2.2
530MH			9.40	5.40		23.1	2.4
630	19.05	11.91	9.40	5.96	18.6	24.0	2.4

①表示套筒链，其对应的 d_1 是最大套筒直径。

19.6.7 自行车链条

【用途】 用于将人的脚踏力传递给自行车。

【主要尺寸】 自行车链条的主要尺寸见表19-28。

表19-28 自行车链条的主要尺寸（GB/T 3579—2006）

（单位：mm）

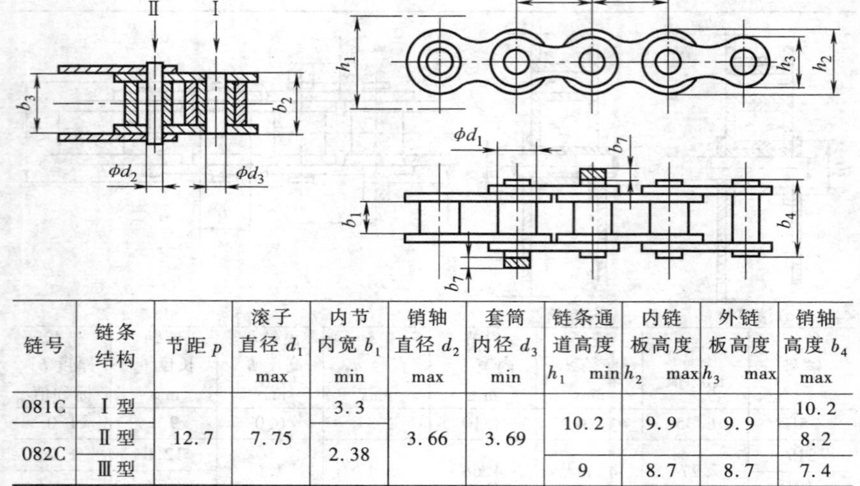

<table>
<tr><th>链号</th><th>链条结构</th><th>节距 p</th><th>滚子直径 d_1 max</th><th>内节内宽 b_1 min</th><th>销轴直径 d_2 max</th><th>套筒内径 d_3 min</th><th>链条通道高度 h_1 min</th><th>内链板高度 h_2 max</th><th>外链板高度 h_3 max</th><th>销轴高度 b_4 max</th></tr>
<tr><td>081C</td><td>Ⅰ型</td><td rowspan="3">12.7</td><td rowspan="3">7.75</td><td>3.3</td><td rowspan="3">3.66</td><td rowspan="3">3.69</td><td rowspan="2">10.2</td><td rowspan="2">9.9</td><td rowspan="2">9.9</td><td>10.2</td></tr>
<tr><td rowspan="2">082C</td><td>Ⅱ型</td><td rowspan="2">2.38</td><td>8.2</td></tr>
<tr><td>Ⅲ型</td><td>9</td><td>8.7</td><td>8.7</td><td>7.4</td></tr>
</table>

19.7 齿形链

【用途】 用于要求噪声小、可靠性较高的场合，如纺织机械和无心磨床和传送带机械设备上。

【结构】 齿形链由一系列的齿链板和导板交替装配且销轴或组合的铰接元件连接组成，相邻节距间为铰链节。

【分类】 根据导向型式可分为外导式齿形链、内导式齿形链和双内导齿形链（见图19-14）；按铰链节的型式可分为圆销式、轴瓦式和滚链式（见图19-15）；按铰链节距的大小可分为9.525mm及以上节距链条和4.762mm节距链条。

【链号】 齿形链的链号由字母SC与表示链条节距和链条公称宽度的数字组成。

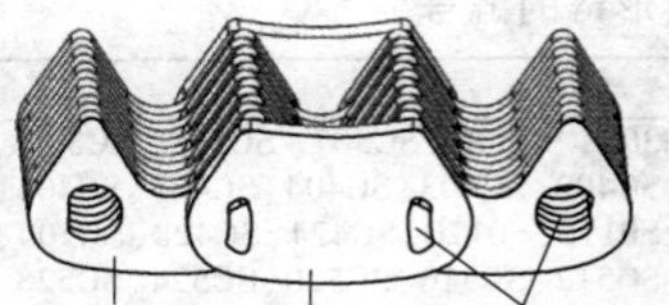

a) 外导式齿形链

内导式导板　齿链板　销轴或铰接元件

b) 内导式齿形链

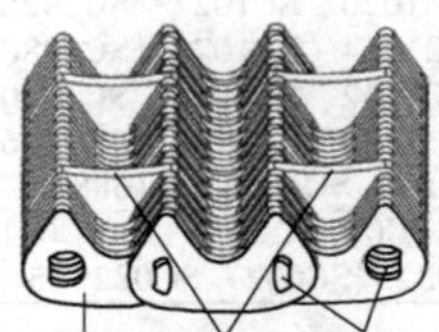

c) 双内导齿形链

图 19-14　齿形链的导向型式

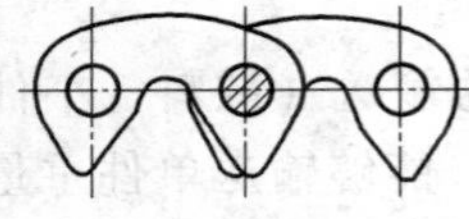

a) 圆销式

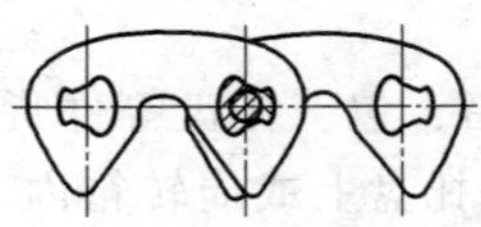

b) 轴瓦式

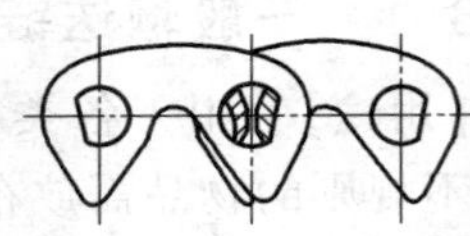

c) 滚链式

图 19-15　齿形链链节的型式

1） 对于 9. 525mm 及以上节距的链条：链条公称宽度的数字，前一位或前两位乘以 3. 175mm （1/8in） 为链条节距值，最后两位或三位数乘以 6. 35mm （1/4in） 为齿形链的公称链宽。例如：SC302 表示节距为 9. 525mm，公称链宽为 12. 70mm 的齿形链。

2） 对于 4. 762mm 节距的链条：链条公称宽度的数字，0 后面的第一位数字乘以 1. 5875mm （1/16in） 为链条节距，最后一位或两位数乘以 0. 79375mm （1/32in） 为齿形链的公称链宽。例如：SC0309 表示节距为 4. 762mm，公称链宽为 7. 14mm 的齿形链。

4. 762mm 节距的齿形链条的链板公称厚度均为 0. 76mm，因此，链号中的宽度数值也就是链条宽度方向的链板数量。

齿形链的链号见表 19-29。

【标记】 表示方法：完整的链号-齿数。例如：SC304-25。

表 19-29 齿形链的链号

铰链节距/mm	链号
9.525 及以上	SC302、SC303、SC304、SC305、SC306、SC307、SC308、SC309、SC310、SC312、SC316、SC320、SC324、SC402、SC403、SC404、SC405、SC406、SC407、SC408、SC409、SC410、S0114、S0116、S0120、SC424、SC428、SC504、SC505、SC506、SC507、SC508、SC510、SC512、SC516、SC520、SC524、SC528、SC532、SC540、SC604、SC605、SC606、SC608、SC610、SC612、SC614、SC616、SC620、SC624、SC628、SC632、SC636、SC640、SC648、SC808、SC810、SC812、SC816、SC820、SC824、SC828、SC832、SC836、SC840、SC848、SC856、SC864、SC1010、SC1012、SC1016、SC1020、SC1024、SC1028、SC1032、SC1036、SC1040、SC1048、SC1056、SC1064、SC1072、SC1080、SC1212、SC1216、SC1220、SC1224、SC1228、SC1232、SC1236、SC1240、SC1248、SC1256、SC1264、SC1272、SC1280、SC1288、SC1296、SC1616、SC1620、SC1624、SC1628、SC1632、SC1640、SC1648、SC1656、SC1688、SC1696、SC16120
4.762	SC0305、SC0307、SC0309、SC0311、SC0313、SC0315、SC0317、SC0319、SC0321、SC0323、SC0325、SC0327、SC0329、SC0331

19.8 输送链

输送链分为一般输送链和倍速输送链两种。

19.8.1 一般输送链

【用途】 用于各类箱、包、托盘等件货的输送（散料、小件物品或不规则的物品需放在托盘上或周转箱内）。能够输送单件重量较大的物料，或承受较大的冲击载荷。

【分类】 按驱动方式可分为有动力和无动力两种；按布置形式可分为水平输送、倾斜输送和转弯输送三种。

【规格】 输送链的规格和主要尺寸见表 19-30。

表 19-30 输送链的规格和主要尺寸（GB/T 8350—2008）（单位：mm）

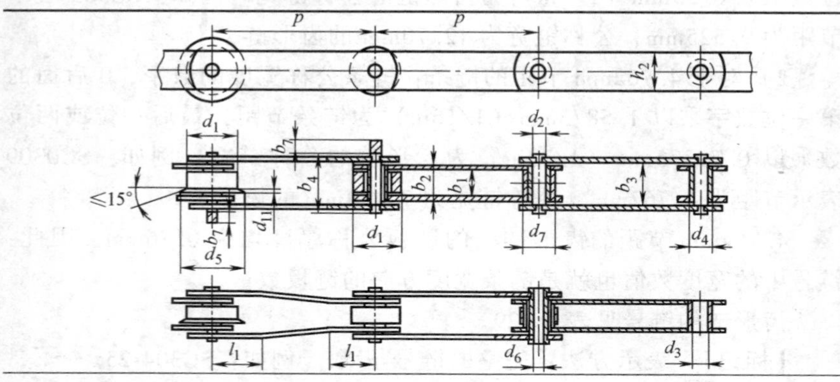

（续）

实心销轴链条

链号（基本）	滚子外径 d_1 max	理论参考节距														
		40	50	63	80	100	125	160	200	250	315	400	500	630	800	1000
		mm														
M20	25	×														
M28	30		×													
M40	36															
M56	42			×			优									
M80	50							选								
M112	60				×				节							
M160	70					×				距						
M224	85						×									
M315	100							×								
M450	120		×规格仅用于套筒链条和小滚子链条													
M630	140															
M900	170									×						

空心销轴链条

链号	滚子外径 d_1 max	理论参考节距									
		63	80	100	125	160	200	250	315	400	500
		mm									
M315	100			优							
M450	120				选						
M630	140					节					
M900	170						距				

19.8.2　倍速输送链

在输送线上，这种链条的移动速度保持不变，但链条上方被输送的工装板及工件可以按照使用者的要求控制移动节拍，在所需要停留的位置停止运动，由操作者进行各种装配操作，完成上述操作后再使工件继续向前移动输送。

【链号和节距】　倍速输送链的链号和节距见表 19-31。

表 19-31 倍速输送链的链号和节距（JB/T 7364—2014）

（单位：mm）

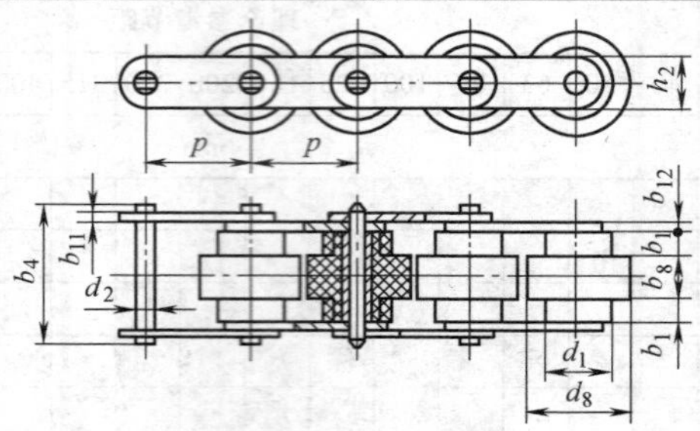

多倍速输送链(轴上有套筒)

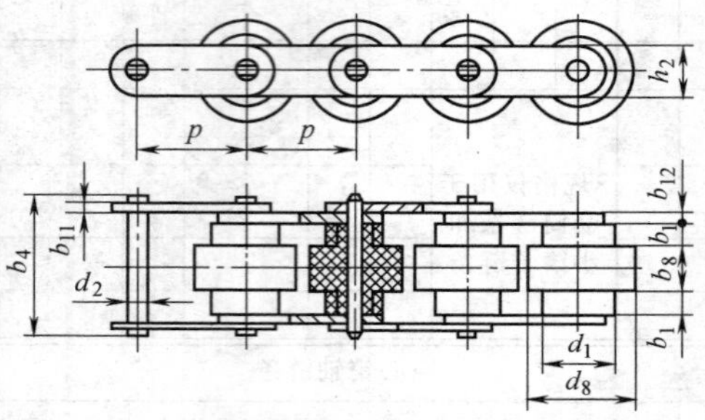

单倍速输送链(轴上无套筒)

链号		p(标称值)
2.5 倍速和单倍速输送链	3.0 倍速和单倍速输送链	
BS25-C206B,BS10-C206B(2.5)	BS30-C206B,BS10-C206B(3.0)	19.05
BS25-C208A,BS10-C208A(2.5)	BS30-C208A,BS10-C208A(3.0)	25.40
BS25-C210A,BS10-C210A(2.5)	BS30-C210A,BS10-C210A(3.0)	31.75
BS25-C212A,BS10-C212A(2.5)	BS30-C212A,BS10-C212A(3.0)	38.10
BS25-C216A,BS10-C216A(2.5)	BS30-C216A,BS10-C216A(3.0)	50.80

注：1. 2.5 倍速和 3 倍速输送链的链号，是用相应的输送用双节距滚子链链号，在前面加字母“BS”和“10×倍速”的数字，并以“-”连接而成的。

2. 表中“（2.5）”和“（3.0）”分别表示单倍速输送链的结构外形尺寸与 2.5 倍速和 3.0 倍速输送链相同。

19.9 拉曳链和起重链

19.9.1 拉曳链

【用途】 用于拉曳和起重。

【分类】　分为有衬套拉曳链和无衬套拉曳链两种（见图 19-16）。

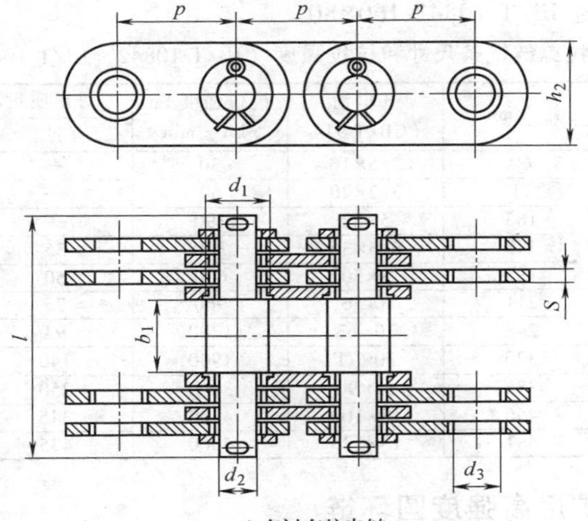

a) 有衬套拉曳链

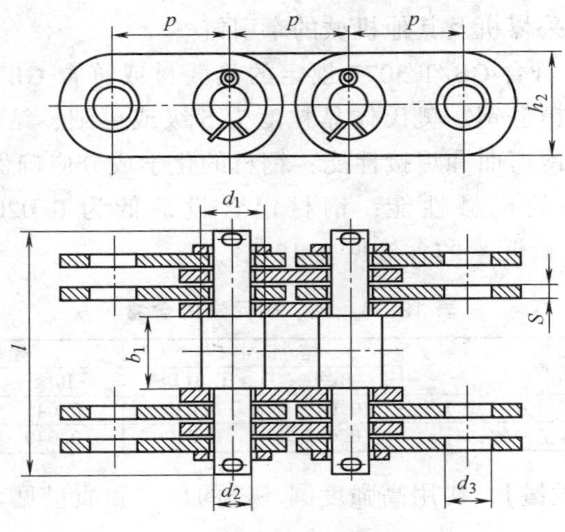

b) 无衬套拉曳链

图 19-16　拉曳链

【尺寸和抗拉强度】　拉曳链链条尺寸和抗拉强度见表 19-32。

【标记】　由标准编号、链条节距及以链节数表示的链条长度组成。

例：节距 $p=160$mm，链节数为 80 节的有衬套拉曳链，标记为：有衬套拉曳链 JB/T 10842-160×80。

表 19-32 拉曳链链条尺寸和抗拉强度（JB/T 10842、JB/T 10843—2008）

p/mm	l_{max}/mm	开口销（GB/T 91）	抗拉强度 Fu /kN min	每米质量/(kg/m) ≈	
				有衬套	无衬套
30	60	2.5×16	30	—	4
50	71	3.2×20	60	—	5.5
60	103	5×32	190	—	14
70	143	6.3×36	380	35	27
90	183	8×50	600	50	42
110	211	8×56	960	75	68
120	248	10×63	1200	93	83
160	320	10×71	1900	140	130
180	385	13×90	3000	250	220
240	456	13×100	4800	345	305
280	481	13×125	6000	435	395

19.9.2 矿用高强度圆环链

【用途】 用于煤矿用刮板输送机、刮板转载机、悬臂式掘进机、刨煤机、滚筒采煤机及其他机械的牵引链。

【材料】 符合 GB/T 3077 规定的热轧材或符合 GB/T 3078 规定的冷拉材的全镇静钢。奥氏体晶粒度为 5 级或更细，结晶组织均匀，并具有良好的冷弯曲和焊接性能；钢材的化学成分应确保经过适当热处理后的链条的机械性能；钢材铝含量最低为 0.020%，最高为 0.055%。硫、磷元素的含量见表 19-33。

表 19-33 硫、磷元素的含量

元素	熔炼分析		检验分析	
	B 级	C、D 级	B 级	C、D 级
最大硫含量(质量分数,%)	0.040	0.030	0.045	0.035
最大磷含量(质量分数,%)	0.035	0.030	0.040	0.035

【尺寸和质量】 矿用高强度圆环链的尺寸和质量见表 19-34。

表 19-34 矿用高强度圆环链的尺寸和质量（GB/T 12718—2009）

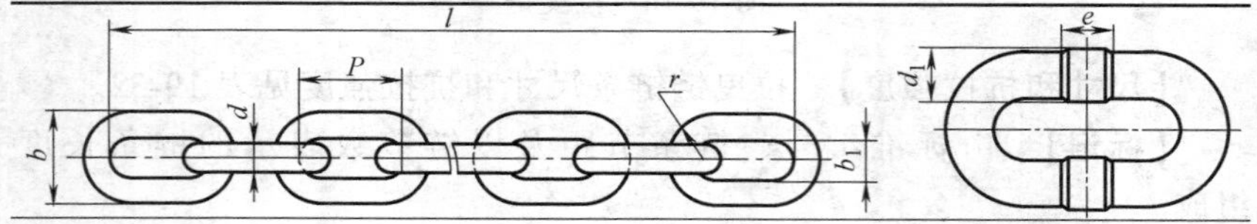

（续）

链环直边直径/mm	节距 P /mm	宽度/mm		圆弧半径 r/mm	焊接处尺寸/mm		每米质量/(kg/m) ≈
		内宽 b_{1min}	外宽 b_{max}		直径 d_{1max}	长度 e	
10	40	12	34	15	10.8	7.1	1.9
14	50	17	48	22	15	10	4.0
18	64	21	60	28	19.5	13	6.6
22	86	26	74	34	23.5	15.5	9.5
24	86	28	79	37	26	17	11.6
26	92	30	86	40	28	18	13.7
30	108	34	98	46	32.5	21	18.0
34	126	38	109	52	36.5	23.8	22.7
38	137	42	121	58	41	27	29
42	152	46	133	64	45	30	35.3

19.9.3　一般起重用钢制短环链

【用途】　用于一般起重 8 级普通精度链吊链等。

【钢材】　由电炉或吹氧转炉冶炼而成，经过脱氧，具有良好的焊接性；经适当的热处理后的成品链条，应能满足 GB/T 24816 规定的力学性能，并具有足够的低温延展性和抗冲击载荷的韧性。

【尺寸】　一般起重用钢制短环链的尺寸见表 19-35。

表 19-35　一般起重用钢制短环链的尺寸（GB/T 24816—2017）

（单位：mm）

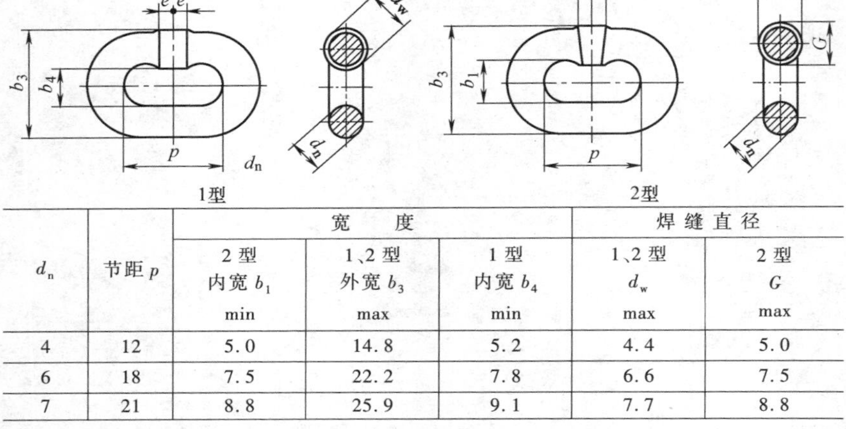

d_n	节距 p	宽度			焊缝直径	
		2 型 内宽 b_1 min	1、2 型 外宽 b_3 max	1 型 内宽 b_4 min	1、2 型 d_w max	2 型 G max
4	12	5.0	14.8	5.2	4.4	5.0
6	18	7.5	22.2	7.8	6.6	7.5
7	21	8.8	25.9	9.1	7.7	8.8

（续）

d_n	节距 p	宽度			焊缝直径	
		2型 内宽 b_1 min	1、2型 外宽 b_3 max	1型 内宽 b_4 min	1、2型 d_w max	2型 G max
8	24	10.0	29.6	10.4	8.8	10.0
10	30	12.5	37.0	13.0	11.0	12.5
13	39	16.3	48.1	16.9	14.3	16.3
16	48	20.0	59.2	20.8	17.6	20.0
18	54	22.5	66.6	23.4	19.8	22.5
19	57	23.8	70.3	24.7	20.9	23.8
20	60	25.0	74.0	26.0	22.0	25.0
22	66	27.5	81.4	28.6	24.2	27.5
26	78	32.5	96.2	33.8	28.6	32.5
28	84	35.0	104.0	36.4	30.8	35.0
32	96	40.0	118.0	41.6	35.2	40.0
36	108	45.0	133.0	46.8	39.6	45.0
40	120	50.0	148.0	52.0	44.0	50.0
45	135	56.3	167.0	58.5	49.5	56.3

第20章

轴　承

轴承是机械装置中用于对相对运动中的运动件进行支承，降低运动摩擦系数的机械零件。

轴承的种类有很多，按滚动体的运动方式分，可分为滚动轴承和滑动轴承两大类；按滚动轴承所能承受的载荷方向或公称接触角分，可分为向心轴承和推力轴承；按滚动体的种类分，可分为球轴承和滚子轴承；按轴承工作时能否调心分，可分为调心轴承和非调心轴承等等。

20.1　滚动轴承的代号

滚动轴承是用代号表示的，其表示方法由 GB/T 272 规定（JB/T 2974 作补充）。它们均由前置代号、基本代号和后置代号组成，见表 20-1～表 20-7。

表 20-1　滚动轴承的代号组成

前置代号	基本代号			后置代号
成套轴承分部件	轴承类型	尺寸(直径、宽度和)系列	轴承内径	轴承在结构形状、尺寸、公差、技术要求等方面有所改变
用字母表示(见表 20-2)	用数字或字母表示(见表 20-3)	用数字表示(见表 20-4)	用数字表示(见表 20-5)	用字母或字母和数字表示(见表 20-6、表 20-7)

表 20-2　成套轴承分部件代号

代号	表　示　意　义	举　　例
L	可分离轴承的可分离内圈或外圈	LNU207、LN207
R	不带可分离内圈或外圈的轴承 (滚针轴承仅适用 NA 型)	RUN207、RNA6904
K	滚子和保持架组件	K81107
WS	推力圆柱滚子轴承轴圈	WS81107
GS	推力圆柱滚子轴承座圈	GS81107

表 20-3 滚动轴承类型代号

代号	轴承类型	代号	轴承类型
0	双列角接触球轴承	6	深沟球轴承
1	调心球轴承	7	角接触球轴承
2	调心滚子轴承	8	推力圆柱滚子轴承
2	推力调心滚子轴承	N	圆柱滚子轴承(双列或多列用字母 NN 表示)
3	圆锥滚子轴承	N	
4	双列深沟球轴承	U	外球面球轴承
5	推力球轴承	QJ	四点接触球轴承

注：轴承类型代号的前面或后面，还可加注字母或数字，表示该类型轴承中的不同结构。

表 20-4 向心轴承、推力轴承的尺寸代号

直径系列代号	尺寸系列代号											
	向心轴承								推力轴承			
	宽度系列代号								高度系列代号			
	8	0	1	2	3	4	5	6	7	9	1	2
7	—	—	17	—	37	—	—	—	—	—	—	—
8	—	08	18	28	38	48	58	68	—	—	—	—
9	—	09	19	29	39	49	59	69	—	—	—	—
0	—	00	10	20	30	40	50	60	70	90	10	—
1	—	01	11	21	31	41	51	61	71	91	11	—
2	82	02	12	22	32	42	52	62	72	92	12	22
3	83	03	13	23	33	—	—	—	73	93	13	23
4	—	04	—	24	—	—	—	—	74	94	14	24
5	—	—	—	—	—	—	—	—	—	95	—	—

注：轴承的直径系列（即结构相同、内径相同的轴承在外径和宽度方面的变化系列）用基本代号右起第三位数字表示。例如：对于向心轴承和向心推力轴承，7 表示超特轻，8、9 表示特轻；0、1 表示较轻系列；2 表示轻系列；3 表示中系列；4 表示重系列（这就是表中为什么要把 7、8、9 放在 0 前面的原因）。推力轴承除了用 1 表示特轻系列之外，其余与向心轴承的表示一致。

表 20-5 轴承内径的代号

轴承公称内径/mm	内径代号表示方法	举例
0.6~10（非整数）	直接用公称内径(mm)数值表示,尺寸系列代号与内径代号之间用“/”分开	深沟球轴承 625/2.5
1~9（整数）	直接用公称内径(mm)数值表示,对 7、8、9 直径系列的深沟球轴承及角接触球轴承,尺寸系列代号与内径代号之间需用“/”分开	深沟球轴承 625、618/5
10、12、15、17	分别用 00、01、02、03 表示	深沟球轴承 623

（续）

轴承公称内径 /mm	内径代号表示方法	举　例
20~480（22、28、32 除外）	用公称内径（mm）数值除以 5 的商数表示，商数为 1 位数时，尚需在商数左边加“0”	调心滚子轴承 23208
≥500，以及 22、28、32	直接用公称内径（mm）数值表示，尺寸系列代号与内径代号之间用“/”分开	深沟球轴承 62/22 调心滚子轴承 230/500

表 20-6　轴承后置代号的分组

分组序号	后置代号（组）							
	1	2	3	4	5	6	7	8
表示意义	内部结构	密封与防尘套圈变形	保持架及其材料	轴承材料	公差等级	游隙	配置	其他

注：1. 后置代号用字母或字母加数字表示，置于基本代号右边（要空半个汉字距，代号中有符号“—”“/”时除外）。当改变项目多，具有多组后置代号时，则按上表所列组次顺序，从左至右顺序排列。

2. 如改变为 4 组（含 4 组）以后的内容，则在其代号前用“/”符号与前面代号隔开。例：6205-2Z/P6。

3. 如改变内容为第 4 组后的两组，当前组与后组代号中的数字或字母的表示含义可能混淆时，两代号之间应空半个汉字距。例：6208/P63 V1。

表 20-7　轴承后置代号的表示方法

项目	代号	表示意义及代号举例
内部结构组	A、B、C、D、E	①表示轴承内部结构改变 ②表示标准设计轴承，其含义随不同类型、结构而异，例如： 7210B 表示公称接触角 $\alpha=40°$ 的角接触球轴承； 33210B 表示触角加大的圆锥滚子轴承； 7210C 表示公称接触角 $\alpha=15°$ 的角接触球轴承； 23122C 表示调心滚子轴承； NU207E 表示加强型内圈无挡边圆柱滚子轴承
	AC、D、ZW	7210AC 表示公称接触角 $\alpha=25°$ 的角接触球轴承； K50×55×20D 表示剖分式滚针和保持架组件； K20×25×40ZW 表示双列滚针和保持架组件
密封与防尘套圈变形组	K	圆锥孔轴承，锥度为 1∶12（外球面轴承除外），如 1210K
	K30	圆锥孔轴承，锥度为 1∶30，如 24122K30
	R	轴承外圈有止动挡边（凸缘外圈）（不适用于内径<10mm 向心球轴承），如 30307R
	N	轴承外圈上有止动槽，如 6210N
	NR	轴承外圈上有止动槽，并带有止动环，如 6210NR
	-RS	轴承一面带骨架式橡胶密封圈（接触式），如 6210-RS
	-2RS	轴承两面带骨架式橡胶密封圈（接触式），如 6210-2RS
	-RZ	轴承一面带骨架式橡胶密封圈（非接触式），如 6210-RZ

（续）

项目	代号	表示意义及代号举例
密封与防尘套圈变形组	-2RZ	轴承两面带骨架式橡胶密封圈(非接触式),如 6210-2RZ
	-Z	轴承一面带防尘盖,如 6210-Z
	-2Z	轴承两面带防尘盖,如 6210-2Z
	-RSZ	轴承一面带骨架式橡胶密封圈(接触式),一面带防尘盖,如 6210-RSZ
	-RZZ	轴承两面带骨架式橡胶密封圈(非接触式),一面带防尘盖,如 6210-RZZ
	-ZN	轴承一面带防尘盖,另一面外圈有止动槽,如 6210-ZN
	-2ZN	轴承两面带防尘盖,外圈有止动槽,如 6210-2ZN
	-ZNR	轴承一面带防尘盖,另一面外圈有止动槽,并带有止动环,如 6210-ZNR
	U	推力球轴承,带球面座圈,如 53210U
保持架及其材料组		参见 JB/T 2974—2004《滚动轴承代号方法的补充规定》中的规定
轴承材料组		
公差等级组	/P0	公差等级符合标准规定的 0 级(普通级),代号中省略,如 6203
	/P6	公差等级符合标准规定的 6 级(高级),如 6203/P6
	/P6X	公差等级符合标准规定的 6×级,如 30210/P6X
	/P5	公差等级符合标准规定的 5 级(精密级),如 6203/P5
	/P4	公差等级符合标准规定的 4 级(超精级),如 6203/P4
	/P2	公差等级符合标准规定的 2 级(超精密),如 6203/P2
游隙组	—	游隙符合标准规定的 0 组,如 6210
	/C1	游隙符合标准规定的 1 组,如 NN3006K/C1
	/C2	游隙符合标准规定的 2 组,如 6210/C2
	/C3	游隙符合标准规定的 3 组,如 6210/C3
	/C4	游隙符合标准规定的 4 组,如 NN3006K/C4
	/C5	游隙符合标准规定的 5 组,如 NNU4920K/C5
	注意:公差等级代号与游隙代号同时表示时可简化,取公差等级代号加上游隙组合号(0 组不表示)组合表示,如/P63、/P52	
配置组	/DB	成对背对背安装的轴承,如 7210C/DB
	/DF	成对面对面安装的轴承,如 7210C/DF
	/DT	成对串联安装的轴承,如 7210C/DT

20.2 滚动轴承

滚动轴承的种类有很多，本手册仅介绍最常用的调心球轴承、深沟球轴承、角接触球轴承、推力球轴承、调心滚子轴承、圆柱滚子轴承和圆锥滚子轴承，其轴承类型和尺寸系列代号见表 20-8。

表 20-8　最常用滚动轴承类型和尺寸系列代号

轴承名称	类型代号	尺寸系列代号	轴承代号	参见
调心球轴承	1	02	1200	表 20-9
		03	1300	
		22	2200	
		23	2300	
调心滚子轴承	2	03	21300	表 20-10
		22	22200	
		23	22300	
		30	23000	
		31	23100	
		32	23200	
圆柱滚子轴承	N	02	N200	表 20-11
		03	N300	
		04	N400	
圆锥滚子轴承	3	02	30200	表 20-12
		03	30300	

轴承名称	类型代号	尺寸系列代号	轴承代号	参见
推力球轴承	5	10	51000	表 20-13
		20	52000	
深沟球轴承	6	17	61700	表 20-14
	6	37	63700	
	6	18	61800	
	6	19	61900	
	16	(0)0	16000	
	6	(1)0	60000	
	6	(0)2	60200	
	6	(0)3	60300	
	6	(0)4	60400	
角接触球轴承	7	18	71800	表 20-15
		19	71900	
		70	70000	
		72	72000	
		73	73000	

注：代号的类型代号和尺寸系列代号栏内，带（　）的数字在轴承代号中可省略。

20.2.1　调心球轴承

调心球轴承的外圈滚道面为球面，具有调心性能（调整的偏斜角可在 3°以内），轴承接触角小，主要承受径向载荷。

【用途】　用于因加工安装及轴弯曲，造成轴与座孔不同心的情况，例如木工机械、纺织机械传动轴等。

【尺寸】　调心球轴承的型号和外形尺寸见表 20-9。

20.2.2　调心滚子轴承

调心滚子轴承具有内部调心的性能，以适应轴与座孔的相对偏斜。这种轴承可以承受径向重负荷和冲击负荷，也能承受一定的双向轴向负荷。在负荷容量和极限转速许可的情况下，可以与调心球轴承相互代用。

【用途】　主要用于造纸机械、减速装置、铁路车辆的车轴、轧钢机齿轮箱座、轧钢机辊道子、破碎机、振动筛、印刷机械、木工机械、各类产业用减速机、立式带座调心轴承。

【尺寸】　调心滚子轴承的型号和外形尺寸见表 20-10。

表 20-9　调心球轴承的型号和外形尺寸（GB/T 281—2013）

（单位：mm）

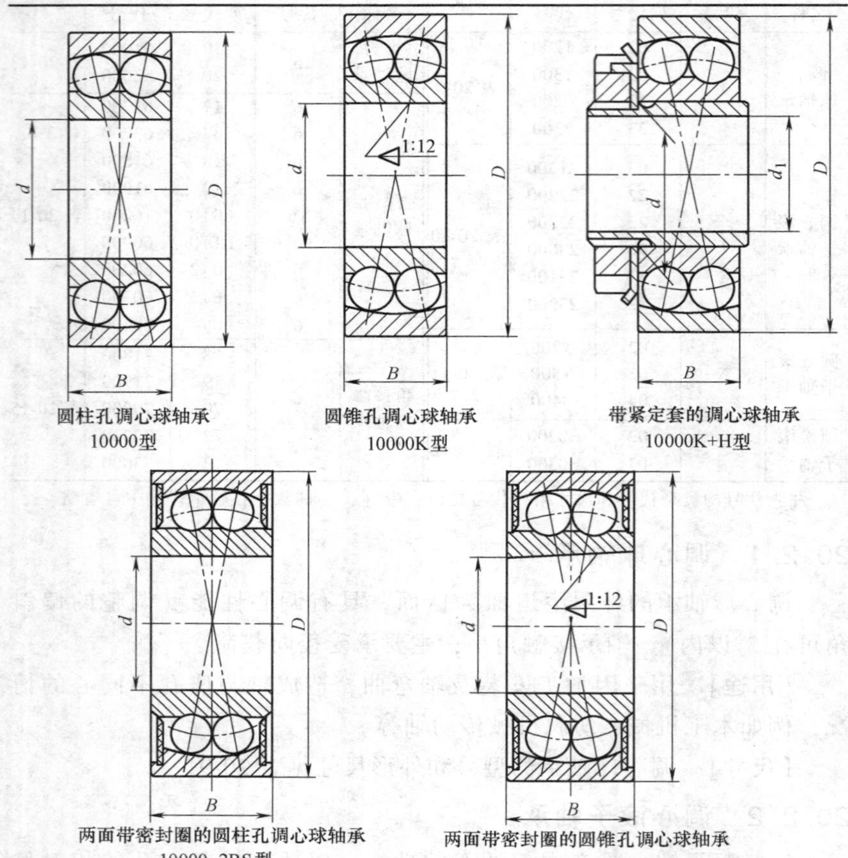

圆柱孔调心球轴承 10000型

圆锥孔调心球轴承 10000K型

带紧定套的调心球轴承 10000K+H型

两面带密封圈的圆柱孔调心球轴承 10000-2RS型

两面带密封圈的圆锥孔调心球轴承 10000K-2RS型

02 系列

轴承型号			外形尺寸			
10000 型	10000K 型	10000K+H 型	d	d_1	D	B
126	—	—	6	—	19	6
127	—	—	7	—	22	7
129	—	—	9	—	26	8
1200	1200K	—	10	—	30	9
1201	1201K	—	12	—	32	10
1202	1202K	—	15	—	35	11

（续）

轴承型号			外形尺寸			
10000 型	10000K 型	10000K+H 型	d	d_1	D	B
1203	1203K	—	17	—	40	12
1204	1204K	1204K+H204	20	17	47	14
1205	1205K	1205K+H205	25	20	52	15
1206	1206K	1206K+H206	30	25	62	16
1207	1207K	1207K+H207	35	30	72	17
1208	1208K	1208K+H208	40	35	80	18
1209	1209K	1209K+H209	45	40	85	19
1210	1210K	1210K+H210	50	45	90	20
1211	1211K	1211K+H211	55	50	100	21
1212	1212K	1212K+H212	60	55	110	22
1213	1213K	1213K+H213	65	50	120	23
1214	1214K	1214K+H214	70	60	125	24
1215	1215K	1215K+H215	75	65	130	25
1216	1216K	1216K+H216	80	70	140	26
1217	1217K	1217K+H217	85	75	150	28
1218	1218K	1218K+H218	90	80	160	30
1219	1219K	1219K+H219	95	85	170	32
1220	1220K	1220K+H220	100	90	180	34
1221	1221K	1221K+H221	105	95	190	36
1222	1222K	1222K+H222	110	100	200	38
1224	1224K	1224K+H3024	120	110	215	42
1226	—	—	130	—	230	46
1228	—	—	140	—	250	50

22 系列

轴承型号					外形尺寸			
10000 型	10000-2RS 型	10000K 型	10000K-2RS 型	10000K+H 型	d	d_1	D	B
2200	2200-2RS	—	—	—	10	—	30	14
2201	2201-2RS	—	—	—	12	—	32	14
2202	2202-2RS	2202K	—	—	15	—	35	14
2203	2203-2RS	2203K	—	—	17	—	40	16
2204	2204-2RS	2204K	—	2204K+H304	20	17	47	18
2205	2205-2RS	2205K	2205K-2RS	2205K+H305	25	20	52	18
2206	2206-2RS	2206K	2206K-2RS	2206K+H306	30	25	62	20
2207	2207-2RS	2207K	2207K-2RS	2207K+H307	35	30	72	23
2208	2208-2RS	2208K	2208K-2RS	2208K+H308	40	35	80	23
2209	2209-2RS	2209K	2209K-2RS	2209K+H309	45	40	85	23
2210	2210-2RS	2210K	2210K-2RS	2210K+H310	50	45	90	23

（续）

轴承型号					外形尺寸			
10000 型	10000-2RS 型	10000K 型	10000K-2RS 型	10000K+H 型	d	d_1	D	B
2212	2212-2RS	2212K	2212K-2RS	2212K+H312	60	55	110	28
2213	2213-2RS	2213K	2213K-2RS	2213K+H313	65	60	120	31
2214	2214-2RS	2214K	2214K-2RS	2214K+H314	70	60	125	31
2215	—	2215K	—	2215K+H315	75	65	130	31
2216	—	2216K	—	2216K+H316	80	70	140	33
2217	—	2217K	—	2217K+H317	85	75	150	36
2218	—	2218K	—	2218K+H318	90	80	160	40
2219	—	2219K	—	2219K+H319	95	85	170	43
2220	—	2220K	—	2220K+H320	100	90	180	46
2221	—	2221K	—	2221K+H321	105	95	190	50
2222	—	2222K	—	2222K+H322	110	100	200	53

03 系列

轴承型号			外形尺寸			
10000 型	10000K 型	10000K+H 型	d	d_1	D	B
135	—	—	5	—	19	6
1300	1300K	—	10	—	35	11
1301	1301K	—	12	—	37	12
1302	1302K	—	15	—	42	13
1303	1303K	—	17	—	47	14
1304	1304K	1304K+H304	20	17	52	15
1305	1305K	1305K+H305	25	20	62	17
1306	1306K	1306K+H306	30	25	72	19
1307	1307K	1307K+H307	35	30	80	21
1308	1308K	1308K+H308	40	35	90	23
1309	1309K	1309K+H309	45	40	100	25
1310	1310K	1310K+H310	50	45	110	27
1311	1311K	1311K+H311	55	50	120	29
1312	1312K	1312K+H312	60	55	130	31
1313	1313K	1313K+H313	65	60	140	33
1314	1314K	1314K+H314	70	60	150	35
1315	1315K	1315K+H315	75	65	160	37
1316	1316K	1316K+H316	80	70	170	39
1317	1317K	1317K+H317	85	75	180	41
1318	1318K	1318K+H318	90	80	190	43
1319	1319K	1319K+H319	95	85	200	45
1320	1320K	1320K+H320	100	90	215	47
1321	1321K	1321K+H321	105	95	225	49
1322	1322K	1322K+H322	110	100	240	50

（续）

23系列							
轴承型号				外形尺寸			
10000 型	10000-2RS 型	10000K 型	10000K+H 型	d	d_1	D	B
2300	—	—	—	10	—	35	17
2301	—	—	—	12	—	37	17
2302	2302-2RS	—	—	15	—	42	17
2303	2303-2RS	—	—	17	—	47	19
2304	2304-2RS	2304K	2304K+H2304	20	17	52	21
2305	2305-2RS	2305K	2305K+H2305	25	20	62	24
2306	2306-2RS	2306K	2306K+H2306	30	25	72	27
2307	2307-2RS	2307K	2307K+H2307	35	30	80	31
2308	2308-2RS	2308K	2308K+H2308	40	35	90	33
2309	2309-2RS	2309K	2309K+H2309	45	40	100	36
2310	2310-2RS	2310K	2310K+H2310	50	45	110	40
2311	—	2311K	2311K+H2311	55	50	120	43
2312	—	2312K	2312K+H2312	60	55	130	46
2313	—	2313K	2313K+H2313	65	60	140	48
2314	—	2314K	2314K+H2314	70	60	150	51
2315	—	2315K	2315K+H2315	75	65	160	55
2316	—	2316K	2316K+H2316	80	70	170	58
2317	—	2317K	2317K+H2317	85	75	180	60
2318	—	2318K	2318K+H2318	90	80	190	64
2319	—	2319K	2319K+H2319	95	85	200	67
2320	—	2320K	2320K+H2320	100	90	215	73
2321	—	2321K	2321K+H2321	105	95	225	77
2322	—	2322K	2322K+H2322	110	100	240	80

表 20-10　调心滚子轴承的型号和外形尺寸（GB/T 288—2013）

（单位：mm）

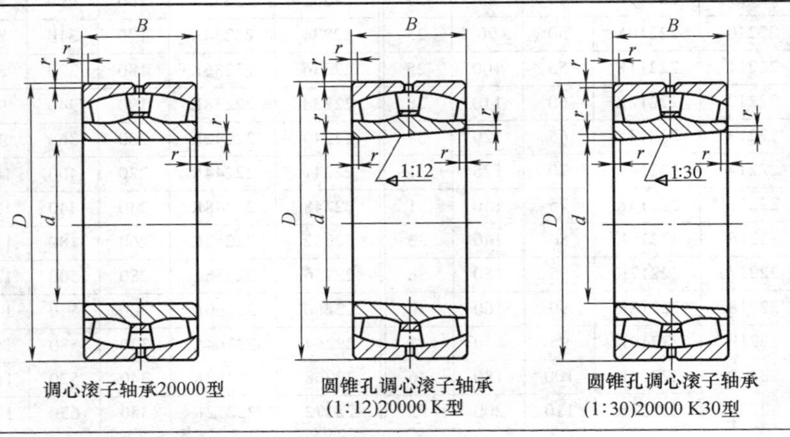

调心滚子轴承20000型

圆锥孔调心滚子轴承(1:12)20000 K型

圆锥孔调心滚子轴承(1:30)20000 K30型

（续）

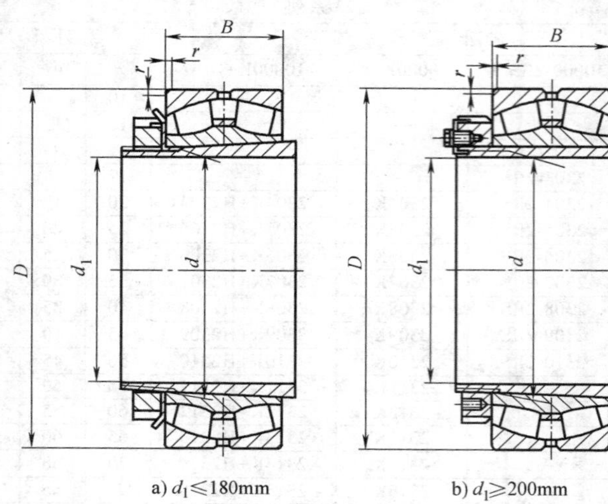

a) $d_1 \leqslant 180$mm b) $d_1 \geqslant 200$mm

轴承型号		外形尺寸			轴承型号		外形尺寸		
22系列									
20000型	20000K型	*d*	*D*	*B*	20000型	20000K型	*d*	*D*	*B*
22205	22205K	25	52	18	22224	22224K	120	215	58
22206	22206K	30	62	20	22226	22226K	130	230	64
22207	22207K	35	72	23	22228	22228K	140	200	68
22208	22208K	40	80	23	22230	22230K	150	270	73
22209	22209K	45	85	23	22232	22232K	160	290	80
22210	22210K	50	90	23	22234	22234K	170	310	86
22211	22211K	55	100	25	22236	22236K	180	320	86
22212	22212K	60	110	28	22238	22238K	190	340	92
22213	22213K	65	120	31	22240	22240K	200	360	98
22214	22214K	70	125	31	22241	22244K	220	400	108
22215	22215K	75	130	31	22248	22248K	240	440	120
22216	22216K	80	140	33	22252	22252K	260	180	130
22217	22217K	85	150	36	22256	22256K	280	500	130
22218	22218K	90	160	40	22260	22260K	300	540	140
22219	22219K	95	170	43	22264	22264K	320	580	150
22220	22220K	100	180	46	22268	22268K	340	520	165
22222	22222K	110	200	53	22272	22272K	350	650	170

（续）

32 系列

20000 型	20000K 型	*d*	*D*	*B*	20000 型	20000K 型	*d*	*D*	*B*
23216	23216K	80	140	44.4	23260	23260K	300	540	192
23217	23217K	85	150	49.2	23264	23264K	320	580	208
23218	23218K	90	160	52.4	23268	23268K	340	620	224
23219	23219K	95	170	55.6	23272	23272K	360	650	232
23220	23220K	100	180	60.3	23276	23276K	380	680	240
23222	23222K	110	200	69.8	23280	23280K	400	720	256
23224	23224K	120	215	76	23284	23284K	420	760	272
23226	23226K	130	230	80	23288	23288K	440	790	280
23228	23228K	140	250	88	23292	23292K	460	830	296
23230	23230K	150	270	96	23296	23296K	480	870	310
23232	23232K	160	290	104	232/500	232/500K	500	920	336
23234	23234K	170	310	110	232/530	232/530K	530	980	355
23236	23236K	180	320	112	232/560	232/560K	560	1030	365
23238	23238K	190	340	120	232/600	232/600K	600	1000	388
23240	23240K	200	360	128	232/630	232/630K	630	1150	412
23244	23244K	220	400	144	232/670	232/670K	670	1220	438
23248	23248K	240	440	160	232/710	232/710K	710	1280	450
23252	23252K	260	480	174	232/750	232/750K	750	1360	475
23255	23255K	280	500	176	—	—	—	—	—

03 系列

20000 型	20000K 型	*d*	*D*	*B*	20000 型	20000K 型	*d*	*D*	*B*
21304	21304K	20	52	15	21314	21314K	70	150	35
21305	21305K	25	62	17	21315	21315K	75	160	37
21306	21306K	30	72	19	21316	21315K	80	170	39
21307	21307K	35	80	21	21317	21317K	85	180	41
21308	21308K	40	90	23	21318	21318K	90	190	43
21309	21309K	45	100	25	21319	21319K	95	200	45
21310	21310K	50	110	27	21320	21320K	100	215	47
21311	21311K	55	120	29	21321	21321K	105	225	49
21312	21312K	60	130	31	21322	21322K	110	240	50
21313	21313K	65	140	33	—	—	—	—	—

23 系列

20000 型	20000K 型	*d*	*D*	*B*	20000 型	20000K 型	*d*	*D*	*B*
22307	22307K	35	80	31	22312	22312K	60	130	46
22308	22308K	40	90	33	22313	22313K	65	140	48
22309	22309K	45	100	36	22314	22314K	70	150	51
22310	22310K	50	110	40	22315	22315K	75	160	55
22311	22311K	55	120	43	22316	22316K	80	170	58

（续）

20000 型	20000K 型	d	D	B	20000 型	20000K 型	d	D	B
22317	22317K	85	180	60	22338	22338K	190	400	132
22318	22318K	90	190	64	22340	22340K	200	420	138
22319	22319K	95	200	67	22344	22344K	220	460	145
22320	22320K	100	215	73	22348	22348K	240	500	155
22322	22322K	110	240	80	22352	22352K	260	540	165
22324	22324K	120	260	86	22356	22356K	280	580	175
22326	22326K	130	280	93	22360	22360K	300	620	185
22328	22328K	140	300	102	22364	22364K	320	670	200
22330	22330K	150	320	108	22368	22368K	340	710	212
22332	22332K	160	340	114	22372	22372K	360	750	224
22334	22334K	170	360	120	22376	22376K	380	780	230
22336	22336K	180	380	126	22380	22380K	400	820	243

20.2.3 圆柱滚子轴承

圆柱滚子轴承适用于承受重径向负荷与冲击负荷，适合高速运转(极限转速低于深沟球轴承)。

【分类】 圆柱滚子轴承有内圈无挡边和外圈无挡边等。

【用途】 主要用于中型及大型电动机、发电机、内燃机、燃气轮机、机床主轴、减速装置、装卸搬运机械、各类产业机械。

【尺寸】 常用圆柱滚子轴承的型号和外形尺寸见表 20-11。

表 20-11 常用圆柱滚子轴承的型号和外形尺寸 (GB/T 283—2007)

（单位：mm）

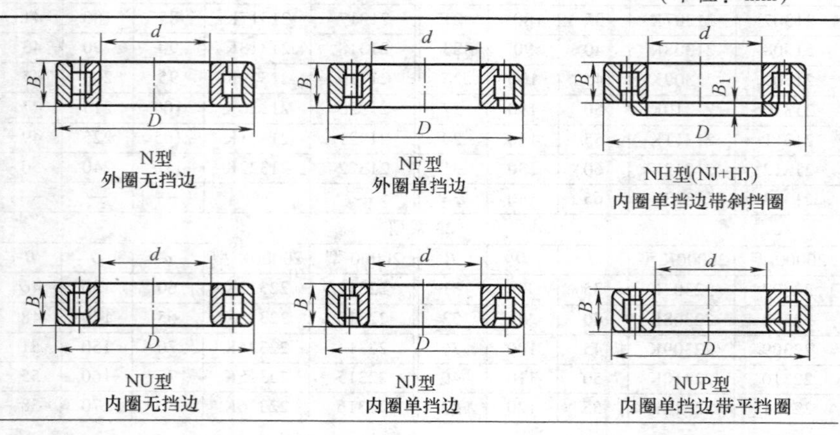

（续）

轴承型号						外形尺寸		
N 型	NF 型	NH 型	NU 型	NJ 型	NUP 型	d	D	B
02 系列[轻(2)窄系列]								
204E	204	204	204E	204E	204E	20	47	14
205E	205	205	205E	205E	205E	25	52	15
206E	206	206	206E	206E	206E	30	62	16
207E	207	207	207E	207E	207E	35	72	17
208E	208	208	208E	208E	208E	40	80	18
209E	209	209	209E	209E	209E	45	85	19
210E	210	210	210E	210E	210E	50	90	20
211E	211	211	211E	211E	211E	55	100	21
212E	212	212	212E	212E	212E	60	110	22
213E	213	213	213E	213E	213E	65	120	23
214E	214	214	214E	214E	214E	70	125	24
215E	215	215	215E	215E	215E	75	130	25
216E	216	216	216E	216E	216E	80	140	26
217E	217	217	217E	217E	217E	85	150	28
218E	218	218	218E	218E	218E	90	160	30
219E	219	219	219E	219E	219E	95	170	32
220E	220	220	220E	220E	220E	100	180	34
03 系列[中(3)窄系列]								
304E	304	304E	304E	304E	304E	20	52	15
305E	305	305E	305E	305E	305E	25	62	17
306E	306	306E	306E	306E	306E	30	72	19
307E	307	307E	307E	307E	307E	35	80	21
308E	308	308E	308E	308E	308E	40	90	28
309E	309	309E	309E	309E	309E	45	100	25
310E	310	310E	310E	310E	310E	50	110	27
311E	311	311E	311E	311E	311E	55	120	29
312E	312	312E	312E	312E	312E	60	130	31
313E	313	313E	313E	313E	313E	65	140	33
314E	314	314E	314E	314E	314E	70	150	35
315E	315	315E	315E	315E	315E	75	160	37
316E	316	316E	316E	316E	316E	80	170	39
317E	317	317E	317E	317E	317E	85	180	41
318E	318	318E	318E	318E	318E	90	190	43
319E	319	319E	319E	318E	319E	95	200	45
320E	320	320E	320E	320E	320E	100	215	47

（续）

轴承型号						外形尺寸		
N型	NF型	NH型	NU型	NJ型	NUP型	*d*	*D*	*B*
04系列[重(4)窄系列]								
406	—	406	406	406	406	30	90	23
407	—	407	407	407	407	35	100	25
408	—	408	408	408	408	40	110	27
409	—	409	409	409	409	45	120	29
410	—	410	410	410	410	50	130	31
411	—	411	411	411	411	55	140	33
412	—	412	412	412	412	60	150	35
413	—	413	413	413	413	65	160	37
414	—	414	414	414	414	70	180	42
415	—	415	415	415	415	75	190	45
416	—	416	416	416	416	80	200	48
417	—	417	417	417	417	85	210	52
418	—	418	418	418	418	90	225	54
419	—	419	419	419	419	95	240	55
420	—	420	420	420	420	100	250	58

20.2.4 圆锥滚子轴承

该类单列轴承可承受径向载荷与单向轴向载荷，双列轴承可承受径向载荷与双向轴向载荷。适用于承受重载荷与冲击载荷。

【分类】 按接触角 α 的不同，可分为小锥角、中锥角和大锥角三种型式，接触角越大，轴向负荷能力也越大；按圆锥列数可分为单列、双列和四列。

【用途】 主要用于汽车的前轮、后轮、变速器、差速器小齿轮轴；机床主轴、建筑机械、大型农业机械、铁路车辆的齿轮减速装置、轧钢机的辊颈及减速装置。

【尺寸】 圆锥滚子轴承的型号和外形尺寸见表20-12。

20.2.5 推力球轴承

推力球轴承由带有球滚动滚道沟的垫圈状套圈构成，可承受轴向载荷，不能承受径向载荷。

【分类】 可分为单向推力球轴承和双向推力球轴承两种。

表 20-12　圆锥滚子轴承的型号和外形尺寸（GB/T 297—2015）

（单位：mm）

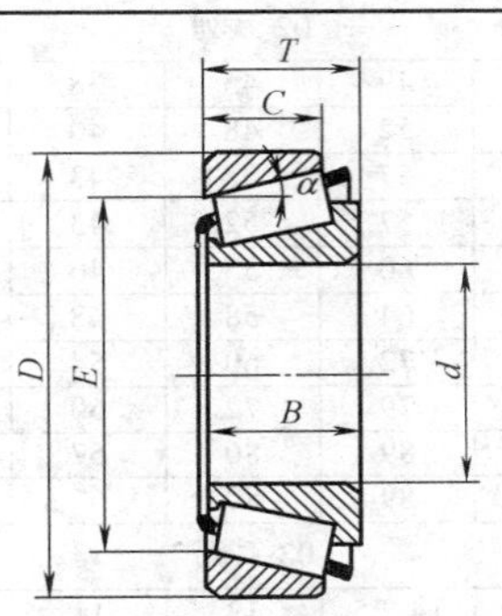

轴承型号	d	D	T	B	C	α/(°)	E
02 系列							
30202	15	35	11.75	11	10	—	—
30203	17	40	13.25	12	11	12°57′10″	31.408
30204	20	47	15.25	14	12	12°57′10″	37.304
30205	25	52	16.25	15	13	14°02′10″	41.135
30006	30	62	17.25	16	14	14°02′10″	49.990
302/32	32	65	18.25	17	15	14°00′00″	52.500
30207	35	72	18.25	17	15	14°02′10″	58.844
30208	40	80	19.75	18	16	14°02′10″	65.730
30209	45	85	20.75	19	16	15°06′34″	70.440
30210	50	90	21.75	20	17	15°38′32″	75.078
30211	55	100	22.75	21	18	15°06′34″	84.197
30212	60	110	23.75	22	19	15°06′34″	91.876
30213	65	120	24.75	23	20	15°06′34″	101.934
30214	70	125	26.25	24	21	15°38′32″	105.748
30215	75	130	27.25	25	22	16°10′20″	110.408
30216	80	140	28.25	25	22	15°38′32″	119.169
30217	85	150	30.5	28	24	15°38′32″	126.685
30218	90	160	32.5	30	25	15°38′32″	134.901
30219	95	170	34.5	32	27	15°38′32″	143.385
30220	100	180	37.0	34	29	15°38′32″	151.310
30221	105	190	39.0	36	30	15°38′32″	159.795
30222	110	200	41.0	38	32	15°38′32″	168.548
30224	120	215	43.5	40	34	16°10′20″	181.257
30226	130	230	43.75	40	34	16°10′20″	196.420
30228	140	250	45.75	42	36	16°10′20″	212.270

（续）

轴承型号	*d*	*D*	*T*	*B*	*C*	α/(°)	*E*
02 系列							
30230	150	270	49	45	38	16°10′20″	227.408
30232	160	290	52	48	40	16°10′20″	244.958
30234	170	310	57	52	43	16°10′20″	262.483
30236	180	320	57	52	43	16°41′57″	270.928
30238	190	340	60	55	46	16°10′20″	291.083
30240	200	360	64	58	48	16°10′20″	307.196
30244	220	400	72	60	54	15°38′32″	339.941
30248	240	440	79	72	60	15°38′32″	374.976
30252	260	480	89	80	67	16°25′56″	410.444
30256	280	500	89	80	67	17°00′03″	423.879
03 系列							
30302	15	42	14.25	13	11	10°45′29″	33.272
30303	17	47	15.25	14	12	10°45′29″	37.420
30304	20	52	16.25	15	13	11°18′36″	41.318
30305	25	62	18.25	17	15	11°18′36″	50.637
30306	30	72	20.75	19	16	11°51′35″	58.287
30307	35	80	22.75	21	18	11°51′35″	65.769
30308	40	90	18.25	23	20	12°57′10″	72.703
30309	45	100	27.25	25	22	12°57′10″	81.780
30310	50	110	29.25	27	23	12°57′10″	90.633
30311	55	120	31.5	29	25	12°57′10″	99.145
30312	60	130	33.5	31	26	12°57′10″	107.769
30313	65	140	36	33	28	12°57′10″	116.846
30314	70	150	38	35	30	12°57′10″	118.244
30315	75	160	40	37	31	12°57′10″	134.097
30316	80	170	42.5	39	33	12°57′10″	143.174
30317	85	180	44.5	41	34	12°57′10″	150.433
30318	90	190	46.5	43	36	12°57′10″	159.061
30319	95	200	49.5	45	38	12°57′10″	155.861
30320	100	210	51.5	47	39	12°07′10″	173.578
30321	105	220	53.5	49	41	12°57′10″	186.752
30322	110	240	54.5	50	42	12°57′10″	199.925
30324	120	260	59.5	55	40	12°57′10″	214.892
30326	130	280	63.70	58	49	12°57′10″	232.028
30328	140	300	67.75	62	53	12°57′10″	247.910
30330	150	320	72	65	55	12°57′10″	265.955
30332	160	340	75	68	58	12°57′10″	282.751
30334	170	360	80	72	62	12°57′10″	299.991
30336	180	380	83	75	64	12°57′10″	319.070
30338	190	400	86	78	65	12°57′10″	333.507
30340	200	420	89	80	67	12°57′10″	352.209
30344	220	460	97	88	73	12°57′10″	383.498
30348	240	500	105	95	80	12°57′10″	416.303
30352	260	540	113	102	80	13°29′32″	451.991

【尺寸】 单向推力球轴承的型号和外形尺寸见表 20-13。

表 20-13　单向推力球轴承的型号和外形尺寸（GB/T 301—2015）

（单位：mm）

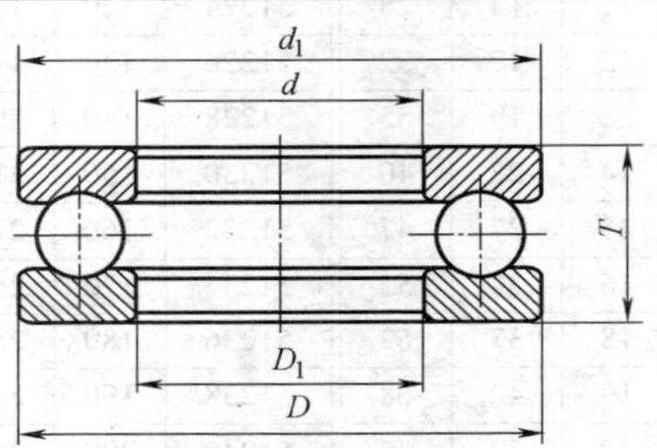

型号	d	D	T	D_{1smin}	d_{1smax}	型号	d	D	T	D_{1smin}	d_{1smax}
11 系列											
51100	10	24	9	11	24	51132	160	200	31	162	198
51101	12	26	9	13	26	51134	170	215	34	172	213
51102	15	28	9	16	28	51136	180	225	34	183	222
51103	17	30	9	18	30	51138	190	240	37	193	237
51104	20	35	10	21	35	51140	200	250	37	203	247
51105	25	42	11	26	42	51144	220	270	37	223	267
51106	30	47	11	32	47	51148	240	300	45	243	297
51107	35	52	12	37	52	51152	260	320	45	263	317
51108	40	60	13	42	60	51156	280	350	53	283	347
51109	45	65	14	47	65	51160	300	380	62	304	376
51110	50	70	14	52	70	51164	320	400	63	324	396
51111	55	78	16	57	78	51168	340	420	64	344	416
51112	60	85	17	62	85	51172	360	440	65	364	436
51113	65	90	18	67	90	51176	380	460	65	384	456
51114	70	95	18	72	95	51180	400	480	65	404	476
51115	75	100	19	77	100	51184	420	500	65	424	495
51116	80	105	19	82	105	51188	440	540	80	444	535
51117	85	110	19	87	110	51192	460	560	80	464	555
51118	90	120	22	92	120	51196	480	580	80	484	575
51120	100	135	25	102	135	511/500	500	600	80	504	595
51122	110	145	25	112	145	511/530	530	640	85	534	635
51124	120	155	25	122	155	511/560	560	670	85	564	665
51126	130	170	30	132	170	511/600	600	710	85	604	705
51128	140	180	31	142	178	511/630	630	750	95	634	745
51130	150	190	31	152	188	511/670	670	800	105	674	795

（续）

型号	d	D	T	D_{1smin}	d_{1smax}	型号	d	D	T	D_{1smin}	d_{1smax}
12系列											
51200	10	26	11	12	26	51222	110	160	38	113	160
51201	12	28	11	14	28	51224	120	170	39	123	170
51202	15	32	12	17	32	51226	130	190	45	133	187
51203	17	35	12	19	35	51228	140	200	46	143	197
51204	20	40	14	22	40	51230	150	215	50	153	212
51205	25	47	15	27	47	51232	160	225	51	163	222
51206	30	52	16	32	52	51234	170	240	55	173	237
51207	35	62	18	37	62	51236	180	250	56	183	247
51208	40	68	19	42	68	51238	190	270	62	193	267
51209	45	73	20	47	73	51240	200	280	62	203	277
51210	50	78	22	52	78	51244	220	300	63	224	297
51211	55	90	25	57	90	51248	240	340	78	244	335
51212	60	95	26	62	95	51252	260	360	79	264	355
51213	65	100	27	67	100	51256	280	380	80	284	375
51214	70	105	27	72	105	51260	300	420	95	304	415
51215	75	110	27	77	110	51264	320	440	95	325	435
51216	80	115	28	82	115	51268	340	460	96	345	455
51217	85	125	31	88	125	51272	360	500	110	365	495
51218	90	135	35	93	135	51276	380	520	112	385	515
51220	100	150	38	103	150	—	—	—	—	—	—
13系列											
51304	20	47	18	22	47	51318	90	155	50	93	155
51305	25	52	18	27	52	51320	100	170	55	103	170
51306	30	60	21	32	60	51322	110	190	63	113	187
51307	35	68	24	37	68	51324	120	210	70	123	205
51308	40	78	26	42	78	51326	130	225	75	134	220
51309	45	85	28	47	85	51328	140	240	80	144	235
51310	50	95	31	52	95	51330	150	250	80	154	245
51311	55	105	35	57	105	51332	160	270	87	164	265
51312	60	110	35	62	110	51334	170	280	87	174	275
51313	65	115	36	67	115	51336	180	300	95	184	295
51314	70	125	40	72	125	51338	190	320	105	195	315
51315	75	135	44	77	135	51340	200	340	110	205	335
51316	80	140	44	82	140	51344	220	360	112	225	355
51317	85	150	49	88	150	51348	240	380	112	245	375

（续）

型号	d	D	T	D_{1smin}	d_{1smax}	型号	d	D	T	D_{1smin}	d_{1smax}
14 系列											
51405	25	60	24	27	60	51417	85	180	72	88	177
51406	30	70	28	32	70	51418	90	190	77	93	187
51407	35	80	32	37	80	51420	100	210	85	103	205
51408	40	90	36	42	90	51422	110	230	95	113	225
51409	45	100	39	47	100	51424	120	250	102	123	245
51410	50	110	43	52	110	51426	130	270	110	134	265
51411	55	120	48	57	120	51428	140	280	112	144	275
51412	60	130	51	62	130	51430	150	300	120	154	295
51413	65	140	56	68	140	51432	160	320	130	164	315
51414	70	150	60	73	150	51434	170	340	135	174	335
51415	75	160	65	78	160	51436	180	360	140	184	355
51416	80	170	68	83	170	—	—	—	—	—	—

20.2.6 深沟球轴承

深沟球轴承是最具代表性的滚动轴承，内外圈滚道都有圆弧状深沟，当轴承的径向游隙加大时，具有角接触球轴承的功能，可承受较大的轴向载荷，而且适用于高速旋转及要求低噪声、低振动的场合。

【用途】 主要用于承受径向载荷，也可承受一定的轴向载荷。

【尺寸】 深沟球轴承的型号和外形尺寸见表 20-14。

表 20-14 深沟球轴承的型号和外形尺寸（GB/T 276—2013）

（单位：mm）

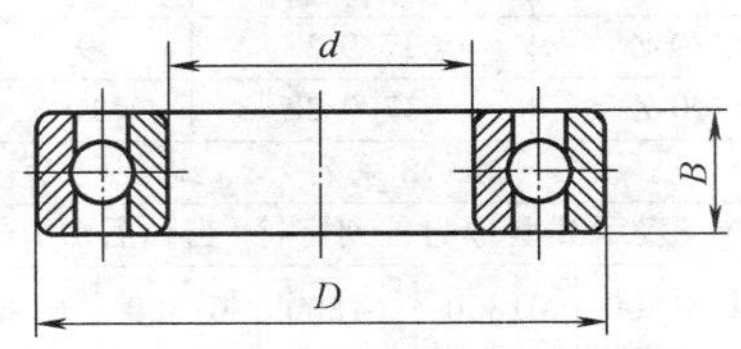

60000 型深沟球轴承的外形尺寸，其他加后缀的型号分别表示：

-N	外圈有止动槽	-RS	一面带密封圈（接触式）
-NR	外圈有止动槽并带有止动环	-2RS	两面带密封圈（接触式）
-Z	一面带防尘盖	-RZ	一面带密封圈（非接触式）
-2Z	两面带防尘盖	-2RZ	两面带密封圈（非接触式）

（续）

17系列					
轴承型号			外形尺寸		
61700型	61700-Z型	61700-2Z型	内径 *d*	外径 *D*	宽度 *B*
617/0.6	—	—	0.6	2	0.8
617/1	—	—	1	2.5	1
617/1.5	—	—	1.5	3	1
617/2	—	—	2	4	1.2
617/2.5	—	—	2.5	5	1.5
617/3	617/3-Z	617/3-2Z	3	6	2
617/4	617/4-Z	617/4-2Z	4	7	2
617/5	617/5-Z	617/5-2Z	5	8	2
617/6	617/6-Z	617/6-2Z	6	10	2.5
617/7	617/7-Z	617/7-2Z	7	11	2.5
617/8	617/8-Z	617/8-2Z	8	12	2.5
617/9	617/9-Z	617/9-2Z	9	14	3
61700	61700-Z	61700-2Z	10	15	3
37系列					
轴承型号			外形尺寸		
63700型	63700-Z型	63700-2Z型	*d*	*D*	*B*
637/1.5	—	—	1.5	3	1.8
637/2	—	—	2	4	2
637/2.5	—	—	2.5	5	2.3
637/3	637/3-Z	637/3-2Z	3	6	3
637/4	637/4-Z	637/4-2Z	4	7	3
637/5	637/5-Z	637/5-2Z	5	8	3
637/6	637/6-Z	637/6-2Z	6	10	3.5
637/7	637/7-Z	637/7-2Z	7	11	3.5
637/8	637/8-Z	637/8-2Z	8	12	3.5
637/9	637/9-Z	637/9-2Z	9	14	4.5
63700	63700-Z	63700-2Z	10	15	4.5

18系列											
轴承型号（“√”表示其型号为首列字符+当列后缀）									外形尺寸		
61800型	61800 N型	61800 NR型	61800 -Z型	61800 -2Z型	61800 -RS型	61800 -2RS型	61800 -RZ型	61800 -2RZ型	*d*	*D*	*B*
618/0.6	—	—	—	—	—	—	—	—	0.6	2.5	1
618/1	—	—	—	—	—	—	—	—	1	3	1
610/1.5	—	—	—	—	—	—	—	—	1.5	4	1.2
618/2	—	—	—	—	—	—	—	—	2	5	1.5
610/2.5	—	—	—	—	—	—	—	—	2.5	6	1.8

（续）

18系列										
轴承型号（"√"表示其型号为首列字符+当列后缀）									外形尺寸		
61800型	61800 N型	61800 NR型	61800 -Z型	61800 -2Z型	61800 -RS型	61800 -2RS型	61800 -RZ型	61800 -2RZ型	d	D	B
618/3	—	—	—	—	—	—	—	—	3	7	2
618/4	—	—	—	—	—	—	—	—	4	9	2.5
618/5	—	—	—	—	—	—	—	—	5	11	3
618/6	—	—	—	—	—	—	—	—	6	13	3.5
618/7	—	—	—	—	—	—	—	—	7	14	3.5
618/8	—	—	—	—	—	—	—	—	8	16	4
618/9	—	—	—	—	—	—	—	—	9	17	4
61800	—	—	√	√	√	√	√	√	10	19	5
61801	—	—	√	√	√	√	√	√	12	21	5
61802	—	—	√	√	√	√	√	√	15	24	5
61803	—	—	√	√	√	√	√	√	17	26	5
61804	√	√	√	√	√	√	√	√	20	32	7
61805	√	√	√	√	√	√	√	√	25	37	7
61806	√	√	√	√	√	√	√	√	30	42	7
61807	√	√	√	√	√	√	√	√	35	47	7
61808	√	√	√	√	√	√	√	√	40	52	7
61809	√	√	√	√	√	√	√	√	45	58	7
61810	√	√	√	√	√	√	√	√	50	65	7
61811	√	√	√	√	√	√	√	√	55	72	9
61812	√	√	√	√	√	√	√	√	60	78	10
61813	√	√	√	√	√	√	√	√	65	85	10
61814	√	√	√	√	√	√	√	√	70	90	10
61815	√	√	√	√	√	√	√	√	75	95	10
61816	√	√	√	√	√	√	√	√	80	100	10
61817	√	√	√	√	√	√	√	√	85	110	13
61818	√	√	√	√	√	√	√	√	90	115	13
61819	√	√	√	√	√	√	√	√	95	120	13
61820	√	√	√	√	√	√	√	√	100	125	13
61821	√	√	√	√	√	√	√	√	105	130	13
61822	√	√	√	√	√	√	√	√	110	140	16

（续）

19系列											
轴承型号（“√”表示其型号为首列字符+当列后缀）									外形尺寸		
61900型	61900 N型	61900 NR型	61900 -Z型	61900 -2Z型	61900 -RS型	61900 -2RS型	61900 -RZ型	61900 -2RZ型	*d*	*D*	*B*
619/1	—	—	√	√	—	—	—	—	1	4	1.6
619/1.5	—	—	√	√	—	—	—	—	1.5	5	2
619/2	—	—	√	√	—	—	—	—	2	6	2.3
619/2.5	—	—	√	√	—	—	—	—	2.5	7	2.5
619/3	—	—	√	√	—	—	√	√	3	8	3
619/4	—	—	√	√	√	√	√	√	4	11	4
619/5	—	—	√	√	√	√	√	√	5	13	4
619/6	—	—	√	√	√	√	√	√	6	15	5
619/7	—	—	√	√	√	√	√	√	7	17	5
619/8	—	—	√	√	√	√	√	√	8	19	6
619/9	—	—	√	√	√	√	√	√	9	20	6
61900	√	√	√	√	√	√	√	√	10	22	6
61901	√	√	√	√	√	√	√	√	12	24	6
61902	√	√	√	√	√	√	√	√	15	28	7
61903	√	√	√	√	√	√	√	√	17	30	7
61904	√	√	√	√	√	√	√	√	20	37	9
61905	√	√	√	√	√	√	√	√	25	42	9
61906	√	√	√	√	√	√	√	√	30	47	9
61907	√	√	√	√	√	√	√	√	35	55	10
61908	√	√	√	√	√	√	√	√	40	62	12
61909	√	√	√	√	√	√	√	√	45	68	12
61910	√	√	√	√	√	√	√	√	50	72	12
61911	√	√	√	√	√	√	√	√	55	80	13
61912	√	√	√	√	√	√	√	√	60	85	13
61913	√	√	√	√	√	√	√	√	65	90	13
61914	√	√	√	√	√	√	√	√	70	100	16
61915	√	√	√	√	√	√	√	√	75	105	16
61916	√	√	√	√	√	√	√	√	80	110	16
61917	√	√	√	√	√	√	√	√	85	120	82
61918	√	√	√	√	√	√	√	√	90	125	85
61919	√	√	√	√	√	√	√	√	95	130	90
61920	√	√	√	√	√	√	√	√	100	140	100
61921	√	√	√	√	√	√	√	√	105	145	103
61922	√	√	√	√	√	√	√	√	110	150	106
61924	√	√	√	√	√	√	√	√	120	165	112

（续）

00 系列							
轴承型号（"√"表示其型号为首列字符+当列后缀）					外形尺寸		
16000 型	16000-Z 型	16000-2Z 型	16000-RS 型	16000-2RS 型	*d*	*D*	*B*
16001	√	√	√	√	12	28	7
16002	√	√	√	√	15	32	8
16003	√	√	√	√	17	35	8
16004	√	√	√	√	20	42	8
16005	√	√	√	√	25	47	8
16006	—	—	—	—	30	55	9
16007	—	—	—	—	35	62	9
16008	—	—	—	—	40	68	9
16009	—	—	—	—	45	75	10
16010	—	—	—	—	50	80	10
16011	—	—	—	—	55	90	11
16012	—	—	—	—	60	95	11
16013	—	—	—	—	65	100	11
16014	—	—	—	—	70	110	13
16015	—	—	—	—	75	115	13
16016	—	—	—	—	80	125	14
16017	—	—	—	—	85	130	14
16018	—	—	—	—	90	140	16
16019	—	—	—	—	95	145	16
16020	—	—	—	—	100	150	16

(1)0 系列											
轴承型号（"√"表示其型号为首列字符+当列后缀）									外形尺寸		
6(1)000 型	60000 N 型	60000 NR 型	60000 -Z 型	60000 -2Z 型	60000 -RS 型	60000 -2RS 型	60000 -RZ 型	60000 -2RZ 型	*d*	*D*	*B*
604	—	—	√	√	—	—	—	—	4	12	4
605	—	—	√	√	—	—	—	—	5	14	5
606	—	—	√	√	—	—	—	—	6	17	6
607	—	—	√	√	√	√	√	√	7	19	6
608	—	—	√	√	√	√	√	√	8	22	7
609	—	—	√	√	√	√	√	√	9	24	7
6000	—	—	√	√	√	√	√	√	10	26	8
6001	—	—	√	√	√	√	√	√	12	28	8
6002	√	√	√	√	√	√	√	√	15	32	9
6003	√	√	√	√	√	√	√	√	17	35	10
6004	√	√	√	√	√	√	√	√	20	42	12

（续）

(1)0系列											
轴承型号（"√"表示其型号为首列字符+当列后缀）									外形尺寸		
6(1)000型	60000N型	60000NR型	60000-Z型	60000-2Z型	60000-RS型	60000-2RS型	60000-RZ型	60000-2RZ型	*d*	*D*	*B*
60/22	√	√	√	√	—	—	—	√	22	44	12
6005	√	√	√	√	√	√	√	√	25	47	12
60/28	√	√	√	√	—	—	—	√	28	52	12
6006	√	√	√	√	√	√	√	√	30	55	13
60/32	√	√	√	√	—	—	—	√	32	58	13
6007	√	√	√	√	√	√	√	√	35	62	14
6008	√	√	√	√	√	√	√	√	40	68	15
6009	√	√	√	√	√	√	√	√	45	75	16
6010	√	√	√	√	√	√	√	√	50	80	16
6011	√	√	√	√	√	√	√	√	55	90	18
6012	√	√	√	√	√	√	√	√	60	95	18
6013	√	√	√	√	√	√	√	√	65	100	18
6014	√	√	√	√	√	√	√	√	70	110	20
6015	√	√	√	√	√	√	√	√	75	115	20
6016	√	√	√	√	√	√	√	√	80	125	22
6017	√	√	√	√	√	√	√	√	85	130	22
6018	√	√	√	√	√	√	√	√	90	140	24
6019	√	√	√	√	√	√	√	√	95	145	24
6020	√	√	√	√	√	√	√	√	100	150	24
6021	√	√	√	√	√	√	√	√	105	160	26
6022	√	√	√	√	√	√	√	√	110	170	28
6024	√	√	√	√	√	√	√	√	120	180	28
6026	√	√	√	√	√	√	√	√	130	200	33
6028	√	√	√	√	√	√	√	√	140	210	33
6030	√	√	√	√	√	√	√	√	150	225	35
6032	√	√	√	√	√	√	√	√	160	240	38

02系列											
轴承型号（"√"表示其型号为首列字符+当列后缀）									外形尺寸		
60200型	60200N型	60200NR型	60200-Z型	60200-2Z型	60200-RS型	60200-2RS型	60200-RZ型	60200-2RZ型	*d*	*D*	*B*
623	—	—	√	√	√	√	√	√	3	10	4
624	—	—	√	√	√	√	√	√	4	13	5
625	—	—	√	√	√	√	√	√	5	16	5
626	√	√	√	√	√	√	√	√	6	19	6
627	√	√	√	√	√	√	√	√	7	22	7

（续）

02系列

轴承型号（"√"表示其型号为首列字符+当列后缀）									外形尺寸		
60200型	60200 N型	60200 NR型	60200 -Z型	60200 -2Z型	60200 -RS型	60200 -2RS型	60200 -RZ型	60200 -2RZ型	*d*	*D*	*B*
628	√	√	√	√	√	√	√	√	8	24	8
629	√	√	√	√	√	√	√	√	9	26	8
6200	√	√	√	√	√	√	√	√	10	30	9
6201	√	√	√	√	√	√	√	√	12	32	10
6202	√	√	√	√	√	√	√	√	15	35	11
6203	√	√	√	√	√	√	√	√	17	40	12
6204	√	√	√	√	√	√	√	√	20	47	14
62/22	√	√	√	√	—	—	—	√	22	50	14
6205	√	√	√	√	√	√	√	√	25	52	15
62/28	√	√	√	√	—	—	—	√	28	58	16
6206	√	√	√	√	√	√	√	√	30	62	16
62/32	√	√	√	√	—	—	—	√	32	65	17
6207	√	√	√	√	√	√	√	√	35	72	17
6208	√	√	√	√	√	√	√	√	40	80	18
6209	√	√	√	√	√	√	√	√	45	85	19
6210	√	√	√	√	√	√	√	√	50	90	20
6211	√	√	√	√	√	√	√	√	55	100	21
6212	√	√	√	√	√	√	√	√	60	110	22
6213	√	√	√	√	√	√	√	√	65	120	23
6214	√	√	√	√	√	√	√	√	70	125	24
6215	√	√	√	√	√	√	√	√	75	130	25
6216	√	√	√	√	√	√	√	√	80	140	26
6217	√	√	√	√	√	√	√	√	85	150	28
6218	√	√	√	√	√	√	√	√	90	160	30
6219	√	√	√	√	√	√	√	√	95	170	32
6220	√	√	√	√	√	√	√	√	100	180	34

03系列

轴承型号（"√"表示其型号为首列字符+当列后缀）									外形尺寸		
60300型	60300 N型	60300 NR型	60300 -Z型	60300 -2Z型	60300 -RS型	60300 -2RS型	60300 -RZ型	60300 -2RZ型	*d*	*D*	*B*
633	—	—	√	√	√	√	√	√	3	13	5
634	—	—	√	√	√	√	√	√	4	16	5
635	√	√	√	√	√	√	√	√	5	19	6
6300	√	√	√	√	√	√	√	√	10	35	11
6301	√	√	√	√	√	√	√	√	12	37	12

（续）

03 系列

轴承型号（“√”表示其型号为首列字符+当列后缀）									外形尺寸		
60300型	60300 N型	60300 NR型	60300 -Z型	60300 -2Z型	60300 -RS型	60300 -2RS型	60300 -RZ型	60300 -2RZ型	*d*	*D*	*B*
6302	√	√	√	√	√	√	√	√	15	42	13
6303	√	√	√	√	√	√	√	√	17	47	14
6304	√	√	√	√	√	√	√	√	20	52	15
63/22	√	√	√	√	—	—	—	√	22	56	16
6305	√	√	√	√	√	√	√	√	25	62	17
63/28	√	√	√	√	—	—	—	√	28	68	18
6306	√	√	√	√	√	√	√	√	30	72	19
63/32	√	√	√	√	—	—	—	√	32	75	20
6307	√	√	√	√	√	√	√	√	35	80	21
6308	√	√	√	√	√	√	√	√	40	90	23
6309	√	√	√	√	√	√	√	√	45	100	25
6310	√	√	√	√	√	√	√	√	50	110	27
6311	√	√	√	√	√	√	√	√	55	120	29
6312	√	√	√	√	√	√	√	√	60	130	31
6313	√	√	√	√	√	√	√	√	65	140	33
6314	√	√	√	√	√	√	√	√	70	150	35
6315	√	√	√	√	√	√	√	√	75	160	37
6316	√	√	√	√	√	√	√	√	80	170	39
6317	√	√	√	√	√	√	√	√	85	180	41
6318	√	√	√	√	√	√	√	√	90	190	43
6319	√	√	√	√	√	√	√	√	95	200	45
6320	√	√	√	√	√	√	√	√	100	215	47
6321	√	√	√	√	√	√	√	√	105	225	49
6322	√	√	√	√	√	√	√	√	110	240	50
6324	—	—	√	√	√	√	√	√	120	260	55
6326	—	—	√	√	—	—	—	—	130	280	58

04 系列

轴承型号（“√”表示其型号为首列字符+当列后缀）									外形尺寸		
60400型	60400 N型	60400 NR型	60400 -Z型	60400 -2Z型	60400 -RS型	60400 -2RS型	60400 -RZ型	60400 -2RZ型	*d*	*D*	*B*
6403	√	√	√	√	√	√	√	√	17	62	17
6404	√	√	√	√	√	√	√	√	20	72	19
6405	√	√	√	√	√	√	√	√	25	80	21
6406	√	√	√	√	√	√	√	√	30	90	23
6407	√	√	√	√	√	√	√	√	35	100	25

（续）

04 系列											
轴承型号（"√"表示其型号为首列字符+当列后缀）									外形尺寸		
60400 型	60400 N 型	60400 NR 型	60400 -Z 型	60400 -2Z 型	60400 -RS 型	60400 -2RS 型	60400 -RZ 型	60400 -2RZ 型	*d*	*D*	*B*
6408	√	√	√	√	√	√	√	√	40	110	27
6409	√	√	√	√	√	√	√	√	45	120	29
6410	√	√	√	√	√	√	√	√	50	130	31
6411	√	√	√	√	√	√	√	√	55	140	33
6412	√	√	√	√	√	√	√	√	60	150	35
6413	√	√	√	√	√	√	√	√	65	160	37
6414	√	√	√	√	√	√	√	√	70	180	42
6415	√	√	√	√	√	√	√	√	75	190	45
6416	√	√	√	√	√	√	√	√	80	200	48
6417	√	√	√	√	√	√	√	√	85	210	52
6418	√	√	√	√	√	√	√	√	90	225	54
6419	√	√	√	√	√	√	√	√	95	240	55
6420	√	√	√	√	√	√	√	√	100	250	58
6422	—	—	√	√	√	√	√	√	110	280	65

20.2.7　角接触球轴承

角接触球轴承可同时承受单向径向载荷和轴向载荷，适用于高速及高精度旋转。

【分类】

1）按名义接触角分，有 15°、25°、40°三种（接触角越大，轴向承载能力越高。高精度和高速轴承通常取 15°接触角）。

2）按锁口型式分，有锁口内圈型、锁口外圈型以及锁口内圈和锁口外圈型三种。

【用途】　单列：主要用于机床主轴、高频电动机、燃气轮机、离心分离机、小型汽车的前轮、差速器小齿轮轴。双列：主要用于液压泵、罗茨鼓风机、空气压缩机、各类变速器、燃料喷射泵、印刷机械。

【尺寸】　角接触球轴承的型号和外形尺寸见表 20-15。

表 20-15 角接触球轴承的型号和外形尺寸（GB/T 292—2007）

（单位：mm）

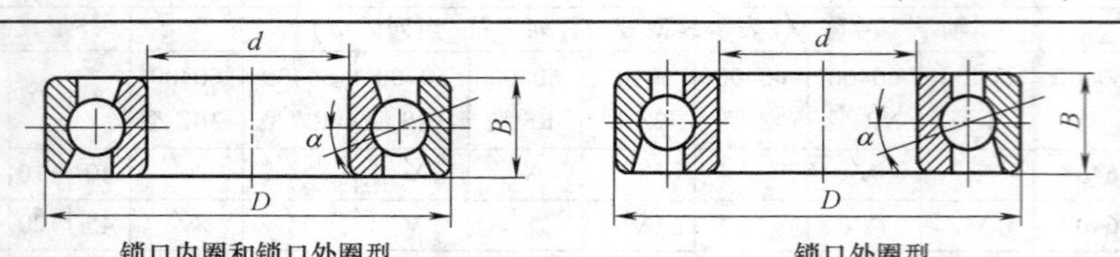

锁口内圈和锁口外圈型　　　　锁口外圈型

标注示例:71816C GB/T 292—2007

718 系列

轴承型号	外形尺寸			轴承型号	外形尺寸		
α=15°	d	D	B	α=15°	d	D	B
71805C	25	37	7	71817C	85	110	13
71806C	30	42	7	71818C	90	115	13
71807C	35	47	7	71819C	95	120	13
71808C	40	52	7	71820C	100	125	13
71809C	45	58	7	71821C	105	120	13
71810C	50	65	7	71822C	110	140	16
71811C	55	72	9	71824C	120	150	16
71812C	60	78	10	71826C	130	165	18
71813C	65	85	10	71828C	140	175	18
71814C	70	90	10	71830C	150	190	20
71815C	75	95	10	71832C	160	200	20
71816C	80	100	10	71834C	170	215	22

719 系列

轴承型号		外形尺寸			轴承型号		外形尺寸		
α=15°	α=25°	d	D	B	α=15°	α=25°	d	D	B
719/7C	—	7	17	5	71915C	71915AC	75	105	16
719/8C	—	8	19	6	71916C	71916AC	80	110	16
719/9C	—	9	20	6	71917C	71917AC	85	120	18
71900C	71900AC	10	22	6	71918C	71918AC	90	125	18
71901C	71901AC	12	24	6	71919C	71919AC	95	130	18
71902C	71902AC	15	28	7	71920C	71920AC	100	140	20
71903C	71903AC	17	30	7	71921C	71921AC	105	145	20
71904C	71904AC	20	37	9	71922C	71922AC	110	150	20
71905C	71905AC	25	42	9	71924C	71924AC	120	165	22
71906C	71906AC	30	47	9	71926C	71926AC	130	180	24
71907C	71907AC	35	55	10	71928C	71928AC	140	190	24
71908C	71908AC	40	62	12	71930C	71930AC	150	210	28
71909C	71909AC	45	68	12	71932C	71932AC	160	220	28
71910C	71910AC	50	72	12	71934C	71934AC	170	230	28
71911C	71911AC	55	80	13	71936C	71936AC	180	250	33
71912C	71912AC	60	85	13	71938C	71938AC	190	260	33
71913C	71913AC	65	90	13	71940C	71940AC	200	280	38
71914C	71914AC	70	100	16	71944C	71944AC	220	300	38

（续）

70系列									
轴承型号		外形尺寸			轴承型号		外形尺寸		
$\alpha=15°$	$\alpha=25°$	d	D	B	$\alpha=15°$	$\alpha=25°$	d	D	B
705C	705AC	5	14	5	7014C	7014AC	70	110	20
706C	706AC	6	17	6	7015C	7015AC	75	115	20
707C	707AC	7	19	6	7016C	7016AC	80	125	22
708C	708AC	8	22	7	7017C	7017AC	85	130	22
709C	709AC	9	24	7	7018C	7018AC	90	140	24
7000C	7000AC	10	26	8	7019C	7019AC	95	145	24
7001C	7001AC	12	28	8	7020C	7020AC	100	150	24
7002C	7002AC	15	32	9	7021C	7021AC	105	160	26
7003C	7003AC	17	35	10	7022C	7022AC	110	170	28
7004C	7004AC	20	42	12	7024C	7024AC	120	180	28
7005C	7005AC	25	47	12	7026C	7026AC	130	200	33
7006C	7006AC	30	55	13	7028C	7028AC	140	210	33
7007C	7007AC	35	62	14	7030C	7030AC	150	225	35
7008C	7008AC	40	68	15	7032C	7032AC	160	240	38
7009C	7009AC	45	75	16	7034C	7034AC	170	260	42
7010C	7010AC	50	80	16	7036C	7036AC	180	280	46
7011C	7011AC	55	90	18	7038C	7038AC	190	290	46
7012C	7012AC	60	95	18	7040C	7040AC	200	310	51
7013C	7013AC	65	100	18	7044C	7044AC	220	340	56

72系列											
轴承型号			外形尺寸			轴承型号			外形尺寸		
$\alpha=15°$	$\alpha=25°$	$\alpha=40°$	d	D	B	$\alpha=15°$	$\alpha=25°$	$\alpha=40°$	d	D	B
723C	723AC	—	3	10	4	7213C	7213AC	7213B	65	120	23
724C	724AC	—	4	13	5	7214C	7214AC	7214B	70	125	24
725C	725AC	—	5	16	5	7215C	7215AC	7215B	75	130	25
726C	726AC	—	6	19	6	7216C	7216AC	7216B	80	140	26
727C	727AC	—	7	22	7	7217C	7217AC	7217B	85	150	28
728C	728AC	—	8	24	8	7218C	7218AC	7218B	90	160	30
729C	729AC	—	9	26	8	7219C	7219AC	7219B	95	170	32
7200C	7200AC	7200B	10	30	9	7220C	7220AC	7220B	100	180	34
7201C	7201AC	7201B	12	32	10	7221C	7221AC	7221B	105	190	36
7202C	7202AC	7202B	15	35	11	7222C	7222AC	7222B	110	200	38
7203C	7203AC	7203B	17	40	12	7224C	7224AC	7224B	120	215	40
7204C	7204AC	7204B	20	47	14	7226C	7226AC	7226B	130	230	40
7205C	7205AC	7205B	25	52	15	7228C	7228AC	7228B	140	250	42
7206C	7206AC	7206B	30	62	16	7230C	7230AC	7230B	150	270	45
7207C	7207AC	7207B	35	72	17	7232C	7232AC	7232B	160	290	48
7208C	7208AC	7208B	40	80	18	7234C	7234AC	7234B	170	310	52
7209C	7209AC	7209B	45	85	19	7236C	7236AC	7236B	180	320	52
7210C	7210AC	7210B	50	90	20	7238C	7238AC	7238B	190	340	55
7211C	7211AC	7211B	55	100	21	7240C	7240AC	7240B	200	360	58
7212C	7212AC	7212B	60	110	22	7244C	7244AC	—	220	400	65

(续)

73 系列											
轴承型号			外形尺寸			轴承型号			外形尺寸		
$\alpha=15°$	$\alpha=25°$	$\alpha=40°$	d	D	B	$\alpha=15°$	$\alpha=25°$	$\alpha=40°$	d	D	B
7300C	7300AC	7300B	10	35	11	7316C	7316AC	7316B	80	170	39
7301C	7301AC	7301B	12	37	12	7317C	7317AC	7317B	85	180	41
7302C	7302AC	7302B	15	42	13	7318C	7318AC	7318B	90	190	43
7303C	7303AC	7303B	17	47	14	7319C	7319AC	7319B	95	200	45
7304C	7304AC	7304B	20	52	15	7320C	7320AC	7320B	100	215	47
7305C	7305AC	7305B	25	62	17	7321C	7321AC	7321B	105	225	49
7306C	7306AC	7306B	30	72	19	7322C	7322AC	7322B	110	240	50
7307C	7307AC	7307B	35	80	21	7324C	7324AC	7324B	120	260	55
7308C	7308AC	7308B	40	90	23	7326C	7326AC	7326B	130	280	58
7309C	7309AC	7309B	45	100	25	7328C	7328AC	7328B	140	300	62
7310C	7310AC	7310B	50	110	27	7330C	7330AC	7330B	150	320	65
7311C	7311AC	7311B	55	120	29	7332C	7332AC	7332B	160	340	68
7312C	7312AC	7312B	60	130	31	7334C	7334AC	7334B	170	360	72
7313C	7313AC	7313B	65	140	33	7336C	7336AC	7336B	180	380	75
7314C	7314AC	7314B	70	150	35	7338C	7338AC	7338B	190	400	78
7315C	7315AC	7315B	75	160	37	7340C	7340AC	7340B	200	420	80

20.3 滑动轴承

滑动轴承的主要部件为轴承座和轴套，某些大型设备使用的滑动轴承，轴套材料一般采用巴氏合金，其软化点、熔化点较低，与轴的接触面积大，可承重载和冲击载荷，减震性好。滑动轴承的工作温度不宜超过 70℃。

【分类】 根据受力方向可分为径向滑动轴承、滑动止推轴承和特殊滑动轴承三种；径向滑动轴承又分为整体式径向滑动轴承、剖分式径向滑动轴承和四分套滑动轴承三种。

【结构】 径向滑动轴承的结构如图 20-1~图 20-3 所示。

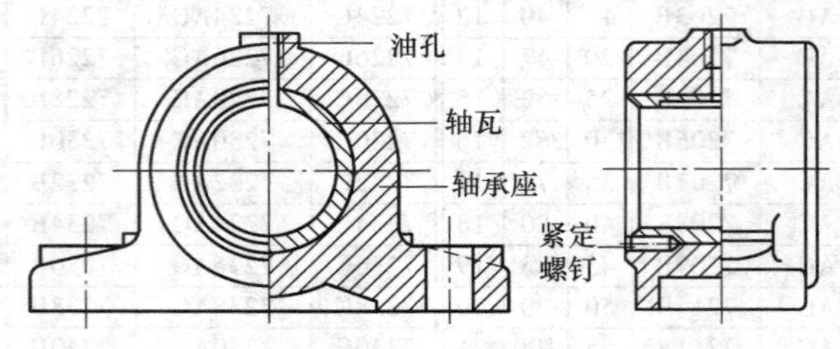

图 20-1 整体式径向滑动轴承

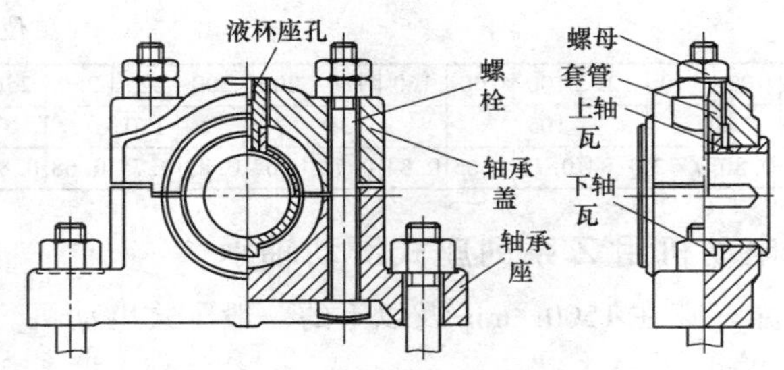

图 20-2　剖分式径向滑动轴承

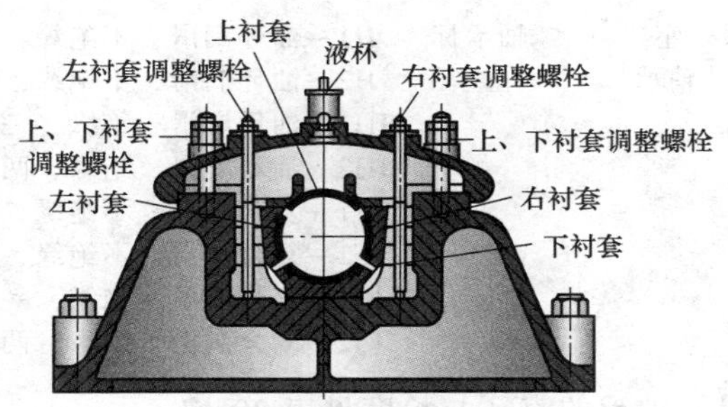

图 20-3　四分套滑动轴承

20.3.1　电动机用 DQ 系列滑动轴承

为一般卧式电动机用的端盖式球面滑动轴承。

【标记】 表示方法：

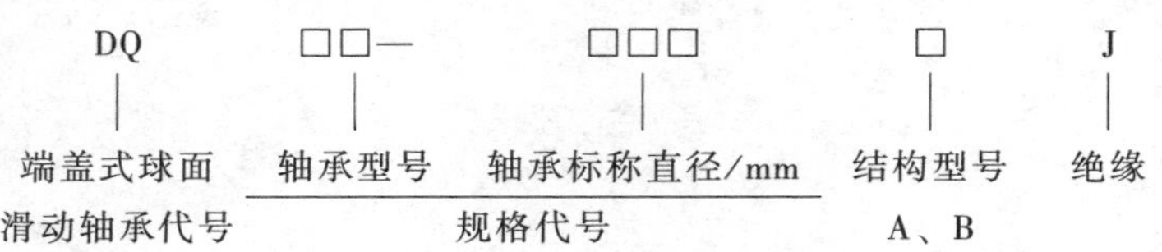

本系列滑动轴承的规格以轴瓦内径的标称直径“D”（mm）表示，有 $\phi100$、$\phi110$、$\phi125$、$\phi140$、$\phi160$、$\phi180$、$\phi200$、$\phi225$、$\phi250$、$\phi280$、$\phi300$，共 11 个规格。轴承内径与有效工作长度的对应关系见表 20-16。

表 20-16　轴承内径与有效工作长度的对应关系

（单位：mm）

轴瓦内径 D	100	110	125	100	160	160	180	200	200	225	250	250	280	300
有效长度 L	80		105			135			170			215		
长径比 L/D	0.80	0.72	0.84	0.75	0.65	0.84	0.75	0.67	0.85	0.75	0.68	0.86	0.76	0.11

20.3.2　电动机用 Z 系列座式滑动轴承

用于额定转速在 1500r/min 及以下的一般卧式电动机。其型号的编制方法：

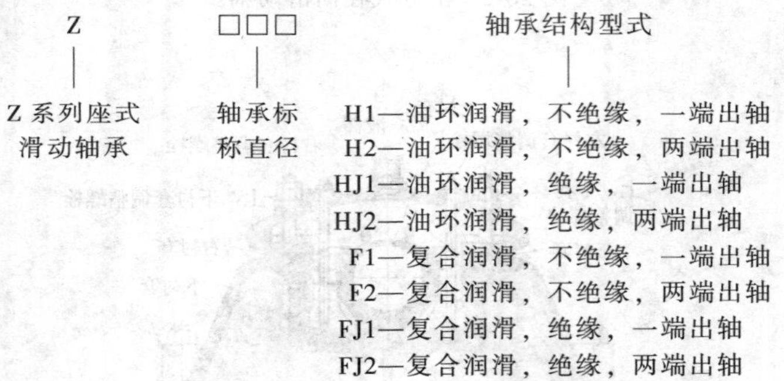

【尺寸】　轴承的直径与长度见表 20-17。

表 20-17　轴承的直径与长度　　（单位：mm）

直径	110	120	130	140	150	160	180	200
长度	140	140	140	160	160	160	180	200
直径	220	250	280	320	360	400	450	500
长度	220	250	280	320	360	400	450	500

第21章

弹　　簧

弹簧是一种利用材料弹性工作的机械零件，一般用弹簧钢制成。它在外力作用下发生形变，除去外力后又能恢复原状。

弹簧的种类有很多，按形状分主要有螺旋弹簧、涡卷弹簧、板弹簧、异型弹簧等；按材料分有钢弹簧和气囊弹簧（冲模用）等；按用途分有通用和专用（模具用、机动车车辆用、油封用等）；按受力形式分有拉伸弹簧和压缩弹簧。

21.1　圆柱螺旋弹簧

圆柱螺旋弹簧是用弹簧钢丝绕制而成并进行热处理的最常用的弹簧。按外形可分为普通圆柱螺旋弹簧和变径螺旋弹簧（圆锥螺旋弹簧、蜗卷螺旋弹簧）；按螺旋线的方向可分为左旋弹簧和右旋弹簧；按承受载荷的方式可分为拉伸弹簧、压缩弹簧和扭转弹簧。

21.1.1　圆柱螺旋弹簧的尺寸系列

圆柱螺旋弹簧的尺寸系列见表21-1。

21.1.2　普通圆柱螺旋拉伸弹簧

【材料】 C级碳素弹簧钢丝。

表21-1　圆柱螺旋弹簧的尺寸系列（GB/T 1358—2009）

（单位：mm）

弹簧材料直径 d	第一系列	0.10、0.12、0.14、0.16、0.20、0.25、0.30、0.35、0.40、0.45、0.50、0.60、0.70、0.80、0.90、1.00、1.20、1.60、2.00、2.50、3.00、3.50、4.00、4.50、5.00、6.00、8.00、10.0、12.0、15.0、16.0、20.0、25.0、30.0、35.0、40.0、45.0、50.0、60.0(设计时优先选用)
	第二系列	0.05、0.06、0.07、0.08、0.09、0.18、0.22、0.28、0.32、0.55、0.65、1.40、1.50、2.20、2.80、3.20、5.50、6.50、7.00、9.00、11.0、14.0、18.0、22.0、28.0、32.0、38.0、42.0、55.0

（续）

弹簧中径 D		0.3、0.4、0.5、0.6、0.7、0.8、0.9、1、1.2、1.4、1.6、1.8、2、2.2、2.5、2.8、3、3.2、3.5、3.8、4、4.2、4.5、4.8、5、5.5、6、6.5、7、7.5、8、8.5、9、10、12、14、16、19、20、22、25、28、30、32、38、42、45、48、50、52、55、58、60、65、70、75、80、85、90、95、100、105、110、115、120、125、130、135、140、145、150、160、170、180、190、200、210、220、230、240、250、260、270、280、290、300、320、340、360、380、400、450、500、550、600
弹簧有效圈数	压缩弹簧	2、2.25、2.5、2.75、3、3.25、3.5、3.75、4、4.25、4.5、4.75、5、5.5、6、6.5、7、7.5、8、8.5、9、9.5、10、10.5、11.5、12.5、13.5、14.5、15、16、18、20、22、25、28、30
	拉伸弹簧	2、3、4、5、6、7、8、9、10、11、12、13、14、15、16、17、18、19、20、22、25、28、30、35、40、45、50、55、60、65、70、80、90、100
压缩弹簧自由高度 H_0		2、3、4、5、6、7、8、9、10、11、12、13、14、15、16、17、18、19、20、22、24、26、28、30、32、35、38、40、42、45、48、50、52、55、58、60、65、70、75、80、85、90、95、100、105、110、115、120、130、140、150、160、170、180、190、200、220、240、260、280、300、320、340、360、380、400、420、450、480、500、520、550、580、600、620、650、680、700、720、750、780、800、850、900、950、1000

【标记】 表示方法：

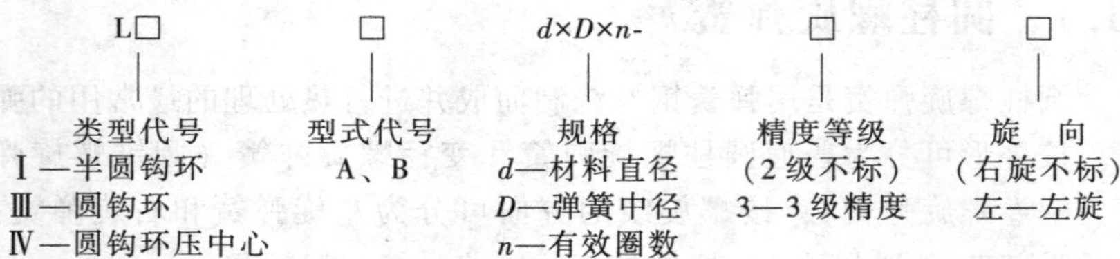

例：LⅠ型弹簧，材料直径为1mm，弹簧中径为7mm，有效圈数为10.5，精度等级为3级，A型左旋弹簧，标记为：LⅠ A1×7×10.5-3左 GB/T 2088（2级精度不标，右旋不标）。

【规格】 普通圆柱螺旋拉伸弹簧的规格见表21-2。

表21-2　普通圆柱螺旋拉伸弹簧的规格（GB/T 2088—2009）　（单位：mm）

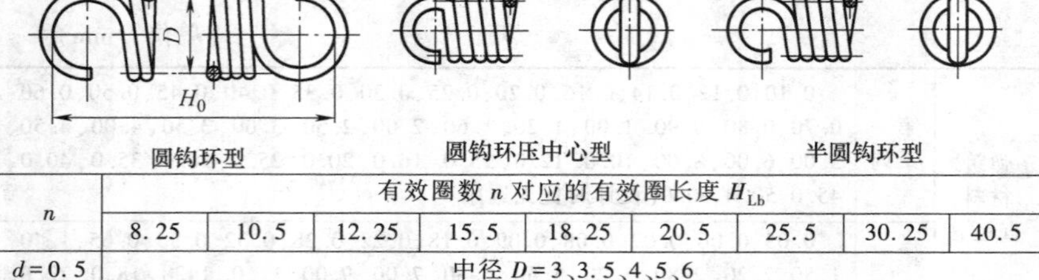

n	有效圈数 n 对应的有效圈长度 H_{Lb}								
	8.25	10.5	12.25	15.5	18.25	20.5	25.5	30.25	40.5
d=0.5	中径 D=3、3.5、4、5、6								
H_{Lb}	4.6	5.8	6.6	8.3	9.6	10.7	13.2	15.6	20.8

（续）

n	有效圈数 n 对应的有效圈长度 H_{Lb}								
	8.25	10.5	12.25	15.5	18.25	20.5	25.5	30.25	40.5
d=0.6	中径 D=3、4、5、6、7								
H_{Lb}	5.6	6.9	7.9	9.9	11.6	12.9	15.9	18.8	24.9
d=0.8	中径 D=4、5、6、8、9								
H_{Lb}	7.4	9.2	10.6	13.2	15.4	17.2	21.2	25.0	33.2
d=1.0	中径 D=5、6、7、8、10、12								
H_{Lb}	9.3	11.5	13.3	16.5	19.3	21.5	26.5	31.3	41.5
d=1.2	中径 D=6、7、8、10、12、14								
H_{Lb}	11.1	13.8	15.9	19.8	23.1	25.8	31.8	37.5	49.8
d=1.6	中径 D=8、10、12、14、16、18								
H_{Lb}	14.8	18.4	21.2	26.4	30.8	34.4	42.4	50.0	66.4
d=2.0	中径 D=10、12、14、16、18、20								
H_{Lb}	18.5	23.0	26.5	33.0	38.5	43.0	53.0	62.5	83.0
d=2.5	中径 D=12、14、16、18、20、25								
H_{Lb}	23.1	28.8	33.1	41.3	48.1	53.8	66.3	78.1	103.8
d=3.0	中径 D=14、16、18、20、22、25								
H_{Lb}	27.8	34.5	39.8	49.5	57.8	64.5	79.5	93.8	124.5
d=3.5	中径 D=18、20、22、25、28、35								
H_{Lb}	32.4	40.3	45.4	57.8	67.4	75.3	92.8	109.4	145.3
d=4.0	中径 D=22、25、28、32、35、40、45								
H_{Lb}	37.0	46.0	53.0	66.0	77.0	86.0	106	125.0	166
d=4.5	中径 D=25、28、32、35、40、45、50								
H_{Lb}	41.6	51.8	59.6	74.3	86.6	96.8	119.3	140.6	186.8
d=5.0	中径 D=25、28、32、35、40、45、55								
H_{Lb}	46.3	57.5	66.3	82.5	96.3	107.5	132.5	156.3	207.5
d=6.0	中径 D=32、35、40、45、50、60、70								
H_{Lb}	55.5	69.0	79.5	99.0	116	123	159	188	249
d=8.0	中径 D=40、45、50、55、60、70、80								
H_{Lb}	72	91	105	132	154	172	212	250	332

21.1.3 小型圆柱螺旋拉伸弹簧

【材料】 弹簧丝直径小于 0.5mm，规定使用 GB/T 4357 中 B 级钢丝或 YB（T）11 中 B 组钢丝（后者需在标记中注明代号“S”）。

【表面处理】

1）采用碳素弹簧钢丝，表面一般进行氧化处理（也可进行镀锌、镀镉、磷化等金属镀层及化学处理）。

2）采用不锈钢丝，必要时可对表面进行清洗处理，不加任何标记。

【标记】 表示方法：

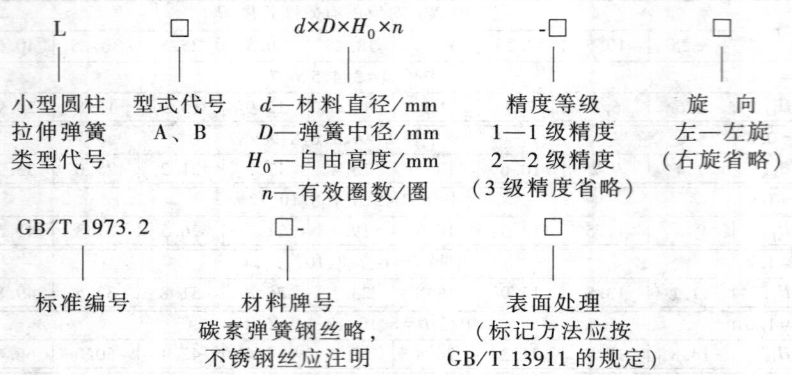

【规格】 小型圆柱螺旋拉伸弹簧的规格见表21-3。

表21-3 小型圆柱螺旋拉伸弹簧的规格（GB/T 1973.2—2005）

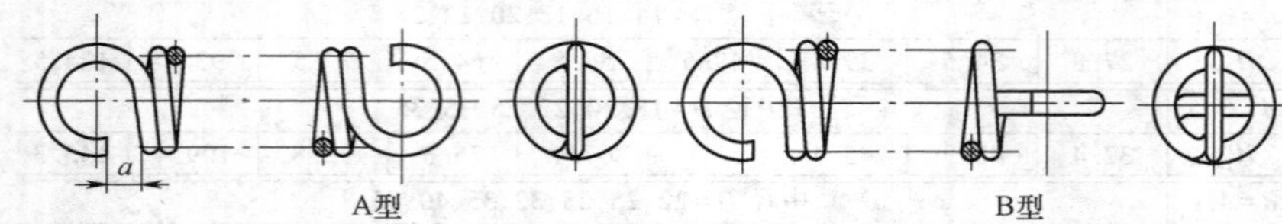

材料直径 d/mm	弹簧中径 D/mm	有效圈数 n/圈	自由长度 H_0/mm	材料直径 d/mm	弹簧中径 D/mm	有效圈数 n/圈	自由长度 H_0/mm
0.16	1.20	7.25/7.50	3.5	0.16	2.00	7.25/7.50	5.1
		9.25/9.50	3.8			9.25/9.50	5.4
		12.25/12.50	4.3			12.25/12.50	5.9
		15.25/15.50	4.8			15.25/15.50	6.4
		19.25/19.50	5.4			19.25/19.50	7.0
		24.25/24.50	6.2			24.25/24.50	7.8
		31.25/31.50	7.4			31.25/31.50	9.0
		39.25/39.50	8.6			39.25/39.50	10.2
	1.60	7.25/7.50	4.3		2.50	7.25/7.50	6.1
		9.25/9.50	4.6			9.25/9.50	6.4
		12.25/12.50	5.1			12.25/12.50	6.9
		15.25/15.50	5.6			15.25/15.50	7.4
		19.25/19.50	6.2			19.25/19.50	8.0
		24.25/24.50	7.0			24.25/24.50	8.8
		31.25/31.50	8.2			31.25/31.50	10.0
		39.25/39.50	9.4			39.25/39.50	11.2

（续）

材料直径 d/mm	弹簧中径 D/mm	有效圈数 n/圈	自由长度 H_0/mm
0.20	1.60	7.25/7.50	4.6
		9.25/9.50	5.0
		12.25/12.50	5.6
		15.25/15.50	6.2
		19.25/19.50	7.0
		24.25/24.50	8.0
		31.25/31.50	9.4
		39.25/39.50	11.0
	2.00	7.25/7.50	5.4
		9.25/9.50	5.8
		12.25/12.50	6.4
		15.25/15.50	7.0
		19.25/19.50	7.8
		24.25/24.50	8.8
		31.25/31.50	10.2
		39.25/39.50	11.8
	2.50	7.25/7.50	6.4
		9.25/9.50	6.8
		12.25/12.50	7.4
		15.25/15.50	8.0
		19.25/19.50	8.8
		24.25/24.50	9.8
		31.25/31.50	11.2
		39.25/39.50	12.8
	3.20	7.25/7.50	7.8
		9.25/9.50	8.2
		12.25/12.50	8.8
		15.25/15.50	9.4
		19.25/19.50	10.2
		24.25/24.50	11.2
		31.25/31.50	12.6
		39.25/39.50	14.2
0.25	2.00	7.25/7.50	5.8
		9.25/9.50	6.3
		12.25/12.50	7.1
		15.25/15.50	7.9
		19.25/19.50	8.9
		24.25/24.50	10.2
		31.25/31.50	12.1
		39.25/39.50	14.1
	2.50	7.25/7.50	6.8
		9.25/9.50	7.3
		12.25/12.50	8.1
		15.25/15.50	8.9
		19.25/19.50	9.9
		24.25/24.50	11.2
		31.25/31.50	13.1
		39.25/39.50	15.1
	3.20	7.25/7.50	8.2
		9.25/9.50	8.7
		12.25/12.50	9.5
		15.25/15.50	10.3
		19.25/19.50	11.3
		24.25/24.50	12.6
		31.25/31.50	14.5
		39.25/39.50	16.5
	4.00	7.25/7.50	9.8
		9.25/9.50	10.3
		12.25/12.50	11.1
		15.25/15.50	11.9
		19.25/19.50	12.9
		24.25/24.50	14.2
		31.25/31.50	16.1
		39.25/39.50	18.1

（续）

材料直径 d/mm	弹簧中径 D/mm	有效圈数 n/圈	自由长度 H_0/mm	材料直径 d/mm	弹簧中径 D/mm	有效圈数 n/圈	自由长度 H_0/mm
0.30	2.00	7.25/7.50	6.0	0.32	2.50	7.25/7.50	7.2
		9.25/9.50	6.6			9.25/9.50	7.9
		12.25/12.50	7.5			12.25/12.50	8.8
		15.25/15.50	8.4			15.25/15.50	9.8
		19.25/19.50	9.5			19.25/19.50	11.1
		24.25/24.50	11.0			24.25/24.50	12.7
		31.25/31.50	13.0			31.25/31.50	14.9
		39.25/39.50	15.3			39.25/39.50	17.5
	2.50	7.25/7.50	7.0		3.20	7.25/7.50	8.6
		9.25/9.50	7.7			9.25/9.50	9.3
		12.25/12.50	8.5			12.25/12.50	10.2
		15.25/15.50	9.4			15.25/15.50	11.2
		19.25/19.50	10.5			19.25/19.50	12.5
		24.25/24.50	12.0			24.25/24.50	14.1
		31.25/31.50	14.0			31.25/31.50	16.3
		39.25/39.50	16.3			39.25/39.50	18.9
	3.20	7.25/7.50	8.4		4.00	7.25/7.50	10.2
		9.25/9.50	9.0			9.25/9.50	10.9
		12.25/12.50	9.9			12.25/12.50	11.8
		15.25/15.50	10.8			15.25/15.50	12.8
		19.25/19.50	11.9			19.25/19.50	14.1
		24.25/24.50	13.4			24.25/24.50	15.7
		31.25/31.50	15.4			31.25/31.50	17.9
		39.25/39.50	17.7			39.25/39.50	20.5
	4.00	7.25/7.50	10.0		5.00	7.25/7.50	12.2
		9.25/9.50	10.6			9.25/9.50	12.9
		12.25/12.50	11.5			12.25/12.50	13.8
		15.25/15.50	12.4			15.25/15.50	14.8
		19.25/19.50	13.5			19.25/19.50	16.1
		24.25/24.50	15.0			24.25/24.50	17.7
		31.25/31.50	17.0			31.25/31.50	19.9
		39.25/39.50	19.3			39.25/39.50	22.5

（续）

材料直径 d/mm	弹簧中径 D/mm	有效圈数 n/圈	自由长度 H_0/mm	材料直径 d/mm	弹簧中径 D/mm	有效圈数 n/圈	自由长度 H_0/mm
0.35	2.50	7.25/7.50	7.5	0.40	3.20	7.25/7.50	9.2
		9.25/9.50	8.2			9.25/9.50	10.0
		12.25/12.50	9.2			12.25/12.50	11.2
		15.25/15.50	10.3			15.25/15.50	12.4
		19.25/19.50	11.7			19.25/19.50	14.0
		24.25/24.50	13.4			24.25/24.50	16.0
		31.25/31.50	15.9			31.25/31.50	18.8
		39.25/39.50	18.7			39.25/39.50	22.0
	3.20	7.25/7.50	8.9		4.00	7.25/7.50	10.8
		9.25/9.50	9.6			9.25/9.50	11.6
		12.25/12.50	10.6			12.25/12.50	12.8
		15.25/15.50	11.7			15.25/15.50	14.0
		19.25/19.50	13.1			19.25/19.50	15.6
		24.25/24.50	14.8			24.25/24.50	17.6
		31.25/31.50	17.3			31.25/31.50	20.4
		39.25/39.50	20.1			39.25/39.50	23.6
	4.00	7.25/7.50	10.5		5.00	7.25/7.50	12.8
		9.25/9.50	11.2			9.25/9.50	13.6
		12.25/12.50	12.2			12.25/12.50	14.8
		15.25/15.50	13.3			15.25/15.50	16.0
		19.25/19.50	14.7			19.25/19.50	17.6
		24.25/24.50	16.4			24.25/24.50	19.6
		31.25/31.50	18.9			31.25/31.50	22.4
		39.25/39.50	21.7			39.25/39.50	25.6
	5.00	7.25/7.50	12.5		6.30	7.25/7.50	15.4
		9.25/9.50	13.2			9.25/9.50	16.2
		12.25/12.50	14.2			12.25/12.50	17.4
		15.25/15.50	15.3			15.25/15.50	18.6
		19.25/19.50	16.7			19.25/19.50	20.2
		24.25/24.50	18.4			24.25/24.50	22.2
		31.25/31.50	20.9			31.25/31.50	25.0
		39.25/39.50	23.7			39.25/39.50	28.2

（续）

材料直径 d/mm	弹簧中径 D/mm	有效圈数 n/圈	自由长度 H_0/mm	材料直径 d/mm	弹簧中径 D/mm	有效圈数 n/圈	自由长度 H_0/mm
0.45	3.20	7.25/7.50	9.6	0.45	5.00	7.25/7.50	13.2
		9.25/9.50	10.5			9.25/9.50	14.1
		12.25/12.50	11.8			12.25/12.50	15.4
		15.25/15.50	13.2			15.25/15.50	16.8
		19.25/19.50	15.0			19.25/19.50	18.6
		24.25/24.50	17.2			24.25/24.50	20.1
		31.25/31.50	20.4			31.25/31.50	24.0
		39.25/39.50	24.0			39.25/39.50	27.6
	4.00	7.25/7.50	11.2		6.30	7.25/7.50	15.8
		9.25/9.50	12.1			9.25/9.50	16.7
		12.25/12.50	13.4			12.25/12.50	18.0
		15.25/15.50	14.8			15.25/15.50	19.4
		19.25/19.50	16.5			19.25/19.50	21.2
		24.25/24.50	18.8			24.25/24.50	23.4
		31.25/31.50	22.0			31.25/31.50	26.6
		39.25/39.50	25.6			39.25/39.50	30.2

注：不锈钢弹簧的规格同上，仅自由长度 H_0 与上表略有出入，不另列出。

21.1.4 普通圆柱螺旋压缩弹簧

【类型】 有冷卷两端圈并紧磨平型（YA）和热卷两端圈并紧制扁型（YB）两种。

【材料】 冷卷者采用性能不低于C级的碳素弹簧钢丝；热卷者采用性能不低于60Si2MnA的合金钢丝。

【表面处理】 其方法应符合相应的环境保护的法规，并尽量避免导致氢脆。

【标记】 表示方法：

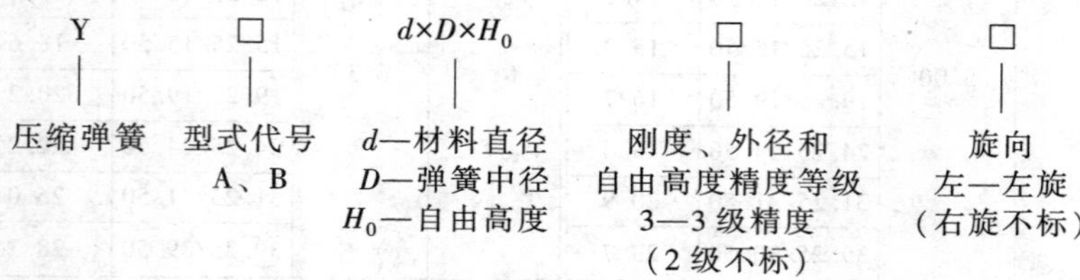

YB 型弹簧，材料直径为 30mm，弹簧中径为 160mm，自由高度 200mm，精度等级为 3 级的右旋并紧制扁的热卷压缩弹簧，标记为：YB 30×160×200-3　GB/T 2089（2 级精度不标，左旋弹簧应在规格后注明）。

【规格】 普通圆柱螺旋压缩弹簧的规格见表 21-4。

表 21-4　普通圆柱螺旋压缩弹簧的规格（GB/T 2089—2009）

（单位：mm）

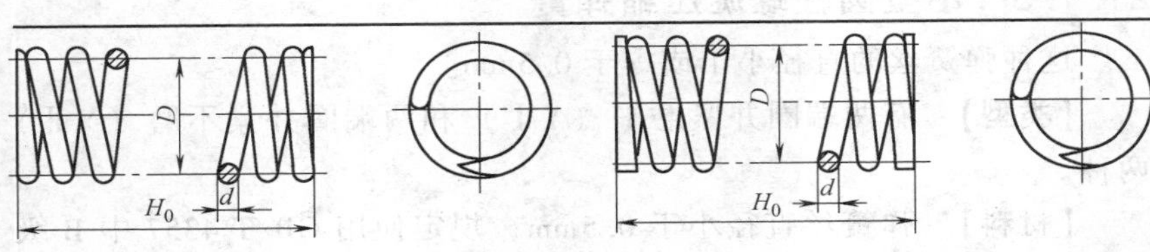

弹簧丝直径 d	中　径　D
0.5	3.0、3.5、4.0、4.5、5.0、6.0、7.0
0.6	3.0、3.5、4.0、4.5、5.0、6.0、7.0、8.0
0.7	3.5、4.0、4.5、5.0、6.0、7.0、8.0、9.0
0.8、0.9	4.0、4.5、5.0、6.0、7.0、8.0、9.0、10.0
1.0	4.5、5.0、6.0、7.0、8.0、9.0、10.0、12.0、14.0
1.2	6.0、7.0、8.0、9.0、10.0、12.0、14.0、16.0
1.4	7.0、8.0、9.0、10.0、12.0、14.0、16.0、18.0、20.0
1.6	8.0、9.0、10.0、12.0、14.0、16.0、18.0、20.0、22.0
1.8	9、10、12、14、16、18、20、22、25
2.0	10、12、14、16、18、20、22、25、28
2.5	12、14、16、18、20、22、25、28、30、32
3.0	14、16、18、20、22、25、28、30、32、35、38
3.5	16、18、20、22、25、28、30、32、35、38、40
4.0	20、22、25、28、30、32、35、38、40、45、50
4.5	22、25、28、30、32、35、38、40、45、50、55
5.0	25、28、30、32、35、38、40、45、50、55、60
6.0	30、32、35、38、40、45、50、55、60、65、70
8.0	32、35、38、40、45、50、55、60、65、70、75、80、85、90
10.0	40、45、50、55、60、65、70、75、85、90、95、100
12.0	50、55、60、65、70、75、80、85、90、95、100、110、120
14.0	60、65、70、75、80、85、90、95、100、110、120、130
16.0	65、70、75、80、85、90、95、100、110、120、130、140、150
18.0	75、80、85、90、95、100、110、120、130、140、150、160、170
20.0	80、85、90、95、100、110、120、130、140、150、160、170、180、190
25.0	100、110、120、130、140、150、160、170、180、190、200、220

（续）

弹簧丝直径 d	中　径　D
30.0	120、130、140、150、160、170、180、190、200、220、240、260
35.0	140、150、160、170、180、190、200、220、240、260、280、300
40.0	160、170、180、190、200、220、240、260、280、300、320
45.0	180、190、200、220、240、260、280、300、320、340
50.0、55.0、60.0	200、220、240、260、280、300、320、340

注：有效圈数系列（圈）为2.5，4.5，6.5，8.5，10.5，12.5。

21.1.5　小型圆柱螺旋压缩弹簧

这种弹簧丝的直径小于或等于0.5mm。

【类型】 有两端圈并紧磨平（YⅠ）和两端圈并紧不磨（YⅡ）两种。

【材料】 弹簧丝直径小于0.5mm，规定使用GB/T 4357中B级钢丝或YB（T）11中B组钢丝（后者需在标记中注明代号“S”）。

【表面处理】

1）采用碳素弹簧钢丝，表面一般进行氧化处理（也可进行镀锌、镀镉、磷化等金属镀层及化学处理），其标记方法应按GB/T 13911的规定。

2）采用不锈钢丝，必要时可对表面进行清洗处理，不加任何标记。

【规格】 小型圆柱螺旋压缩弹簧规格见表21-5。

表21-5　小型圆柱螺旋压缩弹簧规格（GB/T 1973.3—2005）

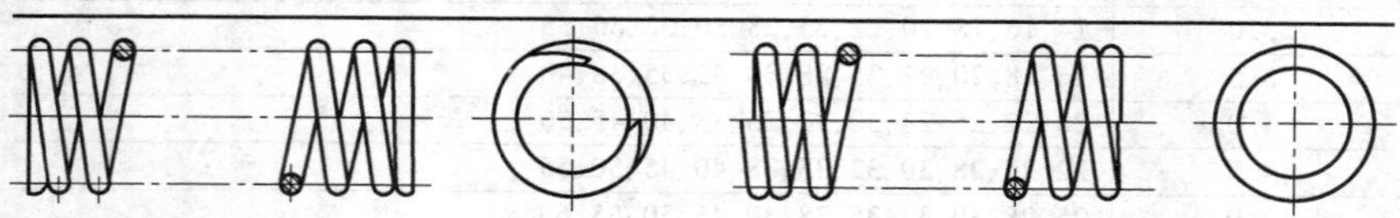

YⅠ型(两端圈并紧磨平)　　　　YⅡ型(两端圈并紧不磨)

弹簧丝直径 d/mm	中径 D/mm	弹簧丝直径 d/mm	中径 D/mm
0.16	0.80、1.00、1.20、1.60、2.00	0.32、0.35	1.60、2.00、2.50、3.20、4.00
0.20	1.00、1.20、1.60、2.00、2.50	0.40、0.45	2.00、2.50、3.20、4.00、5.00
0.25、0.30	1.20、1.60、2.00、2.50、3.20	—	—

注：有效圈数系列（圈）有3.5、5.5、8.5、12.5、18.5。

【标记】 表示方法：

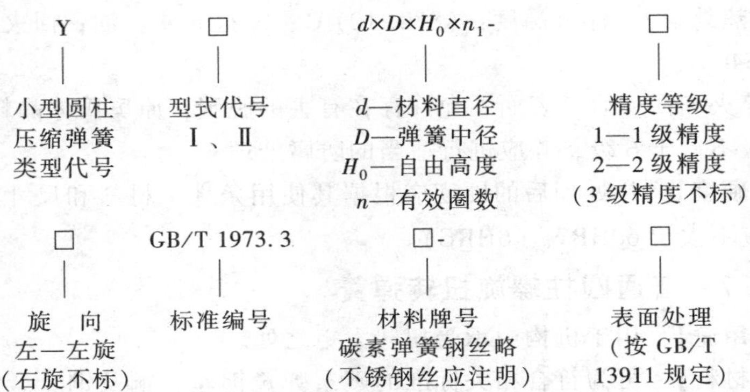

例：直径为 0.20mm，中径为 2.50mm，自由高度为 6mm，总圈数为 5.5 圈，左旋，精度为 2 级，材料为碳素弹簧钢丝 B 级，表面镀锌处理的Ⅰ型小型圆柱螺旋弹簧钢压缩弹簧，标记为：YⅠ 0.20×2.50×6×5.5-2 左 GB/T 1973.3-Ep.Zn（右旋不标，3 级精度不标）。

21.1.6　热卷圆柱螺旋压缩弹簧

【尺寸范围】 自由高度：≤900mm；旋绕比：3～12；高径比：0.8～4；有效圈数：≥3；节距：<0.5*D*；材料直径：8～60mm；弹簧直径：≤460mm。

【材料】 GB/T 23934—2015 推荐选用 GB/T 1222 中的合金钢 60Si2MnA、55SiCrA、50CrVA、60Si2CrA、60Si2CrVA，或 ISO 683-14 规定的 51CrV4、52CrMoV4。

【端部结构型式】 热卷圆柱螺旋压缩弹簧端部结构型式如图 21-1 所示。

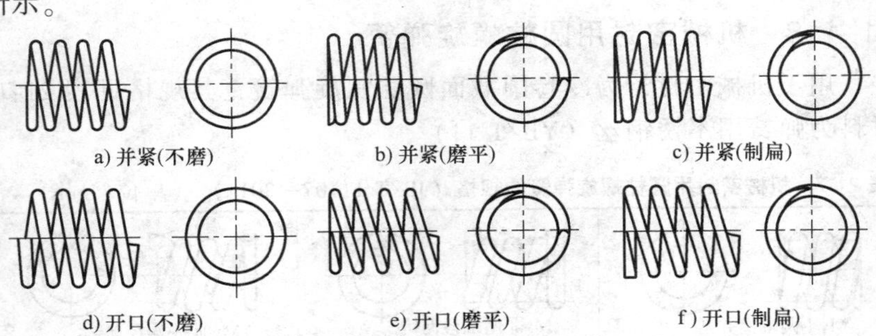

图 21-1　热卷圆柱螺旋压缩弹簧端部结构型式

【热处理】 淬火温度：(870±10)℃；淬火介质：油；回火温度：350~540℃。

淬火和回火后，表面不允许存在有害的脱碳，原奥氏体晶粒粗糙度等级不低于6级，并应进行适当的防腐处理。

【硬度】 热处理后的硬度应根据其使用条件、材料和尺寸确定，一般应不大于60HBW（6HRC）。

21.1.7 普通圆柱螺旋扭转弹簧

【用途】 用于机构中承受扭转力矩之处。

【材料】 可为符合相关标准的碳素弹簧钢丝、铜及铜合金线材、油淬火-回火弹簧钢丝、弹簧用不锈钢丝、重要用途碳素弹簧钢丝和铍铜线。

【精度等级】 分为1、2、3级。

【热处理】 成形后需进行去应力退火处理，用铍铜线成形的弹簧需进行时效处理，其硬度不予考核。

【规格】 普通圆柱螺旋扭转弹簧的规格见表21-6。

表21-6 普通圆柱螺旋扭转弹簧的规格（GB/T 1239.3—2009） （单位：mm）

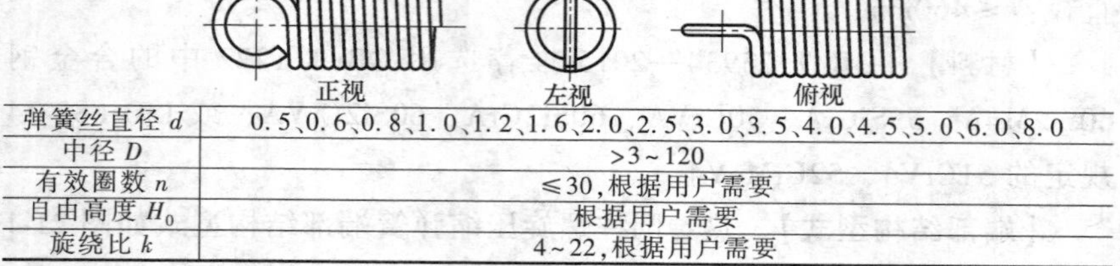

弹簧丝直径 d	0.5、0.6、0.8、1.0、1.2、1.6、2.0、2.5、3.0、3.5、4.0、4.5、5.0、6.0、8.0
中径 D	>3~120
有效圈数 n	≤30，根据用户需要
自由高度 H_0	根据用户需要
旋绕比 k	4~22，根据用户需要

21.1.8 机械密封用圆柱螺旋弹簧

用于机械密封，为冷卷圆截面圆柱螺旋弹簧，其规格见表21-7。材料为弹簧用不锈钢丝（YB/T 11）。

表21-7 机械密封用圆柱螺旋弹簧的规格（JB/T 11107—2011） （单位：mm）

（续）

项　　目	尺寸极限偏差		
弹簧外径 D_2（或内径 D_1）	旋绕比 $k(D/d)$	≤4~8	$\pm 0.10D_2$
		>8~15	$\pm 0.15D_2$
弹簧自由高度 H_0	线径 d	≤1.5	±(0.5~0.7)
		>1.5	±(0.7~1.2)
项　　目	载荷极限偏差		
工作负荷 F	弹簧在工作高度	≤10mm	$\pm 0.08F$
		>10mm~50mm	$\pm 0.10F$
		>50mm	$\pm(0.10 \sim 0.12)F$

21.1.9　多股圆柱螺旋弹簧

【种类】　按出承力种类分，有拉伸弹簧、压缩弹簧和扭转弹簧三种；按工作性质分，有一般弹簧和重要弹簧、动负荷弹簧两组；按簧丝股数分，有三股和四股之分。

【材料】　可为符合相关标准的碳素弹簧钢丝、油淬火-回火弹簧钢丝和重要用途碳素弹簧钢丝。

【热处理】　成形后均应进行去应力退火，退火次数不限，不考核其硬度。

【表面处理】　不宜进行喷丸处理；尽量避免采用可能导致氢脆的工艺。

【制造】

1）压缩弹簧与扭转弹簧的钢索拧向应与弹簧旋向相反，拉伸弹簧的钢索拧向应与弹簧旋向相同。

2）拧钢索和缠弹簧可在专用机床上同时进行，亦可分为两道工序分别进行。

3）不带支承圈的弹簧，不应焊接簧头；端头钢索不应有明显的松散；端头应去毛刺或倒棱。

4）需要焊接弹簧头时，可用铜焊或气焊。用铜焊时，焊接部位长度应小于二倍钢索索径（最长不应大于 10mm），加热长度应小于一个簧圈，焊后应打磨平滑。用气焊时，焊接部位应低温回火。

【参数】

1）钢索索距 t_c：三股簧为 3~14 倍钢丝直径；四股簧为 8~12 倍

钢丝直径。

2）钢索拧角 β：根据不同的股数及 t_c/d 值，按表 21-8 选取。

3）钢索索径：$d_c=d+d_2$。

4）旋绕比 k：<15。

5）自由长度：<500mm。

6）有效圈数：<30。

表 21-8 钢索拧角 β 值（GB/T 13828—2009）

t_c/d		8	9	10	11	12	13	14
三股	$\beta/(°)$	24.97	22.37	20.25	18.49	17.00	15.74	14.64
	d_c/d	2.19	2.18	2.17	2.17	2.17	2.17	2.16
四股	$\beta/(°)$	31.13	27.78	25.08	22.85	20.99	—	—
	d_c/d	2.54	2.51	2.49	2.48	2.47	—	—

21.2 普通碟形弹簧

【用途】 多用于重型机械中，起缓冲或减震作用。

【材料】 60Si2MnA 及 50CrVA 带、板材或符合 GB/T 1222 要求的弹簧钢锻造坯料（锻造比不得小于 2）；弹性模量 $E=206\text{kN/mm}^2$，泊松比＝3。

【型式】 根据厚度分为无支承面碟簧（$\delta \leqslant 6$mm）和有支承面碟簧（>6～16mm）。

【类别】 按制造精度分为外径 D 为 h12、内径 d 为 H12 和外径 D 为 h13，内径 d 为 H13 两级；按工艺方法分为 1、2、3 三类；按 D/t 及 h_0/t 的比值不同分为 A（$D/t\approx18$，$h_0/t\approx0.4$）、B（$D/t\approx28$，$h_0/t\approx0.75$）、C（$D/t\approx40$，$h_0/t\approx1.3$）三个系列。

【制造工艺】 见表 21-9。

表 21-9 普通碟形弹簧的工艺方法

型式	类别	碟簧厚度 δ/mm	工 艺 方 法
无支承面	1	<1.25	冷冲成形，边缘倒圆角
	2	1.25～6.0	1）切削内外圆或平面，边缘倒圆角；冷成形或热成形 2）精冲，边缘倒圆角，冷成形或热成形
有支承面	3	>6.0～16	冷成形或热成形，加工所有表面，边缘倒圆角

【热处理】 碟簧成形后，必须进行淬火（最多 2 次）、回火处

理；硬度为 42 HRC～52HRC；1 类碟簧的单面脱碳层深度，不应超过其厚度的 5%；2、3 类碟簧不应超过其厚度的 3%（最大不超过 0. 15mm）。

【表面处理】 氧化。

【标记】 表示方法：

□	□	□-	□	GB/T 1972
名称	系列	外径	精　度	标准号
碟簧	A、B、C	/mm	1、3（二级不标）	

例：一级精度，系列 A，外径 D=100mm 的碟簧，标记为：碟簧 A 100-1 GB/T 1972（二级精度不标）。

【外径系列】 普通碟形弹簧规格见表 21-10。

表 21-10　普通碟形弹簧规格（GB/T 1972—2005）

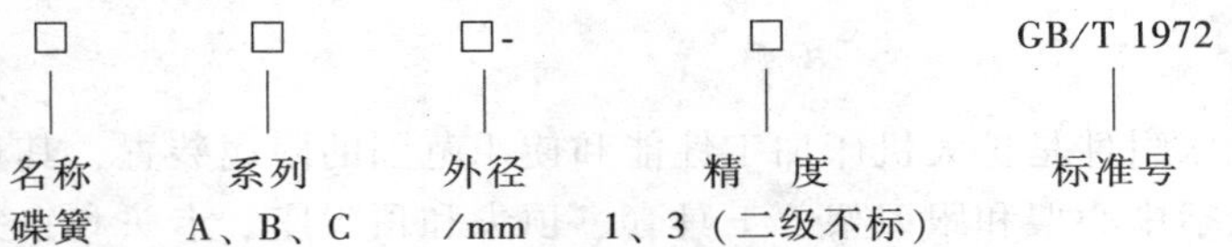

系列	类别	碟簧外径 D/mm
A： $D/\delta\approx18.0$ $h/\delta\approx0.40$	1	8、10、12. 5、14、16、18、20
	2	22. 5、25、28、31. 5、35. 5、40、45、50、56、63、71、80、90、100、112
	3	125、140、160、180、200、225、250
B： $D/\delta\approx28.0$ $h/\delta\approx0.75$	1	8、10、12. 5、14、16、18、20、22. 5、25、28
	2	31. 5、35. 5、40、45、50、56、63、71、80、90、100、112、125、140、160、180
	3	200、225、250
C： $D/\delta\approx40.0$ $h/\delta\approx1.3$	1	8、10、12. 5、14、16、18、20、22. 5、25、28、31. 5、35. 5、40
	2	45、50、56、63、71、80、90、100、112、125、140、160、180、200
	3	225、250

注：内径近似为外径的一半。

第22章

机床附件

机床附件是扩大机床加工性能和使用范围的附属装置，其种类很多，包括中心架和跟刀架、工具套、顶尖和顶尖座、卡头和夹头、机床夹具、分度头、回转工作台、机用虎钳和电磁吸盘等。

22.1 机床附件型号

机床附件型号是按类、组、系划分的，每类产品分为10个组，每组又分为10个系列（JB/T2326—2005）。表示方法：

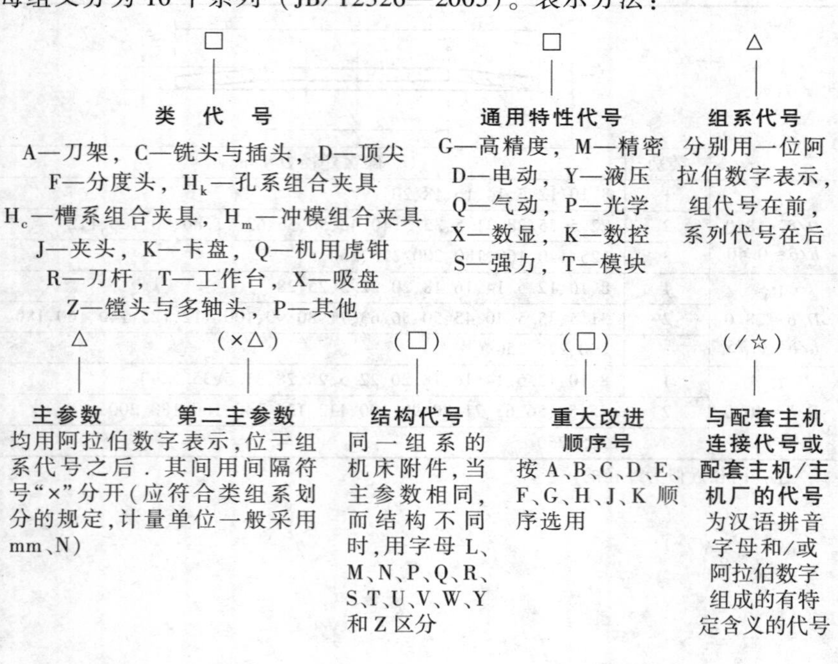

注意：带（ ）者可省略。

22.2　中心架和跟刀架

【用途】　当车削工件长度跟直径之比（L/d）>25 时，工件刚性变差，需要用中心架或跟刀架来支承工件。以免产生弯曲、振动，甚至影响其圆柱度和表面粗糙度。

中心架是固定在床身导轨上，有 3 个独立的支承爪，并可用紧固螺钉固定，用于加工细长阶梯轴的各外圆（见图 22-1），或长轴、长筒的端面以及端部的孔和螺纹（见图 22-2）的装置；而跟刀架则是固定在大拖板侧面上，跟刀架随刀架体同向、同步移动，主要用在不允许接刀的细长轴（丝杠、光杠等）加工（见图 22-3）的装置。

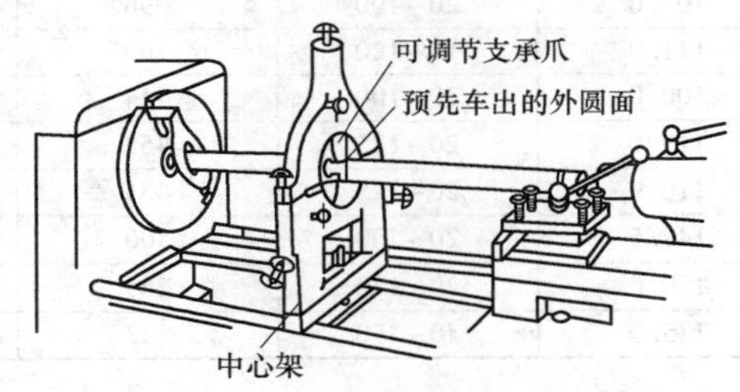

图 22-1　中心架装夹工件车外圆

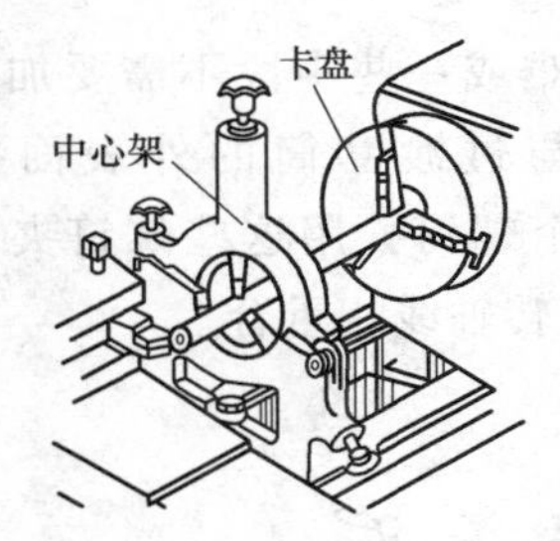

图 22-2　中心架装夹工件车端面

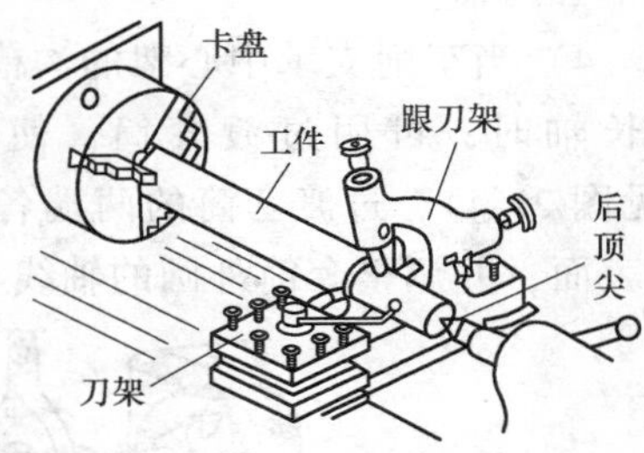

图 22-3　跟刀架装夹工件车外圆

【规格】　中心架和跟刀架的规格见表 22-1。

【中心架的使用方法】

1）当工件可以进行分段切削时，中心架支承在工件中间（见图 22-4）。

2）工件装上中心架之前，必须在毛坯中部车出一段支承中心架支承爪的沟槽，其表面粗糙度及圆柱度误差要小，并在支承爪与工件接触处经常加润滑油。

表 22-1 中心架和跟刀架的规格 (单位：mm)

配套机床型号	中心架		跟刀架	
	中心高	夹持直径范围	中心高	夹持直径范围
WF30	74.0	20~80	81	20~80
C616	79.0	20~120	320	20~120
C618K	95.0	20~120	388	20~80
C618K-2	95.0	20~120	348	15~80
C620	100.0	20~100	432	20~80
C620-1	100.0	20~100	432	20~80
C620B	100.0	10~100	396	20~80
C620-1B	100.0	20~100	396	20~80
C620-3	111.0	15~120	160	20~65
CW6140A	100.0	20~100	414	20~80
CA6140	110.0	20~125	455	20~80
CA6150	110.0	20~125	455	20~90
C630	142.5	20~200	500	20~80
CW6163	150.0	20~170	265	20~100
CW6180A	175.0	40~350	332	30~100

3）为提高工件精度，车削前应将工件轴线调整到与机床主轴回转中心同轴。

4）当车削支承中心架的沟槽比较困难或一些中段不需要加工的细长轴时，可用过渡套筒，使支承爪与过渡套筒的外表面接触(见图 22-4)，过渡套筒的两端各装有四个螺钉，用这些螺钉夹住毛坯表面，并调整套筒外圆的轴线与主轴旋转轴线相重合。

图 22-4 中心架和过渡套筒配合使用支承工件

【跟刀架的使用方法】

1）将跟刀架固定在床鞍上，使其与车刀一起纵向移动。

2）适当调整跟刀架各支承爪与工件的接触压力，让每个支撑爪都能与工件外圆表面保持合适的间隙，使工件可以自由转动。

3）车削时，应经常检查跟刀架各支承爪与工件表面的接触情况，以便及时调整。

22.3　直柄和锥柄工具套

22.3.1　直柄工具弹性夹紧套

【用途】　用于钻床上夹紧直柄工具（如钻头等）。

【型式】　有 A 型和 B 型两种（见图 22-5）。

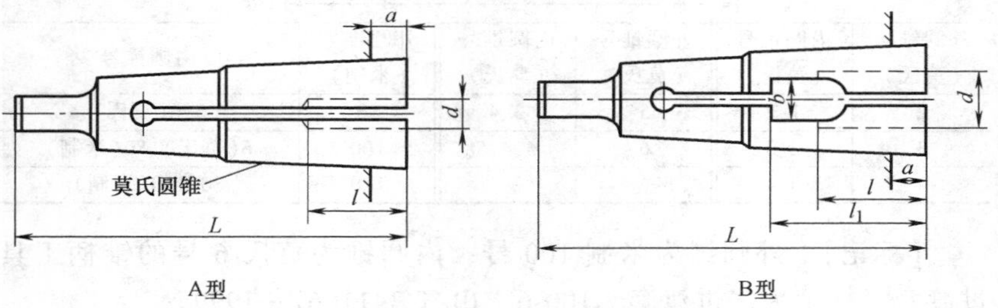

图 22-5　直柄工具弹性夹紧套的型式

【规格】　直柄工具弹性夹紧套的规格见表 22-2。

表 22-2　直柄工具弹性夹紧套的规格（JB/T 3411.70—1999）

（单位：mm）

<table>
<tr><th>型式</th><th>d</th><th colspan="2">莫氏锥柄号</th><th>型式</th><th>d</th><th colspan="5">莫氏锥柄号</th></tr>
<tr><td rowspan="6">A</td><td>>1.50~2.00</td><td rowspan="9">1</td><td rowspan="8">—</td><td rowspan="9">B</td><td>>6.00~7.50</td><td rowspan="2">1</td><td rowspan="4">2</td><td>—</td><td rowspan="4">—</td><td rowspan="6">—</td></tr>
<tr><td>>2.00~2.50</td><td>>7.50~9.50</td><td rowspan="5">3</td></tr>
<tr><td>>2.50~3.00</td><td>>9.50~11.80</td><td rowspan="6">—</td></tr>
<tr><td>>3.00~3.75</td><td>>11.80~13.20</td></tr>
<tr><td>>3.75~4.75</td><td>>13.20~15.00</td><td rowspan="4">—</td><td rowspan="3">4</td></tr>
<tr><td>>4.75~6.00</td><td>>15.00~19.00</td></tr>
<tr><td rowspan="3">B</td><td>>3.00~3.75</td><td>>19.00~23.60</td><td rowspan="2">—</td><td rowspan="2">5</td></tr>
<tr><td>>3.75~4.75</td><td>>23.60~30.00</td><td>—</td></tr>
<tr><td>>4.75~6.00</td><td>2</td><td>—</td><td>—</td><td>—</td><td>—</td><td>—</td><td>—</td></tr>
</table>

【标记】　莫氏圆锥 2 号，$d=10.80$mm 的 B 型直柄工具弹性夹紧套，标记为：夹紧套　2-B 10.80　JB/T 3411.70—1999。

22.3.2 锥柄工具过渡套

【用途】 用于车床、钻床等，快速改变圆锥孔的尺寸，扩大其使用范围。

【规格】 锥柄工具过渡套的规格见表22-3。

表22-3 锥柄工具过渡套的规格（JB/T 3411.67—1999）

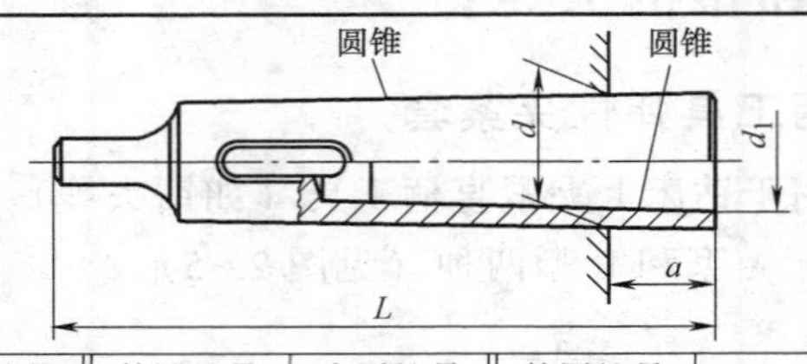

外圆锥号（莫氏）	内圆锥号（莫氏）	外圆锥号（莫氏）	内圆锥号（莫氏）	外圆锥号（米制）	内圆锥号
2	1、2	5	3、4	80	5、6(莫氏)
3	2、3	6	3、4、5	100	6(莫氏)、80(米制)
4	3、4	—	—	120	80、100(米制)

【标记】 外圆锥为米制100号，内圆锥为莫氏6号的锥柄工具过渡套，标记为：过渡套 100-6 JB/T 3411.67—1999。

22.3.3 锥柄工具接长套

【用途】 用于车床、钻床等，扩大其使用范围。

【规格】 锥柄工具接长套的规格见表22-4。

表22-4 锥柄工具接长套的规格（JB/T 3411.68—1999）

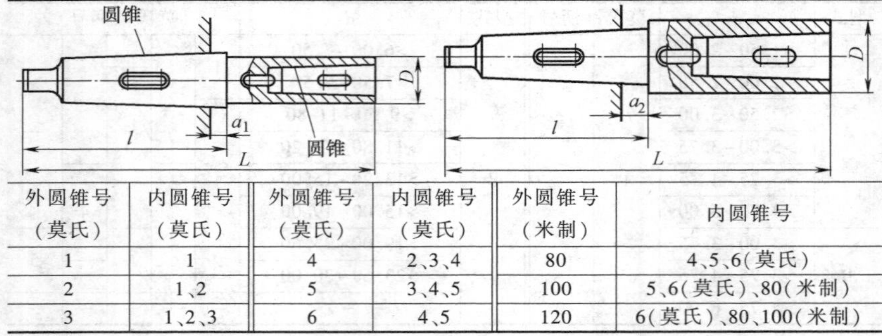

外圆锥号（莫氏）	内圆锥号（莫氏）	外圆锥号（莫氏）	内圆锥号（莫氏）	外圆锥号（米制）	内圆锥号
1	1	4	2、3、4	80	4、5、6(莫氏)
2	1、2	5	3、4、5	100	5、6(莫氏)、80(米制)
3	1、2、3	6	4、5	120	6(莫氏)、80、100(米制)

【标记】 外锥为莫氏圆锥5号，内锥为莫氏圆锥4号的锥柄工具接长套，标记为：接长套 5-4 JB/T 3411.68—1999。

22.3.4　锥柄工具带导向接长套

【用途】　用于车床、钻床等，扩大其使用范围。

【规格】　锥柄工具带导向接长套的规格见表 22-5。

表 22-5　锥柄工具带导向接长套的规格（JB/T 3411.69—1999）

（单位：mm）

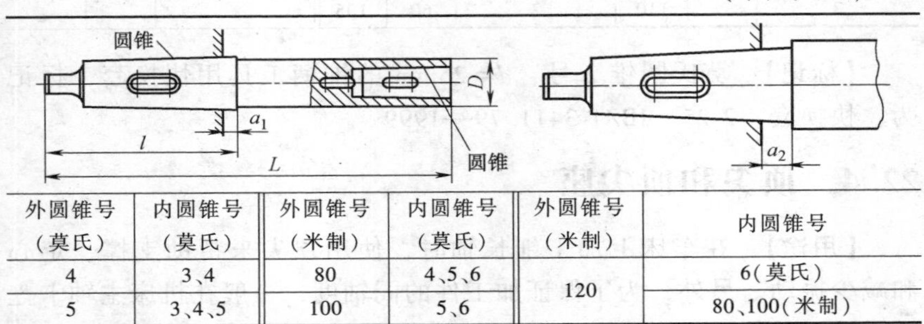

外圆锥号（莫氏）	内圆锥号（莫氏）	外圆锥号（米制）	内圆锥号（莫氏）	外圆锥号（米制）	内圆锥号
4	3、4	80	4、5、6	120	6(莫氏)
5	3、4、5	100	5、6		80、100(米制)

【标记】　外锥为莫氏圆锥 5 号，内锥为莫氏圆锥 4 号，$L=$ 630mm 锥柄工具带导向接长套，标记为：接长套　5-4×630　JB/T 3411.69—1999。

22.3.5　锥柄工具用快换套

锥柄工具用快换套是可以在不停机状态下装换刀具，节约时间的辅助工具。

【用途】　用于同一工件上多规格的钻孔。

在钻床上加工孔时，往往需用不同的刀具经过几次更换和装夹才能完成（如使用钻头、扩孔钻、铰刀等）。在这种情况下，采用快换套，能再主轴旋转的时候，更换刀具，装卸迅速，

【规格】　锥柄工具用快换套的规格见表 22-6。

表 22-6　锥柄工具用快换套的规格（JB/T 3411.79—1999）

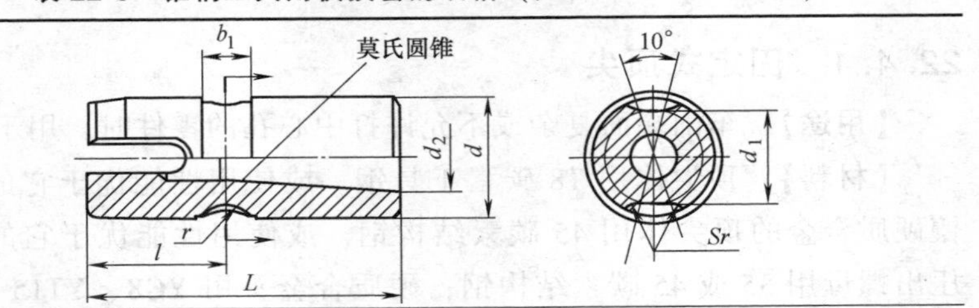

（续）

莫氏圆锥号	d	L	莫氏圆锥号	d	L	莫氏圆锥号	d	L
1	25	75	1	45	95	3	60	120
2		85	2		95	4		135
1	35	85	3		110	5		170
2		90	4		135	—	—	—
3		110	2	60	105			

【标记】 莫氏圆锥 2 号，$d=25$mm 的锥柄工具用快换套，标记为：快换套 2-25 JB/T 3411.79—1999。

22.4 顶尖和顶尖座

【用途】 在车床上加工细长轴时，使用顶尖来帮助支撑、定心和减少振动。另外，为了保证加工件的同轴度，一般在机床主轴卡盘或尾座上加用顶尖。

【分类】 顶尖分为固定式和回转式两种。前者是一个整体，定位精度高，但由于顶尖部分旋转摩擦生热，中心孔或顶尖容易“烧坏”，适用于低速加工、精度要求较高的工件。后者装有轴承，定位精度略差，但能在很高的转速下工作，一般用于轴的粗车或半精车。

顶尖分为内拨式、外拨式和端面拨动三种（见图 22-6）。

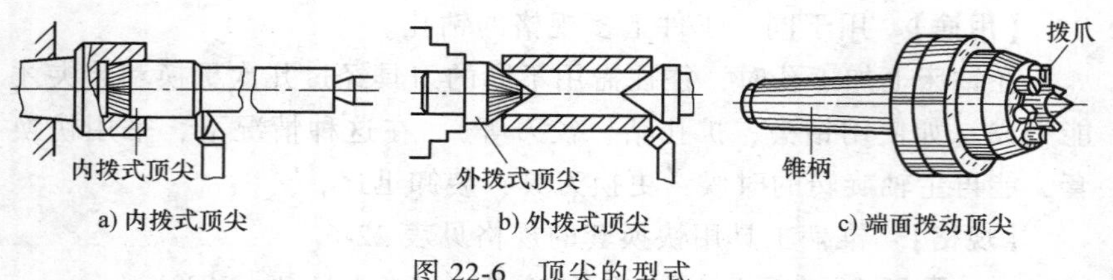

a) 内拨式顶尖　b) 外拨式顶尖　c) 端面拨动顶尖

图 22-6 顶尖的型式

22.4.1 固定式顶尖

【用途】 车削端面复杂或不允许打中心孔的零件时，用于支承。

【材料】 顶尖体用 T8 碳素工具钢，或使用性能优于它的材料；镶硬质合金的顶尖体用 45 碳素结构钢，或使用性能优于它的材料；压出螺母用 35 或 45 碳素结构钢；硬质合金头用 YG8、YT15 等牌号的硬质合金材料。

【硬度】 顶尖圆锥表面的淬火硬度不低于 58HRC，锥柄部淬火硬度不低于 40HRC，镶硬质合金顶尖锥柄的淬火硬度为 40～45HRC；压出螺母的硬度为 35～40HRC（发蓝或其他表面处理）。

【型式】 有Ⅰ型、Ⅱ型和Ⅲ型（见图 22-7）。

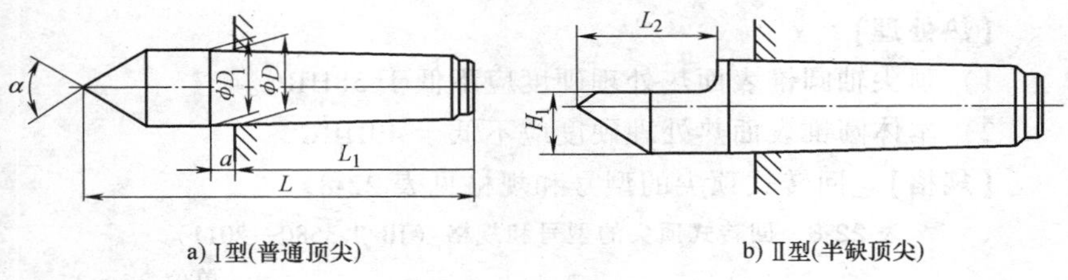

a) Ⅰ型(普通顶尖)　　b) Ⅱ型(半缺顶尖)

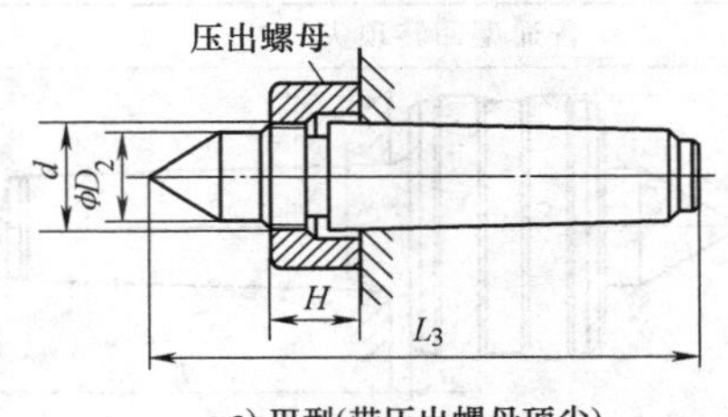

c) Ⅲ型(带压出螺母顶尖)

图 22-7　固定式顶尖的型式

【规格】 固定式顶尖的型号和规格见表 22-7。

表 22-7　固定式顶尖的型号和规格（GB/T 9204—2008）

（单位：mm）

型式	型号	锥度	D	α	型式	型号	锥度	D	α
米制	4	1：20＝0.05	4	60°	莫氏	4	0.62326：12＝0.05194	31.267	60°、75°或90°
	6	1：20＝0.05	6			5	0.63151：12＝0.05263	44.399	
莫氏	0	0.6246：12＝0.05205	9.045	60°、75°或90°		6	0.62565：12＝0.05214	63.348	
	1	0.59858：12＝0.04988	12.065		米制	80	1：20＝0.05	80	
	2	0.59941：12＝0.04995	17.780			100	1：20＝0.05	100	
	3	0.60235：12＝0.05020	23.825						

注：α 一般为 60°，根据需要可选用 75°或 90°。

22.4.2 回转式顶尖

【分类】 分为普通型、伞型和插入型三种。

【用途】 用于普通机床和数控机床。

【材料】

1）顶尖轴采用 T8 碳素工具钢或更高性能的材料。

2）本体采用 45 优质碳素结构钢或性能不低于 45 钢的材料。

【热处理】

1）顶尖轴圆锥表面热处理硬度应不低于 58HRC。

2）本体圆锥表面热处理硬度应不低于 40HRC。

【规格】 回转式顶尖的型号和规格见表 22-8。

表 22-8 回转式顶尖的型号和规格（JB/T 3580—2011）

（单位：mm）

普通型回转顶尖

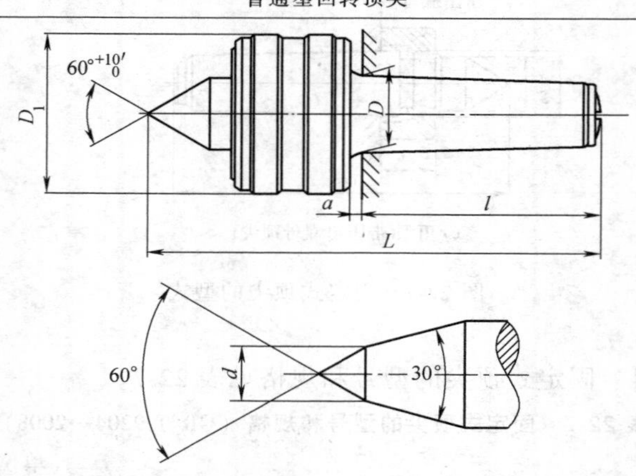

圆锥号	莫氏						米制			
	1	2	3	4	5	6	80	100	120	160
D	12.065	17.780	23.825	31.267	44.399	63.348	80	100	120	160
$D_{1(\max)}$	40	50	60	70	100	140	160	180	200	280
$L_{(\max)}$	115	145	170	210	275	370	390	440	500	680
l	53.5	64	81	102.5	129.5	182	196	232	268	340
a	3.5	5	5	6.5	6.5	8	8	10	12	16
d	—	—	10	12	18	—	—	—	—	—

（续）

中系列伞形回转顶尖

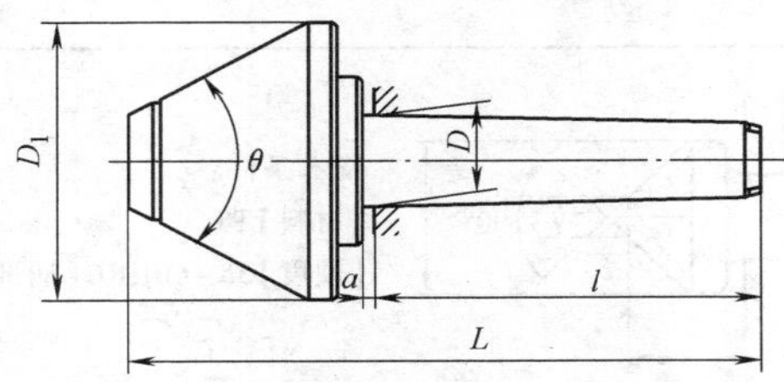

莫氏圆锥号	2	3	4	5	6
D	17.780	23.825	31.267	44.399	63.348
$D_{1(\max)}$	80	100	160	200	250
$L_{(\max)}$	125	160	210	255	325
l	64	81	102.5	129.5	182
a	5	5	6.5	6.5	8
θ	60°、75°、90°				

中系列替换型插入式回转顶尖

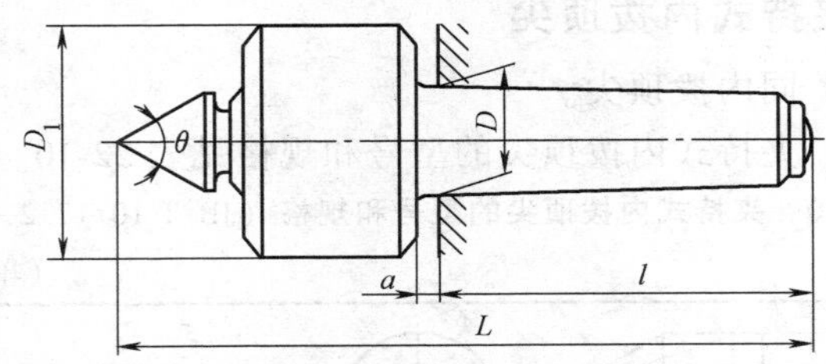

莫氏圆锥号	2	3	4	5	6
D	17.780	23.825	31.267	44.399	63.348
$D_{1(\max)}$	80	100	160	200	250
$L_{(\max)}$	125	160	210	255	325
l	64	81	102.5	129.5	182
a	5	5	6.5	6.5	8
θ	60°、75°			60°、75°、90°	

注：回转顶尖本体锥柄的尺寸按 GB/T 1443 的规定。

22.4.3　内拨顶尖

内拨顶尖的头部锥体为带齿外锥的固定顶尖。

【用途】　安装在主轴锥孔中，利用带齿外锥与工件中心孔配合，顶住并带动工件转动。

【规格】 内拨顶尖的型号和规格见表22-9。

表22-9 内拨顶尖的型号和规格（JB/T 10117.1—1999）

（单位：mm）

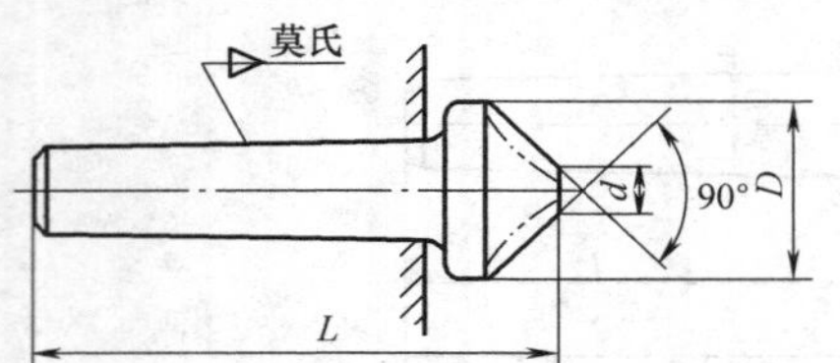

技术条件：
【材料】T8。
【硬度】55~60HRC(柄部为40~45HRC)。

项目	莫氏圆锥				
	2	3	4	5	6
D	30	50	75	95	120
d	6	15	20	30	50
L	85	110	150	190	250

【标记】 莫氏圆锥4号的内拨顶尖，标记为：顶尖 4 JB/T 10117.1—1999。

22.4.4 夹持式内拨顶尖

【用途】 同内拨顶尖。

【规格】 夹持式内拨顶尖的型号和规格见表22-10。

表22-10 夹持式内拨顶尖的型号和规格（JB/T 10117.2—1999）

（单位：mm）

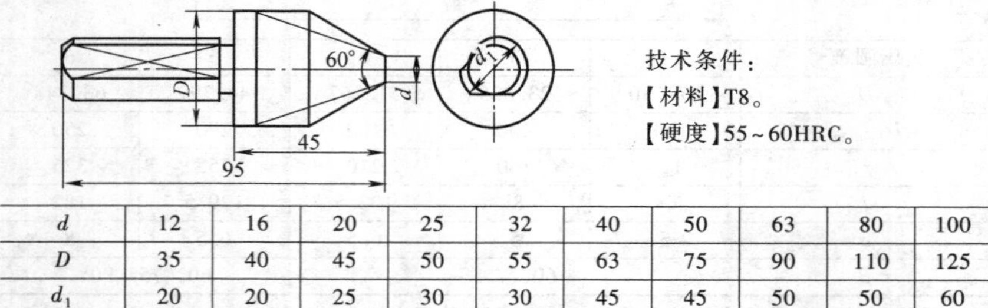

技术条件：
【材料】T8。
【硬度】55~60HRC。

d	12	16	20	25	32	40	50	63	80	100
D	35	40	45	50	55	63	75	90	110	125
d_1	20	20	25	30	30	45	45	50	50	60

【标记】 $d=12$mm的夹持式内拨顶尖，标记为：顶尖 12 JB/T 10117.2—1999。

22.4.5 外拨顶尖

外拨顶尖的头部锥体为带齿内锥的固定顶尖。

【用途】 安装在主轴锥孔中，利用带齿内锥与工件端面外圆配合，顶住并带动工件转动。

【规格】 外拨顶尖的型号和规格见表 22-11。

表 22-11　外拨顶尖的型号和规格（JB/T 10117.3—1999）

（单位：mm）

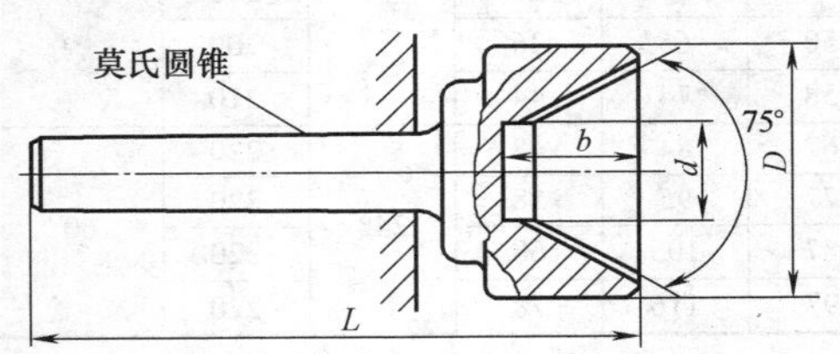

技术条件：
【材料】T8。
【硬度】55～60HRC（柄部为 40～45HRC）。

项目	莫氏圆锥				
	2	3	4	5	6
D	34	64	100	110	140
d	8	12	40	40	70
L	86	120	160	190	250
b	16	30	36	39	42

【标记】 莫氏圆锥 4 号的外拨顶尖，标记为：顶尖　4　JB/T 10117.3—1999。

22.4.6　内锥孔顶尖

内锥孔顶尖呈凹形的空心顶尖，用于具有气动或液压尾座车床的前顶尖。

【规格】 内锥孔顶尖的型号和规格见表 22-12。

表 22-12　内锥孔顶尖的型号和规格（JB/T 10117.4—1999）

（单位：mm）

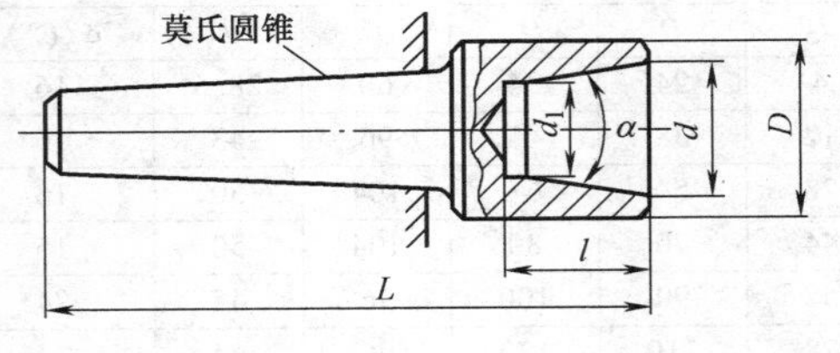

技术条件：
【材料】T8。
【硬度】55～60HRC（柄部 40～45HRC）。

（续）

公称直径（适用工件直径）	莫氏圆锥	d	D	d_1	α	L	l
8~16	4	18	30	6	16°	140	48
14~24		26	39	12		160	55
22~32		34	48	20		160	
30~40	5	42	56	28		200	
38~48		50	65	36		200	
46~56		58	74	44		210	
50~65		67	84	48	24°	220	60
60~75		77	95	58		220	
70~85		87	105	68		220	
80~95		97	116	78		220	

【标记】 莫氏圆锥 5 号，公称直径为 38~48mm 的内锥孔顶尖，标记为：顶尖　5-38-48　JB/T 10117.4—1999。

22.4.7　夹持式内锥孔顶尖

【规格】 夹持式内锥孔顶尖的型号和规格见表 22-13。

表 22-13　夹持式内锥孔顶尖的型号和规格（JB/T 10117.5—1999）

（单位：mm）

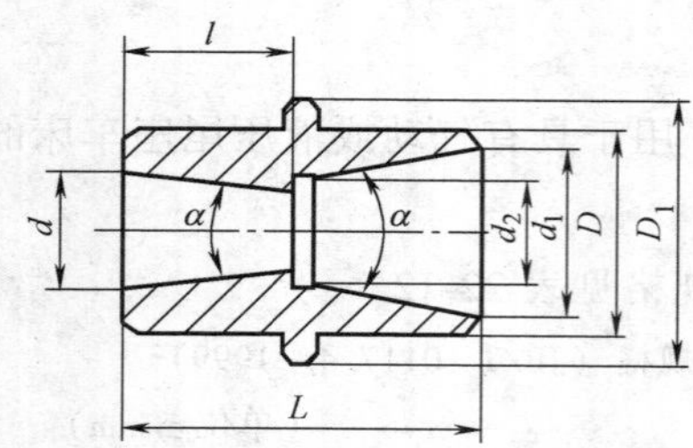

技术条件：

【材料】T8。

【硬度】55~60HRC。

【标记】 公称直径为 22~40 mm 的夹持式内锥孔顶尖，标记为：顶尖　22~40　JB/T 10117.5—1999

公称直径	d	d_1	d_2	D	D_1	L	l	α/(°)
4~10	10	12	4	24	34	60	28.5	16
8~24	18	26	12	38	48	96	43	16
22~40	34	42	28	54	64	104	50	16
38~56	50	58	44	70	80	104	50	16
50~75	67	77	58	90	100	96	45	24
70~95	87	97	78	110	120	96	45	24

22.5 卡头、夹头和夹板

22.5.1 卡头

卡头有鸡心式（见图 22-8）和卡环式（见图 22-9）。

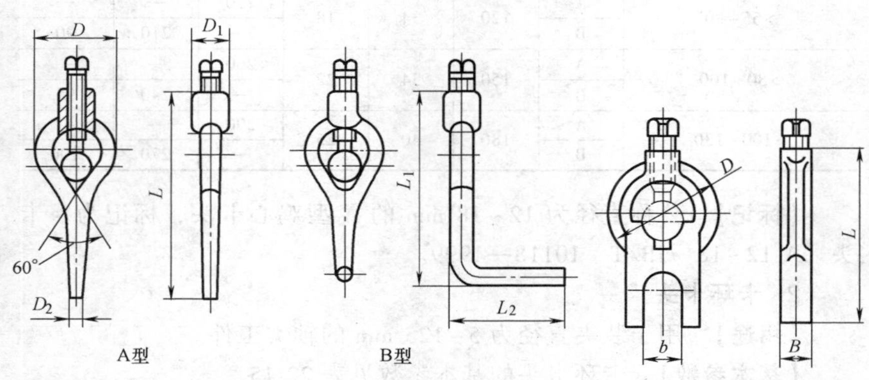

图 22-8 鸡心式卡头　　图 22-9 卡环式卡头

1. 鸡心卡头

【用途】 用于装夹直径为 3~130 mm 的轴类工件。

【基本参数】 鸡心卡头的基本参数见表 22-14。

表 22-14 鸡心卡头的基本参数（JB/T 10118—1999）

（单位：mm）

公称直径（适用工件直径）	型号	D	D_1	D_2	L	L_1	L_2
3~6	A	22	12	6	75	—	—
	B				—	70	40
>6~12	A	28	16	8	95	—	—
	B				—	90	50
>12~18	A	36	18	8	115	—	—
	B				—	110	60
>18~25	A	50	22	10	135	—	—
	B				—	130	70
>25~35	A	65	28	12	155	—	—
	B				—	150	75
>35~50	A	85	28	14	180	—	—
	B				—	170	80

（续）

公称直径（适用工件直径）	型号	D	D_1	D_2	L	L_1	L_2
>50~65	A	100	28	16	205	—	—
	B				—	190	85
>65~80	A	120	34	18	230	—	—
	B				—	210	90
>80~100	A	150	34	22	260	—	—
	B				—	240	95
>100~130	A	180	40	25	290	—	—
	B				—	270	100

【标记】 公称直径为 12~18 mm 的 A 型鸡心卡头，标记为：卡头 A 12~18 JB/T 10118—1999。

2. 卡环卡头

【用途】 用于装夹直径为 5~125 mm 的轴类工件。

【基本参数】 卡环卡头的基本参数见表 22-15。

表 22-15 卡环卡头的基本参数（JB/T 10119—1999）

（单位：mm）

公称直径	D	L	B	b	公称直径	D	L	B	b
5~10	26	40	10	12	50~60	95	110	18	16
10~15	30	50			60~70	105	125		
15~20	45	60	13	12	70~80	115	140	20	16
20~25	50	67			80~90	125	150		
25~32	56	71			90~100	135	160		
32~40	67	90	18	16	100~110	150	165		
40~50	80	100			110~125	170	190		

【标记】 公称直径为 10~15mm 的卡环，标记为：卡环 10~15 JB/T 10119—1999。

22.5.2 夹头

夹头有弹簧夹头、快换夹头和丝锥夹头和夹套。

1. 弹簧夹头

【用途】 用于金属切削机床、机床附件和工具。

【原理】 以切开的套的形式快速围拢工件或工具，夹紧和定位工件。

【型式和基本参数】　弹簧夹头的型式和基本参数见表 22-16。

表 22-16　弹簧夹头的型式和基本参数（JB/T 5556—1991）

名称	示意图	基本尺寸/mm
A 型:固定式弹簧夹头	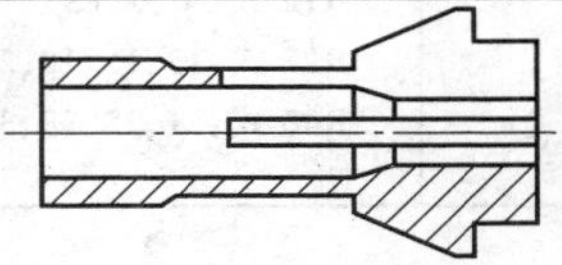	1A 式:6、8、10、12、14、16、18、20、22、25、28、32、35、40、45、50 2A 式:18、22、28、32、35、42、48、56、66
B 型:内螺纹拉式弹簧夹头	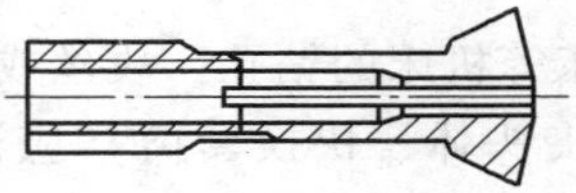	6、8、10、12、14、16、18、20、22
C 型:外螺纹拉式弹簧夹头	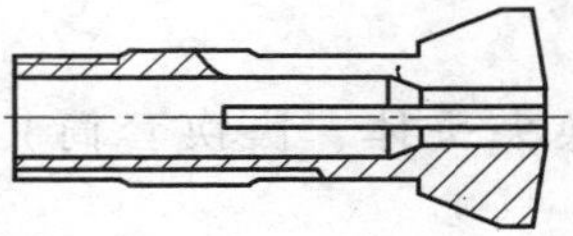	1C、4C 式:6、8、10、12、14、16、18、20、22、25、28、32、35、40、45、50 2 C 式:10、15、27 3 C 式:50、60、70、80、93、100、110、140、
D 型:卡簧	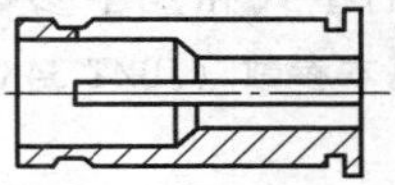	16、20、(22)、25、32、40
E 型:送料夹头	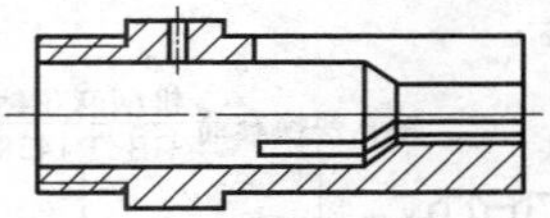	14、18、24、30、42、50、60、66、78、90、100、125
F 型:中心架夹套	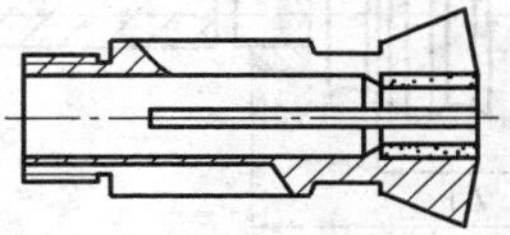	1F 式:9、11、15、20、28 2F 式:9、12、16、18、25、32
J 型:长锥式弹簧夹头	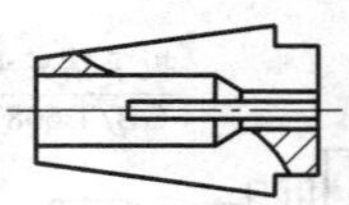	12、16、20、25、35、45
Q 型:双锥式弹簧夹头	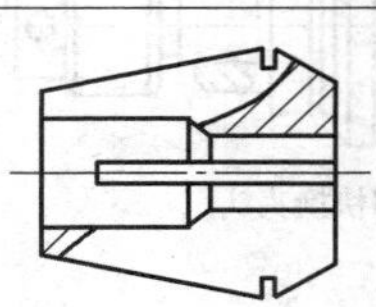	1Q 式:6、8、10、12、14、16、20、25、32、40、50 2Q 式:10、16、20、25、32、40 3Q 式:10、16、20、25、32、40

（续）

名称	示意图	基本尺寸/mm
R型：柔性夹头		R12式：6、9、12 R25式：12、15、18、21、25 R40式：21、25、28、32、36、40

2. 快换夹头

【用途】 适用于钻床、车床等机床的钻孔、攻丝或装夹工作。

【材料】 主要零件（快换夹头体、快换套筒）应选择抗拉强度不低于1000MPa的、符合GB/T 1222规定的材料，优先选用的材料为65Mn。

【硬度】 主要零件（快换夹头体、快换套筒）的硬度不低于50HRC。

【型式和基本参数】 快换夹头的型式和基本参数见表22-17。

表22-17 快换夹头的型式和基本参数（JB/T 3489—2007）

（单位：mm）

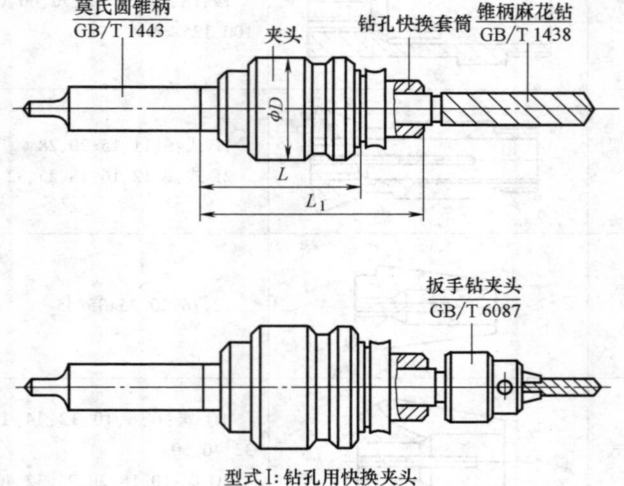

型式Ⅰ：钻孔用快换夹头

（续）

莫氏圆锥柄型号		2		3			4				5			
钻孔范围		3~23		3~31.5			3~50.5				14.5~75			
钻孔快换套筒莫氏锥孔		1	2	1	2	3	1	2	3	4	2	3	4	5
ϕD		52		66			78				90			
参考尺寸	L_{max}	90		103			129				159			
	L_{1max}	127	142	134	145	160	159	159	179	204	189	189	213	243

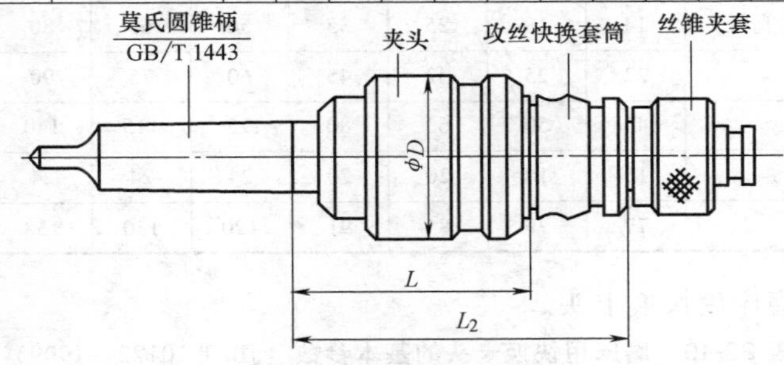

型式Ⅱ：攻丝快换夹头

莫氏圆锥柄型号		3	4	5
攻丝范围		M3~M12	M12~M24	M12~M24
ϕD		66	78	90
参考尺寸	$L_{(max)}$	103	129	159
	$L_{2(max)}$	172	200	249

3. 车床和磨床用快换卡头

【用途】 用于在车床或磨床上快速装夹轴类工件。

【型式】 车床或磨床快换卡头如图 22-10 所示。

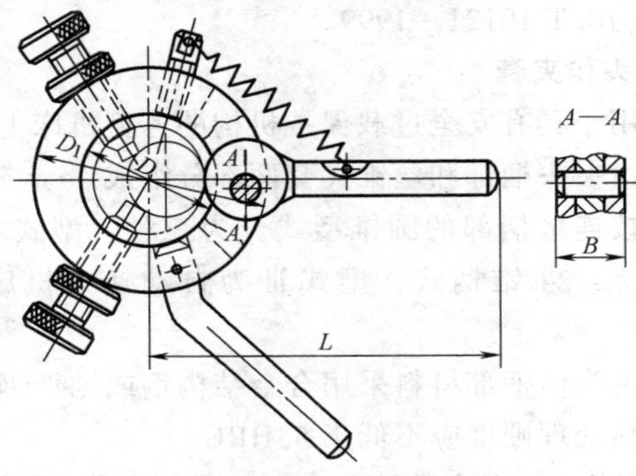

图 22-10　车床或磨床快换卡头

【基本参数】 车床用快换卡头和磨床用快换卡头的基本参数分别见表 22-18 和表 22-19。

1）车床用快换卡头。

表 22-18 车床用快换卡头的基本参数（JB/T 10121—1999）

（单位：mm）

公称直径 （适用工件直径）	8～ 14	>14～ 18	>18～ 25	>25～ 35	>35～ 50	>50～ 65	>65～ 80	>80～ 100
D	22	25	32	45	60	75	90	110
D_1	45	50	65	80	95	115	140	170
B	15	18	20	20	24	24	24	28
L	77	79	85	91	120	130	138	150

2）磨床用快换卡头。

表 22-19 磨床用快换卡头的基本参数（JB/T 10122—1999）

（单位：mm）

公称直径 （适用工件直径）	6 ～12	>12 ～18	>18 ～25	>25 ～35	>35 ～50	>50 ～65	>65 ～80	>80 ～100	>100 ～130
D	20	25	32	45	60	75	90	110	140
D_1	35	45	55	70	85	100	120	140	170
B	12		15			18		20	
L	76	82	86	93	101	108	120	130	145

【标记】 公称直径为 18～25 mm 的车床用快换卡头，标记为：卡头 18～25 JB/T 10121—1999。

4. 丝锥夹头和夹套

【用途】 用于具有安全过载保护机构的各型机床上攻丝。

【结构】 由夹头柄部和丝锥夹套两部分组成。

【分类】 按连接柄部的圆锥型式分为三种：型式Ⅰ为莫氏锥柄式，型式Ⅱ为 7∶24 锥柄式，型式Ⅲ为自动换刀机床用 7∶24 锥柄式。

【材料】 夹头体柄部材料采用合金结构钢或轴承钢。

【硬度】 热处理硬度应不低于 53HRC。

【规格】 丝锥夹头的参数见表 22-20；丝锥夹套的参数见表 22-21。

表 22-20　丝锥夹头的参数（JB/T 9939.1—2013）

（单位：mm）

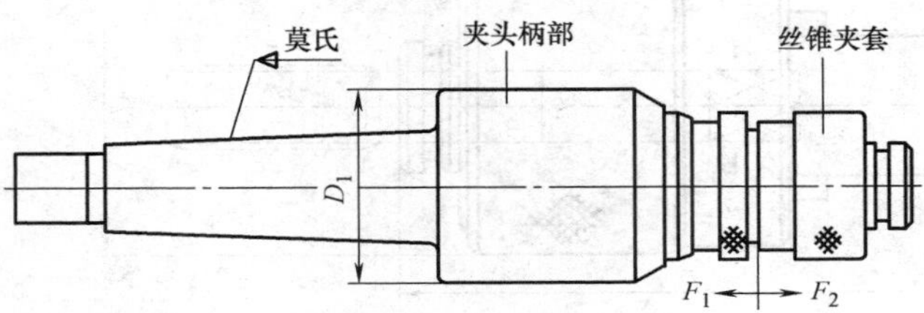

型式Ⅰ为莫氏锥柄丝锥夹头

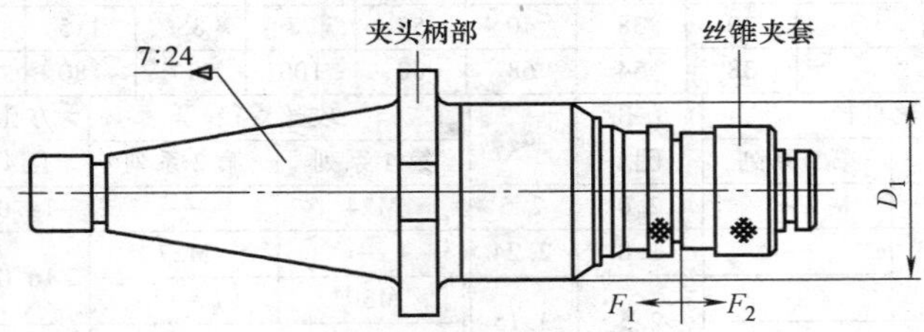

型式Ⅱ为7:24锥柄丝锥夹头

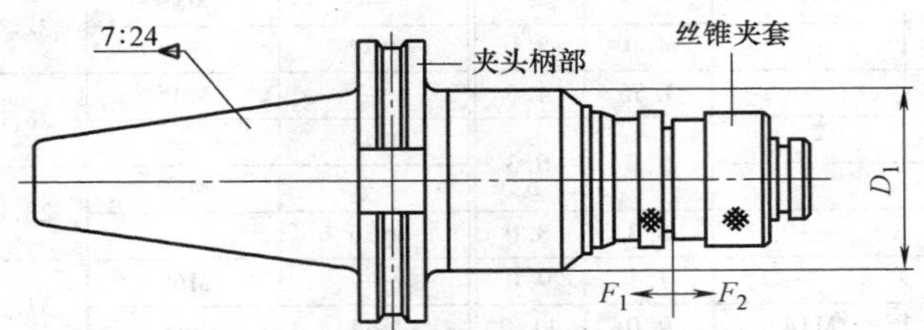

型式Ⅲ为自动换刀机床用7:24锥柄丝锥夹头

<table>
<tr><td colspan="2">最大攻丝直径</td><td>M8</td><td>M12</td><td>M16</td><td>M24</td><td>M30</td><td>M42</td><td>M64</td><td>M80</td></tr>
<tr><td colspan="2">攻丝范围</td><td>M2～M8</td><td>M3～M12</td><td>M5～M16</td><td>M12～M24</td><td>M16～M30</td><td>M24～M42</td><td>M42～M64</td><td>M64～M80</td></tr>
<tr><td colspan="2">$D_{1(\max)}$</td><td>40</td><td>45</td><td>55</td><td>65</td><td>80</td><td>95</td><td>115</td><td>135</td></tr>
<tr><td rowspan="2">螺距补偿量</td><td>F_1（压）方向</td><td colspan="2">5</td><td>8</td><td colspan="2">10</td><td colspan="3">15</td></tr>
<tr><td>F_2（拉）方向</td><td>12</td><td>15</td><td colspan="2">20</td><td colspan="2">25</td><td colspan="2">30</td></tr>
</table>

表 22-21　丝锥夹套的参数（JB/T 9939—2013）

（单位：mm）

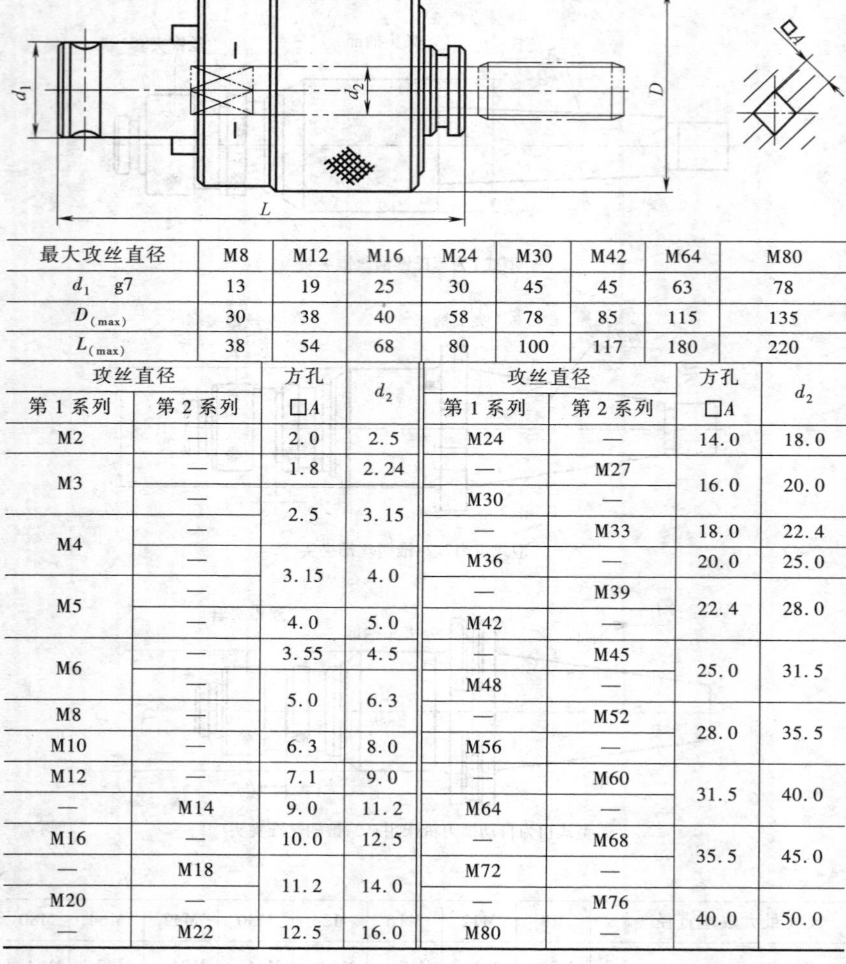

最大攻丝直径	M8	M12	M16	M24	M30	M42	M64	M80
d_1　g7	13	19	25	30	45	45	63	78
$D_{(\max)}$	30	38	40	58	78	85	115	135
$L_{(\max)}$	38	54	68	80	100	117	180	220

攻丝直径		方孔	d_2	攻丝直径		方孔	d_2
第 1 系列	第 2 系列	□A		第 1 系列	第 2 系列	□A	
M2	—	2.0	2.5	M24	—	14.0	18.0
M3	—	1.8	2.24	—	M27	16.0	20.0
	—	2.5	3.15	M30	—		
M4	—			—	M33	18.0	22.4
	—	3.15	4.0	M36	—	20.0	25.0
M5	—			—	M39	22.4	28.0
	—	4.0	5.0	M42	—		
M6	—	3.55	4.5	—	M45	25.0	31.5
	—	5.0	6.3	M48	—		
M8	—			—	M52	28.0	35.5
M10	—	6.3	8.0	M56	—		
M12	—	7.1	9.0	—	M60	31.5	40.0
—	M14	9.0	11.2	M64	—		
M16	—	10.0	12.5	—	M68	35.5	45.0
—	M18	11.2	14.0	M72	—		
M20	—			—	M76	40.0	50.0
—	M22	12.5	16.0	M80	—		

【标记】　攻丝直径为 M5，连接直径 d_1 = 13mm，□A = 3.15mm 的丝锥夹套，标记为：夹套 M5-13-3.15。

22.5.3　夹板

【用途】　用于装夹直径为 20~150mm 的轴类工件。

【基本参数】 夹板的型式和基本参数见表 22-22。

表 22-22　夹板的型式和基本参数（JB/T 10120—1999）

（单位：mm）

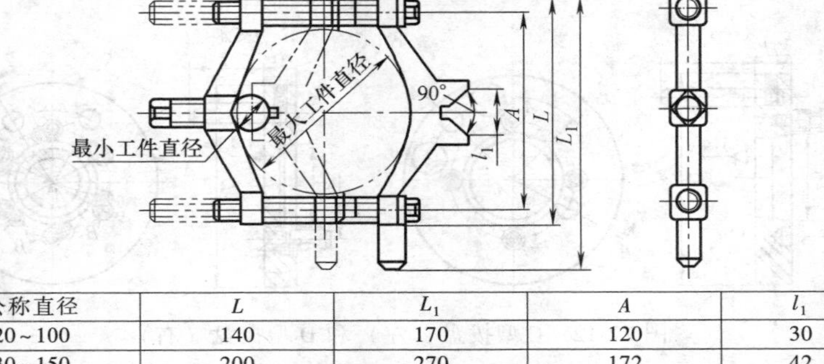

公称直径	L	L_1	A	l_1
20~100	140	170	120	30
30~150	200	270	172	42

【标记】 公称直径为 20~100 mm 的夹板，标记为：夹板　20~100　JB/T 10120—1999。

22.6　机床夹具

机床夹具指结构、尺寸标准化、规格化的夹具，用于保证工件在机床或夹具中的正确位置。除了上面叙述的顶尖、卡头和夹头以外，还有拨盘、卡盘、分度头、回转工作台、吸盘等。

22.6.1　拨盘

【用途】 为保证工件同轴度，较长的（长径比 $L/D=4\sim10$mm）或加工工序较多的轴类工件，常采用两顶尖加拨盘安装定位（见图 22-11）。

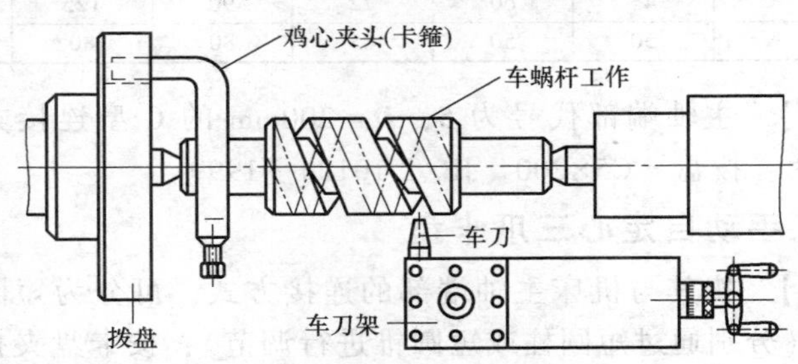

图 22-11　拨盘的用途

【原理】 前顶尖安装在主轴锥孔内，与主轴一起旋转；后顶尖安装在尾架锥孔内固定不转。工件装夹在前、后顶尖之间，由鸡心夹头（卡箍）、拨盘带动工件旋转。

【分类】 按连接方式分为C型和D型两种（见图22-12）。

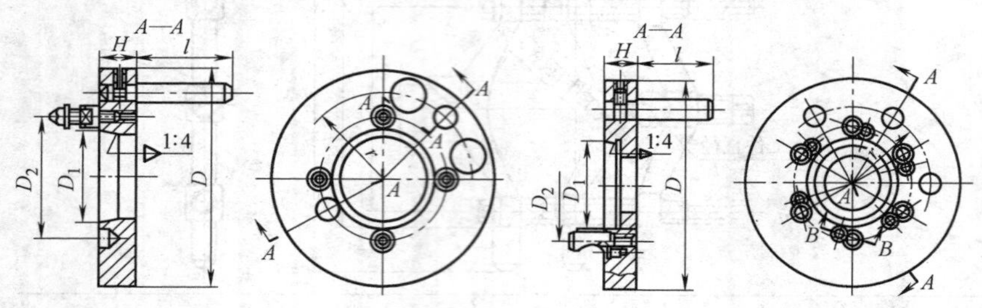

图22-12 C型拨盘（左）和D型拨盘（右）

【型号和基本参数】 拨盘的型号和基本参数见表22-23。

表22-23 拨盘的型号和基本参数（JB/T 10124—1999）

（单位：mm）

主轴端代号	3	4	5	6	8	11
D	125	160	200	250	315	400
D_1	53.975	63.513	82.563	106.375	139.719	196.869
C型拨盘						
D_2	75.0	85.0	104.8	133.4	171.4	235.0
H	20	20	25	30	30	35
r	45	60	72	90	125	165
l	60	60	75	85	85	90
D型拨盘						
D_2	70.6	82.6	104.8	133.4	171.4	235.0
H	25	25	28	35	38	45
r	45	60	72	90	125	165
l	50	50	65	80	80	90

【标记】 主轴端部代号为5，$D=200$mm的C型连接方式的拨盘，标记为：拨盘 C5×200 JB/T 10124—1999。

22.6.2 手动自定心三爪卡盘

【分类】 按其与机床主轴端部的连接方式，可分为短圆柱型和短圆锥型（分别通过短圆柱或短圆锥进行调节）；按卡盘夹持工件的爪数，可分为三爪卡盘（见图22-13）和四爪卡盘（见图22-14）。

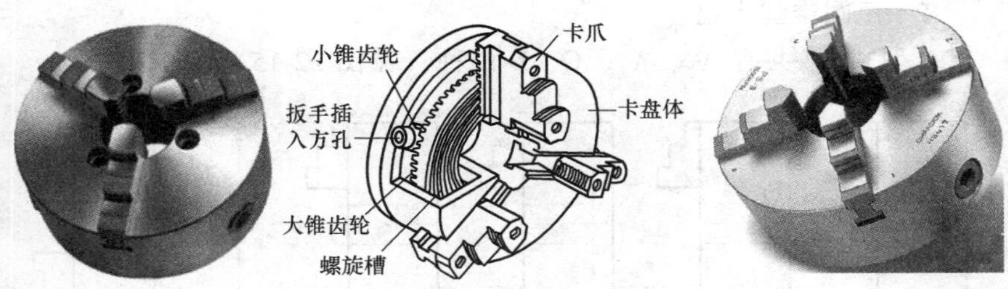

图 22-13 短圆锥三爪卡盘的外形和构造　　图 22-14 四爪卡盘

【原理】 圆锥形齿轮的背面有平面螺纹。当使用钥匙转动卡盘时，带动圆锥齿轮转动，平面螺纹和活动卡爪相啮合，这样就使三个卡爪同时向中心移动。

【材质和热处理】 卡盘盘体抗拉强度 σ_b 应不低于 300MPa。卡爪、盘丝和齿轮选用优质结构钢，其主要工作表面应经热处理达到必要的硬度，卡爪夹持台弧面的硬度应不低于 53HRC。

1. 短圆柱型卡盘

【规格】 短圆柱型三爪自定心卡盘的型号和规格见表 22-24。

表 22-24 短圆柱型三爪自定心卡盘的型号和规格（GB/T 4346—2008）

（单位：mm）

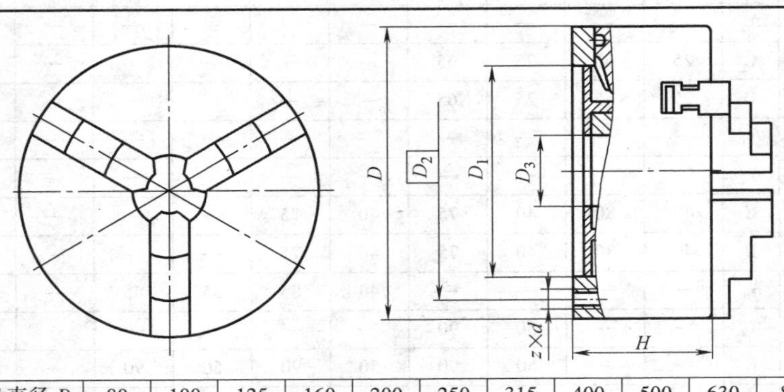

卡盘直径 D	80	100	125	160	200	250	315	400	500	630	800
D_1	55	72	95	130	165	206	260	340	440	560	710
D_2	66	84	108	142	180	226	285	368	465	595	760
D_3 min	16	22	30	40	60	80	100	130	200	260	380
$z \times d$	3×M6	3×M8			3×M10	3×M12	3×M16		6×M16		6×M20
H max	50	55	60	65	75	80	90	100	115	135	149

2. 短圆锥型卡盘

【型式】 共有 A_1、A_2、C、D 四种（见图 22-15）。

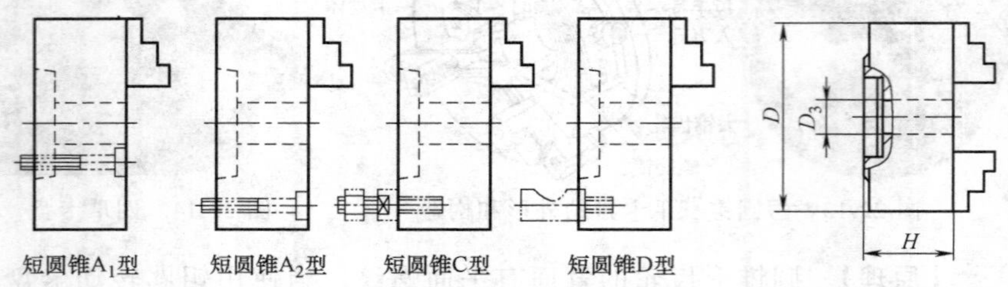

图 22-15 短圆锥型三爪自定心卡盘的型式

【规格】 短圆锥型三爪自定心卡盘的型号和规格见表 22-25。

表 22-25 短圆锥型三爪自定心卡盘的型号和规格（GB/T 4346—2008）

（单位：mm）

卡盘直径 D	连接型式	代号									
		3		4		5		6		8	
		D_3 min	H max	D_3 min	H max	D_3 min	H max	D_3 min	H max	D_3 min	H max
125	A_1	—	—	—	—	—	—	—	—	—	—
	A_2	—	—	—	—	—	—	—	—	—	—
	C	25	65	25	65	—	—	—	—	—	—
	D	25	65	25	65	—	—	—	—	—	—
160	A_1	—	—	—	—	—	—	—	—	—	—
	A_2	—	—	—	—	—	—	—	—	—	—
	C	40	80	40	75	40	75	—	—	—	—
	D	40	80	40	75	40	75	—	—	—	—
200	A_1	—	—	—	—	40	85	55	85	—	—
	A_2	—	—	50	90	—	—	—	—	—	—
	C	—	—	50	90	50	90	50	90	—	—
	D	—	—	50	90	50	90	50	90	—	—
250	A_1	—	—	—	—	40	95	55	95	75	95
	A_2	—	—	—	—	—	—	—	—	—	—
	C	—	—	—	—	70	100	70	100	70	100
	D	—	—	—	—	70	100	70	100	70	100

（续）

卡盘直径 D	连接型式	代号									
		6		8		11		15		20	
		D_3 min	H max	D_3 min	H max	D_3 min	H max	D_3 min	H max	D_3 min	H max
315	A_1	55	110	75	110	—	—	—	—	—	—
	A_2	100	110	—	—	—	—	—	—	—	—
	C	100	110	100	110	100	110	—	—	—	—
	D	100	115	100	115	100	115	—	—	—	—
400	A_1	—	—	75	125	125	125	—	—	—	—
	A_2	—	—	125	125	—	—	—	—	—	—
	C	—	—	125	125	125	125	125	140	—	—
	D	—	—	125	125	125	125	125	155	—	—
500	A_1	—	—	—	—	125	140	190	140	—	—
	A_2	—	—	—	—	190	140	—	—	—	—
	C	—	—	—	—	190	140	200	140	—	—
	D	—	—	—	—	190	145	200	145	—	—
630	A_1	—	—	—	—	—	—	240	160	—	—
	A_2	—	—	—	—	190	160	240	160	—	—
	C	—	—	—	—	190	160	240	160	350	200
	D	—	—	—	—	190	160	240	160	350	200
800	A_1	—	—	—	—	—	—	—	—	—	—
	A_2	—	—	—	—	—	—	240	180	350	200
	C	—	—	—	—	—	—	240	180	350	200
	D	—	—	—	—	—	—	240	180	350	200

22.6.3　手动自定心四爪卡盘

【用途】　与普通机床配套使用，通过调整四爪位置，装夹各种矩形的、不规则的工件。

【原理】　其四个爪相对独立，他们通过内部的四根短丝杠分别带动四个卡爪，夹紧力较大，但没有自动定心作用。

【材质和热处理】　卡盘体应选用性能不低于 HT300 灰铸铁的材料。卡爪各卡口的硬度应不低于 53HRC。

1. 短圆柱型

【规格】　见表 22-26 和表 22-27。

表 22-26　短圆柱型四爪单动卡盘的型号和规格（JB/T 6566—2005）

（单位：mm）

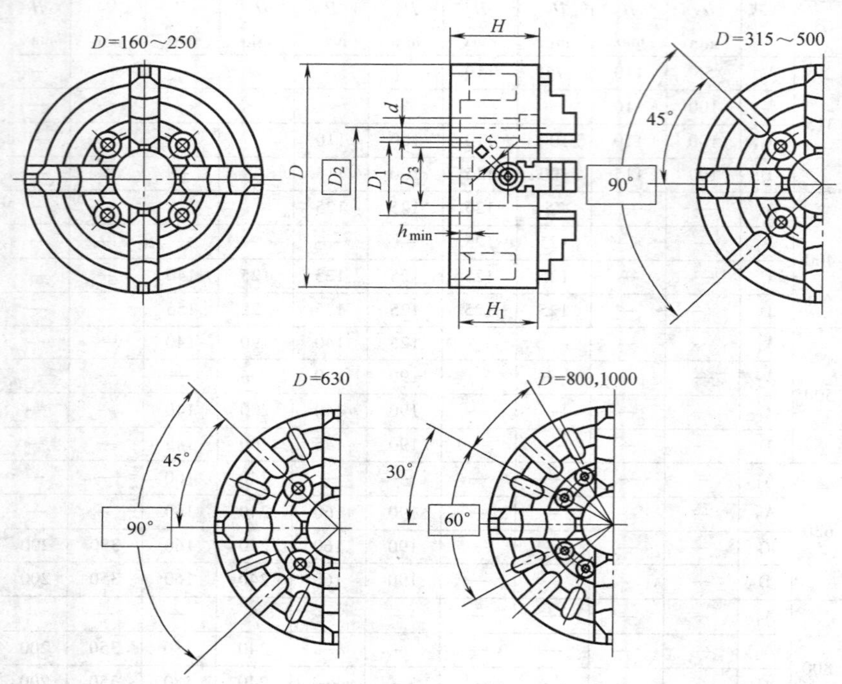

卡盘直径 D	160	200	250	315	400	500	630	800	1000
D_1	53	75	110	140	160	200	220	250	320
D_2	71	95	130	165	185	236	258	300	370
$D_{3\min}$	45	56	75	95	125	160	180	210	260
$H_{\max}$、$H_{1\max}$	67	75	80	90	95	106	118	132	150
$h_{\min}$	4		6		8		10	12	15
d	11		14	18		22			
S	10		12	14			17	19①	22①
T形槽宽度	—			14		18		22	

① 表示该 S 值为外方尺寸，其余为内方尺寸。

2. 短圆锥型

表 22-27　短圆锥型四爪单动卡盘的型号和基本参数（JB/T 6566—2005）

（单位：mm）

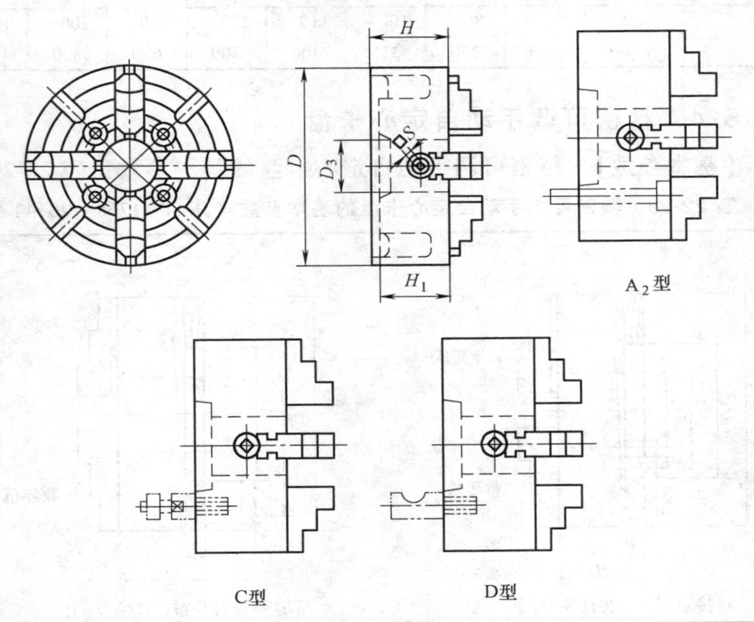

通孔尺寸								
卡盘的连接代号	3	4	5	6	8	11	15	20
D_3(min)	45	56	56	75	125	160	180	210
短圆锥型卡盘的连接参数按 GB/T 5900.1～5900.3—2008 的有关规定								
短圆锥型卡盘的扳手□S、T 形槽宽度以及 H 的尺寸见表 22-26								

【夹持尺寸】　短圆锥型卡盘的夹持尺寸见表 22-28。

表 22-28　短圆锥型卡盘的夹持尺寸　　（单位：mm）

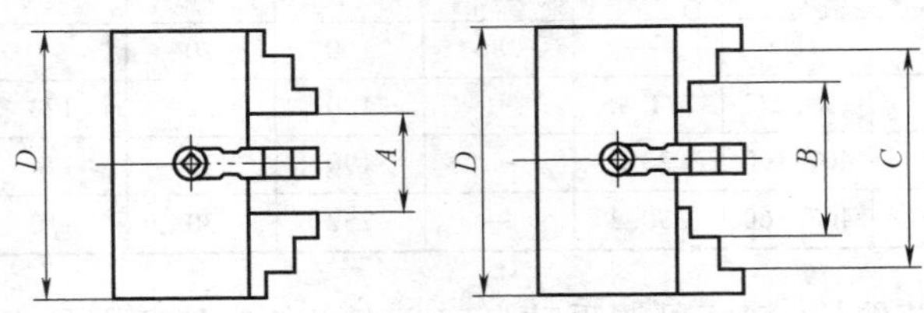

（续）

卡盘直径 D	160	200	250	315	400	500	630	800	1000
A	8~80	10~100	15~130	20~170	25~250	35~300	50~400	70~540	100~680
B~C	50~160	63~200	80~250	100~315	118~400	125~500	160~630	200~800	250~1000

22.6.4 精密可调手动自定心卡盘

【基本参数】 精密可调手动自定心卡盘的基本参数见表 22-29。

表 22-29 精密可调手动自定心卡盘的基本参数（JB/T 11768—2014）

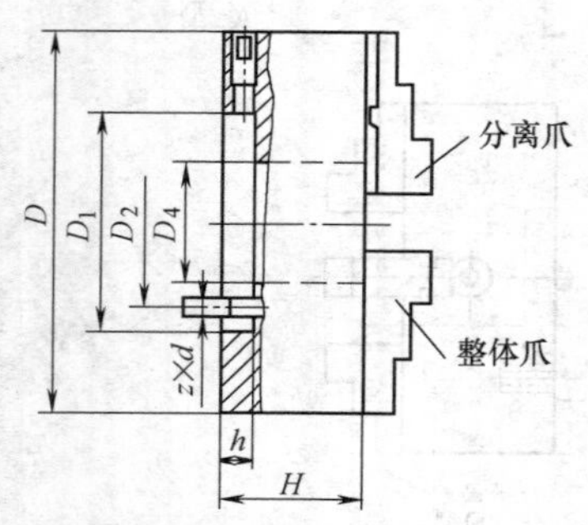

连接螺钉分布在直径 D_2 上

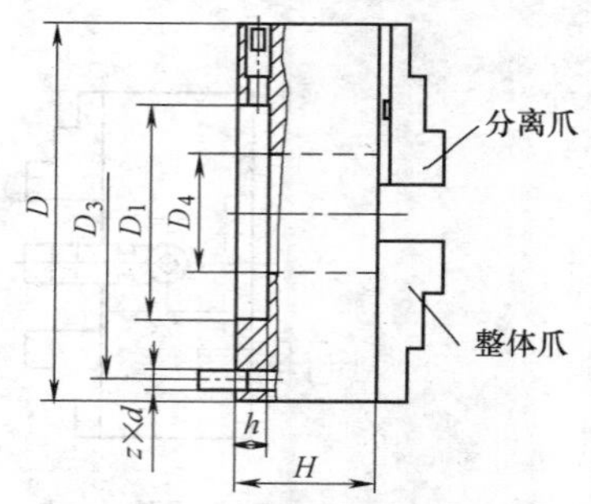

连接螺钉分布在直径 D_3 上

公称直径 D	D_1	D_2	D_3	D_4(min)	h	H(max)	$z×d$
米制卡盘/mm							
100	45	—	83	20	13	68	3×M8
125	55	—	108	30	15	71.5	3×M8
160	86	—	140	40	18	69	3×M10
200	110	—	176	55	20	78	3×M10
250	145	—	224	76	20	89	3×M12
315	180	—	286	100	20	97	3×M16
400	299.237	171.45	—	130	22	123	6×M16
500	407.160	235	—	190	30	144	6×M20
630	407.160	330.2	—	252	30	150	6×M20

【夹持范围】 精密可调手动自定心卡盘的夹持范围见表 22-30。

表 22-30　精密可调手动自定心卡盘的夹持范围

（单位：mm）

卡盘公称直径 D		三爪卡盘		六爪卡盘		卡盘公称直径 D		三爪卡盘		六爪卡盘	
米制	英制	min	max	min	max	米制	英制	min	max	min	max
100	—	3	87	4	87	—	10in	10	250	16	250
—	4in	3	87	4	87	315	—	10	315	12	315
125	—	3	125	6	125	—	12in	10	315	20	315
—	5in	3	125	6	125	400	—	10	400	15	400
160	—	3	160	8	160	—	15in	15	380	28	380
—	6in	3	152	8	152	500	—	20	500	30	500
200	—	4	200	8	200	—	21in	25	530	30	530
—	8in	5	200	8	200	630	—	30	630	40	630
250	—	5	250	12	250	—	24in	30	610	40	610

22.6.5　卡盘用过渡盘

【用途】　用于和卡盘车床主轴的连接（适用于 JB/T 6566—2005 规定的四爪单动卡盘；适用于 GB/T 5900.1～5900.3—1997 规定的主轴端部尺寸）。

【型式】　有 C 型三爪自定心卡盘用过渡盘、D 型三爪自定心卡盘用过渡盘、C 型四爪单动卡盘用过渡盘和 D 型四爪单动卡盘用过渡盘四种（图 22-16）。

【型号和规格】　三爪自定心卡盘用过渡盘的型号和规格见表 22-31；四爪单动卡盘用过渡盘的型号和规格见表 22-32。

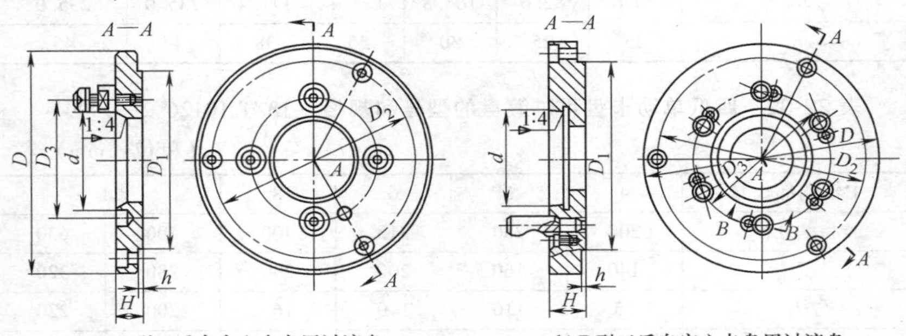

a) C型三爪自定心卡盘用过渡盘　　b) D型三爪自定心卡盘用过渡盘

图 22-16　卡盘用过渡盘的型式

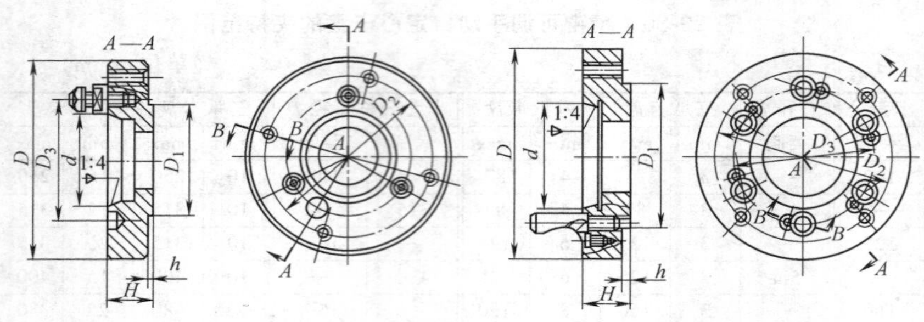

c) C型四爪单动卡盘用过渡盘　　　　d) D型四爪单动卡盘用过渡盘

图 22-16　卡盘用过渡盘的型式（续）

表 22-31　三爪自定心卡盘用过渡盘的型号和规格（JB/T 10126.1—1999）

（单位：mm）

主轴端部代号	3	4	5	6	8	11	
D	125	160	200	250	315	400	500
D_1	95	130	165	206	260	340	440
D_2	108	142	180	226	290	368	465
d	53.975	63.513	82.563	106.375	139.719	196.869	196.869
h(max)	2.5	4.0	4.0	4.0	4.0	4.0	5.0
C 型三爪自定心卡盘用过渡盘							
D_3	75.0	85.0	104.8	133.4	171.4	235.0	235.0
H	20	25	30	30	38	40	40
D 型三爪自定心卡盘用过渡盘							
D_3	70.6	82.6	104.8	133.4	171.4	235.0	235.0
H	25	25	30	35	38	45	45

表 22-32　四爪单动卡盘用过渡盘的型号和规格（JB/T 10126.2—1999）

（单位：mm）

主轴端部代号	4	5	6	8	11	
卡盘直径	200	250	315	400	500	630
D	140	160	200	230	280	320
D_1	75	110	140	160	200	220
D_2	95	130	165	185	236	258
d	63.513	82.563	106.375	139.719	196.869	196.869
h(max)	5	5	5	7	7	9

（续）

C 型四爪单动卡盘用过渡盘						
D_3	85.0	104.8	133.4	171.4	235.0	235.0
H	30	35	35	45	50	60
D 型四爪单动卡盘用过渡盘						
D_3	82.6	104.8	133.4	171.4	235.0	235.0
H	30	35	35	45	50	60

22.6.6　花盘

【用途】　将工件装夹在盘面上，用于车削形状不规则或大而薄的工件。

【结构】　花盘工作面上有许多长短不等的径向导槽，配以角铁（弯板）、垫铁、压板等（见图 22-17a）。

当零件加工的平面相对于安装平面有平行度要求，或加工的孔和外圆的轴线相对于安装平面有垂直度要求时，则可以把工件用压板、螺栓安装在花盘上再进行加工。当零件需要加工的平面相对于安装平面有垂直度要求，或需加工的孔和外圆的轴线相对于安装平面有平行度要求时，则可以用花盘、角铁安装工件（见图 22-17b）。

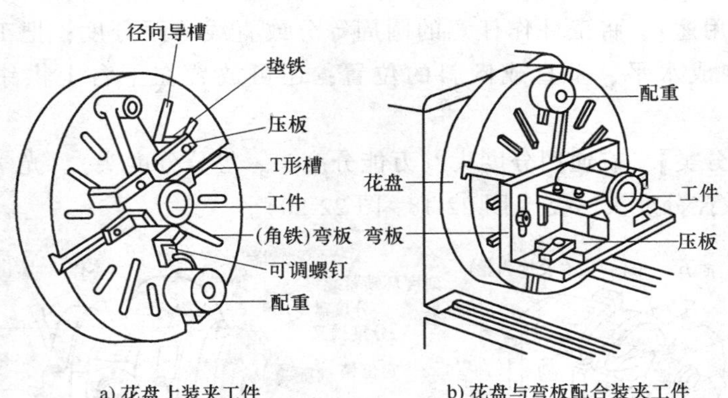

a) 花盘上装夹工件　　b) 花盘与弯板配合装夹工件

图 22-17　花盘的结构

【型号和规格】　花盘的型号和规格见表 22-33。

表 22-33　花盘的型号和规格（JB/T 10125—1999）

（单位：mm）

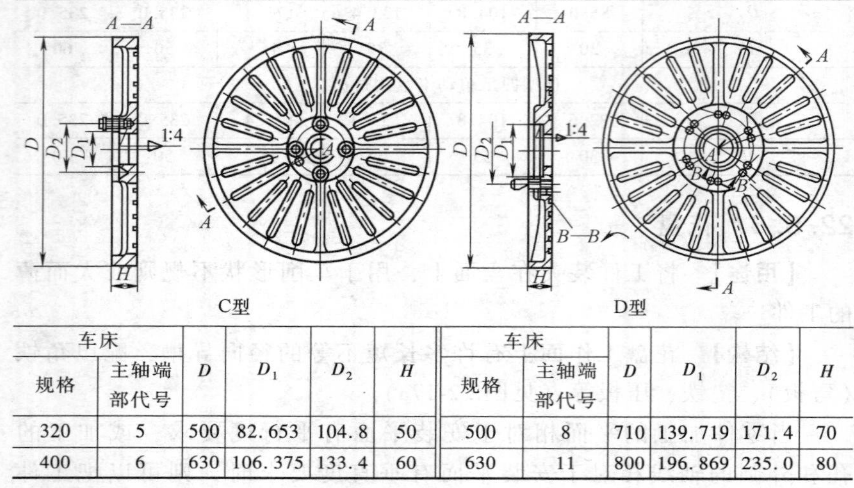

车床		D	D_1	D_2	H	车床		D	D_1	D_2	H
规格	主轴端部代号					规格	主轴端部代号				
320	5	500	82.653	104.8	50	500	8	710	139.719	171.4	70
400	6	630	106.375	133.4	60	630	11	800	196.869	235.0	80

22.7　分度头

分度头是将工件夹持在卡盘上或两顶尖之间，并使其旋转、分度和定位的机床附件，主要用于铣床（也常用于钻床和平面磨床）。

【用途】　将工件作任意的圆周等分或直线移距分度；把工件轴线装夹成水平、垂直或倾斜的位置；还可放置在平台上供钳工划线用。

【分类】　有通用分度头（万能分度头、等分分度头）、光学分度头和数控分度头三类（图 22-18~图 22-20）。

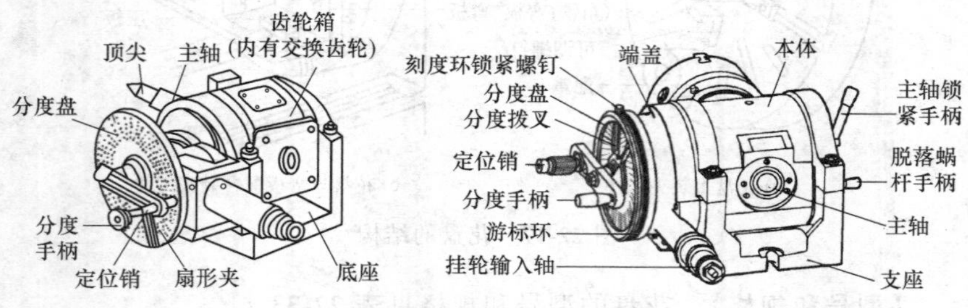

图 22-18　通用分度头的结构

图 22-19　SJJF-1 数字式光栅光学分度头

图 22-20　JJ2 光学分度头

22.7.1　机械分度头

【型号及规格】 机械分度头的型号及规格见表 22-34。

表 22-34　机械分度头的型号及规格（GB/T 2554—2008）

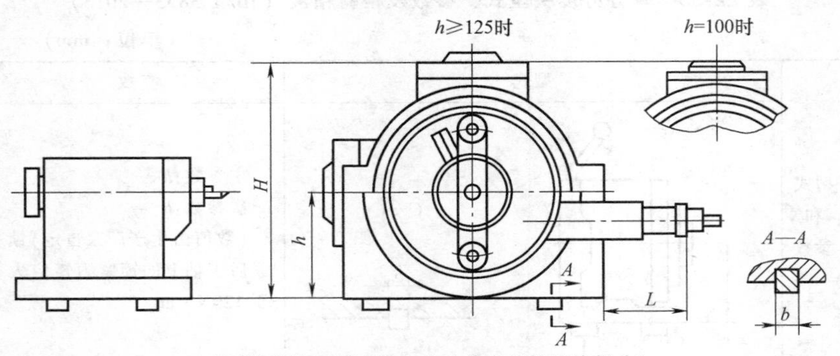

（半万能型比万能型缺少差动分度挂轮连接部分）

中心高 h/mm			100	125	160	200	250
主轴端部	法兰式	端部代号（GB/T 5900.1—1997）	$A_0 2$	$A_3 3$		$A_1 5$	
		莫氏锥孔号（GB/T 1443—1996）	3	4		5	
	7∶24 圆锥	端部锥度号（GB/T 3837—2001）	30	40		50	
定位键宽度 b/mm			14	18		22	
主轴直立时，支承面到底面高度 H/mm			200	250	315	400	500
连接尺寸 L/mm			93	103		—	

（续）

主轴下倾角度/(°)	≥5
主轴上倾角度/(°)	≥95
传动比	40∶1
手轮刻度指示值/(′)	1
手轮游标分划示值/(°)	10

22.7.2　等分分度头

【用途】 用于以槽盘为分度元件的等分分度头。

【型式、参数及精度】 等分分度头型式、参数及检验精度见表 22-35。

表 22-35　等分分度头型式、参数及检验精度（JB/T 3853—2013）

（单位：mm）

	型式	参数
型式和参数	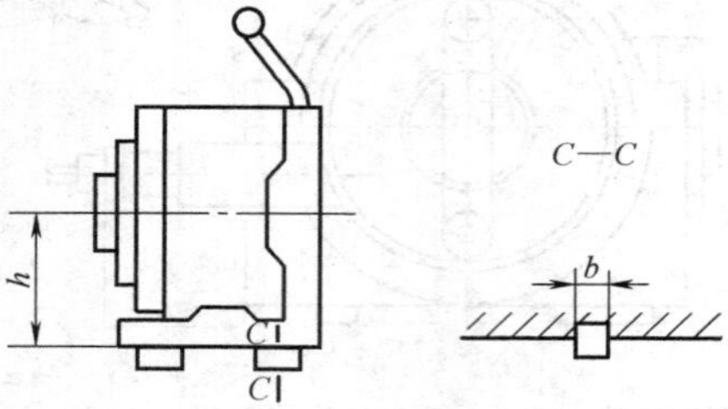 C—C h b C C	主参数：h 次参数：b （数值由生产厂家自定）锁紧后主轴上的锁紧力矩应大于 120N · m
检验精度	项目	数值
	主轴定心轴径的径向跳动	0.010
	主轴轴肩支承面端面跳动	0.015
	两基准面的垂直度①	0.015
	主轴轴肩支承面对底面的平行度①	0.020
	主轴轴肩支承面对定位面侧面的垂直度①	0.020
	单个分度误差	±40″
	分度精度	2′

① 表示在 200mm 测量长度上。

【产品数据】 见表 22-36。

表 22-36　一些等分分度头的规格　　(单位：mm)

型号	中心高	主轴锥孔（莫氏）	主轴锥孔大端直径	可等分数	工作台直径	主轴法兰盘定位短锥直径
F43125A	125	4	31.267	2、3、4	—	53.975
F43160A	160	—	—	6、8	—	—
F43160	—	—	—	12、24	—	—
F43100C	100	3	23.825	2、3、4、6	125	—
F43125C	125	4	31.267	8、12、24	160	41.275
F43160C	160	—	—	—	200	—

型号	定位键宽	配套卡盘型号	分度精度	外形尺寸	重量/kg
F43125A	18	—	2′	245×185×225	75
F43160A	—	—		245×185×257	87
F43160	—	K11160		300×265×180	92
F43100C	—	K11200		153.5×275×178.5	67
F43125C	14	—		172×282×222.5	—
F43160C	—	—		172×282×262.5	—

注：主轴直立时，轴肩支撑面的最大高度<125mm。

22.7.3　光学分度头

【用途】　用于精密加工和角度计量，主轴上装有精密的玻璃刻度盘或圆光栅，通过光学或光电系统进行细分、放大，再由目镜、光屏或数显装置读出角度值（精度可达±1″）。

【基本参数】　光学分度头的基本参数见表 22-37。

表 22-37　光学分度头的基本参数（GB/T 3371—2013）

项目	光学读数			数字显示	
	准确度级别				
	1″级	2″级	4″级	10″级	20″级
光学读数系统分格值/(″)	—		2	5	10
数字显示系统分辨力/(″)	0.1		1	—	
角度测量范围/(°)	0~360				
主轴轴线俯仰角度调节范围/(°)	0~90				
顶针中心高/mm≥	150				
顶针最大中心距/mm≥	700				
主轴锥孔规格	莫氏 4 号				

注：附件有主轴花盘、拨叉、鸡心夹、阿贝测量头、导程测量仪、指示器安装架。

【产品数据】 JJ2 光学分度头的技术数据见表 22-38。

表 22-38 JJ2 光学分度头的技术数据

项目	数值	项目	数值
测量范围	0°~360°	顶尖中心距离/mm	>1000
显示分辨率	1″	尾架锥形孔	莫氏 4 号
顶针中心高度/mm	150	尾桨中心高度调节范围/mm	2
主轴配合锥孔	莫氏 4 号	外形尺寸(底座)/mm	1650×600×590
主轴在垂直平面内回转范围	0°~90°	质量/kg	550

22.7.4 数控分度头

【用途】 数控分度头用于以蜗杆副为分度元件的数控分度头。

【分类】 按精度分，有精密级（Ⅰ）和普通级（Ⅱ）两个等级；按结构分，有不带工作台和带工作台两种（见图 22-21）。

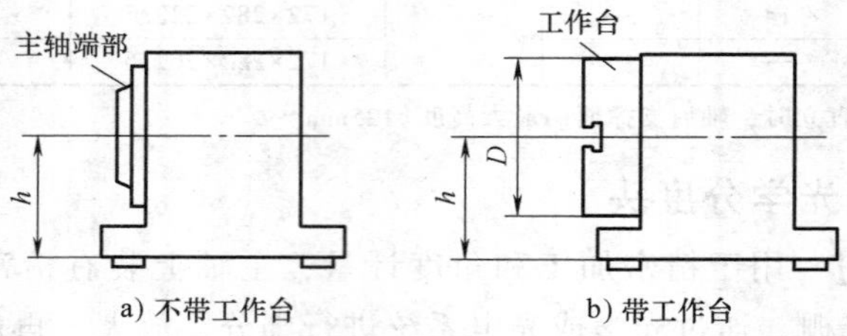

图 22-21 数控分度头

【主参数】 数控分度头的主参数见表 22-39。

表 22-39 数控分度头的主参数（JB/T 11136—2011）

（单位：mm）

中心高 h	125	160	200
工作台直径 D	160	200	315
主轴端部型式(GB/T5900.1)	A15	A16	A18

22.8 中间套

【用途】 用于在铣床上装夹加工零件。

【分类】 有快换中间套、莫氏圆锥中间套、7∶24 圆锥中间套、7∶24 圆锥/莫氏圆锥中间套、7∶24 圆锥/莫氏圆锥短型中间套、7∶24 圆锥/莫氏圆锥长型中间套、7∶24 圆锥/带扁尾莫氏圆锥中间套、7∶24 圆锥/强制传动的莫氏圆锥中间套、7∶24 圆锥/强制传动的莫氏圆锥短型中间套和 7∶24 圆锥/强制传动的莫氏圆锥长型中间套等。

【规格】　见表 22-40～表 22-49。

表 22-40　快换中间套的规格（JB/T 3411.121—1999）

（单位：mm）

外锥	内锥
7∶24 圆锥号	莫氏圆锥号
45	2
	3
	4

【标记】　外锥为 7∶24 圆锥 45 号，内锥为莫氏圆锥 3 号的快换中间套，标记为：中间套　45-3 JB/T 3411.121—1999。

表 22-41　莫氏圆锥中间套的规格（JB/T 3411.109—1999）

（单位：mm）

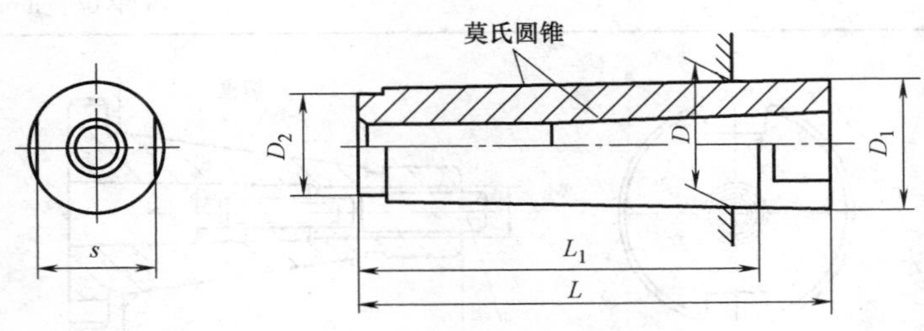

莫氏圆锥号		莫氏圆锥号		莫氏圆锥号		莫氏圆锥号	
外锥	内锥	外锥	内锥	外锥	内锥	外锥	内锥
3	1、2	4	2、3	5	2、3、4	6	4、5

【标记】　外锥为 3 号，内锥为 1 号的莫氏圆锥中间套，标记为：中间套　3-1　JB/T 3411.109—1999。

表 22-42 7：24 圆锥中间套的规格（JB/T 3411.108—1999）

（单位：mm）

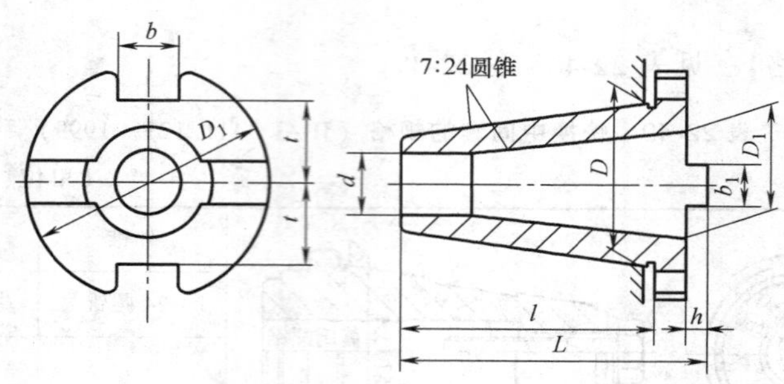

外锥	内锥	外锥	内锥	外锥	内锥	外锥	内锥	外锥	内锥
40	30	45	30	50	30	55	40	60	40
			40		40		45		45
					45		50		50

【标记】 外锥为 50 号，内锥为 40 号的 7：24 圆锥中间套，标记为：中间套 50-40 JB/T 3411.108—1999。

表 22-43 7：24 圆锥/莫氏圆锥短型中间套的规格（JB/T 3411.103—1999）

（单位：mm）

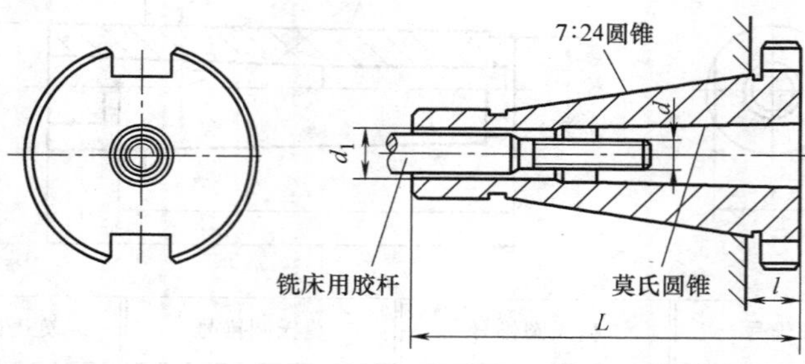

7：24	莫氏	7：24	莫氏	7：24	莫氏	7：24	莫氏	7：24	莫氏
40	2	45	2、3	50	3、4	55	4、5	60	5

【标记】 外锥为 7：24 圆锥 40 号，内锥为莫氏圆锥 2 号的 7：24 圆锥莫氏圆锥短型中间套，标记为：中间套 40-2 JB/T 3411.103—1999。

表 22-44　7∶24 圆锥/莫氏圆锥中间套的规格（JB/T 3411.101—1999）

（单位：mm）

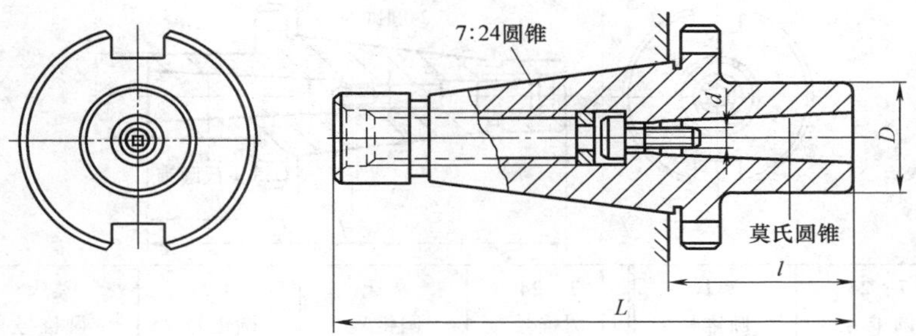

7∶24 圆锥号	莫氏 圆锥号	7∶24 圆锥号	莫氏 圆锥号	7∶24 圆锥号	莫氏 圆锥号
30	1、2	45	2、3、4	55	3、4、5
40	1、2、3、4	50	2、3、4、5	60	5、6

【标记】　外锥为 7∶24 圆锥 40 号，内锥为莫氏圆锥 2 号的 7∶24 圆锥/莫氏圆锥中间套，标记为：中间套　40-2　JB/T 3411.101—1999。

表 22-45　7∶24 圆锥/莫氏圆锥长型中间套的规格（JB/T 3411.102—1999）

（单位：mm）

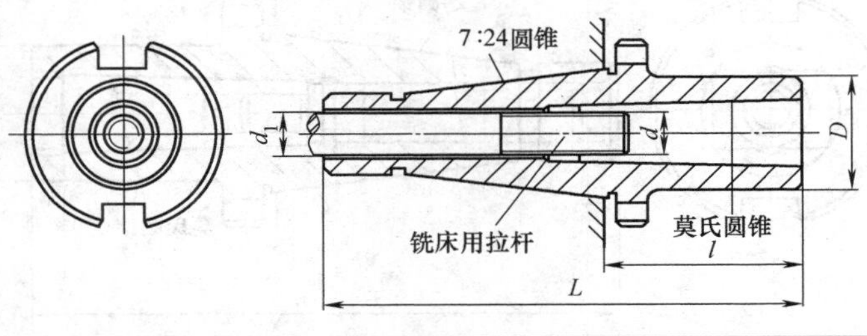

7∶24 圆锥号	莫氏 圆锥号	7∶24 圆锥号	莫氏 圆锥号	7∶24 圆锥号	莫氏 圆锥号	7∶24 圆锥号	莫氏 圆锥号	7∶24 圆锥号	莫氏 圆锥号
40	3、4	45	4	50	4、5	55	4、5	60	6

【标记】　外锥为 7∶24 圆锥 40 号，内锥为莫氏圆锥 4 号的 7∶24 圆锥/莫氏圆锥长型中间套，标记为：中间套　40-4　JB/T 3411.102—1999。

表 22-46 7∶24 圆锥/带扁尾莫氏圆锥中间套的规格
（JB/T 3411.107—1999） （单位：mm）

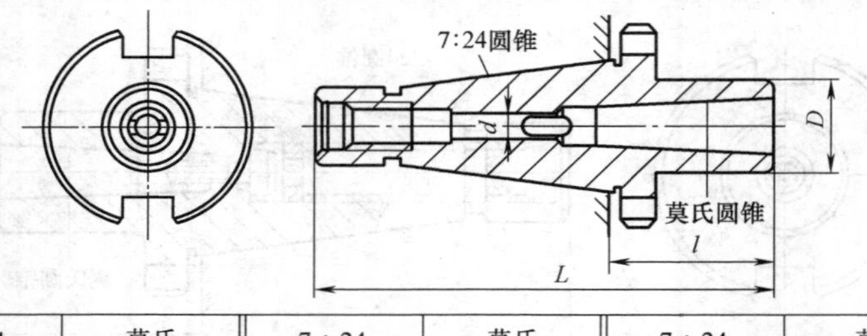

7∶24 圆锥号	莫氏 圆锥号	7∶24 圆锥号	莫氏 圆锥号	7∶24 圆锥号	莫氏 圆锥号
30	1、2、3	45	1、2、3、4、5	55	3、4、5
40	1、2、3、4	50	2、3、4、5	60	3、4、5、6

【标记】 外锥为 7∶24 圆锥 40 号，内锥为莫氏圆锥 3 号的 7∶24 圆锥/带扁尾莫氏圆锥中间套，标记为：中间套 40-3 JB/T 3411.107—1999。

表 22-47 7∶24 圆锥/强制传动的莫氏圆锥中间套的规格（JB/T 3411.104—1999） （单位：mm）

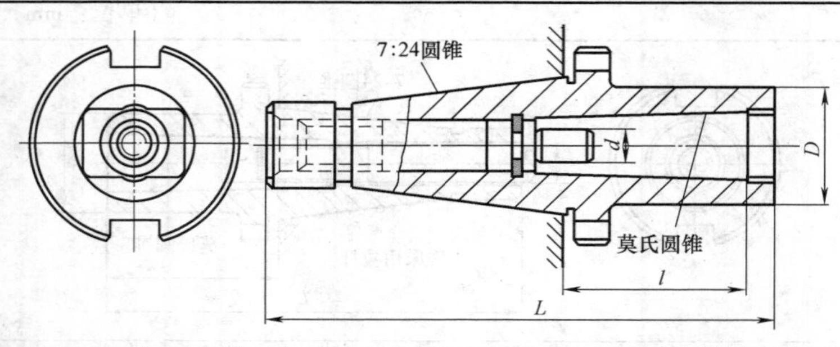

7∶24 圆锥号	莫氏 圆锥号	7∶24 圆锥号	莫氏 圆锥号	7∶24 圆锥号	莫氏 圆锥号	7∶24 圆锥号	莫氏 圆锥号	7∶24 圆锥号	莫氏 圆锥号
40	4	45	4	50	4、5	55	4、5	60	5、6

【标记】 外锥为 7∶24 圆锥 40 号，内锥为莫氏圆锥 4 号的 7∶24 圆锥强制传动的莫氏圆锥中间套，标记为：中间套 40-4 JB/T 3411.104—1999。

表 22-48　7∶24 圆锥/强制传动的莫氏圆锥短型中间套的规格

（JB/T 3411.106—1999）　　　　（单位：mm）

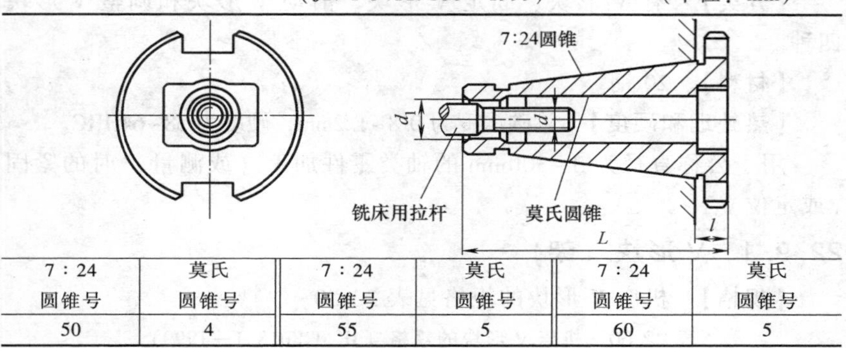

7∶24 圆锥号	莫氏圆锥号	7∶24 圆锥号	莫氏圆锥号	7∶24 圆锥号	莫氏圆锥号
50	4	55	5	60	5

【标记】　外锥为 7∶24 圆锥 50 号，内锥为强制传动的莫氏侧锥 4 号的 7∶24 圆锥/强制传动的莫氏圆锥短型中间套，标记为：中间套　50-4　JB/T 3411.106—1999。

表 22-49　7∶24 圆锥/强制传动的莫氏圆锥长型中间套的规格

（JB/T 3411.105—1999）　　　　（单位：mm）

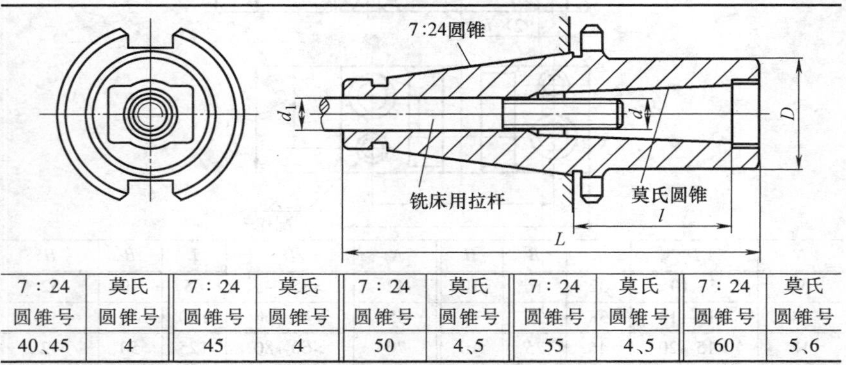

7∶24 圆锥号	莫氏圆锥号	7∶24 圆锥号	莫氏圆锥号	7∶24 圆锥号	莫氏圆锥号	7∶24 圆锥号	莫氏圆锥号	7∶24 圆锥号	莫氏圆锥号
40、45	4	45	4	50	4、5	55	4、5	60	5、6

【标记】　外锥为 7∶24 圆锥 50 号，内锥为强制传动的莫氏侧锥 4 号的 7∶24 圆锥/强制传动的莫氏圆锥长型中间套，标记为：中间套　50-4　JB/T 3411.105—1999。

22.9　机床 V 形块

【用途】　由于一些工件上没有中心孔，而其同心度、形位公差要求又很高，所以在机床上加工时必须用 V 形块定位。

【分类】 有 V 形块、固定 V 形块、活动 V 形块和调整 V 形块四种。

【材料】 20 钢。

【热处理和硬度】 渗碳深度为 0.8~1.2mm，硬度为 58~64HRC。

用于公称直径为 3~300mm 的轴类零件加工（或测量）时的紧固(或定位)。

22.9.1 V 形块（架）

【规格】 机床 V 形块的规格见表 22-50。

表 22-50 机床 V 形块的规格（JB/T 8018.1—1999）

（单位：mm）

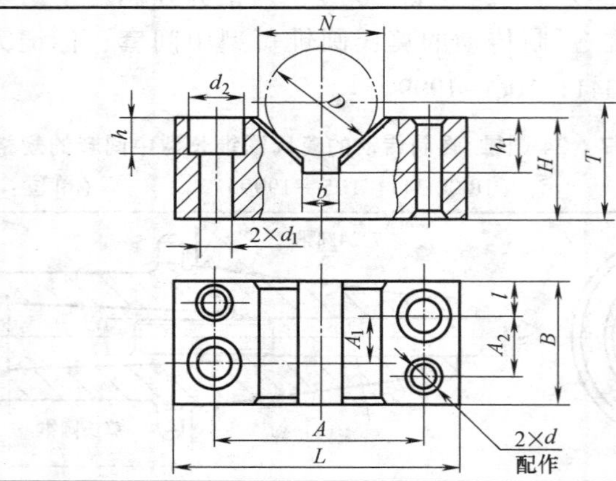

N	D	L	B	H	N	D	L	B	H
9	5~10	32	16	10	42	>35~45	85	40	32
14	>10~15	38	20	12	55	>45~60	100	40	35
18	>15~20	46	25	16	70	>60~80	125	50	42
24	>20~25	55	25	20	85	>80~100	140	50	50
32	>25~35	70	32	25	—	—	—	—	—

【标记】 N = 24mm 的 V 形块，标记为：V 形块 24 JB/T 8018.1—1999。

22.9.2 机床固定 V 形块

【规格】 机床固定 V 形块的规格见表 22-51。

表 22-51　机床固定 V 形块的规格（JB/T 8018.2—1999）　（单位：mm）

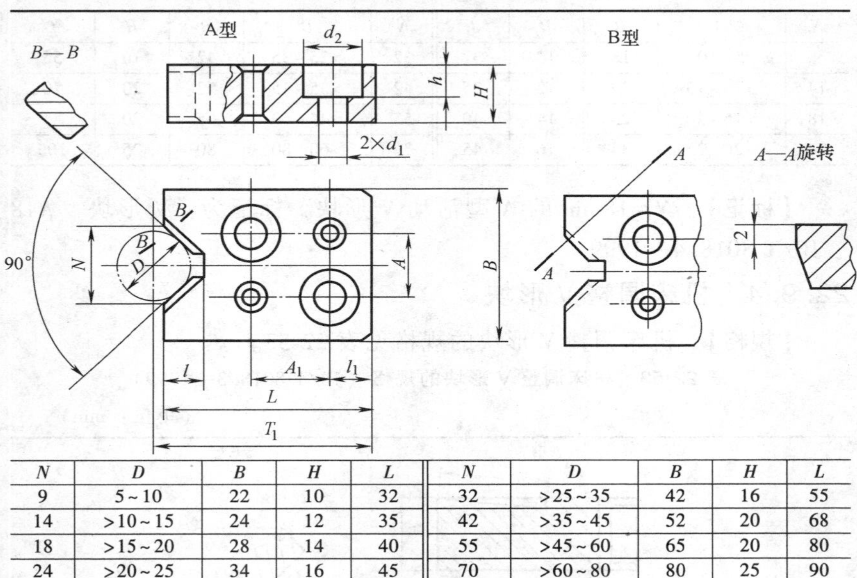

N	D	B	H	L	N	D	B	H	L
9	5~10	22	10	32	32	>25~35	42	16	55
14	>10~15	24	12	35	42	>35~45	52	20	68
18	>15~20	28	14	40	55	>45~60	65	20	80
24	>20~25	34	16	45	70	>60~80	80	25	90

【标记】　N=18mm 的 A 型固定 V 形块，标记为：V 形块　A18　JB/T 8018.2—1999。

22.9.3　机床活动 V 形块

【规格】　机床活动 V 形块的规格见表 22-52。

表 22-52　机床活动 V 形块的规格（JB/T 8018.4—1999）　（单位：mm）

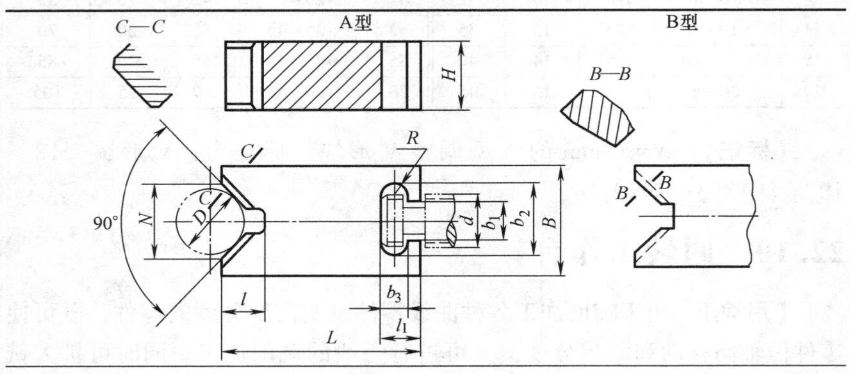

（续）

N	D	B	H	L	N	D	B	H	L
9	5~10	18	10	32	32	>25~35	42	16	55
14	>10~15	20	12	35	42	>35~45	52	20	70
18	>15~20	25	14	40	55	>45~60	65	20	85
24	>20~25	34	16	45	70	>60~80	80	25	105

【标记】 N=18mm 的 A 型活动 V 形块，标记为：V 形块 A18 JB/T 8018.4—1999。

22.9.4 机床调整 V 形块

【规格】 机床调整 V 形块的规格见表 22-53。

表 22-53 机床调整 V 形块的规格（JB/T 8018.3—1999）

（单位：mm）

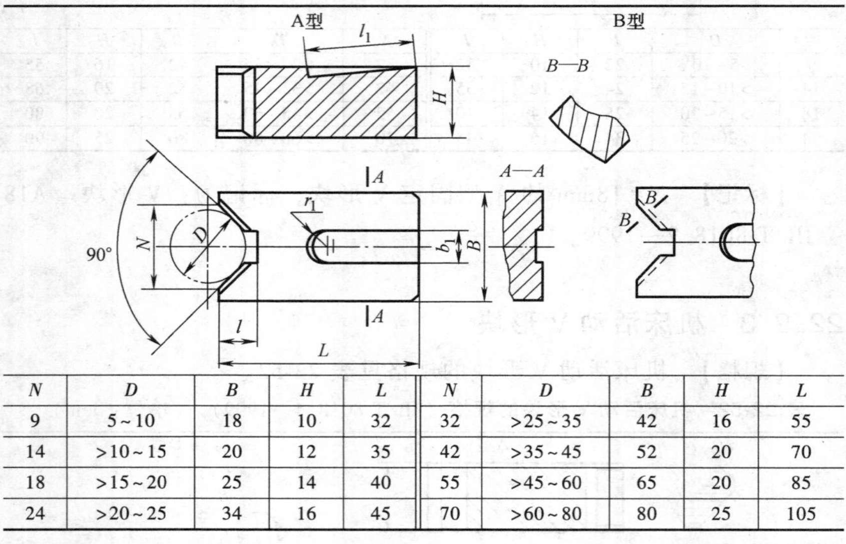

N	D	B	H	L	N	D	B	H	L
9	5~10	18	10	32	32	>25~35	42	16	55
14	>10~15	20	12	35	42	>35~45	52	20	70
18	>15~20	25	14	40	55	>45~60	65	20	85
24	>20~25	34	16	45	70	>60~80	80	25	105

【标记】 N=18mm 的 A 型调整 V 形块，标记为：V 形块 18 JB/T 8018.3—1999。

22.10 回转工作台

【用途】 用于辅助加工各种曲线零件以及需要分度的零件，既可使零件做轴向移动和回转分度，又可进行一般的铣削加工。同时可扩大铣床加工的工艺范围，缩短加工的辅助时间，提高零件的加工精度。

【分类】 按工作状态分，有蜗杆副分度传动的卧式工作台、立卧式工作台和可倾式工作台三种；按使用场合分，有普通回转工作台和数控回转工作台两种；按使用载荷分，有一般回转工作台和重型回转工作台两种；按操作方式分，有手动和机动两种（见图 22-22）；按工作精度分，有一般和精密两种。

【结构】 回转工作台的结构如图 22-22 所示。

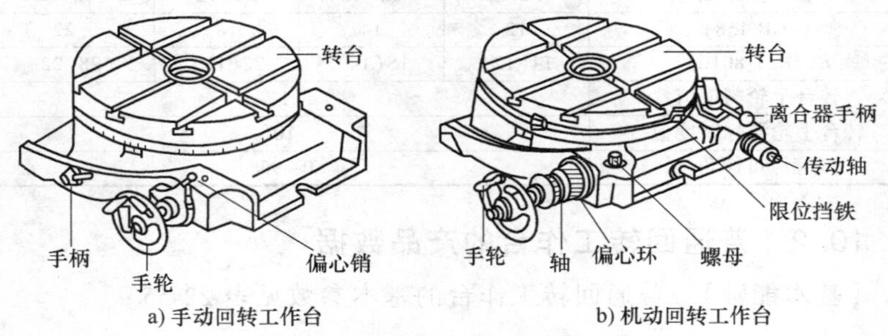

图 22-22　回转工作台的结构

22.10.1　回转工作台的型式及参数

【型式及基本参数】 回转工作台的型式及基本参数见表 22-54。

表 22-54　回转工作台的型式及基本参数（JB/T 4370—2011）

（单位：mm）

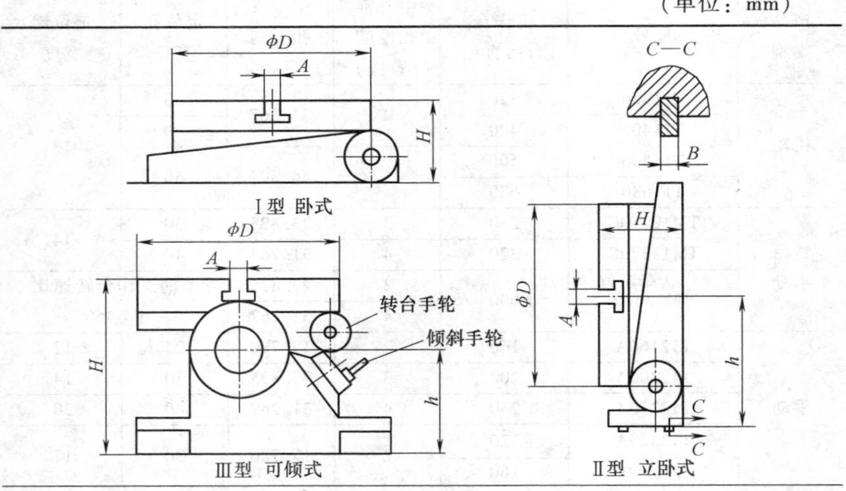

（续）

D		200	250	315	400	500	630	800	1000
H_{max}	Ⅰ型	90	100	120	140	160	180	220	250
	Ⅱ型	100	125	140	170	210	250	300	350
	Ⅲ型	180	210	260	320	380	460	560	700
h_{max}	Ⅱ型	150	185	230	280	345	415	510	610
	Ⅲ型	130	160	200	250	300	360	450	550
中心孔莫氏锥度(GB 1443)		3		4		5		6	
中心孔(直径×深度)		30×6		40×10		50×12		75×14	
A(GB 158)		12		14		18		22	
B(JB/T 8016)		14(12)		18(14)		22(18)		28(22)	
转台手轮刻度值		1′							
转台手轮游标刻度值		10″							
(Ⅲ型)可倾角度		0~90°							

22.10.2 普通回转工作台的产品数据

【基本能数】 普通回转工作台的基本参数见表 22-55。

表 22-55 普通回转工作台的基本参数 （单位：mm）

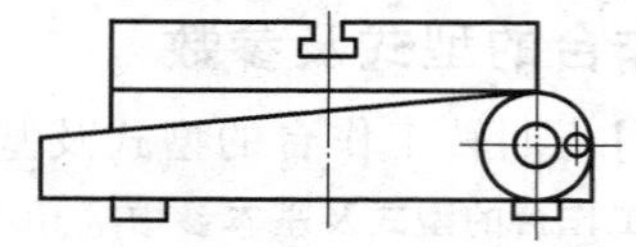

产品类型	型号	工作台台面直径	中心锥孔锥度（莫氏）	中心锥孔大端直径	定位孔直径	定位键宽度
机动	T11320	320	4	31.267	38	18
	T11400	400			40	
	T11500	500	5	44.399	50	
	T11630	630				
精密手动	TM12250C	250	3	23.825	30	14
	TM12320C	320	4	31.267	40	
	TM12600	600	3	23.825	手柄工作台转速比 1∶360	
			4	31.267		
手动	T12160A	160	2	17.780	25	12
	T12200A	200	3	23.825	30	14
	T12250A	250	4	31.267	40	30
	T12320A	320	2	17.780	30	12
	T12160	160				

（续）

产品类型	型号	工作台台面直径	中心锥孔锥度（莫氏）	中心锥孔大端直径	定位孔直径	定位键宽度
手动	T12200	200	3	23.825	32	14
	T12250	250				
	T12320	320				18
	T12400	400				
	T12500	500	5	44.399	50	22
	T12630	630	5	44.399	50	22
	T12800	800	6	63.348	75	28
手动机械	T-12250-1	250	3	23.825	32	14

产品类型	技术规格						外形尺寸/mm（长×宽×高）	净质量/kg
	T形槽宽度/mm	刻划值	蜗轮副传动比	分度精度		重复精度		
				普通	精密			
机动	14	4°、2′	90	1′		—	586×450×132	77
	14	4°、2′	120				630×483×140	97
	14	3°、2′	120				669×538×140	125
	14	3°、2′	120				695×570×140	132
	18	3°、2′	120				748×627×150	173
	18	2°、1′	180				855×925×150	280
精密手动	12	1°、5′	180	30″		最大载荷 750N	413.5×413.5×370	—
	14	—	—				494.5×450×146	—
	T形槽槽数 8	1°、1′		10″	4″	200	806×761×180	300
				4″		250	840×750×180	270
手动回转	10	1°、2′	90	1′	45″	蜗杆转动1转，转台转动4°	285×343×125	16.5
	12		120				303×382×125	22.5
	12						345×432×125	35.5
	14						410×469×140	65.0
	10			1′			315×240×85	14.0
	12						342×270×90	18.0
	12						430×330×95	32.0
	14						610×420×133	76.0
	14						640×520×133	100.0
	20						595×605×140	110.0
	20	1°、1′	180				823×750×145	130.0
	22						1100×800×200	800.0
手动机械	12	1°、2′	90	1′	—	335×435×100	31	—

22.10.3 重型回转工作台

【用途】 用于设计最大承载质量为10~100tf、工作台面宽度或直径为1250~5000mm的一般用途的重型回转工作台。

【分类】 有固定式和移动式两种。

【基本参数】 重型回转工作台的基本参数见表22-56。

表22-56 重型回转工作台的基本参数（JB/T 8603—2011）

（单位：mm）

工作面尺寸/mm （$B \times L$）	1250× 1600	1600× 2000	2000× 2500	2500× 3000	3450× 4000	4000× 5000	5000× 6000
最大承载质量/tf	10	20	30	40	63	80	100
最小行程/mm	1500	1500	2000	2000	2500	2500	2500
T形槽宽度/mm	28	28	36	36	42	48	54

注：T形槽其余尺寸按GB/T 158—1996的规定。

22.11 机用虎钳

【用途】 机用虎钳多用于铣床、刨床和数控机床加工中夹紧中小工件。

【分类】 有普通机用虎钳、可倾机用虎钳和高精度机用虎钳等。

22.11.1 普通机用虎钳

【结构】 普通机用虎钳的结构如图22-23所示。

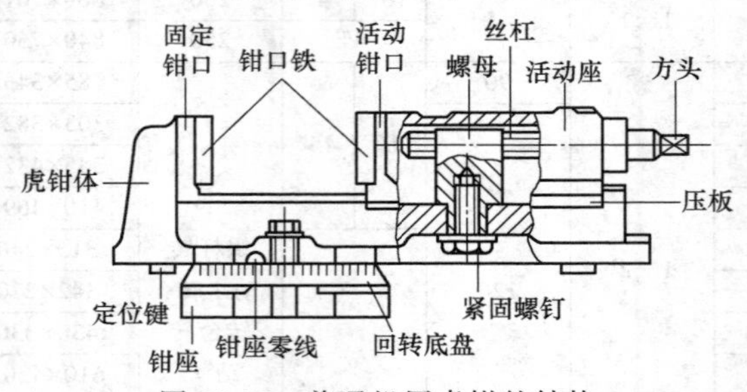

图22-23 普通机用虎钳的结构

【工作原理】 用扳手转动丝杠时，丝杠螺母带动活动钳身沿着导轨副做直线运动，形成对工件的夹紧与松开。

【型式】 普通机用虎钳的型式有Ⅰ型、Ⅱ型、Ⅲ型三种（见图22-24），其中Ⅰ型和Ⅲ型有回转型和固定型（无底座），Ⅱ型

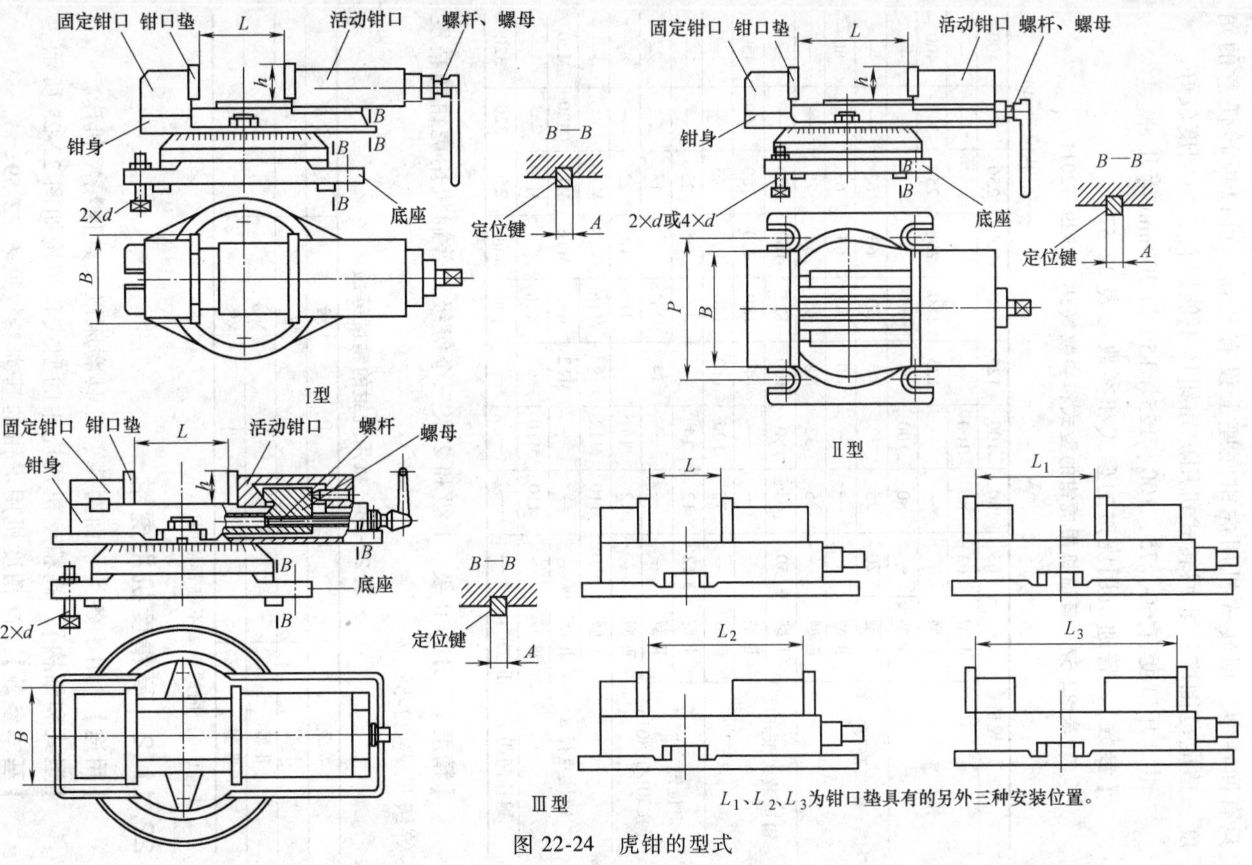

L_1、L_2、L_3为钳口垫具有的另外三种安装位置。

图 22-24　虎钳的型式

只有回转型。回转式机用虎钳底座上设有转盘，可以扳转任意的角度，适应范围广；非回转式机用虎钳钳体不能回转，但刚度较好。

钳口开口度有 60、75、100、125、150 和 200mm 等几种。

【参数】 普通机用虎钳的型式和参数见表 22-57。

表 22-57 普通机用虎钳的型式和参数（JB/T2329—2011）

（单位：mm）

规格		63	80	100	125	160	200	250	315	400
钳口宽度 B	Ⅰ型	63	80	100					—	—
	Ⅱ型	—	—	—	125	160	200	250	315	400
	Ⅲ型	—	80	100					—	—
钳口高度 h_{min}	Ⅰ型	20	25	32	40	50	63	63	—	—
	Ⅱ型	—	—	—	40	50	63	63	80	80
	Ⅲ型	—	25	32	38	45	56	75	—	—
钳口最大张开度 L_{min}	Ⅰ型	50	63	80	100	125	160	200	—	—
	Ⅱ型	—	—	—	140	180	220	280	360	450
	Ⅲ型	—	75	100	110	140	190	245	—	—
定位键宽度 A（按 JB/T 8016）	Ⅰ型	12	12	14		18	18	22	—	—
	Ⅱ型	—	—	—	14	14	—	18	22	22
	Ⅲ型	—	12	14		18	18	22	—	—
螺栓直径 d	Ⅰ型	M10	M10	M12		M16		M20	—	—
	Ⅱ型	—	—	—	M12	M12	M16	M16	M20	M20
	Ⅲ型	—	M10	M10		M16		M20	—	—
螺栓间距 P	Ⅱ型（$4d$）	—	—	—	—	160	200	250	320	320

【精度】 分为 0 级、1 级和 2 级三个等级，普通机用虎钳的精度等级见表 22-58。

表 22-58 机用虎钳的精度等级

等级	0 级	1 级	2 级
Ⅰ型	√	√	（√）
Ⅱ型	—	（√）	√
Ⅲ型	√	√	—

注：（ ）内的等级不推荐使用。

22.11.2 高精度机用虎钳

【用途】 用于各类平面磨床、工具磨床以及其他精密机床。

【型式和结构】 高精度机用虎钳的型式和结构如图 22-25 所示。

【基本参数】 高精度机用虎钳的基本参数见表 22-59。

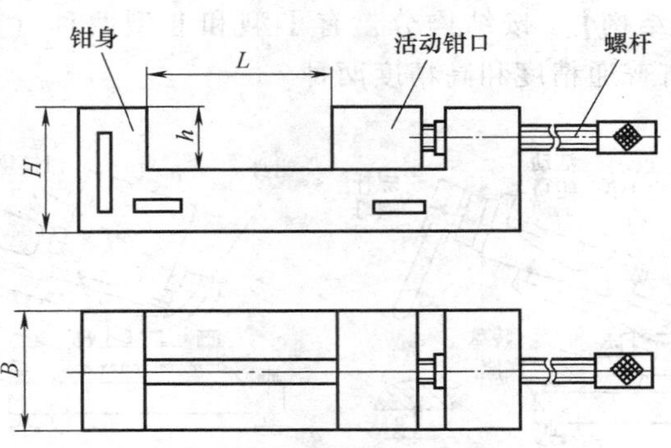

图 22-25　高精度机用虎钳的型式和结构

表 22-59　高精度机用虎钳的基本参数（JB/T9937—2011）

（单位：mm）

规格	40		50		63		80		100		125		160
钳口宽度 B	40		50		63		80		100		125		160
钳口高度 h	22		25		28		32		36		40		45
最大张开度 L	32	40		50		63	80	100		125	160		200

【精度】　高精度机用虎钳的精度见表 22-60。

表 22-60　高精度机用虎钳的精度（JB/T 9937—2011）

（单位：mm）

项目		1 级	2 级
导轨上平面对底平面的平行度		0.003/100	0.006/100
固定钳口面和活动钳口面对钳身底平面的垂直度		0.004/h	0.008/h
活动钳口面和固定钳口面在宽度方向上的平行度		0.003/100	0.006/100
钳身头部端面对底平行面的垂直度	H<100	0.004/H	0.008/H
	H≥100	0.004/100	0.008/100
钳身两侧面对底平面的垂直度	H<100	0.004/H	0.008/H
	H≥100	0.004/100	0.008/100
钳身头部端面对钳身侧面的垂直度	B<100	0.004/B	0.008/B
	B≥100	0.004/100	0.008/100
钳身两侧面在长度方向的平行度		0.003/100	0.006/100
固定钳口与钳身头部端面在宽度方向的平行度		0.003/100	0.006/100

22.11.3　可倾机用虎钳

【用途】　用于普通精度机床的斜面加工。

【型式和结构】 按结构分，有Ⅰ型和Ⅱ型两种（见图 22-26）；按精度分，有普通精度和高精度两种。

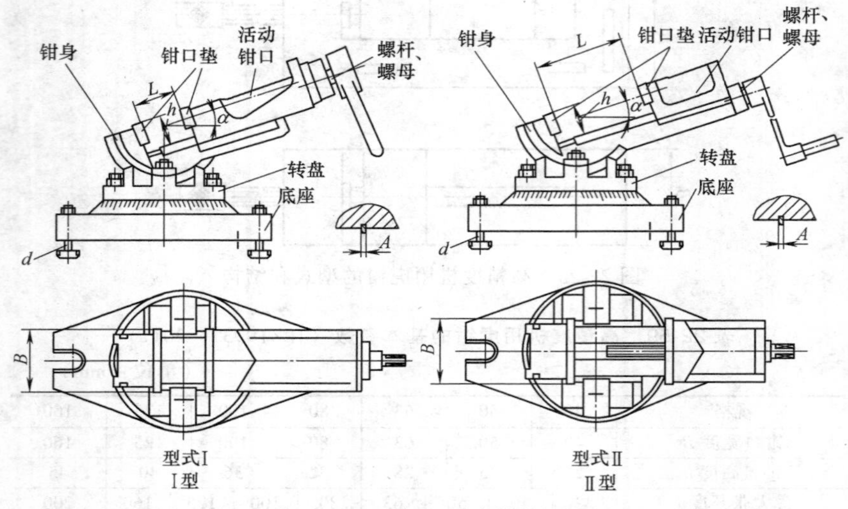

图 22-26　可倾机用虎钳的型式

【材料】 钳身、活动钳口、转盘和底座采用 HT200；螺母采用 HT300；螺杆和钳口垫采用 45 钢。

【热处理和硬度】 钳口垫、螺杆方头等零件均应淬硬；钳口垫的硬度不低于 48HRC，螺杆方头的硬度不低于 40HRC。

【规格和基本参数】 可倾机用虎钳的规格和基本参数见表 22-61。

表 22-61　可倾机用虎钳的规格和基本参数（JB/T9936—2011）

（单位：mm）

规格		100	125	160	200
钳口宽度 B		100	125	160	200
钳口高度 h		32	40	50	63
钳口最大张开度 L	型式Ⅰ	80	100	125	160
	型式Ⅱ	—	140	180	220
定位键槽宽度 A		14(12)		18(14)	18
螺栓直径 d		M12(M10)		M16(M12)	M16
倾斜角度范围 α		0~90°			

注：（　）内数据为与工具铣床配套尺寸。

22.11.4　增力机用虎钳

【用途】　用于手动液压增力机。

【材料】　钳身、活动钳口、底座采用 HT200；螺母采用 HT300；螺杆、活塞液压缸和钳口垫采用 45 钢；顶杆采用 40Cr。

【热处理和硬度】　钳口垫、顶杆和扳手座等零件均应淬硬；钳口垫的硬度不低于 48HRC，顶杆的硬度不低于 52HRC。

【技术参数】　增力机用虎钳的技术参数见表 22-62。

表 22-62　增力机用虎钳的技术参数（JB/T9938—2011）

（单位：mm）

规格	100	125	160	200
钳口宽度 B	100	125	160	200
钳口高度 H	32	40	50	63
钳口最大张开度 L	80	100	125	160
定位键宽度 A	14		18	
螺栓直径 d	M12		M16	
夹紧力/kN	20	25	32	55
夹紧力最大值/kN	25	30	40	70

22.12　电磁吸盘

22.12.1　普通电磁吸盘

【用途】　主要通用于铣床、磨床、刨床和钳工划线等吸持工件的加工。

【分类】　按吸力大小可分为普通吸力吸盘和强力吸盘；前者吸力为 1.0~1.2MPa，后者不低于 1.5MPa。按产品形状可分为矩形和圆形电磁吸盘；按电磁的性能可分为电磁吸盘和永磁吸盘。

【材料】

1）导磁零件为高导磁率的电工用纯铁或碳含量小于 0.22%的优质碳素钢。

2）隔磁填料为铜、不锈钢、铝及其他非导磁性耐磨材料。

3）磁力线圈用绝缘性能良好的金属漆包线绕制，其密封、绝缘材料的耐热等级不应低于 GB11021—2007 规定的 E 级，其性能应符合 SH/T 0419 的规定。

【型式和基本参数】 见表 22-63 和表 22-64。

表 22-63 强力矩形电磁吸盘的型式和基本参数（JB/T10150—2011）

（单位：mm）

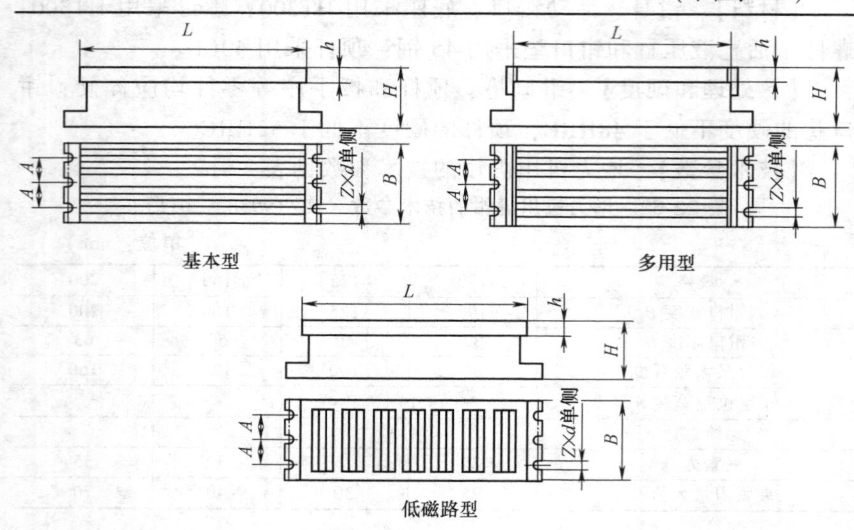

工作台面宽度 B	工作台面长度 L	吸盘高度 H_{max}	面板厚度 h_{min}	工作台面宽度 B	工作台面长度 L	吸盘高度 H_{max}	面板厚度 h_{min}
160	400、500、630	130	25	500	630、1000、1250、1600、2000	160	28
200	400、500、630、800						
250	400、500、630、800、1000、1250、(1400)、1600	150	25	630	800、1000、1250、1600、2000、2500	200	28
315	500、630、800、1000、1400、1600	150	25	800	1000、1600、2000、2500	200	28
400	630、800、1000、1250、1600、2000	160	25	1000	1250、1600、2000、2500	200	30

22.12.2 永磁吸盘

【分类】 有圆形永磁吸盘、可倾永磁吸盘和新式回转永磁吸盘（见图 22-27）等。

表 22-64　强力圆形电磁吸盘的规格系列（JB/T10150—2011）

（单位：mm）

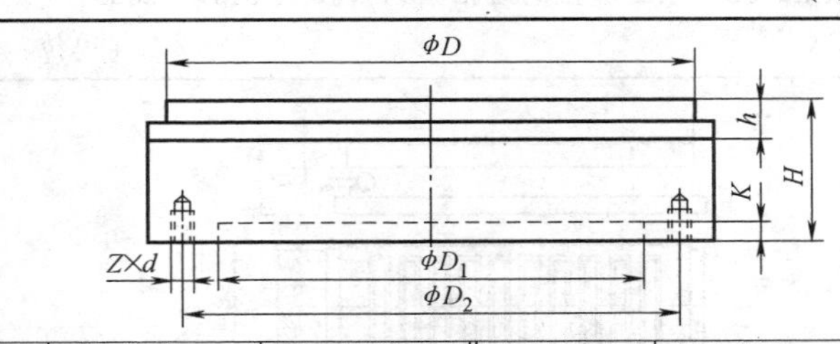

台面直径 D	吸盘高度 H_{max}	面板厚度 h_{min}	台面直径 D	吸盘高度 H_{max}	面板厚度 h_{min}
250	100	18	1000、1250	180	22
315	110	18	1600、1800	240	24
400、500、630	130	20	2000、2250	260	30
800	140	22	2500	280	30

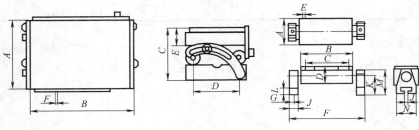

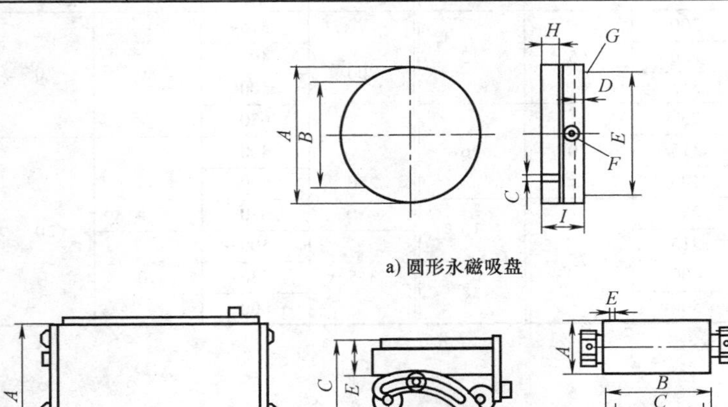

图 22-27　永磁吸盘

【工作原理】　以高性能的稀土材料钕铁硼（N>40）为内核，利用磁通的连续性及磁场的叠加原理设计，磁路有多个磁系，通过扳动吸盘手柄转动，实现工作磁极面上磁场强度的相加或相消，从而达到吸持和卸载的目的。

【规格系列】 见表 22-65。

表 22-65　永磁吸盘的规格系列（JB/T 3149—2005）

（单位：mm）

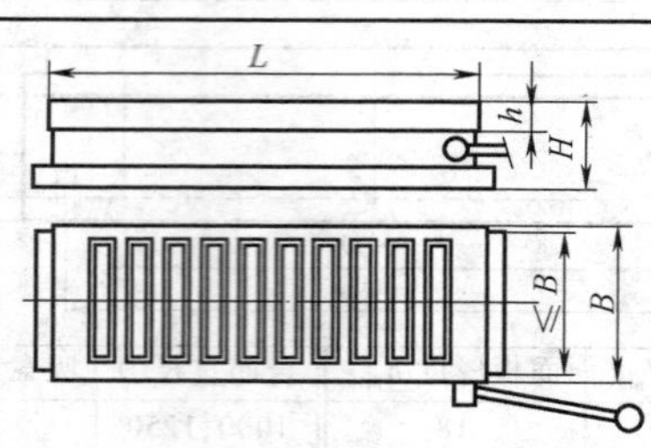

工作台面宽度 B	工作台面长度 L	吸盘高度 H_{max}	面板厚度 h_{min}	工作台面宽度 B	工作台面长度 L	吸盘高度 H_{max}	面板厚度 h_{min}
100	200	65	12	200	315	80	20
	250				400		
	315				500		
125	250	70	16		630		
	315			250	400	85	20
	400				500		
160	250	75	16		630		
	315			315	500	90	
	400		18		630		
	500				800		

第23章

焊割器材

本章介绍非机械式的焊割器材和设备，它们需要用热能熔化金属或塑料。用可燃气体产生热能的是气焊和气割，用电产生热能的是电焊和激光焊割。

气焊和气割用的器材有焊割炬、嘴、集中供气装置和气焊管路附件等。

23.1 焊割炬

焊割炬是在弧焊、切割或类似工艺过程中，能提供维持电弧所需电流、气体、冷却液、焊丝等必要条件的装置。

【分类】 按用途分为焊炬、割炬、焊割两用炬和烤炬；按结构型式（气体混合方式）分为射吸式焊割炬和等压式焊割炬；按照操作方式分为手工焊割炬和机用焊割炬。

【用途】 焊炬是在弧焊、切割或类似工艺过程中，能提供维持电弧所需电流、气体、冷却液、焊丝等必要条件的装置。手柄与焊炬（枪）主体基本垂直的焊炬叫焊枪。

割炬用于可燃性气体的切割工艺，将预热火焰对工件表面加热，达到一定温度后，加切割氧气流使钢材熔化，并吹走熔渣。

焊割两用炬用于焊接和气割量不大，但要经常变换的场合，焊接、预热或切割低碳钢（热源为氧气和中、低压乙炔）。

【结构】 焊割锯的结构如图 23-1～图 23-9 所示。

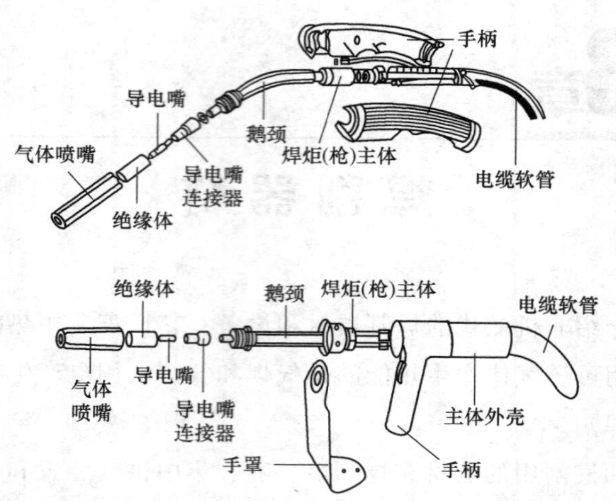

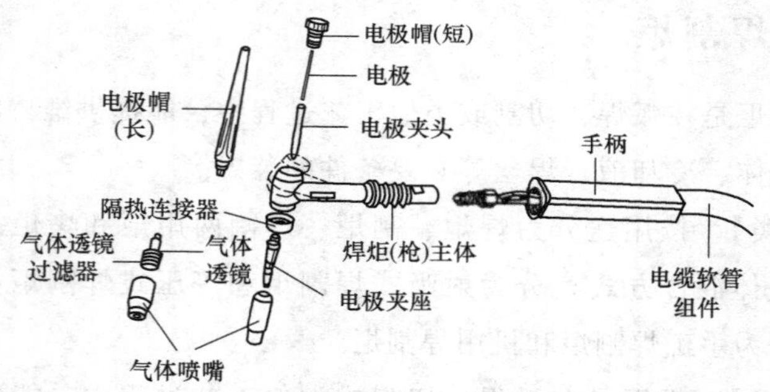

图 23-1 MIG/MAG 焊和自保护药芯焊丝电弧焊用焊炬（枪）

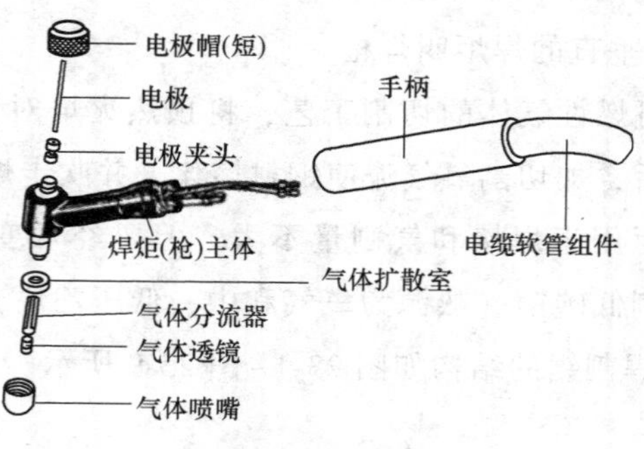

图 23-2 TIG 焊用焊炬（枪）

图 23-3 等离子弧焊用焊炬（枪）

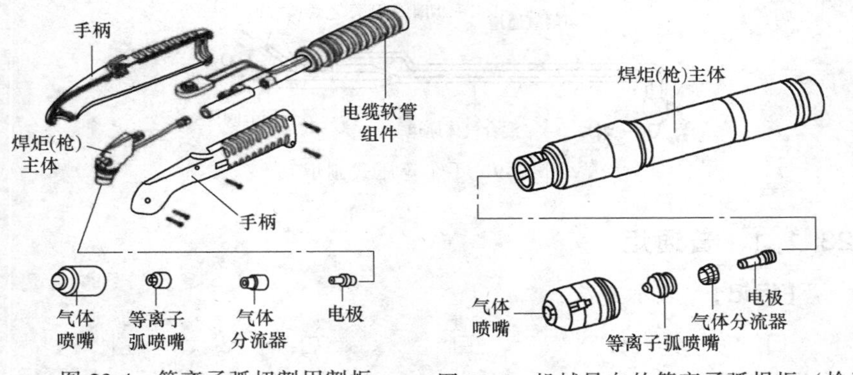

图 23-4　等离子弧切割用割炬

图 23-5　机械导向的等离子弧焊炬（枪）

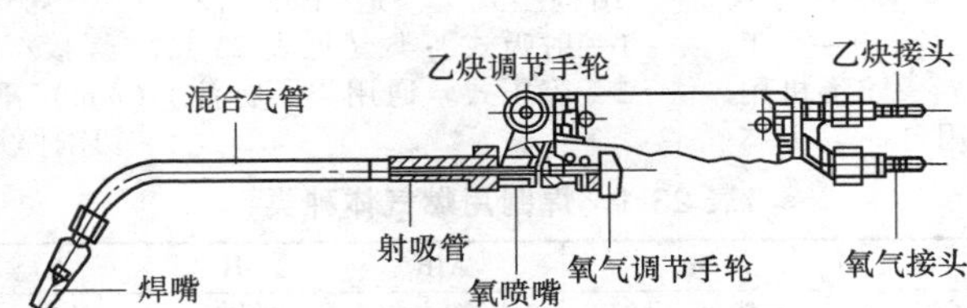

图 23-6　手工射吸式焊炬

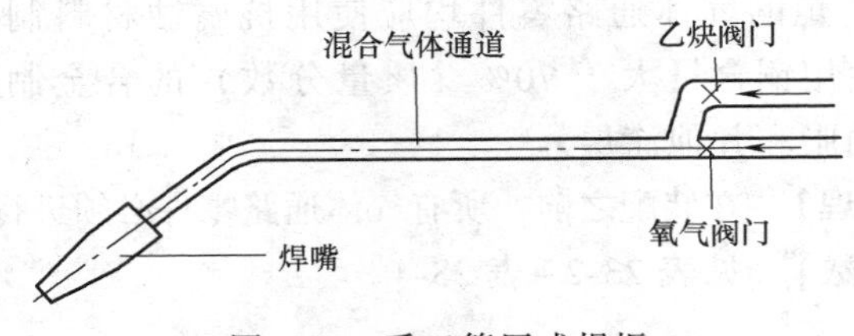

图 23-7　手工等压式焊炬

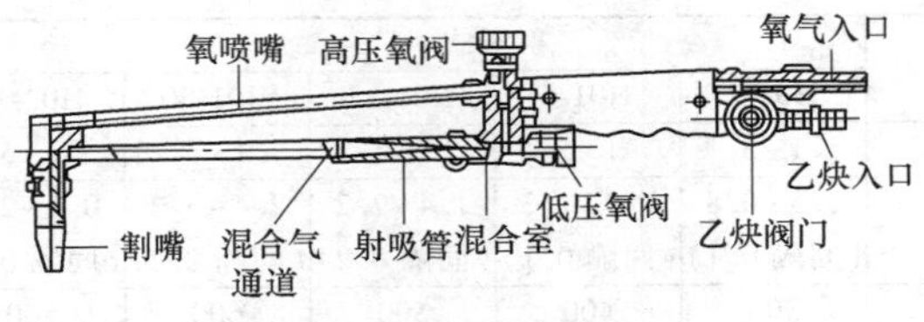

图 23-8　手工射吸式割炬

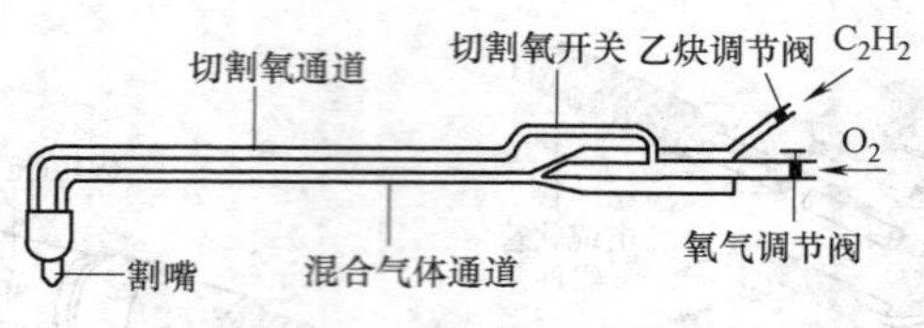

图 23-9 手工等压式割炬

23.1.1 普通炬

【标记】 表示方法：

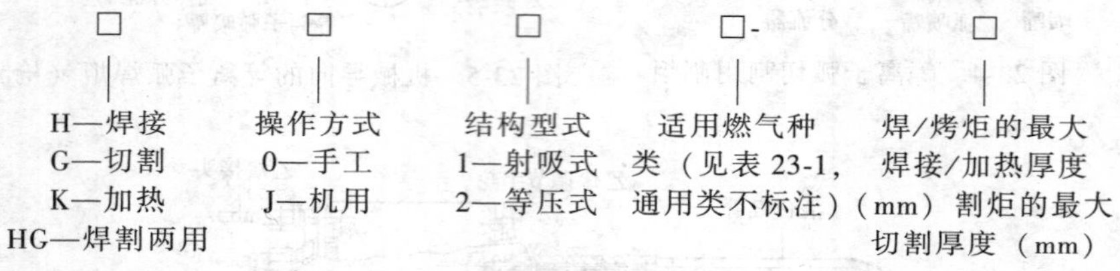

表 23-1 焊割用燃气体种类

名称	O	M	AIR	H	A	E
符号	氧气	天然气、甲烷	压缩空气	氢气	乙炔	乙烷
名称		P	Y			
符号		丙烷、丁烷、液化石油气	丙炔、丙二烯混合气体和其他燃气混合气体			

【材料】 炬的气体通路零件均应使用抗腐蚀材料制造。乙炔通路零件不得使用铜含量大于 70%（质量分数）的合金制造，氧气通路零件应无油脂和其他涂层。

【表面处理】 在装配之前，所有气体通路零件必须进行脱脂处理。

【主要参数】 见表 23-2～表 23-4。

表 23-2 焊炬的主要参数（JB/T 7947—2017）

（单位：mm）

焊炬型号	射吸式				等压式	
	H01-2	H01-6	H01-12	H01-20	H02-12	H02-20
焊嘴号	1～5	1～5	1～5	1～5	1～5	1～7
焊嘴孔径	0.5～0.8（间隔 0.1）	0.9～1.3（间隔 0.1）	1.4～2.2（间隔 0.2）	2.4～3.2（间隔 0.2）	0.6～2.2（间隔 0.4）	0.6～3.0（间隔 0.4）
焊炬总长度	300	400	500	600	500	600
焊接低碳钢厚度	0.5～2	2～6	6～12	12～20	0.5～12	0.5～20

表 23-3　割炬的主要参数（JB/T 7947—2017）

（单位：mm）

型号		射吸式			等压式	
		G01-30	G01-100	G01-300	G02-100	G02-300
割嘴号		1~3	1~3	1~4	1~5	1~9
割嘴孔径	普通	0.7~1.1（间隔 0.2）	1.0~1.6（间隔 0.2）	1.8~3.0（间隔 0.4）	0.7、0.9、1.1、1.3、1.6	0.7、0.9、1.1、1.3、1.6、1.8、2.2、2.6、3.0
	快速	0.6~1.0（间隔 0.2）	1.0~1.5（间隔 0.25）	1.75、2.0、2.3、2.6	0.6、0.8、1.0、1.25、1.5	0.6、0.8、1.0、1.25、1.5、1.75、2.0、2.3、2.6
割炬总长度		500	550	650	550	650
切割低碳钢厚度		3~30	10~100	100~300	3~100	3~300

表 23-4　焊割两用炬的主要参数（JB/T 7947—2017）

（单位：mm）

型号		HG02-12/100	HG02-20/200
HG02-12/100	焊嘴号	1、3、5	1、3、5
	焊嘴孔径	0.6、1.4、2.2	0.7、1.1、1.6
	焊接低碳钢厚度	0.5~12	0.5~20
	焊割炬总长度	550	550
HG02-20/200	割嘴号	1、3、5、7	1、3、5、6、7
	割嘴孔径	0.6、1.4、2.2、3.0	0.7、1.1、1.6、1.8、2.2
	切割低碳钢厚度	3~100	3~200
	焊割炬总长度	600	600

23.1.2　便携式微型焊炬

【用途和分类】　多用于厂外焊接，分为整体式和分体式焊炬两种。

【结构】由焊炬、氧气瓶、丁烷气瓶、压力表和回火防止器等组成（见图 23-10）。

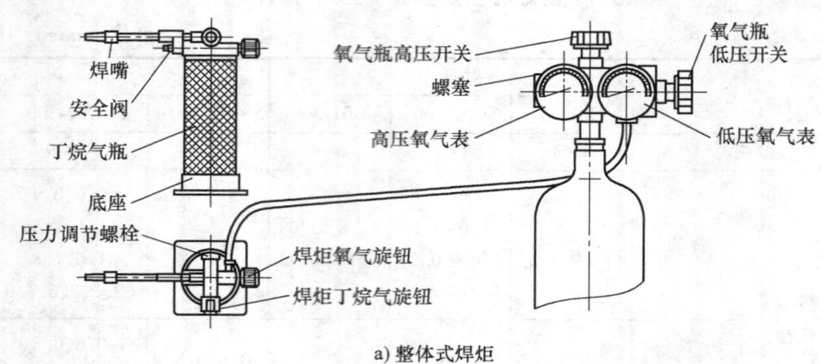

a) 整体式焊炬

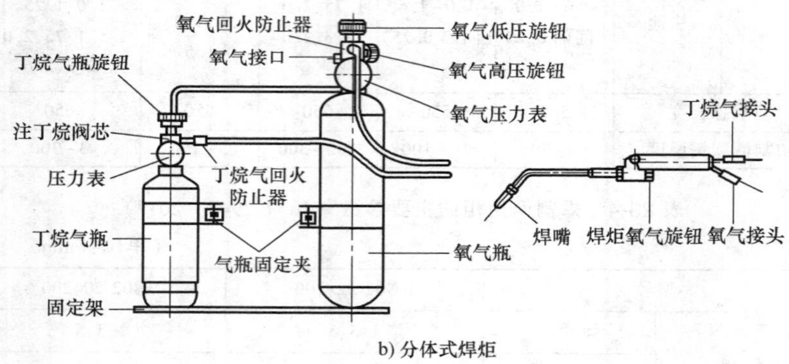

b) 分体式焊炬

图 23-10　便携式微型焊炬的结构

【标记】 由表示其特征的字母、序号数及规格等组成。

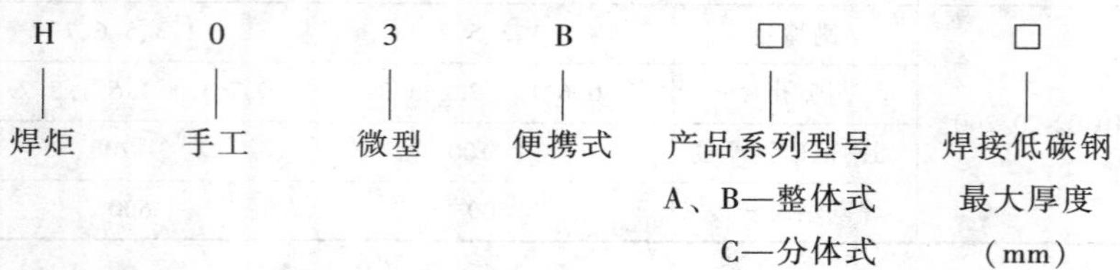

【产品数据】 便携式微型焊炬的产品数据见表 23-5。

23.1.3　气体保护焊焊炬

【用途】 在高温熔融焊接中不断送上保护气体，使焊材不能和空气中的氧气接触，从而防止焊材的氧化，可焊接铜、铝、合金钢等有色金属。

表 23-5　便携式微型焊炬的产品数据

型号	焊嘴号	氧气工作压力/MPa	丁烷工作压力/MPa	焰芯长度/mm	焊接厚度/mm
H03-BB-1.2	1	0.05~0.25	0.02~0.25	≥5	0.2~0.5
	2			≥7	0.5~0.8
	3			≥10	0.8~1.2
H03-BC-3	1	0.1~0.3	0.02~0.35	≥6	0.5~3.0
	2			≥8	
	3			≥11	

【分类】 按保护气体的种类，可以分为氩气保护、二氧化碳保护或混合气体保护等（常用的气体保护焊焊枪有手工氩弧焊枪和二氧化碳保护焊焊枪）。

按保护极的种类，可以分为熔化极气体保护和钨极气体保护两种。

【产品数据】 见表 23-6。

表 23-6　NB 系列焊机的产品数据

型号		NB-350				NB-500				NB-630			
		气体保护焊		手工焊		气体保护焊		手工焊		气体保护焊		手工焊	
电源工作电压/V		3~380V±10%											
频率/Hz		50											
额定输入容量/kVA		14.5				27				35			
额定输入电流/A		22				48				64			
额定输出功率/kW		11.9				19.5				27.7			
输出电流调节范围/A		60~350		30~350		60~500		30~500		60~630		30~630	
额定输出电压/V		34				40				44			
空载电压/V		56				76				87			
负载持续率	(%)	60	100	60	100	60	100	60	100	60	100	60	100
	/A	350	271	350	271	500	387	500	387	630	488	630	488
适用焊丝(条)直径/mm		0.8~1.2		2.5~5.0		1.0~1.6		2.5~6.0		1.0~2.0		2.5~6.0	
效率(%)		89											
功率因数 cosϕ		0.87											
绝缘防护等级		H											
焊接厚度/mm		1~20				1~30				1~30			
外形尺寸/mm		576×310×573				640×334×586				690×334×586			
主机重量/kg		40				50				58			

生产商：上海通用焊机厂。

23.1.4　等离子喷焊枪

【用途】 等离子喷焊枪（见图 23-11）用于金属工件内、外表面熔敷粉末合金。

【原理】 喷焊枪首先在阴极与前枪体间引燃非转移弧，接着利用其产生的导电性好的等离子射流，引燃阴极与工件间的转移弧。在转移弧建立后，载粉气体向喷枪送粉，粉末被焰流加热后落到工件上，形成合金喷焊层。

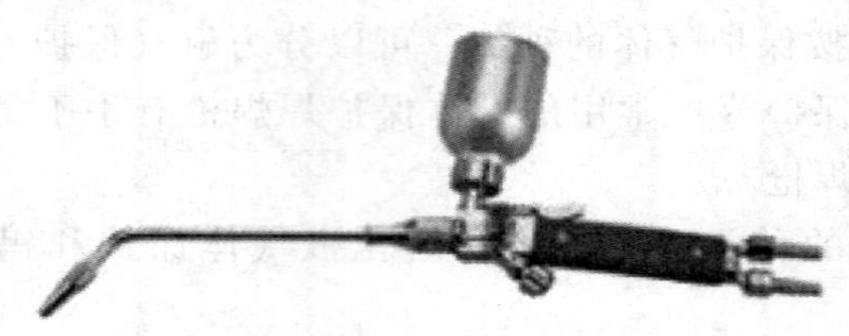

图 23-11　等离子喷焊枪

【标记】 表示方法（JB/T9191—1999）：

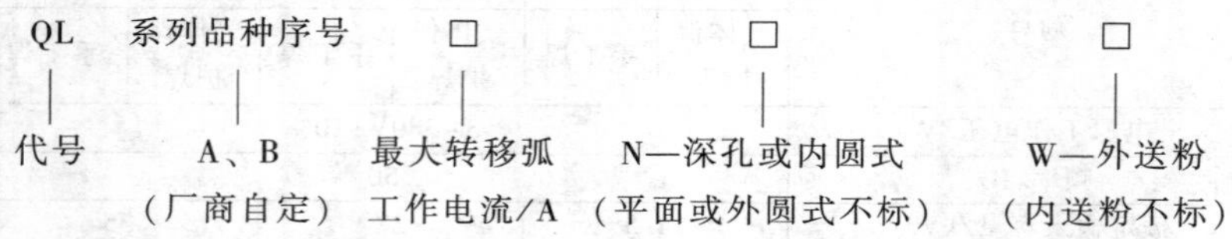

例：

1）QLA-400NW 代表最大转移弧工作电流为 400A，深孔或内圆式，外送粉方式的等离子喷枪。

2）QLB-600 代表最大转移弧工作电流为 600A，平面或外圆式、内送粉方式的等离子喷焊枪。

【技术条件】 粉末等离子喷焊枪技术条件见表 23-7。

表 23-7　粉末等离子喷焊枪技术条件（JB/T 9191—1999）

最大允许转移弧工作电流/A			100	200	300	400	500	600
氩气消耗量/(L/h)	送粉气	内送粉	180	250	330	380	400	480
		外送粉	250	350	400	500	550	600
	离子气		150	220	320	350	380	450
喷焊枪引弧最小电流/A			15	25	35	45	55	65

（续）

喷焊枪稳弧最小电流/A	10	20	30	40	50	60
喷焊允许熔敷率/(kg/h)	1.5	2.7	4.5	6.0	9.0	12.0

【产品数据】 等离子喷焊枪的产品数据见表 23-8。

表 23-8 等离子喷焊枪的产品数据

型号	喷嘴号	喷嘴孔径/mm	使用气体压力/MPa		气体消耗量/(m^3/h)		送粉量/(kg/h)	总长度/mm	总质量/kg
			氧气	乙炔	氧气	乙炔			
QH-1/h	1	φ0.9	0.20	0.05~0.10	0.16~0.18	0.14~0.15	0.4~0.6	430	0.55
	2	φ1.1	0.25		0.26~0.28	0.22~0.24	0.6~0.8		
	3	φ1.3	0.30		0.41~0.43	0.35~0.37	0.8~1.0		
QH-2/h	1	φ1.6	0.30		0.65~0.70	0.55~0.65	1.0~1.4	470	1.5
	2	φ1.9	0.35		0.80~1.00	0.70~0.80	1.4~1.7		
	3	φ2.2	0.40		1.00~1.20	0.90~1.10	1.7~2.0		
QH-4/h	1	φ2.6	0.40		1.60~1.70	1.45~1.55	2.0~3.0	580	1.75
	2	φ2.8	0.45		1.80~2.00	1.65~1.75	3.0~3.5		
	3	φ3.0	0.50		2.10~2.30	1.85~2.20	3.5~4.0		

生产商：上海焊割工具厂。

23.2 供气设备和装置

23.2.1 气瓶

【用途】 用于重复充装低压液化气体及其与压缩气体的混合物，或重复充装 GB 11174 规定的工业用液化石油气、溶解乙炔气瓶。

【区分色】 气焊用气瓶的区分色和字样、字色见表 23-9。

表 23-9 气焊用气瓶的区分色和字样、字色

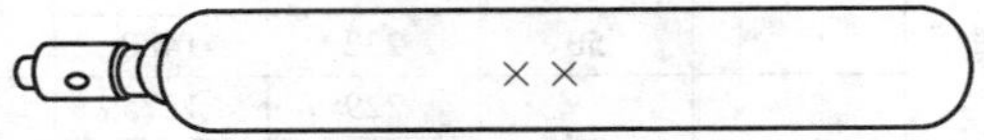

充装气体	化学式	体色	字样	字色	色环
乙炔	C_2H_2	白	乙炔不可近火	大红	—
液氧	O_2	淡(酞)蓝	液氧	黑	—
液化石油气	—	棕	液化石油气	白	—
压缩天然气	CNG	棕	天然气	白	—

注：充装液氧不涂敷颜色的气瓶，其体色和字色指瓶体标签的底色和字色。

【规格】 见表 23-10~表 23-12。

表 23-10 钢质焊接气瓶的规格（GB 5842—2006）

公称容积 V/L	1~10	>10~25	>25~50	>50~100	>100~150	>150~200	>200~600	>600~1000
公称直径 D/mm	70、100、150	200、230、217	200、300、314	300、350、314	400、350	400、500	600、700	800、900

表 23-11 溶解乙炔气瓶的规格（GB 11638—2011）

公称容积/L	2	4	8	10	14	25	40	60
公称直径 D_N/mm	102	120	152	152、160	180	210	250	300
瓶体	—			钢质焊接式				
水压试验压力/MPa	5.2							
气密性试验压力/MPa	3.0							

注：1. 外表为白色，标注红色“乙炔”“不可近火”字样。

2. 公称直径 D_N 为推荐尺寸，对于钢质无缝气瓶指外径，钢质焊接气瓶指内径。

表 23-12 氧气瓶的规格

材质	工作压力/MPa	公称容积/L	主要尺寸/mm 外径 ϕ	长度 L	壁厚 S	质量/kg
锰钢	15	40	219	1360	5.8	58
			232	1235	6.1	58
		45	219	1515	5.8	63
			232	1370	6.1	64
		50	232	1505	6.1	69
铬钼钢	15	40	229	1250	5.4	54
			232	1215		52
		45	229	1390		59
			232	2350		57
		50	232	1480		62
	20	40	229	1275	6.4	62
			232	1240		60
		45	232	1375		66
		50		1510		72

23.2.2 钢质焊接气瓶

【用途】 用于在环境温度-40~60℃下，可重复充装低压液化气体及其与压缩气体的混合物的钢瓶。

【材料】

1）主体的材料必须采用同一牌号的电炉或转炉冶炼的镇静钢，并具有良好的成形和焊接性能。

2）与钢瓶主体焊接的所有零部件，其焊接性能必须与钢瓶主体材料相适应。

3）焊接接头的抗拉强度，不得低于母材抗拉强度规定值的下限。

【基本参数】　钢质焊接气瓶基本参数见表 23-13。

表 23-13　钢质焊接气瓶基本参数（GB 5100—2011）

公称容积 V/L	1~10	>10~25	>25~50	>50~100
公称直径 D /mm	70	200	250	300
	100	230	300	350
	150	217	314	314
公称容积 V/L	>100~150	>150~200	>200~600	>600~1000
公称直径 D /mm	400	400	600	800
	350	500	700	900

23.2.3　焊接绝热气瓶

焊接绝热气瓶是一种低温（-40~60℃）立式绝热压力容器，可重复充装。

【用途】　用于存储和运输液氮、液氧、液氩、液态二氧化碳或液化天然气，并能自动提供连续的气体。

【结构】　见图 23-12。内胆中还有汽化器增压器等。

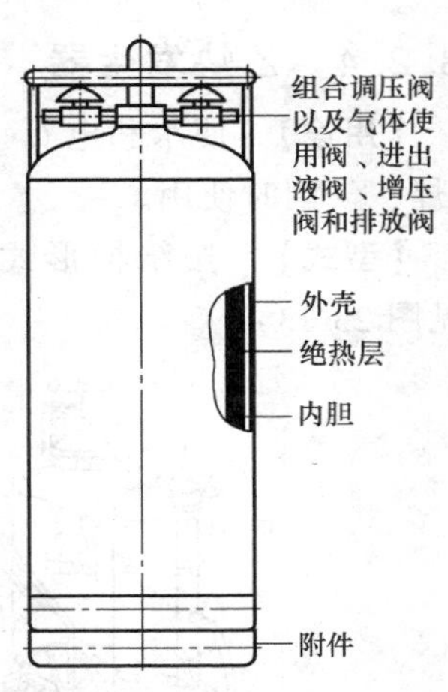

图 23-12　焊接绝热气瓶

【材料】

1）内胆和焊在内胆上所有的零部件，均为奥氏体不锈钢。

2）所有不锈钢焊接材料焊缝，其熔敷金属化学成分应与母材相同或相近，且抗拉强度不得低于母材抗拉强度规定值的下限。

3）内胆筒体和封头材料须按炉罐号进行化学成分复验和按批号

进行力学性能复验，经复验合格的材料，应用无氯无硫的记号笔作材料标记。

4）外壳材料为奥氏体不锈钢或碳钢。

5）绝热材料及吸附材料为阻燃材料。

【标记】 表示方法：

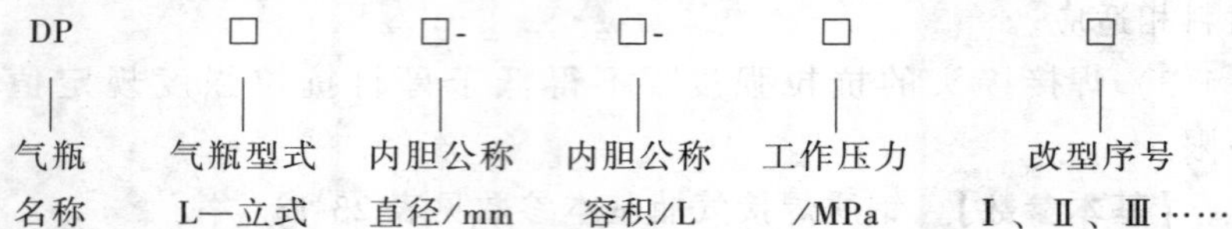

例：公称容积为 175 L，工作压力为 1.4 MPa，内胆公称直径为 450mm，第二次改型的立式气瓶，标记为：DPL450-175-1.4Ⅱ。

【基本参数】 焊接绝热气瓶基本参数见表 23-14。

表 23-14 焊接绝热气瓶基本参数（GB 24159—2009）

公称容积 V/L	10~25	25~50	50~150	150~200	200~450
内胆公称直径 D/mm	220~300	300~350	350~400	400~460	460~800

注：工作压力 1.0~1.6MPa。

23.2.4 乙炔发生器

【用途】 使水和电石（碳化钙）进行化学反应生成乙炔气，供气焊、气割时使用。

【型式】 按结构形式分，有排水式、滴水式和联合式等几种（见图 23-13）。

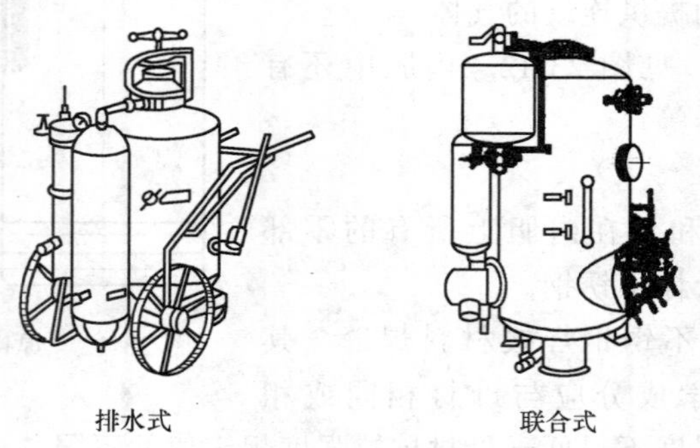

图 23-13 乙炔发生器

【产品数据】　见表 23-15 和表 23-16。

表 23-15　几种乙炔发生器的型号

型号	结构形式	正常生产率/(m^3/h)	乙炔工作压力/MPa	外形尺寸/mm			净重/kg
				长度	宽度	高度	
YJP0.1-0.5	移动排水式	0.5	0.045~0.10	515	505	930	30
YJP0.1-1.0		1.0		1210	675	1150	50
YJP0.1-2.5	固定排水式	2.5		1050	770	1730	260
YDP0.1-6.0	固定联合式	6.0		1450	1375	2180	750
YDP0.1-10		10		1700	1800	2690	980

表 23-16　一些乙炔发生器的型号和主要技术数据

型号		滴水式			排水式					联合式
		YSDI-0.1-0.5	YSDI-0.1-1	YSDI-0.1-1.5	YJP-0.1-0.5	YJP-0.1-1	YDP-0.1-6(5)	YJPH-0.08-2.5	YJPH-0.08-6(5)	YJPH-0.08-10
正常发气量/(m^3/h)		0.5	1	1.5	0.5	1	2.5(3)	6(5)	10	6(5)
乙炔压力范围/MPa		0.02~0.07	0.02~0.1		0.045~0.1		0.02~0.08			0.045~0.1
安全阀开启压力/MPa		0.115	0.115	0.115	0.115	0.115	0.1	0.1	0.1	0.15
乙炔的最高温度/℃		—	85		90		95			90
电石一次装入量/kg		2	5	7	2.4	5	12	27	47	12.5
允许的电石块度/mm		—	8~80		25~80					50~80
发生器净重/kg		22	60	—	30	50	—	—	—	750
外形尺寸/长/mm		—	—	—	—	—	1360	1360	—	1450
发生器外形尺寸/mm	宽度	—	—	—	—	—	850	830	—	1375
	高度	—	—	—	—	—	1850	2020	—	2180
发生器设置方式		可移式					固定式			

23.2.5　集中供气装置

【用途】　给焊接设备提供稳定的压力与流量，阻止大气中的氧、氮等有害气体侵入熔池，避免产生有害影响，从而获得性能良好的焊缝。

【产品数据】 见表23-17~表23-19。

表23-17 双侧集中供气装置的产品数据

型号规格	适用气体	输入压力/MPa	输出压力/MPa	额定输出流量/(m^3/h)	出气口螺纹/in
8200-X	氧气	15	0.07~1.4	200	G1/2
8200-Y	乙炔	3	0.01~0.1	40	G3/4
8200-F	丙烷	3	0.03~0.85	60	G3/4
8200-C	二氧化碳	15	0.03~0.85	40	G3/4
8200-1N	氨气、氦气、氮气	15	0.07~1.4	200	G3/4
8200-H	氢气	15	0.07~1.4	300	G3/4

表23-18 半自动切换集中供气装置的产品数据

型号规格	适用气体	输入压力/MPa	输出压力/MPa	额定输出流量/(m^3/h)	出气口螺纹/in
8300-X	氧气	15	0.07~1.4	200	G1/2
8300-Y	乙炔	3	0.01~0.1	40	G3/4
8300-F	丙烷	3	0.03~0.85	60	G3/4
8300-C	二氧化碳	15	0.03~0.85	40	G3/4
8300-1N	氖气、氦气、氮气	15	0.07~1.4	200	G3/4
8300-H	氢气	15	0.07~1.4	300	G3/4

表23-19 自动切换集中供气装置的产品数据

型号规格	适用气体	输入压力/MPa	输出压力/MPa	额定输出流量/(m^3/h)	出气口螺纹/in
8400-X	氧气	15	0.07~1.4	200	G3/4
8400-Y	乙炔	3	0.01~0.1	40	
8400-F	丙烷	3	0.03~0.85	60	
8400-C	二氧化碳	15	0.03~0.85	80	
8400-1N	氖气、氦气、氮气	15	0.07~1.4	200	
8400-H	氢气	15	0.07~1.4	300	

23.2.6 焊条保温筒

【用途】 用于在施工现场盛放经烘干并需要保温、防潮的低氢型或盐基型药皮焊条。

【型式】 焊条保温筒有立式、卧式和立卧两用三种（见图23-14）。

【工作条件】 焊条保温筒的工作条件见表23-20。

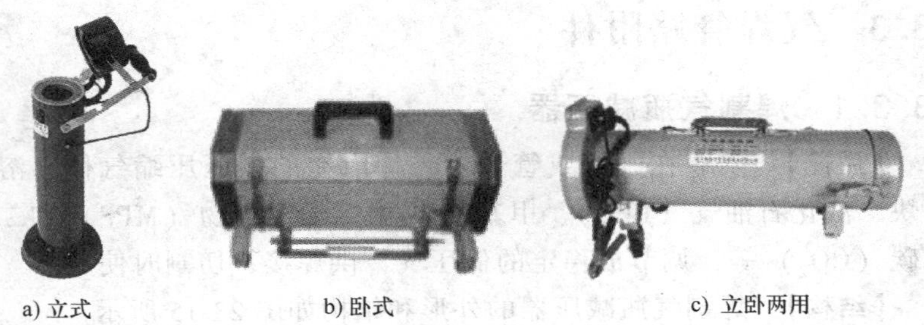

a) 立式　　b) 卧式　　c) 立卧两用

图 23-14　焊条保温筒

表 23-20　焊条保温筒的工作条件（JB/T 6232—1992）

项目	工作条件
工作电压	交流：≤80V（有效值）；直流：≤113V（峰值）
空气相对湿度	在 40℃时：≤50%；在 20℃时：≤90%
环境空气温度	+10～+40℃
使用场所	应无严重影响保温筒使用的气体、蒸汽、化学沉积、尘垢、霉菌及其他爆炸性腐蚀性介质；并应无剧烈震动和颠簸
其他	保持干燥，不允许被水浸湿

【型号】　编制方法：

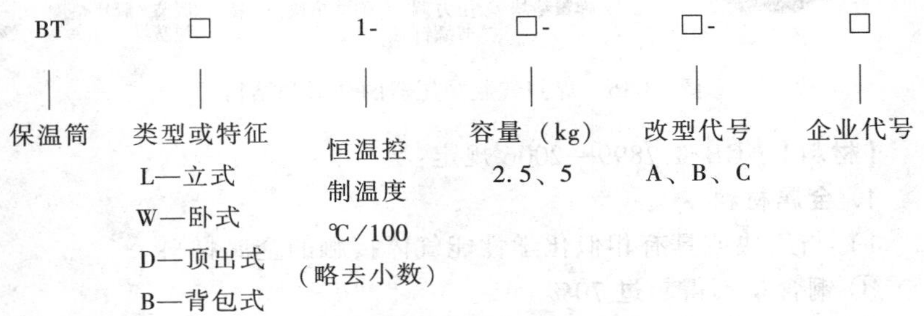

【基本参数】　焊条保温筒的基本参数见表 23-21。

表 23-21　焊条保温筒的基本参数（JB/T 6232—1992）

项目	基本参数		项目	基本参数
容量/kg	2.5	5	容量/kg	2.5、5
额定功率/kW	≤0.120	≤0.120	恒温控制温度/℃	135±15
内腔尺寸/mm	$\phi60\pm2\times L^{+2}$	$\phi80\pm2\times L_{+5}^{+10}$	表面温升/K	≤40
重量/kg	≤3.5	≤4	空筒升温时间/h	≤0.5

23.3 气焊管路附件

23.3.1 焊割气瓶减压器

【用途】 安装在气瓶或管道上，将内在的高压压缩气体、溶解乙炔、液化石油气（LPG）、甲基乙炔-丙二烯混合物（MPS）和二氧化碳（CO_2）等，调节成稳定的低压气，供焊接、切割时使用。

【结构】 焊割气瓶减压器的外形和结构如图 23-15 所示。

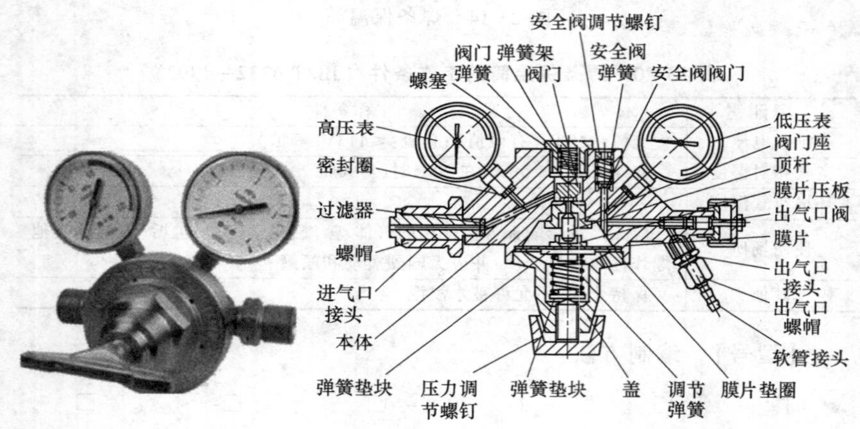

图 23-15 焊割气瓶减压器的外形和结构

【材料】 GB/T 7899—2006 规定：

1. 金属材料

1）与乙炔或具有相似化学性能气体接触的金属材料。

① 铜含量不得超过 70%。

② 金属阻燃件（包括烧结金属件）应用不含铜的材料加工而成。

③ 当使用钎焊银铜合金时，银含量不得超过 46%，铜含量不得超过 37%。

2）与氧接触的各种元件不得含油脂，弹簧和其他活动件应采用耐氧化的材料，并且不得予以涂覆。

2. 非金属材料

1）耐溶剂性能。与乙炔接触的非金属材料（密封件和润滑剂等），应具有耐丙酮和二甲基甲酰胺（DMF）溶剂的性能。

2）耐正戊烷性能。与丙烷、丁烷和甲基乙炔-丙二烯混合气接触的非金属材料（密封件和润滑剂等），应具有适当的耐正戊烷性能。

3）耐氧性能。与氧接触的所有元件不应含有会与氧发生剧烈反应的物质，如烃基溶剂和油脂。

【产品数据】 见表 23-22 和表 23-23。

表 23-22　YQ 系列气瓶用气体减压器的产品数据

名称	型号	工作压力/MPa		压力表规格/MPa		公称流量 /(m^3/h)	质量 /kg
		输入 ≤	输出压力调节范围	高压表（输入）	低压表（输出）		
氧气减压器①	YQY-1A YQY-12 YQY-352	15	0.1～20 0.1～1.25 0.1～10	0～25	0～4 0～2.5 0～1.6	50 40 30	2.2 1.27 1.5
乙炔减压器①	YQE-213	3	0.01～0.15	0～4	0～0.25	6	1.75
丙烷减压器①	YQW-213	1.6	0～0.06	0～2.5	0～0.16	1.0	1.42
空气减压器②	YQK-12	4	0.4～1.0	0～6	0～1.6	160	3.5
CO_2减压器①	YQT-731L	15	0.1～0.6	0～25	—	1.5	2.0
氩气减压器①	YQAr-731L	15	0.15(调定)	0～25	—	1.5	1.0
氢气减压器①	YQQ-9	15	0.02～0.25	0～25	0～0.4	40	1.9

① 表示气瓶用。

② 表示管道用。

表 23-23　其他气瓶用气体减压器的产品数据

减压器型号	QD-1	QD-2A	QD-3A	DJ-6	SJ7-10	QD-20
名称	单级氧气减压器				双级氧气减压器	单级乙炔减压器

（续）

减压器型号	QD-1	QD-2A	QD-3A	DJ-6	SJ7-10	QD-20
进气口最高压力/MPa	15	15	15	15	15	2
最高工作压力/MPa	2.5	1.0	0.2	2	2	0.15
工作压力调节范围/MPa	0.1~2.5	0.1~1.0	0.01~0.2	0.1~2	0.1~2	0.01~0.15
最大放气能力/(m^3/h)	80	40	10	180	—	9
出气口孔径/mm	6	5	3	—	5	4
压力表规格/MPa	0~25、0~4.0	0~25、0~1.6	0~25、0~0.4	0~25、0~4	0~25、0~4	0~2.5、0~0.25
安全阀泄气压力/MPa	2.9~3.9	1.15~1.6	—	2.2	2.2	0.18~0.24
进气口连接螺纹/mm	G15.875	G15.875	G15.875	G15.875	G15.875	夹环连接
质量/kg	4	2	2	2	3	2
外形尺寸/mm	200×200×200	165×170×160	165×170×160	170×200×142	200×170×220	170×185×315

23.3.2 电磁气阀

【用途】 利用电能流经线圈产生电磁吸力，将阀芯吸引。分为常开与常闭两类，切断气体管路，配合压力、温度传感器等电气设备，实现自动控制。

【产品数据】 见表 23-24 和表 23-25。

表 23-24 BZG-TACK1E 系列大流量用干式电磁气阀的产品数据

型号规格	工作压力/MPa	额定气体流量/(L/h)	阀体长度/mm	适用气体	质量/kg
BZG-TACK1E-5	0.01~0.13	5000	182	乙炔、LPG、LNP(13A)	2.8
BZG-TACK1E-10		10000	235		4.7
BZG-TACK1E-30		30000	348		14.1

表 23-25 QXD 系列电磁气阀的产品数据

型号规格	工作压力/MPa	额定空气流量/(m^3/h)	额定电压/V		线圈温升
			交流	直流	
QXD-22(二位二通)	0.8	1~2.5	36、110、220	24	当环境温度不超过 40℃ 时，温度小于 80℃
QXD-23(二位三通)					

23.3.3　安全阀

【用途】　保证焊割时管路的正常工作压力。

【产品数据】　GM 系列干式安全阀的产品数据见表 23-26。

表 23-26　GM 系列干式安全阀的产品数据

型号规格	适用气体	连接形式	阀体长度 /mm	质量 /g	保护功能
GM-1MK	氧气	M16×1.5 右旋	75	210	内部温度达到 95℃时，自动切断供气
GM-2MK	乙炔	M16×1.5 左旋			

23.3.4　气体回火防止器

【用途】　装在气表出气嘴处或者割炬进气嘴处，避免火焰回火进入气瓶发生爆炸。

【分类】　按工作压力分为低压式和中压式；按作用原理可分为水封式和干式；按装置部位不同可分为集中式和岗位式。

【产品数据】　见表 23-27～表 23-29。

表 23-27　FA 系列管道用气体回火防止器的产品数据

型号规格	适用气体	工作压力 /MPa	最大流量 /(m^3/h)	进出气口螺纹	质量 /kg	长度 /mm
FA8TF	乙炔、丙烷、氧气、天然气	1.5、10	2	G3/8″	95	61
FA8TO			12			
FA9TF			2	M16×1.5	92	
FA9TO			12			
FA21PF			15	G3/8″	440	120
FA21PO			35			
FA22PF			15	M16×1.5	435	
FA22PO			35			

表 23-28　高低压气体回火防止器的产品数据

型号规格	适用气体	工作压力 /MPa	额定输出流量 /(m^3/h)	进出气口螺纹 /mm/in
1010X	氧气	1.0	12	M16×1.5
1011X		1.0	30	9/16×18
1020X		1.0	30	G3/8″
1021X		1.0	30	M16×1.5
1030X		1.6	180	G3/4″
1031X		1.6	180	M24×1.75

（续）

型号规格	适用气体	工作压力/MPa	额定输出流量/(m^3/h)	进出气口螺纹/mm/in
1010Y	乙炔、丙烷、天然气	0.15	3	M16×1.5
1011Y		0.10	10	9/16×18
1020Y		0.15	15	G3/8″
1021Y		0.15	15	M16×1.5
1030Y		0.15	40	G3/4″
1031Y		0.15	40	M24×1.75
1040		3	40	G1/2"
1041		3	40	M20×1.5

表 23-29 干式回火防止器的产品数据

型号	HF-W1 尾端式	HF-P1 钢瓶用	HF-P2 钢瓶用	HF-G1 管道式
氧气工作压力/MPa	0.1	—	—	—
氧气流量/(m^3/h)	3.515	—	—	—
乙炔工作压力/MPa	0.01~0.15	0.0098~0.147	0.0098~0.147	< 0.147
乙炔气流量/(m^3/h)	0.3~4.5	≤0.4~6	≤0.4~6	0.95~4.7
进气压力/MPa	—	0.01~0.15	0.01~0.15	0.01~0.10
外形尺寸/mm	ϕ 22×(74+42)	ϕ31×93	ϕ25.2×73	ϕ42×98
净质量/kg	0.11	0.246	0.15	0.43

注：通针规格（mm）为ϕ0.7，ϕ0.9，ϕ1.1，ϕ1.3，ϕ1.5，ϕ1.8，ϕ2.0，ϕ2.4，ϕ2.8。

23.4 焊割设备

23.4.1 小车式热切割机

【用途】 用于对钢材做直线切割及对配备辅具做圆周切割。

【结构】 由驱动系统、导轨、控制系统、割炬和气路系统等组成（见图 23-16）。

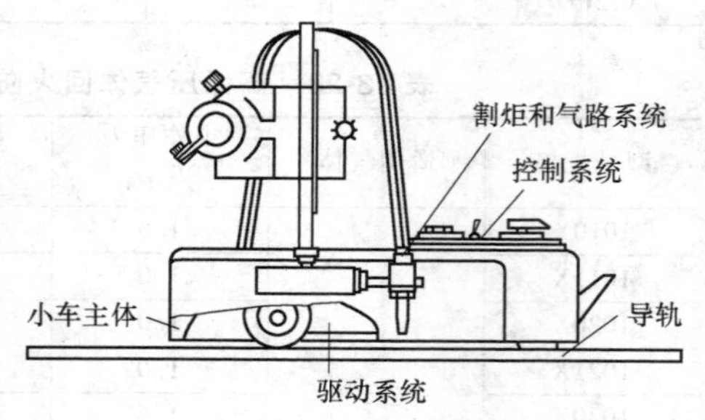

图 23-16 小车式热切割机

【型号】 表示方法：

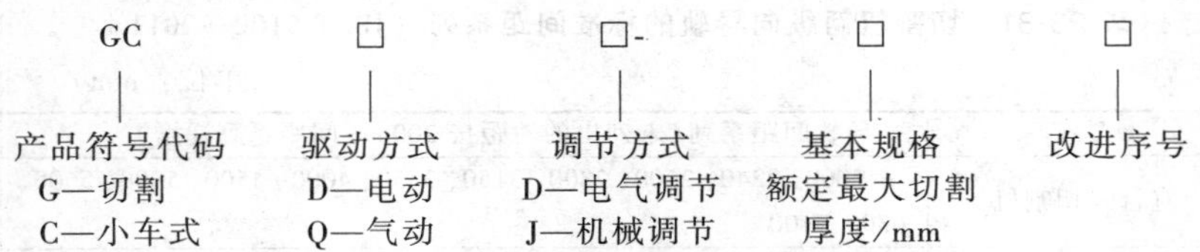

【参数】 小车轨距 L 系列（mm）：100、125、160、180、200、250、315。

导轨长度系列（mm）：1400，1800。

【切割厚度和速度】 小车式热切割机的切割厚度和速度范围见表 23-30。

表 23-30　小车式热切割机的切割厚度和速度范围（JB/T 7436—2017）

切割厚度范围 /mm		速度范围 /(mm/min)		切割厚度范围 /mm		速度范围 /(mm/min)	
下限	上限	上限	下限	下限	上限	上限	下限
5	25、40、60、100	700	100	60	160、250	300	50
				160	400、630	130	30

注：改型等离子小车式切割机的最高速度为 1500mm/min。

23.4.2　坐标式切割机

这是一种割炬沿纵向导轨和横向导轨分别运动或割炬在纵向、横向导轨上作合成运动的切割机。

【分类】 按割炬运动形式和控制方式，可分为直行式切割、光电跟踪式切割和数控式切割机。

【型号】 编制方法：

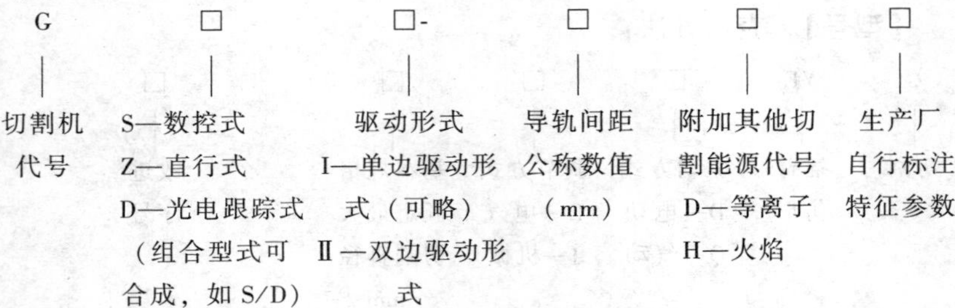

【标准间距系列】 切割机两纵向导轨的标准间距系列见表 23-31。

表 23-31 切割机两纵向导轨的标准间距系列（JB/T 5102—2011）

（单位：mm）

型式	导轨间距系列（未列出的轨距按 200mm 间距系列递增）
直行式切割机	2000、2240、2500、2800、3150、3550、4000、4500、5000、5600、6300、7100
数控式切割机	8000、9000、10000
光电跟踪式切割机	600、630、710、800、900、1000、1120、1250、1400、1600、1800

23.4.3 摇臂仿形切割机

摇臂仿形切割机是一种坐标磁力控制的热切割设备。

【用途】 用于气割低碳钢、低合金钢板。

【分类】 有便携式、固定式两种。

【结构】 摇臂仿形切割机如图 23-17 所示。

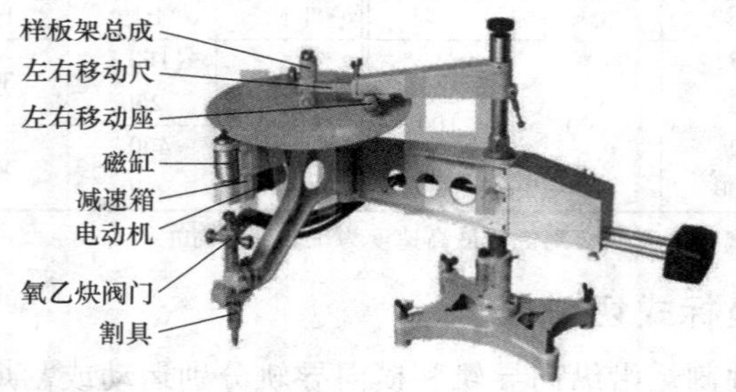

图 23-17 摇臂仿形切割机

【基本参数】 JB/T 6104—2017 规定：

切割最大直径（mm）有 400、500、630、900、1120、1400、2240、3150 和 5000。

【型号】 表示方法：

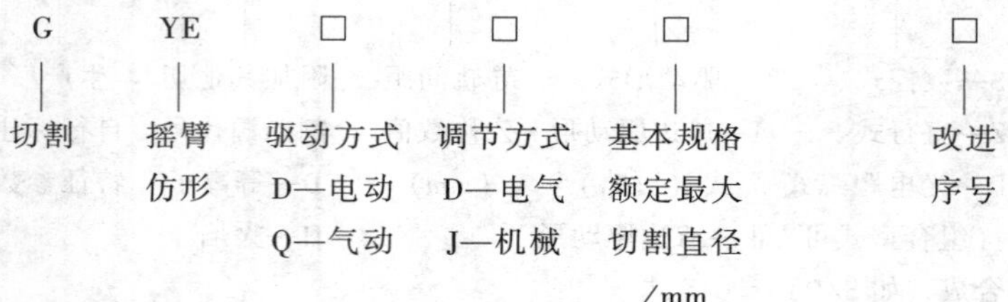

23.4.4　碳弧气刨机

碳弧气刨指使用石墨棒或碳棒与工件间产生的电弧将金属熔化，并用压缩空气将其吹掉，实现在金属表面上加工沟槽的方法。

【型号】 表示方法：

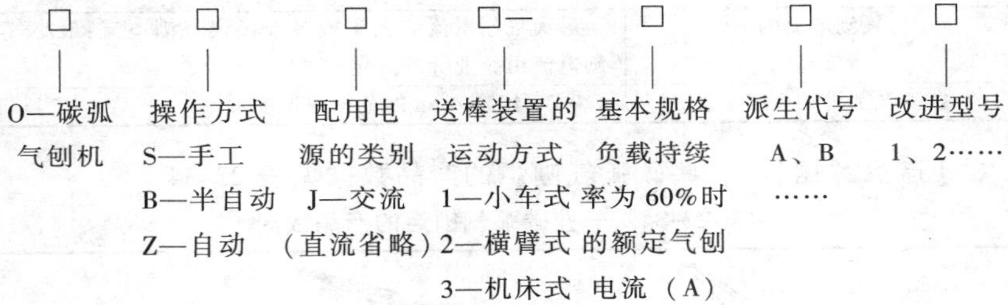

【碳棒规格及适用电流】 碳棒规格及适用电流见表 23-32。

表 23-32　碳棒规格及适用电流

断面形状	规格(mm)	适用电流/A	断面形状	规格(mm)	适用电流/A
圆形	3×355	150≈180	扁形	3×12×355	200≈300
	4×355	150≈200		4×8×355	180≈270
	5×355	150≈250		4×12×355	200≈400
	6×355	180≈300		5×10×355	300≈400
	7×355	200≈350		5×12×355	350≈450
	8×355	250≈400		5×15×355	400≈500
	9×355	350≈450		5×18×355	450≈550
	10×355	350≈500		5×20×355	500≈600

【基本参数】 气刨机的基本参数见表 23-33。

表 23-33　气刨机的基本参数（JB/T 7108—1993）

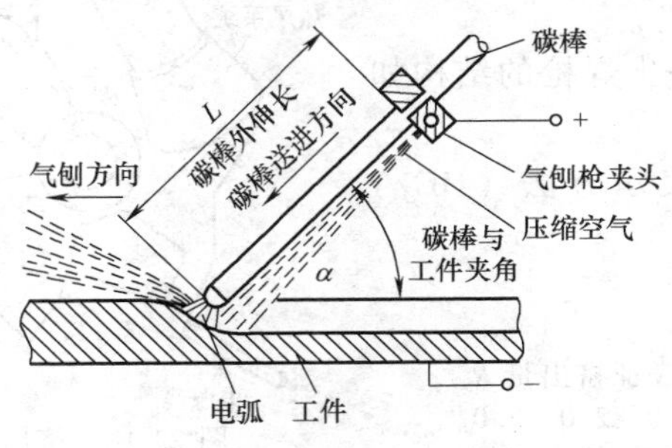

（续）

基本参数		数值
额定气刨电流(A)		(R10 数系)400、500、630、800、1000、1250、1600
额定负载持续率	手工碳弧气刨机	60%(工作周期 5min)
	自动、半自动碳弧气刨机	60%(工作周期 10 min)、100%
气刨电流的调节范围		最大气刨电流应大于或等于额定气刨电流;最小气刨电流由企业标准规定
自动气刨机的气刨速度		0.3~1.5m/min 的范围内连续可调

【产品数据】 一些碳弧气刨炬的产品数据见表 23-34。

表 23-34 一些碳弧气刨炬的产品数据

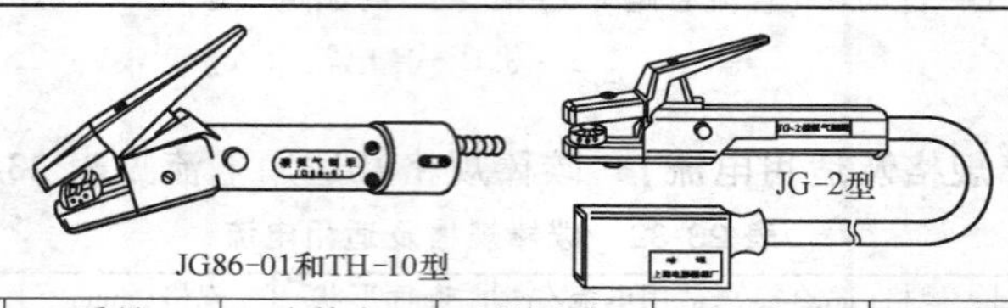

型号	质量 /kg	夹持力 /N	压缩空气 /MPa	适用电流 /A ≤	夹持碳棒/mm 圆棒	夹持碳棒/mm 矩形棒
JG86-01	0.7	35	0.5~0.6	600	φ4~10	4×12~5×20
JG86-02	2.3	40	0.6~0.7	600		
TH-10	—	30	0.5~0.6	500		
JG-2	0.6	30	0.5~0.6	700		
78-1	0.5	机械紧固	0.5~0.6	600		

23.4.5 塑料挤出焊枪

【用途】 用于挤出热塑性的聚丙烯（PP）、聚乙烯（PE）和聚氯乙烯（PVC）。

【结构】 挤出焊枪的结构如图 23-18 所示。

【型号】 表示方法（HG/T 4750—2014）：

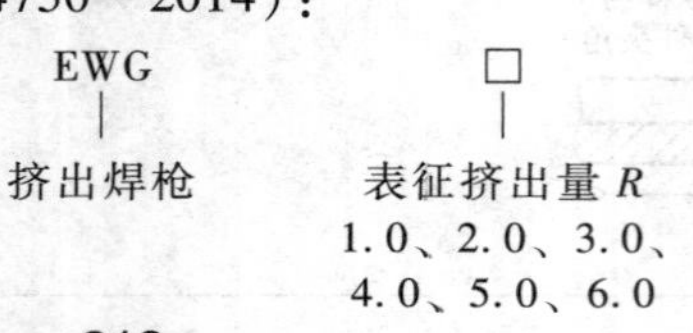

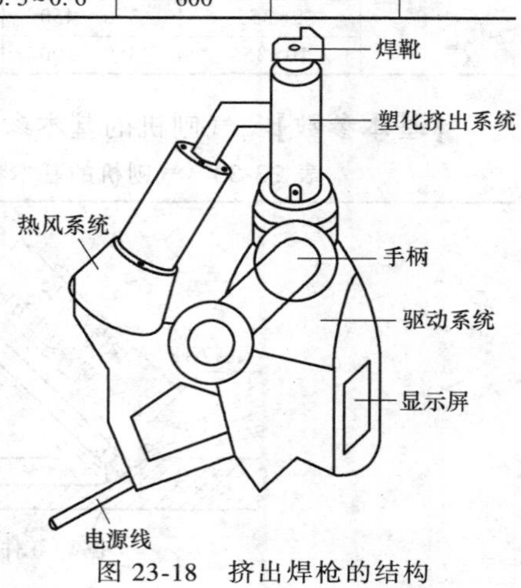

图 23-18 挤出焊枪的结构

注意：表征挤出量 R（实际挤出量 Q，kg/h）的关系：1.0（$Q \leqslant 1.5$），2.0（$1.5<Q \leqslant 2.5$）、3.0（$2.5<Q \leqslant 3.5$）、4.0（$3.5<Q \leqslant 4.5$）、5.0（$4.5<Q \leqslant 5.5$）、6.0（$5.0<Q \leqslant 6.0$）。

【技术要求】

1）预热时间：焊枪达到规定温度并使温度保持稳定所需时间应不大于 10min。

2）加热温度：焊枪的热风温度应该为 40~600℃，并可调节。

3）工作热风温度：正常工作时，焊枪出口处的热风温度波动值应不超过 10℃，温度实际值和温度设定值之间的偏差值不超过±10℃。

4）熔体温度：正常工作时，焊枪出口处的熔体温度波动值应不超过 10℃，温度实际值和温度设定值之间的偏差值不超过±10℃。

5）出风量：焊枪的出风量不低于 300L/min。

6）噪声：以焊枪为中心，半径为 1m 的球面处，测得的工作噪声声压级（A 计权）的平均值应不大于 65dB。

23.4.6　塑料热风焊枪

【用途】　用于聚偏氯乙烯（PVDF）和可熔性四氟乙烯（PFA）等热塑性塑料制品焊接。

【结构】　塑料热风焊枪的结构如图 23-19 所示。

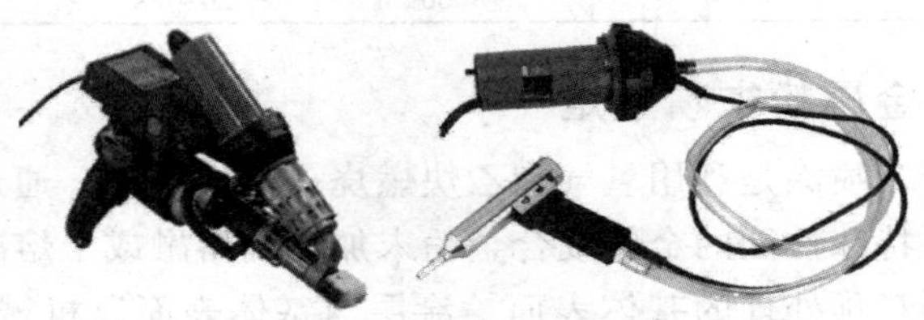

图 23-19　塑料热风焊枪的结构

【工作原理】　枪芯用电热丝绕于耐火瓷料上，并用导线引出。使用时，接下电源，按下开关，焊枪上微型电动机即起动送风。由于枪芯上的电热丝通电后，把冷风加热成热气流从喷嘴喷出，使被焊接的板材与焊条加热呈熔融状态而黏合焊接在一起。

【型号】　表示方法：

【基本参数】 塑料热风焊枪的基本参数见表23-35。

表23-35 塑料热风焊枪的基本参数（HG/T 4751—2014）

项目	技术要求	注
出风口温度范围/℃	60~600	可调
出风量/(m^3/min)	120~230	可调
工作噪声/dB(A)	≤65	—

【产品数据】 见表23-36和表23-37。

表23-36 塑料焊枪的产品数据

型号	DSH-Ⅰ	DSH-Ⅱ/Ⅲ	DSH-A/C	DSH-M	DSH-XC	DSH-XA
最大功率/W	500	700	1000	800	1200	1500
温度范围/℃	500	500	500	200	30~700	30~700
风量/(m^3/min)	0.3	0.5	0.8	0.5	0.5	0.5

表23-37 塑料焊机的产品数据

型号	额定电压/V	最大功率/W	温度范围/℃	风量/(m^3/min)
DH-3	220	800	40~500	0.14
DSH-FⅠ	220	1500	30~600	0.4
DSH-FⅡ	220	3000	30~600	0.8

23.4.7 金属粉末喷涂炬

金属粉末喷涂是利用氧气和乙炔燃烧火焰的热能，通过特制的喷枪，将具有特殊性能的金属或合金粉末加热到熔融或半熔融状态，高速地喷敷到经预处理的基体表面。涂层与基体表面以机械结合为主，之间有部分显微冶金结合。

【产品数据】 QH和SPH型喷涂炬的产品数据见表23-38。

23.4.8 重熔炬

重熔炬是利用氧气和乙炔燃烧火焰的热能，对用两步法喷焊的工件进行喷粉后重熔。也可用来对大面积喷涂、喷焊的工件进行喷前预热加温。

表 23-38　QH 和 SPH 型喷涂炬的产品数据

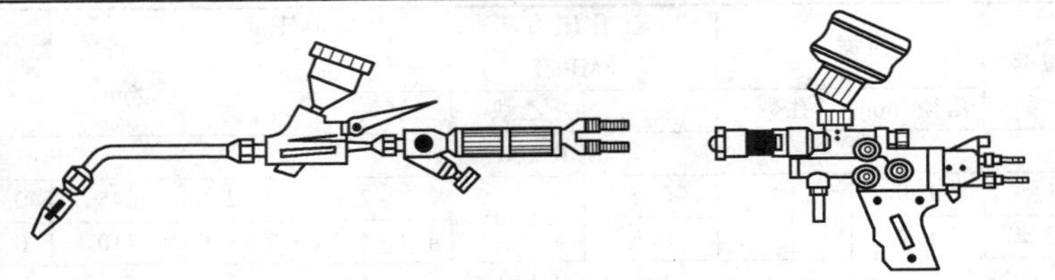

小型喷涂炬　　　　大型喷涂炬(SPH-E)

喷焊嘴		工作压力/MPa		气体消耗量/(m^3/h)		送粉量	总质
嘴号	孔径	氧气	乙炔	氧气	乙炔	/(kg/h)	量/kg
QH-1/h 型(总长度 430mm)							
1	0.9	0.20	0.05 0.10	0.16~0.18	0.14~0.15	0.4~1.0	0.55
2	1.1	0.25		0.26~0.28	0.22~0.24		
3	1.3	0.30		0.41~0.43	0.35~0.37		
QH-2/h 型(总长度 470mm)							
1	1.6	0.30	0.05 0.10	0.65~0.70	0.55~0.65	1.0~2.0	0.59
2	1.9	0.35		0.80~1.00	0.70~0.80		
3	2.2	0.40		1.00~1.20	0.80~1.10		
QH-4/h 型(总长度 580mm)							
1	2.6	0.40	0.05 0.10	1.6~1.7	1.45~1.55	2.0~4.0	0.75
2	2.8	0.45		1.8~2.0	1.65~1.75		
3	3.0	0.50		2.1~2.3	1.85~2.20		
SPH-C 型圆形多孔(总长度 730mm)							
1	1.2　5孔	0.5	≥0.05	1.3~1.6	1.1~1.4	4~6	1.25
2	7孔	0.6		1.9~2.2	1.6~1.8		
3	9孔	0.7		2.5~2.8	2.1~2.4		
SPH-D 型排形多孔(总长度:1 号 730mm,2 号 780mm)							
1	1.0　少于	0.5	≥0.05	1.6~1.9	1.40~1.65	4~6	1.55
2	1.2　10孔	0.6		2.7~3.0	2.35~2.60		1.60

注：合金粉末粒度不大于 150 目/（25.4mm^2）。

【产品数据】　SCR 型重熔炬的产品数据见表 23-39。

表 23-39　SCR 型重熔炬的产品数据

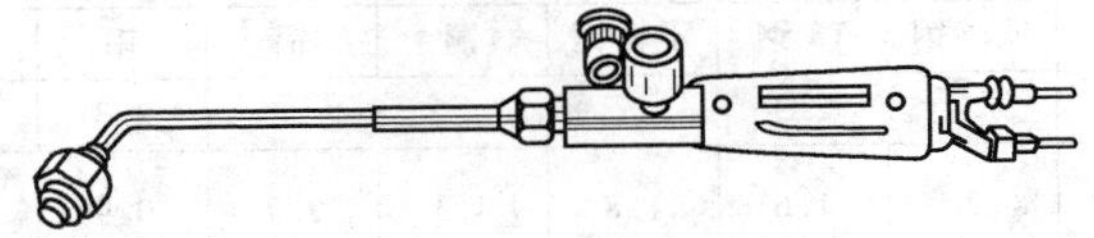

（续）

喷嘴号	喷嘴孔		工作压力/MPa		气体消耗量/(m^3/h)		总长度/mm	总质量/kg
	孔径/mm	孔数	氧气	乙炔	氧气	乙炔		
SCR-100 型								
1	1.0	13	0.5	>0.05	2.7~2.9	2.4~2.6	645	0.94
2	1.2		0.6		4.1~4.3	3.7~3.9	710	0.97
SCR-120 型								
3	1.3	13	0.6	>0.05	4.5~5.2	4.2~4.9	710	0.97
4	1.4		0.7		5.5~6.1	5.2~6.0	850	1.10

23.4.9 射吸式气体金属喷涂枪

金属喷涂是以燃烧氧气和乙炔为热源，压缩空气作为喷涂机构的动力，将被熔化的线材雾化为 φ4~40μm 微粒，喷射到工件表面上，形成耐磨、耐蚀的抗高温氧化的喷涂层。熔点≤3000℃并能制成线材或棒材的金属或非金属（如陶瓷、氧化铝等）均可用来喷涂。

【用途】 广泛用于曲轴、导轨等易磨损件的表面修复和各种结构件的防蚀层。

【产品数据】 QX1 型喷涂枪的产品数据见表 23-40。

表 23-40 QX1 型喷涂枪的产品数据

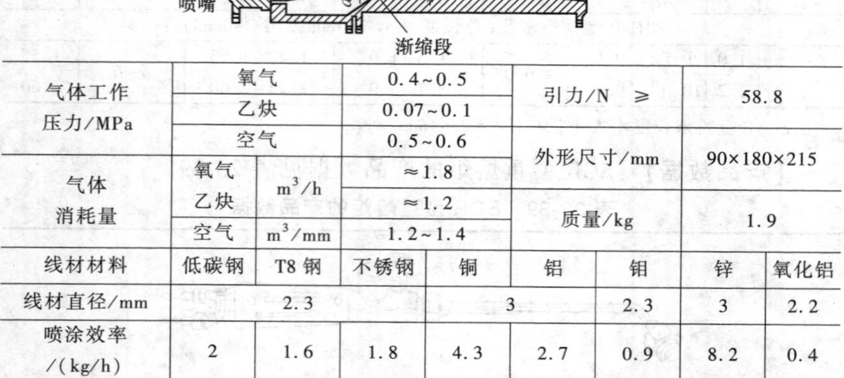

气体工作压力/MPa	氧气		0.4~0.5		引力/N ≥		58.8	
	乙炔		0.07~0.1					
	空气		0.5~0.6		外形尺寸/mm		90×180×215	
气体消耗量	氧气	m^3/h	≈1.8					
	乙炔		≈1.2		质量/kg		1.9	
	空气	m^3/mm	1.2~1.4					
线材材料	低碳钢	T8 钢	不锈钢	铜	铝	钼	锌	氧化铝
线材直径/mm	2.3			3		2.3	3	2.2
喷涂效率/(kg/h)	2	1.6	1.8	4.3	2.7	0.9	8.2	0.4

23.5　焊接辅具

焊接辅具有焊接滚轮架、电焊钳、焊接夹钳、焊工锤和电焊面罩等（另有焊条保温筒、钢丝刷因篇幅关系省略，角向磨光机已经在磨工工具中叙述）。

23.5.1　弧焊送丝机

GB/T 15579.5—2013 规定的弧焊送丝机与焊接电源之间可以是分体式的，也可以是一体式的；可与手工焊炬或机械导向的焊炬配套使用（不适用于带焊丝盘的焊炬和供非专业人士使用的送丝机）。送丝装置的最低防护等级见表 23-41。

表 23-41　送丝装置的最低防护等级

试验部位		室内使用	室外使用
电动机和控制回路	电压≤SELV	IPZX	IP23S
	电压>SELV	IP21S	IP23S
送丝装置中潜在的带电部分（如焊丝、焊丝盘、送丝轮）	和手工焊炬（枪）一起使用	IPXX	IPX3
	和机械导向焊炬（枪）一起使用	IPXX	IPXX

【产品数据】　一些国外送丝机的产品数据见表 23-42。

表 23-42　一些国外送丝机的产品数据

	参数	松下 KR-500A（双驱）	（欧式）PMDC（单驱）
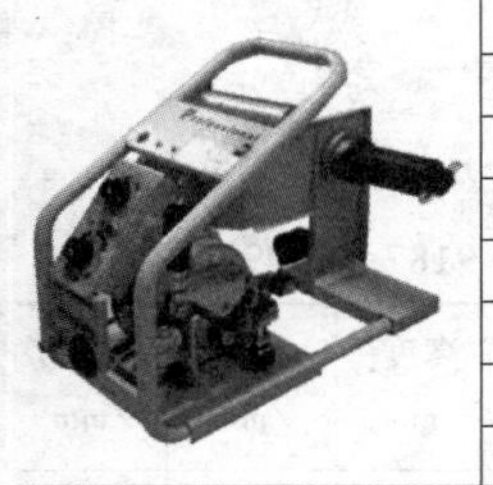	额定电压/V	20、18.3	24、42
	额定电流/A	5、5.5	5、3.5
	送丝速度/(m/min)	1.5~18、1.5~17、24	1.5~16、1.5~20、24
	丝盘轴直径/mm	50	
	焊丝盘宽度/mm	103	
	焊丝重量/kg	25	
	适用焊丝直径/mm	ϕ0.8~1.6	

23.5.2　焊接滚轮架

焊接滚轮架是借助焊件与主动滚轮间的摩擦力来带动圆筒形（或圆锥形）焊件作旋转的装置（见图 23-20）。

【用途】　主要用于重工业中的一些大型机器的圆筒类工件内、外环缝和内、外纵缝的压焊焊接。可简化焊接过程，改善焊接的安全

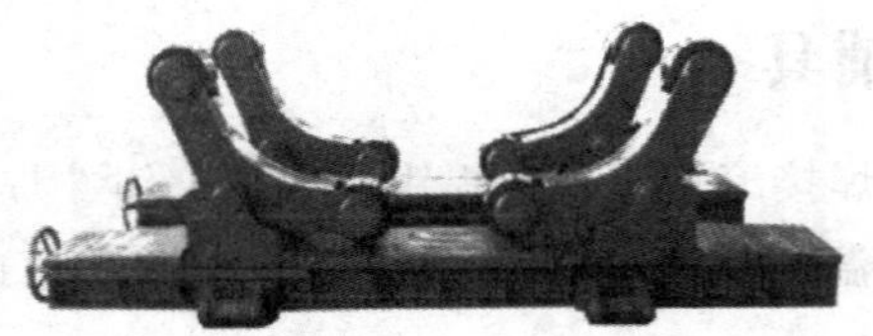

图 23-20　焊接滚轮架

卫生条件。

【结构】 包括底座、主动滚轮、从动滚轮、支架、传动装置、动力装置驱动等。

【型号】 表示方法：

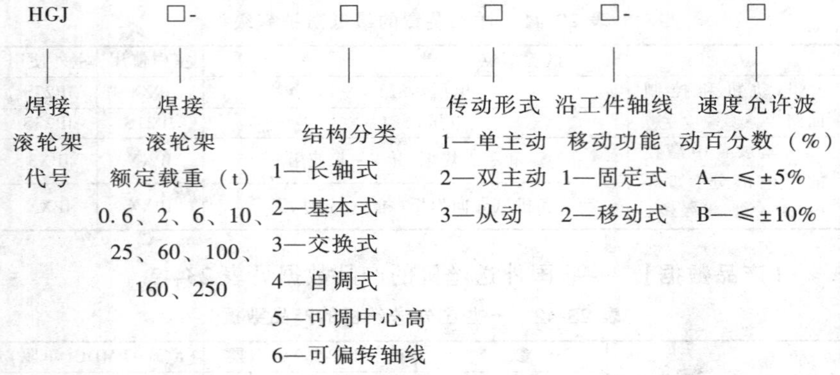

【技术参数】 见表 23-43 和表 23-44。

表 23-43　自调式滚轮架系列的技术参数（JB/T 9187—1999）

规格型号	载重 /t	中心距 /mm	滚轮直径 /mm	滚轮宽度 /mm	焊件直径 /mm	高度 /mm	宽度 /mm	总长度 /mm
ZT-5t	5	1030	260	120	300～2500	790	700	1770
ZT-10t	10	1070	300	170	350～3000	800	750	1800
ZT-20t	20	1160	308	200	400～3500	920	910	2050
ZT-30t	30	1270	308	220	500～4000	950	990	2180
ZT-40t	40	1600	425	220	500～4500	1060	1130	2500
ZT-50t	50	1700	425	220	700～5000	1200	1100	2000

表 23-44　KT 双驱动可调式焊接滚轮架的技术参数（JB/T 9187—1999）

规格型号	载重/t	滚轮直径/mm	滚轮宽度/mm	焊件直径/mm	高度/mm	宽度/mm	总长度/mm
KT-5	5	260	170	250~2500	600	650	2200
KT-10	10	310	220	300~3000	700	800	2600
KT-20	20	310	220	300~4000	720	820	2600
KT-30	30	425	220	300~4500	750	850	2800
KT-40	40	425	220	300~4500	800	900	2800
KT-60	60	425	220	500~5000	850	1200	3000
KT-80	80	500	260	800~7000	1400	1900	4000
KT-100	100	500	260	800~8000	1450	2100	4200

23.5.3　电焊钳

【用途】　电焊钳（见图 23-21）用于夹持和操纵焊条，使其与焊接回路相连，传导焊接电流。

【结构】　其导体大多用纯铜铸造，手柄和上下副夹口外壳采用绝缘材料制成。

图 23-21　电焊钳

【分类】　电焊钳有 A 型电焊钳和 B 型电焊钳。前者用标准试指触不到其内部带电部件；后者的焊钳接头带电部分不能被试球所触及。常用焊钳的型号有 300A 和 500A 两种。

注意：当使用的焊条直径不大于 6.3mm 时，金属试球的直径为 12.5mm；当使用的焊条直径超过 6.3mm 时，金属试球的直径为 $d^{+0.05}_{0}$ mm（其中 d 为制造商规定的可使用的最大焊条直径的两倍）。

【基本参数】　电焊钳的基本参数见表 23-45。

表 23-45　电焊钳的基本参数（QB/T 1518—2018）

规格(A)	60%负载持续率时的额定电流/A	可夹持的焊条直径/mm	连接的电缆截面积/mm²
125	125	1.6~2.5	≥10
160(150)	160(150)	2.0~4.0	≥10
200	200	2.5~4.0	≥16
250	250	2.5~5.0	≥25
315(300)	315(300)	3.2~6.3	≥35
400	400	3.2~8.0	≥50
500	500	4.0~10.0	≥70

注：（　）内规格为非优选系列。

【标记】 由产品名称、标准编号、规格和类型组成。

例：规格为 500A 的 B 型电焊钳，标记为：电焊钳 QB/T 1518—500B。

【产品数据】 见表 23-46 和表 23-47。

表 23-46 电焊钳的产品数据

规格(A)	额定焊接电流/A	负载持续率(%)	工作电压/V	适用焊条直径/mm	能连接电缆的截面积/mm² ≥	温升/℃ ≤
160	160	60	26	2.0~4.0	25	35
250	250		30	2.5~5.0	35	40
315	315		32	3.2~5.0	35	40
400	400		36	3.2~6.0	50	45
500	500		40	4.0~(8.0)	70	45

表 23-47 电焊钳/接地钳的产品数据

型号规格	额定电流/A	电缆规格(mm)	焊条规格(mm)
DS-500	450~500	70	3.2~8
DS-600	500~600	95	3.2~8
DS-300	300~350	50	2.5~6
KD-500	450~500	70	3.2~8
DG-300	300~350	50	2.5~6
DG-500	450~500	70	3.2~8
DY-300	300	50	—
DY-500	500	60	—

23.5.4 焊接夹钳

【用途】 用于在不使用工具的情况下，与工件进行电连接的电弧焊。

【分类】 有水平式、垂直式、推拉式和门闩式。

【规格】 根据连接的焊接电缆的截面积范围来确定。

表 23-48 列出的是最大截面积时的试验电流值。最小截面积可根据焊接夹钳与电缆的嵌合范围的调整而缩小。

【技术条件】 焊接夹钳试验电流与焊接电缆截面积的关系见表 23-48。

表 23-48　焊接夹钳试验电流与焊接电缆截面积的关系（GB/T 15579.13—2016）

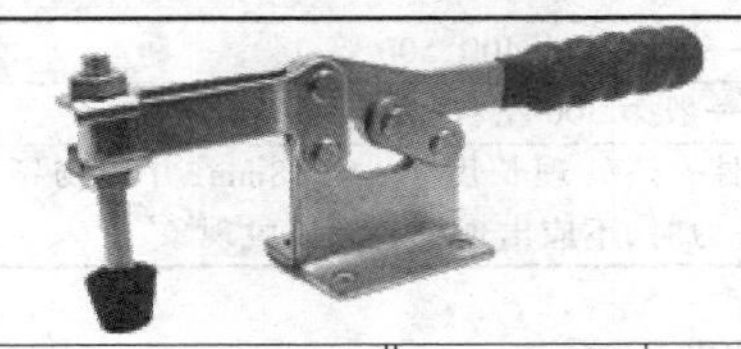

截面积 /mm²	试验电流/A		截面积 /mm²	试验电流/A	
	60%负载持续率	100%负载持续率		60%负载持续率	100%负载持续率
<6	80	70	25～35	250	196
6～10	125	87	35～50	300	248
10～16	150	117	50～70	400	309
16～25	200	157	70～95	500	374

23.5.5　焊工锤

【用途】　用于电焊作业时去除焊渣。

【标记】　由产品名称、标准编号型式代号组成。

例：A 型焊工锤的产品标记为：焊工锤 QB/T 1290.7-A。

【型式和基本参数】　焊工锤的型式和基本参数见表 23-49。

表 23-49　焊工锤的型式和基本参数（QB/T 1290.7—2010）

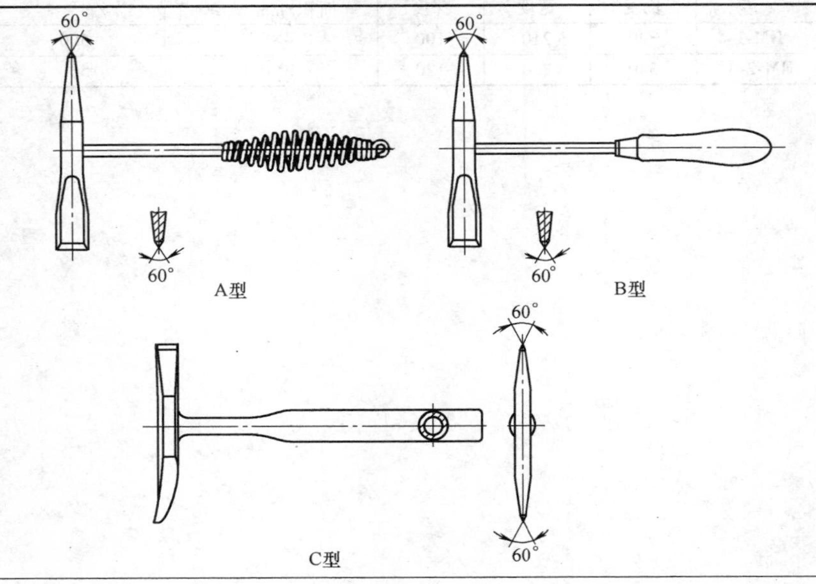

（续）

规格(g)	未规定,一般为300、400、500等
全长/mm	未规定,一般为300左右
要求	锤体尖端的热处理长度不少于8mm,并应与锤柄牢固地连接,在承受2000N的拉力时,不应出现松动和拉脱现象

23.5.6 电焊面罩

【用途】 用于电焊操作时个人防护。

【分类】 有手持式和头戴式两种（见图23-22）。

【基本参数】 电焊面罩的基本参数见表23-50。

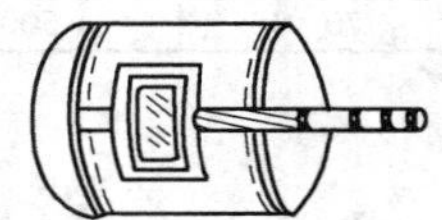

HM-1手持式

HM-2-A头戴式

图23-22 电焊面罩

表23-50 电焊面罩的基本参数

型号	外形尺寸/mm			观察窗透光面积/mm^2 ≥	质量/g ≤
	长度	宽度	深度		
HM-1	320	210	100	4×90	500
HM-2-A	340	210	120	40×90	500

第24章

润滑设备及密封件

本章介绍润滑设备（润滑件、润滑泵）和密封件。

24.1 润滑设备

润滑件包括油壶（因比较简单，从略）、油杯、油标、油枪等；润滑泵包括油脂泵、手动润滑泵和电动润滑泵。

24.1.1 油杯

【种类】 油杯种类一般分为直通式、接头式、旋盖式、旋套式、压配式、弹簧盖式和针阀式等。

1. 直通式压注油杯

【用途】 用油杯内的润滑脂涂敷于需要润滑的机件表面。

【基本参数】 直通式压注油杯的基本参数见表24-1。

表24-1 直通式压注油杯的基本参数（JB/T 7940.1—1995）

（单位：mm）

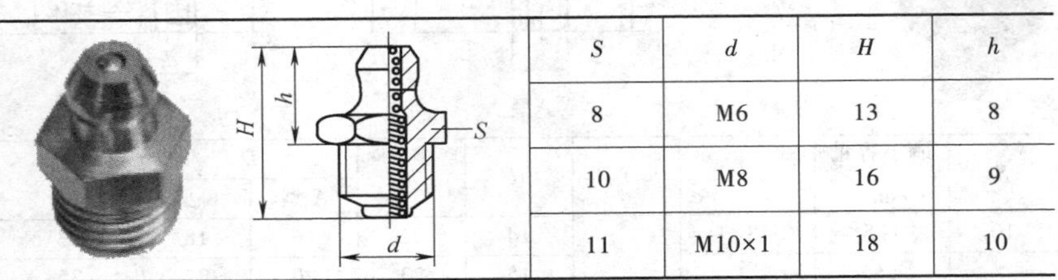

S	d	H	h
8	M6	13	8
10	M8	16	9
11	M10×1	18	10

【标记】 联接螺纹为M6的直通式压注油杯，标记为：油杯 M6 JB/T 7940.1—1995。

2. 接头式压注油杯

【用途】 用于场地狭窄而无法垂直注油的设备。

【结构】 由直通式压注油杯和螺纹接头组成。

【基本参数】 接头式压注油杯的基本参数见表 24-2。

表 24-2 接头式压注油杯的基本参数（JB/T 7940.2—1995）

（单位：mm）

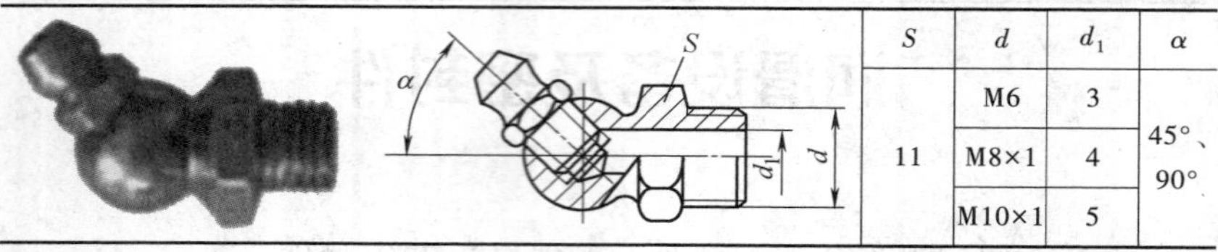

S	d	d_1	α
11	M6	3	45°、90°
	M8×1	4	
	M10×1	5	

【标记】 联接螺纹为 M8×1 的 90°接头式压注油杯，标记为：油杯 90°M8×1 JB/T 7940.2—1995。

3. 旋盖式压注油杯

杯盖和杯体采用螺纹联接，旋转杯盖即可压出润滑脂。

【用途】 一般用于转速不高的设备上。

【基本参数】 旋盖式压注油杯的基本参数见表 24-3。

表 24-3 旋盖式压注油杯的基本参数（JB/T 7940.3—1995）

（单位：mm）

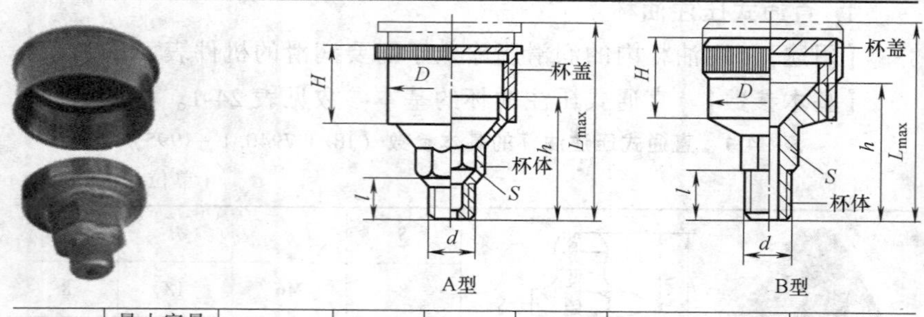

S	最小容量 /cm^3	d	l	H	h	D A 型	D B 型	L_{max}
10	1.5	M8×1	8	14	22	16	18	33
13	3	M10×1		15	23	20	22	35
	6			17	26	26	28	40
18	12	M14×1.5	12	20	30	32	34	47
	18			22	32	36	40	50
	25			24	34	41	44	55
21	50	M16×1.5		30	44	51	54	70
	100			38	52	68	68	85
30	200	M24×1.5	16	48	64	—	86	105

【标记】 最小容量为 $25cm^3$ 的 B 型旋盖式油杯，标记为：油杯 B25 JB/T 7940.3—1995。

4. 旋套式注油油杯

【用途】 用于与螺纹规格为 M8×1、M10×1、M12×1.5、M16×1.5 的油口联接使用。

【结构】 由杯体和旋套组成。

【表面处理】 一般应进行氧化处理或电镀。

【基本参数】 旋套式注油油杯的基本参数见表 24-4。

表 24-4　旋套式注油油杯的基本参数（GB/T 1156—2011）

（单位：mm）

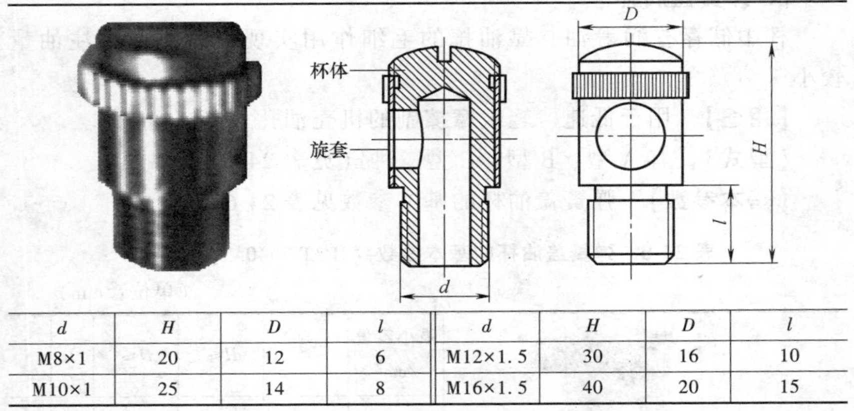

d	H	D	l	d	H	D	l
M8×1	20	12	6	M12×1.5	30	16	10
M10×1	25	14	8	M16×1.5	40	20	15

【标记】 表示方法：

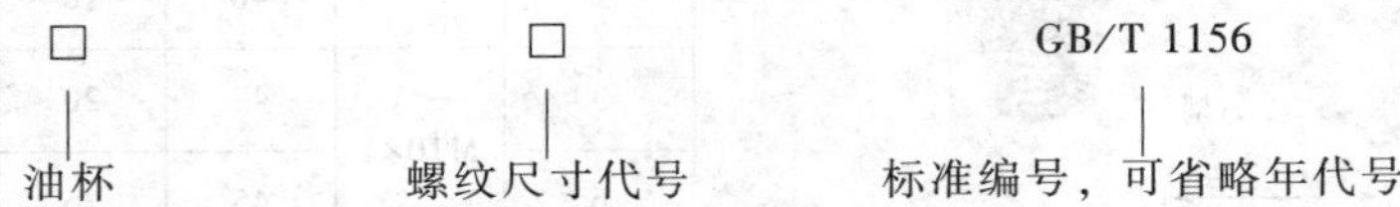

例：螺纹规格为 M8×1 的旋套式注油油杯，标记为：油杯　M8×1 GB/T 1156。

5. 压配式压注油杯

【用途】 用力将钢球压下，润滑油/脂即流出；施力停止即关闭，对机器作间隙润滑。

【基本参数】 压配式压注油杯的基本参数见表 24-5。

表 24-5 压配式压注油杯的基本参数（JB/T 7940.4—1995）

（单位：mm）

基本尺寸 d	6	8	10	16	25
H	6	10	12	20	30
钢球(GB/T 308)	4	5	6	11	12

【标记】 $d=8$mm 的压配式压注油杯，标记为：油杯 8 JB/T 7940.4—1995。

6. 弹簧盖油杯

杯中储存有润滑油，靠油捻的毛细作用实现连续润滑，注油量较小。

【用途】 用于低速、轻载摩擦副的机壳油孔。

【型式】 有 A 型、B 型、C 型三种（见表 24-6）。

【基本参数】 弹簧盖油杯的基本参数见表 24-6。

表 24-6 弹簧盖油杯的基本参数（JB/T 7940.5—1995）

（单位：mm）

最小容量/cm^3	d	$H\leqslant$	$D\leqslant$	l	S
1	M8×1	38	16	10	10
2		40	18		
3	M10×1	42	20		11
6		45	25		
12	M14×1.5	55	30	12	18
18		60	32		
25		65	35		
50		68	45		

（续）

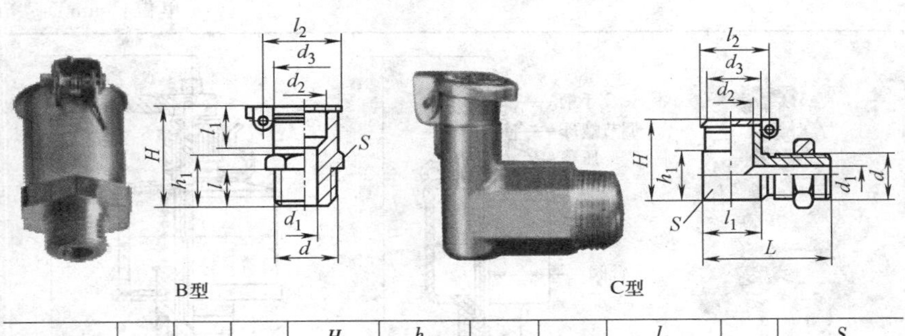

B型　　C型

d	d_1	d_2	d_3	H		h_1		l	L	l_1		l_2	S	
				B型	C型	B型	C型			B型	C型		B型	C型
M6	3	6	10	18		9		6	25	8	12	15	10	13
M8×1	4	8	12	24		12		8	28	10	14	17	13	
M10×1	5	8	12	24		12		8	30	10	16	17	13	
M12×1.5	6	10	14	26		14		10	34	12	19	19	16	
M16×1.5	8	12	18	28	30	14	18	10	37	12	23	23	21	

【标记】

1）最小容量为 $3cm^3$ 的 A 型弹簧盖油杯，标记为：油杯 A 3JB/T 7940.5—1995。

2）联接螺纹为 M10×1 的 C 型弹簧盖油杯，标记为：油杯 CM10×1 JB/T 7940.5—1995。

7. 针阀式注油杯

【工作原理】 将手柄提到垂直位置，针阀上升，油孔打开供油；手柄降到垂直位置，针阀回复至原位，停止供油。调节螺母用于调节供油量的大小。

【基本参数】 针阀式注油杯的基本参数见表 24-7。

【标记】 最小容积为 $50cm^3$ 的 B 型针阀式注油杯，标记为：油杯 B50 JB/T 7940.6—1995。

24.1.2　油枪

【用途】 用于对各种机械设备和车、船上的油杯注入润滑油和润滑脂（其中压杆式油枪适用于注入润滑脂）。

表 24-7　针阀式注油杯的基本参数（JB/T 7940. 6—1995）

（单位：mm）

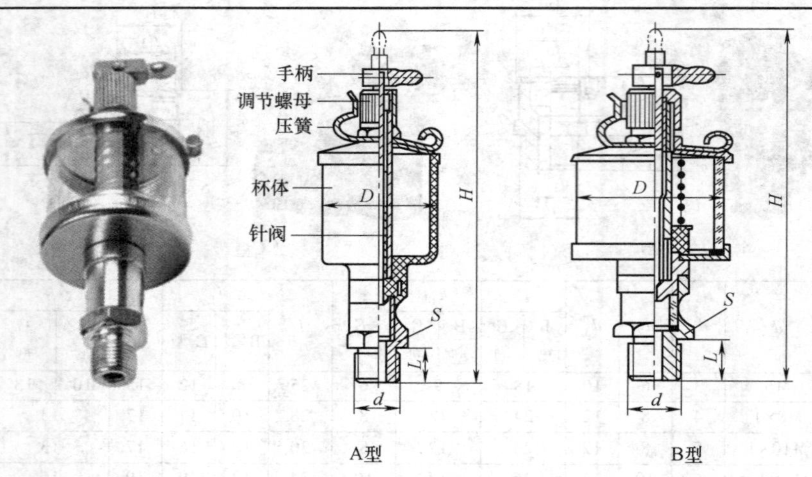

最小容量/cm^3	16	25	50	100	200	400
d/mm	M10×1	M14×1. 5			M16×1. 5	
L/mm	12				14	
H/mm	105	115	130	140	170	190
D/mm	32	36	45	55	70	85
S/mm	13	18			21	
螺母	M8×1		M10×1			

【型式】　油枪有压杆式和手推式两种（见图 24-1）。

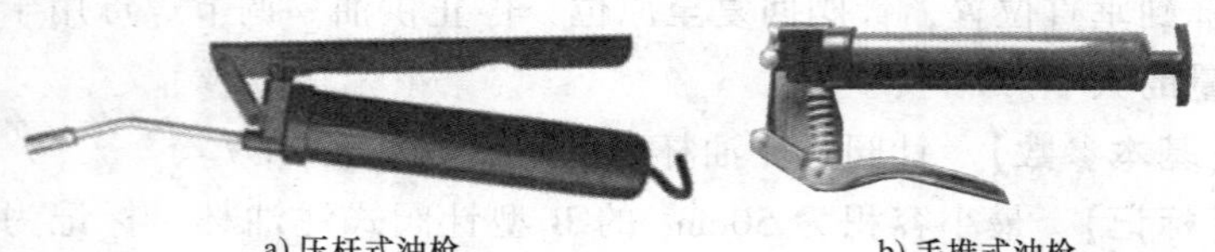

a) 压杆式油枪　　b) 手推式油枪

图 24-1　油枪

1. 压杆式油枪

【基本参数】　压杆式油枪的基本参数见表 24-8。

表 24-8　压杆式油枪的基本参数（GB/T 7942.1—1995）

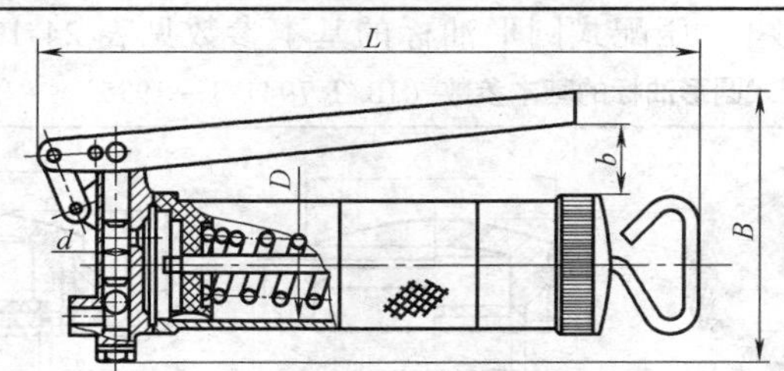

储油量 /cm³	公称压力 /MPa	出油量 /cm³	D	L	B	b	d
			/mm				
100	16	0.6	35	255	90	30	8
200		0.7	42	310	96		8
400		0.8	53	385	125		9

注：表中 D、L、B、d 为推荐尺寸。

2. 手推式油枪

【基本参数】　手推式油枪的基本参数见表 24-9。

表 24-9　手推式油枪的基本参数（GB/T 7942.2—1995）

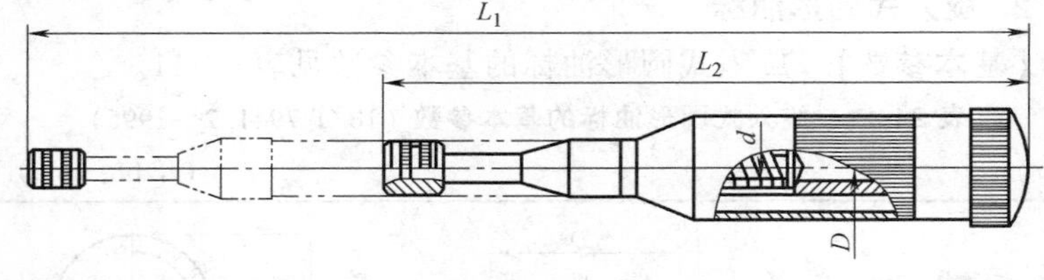

储油量 /cm³	公称压力 /MPa	出油量 /cm³	D	L_1	L_2	d
			/mm			
50	63	0.3	33	230	330	5
100		0.5				6

注：表中 D、L_1、L_2、d 为推荐尺寸。

24.1.3　油标

【型式】　有压配式圆形油标、旋入式圆形油标、长形油标和管状油标等。

【用途】　前者用于观察各种设备内润滑系统中润滑油的储存量；后三种用于标明油箱内的油面高度。

1. 压配式圆形油标

【基本参数】 压配式圆形油标的基本参数见表 24-10。

表 24-10 压配式圆形油标的基本参数（JB/T 7941.1—1995） （单位：mm）

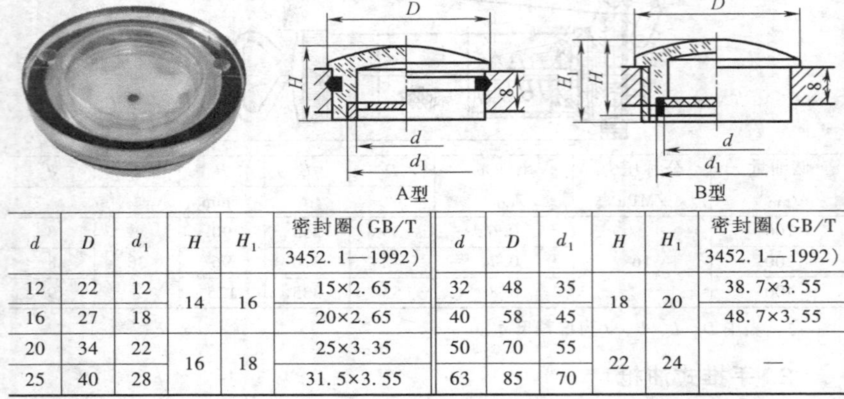

d	D	d_1	H	H_1	密封圈（GB/T 3452.1—1992）	d	D	d_1	H	H_1	密封圈（GB/T 3452.1—1992）
12	22	12	14	16	15×2.65	32	48	35	18	20	38.7×3.55
16	27	18			20×2.65	40	58	45			48.7×3.55
20	34	22	16	18	25×3.35	50	70	55	22	24	—
25	40	28			31.5×3.55	63	85	70			

【标记】 视孔 $d=32$mm 的 A 型压配式圆形油标，标记为：油标 A32 JB/T 7941.1—1995。

2. 旋入式圆形油标

【基本参数】 旋入式圆形油标的基本参数见表 24-11。

表 24-11 旋入式圆形油标的基本参数（JB/T 7941.2—1995）

（单位：mm）

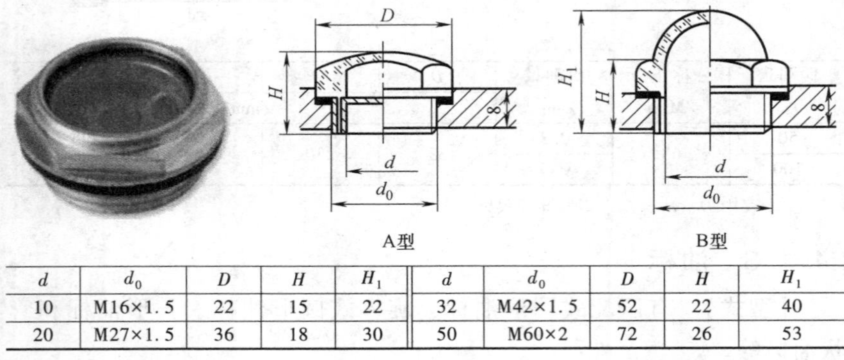

d	d_0	D	H	H_1	d	d_0	D	H	H_1
10	M16×1.5	22	15	22	32	M42×1.5	52	22	40
20	M27×1.5	36	18	30	50	M60×2	72	26	53

【标记】 视孔 $d=32$mm 的 B 型旋入式圆形油标，标记为：油标 B32 JB/T 7941.2—1995。

3. 长形油标

【基本参数】 长形油标的基本参数见表 24-12。

表 24-12　长形油标的基本参数（JB/T 7941.3—1995）

（单位：mm）

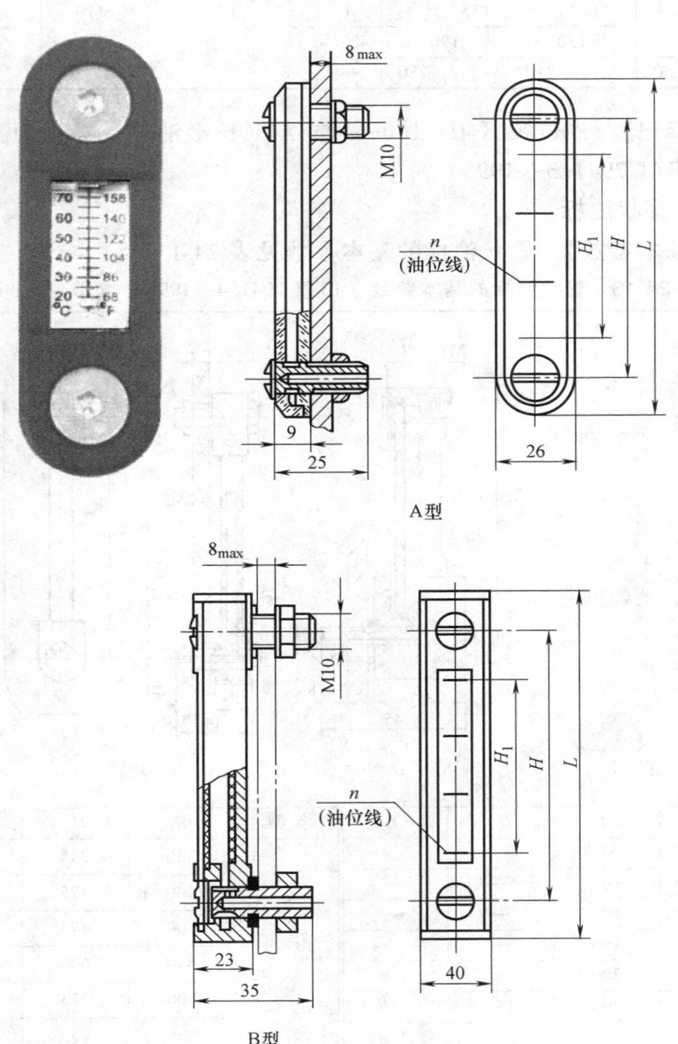

（续）

H		H_1		L		n		O 形密封圈	六角螺母	弹性垫圈
A 型	B 型	A 型	B 型	A 型	B 型	A 型	B 型			
80		40		110		2		10×2.65	M10	10
100	—	60	—	130	—	3	—			
125	—	80	—	155	—	4	—			
160		120		190		6				
—	250	—	210	—	280	—	8			

【标记】 油位视区 H=160mm 的 A 型长形油标，标记为：油标 A160 JB/T 7941.3—1995。

4. 管状油标

【基本参数】 管状油标的基本参数见表 24-13。

表 24-13 管状油标的基本参数（JB/T 7941.4—1995） （单位：mm）

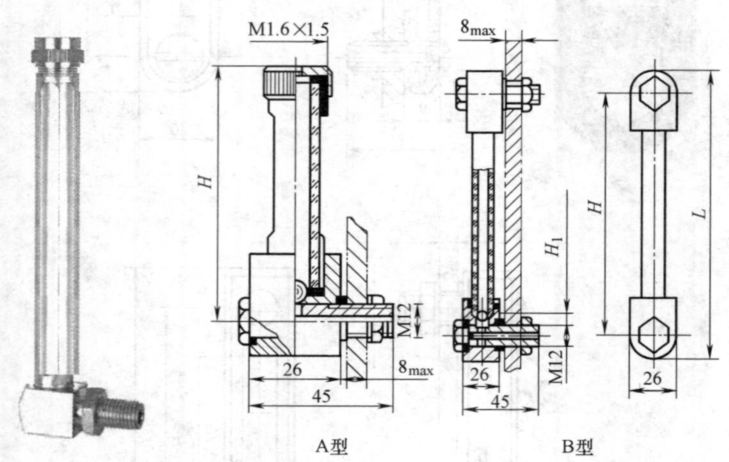

A型 B型

类型	H	H_1	L	类型	H	H_1	L
A 型	80	—	—	B 型	320	295	346
	100	—	—		400	375	426
	125	—	—		500	475	526
	160	—	—		630	605	656
	200	—	—		800	775	826
B 型	200	175	226		1000	975	1026
	250	225	276				

注：O 形密封圈：11.8×2.65；六角螺母：M12；弹性垫圈：12。

【标记】 油位视区 $H=400$mm 的 A 型管状油标，标记为：油标 A400 JB/T 7941.4—1995 。

24.1.4 油脂泵

1. DDB 系列多点油脂泵（10MPa）

【用途】 用于多点输送锥入度为（265～385）1/10mm（25℃，150g）的润滑脂。

【结构和尺寸】 DDB 系列多点油脂泵的结构和尺寸如图 24-2 所示。

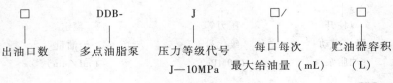

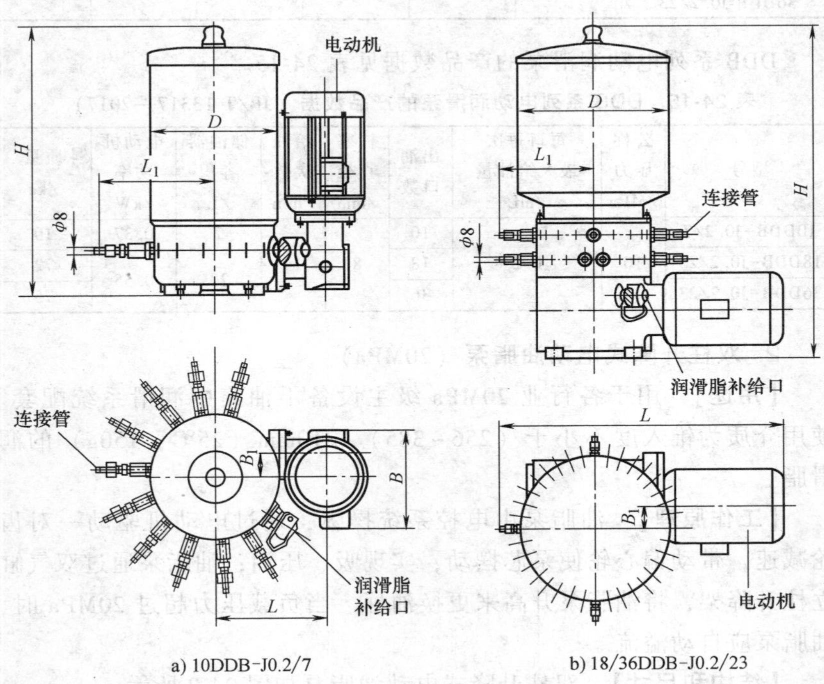

图 24-2　DDB 系列多点油脂泵的结构和尺寸

【标记】 表示方法：

□	DDB-	J	□/	□
出油口数	多点油脂泵	压力等级代号 J—10MPa	每口每次 最大给油量（mL）	贮油器容积 （L）

例：出油口数为10，公称压力为10MPa，每口每次最大给油量为0.2mL，贮油器容积为7L的多点油脂泵，标记为：10DDBJ0.2/7 多点油脂泵 JB/T 13317—2017。

【基本参数】 DDB系列电动润滑泵的基本参数见表24-14。

表24-14 DDB系列电动润滑泵的基本参数（单位：mm）

型号	L	B	H	L_1	D	d
10DDB-J0.2/7	168.5	156	420	170	192	$\phi 10$
18DDB-J0.2/23	570	—	690	185	300	$\phi 12$
36DDB-J0.2/23						

DDB系列电动润滑泵的产品数据见表24-15。

表24-15 DDB系列电动润滑泵的产品数据（JB/T 13317—2017）

型号	公称压力/MPa	每口每次最大给油量/mL	出油口数	柱塞直径/mm	给油次数/min	储油器容积/L	电动机功率/kW	质量/kg
10DDB-J0.2/7	10	0.2	10	8	14	7	0.37	19
18DDB-J0.2/23			18			23	0.55	72
36DDB-J0.2/23			36					75

2. 双柱升降式电动油脂泵（20MPa）

【用途】 用于各行业20MPa级主设备干油集中润滑系统配套。使用介质为锥入度不小于（256~385）1/10mm（25℃，150g）的润滑脂。

【工作原理】 油脂泵由电控系统操纵，通过电动机驱动一对齿轮减速，带动偏心轮使泵芯摆动，实现吸、压油；油脂泵通过双气缸立柱升降架，将油脂泵升高来更换油桶。当负载压力超过20MPa时，油脂泵应自动溢流。

【结构和尺寸】 双柱升降式电动油脂泵如图24-3所示。

【标记】 表示方法：

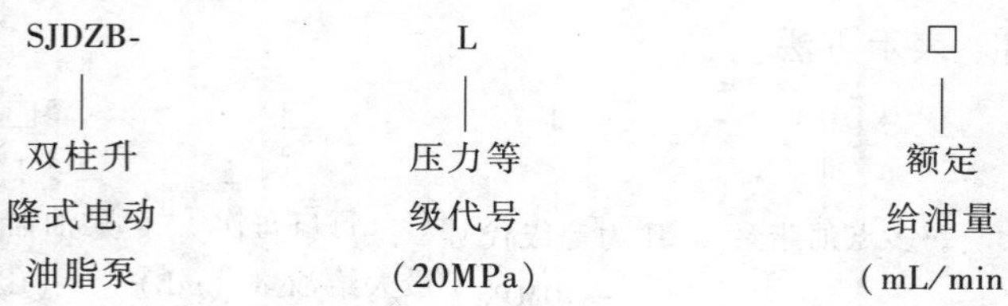

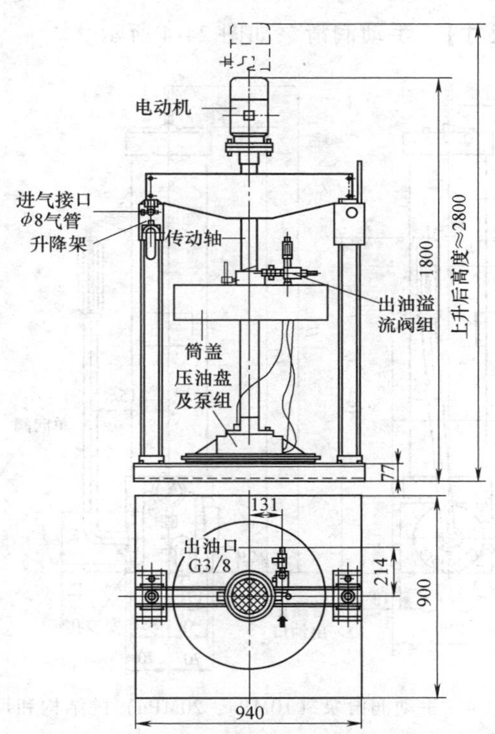

图 24-3 双柱升降式电动油脂泵

例：公称压力为 20MPa，额定给油量为 800mL/min 的双柱升降式电动油脂泵，标记为：SJDZB-L800 双柱升降式电动油脂泵 JB/T 12703—2016。

【产品数据】 双柱升降式电动油脂泵的产品数据见表 24-16。

表 24-16 双柱升降式电动油脂泵的产品数据（JB/T 12703—2016）

型号	额定给油量/(m/min)	公称压力/MPa	适用桶容积/L	电动机功率/kW	电动机防护等级	压缩空气压力/MPa	质量/kg
SJDZB-L800	800	20 (L)	200	1.5	IP54	0.4~0.6	148
SJDZB-L1600	1600			2.2			

24.1.5 手动润滑泵

【用途】 用于输送锥入度为（265～385）1/10mm（25℃，150g）的润滑脂。

【结构和尺寸】 手动润滑泵如图 24-4 所示。

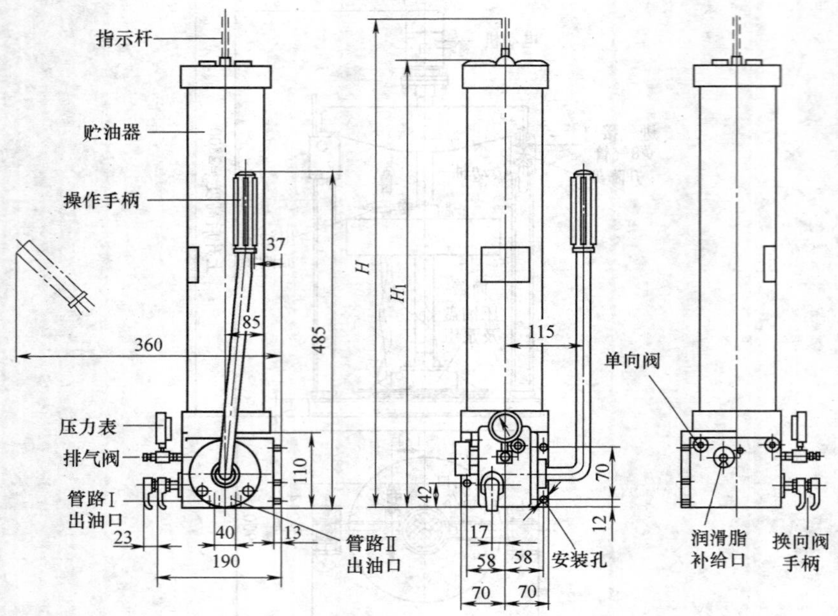

图 24-4 手动润滑泵（10MPa、20MPa）的结构和尺寸

【型号】 表示方法：

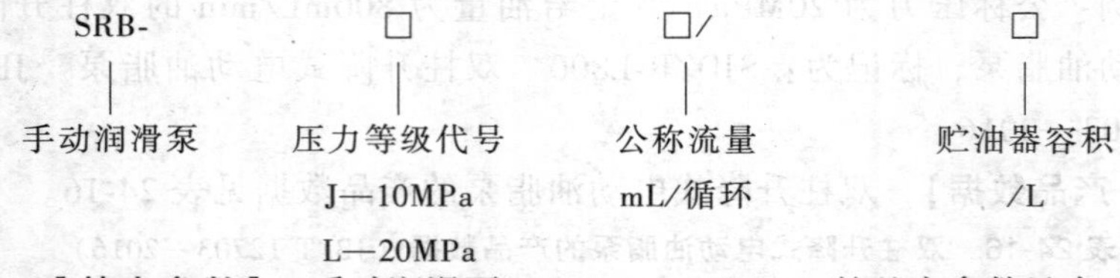

【基本参数】 手动润滑泵（10MPa、20MPa）的基本参数见表 24-17。

表 24-17 手动润滑泵（10MPa、20MPa）的基本参数（JB/T 13321—2017）

型号	公称流量/(mL/cy)	公称压力/MPa	贮油器容积/L	质量/kg
SRB-J7/2	7	10	2	18
SRB-J7/5			5	20
SRB-L3. 5/2	3. 5	20	2	18
SRB-L3. 5/5			5	21

注：“SRB”为“手、润、泵”三字的汉语拼音首字母。

【标记】 公称压力为 20MPa，公称流量为 3.5mL/cy，贮油器容积为 5L 的手动润滑泵，标记为：SRB-L3.5/5　手动润滑泵　JB/T 13321—2017。

24.1.6　电动润滑泵

1. DRB-L 系列电动润滑泵

【用途】 DRB-L 系列电动润滑泵适用于润滑点多、分布范围广、给油频率高的双线式干油集中润滑系统。通过双线分配器向润滑部位供送润滑脂，可满足各种机器设备的需要，对于大型机组和生产线尤为适宜。使用介质为锥入度不低于（265～385）1/10mm（25℃，150g）的润滑脂。

【型号】 有 DRB-L60Z-H.YHF-L2、DRB-L195Z-H.YHF-L2；DRB-L60Z-Z.24EJF-P、DRB-L195Z-Z.24EJF-P；DRB-L60Z-Z.34DF-L1、DRB-L195Z-Z.34DF-L1；DRB-L60Z-S.YHF-N3、DRB-L195Z-S.YHF-N3；DRB-L585Z-H.YHF-L1；DRB-L585Z-Z.24EJF-P；DRB-L585Z-Z.34DF-L1；DRB-L585Z-S.YHF-N3，共 12 种。

【标记】 表示方法：

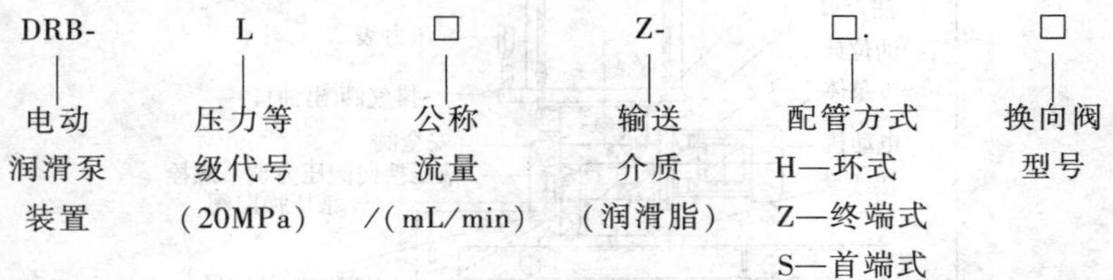

例：公称压力为 20 MPa、公称流量为 60mL/min、环式配管、YHF-L2 换向阀的电动润滑泵装置，标记为：DRB-L60Z-H.YHF-L2 电动润滑泵装置　JB/T 13316—2017。

【基本参数】 DRB-L 系列电动润滑泵的基本参数见表 24-18。

表 24-18　DRB-L 系列电动润滑泵的基本参数（JB/T 13316—2017）

型号	公称流量/(mL/min)	贮油器容积/L	配管方式	电动机功率/kW	减速机传动比	减速机加油量/L	质量/kg
DRB-L60Z-H.YHF-L2	60	20	环式	0.37	15	1	140
DRB-L60Z-Z.24EJF-P			终端式				160
DRB-L60Z-Z.34DF-L1							
DRB-L60Z-S.YHF-N3			首端式				

（续）

型号	公称流量/(mL/min)	贮油器容积/L	配管方式	电动机功率/kW	减速机传动比	减速机加油量/L	质量/kg
DRB-L195Z-H. YHF-L2	195	35	环式	0.75	20	2	210
DRB-L195Z-Z. 24EJF-P			终端式				230
DRB-L195Z-Z. 34DF-L1							
DRB-L195Z-S. YHF-N3			首端式				
DRB-L585Z-H. YHF-L1	585	90	环式	1.5		5	456
DRB-L585Z-Z. 24EJF-P			终端式				416
DRB-L585Z-Z. 34DF-L1							
DRB-L585Z-S. YHF-N3			首端式				

注：公称压力为20MPa。

【结构】 如图24-5和图24-6所示。

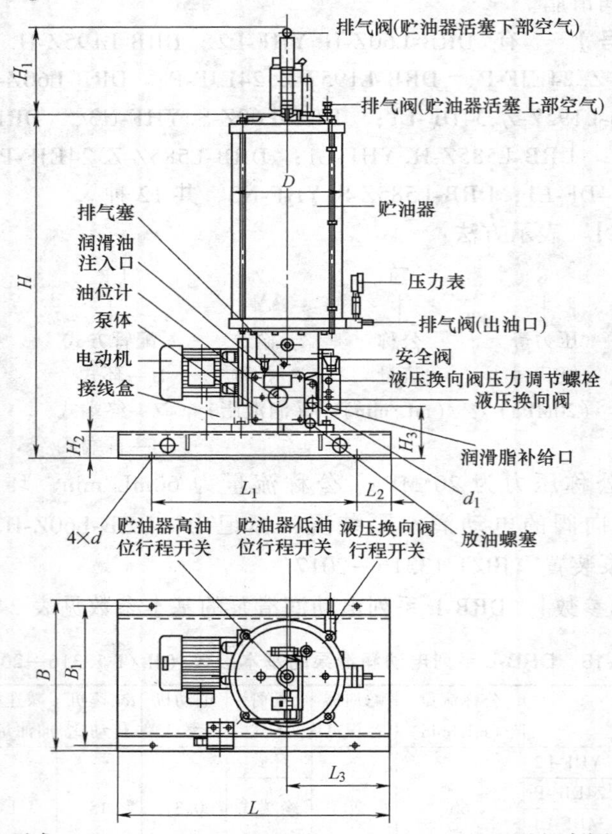

图24-5 环式DRB-L60Z-H. YHF-L2、DRB-L195Z-H. YHF-L2型电动润滑泵的结构
（其他终端式和首端式的60mL/min和195mL/min电动润滑泵与其相近，限于篇幅，从略）

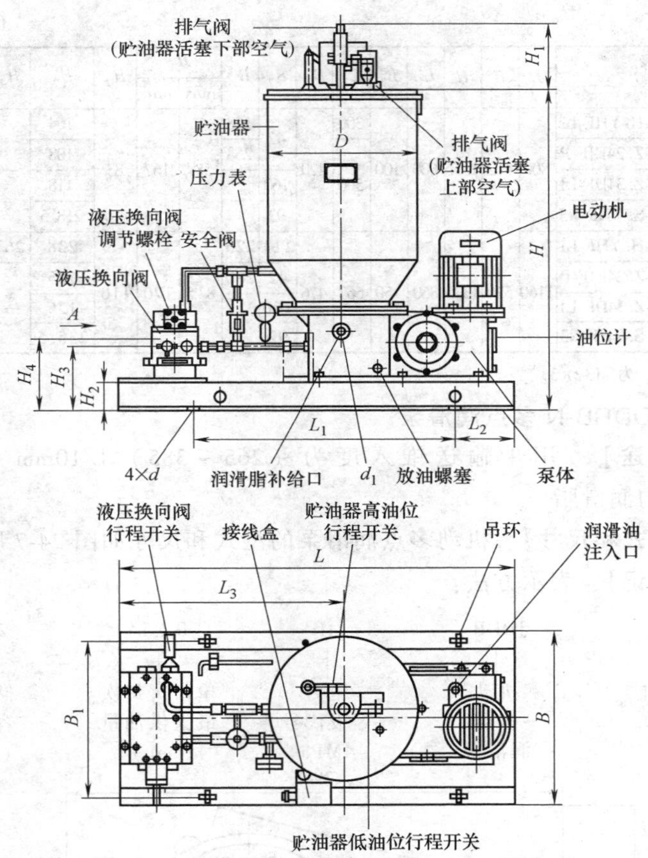

图 24-6　环式 DRB-L585Z-H. YHF-L1 电动润滑泵的结构

(其他三种终端式和首端式的 585mL/min 与其相近，限于篇幅，从略)

【基本参数】 DRB-L 系列电动润滑泵的基本参数见表 24-19。

表 24-19　DRB-L 系列电动润滑泵的基本参数（JB/T 13316—2017）

（单位：mm）

型号	L	B	H	L_1	L_2	L_3	B_1	B_2	B_3	H_1 max	H_1 min	H_2	H_3	H_4	D	d
DRB-L60Z-H. YHF-L2	640	360	986	500	70	290	30	42	118	598	155	60	130	—	269	$\phi14$
DRB-L60Z-Z. 24EJF-P						450			200				85			
DRB-L60Z-Z. 34DF-L1								160	—				95			
DRB-L60Z-S. YHF-N3								92					195.5			

（续）

<table>
<tr><th rowspan="2">型号</th><th rowspan="2">L</th><th rowspan="2">B</th><th rowspan="2">H</th><th rowspan="2">L_1</th><th rowspan="2">L_2</th><th rowspan="2">L_3</th><th rowspan="2">B_1</th><th rowspan="2">B_2</th><th rowspan="2">B_3</th><th colspan="2">H_1</th><th rowspan="2">H_2</th><th rowspan="2">H_3</th><th rowspan="2">H_4</th><th rowspan="2">D</th><th rowspan="2">d</th></tr>
<tr><th>max</th><th>min</th></tr>
<tr><td>DRB-L195Z-H. YHF-L2</td><td rowspan="4">800</td><td rowspan="4">452</td><td rowspan="4">1056</td><td rowspan="4">600</td><td rowspan="4">100</td><td>300</td><td rowspan="4">420</td><td rowspan="2">42</td><td>118</td><td rowspan="4">587</td><td rowspan="4">167</td><td rowspan="4">83</td><td>164</td><td rowspan="4">—</td><td rowspan="4">319</td><td rowspan="4">ϕ18</td></tr>
<tr><td>DRB-L195Z-Z. 24EJF-P</td><td rowspan="3">500</td><td>258</td><td>108</td></tr>
<tr><td>DRB-L195Z-Z. 34DF-L1</td><td>160</td><td rowspan="2">—</td><td>118</td></tr>
<tr><td>DRB-L195Z-S. YHF-N3</td><td>92</td><td>218.5</td></tr>
<tr><td>DRB-L585Z-H. YHF-L1</td><td rowspan="4">1160</td><td rowspan="4">520</td><td rowspan="4">1335</td><td rowspan="4">860</td><td rowspan="4">150</td><td rowspan="4">667</td><td rowspan="4">476</td><td>111</td><td>226</td><td rowspan="4">815</td><td rowspan="4">170</td><td rowspan="4">110</td><td>238</td><td>267</td><td rowspan="4">457</td><td rowspan="4">ϕ22</td></tr>
<tr><td>DRB-L585Z-Z. 24EJF-P</td><td>42</td><td>280</td><td>125</td><td rowspan="3">—</td></tr>
<tr><td>DRB-L585Z-Z. 34DF-L1</td><td>160</td><td rowspan="2">—</td><td>135</td></tr>
<tr><td>DRB-L585Z-S. YHF-N3</td><td>92</td><td>235.5</td></tr>
</table>

注：d_1 为 M32×3。

2. DDRB-N 多点润滑泵

【用途】 用于输送锥入度为（265～385）1/10mm（25℃，150g）的润滑脂。

【型式和尺寸】 机动多点润滑泵的型式和尺寸如图 24-7 所示。

【标记】 表示方法：

□	JDDB-	H	0.25/	2.5
出油口数	机动多点润滑泵	压力等级代号 4MPa	单口次每次最大供油量（mL）	储油容积（L）

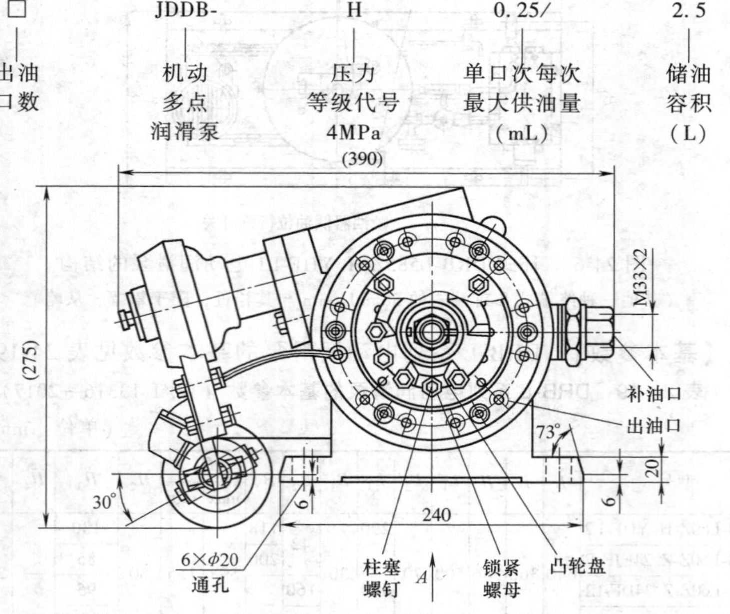

图 24-7 机动多点润滑泵的型式和尺寸

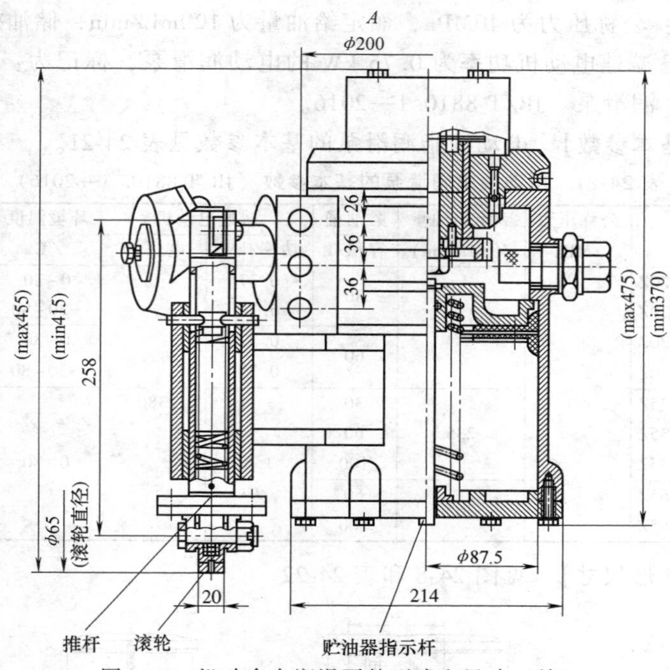

图 24-7　机动多点润滑泵的型式和尺寸（续）

【基本参数】　机动多点润滑泵的基本参数见表 24-20。

表 24-20　机动多点润滑泵的基本参数（JB/T 13318—2017）

型号	公称压力/MPa	每口每次给油量/mL	出油口数	每口一次给油推杆动作往复次数	推杆动作行程/mm	贮油器容积/L	推杆所需推力/N
12JDDB-H0.2S2.5	4	0~0.25	1~12	≈46	40	2.5	≤100

3. 电动油脂润滑泵（40MPa）

【用途】　用于向集中润滑系统供送公称压力为 40MPa，锥入度为（220~385）1/10mm（25℃，150g）的润滑脂。

【标记】　表示方法：

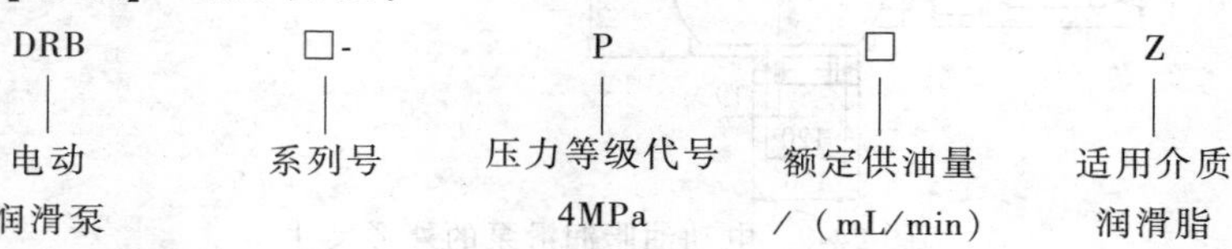

例：公称压力为40MPa，额定给油量为120mL/min，储油桶容积为30L，减速电动机功率为0.75 kW的电动润滑泵，标记为：DRB2-P120Z 润滑泵 JB/T 8810.1—2016。

【基本参数】 电动油脂润滑泵的基本参数见表24-21。

表24-21 电动油脂润滑泵的基本参数（JB/T 8810.1—2016）

型号	公称压力/MPa	额定给油量/(mL/min)	贮油桶容积/L	减速电动机		环境温度/℃	重量/kg
				功率/kW	电压/V		
DRB1-P120Z	40	120	30	0.37	380	0~80	56
DRB2-P120Z				0.75		-20~80	64
DRB3-P120Z			60	0.37		0~80	60
DRB4-P120Z				0.75		-20~80	68
DRB5-P235Z		235	30	1.5		0~80	70
DRB6-P235Z			60				74
DRB7-P235Z			100				82
DRB8-P365Z		365	60				74
DRB9-P365Z			100				82

【外形尺寸】 见图24-8和表24-22。

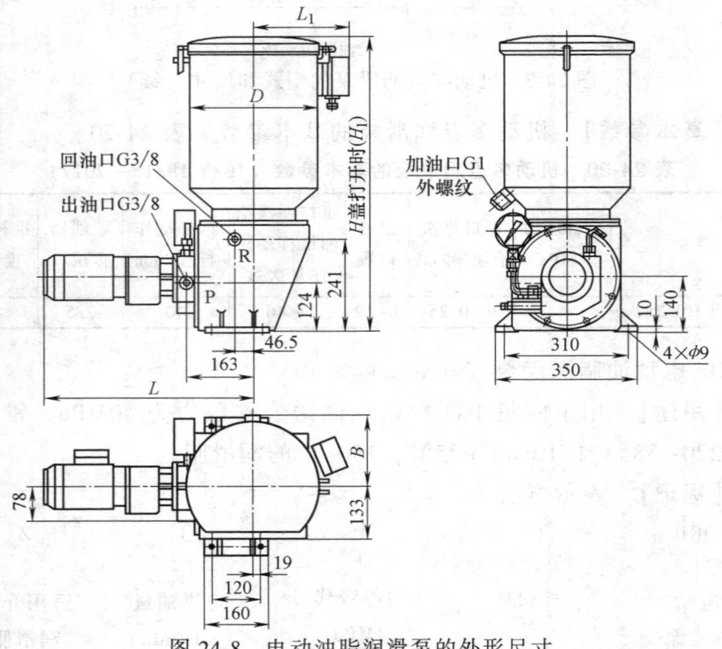

图24-8 电动油脂润滑泵的外形尺寸

表 24-22　电动油脂润滑泵的基本参数（JB/T 8810. 1—2016）

（单位：mm）

贮油桶规格/L	尺寸				
	D	H	H_1	B	L_1
30	ϕ310	760	1140	200	233
60	ϕ400	810	1190	230	278
100	ϕ500	920	1200	280	328

电动机功率/kW	转速(r/min)	伸长 L
0.37	80	500
0.75	80	563
1.5	160	575
1.5	250	575

4. 单线润滑泵

【用途】　用于向集中润滑系统供送润滑脂、润滑油（公称压力为 31.5MPa）。

【结构和尺寸】　单线润滑泵的结构和尺寸如图 24-9 所示。

【基本参数】　单线润滑泵的基本参数见表 24-23。

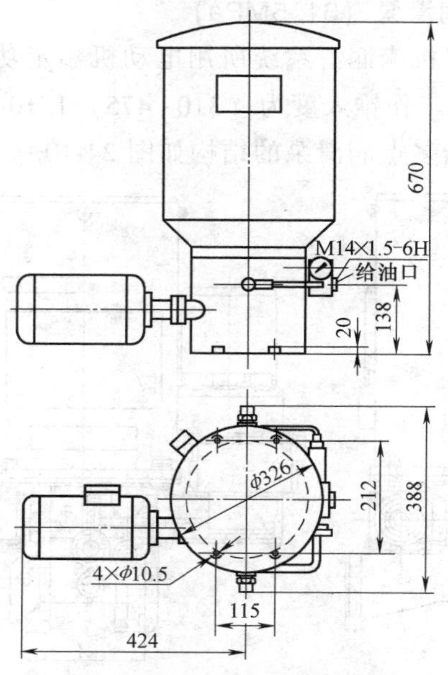

图 24-9　单线润滑泵的结构和尺寸

表 24-23 单线润滑泵的基本参数（JB/T 8810. 2—1998）

型号	公称压力/MPa	额定给油量/(mL/min)	贮油桶容积/L
DB-N25	31.5	0~25	30
DB-N45		0~45	
DB-N50		0~50	
DB-N90		0~90	

电动机		适用介质	重量/kg
功率/kW	电压/V		
0.37	380	锥入度（265~385）1/10mm (25C,150g) 的润滑脂或黏度值不小于 61.2mm^2/s 的润滑油	37
			39
			37
			39

【标记】 表示方法：

DB- N □

单线润滑泵 压力等级代号：31.5MPa 最大给油量/（mL/min）

例：公称压力为 31.5 MPa，额定给油量为 0~50mL/min 的单线润滑泵，标记为：DB-N50 单线泵 JB/T 8810. 2—1998。

5. 油脂多点润滑泵（31.5MPa）

【用途】 用于机床润滑系统所用电动机额定功率为 60W 及以下的润滑泵，介质的工作锥入度为（310~475）1/10mm。

【结构】 油脂多点润滑泵的结构如图 24-10 所示。

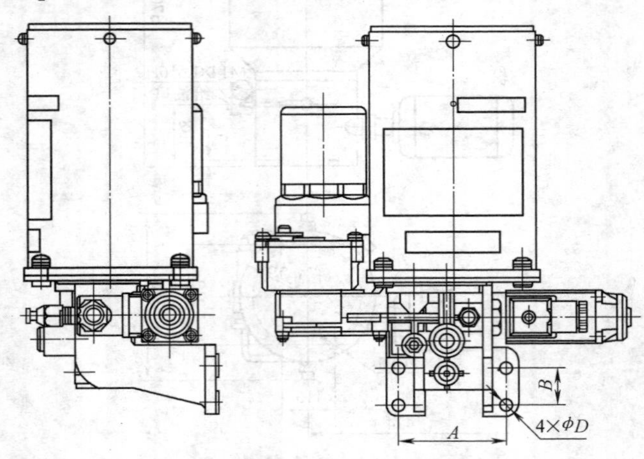

图 24-10 油脂多点润滑泵的结构

【基本参数】　油脂多点润滑泵基本参数的范围见表 24-24。

表 24-24　油脂多点润滑泵基本参数的范围（JB/T 8810. 3—2016）

公称压力/MPa	公称流量/(mL/min)	冲击频率/(次/min)
6. 3~16	10~40	40~180
贮油桶容积/L	电压/V	电动机功率/W
0. 4~1. 6	DC24 AC220 AC380	≤60

【标记】　表示方法：

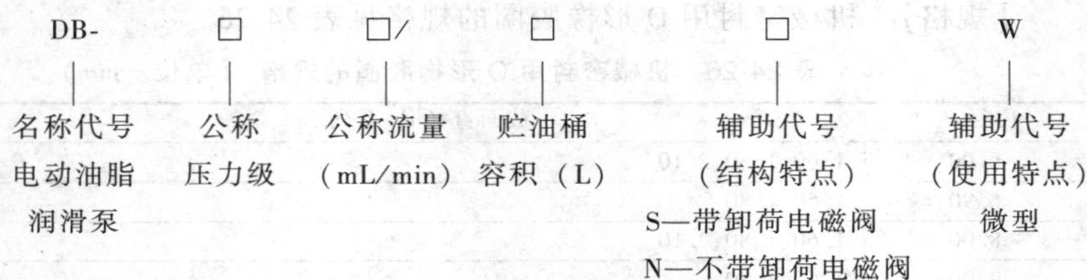

例：公称压力为 8. 0MPa，公称流量为 20mL/min，贮油桶容积为 0. 8L，带卸荷电磁阀的微型电动润滑泵，标记为：DB-J20/0. 8SW。

24. 2　密封件

密封件是防止流体或固体微粒从相邻结合面间泄漏，以及防止外界杂质（如灰尘与水分等）侵入机器设备内部零部件的材料或零件。

24. 2. 1　机械密封用 O 形橡胶圈

O 形圈是一个中空的圆形圈（见图 24-11）。

【材料】　常用 O 形圈的橡胶材料及代号见表 24-25。

表 24-25　常用 O 形圈的橡胶材料及代号

胶种	丁腈橡胶（NBR）		氢化丁腈橡胶（HNBR）		乙丙橡胶（EPDM）	氟橡胶（FPM）			硅橡胶（VMQ）	氯醚橡胶（CHC）
代号	P		H		E	V			S	C
亚胶种	中丙烯腈含量	高丙烯腈含量	中丙烯腈含量	高丙烯烯含量	三元	26 型	246 型	四丙	甲基乙烯基	共聚

【标记】　表示方法：O 形圈　$d_1 \times d_2$　JB/T 7757. 2。

例：内径 d_1 为 18. 00mm，截面直径 d_2 为 2. 65mm 的机械密封用

O 形橡胶圈，标记为：O 形圈　18×2.65　JB/T 7757.2。

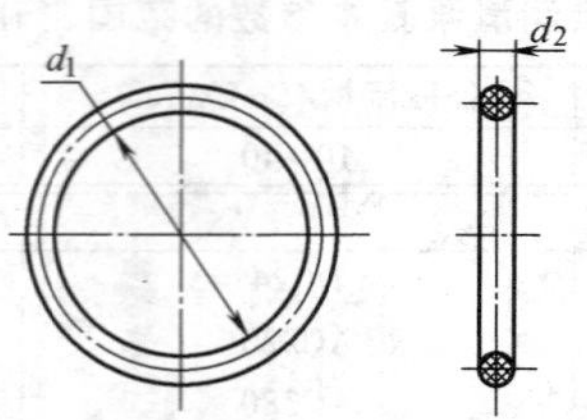

图 24-11　O 形橡胶圈

【规格】　机械密封用 O 形橡胶圈的规格见表 24-26。

表 24-26　机械密封用 O 形橡胶圈的规格　（单位：mm）

内径 d_1	截面直径 d_2 系列
6.00	1.60、1.80、2.10
6.90	1.60、1.80
8.00	1.60、1.80、2.10
9.00	1.60、1.80
10.0	1.60、1.80、2.10
10.6	1.60、1.80、2.65
11.8、13.2、15.0	1.60、1.80、2.10、2.65
16.0	1.60、1.80、2.65
17.0	1.60、1.80、2.65、3.10
18.0	1.60、1.80、2.10、2.65、3.10、3.55
19.0	1.60、1.80、2.65、3.10、3.55
20.0	1.60、1.80、2.10、2.65、3.10、3.55
21.2	1.60、1.80、2.65、3.10、3.55
22.4	1.60、1.80、2.10、2.65、3.10、3.55
23.6	1.60、1.80、2.65、3.10、3.55
25.0	1.60、1.80、2.10、2.65、3.10、3.55
25.8、26.5	1.60、1.80、2.65、3.10、3.55
28.0	1.60、1.80、2.10、2.65、3.10、3.55、5.00
30.0	1.60、1.80、2.10、2.65、3.10、3.55、4.30、5.00、5.30
31.5	1.60、1.80、2.65、3.10、3.55、4.30、5.30
32.5、34.5、37.5	1.60、1.80、2.10、2.65、3.10、3.55、4.30、5.00、5.30
38.7	1.80、2.10、2.65、3.10、3.55、4.30、5.30
40.0	1.80、2.10、2.65、3.10、3.55、4.30、5.00、5.30
42.5、43.7	1.80、2.65、3.10、3.55、4.30、5.30
45.0、47.5、48.7	1.80、2.65、3.10、3.55、4.30、4.50、4.70、5.00、5.30、6.40
50.0	1.80、2.65、3.10、3.55、4.10、4.30、4.50、4.70、5.00、5.30、6.40

（续）

内径 d_1	截面直径 d_2 系列
53.0	2.65、3.10、3.55、4.10、4.30、4.50、4.70、5.30、6.40
54.5	2.65、3.10、3.55、4.10、4.30、4.50、4.70、5.00、5.30、6.40
56.0	2.65、3.10、3.55、4.10、4.30、4.50、4.70、5.30、6.40
58.0	2.65、3.55、4.10、4.30、4.50、4.70、5.30、6.40
60.0	2.65、3.10、3.55、4.10、4.30、4.50、4.70、5.00、5.30、6.40
61.5、63.0	2.65、3.55、4.10、4.30、4.50、4.70、5.30、6.40
65.0	2.65、3.10、3.55、4.10、4.30、4.50、4.70、5.00、5.30、6.40
67.0	2.65、3.55、4.10、4.30、4.50、4.70、5.30、6.40
70.0	2.65、3.10、3.55、4.10、4.30、4.50、4.70、5.00、5.30、6.40
71.0	3.55、4.30、4.50、4.70、5.30、6.40
75.0	2.65、3.10、3.55、4.10、4.30、4.50、4.70、5.00、5.30、6.40
77.5	3.55、4.30、4.50、4.70、5.30、6.40
80.0	2.65、3.10、3.55、4.10、4.30、4.50、4.70、5.00、5.30、6.40
82.5	3.55、4.30、4.50、4.70、5.30、6.40
85.0	2.65、3.10、3.55、4.10、4.30、4.50、4.70、5.30、6.40
87.5	3.55、4.30、4.50、4.70、5.30、6.40
90.0	2.65、3.10、3.55、4.10、4.30、4.50、4.70、5.30、5.70、6.40
92.5	3.55、4.30、4.50、4.70、5.30、5.70、6.40
95.0	2.65、3.10、3.55、4.10、4.30、4.50、4.70、5.30、5.70、6.40
97.5	3.55、4.30、4.50、4.70、5.30、5.70、6.40
100	2.65、3.10、3.55、4.10、4.30、4.50、4.70、5.30、5.70、6.40
103	3.55、4.30、4.50、4.70、5.30、5.70、6.40
105	2.65、3.10、3.55、4.10、4.30、4.50、4.70、5.30、5.70、6.40
110、115、120	2.65、3.10、3.55、4.10、4.30、4.50、4.70、5.30、5.70、6.40、7.00
125、130	2.65、3.10、3.55、4.30、5.30、5.70、6.40、7.00
135、140	2.65、3.10、3.55、5.30、5.70、6.40、7.00
145	2.65、3.10、3.55、5.30、5.70、6.40、7.00、8.40
150	2.65、3.55、5.30、5.70、6.40、7.00、8.40
155~250（间隔 5）、258	3.55、5.30、5.70、6.40、7.00、8.40
265、272、280	3.55、5.30、6.40、7.00、8.40
290、300	3.55、5.30、6.40、7.00、8.40
307、315、325	3.55、5.30、7.00、8.40
335、345、355	5.30、7.00、8.40
375、387、400	5.30、7.00、8.40
412、425、437	7.00、10.0
450、462、475	7.00、10.0
487、500、515	7.00、10.0
530、545、560	7.00、10.0

注：本表数值为优先选用规格。

24.2.2 液压气动用 O 形橡胶密封圈

【用途】 用于一般用途（G 系列）和航空及类似的应用（A 系列）。

【材料】 根据不同的使用要求，按相关标准选用相应的材料。

【规格】 一般用途的 O 形圈规格见表 24-27。

表 24-27 一般用途的 O 形圈规格

（G 系列，GB/T 3452.1—2005）（单位：mm）

d_2	d_1
1.8	1.8~50
2.65	10.6~150
3.55	18~200
5.3	40~400
7	109~670

注：d_1 尺寸系列（mm）有 1.8、2、2.24、2.5、2.8、3.15、3.55、3.75、4、4.5、4.75、4.87、5、5.15、5.3、5.6、6、6.3、6.7、6.9、7.1、7.5、8、8.5、8.75、9、9.5、9.75、10、10.6、11.2、11.6、11.8、12.1、12.5、12.8、13.2、14、14.5、15、15.5、16、17、18、19、20、20.6、21.2、22.4、23、23.6、24.3、25、25.8、26.5、27.3、28、29、30、31.5、32.5、33.5、34.5、35.5、36.5、37.5、38.7、40、41.2、42.5、43.7、45、46.2、47.5、48.7、50、51.5、53、54.5、56、58、60、61.5、63、65、67、69、71、73、75、77.3、80、82.5、85、87.5、90、92.5、95、97.5、100、103、106、109、112、115、118、122、125、128、132、136、140、142.5、145、147.5、150、152.5、155、157.5、160、162.5、165、167.5、170、172.5、175、177.5、180、182.5、185、187.5、190、195、200、203、206、212、218、224、227、230、236、239、243、250、254、258、261、265、268、272、276、280、283、286、290、295、300、303、307、311、315、320、325、330、335、340、345、350、355、360、365、370、375、379、383、387、391、395、400、406、412、418、425、429、433、437、443、450、456、462、466、470、475、479、483、497、493、500、508、515、523、530、538、545、553、560、570、580、590、600、608、615、623、630、640、650、660、670。

【标记】 O 形密封圈的标记示例见表 24-28。

表 24-28 O 形密封圈的标记示例

内径 d_1 /mm	截面直径 d_2 /mm	系列代号	等级代号（N 或 S）	尺寸标记代号
7.5	1.8	G	S	O 形圈 7.5×1.8-G-S-GB/T 3452.1—2005

（续）

内径 d_1 /mm	截面直径 d_2 /mm	系列代号	等级代号（N 或 S）	尺寸标记代号
32.5	2.65	G	N	O 形圈 32.5×2.65-G-N-GB/T 3452.1—2005
167.5	3.55	G	S	O 形圈 167.5×3.55-G-S-GB/T 3452.1—2005
268	5.3	G	N	O 形圈 268×5.3-G-N-GB/T 3452.1—2005
515	7	G	N	O 形圈 515×7-G-N-GB/T 3452.1—2005

注：N 表示适用于一般用途；S 表示适用于外观质量要求比较高的场合。

24.2.3 真空用 O 形橡胶密封圈

【用途】 用于真空室内部压力高于 0.1MPa、外部为大气压力、线速度低于 2m/s、工作温度为-30~250℃的往复运动真空机械设备。

【型式】 O 形真空用橡胶密封圈的型式和装配状态如图 24-12 所示。

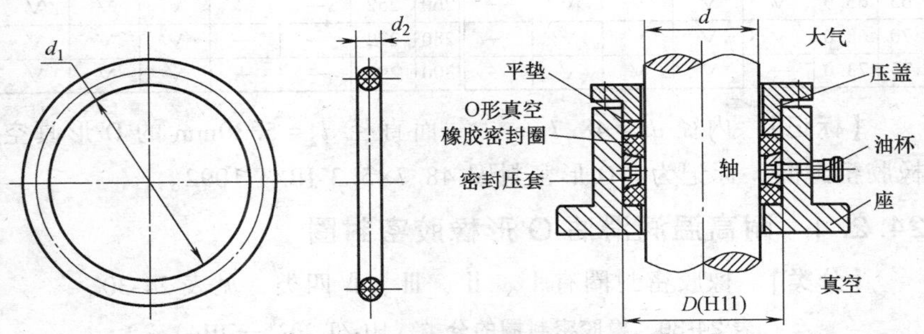

图 24-12　O 形真空用橡胶密封圈的型式和装配状态

【尺寸】 O 形真空橡胶密封圈的尺寸见表 24-29。

表 24-29　O 形真空橡胶密封圈的尺寸

（JB/T 1092—2018）　　（单位：mm）

d	d_1	截面直径 d_2 1.80	2.65	3.55	5.30	7.00	d	d_1	截面直径 d_2 1.80	2.65	3.55	5.30	7.00
3	2.50	√	—	—	—	—	8	7.50	√	—	—	—	—
4	3.55	√	—	—	—	—	10	9.50	√	√	—	—	—
5	4.50	√	√	—	—	—	12	11.2	√	√	—	—	—
6	5.30	√	√	—	—	—	14	13.2	√	√	—	—	—

（续）

d	d_1	截面直径 d_2					d	d_1	截面直径 d_2				
		1.80	2.65	3.55	5.30	7.00			1.80	2.65	3.55	5.30	7.00
15	14.0	√	√	√	—	—	80	77.5	—	—	√	√	—
16	15.0	√	√	√	—	—	85	82.5	—	—	√	√	—
18	17.0	√	√	√	—	—	90	87.5	—	—	√	√	—
20	19.0	√	√	√	—	—	100	97.5	—	—	√	√	—
22	21.2	√	√	√	—	—	110	108	√	√	√	√	—
25	23.6	√	√	√	—	—	120	118	√	√	√	√	√
28	26.5	√	√	√	—	—	130	128	—	—	√	√	√
30	28.0	√	√	√	—	—	140	136	—	—	√	√	√
32	30.0	√	√	√	—	—	150	145	—	√	√	√	√
35	33.5	√	√	√	—	—	160	155	—	√	√	√	√
40	38.7	√	√	√	√	—	180	175	—	√	√	√	√
45	43.7	√	√	√	√	—	200	195	—	√	√	√	√
50	48.7	—	√	√	√	—	220	215	—	√	√	√	√
55	53.0	√	√	√	√	—	240	236	—	√	√	√	√
60	58.0	—	√	√	√	—	250	243	—	√	√	√	√
65	63.0	√	√	√	√	—	260	252	—	√	√	√	√
70	68.0	√	√	√	√	—	280	272	—	—	√	√	√
75	73.0	—	√	√	√	—	300	290	—	—	√	√	√

【标记】 内径 d_1 = 48.7mm，截面直径 d_2 = 5.30mm 的 O 形真空橡胶密封圈，标记为：O 形密封圈 48.7×5.3-JB/T 1092。

24.2.4 耐高温润滑油 O 形橡胶密封圈

【分类】 橡胶密封圈有Ⅰ、Ⅱ、Ⅲ、Ⅳ四类，见表 24-30。

表 24-30 橡胶密封圈的分类（HG/T 2021—2014）

类别	主体材料	主要用途	工作温度
Ⅰ类	丁腈橡胶 NBR	密封石油基润滑油	−25～+125℃（短期 150℃）
Ⅱ类	氟橡胶 FKM	密封合成酯类润滑	−15～+200℃（短期 250℃）
Ⅲ类	丙烯酸酯橡胶 ACM 和乙烯丙烯酸酯橡胶 AEM	密封石油基润滑油	−20～+150℃（短期 175℃）
Ⅳ类	氢化丁腈橡胶 HNBR	密封石油基润滑油	−25～+150℃（短期 160℃）

【性能】 橡胶密封圈的性能见表 24-31。

表 24-31 橡胶密封圈的性能（HG/T 2021—2014）

序号	项目	指标			
		Ⅰ类			
1	硬度（IRHD）	60±5	70±5	80±5	88±4

（续）

序号	项目		指标			
			Ⅰ类			
2	拉伸强度/MPa　min		10	11	11	11
3	拉断伸长率(%)　min		300	250	150	120
4	压缩永久变形(%)　max		125℃,22h			
			45	40	40	45
5-1	常态下介质中的性能	条件	1#标准油中(150℃,70h)			
5-2		硬度变化(IRHD)	-5~+10			
5-3		体积变化率(%)	-8~+6			
6-1	热空气中老化性能	条件	125℃,70h			
6-2		硬度变化(IRHD)	0~+10			
6-3		拉伸强度变化率(%)　max	-15			
6-4		拉断伸长率变化(%)　max	-35			
7	低温脆性/℃　≤		-25			

序号	指标						
	Ⅱ类				Ⅲ类		
1	60±5	70±5	80±5	88±4	60±5	70±5	80±5
2	10	10	11	11	8		
3	200	150	125	100	150	150	100
4	200℃,22h				175℃,22h		
	30	30	35	40	50		
5-1	101 工作液(癸二酸二辛酯与吩噻嗪的质量比为 99.5：0.5)中(200℃,70 h)				1#标准油中(150℃,70h)		
5-2	-10~+5				-10~+10		
5-3	0~+20				-10~+10		
6-1	250℃,70h				175℃,70h		
6-2	-5~+10				-5~+10		
6-3	-25	-30	-30	-35	-30		
6-4	-25	-20	-20	-20	-50		
7	-15				-20		

24.2.5　往复运动单向橡胶密封圈

【用途】　用于安装在液压缸活塞和活塞杆上起单向密封作用。

【分类】　按安装场合分，有液压缸活塞用和液压缸活塞杆用；按外形分，有 Y 形圈、V 形圈和蕾形圈（见图 24-13）；按密封沟槽的长短分，有短型、中型和长型。

1. 短型密封沟槽

【型式】　短型密封沟槽 L_1 的密封结构型式及 Y 形圈如图

24-13 所示。

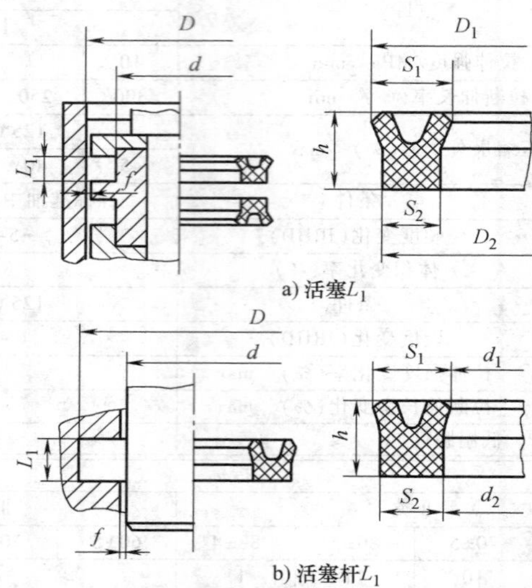

图 24-13 短型密封沟槽 L_1 的密封结构型式及 Y 形圈

【尺寸】 见表 24-32 和表 24-33。

表 24-32 活塞 L_1 密封沟槽用 Y 形圈尺寸

（GB/T 10708.1—2000） （单位：mm）

D	d	L_1	外径		宽度		高度	D	d	L_1	外径		宽度		高度
			D_1	D_2	S_1	S_2	h				D_1	D_2	S_1	S_2	h
12	4	5	13	11.5	5	3.5	4.4	50	35	9.5	51.5	49.2	9	6.7	8.5
16	8		17	15.5				56	41		57.5	55.2			
20	12		21.1	19.4				63	48		64.5	62.2			
25	17		26.1	24.4				70	65		71.5	69.2			
32	24		33.1	31.4				80	65		81.5	79.2			
40	32		41.1	39.4				90	75		91.5	89.2			
20	10	6.3	21.2	19.4	6.2	4.4	5.6	100	85		101.5	99.2			
25	15		26.2	24.4				110	95		111.5	109.2			
32	22		33.2	31.4				70	50	12.5	71.8	69	11.8	9	11.3
40	30		41.2	39.4				80	60		81.8	79			
50	40		51.2	49.4				90	70		91.8	89			
56	46		57.5	55.4				100	80		101.8	99			
63	53		64.2	62.4				110	90		111.8	109			

（续）

D	d	L_1	外径		宽度		高度	D	d	L_1	外径		宽度		高度
			D_1	D_2	S_1	S_2	h				D_1	D_2	S_1	S_2	h
125	105	12.5	126.8	124	11.8	9	11.3	250	225	16	252.2	248.8	14.7	11.3	14.8
140	120		141.8	139				200	170	20	202.8	198.5	17.8	13.5	18.5
160	140		161.8	159				220	190		222.8	218.5			
180	160		181.8	179				250	220		252.8	248.5			
125	100	16	127.2	123.8	14.7	11.3	14.8	280	250		282.8	278.5			
140	115		142.2	138.8				320	290		322.8	318.5			
160	135		162.2	158.8				360	330		362.8	358.5			
180	155		182.2	178.8				400	360	25	403.5	398	23.3	18	23
200	175		202.2	198.8				450	410		453.5	448			
220	195		222.2	218.8				500	460		503.5	498			

表 24-33 活塞杆 L_1 密封沟槽用 Y 形圈尺寸（GB/T 10708.1—2000）

（单位：mm）

d	D	L_1	外径		宽度		高度	d	D	L_1	外径		宽度		高度
			d_1	d_2	S_1	S_2	h				d_1	d_2	S_1	S_2	h
6	14	5	5	6.5	5	3.5	4.6	63	78	9.5	61.5	63.8	9	6.7	8.5
8	16		7	8.5				70	85		68.5	70.8			
10	18		9	10.5				80	95		78.5	80.8			
12	20		11	12.5				90	105		88.5	90.8			
14	22		13	14.5				100	120	12.5	98.2	101	11.8	9	11.3
16	24		15	16.5				110	130		108.2	111			
18	26		17	18.5				125	145		123.2	126			
20	28		19	20.5				140	160		138.2	141			
22	30		21	22.5				160	185	16	157.8	161.2	14.7	11.3	14.8
25	33		24	25.5				180	205		177.8	181.2			
28	38	6.3	26.8	28.6	6.2	4.4	5.6	200	225		197.8	201.2			
32	42		30.8	32.6				220	250	20	217.2	221.5	17.8	13.5	18.5
36	46		34.8	36.6				250	280		247.2	251.5			
40	50		38.8	40.6				280	310		277.2	281.5			
45	55		43.8	45.6				320	360	25	316.7	322	23.3	18	23
50	60		48.8	50.6				360	400		356.7	362			
56	71	9.5	54.5	56.8	9	6.7	8.5	—							

2. 中型密封沟槽

【型式】 如图 24-14 和图 24-15 所示。

【尺寸】 见表 24-34 和表 24-35。

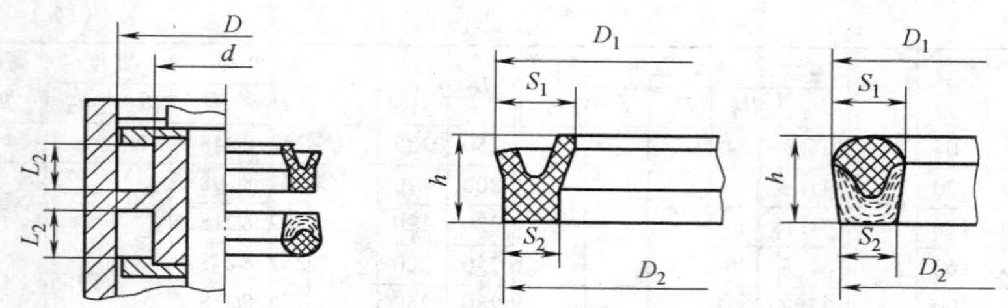

图 24-14　中型密封沟槽 L_2 活塞的密封结构型式及 Y 形圈、蕾形圈

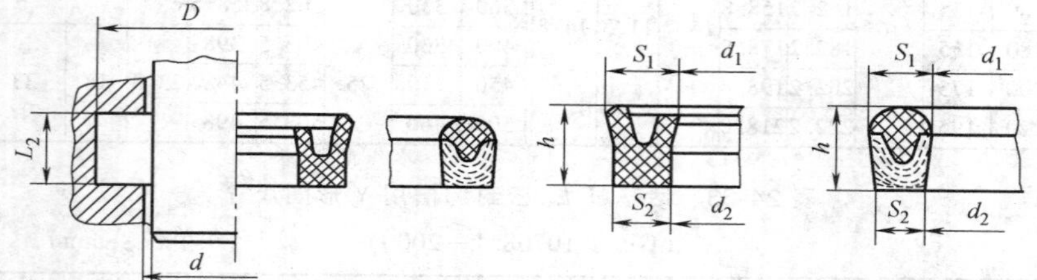

图 24-15　中型密封沟槽 L_2 活塞杆的密封结构型式及 Y 形圈、蕾形圈

表 24-34　活塞 L_2 密封沟槽用 Y 形圈、蕾形圈尺寸

（GB/T 10708.1—2000）　　　（单位：mm）

D	d	L_2	Y形圈					蕾形圈				
			外径		宽度		高度	外径		宽度		高度
			D_1	D_2	S_1	S_2	h	D_1	D_2	S_1	S_2	h
12	4	6.3	13	11.5	5	3.5	5.8	12.7	11.5	4.7	3.5	5.6
16	8		17	15.5				16.7	15.5			
20	12		21	19.5				20.7	19.5			
25	17		26	24.5				25.7	24.5			
32	24		33	31.5				32.7	31.5			
40	32		41	39.5				40.7	39.5			
20	10	8	21.2	19.4	6.2	4.4	7.3	20.8	19.1	5.8	4.4	7
25	15		26.2	24.4				25.8	24.1			
32	22		33.2	31.4				32.8	31.1			
46	30		41.2	39.4				40.8	39.1			
50	40		51.2	49.4				50.8	49.4			
56	46		57.2	55.4				56.8	55.4			
63	53		64.2	62.4				63.8	62.4			

（续）

D	d	L_2	Y形圈					蕾形圈				
			外径		宽度		高度	外径		宽度		高度
			D_1	D_2	S_1	S_2	h	D_1	D_2	S_1	S_2	h
50	35	12.5	51.5	49.2	9	6.7	11.5	51	49.1	8.5	6.6	11.3
56	41		57.5	55.2				57	55.1			
63	48		64.5	62.2				64	62.1			
70	55		71.5	69.2				71	69.1			
80	65		81.5	79.2				81	79.1			
90	75		91.5	89.2				91	89.1			
100	85		101.5	99.2				101	99.1			
110	95		111.5	109.2				111	109.1			
70	50	16	71.8	69	11.8	9	15	71.2	68.6	11.2	8.6	14.5
80	60		81.8	79				81.2	78.6			
90	70		91.8	89				91.2	88.6			
100	80		101.8	99				101.2	98.6			
110	90		111.8	109				111.2	108.6			
125	105		126.8	124				126.2	123.6			
140	120		141.8	139				141.2	138.6			
160	140		161.8	159				161.2	158.8			
180	160		181.8	179				181.2	178.6			
125	100	20	127.2	123.8	14.7	11.3	18.5	126.3	123.2	13.8	10.7	18
140	115		142.2	138.8				141.3	138.2			
160	135		162.2	158.8				161.3	158.2			
180	155		182.2	178.8				181.3	178.2			
200	175		202.2	198.8				201.3	198.2			
220	195		222.2	218.8				221.3	218.2			
250	225		252.2	248.8				251.3	248.2			
200	170	25	202.8	198.5	17.8	13.5	23	201.4	198	16.4	12.7	22.5
220	190		222.8	218.5				221.4	218			
250	220		252.8	248.5				251.4	248			
280	250		282.8	278.5				281.4	278			
320	290		322.8	318.5				321.4	318			
360	330		362.8	358.5				361.4	358			
400	360	32	403.3	398	23.3	18	29	401.8	397	21.8	17	28.5
450	410		453.3	448				451.8	447			
500	460		503.3	498				501.8	497			

表 24-35 活塞杆 L_2 密封沟槽用 Y 形圈、蕾形圈尺寸

（GB/T 10708.1—2000）（单位：mm）

d	D	L_2	Y形圈					蕾形圈				
			外径		宽度		高度	外径		宽度		高度
			d_1	d_2	S_1	S_2	h	d_1	d_2	S_1	S_2	h
6	14	6.3	5	6.5	6.2	3.5	5.8	5.3	5.5	4.7	3.5	5.5
8	16		7	8.5				7.3	8.5			
10	18		9	10.5				9.3	10.5			
12	20		11	12.5				11.3	12.5			
14	22		13	14.5				13.3	14.5			
16	24		15	18.5				15.3	16.5			
18	26		17	18.5				17.3	18.5			
20	28		19	20.5				19.3	20.5			
22	30		21	22.5				21.3	22.5			
25	33		24	25.5				24.3	25.5			
10	20	8	8.8	10.6	6.2	4.4	7.3	9.2	10.6	5.8	4.4	7
12	22		10.8	12.6				112	12.6			
14	24		12.8	14.6				13.2	14.6			
16	26		14.8	16.6				15.2	16.6			
18	28		16.8	18.6				17.2	18.6			
20	30		18.8	20.6				19.2	20.6			
22	32		20.8	22.6				21.2	22.6			
25	35		23.8	25.6				24.2	25.6			
28	38		26.8	28.6				27.2	28.6			
32	42		30.8	32.6				31.2	32.6			
36	46		34.8	36.6				35.2	36.6			
40	50		38.8	40.6				39.2	40.6			
45	55		43.8	45.6				44.2	45.6			
50	60		48.8	50.6				49.2	50.6			
28	43	12.5	26.5	28.8	9	6.7	11.5	27	28.9	8.5	6.6	11.3
32	47		30.5	32.8				31	32.9			
36	51		34.5	36.8				35	36.9			
40	55		38.5	40.8				39	40.9			
45	60		43.5	45.8				44	45.9			
50	65		48.5	50.8				49	50.9			
56	71		54.5	56.8				55	56.9			
63	78		61.5	63.8				62	83.0			
70	85		68.5	70.8				69	70.9			
80	95		78.5	80.8				79	80.9			
90	105		88.5	90.8				89	90.9			

（续）

d	D	L_2	Y 形圈					蕾形圈				
			外径		宽度		高度	外径		宽度		高度
			d_1	d_2	S_1	S_2	h	d_1	d_2	S_1	S_2	h
56	76	16	54.2	57	11.8	9	15	54.8	57.4	11.2	8.6	14.5
63	83		61.2	64				61.8	64.4			
70	90		68.2	71				68.8	71.4			
80	100		78.2	81				78.8	81.4			
90	110		88.2	91				88.8	91.4			
100	120		98.2	101				98.8	101.4			
110	130		108.2	111				108.8	111.4			
125	145		122.2	126				123.8	126.4			
140	160		138.2	141				138.8	141.4			
100	125	20	97.8	101.2	14.7	11.3	18.5	98.7	101.8	13.8	10.7	18
110	135		107.8	111.2				108.7	111.8			
125	150		122.8	126.2				123.7	126.8			
140	165		137.8	141.2				138.7	141.8			
160	185		157.8	161.2				158.7	161.8			
180	205		177.8	181.2				178.7	181.8			
200	225		197.8	201.2				198.7	201.8			
160	190	25	157.2	161.5	18.5	13.5	23	158.6	162	16.4	13	22.5
180	210		177.2	181.5				178.6	182			
200	230		197.2	201.5				198.6	202			
220	250		217.2	221.5				218.6	222			
250	280		247.2	251.5				248.6	252			
280	310		277.2	281.5				278.6	282			
320	360	32	317.7	322	23.3	18	29	358.2	323	21.8	17	28.5
360	400		357.7	362				318.2	363			

3. 长型密封沟槽

【型式】　长型密封沟槽 L_3 的密封结构型式及 Y 形圈、V 形圈和支撑环如图 24-16 所示。

【尺寸】　见表 24-36 和表 24-37。

【标记】　表示方法：

1）活塞用密封圈：由密封圈代号、$D \times d \times L_1$（L_2、L_3）、制造厂代号组成。

例：密封沟槽外径 $D=80$mm，密封沟槽内径 $d=65$mm，密封沟槽轴向长度 $L_1=9.5$mm 的活塞用 Y 形圈，标记为：Y80×65×9.5　××。

2）活塞杆用密封圈：由密封圈代号、$d \times D \times L_1$（L_2、L_3）、制造厂代号组成。

例：密封沟槽内径 $d=70$mm，密封沟槽外径 $D=85$mm，密封沟槽轴向长度 $L_1=9.5$mm 的活塞杆用 Y 形圈，标记为：Y70×85×9.5　××。

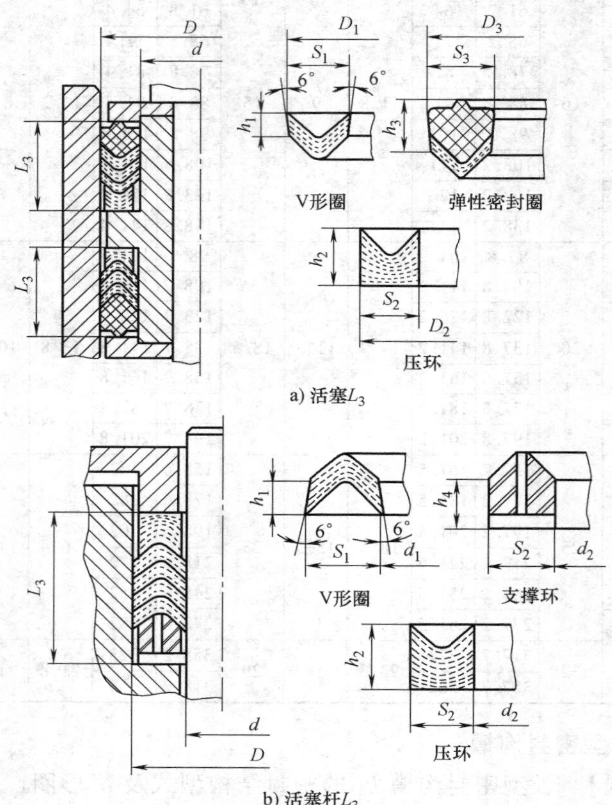

图 24-16　长型密封沟槽 L_3 的密封结构型式及 Y 形圈、V 形圈和支撑环

表 24-36　活塞 L_3 密封沟槽用 V 形圈、压环和弹性圈尺寸

（GB/T 10708.1—2000）　　　　（单位：mm）

D	d	L_3	外径			宽度			高度			V 形圈数量
			D_1	D_2	D_3	S_1	S_2	S_3	h_1	h_2	h_3	
20	10	16	20.6	19.7	20.8	5.6	4.7	5.8	3	6	6.5	1
25	15		25.6	24.7	25.8							

（续）

D	d	L_3	外径			宽度			高度			V 形圈数量
			D_1	D_2	D_3	S_1	S_2	S_3	h_1	h_2	h_3	
32	22	16	32.6	31.7	32.8	5.6	4.7	5.8	3	6	6.5	1
40	30		40.6	39.7	40.8							
50	40		50.6	49.7	50.8							
56	46		56.6	55.7	56.8							
63	53		63.6	62.7	63.8							
50	35	25	50.7	49.5	51.1	8.2	7	8.6	4.5	7.5	8	2
56	41		56.7	55.5	57.1							
63	48		63.7	62.5	64.1							
70	55		70.7	69.5	71.1							
80	65		80.7	79.5	81.1							
90	75		90.7	89.5	91.1							
100	85		100.7	99.5	101.1							
110	95		110.7	109.5	111.1							
70	50	32	70.8	69.4	71.3	10.8	9.4	11.3	5	10	11	2
80	60		80.8	79.4	81.3							
90	70		90.8	89.4	91.3							
100	80		100.8	99.4	101.3							
110	90		110.8	109.4	111.3							
125	105		125.8	124.4	126.3							
140	120		140.8	139.4	141.3							
160	140		160.8	159.4	161.3							
180	160		180.8	179.4	181.3							
125	100	40	126	124.4	126.6	13.5	11.9	14.1	6	12	15	2
140	115		141	139.4	141.6							
160	135		161	169.4	161.6							
180	155		181	179.4	181.6							
200	175		201	199.4	201.6							
220	105		221	219.4	221.6							
250	225		251	249.4	251.6							
200	170	50	201.3	199.2	201.9	16.3	14.2	16.8	6.5	12	17.5	3
220	190		221.3	219.2	221.9							
250	220		251.3	249.2	251.9							
280	250		281.3	279.2	281.9							
320	290		321.3	319.2	321.9							
360	330		361.3	359.2	361.9							
400	360	63	401.6	399	402.1	21.6	19	22.1	7	14	26.5	3
450	410		451.6	449	452.1							
500	400		501.6	499	502.1							

表 24-37 活塞杆 L_3 密封沟槽用 V 形圈、压环和支撑环尺寸

（GB/T 10708.1—2000） （单位：mm）

d	D	L_3	内径		宽度		高度			V 形圈数量
			d_1	d_2	S_1	S_2	h_1	h_2	h_4	
6	14	14.5	5.5	6.3	4.5	3.7	2.5	6	3	2
8	16		7.5	8.3						
10	18		9.5	10.3						
12	20		11.5	12.3						
14	22		13.5	10.3						
16	24		15.5	16.3						
18	26		17.5	18.3						
20	28		19.5	20.3						
22	30		21.5	22.3						
25	33		24.5	25.3						
10	20	16	9.4	10.3	5.6	4.7	3	6.5	3	2
12	22		11.4	12.3						
14	24		13.4	14.3						
16	26		15.4	16.3						
18	28		17.4	18.3						
20	30		19.4	20.3						
22	32		21.4	22.3						
25	35		24.4	25.3						
28	38		27.4	28.3						
32	42		31.4	32.3						
36	46		35.4	36.3						
40	50		39.4	40.3						
45	55		44.4	45.3						
50	60		49.4	50.3						
32	47	25	31.3	32.5	8.2	7	4.5	8	3	3
36	51		35.3	36.5						
40	55		39.3	40.5						
45	60		44.3	45.5						
50	65		49.3	50.5						
56	71		55.3	56.6						
63	78		62.3	63.6						
70	85		69.3	70.5						
80	95		79.3	80.5						
90	105		89.3	90.5						
56	76	32	55.2	56.6	10.8	9.4	6	10	3	3
63	83		62.2	63.6						
70	90		69.2	70.6						
80	100		79.2	80.6						
90	110		89.2	90.6						
100	120		99.2	100.6						
110	130		109.2	110.6						

（续）

d	D	L_3	内径		宽度		高度			V 形圈数量
			d_1	d_2	S_1	S_2	h_1	h_2	h_4	
125	145	32	124.2	125.6	10.8	9.4	6	10	3	3
140	160		139.2	140.6						
100	125	40	99	100.6	13.5	11.9	6	12	3	4
110	135		109	110.6						
125	150		124	125.6						
140	165		139	140.6						
160	185		159	160.6						
180	205		179	180.6						
200	225		199	200.6						
160	190	50	158.8	160.8	16.2	14.2	6.5	14	3	5
180	210		178.8	180.8						
200	230		198.8	200.8						
220	250		218.8	220.8						
250	280		248.8	250.8						
280	310		278.8	280.8						
320	360	63	318.4	321	21.6	19	7	15.5	4	6
360	400		358.4	361						

24.2.6　往复运动双向橡胶密封圈

【用途】　用于安装在液压缸活塞上起双向密封作用。

【型式】　可由一个鼓形圈与两个山形支承环组成，或由一个山形圈与两个 J 形、两个矩形支承环组成（见图 24-17）。

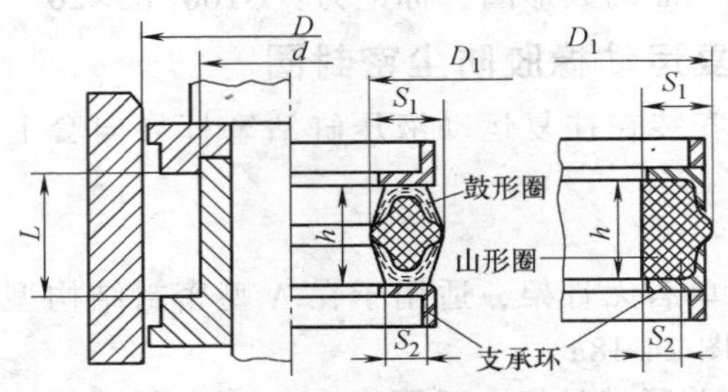

图 24-17　密封结构（上）和鼓形圈、山形圈（中）和支承环（下）

【尺寸】　鼓形圈和山形圈的尺寸见表 24-38。

表 24-38 鼓形圈和山形圈的尺寸（GB/T 10708.2—2000）（单位：mm）

D	d	L	外径	高度	宽度				D	d	L	外径	高度	宽度			
			D_1	h	鼓形圈		山形圈					D_1	h	鼓形圈		山形圈	
25	17	10	25.6	6.5	4.8	3.4	4.7	2.5	100	80	25	101	18	11	8.7	11.2	5.5
32	24		32.6						110	90		111					
40	32		40.6						125	105		126					
25	15	12.5	25.7	8.5	5.7	4.2	5.8	3.2	140	120		141					
32	22		32.7						160	140		161					
40	30		40.7						180	160		181					
50	40		50.7						125	100	32	126.3	24	13.7	10.8	13.9	7
56	46		56.7						140	115		141.3					
63	53		63.7						160	135		161.3					
50	35	20	50.9	14.5	8.4	6.5	8.5	4.5	180	155		181.3					
56	41		56.9						200	170	36	201.5	28	16.5	12.9	16.7	8.6
63	48		63.9						220	190		221.5					
70	55		70.9						250	220		251.5					
80	65		80.9						280	250		281.5					
90	75		90.9						320	290		321.5					
100	85		100.9						360	330		361.5					
110	95		110.9						400	360	50	401.8	40	21.8	17.5	22	12
80	60	25	81	18	11	8.7	11.2	5.5	450	410		451.8					
90	70		91						500	460		501.8					

【标记】 橡胶密封圈的标记方法：由密封圈代号、$D \times d \times L$、制造厂代号组成。

例：液压缸内径 $D=100$mm，密封沟槽内径 $d=85$mm，密封沟槽轴向长度 $L=20$mm 的鼓形圈，标记为：G100×85×20　××。

24.2.7 往复运动橡胶防尘密封圈

【用途】 安装在往复运动液压缸活塞杆导向套上，起防尘和密封作用。

【类型】

1）A 型：单唇无骨架，适用于在 A 型密封结构型式内安装，起防尘作用（见图 24-18a）。

2）B 型：单唇带骨架，适用于在 B 型密封结构型式内安装，起防尘作用（见图 24-18b）。

3）C 型：双唇，适用于在 C 型密封结构型式内安装，起防尘和辅助密封作用（见图 24-18c）。

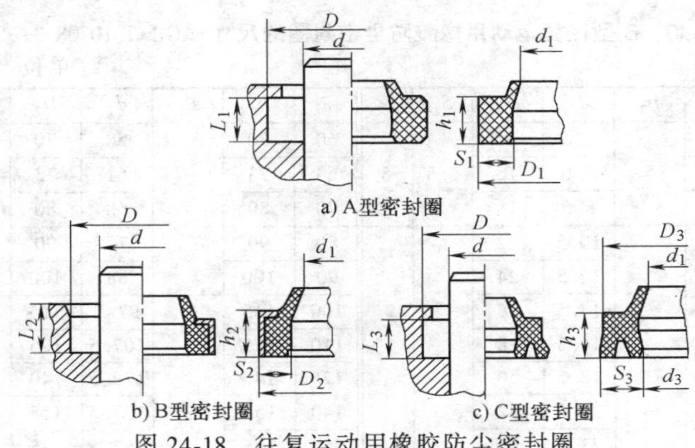

a) A型密封圈

b) B型密封圈　　c) C型密封圈

图 24-18　往复运动用橡胶防尘密封圈

【尺寸】　往复运动用橡胶防尘密封圈的尺寸见表 24-39～表 24-41。

【标记】　由防尘圈类型符号、$d×D×L_1$（L_2、L_3）、制造厂代号组成。

例：活塞杆直径 $d=100$mm，密封沟槽外径 $D=115$mm，A 型密封沟槽轴向长度 $L_1=9.5$mm 的 A 型防尘圈，标记为：FA 100×115×9.5　××。

表 24-39　A 型往复运动用橡胶防尘密封圈的尺寸（GB/T 10708.3—2000）

（单位：mm）

d	D	L_1	d_1	D_1	S_1	h_1	d	D	L_1	d_1	D_1	S_1	h_1
6	14		4.6	14			60	70		58	70		
8	16		6.6	16			63	73		61	73		
10	18		8.6	18			70	80	6.3	68	80	4.3	6.3
12	20		10.6	20			80	90		78	90		
14	22		12.5	22			90	100		88	100		
16	24		14.5	24			100	113		97.5	115		
18	26		16.5	26			110	125		107.5	125		
20	28		18.5	28			123	110		122.5	140		
22	30	5	20.5	30	3.5	5	140	155	9.5	137.5	155	6.5	9.5
25	33		23.5	33			160	175		157.5	175		
28	36		26.5	36			180	195		167.5	195		
32	40		30.5	40			200	215		197.5	215		
36	44		34.5	44			220	240		217	240		
40	48		38.5	48			250	270		247	270		
45	53		43.5	53			280	300	12.5	277	300	8.7	12.5
50	58		48.5	58			320	340		317	340		
56	66	6.3	54	66	4.3	6.3	360	380		357	380		

表 24-40　B 型往复运动用橡胶防尘密封圈的尺寸（GB/T 10708.3—2000）

（单位：mm）

d	D	L_2	d_1	D_2	S_2	h_2	d	D	L_2	d_1	D_2	S_2	h_2
6	14		4.6	14			60	70		58	70		
8	16	5	6.6	16	3.5	5	63	73		61	73		
10	18		8.6	18			70	80	7	68	80	4.3	7
12	22		10.5	22			80	90		78	90		
14	94		12.5	24			90	100		88	100		
16	26		14.5	26			100	115		97.5	115		
18	28		16.5	28			110	125		107.5	125		
20	30		18.5	30			125	140		122.5	140		
22	32		20.5	32			140	155	9	137.5	155	6.5	9
25	35	7	23.5	35	4.3	7	160	175		157.5	175		
28	38		26.5	38			180	195		177.5	195		
32	42		30	42			200	215		197.5	215		
36	46		34	46			220	240		217	240		
40	50		38	50			250	270		247	270		
45	55		43	55			280	300	12	277	300	8.7	12
50	60		48	60			320	340		317	340		
56	66		54	66			360	380		357	380		

表 24-41　C 型往复运动用橡胶防尘密封圈的尺寸（GB/T 10708.3—2000）

（单位：mm）

d	D	L_3	d_1	d_2	D_3	S_3	h_3	d	D	L_3	d_1	d_2	D_3	S_3	h_3
6	12		4.8	5.2	12			60	70		58.2	58.8	70		
8	14		6.8	7.2	14			63	73		61.2	61.8	73		
10	16		8.8	9.2	16			70	80	6	68.2	68.8	80	6.8	6
12	18		10.8	11.2	18			80	90		78.2	78.8	90		
14	20	4	12.8	13.2	20	4.2	4	90	100		88.2	88.8	100		
16	22		14.8	15.2	22			100	115		97.8	98.4	115		
18	24		16.8	17.2	24			110	125		107.8	108.4	125		
20	26		18.8	19.2	26			125	140		122.8	123.4	140		
22	28		20.8	21.2	28			140	155	8.5	137.8	138.4	151	9.8	8.5
25	33		23.5	24	33			160	175		157.8	158.4	175		
28	36		26.5	27	36			180	195		177.8	178.4	195		
32	40		30.5	31	40			200	215		197.8	198.4	115		
36	44	5	34.5	35	44	5.5	5	220	240		217.4	218.2	240		
40	48		38.5	39	48			250	270		247.4	248.2	270		
45	53		43.5	44	53			280	300	11	277.4	278.2	300	13.2	11
50	58		48.5	49	58			320	340		317.4	318.2	340		
56	66	6	54.2	54.8	66	6.8	6	360	380		357.4	358.2	380		

第3篇

建筑和装潢五金产品

建筑和装潢五金产品篇的内容包括建筑工具、门窗和家具配件、钢钉和金属网、消防器材共4章。

第25章

建 筑 工 具

建筑工具包括测量工具、瓦工工具、石工工具、钢筋工具、装修工具、挖掘工具，此外还有建筑机械、登高梯具等。

25.1 测量工具

25.1.1 线坠

【用途】 用于建筑工程中测量平面的垂直度。磁力线坠主要用于检查墙体和门的垂直度。

【分类】 线坠按外形分，有棱柱形、圆锥形和圆柱形三种；按是否带磁分，有普通线坠和磁力线坠。

【规格】 普通线坠的规格见表 25-1。

表 25-1 普通线坠的规格

	材料	质量/kg
圆锥形　棱柱形　圆柱形	铜	0.0125、0.025、0.05、0.10、15、0.2、0.25、0.3、0.4、0.5、0.6、0.75、1.0、1.5
	钢	0.1、0.15、0.2、0.25、0.3、0.4、0.5、0.75、1.0、1.25、2、2.5

磁力线坠的规格有（mm）3、4、5、6。

25.1.2 纤维卷尺和测绳

【用途】 一般用于土木工程、市政交通、民用及其他方面长度尺寸的测量。

【分类】　一般分为盒式卷尺（见图 25-1a）、架式卷尺（见图 25-1b）、折卷式卷尺（见图 25-1c）和测绳（见图 25-1d）四种形式。

【结构】　盒式卷尺和架式卷尺，由尺头拉环或尺头、尺带、摇柄、尺盒或金属（塑料）架等组成；无盒卷尺可自身折卷成环状；测绳由尺头拉环和尺带组成。

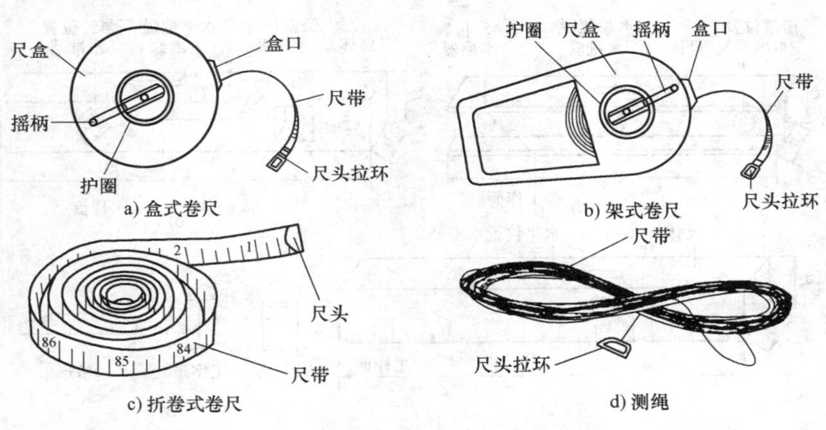

图 25-1　卷尺和测绳的结构

【基本参数】　纤维卷尺、测绳的基本参数见表 25-2。

表 25-2　纤维卷尺、测绳的基本参数（JJG 5—2001）

类别	纤维卷尺	测绳
标称范围	一般在 0～50m 内，特殊规格有 100m、150m 或 200m	一般在 0～200m 内
分度值	1mm、2mm、5mm、10mm	1cm、1m

25.1.3　水平尺

【用途】　主要用于检测或测量水平度和垂直度，其精确性和稳定性取决于水平尺材料的平直度和水准泡质量。

【尺身长度】 一般为100~250（≤1800）mm。

【尺身材料】 金属或塑料。

【分类】 按水准器的读数方式分，有刻度、数显和强磁等；按精度等级分，有0级、1级、2级和3级；按尺身的形状方式分，有矩形、工字形和桥形。

【型式】 水平尺的型式如图25-2所示。

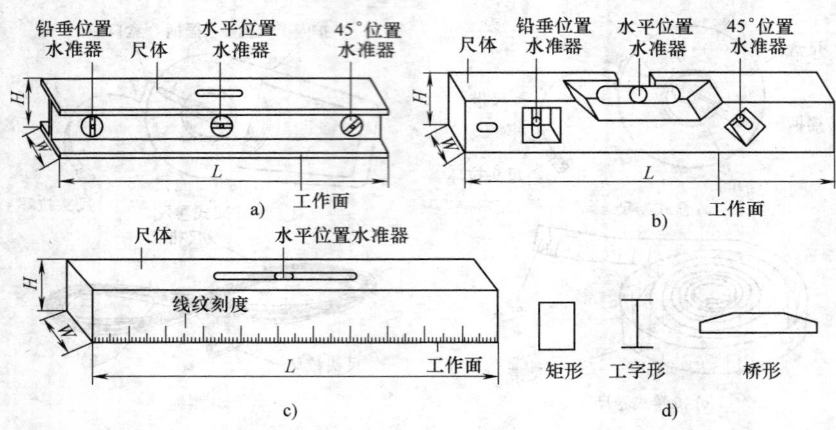

图25-2 水平尺的型式

【基本参数】 水平尺的基本参数见表25-3。

表25-3 水平尺的基本参数（JB/T 11272—2012）

<table>
<tr><td>长度 L/mm</td><td colspan="2">100<L≤150</td><td colspan="2">150<L≤250</td><td colspan="2">250<L≤350</td><td colspan="2">350<L≤600</td><td colspan="2">600<L≤1200</td><td colspan="2">1200<L≤1800</td></tr>
<tr><td>高度 H/mm</td><td colspan="6">40</td><td colspan="4">60</td><td colspan="2">100</td></tr>
<tr><td>工作面宽 W/mm</td><td colspan="4">30</td><td colspan="8">40</td></tr>
<tr><td>准确度等级</td><td colspan="3">0级</td><td colspan="3">1级</td><td colspan="3">2级</td><td colspan="3">3级</td></tr>
<tr><td>角值/(mm/m)</td><td colspan="3">0.25</td><td colspan="3">0.5</td><td colspan="3">1</td><td colspan="3">2</td></tr>
<tr><td>最大零位误差</td><td colspan="3">±0.11</td><td colspan="3">±0.22</td><td colspan="3">±0.44</td><td colspan="3">±1.10</td></tr>
</table>

注：角值是使水平尺水准泡的气泡沿其轴向移动0.23mm时，水平尺一端抬高（或降低）的量。

25.1.4 电子水平尺

电子水平尺是利用数字式倾角传感器和单片机技术，测量建筑工程倾角或斜度的仪器（见图 25-3）。

图 25-3　电子水平尺

【功能】 绝对角度测量、相对角度测量、角度值锁定、倾角方向指示等。

【基本参数】 建筑用电子水平尺的基本参数见表 25-4。

表 25-4　建筑用电子水平尺的基本参数

（JG/T 142—2002）　　　　（单位：mm）

型号	JYC-400/Ⅰ-0.01	JYC-1000/Ⅰ-0.01	JYC-2000/Ⅰ-0.01	JYC-3000/Ⅰ-0.01
长×宽×高	400×26×62	1000×30×80	2000×40×80	3000×50×80

分辨率	0.01	工作面长度	400、1000、2000、3000
测量范围	-9.99°~+9.99°	工作电源额定电压	DC，12V
温度范围	-25~+80℃	使用寿命	6 年/8 万次

【标记】 表示方法：

J	Y	C—	□/	□	□
产品代号，角度仪“角”的首字母	显示方式，液晶显示“液”的首字母	工作原理，传感器“传”的首字母	工作面长度（mm）	版本号罗马数字Ⅰ、Ⅱ、Ⅲ……	准确度等级用数字表示

例：分辨率为 0.010，工作面长度为 400mm，版本号为 1，准确度等级为 0.01；采用数字式液晶显示，并用数字式倾角传感器工作的建筑用电子水平尺，标记为：JYC-400/Ⅰ-0.01。

25.1.5 电子水平仪

电子水平仪是具有一个基座测量面，以电容摆的平衡原理测量被测面相对水平面微小倾角的测量工具。应能在温度为 20℃±5℃的范围内进行正常工作。

【分类】 按读数方式可分为指针式和数显两种；按结构可分为一体式（见图 25-4）和分体式（见图 25-5）两种。

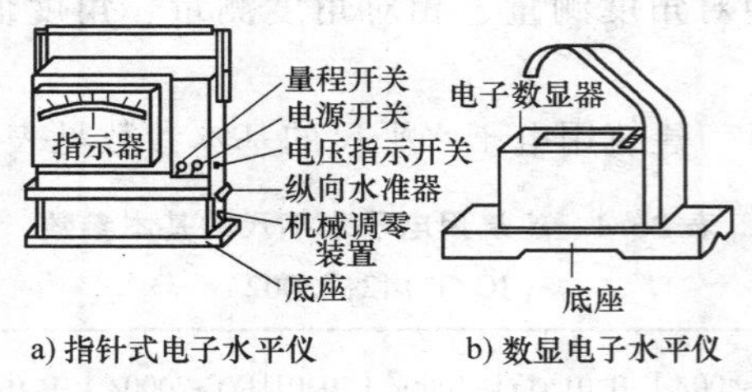

图 25-4 一体式电子水平仪

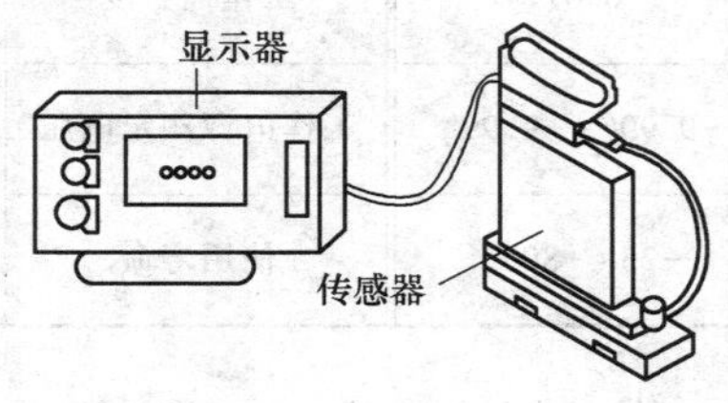

图 25-5 分体式电子水平仪

【结构】 由传感器、指示器（显示器）、电源开关、电压指示开关、纵向水准器、机械调零装置和底座等几部分组成。

【规格】 分度值为 0.001mm/m、0.005mm/m、0.01mm/m、0.02mm/m 和 0.05mm/m，测量范围不小于显示范围的 1/4。

【技术参数】 电子水平仪底座的技术参数见表 25-5。

表 25-5　电子水平仪底座的技术参数（GB/T 20920—2007）

底座工作面长度 L	底座工作面宽度 B	底座 V 形工作面角度 α/(°)
/mm		
100	25～35	120～150
150	35～50	
200		
250		
300		

25. 1. 6　连通液位式水准仪

水准仪是建立水平视线，测定地面两点间高差的仪器。

【分类】 按显示方式分，有数字式水准仪、电容式静力水准仪和连通液位式水准仪（后者在建筑和交通行业应用广泛）等；按测量精度分，有高精密级、精密级和普通级三级。高精密级用于国家一等水准测量及地震水准测量，精密级用于国家二等水准测量及其他精密水准测量，普通级用于国家三、四等水准测量及一般工程水准测量。

【原理】 利用水准仪提供的一条水平视线，测出两地面点之间的高差，然后根据已知点的高程和高差，推算出另一个点的高程。

【结构】 连通液位式水准仪由液位传感器、筒体、液体、液管等组成（见图 25-6）。

【性能参数】 连通液位式水准仪的性能参数见表 25-6 和表 25-7。

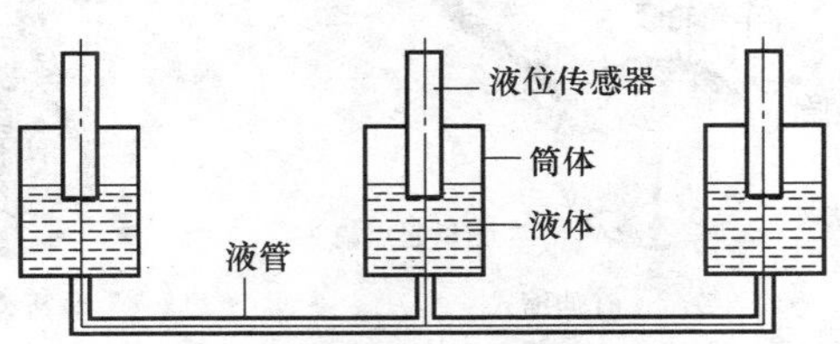

图 25-6　连通液位式水准仪的原理

表 25-6　连通液位式水准仪的性能参数（JT/T 1015—2015）

参数	技术指标	参数	技术指标
量程/mm	20~1000	液体适用温度范围/℃	-40~80
液管直径/mm	10~20	液体黏滞性 20℃/(mPa·s)	≤5
筒体直径/mm	40~75	—	—

表 25-7　连通液位式水准仪的性能参数

（JT/T 1015—2015）（单位：满量程输出,%）

参数	技术指标	参数	技术指标
分辨力(率)	≤0.1	非线性度/符合度	≤1.0
滞后	≤1.0	综合误差	≤1.0
不重复度	≤0.5	—	—

25.1.7　测距车（轮）

【用途】 广泛用于专业测绘作业、道路工程、管线铺设工程、电线电缆工程等施工作业的测量和评估。

【分类】 测距车又称测距，按计数方式分，有机械式和数显两种，按型式分，有伸缩式和折叠式。

【结构】 测距车的结构如图 25-7 所示。

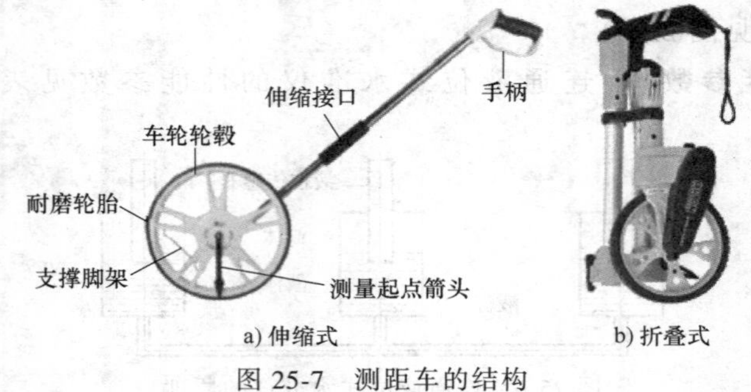

图 25-7　测距车的结构

【规格】 轮径通常为 159mm（周长为 0.5m）或 318mm（周长为 1m），最大测量长度可达 100km。

25.1.8　手持式激光测距仪

手持式激光测距仪是采用激光光源制成的无协作目标的手持式光电测距仪。

【用途】 多用于房屋面积测量。

【分级】 按标称测距标准差 m_d（mm），分为Ⅰ级、Ⅱ级和Ⅲ级，分别为 $m_d \leqslant 1.5$、$1.5 < m_d \leqslant 3.0$ 和 $m_d > 3.0$mm。标称测距标准差 $m_d = a$（标称测距标准差固定部分）。

【基本参数】 手持式激光测距仪的基本参数见表 25-8。

表 25-8　手持式激光测距仪的基本参数（GB/T 14267—2009）

名称	仪器等级		
	Ⅰ	Ⅱ	Ⅲ
距离测量重复性/mm	≤1.0	≤1.5	
测程/m	最短测程及最长测程满足标称值		
幅相误差/mm	≤$0.5m_d$		
鉴别力(率)/mm	≤0.3		
测距标准差/mm	≤m_d		
加常数剩余值/mm			
加常数检验标准差/mm	≤$0.5m_d$		
激光光源发光功率	Ⅱ级激光以内，且<$1.2P_0$		
工作温度范围/℃	-10～+50		
存储温度范围/℃	-20～+65		
振动影响	振动后工作正常		
单次测量时间/s	≤3		

【产品数据】 手持式激光测距仪的产品数据见表 25-9。

表 25-9　手持式激光测距仪的产品数据

BOSCHDLE70		PrexisoX	
激光二极管	635nm，<1mW	激光二极管	635nm，<1mW
测量范围/m	0.05～70	测量范围/m	0.1～30
激光级别	2	激光级别	二级
测量精度/mm	±1.5	测量精度/mm	±2
典型测量时间/s	<0.5	最小显示/mm	1
最大测量时间/s	4	自动关机时间/s	>90
电源(AAA)	4×1.5VLR03	连续测量	可

（续）

BOSCHDLE70		PrexisoX	
自动钝化时间/min	5	附加功能	面积，体积
重量/kg	≈0.18	电池	9V，碱性
长度/mm×高度/mm	100×32	体积/mm	124×54×35
—	—	质量/g	155

25.1.9 光电测距仪

【用途】 广泛应用在泊车辅助系统、智能导盲系统、移动机器人等距离测量方面。测程可达2.5km左右，也能用于夜间作业。

【功能】 测量长度或者距离，同时可以和测角设备或利用模块结合测量出角度、面积等参数。

【分类】 按测定时间 t 的方式，可分为脉冲测距仪与相位法测距仪两种（高精度的测距仪，一般采用相位式）。按测量时的状态，可分为手持式测距仪和机座式测距仪（前者的测量精度分为Ⅰ级、Ⅱ级和Ⅲ级）。

【原理】

1）脉冲测距仪。通过测距仪发出的激光经过物体反射后又回到测距仪，同时，测距仪记录了激光往返来回的时间，因此测距仪到物体的距离等于光速 c 乘以往返时间 $t/2$。即测距仪到物体之间的距离 $x=ct/2$。脉冲测距仪的测距精度一般在±1m左右，而其测量盲区一般在15m左右。

2）相位法测距仪。对激光进行幅度调试，并且测定出所调试的激光往返物体一次所产生的相位延迟，据此换算出测距仪到物体的距离。即，若激光从测距仪发出再返回测距仪的时间为 t，调制激光的角频率为 ω，激光在被测物体上来回往返一次所产生的相位延迟为 ϕ，那么 $t=\phi/\omega$；若测距仪到物体之间的距离为 x，激光在大气中的传播速度是 c，那么 $X=ct/2=\phi t/(2\omega)$。相位法测距仪通常被使用在高精度测距上，其精度较高，误差一般都在毫米级。

【结构】 全站仪通常由水准器、目镜、光学对中器、数据通信接口等部分组成（见图25-8）。测距仪和经纬仪还可以构成组合式测距仪（见图25-9）。

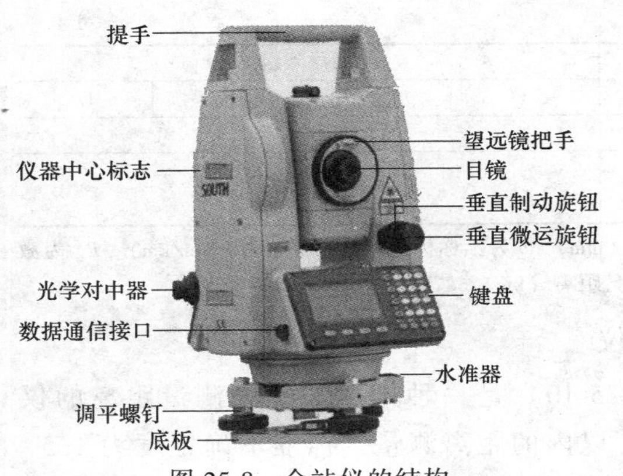

图 25-8 全站仪的结构

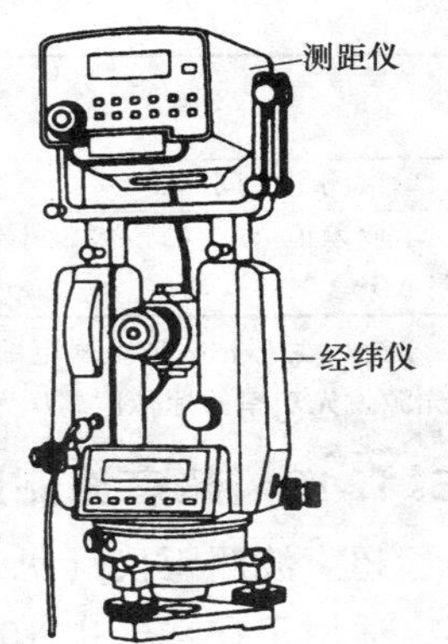

图 25-9 组合式测距仪的结构

【基本参数】 光电测距仪的基本参数见表 25-10。

表 25-10 光电测距仪的基本参数（GB/T 14267—2009）

名称	仪器等级			
	Ⅰ	Ⅱ	Ⅲ	Ⅳ
分辨率/mm	0.1	0.5	1.0	1.0
测程	最短测程及最长测程满足标称值			
相位均匀性误差/mm	≤0.5a			
幅相误差/mm	≤0.5a			
鉴别力(率)/mm	≤0.25a			
周期误差振幅 A(相位式)	≤0.6a			
常温下频率偏移/Hz	≤0.5b			
开机频率稳定性(10^{-6})	≤0.5b			
频率随环境温度变化/Hz	≤0.67b			
距离测量的重复性标准差/mm	≤0.5a			
测距标准差/mm	m_d			
加常数剩余值/mm	—			
加常数检验标准差/mm	≤0.5a			
乘常数/(mm/km)	具有乘常数顶置功能			
乘常数检验标准差/(mm/km)	≤0.5b			
激光光源发光功率	Ⅲ级激光以内，且<1.2P_0			
工作温度范围/℃	-20~+50			
存储温度范围/℃	-30~+65			
振动	振动后工作正常			
温度改正	温度预置至 0.1℃			
大气改正	气压顶置至 1hPa			

（续）

名称	仪器等级			
	Ⅰ	Ⅱ	Ⅲ	Ⅳ
单次测量时间/s	≤3			
求取差值 Δi 中的最大最小值之差 ΔD	出厂检验，$\Delta D \leqslant 1.5a$			

注：a 为标称标准差固定部分（mm）。b 为标称标准差比例系数/（mm/km）。P_0 为激光光源发光功率的标称值。D 为测量距离（km）。

25.1.10　超声波测距仪

超声波测距仪（见图 25-10）是一种用声波速度测量距离的仪器，适用于在空气中 100m 以内的距离测量，标准不确定度为 $1.5\times10^{-3}D$（D 为所测距离）。超声波源应用频率范围为 20~40kHz。

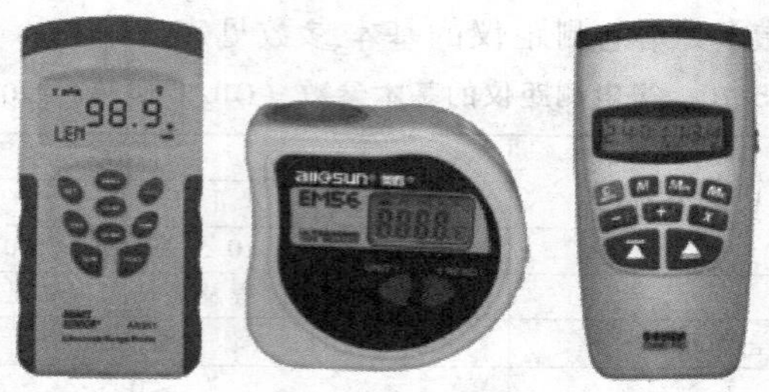

图 25-10　超声波测距仪

【用途】　主要应用于建筑工程、机械安装、农田水利、公路交通、矿山隧道以及园林规划等场合。

【原理】　根据超声波测距仪发出的超声波和碰到障碍物返回的超声波，用两者的时间差乘以超声波在空气中的传播速度（$v=340\text{m/s}$），即可得出测量距离 $s=340t/2$。

【分类】　有超声波自反射式和异地反射式两种。前者不需要合作靶，利用待测表面作为反射体；后者需要合作靶（一般用红外光控制合作靶发射超声波）。

【结构】　由单片机、超声波发射电路、超声波接收电路、LCD 显示电路、温度补偿电路和液晶显示器等组成。

【使用方法】

1）首先，安装好超声波测距仪的干电池。

2）打开电源开关，显示屏出现数字显示，然后把机器底部靠在前面，转动顶部的喇叭形超声波发射头。

3）对准被测量物体（高级型号配有激光红点定位显示），按下测量键（有的机型有测量响声提示），显示屏所显示的数字就是所测的距离。

25.1.11　激光水平仪

激光水平仪是带有激光导向装置的测定地面水准点高差的仪器，多用于房屋装修。图 25-11 所示为度维 12 线激光水平仪（左）和合硕光电水平仪（右）。

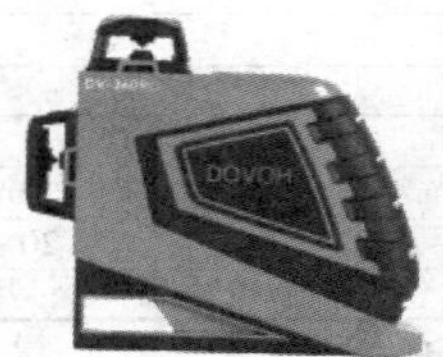

图 25-11　度维 12 线激光水平仪（左）和合硕光电水平仪（右）

【产品数据】　度维 12 线激光水平仪的产品数据见表 25-11。

表 25-11　度维 12 线激光水平仪的产品数据

项目	DV360G	DV360C	DV360S	DV360RG
测量范围/m	30	20	30	30
找平精度/(mm/m)	±0.2			
自动找平范围/(°)	±4			
一般找平时间/s	<4			
工作温度范围/℃	-10～+40			
储藏温度范围/℃	-20～+70			
最大相对空气湿度/(%)	90			
激光种类	532μm 30mW	635μm 30mW	638μm 120mW	520μm 50mW
激光等级	Ⅱ类激光，<1mW			
18650 标准锂电	三洋 3.7V,2600mAh		松下 3.7V 3400mAh	
自动断电时间 /min	30			
质量/kg	0.65			
尺寸/mm	159×75×141			
三脚架接头/in	1/4、5/8			

生产商：东莞市度维激光仪器有限公司。

25.1.12 激光投线仪

激光投线仪是在普通水准仪的望远镜筒上固装激光装置（氦氖激光器+棱镜导光系统）制成的。可广泛用于放水平线、垂直线、十字线，检查“阴阳角”和安装机动电等。

【产品数据】 合硕科技有限公司激光投线仪的产品数据见表25-12。

表 25-12 合硕科技有限公司激光投线仪的产品数据

名称	绿光水平仪	LD 蓝光水平仪	红光水平仪
水平精度	±1mm/5m	±1mm/10m	±2mm/5m
垂直精度			
角度精度			
下点精度			
整平时间	5s		
水平射度	120°		
垂直射度	150°		
光线宽度	2mm/5m	1mm/5m	
工作温度	-5~40℃	20~50℃	
电源	锂电池/充电器		干电池/充电器

注：各有六点五线型、四点三线型和两点两线型。

25.1.13 贴墙仪

【用途】 用于在墙面投射出一条水平线和一条垂直线，以便于在墙面上贴瓷砖。

【产品数据】 贴墙仪的产品数据见表25-13和表25-14。

表 25-13 3D12 线贴墙仪技术数据（Ⅰ）

激光光源	精度/(±mm/1m)		自动安平范围	防水等级	测量范围/m	工作时间/h	质量/kg
	水平	垂直					
360°×3	0.2	0.2	±3°	IP-54	≈25	8	1.08①

①表示含平移台，不含时为0.72kg；电源为锂电池×2/充电器。

生产商：商丘合硕光电科技有限公司。

表 25-14 3D12 线贴墙仪技术数据（Ⅱ）

型号	CYT52012-1	CYT52012-2
精度	40″(7m±1mm)	
光源	520nm/638nm,2 级,<1mW	
电源	18650 锂电池,3.7V,2600mA×2	
整平	电子式安平,±3.5°	机械悬挂,±3.5°
工作半径	7m	
工作时间	≈6h	≈8h
工作温度	-20~+50℃	
防护等级	IP54	
三角架螺纹	1/4in、5/8in	

生产商：山东驰赢电子有限公司。

25.1.14　垂准仪

垂准仪是一种利用光学准直原理定铅垂线的仪器。

【用途】 用于测量相对铅垂线的微小水平偏差和铅垂线进行点位传递。有光学垂准仪、光学自动垂准仪、激光垂准仪和激光自动垂准仪四种。

【结构】 激光垂准仪的结构如图 25-12 所示。

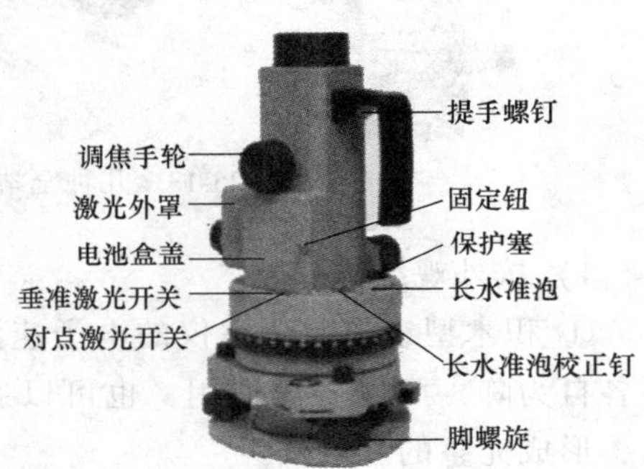

图 25-12　激光垂准仪的结构

【技术参数】 垂准仪的技术参数见表 25-15。

表 25-15　垂准仪的技术参数（JB/T 9319—1999）

名称		精密型	普通型	简易型
一测回垂准测量标准偏差		1/100000	1/30000	1/5000
放大率①/倍		24	10	2
有效孔径①/mm		30	13	6
水准泡角值	圆形/(′/2mm)	4	8	8
	管状/(″/2mm)	10	20	30
最短视距①/mm		2.0	1.5	0.6
最大使用范围①/mm		200	100	10
光斑最短聚焦距离①/mm		2.5		

①表示下限值。

25.1.15　全站仪

【用途】 全站仪（见图 25-13）是集测量水平角、垂直角、距离（斜距、平距）、高差等诸多功能于一体的，采用光、机、电的高技术测绘仪器。不仅包含了水准仪、经纬仪和测距仪的功能，而且操作简单，可以避免读数误差，所以称之为全站仪。广泛用于地上大型建筑和地下隧道施工等精密工程测量或变形监测领域。

【分类】 可按外观结构、测量功能、测距大小和精度等级分成四类。

图 25-13　几种全站仪的外貌

1）按外观结构分类。

① 积木型。早期全站仪的电子速测仪、电子经纬仪、电子记录器各自为阵，可以分离使用，也可以通过电缆或接口把它们组合起来，形成完整的全站仪。

② 整体型。现代的全站仪大都把测距、测角和记录单元，在光学、机械等方面设计成一个不可分割的整体。

2）按测量功能分类。

① 经典型全站仪。具备全站仪电子测角、电子测距和数据自动记录等基本功能，有的还可以运行厂家或用户自主开发的机载测量程序。

② 机动型全站仪。可自动驱动全站仪照准部分和望远镜的旋转。在计算机的控制下，可按计算机给定的方向值自动照准目标，并可实现自动正、倒镜测量。

③ 无合作目标性全站仪。可对一般的目标直接测距的全站仪，适用于对不便安置反射棱镜的目标进行测量，测程可达 1000m。

④ 智能型全站仪。在相关软件的控制下，智能型全站仪在无人干预的条件下，可自动完成多个目标的识别、照准与测量。

3）按测距仪测距大小分类。

① 短距离测距全站仪。测程小于 3km，一般精度为±(5mm+5ppm)，主要用于普通测量和城市测量。

② 中测程全站仪。测程为 3~15km，一般精度为±(5mm+2ppm)，±(2mm+2ppm) 通常用于一般等级的控制测量。

③ 长测程全站仪。测程大于 15km，一般精度为±(5mm+1ppm)，通常用于国家三角网及特级导线的测量。

4）按仪器精度等级分类。

根据其标称的角度测量标准偏差，可分为Ⅰ级、Ⅱ级、Ⅲ级和Ⅳ级，Ⅰ级最高，Ⅳ级最低。

25.2　泥工工具

【材料】

1）泥抹子、泥压子、砌铲、砌刀、打砖工具、勾缝器等工具的主体，应采用能够满足使用要求的优质碳素结构钢或同等以上材料。

2）工作主体与手柄的连接支架可采用钢材或铝合金等材料。

3）手柄可采用硬木或塑料等材料。

【硬度】

1）泥抹子、泥压子、砌铲、勾缝器等工具的工作主体，经热处理后的硬度应不小于72HRA。

2）砌刀、打砖工具的工作部位经热处理后的硬度应不小于48HRC。

25.2.1　平抹子和角抹子

【用途】　平抹子用于抹平墙面的水泥或灰沙，角抹子用于在垂直内角、外角和圆角处抹水泥或灰沙。

【基本参数】　平抹子和角抹子的基本参数见表25-16和表25-17。

表 25-16　平抹子的基本参数（QB/T 2212.2—2011）

（单位：mm）

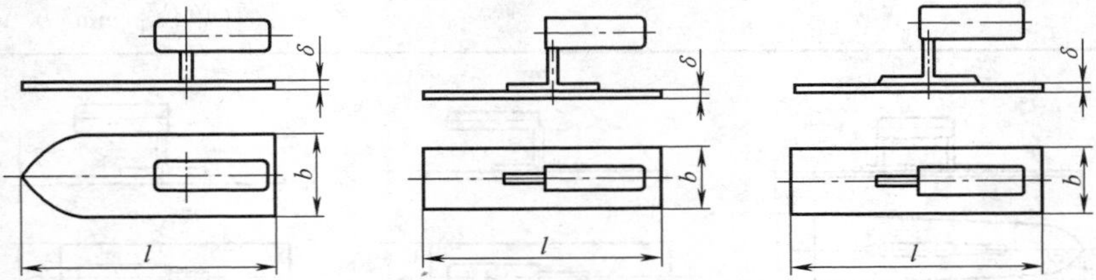

尖头形平抹子　　长方形平抹子　　梯形平抹子

规格 l	b	δ	规格 l	b	δ
220	80	≥0.7	260	95	≥0.7
230	85		280	100	
240	90		300	100	
250	90		320	110	

表 25-17　角抹子的基本参数（QB/T 2212. 2—2011）

（单位：mm）

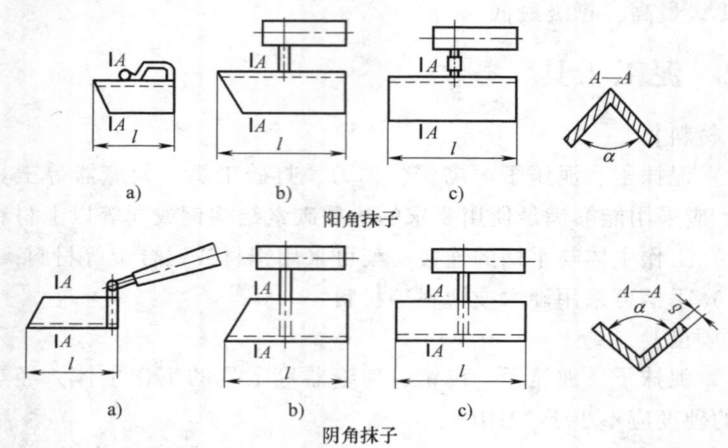

规格 l	δ	角抹板角度 α	
100、110、120，130、140、150、160、170、180	≥1.0	阳角抹子 92°	阴角抹子 88°

25. 2. 2　泥压子

【用途】　用于对灰砂、水泥作业面的压光和平整。

【基本参数】　泥压子的基本参数见表 25-18。

表 25-18　泥压子的基本参数（QB/T 2212. 3—2011）

（单位：mm）

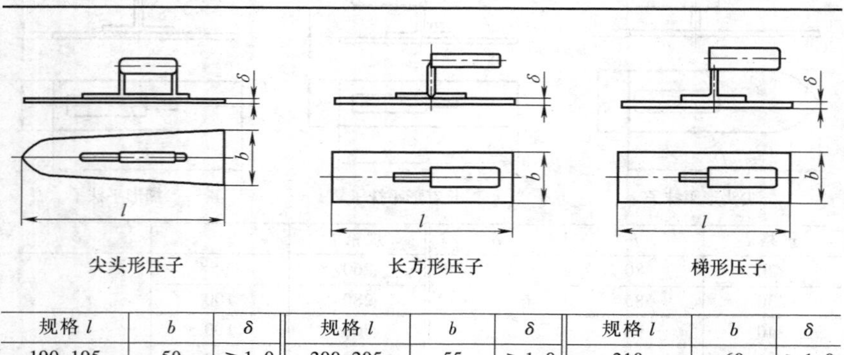

规格 l	b	δ	规格 l	b	δ	规格 l	b	δ
190、195	50	≥1.0	200、205	55	≥1.0	210	60	≥1.0

25.2.3　砌铲

【用途】　用于砌砖和铲灰。

【分类】　砌铲有尖头形砌铲（见图 25-14a）、菱形砌铲（见图 25-14b）、长方形砌铲（见图 25-14c）、梯形砌铲（见图 25-14d）、叶形砌铲（见图 25-14e）、圆头形砌铲（见图 25-14f）和椭圆形砌铲（见图 25-14g）等。

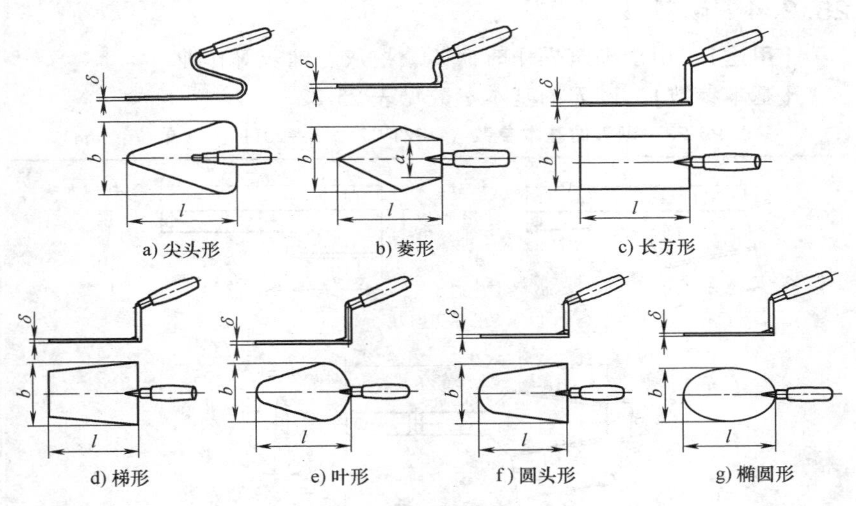

图 25-14　砌铲的分类

【规格】　砌铲的基本参数见表 25-19～表 25-21。

表 25-19　尖头形砌铲的基本参数（QB/T 2212.4—2011）（单位：mm）

规格 l	b	δ	规格 l	b	δ	规格 l	b	δ
140	170	≥1.0	160	190	≥1.0	180	210	≥1.0
145	175		165	195		185	215	
150	180		170	200		—	—	
155	185		175	205		—	—	

表 25-20　菱形砌铲的基本参数（QB/T 2212.4—2011）（单位：mm）

规格 l	b	a	δ	规格 l	b	a	δ
180	125	63	≥1.0	230	160	80	≥1.0
200	140	70		250	175	87	

表 25-21　长方形、梯形、叶形、圆头形和椭圆形砌铲的基本参数（QB/T 2212.4—2011）　（单位：mm）

规格 l	b	δ	规格 l	b	δ	规格 l	b	δ
125	60	≥1.0	180	90	≥1.0	230	115	≥1.0
140	70		190	95		240	120	
150	75		200	100		250	125	
165	80		215	105		—	—	

25.2.4　砌刀

【用途】　用于砌筑操作时砍砖、挖灰、铺灰等作业。

【基本参数】　砌刀的基本参数见表 25-22。

表 25-22　砌刀的基本参数（QB/T 2212.5—2011）　（单位：mm）

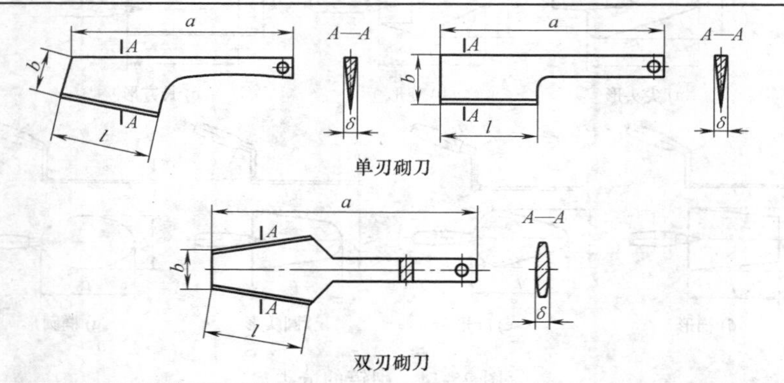

单刃砌刀

双刃砌刀

规格 l	b	a	δ	规格 l	b	a	δ
135	50	335	≥4.0	160	55	360	≥6.0
140		340		165		365	
145		345		170	60	370	
150		350		175		375	
155	55	355		180		380	

注：刃口厚度不小于 1.0mm。

25.2.5　打砖刀和打砖斧

【用途】　用于砌筑操作时砍砖等作业。

【基本参数】　打砖刀和打砖斧的基本参数见表 25-23。

25.2.6　分格器

【用途】　用于抹灰时在地面、墙面上分格。

表 25-23　打砖刀和打砖斧的基本参数（QB/T 2212.6—2011）（单位：mm）

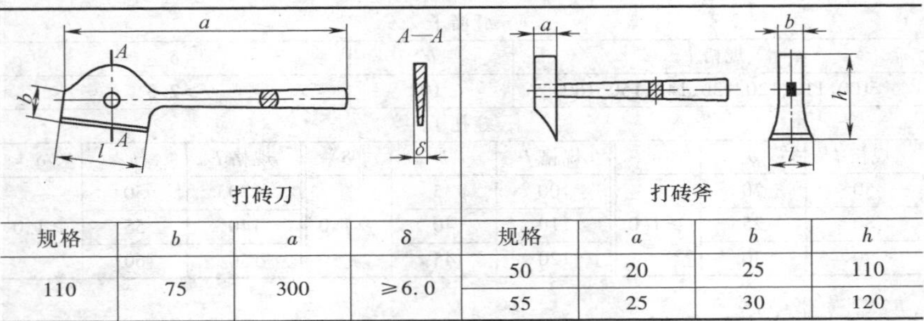

打砖刀　　打砖斧

规格	b	a	δ	规格	a	b	h
110	75	300	≥6.0	50	20	25	110
				55	25	30	120

【基本参数】　分格器的基本参数见表 25-24。

表 25-24　分格器的基本参数（QB/T 2212.7—2011）　（单位：mm）

规格 l	b	δ
80	45	≥1.5
100	60	
110	65	

25.2.7　缝溜子和缝扎子

【用途】　缝溜子用于抹灰时在地面、墙面上分格，缝扎子用于墙体勾缝。

【基本参数】　缝溜子和缝扎子的基本参数见表 25-25。

表 25-25　缝溜子和缝扎子的基本参数

（QB/T 2212.7—2011）　（单位：mm）

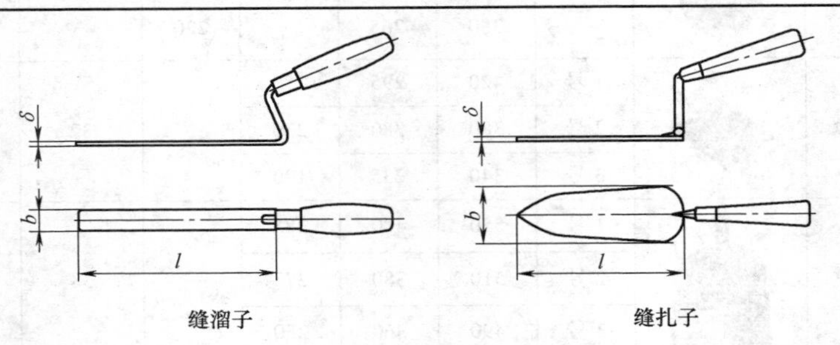

缝溜子　　缝扎子

（续）

缝溜子		
规格 l	b	δ
100、110、120、130、140、150、160	10	≥2.5

缝扎子								
规格 l	b	δ	规格 l	b	δ	规格 l	b	δ
50	20	≥1.0	100	35	≥1.0	130	50	≥1.0
80	25		110	40		140	55	
90	30		120	45		150	60	

25.3 挖掘工具

25.3.1 钢锹

【用途】 用于铲土、水利、挖沟。尖锹用于挖砂质土、搅拌灰土等；方锹多用于铲建筑散料（水泥、石子）等；煤锹用于铲煤块、砂土、垃圾等；深翻锹用于深翻、掘泥、开沟等。

【基本参数】 钢锹的基本参数见表 25-26。

表 25-26 钢锹的基本参数（QB/T 2095—1995）

分类	型式代号	规格代号	基本尺寸/mm					
			全长	身长	前幅宽	后幅宽	锹裤外径	厚度
农用锹		—	345	290	230	—	42	17
尖锹		1 号	460	320	—	260	37	16
		2 号	425	295	—	235		
		3 号	380	265	—	220		
方锹		1 号	420	295	250	—	37	16
		2 号	380	280	230			
		3 号	340	235	190			
煤锹		1 号	550	400	285	—	38	16
		2 号	510	380	275			
		3 号	490	360	250			

（续）

分类	型式代号	规格代号	基本尺寸/mm					
			全长	身长	前幅宽	后幅宽	锹裤外径	厚度
深翻锹		1 号	450	300	190	—	37	17
		2 号	400	265	170			
		3 号	350	225	150			

注：钢锹有 A 级（HRC≥40）和 B 级（HRC≥30）。

25.3.2　钢镐

【用途】　用于修路、铁道、开矿、掘土、垦荒、造林等。双尖型多用于开凿岩山、混凝土等硬性土质；尖扁型多用于挖掘黏、韧性土质。

【基本参数】　钢镐的基本参数见表 25-27。

表 25-27　钢镐的基本参数（QB/T 2290—1997）

型式代号	分类	质量/kg					
		1.5	2.0	2.5	3.0	3.5	4.0
		总长度/mm					
SJA	双尖 A 型钢镐	450	500	520	560	580	600
SJB	双尖 B 型钢镐	—	—	—	500	520	540
JBA	尖扁 A 型钢镐	450	500	520	560	600	720
JBB	尖扁 B 型钢镐	420	—	520	550	570	—

25.3.3　电镐

电镐是以单相串励电动机为动力的双重绝缘手持式电动工具。

【用途】　配用镐钎或其他适当的附件（錾子、铲等），可以对混凝土、砖石结构、沥青路面进行破碎、凿平、挖掘、开槽、切削等作业。

【类别】　按锤头型式分，有四坑锤头、六角锤头和 38 式三种。

【规格】　有 Z1C-YB01-6、Z1C- YB02-6、Z1C- YB01-40、Z1C-

YB01-65、Z1C- YB02-1 等。

【材料】 工作头的材料为硬质合金钢，硬度≥69HRC。

【结构】 由把手、齿轮、连杆、电动机、电源开关及电源线等组成（见图 25-15）。

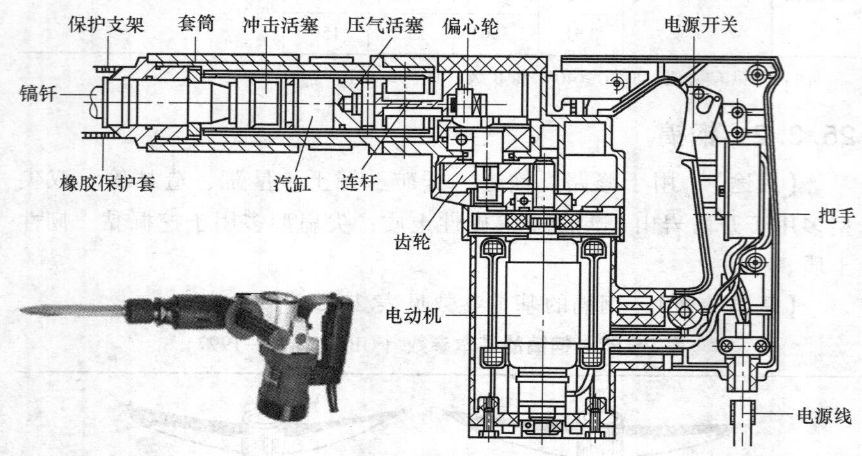

图 25-15 电镐的外形和结构

电镐的电源开关采用耐振动的、手揿式、带自锁的复位开关。电镐的电源线采用氯丁橡胶套护层的软电缆，电源插头与氯丁橡胶套护层的软电缆压制成一体的不可重接电源插头。

【工作原理】 电动机带动转轴，齿轮与装有偏心轴的齿轮啮合，带动曲柄连杆做冲击运动，使压气活塞在气缸内往复运动，压气活塞与冲击活塞间产生气垫，使冲击活塞随压气活塞同步往复运动而锤击工作头的尾部。由于经过了气垫的缓冲作用，操作者受到的反作用力比较柔和，振动较小。

【使用方法】

1）仔细检查螺钉是否紧固，并确认工作头的位置。

2）寒冷季节（或很长时间停用后），应让其空转几分钟，以加热工具。

3）双手紧握塑料把手或侧面抓手。

4）启动按钮开关进行操作，利用其自身重量控制反冲力。

25. 3. 4　气镐

【用途】　与电镐相同，只是它以压缩空气为动力源。

【基本参数】　气镐的基本参数见表 25-28；气镐镐钎的尺寸见表 25-29。

表 25-28　气镐的基本参数（JB/T 9848—2011）

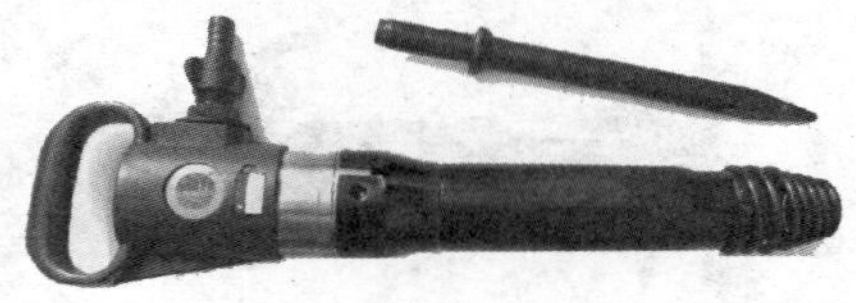

产品规格	质量/kg	验收气压为 0.63MPa				气管内径/mm	尾柄规格/mm
		冲击能量/J	耗气量/(L/s)	冲击频率/Hz	噪声/dB(A)		
8	8	≥30	≤20	≥18	≤116	16	325×75
10	10	≥43	≤26	≥16	≤118	16	325×75
20	20	≥55	≤28	≥16	≤120	16	430×87

表 25-29　气镐镐钎的尺寸（JB/T 5131—2016）　（单位：mm）

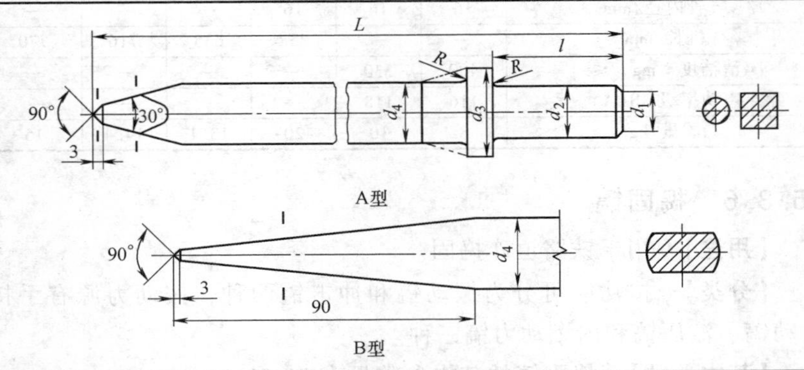

基本尺寸	d_1	d_2	d_3	d_4	l	L	R	适用气镐
24	20	24	38	25	72	250~3000	4	G10~G16
25	20	25	41.5	25	75	250~3000	5.25	G10
26	20	26	40	28	80	250~3000	5	G7
30	26	30	40	30	87	400~3000	5	G20~G30

25. 3. 5　破碎镐

【用途】　用于市政建设中打碎旧路面，工矿企业设备安装中破碎原混凝土基础；土木工程及地下建筑、人防施工等工作中摧毁坚固冻结的地层；也用于采石、采矿等其他领域。

【分类】 按手柄型式分为直柄式、弯柄式和环柄式三种。

【产品数据】 破碎镐的产品数据见表25-30。

表25-30 破碎镐的产品数据

产品数据	型号					
	G8	G10	G20	B1	B2	B3
冲击频率/Hz	18	16	16	19	15.5	16
冲击能量/(J/min) ≥	30	43	60	60	80	100
耗气量/(L/s) ≤	20	26	23	—	—	—
额定压力/MPa	—	—	—	0.5	0.5	0.5
自由空气比耗	—	—	—	1.5	1.5	1.3
缸径/mm	—	38	38	—	—	—
气管内径/mm	16	16	16	—	—	—
机长/mm	—	—	858	638	716	770
清洁度≤mg ≤	400	530	—	—	—	—
噪声声功率级dB(A) ≤	116	118	—	—	—	—
质量/kg	8	10	20	13.1	14.4	15

25.3.6 捣固镐

【用途】 用于铁路道砟捣固。

【分类】 按功能可分为振动镐和冲击镐两种，按动力源有手持电动镐、液压镐和内燃动力镐三种。

【基本参数】 捣固镐的基本参数见表25-31。

表25-31 捣固镐的基本参数（JB/T 1347—2012）

类别	项目		基本参数	
振动镐	铭牌标示额定振动频率/Hz	偏心式	转轴水平	45~50
			转轴竖直	110~140
		行星式	140~200	
	额定振动频率下镐尖沿振动方向	稳定加速度/(m/s^2)	转轴竖直式	600~1500
			转轴水平式	200~500
		单边有效振幅/mm	≥0.9	

（续）

类别	项目	基本参数
振动镐	转轴竖直式振动镐镐头质量/kg	1.0~1.5
	便携式整机质量（不含燃油）/kg	内燃≤20，电动≤25
	分体式整机质量/kg	内燃/电动≤175
冲击镐	额定冲击频率/Hz	20~30
	冲击能量/J	25~40
	整机质量（不含镐钎、液压油管或燃油）/kg	≤25

【产品数据】　一些气动捣固镐的产品数据见表 25-32。

表 25-32　一些气动捣固镐的产品数据

型号	质量 /kg	使用气压 /MPa	耗气量 /(L/s)	冲击次数 /(次/min)	全长 /mm
D3	2.5	0.63	0.25	900	410
D4	3.6	0.63	0.35	800	480
D6	6	0.45	0.45	700	975
D9	9	0.63	0.65	600	1180

注：D3 为特小型，适合作业空间狭窄的场合使用；D4 为小型，适合作业空间狭窄的场合使用；D6 为适用于中等铸件的造型工作，D9 为适用于大型铸件砂型的捣固。

25.3.7　冲击电钻

冲击电钻是以旋转切削为主，兼有冲击力的冲击机构驱动冲击钻头。在带动钻头做旋转运动的同时，还有一个方向垂直于钻头旋转旋转面的往复锤击运动。冲击电钻使用的钻头是直柄钻头，锥柄钻头要配合钻套。

【用途】　用于在混凝土、砖、瓷砖、大理石等脆性材料上钻孔；使用普通钻头时，也可在木材、金属上钻孔。

【类别】　按使用电源的不同，可分为直流电钻、交直两用电钻和单相串励冲击电钻；按调速方式的不同，可分为机械调速和电子调速两种；按冲击结构的不同，可分为齿轮冲击电钻和钢球冲击电钻两大类。

【结构】　冲击电钻的结构如图 25-16 和图 25-17 所示。

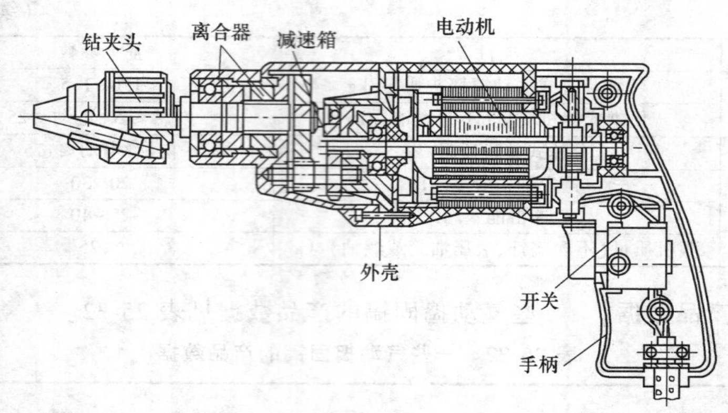

图 25-16　齿轮冲击电钻的结构

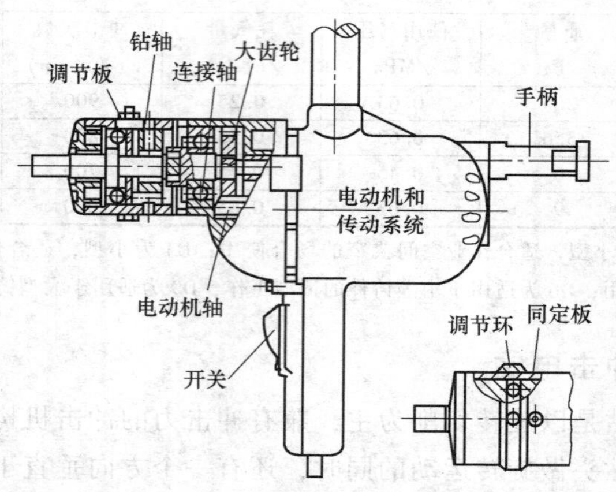

图 25-17　钢球冲击电钻的结构

【标记】 表示方法：

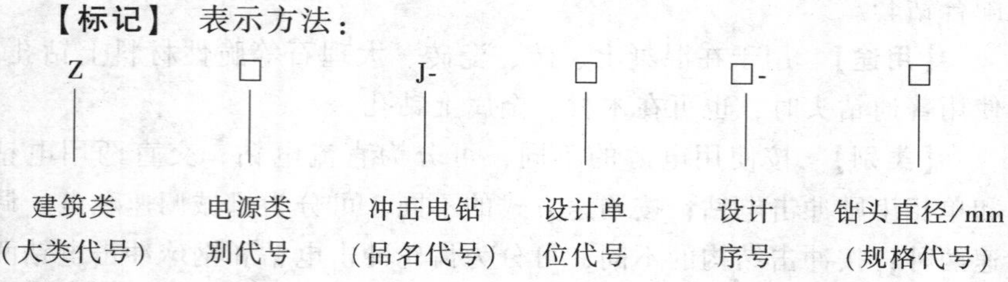

【基本参数】 冲击电钻的基本参数见表 25-33。

表 25-33　冲击电钻的基本参数（GB/T 22676—2008）

规格(mm)	额定输出功率/W	额定转矩/N · m	额定冲击次数/(次/min)
10	≥220	≥1.2	≥46400
13	≥280	≥1.7	≥43200
16	≥350	≥2.1	≥41600
20	≥430	≥2.8	≥38400

注：1. 规格指加工砖石、轻质混凝土等材料时的最大钻孔直径。
2. 双速冲击电钻的基本参数系指高速挡时的参数；电子调速冲击电钻的基本参数系指以电子装置调节到给定转速最高值时的参数。

【使用方法】

1）冲击电钻一般有调节环，能够在锤击和旋转功能之间转换。当处在“旋转”位置时，装上普通麻花钻头能在金属上钻孔；当处在带“锤击”位置时，装上镶有硬质合金的钻头，能在砖石、混凝土等脆性材料上钻孔。

2）工作前，应先空载试运行 30~60s，运转声音应均匀无异常噪声。调整调节环至“冲击”位置，将钻头顶在硬木上，应有明显而强烈的冲击感；调节环调到“钻孔”位置，应无冲击现象。

3）因为它的冲击力是借助于操作者的轴向进给压力而产生的，所以轴向进给压力应适中，不宜过大或过小。

4）遇到转速变慢或突然刹住时，应立即减小用力，并及时退出或切断电源，防止过载。

5）钻深孔至一定深度时，应将钻头反复进退几次排除钻屑，以减少钻头磨损，提高钻孔效率，延长冲击电钻的使用寿命。

25.3.8　手持式气动钻机

【用途】　主要用于打井下煤层的探放水孔、瓦斯孔、构造孔、探煤厚，同时可用于锚喷测厚钻孔，非常适合于狭窄巷道的深孔作业。

【种类】　按钻头直径（mm）大小分，有 ϕ80、ϕ90、ϕ110、ϕ130 和 ϕ160。

【结构】　由电动机、气阀开关、钻具接头、排气手柄、齿轮锁和钻杆等部分组成。

1）电动机部分：压缩空气通过电动机转化成机械动力。

2）自动阀门开关：用于控制输气量。松开开关时阀门自动闭合。

3）钻具接头：用于连接电动机和钻杆。

4）排气手柄：启动钻机时用双手紧握手柄，向钻进方向施力。

5）齿轮锁：位于钻机机壳后面，用于松开和更换钻具接头（只能在停机时使用，重新开机前必须先把齿轮锁打开）。

【标记】 表示方法（MT/T 994—2006）：

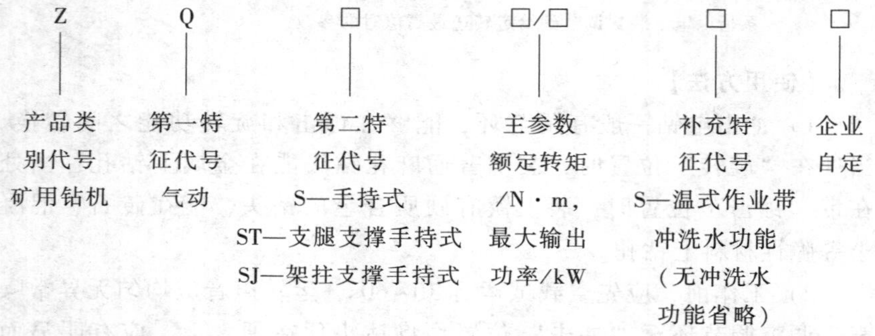

【产品数据】 手持式气动钻机的产品数据见表 25-34。

表 25-34 手持式气动钻机的产品数据

技术数据		参数值		
工作气压/MPa		0.4	0.5	0.63
额定转矩/N·m		17	22	25
额定转速/(r/min)		780	880	950
耗气量/(m^3/min)		2.9	3.3	4.5
最大输出功率/kW		1.4	2.0	2.4
空载转速/(r/min)		1560	1760	1900
1/2 空载转速/(r/min)		780	880	950
1/2 空载转速转矩/N·m		17	22	25
失速转矩/N·m		32	41	45
最大负荷转矩/N·m		30	38	43
起动转矩/N·m		31	40	44
噪声/dB	功率级	112	112	112
	声压级	95	95	95
质量/kg		8.5	8.5	8.5

【使用方法】

1）连接供风管路前，先转动钻具夹头，以检查传动结构是否自由转动；并确定机壳板上的齿轮锁白色箭头指向左方（齿轮未被锁紧，钻机可以自由转动）。

2）供风管与钻机连接前，先通风 1~2min，将管内可能存在的杂物、粉尘和积水放净，再把风管接至钻机开关的螺纹接口上；检查风管的连接情况，不允许有漏风、漏油现象。

3）接通供风管后，再核实齿轮锁白色箭头是否指向左方。通风后，逐渐打开开关，检查钻机运转是否正常；松开手拉式开关时，拉手及阀门是否能够自动返回零位关闭阀门。

4）更换钻具接头时，应先把供风管和钻机分离，然后把齿轮锁白色箭头扭向钻机中心线（如果齿轮锁不能转动，可尝试把钻具接头前后转动数度，直至旋钮能够适当咬合）。

5）接上钻具接头前，应该在接头处抹上一层润滑脂，可避免钻具间咬合，并方便以后的拆卸。

6）钻孔前，装上钻杆和钻头，接上供风管。起钻前，起动开关，钻杆开始工作。钻机进给时，需要掌握力度，使钻具能连续及顺畅地钻进。需要停机时，松开开关即可。

25.3.9　电锤

电锤是可产生冲击力的电钻，高档电锤可以利用转换开关对作业方式进行控制，使电锤的钻头只转动、只冲击，或者作复合运动。

【用途】　用于混凝土、楼板、砖墙和石材上钻孔、开槽或破碎混凝土等作业。

【种类】　按机械结构分，有曲柄连杆型和摆杆机构两种；按动力源分，有交流和锂电两种（使用 220V/110V/18V/12V 电压）。

【结构】　曲柄连杆型电锤由电动机、齿轮、锥齿轮、连杆、偏心轴、气缸套、压气活塞和钻杆等组成（见图 25-18）。

【工作原理】　电动机输出轴带动齿轮和连杆、偏心轴旋转，使压气活塞在气缸套内做往复运动，带动建工钻凿孔；同时，一对锥齿轮在齿轮的带动下，使气缸套和六方套一起旋转，带动钻杆，将电动机的旋转运动变成冲击带旋转的复合运动。

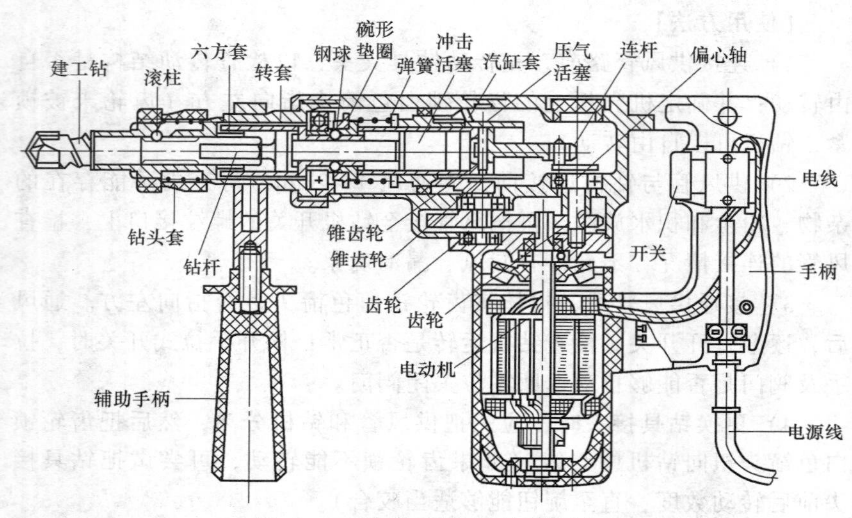

图 25-18　曲柄连杆型电锤的结构

【标记】　表示方法：

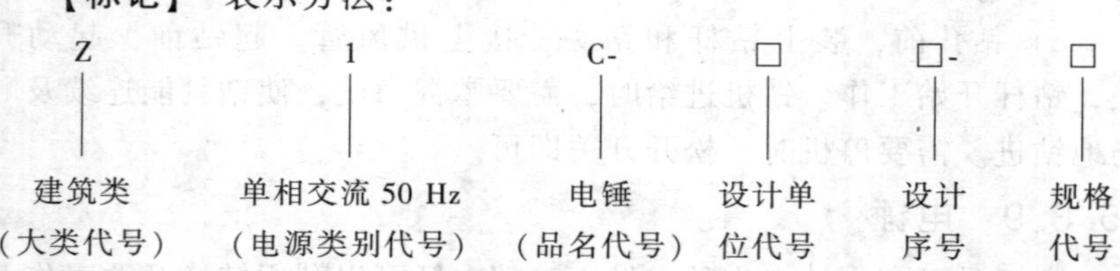

【基本参数】　电锤的基本参数见表 25-35。

表 25-35　电锤的基本参数（GB/T 7443—2007）

规格(mm)	16	18	20	22	26	32	38	50
钻削率/(cm^3/min)　≥	15	18	21	24	30	40	50	70
脱扣力矩/N·m	35			45		50		60

注：规格指在 C30 号混凝土（抗压强度为 30~35MPa）上作业时的最大钻孔直径。

【使用方法】

1）在使用前空转 1min，检查电锤各部分的状态。

2）根据需要选择钻头（打孔时用圆钻头，破坏时用扁钻头）。

3）先将钻头顶在工作面上避免空打，然后起动开关。如果有明显的冲击感就说明钻头安装到位，否则就要重装。

4）需要向下钻孔时，双手紧握两个手柄，不需要向下用力。向其他方向钻孔时，只要稍许加力即可。

25.3.10　锂电锤

【结构】 由蝶形圈、调速开关、连杆、花键和锂电池（外接于其中下部，未示出）等组成（见图 25-19）。

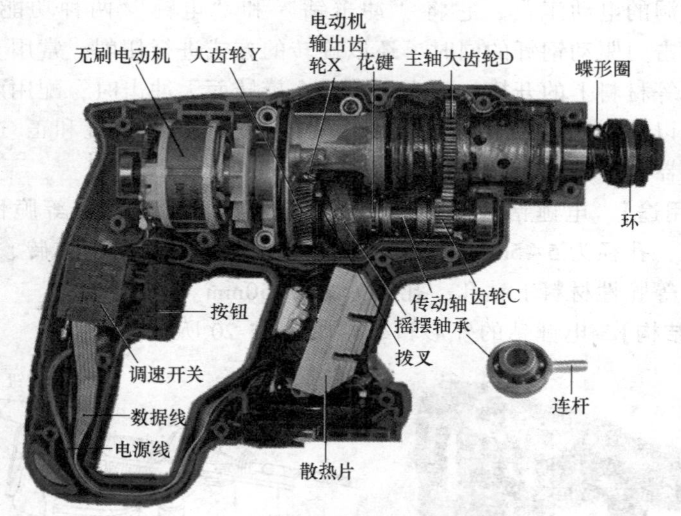

图 25-19　大有 5401 锂电锤的结构

【工作原理】 接通电源后，电动机输出轴上的齿轮 X 驱动传动轴上的大齿轮 Y 进行一级减速；当传动轴上的齿轮 C 与主轴上的大齿轮 D 啮合时进行二级减速，从而使钻头产生旋转运动。

传动轴上还有一个花键和摇摆轴承。花键和齿轮 C 可以在传动轴上前后滑动，且与传动轴同步转动；而摇摆轴承只是套在传动轴上，不随传动轴转动。在模式旋钮的拨叉控制下，摇摆轴承上的连杆会拨动活塞做往复运动，使压缩空气推动撞块锤击钻柄，产生冲击运动。

在钻孔模式时，拨叉拨动花键和摇摆轴承脱开，齿轮 C 咬合主轴齿轮 D；若电动机通电转动，齿轮 X 驱动齿轮 Y 旋转，带动传动轴上齿轮 C，从而带动齿轮 D 旋转。

在锤钻模式时，拨叉拨动花键与摇摆轴承相靠。此时转动轴转动，摇摆轴承和主轴齿轮 D 都会被驱动，气缸（整个气缸筒作为主轴）工作，从而实现了锤击和转动同时进行。

25.3.11 电锤钻和套式锤钻

电锤钻是利用活塞运动的原理，压缩气体冲击钻头，在物体上开孔、打洞的电动工具，它将“冲击钻”和“电锤”两种功能合一，在以冲击力驱动钢钎的同时，还以旋转的方式进行切削，常用于混凝土、砖等材料上的开槽、开大孔等；在旋转而无冲击时，配用麻花钻头，可以钻金属和软质非金属材料；配备电子调速装置和正/逆转开关的机器，可旋入/出螺钉或钻螺纹。

【用途】 电锤钻用于在无金属夹杂物的混凝土、砖等脆性材料上钻孔，孔径为 5~50mm；套式电锤钻带套式刀，用于在砖、砌块、轻质墙等脆性材料上钻孔，孔径为 25~150mm。

【结构】 电锤钻的外形和结构如图 25-20 所示。

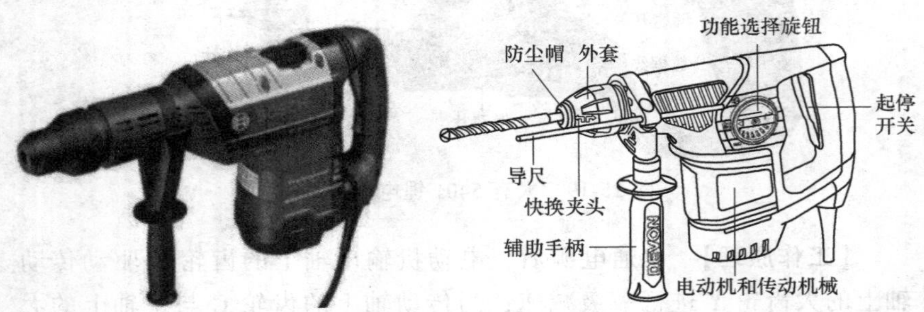

图 25-20 电锤钻的外形和结构

【柄部型式】 有 A 型（1 号莫氏锥柄）、B 型（2 号莫氏锥柄）、C 型（四槽方柄）、D 型（双槽圆柄）、E 型（双槽圆柄，柄部带缩颈）、F 型（四槽圆柄）、G 型（14×16 六方柄）、H 型（13×15 六方柄）、I 型（14×16 六方柄）、J 型（直花键柄）、K 型（螺旋花键柄）、L 型（圆弧花键柄）。

【材料和硬度】

1）电锤钻和套式电锤钻中心导钻上用硬质合金刀片。

2）电锤钻的刀体和刀柄材料采用 40Cr 钢或同等及以上性能其他牌号的合金钢。

3）电锤钻和套式电锤钻上带套式刀及中心导钻的刀体，应从距刀片底面（轴向）20mm 处向柄部方向进行热处理，电锤钻的硬度不低于 40HRC，套式刀的硬度不低于 200HB，中心导钻的硬度不低于 35HRC，连接杆的硬度不低于 40HRC。

【表面处理】 发黑或喷砂等。

【主要参数】 电锤钻和套式锤钻的主要参数见表 25-36。

表 25-36 电锤钻和套式锤钻的主要参数

（GB/T 25672—2010） （单位：mm）

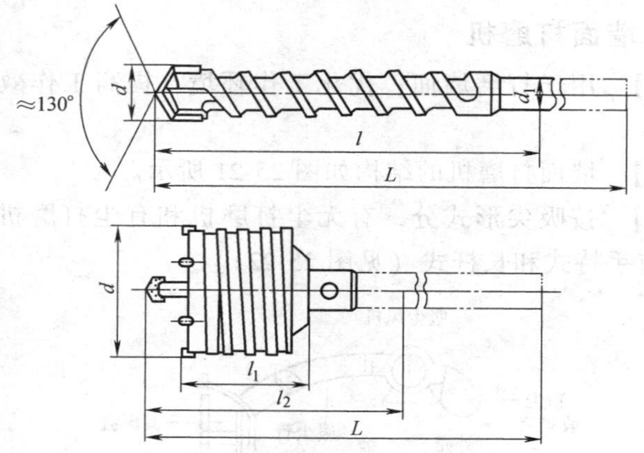

电锤钻直径 d：5、6、7、8、10、12、14、16、18、20、22、24、26、28、32、35、38、40、42、45、50	套式锤钻 d：25、30、35、40、45、50、55、65、70、80、85、90、100、105、125、130、150

【标记】

1）直径 d=18mm，悬伸长度 l=150mm，柄部型式为 E 型（双槽圆柄）的电锤钻，标记为：电锤钻 18×150-E GB/T 20672—2010。

2）直径 d=65mm，悬伸长度 l=200mm，连接杆柄部型式为 E 型柄（双槽圆柄）的套式电锤钻，标记为：套式电锤钻 65×200-E GB/T 25672—2010。

【使用方法】

1）若是新电锤，需要先加润滑油。后期要随时注意补充润滑油，以减少噪声，避免过度发烫。

2）根据工作种类选择并安装钻头，上紧并扣紧（打孔选用圆钻头，打洞选用扁钻头）。

3）安装好后，提起电锤把钻头用力顶在墙上或地上试钻一下，如果没有明显的冲击感就说明钻头安装不到位，需要重装。

4）对钻孔深度有要求时，要装上导尺，调整好钻孔深度。

5）由于电锤的后坐力比较大，所以需要前手抓紧，后手用力推。

25.4 建筑机械

25.4.1 墙面打磨机

【用途】 用于打磨墙面，优化工作环境，提高工作效率，提升装修质量。

【结构】 墙面打磨机的结构如图 25-21 所示。

【分类】 按吸尖形式分，有无尘打磨机和有尘打磨机；按操作方式分，有手持式和长杆式（见图 25-22）。

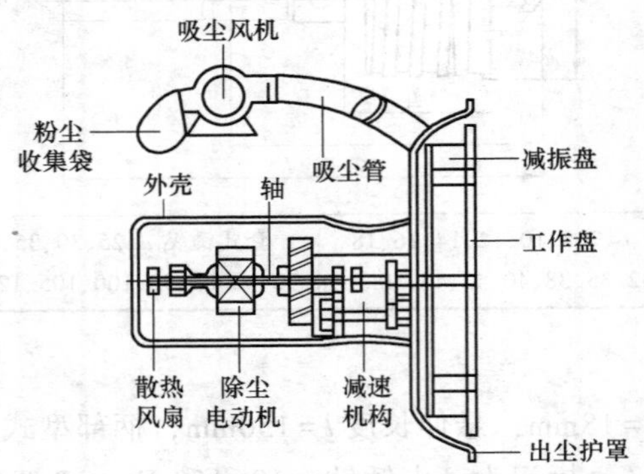

图 25-21 墙面打磨机的结构

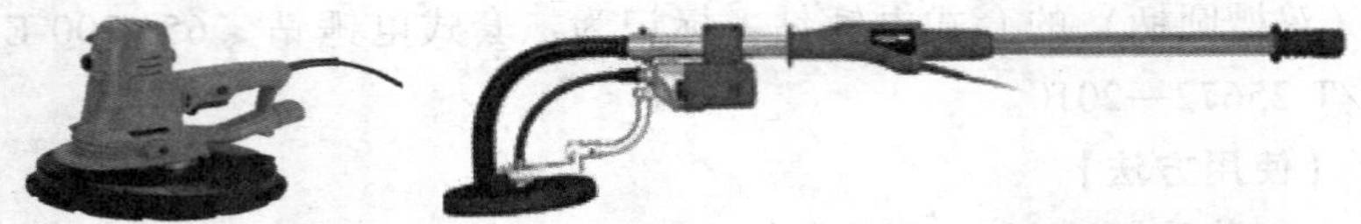

图 25-22 手持式（左）和长杆式（右）墙面打磨机

【产品数据】 墙面打磨机的产品数据见表 25-37 和表 25-38。

表 25-37　手持自吸尘式墙面打磨机的产品数据

型号	输入功率	电源	空载转速	磨盘直径	圆盘直径	特点
ETL-180S	1200W	220V 50Hz	1200~2500r/min	ϕ180mm	ϕ190mm	LED 灯带款，强光
ETL-180A						射灯款
ETL-180B						射灯款
ETL-180BT						灯带强

生产商：浙江猎马工具有限公司。

表 25-38　长杆墙面打磨机的产品数据

型号	输入功率 /W	电源	空载转速 /(r/min)	特点
ETL-225S	980	230±10V/60 Hz[①]	1000~2100	LED 灯带式，强光
ETL-225F/T	980	220V/50Hz	900~2300	同上，自吸尘
ETL-225D	850	220V/50Hz	1000~2100	双 LED 灯带式
ETL-225A	980	220V/50Hz	900~2300	射灯式，自吸尘

注：磨盘直径为 ϕ215mm，圆盘直径为 ϕ225mm。

①表示 110~127V/60Hz 电源。

生产商：浙江猎马工具有限公司。

25.4.2　地板磨光机

地板磨光机是以三相或单相异步电动机为动力，采用高强度砂纸的磨削滚筒和移动轮对木质地板进行磨光作业的机械。

【标记】 表示方法：

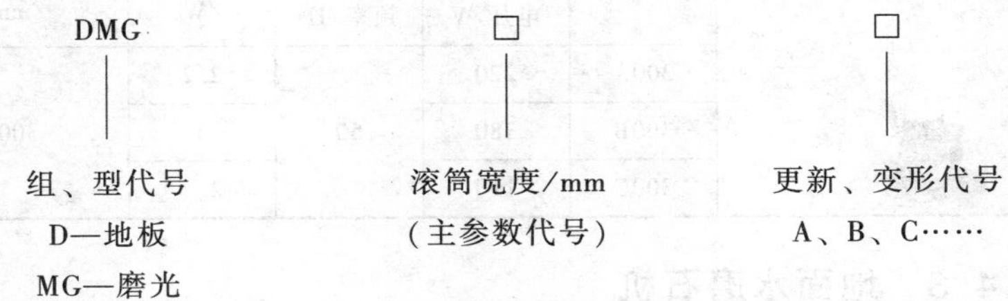

【主要参数和基本参数】 地板磨光机的主要参数和基本参数见表 25-39。

表 25-39　地板磨光机的主要参数和基本参数（JG/T 5068—1995）

主要参数（滚筒宽度）			三相				单相			
			200	(250)	300	350	200	(250)	300	350
基本参数	电动机功率/kW		≤1.5	≤2.2		≤3	≤1.5	≤2.2		<3
	滚筒线速度/(m/s)		≥18							
	吸尘器风速/(m/s)		≥26							
	质量/kg	铝合金外壳	≤55	(≤76)	≤86	≤92	≤55	(≤76)	≤86	≤92
		铸铁外壳	≤65	(≤86)	≤96	≤108	<65	(≤86)	≤98	≤108
	外形尺寸/mm（长×宽×高）　≤		1000×450×1000		1150×500×1000		1000×450×1000		1150×500×1000	

【技术要求】　地板磨光机的主要技术要求见表 25-40。

表 25-40　地板磨光机的主要技术要求

主参数		三相、单相			
		200	(250)	300	350
生产率/(m^2/h)		≥35	≥(45)	≥55	≥65
手柄振动加速度/g		≤2(工作时)			
噪声	空载/ dB(A)	≤88			
	负载/ dB(A)	≤90			
可靠性	首次故障前工作时间/h	≥150			
	平均无故障工作时间/h	≥200			
	可靠度(%)	≥92			

【产品数据】　地板磨光机的产品数据见表 25-41。

表 25-41　地板磨光机的产品数据

型号	电源		功率/W	滚筒宽度/mm
	电压/V	频率/Hz		
300A	220	50	2.2	300
300B	380		3	
300C	110		2.2	

25.4.3　地面水磨石机

【分类】 有单盘、双盘两种。

【主要参数】　地面水磨石机的主要参数见表 25-42。

表 25-42　地面水磨石机的主要参数（JG/T 5008—1992）

（单位：mm）

名称	主参数系列
磨盘直径	200、250、300、350、(400)、(450)

注：( ) 内数值为发展备用参数。

【标记】 表示方法：

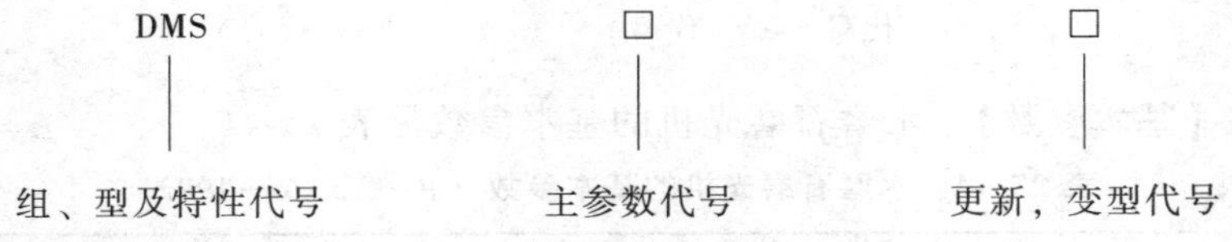

【产品数据】 2MD-300 地面水磨石机的产品数据见表 25-43。

表 25-43　2MD-300 地面水磨石机的产品数据

磨盘直径/mm	磨盘转速/(r/min)	砂轮规格(mm)
300	392	75×75

电动机功率/kW	电动机转速/(r/min)	湿磨生产率/(m^2/h)	重量/kg
3	1430	7~10	210

【使用方法】

1）操作时穿胶靴，戴好绝缘手套。

2）作业前，应检查并确认各连接件紧固，水磨石无裂纹。

3）在接通电源、水源后，应用手压扶把使磨盘离开地面，再起动电动机。同时检查确认磨盘旋转方向。待运转正常后，再缓慢放下磨盘作业。

4）作业中，当发现磨盘跳动或异响，应立即停机检修。停机时，应先提升磨盘后关机。

25.4.4　水磨石磨光机

水磨石磨光机为双重绝缘交直流两用的串励电动机驱动。

【用途】 同地板磨光机。

【标记】 表示方法：

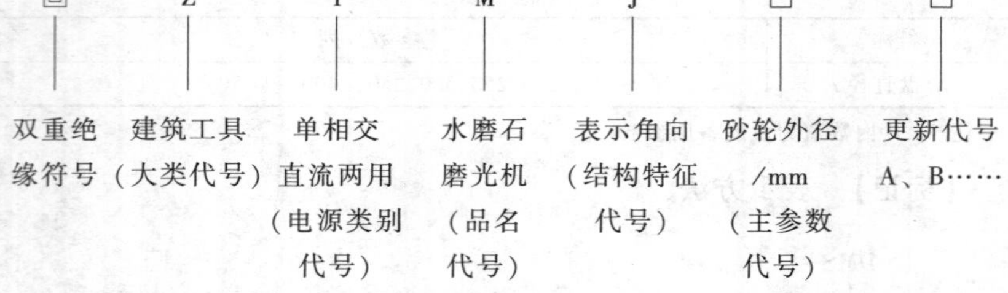

【基本参数】 水磨石磨光机的基本参数见表 25-44。

表 25-44 水磨石磨光机的基本参数（JG/T 5026—1992）

型号	砂轮规格/mm	额定输入功率/W	额定转矩/N·m	空载转速/(r/min)	空载噪声声压级 dB(A)
回Z1MJ80	80×40×30	(>330)	(>1.42)	(2800)	90(93)
回Z1MJ100	100×40×40	>550	>2.23	<2500	90(93)
回Z1MJ125	125×50×50	(680)	(>3.48)	(2150)	93(103)
回Z1MJ150	150×60×50	(800)	(>5.00)	(2000)	93(103)

25.4.5 开槽机

开槽机是装有盘形刀具用于切割窄缝、沟槽的工具。

【用途】 使用单片金刚石切断轮时可切割，使用两片金刚石切断轮时可在墙面、沥青和水泥路面上开槽作业。

【产品数据】 ETL-125KC 开槽机的产品数据见表 25-45。

表 25-45 ETL-125KC 开槽机的产品数据

型号	输入功率	电源	空载转速	切割宽度	切割深度
ETL-125KC	4800W	220V/50Hz	6000r/min	30mm	38mm

【注意事项】

1）操作前务必检查两个金刚石切断轮的平衡状态。

2）接通电源前，务必确认机器的开关处于关闭状态；调节锁紧扳手和工具与机器分离。

3）操作时，不要穿戴松散的衣物、佩戴首饰，长发者应将头发盘入防护帽中；并使用防护装备（防尘面具、护目镜、护耳罩等）。

4）注意使用优质金刚石切断轮。

5）切勿在雨天室外使用。

6）切勿用电源线提拉开槽机，以免造成接触不良而无法正常工作。

25.4.6　砖墙铣沟机

砖墙铣沟机是配用硬质合金专用铣刀，在砖墙等脆性材料表面铣切沟槽的工具，带有集尘袋。

【产品数据】　砖墙铣沟机的产品数据见表 25-46。

表 25-46　砖墙铣沟机的产品数据

型号	输入功率 /W	负载转速 /(r/min)	额定转矩 /N·m	铣沟能力 /mm	重量 /kg
Z1R-16	400	800	2	20×16	3.1

25.4.7　墙壁切割机

【用途】　墙壁切割机（图 25-23）用于拆除一部分墙壁，同时保证另一部分墙壁不受影响。

【分类】　有电动、半自动、全自动等几种。

图 25-23　墙壁切割机

【产品数据】　墙壁切割机的产品数据见表 25-47。

表 25-47　墙壁切割机的产品数据

型号	最大锯片直径 /mm	输入功率 /W	电源	最大切割深度 /mm
DG-800	ϕ800	6580	220V、50Hz	320
DG-1000	ϕ1000	7580		420
DG-1200	ϕ1200	8580		520

生产商：南通雅本机电设备有限公司。

25.4.8 刨墙机

【用途】 用于刨除各种内外墙的旧墙纸、旧涂料和腻子等。

【产品数据】 ETL系列刨墙机的产品数据见表25-48。

表25-48 ETL系列刨墙机的产品数据

型号	输入功率/W	空载转速/(r/min)	切割宽度/mm	切割深度/mm
ETL-150B	1200	1000~4000		
ETL-200T	1200	1000~4000	150	1~4
ETL-300T	2200	800~3500		

25.4.9 手持式石材切割机

石材切割机是配用金刚石切割片，用于切割硬而脆的非金属材料的工具。

【用途】 用于对石材、大理石板、瓷砖、水泥板等含硅酸盐的材料进行切割。

【分类】 按直径（mm）尺寸分，有ϕ110、ϕ125和ϕ180等；按型式分，有直向和角向两种。使用的锯片有干式（有开口）和湿式（无开口）两种。

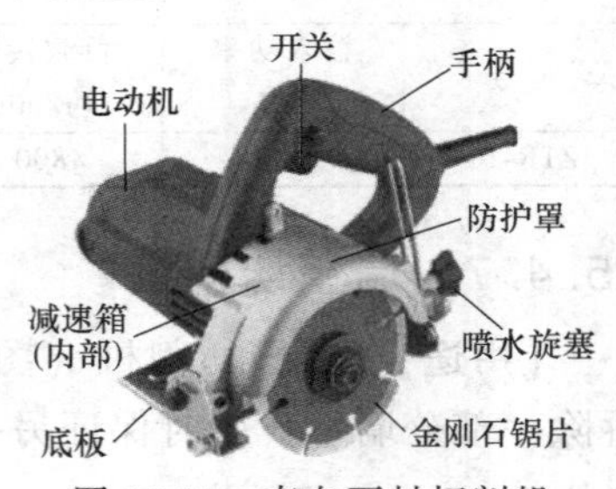

图25-24 直向石材切割机

【结构】 石材切割机的结构如图25-24和图25-25所示。

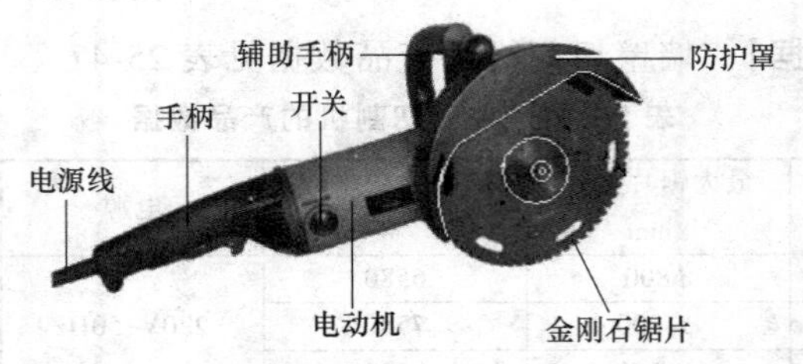

图25-25 角向石材切割机

【标记】 表示方法：

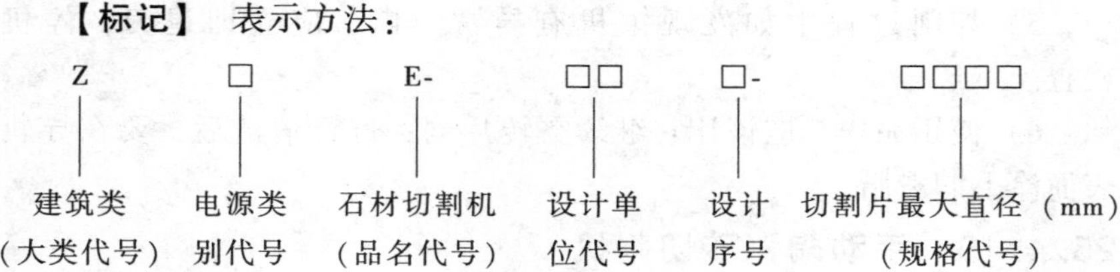

【基本参数】 石材切割机的基本参数见表 25-49。

表 25-49　石材切割机的基本参数（GB/T 22664—2008）

规格(mm)	切割锯片尺寸/mm (外径×内径)	额定输出功率 /W ≥	额定转矩 /N·m ≥	最大切削深度 /mm ≥
110C	110×20	200	0.3	20
110	110×20	450	0.5	30
125	125×20	450	0.7	40
150	150×20	550	1.0	50
180	185×25	550	1.6	60
200	200×25	650	2.0	70

【产品数据】 石材切割机的产品数据见表 25-50。

表 25-50　石材切割机的产品数据

型号 ZIE-	110C	110	125	150	180	200	250
锯片直径/mm	110	110	125	150	180	200	250
最大锯深/mm	20	30	40	50	60	70	75
额定输入功率/W	200	450	450	550	550	650	730
空载转速/(r/min)	11000	11000	7500	—	5000	—	3500
净质量/kg	2.6	2.7	3.2	3.3	6.8	—	9.0

【使用方法】

1）检查锯片是否完好，工件固定是否牢靠。

2）调整好切割深度和冷却水管，冷却水流量要充足；一般水槽应该高于工作面 80cm 以上。

3）开机试运转，检查机械转动状态，并注意刀具的运动情况。

4）切削过程中，切刀进度不能过快，不要加侧向力或进行曲线切割，以免损坏刀片和机器；不要将手或身体靠近设备，更不能触摸；制动时必须关闭电源，且不能用金属棒之类的辅助物。

5）切削过程中如发现主机有异常声响，应立即退刀，停机检查。

6）使用完毕，应该让它继续空转片刻；进行清洁后，要在导轨表面涂上润滑脂。

25.4.10 手动陶瓷砖切割机

手动陶瓷砖切割机是一种以手动机械方式，直线或弧线切割瓷砖以及平板玻璃等的设备。

【分类】 按照导轨数量，可分为单轨切割机（D）和双轨切割机（S）；按照作业方式，可分为压断型切割机（Y）和扳断型切割机（B）。

【材料】 切割刀片应采用硬质合金或同等以上材料制造，硬度不应小于88HRA。

【结构】 如图25-26所示（有的在底板上加设旋转水阀，用于切割时放水，俗称“湿切”）。

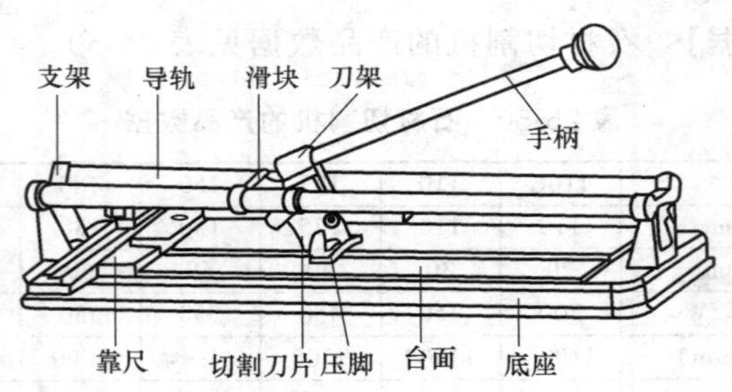

图25-26 手动陶瓷砖切割机

【标记】 表示方法：

□	QB/T 4940	□	□	□
手动陶瓷砖切割机	标准编号	类型代号 D—单轨，B—扳断型 S—双轨，Y—压断型	最大切割长度/mm	最大切割厚度/mm

【产品数据】 瓷砖石材切割机的产品数据见表25-51。

表 25-51　瓷砖石材切割机的产品数据

型号	QX-800	QX-1000	QX-1200
切割电动机	220V,50Hz,1550W,1200r/min		
最大锯片尺寸/mm	ϕ120		
最大切割深度/mm	30/20		
最大切割长度/mm	800	1000	1200
工作台尺寸/mm	800×350	1000×350	1200×350
冷却水泵	DC24V,30W,9m,6L/min		
包装尺寸/mm	1310×455×505	1600×455×505	1760×455×505
净质量/毛质量/kg	29/34	32/37	36/43

生产商：泉州万得力机械有限责任公司。

【使用方法】

1）定位划线：将瓷砖平放在底板上（需要展开支架），放下手柄，使刀轮与瓷砖表面接触，将手柄向前轻推，使刀轮在瓷砖表面割出一道连续均匀的直线。

2）下压断开：将手柄快速利落地向后拉，瓷砖即沿着划线断开。

25.4.11　超高压水切割机

额定输出压力为 150~400MPa，其主机为超高压增压器或超高压泵，原动机为电动机或柴油机。

【基本参数】　水切割机的基本参数见表 25-52。

表 25-52　水切割机的基本参数（GB/T 26136—2010）

额定压力/MPa	流量/(L/min)	额定功率/kW	额定压力/MPa	流量/(L/min)	额定功率/kW	额定压力/MPa	流量/(L/min)	额定功率/kW
150	1	3	250	4.5	30	350	3	30
	2	5.5		5.5	37		4	37
	4	11		7	45		5	45
	7	18.5		8.5	55		6	55
200	1	5.5		11.5	75		8	75
	1.5	7.5	300	1.5	11	400	1	11
	2	11		2	18.5		1.5	15
	3	15		3	22		2	22
	4	22		4	30		3	30
	6	30		4.5	37		3.5	37
	7	37		6	45		4.5	45
250	1	7.5		7	55		5.5	55
	1.5	11		9.5	75		7	75
	2	15	350	1.5	15		8.5	90
	3	22		2	18.5		—	—

【标记】 表示方法：

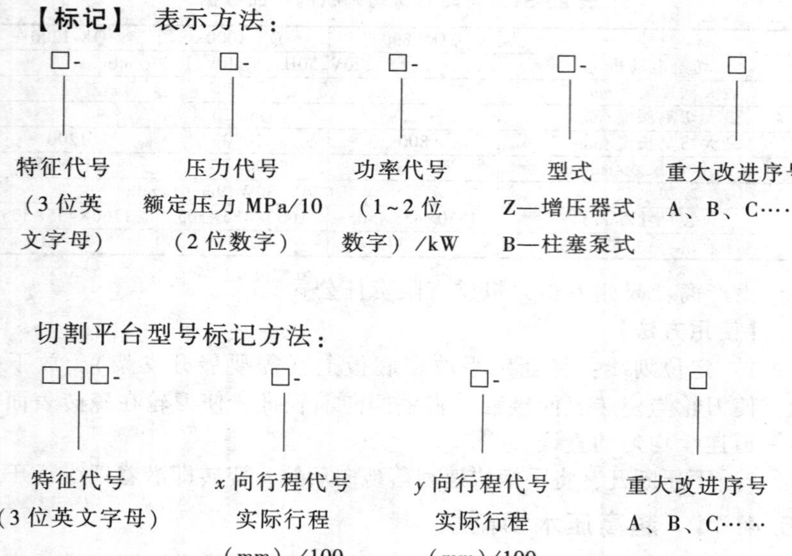

25.4.12 蒸压加气混凝土切割机

【用途】 用于建筑材料制品的蒸压加气混凝土切割。

【分类】 有地翻式和空翻式两种。

【结构】 由纵切装置（挂丝柱等）、横切装置（布丝板、导向柱等）、摆动装置、切割小车（车体、车轮和轨道等）和其他部件（刨槽装置、手持孔加工装置和钢丝张紧自动补偿装置等）组成。

【标记】 表示方法：

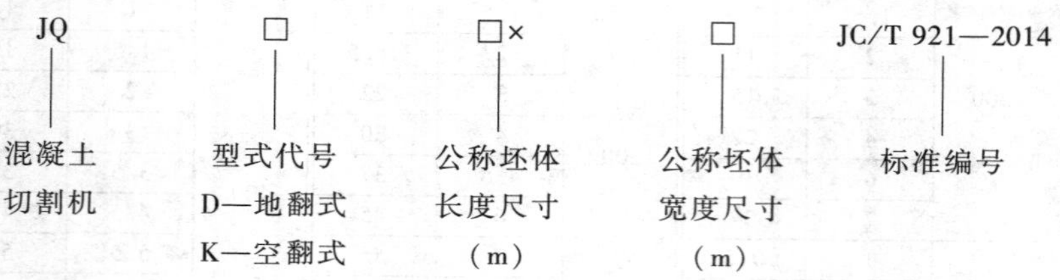

【基本参数】 蒸压加气混凝土切割机的基本参数见表25-53。

表 25-53　蒸压加气混凝土切割机的基本参数（JC/T 921—2014）

项目		参数
坯体公称尺寸/m（坯体切割前）	长度系列	4.2、4.8、5.0、6.0
	宽度系列	1.2、1.4、1.5
	高度	0.6
切割模数/m	纵切	5
	横切	5
可切割制品的最小尺寸/mm	纵切	50
	横切	100
	面包头和底面切	600
切割钢丝直径/mm	普通钢丝	≤1.0
	复合钢丝	≤1.5

25.4.13　捣固机

气动捣固机以压缩空气为动力，其特点是重量轻、力量强、反振小，在铸造业、铝厂及耐火砖的生产上应用广泛，也可适用于捣固混凝土、砖坯及修补炉衬等。

【分类】 有气动捣固机、电动捣固机、液压捣固机和软轴捣固机（见图 25-27）。

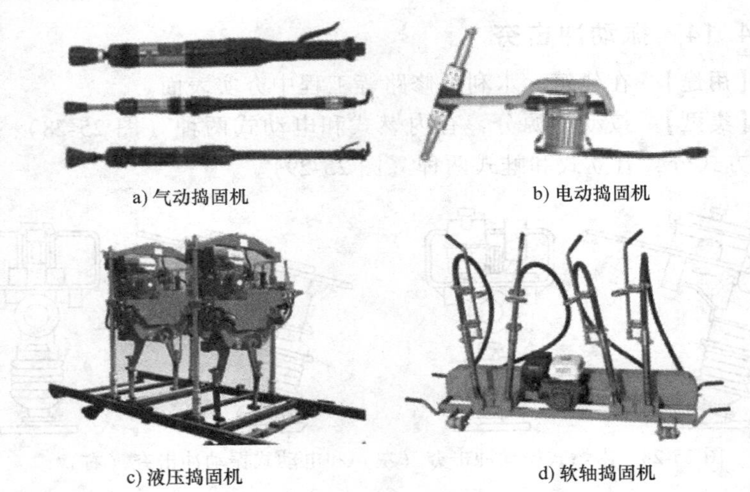

a) 气动捣固机　b) 电动捣固机　c) 液压捣固机　d) 软轴捣固机

图 25-27　捣固机

【性能指标】 气动捣固机性能指标见表 25-54。

表 25-54　气动捣固机性能指标（JB/T 9849—2011）

产品规格	质量/kg≤	验收气压为 0.63MPa			气管内径/mm	清洁度/mg
		耗气量/(L/s) ≤	冲击频率/Hz≥	噪声/dB(A) ≤		
2	3	7.0	18	105	10	250
		9.5	16			
4	5	10.0	15	109	13	300
6	7	13.0	14			450
9	10	15.0	10	110		530
18	19	19.0	8			800

【产品数据】 D 型气动捣固机的产品数据见表 25-55。

表 25-55　D 型气动捣固机的产品数据

型号	冲击次数/(次/min)	耗气量/(L/s)	工作行程/mm	缸径/mm	机长/mm	气管内径/mm	质量/kg
D0	900	5	70	20	360		2.3
D4	900	5	100	20	390		2.8
D6	700	7.5	100	25	810	13	6
D6A	700	7.5	100	25	800		6
D9	600	11	120	32	1130		9

生产商：上海迅驰气动工具制造有限公司。

25.4.14　振动冲击夯

【用途】 在建筑、水利及修路等工程中夯实表面。

【类型】 按动力源分，有内燃式和电动式两种（图 25-28）；按冲击方式分，有立式和蛙式两种（图 25-29）。

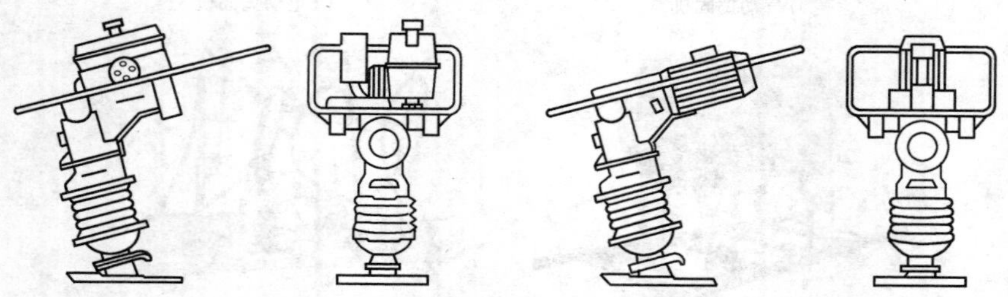

图 25-28　内燃式振动冲击夯（左）和电动式振动冲击夯（右）

【基本参数】 振动冲击夯的基本参数见表 25-56。

【产品数据】 夯实机的产品数据见表 25-57 和表 25-58。

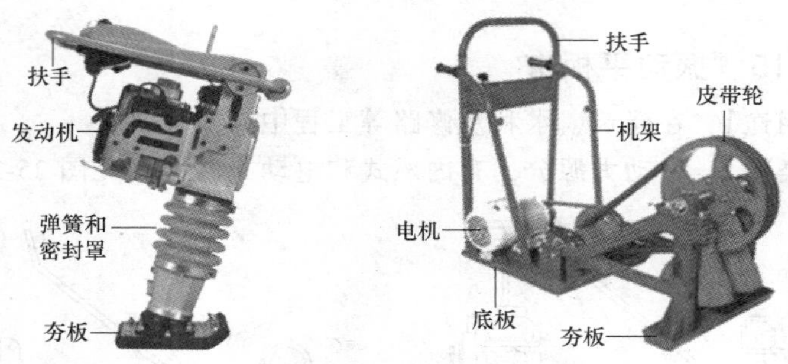

图 25-29　立式振动冲击夯（左）和蛙式振动冲击夯（右）

表 25-56　振动冲击夯的基本参数（JB/T 13972—2020）

项目	参	数											
工作质量/kg	45	50	55	60	70	80	90	100	110	120	140	160	180
冲击次数/(次/min)	500			450~900					400~800				
跳起高度/mm	≥40			≥50					≥60				
行走速度	8~20(m/min)												
夯板面积/m²	0.04~0.12			0.06~0.18					0.08~0.20				

表 25-57　立式夯实机的产品数据

型号	VTC-110	HS-75R	HCD70	HCD 80	HCD90
冲击频率/(次/min)	135	—	—	—	—
激振力/能量	16 kN	14kN	56J	60J	60J
跳起高度/ mm	65	40~80	40~65		
行走速度/(m/min)	17	—	10~13	15~25	10~13
功率/kW	2.6	3.2	2.2	2.2	3
转速/(r/min)	3000	640~680	420~650	250~750	420~640
夯板尺寸/ mm	280×335	290×340	300×280		
压实深度/ mm	—	300	—	—	—
净质量/kg	90	72	70	80	90
毛质量/kg	110	82	—	—	—
外形尺寸或生产商	1080×410×750	德国汉萨	济宁雨成机械设备有限公司		

表 25-58　蛙式夯实机的产品数据

型号	夯实能量/J	夯实抬高/mm	前进速度/(m/s)	功率/kW
HW20	200	100~170	6~8	1.1
HW60	600	200~260	8~13	3
型号	夯实频率/(次/min)	转速/(r/min)	夯板尺寸/mm	质量/kg
HW20	140~142	1420	500×120	130
HW60	140~150	1430	650×120	280

25.4.15 振动平板夯

【用途】 在建筑、水利及修路等工程中夯实表面。

【类型】 按动力源分，有内燃式和电动式两种（见图 25-30）。

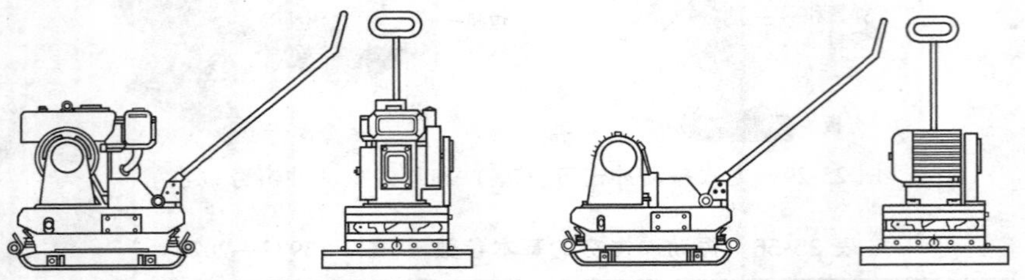

图 25-30 内燃式振动平板夯（左）和电动式振动平板夯（右）

【基本参数】 振动平板夯的基本参数见表 25-59。

表 25-59 振动平板夯的基本参数（JB/T 13973—2020）

项目	基本参数														
工作质量/kg	60	70	80	90	100	125	160	200	250	320	400	500	630	800	1000
激振力/kN >	6	8	10	12	15	18	20	25	30	35	40	50	60	80	100
底板工作面积/m^2	0.12~0.35							0.20~0.80							
振动频率/Hz	>90							28~70							
名义振幅/mm	0.1~1.5							1.0~8.0							
行走速度/(m/min)	0~30														
爬坡能力(%)	>20														

【产品数据】 BX 系列振动平板夯的产品数据见表 25-60。

表 25-60 BX 系列振动平板夯的产品数据

型号	BX-6WH	BX-8WH	BX-12WH	BX-60WH	BX-80WH	BX-120WH
平板尺寸/mm	400×525	480×585	565×650	430×565	500×565	565×565
工作质量/kg	70	90	110	70	90	100
激振力/kN	11.8	14.7	20.6	15.3	18.0	25.4
冲击率/Hz	92	100	108	93.3	93: 3	93.3
行走速度/(m/min)	25~27	23~25	22~23	25	25	25
压实效率/(m^2/h)	660	725	730	645	750	825
压实深度/mm	300	300	405	300	350	410
长度/mm	980	1040	1120	950	950	950
宽度/mm	400	480	550	430	500	550
高度/mm	960	960	960	915	915	930
发动机	本田					
型号	G120K1	G160K1	G160K1	G120K1	G160K1	G160K1

（续）

型号	BX-6WH	BX-8WH	BX-12WH	BX-60WH	BX-80WH	BX-120WH
功率/kW	2.9	4.0	4.0	2.9	4.0	4.0
转速(r/min)	3600					
油箱容积/L	2.5	3.6	3.6	2.5	3.7	3.7

生产商：苏州日胜五金机电有限公司。

25.4.16　插入式混凝土振动器

混凝土振动器是通过振动使浇注的混凝土消除气泡，捣固混凝土、提高强度的电动工具。

按传动式可分为插入式和附着式等。

本节只介绍插入式混凝土振动器（下节介绍附着式混凝土振动器）。

【用途】 用于混凝土施工中振捣混凝土。

【类别】 电动插入式混凝土振动器有软轴偏心式、软轴行星式和直联式三种。

【组成】 由电动机、软轴组件和振动棒三大部分组成（见图 25-31）。

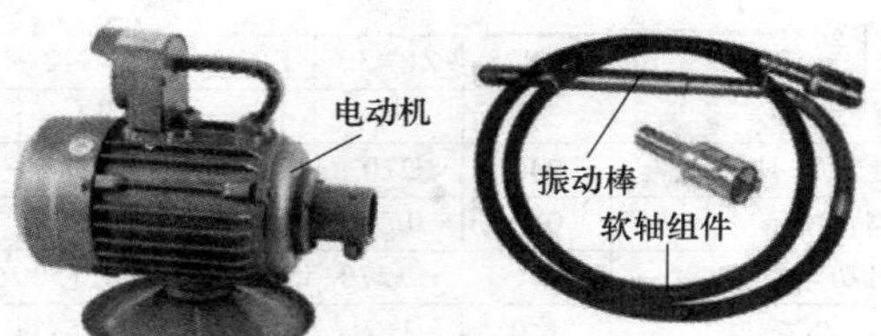

图 25-31　电动插入式混凝土振动器

【工作原理】 通过电动机驱动，行星机构增速，通过软轴带动振动棒的软轴芯转动，由棒头内的偏心机构产生振动，从而赶出浇灌时混入的气泡，提高构件的强度和质量。

【结构】 混凝土振动器的结构如图 25-32 和图 25-33 所示。

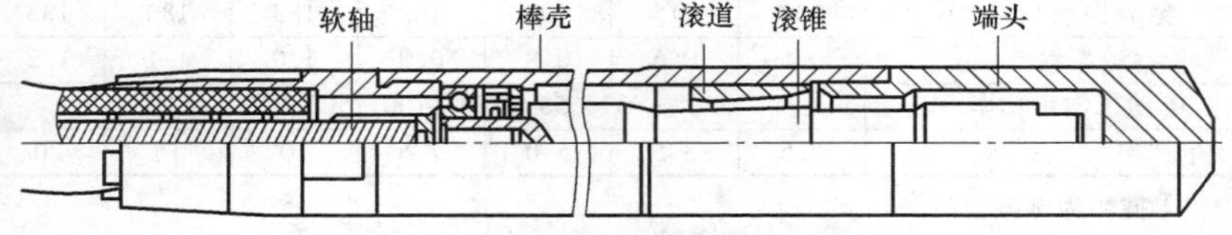

图 25-32　行星滚锥插入式混凝土振动器

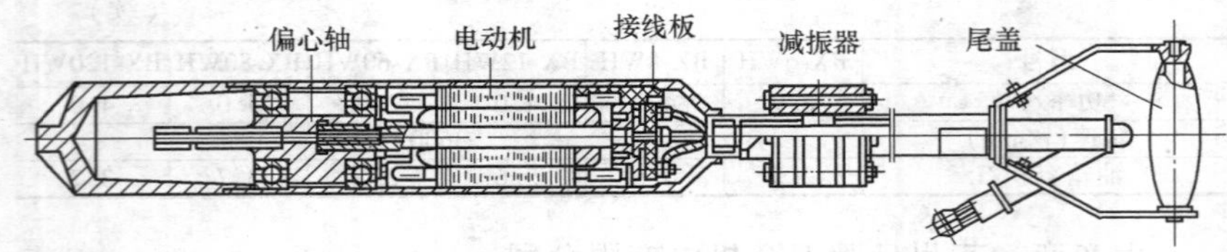

图 25-33　电动直联高频插入式混凝土振动器

【标记】 表示方法：

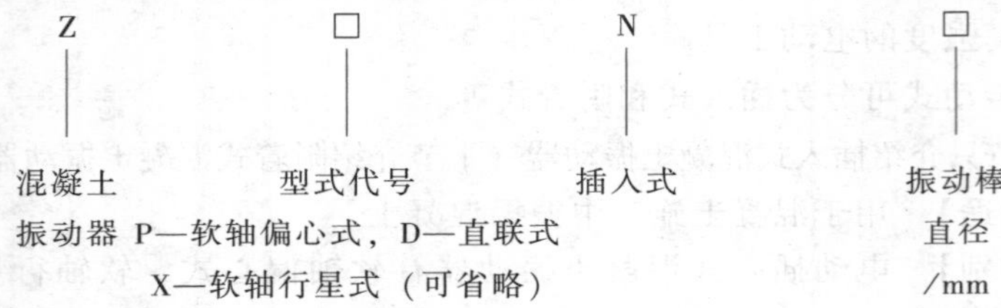

【基本参数】 见表 25-61～表 25-63。

表 25-61　软轴偏心式振动器的基本参数（JB/T 11855—2014）

基本参数	型号					
	ZPN25	ZPN30	ZPN35	ZPN42	ZPN50	ZPN60
振动棒直径/mm	25	30	35	42	50	60
空载振动频率/Hz	240	220	200	200	200	200
空载振幅①/mm	0.5	0.75	0.8	0.9	1.0	1.1
电动机输出功率/W	370、550、750、1100、1500、2200					
生产率②/(m^3/h)　≥	1.0	1.7	2.5	3.5	5.0	7.5

①振幅为全振幅的一半。

②混凝土坍落度为 3～4cm 时的生产率。

表 25-62　软轴行星式振动器的基本参数（JB/T 11855—2014）

基本参数	型号						
	ZN25	ZN30	ZN35	ZN42	ZN50	ZN60	ZN70
振动棒直径/mm	25	30	35	42	50	60	70
空载振动频率/Hz	230	215	200	183	183	183	183
空载振幅①/mm	0.5	0.6	0.8	0.9	1.0	1.1	1.2
电动机输出功率/W	370、550、750、1100、1500、2200						
生产率②/(m^3/h)　≥	2.5	3.5	5.0	7.5	10	15	20

①振幅为全振幅的一半。

②混凝土坍落度为 3～4cm 时的生产率。

表 25-63　直联式振动器的基本参数（JB/T 11855—2014）

基本参数	型号										
	ZDN32	ZDN38	ZDN45	ZDN50	ZDN58	ZDN65	ZDN70	ZDN85	ZDN100	ZDN125	ZDN150
振动棒直径/mm	32	38	45	50	58	65	70	85	100	125	150
空载振动频率/Hz	200	200	200	200	200	200	200	200	150	150	125
空载振幅①/mm	0.6	0.8	1.6	1.2	1.2	1.2	1.2	1.2	1.6	1.6	1.8
电动机输出功率/W	180	250	370	550	750	750	850	1100	1500	2200	4000
生产率②/(m^3/h)　≥	3.5	5.0	7.5	10	12.5	15	20	30	40	50	70

①振幅为全振幅的一半。
②混凝土坍落度为 3~4cm 时的生产率。

【产品数据】 ZN 型插入式混凝土振动器的产品数据见表 25-64。

表 25-64　ZN 型插入式混凝土振动器的产品数据

型号	ZN25	ZN35	ZN50	ZN70
直径/mm	25	35	50	70
长度/mm	4	4/6	4/6/8/10/12	4/6/8
振动频率/Hz	260	220	200	200
振幅/mm	0.7	0.82	1.15	1.25
软管直径/mm	24	30	36	36
软轴直径/mm	8	10	13	13

生产商：安阳市神力振动器厂。

【使用方法】

1）振动器运转前，应检查电源相线接法是否正确。

2）接电后，如振动棒不振动，可将振动棒端往地上磕一下，待产生平衡有力的鸣叫声后，进行振捣作业。

3）振动器工作时，应将振动棒插入混凝土中，振捣一定时间后，将振动棒上下抽动。

25.4.17　外部式混凝土振动器

【用途】 用于混凝土基层表面密实。也用于混凝土制造工艺中松料、落料、送料和装料等。

【工作原理】 振动电动机是一种专用异步电动机，转子旋转带动偏心装置运动，产生激振力。电动机工作时，转子轴两端各装有的一个与电动机功率匹配的偏心块也同时转动，从而产生振动力。

【标记】 表示方法：

Z □ □ □

- Z——混凝土振动器
- 第一个□——型式代号：B—平板式；F—附着式；FD—直线振动附着式；J—台架式
- 第二个□——振动电动机功率（W）的 0.1 倍
- 第三个□——振动器空载振动频率（Hz）

【基本参数】 电动外部式混凝土振动器基本参数见表 25-65。

表 25-65 电动外部式混凝土振动器基本参数（JB/T 11856—2014）

振动电动机功率/W	空载激振力/N	空载振动频率/Hz	振动电动机功率/W	空载激振力/N	空载振动频率/Hz
40	400	50	550	3000	200
60	600		750	5000	
90	1000		1100	9000	
120	1500		1500	12000	
180	2000		2200	20000	
250	3000		550	5500	150
370	4000		750	7500	
550	5000		1100	11000	
800	6000		1500	15000	
1100	9000		2200	22000	
1500	12000		550	6500	100
2200	25000		750	8000	
3000	35000		1100	12000	
4000	50000		1500	17000	
5500	63000		2200	24000	
120	1500	16	120	2000	25
200	2000		180	3000	
250	3000		250	5000	
370	5000		370	8000	
550	8000		550	10000	
750	10000		850	17000	
1100	15000		1100	20000	
1500	20000		1500	30000	
2200	30000		2200	50000	
3000	40000		3000	63000	
4000	50000		4000	80000	
5500	75000		5500	100000	

【使用方法】

1）外部振动器使用时，电动机应呈水平状态。

2）操作振动器时，仅控制移动的方向即可。

3）多台振动器同时在一个模板上使用时，各振动器应错开放置，且必须保持频率一致。

4）作业前要进行检查和试运转。试运转时不应在干硬土或硬物体上运转；安装在搅拌楼（站）料仓上的振动器应安置橡胶垫。

5）附着式振动器作业时，一般安装在混凝土模板上，每次振动时间不超过 1min。当混凝土在模内泛浆流动成水平状时，即可停振。

不得在混凝土初凝状态再振，也不得使周围的振动影响到已初凝的混凝土。

6）平板振动器作业时，振动器的平板要与混凝土保持接触，使振波有效地传到混凝土而使之振实，到表面出浆、不再下沉后，即可缓慢向前移动。移动方向应按电动机旋转方向自动地向前或向后，移动速度以能保证每一处混凝土振密出浆为准。在振的振动器不准放在已凝或初凝的混凝土上。

7）平板振动器振动时，应分层分段进行大面积的振动，移动时应排列有序，前排振捣一段落以后可原排返回进行第二次振动，或振动第二排，两排搭接 5cm 为宜。

8）振动中移动的速度和次数，应视混凝土的干硬程度及混凝土厚度而定。振动的混凝土的厚度不超过 15cm 时，振动两遍即可满足质量要求。第一遍横向振动，使混凝土密实，第二遍纵向振捣，使表面平整。

第26章 门窗和家具配件

门窗及家具配件包括插销、合页、拉手、执手、门窗小五金、锁具和门控器等。

26.1 插销

插销是具有双扇平开门窗扇锁闭功能的装置。

【用途】 用于锁闭门窗。

【结构】 由插板、插杆、插座组成（见图 26-1）。

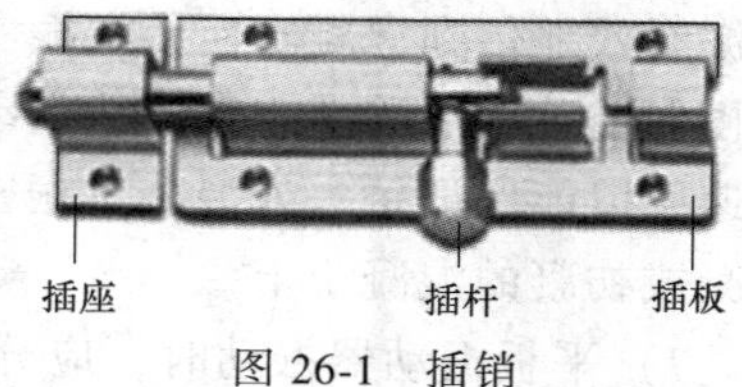

图 26-1 插销

【分类】 有普通单动型、封闭单动型、蝴蝶型、暗插型和翻窗插销几种。

【材料】 主体材料应满足 GB/T 32223 的要求，常用的材料为碳素钢。

【技术要求】 材料性能不应低于 Q235。

【标记】 表示方法：

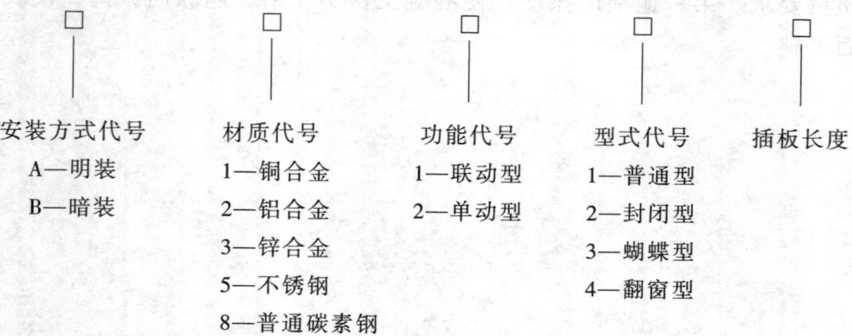

例：插板长度为 100mm，不锈钢、联动型、普通型的暗装插销，

标记为：B511-100。

26.1.1　单动型钢插销

单动型钢插销是单侧方向往复运动，实现定位、锁闭门窗扇的插销。

【分类】　钢插销有普通单动型和封闭单动型两种。

【基本参数】　钢插销的基本参数见表 26-1。

表 26-1　钢插销的基本参数（QB/T 2032—2013）

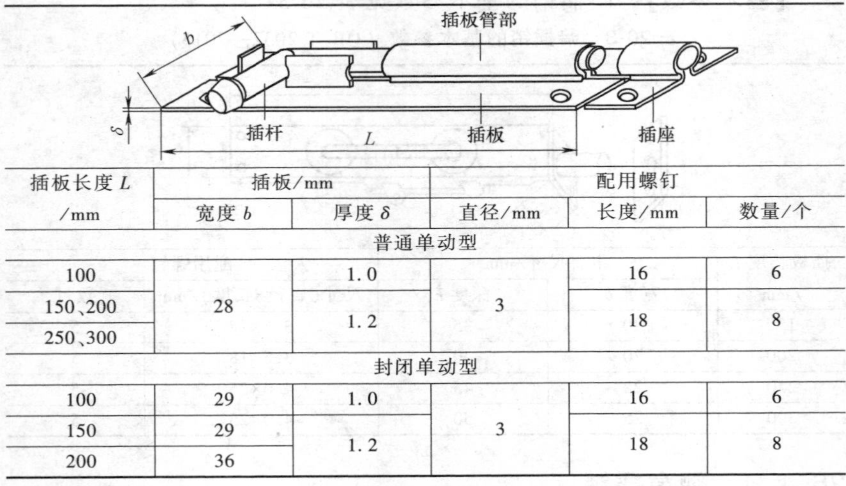

插板长度 L /mm	插板/mm		配用螺钉		
	宽度 b	厚度 δ	直径/mm	长度/mm	数量/个
普通单动型					
100	28	1.0	3	16	6
150、200		1.2		18	8
250、300					
封闭单动型					
100	29	1.0	3	16	6
150	29	1.2		18	8
200	36				

26.1.2　蝴蝶型钢插销

蝴蝶型钢插销的底板较短、宽度较大、销杆较粗，故连接强度较高。

【基本参数】　蝴蝶型钢插销的基本参数见表 26-2。

表 26-2　蝴蝶型钢插销的基本参数（QB/T 2032—2013）

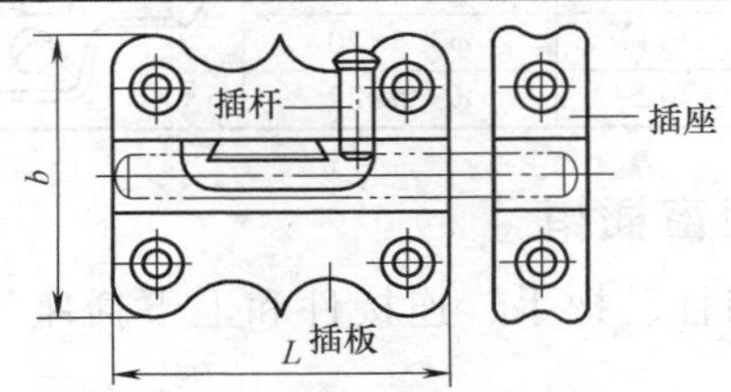

（续）

插板长度 L /mm	插板宽度 b /mm	插板厚度 /mm	插杆直径 /mm	配用螺钉		
				直径/mm	长度/mm	数量/个
40	35	1.2	7	3.5	18	6
50	44	1.2	8			

26.1.3 暗插销

暗插销的插杆不外露，更加防翘，较难撬开。

【基本参数】 暗插销的基本参数见表 26-3。

表 26-3 暗插销的基本参数（QB/T 2032—2013）

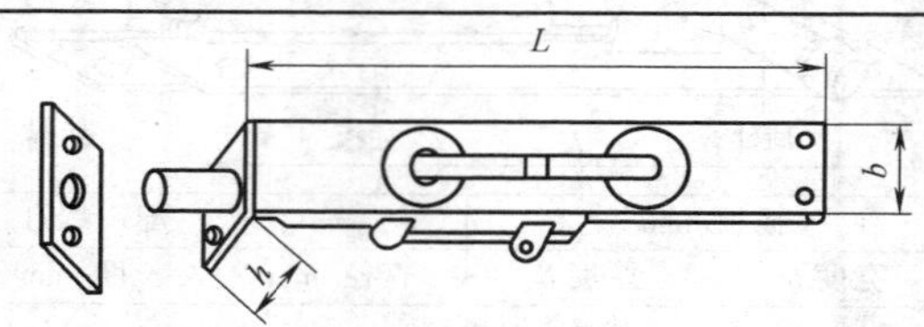

插板长度 L /mm	主要尺寸/mm		配用螺钉	
	宽度 b	深度 h	尺寸(直径×长度)/mm	数目
150	20	35	3.5×18	5
200	20	40	3.5×18	5
250	22	45	4.0×25	5
300	25	50	4.0×25	5

26.1.4 翻窗插销

是一种安装在启闭不便、高处窗户上的插销，可在下面用绳操纵。

【基本参数】 翻窗插销的基本参数见表 26-4。

表 26-4 翻窗插销的基本参数 （单位：mm）

插板长度	滑板宽度	销舌伸出长度	配用螺钉（直径×长度）
30	43	9	ϕ3.5×18
35	46	11	ϕ3.5×20
45	48	12	ϕ3.5×22

26.1.5 平开门窗插销

【结构】 由销柱、把手、连接件和上下插座等组成，插销可单动或联动。

【技术条件】　平开门窗插销的技术条件见表 26-5。

表 26-5　平开门窗插销的技术条件（JG/T 214—2007）

项目		技术条件
外观		应满足 JG/T 212 的要求
耐蚀性、膜厚度及附着力		应满足 JG/T 212 的要求
操作力	单动插销	空载时，操作力矩不应超过 2N·m. 或操作力不超过 50N；负载时，操作力矩不应超过 4N·m，或操作力不超过 100N
	联动插销	空载时，操作力矩不应超过 4N·m；负载时，操作力矩不应超过 8N·m
强度		插销杆承受 1kN 压力作用后，应满足上述"操作力"的要求
反复启闭		按实际使用情况，进行反复启闭运动 5000 次后，插销应能正常工作，并满足上述"操作力"的要求

26.1.6　铝合金门插销

【用途】　用于安装在铝合金平开门、弹簧门上。

【基本参数】　铝合金门插销的基本参数见表 26-6。

表 26-6　铝合金门插销的基本参数（QB/T 3885—1999）（单位：mm）

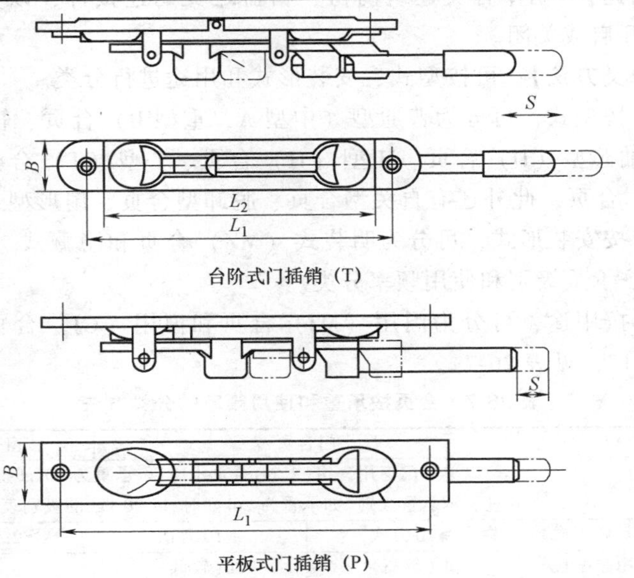

台阶式门插销（T）

平板式门插销（P）

（续）

行程 S	宽度 B	孔距 L_1	基本偏差	台阶 L_2	基本偏差
>16	22	130	±0.20	110	±0.25
	25	155			

【标记】 表示方法：

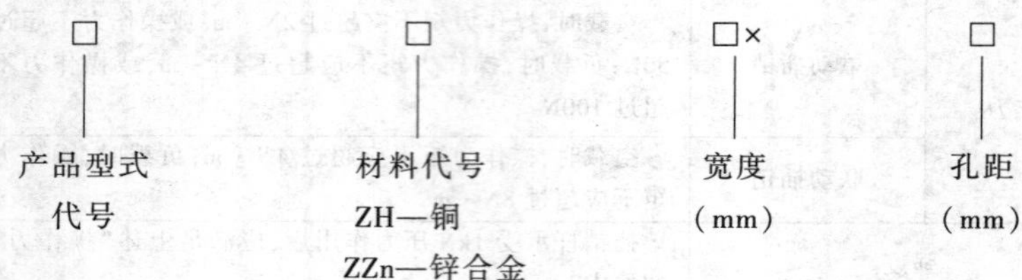

例：孔距为 130mm，宽度为 22mm 的台阶式锌合金插销，标记为：TZZn22×130　GB 9297。

26.2　合页

合页，俗称铰链，是用于连接物体两个部分并能使之活动的零件。

【用途】 用作各类建筑门窗、箱盖之类的连接件，以实现其自由旋转开启或关闭。

【分类方法】 可按型式、安装形式和用途进行分类。

1）按型式，可分为普通型（中型 A，重型 B）合页、轻型（C）合页、抽芯型（D）合页、H 型（H）合页、T 型（T）合页和双袖型（G）合页；此外还有自关型合页、脱卸型合页、扇形型合页。

2）按安装形式，可分为明装式（MZ）合页和隐藏式（YC）合页；也按承重级别和使用频率分类。

3）按用途，可分为门用（MJ）合页和窗用（CJ）合页（JG/T 125—2017，见表 26-7）。

表 26-7　合页按承重和使用频率的分类方法

<table>
<tr><td colspan="2">类别</td><td colspan="2">门合页</td><td>窗合页</td></tr>
<tr><td colspan="2">承重级别</td><td colspan="3">以单扇门窗用一组(2 个)合页承重,取承重为 10kgf 整数倍的重量表示承重级别(如承重为 26kgf 时,以 20 kgf 的级别表示)</td></tr>
<tr><td rowspan="2">使用频率</td><td>反复启闭次数</td><td>≥20 万次</td><td>≥10 万次</td><td>≥2.5 万次</td></tr>
<tr><td>使用频率代号</td><td>Ⅰ(较高)</td><td>Ⅱ(较低)</td><td>Ⅲ</td></tr>
</table>

【材料】 主体材料采用碳素钢、压铸锌合金、压铸铝合金、挤压铝合金、不锈钢。

【标记】 由用途分类、安装形式分类、承重级别、使用频率和标准编号组成（JG/T 125—2017）。

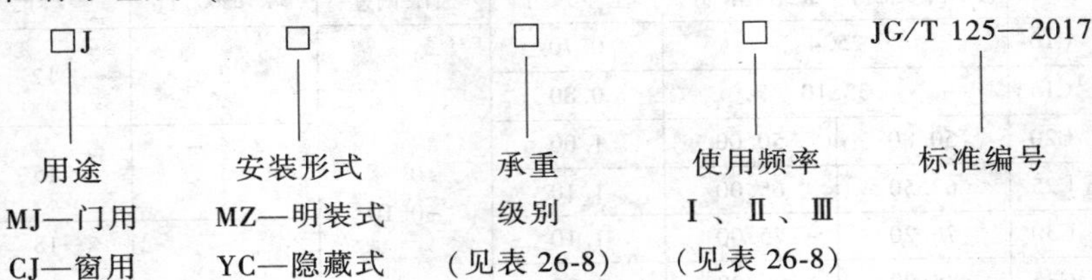

例：某承重级别为 120kgf，使用频率较高的门用明装式合页，标记为：MJ-MZ-120-Ⅰ JG/T 125—2017。

26.2.1　普通型合页

【基本参数】 普通型合页的基本参数见表 26-8。

表 26-8　普通型合页的基本参数（QB/T 4595.1—2013）（单位：mm）

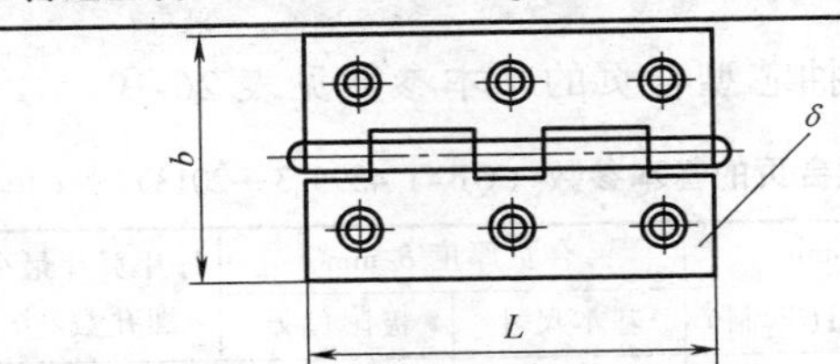

类别	系列编号	合页长度 L/mm		合页厚度 δ /mm	每片页片最少螺孔数/个	适用门质量/kg
		Ⅰ组（英制）	Ⅱ组（米制）			
中型合页	A35	88.90	90.00	2.50	3	20
	A40	101.60	100.00	3.00	4	27
	A45	114.30	110.00	3.00	4	34
	A50	127.00	125.00	3.00	4	45
	A60	152.40	150.00	3.00	5	57
重型合页	B45	114.30	110.00	3.50	4	68
	B50	127.00	125.00	3.50	4	79
	B60	152.40	150.00	4.00	5	104
	B80	203.20	200.00	4.50	7	135

注：系列编号后面的数字表示长度的 10 倍英寸值。

26.2.2　轻型合页

这种合页一般窄而薄、承载能力小，适用于轻型门窗及橱柜类使用。

【基本参数】 轻型合页的基本参数见表 26-9。

表 26-9 轻型合页的基本参数（QB/T 4595.2—2013） （单位：mm）

系列编号	合页长度 L/mm		合页厚度 δ/mm		每片页片最少螺孔数/个	适用门质量/kg
	Ⅰ组(英制)	Ⅱ组(米制)	基本尺寸	极限偏差		
C10	25.4		0.70	0 −0.10	2	12
C15	38.10		0.80			
C20	50.80	50.00	1.00		3	15
C25	63.50	65.00	1.10			
C30	76.20	75.00	1.10		4	18
C35	88.90	90.00	1.20			20
C40	101.60	100.00	1.30			22

注：系列编号后面的数字表示长度的 10 倍英寸值。

26.2.3 抽芯型合页

这种合页的芯轴可以抽出，使两连接件易于分离，用于需要经常拆装的门窗上。

【基本参数】 抽芯型合页的基本参数见表 26-10。

表 26-10 抽芯型合页的基本参数（QB/T 4595.3—2013） （单位：mm）

系列编号	合页长度 L/mm		合页厚度 δ/mm		每片页片最少螺孔数/个	适用门质量/kg
	Ⅰ组(英制)	Ⅱ组(米制)	基本尺寸	极限偏差		
D15	38.10		1.20	±0.10	2	12
D20	50.80	1.30	1.30		3	15
D25	63.50	65.00	1.40			
D30	76.20	75.00	1.60		4	18
D35	88.90	90.00	1.60			20
D40	101.60	100.00	1.80			22

26.2.4 H 型合页

这种合页呈 H 形，较为单薄，易于拆卸，用于需要经常拆装的轻型门窗上（见图 26-2）。

【规格】 H 型合页的基本参数见表 26-11。

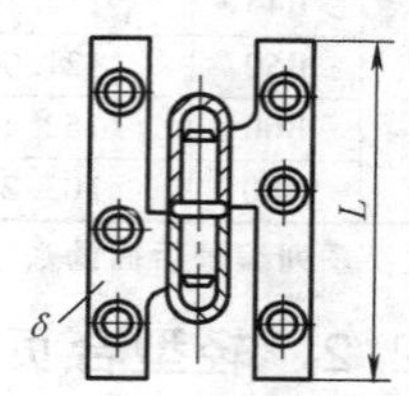

图 26-2 H 型合页

表 26-11　H 型合页的基本参数（QB/T 4595.4—2013）　（单位：mm）

系列编号	合页长度 L /mm	合页厚度 δ/mm		每片页片最少螺孔数/个	适用门质量 /kg
		基本尺寸	极限偏差		
H30	80.00	2.00	0 −0.10	3	15
H40	95.00	2.00		3	18
H45	110.00	2.00		3	20
H55	140.00	2.50		4	27

注：系列编号后面的数字表示长度的 10 倍英寸值。

26.2.5　T 型合页

这种合页呈 T 形，用作宽而轻的门扇与门框之间的连接件（见图 26-3）。

【基本参数】　T 型合页的基本参数见表 26-12。

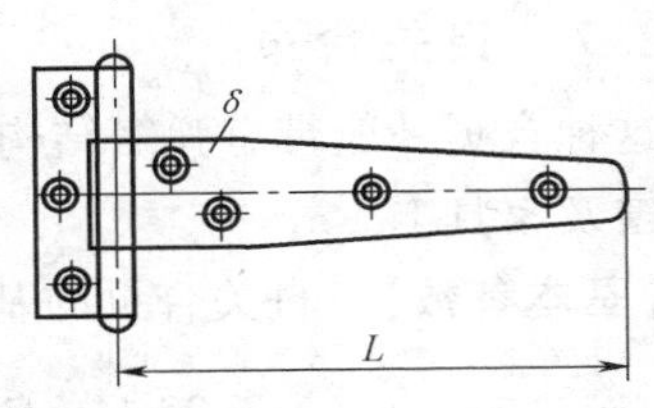

图 26-3　T 型合页

表 26-12　T 型合页的基本参数（QB/T 4595.5—2013）　（单位：mm）

系列编号	合页长度 L/mm		合页厚度 δ/mm	每片页片最少螺孔数/个	适用门质量 /kg
	Ⅰ组（英制）	Ⅱ组（米制）			
T30	76.20	75.00	1.40	3	15
T40	101.60	100.00	1.40	3	18
T50	127.00	125.00	1.50	4	20
T60	152.40	150.00	1.50	4	27
T80	203.20	200.00	1.80	4	34

注：系列编号后面的数字表示长度的 10 倍英寸值。

26.2.6　双袖型合页

这种合页分为左、右合页两种，能使门窗自由开启、关闭和拆卸。一般用在需要经常拆卸的门窗上（图 26-4）。

【基本参数】　双袖型合页的基本参数见表 26-13。

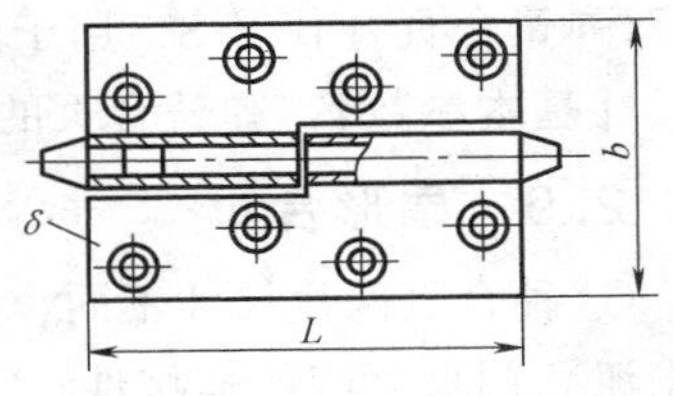

图 26-4　双袖型合页

表 26-13　双袖型合页的基本参数（QB/T 4595.6—2013）　（单位：mm）

系列编号	合页长度 L /mm	合页厚度 δ/mm		每片页片最少螺孔数/个	适用门质量 /kg
		基本尺寸	极限偏差		
G30	75.00	1.50	±0.10	3	15
G40	100.00	1.50		3	18
G50	125.00	1.80		4	20
G60	150.00	2.00		4	22

注：系列编号后面的数字表示长度的 10 倍英寸值。

26.2.7　自关合页

这种合页一般带有弹簧结构，用于要求开启后能自动回弹关闭的门、窗及家具上。

【基本参数】　自关合页的基本参数见表 26-14。

表 26-14　自关合页的基本参数　（单位：mm）

δ　L　a　b

左合页　右合页

页板基本尺寸				配用螺钉	
长度 L	宽度 b	厚度 δ	升高 a	直径×长度	数量/个
75	70	2.7	12	4.5×30	6
100	80	3.0	13	4.5×30	8

26.2.8　弹簧合页

这种合页带有弹簧结构，用于安装在各种单向、双向门上。

【分类】　有单弹簧合页（代号 D，用于只单方向开启的场合）和双弹簧合页（代号 S，用于内外两个方向开启的场合）两种。

【基本参数】　弹簧合页的基本参数见表 26-15。

26.2.9　扇形合页

这种合页两片尺寸不同，且页片较厚，主要用作木质门扇与钢质（水泥）门框之间的连接件。

【基本参数】　扇形合页的基本参数见表 26-16。

表 26-15　弹簧合页的基本参数（QB/T 1738—1993）

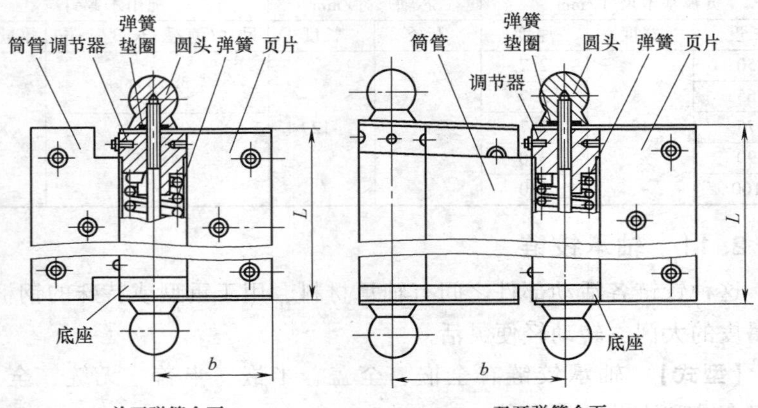

单开弹簧合页　　　　双开弹簧合页

规格 /mm	页片材料尺寸/mm					配用木螺钉(参考)	
	长度 L		宽度 b		页片材料厚度	尺寸 (直径×长度)/mm	数量 /个
	Ⅰ型	Ⅱ型	单弹簧	双弹簧			
75	76	75	36	48	1.8	3.5×25	8
100	102	100	39	56	1.8	3.5×25	8
125	127	125	45	64	2.0	4×30	8
150	152	150	50	64	2.0	4×30	10
200	203	200	71	95	2.4	4×40	10
250	254	250	—	95	2.4	5×50	10

表 26-16　扇形合页的基本参数

	页板基本尺寸/mm			配用螺钉	
	长度 L	宽度 b	厚度	尺寸 (直径×长度)/mm	数量 /个
	65(64)	60	1.6	4×25	5
	100	70(67)	2.0	4.5×25	7

26.2.10　翻窗合页

这种合页用于工厂、仓库、公共建筑和住房等的活动气窗上。

【基本参数】　翻窗合页的基本参数见表 26-17。

表 26-17　翻窗合页的基本参数

页板基本尺寸/mm			芯轴尺寸/mm		配用木螺钉	
长度	宽度	厚度	直径	长度	尺寸(直径×长度)/mm	数量/个
50	19	2.7	9	12	3.5×18	8
65		2.7				
75		2.7			4×25	
90		3.0				
100		3.0				

26.2.11　轴承铰链

这种铰链各活动部件之间有轴承材料，用于重型或特殊的钢框包金属皮的大门，转动轻便灵活。

【型式】 轴承铰链有全嵌、全盖、半嵌、半盖、无缝、全开、极安全芯和不动芯等多种。

【基本参数】 轴承铰链的基本参数见表 26-18。

表 26-18　轴承铰链的基本参数（QB/T 4063—2010）

承重类别	系列编号①	铰链长度/mm	铰链厚度/mm	每页片螺孔数	承重类别	系列编号①	铰链长度/mm	铰链厚度/mm	每页片螺孔数
A普通	A35	89	3.1	3	B重型	B45	114	4.6	4
	A40	102	3.3	4		B50	127	4.8	4
	A45	114	3.4	4		B60	152	5.2	5
	A50	127	3.7	4		B80	203	5.2	≥7
	A60	152	4.1	5		—	—	—	—

① 表示两个数字以 in 为单位的 10 倍铰链长度（35 表示铰链长度为 3.5in、40 表示铰链长度为 4.0in 等）。

【标记】 表示方法：

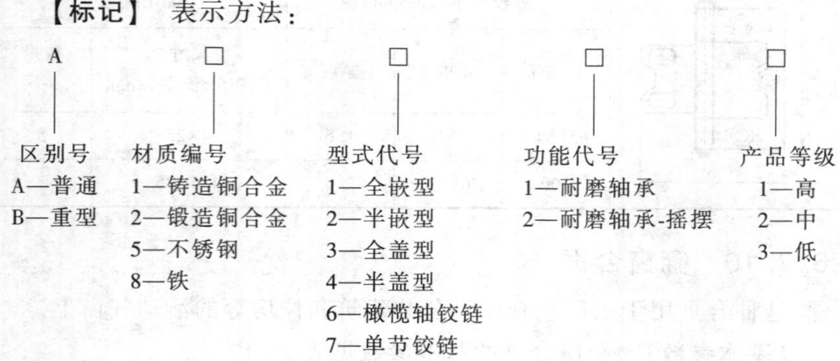

例：不锈钢，半盖型，耐磨轴承，2 级产品的轴承铰链，标记为：A5412。

26.2.12　杯状暗铰链

【用途】 用于家具和箱形物。

【分类】 有直臂式、曲臂式和大曲臂。

【结构】 杯状暗铰链的结构如图 26-5 所示。

【相关标准】 QB/T 2189—2013。

【基本参数】 自弹暗铰链的基本参数见表 26-19。

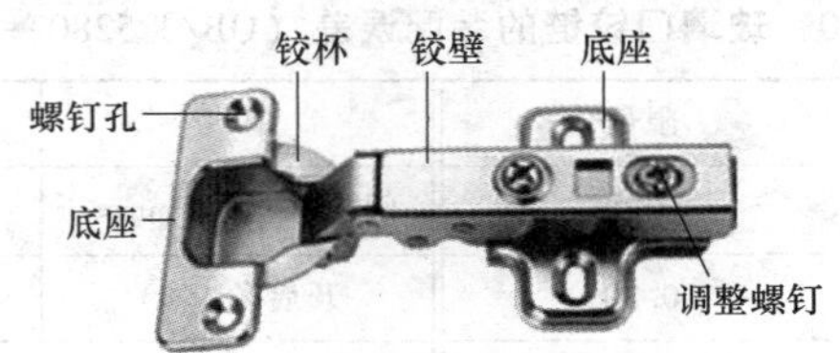

图 26-5　杯状暗铰链的结构

表 26-19　自弹暗铰链的基本参数　（单位：mm）

带底座的合页				基座				
形式	底座直径	合页总长	合页总宽	形式	中心距	底板厚	基座总长	基座总宽
直臂式	35	95	66	K 型、V 型	28	4	42	45
曲臂式		90						
大曲臂		93						

26.2.13　玻璃门铰链

【用途】 用于无框平开玻璃门的合页及固定夹。

【结构】 玻璃门铰链通常由底板、铰链头和本体组成。

【材料】 可采用不锈钢、黄铜、弹簧钢或其他材料。

使用不锈钢制造时，应符合 GB/T 3280 的规定。使用黄铜制造时，应符合 GB/T 5231 的规定。使用弹簧钢制造时，应符合 GB/T 1222 及 GB/T 3279 规定。

【基本尺寸】 玻璃门铰链的基本尺寸如图 26-6 所示。

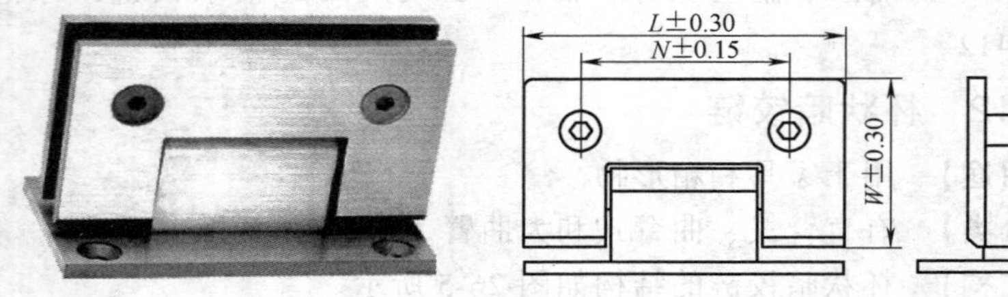

图 26-6 玻璃门铰链的基本尺寸

【装配误差】 玻璃门铰链的装配误差见表 26-20。

表 26-20 玻璃门铰链的装配误差（QB/T 5280—2018）

项目	限值	项目	限值
直角的垂直度/mm≤	0.20	间隙平行度/mm≤	0.50
直线度/mm ≤	0.30	开启角/(°)	±1
平面度/mm ≤	0.30	安装基准线/mm≤	0.10

26.2.14 平开玻璃门用铰链

【用途】 使支承门扇实现启闭。

【标记】 由名称代号和主参数代号组成，表示方法：

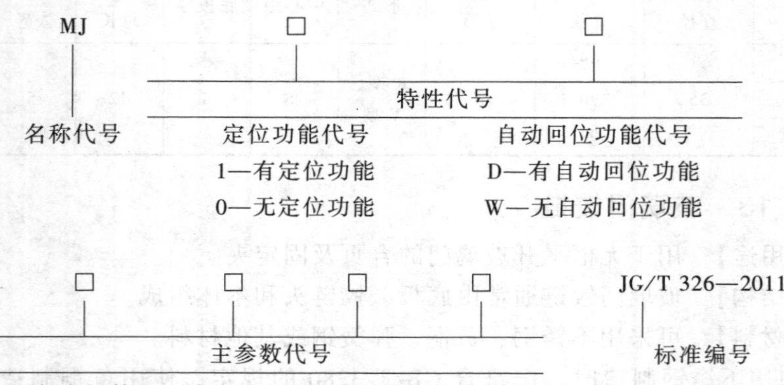

例：无自动回位功能、有定位功能、反复启闭次数 15 万次、适用玻璃厚度范围为 12～15mm、玻璃门扇最大宽度 900mm、最大承载级别为 70kgf 的玻璃门铰链，标记为：MJ W-1 Ⅱ-12～15-900-70　JG/T 326—2011。

26.2.15　平开玻璃门用门夹

【用途】 一般用于夹持玻璃，是与其他五金件配合使用的组件。

【分类和代号】 平开玻璃门用门夹的分类和代号见表 26-21。

表 26-21　平开玻璃门用门夹的分类和代号

名称	下夹	上夹	顶夹	曲夹	锁夹	下长门夹	上长门夹
代号	M010	M020	M030	M040	M050	MC10	MC20
等级	反复启闭次数：Ⅰ级—10 万次，Ⅱ级—30 万次，Ⅲ级—50 万次						

【标记】 由名称代号和主参数代号组成，表示方法：

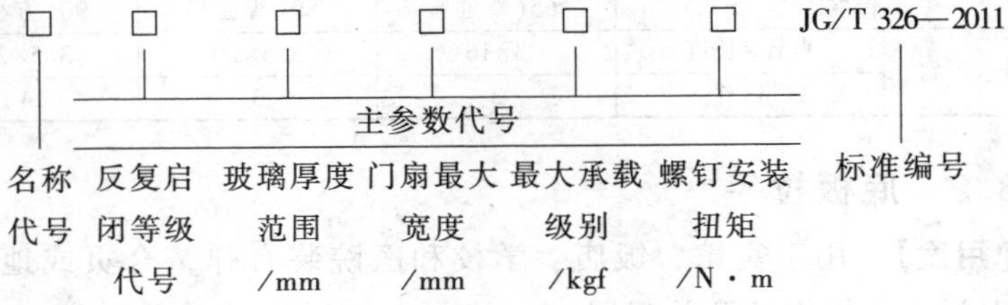

例：反复启闭次数 30 万次，适用玻璃厚度范围 12～15mm、适用玻璃门最大宽度为 1000mm，一组门夹的最大承载级别为 100kgf、螺钉安装扭矩 15N · m 的玻璃门上夹，标记为：M020 Ⅱ-12～15-1000-100-15　JG/T 326—2011。

26.3　拉手

26.3.1　小拉手

【用途】 用作开启房门、箱子、橱柜及抽屉等。

【材料】 一般为低碳钢，表面镀铬或喷漆；香蕉拉手也有用锌合金制造的，表面镀铬。

【基本参数】 小拉手和蟹壳拉手的基本参数见表 26-22。

表 26-22 小拉手和蟹壳拉手的基本参数 （单位：mm）

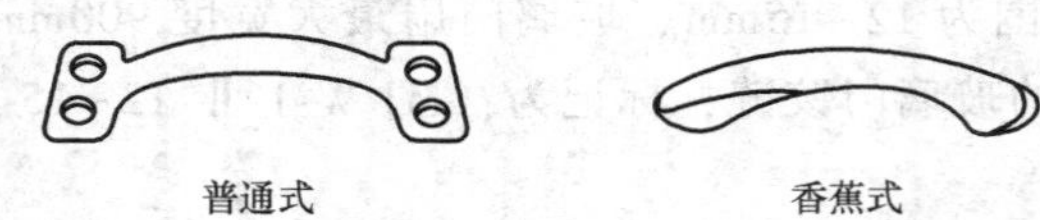

普通式 香蕉式

拉手种类		普通式				香蕉式		
拉手规格(全长)		75	100	125	150	90	110	130
钉孔中心距(纵向)		65	88	108	131	60	75	90
配用螺钉(参考)	种类	沉头木螺钉				盘头螺钉		
	直径	3	3.5	3.5	4	M3.5		
	长度	16	20	20	25	25		
	数量(个)	4				2		

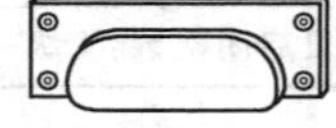

普通型 方型

长度		65(普通)	80(普通)	90(方型)
配用木螺钉	直径×长度	3×16	3.5×20	3.5×20
	数量(个)	3	3	4

26.3.2 底板拉手

【用途】 用于宾馆、饭店、学校和医院装有弹簧合页或地弹簧双扇大门上，供推拉开关门用。

【基本参数】 底板拉手的基本参数见表 26-23。

表 26-23 底板拉手的基本参数 （单位：mm）

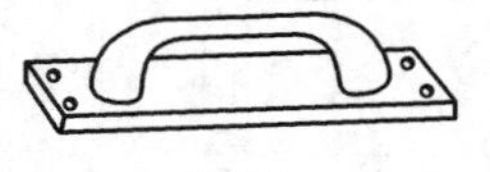

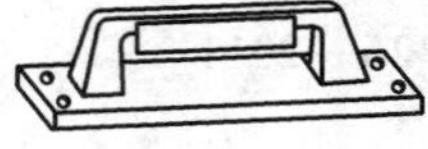

普通式 方柄式

底板全长	普通式				方柄式		
	底板宽度	底板厚度	底板高度	手柄长度	底板宽度	底板厚度	手柄长度
150	40	1.0	5.0	90	30	2.5	120
200	48	1.2	6.8	120	35	2.5	163
250	58	1.2	7.5	150	50	3.0	196
300	66	1.6	8.0	190	55	3.0	240

26.3.3　梭子拉手

【用途】 用作工具箱、手提箱的提手或推拉立扇。

【基本参数】 梭子拉手的基本参数见表 26-24。

表 26-24　梭子拉手的基本参数　　（单位：mm）

规格(全长)	管子外径	高度	桩脚底座直径	两桩脚中心距
200	19	65	51	60
350	25	69	51	210
450	25	69	51	210

26.3.4　管子拉手

【用途】 装在公共场所及车厢的大门上，供推拉开关门用。

【基本参数】 管子拉手的基本参数见表 26-25。

表 26-25　管子拉手的基本参数　　（单位：mm）

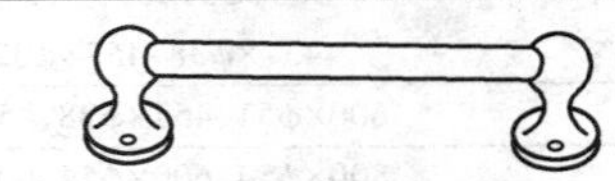

规格	长度	250、300、350、400、450、500、550、600、650、700、750、800、850、900、950、1000
	外径×壁厚	32×1.5
桩头	底座直径×圆头直径×高度为 77×65×95	
总长度	管子长度+40	

26.3.5　推板拉手

【用途】 装在大门上，供推拉开关门用。

【基本参数】 推板拉手的基本参数见表 26-26。

表 26-26　推板拉手的基本参数　　（单位：mm）

型号	长度	宽度	高度	螺栓孔数(个)/中心距
X-3	200	100	40	2/140
	250			2/170
	300			3/110
228	300	100	40	2/270

26.3.6 大门拉手

【用途】 装在高档大门或车门上，除拉启外，还兼有扶手、装饰和保护玻璃的作用。

【分类】 按拉手部位形状分，有圆拉手和方形拉手两种。

【规格】 大门拉手的规格见表 26-27 和表 26-28。

表 26-27 玻璃大门圆拉手的规格

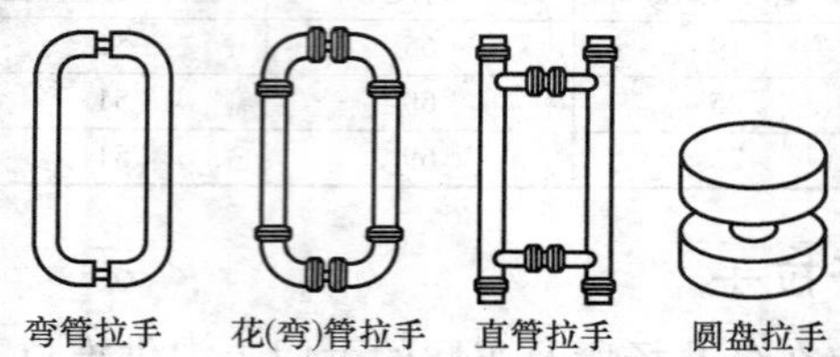

种类	代号	规格（管子全长×外径）(mm)
弯管拉手	MA113	600×ϕ51、457×ϕ38、457×ϕ32、300×ϕ32
花(弯)管拉手	MA112 MA123	800×ϕ51、600×ϕ51、600×ϕ32、 457×ϕ38、457×ϕ32、350×ϕ32
直管拉手	MA104	600×ϕ51、457×ϕ38、457×ϕ42、300×ϕ32
	MA122	800×ϕ54、600×ϕ54、600×ϕ42、457×ϕ51
圆盘拉手	—	圆盘直径：ϕ160、ϕ180、ϕ200、ϕ220

表 26-28 方形大门拉手的规格 （单位：mm）

手柄长度	250	300	350	400	450	500	550	600
托柄长度	190	240	290	320	370	420	470	520
手柄长度	650	700	750	800	850	900	950	1000
托柄长度	550	600	650	680	730	780	830	880

注：手柄断面宽度×高度为 12mm×16mm；底板长度×宽度×厚度为 80mm×60mm×3.5mm；拉手总长为手柄长度+64mm；拉手总高为 54.5mm。

26.3.7 铝合金门窗拉手

【用途】 用于铝合金门窗。

【分类】 按拉手安装场合分，有窗用和门用两种。

【规格】 铝合金门窗拉手的规格见表 26-29 和表 26-30。

表 26-29　门用拉手的规格（QB/T 3889—1999）

型式名称	杆式	板式	其他
代号	MG	MB	MQ
拉手长度/mm	200、250、300、350、400、450、500、550、600、650、700、750、800、850、900、950、1000		

表 26-30　窗用拉手的规格（QB/T 3889—1999）

型式名称	板式	盒式	其他
代号	CB	CH	CQ
拉手长度/mm	50、60、70、80、90、100、120、150		

26.3.8　平开玻璃门用拉手

【用途】 平开玻璃门用装饰和保护。

【材料】 可采用下列材料之一：

（1）不锈钢　棒材或冷轧钢板、钢带的 Cr 含量不低于 06Cr19Ni10。

（2）铜及铜合金　棒材的性能应不低于 HPb59-l。

（3）铝合金　挤压铝合金的性能应不低于 6063 T5；压铸铝合金的性能应不低于 YZAlSi11Cu3。

（4）碳素钢　性能应不低于 45 钢。

（5）锌合金　性能应不低于 ZZnAl4Y。

【标记】 由名称代号、主参数代号和标准编号组成。

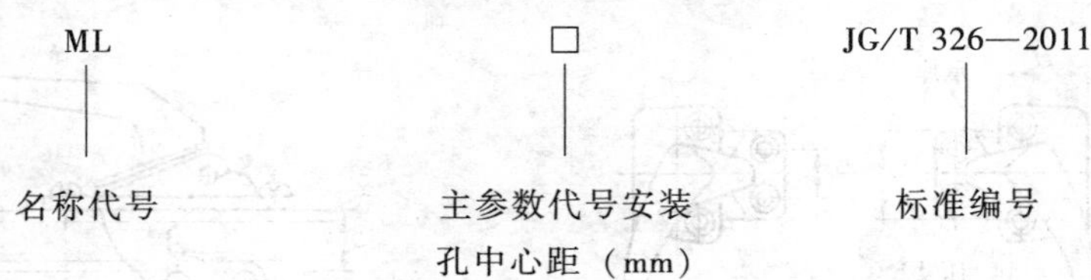

例：最远的两个安装孔中心距为 600mm 的玻璃门拉手，标记为：ML　600　JG/T 326—2011。

26.3.9　不锈钢双管拉手和三排拉手

【用途】 用做大型门窗的装饰和保护。

【基本参数】 不锈钢双管拉手和三排拉手的基本参数见表26-31。

表 26-31 不锈钢双管拉手和三排拉手的基本参数

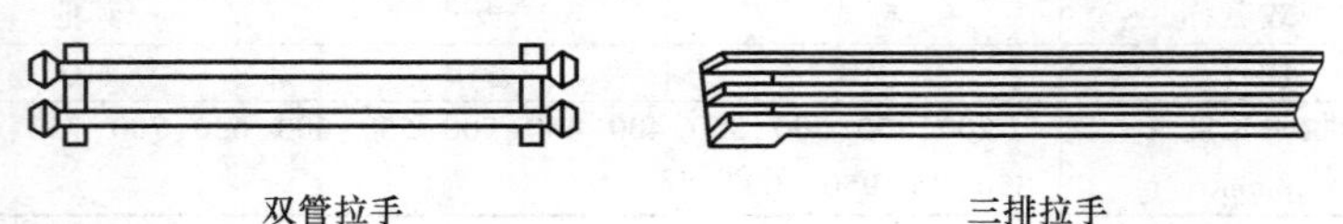

种类	全长/mm	配用木螺母	
		直径/mm	数量/个
双管拉手	500、550、600、650、700、750、800	M4	6
三排拉手	600、650、700、750、800、850、900、950、1000	M4	8

26.4 执手

传动机构用执手主体的常用材料应为压铸锌合金、压铸铝合金、锻压铝合金和不锈钢。

旋压执手主体的常用材料应为压铸锌合金、压铸铝合金。

双面执手主体的常用材料应为压铸锌合金、压铸铝合金、锻压铝合金、不锈钢。

26.4.1 平开铝合金窗执手

【用途】 用于平开铝合金窗。

【型式】 平开铝合金窗执手的型式如图 26-7 所示。

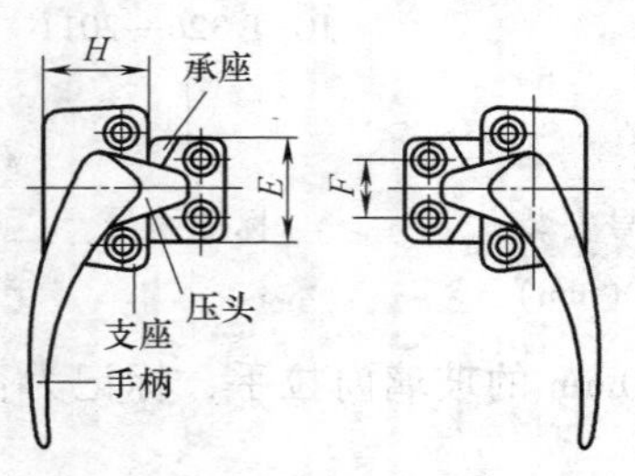

a) 单动旋压型

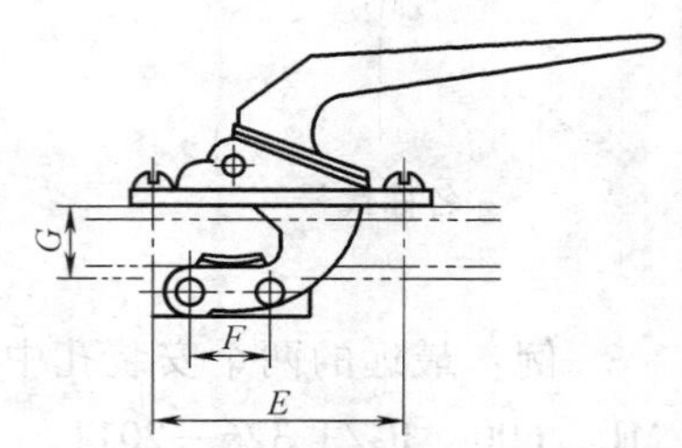

b) 单动扳扣型

图 26-7 平开铝合金窗执手的型式

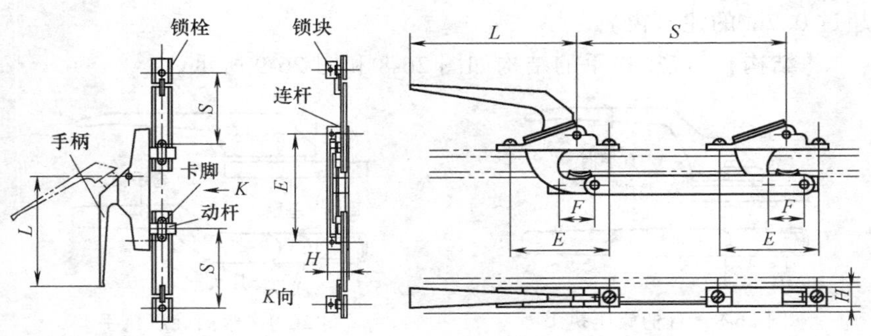

c) 单头双向扳扣型(DSK)　　　d) 双头联运扳扣型(SLK)

图 26-7　平开铝合金窗执手的型式（续）

【基本参数】 平开铝合金窗执手的基本参数见表 26-32。

表 26-32　平开铝合金窗执手的基本参数

（QB/T 3886—1999）　　　　（单位：mm）

型式	执手安装孔距 E	执手支座宽度 H	轴承座安装孔距 F	执手座底面至锁紧面距离 G	执手柄长度 L
DY 型	35	29	16	—	≥70
		24	19		
DK 型	60	12	23	12	
	70	13	25		
DSK 型	128	22	—	—	
SLK 型	60	12	23	12	
	70	13	25		

注：联动杆长度 S 由供需双方协定。

【标记】 表示方法：

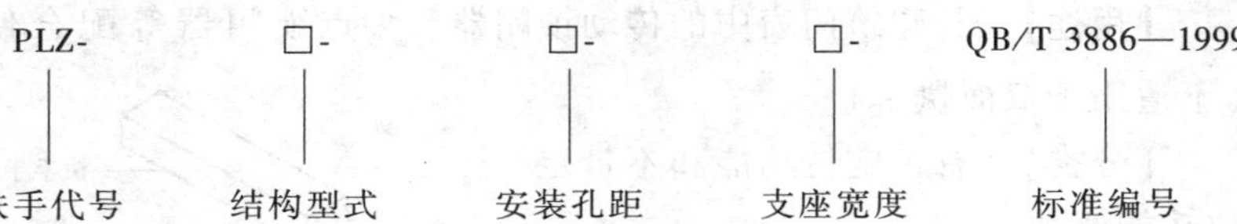

例：安装孔距为 60mm，支座宽度为 12mm 的双头联动扳扣塑平开铝合金窗扶手，标记为：PLZ—SLK—60—12—QB/T 3886—1999。

26.4.2　旋压执手

【用途】 用于建筑窗（单个旋压执手只能用于开启扇对角线不

超过 0.7m 的建筑窗)。

【结构】 旋压执手的结构如图 26-8 和图 26-9 所示。

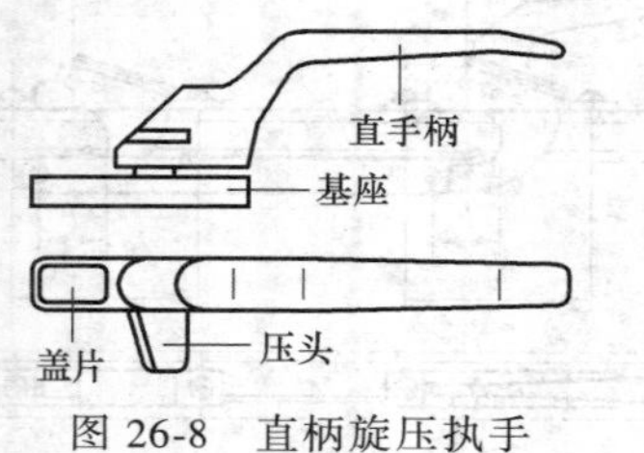

图 26-8 直柄旋压执手

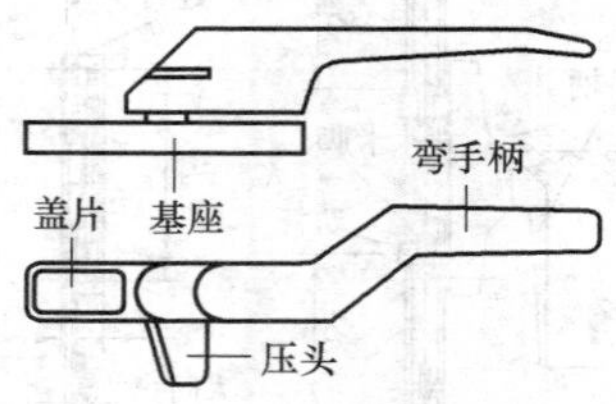

图 26-9 弯柄旋压执手

【技术条件】 旋压执手的技术条件见表 26-33。

表 26-33 旋压执手的技术条件 (JG/T 213—2017)

项目	技术条件
外观	应满足 JG/T 212 的要求
耐蚀性、膜厚度及附着力	应满足 JG/T 212 的要求
操作力矩	空载时,操作力矩不应大于 1.5N · m 负载时,操作力矩不应大于 4N · m
强度	旋压执手手柄承受 700N 力作用后,任何部件不能断裂
反复启闭	反复启闭 1.5 万次后,旋压位置的变化不应超过 0.5mm

【标记】 由名称代号(旋压执手)XZ 和主参数代号[旋压执手高度(mm)]组成。

例:高度 8mm 的旋压执手,标记为:XZ 8。

26.4.3 传动机构用执手

【用途】 与建筑门窗中的传动锁闭器、多点锁闭器等配合使用(不适用于双面执手)。

【分类】 有带定位功能和不带定位功能两种。

【结构】 传动机构用执手的结构如图 26-10 所示。

【性能】 传动机构用执手的性能见表 26-34。

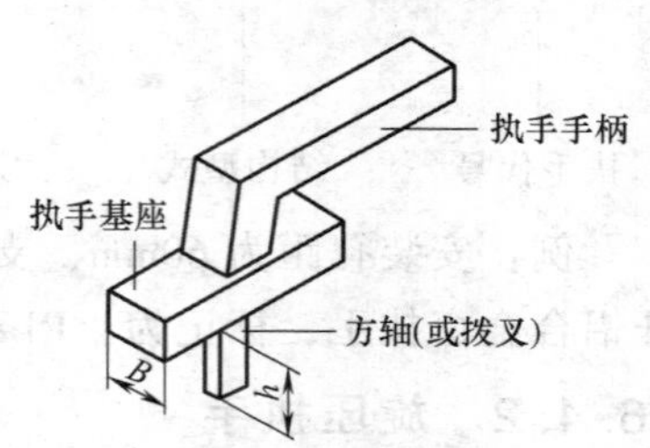

图 26-10 传动机构用执手的结构

表 26-34　传动机构用执手的性能（JG/T 124—2017）

项目		要求
外观		满足 JG/T 212 的要求
耐蚀性、膜厚度及附着力		满足 JG/T 212 的要求
力学性能	操作力和力矩	空载操作力不大于 40N,且操作力矩不大于 2N·m
	反复启闭	反复启闭 25000 个循环试验后,应满足上述操作力矩的要求,开启、关闭自定位位置与原设计位置偏差应小于 5°
强度	抗扭曲	传动机构用执手在 25~26N·m 力矩的作用下,各部件应不损坏,执手手柄轴线的位置偏移应小于 5°
	抗拉性能	传动机构用执手在承受 600N 拉力作用后,执手柄最外端最大永久变形量应小于 5mm

【标记】 由名称代号、功能代号、主参数代号和标准编号组成。

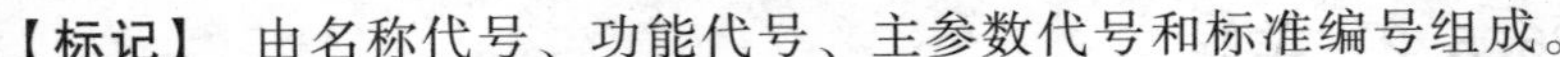

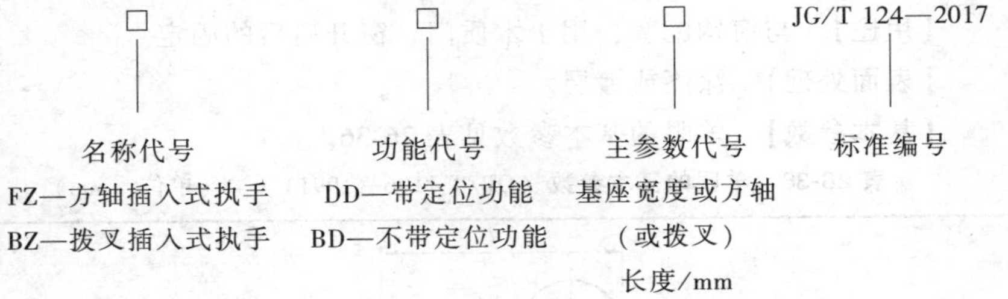

例：方轴插入式执手，带定位功能，基座宽度（方轴长度）为 31mm，标记为：FZ DD-28-31 JG/T 124—2017。

26.5　门窗小五金

26.5.1　窗钩

【用途】 与羊眼配套，用于木质门、窗开启后的固定，也适用于木质家具等的支撑定位。

【分类】 按钢丝直径的大小，分为普通型（P 型）窗钩和粗型（C 型）窗钩。

【表面处理】 涂漆或镀层。

【基本参数】 窗钩的基本参数见表 26-35。

表 26-35　窗钩的基本参数（QB/T 1106—1991）　（单位：mm）

钩子　羊眼

规格	P40	P50	P65	P75	P100	P125	P150	P200
钢丝直径	2.5	2.5	2.5	3.2	3.2	4.0	4.0	4.5
全长	40	50	65	75	100	125	150	200

规格	P250	P300	C75	C100	C125	C150	C200
钢丝直径	5	5	4	4	4.5	4.5	5
全长	250	300	75	100	125	150	200

【标记】　长度为 65mm 的普通型窗钩，标记为：窗钩　P65　QB/T 1106。

26.5.2　羊眼

【用途】　与窗钩配套，用于木质门、窗开启后的固定。

【表面处理】　涂漆或镀层。

【基本参数】　羊眼的基本参数见表 26-36。

表 26-36　羊眼的基本参数（QB/T 1106—1991）　（单位：mm）

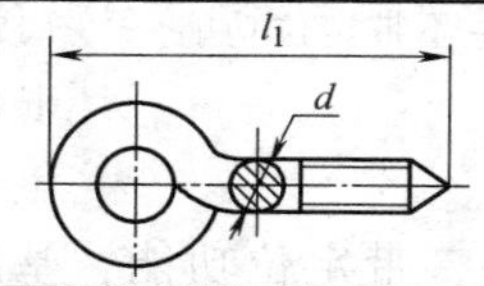

规格	P40	P50	P65	P75	P100	P125	P150	P200
钢丝直径 d	2.5	2.5	2.5	3.2	3.2	4.0	4.0	4.5
全长 l_1	22	22	22	25	30	35	35	40

规格	P250	P300	C75	C100	C125	C150	C200
钢丝直径 d	5	5	4	4	4.5	4.5	5
全长 l_1	45	45	35	35	40	40	45

26.5.3　窗滑撑

窗滑撑是连接窗框和窗扇，支承窗扇，实现向室外产生旋转并同时平移开启的多杆装置。

【用途】　用于窗扇开启距离不大于 300mm 的建筑外开上悬窗，以及窗扇宽度不大于 570mm 的外平开窗的定位和启闭。

【类别】　窗滑撑可分为外开上悬窗用滑撑（SCH）和外平开窗用滑撑（PCH）两大类。

【材料】　主体的常用材料可为铝合金、钢或 PVC。

【结构】　窗滑撑的结构如图 26-11 所示。

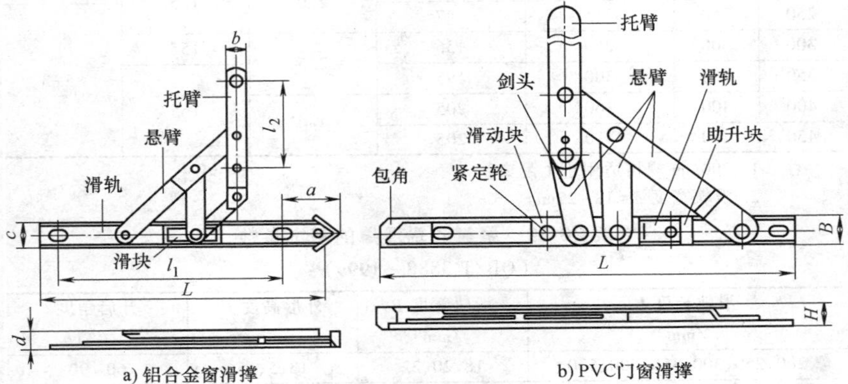

图 26-11　窗滑撑的结构

【技术条件】　窗滑撑的技术条件见表 26-37。

表 26-37　窗滑撑的技术条件（JG/T 127—2007）

项目		技术条件
外观		应满足 JG/T 212 的要求
力学性能	自定位力	外平开窗用滑撑，一组滑撑的自定位力应可调整到不小于 40N
	启闭力	1) 外平开窗用滑撑的启闭力不应大于 40N 2) 在 0~300mm 的开启范围内，外开上悬窗用滑撑的启闭力不应大于 40N
	间隙	窗扇处于锁闭状态，在力的作用下，安装滑撑的窗角部扇、框间密封间隙变化值不应大于 0.5mm
	刚性	1) 窗扇关闭受 300N 阻力试验后，以及窗扇开启到最大位置受 300N 阻力试验后，应仍满足前三项的要求 2) 有定位装置的滑撑，开启到定位装置起作用的情况下，承受 300N 外力的作用后，也应能满足前三项的要求
	反复启闭	反复启闭 25000 次后，窗扇的启闭力不应大于 80N
	强度	滑撑开启到最大开启位置时，承受 1000N 的外力的作用后，窗扇不得脱落
	悬端吊重	外平开窗用滑撑在承受 1000N 的作用力 5min 后，滑撑所有部件不得脱落

【基本参数】　见表 26-38 和表 26-39。

表 26-38　铝合金不锈钢滑撑的基本参数

（QB/T 3888—1999）　　　　（单位：mm）

规格	长度	滑轨安装孔距 l_1	托臂安装孔距 l_2	托臂悬臂厚度 $\delta \geqslant$	高度 h $\leqslant$	开启角度 /(°)
200	200	170	113	2.0	135	60±2
250	250	215	147			85±3
300	300	260	156	2.5	155	
350	350	300	195		165	
400	400	360	205	3.0		
450	450	410	205			

注：1. 200mm 规格适用于上悬窗。

2. 滑轨宽度 $a=18\sim22$mm。

表 26-39　聚氯乙烯滑撑的基本参数

（QB/T 3888—1999）

滑轨长度 L /mm	滑轨宽度 B /mm	外形高度 H /mm	开启角度 /(°)
200、250、300、350、400、500	18、20、22	13.5、15	60～90

规格 (mm)	上下悬窗用				平开窗用			
	最大开启角度	最大窗扇宽度/mm	最大窗扇高度/mm	最大窗扇重力/N	最大开启角度	最大窗扇宽度/mm	最大窗扇高度/mm	最大窗扇重力/N
200	≥60°	1200	350	240	—	—	—	—
250			400	320	—	—	—	—
300			550	400	≥60°	600	1200	260
350			—	—				280
400			750	420				300
500			1000	480	—	—	—	—

【标记】 由名称代号、主参数代号（承载级别+滑槽长度）、标准编号组成。

例：承载级别为 28kgf，滑槽长度为 305mm 的外平开窗用滑撑，标记为：PCH 28-305 JG/T 127—2017。

26.5.4　窗撑挡

窗撑挡是限制活动扇开启角度的装置。

【用途】 用于建筑内平开窗、外开上悬窗、内开下悬窗的定位和启闭。

【分类】 按型式，可分为摩擦式撑挡和锁定式撑挡两大类；按用途，可分为内平开窗用撑挡、外开上悬窗用撑挡和内开下悬窗用撑挡（见图 26-12）；按材料，可分为不锈钢撑挡和挤压铝合金撑挡。

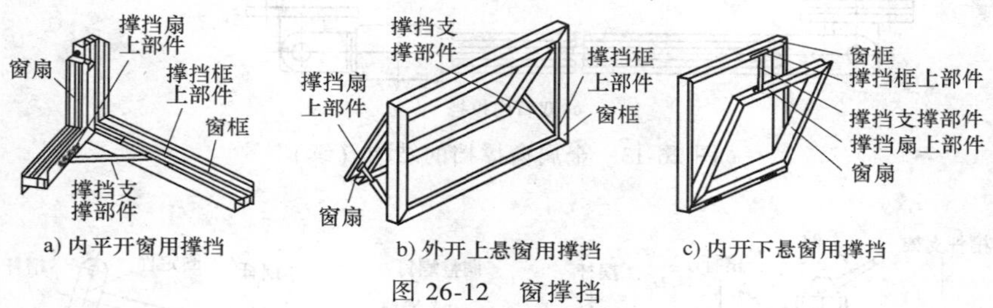

图 26-12　窗撑挡

【材料】 主体的常用材料应为不锈钢、挤压铝合金。

【结构】 金属窗撑挡的结构如图 26-13 所示，PVC 窗撑挡的结构如图 26-14 所示。

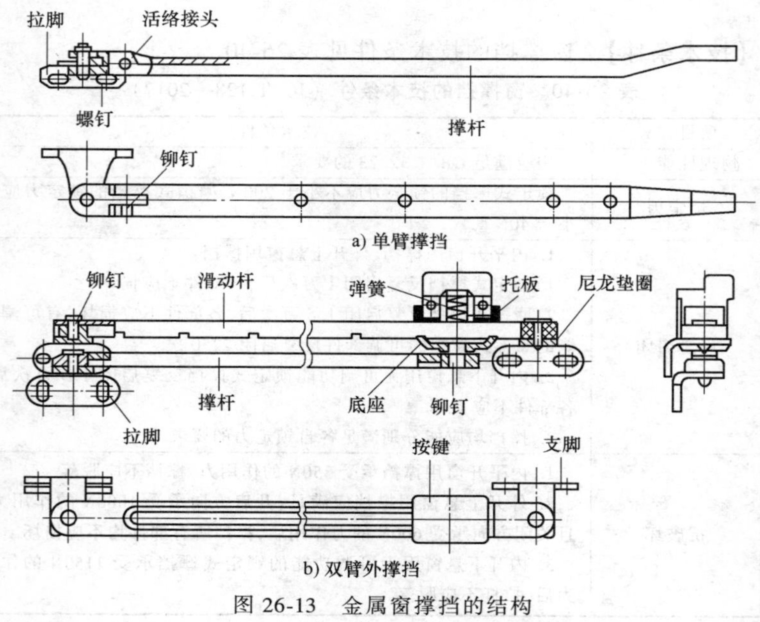

图 26-13　金属窗撑挡的结构

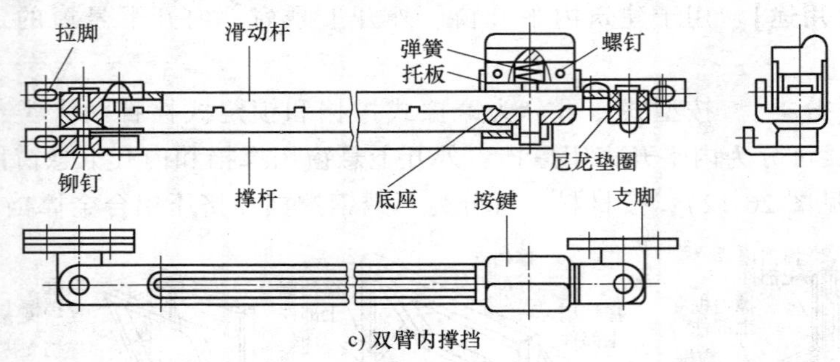

c) 双臂内撑挡

图 26-13 金属窗撑挡的结构（续）

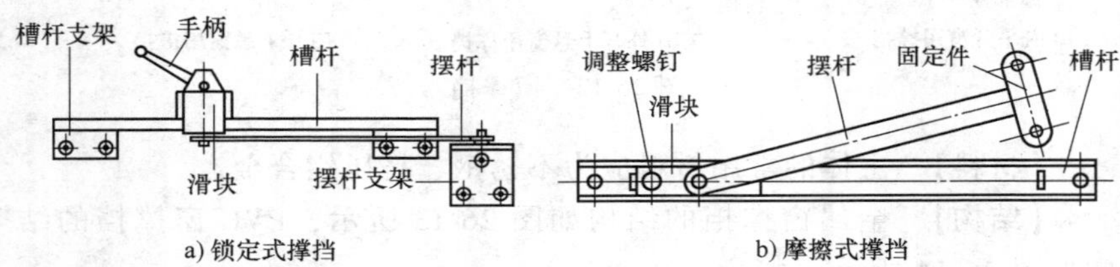

a) 锁定式撑挡 b) 摩擦式撑挡

图 26-14 PVC 窗撑挡的结构

【技术条件】 窗撑挡的技术条件见表 26-40。

表 26-40 窗撑挡的技术条件（JG/T 128—2017）

项目		技术条件
物理性能		均应满足 GB/T 32223 的要求
力学性能	锁定力	锁定式撑挡的锁定力应不小于 200N,摩擦式撑挡的锁定力应不小于 40N
	反复启闭	1. 内平开窗用撑挡、外开上悬窗用撑挡: 1) 锁定式撑挡反复启闭 1 万次后,各部件不应损坏 2) 摩擦式撑挡反复启闭 1.5 万次后,各部件不应损坏;有可调功能的摩擦式撑挡的可调部件反复启闭 2250 次 2. 内开下悬窗用无可调功能锁定式撑挡反复启闭 1.5 万次后,各部件不应损坏 3. 撑挡均应能分别满足各自锁定力的要求
	抗破坏	1. 内平开窗用撑挡承受 350N 的作用力,撑挡不应脱落 2. 外开上悬窗用撑挡应满足:开启方向承受 1000N 的作用力,且关闭方向承受 600N 的力作用后,撑挡所有部件均不应损坏 3. 内开下悬窗用无可调功能的锁定式撑挡承受 1150N 的作用力后,拉杆不应脱落

【基本参数】 铝合金窗撑挡的基本参数见表 26-41。

表 26-41　铝合金窗撑挡的基本参数

（QB/T 3887—1999）　　　　（单位：mm）

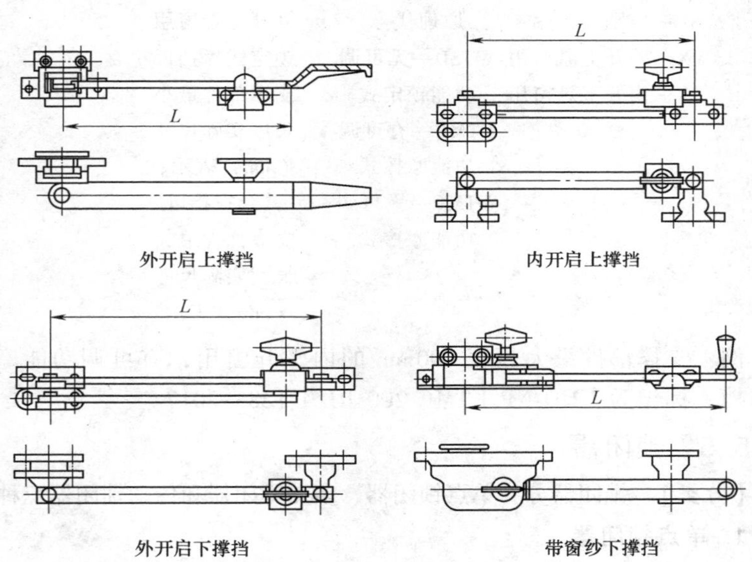

外开启上撑挡　　内开启上撑挡

外开启下撑挡　　带窗纱下撑挡

名称		基本尺寸 L						安装孔距	
								壳体	拉搁脚
平开窗	上	—	260	—	300	—	—	50	25
	下	240	260	280	—	310	—	—	
带纱窗	上撑挡	—	260	—	300	—	320	50	
	下撑挡	240	—	280	—	—	320	85	

名称	平开窗			带纱窗			钢	不锈钢
	内开启	外开启	上撑挡	上撑挡	下撑挡			
					左开启	右开启		
代号	N	W	C	SC	Z	Y	T	G

【标记】 表示方法：

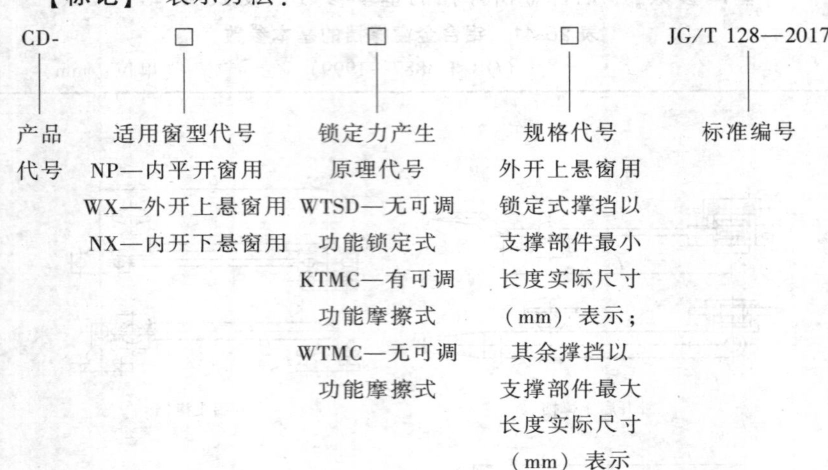

例：支撑部件最大长度 200mm 的内平开窗用，有可调功能摩擦式撑挡，标记为：CD-NP KTMC 200 JG/T 128—2017。

26.5.5 锁闭器

【分类】 锁闭器分为单点锁闭器、多点锁闭器和传动锁闭器三种。

1. 单点锁闭器

【用途】 用于建筑推拉窗、室内推拉门的锁闭。

【材料】 主体的常用材料为不锈钢、压铸锌合金。

【技术条件】 单点锁闭器的技术条件见表 26-42。

表 26-42 单点锁闭器的技术条件（JG/T 130—2007）

项目			技术条件
外观			应满足 JG/T 212 的要求
耐蚀性、膜厚度及附着力			应满足 JG/T 212 的要求
力学性能	操作力矩		应小于 2N · m(或操作力应小于 20N)
	强度	锁闭部件	锁闭部件在 400N 静压(拉)力的作用后,不应损坏;操作力矩应小于 2N · m(或操作力应小于 20N)
		驱动部件	对由带手柄操作的单点锁闭器,在关闭位置时,在手柄上施加 9N · m 力矩的作用后,操作力矩应小于 2N · m(或操作力应小于 20N)
	反复启闭	操作力	单点锁闭器经过 1.5 万次反复启闭试验后,开启、关闭自定位位置正常,操作力矩应小于 2N · m(或操作力应小于 20N)

【标记】　“单点锁闭器　TYM”。

2. 多点锁闭器

【用途】　用于建筑推拉门、窗的锁闭。

【分类】　有齿轮驱动式和连杆驱动式两种。

【材料】　主体的常用材料为不锈钢、碳素钢、压铸锌合金、挤压铝合金。

【技术条件】　多点锁闭器的技术条件见表 26-43。

表 26-43　多点锁闭器的技术条件（JG/T 215—2007）

项目			技术条件
外观			应满足 JG/T 212 的要求
耐蚀性、膜厚度及附着力			应满足 JG/T 212 的要求
力学性能	强度	驱动部件	1）齿轮驱动式多点锁闭器承受 25~26N · m 力矩的作用后，各零部件不应断裂、无损坏 2）连杆驱动式多点锁闭器承受 1000N 静拉力的作用后，各零部件不应断裂、不脱落
		锁闭部件	单个锁点、锁座承受轴向 1000N 的静拉力后，所有零部件不应损坏
	反复启闭	操作力	反复启闭 2.5 万次后，操作正常，不影响正常使用。且齿轮驱动式多点锁闭器操作力矩不应大于 1N · m，连杆驱动式多点锁闭器滑动力不应大于 50N；同时，锁点、锁座工作面的磨损量应不大于 1mm

【标记】　由名称代号、主参数代号组成。

例：2 个锁点的齿轮驱动式多点锁闭器，标记为：CDB 2 JG/T 215—2017。

3. 传动锁闭器

【用途】　用于建筑门窗中平开门、平开窗、外开上悬窗、内开下悬窗、中悬窗、立转窗等传动锁闭。

【类别】

1）按驱动原理，可分为齿轮驱动式传动锁闭器，代号 M（C）CQ；连杆驱动式传动锁闭器，代号 M（C）LQ（见图 26-15）。

2）按产品构造分，有无锁舌（WS）和有锁舌（YS）两种。

3）按主参数分类。

① 按使用频次：Ⅰ类—反复启闭 20 万次，Ⅱ类—反复启闭 2.5 万次。

② 按锁点数：以传动锁闭器上的实际锁点数量进行标记。

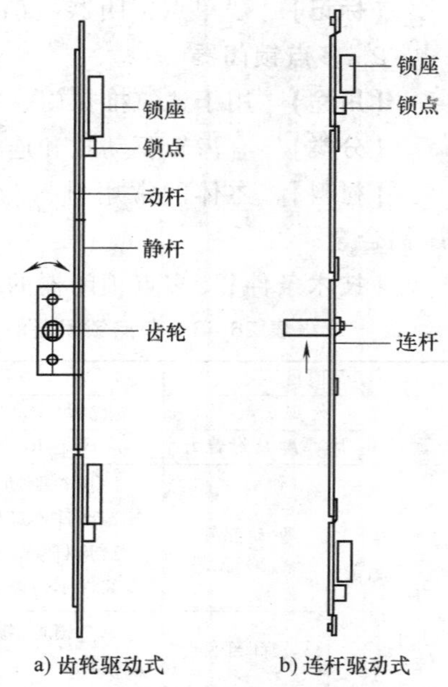

图 26-15 传动锁闭器的结构

【材料】 主体的常用材料应为不锈钢、碳素钢、压铸锌合金、挤压铝合金。

【标记】 表示方法（JG/T 126—2017）：

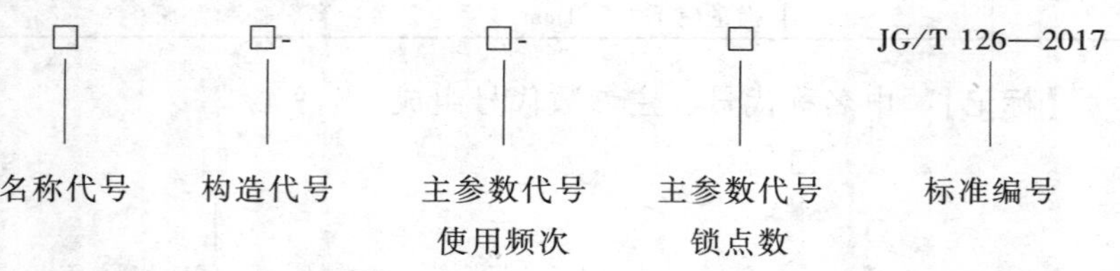

例：

1）某 3 个锁点的门用齿轮驱动式、有锁舌、反复启闭为 20 万次的传动锁闭器，标记为：MCO YS-I-3 JG/T 126—2017。

2）某 2 个锁点的窗用连杆驱动式、无锁舌、反复启闭为 2.5 万次的传动锁闭器，标记为：CLQ WS-II-2 JG/T 126—2017。

26.5.6 门窗滑轮

【用途】 用于建筑中推拉门窗，以减小阻力。

【分类】 有门用滑轮和窗用滑轮两大类。

【材料】 滑轮主体的常用材料为不锈钢、黄铜、轴承钢、聚甲醛、聚酰胺。

【标记】 由名称代号、主参数代号组成。

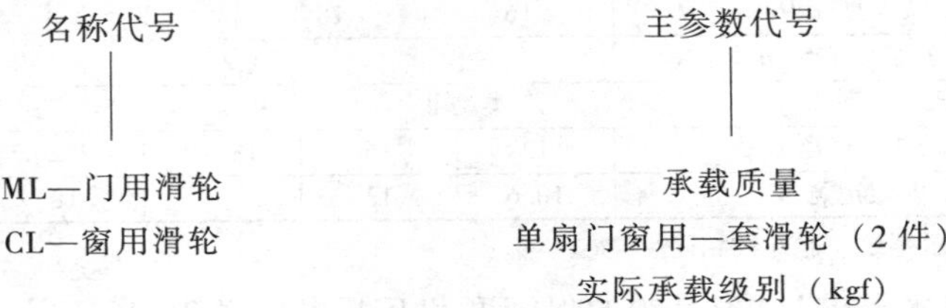

【技术条件】 门窗滑轮的技术条件见表 26-44。

表 26-44　门窗滑轮的技术条件（JG/T 129—2007）

项目		技术条件
外观		应满足 JG/T 212 的要求
耐蚀性、膜厚度及附着力		应满足 JG/T 212 的要求
力学性能	滑轮运转平稳性	轮体外表面径向跳动量不应大于 0.3mm，轮体轴向窜动量不应大于 0.4mm
	启闭力	不应大于 40N
	反复启闭	一套滑轮按实承载质量做反复启闭试验，门用滑轮达到 10 万次，窗用滑轮达到 2.5 万次后，轮体能正常滚动；达到试验次数后，在承受 1.5 倍的承载质量时，启闭力不应大于 100N
耐温性能	高温	非金属轮体的一套滑轮，在 50℃ 的环境中，在承受 1.5 倍的承载质量后，启闭力不应大于 100N
	低温	非金属轮体的一套滑轮，在 -20℃ 的环境中，在承受 1.5 倍的承载质量后，滑轮体不破裂，启闭力不应大于 60N

26.6 锁具

锁具指具有封闭与开启作用的器具，包括锁、钥匙及其附件。现代锁具除了用钥匙开启之外，还可以用密码，甚至用光、电、磁、声及指纹、脸形等指令。

26.6.1 家具锁

【用途】 安装在家具上，作锁闭、开启用。

【类别】 按结构可分为弹子锁、叶片锁和密码锁。

【类型】 有类型Ⅰ和类型Ⅱ两种。

【基本参数】 家具锁的基本参数见表 26-45。

表 26-45　家具锁的基本参数（QB/ 1621—2015）　（单位：mm）

类型Ⅰ					
锁头直径 D_1	16	18	20	22	
安装中心距 H	20、22.5				
类型Ⅱ					
锁头①直径 D_2	12	16	18、19	22	28
安装边宽 W	10.6	13	16	18	26

① 表示螺纹、非螺纹相同。

【技术要求】 家具锁的保密度和互开率见表 26-46。

表 26-46　家具锁的保密度和互开率（QB/T 1621—2015）

项目		弹子锁				叶片锁	
		锁头直径<20mm		锁头直径≥20mm			
弹子锁 叶片锁	钥匙牙花个数(个)	4	5	4	5	5	6
	钥匙不同牙花种数(种)	200	750	500	2500	150	500
	互开率(%)	0.575	0.612	0.327	0.245	1.379	0.612
密码锁	编码数	≥900,非设定编码无法打开					

26.6.2　球形门锁

球形门锁（见图 26-16）是锁体插嵌安装在门挺中，开、关机机构安装在执手上的锁（包含固定锁）。

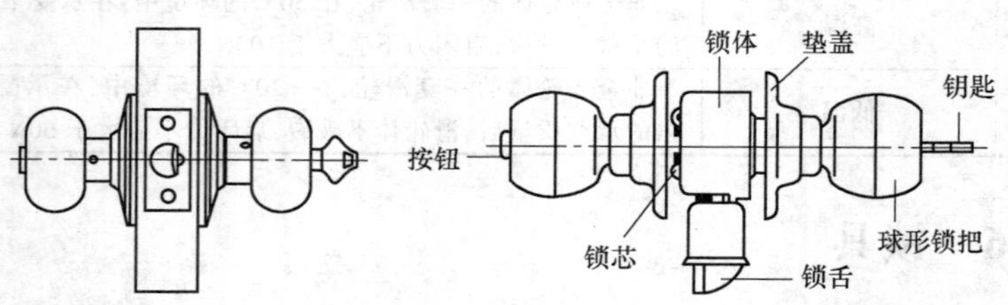

图 26-16　球形门锁的外形和结构

【用途】 多用于高档建筑物的门上。

【分类】 按锁体结构可分为圆筒式锁（锁体的中间部分结构呈圆筒状）、三杆式锁（锁体的中间部分结构呈三根杆状）、固定锁（呆舌可被钥匙或内旋钮开启）和拉手套锁（由固定锁及拉手球锁配套而成）；按锁闭装置可分为按钮锁、旋钮锁及按旋钮锁；按锁头结构可分为子弹球锁和叶片球锁；按不同的使用要求，从保密度、牢固度、耐用度和耐腐蚀度又各可分为 A 级（较高）、B 级（中等）和 C 级（较低）三种。

【技术要求】 见表 26-47~表 26-50。

表 26-47　球形门锁的保密度（QB/T 2476—2017）

项目	要求		
	A	B	C
钥匙牙花个数(个)	≥6	≥5	≥5
钥匙理论牙花种数(种)	≥50000	≥14000	≥6000
钥匙牙花不同高度个数(个)	≥3	3	3
同一牙花相邻个数(个)	≤2	2	2
互开率(%)	≤0.021	≤0.082	≤0.205
锁头防拨安全装置/项	≥3	≥2	≥1

注：弹子球锁锁头的结构应具有防拨措施。

表 26-48　球形门锁的零件牢固度（QB/T 2476—2017）

项目	要求			备注
	A	B	C	
斜舌伸出长度/mm	≥12	≥12	≥11	
呆舌伸出长度/mm	≥25	≥25	≥25	
保险舌有效伸出长度/mm	≥6.4	≥6.4	≥6.4	注 1
斜舌侧向静载荷/N	3600	2700	1500	
固定锁呆舌侧向静载荷/N	3600	1900	1400	
保险舌轴向静载荷/N	450	350	300	注 2
固定锁呆舌轴向静载荷/N	700	500	350	
固定锁呆舌防锯时间/min	5	5	5	注 3
锁定状态外弯形执手扭矩/N · m	40	20	14	
锁定状态外球形执手扭矩/N · m	25	17	12	
解锁状态弯形执手扭矩/N · m	25	17	14	
解锁状态球形执手扭矩/N · m	17	14	10	
执手径向静载荷/N	1150	1150	800	—
弯形执手轴向静拉力/N	1400	1000	1000	
球形执手轴向静拉力/N	1400	1400	1000	
固定锁旋钮扭矩/N · m	3	3	3	
固定锁旋钮轴向静拉力/N	500	500	500	
锁定状态外按压按钮静载荷/N	670	300	300	—
解锁状态外按压按钮静载荷/N	300	300	300	
锁芯扭矩/N · m	15	10	5	

（续）

项　目	要　求			备注
	A	B	C	
钥匙扭矩/N·m	3.0	2.5	2.0	—
锁扣板侧向静载荷(斜舌孔)/N	3600	2700	1500	
锁扣板侧向静载荷(呆舌孔)/N	3600	1900	1400	
固定锁锁头轴向静拉力/N	1500	1000	500	
固定锁锁头传动条扭矩/N·m	3.0	2.5	2.0	
铆接牢固度	锁的各种铆接件应无松动			
外盖圈抗冲击/mm	≤1.9	≤2.5	≤3.8	注 4
外球形执手抗变形(%)	≤10	≤25	≤30	注 5
外盖圈抗变形/N	2900	2500	2000	注 6

注：1. 带保险的锁舌当保险柱压下至锁舌面板 5.6mm 时，应起锁舌止动作用。

2. 呆舌缩回量不应大于 3mm。

3. 在规定时间内，固定锁呆舌不应被锯断。

4. 为外盖圈在承受级别为 0.23kgf 冲击棒的垂直冲击后表面的凹痕深度（且不应被冲穿）。

5. 静载荷为 4448N。

6. 变形量≤10%。

7. 此表中的其他数据承受相应的载荷后，锁的功能应正常。

表 26-49　球形门锁的耐用度（QB/T 2476—2017）

（单位：万次）

项　目	要　求			项　目	要　求		
	A	B	C		A	B	C
斜舌机构	30	20	10	执手机构	30	20	10
呆舌机构	10	10	6	固定锁旋钮机构	10	10	6
固定锁锁头机构	10	10	6	按压按钮机构	30	20	10

表 26-50　球形门锁的灵活度（QB/T 2476—2017）

项　目	要　求
钥匙、固定锁旋钮启、闭力矩	≤1N·m
执手启、闭力矩	弯形执手：≤3N·m；球形执手：1N·m
按压按钮开启力	斜舌：≤40N
锁头钥匙插、拔力	不大于 6 颗阻止活动件的锁头：≤13N；其他：≤22N
斜舌返回力	>2.5N
斜舌关闭力	≤20N
呆舌轴向负载启、闭	在呆舌端部施加 15N 的轴向静载荷后，用钥匙或旋钮启、闭应顺畅，不应有滑档现象

26.6.3　插芯门锁

插芯门锁的锁体插嵌安装在门挺中，其附件组装在门上。

【用途】 可安装在各类门上。

【分类】 按锁体与锁头的配套形式，可分为有锁头插芯门锁和无锁头叶片插芯门锁两种（见图 26-17）；按锁体与镇舌的配套数量，可分为单舌插芯门锁和多舌插芯门锁；按锁头阻止活动件的种类，可分为弹子插芯门锁、叶片插芯门锁及弹子加叶片插芯门锁等。

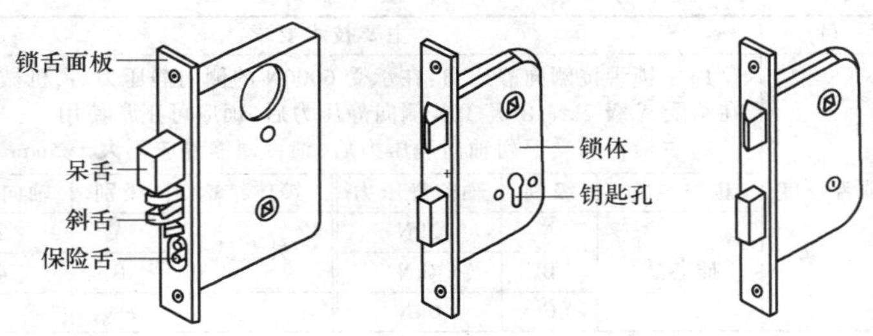

图 26-17　有锁头插芯门锁（左、中）和无锁头叶片插芯门锁（右）

【标记】 由产品型号、保密度、牢固度、耐用度、耐腐蚀组成（QB/T 2474—2017）。

1）当无锁头叶片插芯锁的保密度低于 C 级时，保密度不分级，以“X”标记。

2）不需要用钥匙启、闭的特殊场所用锁，无保密度要求，保密度以“—”标记。

例：某产品型号为 2800 型，保密度为 B 级，牢固度为 A 级，耐用度为 C 级，耐腐蚀为 B 级的插芯门锁，标记为：2800-B-A-C-B。

26.6.4　机械防盗锁

机械防盗锁是通过机械传动装置操控启、闭，具有防钻、防锯、防撬、防拉、防冲击、防技术开启功能要求的机械式锁具。

【类别】 分为插芯式（Ⅰ）、外装式（Ⅱ）和密码式（Ⅲ）三种。

【分级】 安全级别分为 A、B 和 C 三级；A 级最低，依次递增。

【标记】 表示方法：

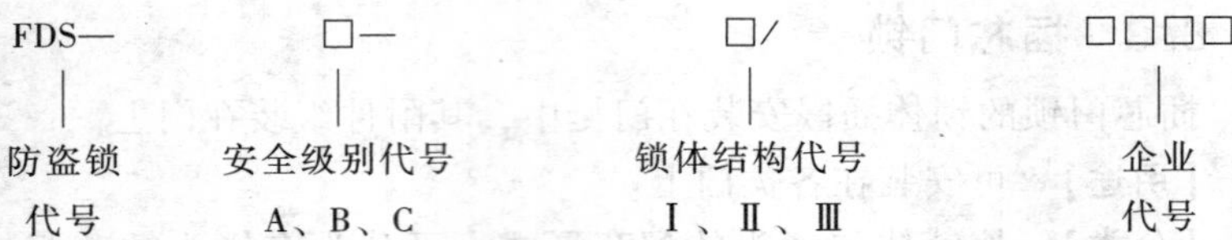

例：2800型B级插芯式防盗锁，标记为：FDS-B-I/2800。

【技术要求】 机械防盗锁的技术要求见表26-51。

表26-51　机械防盗锁的技术要求（GA 73—2015）

<table>
<tr><th colspan="2">项　　目</th><th>主要技术要求</th></tr>
<tr><td rowspan="6">机械强度</td><td>主锁舌强度</td><td>1）主锁舌抗侧向静压力：在承受6000N的侧向静压力后，机械密码锁在承受A级2kN，B级3kN侧向静压力后，锁应可正常使用
2）主锁舌承受下列轴向静压力后，锁舌回缩量应不大于5mm
<table>
<tr><th>锁体结构</th><th>级别</th><th>轴向静压力</th><th>锁体结构</th><th>级别</th><th>轴向静压力</th></tr>
<tr><td rowspan="3">插芯式</td><td>A</td><td>2kN</td><td rowspan="2">外装式</td><td>A</td><td>2kN</td></tr>
<tr><td>B</td><td>4kN</td><td>B</td><td>4kN</td></tr>
<tr><td>C</td><td>6kN</td><td>—</td><td>—</td><td>—</td></tr>
</table></td></tr>
<tr><td>钩舌/爪舌强度</td><td>在承受下表规定的载荷后，应仍能正常使用
<table>
<tr><th>级别</th><th>钩舌/爪舌侧向静压力</th><th>钩舌轴向拉力</th><th>钩舌抗脱出力</th></tr>
<tr><td>A</td><td>3kN</td><td>2kN</td><td>2kN</td></tr>
<tr><td>B</td><td>5kN</td><td>4kN</td><td>4kN</td></tr>
<tr><td>C</td><td>7kN</td><td>6kN</td><td>6kN</td></tr>
</table></td></tr>
<tr><td>斜舌强度</td><td>在承受A级2kN，B级和C级3kN的侧向静压力后，保险后再承受A级0.5kN，B级和C级1kN的轴向静压力后，应仍能正常使用</td></tr>
<tr><td>操纵件强度</td><td>1）机械防盗锁的拉手、执手或机械密码锁刻度盘在承受1.6kN的静拉力作用下，上述各零件以及转动芯轴应无明显损坏，传动机构仍能正常工作
2）拉手、执手或机械密码锁刻度盘抗扭性能：在承受A级25N·m，B级50N·m和C级75N·m扭矩的作用后应可正常使用，转动芯轴应无明显损坏，传动机构仍能正常工作</td></tr>
<tr><td>锁扣盒（板）强度</td><td>锁扣盒（或板）在承受下表规定的载荷后，应仍能正常使用
<table>
<tr><th>结构</th><th>级别</th><th>锁扣盒轴向静压力/kN</th><th>锁扣板侧向静拉力/kN</th><th>锁扣板拉力/kN</th><th>锁扣板抗提力/kN</th></tr>
<tr><td rowspan="3">插芯式</td><td>A</td><td>3</td><td>3</td><td>3</td><td>1</td></tr>
<tr><td>B</td><td>5</td><td>5</td><td>5</td><td>3</td></tr>
<tr><td>C</td><td>7</td><td>7</td><td>7</td><td>4</td></tr>
<tr><td rowspan="2">外装式</td><td>A</td><td>4</td><td>5</td><td>5</td><td>1</td></tr>
<tr><td>B</td><td>6</td><td>7</td><td>7</td><td>3</td></tr>
</table></td></tr>
<tr><td>钥匙强度</td><td>在承受3N·m扭矩作用下，应无明显变形，并可正常使用</td></tr>
</table>

（续）

<table>
<tr><th colspan="2">项　　目</th><th>主要技术要求</th></tr>
<tr><td rowspan="2">灵活度</td><td>主锁舌灵活度</td><td>用钥匙操作主锁舌的转动扭矩应不大于 1.5N · m,主锁舌启、闭应无阻滞现象</td></tr>
<tr><td>斜舌灵活度</td><td>1)用钥匙/执手操作斜舌的转动扭矩应不大于 1.5N · m/2N · m,斜舌启、闭应无阻滞现象
2)斜舌轴向缩进静压力应在 2.5~9.8N
3)斜舌闭合静压力应不大于 49N</td></tr>
<tr><td colspan="2">防破坏功能</td><td>锁具按正常安装,使用表末规定的工具对机械防盗锁实施防钻、防锯、防撬、防拉、防冲击、防技术开启试验和机械密码锁的防技术开启试验,锁被破坏、被打开的净工作时间应不少于下表规定：
<table>
<tr><th>级别</th><th>防钻时间/s</th><th>防锯时间/s</th><th>防撬时间/s</th><th>防拉时间/s</th></tr>
<tr><td>A</td><td>10</td><td>10</td><td>10</td><td>10</td></tr>
<tr><td>B</td><td>15</td><td>15</td><td>15</td><td>15</td></tr>
<tr><td>C</td><td>30</td><td>30</td><td>30</td><td>30</td></tr>
</table>
<table>
<tr><th>级别</th><th>防冲击时间/s</th><th>防技术开启时间/s</th><th>密码锁防技术开启时间/s</th></tr>
<tr><td>A</td><td>10</td><td>1</td><td>1200</td></tr>
<tr><td>B</td><td>15</td><td>5</td><td>1440</td></tr>
<tr><td>C</td><td>30</td><td>10</td><td>1440</td></tr>
</table></td></tr>
<tr><td colspan="2">互开率</td><td>用钥匙开启的机械防盗锁的互开率：A 级应不大 0.03%,B 级和 C 级应不大于 0.01%</td></tr>
</table>

26.6.5　电子防盗锁

【分类】　电子防盗锁可分为遥控式电子防盗锁、键盘式电子防盗锁、指纹式电子防盗锁和刷卡式电子防盗锁等几种（见图 26-18）。

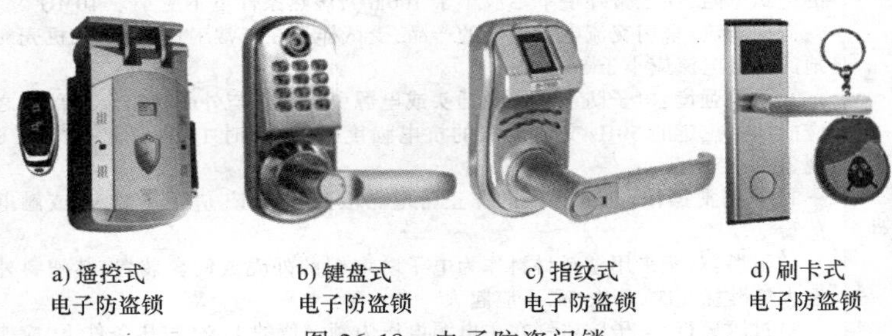

a) 遥控式电子防盗锁　b) 键盘式电子防盗锁　c) 指纹式电子防盗锁　d) 刷卡式电子防盗锁

图 26-18　电子防盗门锁

【分级】　按机械强度、环境试验的严酷等级不同，其安全级别由低到高分为 A、B 两级。

【技术要求】　电子防盗锁的技术要求见表 26-52。

表 26-52 电子防盗锁的技术要求（GA 374—2001）

项目	主要技术要求
电源	1)使用电池供电时,电池容量应能保证电子防盗锁连续正常启、闭 3000 次以上 2)当电子防盗锁的供电电压低于标称电压值的 80%时,应能给出欠压指示。给出欠压指示后的电子防盗锁应还能正常启、闭不少于 50 次 3)当主电源电压在额定值的 85%~110%范围内变化时,电子防盗锁不作任何调整应能正常工作
信息保存	电子防盗锁在电源不正常、断电或更换电池时,锁内所存的信息不应丢失
误识率	电子防盗锁的误识率应不大于 1%
密钥量	1)采用电子编码的电子防盗锁 A/B 级密钥量应不少于 105/106 2)采用识别生物特征的电子防盗锁,其特征信息的存储量 A/B 级应不少于 256/512B
环境适应性	1)气候环境适应性:在规定的严酷等级条件下,应能正常工作,且电子防盗锁内各机械零件、部件无松动,外壳不变形、机件不损坏 2)机械环境适应性:在规定条件下,各项功能应正常,且电子防盗锁内各机械零件、部件无松动,外壳不变形、机件不损坏
抗干扰	1)抗静电放电干扰:应能承受 8kV(接触)和/或 15kV(空气)的静电放电试验。试验期间不应产生误动作或功能暂时丧失而能自动恢复,试验后工作应正常 2)抗射频电磁场辐射干扰和抗电快速瞬变脉冲群干扰 3)抗电快速瞬变脉冲群干扰:当采用交流电源供电时,应能承受 0.5kV、重复频率为 5kHz 的电快速瞬变脉冲群干扰试验,不应产生误动作,试验后工作正常 4)抗电压暂降干扰:当采用交流电源供电时,电子防盗锁电源应能承受电压降低 30%、25 个周期的试验要求,试验期间不应产生误动作,试验后工作正常
安全性	1)绝缘电阻:电子防盗锁电源插头或电源引入端子与外壳裸露金属部件之间的绝缘电阻,在正常环境下不应小于 100MΩ,湿热条件下不应小于 10MΩ 泄漏电流:采用交流电源供电的产品,受试样品在正常工作状态下,机壳对大地的泄漏电流应小于 5mA 2)抗电强度:电子防盗锁电源插头或电源引入端子与外壳裸露金属部件之间应能承受规定的 50Hz 交流电压的抗电强度试验,历时 1min 应无击穿和飞弧现象 3)非正常操作:在最严酷的非正常电路故障状态下,应无燃烧和/或触电的危险 4)阻燃:对于采用塑料材料作为电子防盗锁的外壳或配套装置,其塑料外壳经火焰燃烧 5 次,每次 5s,不应起火 5)过压运行:电子防盗锁在主电源电压为额定值的 115%过压条件下,应能正常工作 6)过流保护:用交流电源供电的电子防盗锁,在电源变压器初级应安装断路器或保险丝,其规格一般不大于产品额定工作电流的 2 倍;对要求用户安装的所有引线,应有明确的标识;当无标识时反接或错接引线,应能自动保护,使产品不致损坏

26.6.6　指纹防盗锁

【分级】　按机械强度、环境试验的严酷等级不同，其安全级别由低到高分为 A、B 两级。

【技术要求】　指纹防盗锁的技术要求见表 26-53。

表 26-53　指纹防盗锁的技术要求（GA 701—2007）

项目	主要技术要求
灵活性、尺寸	1）机械传动机构传动灵活，无卡阻现象，执手转动灵活，能准确复位 2）主锁舌的伸出长度，A 级不小于 14mm，B 级不小于 20mm；斜舌伸出长度不小于 11mm
强度	1）识读装置机械强度：应符合 GA 374—2001 中相应条款规定 2）锁壳强度：应能够承受 8kN 的压力而不产生永久变形和损坏 3）主锁舌（栓）承受的轴向静载荷：A/B 级分别承受 2kN/3kN 轴向静压力时，所产生的缩进不应超过 8mm。A/B 级主锁舌（栓）承受 2kN/3kN 的侧向静压力后，锁应能正常使用 4）执手强度：在承受 1200N 的轴向静拉力或径向静载荷后，应能正常使用；A/B 级执手在承受 14N·m/20N·m 扭矩后应能正常使用 5）锁扣盒（板）强度：A/B 级电子防盗锁扣盒应能承受 2kN/3kN 静压力而不产生明显的塑性变形
功能	1）自检功能：开始工作时，应有表明其工作正常的指示或显示 2）指纹登录功能：按照产品说明书中规定的步骤操作，应能登录用户指纹 3）指纹删除功能：按照产品说明书中规定的步骤操作，应能删除已经登录的用户指纹 4）信息保存功能：电源掉电或更换电池时，指纹防盗锁内已保存的信息不得丢失 5）使用权限管理功能：具有用户使用权限分级管理功能，在指纹登录和删除过程中应具有相应授权机制 6）指示/显示功能：应符合 GA/T 394—2002 中 4.4.7 的要求
报警功能	1）具有自动闭锁功能的指纹防盗锁，当门被关闭而不能自动 f 锁时，应产生声/光报警指示和/或报警信号输出 2）当连续 5 次实施错误操作时，或当强行拆除和打开锁体外壳时，或当外接供电的主电源被切断或短路时，B 级指纹防盗锁应产生声/光报警指示和/或报管信号输出
应急开锁功能	可以使用制造厂特制的专用装置采取特殊方法进行应急开锁；采用机械方式应急开启时，机械锁头应符合 GA/T 73—1994 中 5.3 和 5.5 中 A 级别的要求
通信功能	1）受试样品应具有用于测试的 UART 或 USB 通信接口 2）受试样品应能将采集到的指纹图像信息经通信接口传送给计算机，计算机也应能将保存的指纹图像信息经通信接口传送给受试样品 3）受试样品应能与计算机通过通信接口进行指令传输与应答
技术性能	平均指纹匹配时间≤3s（1：N，N=10）；认假率≤0.001%；拒真率≤5%

（续）

项目	主要技术要求
环境 适应性	1)气候环境适应性:在规定的严酷等级条件下,应能正常工作,且电子防盗锁内各机械零件、部件无松动,外壳不变形、机件不损坏 2)机械环境适应性:在规定条件下,各项功能应正常,且电子防盗锁内各机械零件、部件无松动,外壳不变形、机件不损坏
电磁 兼容性	1)应能承受 GB/T 17626.2 中试验等级 4 所规定的静电放电干扰;应能承受 GB/T 17626.3 中试验等级 3 所规定的射频电磁场辐射干扰 2)AC-DC 供电者,还应 GB/T 17626.4 中试验等级 3 所规定的电快速瞬变脉冲群干扰,和 GB/T 17626.11 中试验等级:UT10 个周期的电压暂降及 0%UT10 个周期的短时中断干扰
安全性	应符合 GA 374—2001 中 5.9 的要求
稳定性	在常压下连续加电 7 天,每天启、闭不少于 30 次,应能正常工作,不出误动作

26.7 门控器

26.7.1 单向开启门闭门器

【用途】 安装在单向开启的各种门的门头上方，当门开启后，能及时将门关闭。

【分类】 按动力源分，有液压闭门器和电动闭门器两大类（见图 26-19）；按开门角度大小分，有明装式（180°）和隐式（105°）两种；按功能分，有力量可调、开门缓冲、闭门延时和停顿等几种。

图 26-19 液压闭门器（左）和电动闭门器（右）

【标记】 表示方法：

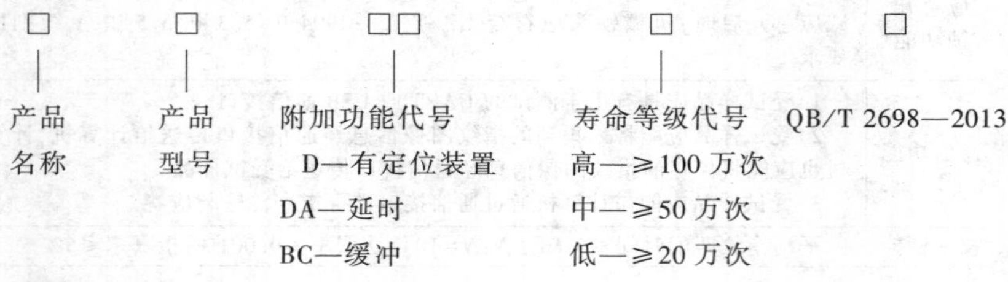

【规格】 见表 26-54。

表 26-54　闭门器的规格（QB/T 2698—2013）

系列编号	关门力矩 /N·m ≤	能效比(%) ≥		规格	
		液压闭门器	电动闭门器	试验门质量(kg)	适用门最大宽度(mm)
1	9≤M≤13	45	65	15~30	750
2	13≤M≤18	50		25~45	850
3	18≤M≤26	55		40~65	950
4	26≤M≤37	60		60~85	1100
5	37≤M≤54	60		80~120	1250
6	54≤M≤87	65		100~150	1400
7	87≤M≤140	65		130~180	1600

【技术条件】 闭门器的技术条件见表 26-55。

表 26-55　闭门器的技术条件（QB/T 2698—2013）

类别	项目	技术条件
液压闭门器	负载性能	经负载性能测试后，闭门器及附件应无渗漏、断裂和变形现象
	定位功能	有定位器装置者，门应能在规定的位置或区域停门并易于脱开
	关门时间	全关闭调速阀时，不应小于 40s；全打开调速阀时，不应大于 3s
	关门力矩、能效比	应符合表 26-54 规定
	渗漏	按本标准规定的方法试验后，不应出现渗漏现象
	运转性能	使用时应运转灵活、无异常噪声
	闭锁功能	有此功能者，关门至 15°以下时，应可独立调节关门速度
	开门缓冲功能	有此功能者，开启至 65°之后应有明显减速现象，并能在 90°前停止
	延时关门功能	有此功能者，从开门角度 90°至延时末端的关门时间应大于 10s，且延时末端的角度应为 75°~60°
	温度变化对关闭时间的影响	温度为 -15℃时，关闭时间应≤25s；温度为 40℃时，关闭时间应≥3s
电动闭门器	关门力矩、能效比	应符合表 26-54 规定
	关门时间	从 90°关到 10°时，所用时间不应小于 3s
	开门时间	从 0°开启到 80°时，所用时间不应小于 3s
	常开门（停门）	应能在规定的位置或区域长时间停留
	环境适应性	在低温 -15℃时，试验 8h；在恒温 40℃±2℃、RH(93±2)%时，试验 48h（均不加电），应能正常工作

（续）

类别	项　目	技 术 条 件
电动闭门器	防障碍功能	在开门、关门过程中,试验门遇到不大于 116N · m 的力矩,应能停止或反向运转
	推门功能	门在关闭(未锁住)状态下,用不大于 58N · m 的力矩,应能推开门
	寿命	在完成相应的寿命试验后,闭门器应能符合上述要求

注：有防火要求的闭门器应符合 GA93 的规定。

26.7.2　平开门闭门器

【结构】 由主机、连杆、摇杆和滑轨等组成（图 26-20）。

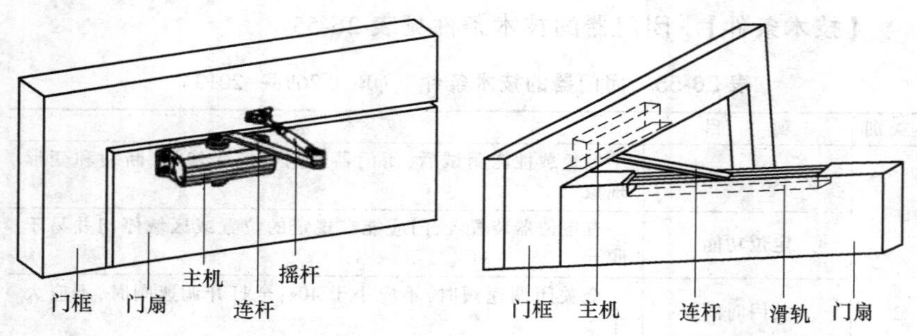

图 26-20　外露式（左）和隐藏式（右）闭门器的结构

【分类】 有电动式和液压式。

【材料】

1）主机壳体可用压铸铝合金、挤压铝合金或灰铸铁：

① 压铸铝合金壳体应采用 YZAlSi12Cu2，或性能不低于它的其他材料（下同）。

② 挤压铝合金壳体应采用 6063-T5。

③ 灰铸铁壳体应采用 HT150。

2）活塞、齿轮和销轴应采用 45 钢；连杆、摇杆应采用球墨铸铁 Q235；滑轨应采用挤压铝合金 6063-T5。

【标记】 表示方法（JG/T 268—2019）：产品代号、关门能力级别、反复启闭、驱动形式、开门驻持、安装形式。

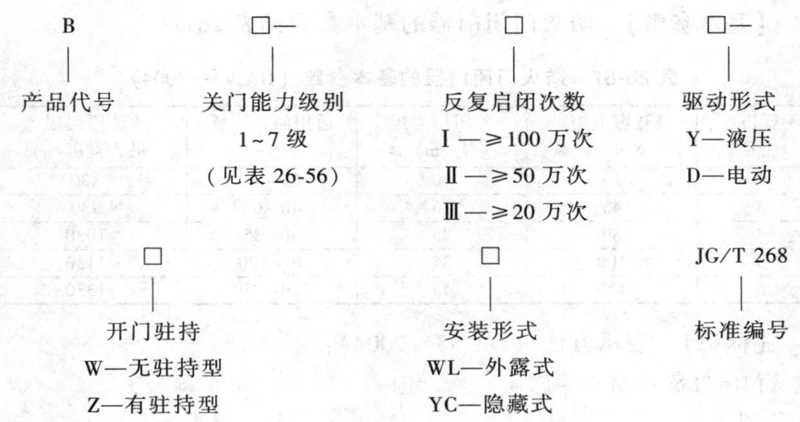

1）能力级别为 3 级，关门反复启闭次数不少于 100 万次，电动式驱动，无驻持型，外露式平开门闭门器，标记为：闭门器　B—3 Ⅲ D—W WL JG/T 268—2019。

2）关门能力级别为 2 级．反复启闭次数不少于 20 万次，液压式驱动，有驻持型，隐藏式平开门闭门器，标记为：闭门器　B—2 Ⅰ Y—ZYC JG/T 268—2019。

【关门能力】　平开门闭门器的关门能力级别见表 26-56。

表 26-56　平开门闭门器的关门能力级别

关门能力级别代号	性能要求					适用最大门扇质量/kg	适用最大门扇宽度/mm
	4°~0°最大关闭力矩/N·m		90°~0°最小关闭力矩/N·m	机械效率(%)			
				Ⅰ、Ⅱ	Ⅲ		
1	≥9	<13	≥2	≥40	≥50	20	750
2	≥13	<18	≥3	≥40	≥50	40	850
3	≥18	<26	≥4	≥45	≥55	60	950
4	≥26	<37	≥6	≥50	≥60	80	1100
5	≥37	<54	≥8	≥55	≥65	100	1250
6	≥54	<87	≥11	≥55	≥65	120	1400
7	≥87	<140	≥18	≥55	≥65	160	1600

26.7.3　防火门闭门器

【用途】　安装在防火门和防火窗上（无定位装置）。

【基本参数】 防火门闭门器的基本参数见表 26-57。

表 26-57 防火门闭门器的基本参数（GA 93—2004）

规格代号	开启力矩 /(N·m) ≤	关闭门力矩 /(N·m) ≥	适用门扇质量 /kg	适用门扇最大宽度/mm
2	25	10	25~45	830
3	45	15	40~65	930
4	80	25	60~85	1030
5	100	35	80~120	1130
6	120	45	110~150	1330

【标记】 表示方法（GA 93—2004）：

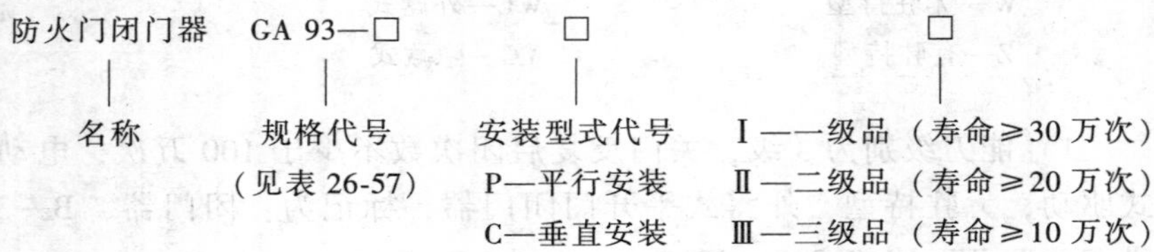

例：门扇质量为 25~45kg，平行安装，使用寿命不低于 10 万次的防火门闭门器，标记为：防火门闭门器 GA 93-2PⅢ。

26.7.4 地弹簧

地弹簧是一种液压式或电动式的闭门器，其基本配置是天轴和地轴。天轴是在上部连接门框和门扇的配件，由一个固定在门扇上的可以用螺栓调节的插销式的轴和一个固定在门扇上的轴套组成。

【用途】 安装在平开门门头的上方或下方，当门开启后，能及时将门关闭，可用于单向或双向开启的各种关门或开门装置。

【类别】 按动力源分，有液压地弹簧和电动地弹簧两大类（见图 26-21），按关停角度分，一般有 90°停、105°停和无停三种。

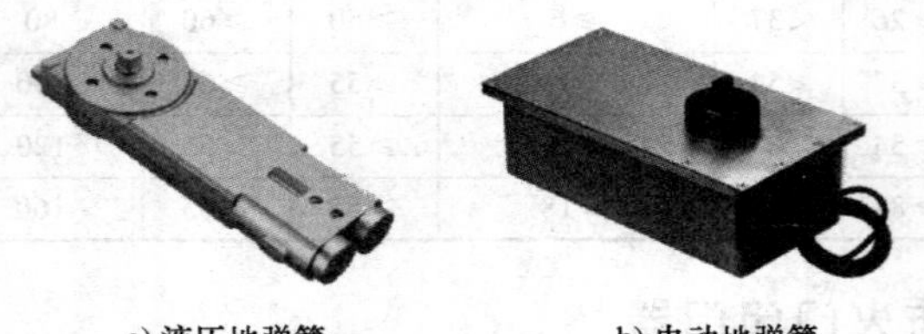

a) 液压地弹簧　　b) 电动地弹簧

图 26-21 地弹簧的类别

【原理】 地弹簧压紧弹簧的装置，是可以正、反向旋转的蜗轮，所以可以用于双向开启的门（闭门器用的是齿轮齿条，只能用于单向开启的门）。

【结构】 地弹簧的外形（左）和结构（右）如图 26-22 所示。

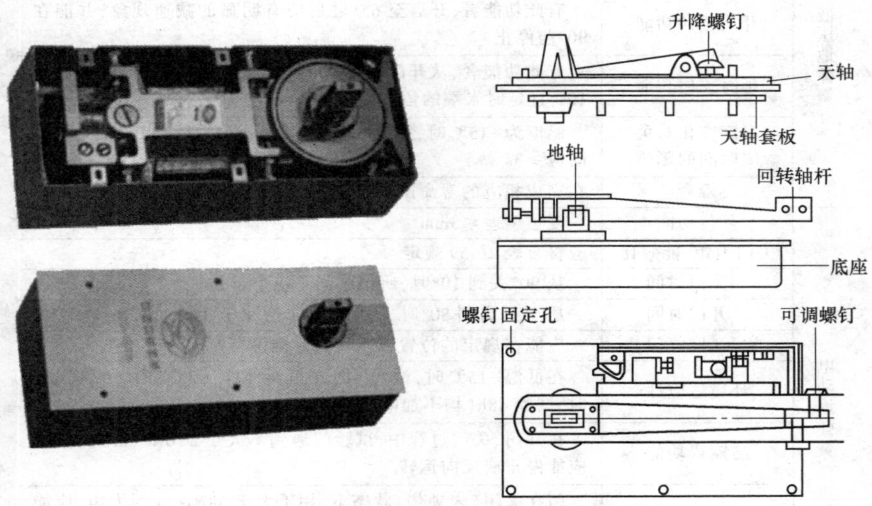

图 26-22 地弹簧的外形（左）和结构（右）

【工作原理】 通过用涡轮装置来压紧弹簧，实现门的闭合。地弹簧分为天轴和地轴两部分，地轴固定在门框上，天轴用于连接门扇和门框，通过弹簧压力的释放推动天轴，从而让门可以自由闭合。

【技术条件】 地弹簧的技术条件见表 26-58。

表 26-58 地弹簧的技术条件（QB/T 2697—2013）

类别	项 目	技术条件
液压地弹簧	零位功能	零位偏差≤3mm
	负载性能	经负载性能测试后，地弹簧及其附件应无渗漏、断裂和变形现象
	定位功能	有定位器装置者，门应能在规定的位置或区域停门，并易于脱开
	关门时间	全关闭调速阀时，不应小于 40s；全打开调速阀时，不应大于 3s
	关门力矩、能效比	应符合表 26-59 的规定

（续）

类别	项　　目	技术条件
液压地弹簧	渗漏	按本标准规定的方法试验后，不应出现渗漏现象
	运转性能	使用时应运转灵活、无异常噪声
	闭锁功能	有此功能者，关门至25°以下时，应可独立调节关门速度
	开门缓冲功能	有此功能者，开启至65°之后应有明显的减速现象，并能在90°前停止
	延时关门功能	有此功能者，从开门角度90°至延时末端的关门时间应大于10s，且延时末端的角度应为75°~60°
	温度变化对关闭时间的影响	温度为-15℃时，关闭时间应≤25s；温度为40℃时，关闭时间应≥3s
	寿命	在完成相应的寿命试验后，地弹簧应能符合上述要求
电动地弹簧	复位功能	复位偏差≤3mm
	关门力矩、能效比	应符合表26-59规定
	关门时间	从90°关到10°时，所用时间不应小于3s
	开门时间	从0°开启到80°时，所用时间不应小于3s
	常开门（停门）	应能在规定的位置或区域长时间停留
	环境适应性	在低温-15℃时，试验8h；在恒温40℃±2℃、RH（93±2）%时，试验48h（均不加电）能正常工作
	防障碍功能	在开门、关门过程中，试验门遇到不大于116N·m的力矩，应能停止或反向运转
	推门功能	门在关闭（未锁住）状态下，用不大于58N·m的力矩，应能推开门
	寿命	在完成相应的寿命试验后，复位偏差≤6mm，且应能符合上述其他要求

注：有防火要求的地弹簧应符合GA93的规定。

【基本参数】 地弹簧的基本参数见表26-59。

表26-59　地弹簧的基本参数（QB/T 2697—2013）

系列编号	关门力矩 M /N·m ≤	能效比（%）≥		规　格	
		液压闭门器	电动闭门器	试验门质量（kg）	适用门最大宽度（mm）
1	9≤M≤13	45	65	15~30	750
2	13≤M≤18	50		25~45	850
3	18≤M≤26	55		40~65	950
4	26≤M≤37	60		60~85	1100
5	37≤M≤54	60		80~120	1250
6	54≤M≤87	65		100~150	1400
7	87≤M≤140	65		130~180	1600

【标记】　表示方法：

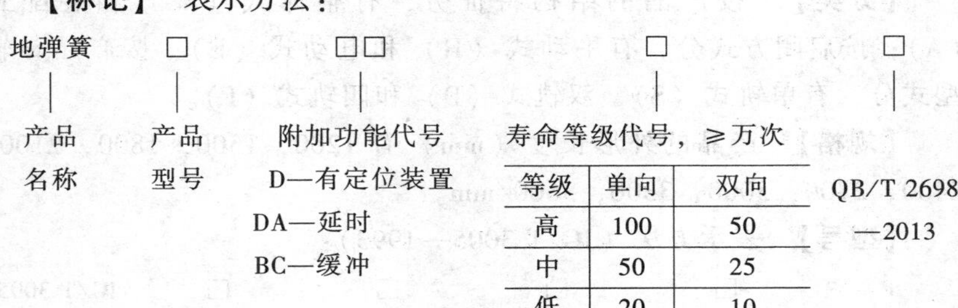

26.7.5　鼠尾弹簧

【用途】　用于内外开木门上。规格为 200~300mm 者，用于轻便门扇；400mm 和 450mm 者，用于一般门扇。

【结构】　鼠尾弹簧的结构见图 26-23。

【基本参数】　鼠尾弹簧的基本参数见表 26-60。

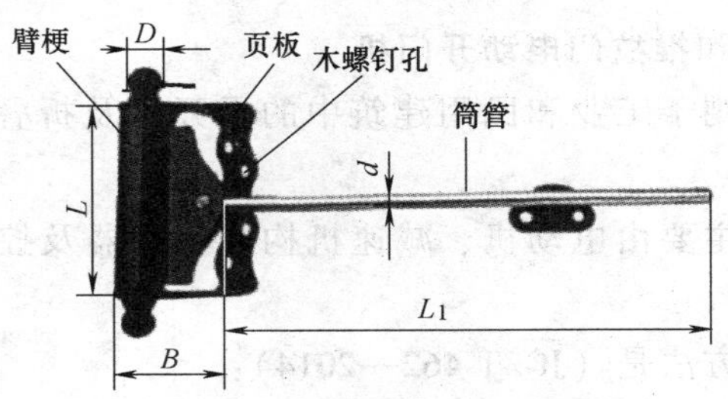

图 26-23　鼠尾弹簧的结构

表 26-60　鼠尾弹簧的基本参数　（单位：mm）

规格	页板长度 L	筒管宽度 B	筒管直径 D	臂梗长度 L	臂梗直径 d	弹簧钢丝直径	沉头木螺钉直径×长度	沉头木螺钉数量
200	89	43	20	203	7.14	2.8	3.5×26	6
250				254				
300				305				
400	150	66	24	400	9	3.6	4.0×30	4
450				450			3.5×25	9

26.7.6　PVC 门窗帘吊挂启闭装置

【用途】　用于建筑物门窗和室内装饰用硬聚氯乙烯导轨式门窗帘。

【分类】 按产品的结构特征分，有整体式（W）和装配式（A）；按启闭方式分，有手动式（H）和电动式（E）；按产品导轨型式分，有单轨式（S）、双轨式（D）和四轨式（F）。

【规格】 产品的外形长度（mm）有 1200，1500，1800，2100，2400，2700，3000，3300，3600/mm。

【型号】 表示方法（JG/T 3005—1993）：

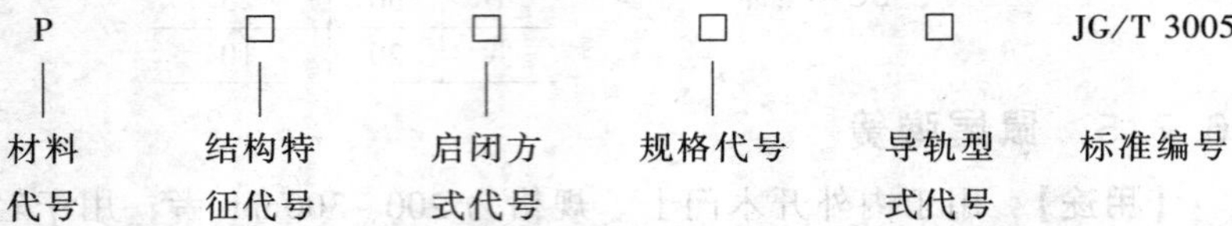

【标记】 硬聚氯乙烯塑料制的装配式、手动式、长度 2400mm、四条导轨的门窗帘吊挂启闭装置，标记为：PAH24-F JG/T 3005。

26.7.7 电动开门机

1. 平开门和推拉门电动开门机

【用途】 用于工业和民用建筑中的平开门及折叠门、推拉门及伸缩门。

【结构】 主要由电动机、减速机构、控制器及控制系统和安全控制系统组成。

【标记】 方法是（JG/T 462—2014）：

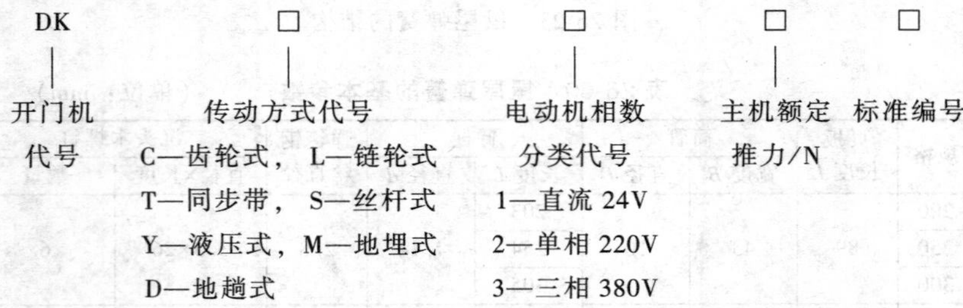

例：电动机为单相 220V、推力为 180N，齿轮传动的电动推拉门开门机，标记为：电动开门机 DK-C-2-180 JG/T 462—2014。

2. 车库门电动开门机

【用途】 用于民用建筑中的上滑道式车库门。

【结构】 主要由门扇、平衡装置、导轨、控翻系统、电动机、传动机构、防夹保护、防意外启动和手动离合装置组成。

【标记】 表示方法（JG/T 227—2016）：

DK	□	□□	□□
开门机代号	分类代号	额定启闭力（N）	开启高度（m）
	S—丝杠式	20—200	21—2.1
	L—链条式	30—300	24—2.4
	P—皮带式	40—400	27—2.7
	Z—轴驱式	50—500	30—3.0
	Q—其他方式	60—600	33—3.3

例：链条式开门机，额定启闭力 300N，开启高度 2.4m，标记为：CK-L3024。

3. 电动卷门开门机

俗称卷门机，是由主机等主要部件组成，驱动和控制卷门完成上行、下行、停止等功能的装置。

【用途】 用于工业与民用建筑中的电动垂直启闭卷门、卷帘窗。

【分类】 有外置卷门机和内置卷门机两种。外置卷门机又分为齿轮式卷门机（C）和蜗轮蜗杆式卷门机（W）；内置卷门机又分为管状卷门机（G）和彩钢整板卷门机（B）。

【标记】 由基本分类代号、电动机工作电源代号、产品序列代号、额定输出主参数（额定输出转矩/额定输出转速）、限位方式和本标准编号等类别代号组成（JG/T 411—2013）。

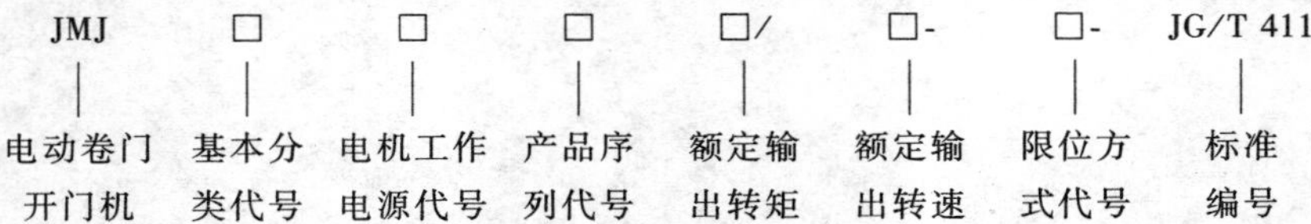

例：管状的交流单相卷门机，ϕ45mm 的管径序列，额定输出转矩为 50N · m，空载转速为 12r/min，有电子限位配置，标记为：JMJ G 45 50/12-D-JG/T 411—2013。

4. 工业滑升门开门机

【用途】 用于工业建筑出、入口工业滑升门的开启。

【结构】 主要由电动机、减速系统、控制器及安全装置组成。

【分类】 按使用电源分，有单相 220 V（D）和三相 380 V（S）两种，按安装方式分，有侧置（C）和中置（Z）两种。

【标记】 表示方法（JG/T 325—2011）：

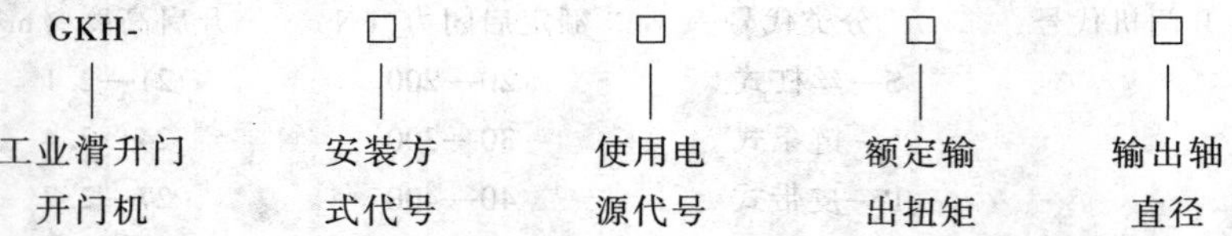

例：单相交流 220V 50Hz，侧置安装，额定输出扭矩为 50N · m，输出轴直径为 25mm 的开门机，标记为：GKH-CD50-25。

第27章

钢钉和金属网

钢钉可分为一般用途钢钉和木结构用钢钉两大类；金属网可分为金属丝网和金属板网两大类。

27.1 钢钉

钢钉按照使用方式分，有手动工具捶击用钢钉和动力工具击打用钢钉两类；按形状或使用用途分，有普通钉、水泥钉、油毡钉、射钉、卷钉排钉等。

27.1.1 一般用途圆钢钉

一般用途圆钢钉是钉杆截面为圆形的低碳钢钢钉。

【分类】 有平帽钉（p）和菱形方格帽钉（g）两种（见图 27-1）。前者是使用硬物、锤等工具作为动力的手工用圆钉，后者是再加工后使用气动工具作为动力的圆钉。

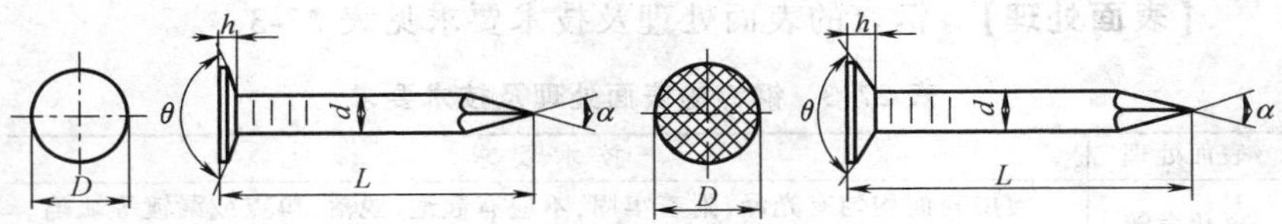

图 27-1 平帽钉（p）和菱形方格帽钉（g）

【材料】 一般用途制钉选用低碳钢钢丝。

【规格】 一般用途圆钢钉的尺寸见表 27-1 和表 27-2。

【标记】 直径为 3.10mm，长度为 50mm 的菱形方格帽钉，标记为：g-3.10×50。

27.1.2 手动工具捶击用钉

【种类】 有普通圆钉、地板钉、水泥钉、托盘钉、鼓头钉、油

表 27-1　一般用途圆钢钉的尺寸（YB/T 5002—2017）

（单位：mm）

平帽钉		菱形方格帽钉	
钉杆直径 d	钉帽直径 D	钉杆直径 d	钉帽直径 D
2.10	5.30	≤1.60	2.0d~2.3d
2.30	5.80		
2.50	6.30	>1.60~2.10	
2.80	6.80		
3.05	7.00	>2.10~3.75	
3.30	7.00	>3.75	

表 27-2　菱形方格帽钉常用钉长与圆钉直径　（单位：mm）

钉长	圆钉直径	钉长	圆钉直径	钉长	圆钉直径
10	0.90	40	2.00	100	4.10
13	1.00	45	2.20	110	4.50
16	1.10	50	2.50	130	5.00
20	1.20	60	2.80	150	5.50
25	1.40	70	3.10	175	6.00
30	1.60	80	3.40	200	6.50
35	1.80	90	3.70	—	—

毡钉、石膏板钉、双帽钉等。

【材料】 一般采用（低碳钢、优质碳素钢或不锈钢）钢丝作为原材料。

【表面处理】 钢钉的表面处理及技术要求见表 27-3。

表 27-3　钢钉的表面处理及技术要求

表面处理	技术要求
电化学镀	镀层表面均匀有光泽，附着牢固，不应有起泡、脱落、黑点或漏镀等缺陷。局部镀层厚度应不小于 0.003mm
机械镀锌	镀层表面应无漏镀、无黑点、无起皮、均匀平滑，附着牢固。锌层厚度应不小于 0.005mm
热浸镀锌	锌层表面应无漏镀、无黑点、无起皮、无锌瘤，均匀平滑，附着牢固，彼此无粘连。锌层厚度应不小于 0.035mm
涂料涂装	涂装层应覆盖均匀牢固，应无漏涂，无脱落

【标记】 用中文种类、钉帽形状特征代号、规格数字组合（一般情况下，下面用黑体字表示的项目，标注时可以省略；钢钉表面处理方式，使用中文文字在种类前面注明）。

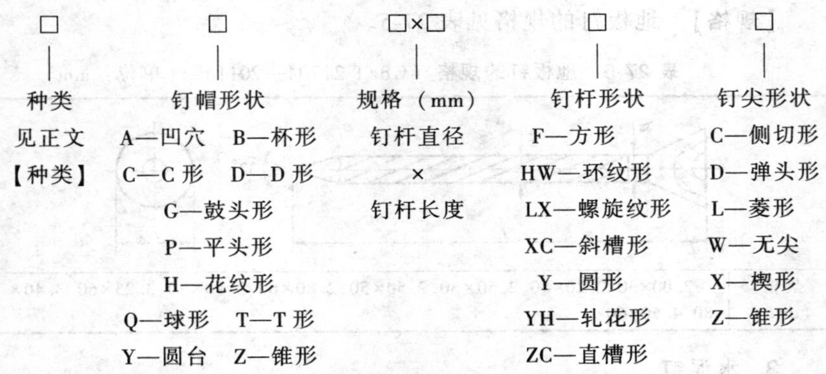

例：钉杆直径为 2. 68mm，钉杆长度为 50. 8mm，平头形钉帽，螺旋纹形钉杆，无尖的电镀托盘钉，标记为：电镀托盘钉　P2. 68×50. 8 LX W。

1. 普通圆钉

【用途】 用于木板和木板之间的连接。

【规格】 普通圆钉的规格见表 27-4。

表 27-4　普通圆钉的规格（GB/T 27704—2011）

（单位：mm）

花纹帽、圆形杆

花纹帽、螺旋纹杆

光杆、螺旋纹、环纹

规格 （$d×L$）	1. 20×16、1. 20×20、1. 40×20、1. 40×25、1. 60×25、1. 60×30、1. 80×30、1. 80×35、2. 00×40、2. 20×40、2. 50×45、2. 50×50、2. 80×50、2. 80×60、3. 10×65、3. 10×70、3. 10×75、3. 40×75、3. 40×80、3. 70×90、4. 00×90、4. 10×100、4. 10×120、4. 50×110、4. 50×130、5. 00×130、5. 00×150

2. 地板钉

【用途】 用于地板和地板梁之间的连接。

【规格】 地板钉的规格见表 27-5。

表 27-5 地板钉的规格（GB/T 27704—2011） （单位：mm）

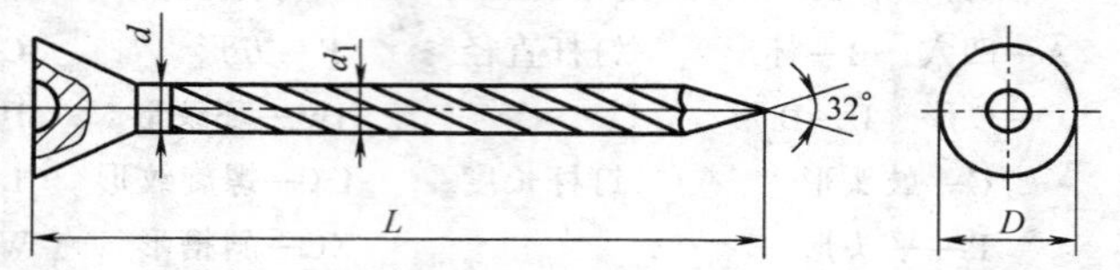

规格（$d×L$）	2.00×30、2.20×40、2.50×30、2.50×50、2.80×60、3.10×70、3.25×60、3.40×80、4.50×60

3. 水泥钉

【用途】 直接钉入硬木、砖头、低标号的混凝土、矿渣砌块及薄钢板等硬质基体中。

【分类】 有平头型帽水泥钉和圆台帽水泥钉两种。

【规格】 水泥钉的规格见表 27-6 和表 27-7。

表 27-6 平头型帽水泥钉的规格（GB/T 27704—2011）

（单位：mm）

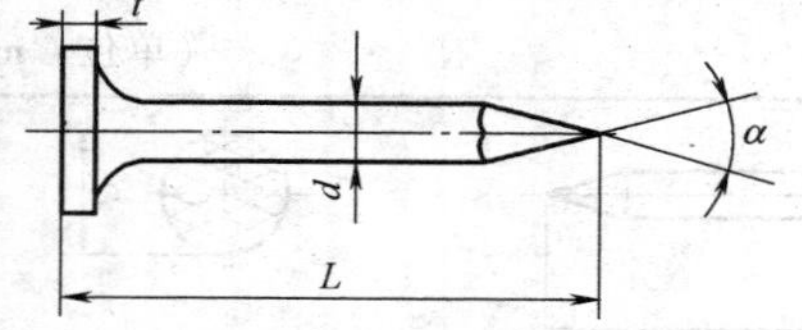

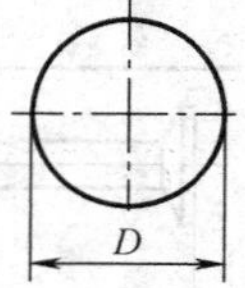

规格（$d×L$）	1.70×16、1.80×14、1.80×16、1.80×18、1.80×20、2.00×18、2.00×20、2.20×20、2.20×23、2.20×25、2.50×22、2.50×25、2.50×28、2.50×30、2.80×18、2.80×25、2.80×32、2.80×35、2.80×40、2.80×50、3.00×30、3.00×35、3.00×40、3.00×45、3.00×50、3.40×50、3.40×60、3.40×65、3.70×50、3.70×60、3.80×50、3.80×60、3.80×65、4.10×60、4.10×70、4.10×65、4.50×65、4.50×70、4.50×75、4.50×80、4.80×80、4.80×90、5.00×90、5.00×100、5.50×100、5.50×130

注：钉尖角 α 在 $d \leqslant 2.2$mm 时为 32°，其余均为 35°。

4. 托盘钉

【用途】 用于制造集装、堆放、搬运和运输货物的托盘箱。

【规格】 托盘钉的规格见表 27-8。

5. 鼓头钉

【用途】 用于各类金属板材、管材等工件的紧固。

表 27-7　圆台帽水泥钉的规格（GB/T 27704—2011）

（单位：mm）

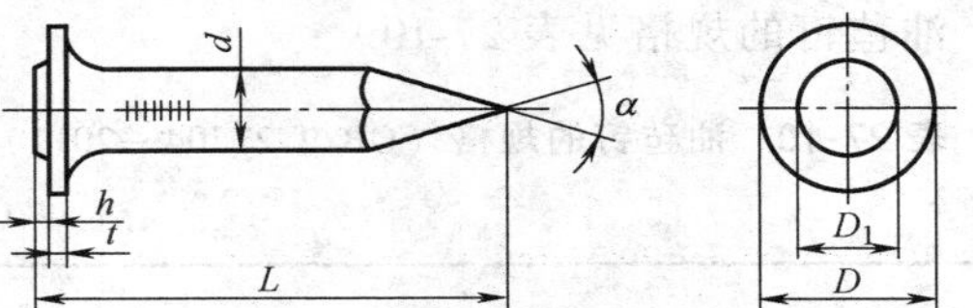

规格（d×L）	1.70×20、1.80×20、2.00×25、2.20×30、2.50×30、2.50×35、2.50×40、2.80×40、2.80×50、3.20×60、3.40×50、3.40×60、3.70×60、3.80×70、3.80×80、3.80×90、3.80×100、4.10×70、4.50×80、4.80×90、5.00×100

表 27-8　托盘钉的规格（GB/T 27704—2011）

（单位：mm）

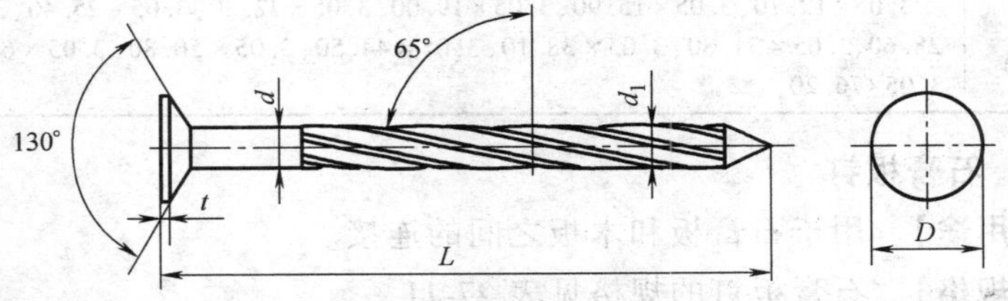

规格（d×L）	2.68×38.10、2.68×44.50、2.68×50.80、2.68×57.20、2.87×38.10、2.87×41.30、2.87×44.50、2.87×50.80、2.87×57.20、2.87×60.30、2.87×63.50、2.87×76.20、3.05×41.30、3.05×44.50、3.05×50.80、3.05×57.20、3.05×60.30、3.05×63.50、3.05×76.20

【规格】 鼓头钉的规格见表 27-9。

表 27-9　鼓头钉的规格（GB/T 27704—2011）

（单位：mm）

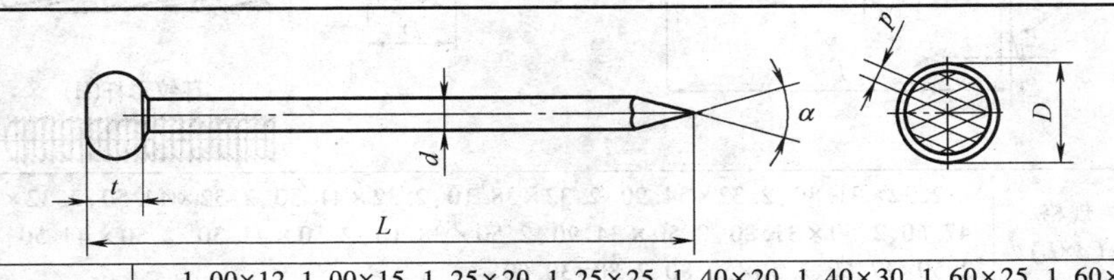

规格（d×L）	1.00×12、1.00×15、1.25×20、1.25×25、1.40×20、1.40×30、1.60×25、1.60×30、1.60×40、1.80×25、1.80×30、1.80×40、2.00×30、2.00×40、2.00×45、2.00×50、2.50×40、2.50×45、2.50×50、2.50×65、2.80×40、2.80×45、2.80×50、2.83×55、2.83×60、2.83×65、3.15×50、3.15×65、3.15×75、3.75×75、3.75×90、3.75×100、4.50×100、5.60×125、5.60×150

6. 油毡钉

【用途】 多用于固定屋面防水油毡。

【规格】 油毡钉的规格见表27-10。

表27-10 油毡钉的规格（GB/T 27704—2011）

（单位：mm）

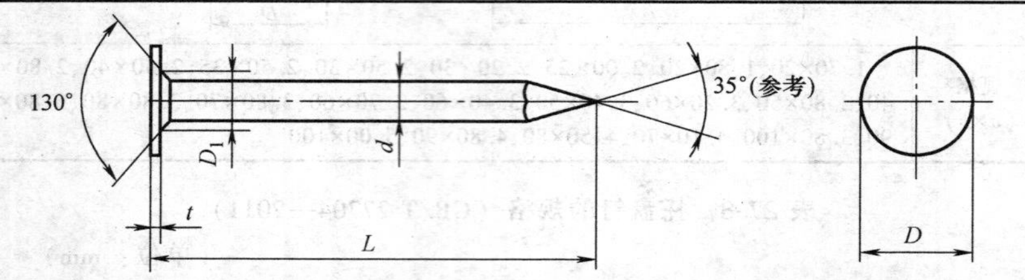

规格（$d\times L$）	3.05×12.70、3.05×15.90、3.05×19.00、3.05×22.20、3.05×25.40、3.05×28.60、3.05×31.80、3.05×38.10、3.05×44.50、3.05×50.80、3.05×63.50、3.05×76.20

7. 石膏板钉

【用途】 用于石膏板和木板之间的连接。

【规格】 石膏板钉的规格见表27-11。

表27-11 石膏板钉的规格（GB/T 27704—2011）

（单位：mm）

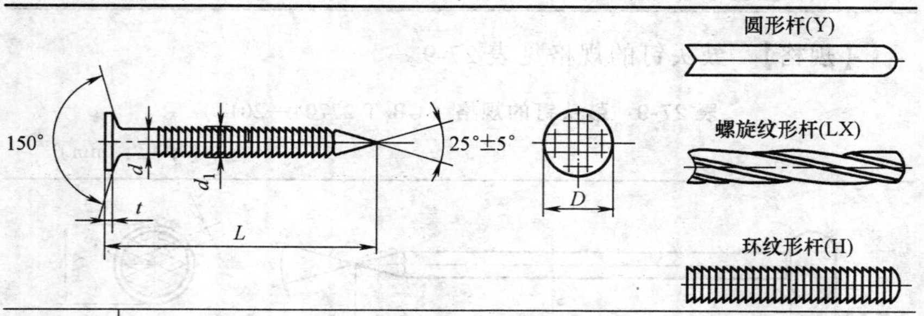

规格（$d\times L$）	2.32×31.80、2.32×34.90、2.32×38.10、2.32×41.30、2.32×44.50、2.32×47.60、2.50×31.80、2.50×34.90、2.50×38.10、2.50×41.30、2.50×44.50、2.50×47.60、2.50×50.80、2.80×30.00

8. 双帽钉

【用途】 双帽钉有紧固帽钉和起钉帽钉两种，后者用于固定工件。需要拆除工件时，把工具卡在两个帽之间，便可轻易取出双帽钉，且不损坏工件。

【规格】　双帽钉的规格见表 27-12。

表 27-12　双帽钉的规格（GB/T 27704—2011）

（单位：mm）

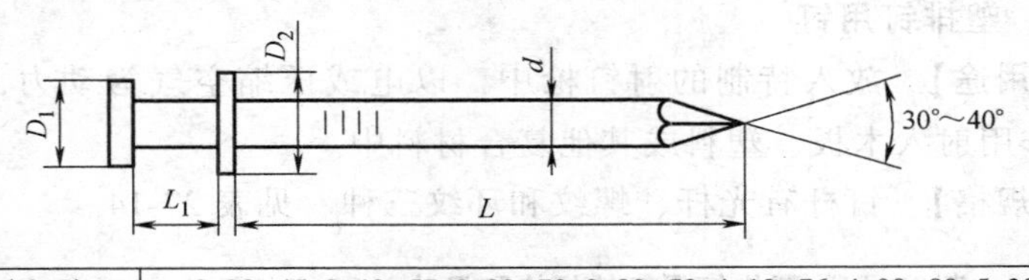

规格（d×L）	2. 90×45、3. 40×57、3. 80×70、3. 80×73、4. 10×76、4. 90×89、5. 30×102

27. 1. 3　动力工具击打钢钉

【分类】　有普通卷钉、塑排钉用钉、油毡卷钉用钉、纸排钉、钢排钉、T 形头胶排钉等。

【材料】　一般采用钢丝（低碳钢、优质碳素钢或不锈钢）作为原材料。

1. 普通卷钉

由一组形状相同、等距排列的若干单个钉子和连接件组成，连接件可为镀铜铁丝，在与各钉杆中心线成 β 角度的方向上与各钉子相连接，将各钉串连在一起，然后卷成一卷。

【用途】　用于木材、竹器件、普通塑料、土墙翻砂、修制家具、包装木箱等。

【规格】　普通卷钉的规格见表 27-13。

表 27-13　普通卷钉的规格（GB/T 27704—2011）

（单位：mm）

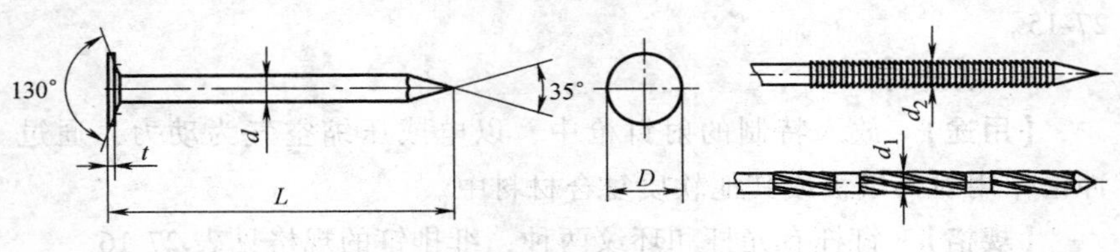

（续）

规格（$d×L$）	2.10×25、2.10×32、2.10×38、2.10×45、2.10×50、2.30×32、2.30×38、2.30×45、2.30×50、2.30×57、2.50×45、2.50×50、2.50×55、2.50×57、2.50×60、2.50×65、2.87×50、2.87×55、2.87×57、2.87×60、2.87×65、3.40×85、3.40×90、3.40×100、3.75×70、3.75×75、3.75×80、3.75×85、3.75×90、3.75×100、4.10×57、4.10×60、4.10×64、4.10×75、4.10×83、4.10×90、4.10×100

2. 塑排钉用钉

【用途】 放入特制的射钉枪中，以电或压缩空气为动力，通过冲击作用射入木板、塑料或其他复合材料中。

【规格】 钉杆有光杆、螺纹和环纹三种。见表27-14。

表27-14 塑排钉用钉的规格和尺寸（GB/T 27704—2011）

（单位：mm）

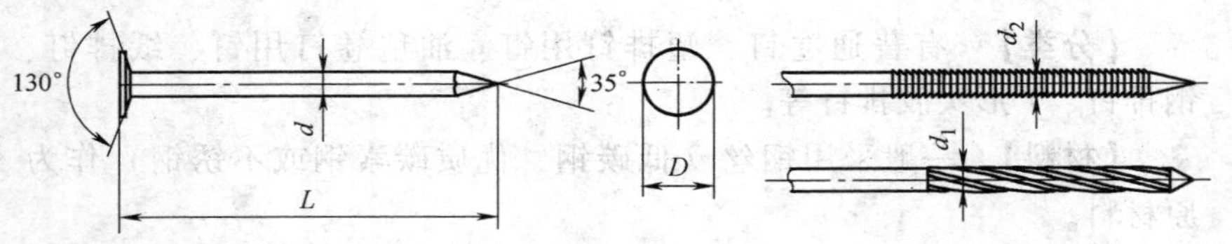

规格（$d×L$）	2.87×50、2.87×57、2.87×60、2.87×64、2.87×76、3.05×50、3.05×57、3.05×60、3.05×64、3.05×76、3.05×83、3.05×80、3.05×90、3.33×57、3.33×60、3.33×64、3.33×76、3.33×83、3.33×86、3.33×90、3.43×57、3.43×60、3.43×64、3.43×76、3.43×83、3.43×86、3.43×90、3.75×57、3.75×60、3.75×64、3.75×76、3.75×83、3.75×86、3.75×90、4.10×57、4.10×60、4.10×64、4.10×76、4.10×83、4.10×86

3. 油毡卷钉用钉

【用途】 放入特制的射钉枪中，以电或压缩空气为动力，通过冲击作用射入油毡或其他复合材料中。

【规格】 钉杆有光杆和环纹两种，油毡卷钉用钉的规格见表27-15。

4. 纸排钉

【用途】 放入特制的射钉枪中，以电或压缩空气为动力，通过冲击作用射入纸板或其他软质复合材料中。

【规格】 钉杆有光杆和环纹两种，纸排钉的规格见表27-16。

表 27-15　油毡卷钉用钉的规格和尺寸（GB/T 27704—2011）

（单位：mm）

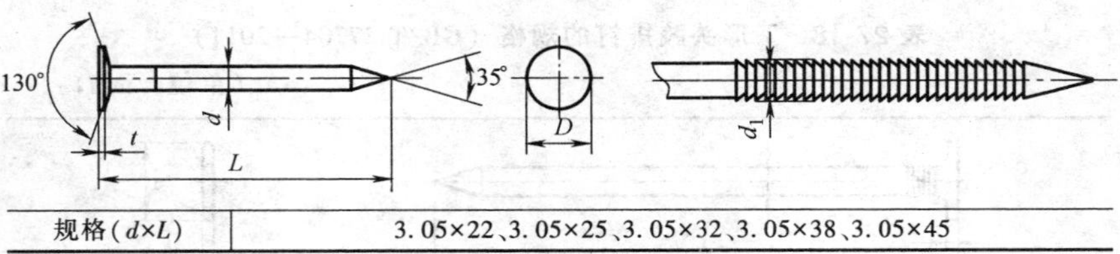

规格（d×L）	3.05×22、3.05×25、3.05×32、3.05×38、3.05×45

表 27-16　纸排钉的规格（GB/T 27704—2011）

（单位：mm）

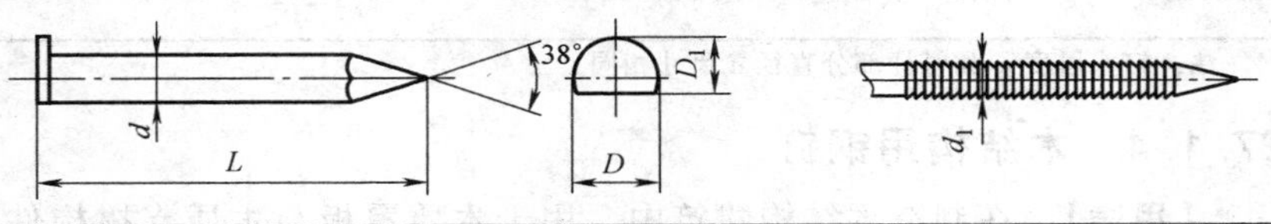

规格（d×L）	2.87×50、2.87×60、2.87×65、2.87×70、2.87×75、3.05×60、3.05×65、3.05×70、3.05×75、3.05×80、3.05×85、3.05×90、3.05×100、3.15×60、3.15×65、3.15×70、3.15×75、3.15×80、3.15×85、3.15×90、3.15×100、3.33×60、3.33×65、3.33×70、3.33×75、3.33×80、3.33×85、3.33×90、3.33×100

5. 钢排钉

【用途】 放入特制的射钉枪中，以电或压缩空气为动力，通过冲击作用射入混凝土等比较坚硬的材料中。

【规格】 钉杆有光杆和环纹两种，钢排钉的规格见表 27-17。

表 27-17　钢排钉的规格（GB/T 27704—2011）

（单位：mm）

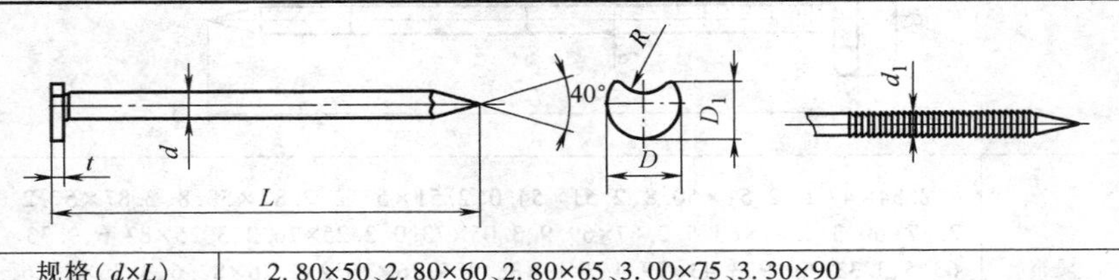

规格（d×L）	2.80×50、2.80×60、2.80×65、3.00×75、3.30×90

6. T 形头胶排钉

【用途】 用于办公台、桌椅、沙发等的连接紧固、包装，钉入后暴露的钉头小，更美观。

【规格】 T形头胶排钉的规格见表27-18。

表27-18 T形头胶排钉的规格（GB/T 27704—2011）

（单位：mm）

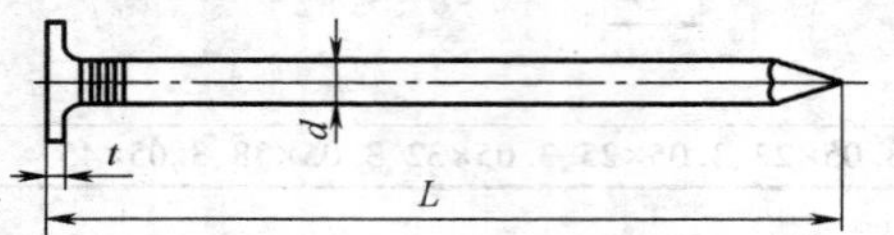

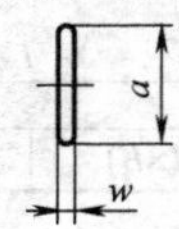

规格（$d \times L$）	2.00×25、2.00×32、2.20×18、2.20×25、2.20×32、2.20×38、2.20×45、2.20×50、2.20×57、2.20×64、2.50×32、2.50×38、2.50×45、2.50×50、2.50×55、2.50×65

注：钉头厚度 w 和钉杆部分直径 d 尺寸相同。

27.1.4 木结构用钢钉

【用途】 在制造木结构建筑中，用于木质覆板与木质支撑构件、木质构件之间、木质构件与连接件的连接。

【分类】 按使用方式分，有手动工具捶击用和动力工具击打用两种；按用途分，有结构用和非结构用两种。

【材料】 一般为低碳钢，也可选用优质碳素钢或不锈钢钢丝。

1. 木结构框架用及结构用钢钉

【规格】 木结构框架用及结构用钢钉的规格见表27-19。

表27-19 木结构框架用及结构用钢钉的规格（LY/T 2059—2012）

（单位：mm）

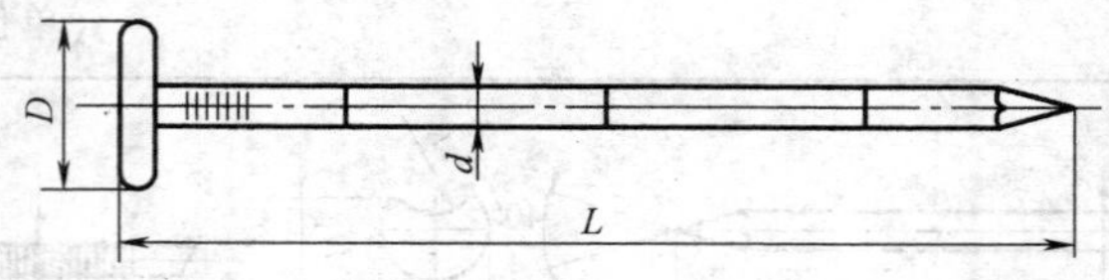

规格（$d \times L$）	2.34×47.6、2.51×50.8、2.51×54.0、2.51×57.2、2.87×50.8、2.87×57.2、2.87×60.3、2.87×63.5、2.87×69.9、3.05×73.0、3.25×76.2、3.25×82.6、3.33×63.5、3.33×69.9、3.43×79.4、3.43×88.9、3.76×76.2、3.76×82.6、3.76×82.6、3.76×101.6、3.76×114.3、4.11×88.9、4.11×127.0、4.50×95.3、4.88×101.6、4.88×108.0、5.26×114.3、5.26×120.7、5.74×127.0、6.20×139.7、6.20×146.1、6.65×152.4

2. 框架用环纹钉

【规格】 框架用环纹钉的规格见表 27-20。

表 27-20　框架用环纹钉的规格（LY/T 2059—2012）

（单位：mm）

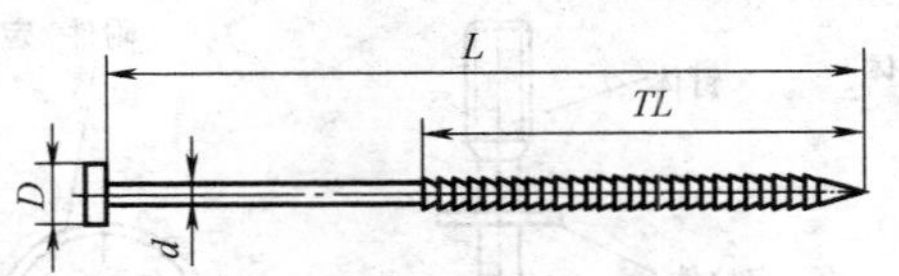

规格 （d×L）	3.43×76.2、3.43×88.9、3.76×76.2、3.76×88.9、3.76×101.6、3.76×114.3、4.50×76.2、4.50×88.9、4.50×101.6、4.50×114.3、4.50×127.0、4.50×152.4、4.50×203.2、5.08×88.9、5.08×101.6、5.08×114.3、5.08×127.0、5.08×152.4、5.08×203.2、5.26×101.6、5.26×114.3、5.26×127.0、5.26×152.4、5.26×203.2、

3. 扁头圆钢钉

【用途】 用于要求将钉帽埋入木材里的场合。

【规格】 扁头圆钢钉的规格见表 27-21。

表 27-21　扁头圆钢钉的规格

钉长/mm	35	40	50	60	80	90	100
钉杆直径/mm	2	2.2	2.5	2.8	3.2	3.4	3.8
每千个质量/kg	0.95	1.18	1.75	2.9	4.7	6.4	8.5

27.1.5　射钉

射钉是以火药燃烧为动力，可钉入混凝土、钢铁、砖砌体、石材等硬质基体的钉子。

【用途】 与射钉器、射钉弹配合，射入被紧固零件的基体中，用于紧固零件或吊挂其他物体。

【材料和硬度】 优质碳素结构钢，钉体芯部的硬度应为 50~57HRC。

【表面处理】 钉体镀锌层厚度应不小于 0.005mm，金属定位件和金属附件的镀锌层厚度应不小于 0.004mm。

【品种和代号】 有圆头钉（YD）、大圆头钉（DD）、小平头钉（PS）、平头钉（PD）、大平头钉（DPD）、6mm 平头钉（ZP）、

6.3mm 平头钉（DZP）、球头钉（QD）、眼孔钉（KD）、螺纹钉（M）、专用钉（ZD）等。钉杆表面压花时，要加“压花”。

【类别】 有仅由钉体构成的射钉、由钉体和定位件构成的射钉，以及由钉体、定位件和附件构成的射钉三种（图 27-2）。

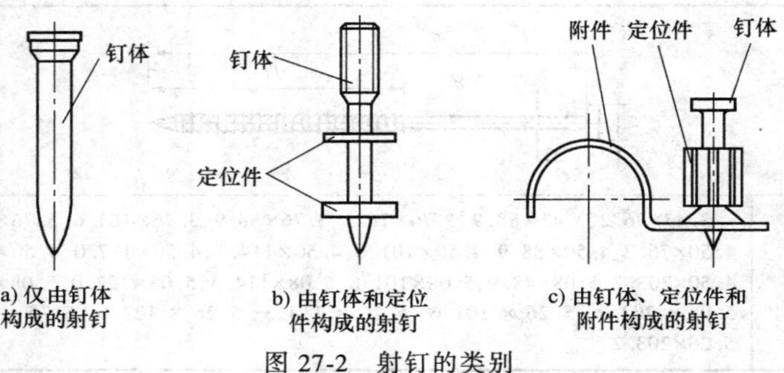

图 27-2　射钉的类别

【尺寸】 射钉钉体的尺寸见表 27-22。

表 27-22　射钉钉体的尺寸（GB/T 18981—2008）　（单位：mm）

类型代号	名　称	图　示	尺寸 L
YD	圆头钉	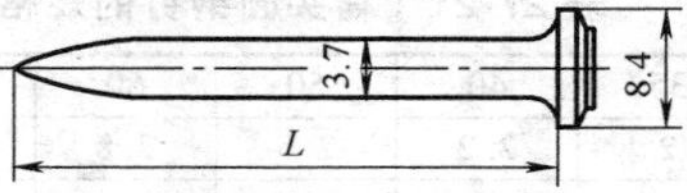	19、22、27、32、37、42、47、52、57、62、72
DD	大圆头钉	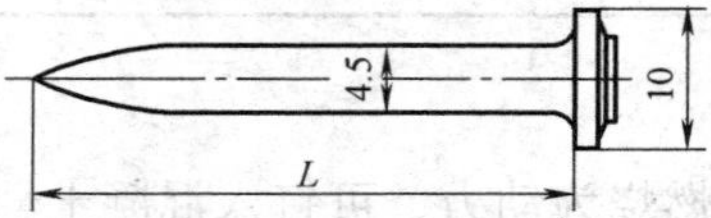	27、32、37、42、47、52、57、62、72、82、97、117
HYD	压花圆头钉	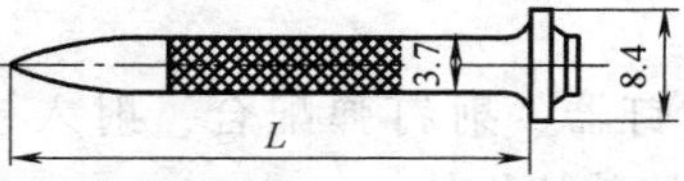	13、16、19、22
HDD	压花大圆头钉	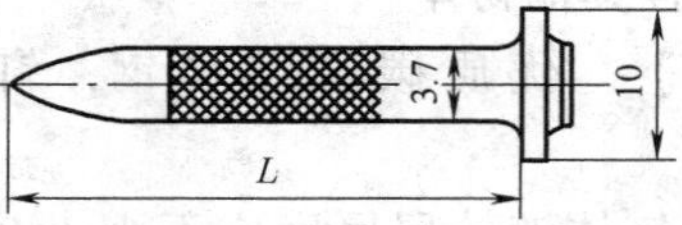	19、22
PD	平头钉	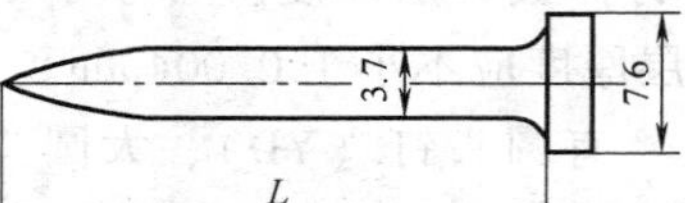	19、25、32、38、51、63、76

（续）

类型代号	名　称	图　示	尺寸 L
PS	小平头钉	3.5　7.6　L	22、27、32、37、42、47、52、62、72
DPD	大平头钉	4.5　10　L	27、32、37、42、47、52、57、62、72、82、97、117
HPD	压花平头钉	3.7　7.6　L	13、16、19
QD	球头钉	3.7　5.6　L	22、27、32、37、42、47、52、62、72、82、97
HQD	压花球头钉	3.7　5.6　L	16、19、22
ZP	6mm平头钉	3.7　6　L	25、30、35、40、50、60、75
DZP	6.3mm平头钉	4.2　6.3　L	25、30、35、40、50、60、75
ZD	专用钉	2.7　3.7　8　L	42、47、52、57、62
GD	GD 钉	5.5　8　L	45、50
KD6	6mm眼孔钉	3.7　6　L　11	25、30、35、40、45、50、60

（续）

类型代号	名　称	图　示	尺寸 L
KD6.3	6.3mm 眼孔钉	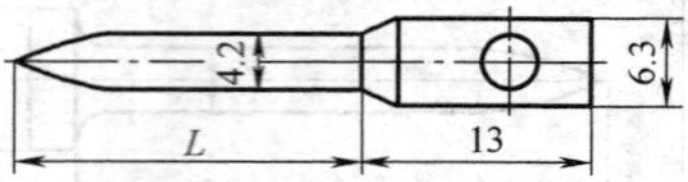	25、30、35、40、50、60
KD8	8mm 眼孔钉	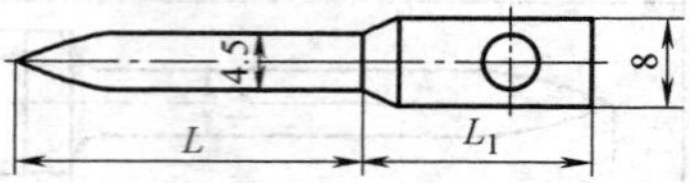	L=22、32、42、52 L_1=20、25、30、35
KD10	10mm 眼孔钉	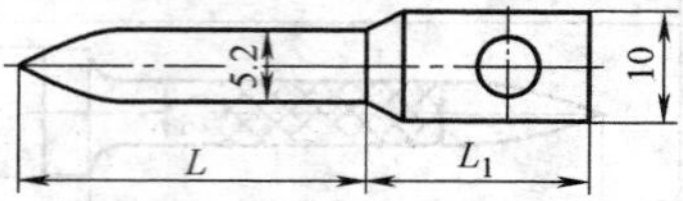	L=32、42、52 L_1=24、30
M6	M6 螺纹钉	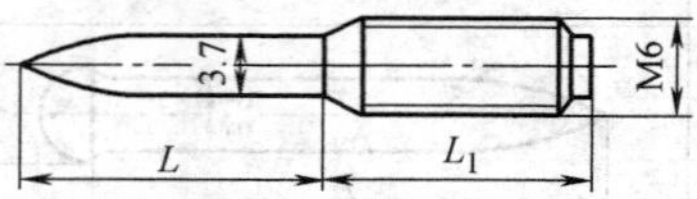	L = 22、27、32、42、52 L_1 = 11、20、25、32、38
M8	M8 螺纹钉	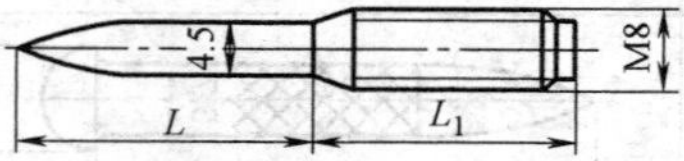	L=27、32、42、52 L_1 = 15、20、25、30、35
M10	M10 螺纹钉	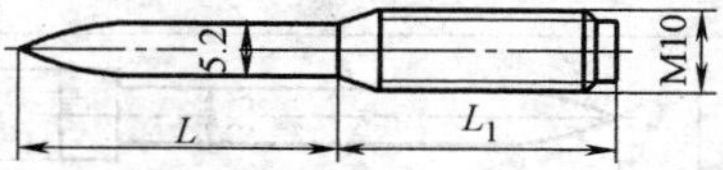	L=27、32、42 L_1=24、30
HM6	M6 压花螺纹钉	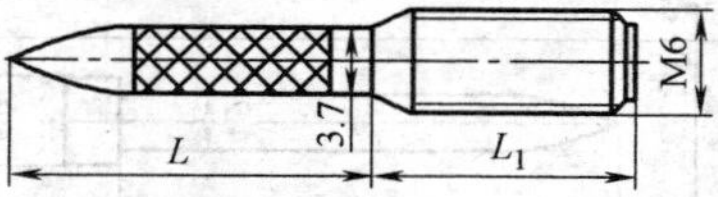	L=9、12 L_1=15. 20、25、32
HM8	M8 压花螺纹钉	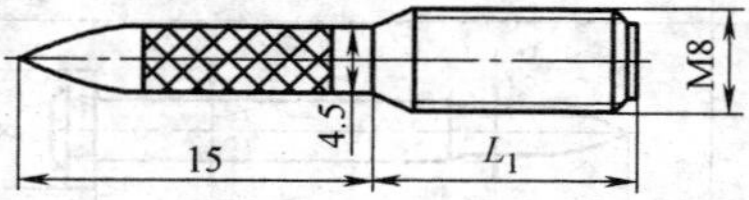	L_1 = 15、20、25、30、35
HM10	M10 压花螺纹钉	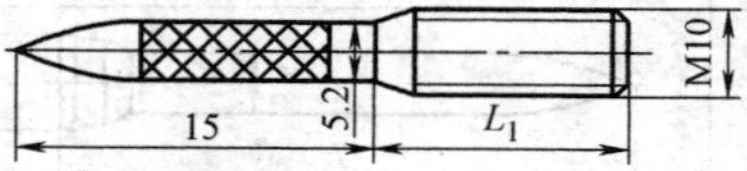	L_1=24、30
HTD	压花特种钉	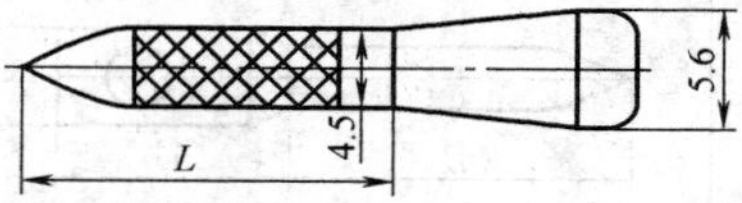	L=21

27.1.6　瓦楞钉

瓦楞钉有普通瓦楞钉、瓦楞螺钉和镀锌瓦楞螺钉几种。

1. 普通瓦楞钉

【用途】 用于固定屋面上的瓦楞铁皮。

【规格】 瓦楞钉的规格见表 27-23。

表 27-23　瓦楞钉的规格

钉身直径 /mm	钉帽直径 /mm	长度(除帽)/mm			
		38	44.5	50.8	63.5
		质量/g			
3.73	20	6.30	6.75	7.35	8.35
3.37	20	5.58	6.01	6.44	7.30
3.02	18	4.53	4.90	5.25	6.17
2.74	18	3.74	4.03	4.32	4.90
2.38	14	2.30	2.38	2.46	—

2. 镀锌瓦楞钉

【用途】 用于木结构屋面上固定瓦楞铁皮及石棉瓦（加垫羊毛垫圈）。

【规格】 镀锌瓦楞螺钉的规格见表 27-24。

表 27-24　镀锌瓦楞螺钉的规格

钉杆直径 d		钉帽	钉长/mm							
线规号 SWG	相当 /mm	直径 D /mm	38.1	44.5	50.8	63.5	38.1	44.5	50.8	63.5
			质量/g				单位质量的钉数/(个/kg)≈			
9	3.76	20	6.30	6.75	7.39	8.35	159	149	136	150
10	3.40	20	5.58	6.01	5.44	7.30	179	166	155	137
11	3.05	18	4.53	4.90	5.29	—	221	204	190	—
12	2.77	18	3.74	4.03	4.32	—	267	243	231	—
13	2.41	14	2.30	2.38	2.46	—	435	420	407	—

3. 瓦楞螺钉

【用途】 用于木结构屋面上固定石棉瓦或铁皮，使用时，须加羊毛垫圈或瓦楞垫圈。

【规格】 瓦楞螺钉的规格见表 27-25。

表 27-25　瓦楞螺钉的规格　　（单位：mm）

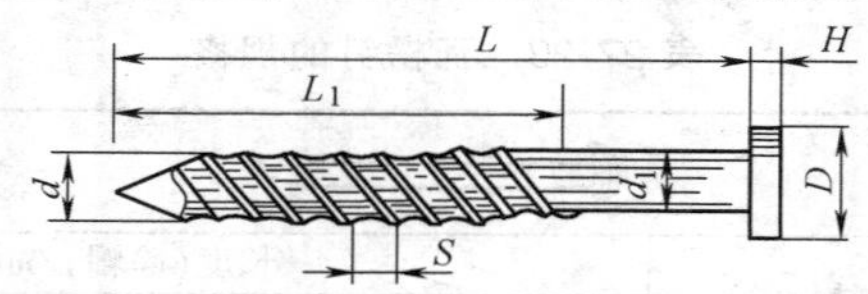

直径×长度	钉杆长 L	钉杆直径 d	螺纹长 L_1	直径×长度	钉杆长 L	钉杆直径 d	螺纹长 L_1
6×50	50	5	35	7×50	50	6	35
6×60	60		42	7×60	60		42
6×65	65		46	7×65	65		46
6×75	75		52	7×75	75		52
6×85	85		60	7×85	85		60
6×100	100		60	7×90	90		60
				7×100	100		70

27.1.7 油毡钉

【用途】 多用于屋面防水油毡固定用。

【规格】 油毡钉的规格见表 27-26。

表 27-26　油毡钉的规格

规格	钉杆尺寸/mm		每千个质量/kg	规格	钉杆尺寸/mm		每千个质量/kg
	长度	直径			长度	直径	
15	15	2.5	0.58	25.40	25.40	3.06	1.47
20	20	2.8	1.00	28.58	28.58		1.65
25	25	3.2	1.50	31.75	31.75		1.83
30	30	3.4	2.00	38.10	38.10		2.20
19.05	19.05	3.06	1.10	44.45	44.45		2.57
22.23	22.23		1.28	50.80	50.80		2.93

27.1.8 水泥钉

【用途】 用于在混凝土或砖墙上固定物件。

【规格】 水泥钉的规格见表 27-27。

表 27-27　水泥钉的规格　　　（单位：mm）

钉号	钉杆长	直径	钉号	钉杆长	直径	钉号	钉杆长	直径
7	101.6	4.57	9	38.1	3.76	11	38.1	3.05
	76.2			25.4			25.4	
8	76.2	4.19	10	50.8	3.40	12	38.1	2.77
	63.5			38.1			25.4	
9	50.8	3.76		25.4				

27.1.9　其他用钉

1. 拼合用圆钢钉

【用途】　主要用于制造木箱、家具、门扇及其他需要拼合木板的场合。

【规格】　拼合用圆钢钉的规格见表 27-28。

表 27-28　拼合用圆钢钉的规格

钉长/mm	25	30	35	40	45	50	60
钉杆直径/mm	1.6	1.8	2	2.2	2.5	2.8	2.8
质量/g	0.36	0.55	0.79	1.08	1.52	2.0	2.4

2. 鱼尾钉

【用途】　用于制造沙发、软坐垫、鞋、帐篷、纺织、皮革箱具等。

【规格】　鱼尾钉的规格见表 27-29。

表 27-29　鱼尾钉的规格

种类	薄型(A 型)					厚型(B 型)					
全长/mm	6	8	10	13	16	10	13	16	19	22	25
质量/g　≈	44	69	83	122	180	132	278	357	480	606	800

注：卡颈尺寸指近钉头处钉身的椭圆形截面短轴直径尺寸。

3. 骑马钉

【用途】　用于钉固沙发弹簧、金属板（丝）网等。

【规格】 骑马钉的规格见表 27-30。

表 27-30 骑马钉的规格 （单位：mm）

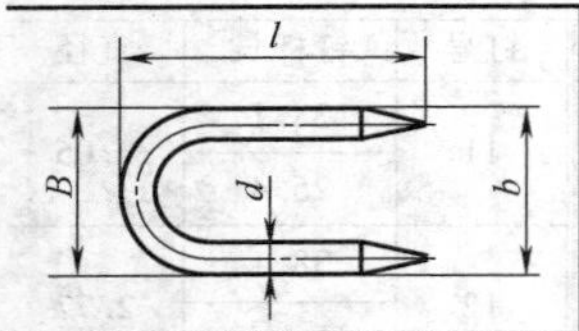

钉长 l	10	11	12	13	15
钉杆直径 d	1.6	1.8	1.8	1.8	1.8
钉长 l	16	20	25	30	—
钉杆直径 d	1.8	1.8/2.0	2.2	2.5/2.7	—

4. 家具钉

【用途】 用于钉固木制家具或地板。

【规格】 家具钉的规格见表 27-31。

表 27-31 家具钉的规格 （单位：mm）

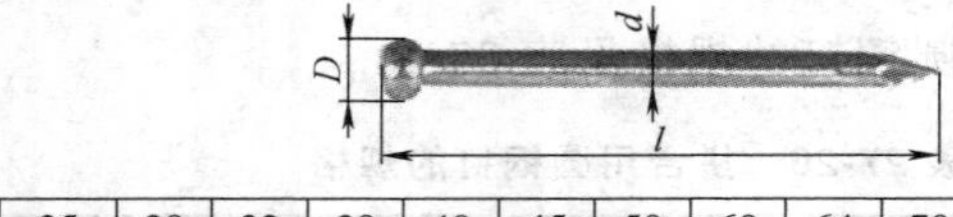

l	19	25	30	32	38	40	45	50	60	64	70	80	82	90	100	130
d	1.2/1.5	1.5/1.6	1.6	1.6	1.8	1.8	1.8	2.1	2.3	2.4	2.5	2.8	3.0	3.0	3.4	4.1

5. 包装钉

【用途】 用于包装箱木板与木框的连接。

【规格】 包装钉的规格见表 27-32。

表 27-32 包装钉的规格 （单位：mm）

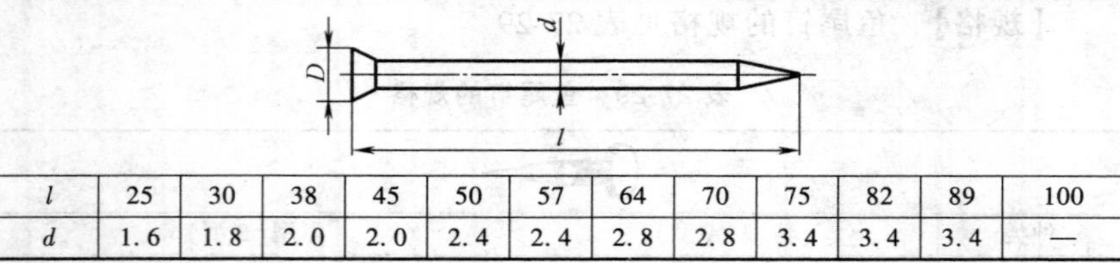

l	25	30	38	45	50	57	64	70	75	82	89	100
d	1.6	1.8	2.0	2.0	2.4	2.4	2.8	2.8	3.4	3.4	3.4	—

27.2 金属丝网

网按材料类别分，有金属网和非金属网。金属网又分为金属板网、金属丝网、编织方孔网、刺钢丝网、焊接网等。

27.2.1 镀锌低碳钢丝网

1. 一般用途镀锌低碳钢丝方孔网

【用途】 用于建筑、圈栏、一般筛选、过滤等。

【标记】 表示方法：

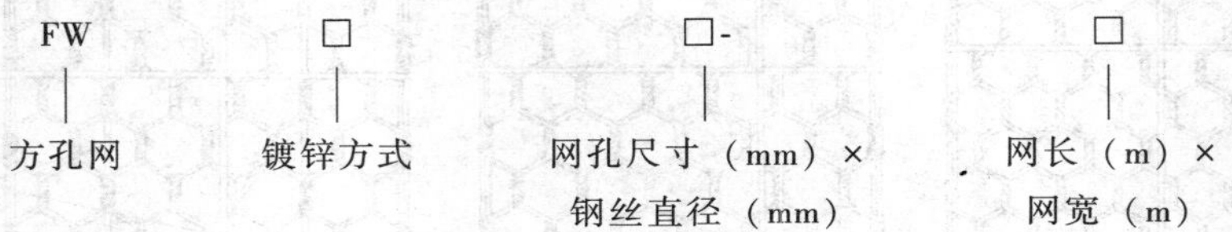

例：网孔尺寸为 6.35mm，钢丝直径为 0.90mm，网长为 30m，网宽为 0.914m 的一般用途热镀锌低碳钢丝编织的方孔网，标记为：FW R 6.35×0.90-30×0.914　QB/T 1925.1。

【规格】 一般用途镀锌低碳钢丝方孔网的规格见表 27-33。

表 27-33　一般用途镀锌低碳钢丝方孔网的规格（QB/T 1925.1—1993）

（单位：mm）

网孔尺寸	钢丝直径	净孔尺寸	网宽	相当英制目数	网孔尺寸	钢丝直径	净孔尺寸	网宽	相当英制目数
0.50		0.30		50	1.80	0.35	1.45		14
0.55		0.35		46	2.10	0.45	1.65		12
0.60	0.20	0.40		42	2.55		2.05		10
0.64		0.44		40	2.80		2.25		9
0.66		0.46		38	3.20	0.55	2.65		8
0.70		0.50		36	3.60		3.05		7
0.75		0.50		34	3.90		3.35	1000	6.5
0.80		0.55	914	32	4.25		3.55		6
0.85		0.60		30	4.60	0.70	3.90		5.5
0.90	0.25	0.65		28	5.10		4.40		5
0.95		0.70		26	5.65		4.75		4.5
1.05		0.80		24	6.35	0.90	5.45		4
1.15		0.85		22	7.25		6.35		3.5
1.30	0.30	1.00		20	8.46		7.26		3
1.40		1.10		18	10.20	1.20	9.00	1200	2.5
1.50		1.25	1000	16	12.70		11.50		2

2. 镀锌低碳钢丝六角网

【用途】 用于建筑门窗防护栏及工业设备上的保温包扎材料等。

【分类】 按镀锌方式分，有先编网后镀锌（B）、先电镀锌后织网（D）和先热镀锌后织网（R）三种；按编织形式分，有单向搓捻式（Q）、双向搓捻式（S）和双向搓捻式有加强筋（J）三种（见图 27-3）。

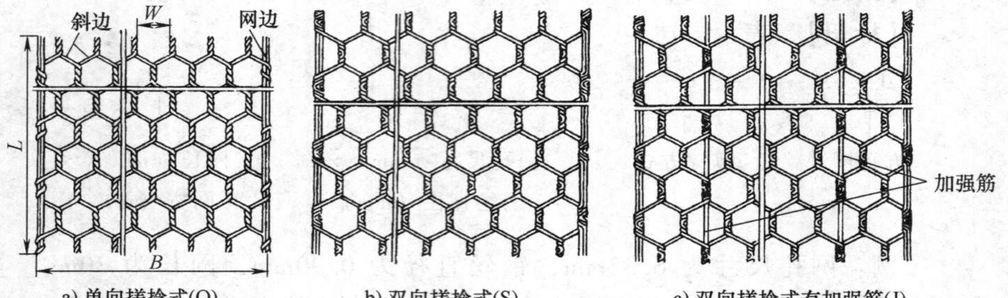

a) 单向搓捻式(Q)　b) 双向搓捻式(S)　c) 双向搓捻式有加强筋(J)

图 27-3　镀锌低碳钢丝六角网的编织形式

【标记】 表示方法：

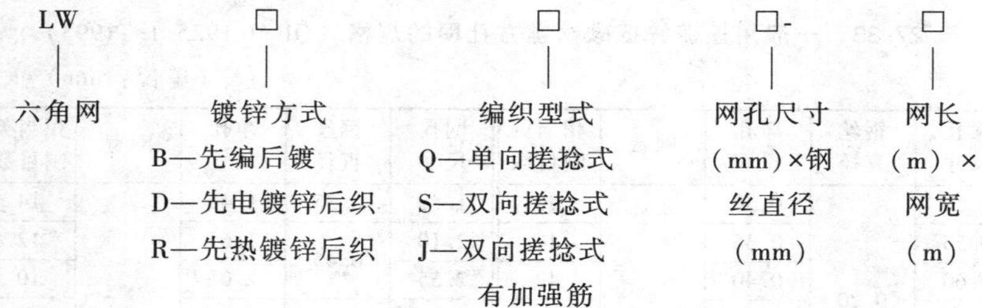

例：先编后镀的编织网网孔尺寸为 16mm，钢丝直径为 0.9mm，网宽为 1m，网长为 3m 的单向搓捻的一般用途镀锌低碳钢丝编织六角网，标记为：LWRJ20×0.8-1.5×5　QB/T 1925.2。

【规格】 一般用途镀锌低碳钢丝六角网的规格见表 27-34。

表 27-34　一般用途镀锌低碳钢丝六角网的规格（QB/T 1925.2—1993）

类别	镀锌方式			编织形式					
	先编网后镀锌（B）	先电镀锌后编网（D）	先热镀锌后编网（R）	单向搓捻式（Q）		双向搓捻式（S）		双向搓捻式有加强筋（J）	
网孔尺寸 W/mm	10	13	16	20	25	30	40	50	75
钢丝直径 d/mm	0.40～0.60	0.40～0.90	0.40～0.90	0.40～1.00	0.40～1.30	0.45～1.30	0.50～1.30	0.50～1.30	0.50～1.30

注：钢丝直径（mm）系列有 0.40、0.45、0.50、0.55、0.60、0.70、0.80、0.90、1.00、1.10、1.20、1.30；网宽（m）系列有 0.5、1.0、1.5、2.0m；网长（m）系列有 25、30、35。

3. 一般用途镀锌低碳钢丝编织波纹方孔网

【用途】 用于矿山、冶金、建筑及农业生产中的筛选、过滤等。

【规格】 一般用途镀锌低碳钢丝编织波纹方孔网的规格见表 27-35。

表 27-35　一般用途镀锌低碳钢丝编织波纹方孔网的规格（QB/T 1925.3—1993）

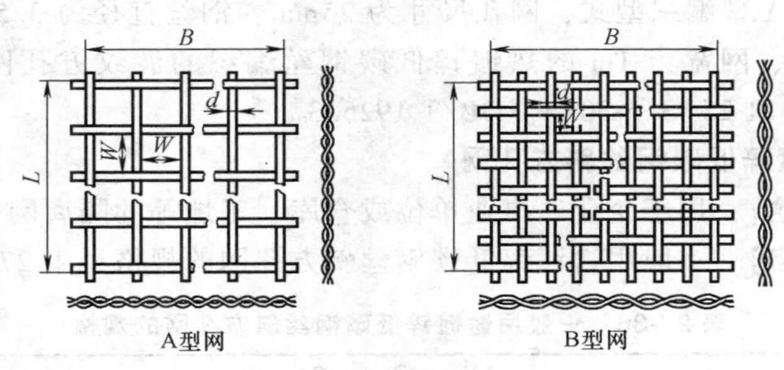

A型网　　B型网

基本尺寸	L/mm	B/mm
片网	<1000	900
	1000～5000	1000
	5001～10000	1500
卷网	10000～30000	2000

钢丝直径 d/mm	网孔尺寸 W/mm			
	A 型		B 型	
	Ⅰ系	Ⅱ系	Ⅰ系	Ⅱ系
0.70	—	—	1.5、2.0	—
0.90	—	—	2.5	—
1.20	6	8	—	—
1.60	8、10	12	3	5
2.20	12	15、20	4	6
2.80	15	25	6	—
	20			10
	—			12
3.50	20	—		8
	25			10
	—	30		15

钢丝直径 d/mm	网孔尺寸 W/mm			
	A 型		B 型	
	Ⅰ系	Ⅱ系	Ⅰ系	Ⅱ系
4.00	20	30	6	—
	25		8	12、16
5.00	25	28	20	22
	30	36		
6.00	30	28	—	18
	40	35	20	
	50	45	25	22
8.00	40	45	30	35
	50	50		
10.00	80	70	—	—
	100	90		
	125	110		

注：Ⅰ系为优先选用规格，Ⅱ系为一般规格。

【标记】 表示方法：

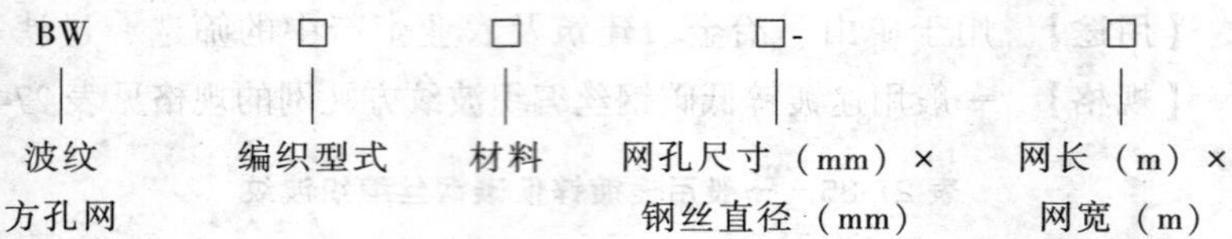

例：A 型编织型式，网孔尺寸为 25mm、钢丝直径为 3.5mm、网长为 30m、网宽为 1m 的热镀锌低碳钢丝编织的波纹方孔网，标记为：BWA R 25×3.5-30×1 QB/T 1925.3。

4. 镀锌低碳钢丝斜方孔网

【用途】 用于企业、事业单位或仓库、工地等的隔离网等。

【规格】 一般用途镀锌低碳钢丝斜方孔网的规格见表 27-36。

表 27-36 一般用途镀锌低碳钢丝斜方孔网的规格

钢丝直径/mm	网孔宽/mm	开孔率(%)	质量/(kg/m²)	钢丝直径/mm	网孔宽/mm	开孔率(%)	质量/(kg/m²)
1.2	12.5	82	1.9	2.8	40	86	2.9
1.6	12.5	76	3.4		50	89	2.3
	16	81	2.5	3.0	25.4	78	5.6
	20	85	2.0		32	82	4.3
	25.4	88	1.45		38	85	3.5
2.2	12.5	69	6.0		40	85	3.3
	16	74	5.0		50	88	2.6
	20	79	3.7	3.5	32	81	5.9
	25.4	83	2.8		38	82	4.9
	32	87	2.2		40	83	4.5
	38	89	1.8		50	86	3.6
	40	89	1.7		64	89	2.7
2.8	20	74	6.4		76	91	2.3
	25.4	79	4.8	4.0	50	85	4.7
	32	83	3.7		64	88	3.5
	38	86	3.0		76	90	3.0

注：门幅宽度为 0.5~3.0m，卷长为 10~20m。

5. 斜方眼网

【用途】 用于建筑围栏及设备防护网。

【规格】 斜方眼网的规格见表 27-37。

表 27-37　斜方眼网的规格　　　　（单位：mm）

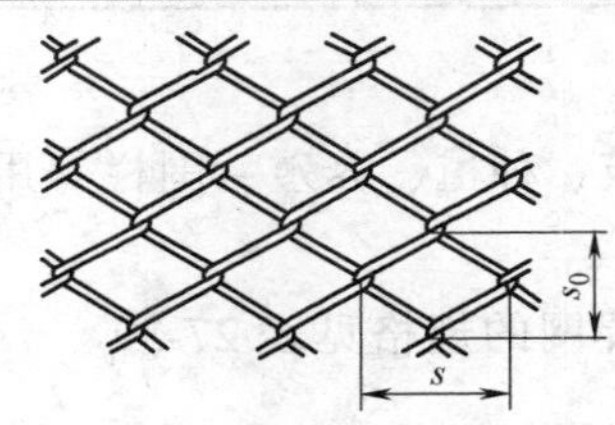

线径	网孔尺寸		线径	网孔尺寸	
	长节距 s	短节距 s_0		长节距 s	短节距 s_0
0.9	18	12	2.8	40	17
	16	8		60	30
1.25	20	10		100	50
	30	15	3.5	51	51
1.6	20	8		60	30
	30	15		70	35
	60	30		100	50
2.0	30	15	4.0	80	40
	40	20		240	120
	60	30	5	100	25
2.8	38	38	6、8		50

注：网面长度为 1000～5000mm，宽度为 50～2000mm。

6. 梯形网

【用途】 用于保温墙或石棉瓦中的加强网。

【规格】 梯形网的规格见表 27-38。

表 27-38　梯形网的规格

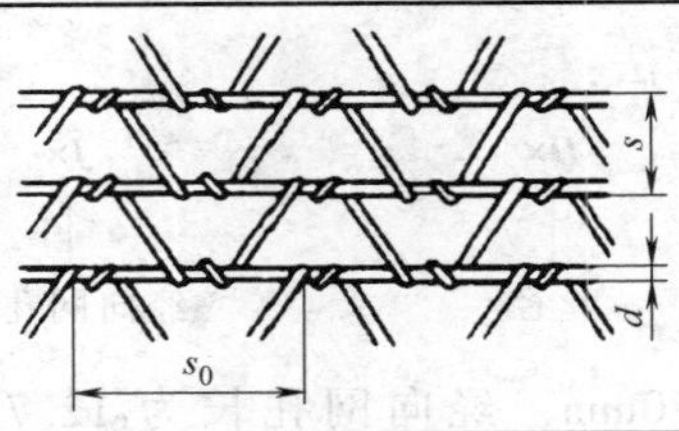

（续）

网孔尺寸 s /mm	绕缝箱距 s_0 /mm	绕丝抗拉强度/MPa	直线丝径 d /mm	直线抗拉强度/MPa	网面尺寸/mm	
					长度	宽度
13	42	≥539	0.7~1.2	≥833	1840	880
19			0.7~1.4			

7. 镀锌电焊网

【用途】 用于建筑、种植、养殖、围栏等用，尺寸 L 为 30480mm 的用于外销。

【规格】 镀锌电焊网的规格见表 27-39。

表 27-39 镀锌电焊网的规格（QB/T 3897—1999）

（单位：mm）

L/mm	B/mm
30000	914
30480	

网号	网孔尺寸 $J×W$	丝径
20×20	50.80×50.80	1.80~2.50
10×20	25.40×50.80	
10×10	25.40×25.40	
04×10	12.70×25.40	1.00~1.80
06×06	19.05×19.05	
04×04	12.70×12.70	0.50~0.90
03×03	9.53×9.53	
02×02	6.35×6.35	

【标记】 表示方法：

例：丝径为 0.70mm，经向网孔长为 12.7mm，纬向网孔长为

12.7mm 的镀锌电焊网，标记为：DHW 0.70×12.7×12.7。

27.2.2　铜丝编织方孔网

【用途】 用于筛选、过滤等。

【分类】 按网纹分，有平纹（P）、斜纹（E）和珠丽纹编织（Z）（破斜纹编织）三种；按材料分，有铜（T）、黄铜（H）和铝青铜（Q）三种。

【规格】 铜丝编织方孔网的规格见表 27-40。

表 27-40　铜丝编织方孔网的规格（QB/T 2031—1994）

（单位：mm）

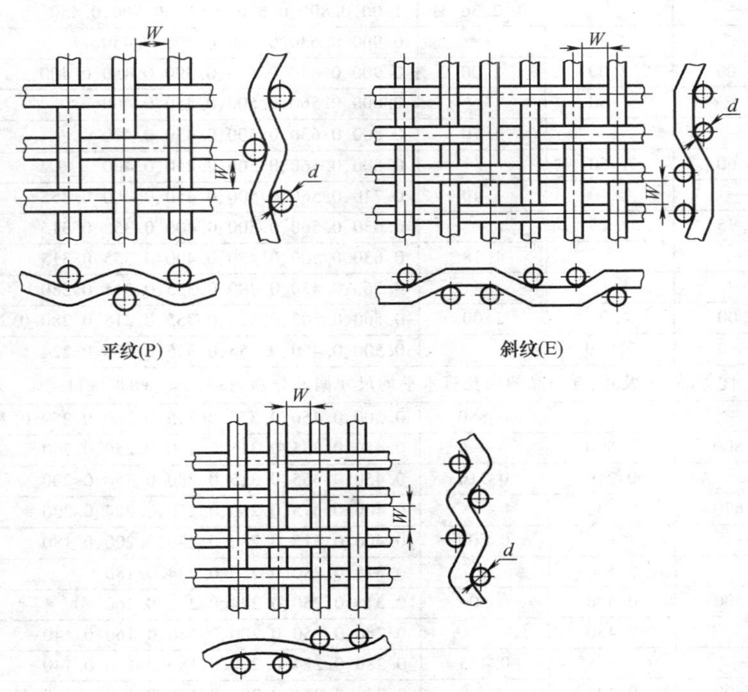

（续）

网孔基本尺寸 W			金属丝直径基本尺寸 d
主要尺寸	补充尺寸		
R10 系列	R20 系列	R40/3 系列	
优等品、一级品、合格品的网孔算术平均尺寸偏差分别为±5%、±7%、±9.8%			
5.00	5.00	—	1.60、1.25、1.12、1.00、0.900
—	—	4.75	1.60、1.25、1.12、1.00、0.900
—	4.50	—	1.40、1.12、1.00、0.900、0.800、0.710
4.00	4.00	4.00	1.40、1.25、1.12、1.00、0.900、0.710
—	3.55	—	1.25、1.00、0.900、0.800、0.710、0.630、0.560
—	—	3.55	1.25、0.900、0.800、0.710、0.630、0.560
3.15	3.15	—	1.25、1.12、0.800、0.710、0.630、0.560、0.500
—	2.8	2.8	1.12、0.800、0.710、0.630、0.560
2.50	2.50	—	1.00、0.710、0.630、0.560、0.500
—	—	2.36	1.00、0.800、0.630、0.560、0.500、0.450
—	2.24	—	0.900、0.630、0.560、0.500、0.450
2.00	2.00	2.00	0.900、0.630、0.560、0.500、0.450、0.400
—	1.80	—	0.800、0.560、0.500、0.450、0.400
—	—	1.70	0.800、0.630、0.500、0.450、0.400
1.60	1.60	—	0.800、0.560、0.500、0.450、0.400
—	1.40	1.40	0.710、0.560、0.500、0.450、0.400、0.355
1.25	1.25	—	0.630、0.560、0.500、0.400、0.355、0.315
—	—	1.18	0.630、0.500、0.450、0.400、0.355、0.315
—	1.12	—	0.560、0.450、0.400、0.355、0.315、0.280
1.00	1.00	1.00	0.560、0.500、0.400、0.355、0.315、0.280、0.250
—	0.900	—	0.500、0.450、0.355、0.315、0.250、0.224
优等品、一级品、合格品的网孔算术平均尺寸偏差分别为±5.6%、±8%、±11.2%			
—	—	0.850	0.500、0.450、0.355、0.315、0.280、0.250、0.224
0.800	0.800	—	0.450、0.355、0.315、0.280、0.250、0.200
—	0.710	0.710	0.450、0.355、0.315、0.280、0.250、0.200
0.630	0.630	—	0.400、0.315、0.280、0.250、0.224、0.200
—	—	0.600	0.400、0.315、0.280、0.250、0.200、0.180
—	0.560	—	0.315、0.280、0.250、0.224、0.180
0.500	0.500	0.500	0.315、0.250、0.224、0.200、0.160
—	0.450	—	0.280、0.250、0.200、0.180、0.160、0.140
—	—	0.425	0.280、0.224、0.200、0.180、0.160、0.140
0.400	0.400	—	0.250、0.224、0.200、0.180、0.160、0.140
—	0.355	0.355	0.224、0.200、0.180、0.140、0.125
0.315	0.315	—	0.200、0.180、0.160、0.140、0.125
—	—	0.300	0.200、0.180、0.160、0.140、0.125、0.112

（续）

网孔基本尺寸 W			金属丝直径基本尺寸 d
主要尺寸	补充尺寸		
R10 系列	R20 系列	R40/3 系列	
—	0.280	—	0.180、0.160、0.140、0.112
0.250	0.250	0.250	0.160、0.140、0.125、0.112、0.100
—	0.224	—	0.125、0.100、0.090
—	—	0.212	0.140、0.125、0.112、0.100、0.090
优等品、一级品、合格品的网孔算术平均尺寸偏差分别为±6.3%、±9%、±12.5%			
0.200	0.200	—	0.140、0.125、0.112、0.090、0.080
0.180	0.180	—	0.125、0.112、0.100、0.080、0.071
0.160	0.160	—	0.112、1.100、0.090、0.080、0.071、0.063
—	—	0.150	0.100、0.090、0.080、0.071、0.063
—	0.140	—	0.100、0.090、0.071、0.063、0.056
0.125	0.125	0.125	0.090、0.080、0.071、0.063、0.056、0.050
—	—	0.106	0.080、0.071、0.063、0.056、0.050
优等品、一级品、合格品的网孔算术平均尺寸偏差分别为±7%、±10%、±14%			
0.100	0.100	—	0.080、0.071、0.063、0.056、0.050
—	0.090	0.090	0.071、0.063、0.056、0.050、0.045
0.080	0.080	—	0.063、0.056、0.050、0.045、0.040
—	—	0.075	0.063、0.056、0.050、0.045、0.040
—	0.071	—	0.056、0.050、0.045、0.040
0.063	0.063	0.063	0.050、0.045、0.040、0.036
优等品、一级品、合格品的网孔算术平均尺寸偏差分别为±8%、±12.5%、±17.5%			
—	0.056	—	0.045、0.040、0.036、0.032
—	—	0.053	0.040、0.036、0.032
优等品、一级品、合格品的网孔算术平均尺寸偏差分别为±9%、±12.5%、±17.5%			
0.050	0.050	—	0.040、0.036、0.032、0.030
—	0.045	0.045	0.036、0.032、0.028
0.040	0.040	—	0.032、0.030、0.025
优等品、一级品、合格品的网孔算术平均尺寸偏差分别为±10%、±14%、±19.6%			
—	—	0.038	0.032、0.030、0.025
—	0.036	—	0.030、0.028、0.022

【标记】 表示方法：

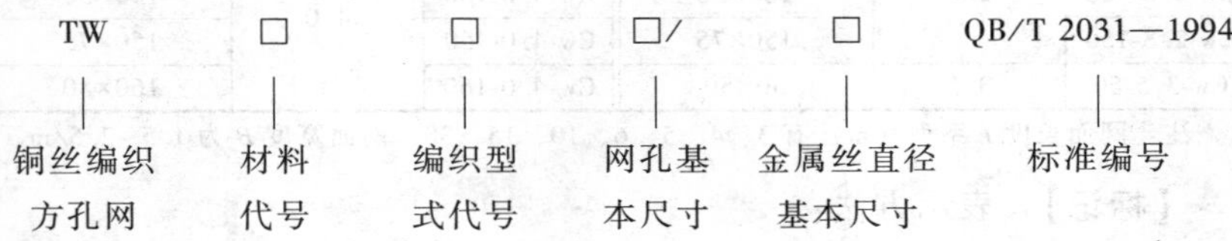

例：网孔基本尺寸为 0.180mm，黄铜丝直径为 0.080mm 的平纹编织方孔网，标记为：TW HP 0.180/0.080 QB/T 2031—1994。

27.2.3 编织网

编织网（图 27-4）由网片钢丝和张力钢丝组成，共用三根张力钢丝将编织网串连成整体。底部一根靠近地面，顶部一根靠近网边。

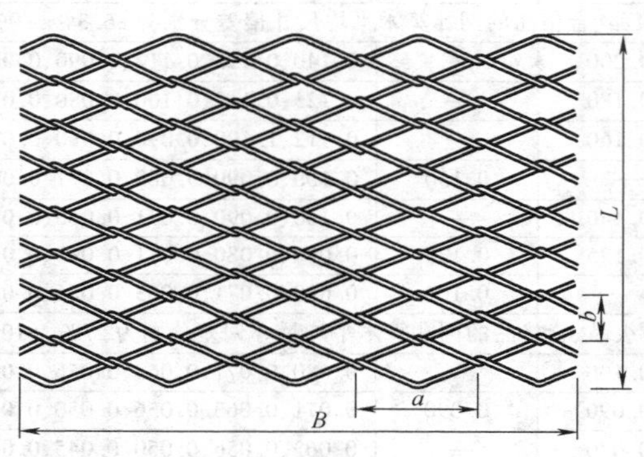

图 27-4 编织网

【用途】 用于道路、机场、铁路、体育场等场所作栅栏。

【材料】 张力钢丝（直径不小于 3.0mm）及编织网钢丝，均为低碳钢钢丝。

【规格】 编织网的规格见表 27-41。

表 27-41 编织网的规格（GB/T 26941.5—2011）

代号	钢丝直径 /mm	网孔尺寸 (a×b)/mm	代号	钢丝直径 /mm	网孔尺寸 (a×b)/mm
Cw-2.2-50	2.2	50×50	Cw-3.5-100	3.5	100×50
Cw-2.2-100		100×50	Cw-3.5-150		150×75
Cw-2.2-150		150×75	Cw-3.5-160		160×80
Cw-2.8-50	2.8	50×50	Cw-4.0-50	4.0	50×50
Cw-2.8-100		100×50	Cw-4.0-100		100×50
Cw-2.8-150		150×75	Cw-4.0-150		150×75
Cw-3.5-50	3.5	50×50	Cw-4.0-160		160×80

注：网面长度 L 系列（m）有 3、4、5、6、10、15、30；网面宽度 B 为 1.5~2.5/m。

【标记】 表示方法：

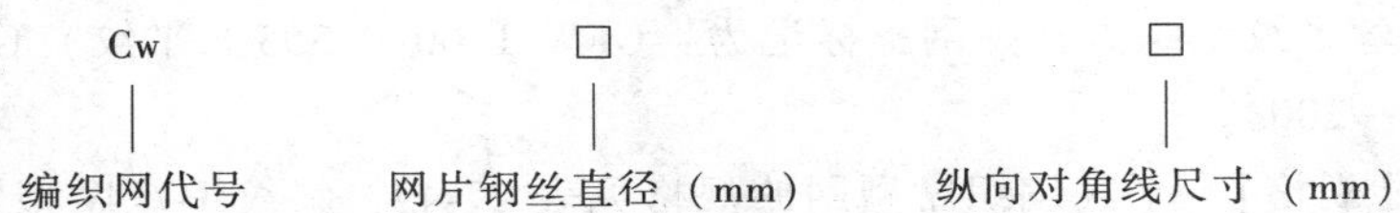

例：网片钢丝直径为 3.5mm，纵向间距为 160mm 的编织网，标记为：Cw-3.5-160。

27.2.4　金属丝编织方孔筛网

【用途】　工业上用于固体颗粒（化工原料、淀粉和药物、粮食等）的筛分，以及液体、气体物质的过滤。

【材料】　丝材采用热处理后的软态黄铜（H80、H68、H65 和 H62）、锡青铜（QSn6.5-0.1、QSn6.5-0.4）、不锈钢（奥氏体型）或碳素结构钢（10、08F 和 10F）。

金属丝筛网应为平纹编织（图 27-5），根据不同需要，也可采用斜纹编织（图 27-6）。

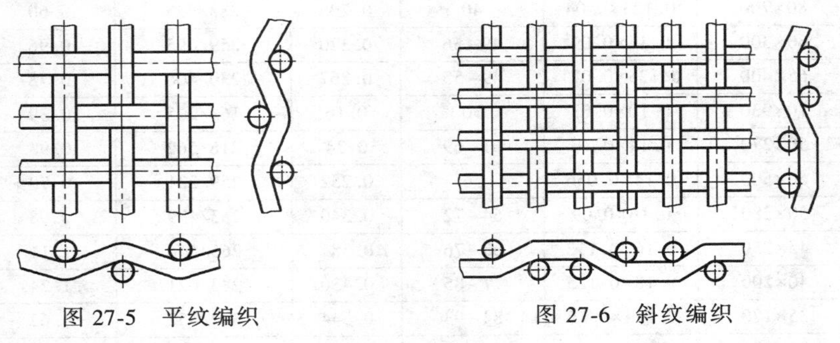

图 27-5　平纹编织　　　　图 27-6　斜纹编织

【标记】　由型号、规格、编织型式和标准编号组成。

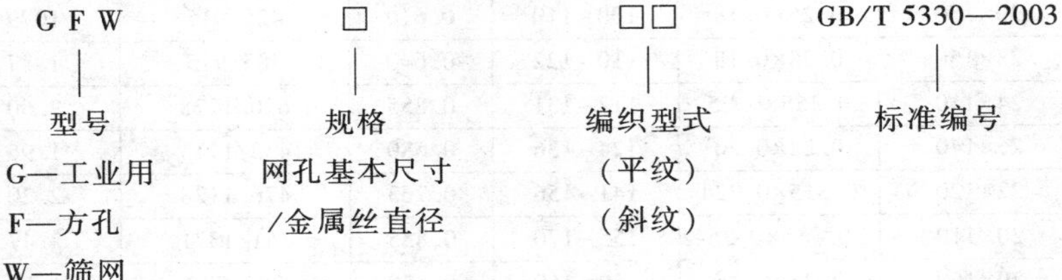

例：网孔基本尺寸为 1.00mm，金属丝直径为 0.355mm 的工业用

金属丝平纹编织方孔筛网，标记为：GFW 1.00/0.355（平纹）GB/T 5330—2003。

【规格】 平纹编织席型网的规格见表 27-42，斜纹编织席型网的规格见表 27-43。

表 27-42 平纹编织席型网的规格

目数/mm（经×纬）	丝径/mm（经×纬）	绝对孔径/μm	网厚/mm	抗拉力(经/纬)/(N/10mm)	质量/(kg/m²)
118×740	0.063×0.036	28~32	0.135	111/525	0.38
100×1200	0.063×0.023	22~23	0.109	94/395	0.27
80×400	0.125×0.063	36~42	0.251	283/304	0.77
70×340	0.125×0.08	41~47	0.285	248/397	0.86
65×770	0.10×0.036	36	0.172	153/227	0.43
70×390	0.112×0.071	44~50	0.254	206/384	0.74
80×620	0.10×0.045	44~45	0.190	188/260	0.53
77×560	0.14×0.05	42~47	0.240	333/270	0.74
60×270	0.14×0.10	46~53	0.340	259/524	1.03
80×700	0.125×0.04	40	0.205	283/235	0.60
60×300	0.14×0.09	49~56	0.320	259/495	0.96
65×400	0.125×0.071	49~55	0.267	230/408	0.78
70×930	0.10×0.03	30	0.16	163/205	0.39
50×270	0.14×0.10	61~69	0.34	216/562	0.98
60×500	0.14×0.056	56	0.252	259/331	0.70
50×280	0.16×0.09	64~72	0.340	283/479	0.98
45×250	0.16×0.112	68~76	0.384	265/646	1.11
40×200	0.18×0.125	77~85	0.430	283/621	1.24
35×170	0.224×0.16	84~93	0.544	372/852	1.62
35×190	0.224×0.14	89~99	0.504	372/711	1.47
30×140	0.315×0.20	92~103	0.715	614/1007	2.21
30×150	0.25×0.18	100~110	0.610	425/915	1079
28×150	0.28×0.18	110~122	0.640	485/915	1.87
24×110	0.355×0.25	117~131	0.855	670/1278	2.60
25×140	0.28×0.20	124~136	0.680	433/1118	1.96
22×120	0.315×0.224	141~156	0.763	476/1128	2.20
20×110	0.355×0.25	155~170	0.855	551/1371	2.47
20×160	0.25×0.16	150~160	0.570	283/930	1.56
20×140	0.315×0.20	167~183	0.715	433/1159	1.97

（续）

目数/mm（经×纬）	丝径/mm（经×纬）	绝对孔径/μm	网厚/mm	抗拉力（经/纬）/（N/10mm）	质量/（kg/m²）
16×120	0.28×0.224	199~216	0.728	277/1209	1.97
17.2×12	0.355×0.224	196~214	0.803	480/1173	2.19
16×100	0.40×0.28	200~220	0.960	566/1564	2.70
14×76	0.450×0.355	218~240	1.16	633/1877	3.33
14×110	0.355×0.25	237~250	0.855	385/1551	2.28
14×100	0.40×0.28	235~256	0.960	496/1715	2.62
12.7×76	0.45×0.355	246~269	1.16	575/2100	3.26
12×64	0.56×0.40	261~287	1.36	803/2020	3.89
12×86	0.45×0.315	275~300	1.08	543/1767	2.93
10×76	0.50×0.355	331~355	1.21	551/2140	3.24
10×90	0.45×0.28	280	1.01	452/1595	2.57
8×85	0.45×0.315	315	1.08	362/1818	2.73
8.5×60	0.63×0.45	386~421	1.53	736/2422	4.16
8×45	0.80×0.60	388~426	2.00	1133/3180	5.70
7.2×44	0.71×0.63	418~457	1.97	765/3686	5.55
7×40	0.90×0.71	437~480	2.32	1240/4094	6.65

表 27-43　斜纹编织席型网的规格

目数/mm（经×纬）	丝径/mm（经×纬）	绝对孔径/μm	网厚/mm	抗拉力（经/纬）/（N/10mm）	质量/（kg/m²）
500×3500	0.025×0.015	4~5	0.055	78/136	0.30
400×2700	0.028×0.02	5~6	0.068	78/173	0.36
363×2300	0.032×0.022	5~7	0.076	92/172	0.40
325×2100	0.036×0.025	6~8	0.086	102/225	0.46
325×2300	0.036×0.025	6~8	0.084	102/206	0.46
317×2100	0.036×0.025	6~8	0.086	100/214	0.46
300×2100	0.036×0.025	7~9	0.086	94/230	0.45
285×2100	0.036×0.025	8~10	0.086	90/240	0.44
250×1600	0.05×0.032	9~11	0.114	147/240	0.63
250×1900	0.04×0.028	10~12	0.096	98/278	0.51
203×1500	0.056×0.036	10~13	0.128	151/320	0.67
216×1800	0.045×0.03	12~14	0.105	104/306	0.53
203×1600	0.05×0.032	12~15	0.114	120/304	0.58
174×1400	0.063×0.04	13~16	0.143	164/390	0.74
165×1400	0.063×0.04	15~18	0.143	155/409	0.73

（续）

目数/mm（经×纬）	丝径/mm（经×纬）	绝对孔径/μm	网厚/mm	抗拉力(经/纬)/(N/10mm)	质量/(kg/m²)
174×1700	0.063×0.032	15~18	0.127	164/325	0.62
165×1500	0.063×0.036	16~19	0.135	155/361	0.67
160×1500	0.063×0.036	17~20	0.135	151/369	0.67
150×1400	0.063×0.04	18~21	0.143	141/436	0.71
130×1100	0.071×0.05	20~23	0.171	153/509	0.87
130×1200	0.071×0.045	25~27	0.161	153/467	0.80
100×760	0.10×0.071	24~28	0.242	244/663	1.25
130×1600	0.063×0.036	25~27	0.135	122/434	0.64
100×850	0.10×0.063	26~30	0.226	244/616	1.14
90.7×760	0.10×0.071	29~34	0.242	221/711	1.23
90.7×850	0.10×0.063	31~36	0.226	221/653	1.12
80×700	0.112×0.08	33~38	0.272	242/901	1.38
78×700	0.112×0.08	35~40	0.272	236/914	1.37
78×760	0.112×0.071	37~42	0.254	236/743	1.25
70×600	0.14×0.09	47~50	0.32	330/913	1.61
65×600	0.14×0.09	51~55	0.32	307/955	1.59
50×500	0.14×0.112	58~65	0.364	236/1316	1.83
50×600	0.125×0.09	63~70	0.305	187/1017	1.47
40×430	0.18×0.125	77~86	0.430	300/1410	2.09
40×560	0.18×0.10	84~94	0.38	300/1226	1.73
30×250	0.28×0.20	94~104	0.68	566/1946	3.41
30×340	0.28×0.16	105~116	0.60	566/1715	2.84
20×150	0.45×0.355	127~143	1.16	968/3427	6.02
24×300	0.28×0.18	136~150	0.64	453/2020	3.01
20×200	0.355×0.28	147~162	0.915	590/3273	4.58
20×260	0.25×0.20	158~172	0.65	300/2296	3.14

生产商：安平县宏达鑫丝网制品有限公司。

27.2.5 预弯成型金属丝编织方孔网

【尺寸】 网孔基本尺寸：125~2mm；网宽尺寸系列（mm）：900、1000、1250、1600、2000。

【型式】 有五种：双向弯曲金属丝编织网、单向隔波弯曲金属丝编织网、双向隔波弯曲金属丝编织网、锁紧（定位）弯曲金属丝编织网、平顶弯曲金属丝编织网（见图 27-7）。

【基本尺寸】 网孔的基本尺寸见表 27-44。

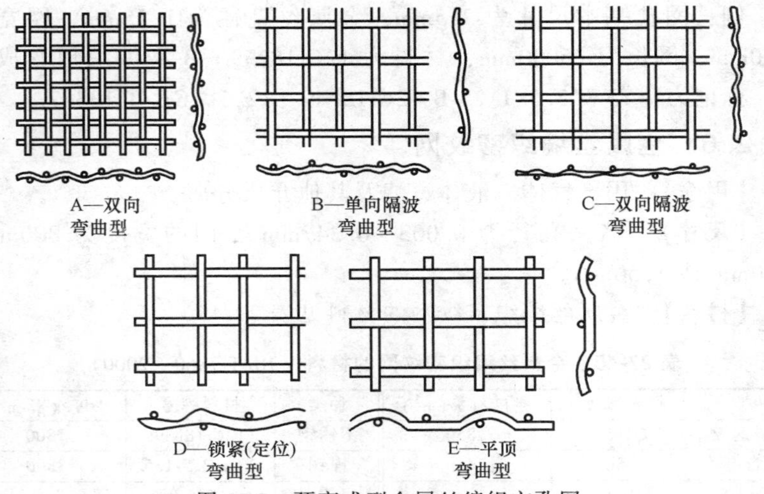

图 27-7　预弯成型金属丝编织方孔网

表 27-44　网孔的基本尺寸（GB/T 13307—2012）　　（单位：mm）

网孔尺寸 w	金属丝直径 d/mm	网孔尺寸 w	金属丝直径 d/mm
125	10.0、12.5、16.0、20.0、25.0	12.5	2.50、3.15、4.00、5.00、6.30
100	10.0、12.5、16.0、20.0、25.0	10	2.00、2.50、3.15、4.00、5.00
80	10.0、12.5、16.0、20.0	8	2.00、2.50、3.15、3.55、4.00
63	8.00、10.0、12.5、16.0	6.3	1.60、2.00、2.50、3.15
50	6.30、8.00、10.0、12.5、16.0	5	1.60、2.00、2.50、3.15
40	6.30、8.00、10.0、12.5	4	1.25、1.60、2.00、2.24、2.50
31.5	5.00、6.30、8.00、10.0	3.15	1.12、1.40、1.60、1.80、2.00
25	4.00、5.00、6.30、8.00、10.0	2.5	1.00、1.12、1.25、1.40、1.60
20	3.15、4.00、5.00、6.30、8.00	2	0.71、0.80、0.90、1.12、1.25
16	2.50、3.15、4.00、5.00、6.30	—	—

注：本表仅列出 R10 系列，未列出 R20 系列和 R40/3 系列。

【标记】　表示方法：

YFW　□/□-　□-　□-　□×□　GB/T 13307

- YFW：产品系列代号　Y—预弯成型　F—方孔　W—编织网
- □/□：网孔基本尺寸/金属丝直径（mm）
- □：结构型式代号，见【型式】
- □：材料牌号
- □×□：网宽（m）×网长（m）
- GB/T 13307：标准编号

例：网孔基本尺寸为 2.5mm，金属丝直径为 1.25mm，网宽为 1000mm，网长为 25000mm，材料为 12Cr18Ni9，B 型编织预弯成型网，标记为：YFW 2.5/1.25-B-12Cr18Ni9-1×2.5　GB/T 13307。

27.2.6　金属丝编织密纹网

【用途】 用于气体、液体过滤及其他介质分离。

【尺寸】 名义孔径为 0.003～0.347mm，网的宽度为 800mm、1000mm 或 1250mm。

【材料】 金属丝编织密纹网的材料见表 27-45。

表 27-45　金属丝编织密纹网的材料（JB/T 7860—2000）

种类	材料牌号	密度/(g/cm^3)	种类	材料牌号	密度/(g/cm^3)
碳钢	Q195	7850	不锈钢	12Cr18Ni9	7800
铝合金	5056	2650	镍铜	NCu-2.5-1.5	8800
黄铜	H80	8500	锡青铜	QSn6.5-0.1	8830
	H65			QSn6.5-0.4	

【分类】 有平纹编织网（代号 MPW）、经全包斜纹编织网（代号 MXW）和经不全包斜纹编织网（代号 MBW）三种。

【型号】 用“代号+名义孔径尺寸”表示。

【规格】 用“经向基本目数×纬向基本目数/经丝基本直径×纬丝基本直径”表示。

【标记】 由型号、规格和标准编号组成。

例 1：名义孔径尺寸为 55μm，规格为 50×280/0.16×0.09 的平纹编织密纹网，标记为：MPW200/55　50×280/0.16×0.09　GB/T 21648—2008。

例 2：名义孔径尺寸为 15μm. 规格为 150×1400/0.063×0.04 的经全包斜纹编织密纹网，标记为：MXW630/15　150×1400/0.063×0.04　GB/T 21648—2008。

例 3：名义孔径尺寸为 25μm，规格为 165×600/0.071×0.05 的经不全包斜纹编织密纹网，标记为：MBW650/25 165×600/0.071×0.05　GB/T 21648—2008。

【技术参数】 平纹编织、经全包斜纹编织、经不全包斜纹编织网的型号和主要技术参数和结构参数分别见表 27-46～表 27-48。

表 27-46　平纹编织金属丝密纹网的型号和主要技术参数（GB/T 21648—2008）

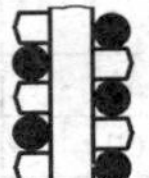

型　号	经丝间网孔 /mm	纬丝密度 /(根/10mm)	名义孔径 /μm	绝对孔径 /μm	网厚 /mm
MPW465/23	0.152	291	23	28~32	0.135
MPW395/23	0.191	472	23	22~23	0.109
MPW315/32	0.192	157	32	36~42	0.251
MPW275/35	0.238	134	35	41~47	0.285
MPW255/36	0.291	303	36	36	0.172
MPW275/37	0.251	154	37	44~50	0.254
MPW315/37	0.218	244	37	44~45	0.190
MPW305/38	0.190	220	38	42~47	0.240
MPW240/39	0.283	106	39	46~53	0.340
MPW315/40	0.192	276	40	40	0.205
MPW240/41	0.283	118	41	49~56	0.320
MPW255/42	0.266	157	42	49~55	0.267
MPW275/30	0.263	366	30	30	0.16
MPW200/50	0.368	106	50	61~69	0.34
MPW240/51	0.283	197	51	56	0.252
MPW200/55	0.348	110	55	64~72	0.340
MPW180/56	0.404	98.4	56	68~76	0.384
MPW160/63	0.455	78.7	63	77~85	0.430
MPW140/69	0.502	66.9	69	84~93	0.544
MPW140/74	0.502	74.8	74	89~99	0.504
MPW120/77	0.532	55.1	77	92~103	0.715
MPW120/82	0.597	59	82	100~110	0.610
MPW110/92	0.627	59	92	110~122	0.640
MPW95/97	0.703	43.3	97	117~131	0.855
MPW100/100	0.736	55.1	100	124~136	0.680
MPW90/115	0.840	47.2	115	141~156	0.763
MPW80/126	0.915	43.3	126	155~170	0.855
MPW80/130	1.020	63	130	150~160	0.570
MPW80/133	0.955	55.1	133	167~183	0.715

（续）

型　号	经丝间网孔 /mm	纬丝密度 /(根/10mm)	名义孔径 /μm	绝对孔径 /μm	网厚 /mm
MPW65/145	1.308	47.2	145	199~216	0.728
MPW70/155	1.120	47.2	155	196~214	0.803
MPW65/160	1.188	39.4	160	200~220	0.960
MPW55/173	1.364	29.9	173	218~240	1.16
MPW55/177	1.459	43.3	177	237~250	0.855
MPW55/182	1.414	39.4	182	235~256	0.960
MPW50/192	1.550	29.9	192	246~269	1.16
MPW48/211 Ⅰ	1.556	25.2	211	261~287	1.36
MPW48/211 Ⅱ	1.667	33.9	211	275~300	1.08
MPW40/248	2.040	29.9	248	331~355	1.21
MPW40/249	2.090	35.4	249	280	1.01
MPW32/275	2.730	33.5	275	315	1.08
MPW34/296	2.360	23.6	296	386~421	1.53
MPW32/310	2.370	17.7	310	388~426	2.00
MPW29/319	2.800	17.3	319	418~457	1.97
MPW28/347	2.730	15.7	347	437~480	2.32

表 27-47　经全包斜纹编织金属丝密纹网的型号和主要技术参数（GB/T 21648—2008）

型　号	经丝间网孔 /mm	纬丝密度 /(根/10mm)	名义孔径 /μm	绝对孔径 /μm	网厚 /mm
MXW1970/3	0.0258	1378	3	4~5	0.055
MXW1575/4	0.0355	1063	4	5~6	0.068
MXW1430/4	0.038	906	4	5~7	0.076
MXW1280/4 Ⅰ	0.042	827	4	6~8	0.086
MXW1280/4 Ⅱ	0.042	906	4	6~8	0.084
MXW1250/5	0.044	827	5	6~8	0.086
MXW1180/6	0.049	827	6	7~9	0.086
MXW1120/7	0.053	827	7	8~10	0.086
MXW985/5	0.052	630	5	9~11	0.114
MXW985/8	0.062	748	8	10~12	0.096
MXW800/9	0.069	591	9	10~13	0.128

（续）

型　号	经丝间网孔 /mm	纬丝密度 /(根/10mm)	名义孔径 /μm	绝对孔径 /μm	网厚 /mm
MXW850/10	0.073	709	10	12~14	0.105
MXW800/10	0.075	630	10	12~15	0.114
MXW685/11	0.083	551	11	13~16	0.143
MXW650/13	0.091	551	13	15~18	0.143
MXW685/13	0.083	669	13	15~18	0.127
MXW650/14	0.091	591	14	16~19	0.135
MXW630/15	0.096	551	15	17~20	0.135
MXW590/15	0.106	551	15	18~21	0.143
MXW515/17	0.124	433	17	20~23	0.171
MXW515/18	0.124	472	18	25~27	0.161
MXW395/20	0.154	299	20	24~28	0.242
MXW515/21	0.132	630	21	25~27	0.135
MXW395/22	0.154	335	22	26~30	0.226
MXW360/24	0.180	299	24	29~34	0.242
MXW360/26	0.180	335	26	31~36	0.226
MXW315/28	0.206	276	28	33~38	0.272
MXW310/29	0.214	276	29	35~40	0.272
MXW310/31	0.214	299	31	37~42	0.254
MXW275/31	0.223	236	31	47~50	0.32
MXW255/36	0.251	236	36	51~55	0.32
MXW200/47	0.368	197	47	58~65	0.364
MXW200/51	0.383	236	51	63~70	0.305
MXW160/63	0.455	169	63	77~86	0.430
MXW160/70	0.455	220	70	84~94	0.38
MXW120/77	0.567	98	77	94~104	0.68
MXW120/89	0.567	134	89	105~116	0.60
MXW80/101	0.820	59	101	127~143	1.16
MXW95/110	0.778	118	110	136~150	0.64
MXW80/118	0.915	79	118	147~162	0.915
MXW80/119	1.02	102	119	158~172	0.65

表 27-48　经不全包斜纹编织金属丝密纹网的型号和主要技术参数（GB/T 21648—2008）

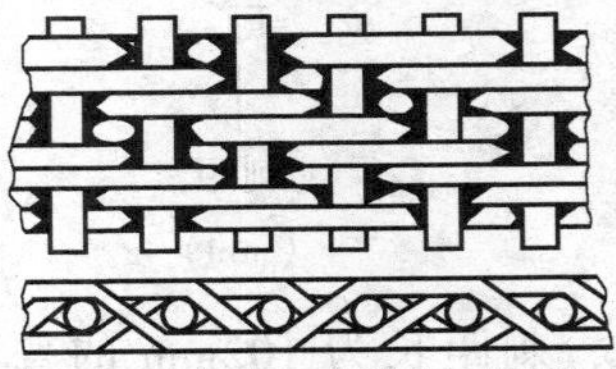
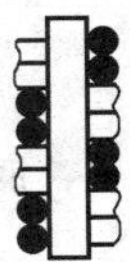

（续）

型　号	经丝间网孔 /mm	纬丝密度 /(根/10mm)	名义孔径 /μm	绝对孔径 /μm	网厚 /mm
MBW1280/8	0.042	748	8	12~14	0.080
MBW1280/10	0.042	530	10	14~15	0.080
MBW985/10	0.046	492	10	17~19	0.112
MBW790/13	0.064	472	13	20~22	0.142
MBW790/14	0.064	354	14	22~25	0.153
MBW650/19(-T)	0.083	315	19	27~30	0.171
MBW650/20	0.083	394	20	25~28	0.151
MBW790/20(-T)	0.064	213	20	27~30	0.163
MBW650/21(-T)	0.083	315	21	28~30	0.161
MBW790/22(-T)	0.064	236	22	28~32	0.153
MBW650/25Ⅰ(-T)	0.083	315	25	32~35	0.171
MBW650/25Ⅱ(-T)	0.083	315	25	30~33	0.151
MBW475/29(-T)	0.112	236	29	38~42	0.226
MBW475/35(-T)	0.112	157	35	45~50	0.242

注："（-T）"表示可提供特殊型式的斜纹编织。

27.2.7　刺钢丝网

【用途】 用于道路两侧护栏（机场、铁路、体育场等场所可参照使用）。

【分类】 依据钢丝强度，可分为普通型（P）和加强型（J）两种。

【材料】

1）普通型刺钢丝网股线及刺线应采用低碳钢钢丝。

2）加强型刺钢丝网股线及刺线应采用高强度低合金钢钢丝（抗拉强度应不低于700MPa）。

3）各种规格刺钢丝的整股破断拉力不应低于4230N。

【标记】 表示方法：

例：钢丝直径为2.8mm，刺距长为102mm的普通型刺钢丝网，

标记为：Bw-2.8-102P。

【规格】 刺钢丝网的规格见表 27-49。

表 27-49 刺钢丝网的规格（GB/T 26941.4—2011）

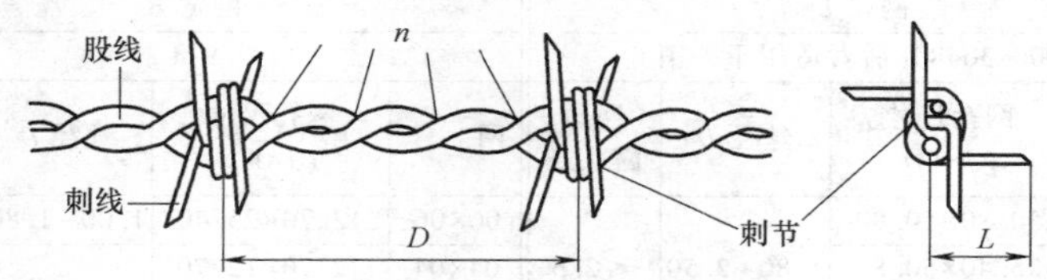

类型	代号	钢丝直径/mm	刺距 D/mm	捻数 n ≥
普通型	Bw-2.5-76	2.5	76	3
	Bw-2.5-102		102	4
	Bw-2.5-127		127	5
	Bw-2.8-76	2.8	76	3
	Bw-2.8-102		102	4
	Bw-2.8-127		127	5
加强型	Bw-1.7-102	1.7	102	7

27.2.8 镀锌电焊网

【用途】 镀锌电焊网（图 27-8）用于建筑、养殖、种植、围栏。

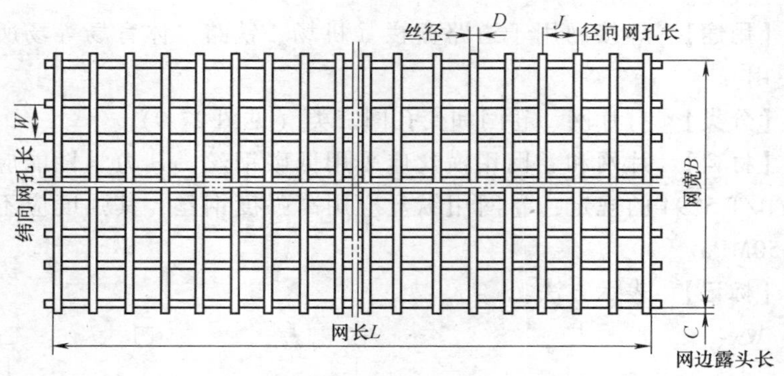

图 27-8 镀锌电焊网

【分类】 有片网、卷网和变孔网之分。

【材料】 一般用途低碳钢钢丝。

【镀锌层质量】 应大于 $122g/m^2$。

【尺寸】 镀锌电焊网的尺寸见表 27-50。

表 27-50　镀锌电焊网的尺寸（QB/T 3897—1999）

（单位：mm）

<table>
<tr><th colspan="4">网长 L</th><th colspan="4">网宽 B</th></tr>
<tr><td colspan="4">30000、30480(后者适用于外销)</td><td colspan="4">914</td></tr>
<tr><td>网　号</td><td>网孔尺寸
(J×W)</td><td>丝径 D</td><td>网边
露头长</td><td>网　号</td><td>网孔尺寸
(J×W)</td><td>丝径 D</td><td>网边
露头长</td></tr>
<tr><td>20×20</td><td>50.80×50.80</td><td rowspan="3">1.80~2.50</td><td rowspan="3">≤2.5</td><td>06×06</td><td>12.70×25.40</td><td>1.00~1.80</td><td>≤2</td></tr>
<tr><td>10×20</td><td>25.40×50.80</td><td>04×04</td><td>12.70×12.70</td><td rowspan="3">0.50~0.90</td><td rowspan="3">≤1.5</td></tr>
<tr><td>10×10</td><td>25.40×25.40</td><td>03×03</td><td>9.53×9.53</td></tr>
<tr><td>04×10</td><td>19.05×19.05</td><td>1.00~1.80</td><td>≤2</td><td>02×02</td><td>6.35×6.35</td></tr>
</table>

【标记】 表示方法：

例：丝径为 0.70mm，经向网孔长为 12.7mm，纬向网孔长为 12.7mm 的镀锌电焊网，标记为：DHW 0.70×12.7×12.7。

27.2.9 焊接网

【用途】 焊接网用于道路栅栏（机场、铁路、体育场等场所参照使用)。

【分类】 有片网、卷网和变孔网三类（见图 27-9)。

【材料】 片网和卷网用横丝应采用低碳钢丝，其力学性能应符合 YB/T 5294 的规定；卷网用纵丝应用高强度钢丝，其强度应不低于 650MPa。

【标记】 表示方法：

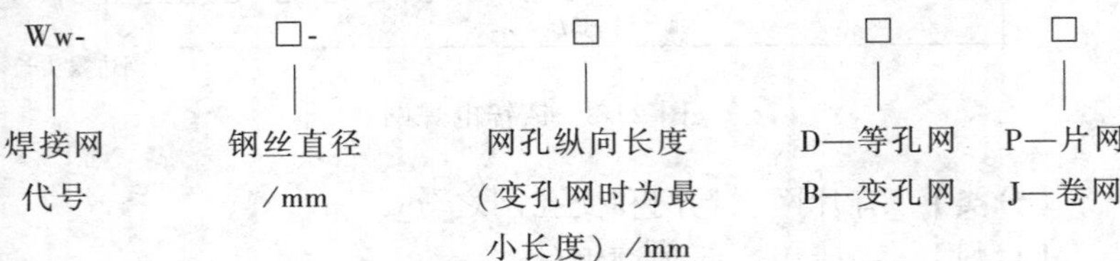

例：钢丝直径为 4mm，网孔长为 150mm 的等孔片网，标记为：

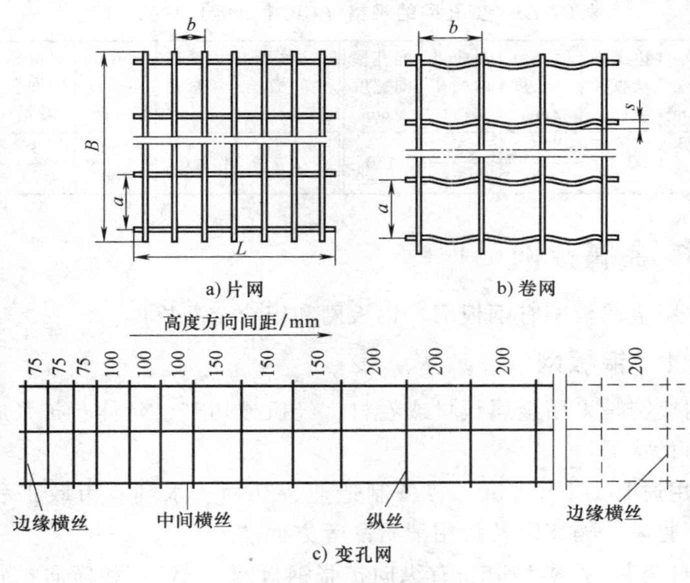

a) 片网　b) 卷网

c) 变孔网

图 27-9　焊接网

Ww-4.0-150DP。

【规格】　焊接网的规格见表 27-51~表 27-53。

表 27-51　片网的规格（GB/T 26941.3—2011）

代号	钢丝直径/mm	网孔尺寸($a \times b$)/mm	网面长度L/m	网面宽度B/m	代号	钢丝直径/mm	网孔尺寸($a \times b$)/mm	网面长度L/m	网面宽度B/m
Ww-3.5-75	3.5	75×75	1.9~3.0	1.5~2.5	Ww-4.0-150	4.0	150×75	1.9~3.0	1.5~2.5
Ww-3.5-100		100×50			Ww-4.0-195		195×65		
Ww-3.5-150		150×75			Ww-5.0-150	5.0	150×75		
Ww-3.5-195		195×65			Ww-5.0-200		200×75		

表 27-52　卷网的规格（GB/T 26941.3—2011）

代号	钢丝直径/mm	网孔尺寸($a \times b$)/mm	网面长度L/m	网面宽度B/m	代号	钢丝直径/mm	网孔尺寸($a \times b$)/mm	网面长度L/m	网面宽度B/m
Ww-2.5-50	2.5	50×50	20~50	1.5~2.5	Ww-2.95-50	2.95	50×50	20~50	1.5~2.5
Ww-2.5-100		100×50			Ww-2.95-100		100×50		
					Ww-2.95-150		150×75		

表 27-53　变孔网的规格（GB/T 26941.3—2011）

纵丝及中间横丝直径/mm	边缘横丝直径/mm	网孔纵向长度/mm	对应纵向网孔数量	网孔横向宽度/mm	纵丝及中间横丝直径/mm	边缘横丝直径/mm	网孔纵向长度/mm	对应纵向网孔数量	网孔横向宽度/mm
2.5	3.0	75	3	150	2.7	3.0	150	3	150
		100	3				200	3~6	

27.3　金属板网

常用金属板网有钢板网、铝板网和铝合金花格网。

27.3.1　钢板网

钢板网是采用金属板材或卷材，经机械切割、延伸、扩张成形而产生的孔状网。

【用途】 用于建筑、装备制造业、交通、水利、市政工程中的防护、通风、隔离以及耐用消费品等方面。

【分类】 按类型分，有纵向扩张钢板网（ZW）和横向扩张钢板网（HW）两种；按使用材料分，有低碳钢（镀锌，代号 D；非镀锌，无代号）、不锈钢（B）和其他类（Q）。

【材料】 可采用符合国标的不锈钢冷轧钢板和钢带、不锈钢热轧钢板和钢带，以及低碳钢冷轧钢带，也可采用性能更好的其他材料。

【表面处理】 可镀锌、浸塑、喷塑等。

1. 纵向扩张钢板网

纵向扩张钢板网（图 27-10）是采用金属板材或卷材经机械切割延伸、经 L 方向（纵向）扩张成形而生成的孔状网。

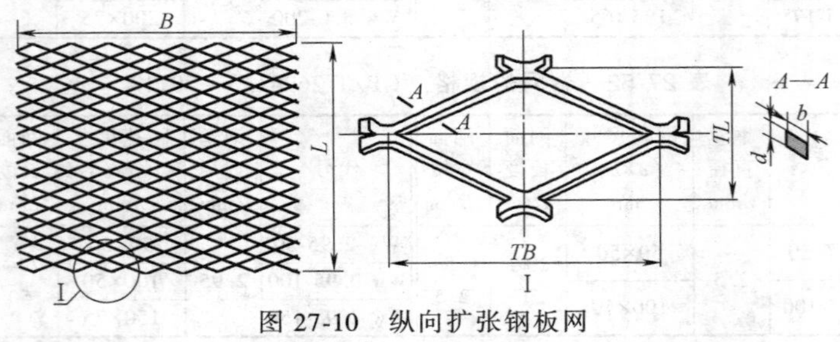

图 27-10　纵向扩张钢板网

【尺寸】　纵向扩张钢板网的尺寸见表 27-54。

表 27-54　纵向扩张钢板网的尺寸（GB/T 33275—2016）

（单位：mm）

d	网格尺寸			网面尺寸		钢板网理论质量/(kg/m²)
	TL	TB	b	B	L	
0.3	2	3	0.3	500	2000	0.71
	3	4.5	0.4			0.63
0.4	2	3	0.4			1.26
	3	4.5	0.5			1.05
0.5	2.5	4.5	0.5			1.57
	5	12.5	1.11	1000		1.74
	10	25	0.96	2000	4000	0.75
0.8	8	16	0.8	1000		1.26
	10	20	1.0			1.26
	10	25	0.96			1.21
1.0	10	25	1.10			1.73
	15	40	1.68			1.75
1.2	10	25	1.13			2.13
	15	30	1.35			1.7
	15	40	1.68		5000	2.11
1.5	15	40	1.69			2.65
	18	50	2.03			2.66
	24	60	2.47			2.42
2.0	12	25	2.0			5.23
	18	50	2.03			3.54
	24	60	2.47			3.23
3.0	24	60	3.0	2000		5.89
	40	100	4.05		3500	4.77
	45	120	4.95		6000	5.07
	55	150	4.99		3500	4.27
4.0	21	60	4.5			11.77
	32	80	5.0		4000	9.81
	40	100	6.0		4500	9.42
	50	100	4.0		4000	5.02
5.0	24	60	6.0		3000	19.62
	32	80	6.0		3500	14.72
	40	100	6.0		4500	11.78
	50	100	5.0		4000	7.85
	56	150	6.0		6000	8.41

（续）

d	网格尺寸			网面尺寸		钢板网理论质量/(kg/m²)
	TL	TB	b	B	L	
6.0	24	60	6.0	2000	3500	23.55
	32	80	7.0			20.60
	40	100	7.0		4500	16.49
	56	150	7.0		6000	11.77
8.0	40	100	8.0		4000	25.12
	40	100	9.0		3500	28.26
	60	150	9.0		5000	18.84
10.0	45	100	10.0	1000	4000	34.89

2. 横向扩张钢板网

横向扩张钢板网是采用金属板材或卷材经机械切割延伸、经 B 方向（横向）扩张成形而产生的孔状网，包括有筋钢板网和无筋钢板网（批荡网）两种。

（1）有筋钢板网

【尺寸】 横向扩张钢板网的尺寸见表 27-55。

表 27-55 横向扩张钢板网的尺寸（GB/T 33275—2016）

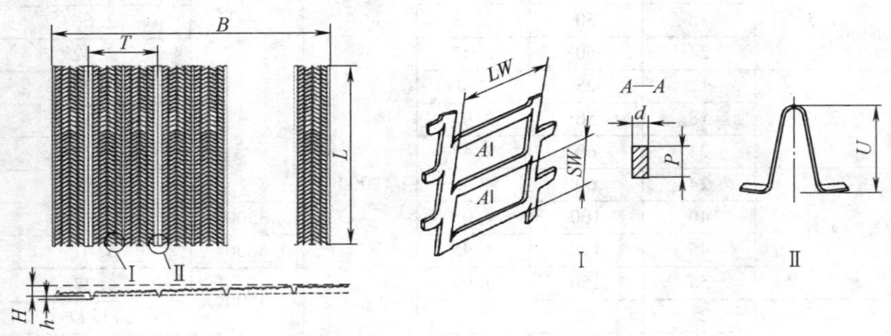

网格尺寸/mm				网面尺寸/mm			材料镀锌层双面质量/(g/m²)	钢板网理论质量/(kg/m²)					
								d/mm					
SW	LW	P	U	T	B	L		0.25	0.3	0.35	0.4	0.45	0.5
6.5	8	1.28	9.5	97	686	2440	≥180	1.16	1.40	1.63	1.86	2.09	2.33
11	16	1.22	8	150	600			0.66	0.79	0.92	1.05	1.17	1.31
8	12	1.20	8	100	900			0.97	1.17	1.36	1.55	1.75	1.94
5	8	1.42	12	100	600			1.45	1.76	2.05	2.34	2.64	2.93

（续）

网格尺寸/mm				网面尺寸/mm			材料镀锌层双面质量/(g/m²)	钢板网理论质量/(kg/m²)					
								d/mm					
SW	LW	P	U	T	B	L		0.25	0.3	0.35	0.4	0.45	0.5
4	7.5	1.20	5	75	600	2440	≥180	1.01	1.27	1.42	1.63	1.82	2.03
8	10.5	1.10	8	50	600			1.18	1.42	1.66	1.89	2.13	2.37
6	10	1.3	19	89.5	690			1.64	1.97	2.30	2.63	2.96	3.29
3.2	10	0.8	5	60	600			0.99	1.19	1.38	1.58	1.78	1.98
6.8	9	1.05	5	100	600			0.99	1.19	1.38	1.58	1.78	1.98
9.7	15.5	1.48	5	75	750			1.91	1.10	1.28	1.46	1.65	1.83
11	13	1.4	8	75	750			0.86	1.03	1.21	1.38	1.55	1.72
10	23	0.8	3	98.5	590			0.51	0.62	0.72	0.83	0.93	1.03
7.1	22	1.15	5.7	100	600			0.88	1.05	1.23	1.40	1.58	1.76

（2）无筋钢板网（批荡网）

【尺寸】 无筋钢板网（批荡网）的尺寸见表 27-56。

表 27-56　无筋钢板网（批荡网）的尺寸（GB/T 33275—2016）

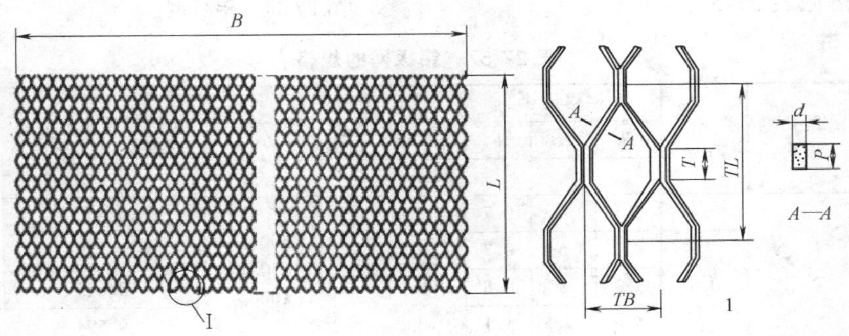

d/mm	P/mm	网格尺寸/mm			网面尺寸/mm		材料镀锌层双面质量/(g/m²)	钢板理论质量/(kg/m²)
		TL	TB	T	L	B		
0.4	1.5	17	8.7	4	2440	690	≥120	0.95
0.5		20	9.5					1.36
0.6		17	8					1.84

【标记】 表示方法：

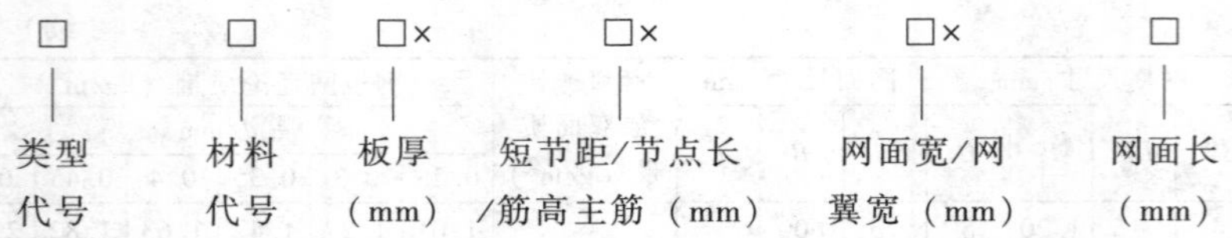

例：材质为不锈钢，板厚为 1.2mm，短节距为 12mm，网面宽为 2000mm，网面长为 4000mm 的纵向扩张钢板网，标记为：ZWB 1.2×12×2000×4000。

27.3.2 铝板网

铝板网是用原张铝板切割扩张制成的。

【用途】 用于高档建筑的幕墙装饰，也用于房屋吊顶、防护、过滤、工艺品制造等。

【分类】 按孔的形状，可分为菱形孔和人字形孔两种（见图 27-11）。

【规格】 铝板网的规格见表 27-57。

a) 菱形孔

b) 人字形孔

图 27-11 铝板网

表 27-57 铝板网的规格

网孔形状	d /mm	网格尺寸 TL	网格尺寸 TB	网格尺寸 b	网面尺寸 B	网面尺寸 L	铝板网面理论质量(kg/m^2)
		/mm					
菱形	0.4	2.3	6	0.7	200~500	500、650、1000	0.657
	0.5	2.3	6	0.7			0.822
		3.2	8	0.8			0.675
		5.0	12.5	1.1			0.594
	1.0	5.0	12.5	1.1	1000	2000	1.188
人字形	0.4	1.7	6	0.5	200~500	500、650、1000	0.635
		2.2	8	0.5			0.491
	0.5	1.7	6	0.5			0.794
		2.2	8	0.6			0.736
		3.5	12.5	0.8			0.617
	1.0	3.5	12.5	1.1	1000	2000	1.697

注：d 为板厚；TL 为短节距；TB 为长节距；b 为丝梗宽；B 为网面宽；L 为网面长。

27.3.3　铝合金花格网

【用途】 用于建筑、装饰和防护、防盗装饰等场合。

【材料】 挤压铝合金型材，牌号为 6063，供应状态为 T2（高温成形后冷却，经冷加工后自然时效至基本稳定的状态）。

【表面处理】 阳极化，可生产银白、古铜、金黄、黑等颜色，其氧化膜厚度应不小于 10μm。

【标记】 型号为 LGH101，厚度为 7.5mm，宽度为 1050mm，长度为 5000mm 的铝合金花格网，标记为：铝花格网　LGH101 7.5×1050×5000 YS/T 92—1995。

【基本参数】 铝合金花格网的基本参数见表 27-58。

表 27-58　铝合金花格网的基本参数（YS/T 92—1995）

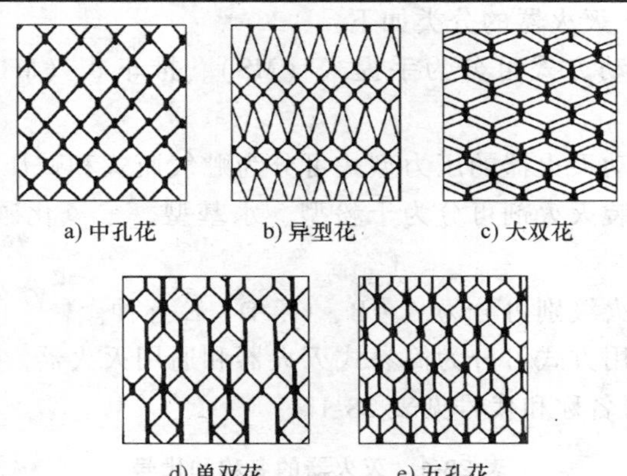

a) 中孔花　b) 异型花　c) 大双花

d) 单双花　e) 五孔花

型号	花形	规格		
		厚度/mm	宽度/mm	长度/mm
LGH 101	中孔花	5.0、5.5、6.0、6.5、7.0、7.5	480～2000	≤6000
LGH 102	异型花			
LGH 103	大双花			
LGH 104	单双花			
LGH 105	五孔花			

第28章

消防器材

消防器材包括灭火器和火灾探测器、消防枪和消防炮、自动喷水灭火系统、消防接口、消防水带和水龙、消火供水设备和消防斧、头盔等。

28.1 灭火器和火灾探测器

【分类】 灭火器的分类如下：

1）按移动方式可分为手提式（MS）、推车式（MT）和简易式（MJ）。

2）按驱动灭火器的压力型式可分为贮气瓶式和贮压式。

3）按充装灭火剂可分为干粉型、水基型、二氧化碳型和洁净气体型等。

4）按灭火级别可分为A、B、C、D、E五种。

5）按使用方式可分为简易式灭火器和通用灭火器。

灭火器的名称和代号见表28-1。

表28-1 灭火器的名称和代号

名称	填料组	代号	填料量单位
手提式水基型灭火器	水或带添加剂的水(S、P)	MS、MP	L
车用(C)水基型灭火器		MPC、MSC	
推(T)车式水基型灭火器		MPT、MST、MFT	
手提式干粉灭火器	干粉(F)	MF	kg
车用(C)干粉灭火器		MFC	
推(T)车式干粉灭火器		MFT	
手提式二氧化碳灭火器	二氧化碳(T)	MT	kg
车用(C)二氧化碳灭火器		MTC	
推(T)车式二氧化碳灭火器		MTT	

【结构】 干粉灭火器、1211（二氟-氯-溴甲烷）灭火器和二氧化

碳灭火器的结构，分别如图 28-1～图 28-3 所示。

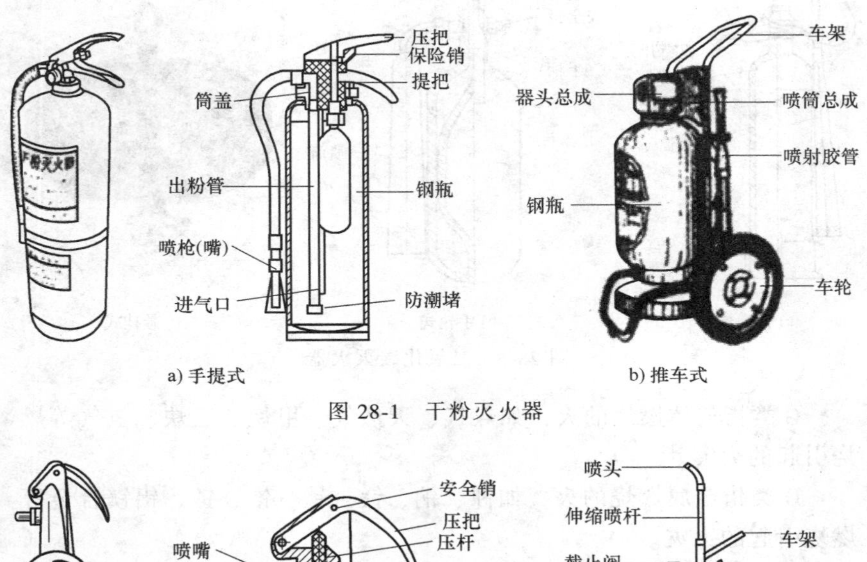

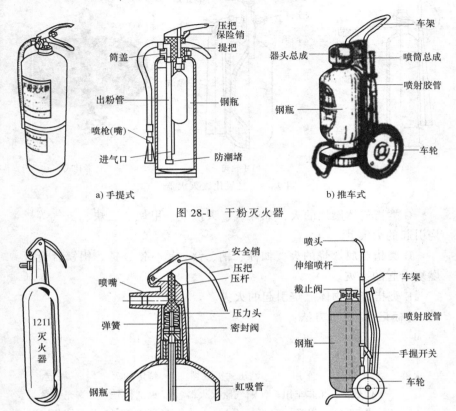

a) 手提式　　b) 推车式

图 28-1　干粉灭火器

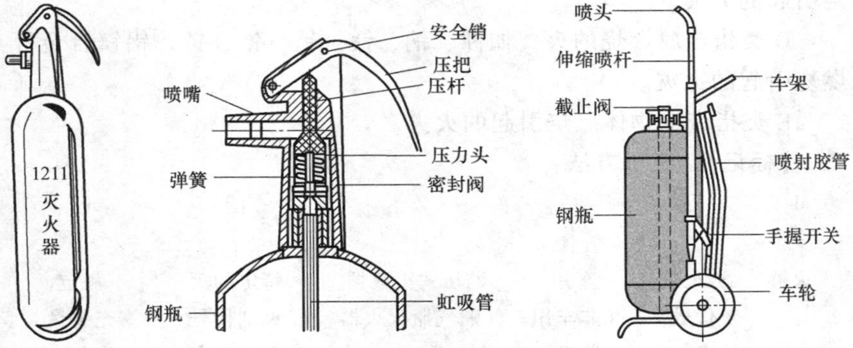

a) 手提式　　b) 推车式

图 28-2　1211（二氟-氯-溴甲烷）灭火器

【灭火级别】　灭火器的灭火级别由数字和字母组成，数字表示灭火级别的大小，字母表示火灾的类别。火灾的类别分为 A、B、C、D、E 五类。

A 类指固体有机物燃烧的火，如木材、棉、毛、麻、纸张等燃烧引起的火灾。

B 类指液体或可融化固体燃烧的火，如汽油、煤油、甲醇、乙醚、丙酮等燃烧引起的火灾。

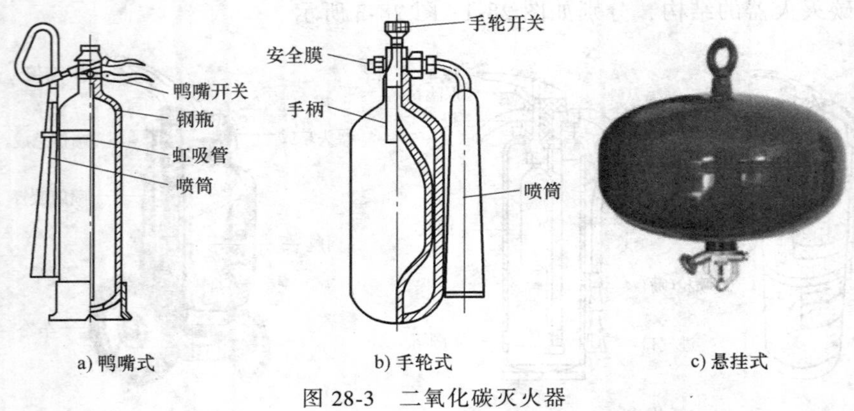

a) 鸭嘴式　　b) 手轮式　　c) 悬挂式

图 28-3　二氧化碳灭火器

C 类指气体燃烧的火，如煤气、天然气、甲烷、乙炔、氢气等燃烧引起的火灾。

D 类指金属燃烧的火，如钾、钠、镁、钛、锆、锂、铝镁合金等燃烧引起的火灾。

E 类指带电物体燃烧引起的火灾。

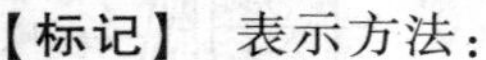

【标记】 表示方法：

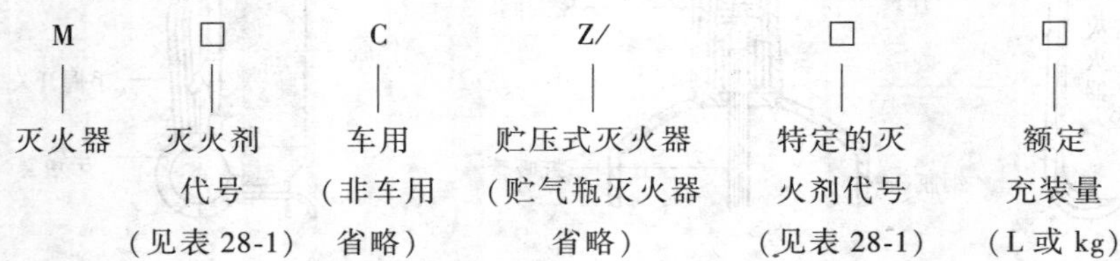

28.1.1　简易式灭火器

简易式灭火器指可任意移动的、灭火剂充装量小于 1000mL (g)，由一只手指开启的、不可重复充装使用的一次性贮压式灭火器。

【用途】 用于油锅、煤油炉、油灯和蜡烛等引起的初起火灾，也能对固体可燃物燃烧的火进行扑救。

【分类】 简易式灭火器的分类如下：

1）按包装形式可分为一元包装和二元包装两种。

2）按充装的灭火剂可分为水基型（包括加入添加剂的水，如湿润剂、增稠剂、防冻剂、阻燃剂或发泡剂等）灭火器（含水雾灭火器)、干粉（仅指 ABC 干粉）灭火器和氢氟烃类气体灭火器。

【标记】 表示方法：

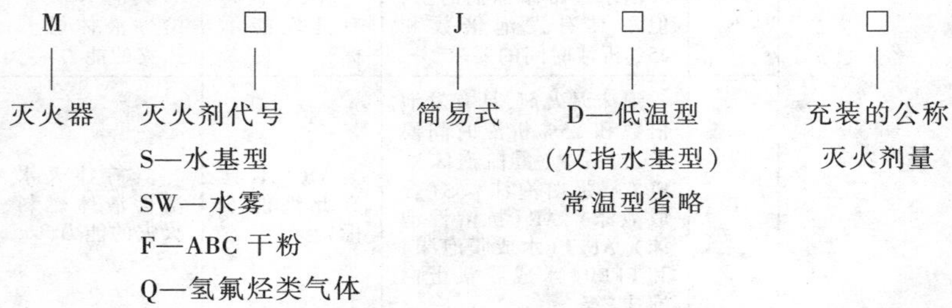

例：灭火剂为加入添加剂的水，公称充装量为 980mL 的简易式水雾灭火器，标记为：MSWJ980。

【基本性能】 常温下简易式灭火器的基本性能见表 28-2。

表 28-2　常温下简易式灭火器的基本性能（GA 86—2009）

灭火器类型	水基型	干粉	氢氟烃类气体
有效喷射时间/s　≥	5		
喷射滞后时间/s　≤	2		
喷射剩余率(%)　≤	10	10	8
充装系数/(mL/mL)或(g/mL)	—	—	按相应标准规定
有效喷射距离 L/m　≥	2		

注：在 60℃时，其最大工作压力应不超过 1.2MPa。

28.1.2　手提式灭火器

【分类】 手提式灭火器的分类如下：

1）按灭火剂型分，有水基型、干粉型、二氧化碳型和洁净气体型几种。

2）按灭火剂量分，水基灭火器有 2kg、3kg、6kg、9L，干粉灭火器有 1kg、2kg、3kg、4kg、5kg、6kg、8kg、9kg、12kg，二氧化碳灭火器有 2kg、3kg、5kg、7kg；洁净气体灭火器有 1kg、2kg、4kg、6kg。

【灭火剂代号】 手提式灭火器的灭火剂的代号见表 28-3。

【主要参数】 手提式灭火器的主要参数见表 28-4。

28.1.3　推车式灭火器

不包括灭 D 类火的推车式灭火器，其总质量在 25~450kg 之间。

表 28-3 手提式灭火器的灭火剂的代号

灭火器类别	灭火剂代号	灭火剂代号含义	特定的灭火剂特征代号	特征代号含义
水基灭火器	S	清水或带添加剂的水，但不具有发泡倍数和25%析液时间的要求	AR（不具有此性能不标）	具有扑灭水溶性液体燃料火灾的能力
	P	泡沫灭火剂，具有发泡倍数和25%析液时间要求，包括P（蛋白泡沫）、FP（氟蛋白泡沫）、S（合成泡沫）、AR（抗溶性泡沫）、AFFF（水成膜泡沫）和FFFP（水成膜氟蛋白泡沫）等	AR（不具有此性能不标）	具有扑灭水溶性液体燃料火灾的能力
干粉灭火器	F	干粉灭火剂（包括BC型和ABC型）	ABC（BC干粉灭火剂不标）	具有扑灭A类火灾的能力
二氧化碳灭火器	T	二氧化碳灭火剂	—	—
洁净气体灭火器	J	洁净气体灭火剂，包括卤代烷烃类气体灭火剂、惰性气体灭火剂和混合气体灭火剂	—	—

表 28-4 手提式灭火器的主要参数（GB4351.1—2005）

<table>
<tr><th rowspan="2">灭火器类型</th><th rowspan="2">灭火剂充装量/
L(水基型)
或kg(其余)</th><th colspan="2">最小喷射距离
(20℃)/m</th><th colspan="2">最小有效喷射时间
(20℃)/s</th></tr>
<tr><th>灭A类火</th><th>灭B类火</th><th>灭A类火</th><th>灭B类火</th></tr>
<tr><td>水基型</td><td>2
3
6
9</td><td rowspan="4">1A:3.0
2A:3.0
3A:3.5
4A:4.5
6A:5.0</td><td>3.0
3.0
3.5
4.0</td><td colspan="2">2~3L:15
>3~6L:30
>6L:40</td></tr>
<tr><td>干粉型</td><td>1
2
3
4
5
6
8
≥9</td><td>3.0
3.0
3.5
3.5
3.5
4.0
4.5
5.0</td><td rowspan="3">1A:8
≥2A:13</td><td rowspan="3">21~34B:8
55~89B:9
(113B):12
≥144B:15</td></tr>
<tr><td>二氧化碳型</td><td>2、3
5、7</td><td>2.0
2.5</td></tr>
<tr><td>洁净气体型</td><td>1、2
4
6</td><td>2.0
2.5
3.0</td></tr>
</table>

【主要参数】 推车式灭火器主要参数见表 28-5。

表 28-5　推车式灭火器的主要参数（GB8109—2005）

灭火器类型	灭火剂额定充装量/L(水基型)或 kg(其余)	充装密度/(kg/L)	最小有效喷射时间(20℃)/s	最小喷射距离(20℃)/m
水基型	20、45、60、125(−5%~0)	—	40~210s	具有扑灭 A 类火能力者:≥6(标准试验方法)
二氧化碳型	10、20、30、50(−5%~0)	≤0.74	具有扑灭 A 类火能力者:≥30	
洁净气体型		≤筒体设计充装密度		有喷雾喷嘴的水基型灭火器:≥3
干粉型	20、50、100、125(−2%~+2%)	—	没有扑灭 A 类火能力者:≥20	

注：喷射滞后时间≤5s；完全喷射后，喷射剩余率≤10%。

【标记】 表示方法：

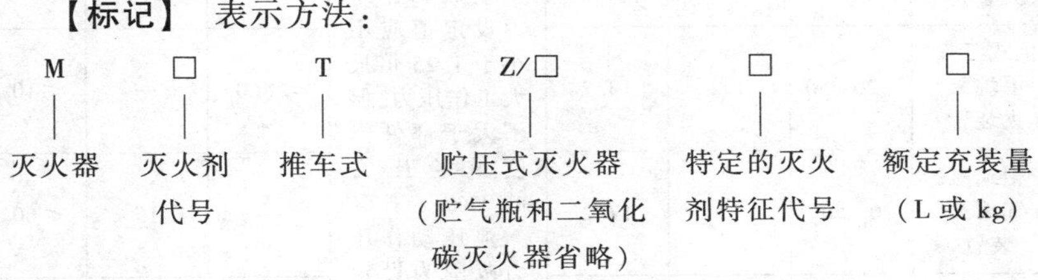

28.1.4　柜式气体灭火装置

柜式气体灭火装置可充填高压二氧化碳、七氟丙烷、氮气、氩气和三氟甲烷气体（不能充填低压二氧化碳气体）。

【用途】 用于充填灭火介质。

【结构】 由气体灭火剂瓶组、管路、喷嘴、信号反馈部件、检漏部件、驱动部件、减压部件（氮气、氩气灭火装置）、火灾探测部件、控制器组成。

【标记】 表示方法（GB 16670—2006）：

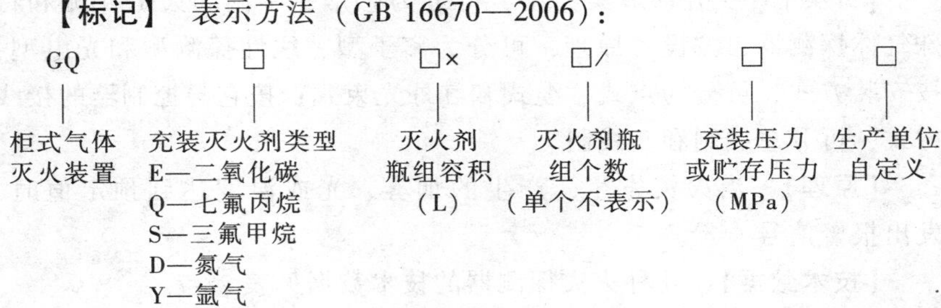

例：贮存压力为2.5MPa，灭火剂瓶组为80L，灭火剂瓶组个数为2的柜式七氟丙烷灭火装置，标记为：GQQ80×2/2.5。

【主要参数】 柜式气体灭火装置的主要参数见表28-6。

表28-6 柜式气体灭火装置的主要参数

装置类型	工作温度范围/℃	贮存压力/MPa	最大工作压力/MPa	泄压装置动作压力/MPa	充装密度/(kg/m^3)	最大充装压力/MPa	喷射时间/s
柜式二氧化碳灭火装置	0~49	5.17	15.00	19±0.95	≤600	—	≤60
柜式七氟丙烷灭火装置	0~50	2.50	4.20	泄放动作压力设定值应不小于1.25倍最大工作压力,但不大于部件强度试验压力的95% 泄压动作压力范围为设定值×(1±5%)	≤1150	—	≤10
柜式三氟甲烷灭火装置	-20~50	4.2	13.7		≤860	—	≤10
柜式氮气灭火装置	0~50	15	17.2		—	15	≤60
柜式氩气灭火装置	0~50	15	16.5		—	15	≤60

28.1.5 火灾探测器

火灾探测器是消防火灾自动报警系统中，对现场进行探查、发现火灾的设备。

【用途】 用于各类大型建筑物火灾探测与报警。

【分类】 按信息采集类型，可分为感烟、感温、火焰探测和特殊气体探测器；按设备原理，可分为离子型、线性探测型和光电型；按安装方式，可分为点式、缆式和红外光束式；按它与控制器的接线方式，可分总线制和多线制。

【原理】 当火灾发生，产生的烟雾、光或温度达到预定值时，发出报警信号。

【技术数据】 几种火灾探测器的技术数据见表28-7。

表 28-7　几种火灾探测器的技术数据

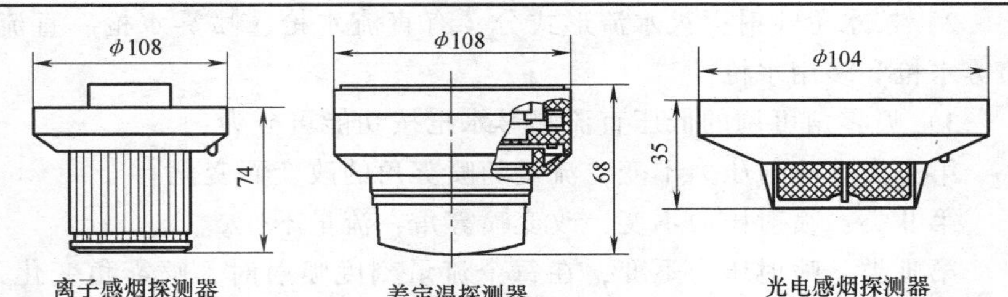

类别	型号	使用环境	灵敏度	工作电压/V
离子感烟型	JTY-LZ-101	温度:-20~+50℃ 湿度(40℃):95% 风速:<5m/s	Ⅰ级:用于不吸烟场所 Ⅱ级:用于少吸烟场所 Ⅲ级:用于多吸烟场所	DC 24
光电感烟型	JTY-GD-101			
差定温型	JTW-MSCD-101			
离子感烟型	JTY-LZ-D	报警电压/V		19,24
光电感烟型	JTY-GD	报警电压/V		19
电子感温型	JTW-Z(CD)	报警电压/V		14
红外光感型	JTY-HS	工作电压/V		24

28.2　消防枪和消防炮

消防水枪与水带连接后会喷射密集充实的水流，成为灭火的射水工具。它适用于工作压力为 0.20~4.0MPa、流量不大于 16L/s 的场合（不适用于脉冲气压喷雾水枪）。

消防炮是连续喷射时，水、泡沫混合液的流量大于 16L/s 或干粉的平均喷射速率大于 8kg/s，脉冲喷射时，单发喷射水、泡沫混合液量不低于 8L 的喷射灭火剂的装置。

28.2.1　消防水枪

【用途】　直流水枪和开花水枪都可以喷射密集充实水流的水枪救火，后者还可以根据需要喷射开花水，用来冷却容器外壁、阻隔辐射热，掩护灭火人员靠近着火点；喷雾水枪口上的离心喷雾头，可以使水流变成水雾，扑救油类火灾及油浸式变压器、多油式断路器等电气设备引起的火灾。

【分类】　消防水枪的分类方法是：

1）按水枪的工作压力范围分，有低压水枪（0.20MPa~1.6MPa）、中压水枪（>1.6MPa~2.5MPa）和高压水抢（>2.5MPa~4.0MPa）。

2）按水枪喷射灭火水流形式分，有直流水枪、喷雾水枪、直流喷雾水枪和多用水枪。

3）喷雾角可调的低压直流喷雾水抢按功能可分为：

第Ⅰ类：喷射压力不变，流量随喷雾角的改变而变化。

第Ⅱ类：喷射压力不变，改变喷雾角，流量不变。

第Ⅲ类：喷射压力不变，在每个流量刻度喷射时，喷雾角变化，对应的流量刻度值不变。

第Ⅳ类：在一定的流量范围内，流量变化时，喷射压力恒定。

【水枪代号】 水枪的代号及含义见表28-8。

表28-8 水枪的代号及含义（GB 8181—2005）

类别	组	特征	水枪代号	代号含义
枪 Q	直流水枪 Z(直)	—	QZ	直流水枪
		开关 G(关)	QZG	直流开关水枪
		开花 K(开)	QZK	直流开花水枪
	喷雾水枪 W(雾)	撞击式 J(式)	QWJ	撞击式喷雾水枪
		离心式 L(离)	QWL	离心式喷雾水枪
		簧片式 P(片)	QWP	簧片式喷雾水枪
	直流喷雾水枪 L(直流喷雾)	球阀转换式 H(换)	QLH	球阀转换式直流喷雾水枪
		导流式 D(导)	QLD	导流式直流喷雾水枪
	多用水枪 D(多)	球阀转换式 H(换)	QDH	球阀转换式多用水枪

例：额定喷射压力为0.60MPa，额定直流流量为6.5L/s的球阀转换式多用水枪，标记为：QDH6.0/6.5。

【水枪性能】 低压、中压和高压水枪的性能，分别见表28-9~表28-13。

表28-9 低压直流水枪的额定流量和射程（GB8181—2005）

接口公称通径/mm	当量喷嘴直径/mm	额定喷射压力/MPa	额定流量/(L/s)	流量允差	射程/m ≥
50	13	0.35	3.5	±8%	22
	16		5.0		25
65	19		7.5		28
	22	0.2			20

表 28-10　低压喷雾水枪的额定喷雾流量和喷雾射程（GB 8181—2005）

接口公称通径/mm	额定喷射压力/MPa	额定喷雾流量/(L/s)	流量允差	喷雾射程/m ≥
50	0.60	2.5	±8%	10.5
		4.0		12.5
		5.0		13.5
65		6.5		15.0
		8		16.0
		10		17.0
		13		18.5

表 28-11　低压直流喷雾水枪的流量和射程及喷射压力（GB 8181—2005）

接口公称通径/mm	额定喷射压力/MPa	额定直流流量/(L/s)	流量允差	直流射程/m ≥
50	0.60	2.5	±8%	21
		4		25
		5		27
65		6.5		30
		8		32
		10		34
		13		37

表 28-12　中压水枪的额定直流流量和直流射程（GB 8181—2005）

接口公称通径/mm	额定喷射压力/MPa	额定直流流量/(L/s)	流量允差	直流射程/m ≥
40①	2.0	3	±8%	17

① 或为进口外螺纹 M39×2。

表 28-13　高压水枪的额定直流流量和直流射程（GB 8181—2005）

接口公称通径/mm	额定喷射压力/MPa	额定直流流量/(L/s)	流量允差	直流射程/m ≥
M39×2	3.5	3	±8%	17

【技术数据】 几种直流水枪的技术数据见表 28-14。

28.2.2　细水雾枪

细水雾枪是以水为主要喷射介质、以灭火为目的的消防器材（不包括带有切割、穿刺或呼吸等功能的细水雾装置），实际上是消防水枪的一种。

表 28-14　几种直流水枪的技术数据

类别	型号	进水口径/mm	工作压力/MPa	直流射程/m	喷雾面/m（宽×射程）	外形尺寸/mm（长×宽×高）
直流水枪	QZ16	50	0.6	>35	—	98×96×304
	QZ16A	50		>35	—	95×95×390
	QZ19	65		>38	—	111×111×337
	QZ19A	65		>38	—	110×110×520
开花水枪	QZH16	50		>30	—	115×100×325
	QZH19	65		>35	—	111×111×438
直流开关水枪	QZG16	50		>31	—	150×98×440
	QZG19	65		>35	—	160×111×465
直流喷雾水枪	QZW16	65		>30	（30°）	168×111×465
	QZW19	65		≥32	8×5	168×111×465
多功能水枪	QD16/19	50、65	0.2~0.7	≥25	（120°）	—
	QDZ16/19	50、65	0.2~0.7	>30	5×1.7	—

【用途】 广泛应用于各类火灾的灭火。

【原理】 对表面冷却、窒碍、冲击乳化和稀释，同时具有隔热辐射及洗涤烟雾、废气的功能。细水雾为不连续的水滴，使其具有很强的电绝缘性。

【分类】 细水雾枪的分类如下：

1）按喷嘴类型分，有细水雾喷嘴型和细水雾-水雾喷嘴联用两种。

2）按供液方式分，有气瓶供液式、汽油机泵组供液式、柴油机泵组供液式和电动机泵组供液式四种。

3）按移动方式分，有背负式、推车式和车载式三种。

【标记】 表示方法：

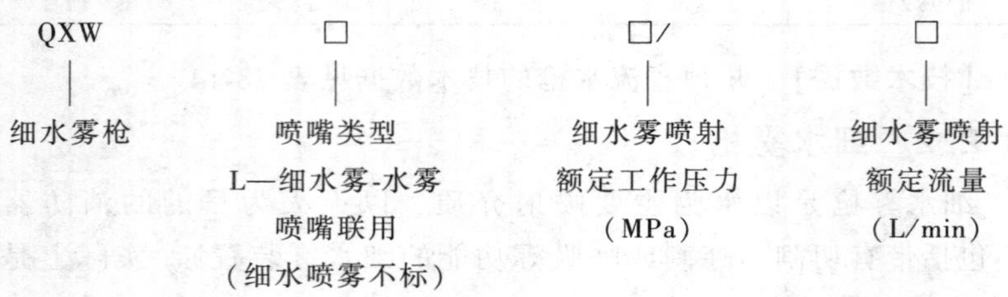

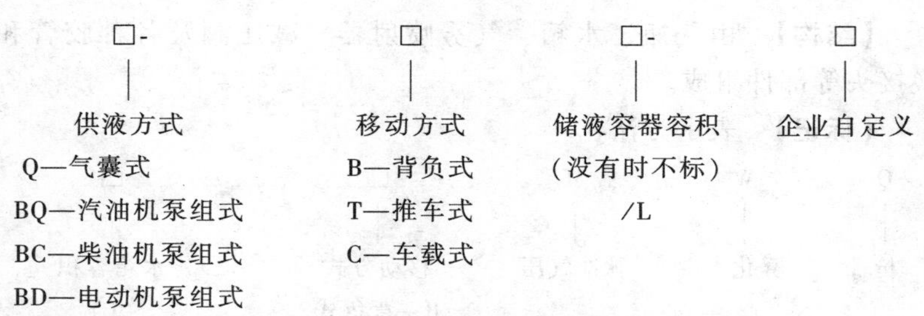

【性能参数】 细水雾枪的性能参数见表 28-15。

表 28-15　细水雾枪的性能参数（GA 1298—2016）

项　目		性能参数		
		背负式	推车式	车载式
储液容器	容积/L	12、16	20、25、45、65、125	45、65、125、200、≥250
	工作压力/MPa	公布值		
气瓶	容积/L	3.0、4.7	6、8、9.0、12.0	6.8、9.0、12.0
	公称压力/MPa	30±1		
泵组	额定出口压力/MPa	2.5、4.0、6.0	2.5、4.0、6.0、8.0、10.0、12.0、15.0、20.0、25.0	
	额定流量/(L/min)	公布值		
细水雾喷射额定工作压力/MPa		公布值		
细水雾喷射额定流量/(L/min)		公布值		
水雾喷射额定工作压力/MPa		公布值		
水雾喷射额定流量/(L/min)		公布值		
软管长度/m		≥1.2	≥15.0	≥30.0
细水雾射程/m		≥5		
水雾射程/m		≥10		
雾滴粒径 $D_{v0.50}$/μm		≤200		
雾滴粒径 $D_{v0.99}$/μm		≤400		
喷射剩余率(%)		≤5		
灭火性能	A 类火	≥2A	≥4A	≥4A
	B 类火	≥55B	≥144B	≥144B
		（可添加水系或泡沫灭火剂）		
细水雾枪质量/kg		≤5		
细水雾枪含供液装置总质量(包括灭火剂)/kg		≤30	≤450	≤车辆限载

28.2.3　脉冲气压喷雾水枪

脉冲气压喷雾水枪是利用压缩空气的急剧膨胀与水撞击混合后，以脉冲的方式喷射出高速超细水雾的灭火装置。

【结构】 由气瓶、水箱、气雾喷射器、减压阀及各种胶管和快换接头等部件组成。

【标记】 表示方法：

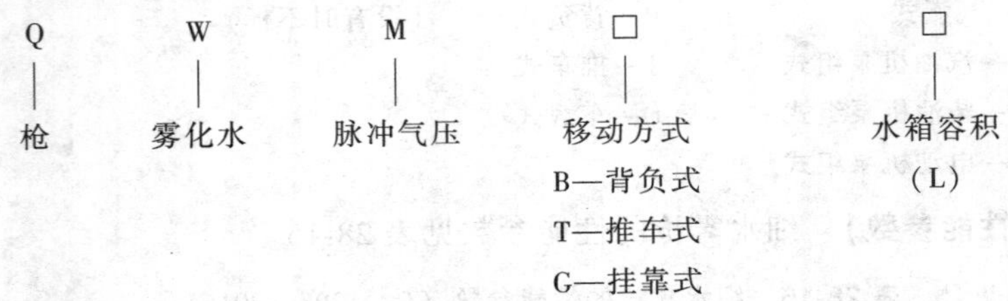

例：水箱容积为35L的推车式脉冲气压喷雾水枪，标记为：QWMT35。

【性能参数】 脉冲气压喷雾水枪的性能参数见表28-16。

表28-16 脉冲气压喷雾水枪的性能参数（20℃±5℃）

项　目	性能参数				
	QWMG5	QWMB12	QWMT35	QWMT50	QWMT75
气瓶容积/L	≥1.8	≥1.8	≥6	≥6	≥6
气瓶公称压力/MPa	15±1	30±1			
气雾喷射器贮气筒工作压力/MPa	2.0~2.7				
气雾喷射器贮气筒容积/L	0.6~0.8	0.8~1.3			
气雾喷射器蓄水筒容积/L	0.6~0.8	0.8~1.3			
水箱工作压力/MPa	0.4~0.6或1.1~1.3				
水箱容积/L	≥5	≥12	≥35	≥50	≥75
有效脉冲喷射次数/次	≥6	≥10	≥28	≥40	≥60
喷射距离/m	≥10				
脉冲喷射间歇时间/s	≤3				
喷射剩余率/%	≤5				
脉冲气压喷雾水枪总质量/kg	≤20	≤35	≤80	≤100	≤130

注：充装满灭火剂和压缩空气。

28.2.4 消防炮

【用途】 用于远距离扑救火灾。

【分类】 消防炮的分类如下：

1）按喷射介质可分为消防水炮、消防泡沫炮（包括自吸式和非自吸式）、两用消防炮、消防干粉炮和脉冲消防炮。

2）按驱动方式可分为手动消防炮、电动消防炮、液动消防炮和气动消防炮。

3）按使用功能可分为单用消防炮、两用消防炮和组合消防炮。

4）按安装方式可分为固定式消防炮和移动式消防炮（包括便携式、手抬式和拖车移动式）。

5）按控制方式可分为远控消防炮和近控消防炮。

【标记】 由类/组代号，特征代号，使用场合，主参数，喷雾代号，自摆代号，隔爆代号和自定义组成。

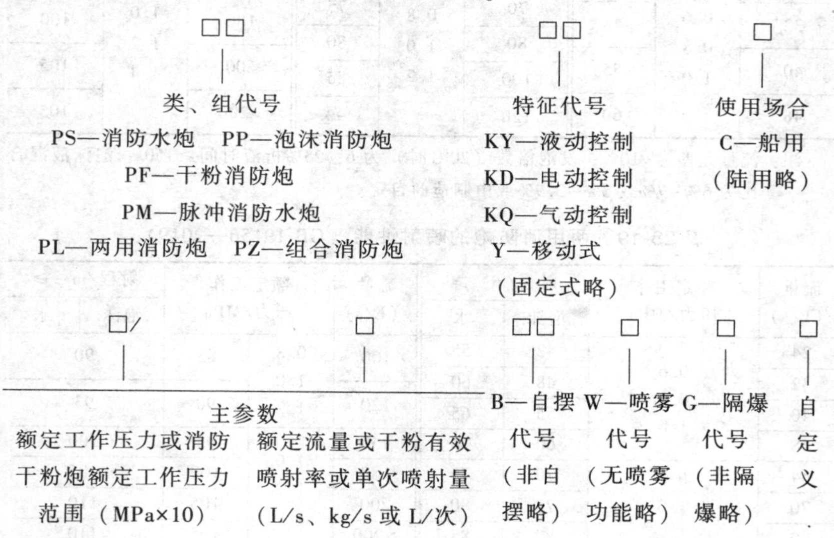

例：喷射介质为泡沫混合液，额定流量为 80L/s，额定工作压力为 1.2MPa，回转方式为气动的固定自吸式消防泡沫炮，标记为：PPKQ12/80。

【喷射性能】 消防水炮、泡沫消防炮、两用消防炮、干粉消防炮和脉冲消防炮的喷射性能，见表 28-17~表 28-21。

表 28-17　消防水炮的喷射性能（GB 19156—2019）

流量/(L/s)	额定工作压力/MPa	射程/m ≥	流量/(L/s)	额定工作压力/MPa	射程/m ≥	流量/(L/s)	额定工作压力/MPa	射程/m ≥
20	0.6 0.8 1.0	50	60	0.8 1.0 1.2	75	150	1.0 1.2 1.4	100
25		55	70		80	180		105
30		60	80		85	200		110
40		65	100		90	250		115
50		70	120		95	≥300		120

注：流量允差为±10%。

表 28-18 泡沫消防炮的喷射性能（GB 19156—2019）

泡沫混合液流量/(L/s)	额定工作压力/MPa	射程/m ≥	泡沫混合液流量/(L/s)	额定工作压力/MPa	射程/m ≥	泡沫混合液流量/(L/s)	额定工作压力/MPa	射程/m ≥
24	0.6 0.8 1.0	42	64	0.8 1.0 1.2	70	150	1.0 1.2 1.4	95
32		48	70		75	180		100
40		55	80		80	200		105
48		60	100		85	>200		105
			120		90			

注：流量允差为+10%；发泡倍数（20℃时）为6；25%析液时间≥150s；泡沫液混合比为6%~7%或3%~3.9%或由制造商自定。

表 28-19 两用消防炮的喷射性能（GB 19156—2019）

流量/(L/s)	额定工作压力/MPa	射程/m ≥ 泡沫	射程/m ≥ 水	流量/(L/s)	额定工作压力/MPa	射程/m ≥ 泡沫	射程/m ≥ 水
24	0.6 0.8 1.0	42	55	100	0.8 1.0 1.2	85	90
32		48	60	120		90	95
40		55	65	150	1.0 1.2 1.4	95	100
48		60	70	180		100	105
64	0.8 1.0 1.2	70	75	200		105	110
70		75	80	>200		105	110
80		80	85				

注：1. 同表 28-18 的注。

2. 自吸式两用消防炮的射程可以比表中规定的数值小 10%。

表 28-20 干粉消防炮的喷射性能（GB 19156—2019）

有效喷射率/(kg/s)	平均喷射速率 E/(kg/s)	有效射程/m≥	有效喷射率/(kg/s)	平均喷射速率 E/(kg/s)	有效射程/m≥
10	$10 \leqslant E < 20$	18	35	$35 \leqslant E < 40$	38
20	$20 \leqslant E < 25$	20	40	$40 \leqslant E < 45$	40
25	$25 \leqslant E < 30$	30	45	$45 \leqslant E < 50$	45
30	$30 \leqslant E < 35$	35	≥50	$E \geqslant 50$	50

注：工作压力范围为 0.5（可由制造商自定）~1.7/MPa。

表 28-21 脉冲消防炮的喷射性能（GB 19156—2019）

单次喷射量(L/次)	额定工作压力/MPa	射程/m
8、12、16、20、24、28、>28	制造商自定	制造商自定

28.3　消火供水设备

28.3.1　消防泵

【用途】　安装在消防车、固定灭火系统或其他消防设施上，用作输送水或泡沫溶液等液体灭火剂的专用泵。

【分类】　消防泵的分类如下：

1）按使用场所，可分为消防车用消防泵、船用消防泵、工程用消防泵和其他用途消防泵。

2）按压力大小，可分为低压（≤1.6MPa）消防泵、中低压消防泵、中压（1.8～3.0MPa）消防泵、高低压消防泵和高压（≥4.0MPa）消防泵。

3）按用途可分为供水消防泵、稳压消防泵和供泡沫液消防泵等。

4）按使用特征可分为普通消防泵、深井消防泵和潜水消防泵。

消防泵组的分类如下：

1）按动力源的形式，可分为柴油机消防泵组、电动机消防泵组、燃气轮机消防泵组和汽油机消防泵组。

2）按用途可分为供水消防泵组、稳压消防泵组和手抬机动消防泵组。

3）按泵组的辅助特征，可分为普通消防泵组、深井消防泵组和潜水消防泵组。

【技术参数】　车用消防泵、工程用消防泵和消防泵组，以及船用消防泵的技术参数，分别见表 28-22～表 28-24。

表 28-22　车用消防泵的技术参数（GB 6245—2006）

主参数		额定工况
低压	额定流量 Q_n/(L/s)	20～60(级阶 5)、70、80、90、100
	额定压力 p_n/MPa	≤1.6
中压	额定流量 Q_w/(L/s)	10～80(级阶 5)
	额定压力 p_w/MPa	1.8～3.0
高压	额定流量 Q_{ng}/(L/s)	4、5、6、7、8、9、10
	额定压力 p_{ng}/MPa	≥4.0
吸深 H_{sz}/m		3.0

（续）

低压车用消防泵	工况 1:在吸深 3m 时,应满足额定流量(Q_n)和额定压力(p_n)的要求 工况 2:在吸深 3m 时,流量为 0.7Q_n,出口压力应不小于 1.3p_n 工况 3:在吸深 7m 时,流量为 0.5Q_n. 出口压力应不小于 1.0p_n
中压车用消防泵	工况 1:在吸深 3m 时,应满足额定流量(Q_{nz})和额定压力(p_{nz})的要求 工况 2:在吸深 7m 时,流量为 0.5Q_{nz},出口压力应不小于 1.0p_{nz}
高压车用消防泵	工况 1:在吸深 3m 时,应满足额定流量(Q_{ng})和额定压力(p_{ng})的要求 工况 2:在吸深 7m 时,流量为 0.5Q_{ng},出口压力应不小于 1.0p_{ng}
中低压车用消防泵	工况 1:在吸深 3m 时,应满足低压额定流量(Q_n)和低压额定压力(p_n)的要求 工况 2:在吸深 3m 时,应满足中压额定流量(Q_{nz})和中压额定压力(p_{nz})的要求 工况 3:在吸深 7m 时,流量为 0.5Q_n,出口压力应不小于 1.0p_n 中低压车用消防泵应有中低压联用工况(参数由企业自定),其中,中压的最低联用压力不得小于中压泵的最低额定压力(具有中压功能的高低压车用消防泵除外)
高低压车用消防泵	工况 1:在吸深 3m 时,应满足低压额定流量(Q_n)和低压额定压力(p_n)的要求 工况 2:在吸深 3m 时,应满足高压额定流量(Q_{ng})和高压额定压力(p_{ng})的要求 工况 3:在吸深 7m 时,流量为 0.5Q_n,出口压力应不小于 1.0p_n 高低压车用消防泵应有高低压联用工况(参数由企业自定),其中高压的最低联用压力不得小于高压泵的最低额定压力

表 28-23　工程用消防泵和消防泵组的技术参数（GB 6245—2006）

主参数	额定工况
额定流量 Q_n/(L/s)	5~130(级阶 5)、140、150、160、180、200
额定压力 p_{ng}/MPa	0.3~3.0
吸深 H'_{sz}/m	深井泵、潜水泵为 0,其余为 1.0
普通消防泵	工况 1:在吸深 1m 时,应满足额定流量(Q_n)和额定压力(p_n)的要求;同时工作压力不应超过额定压力的 1.05 倍 工况 2:在吸深 1m 时,流量为 1.5Q,工作压力不应小于 0.65p 最大工作压力不得超过 1.4p
深井消防泵 潜水消防泵	工况 1:吸深 0m 时,应满足额定流量(Q_n)和额定压力(p_n)的要求;同时工作压力不得超过额定压力的 1.05 倍 工况 2:吸深 0m 时,流量为 1.5Q,工作压力应不小于 0.65p 最大工作压力不得超过 1.4p
供泡沫消防泵	工况 1:吸深 0m 时,应满足额定流量(Q_n)和额定压力(p_n)的要求;同时工作压力不得超过额定压力的 1.05 倍

表 28-24　船用消防泵的技术参数（GB 6245—2006）

主参数	额定工况
额定流量 Q_n/(L/s)	5~130(级阶 5)、140、150、160、180、200
额定压力 p_{ng}/MPa	0.3~3.0
吸深 H'_{sz}/m	深井泵、潜水泵为 0,其余为 1.0

【标记】 表示方法：

1）消防泵组消防泵：

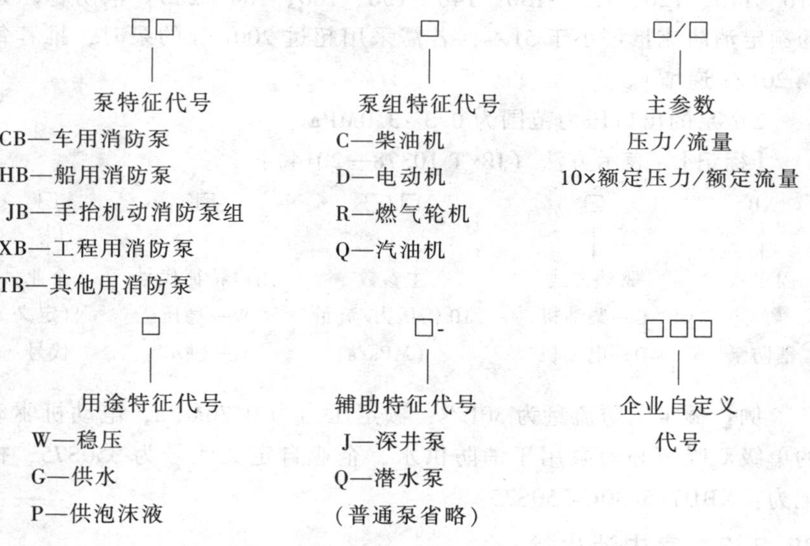

2）无动力消防泵组（各代号的符号同消防泵组消防泵）：

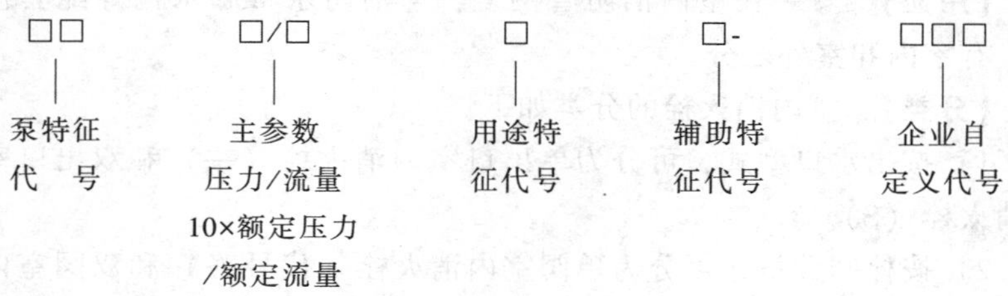

28.3.2　固定式离心消防泵

【用途】 用于安装在固定场所的消防系统中，输送清水或物理化学性质类似于水的物质。

【分类】 按结构的不同，分为单级单吸或多级、立式泵，单级单吸或多级、卧式泵，单级双吸或多级、立式泵，单级双吸或多级、卧式泵。

【参数】 其参数如下：

1）泵的额定消防流量（L/s）为 5、10、15、20、25、30、35、40、45、50、55、60、65、70、75、80、85、90、95、100、105、110、115、120、125、130、140、150、160、180、200（消防稳压泵的额定消防流量可小于 5L/s，若需采用超过 200L/s 的泵时，推荐每隔 20L/s 递增）。

2）泵的出口压力范围为 0.3～3.0MPa。

【标记】 表示方法（JB/T 10378—2014）：

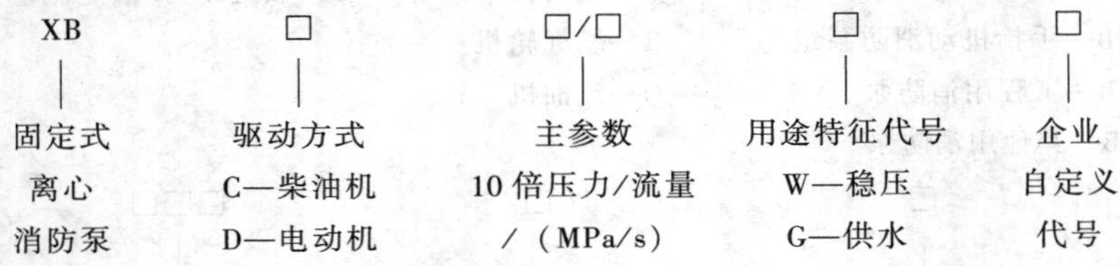

例：额定消防流量为 30L/s，额定压力为 0.76MPa，电动机驱动的单级双吸离心力泵用于消防供水，企业自定义代号为 350S75，标记为：XBD7.6/30G-350S75。

28.3.3 室内消火栓

【用途】 安装在室内消防管网上，与消防水带和水枪等配套使用，有室内和室外之分。

【分类】 室内消火栓的分类如下：

1）按出水口型式，可分为单出口室内消火栓（—）和双出口室内消火栓（S）。

2）按栓阀数量，可分为单阀室内消火栓（代号略）和双阀室内消火栓（S）。

3）按结构型式，可分为直角出口型室内消火栓（—）、45°出口型室内消火栓（A）、旋转型室内消火栓（Z）、减压型室内消火栓（J）、旋转减压型室内消火栓（ZJ）、减压稳压型室内消火栓（W）、旋转减压稳压型室内消火栓（ZW）和异径三通型室内消火栓（Y）。

【材料】　室内消火栓零件的材料见表 28-25。

表 28-25　室内消火栓零件的材料

名称		要　　求
阀体、阀盖、阀瓣		灰铸铁 HT200 或力学性能不低于 HT200 的其他金属材料
阀座、阀杆螺母		铜合金 ZCu2n38 或强度及耐蚀性不低于 ZCu2n38 的金属材料
阀杆		铅黄铜棒 HPb59-I 或力学性能、耐蚀性不低于 HPb59-I 的其他金属材料，抗拉强度应大于 390MPa
对 J、ZJ、W、ZW 型消火栓	节流装置	应采用符合 GB/T 1176 规定的铸造铜合金或性能不低于铸造铜合金的其他金属材料
	弹簧	应采用耐腐蚀或经过防腐处理的材料
Z 型消火栓	旋转部位	应采用铜合金或奥氏体不锈钢等耐腐蚀材料
手轮		灰铸铁 HT200 或力学性能不低于 HT200 的其他金属材料；当使用碳钢材料时，其厚度不应小于 1.5mm

【基本参数】　室内消火栓的基本参数见表 28-26。

表 28-26　室内消火栓的基本参数（GB 3445—2018）

公称通径 DN/mm	公称压力 PN/MPa	适用介质
25、50、65	1.6	水、泡沫混合液

【产品数据】　室内消火栓的产品数据见表 28-27。

【标记】　表示方法：

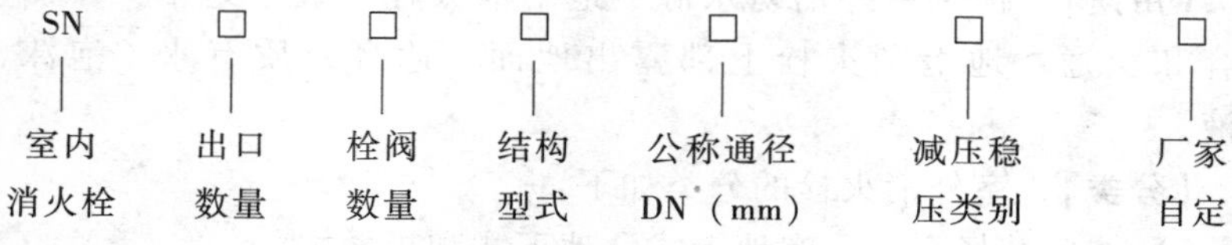

例：

1）公称通径为 50mm 的直角单阀，单出口型室内消火栓，标记为：SN50。

2）公称通径为 65mm，双出口双阀，减压稳压类别代号为 I 的室内消火栓，标记为：SNSSW65-I。

表 28-27 室内消火栓的产品数据

公称通径 DN/mm	型号	进水口		基本尺寸/mm		
		管螺纹	螺纹深度	关闭后高度≤	出水口中心高度	阀杆中心距接口外沿距离≤
25	SN25	Rp1	18	135	48	82
50	SN50	Rp2	22	185	65	110
	SNZ50			205	65~71	
	SNS50	Rp2½	25	205	71	120
	SNSS50			230	100	112
65	SN65	Rp2½	25	205	71	120
	SNZ65			225	71~100	126
	SNZJ65					
	SNZW65					
	SNJ65	Rp3				
	SNW65					
	SNS65	Rp3	25	270	110	
	SNSS65					

28.3.4 室外消火栓

【用途】 提供室外消防水源。地下消火栓安装于地下，不影响市容和交通；地上消火栓上部露出地面。适合介质有水、泡沫混合液。

【分类】 室外消火栓的分类如下：

1）按安装场合分，有地上式、地下式和折叠式。

2）按进水口连接形式分，有法兰式和承插式。

3）按用途分，有普通型和特殊型（泡沫型、防撞型、调压型、减压稳压型等）。

4）按进水口的公称通径分，有 100mm 和 150mm 两种。

5）按公称压力分，有 1.0MPa（承插式）和 1.6MPa（法兰式）

两种。

【结构和外形】　室外消火栓的结构和外形如图 28-4 所示。

a) 室外地上型　　b) 室外地下型

图 28-4　室外消火栓的结构和外形

【材料】　室外消火栓零件的材料见表 28-28。

表 28-28　室外消火栓零件的材料（GB 4452—2011）

名　称	要　　求
栓体、阀体、法兰接管、弯管	灰铸铁 HT200 或力学性能不低于 HT200 的其他金属材料。防撞型消火栓的栓体应用灰铸铁 HT250 或力学性能不低于 HT250 的其他金属材料
阀座、阀杆螺母	铸造铜合金 ZCu2n38 或力学性能不低于 ZCu2n38 的其他金属材料
阀杆	低碳钢，表面应镀铬或采用性能不低于镀铬的其他表面处理方法
水带连接口和吸水管连接口	应使用力学性能不低于 HPb59 的铅黄铜或不锈钢
阀杆的导管和连接销	对使用泡沫型灭火剂的消火栓，应使用不锈钢

【连接尺寸】　其承插口连接尺寸见表 28-29 和表 28-30。

表 28-29　法兰式消火栓承插口连接尺寸（GB 4452—2011）

（单位：mm）

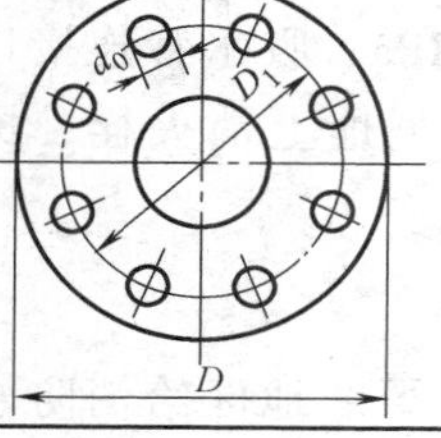

进水口公称内径	法兰外径 D	螺栓孔中心圆直径 D_1	螺栓孔直径 d_0	螺栓数/个
100	220	180	17.5	8
150	285	240	22.0	

表 28-30　承插式消火栓承插口连接尺寸（GB 4452—2011）

（单位：mm）

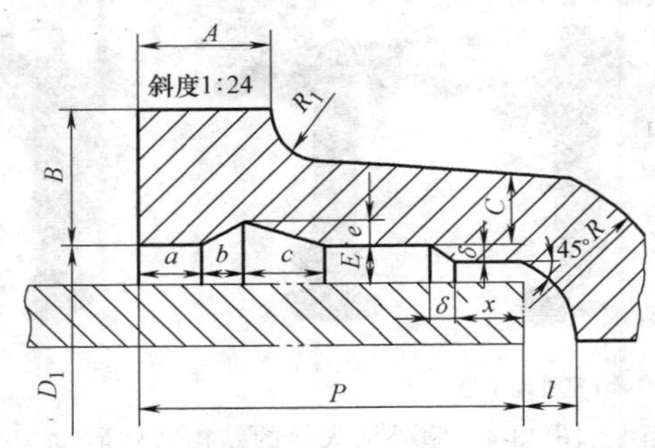

进水口公称通径	基本尺寸			
	a	*b*	*c*	*e*
100～150	15	10	20	6

进水口公称通径	承插口内径	*A*	*B*	*C*	*E*	*P*	*l*	*δ*	*x*	*R*
100	138.0	36	26	12	10	90	9	5	13	32
150	189.0	36	26	12	10	95	10	5	13	32

【标记】　表示方法：

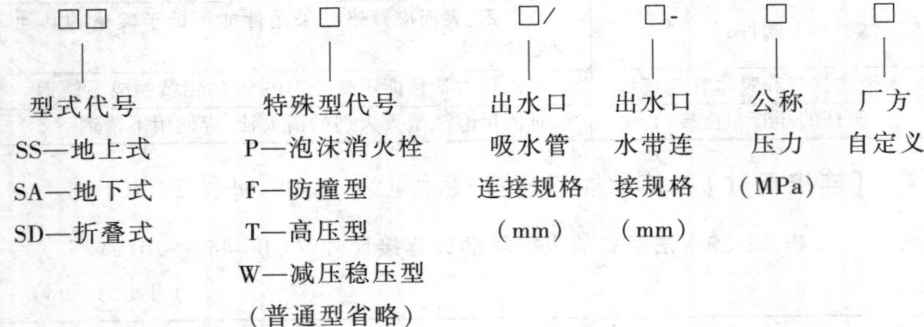

例：公称通径为100mm、公称压力为1.6MPa、吸水管连接口为100mm、水带连接口为65mm的防撞减压稳压型地上消火栓，标记为：SSFW 100/65-1.6。

28.3.5　消防水鹤

【用途】　消防水鹤（见图 28-5）主要用于严寒地区给消防水车

快速加水。

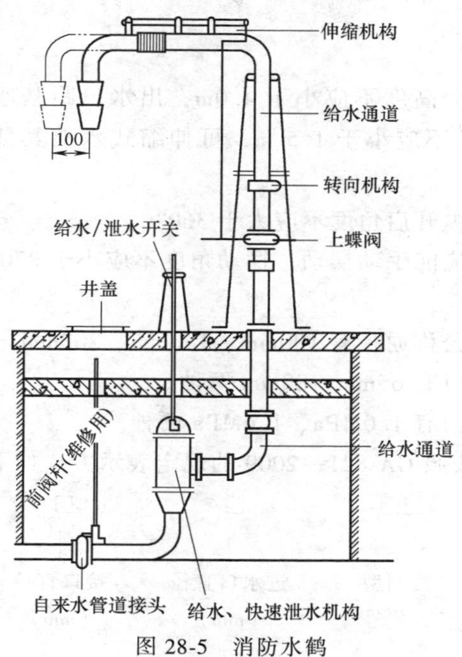

图 28-5　消防水鹤

【分类】　按进水口连接方式可分为承插式（C）和法兰式（F）；按出水管调节方式可分为直通式（Z）和可伸缩式（S）。

【结构】　由地下部分（主控水阀、排放余水装置、启闭联动机构）和地上部分（引水导流管道和护套、消防水带接口、旋转机构、伸缩机构等）组成（出水口能手动摆动，主控水阀与排放余水装置启闭互锁）。

【材料】

1）连接管件、阀体应采用灰铸铁 HT200 或力学性能不低于 HT200 的其他金属。

2）地下部分控水闸阀的阀座、阀杆螺母及排放余水装置的泄水阀门，应采用铅黄铜或力学性能不低于铅黄铜的其他钢材。

3）旋转和伸缩机构应采用铅黄铜或耐蚀性不低于铅黄铜的其他材料。

4）保护外壳应采用灰铸铁 HT150 或力学性能不低于 HT150 的其他金属材料。

【尺寸】

1）地上部分高度不应小于 4.0m，出水口距基座底部不应小于 3.8m，水鹤臂长不应小于 1.5 m，可伸缩式水鹤其伸缩长度不应小于 300mm。

2）启闭操纵开启角度不应大于 360°。

3）出水口应能手动摆动，摆动角度不应小于 270°

【规格】

1）进水口公称通径有 100mm、150mm、200mm 三种。

2）消防接口有 65mm、80mm 两种。

3）公称压力有 1.0MPa、1.6MPa 两种。

【标记】 按照 GA 821—2009 的规定表示方法如下：

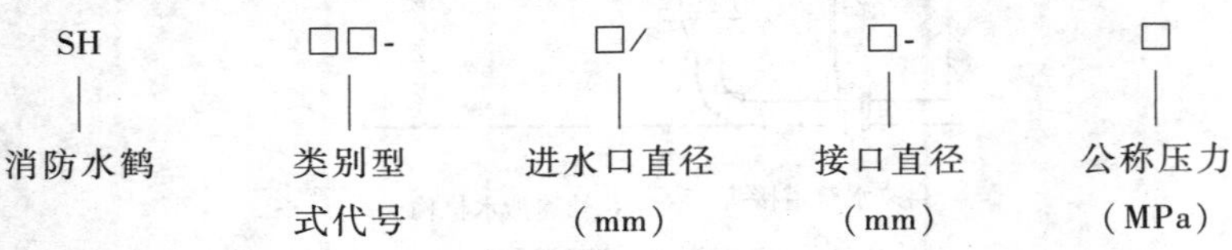

例：进水口直径为 200mm，接口直径为 65mm，公称压力为 1.6MPa，出水口可伸缩的法兰连接的消防水鹤，标记为：SHFS-200/65-1.6。

28.3.6 消防水泵接合器

【用途】 消防水泵接合器可作为消防队员用消防车从室外水源取水，向室内消防管网供水的接口，用于扑救火灾。

【分类】 消防水泵接合器的分类如下：

1）按使用方式可分为地上式、地下式、多用式等（见图 28-6）。

2）按连接方式可分为法兰式和螺纹式。

3）按公称压力可分为 1.6MPa、2.5MPa 和 4.0MPa 等多种。

4）按出口的公称通径可分为 100mm 和 150mm 两种。

【结构】 由泄水阀等部件组成，与止回阀、安全阀、闸阀和泄水阀配套。

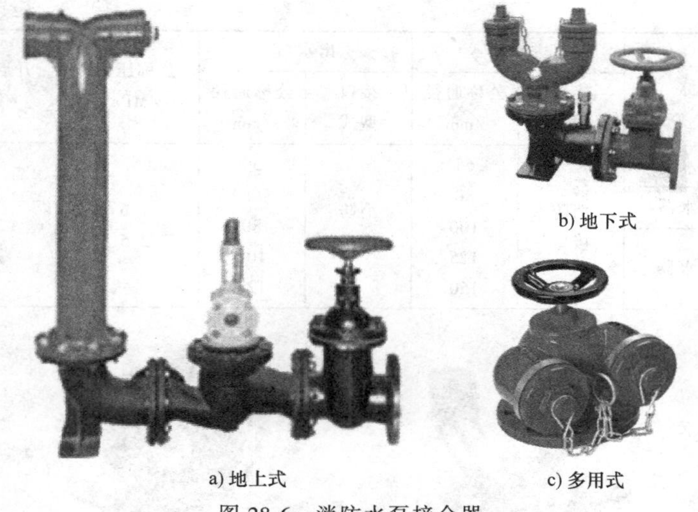

a) 地上式　b) 地下式　c) 多用式

图 28-6　消防水泵接合器

28.3.7　分水器和集水器

分水器是连接消防供水干线与多股出水支线的消防器具。集水器是连接多股消防供水支线与供水干线的消防器具。

【用途】

1）分水器把单股水分成两股或三股水。

2）集水器把两个小口径的消防栓与大口径的消防车进口进行连接。

【技术参数】 分水器和集水器的技术参数见表 28-31。

表 28-31　分水器和集水器的技术参数（GA 868—2010）

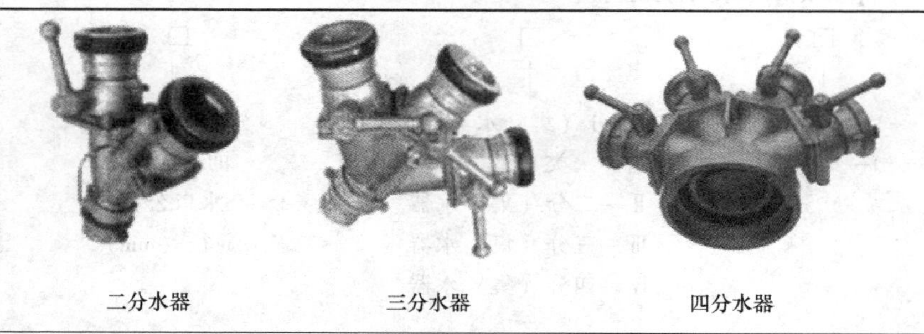

二分水器　三分水器　四分水器

（续）

名称	进水口		出水口		公称压力/MPa	开启力/N
	接口型式	公称通径/mm	接口型式	公称通径/mm		
二分水器 三分水器 四分水器	消防接口	65 80 100 125 150	消防接口	50 65 80 100 125	1.6 2.5	≤200

二集水器

四集水器

名称	进水口		出水口		公称压力/MPa	开启力/N
	接口型式	公称通径/mm	接口型式	公称通径/mm		
二集水器 三集水器 四集水器	消防接口	65 80 100 125	消防接口	80 100 125 150	1.0 1.6 2.5	≤200

【标记】 表示方法：

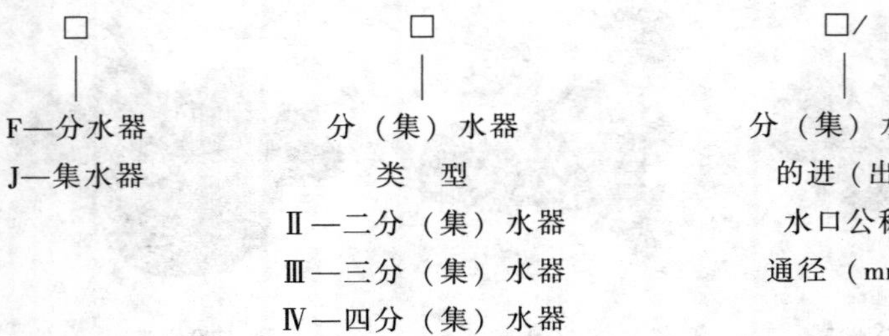

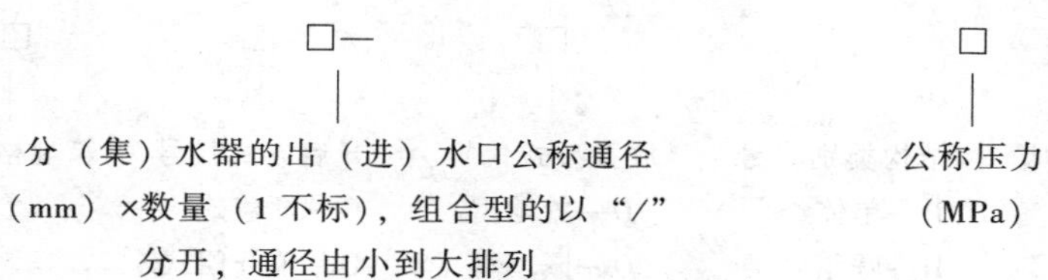

例：进水口公称通径为 80mm，出水口公称通径为 2 个 50mm、1 个 65mm，公称压力为 2.5MPa 的三分水器，标记为：FⅢ80/50×2/65—2.5。

28.3.8 灭火器箱

【用途】 用于长期固定存放灭火器。

【分类】 灭火器箱的分类如下：

1）按结构类型可分为单体类和组合类，后者包括自救呼吸器组合类（简称呼组合类）和消火栓组合类（简称栓组合类）。

2）按放置型式可分为置地型和嵌墙型。

3）按开启方式可分为翻盖式和开门式（包括单开门式和双开门式）。

【材料】

1）箱体应使用厚度符合表 28-32 规定的薄钢板、铝合金板或不锈钢板等金属材料。

表 28-32 灭火器箱箱体的金属材料厚度 （单位：mm）

放置型式	箱体高度（箱体顶层与底面的距离）	箱体的金属材料厚度	放置型式	箱体高度（箱体顶层与底面的距离）	箱体的金属材料厚度
置地型	<500	≥1.0	嵌墙型	<500	≥0.8
	>500~<800	≥1.2		>500~800	≥1.0
	≥800	≥1.5		≥800	≥1.2

2）箱门可选用金属或非金属材料。当箱门采用玻璃时，玻璃厚度不应小于 4mm。

3）栓组合类灭火器箱的消火栓箱体中，水带挂架、托架和水带盘应用耐腐蚀的材料或经耐腐蚀处理料制成。

【标记】 表示方法：

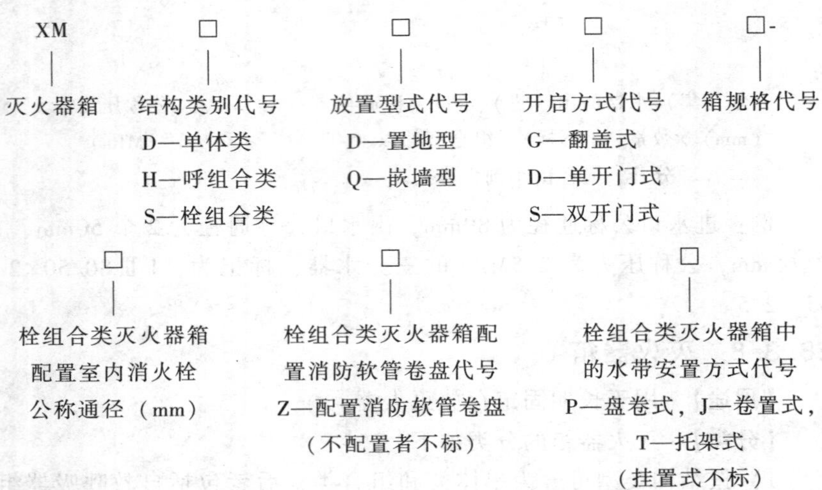

例：单开门式嵌墙型栓组合类灭火器箱的宽度 $l_1=750$mm，深度 $l_2=320$mm，高度 $l_4=600$mm，水带为盘卷式安置，内配消防软管卷盘及公称通径为 65mm 的室内消火栓，标记为：XMSQD29-65ZP。

【尺寸】 灭火器箱的外形尺寸见表 28-33～表 28-35。

表 28-33　单体类灭火器箱的外形尺寸（GA 139—2009）

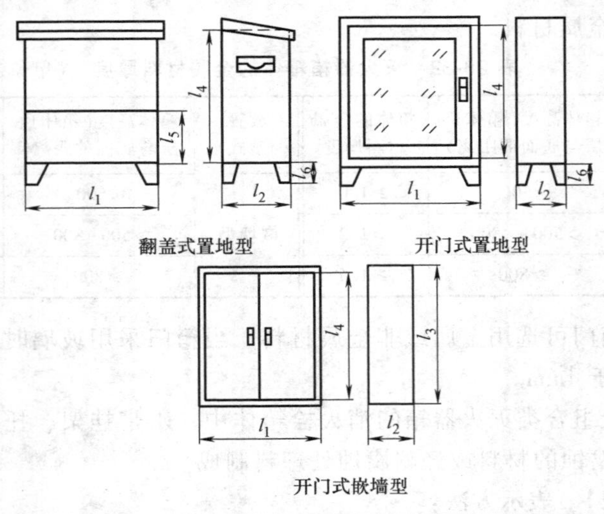

（续）

基本型号		外形尺寸/mm						载荷/N	器材配置	
		宽度	深度	高　度					宜存放的最大规格类型手提式灭火器及最少可存放的具数	
类型	规格①	l_1	l_2	l_3	l_4	l_5	l_6		规格类型	具数
XMDDG XMDDD XMDDS XMDQD XMDQS	11	180	160	480	450	225	≥80	40	2L 水基型或 2kg 干粉或 2kg 洁净气体等手提式灭火器	1
	12	330						80		2
	13	480						120		3
	14	630						160		4
	15	780						200		5
	21	220	200	650	600	300	≥80	70	2kg 二氧化碳或 3L 水基型或 4kg 干粉或 4kg 洁净气体等手提式灭火器	1
	22	410						140		2
	23	600						210		3
	24	790						280		4
	25	980						350		5
	31	250	240	800	750	375	≥80	100	3kg 二氧化碳或 6L 水基型或 6kg 干粉或 6kg 洁净气体等手提式灭火器	1
	32	470						200		2
	33	690						300		3
	34	910						400		4
	35	1130						500		5
XMDDD XMDDS XMDQD XMDQS	41	280	320	950	900	—	≥80	200	7kg 二氯化碳或 9L 水基型或 12kg 干粉等手提式灭火器	1
	42	520						400		2
	43	760						600		3
	44	1000						800		4
	45	1240						1000		5

注：1. XMDDG 类型的灭火器箱外形尺寸中无 l_3 尺寸。
　　2. XMDDD、XMDDS 类型的灭火器箱外形尺寸中无 l_3 和 l_5 尺寸。
　　3. XMDQD、XMDQS 类型的灭火器箱外形尺寸中无 l_5 和 l_6 尺寸。
① 表示规格为 11、21、31、41 的置地型灭火器箱不应使用。

表 28-34　自救呼吸器组合类灭火器箱的外形尺寸（GA 139—2009）

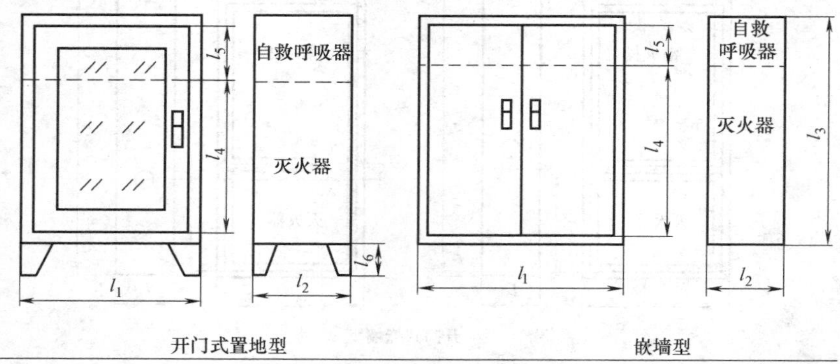

（续）

基本型号		外形尺寸/mm						载荷/N	器材配置：宜存放的最大规格类型手提式灭火器及最少可存放的手提式灭火器和自救呼吸器的具数	
类型	规格①	宽度 l_1	深度 l_2	高度 l_3	高度 l_4	高度 l_5	高度 l_6		规格类型	具数
XMHDD XMHDS XMHQD XMHQS	11	180	160	780	450	300	≥80	40	2L 水基型或 2kg 干粉或 2kg 洁净气体等手提式灭火器	1
	12	330						80		2
	13	480						120		3
	14	630						160		4
	15	780						200		5
	21	220	200	950	600	300	≥80	70	2kg 二氧化碳或 3L 水基型或 4kg 干粉或 4kg 洁净气体等手提式灭火器	1
	22	410						140		2
	23	600						210		3
	24	790						280		4
	25	980						350		5
	31	250	240	1100	750	300	≥80	100	3kg 二氧化碳或 6L 水基型或 6kg 干粉或 6kg 洁净气体等手提式灭火器	1
	32	470						200		2
	33	690						300		3
	34	910						400		4
	35	1130						500		5
	41	280	320	1250	900	300	≥80	200	7kg 二氧化碳或 9L 水基型或 12kg 干粉等手提式灭火器	1
	42	520						400		2
	43	760						600		3
	44	1000						800		4
	45	1240						1000		5

注：1. XMHDD、XMHDS 类型的灭火器箱外形尺寸中无 l_3 尺寸。

2. XMHQD、XMHQS 类型的灭火器箱外形尺寸中无 l_6 尺寸。

① 表示规格为 11、21、31、41 的置地型灭火器箱不应使用。

表 28-35　栓组合类灭火器箱的外形尺寸（GA 139—2009）

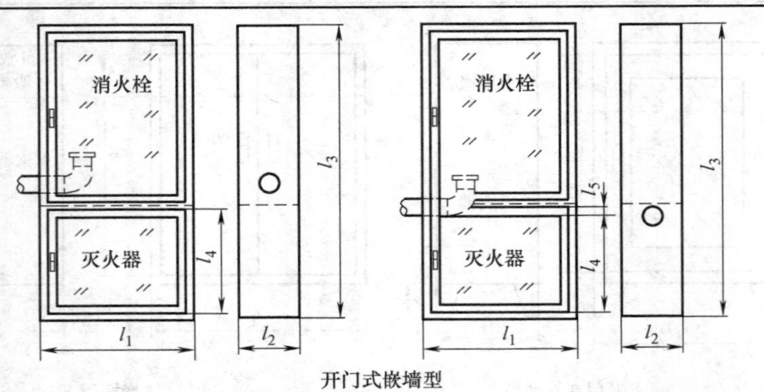

开门式嵌墙型

（续）

基本型号		外形尺寸/mm						器材配置	
								宜存放的最大规格类型手提式灭火器及最少可存放的具数（体内配置消防器材时，其配置情况应符合 GB 14561—2003 中的 5.1 规定）	
类型	规格①	宽度 l_1	深度 l_2	高度 l_3 基本值 1	高度 l_3 基本值 2	高度 l_4	高度 l_5	规格类型	具数
XMSQD XMSQS	11	650	200	1300	1450	450	170	2L 水基型或 2kg 干粉或 2kg 洁净气体等手提式灭火器	4
	12	700		1600	1650				
	13	750		1700	1850				
	14	650	240	1300	1450				
	15	700		1500	1650				
	16	750		1700	1850				
	17	650	320	1300	1450				
	18	700		1500	1650				
	19	750		1700	1850				
	21	650	200	1450	1600	600	170	2kg 二氧化碳或 3L 水基型或 4kg 干粉或 4kg 洁净气体等手提式灭火器	3
	22	700		1650	1800				
	23	750		1850	2000				
	24	650	240	1450	1600				
	25	700		1650	1800				
	26	750		1850	2000				
	27	650	320	1450	1600				
	28	700		1650	1800				
	29	750		1850	2000				
	31	650	240	1600	1750	750	170	3kg 二氧化碳或 6L 水基型或 6kg 干粉或 6kg 洁净气体等手提式灭火器	2
	32	700		1800	1950				3
	33	750		2000	—				3
	34	550	320	1600	1750				2
	35	700		1800	1950				3
	36	750		2000	—				3
	41	650	320	1750	1900	900	170	7kg 二氧化碳或 9L 水基型或 12kg 干粉等手提式灭火器	2
	42	700		1950	—				2

注：栓组合类灭火器箱的进水管道从其中的消火栓箱体通过，则 l_3 取基本值 1，且外形尺寸中无 l_5 尺寸；栓组合类灭火器箱的进水管道从其中存放灭火器的箱体部分通过，则 l_3 取基本值 2。

28.3.9 消火栓箱

【用途】 固定安装在建筑物内的消防给水管路上，具有给水、灭火、控制及报警等功能。

【组成】 包括箱门、箱体、室内消火栓、消防接口、消防水带、消防水枪、消防软管卷盘及电器设备等。

【类别】

1) 按消防水带的安置方式，可分为挂置式（无代号，见图 28-7a）、

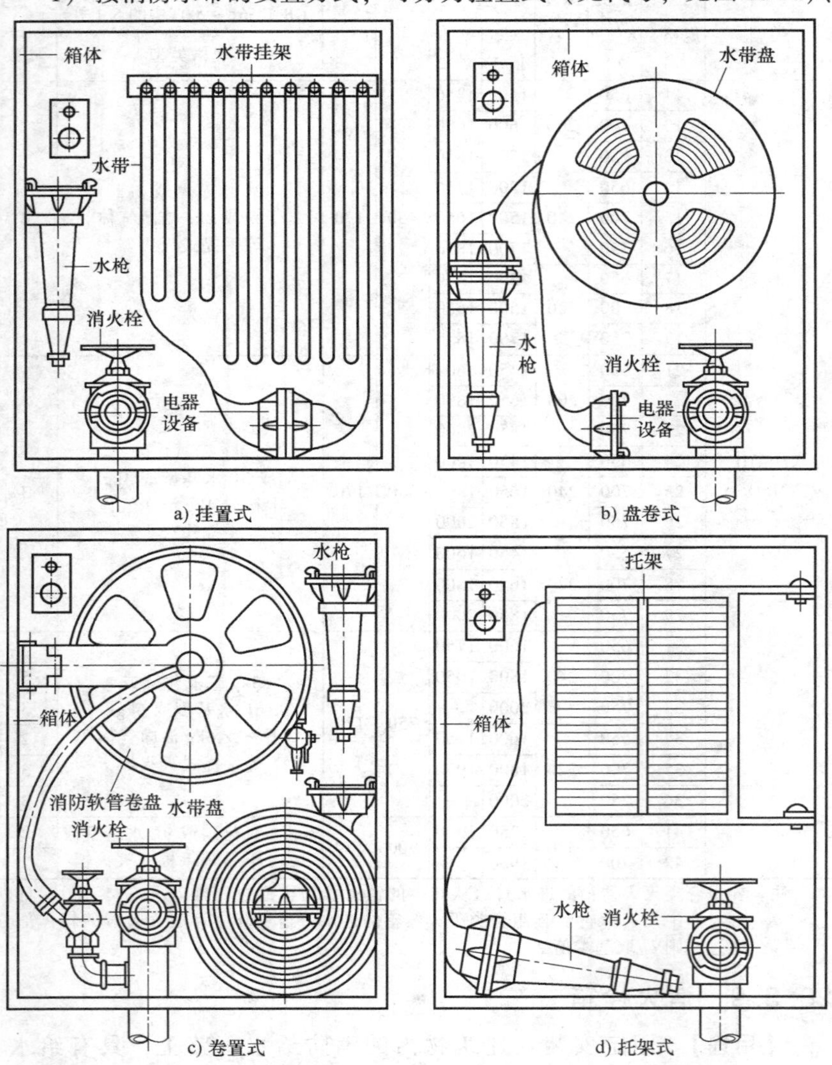

图 28-7　消火栓箱的分类

盘卷式（P，见图 28-7b）、卷置式（J，见图 28-7c）和托架式（T，见图 28-7d）。

2）按配置消防器材数量，可分为单配置式（无代号）和双配置式（S）。

3）按是否配置应急照明灯，分为不配置应急照明灯式（无代号）和配置应急照明灯式（D）。

4）按箱门型式分为单开门式（无代号）和双开门式（2）。

5）按是否配置消防软管卷盘，可分为不配置消防软管卷盘式（无代号）和配置消防软管卷盘式（Z）。

【材料】

1）箱体应使用厚度不小于 1.2mm 的薄钢板。

2）箱门应采用全钢、钢框镶玻璃、铝合金框镶玻璃或其他材料。

3）镶玻璃箱门玻璃的厚度不应小于 4.0mm。

4）消防水带挂架、托架和水带盘应用耐腐蚀材料，若用其他材料应进行耐腐蚀处理。

5）消防软管卷盘的开关喷嘴、卷盘轴、弯管及水路系统零部件，应用铜合金材料；也可用强度和耐蚀性不低于上述材质的其他材料。

6）铜合金应符合 GB/T 1176 的规定。

【尺寸】　消火栓箱的外形尺寸见表 28-36。

表 28-36　消火栓箱的外形尺寸　　（单位：mm）

代号	长边	短边	厚　度
A	800(950)	650	160、180、200、210、240、280、320
B	1000(1150)	700	160、180、200、240、280
C	1200(1350)	750	160、180、200、240、280
D	1600(1700)	700	240、280
E	1800(1900)	700(750)	160、180、240、280
F	2000	750	160、180、240

注：1. 括号内的尺寸为配置应急照明灯的消火栓箱尺寸。

2. 箱体厚度小于 200mm 的消火栓箱可配置旋转型室内消火栓。

3. 代号 D、E、F 为可配置灭火器的消火栓箱。

【标记】　表示方法：

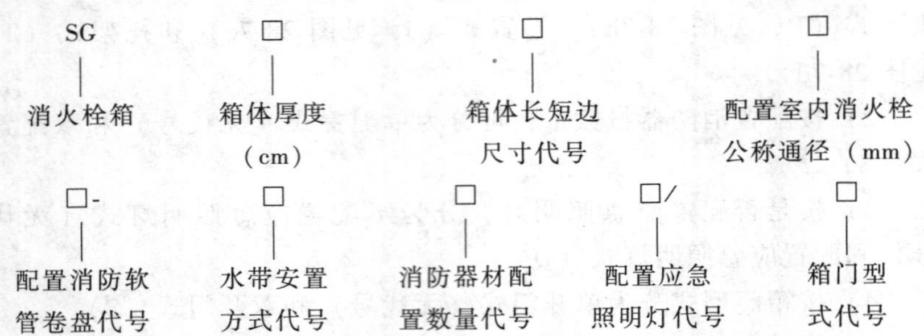

例：消火栓箱内消防器材的数量为双配置，消防水带为盘卷式安置，箱门为双升门式，内配消防软管卷盘，公称通径为65mm，室内消火栓，有应急照明灯，箱体外形尺寸为1000mm×700mm×940mm，标记为SG24B65Z-PSD/2。

28.4 其他

28.4.1 消防平斧和尖斧

【用途】 用于消防抢险救援作业。

【材料】

1）斧头应采用金属材料制造。

2）斧柄采用质量小、强度高的硬质材料。在完成相关强度试验后，斧柄不得出现折断、破裂等损伤。若选用木材，除满足上述要求外，其含水率应不大于16%。

【硬度】 斧刃硬度应在48~56HRC范围内，斧孔壁硬度应不大于35HRC。

【规格】 消防斧的规格见表28-37。

表28-37 消防斧的规格（GA 138—2010）

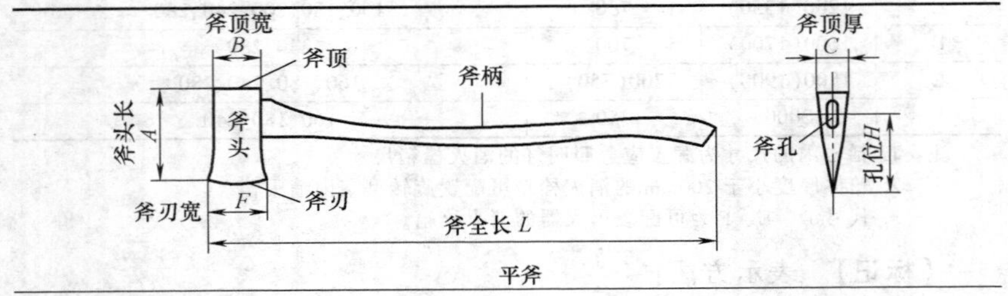

（续）

规格	平斧尺寸/mm								质量/kg
	斧全长 L	斧头长 A	斧顶宽 B	斧顶厚 C	斧刃宽 F	斧孔长	斧孔宽	孔位 H	
P610	610	164	68	24	100	55	16	115	≤1.8
P710	710	172	72	25	105	58	17	120	
P810	810	180	76	26	110	61	18	126	≤1.5
P910	910	188	80	27	120	64	19	132	

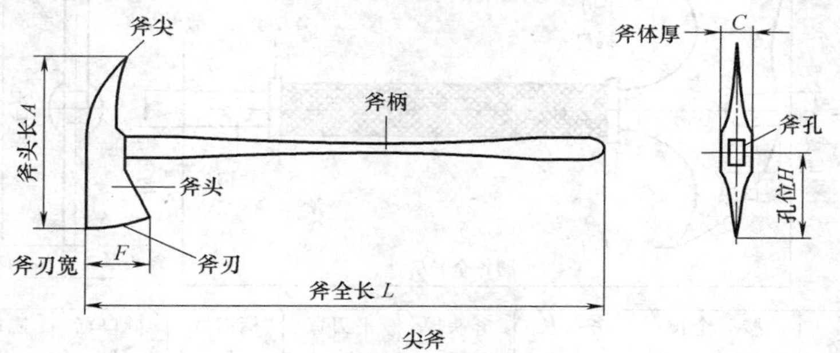

尖斧

规格	尖平斧尺寸/mm							质量/kg
	斧全长 L	斧头长 A	斧体厚 C	斧刃宽 F	斧孔长	斧孔宽	孔位 H	
J715	715	300	44	102	48	26	140~150	≤2.0
J815	815	330	53	112	53	31	155~166	≤3.5

【标记】 表示方法：

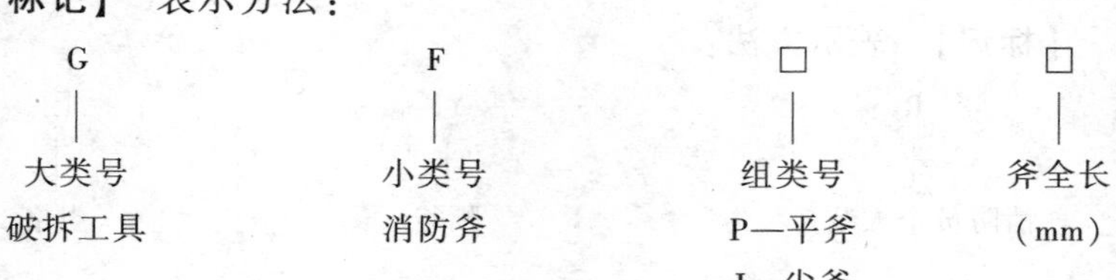

例：全长为 810mm 的消防平斧，标记为：GFP810。

28.4.2 消防腰斧

【用途】 消防员随身佩带，在灭火救援时用于手动破拆非带电的障碍物。

【硬度】 各刃部和撬口均应经热处理，且其硬度均应达到 48~56HRC。刃部热处理长度应不小于 20mm 且不大于 40mm，撬口热处理长度应不小于 5mm 且不大于 10mm。

【基本尺寸】 消防腰斧的基本尺寸见表 28-38。

表 28-38 消防腰斧的基本尺寸（GA 630—2006）

（单位：mm）

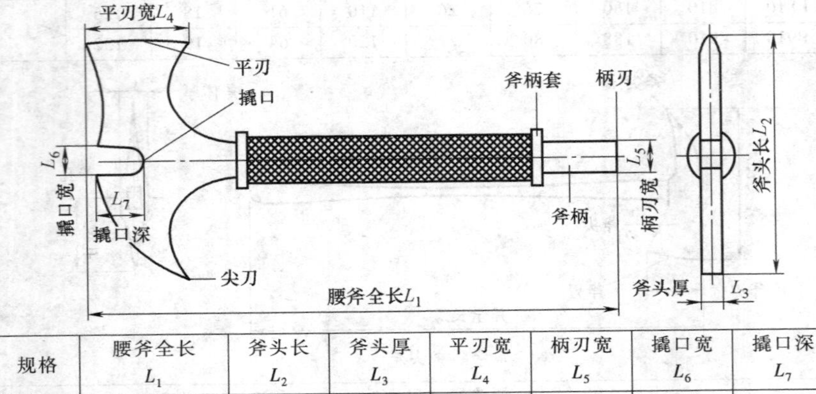

规格	腰斧全长 L_1	斧头长 L_2	斧头厚 L_3	平刃宽 L_4	柄刃宽 L_5	撬口宽 L_6	撬口深 L_7
265	265	150	10	56	22	30	25
285	285	160					
305	305	165					
325	325	175					

注：质量应不大于 1.0kg。

【标记】 表示方法：

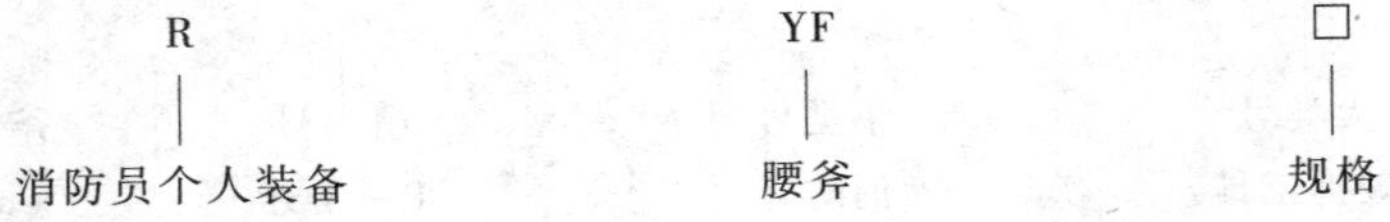

例：规格为 285 的消防腰斧，标记为：RYF 285。

28.4.3 消防用开门器

【用途】 用于消防队员在灭火和应急救援中破拆门体和门框结构。

【参数】 最大开启力不应小于 60kN，最大开启距离不应小于 60mm。

【标记】 表示方法（GB 28735—2012）：

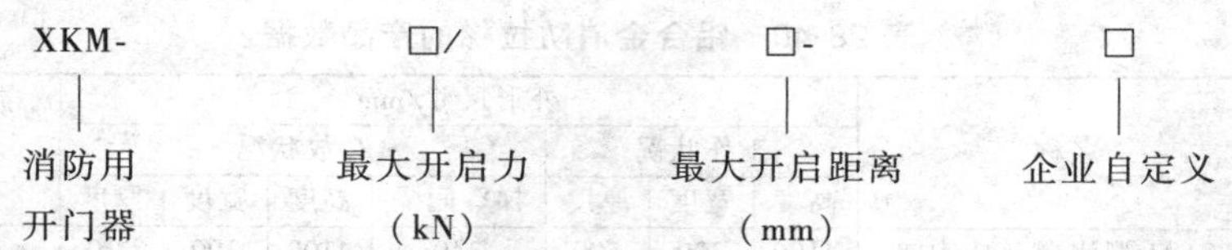

例：最大开启力为 80kN，最大开启距岗为 100mm 的消防用开门器，标记为：XKM-80/100。

28.4.4　消防梯

【用途】　用于消防员在灭火、救援和训练时使用。

【分类】　按其结构形式，可分为单杠梯、挂钩梯、拉梯和其他结构消防梯；按其材质可分为竹质消防梯、木质消防梯、铝合金消防梯、钢质消防梯和其他材质消防梯。

【标记】　表示方法：

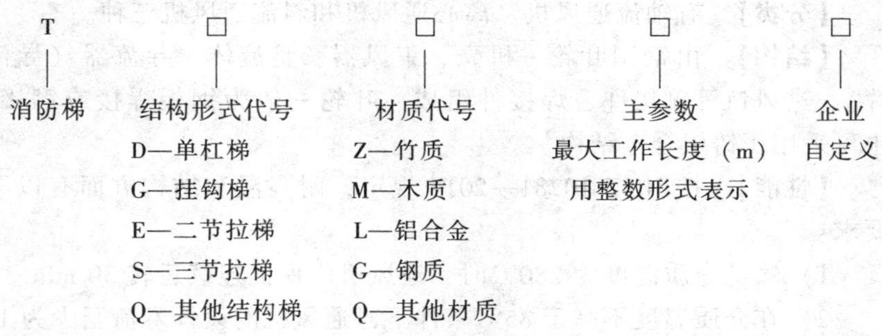

例：工作长度为 3m 的铝质单杠梯，标记为：TDL 3。

【技术参数】　消防梯的技术参数见表 28-39。

表 28-39　消防梯的技术参数（GA 137—2007）

结构形式	工作长度/m	最小梯宽/mm	整梯质量/kg　≤	梯蹬间距/mm
单杠梯	3	250	12	280 300 340
挂钩梯	4		12	
二节拉梯	6	300	35	
	9		53	
三节拉梯	12	350	95	
	15		120	
其他结构梯	3～15	300	120	

【产品数据】　铝合金消防拉梯的产品数据见表 28-40。

表 28-40 铝合金消防拉梯的产品数据

名称	外形尺寸/mm							质量/kg ≤
	工作状况			存放状况				
	高度	宽度	厚度	梯登间隔	高度	宽度	厚度	
TGL41 型铝合金挂钩梯	4100	300	500	340	4100	300	210	11
TEL61 型铝合金二节拉梯	6100	400	130	300	3700	440	130	30
TEL91 型铝合金二节拉梯	9050	440	130	300	5120	440	130	55
TSL120 型铝合金三节拉梯	11900	420	270	340	5100	420	270	90
TSL150 型铝合金三节拉梯	14850	480	215	300	5850	480	215	95

生产商：成都赛亚消防设备有限公司。

28.4.5 消防排烟通风机

【用途】 安装在各类建筑物机械排烟系统内，发生火灾时起排烟作用（平时也可用于通风换气）。

【分类】 有轴流通风机、离心通风机和斜流通风机三种。

【结构】 由钢制叶轮、机壳、集风器、整流体、导流器（导流片）、进风口等铆接件、焊接件组成。叶轮一般为钢板焊接或铆接，也可采用压铸铝合金结构。

【性能】 按 JB/T 10281—2014 规定，耐高温和结构方面有以下要求：

1）输送介质温度为 280℃时，通风机应保证连续运转 30 min。

2）在介质温度不高于 85℃条件下，通风机的设计寿命至少为 10 年（易损件除外），第一次大修前的安全运转时间应不少于 18000h。

3）非使用 H 级绝缘等级电动机的通风机，轴流、斜流通风机应在风机内设置空气冷却系统（用于电动机隔热保护）。

4）电动机绝缘等级应不低于 F 级。

5）轴流、斜流通风机的电动机动力引出线，应套装耐高温隔热套管或采用耐高温电缆。

6）离心通风机在采用 A 型传动时，应设置机壳与电动机间的隔热结构。

28.4.6 头盔

【用途】 用于消防员在灭火救援时佩戴，防止或减轻对头部碰撞、撞击、灼烫、触电等伤害。

【分类】 有城市消防员用头盔和森林消防员用头盔两种。城市消防员用头盔，按防护范围又分为全盔式和半盔式。

【结构】 由帽壳、缓冲层、舒适衬垫、面罩、披肩等组成（见图 28-8）。质量一般不应大于 700g。

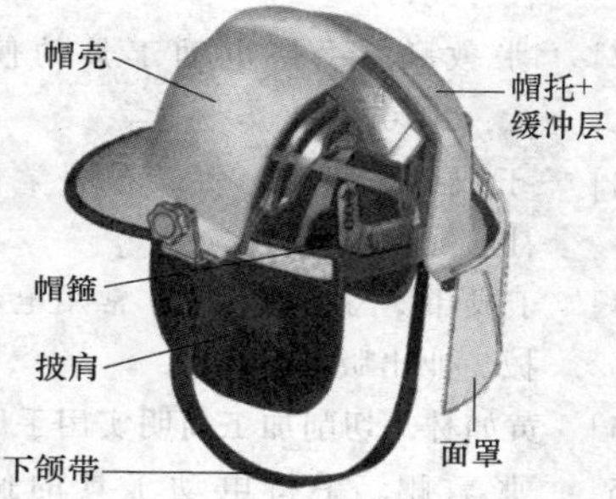

帽壳：通常采用工程塑料注塑而成，有足够的强度能直接阻挡冲击物，保证帽壳不被砸穿，直接接触头部。

面罩：保护消防员面部免受辐射热和飞溅物伤害，其材质为无色或浅色透明的工程塑料，具有良好的透光率。

图 28-8　消防员头盔

帽箍：可灵活方便地调节大小，接触头前的部分要透气吸汗。

帽托+缓冲层：形状适体且不移位，佩戴舒适，更重要的是减震。

披肩：可拆卸．为具有阻燃防水性能的纤维织物。用于保护消防员颈部和面部两侧，使之免受水及其他液体或辐射热伤害。

下颌带：可灵活方便地调节长短，保证佩配头盔牢固舒适、解脱方便。

参考文献

[1] 刘光启，李成栋，等. 五金手册 [M]. 新版. 北京：化学工业出版社，2017.

[2] 张敦鹏. 手持电动工具的使用与维护 [M]. 北京：化学工业出版社，2010.

[3] 于成伟，康健，等. 看图学修电动工具 [M]. 北京：机械工业出版社，2014.

[4] 于成伟，马秀艳，等. 常用电动工具使用维护修理速成 [M]. 北京：机械工业出版社，2012.

[5] 黄如林. 切削加工简明实用手册 [M]. 北京：化学工业出版社，2010.

[6] 张敦鹏. 手持电动工具的使用与维修 [M]. 北京：化学工业出版社，2010.

[7] 罗文. 气动系统常见故障诊断方法 [J]. 液压与气动，2004 (2)：68-69.

[8] 卢建生. 气动系统故障诊断与对策 [J]. 科技成果纵横，2007 (3)：93.

[9] 朱亚峰，等. 液压传动系统故障的诊断方法 [J]. 科技创新与应用，2020 (28)：108-109.